ADVANCED ACCOUNTING

高等會計學

蔡彥卿・阮瓊華 著

東華書局

國家圖書館出版品預行編目資料

高等會計學 / 蔡彥卿, 阮瓊華著. -- 1 版. -- 臺北市：
臺灣東華, 2020.09

848 面 ; 19x26 公分

ISBN 978-986-5522-16-2（平裝）

1.高級會計

495.1　　　　　　　　　　　　　109012322

高等會計學

著　　者	蔡彥卿・阮瓊華
發 行 人	陳錦煌
出 版 者	臺灣東華書局股份有限公司
地　　址	臺北市重慶南路一段一四七號三樓
電　　話	(02) 2311-4027
傳　　眞	(02) 2311-6615
劃撥帳號	00064813
網　　址	www.tunghua.com.tw
讀者服務	service@tunghua.com.tw
門　　市	臺北市重慶南路一段一四七號一樓
電　　話	(02) 2371-9320
出版日期	2020 年 9 月 1 版 1 刷

ISBN　　978-986-5522-16-2

版權所有　・　翻印必究

序

　　這是一本講道理的高等會計學。

　　高等會計學是一門突破慣例與假設的會計學。會計學原理建構會計運作的四大慣例：企業個體慣例、繼續經營慣例、貨幣評價慣例、會計期間慣例。這些慣例讓會計制度順利執行，但現實經濟環境並非如此運作，故這四大慣例向被稱為四大假設，而高等會計學就是一門讓會計人得以真正務實執業的學科。

　　高等會計學將突破企業個體慣例，討論集團合併報表編製問題；高等會計學將突破繼續經營慣例，討論企業破產清算會計處理；高等會計學將突破貨幣評價慣例，討論外幣報表衡量換算問題；高等會計學將突破會計期間慣例，討論期中財務報導編製問題。正是因為高等會計學活潑地挑戰固有慣例，使學科本身呈現捉摸不透的面貌，但會計畢竟就是會計，本書將以會計學最基礎的開端—會計恆等式，講解這千絲萬縷會計處理背後的基本原理。

　　高等會計學活潑的個性另外展現在金融工具與避險會計的章節。企業是承擔風險、獲取報酬的有機體，企業的經營就是風險的管理，由於金融市場瞬息萬變，企業避險策略與時調整，避險會計也就因事制宜而生。本書先講解企業得以用來避險的四大金融工具（遠期合約、期貨、選擇權、交換）的特性與評價方法，再針對三項主要風險管理項目（已認列資產或負債、確定承諾、預期交易）產生的不同風險，因不同避險策略及目的（公允價值避險、現金流量避險、國外營運機構淨投資避險），企業應進行的避險會計處理。本書將以金融工具評價作為體系建構的起點，說明這千變萬化避險會計背後的細膩思維。

　　本書的源起，來自於兩位老文青在台北 101 旁大山咖啡店的任性發想。本書希望讀者在面對宛如 101 大山的高等會計學時，透過作者用心揀選的主題、耐心烘培的課文、細心萃取的釋例，靜靜地品嘗這層次中富有變化的內涵，成為鑑賞高等會計學風味的知青。

本書的完備，歸功於許多會計界前輩及好朋友的鼎力相助。本書特別感謝臺北大學黃桂松教授的審閱，不吝提供精編釋例與表格，充實課文內容；另感謝臺北大學李淑華教授的試讀，協助比較各家學說與主張，補正釋例說明；尤其感謝政治大學馬秀如教授的鼓勵，強調會計教育與傳承的重要。最後，作者感謝彼此，不放棄地執筆，終於看到本書的出版。

目錄

序 ... i

CHAPTER 1
企業併購 ... 1

第 1 節　企業合併之定義 ... 2
第 2 節　企業合併之會計處理 ... 7
第 3 節　企業合併下認列與衡量之特殊項目 ... 25
第 4 節　企業合併之特殊情況 ... 42
本章習題 ... 49

CHAPTER 2
權益法會計處理 ... 63

第 1 節　投資關聯企業之概念 ... 64
第 2 節　權益法下投資損益之認列 ... 75
第 3 節　投資帳戶其他變動 ... 95
第 4 節　權益法下其他相關議題 ... 105
本章習題 ... 107

CHAPTER 3
合併財務報表 ... 117

第 1 節　合併報表之編製範圍 ... 118
第 2 節　合併報表之編製概念 ... 120
第 3 節　收購日合併資產負債表之編製 ... 127
第 4 節　收購日後合併財務報表之編製 ... 144
第 5 節　合併現金流量表 ... 161
本章習題 ... 166

CHAPTER 4
母、子公司間交易 ... 179

第 1 節　集團間交易之會計處理原則 ... 180
第 2 節　進銷貨交易 ... 184
第 3 節　固定資產交易 ... 192
第 4 節　公司債交易 ... 209
第 5 節　租賃交易 ... 221
本章習題 ... 232

CHAPTER 5
母公司持股比例變動　251

第 1 節	期中控制	252
第 2 節	分次投資	259
第 3 節	母公司出售部分股權	278
本章習題		293

CHAPTER 6
子公司股東權益交易　309

第 1 節	子公司發行特別股	310
第 2 節	子公司發行新股	324
第 3 節	子公司庫藏股票交易	337
第 4 節	子公司其他股東權益交易	343
本章習題		348

CHAPTER 7
複雜投資結構　359

第 1 節	複雜投資結構型態	360
第 2 節	間接持股：母、子、孫型	361
第 3 節	間接持股：連結型	372
第 4 節	交叉持股	384
第 5 節	連結交叉持股	395
本章習題		403

CHAPTER 8
投資減損、合併所得稅與每股盈餘　417

第 1 節	投資子公司減損之會計處理	418
第 2 節	合併所得稅	427
第 3 節	合併每股盈餘	446
本章習題		455

CHAPTER 9
衍生工具　467

第 1 節	衍生工具概念	468
第 2 節	遠期合約	471
第 3 節	期貨合約	479
第 4 節	選擇權	484
第 5 節	交換	491
附　錄	以企業本身權益工具交割之衍生工具	499
本章習題		511

CHAPTER 10

避險會計 519

第 1 節	避險會計之基本觀念	520
第 2 節	公允價值避險	527
第 3 節	現金流量避險	540
第 4 節	避險會計之特殊規範	552
附　錄	避險會計之適用與終結	566
本章習題		571

CHAPTER 11

外幣交易之會計處理 583

第 1 節	外幣交易之判斷	584
第 2 節	即期匯率外幣交易	588
第 3 節	遠期匯率外幣交易	603
附　錄	被避險項目之特殊指定	626
本章習題		631

CHAPTER 12

國外營運機構之會計處理 645

第 1 節	外幣報表轉換之基本觀念	646
第 2 節	外幣報表之再衡量與換算	649
第 3 節	外幣現金流量表之再衡量與換算	659
第 4 節	權益法下國外投資項目之再衡量與換算	669
本章習題		696

CHAPTER 13

聯合協議與總分支機構會計 711

第 1 節	聯合協議	712
第 2 節	總分支機構會計	727
第 3 節	銷售代理	742
本章習題		744

CHAPTER 14

營運部門與期中財務報導 755

第 1 節	營運部門及應報導部門	756
第 2 節	部門報導之揭露	762
第 3 節	期中財務報導之認列與衡量	769
第 4 節	期中財務報導之所得稅處理	782

第 5 節　期中財務報導之表達與
　　　　　揭露　　　　　　　　788
本章習題　　　　　　　　　　　793

CHAPTER 15
公司重整與清算　　801

第 1 節　企業重組　　　　　　802
第 2 節　公司重整　　　　　　805
第 3 節　公司破產　　　　　　821
第 4 節　公司清算　　　　　　830
本章習題　　　　　　　　　　　833

CHAPTER 1 企業併購

 學習目標

企業合併之定義
- 企業合併之適用範圍
- 企業合併之型態
- 企業合併之排除適用範圍

企業合併之會計處理
- 辨認收購者
- 確認收購日與衡量期間
- 認列與衡量取得之可辨認資產、承擔之負債及被收購者之非控制權益
- 認列與衡量商譽或廉價購買利益
- 收購分錄與合併後個體報表
- 衡量期間估計變動

企業合併下認列與衡量之特殊項目
- 無形資產
- 租賃合約
- 或有負債與補償性資產
- 收購者與被收購者既存關係之有效結清
- 或有給付與股份基礎給付之約定
- 按公允價值衡量之例外

企業合併之特殊情況
- 反向收購
- 分批收購
- 無對價合併
- 互助個體合併

追求成長是企業的重要目標。企業管理學上，公司成長策略有二：外部成長策略或內部成長策略。所謂內部成長策略，乃企業以延伸競爭核心作為成長主軸，採取研究發展、技術授權、內部創業、合資聯盟等擴張內部營運的手段。所謂外部成長策略，乃企業透過併購作為成長手段，包括藉由併購原物料的供應商或代工廠，獲得更低廉的生產成本，增加整體獲利；藉由併購貨運倉儲業，提升運送流程的營業效率；藉由併購研發為主的新創公司，取得關鍵的無形資產；藉由併購不同產業領域的企業，完成多角化經營，達成分散經營風險的目標。

法律上，企業併購的準據法為「**企業併購法**」，規範企業併購所面臨之各項公司治理、稅務及金融相關問題。依照企業併購法第 4 條第 2 款規定，企業併購包括「合併」、「收購」及「分割」三種型態，其定義如下：

(一) **合併**：指參與之公司全部消滅，由新成立之公司概括承受消滅公司之全部權利義務；或參與之其中一公司存續，由存續公司概括承受消滅公司之全部權利義務，並以存續或新設公司之股份、或其他公司之股份、現金或其他財產作為對價之行為。

(二) **收購**：指公司取得他公司之股份、營業或財產，並以股份、現金或其他財產作為對價之行為。

(三) **分割**：指公司將其得獨立營運之一部或全部之營業讓與既存或新設之他公司，而由既存公司或新設公司以股份、現金或其他財產支付予該公司或其股東作為對價之行為。

會計上，企業合併會計處理規範於 IFRS 第 3 號「企業合併（Business Combinations）」。然而，會計上的企業合併與法律上的併購，二者定義、適用範圍不盡相同。唯有符合 IFRS 第 3 號所定義之企業合併，才有「收購法」會計處理之適用。本章架構先說明「企業合併」之定義，再說明收購法之會計處理與報表表達。

第 1 節　企業合併之定義

依 IFRS 第 3 號「企業合併」規定，凡交易或其他事項**符合企業合併之定義者**，應適用「收購法」之會計處理準則。所謂「企業合併」，係「收購者對一個或多個業務取得控制之交易或其他事項」。**企業合併之定義，有二項關鍵構成要件要素：「業務」與「控制」**。唯有收購者對「業務」取得「控制」，才能稱為「企業合併」。

因此，在判斷一項交易或其他事項是否符合該「企業合併」定義時，首先，應判斷所取得之資產與所承擔之負債是否構成「業務」；其次，再判斷對該「業務」是否取得控

制。若企業所取得者並不構成「業務」，不適用 IFRS 第 3 號「企業合併」之規定，應按取得一項個別資產或資產群組的方式處理；若企業對於所取得之業務，並未享有「控制」之權力，不適用 IFRS 第 3 號「企業合併」之規定，可能按聯合協議或共同控制的規定處理。

一 企業合併之適用範圍

(一) 業務之判斷

業務（Business），係指「能被經營與管理之一活動及資產整合性組合，其目的係為提供商品或勞務予客戶，產生投資收益（諸如股利或利息）或產生來自正常活動之其他收益」。業務定義所強調的是：**活動與資產的「組合」**，亦即企業透過經營管理多項資產的營運活動，為收購者帶來較低廉成本、更有效率的作業，或是獲利的分配。一項業務原則上包括投入、處理投入的過程，以及有能力創造產出，以下就**構成業務的三要素：「投入」、「過程」與「產出」**分別說明之。

1. 投入（Input）：經由一個或多個過程後，可創造產出或有能力對創造產出作出貢獻之經濟資源。例如非流動資產（包括無形資產或使用非流動資產之權利）、智慧財產（如專利權、商標）、取得必要原料或權利之能力（如供應商關係、顧客關係），以及員工。
2. 過程（Process）：處理一項或多項投入以創造產出或有能力對創造產出作出貢獻之系統、標準、協定、慣例或規則。例如策略管理過程、營運過程及資源管理過程。此等過程通常會予以書面化，但具有必要技術及經驗且遵循規則與慣例之有組織員工之智慧能力，可能提供能處理投入以創造產出之必要過程（會計、帳單、薪工及其他行政系統通常非屬用以創造產出之過程）。
3. 產出（Output）：投入及處理該等投入之過程所產生之結果，可提供商品或勞務予客戶，產生投資收益（諸如股利或利息）或產生來自正常活動之其他收益。

業務是投入、處理投入及創造產出的活動及資產組合。業務的組成要素會隨著產業及企業發展階段而有不同：一項成熟的業務，通常有許多不同種類的投入、過程及產出；但一項新發展的業務，可能僅有投入及過程而尚無產出。因此，**產出並非業務的基本要素，業務的基本要素為「投入」與「過程」**，企業透過「投入」與「過程」，預期創造「產出」，達成業務的經營與管理目的。

業務之判斷，原則上以客觀條件判斷：凡市場參與者可以將該「具備投入與過程的活動及資產組合」當作經營及管理標的，即屬「業務」。亦即只要是有能力收購的市場參與

者（不限收購者），收購該組合後可繼續提供產出，該組合即屬業務。因此，即使收購者並未取得賣方經營原本業務「所有」的投入或過程（只取得一部分的投入及過程），或是收購者並未以原本方式經營該業務，而將收購組合整合自己原有的投入及整合，只要所收購的組合，包括一投入及一重大過程，且該兩者共同對創造產出之能力作出貢獻，仍然符合業務的定義。

此外，收購者所取得之資產及所承擔之負債，也可以輔助判斷是否取得業務：在無反證的情形下，一組存有商譽的特定資產及活動組合應推定為一項業務，但業務未必會有商譽；另一方面，幾乎所有業務都有負債，但有的業務未必有負債。

(二)「控制」之判斷

控制，係指「控制者暴露於來自被控制者參與之變動報酬或對該等變動報酬享有權利，且透過對被控制者之權力有能力影響該報酬」。白話而言，所謂控制表示：控制者擁有重大影響被控制者經營活動的權力，控制者將因被控制者經營活動之變動報酬（如：被控制者的本期損益）享有權利或承擔風險（如：投資利益或損失），且控制者得使用該重大影響的權力影響被控制者的經營報酬（如：順流或逆流交易安排）。以下就**構成控制的三要素**：「權力」、「報酬」與「能力」，分別說明之。

1. **權力（對被控制者之權力）**：當控制者現時上具有主導被控制者攸關活動（重大影響被控制者報酬的活動）之既存權利，控制者對被控制者享有權力。一般而言，收購者通常透過權益工具（股份）之表決權取得對被收購者的權力，原則上持有多數表決權之股東控制該被投資者。
2. **報酬（來自對被控制者之參與之變動報酬的暴險或權利）**：當控制者因被控制者經營績效而享有來自被控制者「變動報酬」時，即符合報酬要素。例如：控制者之股利收入因被控制者每年淨利不同而有所變動。
3. **能力（使用其對被控制者之權力以影響控制者報酬金額之能力）**：當控制者享有對被控制的權力及來自對被投資者的變動報酬，且控制者得使用該權力影響被控制者報酬能力時，該投資者即具有連結其權利及報酬之能力。例如：控制者得使用過半數表決權使被控制者以特定價格出售商品予控制者（逆流交易）。

二 企業合併之型態

(一) 按取得控制權方式區分

企業合併按取得控制權方式區分，分為「移轉對價的購買交易」與「未移轉對價的非購買交易」。

1. **移轉對價（購買交易）**：包括
   (1) 移轉現金、約當現金或其他資產。
   (2) 發生負債。
   (3) 發行權益。或提供上述三項組合的對價。
2. **未移轉對價（非購買交易）**：收購者未移轉對價即對被收購者取得控制，可能情況如下：
   (1) 被收購者購買自身足夠數量的股份，使被收購者流通在外股數減少，增加收購者持股比例，進而取得控制。
   (2) 收購者先前已擁有被收購者多數表決權，但因少數股東具有否決權，而無法控制被收購者，後因少數股東的否決權已失效而取得控制。
   (3) 收購者與被收購者依合約同意合併業務，且在收購日前收購者並未持有任何被收購者之權益。例如：在釘綁安排中將兩個業務合併成立或成立兩地掛牌上市公司。

(二) 按收購取得項目區分

企業合併按收購者取得項目區分，分為「股權收購」與「資產收購」。

1. **股權收購**：收購者交付現金、股票或債券或前述方法混合，取得被收購者權益，以獲得被收購者控制權。股票收購可採行的方式列舉如下：
   (1) 一參與合併個體之業主移轉其權益予另一參與合併個體之業主。
   (2) 所有參與合併個體之業主移轉其權益予一個新成立之個體。
   (3) 某一參與合併個體之一群原業主對合併後個體取得控制。
2. **資產收購**：收購者交付現金、股票或債券或前述方法混合，取得被收購者全部資產，並承擔所有負債，以獲得被收購者控制權。
   (1) 被收購者未解散：被收購者將一部分之業務轉出，收購者取得一個或多個業務，成為收購者之子公司，或一個或多個業務之淨資產依法併入收購者。
   (2) 被收購者解散：一參與合併個體移轉其淨資產給另一參與合併個體，或所有參與合併個體移轉其淨資產予一個新成立之個體。

(三) 按收購後是否產生新個體區分

企業合併按收購後是否產生新個體區分，分為「吸收合併」與「創設合併」。

1. **吸收合併（存續合併）**：合併時並未產生新個體。
2. **創設合併（新設合併、捲併）**：合併時新設一新個體。

※ 企業合併之取得項目與個體型態之關係可圖示如下：

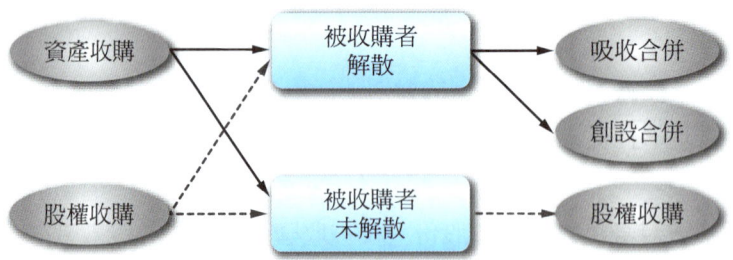

三 企業合併之排除適用範圍

(一) 聯合協議

聯合協議（Joint Arrangement）係兩方以上具有聯合控制之協議，聯合協議之各方雖可控制該協議，但各方係分享該控制權力，所有與攸關活動有關的決策，皆必須取得分享控制各方一致同意。聯合協議類型有二：聯合營運及合資。聯合協議之會計處理，詳見第13章說明。

(二) 不構成業務之單一或資產群組之取得

當收購者取得活動及資產的組合，但該組合不符合業務之定義時，收購者不得適用收購法，而應辨認並認列所取得之個別可辨認資產及承擔之負債。資產群組之成本應以購買日之相對公允價值為基礎，分攤至個別可辨認資產及負債，也因為取得成本已全數分攤至各項可辨認資產及負債，故此項交易不會產生商譽。

(三) 共同控制下之個體或業務合併

共同控制（Common Control）係指企業合併前及合併後，所有參與合併之個體或業務最終均由相同之一方或多方所控制，如甲公司持有乙公司及丙公司100%的股權，若乙公司以現金為對價與丙公司進行合併，乙公司為存續公司，丙公司為消滅公司。在此情況下，甲公司對乙公司及丙公司之控制關係並未因乙公司與丙公司進行合併而有改變，此項在甲公司控制下的個體合併，屬於甲公司與乙公司及丙公司之聯屬公司間交易，為集團的組織調整。

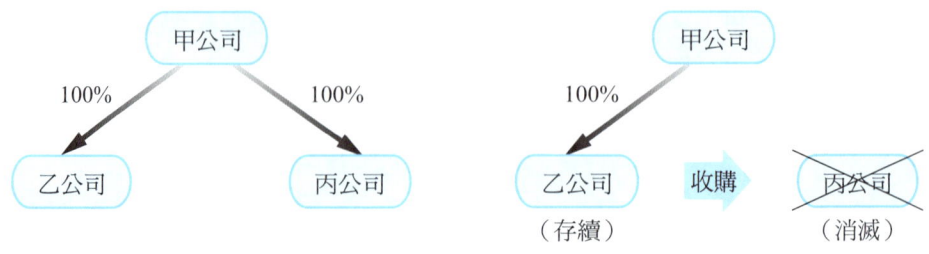

當企業合併之性質屬於集團的組織調整，不得適用 IFRS 第 3 號之收購法，合併交易應以原帳列金額入帳，收購者不得認列商譽，被收購者亦不得認列處分損益，僅得就差額調整帳列之資本公積。

(四) 投資個體

投資個體（Investment Entity）係以提供投資者管理服務之目的而自一個或多個投資者取得資金，其經營目的係純為來自資本增值、投資收益或兩者之報酬而進行投資，例如：因控股目的而設立之投資公司。由於投資個體係以投資為主要營業活動，不須將所持有之子公司納入編製合併報表，應以公允價值基礎衡量及評估其所有投資之績效，故不適用 IFRS 第 3 號企業合併之收購法。

第 2 節　企業合併之會計處理

當企業收購行為符合「企業合併」之定義，亦即收購者對「業務」取得「控制」，則應以「收購法」（The Acquisition Method）作為會計處理方法。收購法之步驟如下：

1. 辨認收購者。
2. 決定收購日及衡量期間。
3. 認列與衡量取得之可辨認資產、承擔之負債及被收購者之非控制權益。
4. 認列與衡量商譽或廉價購買利益。

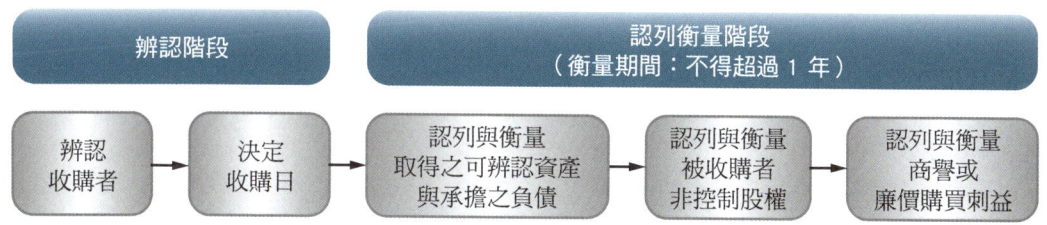

一　辨認收購者

收購者（Acquirer）之定義為「對被收購者（Acquiree）取得控制之個體」。當企業合併已發生，但無法明確指出參與合併交易之個體中何者為收購者時，可考量下列因素決定收購者：

(一) 移轉資產或負債

企業合併主要透過移轉現金、其他資產或產生負債而達成者，收購者通常為移轉現金、其他資產或產生負債之個體。

(二) 交換權益

企業合併主要透過交換權益而達成者，收購者通常為發行本身權益之個體。此外，尚有以下事實或情形應予考量：

1. 企業合併後個體之相對表決權
   (1) 取得重大表決權：參與合併交易之個體，在合併後擁有最大比例表決權者，通常為收購者。在計算表決權比例時，應考慮任何異常或特殊的投票協議、選擇權、認股證或可轉換證券。
   (2) 未取得重大表決權：所有參與合併交易之個體，在合併後皆未擁有重大表決權，則合併後擁有相對多數表決權者，通常為收購者。
2. 企業合併後個體治理單位之組成
   參與合併交易之個體，具有能力選任、派任或解任合併後個體的治理單位多數成員者，通常為收購者。
3. 企業合併後個體高階管理階層之組成
   參與合併交易之個體，原管理階層**掌控**合併後個體的管理階層者，通常為收購者。
4. 權益交換之條款
   參與合併交易之個體，支付超過其他參與者合併前權益公允價值之溢價者，通常為收購者。

※權益交換之企業合併可能產生發行證券之個體成為被收購者「反向收購」之特殊情形，其有關之定義與會計處理詳見第4節。

(三) 相對規模

參與合併交易之個體，其**資產、收入或利潤**等相對規模顯著大於其他參與合併者，通常為收購者。

二　確認收購日與衡量期間

(一) 收購日

收購日（Acquisition Date）係**收購者對被收購者取得控制之日**。收購日通常為收購者依法移轉對價、取得及承擔被收購者資產及負債之日〔即**結清日**（Closing Date）〕，故原則上收購日等於結清日。但收購者應考量相關事實情況辨認收購日，如參與合併之個體訂有書面合約使收購者在結清日前取得控制，則收購日為取得控制日，而非結清日，此時收購日將在結清日之前。

(二) 衡量期間

衡量期間（Measurement Period）係收購者**可調整企業合併所認列資產負債暫定金額**或**補認列在收購日已存在、應認列而未認列的資產及負債**的期間。衡量期間內，收購者須取得必要的資訊，將收購成本分攤至取得之可辨認資產及負債，並決定收購所產生之商譽或廉價購買利益，完成收購價格分攤（Purchase Price Allocation, PPA）。**衡量期間自收購日起不得超過1年**。

(三) 辨認合併交易之範圍

收購法所處理者，限於「合併交易」部分，而不包括「個別交易」。亦即收購法僅處理**收購移轉對價**與**收購取得資產負債**之問題，至於收購者與被收購者在合併協商前或協商過程中，為了收購者或合併後個體利益，訂定與企業合併交易分離之其他協議，並非合併交易之一部分，屬於「個別交易」，**應分開處理**。以下彙整合併交易與個別交易之判斷要點，有關個別交易之會計處理詳見第3節之說明：

	合併交易	個別交易
交易之理由	以被收購者或合併前原業主之利益為目的。	以收購者或合併後個體之利益為目的。
交易發起者	被收購者發起。	收購者發起。
交易之時點	企業合併條款協商期間之前。	企業合併條款協商期間發生。
交易之列舉	取得被收購者所移轉之對價與交換被收購者所取得之資產及承擔之負債。	(1) 實質上係結清收購者與被收購者間既存關係之交易。 (2) 酬勞被收購者員工或原業主未來繼續提供勞務之交易。 (3) 歸還被收購者或其原業主代墊收購者收購相關成本之交易。

三 認列與衡量取得之可辨認資產、承擔之負債及被收購者之非控制權益

(一) 認列原則（Recognition Conditions）

收購者在辨認屬於「合併交易」範圍之資產負債後，應進一步判斷所取得之可辨認資產負債**是否符合資產及負債之定義**，再決定是否入帳。收購者可能認列某些先前在被收購者財務報表中未認列之資產及負債，例如：被收購者的品牌、專利或客戶關係，這些無形資產屬於企業內部自行發展的無形資產，原先在被收購者帳上並未認列為資產，但在合併交易時，這些資產成為收購者透過收購行為而取得，故成為合併後個體帳上可辨認之無形資產，得以入帳。

此外，收購者基於收購日已存在的合約條款、經濟情況、其營運或會計政策等相關情況，應將所取得之資產負債**重新作適當的分類或指定**，以利其他會計準則之後續應用。例如：收購者取得被收購者原帳列為攤銷後成本衡量之債券投資，因收購後經營模式之不同，該投資重新分類為透過損益按公允價值衡量之金融資產，或是將租賃合約重新判斷為營業租賃或融資租賃。有關認列原則之特殊項目會計處理詳見第 3 節。

(二) 衡量原則（Measurement Principle）

1. 取得之資產及承擔之負債的衡量

收購者原則上應按**收購日之公允價值**衡量所取得之資產及負債。依據 IFRS 第 13 號「公允價值衡量」之定義，所謂公允價值係指市場參與者在有秩序的交易中，於衡量日出售某一資產所能收取或移轉某一負債所需支付之價格。

對於現金流量不確定之資產，如放款及應收款，收購者仍應按公允價值評價，而不得認列個別之備抵評價項目。資產實際使用方式不影響公允價值之評價，有時收購者基於競爭地位或其他理由，意圖不積極使用或意圖以最佳方式使用所取得資產，例如：收購者取得被收購者的專利權，目的在於不使用該項專利權，以保護收購者自行研發的專利權（防禦性使用專利權），此時，該項被收購者的專利權仍應依其他市場參與者之用途決定的公允價值衡量。

2. 被收購者之非控制權益

在股權收購的情形下，被收購子公司權益中非直接或間接歸屬於收購者（母公司）的部分，稱為**非控制權益**（Non-Controlling Interest）。控制權益（收購者、母公司）與非控制權益都是屬於被收購者現時所有權權益，且無論是控制權益與非控制權益，在企業清算發生時，皆有權按比例份額享有企業淨資產，因此收購者仍須在收購日衡量非控制權益之價值。

在收購法下，須以收購者的移轉對價和非控制權益價值二者合計數，決定合併交易所產生的商譽或廉價購買利益，故收購者應於收購日以下列方式之一衡量非控制權益：

(1) **公允價值**：若被收購者權益股份有活絡市場報價，可按收購日活絡市場報價直接衡量非控制權益；若被收購者權益股份無活絡市場報價，收購者可使用其他評價技術衡量非控制權益公允價值。控制權益與非控制權益的每股公允價值可能會有不同，通常控制權益的每股公允價值因存有「控制溢價」而有較高價值；反之，非控制權益每股公允價值因缺乏控制權，而有「非控制權益折價」。

(2) **以被收購者可辨認淨資產已認列金額按非控制權益之比例衡量**：若非控制權益價值未按公允價值衡量，則可按被收購者「已辨認」及「已認列」淨資產比例推算非控制權益價值。有關衡量原則之特殊項目會計處理詳見第 3 節。

四　認列與衡量商譽（Goodwill）或廉價購買利益（Gain From A Bargain Purchase）

(一) 移轉對價（Consideration Transferred）

1. 移轉對價之衡量

企業合併之移轉對價應以收購者所移轉之資產、收購者對被收購者之原業主所產生之負債以及收購者所發行之權益於收購日公允價值之總和計算。企業合併之對價形式，包括現金、其他資產、收購者之業務或子公司，或有對價、普通股或特別權益工具、選擇權、認股證等，均應按**收購日公允價值**衡量之。

2. 移轉非現金資產或承擔負債損益認列

當移轉對價為收購者自身的資產負債，如該資產負債在企業合併後移轉予被收購者之原業主，亦即收購者無法再控制該資產負債，則收購者應於收購日將該資產負債再衡量至收購日之公允價值，並就該資產負債帳面金額與公允價值之差額，認列再衡量損益；如該資產負債在企業合併後仍存在於合併個體中（未移轉予被收購者之原業主），亦即收購者保留該資產負債之控制，則收購者應以帳面金額作為移轉對價，而不得認列再衡量損益。簡而言之，**收購者不得對於合併前及合併後均能控制的資產或負債認列再衡量損益。**

3. 或有對價

或有對價（Contingent Consideration）通常係指若特定事項於未來發生或符合若干條件時，**收購者須額外移轉資產或權益予被收購者原業主之義務，應作為取得控制之移轉對價的一部分**（移轉對價的增加），例如：合併契約中約定，合併個體在收購日後一段期間內達成特定盈餘水準，收購者將額外發行權益或分配現金予原業主。有時，或有對價亦可能賦予收購者收回先前移轉對價之權利（移轉對價的減少）。

收購者應於收購日評估或有約定的特定條件是否可能達成，**以估計或有對價之公允價值**，作為移轉對價的一部分。若以股票作為或有對價支付工具，可採用選擇權定價模型或其他評價技術加以估計；而收購者所支付的現金或股票屬「金融工具」，應依 IAS 第 32 號有關權益工具與金融負債之定義，將其分類為金融負債或權益：

(1) **收購者有交付現金或其他金融資產予被收購者之合約義務**：例如，當合併後盈餘達到一定水準時，給予被收購者現金 $1,000,000。此項合約義務符合金融負債之定義，應於收購日按公允價值衡量，認列「**或有對價估計負債**」。

(2) **收購者有交付變動數量企業本身權益工具之合約義務**：例如，當合併後盈餘達到一定水準時，給予被收購者約當現金 $1,000,000 之收購者股票，並按條件達成時之股價決定給予股數，故若條件達成時每股股價為 $50，應給予 20,000 股；而當條件達

成時每股股價為 $40 時，則應給予 25,000 股，給予之股數隨股票市價而變動，此項合約義務即符合金融負債之定義，應於收購日按公允價值衡量，認列「**或有對價估計負債**」。

(3) 收購者有交付固定數量企業本身權益工具之合約義務：例如，當合併後盈餘達到一定水準時，給予被收購者 20,000 張股票，由於交付股數固定，不符合金融負債之定義。此項合約義務應歸類為權益項下，於收購日按公允價值衡量，認列「**資本公積－或有對價**」。

至於「或有對價估計負債」以及「資本公積－或有對價」之後續處理，留待後段衡量期間再予說明，以下先就或有對價對移轉對價之影響與收購日分錄說明之。

釋例一　或有對價之會計處理

P 公司於 X1 年 3 月初發行 100,000 股（面額 $10，每股市價 $15）收購 S 公司。試分別依下列獨立情況，計算 P 公司移轉對價，並作收購分錄。

情況一：P 公司與 S 公司雙方於收購契約中約定，S 公司於收購後 1 年內之稅前淨利若達 $2,000,000 以上，P 公司將給予 S 公司原股東 $200,000 之現金。P 公司估計此或有對價之公允價值為 $100,000。

情況二：P 公司與 S 公司雙方於收購契約中約定，S 公司於收購後 1 年內之稅前淨利若達 $2,000,000 以上，P 公司必須再發行 10,000 股之普通股作為對價。P 公司估計此或有對價之公允價值為 $120,000。

情況三：P 公司收購 S 公司時，雙方於收購契約中約定，若收購當年度 S 公司營業收入達 $10,000,000，應再發行 10,000 股普通股予 S 公司原股東；若收購當年度 S 公司營業收入達 $20,000,000，則應再發行 20,000 股普通股。P 公司評估 S 公司營業狀況，估計當年營業收入僅可達 $10,000,000。P 公司估計此或有對價之公允價值為 $120,000。

情況四：P 公司收購 S 公司時，雙方於收購契約中約定，若收購當年度 S 公司營業收入達 $10,000,000，應再發行 10,000 股普通股予 S 公司原股東；若收購後第二年度營業收入達 $20,000,000，則應再發行 20,000 股普通股；若收購後第三年度營業收入達 $30,000,000，則應再發行 30,000 股。P 公司評估 S 公司營業狀況，估計每年營業收入僅可達 $20,000,000，X1 年底重新評估其每年營業收入僅可達 $10,000,000，P 公司 X1 年底每股市價為 $18。P 公司估計此或有對價之公允價值為 $150,000。

情況一：交付現金之或有對價分類為負債

移轉對價 = $15 × 100,000 + $100,000 = $1,600,000

X1年3月1日	投資S公司	1,600,000	
	普通股股本		1,000,000
	資本公積－普通股溢價		500,000
	或有對價估計負債		100,000

情況二：以固定數量股份支付之或有對價分類為權益

P公司移轉10,000股票須視未來淨利是否達一定水準，係屬單一或有事項，且約定移轉固定數量P公司股票，應列為資本公積。

移轉對價 = $15 × 100,000 + $120,000 = $1,620,000

X1年3月1日	投資S公司	1,620,000	
	普通股股本		1,000,000
	資本公積－普通股溢價		500,000
	資本公積－或有對價		120,000

情況三：以變動數量股份支付之或有對價分類為金融負債

S公司收購當年營業收入之績效目標，係同一風險相關之單一或有事項，其結果可能導致發行10,000股或20,000股之不同股票數量，故該或有對價應分類為金融負債，並按收購日之公允價值衡量。

移轉對價 = $15 × 100,000 + $120,000 = $1,620,000

X1年3月1日	投資S公司	1,620,000	
	普通股股本		1,000,000
	資本公積－普通股溢價		500,000
	或有對價估計負債		120,000

情況四：以固定數量股份支付之或有對價分類為權益－多項或有對價

S公司「收購當年」、「收購後第二年」與「收購後第三年」之營業收入之績效目標，係屬不同風險之多項或有事項，每一個或有事項可能導致發行之股票數量固定，應按公允價值列為資本公積。

移轉對價 = $15 × 100,000 + $150,000 = $1,650,000

X1年3月1日	投資S公司	1,650,000	
	普通股股本		1,000,000
	資本公積－普通股溢價		500,000
	資本公積－或有對價		150,000

(二) 收購相關成本

收購相關成本（Acquisition-Related Costs）係**收購者為進行企業合併而發生之成本**。收購相關成本**並非移轉對價的一部分**，因此除與發行直接相關支出應作為發行價款減少外，其餘支出於成本發生或勞務取得當期認列為費用。

1. 當期認列為費用之相關支出
   (1) 仲介費。
   (2) 顧問、法律、會計、評價與其他專業或諮詢費用。
   (3) 一般行政成本，包括維持內部處理併購業務部門之成本。
2. 作為債務或權益證券發行價款減少之相關支出
     登記與發行債務或權益證券之成本。

(三) 商譽與廉價購買利益之認列

支付對價與收購所取得資產負債公允價值間之差額，應認列為商譽或廉價購買利益，而不會單獨認列資產或負債，理由如下：

1. **不符合資產定義之價值**：被收購者於收購日預期將與新客戶交涉潛在合約，該潛在合約預期未來將帶給合併後個體經濟效益，因此收購者必須溢價購買，但因為該潛在合約於收購日尚不符合資產的定義，故收購者只能將此未來經濟效益併入商譽中認列。
2. **不可辨認無形資產之價值**：收購者在合併交易中取得業務之現有員工組成（已組合勞動力），可使收購者自收購日起維持原業務的經營效率，或以相同作業程序繼續經營，此屬於具未來經濟效益之無形資產，但員工組成（已組合勞動力）非單獨可辨認資產，無法與商譽分別認列，故任何歸屬於員工組成之價值皆納入商譽。

由上述觀念可知，**商譽與廉價購買利益**均為支付對價與合併所取得資產負債公允價值之差額，**屬於「剩餘價值」的概念**。收購者於完成移轉對價、可辨認資產公允價值、非控制權益金額後，應將移轉對價與非控制權益金額與所取得資產負債公允價值之差額，認列為商譽（差額為正數）與廉價購買利益（差額為負數），**商譽是支付對價高於所取得資產負債之部分，廉價購買利益則是支付對價低於所取得資產負債之部分**。其公式如下：

$$(\text{移轉對價} + \text{非控制權益金額}) - \text{可辨認淨資產公允價值} = \text{商譽}$$

$$\text{可辨認淨資產公允價值} - (\text{移轉對價} + \text{非控制權益金額}) = \text{廉價購買利益}$$

商譽入帳後,應依 IAS 第 38 號及第 36 號之規定進行減損測試,每年應定期評估其帳面金額及相關現金產生單位的可回收金額,決定是否有減損損失之認列情形。

五 收購分錄與合併後個體報表

(一) 股權收購

股權收購,係指收購者取得被收購者權益,取得被收購者控制權,惟被收購者並未消滅,仍為一個獨立個體。因此,收購者於收購日不得將被收購者資產負債入帳,而是先以「投資」入帳,在編製聯屬公司合併報表時,再將收購對價分攤至被收購者之各項資產負債,與收購者帳列資產負債加總合併,此部分將在第 3 章至第 8 章予以詳述。

(二) 資產收購

資產收購,係指收購者取得被收購者全部資產並承擔全部負債,取得被收購者控制權,被收購者已消滅。因此,收購者應將收購對價分攤至取得資產與承擔負債,所有被收購者的資產負債皆按公允價值入帳。收購後,合併個體資產負債表各項資產負債為收購者帳列數與被收購者公允價值和。

$$\text{合併個體資產負債表金額} = \text{收購者帳面金額} + \text{被收購者公允價值}$$

以下就資產收購情況說明會計處理步驟與報表之表達:

1. 因收購而取得之可辨認資產與承擔之負債,不論是否列示於被收購公司之財務報表上,均應按收購日之公允價值衡量。
2. 收購對價與非控制股權合計數超過所取得可辨認淨資產公允價值,超過部分列為商譽;收購對價與非控制股權合計數低於所取得可辨認淨資產公允價值,差額部分列為廉價購買利益。
3. 會計分錄

   （C = 移轉對價,FV_A = 可辨認資產公允價值,FV_L = 可辨認負債公允價值）

產生商譽		產生廉價購買利益	
各項資產　　　　FV_A		各項資產　　　　FV_A	
商譽　　　$C-(FV_A-FV_L)$		各項負債　　　　　　　FV_L	
各項負債　　　　　　FV_L		投資○○公司　　　　　C	
投資○○公司　　　　C		廉價購買利益　$(FV_A-FV_L)-C$	

4. 收購公司與被收購公司於收購後之報表表達

(1) 產生商譽

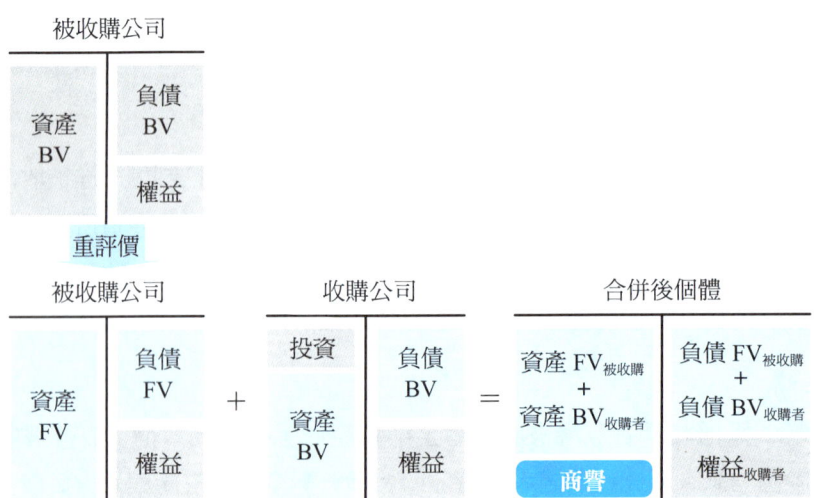

(2) 產生廉價購買利益

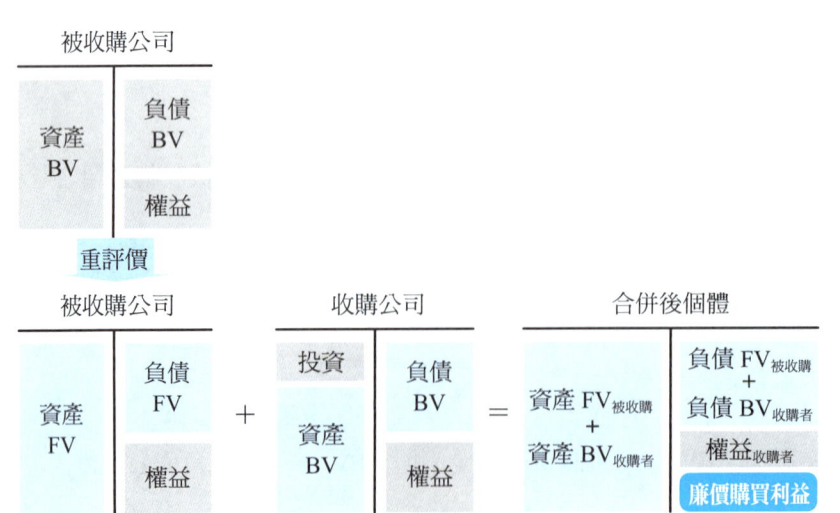

> **釋例二** 資產收購，收購分錄

P 公司以 X1 年 1 月 2 日取得 S 公司現金以外全部之淨資產，S 公司於收購後解散。P 公司另於當天支付企業合併之直接費用 $500,000，其中 80% 為發起人酬勞，其餘 20% 則為發行有價證券之登記費用。P 與 S 兩公司合併前之資產負債表分別如下：

P 公司與 S 公司
資產負債表
X1 年 1 月 1 日

	P 公司	S 公司		P 公司	S 公司
資產			負債及股東權益		
現金	$ 1,000,000	$ 500,000	流動負債	$ 2,000,000	$ 1,500,000
應收帳款（淨額）	3,000,000	2,000,000	長期負債	4,000,000	2,000,000
存貨	4,000,000	3,000,000	普通股股本	5,000,000	3,000,000
固定資產（淨額）	8,000,000	4,500,000	資本公積	2,000,000	1,500,000
			保留盈餘	3,000,000	2,000,000
資產合計	$16,000,000	$10,000,000	負債及股東權益合計	$16,000,000	$10,000,000

S 公司下列資產之公允價值與帳面金額不同，其公允價值為：

存貨	$2,800,000
固定資產（淨額）	5,500,000
長期負債	2,400,000

試按下列情況作 X1 年 1 月 2 日收購分錄。

情況一：發行 500,000 股普通股（公允價值每股 $15，面額 $10）。

情況二：發行 6,000 張面額 $1,000 公司債（公允價值為 95%）。

情況三：發行 400,000 股普通股（公允價值每股 $14，面額 $10），另開立一張 5%，3 年期，面額 $1,000,000 票據，當時票據公平利率 8%。

解析

股票發行費用 = $500,000 × 20% = $100,000

合併費用 = $500,000 × 80% = $400,000

S 公司淨資產帳面金額與公允價值計算：

	帳面金額	公允價值
應收帳款（淨額）	$2,000,000	$2,000,000
存貨	3,000,000	2,800,000
固定資產（淨額）	4,500,000	5,500,000
流動負債	(1,500,000)	(1,500,000)
長期負債	(2,000,000)	(2,400,000)
	$6,000,000	$6,400,000

情況一：移轉對價＝收購日股票公允價值＝$15 × 500,000＝$7,500,000

商譽＝移轉對價－取得淨資產公允價值

＝$7,500,000－$6,400,000

＝$1,100,000

收購分錄：

X1年1月2日	投資S公司	7,500,000	
	其他費用	400,000	
	現金		500,000
	普通股股本		5,000,000
	資本公積－普通股溢價		2,400,000
X1年1月2日	應收帳款	2,000,000	
	存貨	2,800,000	
	固定資產	5,500,000	
	商譽	1,100,000	
	流動負債		1,500,000
	長期負債		2,400,000
	投資S公司		7,500,000

情況二：移轉對價＝公司債公允價值＝$1,000 × 6,000 × 95%＝$5,700,000

公司債發行折價＝$1,000 × 6,000 × 5%＋$100,000＝$400,000

廉價購買利益＝移轉對價－取得淨資產公允價值

＝$5,700,000－$6,400,000＝($700,000)

收購分錄：

X1年1月2日	投資S公司	5,700,000	
	應付公司債折價	400,000	
	其他費用	400,000	
	現金		500,000
	應付公司債		6,000,000

X1年1月2日	應收帳款	2,000,000	
	存貨	2,800,000	
	固定資產	5,500,000	
	流動負債		1,500,000
	長期負債		2,400,000
	投資 S 公司		5,700,000
	廉價購買利益		700,000

情況三：應付票據發行價格 = $\$1,000,000 \times 5\% \times P_{3,8\%} + \$1,000,000 \times p_{3,8\%}$
　　　　　　　　　　　= $\$922,687$

應付票據折價 = $\$1,000,000 - \$922,687 = \$77,313$

移轉對價 =（股票＋票據）公允價值 = $\$14 \times 400,000 + \$922,687 = \$6,522,687$

商譽 = $\$6,522,687 - \$6,400,000 = \$122,687$

收購分錄：

X1年1月2日	投資 S 公司	6,522,687	
	應付票據折價	77,313	
	其他費用	400,000	
	現金		500,000
	應付票據		1,000,000
	普通股股本		4,000,000
	資本公積－普通股溢價		1,500,000
X1年1月2日	應收帳款	2,000,000	
	存貨	2,800,000	
	固定資產	5,500,000	
	商譽	122,687	
	流動負債		1,500,000
	長期負債		2,400,000
	投資 S 公司		6,522,687

釋例三　股權收購：收購分錄

　　P 公司以 X1 年 7 月 2 日取得 S 公司 80% 股權，並取得 S 公司之控制，P 公司另於當天支付企業合併之直接費用 $500,000，其中 $400,000 為顧問與評價費用，其餘 $100,000 則為發行有價證券相關費用。收購日 S 公司淨資產公允價值估計為 $7,000,000。

試按下列情況作 ×1 年 1 月 2 日收購分錄。

情況一：P 公司發行 400,000 股普通股（公允價值每股 $15，面額 $10），非控制權益估計為 $1,500,000。

情況二：P 公司發行 400,000 股普通股（公允價值每股 $13，面額 $10），非控制權益估計為 $1,400,000。

情況一：移轉對價 = 收購日股票公允價值 = $15 × 400,000 = $6,000,000
　　　　商譽 =（移轉對價 + 非控制權益公允價值）− 取得淨資產公允價值
　　　　　　 = ($6,000,000 + $1,500,000) − $7,000,000 = $500,000

此項商譽金額包含在「投資 S 公司」與「非控制權益」帳戶餘額，待編製合併報表時透過合併沖銷分錄呈現（詳見第 3 章說明）。

收購分錄：

×1 年 1 月 2 日	投資 S 公司	6,000,000	
	其他費用	400,000	
	現金		500,000
	普通股股本		4,000,000
	資本公積－普通股溢價		1,900,000

情況二：移轉對價 = 收購日股票公允價值 = $13 × 400,000 = $5,200,000
　　　　廉價購買利益 =（移轉對價 + 非控制權益公允價值）− 取得淨資產公允價值
　　　　　　　　　　 = ($5,200,000 + $1,400,000) − $7,000,000 = ($400,000)

此項廉價購買利益係併購交易產生，應併購年度認列，並同時調整投資帳戶餘額，使投資帳戶等於被收購公司淨資產公允價值之份額（$7,000,000 × 80% = $5,600,000），有關其財務報表之表達詳見第 3 章說明。

收購分錄：

×1 年 1 月 2 日	投資 S 公司	5,200,000	
	其他費用	400,000	
	現金		500,000
	普通股股本		4,000,000
	資本公積－普通股溢價		1,100,000
×1 年 1 月 2 日	投資 S 公司	400,000	
	廉價購買利益 *		400,000

* 廉價購買利益之調整分錄亦可於認列投資損益時處理。

六　衡量期間估計變動

收購者在企業合併時，往往沒有充足的資訊決定收購日所取得資產或所承擔負債的公允價值，但收購者仍應在合併發生之報導期間結束日（例如：年底資產負債表日）前，先在財務報表中認列合併所取得之資產負債的暫定金額。為了合理衡量合併所取得之資產負債的價值，會計處理上設有「衡量期間」的調整機制。在衡量期間內，收購者有較充足的時間蒐集資訊，以調整合併時所認列資產負債之金額。衡量期間自收購日起不得超過1年。

衡量期間調整項目主要包含「被收購者淨資產公允價值」與「或有對價之估計變動」二部分，以下分別說明之：

(一) 公允價值估計變動

收購者在**收購日以後，衡量期間結束前**，若取得有關合併資產負債的新資訊，應追溯調整原認列金額。

1. 原認列資產調整增加，原認列負債調整減少

在移轉對價不變的情況下，如取得淨資產公允價值增加（資產增加、負債減少），應調整減少原入帳的商譽金額，或調整增加原入帳的廉價購買利益；若廉價購買利益已結帳，則應調整增加保留盈餘，作為前期損益調整。此外，若屬本期估計變動者，應調整增加淨資產，並補提列應有之折舊與攤銷費用；若屬前期補認列者，應調整減少保留盈餘。

2. 原認列資產調整減少，原認列負債調整增加

在移轉對價不變的情況下，如取得淨資產公允價值減少（資產減少、負債增加），應調整增加原入帳的商譽金額，或調整減少原入帳廉價購買利益；若廉價購買利益已結帳，則應調整減少保留盈餘，作為前期損益調整。此外，若屬本期估計變動者，應調整減少淨資產，原提列的折舊與攤銷費用應予沖轉，若屬前期損益且已結帳者，應調整保留盈餘。

(二) 或有對價估計變動

收購者所移轉「或有對價」的公允價值嗣後變動時，依「導致變動事實存在時點」不同，可分為：

1. 事實存在於收購日時（屬衡量期間調整）

對於因**收購日已存在的事實**導致或有對價公允價值變動，**屬於衡量期間之調整，視為收購者移轉對價的調整**，應調整商譽或廉價購買利益。當或有價金調整增加，應調整增加入帳商譽金額，或調整減少廉價購買利益；當或有價金調整減少，應調整減少商譽金額，或調整增加廉價購買利益。

2. 事實存在於收購日後（非屬衡量期間調整）

對於**收購日之後的事件**所導致或有對價公允價值變動，**與收購日已存在的事實無關**，**非屬衡量期間之調整，不得視為收購者移轉對價的調整**，不得調整商譽或廉價購買利益。對於收購日已入帳的「或有對價估計負債／資產」，其性質屬金融工具者，後續應以公允價值衡量，且公允價值變動應列為當期損益；至於「資本公積－或有對價」，其性質屬權益，入帳後即不再調整。

釋例四　或有對價、衡量期間及期後調整

P 公司係一家大型製藥公司，收購另一家從事生物科技研發之 S 公司，主要目的在取得一項重要但尚在研發中之技術。P 公司於 X1 年 3 月 1 日發行每股面額 $10，市價 $60 之股票 25,000 股，取得 S 公司全部資產，並承擔其負債，收購前 S 公司之資產負債表列示如下：

資產		負債及股東權益	
應收帳款	$ 30,000	應付帳款	$ 150,000
存貨	50,000	應付所得稅	190,000
土地	600,000	普通股（每股面額 $10）	1,200,000
房屋	450,000	保留盈餘	610,000
設備	800,000		
專利權	120,000		
商譽	100,000		
	$2,150,000		$2,150,000

經 P 公司聘請專家評估後，認定 S 公司下列之資產及負債之公允價值與帳面金額不同：

	公允價值
存貨	$ 60,000
土地	450,000
房屋	450,000
設備	600,000
專利權（剩餘有效年限 5 年）	150,000
應付帳款	120,000

P 公司於 X1 年 3 月 1 日因該併購案所發生之其他成本如下：

律師、會計師公費	40,000
發行股票成本	20,000

P 公司與 S 公司並約定,若其研發項目在 5 年內獲得主管機關之核准,將再支付 $100,000 及 2,000 張股票。P 公司評估該研發中技術獲得核准之機率,估計該或有對價之公允價值分別為 $50,000 及 $80,000。

試作:

1. X1 年 3 月 1 日 P 公司對 S 公司併購之分錄。
2. 若 X1 年 12 月 31 日發現收購日部分資產公允價值有誤,存貨價值應為 $50,000,土地價值應為 $500,000,專利權價值應為 $300,000。假設存貨已於 X1 年間出售,作 X2 年 2 月 1 日應有之更正分錄。
3. 若 X1 年 12 月 31 日因 3 月 1 日既存事實變動,重新估計或有對價之公允價值分別為 $80,000 及 $100,000,作應有之調整分錄。
4. 承上題,若衡量期間或有對價公允價值無其他變動,X2 年 12 月 31 日估計或有對價之公允價值分別為 $100,000 及 $150,000,S 公司研發中技術於 X3 年初取得專利權,P 公司依約支付現金 $100,000 及 2,000 張股票(市價 $150,000),作 X2 年 12 月 31 日及 X3 年初應有之分錄。

1. 收購日之併購處理

支付對價＝股票發行價格＋或有對價公允價值
　　　　＝$60×25,000＋$50,000＋$80,000＝$1,630,000

可辨認淨資產公允價值(不含商譽)
＝$30,000＋$60,000＋$450,000＋$450,000＋$600,000＋$150,000－$120,000－$190,000
＝$1,430,000

商譽＝$1,630,000－$1,430,000＝$200,000

收購分錄:

X1 年 3 月 1 日	投資 S 公司	1,630,000	
	其他費用	40,000	
	或有對價估計負債		50,000
	資本公積－或有對價		80,000
	現金		60,000
	普通股股本		250,000
	資本公積－普通股溢價		1,230,000

X1年3月1日	應收帳款	30,000	
	存貨	60,000	
	土地	450,000	
	房屋	450,000	
	設備	600,000	
	專利權	150,000	
	商譽	200,000	
	應付帳款		120,000
	應付所得稅		190,000
	投資 S 公司		1,630,000

2. 衡量期間公允價值變動

(1) 衡量期間調整存貨高估（X1年已銷售，轉列銷貨成本），增加商譽

X2年2月1日	商譽	10,000	
	保留盈餘－前期損益調整		10,000

(2) 衡量期間調整土地低估，減少商譽

X2年2月1日	土地	50,000	
	商譽		50,000

(3) 衡量期間調整專利權低估，減少商譽，並調整收購日至X2年初攤銷費用

X1年3月1日至X2年1月1日攤銷費用 = $150,000 × 1/5 × 10/12 = $25,000

X2年2月1日	專利權	150,000	
	商譽		150,000
	保留盈餘－前期損益調整	25,000	
	專利權		25,000

3. 衡量期間或有對價估計負債公允價值變動數 = $80,000 − $50,000 = $30,000

   衡量期間資本公積 - 或有對價估計變動 = $100,000 − $80,000 = $20,000

X1年12月31日	商譽	50,000	
	或有對價估計負債		30,000
	資本公積－或有對價		20,000

4. 衡量期間後或有對價估計負債公允價值變動數 = $100,000 − $80,000 = $20,000

X2年12月31日	或有對價估計負債評價損失	20,000	
	或有對價估計負債		20,000

X3 年初	或有對價估計負債	100,000	
	現金		100,000
	資本公積－或有對價	100,000	
	普通股股本		20,000
	資本公積－普通股溢價		80,000

第 3 節　企業合併下認列與衡量之特殊項目

一　無形資產

商譽屬「剩餘價值」的概念，在合併過程中，收購者應將所取得且合乎資產負債定義的可辨認項目，盡可能依其性質列為各項資產及負債，與商譽分別認列。尤其是對於所有無實體且有未來經濟效益的無形資產，如可以單獨辨認，於合併時應與商譽分別認列。亦即：**收購者於合併所取得之「可辨認」無形資產應與商譽分別認列。**

無形資產若符合「合約或法定」條件，或「可分離性」條件，即屬可辨認無形資產。

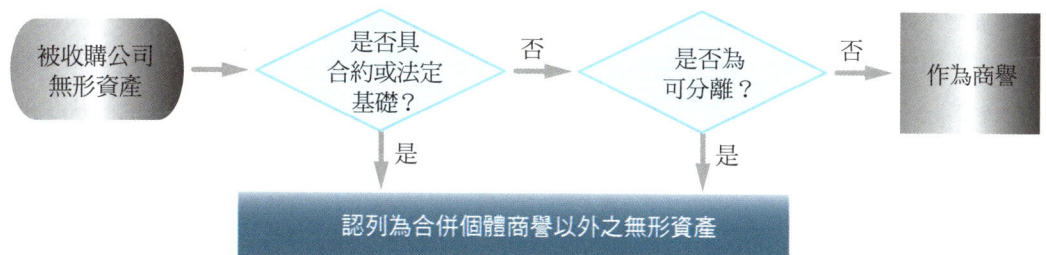

(一) 合約或法定條件

無形資產係由合約或其他法定權利所產生，即認定該無形資產符合合約或法定條件，而屬於可辨認無形資產，即使該資產不可移轉或不可與被收購者或其他權利及義務分離。舉例如下：

1. 被收購者擁有並經營一座核能發電廠（同時擁有電廠所有權和營運執照），電廠營運執照年限與電廠耐用年限相當，依電業法規定，電廠營運執照不得與電廠所有權分開出售。雖然收購者無法將營運執照與所取得之電廠個別出售或移轉，但因為電廠營運執照是由合約或其他法定條件而核發，電廠營運執照即為一項可辨認無形資產，應與商譽分別認列。此外，收購者得基於財務報導目的，將電廠營運執照及電廠所有權認列為單一

資產,並以公允價值評價。
2. 被收購者擁有一項專利,並已將該專利授權予第三人於國外市場專屬使用,取得特定比例之未來國外收入,依授權契約規定,收購者不得個別出售或交換該專利及相關授權契約。雖然收購者無法將該授權契約個別出售或移轉,但因為該專利及相關授權契約係符合合約或法定條件,該專利及相關授權契約即為一項可辨認無形資產,應與商譽分別認列。

(二) 可分離性條件

無形資產符合下列二項情形之一者,為符合可分離性條件:

1. 得個別與被收購者或合併後個體分離

當合併取得之無形資產可個別與收購者或合併後個體分離,此時雖然收購者並無意圖將該無形資產出售、授權或交換,但有證據顯示市場上有同類或類似種類之無形資產交易存在,縱使交易並非經常發生,只要該資產是「得交易」性質,該無形資產即符合可分離性條件。茲以「客戶名單」舉例如下:

(1) 企業合併取得被收購者之客戶名單,該名單有不同於其他競爭者客戶名單之商業機密,但合併後個體之產業,客戶名單經常授權予第三人使用,則該客戶名單符合可分離性條件,應與商譽分別認列。

(2) 企業合併取得被收購者之客戶名單,該名單有不同於其他競爭者客戶名單之商業機密,但依合併契約保密條款或其他協議,或依法令規定,企業禁止將客戶資訊出售、出租或交換者,則該客戶名單不符合可分離性條件,無法單獨認列為一項無形資產。

2. 得隨合約或其他可辨認資產負債分離

當合併取得之無形資產如無法個別與被收購者或合併後個體分離,但可附隨相關合約或可辨認資產負債而分離,仍然符合可分離性條件。舉例如下:

(1) 企業合併取得被收購銀行之存款負債及存款客戶名單,金融機構間交換存款負債及相關存款帳戶客戶名單,為金融產業常見交易,則該客戶名單符合可分離性條件,應與商譽分別認列。

(2) 被收購者擁有一項註冊商標及用於製造該商標產品的專門技術(已書面化但未申請專利)。依照產業慣例,移轉該商標權必須將製造該商標產品的專門技術同時移轉,則該專門技術雖未申請專利,因其必須隨著商標權出售而移轉,故該專門技術符合可分離性條件,應與商譽分別認列。

二 租賃合約

(一) 被收購者為出租人

收購者對於被收購者為出租人之營業租賃資產，應將租賃條款納入考量，以衡量租賃資產在收購日的公允價值。如租賃條款相對於市場條款較為有利或不利，收購者不得因此認列其他個別的資產或負債，僅得調整租賃資產的公允價值。

(二) 被收購者為承租人

收購者除在**短租賃期間**（收購日後 12 個月內結束）或**低價值標的資產**二種情形外，應辨認**被收購者為承租人**之租賃合約，該項租賃契約視同於收購日取得之新租賃，收購者必須按剩餘租賃給付現值認列衡量「使用權資產」及「租賃負債」，並調整以反映較市場行情條款有利或不利之租賃條款。

三 或有負債與補償性資產

(一) 或有負債

1. 認列原則
   (1) 一般或有負債處理原則：**僅能揭露，不能入帳**

    依 IAS 第 37 號規定，**或有負債在財務報表上僅能揭露，不能認列入帳**。或有負債包括下列二者：

   ① **僅為可能義務，非屬現時義務**：因過去事件所產生之可能義務，其存在與否僅能由一個或多個未能完全由企業所控制之不確定未來事項之發生或不發生加以證實者。

   ② **缺乏可能性或可估計性之現時義務**：該義務雖因過去事項所產生之現時義務，但因下列原因未予以認列：並非很有可能需要流出具經濟效益資源以清償該義務或該義務金額無法充分可靠衡量。

   (2) 企業合併之或有負債處理原則：**可估計性之現時義務必須認列**

    依 IFRS 第 3 號規定，收購者對於企業合併中所承擔之或有負債，凡屬因過去事項所產生的現時義務且其公允價值能可靠衡量者，均應於收購日認列該或有負債，即使並非很有可能需要流出具經濟效益之資源以清償該義務，其認列條件與 IAS 第 37 號的認列條件並不一致。IFRS 第 3 號規定，**企業合併之或有負債，得可靠衡量公允價值之現時義務，均應入帳**。

2. 衡量原則

    收購者對於企業合併所應認列之或有負債，自原始認列至清償、中止或期滿為止，

應以下列項目孰高者衡量：
(1) 依 IAS 第 37 號關於「或有負債」規定所認列之金額。
(2) 原始認列之金額，如適當時，減除依 IFRS 第 15 號「客戶合約之收入」之原則認列之累積收益金額。

(二) 補償性資產（Indemnification Asset）

企業合併之賣方可能以合約補償收購者所有或部分特定資產或負債有關之或有事項或不確定性的結果。例如：收購者將因某一或有事項承擔負債，為避免收購者承擔預期以外的損失，合併契約有時規定，如收購者因某或有事項所產生的損失，超過特定金額者，賣方將補償收購者的額外損失；換言之，**賣方將保證收購者之負債不會超過該特定金額，使收購者取得一項補償性資產**。

1. 認列原則

收購者應於認列被補償項目（或有事項項目）時，同時認列補償性資產，並以相同的基礎（例如：公允價值）同時衡量被補償項目與補償性資產，惟補償性資產須評估無法回收之備抵評價金額。若被補償項目屬於企業合併交易不得認列入帳者，該項目之補償性資產亦不得認列入帳。例如：被收購者於企業合併交易取得某項或有負債，該或有負債於收購日無法可靠衡量而未予認列，此時雖然合併契約有補償性資產條款，但因該項被補償性項目（或有負債）未予入帳，相關之補償性資產亦不得認列。

2. 衡量原則
   (1) 被補償項目於收購日認列並按公允價值衡量：收購者**應於收購日以公允價值認列補償性資產**，由於公允價值已考量未來現金流量不確定性之影響，故**該補償性資產無須個別設置備抵評價項目**。
   (2) 被補償項目於收購日認列但非按公允價值衡量：補償性資產可能與某一非以收購日公允價值衡量之資產或負債有關，例如：由員工福利所產生者，其認列與衡量的方式須與被補償項目相同，另須考量管理階層對於補償性資產收現性之評估與任何被補償金額之合約限制，**設置必要備抵評價項目**。

3. 後續衡量原則
   (1) 公允價值衡量者：收購者應於每一後續報導期間結束日衡量收購日認列之補償性資產，其衡量基礎應與被補償項目相同，並考量對補償性資產金額之合約限制。
   (2) 非按公允價值衡量者：管理階層應於每一後續報導期間結束日對於該補償性資產收現性加以評估。
   (3) 收購者僅於資產已收現、出售或喪失對其權利時，始應除列該補償性資產。

被補償項目	補償性資產 原始認列	補償性資產 原始衡量	補償性資產 後續衡量
公允價值衡量	✓	公允價值	公允價值
非公允價值衡量	✓	相同基礎,設備抵項目	收現性
未認列衡量者	✗	✗	—

釋例五　補償性資產之認列

P 公司收購 S 公司 100% 股權,S 公司主要營業項目是製造並銷售食品。試就下列三個獨立情況說明 P 公司應於合併日認列之補償性資產金額。

情況一:於收購日時由於一群消費者聲稱 S 公司製造銷售之產品中所添加的人工色素有害人體健康,使 S 公司成為集體訴訟案之被告,集體訴訟案之原告要求 S 公司支付 $10,000,000 之賠償。P 公司與 S 公司股東就此未決訴訟案達成協議,S 公司股東承諾未來 S 公司訴訟案若判決結果須賠償消費者損失,將給予 $6,000,000 為上限之補償。P 公司委任之鑑價專家評估此訴訟案件或有負債於收購日之公允價值為 $5,000,000。

情況二:S 公司與當地稅務機關針對 X1 年營利事業所得稅申報進行行政訴訟。S 公司之原股東同意,若此訴訟導致不利之結果,將對 P 公司進行補償。稅務機關要求應補繳所得稅之金額為 $1,500,000,S 公司評估該現金流出很有可能發生,該負債之公允價值為 $1,000,000。

情況三:S 公司因過去生產含有石棉之產品,在多起交易中被控訴要求賠償。S 公司之原股東同意,若此訴訟案導致不利之結果,將對 P 公司進行賠償,上限為 $10,000,000。此項訴訟案並未提出具體之求償金額,根據承辦律師所表示之意見,過去判例顯示索賠金額可能達 $8,000,000,但經常會以較小之金額和解。

解析

情況一:按公允價值入帳

由於訴訟案件或有負債之公允價值可衡量,故補償性資產亦按其公允價值 $5,000,000 入帳。

情況二:未按公允價值入帳

由於被補償項目為所得稅,應按 IAS 第 12 號「所得稅」認列負債 $1,500,000,故 P 公司認列補償性資產 $1,500,000。

情況三：不入帳

由於該或有負債之公允價值無法可靠衡量，故 P 公司於收購日並未認列任何相關之負債金額，因此 P 公司不得認列任何補償性資產。

釋例六　補償性資產、衡量期間估計變動之處理

　　P 公司於 X3 年 7 月 1 日以現金 $340,000 吸收合併 S 公司，當日 S 公司除流動資產中存貨低估 $80,000 外，其他帳列可辨認資產及負債之帳面金額均等於公允價值。此外，S 公司有一訴訟賠償現時義務，但因將來清償義務時，並非很有可能會導致具經濟效益之資源的流出，故 S 公司並未將其認列為負債。合併契約約定，若該賠償最後之清償金額超過 $35,000，S 公司原股東將全額補償 P 公司超過的部分。P 公司評估此訴訟賠償未來清償金額不會超過 $35,000，且收購日之公允價值為 $28,000。

　　X3 年 12 月 31 日 P 公司重新評估發現，未來有 90% 之機率須支付 $40,000 以清償前述現時義務，10% 之機率無須進行任何支付，且補償性資產僅 $3,000 的部分得以收現。S 公司 X3 年 6 月 30 日之資產負債表如下：

流動資產	$350,000	流動負債	$120,000
非流動資產	250,000	非流動負債	130,000
資產總額	$600,000	負債總額	$250,000
		權益	
		普通股股本（面額 $10）	$100,000
		資本公積	100,000
		保留盈餘	150,000
		權益總額	$350,000
		負債與權益總額	$600,000

假設不考慮折現，試作 P 公司：

1. X3 年 7 月 1 日之收購分錄。
2. X3 年 12 月 31 日重新評估該訴訟賠償之相關分錄。

解析

1. 收購日或有負債按公允價值入帳：

　　取得淨資產公允價值 = ($350,000 + $250,000 + $80,000) − ($250,000 + $28,000)
　　　　　　　　　　　 = $402,000

　　廉價購買利益 = $402,000 − $340,000 = $62,000

X3年7月1日	流動資產	430,000	
	非流動資產	250,000	
	流動負債		120,000
	非流動負債		130,000
	估計訴訟賠償負債		28,000
	現金		340,000
	廉價購買利益		62,000

2. 衡量期間調整估計負債與補償性資產，差額調整廉價購買利益

　　估計負債調整數 = $40,000 − $28,000 = $12,000　──負債增加 $12,000

　　補償性資產認列數 = $40,000 − $35,000 = $5,000　┐
　　評價調整數 = $5,000 − $3,000 = $2,000　　　　　┘資產增加 $3,000

　　取得淨資產增加 $9,000，應減少廉價購買利益

X3年12月31日	補償性資產	5,000	
	廉價購買利益	9,000	
	估計訴訟賠償負債		12,000
	評價調整－補償性資產		2,000

四　收購者與被收購者既存關係之有效結清

　　既存關係（Pre-Existing Relationships）係指收購者與被收購者於意圖進行企業合併前可能已存在的某種關係。既存關係的性質可能屬合約性質或非合約性質：合約性質之既存關係，例如：供應商與客戶之關係或授權者與被授權者之關係；非合約性質之既存關係，例如：原告與被告之關係。**存在於合併前的「既存關係」將因企業合併交易而「結清」。**有時，收購者所支付的對價中，實質上包含結清既存關係的代價，因此**企業合併時應將支付對價區分為「有效結清代價」與「合併支付對價」，並認列有效結清既存關係的應有損益。**

(一) 合約性質之既存關係

　　合約性質之既存關係，常見如供應商與客戶之關係或授權者與被授權者之關係。以供應商與客戶關係為例，如收購者為原料供應商，當企業合併後，收購者無須再依合約供貨；以授權者與被授權者關係為例，如收購者為專利授權者，將專利權授與被收購者使用，當企業合併後，收購者即無須再依合約授權，形同收回此項授權，此種收回合約性質的既存關係亦稱為「再取得權利」（Reacquired Rights）。

收購者藉由企業合併交易，使原本存在的合約關係消滅，**收購者應於合併時估計「有效結清之代價」**，再就結清代價與帳列相關資產負債（如：為銷貨虧損性合約之負債準備）間之差額應認列為結清損益，若收購者先前在帳上並未認列相關資產負債，則結清對價全額均應認列為結清損失。所謂有效結清（Effective Settlement）既存關係的代價為下列二者孰低者計算：繼續合約之價值與結束合約之支付。

1. **繼續合約之價值**：自收購者之觀點而言，既存合約相較於相同或類似項目之現時市場交易條款較有利或較不利之金額。
2. **結束合約之給付**：依合約結清條款規定，合約中不利之一方結清合約所須支付給交易對方之金額。

(二) 非合約性質之既存關係

非合約性質之既存關係，常見如原告與被告的訴訟關係，假設收購者為被告，被收購者為原告，當企業合併後，雙方的訴訟關係即告消滅。收購者藉由企業合併交易，使原本存在的訴訟關係消滅，**收購者應於合併時估計「結清此項既存關係之公允價值」**，再就公允價值與帳列相關資產負債（如：為訴訟認列之負債準備）間之差額認列結清損益。

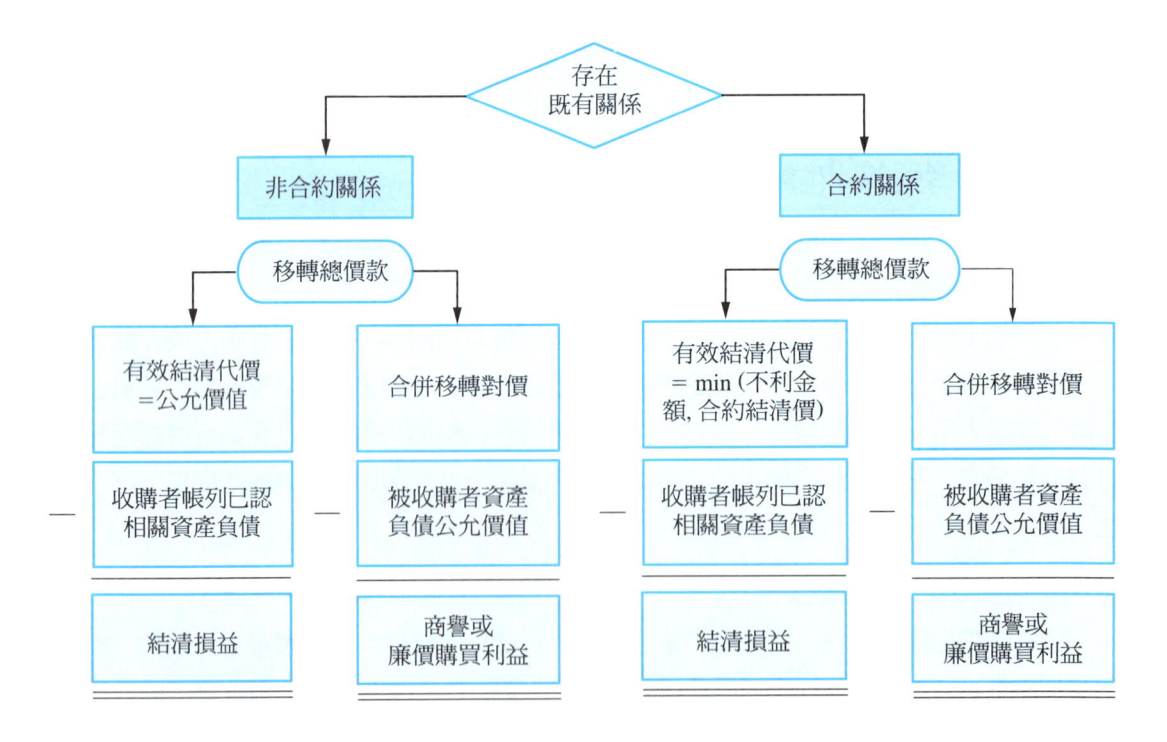

```
                        存在
                        既有關係
            ┌──────────────┴──────────────┐
         非合約關係                      合約關係
            │                               │
        移轉總價款                       移轉總價款
        ┌───┴───┐                      ┌────┴────┐
   有效結清代價   合併移轉對價        有效結清代價    合併移轉對價
   =公允價值                         = min (不利金
                                     額, 合約結清價)
        －            －                  －             －
   收購者帳列已認   被收購者資產        收購者帳列已認   被收購者資產
   相關資產負債    負債公允價值        相關資產負債     負債公允價值
        ＝            ＝                  ＝             ＝
    結清損益        商譽或              結清損益        商譽或
                 廉價購買利益                         廉價購買利益
```

釋例七　既存關係之結清

P公司於×1年初以 $30,000,000 收購 S 公司，S 公司於收購日可辨認淨資產之公允價值（不包括既存關係相關資產負債）為 $25,000,000。試按下列獨立情況作 P 公司×1年初之收購分錄。

情況一：P 公司係 S 公司所提出專利侵權訴訟案中之被告，P 公司已於其財務報表中認列 $2,000,000 之負債準備，估計結清此訴訟案之公允價值為 $3,000,000。

情況二：公司依據所簽訂之固定價格合約提供勞務予 S 公司，該合約之結清條款約定不利之一方得以 $2,000,000 終止該合約。由於提供該勞務之市場價格在合約簽訂後上漲，因此對 P 公司而言，該合約在相同或類似勞務之現時市場交易條件較為不利，P 公司於收購日評估該固定價格合約存在 $5,000,000 之不利金額。

情況三：P 公司於 1 年前將特許權授與 S 公司經營，收購時 S 公司特許權公允價值 $2,500,000，若該特許權條件較市場條件不利，P 公司於收購日評估該特許權不利金額為 $500,000，合約雙方若解除契約須支付對方 $1,000,000。

解析

情況一：結清既存之非合約性質關係

P 公司於收購日依公允價值衡量既存之訴訟，考量帳列負債準備金額後，應認列 $1,000,000 之結清損失。

支付對價 = $30,000,000 − $3,000,000 = $27,000,000
商譽 = $27,000,000 − $25,000,000 = $2,000,000
結清損益 = $3,000,000 − $2,000,000 = $1,000,000（損失）

相關分錄如下：

×1年初	S公司淨資產	25,000,000	
	負債準備	2,000,000	
	其他損失	1,000,000	
	商譽	2,000,000	
	現金		30,000,000

情況二：結清既存之合約性質關係：不利合約

P 公司於收購日因結清此一既存之固定價格合約，應按不利之金額（即 $5,000,000）與結清合約之金額（即 $2,000,000）較低者計算結清代價，由於此不利合約未認列相關資產負債，故結清代價即為結清損益。

結清代價 = 結清損益 = min($5,000,000,$2,000,000) = $2,000,000（損失）

支付對價 = $30,000,000 − $2,000,000 = $28,000,000

商譽 = $28,000,000 − $25,000,000 = $3,000,000

相關分錄如下：

X1年初	S公司淨資產	25,000,000	
	其他損失	2,000,000	
	商譽	3,000,000	
	現金		30,000,000

情況三：結清既存之合約性質關係：再取回權利，不利合約

P公司所取得的特許權應按公允價值（$2,500,000）作為可辨認無形資產。另外，就特許權合約有利部分的結清，應視為取得對價的減少，並作為結清損失。

結清代價 = 結清損益 = min($500,000,$1,000,000) = $500,000（損失）

支付對價 = $30,000,000 − $500,000 = $29,500,000

商譽 = $29,500,000 − $25,000,000 − $2,500,000 = $2,000,000

相關分錄如下：

X1年初	S公司淨資產	25,000,000	
	再取回權利−特許權	2,500,000	
	商譽	2,000,000	
	其他損失	500,000	
	現金		30,000,000

五　或有給付與股份基礎給付之約定

(一) 員工或股東之或有給付約定

企業合併時，收購者為使被收購者員工或股東未來繼續提供勞務，於合併時定有「或有給付」之約定，如該約定係基於合併後個體或收購者之利益，則屬「移轉對價—或有價金」之合併交易範疇，如係基於被收購者或其原股東之利益，則屬「勞務酬勞」之個別交易範疇。

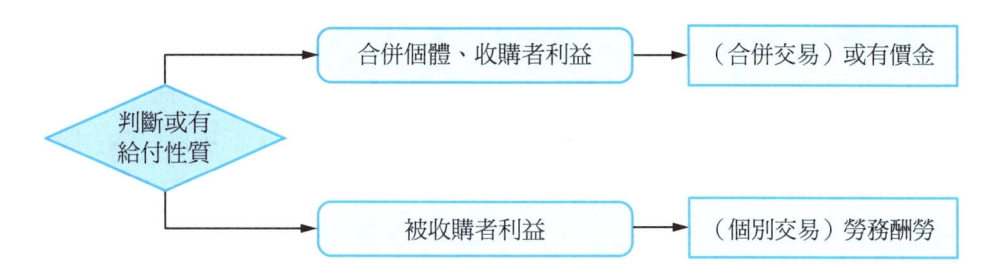

```
                            ┌──→ 合併個體、收購者利益 ──→ （合併交易）或有價金
判斷或有給付性質 ─┤
                            └──→ 被收購者利益 ──→ （個別交易）勞務酬勞
```

　　例如：甲公司與新任執行長 A 簽訂 10 年之聘用合約，合約規定：如於合約到期前，甲公司被收購，則甲公司須支付 $500 萬離職補償金給 A。合約簽訂 8 年後，甲公司被丙公司收購。若甲公司於合併日已與 A 執行長達成該聘任協議，且 A 執行長於收購日仍在職，則根據現存合約，合併時 A 執行長有權利取得且甲有義務給予離職補償金 $500 萬，故該離職補償之協議目的係甲公司為取得 A 執行長於合併前所提供勞務，而非為了提供利益予丙公司或合併後個體。因此，離職補償金 $500 萬屬勞務成本。

　　例如：乙公司與新任 B 執行長簽訂 10 年之聘用合約，合約規定：如無可歸責於 B 執行長事由，乙公司不得任意解除 B 執行長之職務。合約簽訂 8 年後，乙公司被丙公司收購，丙公司於合併協商期間，建議乙公司與 B 執行長達成離職協議以利合併後續整併作業。乙公司與 B 執行長嗣後達成離職補償金 $500 萬之協議。因乙公司係於企業合併協商期間，在丙公司建議下與 B 執行長達成離職金協議，且該協議主要目的係對丙公司或合併後個體有利，而非針對乙公司或其股東有利。因此，離職補償金 $500 萬屬合併對價。

　　若無法確定對員工或賣方股東之給付約定係屬合併交易或屬個別交易，收購者應考量下列指標：

	屬合併交易之「或有對價」	屬個別交易之「勞務酬勞」
持續聘僱	或有給付約定不受聘僱終止影響。	或有給付約定於聘僱終止時即自動喪失給付。
持續聘僱之期間	要求聘僱期間短於或有給付期間。	要求聘僱期間相同於或長於或有給付期間。
酬勞之水準	不含或有給付的員工酬勞屬合理水準。	不含或有給付的員工酬勞較低。
對員工之增額給付	賣方股東（無論是否為員工）均收到相同的每股或有給付。	具員工身分之賣方股東收到較高的每股或有給付。
擁有之股數	繼續作為重要員工之賣方股東僅擁有被收購者之少數股份。	繼續作為重要員工之賣方股東擁有被收購者幾乎所有股份。
與評價之連結	決定該或有給付之公式與被收購者評價方法相關。	決定該或有給付之公式與以前之分紅約定一致。
決定對價之公式	或有給付基於盈餘之倍數。	或有給付為盈餘之特定比率。
其他協議存在	其他協議或約款與市場條款一致。	如競業禁止協議、待履行合約、諮詢合約及特別約定之不動產租賃協議等。

(二) 員工之股份基礎給付之約定（替代性報酬）

　　企業合併時，收購者為使被收購者員工未來繼續提供勞務，而以本身股份為給付基礎（如：股票選擇權）替代該員工在原公司已既得或將既得之報酬，此項以收購者股份替代被收購者員工原報酬，稱為**替代性報酬**（Replacement Awards）。根據 IFRS 第 2 號「股份基礎給付」規定，替代性報酬應視為「股份基礎給付報酬之修改」，與其他企業合併相關之股票選擇權或股份基礎給付報酬的交換相同處理。

　　替代性報酬，依其性質與目的，判斷是否為合併交易或個別交易。如**替代性報酬歸屬於合併前勞務之部分，屬「移轉對價」**之合併交易範疇；如替代性報酬**歸屬於合併後勞務之部分，則屬「勞務酬勞」**之個別交易範疇。

```
                    ┌──→ 支付合併前勞務 ──→ （合併交易）移轉對價
替代性酬勞 ─────────┤
                    └──→ 支付合併後勞務 ──→ （個別交易）勞務酬勞
```

　　替代性報酬，原則上應以公允價值衡量，亦即以市價基礎衡量該股份基礎給付。替代性報酬按「收購者是否有義務給付替代性報酬」、「被收購者勞務於合併前是否既得」及「收購日後是否須提供額外勞務」三項決定其屬於移轉對價或勞務酬勞。說明如下：

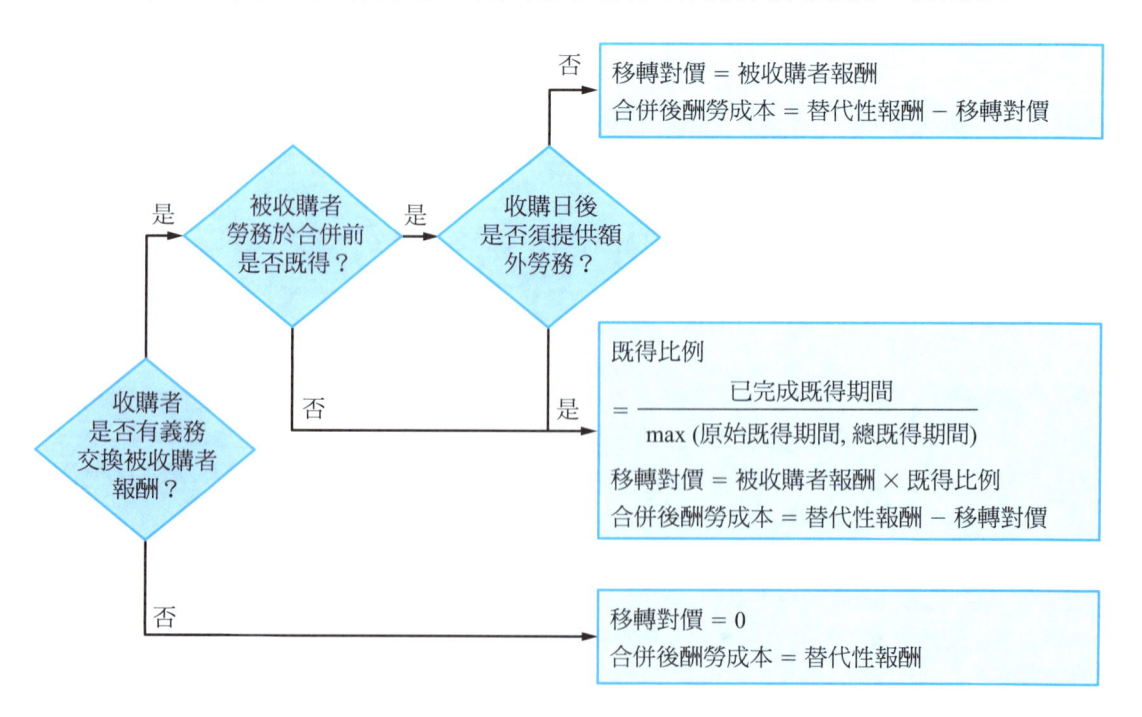

收購者是否有義務交換被收購者報酬？
- 是 → 被收購者勞務於合併前是否既得？
  - 是 → 收購日後是否須提供額外勞務？
    - 否 → 移轉對價 = 被收購者報酬
          合併後酬勞成本 = 替代性報酬 − 移轉對價
    - 是 → 既得比例 $= \dfrac{\text{已完成既得期間}}{\max(\text{原始既得期間, 總既得期間})}$
          移轉對價 = 被收購者報酬 × 既得比例
          合併後酬勞成本 = 替代性報酬 − 移轉對價
  - 否 → （同上既得比例計算）
- 否 → 移轉對價 = 0
      合併後酬勞成本 = 替代性報酬

1. 收購者有無義務給付替代性報酬
   (1) **收購者無義務給付**：若收購者無義務替代被收購者原報酬，亦即被收購者員工原報酬將因企業合併而失效，該替代性報酬應屬於合併後勞務，則該替代性報酬應全數於合併後財務報表中認列為酬勞成本。
   (2) **收購者有義務給付**：若收購者有義務替代被收購者原報酬，則替代性報酬中屬於合併前勞務的部分，屬於移轉對價；屬於合併後勞務的部分，屬於合併後財務報表酬勞成本。
2. 被收購者員工勞務既得情形

   在收購者有義務給付替代性報酬情形下，因被收購者員工勞務既得情形不同，亦再區分為四種情形：

		被收購者報酬	
		既得期間於企業合併前已完成	既得期間於企業合併前未完成
替代性報酬	員工於收購日後無須提供額外勞務	情況(1)	情況(3)
	員工於收購日後必須提供額外勞務	情況(2)	情況(4)

   (1) **被收購者既得期間於合併前完成，收購日後無須提供額外勞務**：

   被收購者員工於收購日前已完成原報酬之所有勞務，員工已無須再提供合併後勞務，此時被收購者原報酬係因合併前勞務所取得，應**屬於移轉對價**，但若替代性報酬之價值（以市價基礎衡量）與被收購者原報酬之價值（以市價基礎衡量）二者間有差額，差額應作為合併後財務報表中之酬勞成本。

   被收購者原既得期間＝已完成既得期間＝總既得期間
   合併前酬勞成本＝被收購者報酬
   合併後酬勞成本＝替代性報酬－合併前酬勞成本

   (2) **被收購者既得期間於合併前完成，收購日後尚須提供額外勞務**：

   被收購者員工於收購日前已完成原報酬之所有勞務，但收購者要求該員工必須於合併後繼續提供勞務，才能取得原報酬之替代性報酬，則該替代性報酬應**視為原股份基礎給付報酬之修改**。此時，該替代性報酬之總既得期間延長為已完成既得期間（已提供合併前勞務期間）與後續既得期間（必須繼續提供合併後勞務期間）。

   被收購者原既得期間＝已完成既得期間
   總既得期間＝收購日前已完成既得期間＋後續既得期間

$$合併前酬勞成本 = 被收購者報酬 \times \frac{已完成既得期間}{\max(原既得期間, 總既得期間)}$$

$$合併後酬勞成本 = 替代性報酬 - 合併前酬勞成本$$

假設收購者替代性報酬條款如下：員工必須再提供 1 年合併後勞務才能取得替代性報酬，以替代被收購者原股份基礎給付報酬。若該員工於合併前已完成既得期間，且替代性報酬及原報酬於收購日以市價基礎衡量之金額皆為 $100 萬。被收購者原始既得期間為 4 年，持有未執行報酬之員工，自給與日起已提供 4 年勞務，則總既得期間為 4 + 1 年，

合併前酬勞成本 = 移轉對價

$$= \$100 \times \frac{4}{\max(4,5)} = \$80（萬）$$

合併後酬勞成本 = $100 − $80
　　　　　　　 = $20（萬）

(3) **被收購者既得期間於合併前未完成，收購日後無須提供額外勞務：**

被收購者員工於收購日前尚未完成原報酬之所有勞務，若收購者未要求員工繼續提供合併後勞務以取得替代性報酬，亦未被免除原報酬之剩餘既得期間，則**總既得期間應縮短為已完成既得期間**。此時應將員工勞務分為「合併前既得」與「合併後未既得」二部分。合併前既得報酬屬於合併前勞務，為合併對價；合併後未既得報酬屬於合併後勞務，為酬勞成本。

被收購者原既得期間 > 已完成既得期間

總既得期間 = 收購日前已完成既得期間

$$合併前酬勞成本 = 被收購者報酬 \times \frac{已完成既得期間}{\max(原既得期間, 總既得期間)}$$

合併後酬勞成本 = 替代性報酬 − 合併前酬勞成本

假設收購者未要求提供合併後勞務之替代性報酬交換被收購者之股份基礎給付報酬，若被收購者原始既得期間為 4 年，其員工於合併前已提供 2 年勞務，兩項報酬於收購日以市價基礎衡量之金額皆為 $100 萬，則總既得期間為 2 年，

合併前酬勞成本 = 移轉對價

$$= \$100 \times \frac{2}{\max(4,2)} = \$50（萬）$$

合併後酬勞成本 = $100 - $50
= 50（萬）

(4) 被收購者既得期間於合併前未完成，收購日後尚須提供額外勞務：

被收購者員工於收購日前已提供為取得報酬之所有勞務，但收購者要求該員工必須於合併後繼續提供勞務，才能取得原報酬之替代性報酬，則該替代性報酬應**視為原股份基礎給付報酬之修改**。此時，該替代性報酬之總既得期間延長為已完成既得期間（已提供合併前勞務期間）與後續既得期間（必須繼續提供合併後勞務期間）。合併前既得報酬屬於合併前勞務，為合併對價；合併後既得報酬屬於合併後勞務，為酬勞成本，惟應於收購日後的既得期間逐期轉列各期酬勞成本。

被收購者原既得期間 > 已完成既得期間

總既得期間 = 收購日前已完成既得期間 + 後續既得期間

$$合併前酬勞成本 = 被收購者報酬 \times \frac{已完成既得期間}{\max(原既得期間, 總既得期間)}$$

合併後酬勞成本 = 替代性報酬 - 合併前酬勞成本

假設收購者以要求提供 1 年合併後勞務之替代性報酬交換被收購者之股份基礎給付報酬，若被收購者原始既得期間為 5 年，其員工於合併前已提供 2 年勞務，兩項報酬於收購日以市價基礎衡量之金額皆為 $100 萬，則總既得期間為 2 + 1 = 3 年，

$$合併前酬勞成本 = 移轉對價 = \$100 \times \frac{2}{\max(5,3)} = \$40（萬）$$

合併後酬勞成本 = $100 - $40 = $60（萬），於未來 3 年認列為酬勞成本

3. 酬勞成本估計變動之處理

未既得替代性報酬中屬於合併前勞務部分，以及屬於合併後勞務之部分，應反映預期既得之替代性報酬數額之最佳可得估計值，包括員工離職率、績效條件下估計既得期間的變動及市價等。估計變動按 IFRS 第 2 號之規定，採累積調整方式處理，並注意下列狀況：

(1) 預期既得之替代性報酬之估計金額變動應反映於發生權利變動或喪失期間之酬勞成本中，而非作為企業合併移轉對價之調整。
(2) 收購日後變更酬勞計畫或績效估計變動之影響，採累積調整方式決定事件發生當期之酬勞成本。
(3) 替代性報酬若分類為權益工具，調整期間至既得日為止；若替代性報酬若分類為負債工具，市價基礎的調整期間需延長至執行日為止。

釋例八 替代性酬勞會計處理

P 公司於 X1 年初以 $20,000,000 收購 S 公司,並發行以市價基礎衡量為 $1,000,000 之員工認股權替換 S 公司原有之員工認股權。S 公司於收購日可辨認淨資產之公允價值(不包括股份基礎給付)為 $18,000,000,S 公司原股份基礎給付於收購日以市價基礎衡量之金額為 $1,200,000。試按下列獨立情況作 P 公司 X1 年初之收購分錄。

情況一:S 公司員工於合併前已完成既得期間 3 年之服務期間,P 公司並未要求 S 公司員工繼續提供服務。

情況二:S 公司員工於合併前已完成既得期間 3 年之服務期間,P 公司要求 S 公司員工繼續提供 2 年期服務。

情況三:S 公司員工原既得期間 3 年,S 公司員工於合併前已完成既得期間 2 年之服務期間,P 公司並未要求 S 公司員工繼續提供服務。

情況四:S 公司員工原既得期間 3 年,S 公司員工於合併前已完成既得期間 2 年之服務期間,P 公司要求 S 公司員工繼續提供 3 年期服務。

解析

情況一:被收購者既得期間於合併前完成,收購日後無須提供額外勞務

合併前酬勞成本 = $1,200,000

支付對價 = $20,000,000 + $1,200,000 = $21,200,000

商譽 = $21,200,000 − $18,000,000 = $3,200,000

X3 年 1 月 1 日	S 公司淨資產	18,000,000	
	商譽	3,200,000	
	現金		20,000,000
	資本公積−員工認股權		1,200,000

情況二:被收購者既得期間於合併前完成,收購日後尚須提供額外勞務

合併前酬勞成本 = $1,200,000 × 3/5 = $720,000

支付對價 = $20,000,000 + $720,000 = $20,720,000

商譽 = $20,720,000 − $18,000,000 = $2,720,000

X3 年 1 月 1 日	S 公司淨資產	18,000,000	
	商譽	2,720,000	
	現金		20,000,000
	資本公積−員工認股權		720,000

情況三：被收購者既得期間於合併前未完成，收購日後無須提供額外勞務

合併前酬勞成本 = $1,200,000 × 2/3 = $800,000

支付對價 = $20,000,000 + $800,000 = $20,800,000

商譽 = $20,800,000 − $18,000,000 = $2,800,000

X3年1月1日	S公司淨資產	18,000,000	
	商譽	2,800,000	
	現金		20,000,000
	資本公積－員工認股權		800,000

情況四：被收購者既得期間於合併前未完成，收購日後尚須提供額外勞務

合併前酬勞成本 = $1,200,000 × 2/(2 + 3) = $480,000

支付對價 = $20,000,000 + $480,000 = $20,480,000

商譽 = $20,480,000 − $18,000,000 = $2,480,000

X3年1月1日	S公司淨資產	18,000,000	
	商譽	2,480,000	
	現金		20,000,000
	資本公積－員工認股權		480,000

六　按公允價值衡量之例外

收購者取得被收購者資產負債原則上按公允價值衡量，惟在「待出售資產」、「股份基礎給付報酬」、「員工福利」、「所得稅」項目應回歸各號準則規定衡量（即回歸中級會計學討論範圍處理），分述如下。

1. **待出售資產**

    收購者在取得被收購者之非流動資產（或處分群組）後，若欲以出售方式處分且符合IFRS第5號「待出售非流動資產及停業單位」之規定，收購者在收購日須將此類資產（或負債）分類為待出售，並以公允價值扣除出售成本衡量。

2. **員工福利**

    依據IAS第19號「員工福利」之規定，當被收購者採確定福利計畫，其「確定福利義務」係按精算假設計算，並與相關計畫資產相抵後，以淨額列帳，故與企業合併採公允價值之衡量原則不一致。

3. **所得稅**

    企業合併相關的所得稅影響數包括三個部分，均按IAS第12號「所得稅」規定認

列，與企業合併之認列原則一致，惟遞延所得稅資產的性質係企業未來的抵稅權，而遞延所得稅負債之性質則為未來的繳稅義務，依據 IAS 第 12 號「所得稅」規定，均無須折現，故與企業合併採公允價值之衡量原則不一致。

(1) 被收購者於收購日已存在之遞延所得稅資產或負債：包括被收購者原課稅基礎與會計基礎產生之暫時性差異，或前期虧損產生的遞延所得稅資產等。

(2) 因合併而產生之暫時性差異及遞轉下期之潛在所得稅影響數：包括被收購公司原有未認列的營業虧損所得稅影響數，因收購者未來有利潤而成為可實現，故可於合併時認列遞延所得稅資產。同樣的，當收購者原有虧損，且估計合併後有利潤，亦會產生遞延所得稅資產。

(3) 因企業合併取得資產或承擔負債而產生之遞延所得稅資產或負債：企業合併時所取得資產按公允價值入帳（會計基礎），其與原帳面金額（課稅基礎）之差額將產生應課稅或可減除差異，故需於合併時認列相關的遞延所得稅資產或負債。

有關企業合併時與企業合併後的所得稅處理，詳見第 8 章之說明。

第 4 節　企業合併之特殊情況

一　反向收購

(一) 辨認收購者

反向收購（Reverse Acquisitions）係指在透過權益交換達成企業合併的情形下，發行權益之個體——法律上收購者（Legal Acquirer）並非一定是會計上收購者。當發行權益之個體（法律上收購者）發行較原流通在外股數更多的權益予另一參與合併個體〔法律上被收購者（Legal Acquirer）〕以完成合併，就合併後企業之整體股東權益而言，法律上收購者原股東股權比例低於法律上被收購者，故就會計處理目的而言，法律上收購者反而成為會計上被收購者，法律上被收購者則成為會計上收購者。亦即：**會計上收購者，係以合併後企業之整體股東權益判斷；所有參與合併之企業，其原股東取得合併後最大比例表決權者，為會計上收購者。**

反向收購圖示如下：

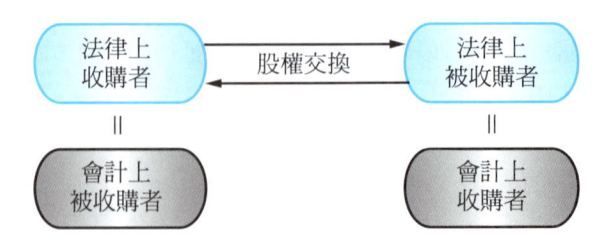

舉例而言,假設甲公司流通在外 100 股,每股市價 $37.5,乙公司流通在外 100 股,每股市價 $75,甲公司以其發行 2 股交換乙公司全部普通股 1 股之方式完成合併,其關係可圖示如下:

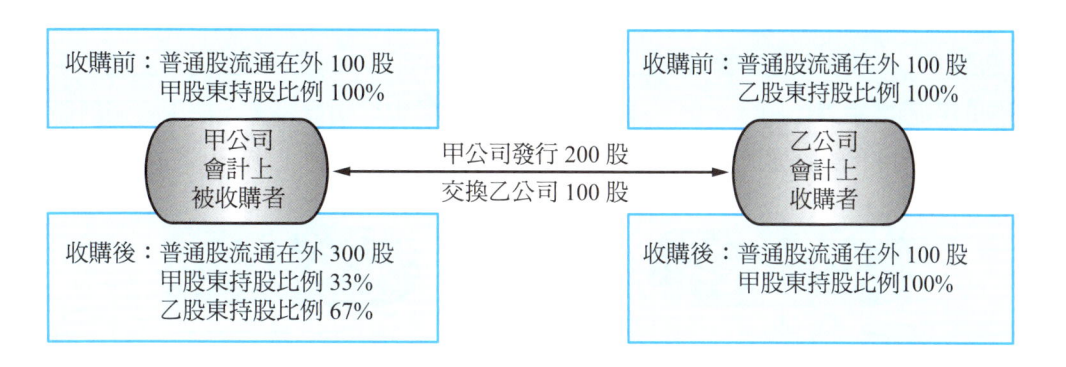

```
┌─────────────────────────────┐                              ┌─────────────────────────────┐
│ 收購前:普通股流通在外 100 股 │                              │ 收購前:普通股流通在外 100 股 │
│   甲股東持股比例 100%        │                              │   乙股東持股比例 100%        │
└─────────────────────────────┘                              └─────────────────────────────┘
         ┌──────────┐         甲公司發行 200 股               ┌──────────┐
         │  甲公司  │    ←──────────────────────→            │  乙公司  │
         │  會計上  │         交換乙公司 100 股              │  會計上  │
         │被收購者  │                                        │  收購者  │
         └──────────┘                                        └──────────┘
┌─────────────────────────────┐                              ┌─────────────────────────────┐
│ 收購後:普通股流通在外 300 股 │                              │ 收購後:普通股流通在外 100 股 │
│   甲股東持股比例 33%         │                              │   甲股東持股比例 100%        │
│   乙股東持股比例 67%         │                              │                              │
└─────────────────────────────┘                              └─────────────────────────────┘
```

就合併公司整體股東權益而言,合併後甲公司原股東持股比例為 $\frac{100}{300}=33\%$(低於 50%),而乙公司持股比例為 $\frac{200}{300}=67\%$(超過 50%),甲公司(法律上收購者)成為會計上被收購者,乙公司(法律上被收購者)則成為會計上收購者。以下就反向收購下之移轉對價與非控制權益之決定加以說明,有關反向收購之會計處理與合併報表之編製將於第 3 章中說明。

(二) 衡量移轉對價

反向收購中,會計上收購者通常不會發行對價予被收購者,而係由會計上被收購者發行其股份予收購者之股東。然而,**在衡量會計上收購者為取得會計上被收購者權益所支付之「移轉對價」時,仍必須以「會計上收購者」角度出發,假設「會計上收購者」以發行權益方式取得被收購者之股權,藉由「設算」會計上收購者應發行股數,乘以收購日每股公允價值來決定移轉對價**,公式如下:

$$移轉對價 = 會計上收購者應發行股數 \times 收購日每股公允價值$$

上述設算方式係基於使「會計上被收購者之股東擁有與反向收購後產生之合併後個體相同比例之權益」之目的,計算會計上收購者所應發行之股數。

假設會計上收購者為 AC,會計上被收購者為 TC

$$收購後 AC 取得合併個體權益比例(R)= \frac{TC 發行股數}{TC(原有股數 + 發行股數)}$$

$$收購後 TC 取得合併個體權益比例 = 1 - R$$

$$AC 約當發行股數 = AC 原有股數 \times \frac{1-R}{R}$$

$$\text{支付對價} = \text{AC 約當發行股數} \times \text{AC 每股市價}$$
$$= \text{AC 原有股數} \times \frac{1-R}{R} \times \text{AC 每股市價} = \text{AC 市值} \times \frac{1-R}{R}$$

再以甲、乙公司為例，合併後甲公司股權中，甲公司原股東與乙公司股東所持有之股權比例為 1 比 2（原流通股數 100 股：新發行股數 200 股），如以乙公司角度觀察，欲維持相同的「股權相對比例」，則乙須約當發行 50 股予甲公司原股東，使甲公司原股東與乙公司股東所持有的股權比例維持 1 比 2（約當發行股數 50 股：原流通股數 100 股）。

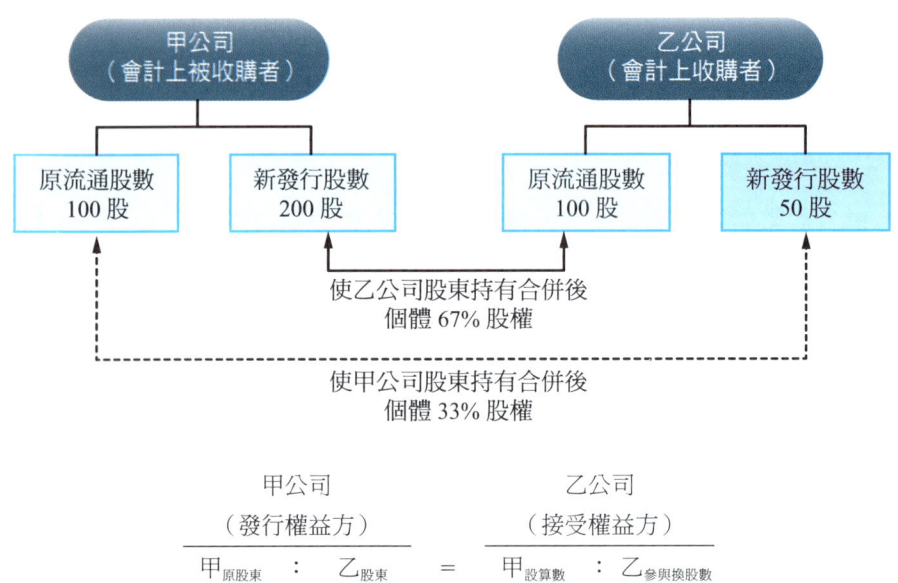

```
         甲公司                              乙公司
     (會計上被收購者)                      (會計上收購者)
       /      \                            /        \
  原流通股數  新發行股數              原流通股數   新發行股數
   100 股     200 股                  100 股       50 股
                   使乙公司股東持有合併後
                   個體 67% 股權
                   使甲公司股東持有合併後
                   個體 33% 股權
```

甲公司			乙公司	
（發行權益方）			（接受權益方）	
甲原股東 :	乙股東	=	甲設算數 :	乙參與換股數
100	200		?	100

設算股數 = 100 × 100 ÷ 200 = 50
支付對價 = $75 × 50 = $3,750

(三) 衡量非控制權益

反向收購中，會計上收購者部分股東可能未以其權益交換會計上被收購者之權益，由於這些未參與換股的股東未交換會計上被收購者的權益（未交換新股），該等股東僅對會計上收購者（而非對合併後個體）之經營結果及淨資產擁有權益，因此**會計上收購者之未換股股東應列為反向收購後合併財務報表中之「非控制權益」**。「非控制權益」在會計上收購者之權益比例仍然是以「合併前未考慮約當發行股份」之情形計算，公式如下：

$$\text{合併財務報表上非控制權益比例} = \frac{\text{收購者未參與換股股數}}{\text{收購者原流通在外股數}}$$

以上段甲、乙公司為例，若甲公司股東發行 150 股交換乙公司 75 股完成合併，乙公司尚有 25 股未參與股份交換。

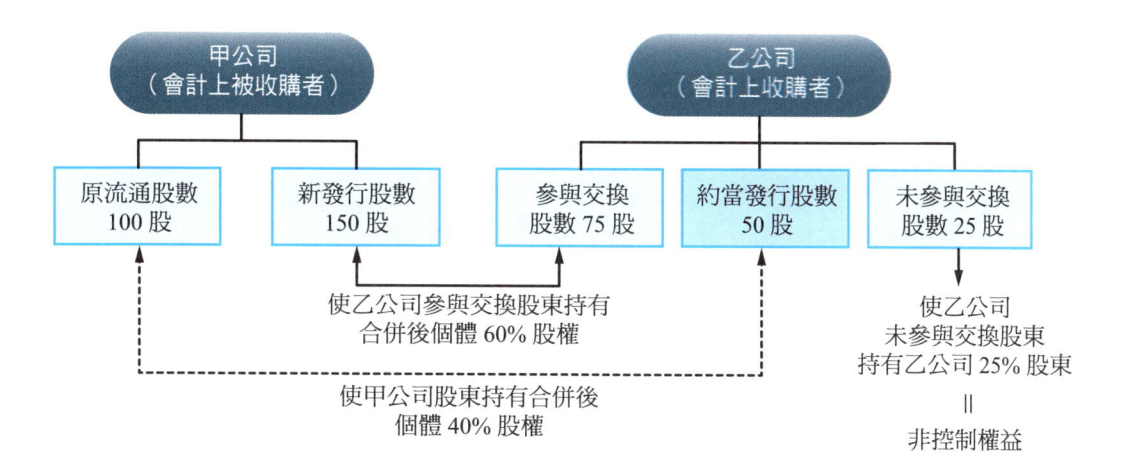

```
        甲公司                           乙公司
   （會計上被收購者）                （會計上收購者）
    ┌────┴────┐              ┌────────┼────────┐
  原流通股數   新發行股數      參與交換    約當發行股數   未參與交換
   100 股      150 股       股數 75 股    50 股       股數 25 股
```

使乙公司參與交換股東持有合併後個體 60% 股權

使甲公司股東持有合併後個體 40% 股權

使乙公司未參與交換股東持有乙公司 25% 股東 = 非控制權益

衡量移轉對價：

	甲公司 （發行權益方）		乙公司 （接受權益方）	
	甲$_{原股東}$ ：	乙$_{股東}$	甲$_{設算數}$ ：	乙$_{參與換股數}$
	100	150	?	75

甲原股東設算數 = 50 股

移轉對價 = $\$75 \times 50 = \$3,750$

非控制權益比例 = $\dfrac{\text{收購者未參與換股股數}}{\text{收購者原流通在外股數}} = \dfrac{25}{75+25} = 25\%$

釋例九　反向收購之對價與商譽的決定，合併後個體報表：100%

TC 公司於 X11 年 10 月 1 日以換發新股方式併購 AC 公司，換股比例為每 1.5 股 AC 公司股票，換發 TC 公司股票 1 股，當日 AC 公司之普通股市價為每股 $29，TC 公司股票並無活絡市場公開報價。TC、AC 二公司合併前之資產負債表如下：

	TC 公司		AC 公司	
	帳面金額	公允價值	帳面金額	公允價值
流動資產	$360,000	$450,000	$795,000	$870,000
非流動資產	240,000	300,000	705,000	750,000
資產總額	$600,000	$750,000	$1,500,000	$1,620,000

	TC 公司		AC 公司	
	帳面金額	公允價值	帳面金額	公允價值
流動負債	$ 90,000	$ 90,000	$ 60,000	$ 60,000
非流動負債	150,000	180,000	90,000	96,000
負債總額	$240,000	$270,000	$ 150,000	$ 156,000
股東權益				
普通股股本（面額 $10）	$150,000		$ 900,000	
資本公積	75,000		180,000	
保留盈餘	135,000		270,000	
股東權益總額	$360,000		$1,350,000	
負債與股東權益總額	$600,000		$1,500,000	

試按下列二種情況計算該企業合併之移轉對價與商譽：

情況一：TC 公司採吸收合併方式併購 AC 公司。

情況二：TC 公司以換發新股方式合併 AC 公司，惟 AC 公司 90,000 股中僅交換 71,250 股。

解析

情況一：TC 發行股數 = ($900,000 ÷ $10) ÷ 1.5 = 60,000

AC 合併後持股比例 = $\dfrac{60,000}{15,000 + 60,000}$ = 80%

AC 約當發行股數 = 90,000 ÷ 80% × 20% = 22,500

支付對價 = $29 × 22,500 = $652,500

TC 淨資產公允價值 = $750,000 − $270,000 = $480,000

商譽 = $652,500 − $480,000 = $172,500

情況二：TC 發行股數 = 71,250 ÷ 1.5 = 47,500

AC 合併後持股比例 = $\dfrac{47,500}{15,000 + 47,500}$ = 76%

AC 約當發行股數 = 71,250 ÷ 76% × 24% = 22,500

支付對價 = $29 × 22,500 = $652,500

TC 淨資產公允價值 = $750,000 − $270,000 = $480,000

商譽 = $652,500 − $480,000 = $172,500

非控制權益比例 = (90,000 − 71,250) ÷ 90,000 = 20.83%

二　分批收購

當收購者於收購日前已持有被收購者權益,而在後續的收購日再次收購被收購者的權益,進而取得對被收購者的控制,此類交易稱為「分階段達成之企業合併」,有時亦稱「分批收購」(Step Acquisition)。例如:P 企業於 X1 年 12 月 31 日已持有 S 企業 20% 之非控制權益,P 企業當天額外買進 S 企業 60% 之權益,因而取得對 S 企業之控制。

1. **原持有股權投資之處理**

   收購者應按收購日之公允價值再衡量先前已持有之被收購者權益,如因再衡量而產生任何利益或損失,應認列為損益或其他綜合損益。

2. **合併對價與商譽的決定**

   收購者取得控制後,應將各批次股權於最後收購日公允價值決定收購對價,並與所取得資產與承擔負債的公允價值相比較,計算合併商譽或廉價購買利益。

   有關分批收購之會計處理與合併報表之編製,詳見第 7 章之說明。

釋例十　分階段達成之企業合併

P 公司原持有 S 公司 40% 股份,並採權益法處理。P 公司又於 X1 年 9 月 1 日再以 $3,600,000 購入 S 公司剩餘 60% 股權,S 公司並同時辦理解散。P 公司原持有 40% 權益於 X1 年 9 月 1 日之帳面金額為 $2,100,000,公允價值為 $2,400,000。S 公司於該日之資產與負債公允價值如下:

流動資產	$3,500,000	流動負債	$1,000,000
非流動資產	4,500,000	非流動負債	1,400,000
資產總額	$8,000,000	負債總額	$2,400,000

試作 X1 年 9 月 1 日 P 公司對 S 公司併購之分錄。

解析

可辨認淨資產公允價值(不含商譽)= $8,000,000 − $2,400,000
　　　　　　　　　　　　　　　　= $5,600,000

商譽 =($3,600,000 + $2,400,000)− $5,600,000
　　 = $400,000

收購分錄：

X1年9月1日	投資S公司	300,000	
	處分投資利益		300,000
X1年9月1日	投資S公司	3,600,000	
	現金		3,600,000
X1年9月1日	流動資產	3,500,000	
	非流動資產	4,500,000	
	商譽	400,000	
	流動負債		1,000,000
	非流動債		1,400,000
	投資S公司		6,000,000

三　無對價合併

　　無對價合併係指收購者未支付移轉對價即取得對被收購者的控制，無對價合併所採用之會計處理，原則上仍為「收購法」。無對價合併發生的原因及其會計處理分述如下：

1. 被收購者買回庫藏股

　　被收購者為使既有投資者（收購者）取得控制而買回足夠數量之本身股份。當收購者藉由被收購者買回其庫藏股以取得控制時，應將被收購者買回庫藏股日期視為「收購日」，並按收購法處理。有關被收購者庫藏股交易之處理，詳見第6章。

2. 少數股東否決權消滅

　　收購者先前雖然已擁有被收購者多數的表決權，但因少數股東具有否決權，收購者無法控制被收購者，嗣後少數股東的否決權已消滅。在此情況下，收購者得基於多數表決權控制被收購者，故當少數股東否決權消滅日，應視為收購者取得控制之日，按收購法處理。

3. 依合約完成合併

　　收購者與被收購者僅依合約而同意合併其業務，收購者未支付對價即換取對被收購者之控制，且於收購日或收購日以前皆未持有被收購者之權益。例如：釘綁安排中，將二個業務合併或成立二地掛牌上市公司。在僅依合約完成收購的情形，由於收購者無實質支付對價，收購法時須作以下之修正：

(1) 移轉對價之決定：在僅依合約完成合併的情形，移轉對價係以被收購者於合併後可享有之利益於收購日之公允價值衡量。例如：被收購者於合併後可享有優惠進貨條件的價值。

(2) 非控制權益之決定：在僅依合約即完成合併的情形，當收購者未取得被收購者任何權益時，被收購者淨資產金額歸屬予被收購者之股東。換言之，由收購者以外之各方所持有之被收購者權益，為收購者合併後財務報表之非控制權益。

四 互助個體合併

互助個體係將股利、較低之成本或其他經濟利益直接給予業主、社員或參與者之個體，而非投資者擁有之個體。例如：相互保險公司、信用貸款組織及合作社等，皆為互助個體。互助個體合併仍適用前述的收購法，惟須另外注意下列事項：

1. 移轉對價的決定

當二個互助個體合併時，被收購者權益或社員權益之公允價值（被收購者之公允價值）可能較收購者所移轉社員權益之公允價值更能可靠衡量。在此情形下，應以被收購者之公允價值作為移轉對價，並據以決定商譽之金額。此外，互助個體合併之收購者應於資產負債表中，將被收購者的淨資產認列為資本或權益之直接加項，而非保留盈餘之加項。

2. 取得淨資產公允價值的衡量

雖然互助個體在很多方面與其他業務類似，但互助個體擁有獨特之特性，主要是社員既為顧客亦為業主。互助個體之社員通常預期從其社員身分中獲得利益，該利益之形式通常為商品與服務所支付費用之減少或社員股息。每位社員所分得之社員股息比例通常依據當年度社員與互助個體往來之業務量決定（例如：交易分配金）。因此，在衡量互助個體之公允價值時，應將每位社員所取得商品優惠的利益或所分得的股息列入考量，估計這些未來發給社員利益的現金流出，對於被收購者公允價值的影響數。

本章習題

〈企業合併基本觀念〉

1. 在哪些合併方式下，合併完成後被合併公司一定會解散？

	合併公司購買被合併公司生產性資產	合併公司購買被合併公司 100% 股權	吸收合併	創設合併
(A)	—	✓	✓	✓
(B)	—	—	✓	✓
(C)	✓	—	✓	✓
(D)	✓	✓	—	

2. 下列敘述何者正確？
   (A) 只要投資公司取得被投資公司 100% 股權，被投資公司必定要消滅
   (B) 被合併公司以前年度有營業虧損，合併存續公司在合併年度可立即享受因合併所帶來的所得稅利益
   (C) 創設合併必定有公司被消滅
   (D) 吸收合併不一定有公司被消滅

〈收購對價〉

3. 採收購法之會計處理時，下列何者不得作為直接併購費用處理？
   (A) 聘請會計師查核被收購公司所支付之查帳費用
   (B) 聘請律師所支付之費用
   (C) 發行股票收購他公司所支付之發行費用
   (D) 以上三項均為直接併購費用

4. P 公司於 X1 年間收購 S 公司，並支付律師與會計師費用 $100,000，則 P 公司對於此併購支出應如何處理？
   (A) 作為 X1 年度費用
   (B) 作為保留盈餘之前期損益調整
   (C) 作為資產負債表上投資 S 公司成本之增加
   (D) 作為資本公積的減少

5. 甲公司於 X6 年初發行面額 $10、市價 $45 之普通股 400 股，並承擔乙公司公允價值 $1,500 之負債，而順利取得乙公司之全部淨資產。收購日甲公司取得乙公司之成本應為： 【108 年 CPA】
   (A) $16,500
   (B) $18,000
   (C) $19,500
   (D) $20,000

6. 國光公司取得建國公司 90% 股權，並依建國公司可辨認淨資產公允價值比例衡量非控制權益。若合併當時產生商譽 $351,000，且知建國公司淨資產被低估總額 $186,000，總資產公允價值 $723,000，負債公允價值 $294,000，則這筆合併案總移轉對價為何？
   (A) $615,000
   (B) $737,100
   (C) $869,400
   (D) $904,500

〈收購價格分攤〉

7. 甲公司於 X6 年初支付現金 $2,000,000 給乙公司，同時另支付收購相關成本 $50,000 而完成吸收合併。該日乙公司除有未入帳專利權外，資產及負債之公允價值分別為 $1,500,000 及 $250,000。專利權公允價值 $150,000，效益期間尚有 5 年。甲公司收購乙公司產生之商譽為：

(A) $550,000　　　　　　　　　　　(B) $600,000
(C) $650,000　　　　　　　　　　　(D) $700,000　　　　【107 年 CPA】

8. 橘色公司與舞璃公司 X1 年 1 月 1 日的權益如下（單位：千元）：

	橘色公司	舞璃公司
普通股股本（面額 $10）	$1,800	$ 800
資本公積	240	150
保留盈餘	180	200
權益總額	2,220	1,150

橘色公司在 X1 年 1 月 2 日時，發行市價 $20 的普通股 80,000 股以交換舞璃公司所有的股份。當天，橘色公司又支付 $5,000 的登記費及股票發行費用，以及 $10,000 的其他直接成本。試問，X1 年 1 月 2 日橘色公司合併資產負債表中資本公積為何？
(A) $235,000　　　　　　　　　　　(B) $390,000
(C) $1,035,000　　　　　　　　　　(D) $1,040,000　　【103 年 CPA】

9. 承上題。試問，X1 年 1 月 2 日橘色公司合併資產負債表中保留盈餘為何？
(A) $170,000　　　　　　　　　　　(B) $180,000
(C) $370,000　　　　　　　　　　　(D) $380,000　　　【103 年 CPA】

10. 甲公司於 X1 年 1 月 1 日發行面額 $10 之普通股 200,000 股取得乙公司之淨資產，合併完成後乙公司即告解散。合併時，乙公司之資產與負債資料如下：

	帳面金額	公允價值
存貨	$1,400,000	$1,500,000
其他流動資產	1,600,000	1,700,000
辦公設備（淨額）	2,600,000	2,800,000
資產總額	5,600,000	6,000,000
負債總額	1,600,000	1,800,000

X1 年 1 月 1 日甲公司之普通股每股市價為 $20，甲公司另支付股票發行費用 $120,000 及其他合併相關支出 $210,000。下列有關甲公司於 X1 年 1 月 1 日會計處理之敘述何者錯誤？（複選題）　　　　　　　　　　　　　　　　　　　　　　　　　　　　　　　　【104 年 CPA】
(A) 借記商譽 $10,000
(B) 貸記廉價購買利益 $200,000
(C) 借記存貨 $1,500,000
(D) 借記合併費用 $210,000
(E) 合併後資本公積增加 $2,000,000

〈企業合併之認列與衡量〉

11. 企業合併採用收購法處理時，下列何項資產不論購買成本為何均以公允價值入帳？
(A) 存貨
(B) 專利權
(C) 商譽
(D) 設備

12. 購併中被消滅公司若原先帳上有因過去購併他公司時所產生之商譽 $80,000，合併時若採購買法，買方公司應如何處理此項商譽？
(A) 合併商譽應增加 $80,000
(B) 先作資產減損測試，若未發生價值減損，則合併商譽應增加 $80,000
(C) 請專家鑑價，依當時公允價值入帳
(D) 不承認該項商譽

13. 劍橋公司收購取得四季公司全部股權，四季公司隨即消滅，收購過程中產生商譽 $1,200,000，而四季公司原有一商標權，公允價值為 $200,000，然劍橋公司未來並不打算使用該商標權，則該商標權在收購日之入帳金額為何？ 【102 年 CPA】
(A) $0
(B) $200,000
(C) $200,000, 並立即全額轉列損失
(D) 附註揭露取得一商標權，待將來使用該商標權再以當時公允價值入帳

14. 甲公司收購乙公司 75% 股權、丙公司 82% 股權，然收購日對乙公司非控制權益以該非控制權益公允價值衡量，而對丙公司非控制權益則以該非控制權益依比例所享有之被收購者可辨認淨資產衡量。這樣的作法： 【102 年 CPA】
(A) 對乙、丙公司之非控制權益均應以該非控制權益之公允價值衡量
(B) 對乙、丙公司之非控制權益均應以此二家公司可辨認淨資產帳面金額衡量
(C) 對乙、丙公司之非控制權益均應以此二家公司可辨認淨資產公允價值比例衡量
(D) 符合國際財務報導準則之規定

〈股權收購會計處理〉

15. 乙公司發行普通股 10,000 股（每股面額 $10，公允價值 $630,000），並支付股票發行費用 $10,000，取得甲公司 80% 股權，甲公司可辨認淨資產公允價值為 $600,000，該項合併的會計處理下列何者正確？ 【104 年 CPA】
(A) 借記：長期投資－甲公司 $480,000、手續費 $10,000
　　貸記：股本 $100,000、資本公積 $380,000、現金 $10,000
(B) 借記：長期投資－甲公司 $470,000
　　貸記：股本 $100,000、資本公積 $360,000、現金 $10,000

(C) 借記：長期投資－甲公司 $630,000、手續費 $10,000
　　貸記：股本 $100,000、資本公積 $530,000、現金 $10,000
(D) 借記：長期投資－甲公司 $630,000。
　　貸記：股本 $100,000、資本公積 $520,000、現金 $10,000

16. P 公司於 X1 年初發行股票收購 S 公司，合併當時 P 公司與 S 公司淨資產帳面金額與公允價值資料如下：

	P公司 帳面金額	P公司 公允價值	S公司 帳面金額	S公司 公允價值
現金	$ 500,000	$ 500,000	$ 800,000	$ 800,000
應收帳款	2,400,000	2,200,000	1,600,000	1,500,000
存貨	2,800,000	3,400,000	1,800,000	2,000,000
設備	4,200,000	5,800,000	2,000,000	2,500,000
專利權	1,600,000	1,300,000	300,000	500,000
應付帳款	(1,500,000)	(1,500,000)	(1,000,000)	(1,000,000)
長期負債	(3,000,000)	(3,100,000)	(1,800,000)	(2,000,000)
股本	(4,000,000)	－	(2,000,000)	－
資本公積	(1,600,000)	－	(1,000,000)	－
保留盈餘	(1,400,000)	－	(700,000)	－

情況一：P 公司發行 240,000 股（面額 $10、每股市價 $15）取得 S 公司 80% 股權，非控制權益以被收購者可辨認淨資產按非控制權益比例衡量。

情況二：P 公司發行 240,000 股（面額 $10、每股市價 $15）取得 S 公司 80% 股權，非控制權益公允價值經外部專家評估為 $900,000。

試作：
1. P 公司取得 S 公司股權時之分錄。
2. 編製合併日 P 公司與 S 公司合併資產負債表。

〈資產收購會計處理〉

17. P 公司於 X3 年底支付現金 $300,000 並發行發行 100,000 股（面額 $10、每股市價 $15）取得 S 公司全部淨資產，S 公司於收購後解散。P 公司另支付合併直接費用 $50,000 及股票發行費用 $100,000，合併當時 P 公司與 S 公司淨資產帳面金額與公允價值資料如下：

	P公司		S公司	
	帳面金額	公允價值	帳面金額	公允價值
現金	$ 800,000	$ 800,000	$ 100,000	$ 100,000
應收帳款	1,200,000	1,100,000	400,000	360,000
存貨	2,000,000	1,700,000	500,000	450,000
設備	3,200,000	3,500,000	1,200,000	1,500,000
專利權	500,000	800,000	80,000	200,000
應付帳款	(800,000)	(800,000)	(300,000)	(280,000)
長期負債	(1,200,000)	(1,150,000)	(800,000)	(800,000)
股本	(3,000,000)	—	(500,000)	—
資本公積	(1,200,000)		(300,000)	
保留盈餘	(1,500,000)	—	(380,000)	—

試計算合併（吸收合併）後 P 公司資產負債表上，下列會計項目之金額：

1. 現金
2. 存貨
3. 商譽
4. 應付帳款
5. 股本
6. 資本公積
7. 保留盈餘

18. P 公司於 ×1 年初發行股票收購 S 公司，合併當時 P 公司與 S 公司淨資產帳面金額與公允價值資料如下：

	P公司		S公司	
	帳面金額	公允價值	帳面金額	公允價值
現金	$ 500,000	$ 500,000	$ 800,000	$ 800,000
應收帳款	2,400,000	2,200,000	1,600,000	1,500,000
存貨	2,800,000	3,400,000	1,800,000	2,000,000
設備	4,200,000	5,800,000	2,000,000	2,500,000
專利權	1,600,000	1,300,000	300,000	500,000
應付帳款	(1,500,000)	(1,500,000)	(1,000,000)	(1,000,000)
長期負債	(3,000,000)	(3,100,000)	(1,800,000)	(2,000,000)
股本	(4,000,000)	—	(2,000,000)	—
資本公積	(1,600,000)		(1,000,000)	
保留盈餘	(1,400,000)	—	(700,000)	—

情況一：P 公司發行 300,000 股（面額 $10、每股市價 $15）取得 S 公司全部淨資產，S 公司於收購解散。

情況二：P 公司發行 250,000 股（面額 $10、每股市價 $15）取得 S 公司全部淨資產，S 公司於收購解散。

試作：

1. P 公司取得 S 公司淨資產之分錄。
2. 編製合併（吸收合併）後 P 公司之資產負債表。

〈衡量期間調整〉

19. X6 年 5 月 31 日甲公司吸收合併乙公司，並委託一鑑價公司針對乙公司之建築物進行評價。該評價作業於 X6 年底尚未完成，故甲公司暫以 $420,000 認列該項建築物，並估計其耐用年限自合併日起尚有 7 年無殘值，採直線法提列折舊。該鑑價公司在 X7 年 2 月 1 日提出鑑價報告，指出此建築物於收購日之公允價值估計為 $576,000，耐用年限自收購日起尚有 8 年，其餘條件不變。甲公司在 X7 年 2 月 1 日收到鑑價報告後，針對 X6 年財務報表中建築物帳面金額應追溯調整之金額為何？【105 年 CPA】
    (A) $7,000
    (B) $149,000
    (C) $156,000
    (D) $534,000

20. 甲公司於 X6 年 1 月 1 日吸收合併乙公司，該日除未入帳專利權 $10,000 外，並產生合併商譽 $100,000，該專利權自收購日起尚有 5 年效益年限。甲公司於 X6 年底獲取收購日已存在的新資訊，重新評估後認為專利權於收購日之公允價值應為 $20,000。有關前述合併商譽及專利權於 X7 年初之金額為何？【106 年 CPA】
    (A) 商譽 $84,000，專利權 $16,000
    (B) 商譽 $90,000，專利權 $16,000
    (C) 商譽 $90,000，專利權 $20,000
    (D) 商譽 $100,000，專利權 $10,000

21. 甲公司於 X3 年 8 月 31 日吸收合併乙公司，並聘請一鑑價公司針對取得的精密儀器設備進行評價。但至 X3 年底該評價仍未完成，甲公司遂以 $360,000 認列該機器設備，估計耐用年限自收購日起有 6 年、無殘值，採直線法提列折舊。X4 年 2 月底該機器設備鑑價報告完成，認為該機器設備 X4 年 2 月底公允價值為 $392,000、在收購日的公允價值則為 $420,000，耐用年限自收購日起有 5 年。甲公司 X4 年收到該鑑價報告後，針對 X3 年財務報表應如何處理？【108 年 CPA】
    (A) 不必追溯重編 X3 年報表，應將機器設備帳面金額提高 $60,000，而 X4 年的折舊費用為 $84,000
    (B) 鑑價報告很主觀，僅供參考，繼續依原來方式提列折舊即可
    (C) 追溯重編 X3 年報表，累計折舊增加 $52,000

(D) 追溯重編 X3 年報表，折舊費用增加 $8,000、機器設備成本增加 $60,000、累計折舊增加 $8,000

〈或有對價〉

22. 企業併購購價之決定若以未來盈餘為基礎，當或有事項成就時，收購公司將發行額外有價證券給被合併公司之股東，則額外發行的證券應如何處理？
    (A) 作為當期費用　　　　　　　　　　(B) 作為收入的減少
    (C) 作為股本溢價的減少　　　　　　　(D) 作為投資成本的一部分

23. 甲公司於 X1 年 1 月 1 日發行面額 $10、市價 $20 之普通股 25,000 股取得乙公司全部淨資產，並支付合併相關直接成本 $30,000。此外，甲公司允諾若乙公司 X1 年稅前淨利能達到 $750,000，則將額外發行 10,000 股普通股給乙公司之股東。X1 年初該項或有對價之公允價值為 $40,000，甲公司收購乙公司之分錄應借記「投資乙公司」之金額為何？　　　　　　　　　　　　　　　　　　　　　　　　　　　　　　【105 年 CPA】
    (A) $570,000　　　　　　　　　　　　(B) $540,000
    (C) $530,000　　　　　　　　　　　　(D) $500,000

24. P 公司於 X1 年 12 月底發行 100,000 股（面額 $10）收購 S 公司全部流通在外股權，若雙方於收購合約中約定，S 公司於收購後一年內之淨利達 $2,000,000 以上，P 公司將再支付 S 公司 $300,000 作為對價。P 公司估計此或有對價之公允價值為 $160,000，並支付合併相關直接成本 $50,000，股票發行費用 $30,000，合併期間員工相關薪資費用 $20,000。若 S 公司合併當時資產負債之帳面金額與公允價值資料如下：

	帳面金額	公允價值
現金	$120,000	$120,000
應收帳款	200,000	180,000
土地	900,000	1,200,000
建築物	500,000	450,000
商標	80,000	200,000
資產總額	$1,800,000	
應付帳款	$150,000	150,000
銀行借款	700,000	700,000
投入資本	600,000	
保留盈餘	350,000	
負債與權益總額	$1,800,000	

試分別依下列獨立情況，計算 P 公司移轉對價，並作收購與續後必要之調整分錄。
1. P 公司股票每股公允價值 $15，S 公司於收購後消滅。

2. P 公司股票每股公允價值 $15，S 公司於收購後仍存續。

3. P 公司股票每股公允價值 $10，S 公司於收購後消滅。

4. P 公司股票每股公允價值 $10，S 公司於收購後仍存續。

25. 甲公司於 X7 年 4 月 1 日發行面額 $10、市價 $36 之普通股 10,000 股，以取得乙公司現金以外之淨資產，合併完成後乙公司即告解散。合併前乙公司資產負債表如下：

	帳面金額	公允價值		帳面金額	公允價值
現金	$120,000	$120,000	應付帳款	$140,000	$130,000
應收帳款	170,000	170,000	應付票據	160,000	190,000
土地	150,000	260,000	普通股股本（面額 $10）	300,000	
建築物	130,000	120,000	資本公積	140,000	
設備	180,000	150,000	保留盈餘	50,000	
商譽	40,000				
合計	$790,000	$820,000	合計	$790,000	

依合併契約之規定，若 X7 年 12 月 31 日甲公司普通股之每股市價低於 $36，甲公司必須額外發行普通股 3,500 股給予乙公司原有股東。X7 年 4 月 1 日甲公司評估或有對價之公允價值為 $90,000，X7 年 10 月 1 日甲公司因獲得於收購日已存在之事實的新資訊，經重新評估或有對價之公允價值應為 $100,000。X7 年 12 月 31 日甲公司普通股之每股市價跌至 $31，甲公司依合併契約之規定而另發行普通股 3,500 股給予乙公司原有股東。）
【106 年 CPA】

試作：

1. X7 年 4 月 1 日甲公司合併乙公司之分錄。

2. X7 年 10 月 1 日甲公司重新評估或有對價公允價值之相關分錄。

3. X7 年 12 月 31 日甲公司額外發行普通股 3,500 股之分錄。

〈再取回權利〉

26. 紐約公司於 X1 年 1 月 1 日與洋基公司簽訂技術合約，授權洋基公司使用紐約公司之某項技術，合約期限為 9 年，不得展延。紐約公司於 X5 年 1 月 1 日以現金 $500,000 吸收合併洋基公司，當日洋基公司可辨認淨資產之公允價值包括：與紐約公司所簽訂之技術合約 $100,000、其他可辨認資產 $740,000 及負債 $320,000。該技術合約條件對紐約公司而言較市場條件不利，不利之金額為 $80,000。合約規定不得提前解約且紐約公司於收購日前並未針對此不利狀況認列任何資產或負債。紐約公司有關之會計處理，下列敘述何者正確？
【101 年 CPA】

(A) X5 年 1 月 1 日應認列之技術合約結清損失 $80,000

(B) X5 年 1 月 1 日應認列「再取回之權利－技術合約」$80,000

(C) X5 年 1 月 1 日應認列之合併商譽為 $80,000

(D) X5 年 1 月 1 日企業合併之移轉對價為 $520,000

27. 承上題，X6 年 1 月 1 日紐約公司將收購日所取回之技術合約以 $100,000 售予尼克公司。當日紐約公司應認列出售該技術合約之（損）益為何？ 【101 年 CPA】

(A) $80,000 (B) $60,000

(C) $20,000 (D) $10,000

28. 甲公司於 X1 年 1 月 1 日與乙公司簽訂技術授權合約，授權乙公司使用甲公司之某項技術，合約期限為 10 年，不得展延。甲公司於 X5 年 1 月 1 日以現金 $800,000 吸收合併乙公司。當日乙公司可辨認淨資產之公允價值分別為：與甲公司所簽訂之技術授權合約 $90,000、其他可辨認資產 $1,180,000 及負債 $640,000。該技術授權之合約條件對甲公司而言較市場條件不利，不利之金額為 $30,000。合約規定任一方欲提前解約時，須支付他方 $20,000 解約金，且甲公司於收購日前並未針對此不利狀況認列任何資產或負債。下列有關甲公司 X5 年 1 月 1 日之會計處理，何者正確？（複選題）

(A) 應認列「再取回之權利－技術授權」$90,000

(B) 應認列技術授權合約結清損失 $20,000

(C) 企業合併之移轉對價為 $800,000

(D) 應認列之合併商譽為 $150,000

(E) 應認列或有負債 $10,000 【105 年 CPA】

〈或有負債與補償性資產〉

29. 倫敦公司於 X2 年 1 月 1 日以現金 $600,000 吸收合併約克公司，當日約克公司列報之權益為 $400,000，除了設備低估 $180,000 外，其他帳列可辨認資產及負債之帳面金額均等於公允價值。此外，約克公司有某一現時義務，然因將來清償義務時，並非很有可能會導致具經濟效益之資源的流出，故約克公司並未將其認列為負債。倫敦公司估計收購日此或有負債之公允價值為 $50,000。假設不考慮折現，X2 年 1 月 1 日倫敦公司應認列之商譽為何？ 【103 年 CPA】

(A) $100,000 (B) $80,000

(C) $70,000 (D) $20,000

30. 承上題，X2 年 12 月 31 日倫敦公司重新評估發現，未來有 80% 之機率須支付 $90,000 以清償前述現時義務，20% 之機率無須進行任何支付。X2 年 12 月 31 日倫敦公司應認列： 【103 年 CPA】

(A) 估計負債增加 $12,000 (B) 商譽增加 $40,000

(C) 商譽減少 $30,000 (D) 損失 $40,000

31. 甲公司於 X4 年收購乙公司 100% 股權。乙公司與當地稅務機關因 X1 年所得稅核定爭議進行行政訴訟，該稅務機關要求乙公司補繳所得稅 $5,000,000。乙公司之原股東同意，若該稅務訴訟之結果為乙公司敗訴，將給予甲公司全額補償。甲公司於收購日評估該行政訴訟乙公司有 60% 之機率將敗訴，該所得稅負債之公允價值為 $2,850,000，且一旦敗訴，乙公司原股東不履行補償承諾之可能性極低。甲公司於收購日應認列之補償性資產金額為何？ 【108 年 CPA】
(A) $0 (B) $2,850,000
(C) $3,000,000 (D) $5,000,000

32. P 公司於 X3 年 4 月 1 日發行面額 $10 之普通股 100,000 股，收購 S 公司 100% 之股權。收購日該批股票之市價為 $3,000,000。收購日前，二公司之資產負債帳面金額如下：

	P 公司	S 公司
流動資產	$ 5,000,000	$ 800,000
非流動資產	15,000,000	2,200,000
負債	(3,000,000)	(600,000)
普通股股本	(4,000,000)	(1,000,000)
資本公積	(7,500,000)	(1,000,000)
保留盈餘	(5,500,000)	(400,000)

S 公司於合併日之其他資訊如下：

(a) S 公司於 X2 年間有一訴訟賠償事件，訴訟結果預計於 X3 年下半年始能確定，經詢問律師專業判斷訴訟可能結果如下：

	可能機率	賠償金額
情況一	35%	$100,000
情況二	35%	$300,000
情況三	30%	$500,000

S 公司將上列訴訟賠償事件作為或有負債，未將其認列為負債，僅於財務報表附註揭露。

(b) S 公司帳列除建築物帳面金額低估 $500,000 外，其餘資產負債之帳面金額與公允價值相等，該建築物自合併後估計尚可使用 20 年。

試作：

1. 作 X3 年 4 月 1 日收購分錄。
2. 若 S 公司上述訴訟於 X3 年 10 月 1 日判決確定，S 公司須支付賠償金額 $400,000，作支付賠償款及必要調整分錄。
3. 若 S 公司上述訴訟於延至 X4 年 10 月 1 日判決確定（超過衡量期間），S 公司須支付賠償金額 $400,000，作支付賠償款及必要調整分錄。

4. 若 P 公司於 X4 年初取得建築物估價資料，重新評估該建築物帳面金額低估數為 $600,000，作 P 公司必要調整分錄。

〈替代性酬勞成本〉

33. P 公司於收購 S 公司時給與 S 公司員工 P 公司股份之認股權，以替代合併前 S 公司員工已既得之報酬。若 S 公司員工原既得期間 5 年，於合併前已完成 3 年之服務期間，P 公司並要求 S 公司員工繼續提供 1 年期之服務，P 公司於合併日所給予之股份基礎給付與 S 公司原股份基礎給付之公允價值分別為 $500,000 及 $480,000，則 P 公司之收購對價應計入之替代性酬勞成本金額為何？
    (A) $288,000
    (B) $300,000
    (C) $360,000
    (D) $375,000

34. 甲公司於 X1 年 1 月 1 日以現金 $8,000,000 收購乙公司 100% 股權，並發行以市價基礎衡量為 $500,000 之員工認股權替換乙公司原有之員工認股權，收購日乙公司可辨認淨資產之公允價值為 $7,500,000。乙公司該員工認股權計畫之原始既得期間為 5 年，無績效條件，於收購日以市價基礎衡量之金額為 $400,000，尚未行使認股權之員工均已服務滿 3 年。甲公司該替代性認股權計畫未要求乙公司員工於合併後須提供任何服務。甲公司該收購交易產生之合併商譽金額為何？ 【108 年 CPA】
    (A) $$500,000
    (B) $740,000
    (C) $800,000
    (D) $1,000,000

35. P 公司於 X3 年 1 月 1 日以現金 $3,000,000 收購 S 公司全部股權，S 公司合併完成後即告解散。合併前 S 公司資產負債表如下：

	帳面金額	公允價值
流動資產	$ 300,000	$ 300,000
非流動資產	3,600,000	3,800,000
負債	(1,000,000)	(1,000,000)
普通股股本（面額 $10）	(1,000,000)	
資本公積—普通股溢價	(700,000)	
資本公積—員工認股權	(200,000)	
保留盈餘	(800,000)	

P 公司另給與 S 公司員工 P 公司股份之認股權，以替代合併前 S 公司員工已既得之報酬，若 P 公司於合併日所給予之股份基礎給付與 S 公司原股份基礎給付之公允價值分別為 $320,000 及 $300,000，試按下列情況作 P 公司之收購分錄：

1. S 公司員工於合併前已完成既得期間 4 年之服務期間，P 公司並未要求 S 公司員工繼續提供服務。

2. S 公司員工於合併前已完成既得期間 4 年之服務期間，P 公司並要求 S 公司員工繼續提供 2 年期之服務。
3. S 公司員工原既得期間 4 年，於合併前已完成 3 年之服務期間，P 公司並未要求 S 公司員工繼續提供服務。
4. S 公司員工原既得期間 4 年，於合併前已完成 3 年之服務期間，P 公司並要求 S 公司員工繼續提供 2 年期之服務。

〈分次取得〉

36. 甲公司於 X1 年初以現金 $160,000 取得乙公司 15% 股權，並列為透過其他綜合損益按公允價值衡量金融資產。X1 年初至 X2 年底該投資之公允價值增加 $40,000。甲公司於 X3 年 4 月 1 日以現金 $1,560,000 另取得乙公司 60% 股權，並依非控制權益之公允價值衡量非控制權益，當日乙公司可辨認淨資產之公允價值為 $2,320,000、甲公司原持有乙公司 15% 股權投資之公允價值為 $412,000，25% 非控制權益之公允價值為 $684,000。X3 年 4 月 1 日甲公司取得 60% 股權後帳列「投資乙公司」之餘額應為何？
    (A) $1,972,000　　　　　　　　　　(B) $1,760,000
    (C) $1,720,000　　　　　　　　　　(D) $1,715,000　　　　【105 年 CPA】

37. 承上題，企業合併所產生商譽之金額為何？
    (A) $79,000　　　　　　　　　　　(B) $124,000
    (C) $164,000　　　　　　　　　　 (D) $336,000　　　　　【105 年 CPA】

〈反向收購〉

38. 甲公司於 X1 年 6 月 1 日以換發新股方式吸收合併乙公司，甲公司為存續公司，換股比例為每 1 股乙公司股票，換發甲公司股票 2 股。合併前甲公司有 20,000 股普通股流通在外並有活絡市場公開報價，該日之市價為每股 $50；合併前乙公司有 40,000 股普通股流通在外，無活絡市場公開報價。此企業合併移轉對價之金額為何？
    (A) $500,000　　　　　　　　　　　(B) $1,000,000
    (C) $2,000,000　　　　　　　　　　(D) $4,000,000　　　　【103 年 CPA】

39. 甲公司在 X7 年 5 月 31 日以換發新股方式吸收合併乙公司、丙公司及丁公司，並以甲公司為存續公司。合併前甲公司已發行 9,000 股普通股流通在外，且合併前各消滅公司普通股之發行情形及合併時換股比例如下：

消滅公司	普通股之發行股數	換股比例
乙公司	45,000 股	每 4.5 股乙公司股票，換發甲公司股票 1 股。
丙公司	28,000 股	每 0.7 股丙公司股票，換發甲公司股票 1 股。
丁公司	12,000 股	每 0.2 股丁公司股票，換發甲公司股票 1 股。

下列敘述何者正確？　　　　　　　　　　　　　　　　　　　　　　【106 年 CPA】
(A) 會計上之收購者為甲公司
(B) 法律上之收購者為丙公司
(C) 合併後須以丁公司以前年度之報表為比較對象，編製比較性財務報表
(D) 合併後甲公司普通股總發行股數為 94,000 股

40. X 公司於 X7 年 6 月 1 日發行面額 $10 之普通股 600,000 股，交換 Y 公司全部股權，合併完成後 Y 公司即告解散。X 公司與 Y 公司於合併前之股東權益、股數及每股市價資料如下：

	X 公司	Y 公司
普通股股本（面額 $10）	$250,000	$3,000,000
資本公積	200,000	4,000,000
保留盈餘	150,000	2,000,000
流通在外股數	20,000	400,000
每股市價	$30（無活絡市場）	$60（公開市場報價）

假設 X 公司與 Y 公司之淨資產帳面金額均與公允價值相同，試作：
1. 辨認會計上之收購者。
2. 計算移轉對價。
3. 計算合併產生之商譽金額。

〈無對價併購〉

41. 荔枝公司於 X1 年 1 月 1 日藉由契約協議取得對其供應商雪梨公司之控制，並使荔枝公司所需之技術支援更為穩定、並減少存貨庫存，估計此項利益之公允價值為 $80,000。荔枝公司並未持有雪梨公司之任何股權。X1 年初雪梨公司股票之總市值為 $320,000，可辨認淨資產之公允價值為 $300,000。若依可辨認淨資產比例衡量非控制權益，此無對價合併所產生之商譽為：　　　　　　　　　　　　　　　　　　　　　　【101 年 CPA】
(A) 0　　　　　　　　　　　　　　　　(B) $20,000
(C) $60,000　　　　　　　　　　　　　(D) $80,000

42. 甲公司於 X1 年 1 月 1 日並未持有其供應商乙公司任何股權，而藉由合約協議取得對乙公司之控制，此項協議將使甲公司擁有穩定之原料供給，估計此項利益之公允價值 $385,000。X1 年 1 月 1 日乙公司股票之總市值 $1,300,000，可辨認淨資產之公允價值 $1,260,000。若以公允價值衡量非控制權益，該企業合併之商譽金額為何？
(A) $0　　　　　　　　　　　　　　　　(B) $385,000
(C) $425,000　　　　　　　　　　　　　(D) $1,685,000

CHAPTER 2 權益法會計處理

學習目標

投資關聯企業之概念
- 企業權益工具投資型態之分類
- 重大影響之判斷
- 投資關聯企業之會計處理方法－權益法

權益法下投資損益之認列
- 投資成本與股權淨值差額
- 關聯企業交易之未實現損益
- 被投資者發行特別股
- 被投資者虧損

投資帳戶其他變動
- 股權投資之減損
- 期中取得投資
- 分次取得投資
- 出售部分投資

權益法下其他相關議題
- 會計年度不一致
- 會計方法不一致
- 權益法下之揭露

企業得藉由併購作為外部成長策略，提升經營績效、降低營運成本、分散經營風險，創造更大盈餘效果，以增加公司價值。然而，併購策略有其風險，併購前需有充足資金支應移轉對價，併購後須將所收購之業務整併於日常營運活動；因此，企業在財務、業務及風險考量下，有時會以取得其他企業股權的方式，透過影響被投資企業重大營運決策，享有其經營業務之報酬。本章將討論投資者重大影響被投資者之會計處理。

第1節　投資關聯企業之概念

一、企業權益工具投資型態之分類

企業對另一企業的權益工具投資，依投資者對被投資者「控制程度」不同，有不同的名稱及分類，並適用不同會計準則。以下以 P 公司投資狀況為：P 公司於 X1 年間購入 S、T、U、V 四家公司普通股作為投資，年底持股比例分別為 60%、40%、25%、5%。其投資狀況與適用會計準則說明如下：

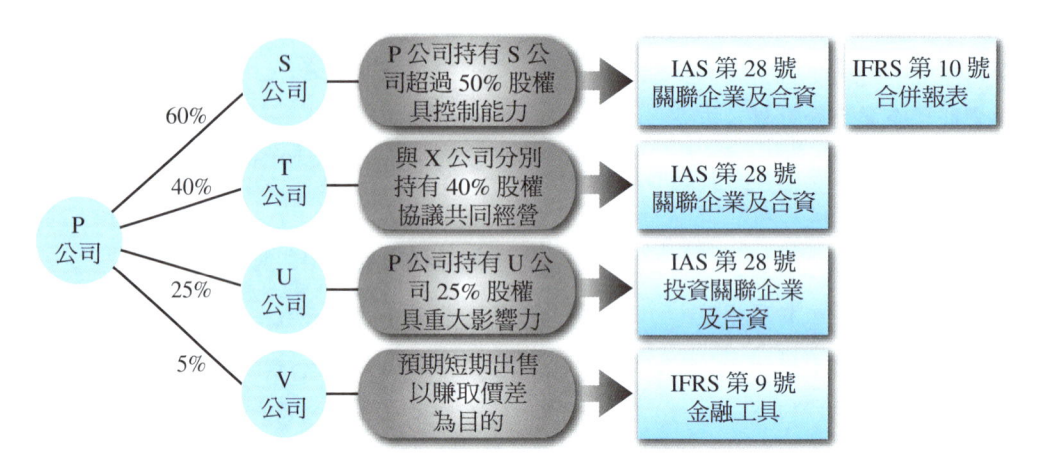

```
P公司 ─ 60% ─> S公司：P公司持有S公司超過50%股權具控制能力 → IAS第28號 關聯企業及合資 ／ IFRS第10號 合併報表
      ─ 40% ─> T公司：與X公司分別持有40%股權協議共同經營 → IAS第28號 關聯企業及合資
      ─ 25% ─> U公司：P公司持有U公司25%股權具重大影響力 → IAS第28號 投資關聯企業及合資
      ─ 5%  ─> V公司：預期短期出售以賺取價差為目的 → IFRS第9號 金融工具
```

(一) 子公司

1. 定義

子公司（Subsidiary）係指由另一個體（即母公司）所「控制」之個體。當投資者暴露於來自對被投資者之參與之變動報酬或對該等變動報酬享有權利，且透過其對被投資者之權力有能力影響該等報酬時，投資者控制被投資者。投資者是否「控制」被投資者，實務上多以持股比例之形式判斷：當投資者對被投資者持股比例達 50%，投資者（母公司）控制被投資者（子公司），母子公司形成一個「集團」。

2. 會計準則之適用

當母公司「控制」子公司時，當然對子公司有「重大影響」，故母公司平時對子公司之投資應按 IAS 第 28 號「**投資關聯企業及合資**」準則，採權益法處理。母公司在財務報導日，應依據 IFRS 第 10 號「**合併財務報表**」準則，將子公司納入編製合併財務報表之個體，以忠實表達集團整體的財務狀況與經營成果。

上頁圖中，P 公司持有 S 公司超過 50% 股權，就經濟實質上，P 公司可透過持有多數表決權的方式，主導 S 公司之營運及財務活動，進而影響 P 公司對於 S 公司之投資報酬，亦即 P 公司控制 S 公司，P 公司為母公司，S 公司為子公司，二家公司形成一「集團」。P 公司平時須依 IAS 第 28 號規定，以權益法處理 S 公司投資；P 公司期末須依 IFRS 第 10 號，編製 P 公司與 S 公司合併財務報表。

(二) 合資者

1. 定義

合資者（Joint Venturer）係透過聯合協議（Joint Arrangement）對於該協議之淨資產具有聯合控制。所謂聯合控制（Joint control）係指合約上同意分享對一協議之控制，其僅於與攸關活動有關之決策必須取得分享控制之各方一致同意時方始存在。各個合資者均無法「單獨控制」合資個體，須聯合合資者才能控制該合資個體。

2. 會計準則之適用

雖然各個合資者均無法「單獨控制」合資個體，必須聯合其他合資者才能控制該合資個體，但各合資者對合資個體仍有重大影響，故合資者平時對合資個體之投資應按 IAS 第 28 號「**投資關聯企業及合資**」準則，採權益法處理。但因為各合資者間非屬同一個集團，故各合資者無須在財務報導日，編製合併財務報表。有關聯合協議中「合資」之會計處理，將於第 13 章中說明。

第 64 頁圖中，P 公司、X 公司與其他小股東共同出資設立 T 石油公司，並分別持有 T 公司 40%、40% 及 20% 的股權，若各方透過石油開採聯合協議，共同承擔開發階段和生產階段之開發生產費用，並依股權比例分配開採石油及天然氣之利潤。由於 P 公司或 X 公司均無法「單獨控制」T 公司，P 公司必須透過「聯合」X 公司以控制 T 公司，P 公司及 X 公司屬聯合協議之「合資者」。P 公司及 X 公司平時須依 IAS 第 28 號規定，以權益法處理 T 公司投資；但 P 公司、T 公司及 X 公司期末不用編製合併財務報表。

(三) 關聯企業

1. 定義

關聯企業（Associate）係指投資者對其有重大影響（Snificant Influence）之企業。

所謂「重大影響」係指參與被投資者財務及營運政策決策之權力，但非控制或聯合控制該等政策。

2. 會計準則之適用

當投資者對被投資者有「重大影響」時，投資者對被投資者應按 IAS 第 28 號「**投資關聯企業及合資**」準則，採權益法處理。

第 64 頁圖中，P 公司持有 U 公司 25% 股權，P 公司未控制 U 公司，亦未與其他公司聯合控制 U 公司，但因 P 公司對 U 公司持股超過 20%，推定 P 公司對 U 公司有重大影響，U 公司為 P 公司之「關聯企業」，P 公司應按 IAS 第 28 號之規定，以權益法處理 U 公司投資。

(四) 金融資產投資

1. 定義

當投資者持有被投資者之權益工具，無法「控制」或「重大影響」被投資者，亦未與其他投資者「聯合控制」被投資者，該權益工具為金融資產投資。

2. 會計準則之適用

企業對於不具重大影響之權益工具投資，應適用 IFRS 第 9 號「**金融工具**」準則，將權益工具投資按公允價值衡量，公允價值變動列為當期損益或其他綜合損益。

第 64 頁圖中，P 公司持有 V 公司 5% 股權，並意圖於短期內出售以賺取價差為目的，P 公司應將該 V 公司權益工具投資列為「透過損益按公允價值衡量之金融資產」，以公允價值衡量 V 公司投資，並將公允價值變動列為當期損益。

二 重大影響之判斷

重大影響係指參與被投資者財務及營運政策決策之權力，但非控制或聯合控制該等政策。**重大影響判斷標準有二：形式判斷標準或實質判斷標準**。形式判斷標準，係以**對被投資者表決權比例**加以判斷；實質判斷標準，則以是否對被投資者之**重大營運與財務決策**具有影響加以判斷。

(一) 形式判斷標準（股權判斷）

企業直接或間接（如透過子公司）持有 20% 以上被投資者表決權力，除有反證外，推定該企業具重大影響。反之，企業直接或間接持有少於 20% 之被投資者表決權力，推定該企業不具重大影響，除非能明確證明具重大影響。

值得注意的是，被投資者有二個以上投資者，其中某一投資者持有絕大部分或多數之表決權時，並不必然排除另一投資者具重大影響。舉例而言，P 公司與 S 公司各持有 T 公

司 60% 及 40% 表決權股權，因 P 公司和 S 公司均持有超過 20% 之 T 公司表決權股權，故 P 公司與 S 公司對 T 公司皆有重大影響。

1. 直接持股之判斷

　　以下說明直接持股之概念：P 公司於 X1 年初以現金購入 S 公司普通股 400,000 股，S 公司在 X1 年初普通股實際發行股數為 4,000,000 股。S 公司 X2 年初增資發行普通股 2,000,000 股，P 公司全數認購新股。在 X2 年，如無其他證據顯示 P 公司對 S 公司具控制或不具重大影響，則 P 公司對 S 公司具重大影響。P 公司 X2 年持股比例計算如下：

$$持股比例 = \frac{\substack{第一次購入 \\ 400,000} + \substack{第二次購入 \\ 2,000,000}}{\substack{原發行股數 \\ 4,000,000} + \substack{新發行股數 \\ 2,000,000}} = 40\%$$

P 公司 → S 公司　⇨ 推定具重大影響力

2. 間接持股之判斷

　　以下說明間接持股之概念：P 公司於 X1 年初以現金購入 S 公司普通股 400,000 股，S 公司在 X1 年初普通股實際發行股數為 4,000,000 股。S 公司 X2 年初增資發行普通股 2,000,000 股，T 公司（P 公司之子公司）全數認購新股。在 X2 年，如無其他證據顯示 P 公司對 S 公司具控制或不具重大影響，則 P 公司對 S 公司具重大影響。P 公司 X2 年持股比例計算如下：

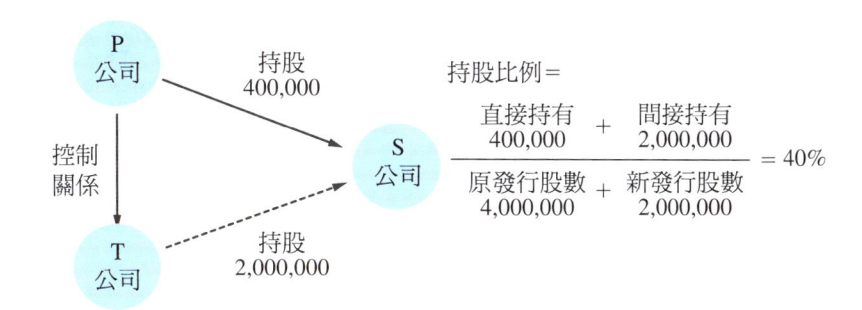

$$持股比例 = \frac{\substack{直接持有 \\ 400,000} + \substack{間接持有 \\ 2,000,000}}{\substack{原發行股數 \\ 4,000,000} + \substack{新發行股數 \\ 2,000,000}} = 40\%$$

P 公司 持股 400,000 → S 公司
P 公司 控制關係 → T 公司 持股 2,000,000 → S 公司

(二) 實質判斷標準

重大影響通常得以下列一種或多種方式證明其存在：

1. 在被投資者之董事會或類似治理單位有代表。
2. 參與政策制定過程，包括參與股利或其他分配案之決策。
3. 企業與其被投資者間有重大交易。

4. 管理人員之互換。
5. 重要技術資訊之提供。

以下說明實質判斷標準之概念：P 公司對 S 公司持股比例 10%，P 公司於 X2 年初取得 S 公司董事會席次，並參與 S 公司營運政策之決定。在此情形下，P 公司對 S 公司之持股比例雖未達 20%，仍可推定 P 公司對 S 公司具重大影響。

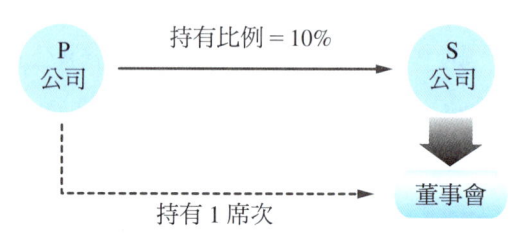

(三) 潛在表決權之考量

企業可能擁有認股權證、股份買權、可轉換為普通股之債務或權益工具，或其他類似工具，於行使或轉換時，增加對被投資者財務及營運政策決策之額外表決權力或減少其他投資者之表決權力，該等工具稱為「潛在表決權」。當評估企業是否具有重大影響時，應考量**目前可行使或可轉換潛在表決權（包括企業直接或間接所持有之潛在表決權）**之存在及影響，但無須考量行使或轉換該等潛在表決權之意圖及其財務能力。若潛在表決權須至未來特定日期或未來特定事項發生方可行使或轉換，該潛在表決權非屬目前已可行使或轉換，則在判斷重大影響時，無須納入考量。

以下說明潛在表決權之概念：P 公司於 X1 年初持有 S 公司普通股 400,000 股，S 公司在 X1 年初普通股實際發行股數為 4,000,000 股。S 公司 X2 年初發行可轉換公司債，該批公司債得於發行日 1 年後請求轉換為 S 公司普通股 2,000,000 股，P 公司全數認購該批公司債。X2 年底，P 公司對 S 公司具重大影響。

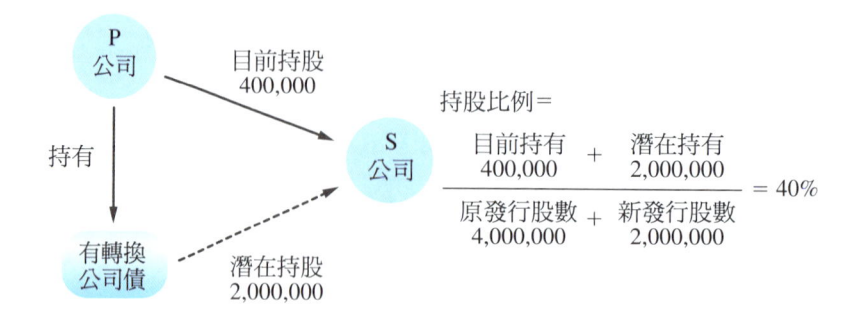

(四) 喪失重大影響

當企業喪失參與被投資者財務及營運政策決策之權力時，即喪失對被投資者之重大影響。喪失重大影響之情況如下：

1. **所有權之絕對變動**：例如，投資公司出售全部或部分股權，使投資者喪失重大影響力。
2. **所有權之相對變動**：例如，被投資公司增加發行股權，而投資公司未取得或未按原比例取得等情況。
3. **其他**：合約協議之結果，或關聯企業受政府、法院、管理人或主管機關控制，導致喪失重大影響。

三　投資關聯企業之會計處理方法──權益法

(一) 權益法之意義

當投資者對被投資者具重大影響，投資者須按權益法處理該投資。在權益法（Equity Method）下，取得日時，投資原始依成本認列；取得日後、持有期間內，投資者「投資帳戶帳面金額」按其持股比例隨著被投資者「權益」變動而增減，投資者之投資損益為被投資者當期損益之份額，投資者之其他綜合損益為被投資者其他綜合損益之份額。

會計上之所以要求投資關聯企業必須採取權益法的理由在於：在關聯企業情形下，投資者得重大影響被投資者之財務及營運政策決策，再藉由持有被投資者權益享有被投資者經營績效，因此僅以被投資者所分配之股利作為投資損益計算基礎，並不足以衡量投資者對關聯企業所賺得之收益，投資者應按持股比例份額認列投資損益。對於投資者而言，權益法之應用，在投資關聯企業下得提供較具資訊性之財務報導。

投資者的「投資帳戶」與被投資者的「權益」變動關係可圖示如下：

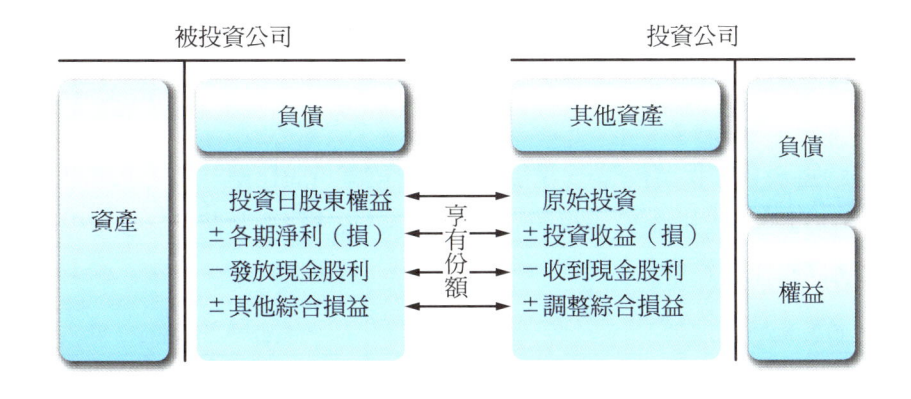

被投資公司		投資公司	
資產	負債	其他資產	負債
	投資日股東權益 ± 各期淨利（損） − 發放現金股利 ± 其他綜合損益	原始投資 ± 投資收益（損） − 收到現金股利 ± 調整綜合損益	權益

（享有份額）

(二)綜合損益表項目調整

投資收益係按繼續營業單位損益部分計算,當被投資者損益表上有特殊項目,包括停業單位損益及其他綜合損益等,投資者應按持股比例認列調整。

1. **被投資者認列損益,增減權益**:投資者按持股比例認列於投資損益,增減投資帳戶之帳面金額。
2. **被投資者認列其他綜合損益,增減權益**:被投資者發生資產重估價、外幣換算調整數等其他綜合損益項目,投資者按持股比例認列為投資者自己的其他綜合損益。

被投資公司之處理		投資公司之處理	
本期損益	NI	採權益法之投資	NI×%
保留盈餘	NI	採權益法認列之損益份額	NI×%
本期其他綜合損益	OCI	採權益法認列之綜合損益份額	OCI×%
其他權益	OCI		

(三)保留盈餘表項目調整

1. **發放現金股利 → 投資之減少**

　　被投資者發放現金股利時,被投資者股東權益減少,投資者應於收到現金股利時減少投資帳戶餘額。

被投資公司之處理		投資公司之處理	
保留盈餘	D	現金	D×%
現金	D	採權益法之投資	D×%

2. **提列盈餘公積 → 不作分錄**

　　被投資者提列法定盈餘公積或特別盈餘公積時,由於被投資者保留盈餘或股東權益總數均未變動,投資公司不作任何分錄。

被投資公司之處理		投資公司之處理
保留盈餘－未指撥	RA	不作分錄
保留盈餘－指撥	RA	

3. **前期損益調整 → 調整保留盈餘 → 稅後影響數 × 約當持股比例**

　　被投資者調整前期損益時,投資者應就該損益稅後影響數**按錯誤發生相關期間之約當持股比例**調整保留盈餘。

被投資公司之處理		投資公司之處理	
×××	RA	採權益法之投資	RA×%
保留盈餘	RA	前期損益調整	RA×%

(四) 其他權益項目調整

1. 盈餘或公積轉增資、法定盈餘彌補虧損 → 不作分錄

被投資者以保留盈餘或資本公積轉增資時，被投資者股東權益總數不變，投資者僅註記增加股數，不作任何分錄。

被投資公司之處理			投資公司之處理
保留盈餘	RA		
股本	CS	不作分錄	
資本公積	PA		

2. 資本公積彌補虧損 → 借：資本公積；貸：保留盈餘

如被投資者以投資後所產生的資本公積彌補虧損時，投資者應依持股比例計算應負擔金額，借記「資本公積」，貸記「保留盈餘」；如非以投資後所產生的資本公積彌補虧損時，不作任何分錄。

被投資公司之處理		投資公司之處理	
資本公積	PA	資本公積	PA×%
保留盈餘	RA	保留盈餘	RA×%

3. 發行新股 → 按股權淨值增減數調整資本公積及投資帳戶餘額

被投資者增發新股時，若投資者非按原持股比例認購或取得，致使增資後持股比例發生變動，因而使投資者投資股權淨值發生增減者，增減數應調整「資本公積」及「採用權益法之投資」。前項調整如應借記「資本公積」，而帳上由投資所產生之資本公積餘額不足時，其差額應借記「保留盈餘」。

新股投資成本 = 被投資者新股發行價款 × 投資者認購比例

股權淨值變動數 = 新股東權益 × 新持股比例 − 原股東權益 × 原持股比例

資本公積調整數 = 新股投資成本 − 股權淨值變動數

被投資公司之處理		投資公司之處理	
現金	CS + PA	採權益法之投資	股權淨值增加數
股本	CS	資本公積	差額
資本公積	PA	現金	(CS + PA)×認購比

讀者可由以上說明發現，當投資者股東權益項目有所調整時，被投資者僅相對應調整投資帳戶餘額，投資收益則不受影響。相對應調整目的是維持「投資成本 = 股權淨值 + 未攤銷差額」之恆等式。公式如下，有關成本與股權淨值差額及其詳細之會計處理詳本章後述與第 6 章之說明。

投資帳戶餘額 ＝ 期初投資帳戶餘額 ± 投資損益 － 現金股利 ± 其他調整
　　　　　　 ＝ 期末股東權益 × 持股比例 ＋ 成本與股權淨值差額未攤銷數

釋例一　投資帳戶調整

P 公司於 X1 年依股權淨值取得 S 公司 60% 股權，X3 年初 S 公司股東權益資料如下：

普通股－面額 $10，發行及流通在外 200,000 股	$2,000,000
資本公積－普通股溢價	1,000,000
保留盈餘	2,000,000

X3 年度有下列事項發生：

2月3日	S 公司發現 X2 年度折舊費用少計 $100,000。
6月8日	宣告並發放每股 $2 之現金股利，20% 股票股利，當日股票市價為每股 $28。
9月3日	就 X2 年度淨利 $1,000,000，提列 10% 法定盈餘公積。
12月31日	S 公司 X3 年淨利 $800,000。另 S 公司因權益工具投資認列未實現損失 $150,000，認列於其他綜合損益。
12月31日	以每股 $30 發行普通股 40,000 股，P 公司取得 12,000 股。

試作：P 公司 X3 年度有關投資應有之分錄，並計算 X3 年 12 月 31 日投資帳戶餘額。

解析

1. 被投資公司前期損益調整

X3 年 2 月 3 日	保留盈餘（$100,000 × 60%）	60,000	
	採權益法之投資		60,000

2. 被投資公司發放現金股利

X3 年 6 月 8 日	現金（$2 × 120,000）	240,000	
	採權益法之投資		240,000

3. 被投資公司提列法定盈餘公積

X3 年 9 月 3 日	不作分錄		

4. 認列投資損益

    投資收益 ＝ $800,000 × 60% ＝ $480,000

    採權益法認列之其他綜合損益 ＝ $150,000 × 60% ＝ $90,000

X3 年 12 月 31 日	採權益法之投資	480,000	
	採權益法認列之損益份額		480,000
	採權益法認列之其他綜合損益	90,000	
	採權益法之投資		90,000

5. 被投資公司發行新股

X3 年增加投資成本 = $\$30 \times 12,000 = \$360,000$

S 公司增資後 P 公司持股比例 = $\dfrac{120,000 + 12,000}{200,000 + 40,000} = 55\%$

增資前股東權益
= $\$5,000,000 - \$100,000 - \$2 \times 200,000 + \$800,000 - \$150,000 = \$5,150,000$

增資前股權淨值 = $\$5,150,000 \times 60\% = \$3,090,000$

增資後股權淨值 = $(\$5,150,000 + \$30 \times 40,000) \times 55\% = \$3,492,500$

股權淨值增加數 = $\$3,492,500 - \$3,090,000 = \$402,500$

投資帳戶調整增加數 = $\$402,500 - \$360,000 = \$42,500$

X3 年 1 月 3 日	採用權益法之投資	402,500	
	現金		360,000
	資本公積		42,500

投資帳戶餘額：

期初餘額	股權淨值（$\$5,000,000 \times 60\%$）	$\$3,000,000$	
2 月 3 日	前期損益調整（$\$100,000 \times 60\%$）	(60,000)	
6 月 8 日	現金股利（$\$2 \times 120,000$）	(240,000)	
12 月 31 日	投資收益	480,000	
12 月 31 日	其他綜合損益	(90,000)	
1 月 3 日	增資調整	402,500	
		$\$3,492,500$	

(五) 豁免適用權益法之情形

1. 投資者豁免條件

投資者在符合下列所有情況時，對關聯企業投資無須適用權益法處理：

(1) 企業係由另一企業完全擁有之子公司，或部分擁有之子公司，而其他業主（包括無表決權之業主）已被告知且不反對企業不適用權益法。

(2) 企業之債務或權益工具未於公開市場（國內或國外證券交易所或店頭市場，包括當地及區域性市場）交易。

(3) 企業未因欲於公開市場發行任何類別工具之目的，而曾向證券委員會或其他主管機關申報財務報表，亦未正在申報中。

(4) 企業之最終或任何中間母公司已編製遵循國際財務報導準則之合併財務報表供大眾使用，子公司已納入該合併財務報表或透過損益按公允價值衡量。圖示如下：

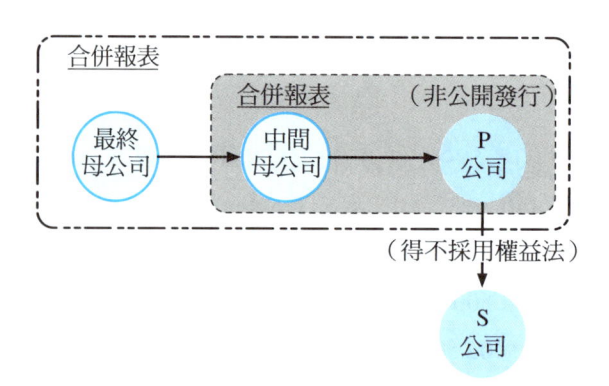

```
┌─────────────────────────────────────────┐
│ 合併報表                                  │
│        ┌──────────────────────────────┐ │
│        │ 合併報表          （非公開發行）│ │
│   ┌──┐ │  ┌──┐           ┌──┐         │ │
│   │最終│→│中間│    →    │ P │         │ │
│   │母公司│ │母公司│       │公司│        │ │
│   └──┘ │  └──┘           └──┘         │ │
│        └────────────────────│─────────┘ │
└──────────────────────────────│──────────┘
                        （得不採用權益法）
                               ↓
                              ┌──┐
                              │ S │
                              │公司│
                              └──┘
```

2. 透過投資個體之投資關係

當企業對關聯企業或合資之投資，係直接或間接透過屬創業投資組織（Venture Capital Organization）或共同基金（Mutual Fund）、單位信託（Unit Trust）及類似個體〔包括與投資連結之保險基金（investment-linked insurance funds）〕之個體，該個體得選擇依 IFRS 第 9 號「金融工具」之規定，透過損益按公允價值以衡量對該等關聯企業投資，而不適用權益法處理。

3. 被投資者符合待出售條件

當企業對於關聯企業投資（或投資之一部分）符合 IFRS 第 5 號待出售之條件，就符合待出售條件部分，應停止採用權益法處理，並分類為待出售資產；就未分類為待出售部分，仍應採用權益法處理，直至分類為待出售之部分被處分。處分發生後，企業應視保留權益部分是否仍對關聯企業重大影響：如保留權益已不具重大影響力，應依 IFRS 第 9 號規定，改以公允價值評價；如保留權益仍具重大影響（仍持續為關聯企業），企業應就剩餘投資繼續採用權益法處理。

先前分類為待出售之投資關聯企業，如不再符合待出售分類之條件，應追溯自從分類為待出售之日起，採用權益法處理。分類為待出售起之各期間財務報表應配合修正。

第 2 節　權益法下投資損益之認列

權益法係指：取得日時，投資原始依成本認列；取得日後、持有期間內，投資者「投資帳戶帳面金額」按其持股比例隨著被投資者「權益」變動而增減。投資者在投資後，按持股比例，依被投資者之當期損益及綜合損益，認列投資損益及綜合損益，增減投資帳戶；按持股比例，依被投資者當期分配股利，減少投資帳戶。在權益法精神下，投資帳戶應反映被投資者淨資產（權益）之份額，投資帳戶餘額之計算如下：

投資帳戶餘額＝取得成本±損益份額±綜合損益份額－取得股利

與企業合併移轉對價的觀念相同：投資者對於被投資者權益工具所願意支付的對價，受到被投資者可辨認資產與負債之公允價值，及商譽或廉價購買利益之因素影響，使得上式中「取得成本」與取得之被投資者淨資產帳面金額並不相同，加上關聯企業間交易，雖在個別公司帳上認列，但就經濟實質而言，應屬關聯企業之「未實現損益」，而應於投資損益中調整。投資者對被投資者應認列之損益份額（投資損益）可列示如下：

投資損益＝被投資公司普通股可享有淨利×持股比例±調整

其中調整項目包括「投資成本與取得股權淨值差額」及「關聯企業交易之未實現損益」，以下分別說明之。

一　投資成本與股權淨值差額

(一) 取得日：投資成本與股權淨值差額之分析

投資者取得投資時的「投資成本」，為投資者在投資當日取得被投資公司股權所願意支付之價款，通常為投資當日被投資者股權之公允價值。投資成本與投資者所享有關聯企業可辨認資產及負債帳面金額（股權淨值）差額，通常是因為被投資者帳上淨資產價值有所減損或增值，或被投資者帳上可能有未認列的無形資產而產生。投資者採用權益法前，應先辨認被投資者各項可辨認資產負債之帳面金額與公允價值差額，如將「股權淨值差額」分配予「**可辨認淨資產公允價值調整數**」及「**未入帳淨資產**」後仍有差額，則認列為「**商譽或廉價購買利益**」。

投資成本與股權淨值差額可分為三部分，整理為權益法及合併報表處理中最重要之等式如下：

投資成本＝股權淨值±未攤銷差額
　　　　＝股權淨值±公允價值調整數±未入帳資產負債±商譽（廉價購買利益）

$$\text{股權淨值} = \text{投資公司在投資當日取得被投資公司資產負債表上股東權益之份額}$$
$$= \text{被投資公司股東權益} \times \text{股權比例}$$

(二)取得日後：投資成本與股權淨值差額之攤銷

在權益法下，投資者每年應就被投資者損益份額計算投資收益，但被投資者淨利是以原帳面金額為基礎，與投資者按公允價值衡量被投資者成本與績效表現之概念並不相同。當被投資者有資產低估的情形，例如：投資者取得被投資者股權時，被投資者帳列存貨成本 $1,000，公允價值 $1,200，若該存貨於投資日後以 $1,500 出售，被投資者認列 $500 銷貨毛利，但就投資者而言，投資對價是以存貨公允價值 $1,200 決定，該筆銷貨「實質」的銷貨毛利應為 $300；因此，投資者在認列投資損益時，應以被投資者帳上損益（銷貨毛利 $500）減除投資時多支付因存貨公允價值調整 $200，以反映投資者對於被投資者採公允價值衡量之績效表現。

由於被投資者資產負債帳面金額與公允價值不同，因此投資者不得直接以被投資者帳列損益計算投資損益，須將**股權淨值差額，在差額原因存在期間內逐期攤銷，透過攤銷差額調整投資收益**。若差額已攤銷完畢，投資成本將等於與股權淨值，投資帳戶餘額等於股權淨值，此時投資者即可直接以被投資者損益乘上持股比例認列投資收益。以下分別說明之：

1. 淨資產公允價值大於帳面金額（資產低估、負債高估）

當被投資者帳上的資產低估（負債高估）時，亦即被投資者淨資產之帳面金額低於公允價值，由於投資者以公允價值投資，導致投資成本（公允價值）會較股權淨值（帳面金額）高。但對投資者而言，投資成本與股權淨值的差額，將隨著差額原因存在期間逐漸消除，例如：被投資者帳列建築物，剩餘使用年限 10 年，公允價值 $6,000 萬，帳面金額 $4,000 萬，差額 $2,000 萬將隨著 10 年逐漸消除。因此，當被投資者有「資產低估、負債高估」之情形，投資者須在計算投資收益時，先計算被投資者資產應增加金額或負債應減少金額（使被投資者帳列淨資產價值等於公允價值），再於該資產或負債存在期間，計算因資產應增加數而必須增加之資產折舊或攤銷數、因負債減少數（負債折價增加數）而必須增加負債利息數，調整減少投資收益，逐期消除投資成本與股權淨值差額。因此：

帳列資產低估 ⇨ 應增加資產金額 ⇨ 應逐期增加資產攤折費用 ⇨ 減少投資收益

帳列負債高估 ⇨ 應增加負債折價金額 ⇨ 應逐期增加負債利息費用 ⇨ 減少投資收益

以高會恆等式說明如下：

投資成本 ＝ 股權淨值 ＋ 資產低估數 ＋ 負債高估數 ＋ 未認列無形資產

投資收益 ＝ 淨利 × 股權比例 － 資產攤銷數 － 負債折價攤銷數 － 無形資產攤銷數

2. 淨資產公允價值小於帳面金額（資產高估、負債低估）

當被投資者帳上的資產高估（負債低估）時，亦即被投資者淨資產之帳面金額高於公允價值，由於投資者以公允價值投資，導致投資成本（公允價值）會較股權淨值（帳面金額）低。但對投資者而言，投資成本與股權淨值的差額，將隨著差額原因存在期間逐漸消除，例如：被投資者帳列機器，剩餘使用年限 5 年，公允價值 $3,000 萬，帳面金額 $4,000 萬，差額 $1,000 萬將隨著 5 年逐漸消除。因此，當被投資者有「資產高估、負債低估」之情形，投資者須在計算投資收益時，先計算被投資者資產應減少金額或負債應增加金額（使被投資者帳列淨資產價值等於公允價值），再於該資產或負債存在期間，計算因資產應減少數而必須減少之資產折舊或攤銷數、因負債增加數（負債溢價增加數）而必須減少負債利息數，調整增加投資收益，逐期消除投資成本與股權淨值差額。因此：

帳列資產高估 ⇨ 應減少資產金額 ⇨ 應逐期減少資產攤折費用 ⇨ 增加投資收益

帳列負債低估 ⇨ 應增加負債溢價金額 ⇨ 應逐期減少負債利息費用 ⇨ 增加投資收益

以高會恆等式說明如下：

投資成本 ＝ 股權淨值 － 資產高估數 － 負債高估數

投資收益 ＝ 淨利 × 股權比例 ＋ 資產攤銷數 ＋ 負債溢價攤銷數

3. 商譽與廉價購買利益

與企業合併之觀念相同，投資者投資對價與被投資者淨資產公允價值份額之差額為商譽或廉價購買利益。商譽應包含於投資之帳面金額中，不得攤銷；廉價購買利益，應於取得投資當期認列為投資損益。

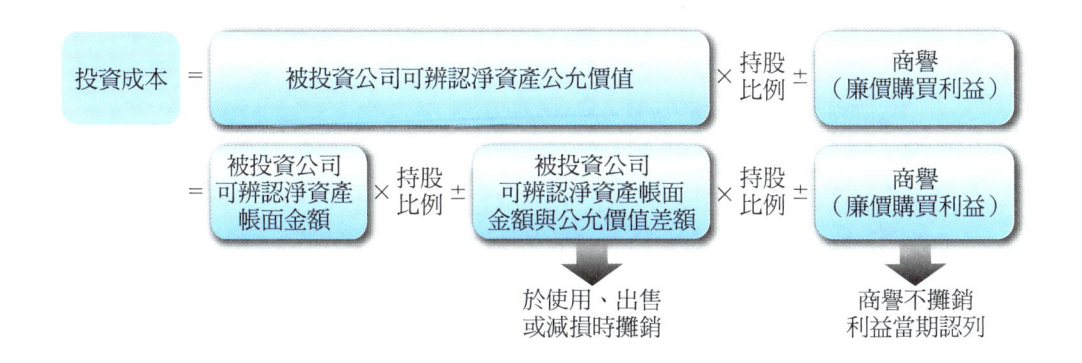

投資成本 ＝ 被投資公司可辨認淨資產公允價值 × 持股比例 ± 商譽（廉價購買利益）

＝ 被投資公司可辨認淨資產帳面金額 × 持股比例 ± 被投資公司可辨認淨資產帳面金額與公允價值差額 × 持股比例 ± 商譽（廉價購買利益）

於使用、出售或減損時攤銷　　商譽不攤銷　利益當期認列

釋例二 投資成本大於被投資公司淨資產公允價值，投資收益之決定

P 公司於 X1 年初發行 120,000 股（面額 $10，每股市價 $15）取得 S 公司 40% 股權。合併當時 S 公司淨資產帳面金額與公允價值資料如下：

	帳面金額	公允價值
現金	$ 800,000	$ 800,000
應收帳款	1,600,000	1,500,000
存貨	1,800,000	2,000,000
設備	2,000,000	2,500,000
專利權	300,000	500,000
應付帳款	(1,000,000)	(1,000,000)
長期負債	(1,800,000)	(2,000,000)
股本	(2,000,000)	—
資本公積	(1,000,000)	—
保留盈餘	(700,000)	—

假設設備之剩餘耐用年限 10 年，專利權有效年限 5 年，長期負債剩餘流通年限 4 年。S 公司 X1 年度淨利 $500,000，發放股利 $200,000。

試計算 P 公司對 S 公司 X1 年度投資收益及投資帳戶餘額。

解析

投資成本與股權淨值差額分攤：

投資成本	$15 × 120,000	$ 1,800,000
股權淨值	($2,000,000 + $1,000,000 + $700,000) × 40%	(1,480,000)
差額		$ 320,000
分配差額：		
應收帳款高估	($1,600,000 − $1,500,000) × 40%	40,000
存貨低估	($1,800,000 − $2,000,000) × 40%	(80,000)
設備低估	($2,000,000 − $2,500,000) × 40%	(200,000)
專利權低估	($300,000 − $500,000) × 40%	(80,000)
長期負債低估	($1,800,000 − $2,000,000) × 40%	80,000
商譽		$ 80,000

X1 年度投資收益：

子公司淨利 $500,000 × 40%	$200,000	
應收帳款高估	40,000	
存貨低估	(80,000)	
設備低估（$200,000 ÷ 10）	(20,000)	
專利權低估（$80,000 ÷ 5）	(16,000)	
長期負債低估（$80,000 ÷ 4）	20,000	
	$144,000	

X1 年底投資帳戶餘額 = 投資成本 + 投資收益 − 收到股利
$$= \$1,800,000 + \$144,000 - (\$200,000 \times 40\%) = \$1,864,000$$

〔驗證〕

X1 年底 S 公司股東權益 = 期初權益 + 本期淨利 − 發放股利
$$= \$3,700,000 + \$500,000 - \$200,000 = \$4,000,000$$

X1 年底未攤銷差額計算：

項目	差異金額	攤銷年限	X1 年攤銷數	X1 年底餘額
應收帳款高估	$(40,000)	1	$40,000	$ 0
存貨低估	80,000	1	(80,000)	0
設備低估	200,000	10	(20,000)	180,000
專利權低估	80,000	5	(16,000)	64,000
長期負債低估	(80,000)	4	20,000	(60,000)
商譽	80,000	—	—	80,000
	$320,000		$(56,000)	$264,000

X1 年底投資成本 = 股權淨值 $4,000,000 × 持股比例 40% + 未攤銷差額 $264,000
$$= \$1,864,000$$

釋例三　投資成本小於被投資公司淨資產公允價值，投資收益之決定

承上題，若假設 P 公司於 X1 年初發行 120,000 股（面額 $10，每股市價 $14）取得 S 公司 40% 股權。S 公司 X1 年度淨損 $200,000，未發放股利。

試計算 P 公司對 S 公司 X1 年度投資收益及投資帳戶餘額。

解析

投資成本與股權淨值差額分攤：

投資成本	$14 × 120,000	$ 1,680,000
股權淨值	($2,000,000 + $1,000,000 + $700,000) × 40%	(1,480,000)
差額		$ 200,000
分配差額：		
應收帳款高估	($1,600,000 − $1,500,000) × 40%	40,000
存貨低估	($1,800,000 − $2,000,000) × 40%	(80,000)
設備低估	($2,000,000 − $2,500,000) × 40%	(200,000)
專利權低估	($300,000 − $500,000) × 40%	(80,000)
長期負債低估	($1,800,000 − $2,000,000) × 40%	80,000
廉價購買利益		$ (40,000)

X1 年度投資收益：

子公司淨損（−$200,000 × 40%）	$ (80,000)
應收帳款高估	40,000
存貨低估	(80,000)
設備低估（$200,000 ÷ 10）	(20,000)
專利權低估（$80,000 ÷ 5）	(16,000)
長期負債低估（$80,000 ÷ 4）	20,000
廉價購買利益	40,000
	$ (96,000)

X1 年底投資帳戶餘額 ＝ 投資成本 − 投資損失
　　　　　　　　　＝ $1,680,000 − $96,000
　　　　　　　　　＝ $1,584,000

〔驗證〕

X1 年底 S 公司股東權益 ＝ 期初權益 ＋ 本期淨損 − 發放股利
　　　　　　　　　　＝ $3,700,000 − $200,000 − $0
　　　　　　　　　　＝ $3,500,000

X1年底未攤銷差額計算：

項目	差異金額	攤銷年限	X1年攤銷數	X1年底餘額
應收帳款高估	$(40,000)	1	$40,000	$0
存貨低估	80,000	1	(80,000)	0
設備低估	200,000	10	(20,000)	180,000
專利權低估	80,000	5	(16,000)	64,000
長期負債低估	(80,000)	4	20,000	(60,000)
廉價購買利益	(40,000)	–	40,000	0
	$200,000		$(16,000)	$184,000

X1年底投資成本
＝股權淨值 $3,500,0000 × 持股比例 40% ＋ 未攤銷差額 $184,000 ＝ $1,584,000

二　關聯企業交易之未實現損益

投資者（包括其合併子公司）與關聯企業間之交易，因投資者對於雙方交易標的、價格、數量、時間等具控制能力或具重大影響力，故投資者與被投資者間交易，應視為同一經濟個體中貨物或勞務的移動，投資者應就該筆交易損益中屬於自己所能影響的範圍內，將關聯企業損益份額消除，調整減少投資收益；而在該項貨物或勞務轉售予第三人或消耗時，就投資者對關聯企業權益無關之範圍內，認列於投資者之財務報表，調整增加投資收益。

關聯企業間交易未實現利潤 ＝ 賣方收入 － 賣方成本

關聯企業交易若為銷貨交易，賣方銷售買方之銷貨毛利為未實現利潤，等到買方銷售予第三人時才轉列為已實現利潤；若為折舊、折耗或攤銷性資產出售交易，賣方之處分資產損益為未實現利潤，買方則透過使用資產逐期實現利潤，故應依資產效益年限分年認列已實現利潤。

關聯企業交易之類別可分為順流交易、逆流交易及側流交易三類，以下分別說明之。

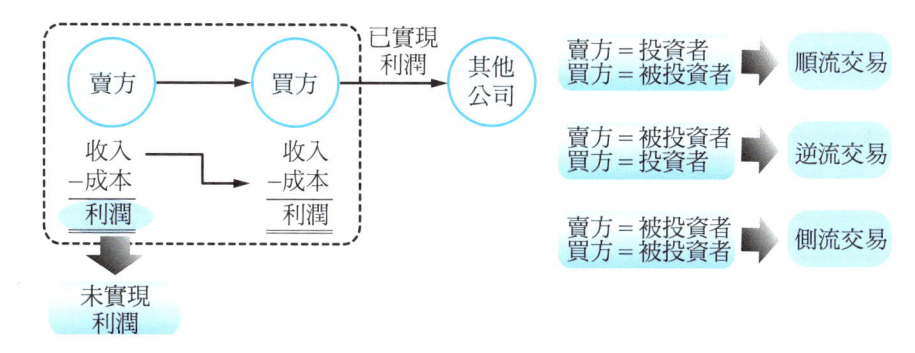

賣方＝投資者 買方＝被投資者	➡	順流交易
賣方＝被投資者 買方＝投資者	➡	逆流交易
賣方＝被投資者 買方＝被投資者	➡	側流交易

(一) 順流交易

順流交易（Downstream' Transactions）係指投資者出售或投入資產予關聯企業之交易，其產生之銷貨毛利或資產處分損益於投資者帳上認列，由於投資者具控制能力或重大影響，在交易發生年度應於帳上將相關交易之影響予以消除。惟需注意，在出售資產或投入資產前，應參考處分價款或投資作價資料，作為該項資產之**減損測試**，若有資產之淨變現價值減少或該等資產減損損失之證據時，投資者應**全數**認列該項資產之減損損失，其會計處理方式應視交易性質為出售交易或作為投資股權之對價而有不同。

1. 出售資產

當投資者具**控制能力**，母子公司間順流交易損益應於交易發生年度**全數沖轉**，列為「**未實現銷貨毛利／未實現處分資產損益**」；當投資公司具重大影響而不具控制能力時，關聯企業間順流交易損益則應按**比例沖轉**，列為「未實現銷貨毛利／未實現處分資產損益」並於投資者損益表上單行表達，**作為相關銷貨毛利或處分投資損益之減項。**

順流交易之「未實現銷貨毛利」應於買方（被投資者）將存貨售予第三人時認列為銷售年度之銷貨毛利加項，「未實現處分資產損益」應於買方（被投資者）將資產售予第三人時一次將未認列之處分損益轉列「已實現處分資產損益」，或隨著資產使用期間將未實現損益沖轉，作為相關折舊費用或攤銷費用等之減項。

2. 投入非貨幣性資產交換關聯企業或合資之權益（作為取得對價之一部分）

(1) 具商業實質交換：投資者對關聯企業投入非貨幣性資產以交換被投資者之權益時，投資者帳上因此產生之利益或損失，應比照前述順流銷售未實現損益處理。

(2) 不具商業實質：若該投入缺乏商業實質，則該利益或損失視為未實現，不認列損益，此等未實現損益應與按權益法處理之投資帳戶對沖，不得列為遞延損益。亦即：關聯企業所收到來自投資者的非貨幣性資產，依投資者原**帳面金額**評價，並透過調整投資成本加以處理。

釋例四　順流交易未實現損益之消除

P 公司持有 S 公司 30% 股權，具重大影響力，X1 年度 P 公司與被投資公司 S 公司間交易資料如下：

交易一：P 公司銷售商品與 S 公司，售價 $800,000，成本 $600,000，該批貨品直至 X2 年始售予第三者。

交易二：P 公司於 X1 年底出售設備與 S 公司，售價 $1,000,000，資產成本 $2,000,000，累計折舊 $800,000，剩餘耐用年限 5 年，可回收成本 $900,000。

交易三：P 公司於 X1 年底銷售土地與 S 公司，售價 $500,000，土地成本 $400,000，該筆土地直至 X8 年始售予第三者。

假設 S 公司 X1 年度及 X2 年度之淨利分別為 $1,500,000 及 $1,000,000。

試計算 P 公司 X1 年與 X2 年度投資收益，並作投資公司帳上認列投資收益之分錄。

解析

交易一：X1 年銷貨未實現利潤 = $800,000 − $600,000 = $200,000
　　　　X2 年銷貨已實現利潤 = $200,000
交易二：X1 年認列減損損失 = ($2,000,000 − $800,000) − $900,000 = $300,000
　　　　X1 年處分資產未實現利潤 = $1,000,000 − $900,000 = $100,000
　　　　X2 年處分資產已實現利潤 = $100,000 ÷ 5 = $20,000
交易三：X1 年處分資產未實現利潤 = $500,000 − $400,000 = $100,000
　　　　X1 年度投資收益 = $1,500,000 × 30% = $450,000
　　　　X1 年度未實現利益 = ($200,000 + $100,000 + $100,000) × 30% = $120,000

X1 年 12 月 31 日	減損損失	300,000	
	累計減損－設備		300,000
X1 年 12 月 31 日	採權益法之投資	450,000	
	採權益法認列之損益份額		450,000
X1 年 12 月 31 日	未實現銷貨毛利	60,000	
	未實現處分資產利益	60,000	
	採權益法之投資		120,000

X2 年度投資收益 = $1,000,000 × 30% = $300,000
X2 年度已實現銷貨利益 = ($200,000 + $20,000) × 30% = $66,000

X2 年 12 月 31 日	採權益法之投資	300,000	
	採權益法認列之損益份額		300,000
	採權益法之投資	66,000	
	已實現銷貨毛利		60,000
	已實現處分資產利益		6,000

(二) 逆流交易

逆流交易（Upstream' Transactions）係指關聯企業出售資產予投資者之交易，由於逆流交易所產生的銷貨毛利或資產處分損益是認列於被投資者帳上，故投資者無法在自己帳上以「未實現損益」項目銷除關聯企業交易損益，而必須先計算被投資者「已實現淨利」，再**透過認列被投資公司損益份額方式調整該未實現損益的影響**。同樣的，在出售資產資產前，應參考處分價款或投資作價資料，作該項資產之**減損測試**，若有資產之淨變現價值減少或該等資產減損損失之證據時，投資者**應按持股比例認列該項資產**之**減損損失**。

被投資公司已實現淨利 = 被投資公司帳列淨利 − 減損損失 ± 未實現損益
投資損益 = 被投資公司已實現淨利 × 持股比例

釋例五　逆流交易未實現損益之消除

P 公司持有 S 公司 30% 股權，具重大影響力，X1 年度 P 公司與被投資公司 S 公司間交易資料如下：

交易一：S 公司銷售商品與 P 公司，售價 $800,000，成本 $600,000，該批貨品直至 X2 年始售予第三者。

交易二：S 公司於 X1 年底出售設備與 P 公司，售價 $1,000,000，資產成本 $2,000,000，累計折舊 $800,000，剩餘耐用年限 5 年，可回收成本 $900,000。

交易三：S 公司於 X1 年底銷售土地與 P 公司，售價 $500,000，土地成本 $400,000，該筆土地直至 X8 年始售予第三者。

假設 S 公司 X1 年度及 X2 年度之淨利分別為 $1,500,000 及 $1,000,000。

試計算 P 公司 X1 年與 X2 年度投資收益，並作投資公司帳上認列投資收益之分錄。

解析

交易一：X1 年銷貨未實現利潤 = $800,000 − $600,000 = $200,000
　　　　X2 年銷貨已實現利潤 = $200,000
交易二：X1 年認列減損損失 = ($2,000,000 − $800,000) − $900,000 = $300,000
　　　　X1 年處分資產未實現利潤 = $1,000,000 − $900,000 = $100,000
　　　　X2 年處分資產已實現利潤 = $100,000 ÷ 5 = $20,000
交易三：X1 年處分資產未實現利潤 = $500,000 − $400,000 = $100,000
　　　　X1 年 S 公司已實現淨利
　　　　　= $1,500,000 − $200,000 − $300,000 − $100,000 − $100,000 = $800,000

X1 年投資收益 = $800,000 × 30% = $240,000

X1 年 12 月 31 日	採權益法之投資	240,000	
	採權益法認列之損益份額		240,000

X2 年度 S 公司已實現淨利 = $1,000,000 + $200,000 + $20,000 = $1,220,000

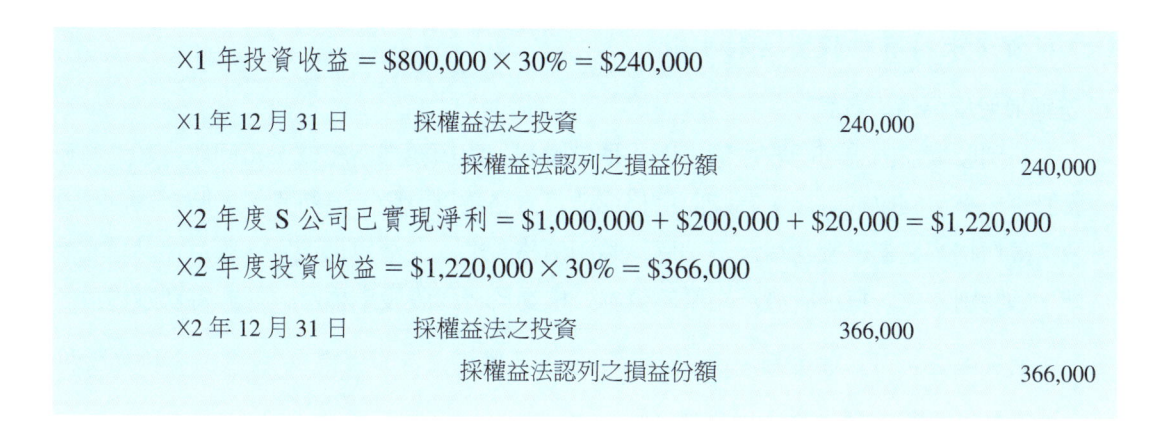

X2 年度投資收益 = $1,220,000 × 30% = $366,000

X2 年 12 月 31 日	採權益法之投資	366,000	
	採權益法認列之損益份額		366,000

亦即，投資收益之計算調整如下：

具控制能力投資收益 = {被投資公司普通股淨利 − 逆流交易未實現利潤 + 逆流交易已實現利潤} × 持股比例 − 順流交易未實現利潤 + 順流交易已實現利潤

不具控制能力投資收益 = {被投資公司普通股淨利 − 逆流交易未實現利潤 + 逆流交易已實現利潤 − 順流交易未實現利潤 + 順流交易已實現利潤} × 持股比例

有關關聯企業交易間未實現損益，我國學說與實務採行不同會計處理方式。**學說通說是將未實現損益一律作為投資收益之調整項**，其公式如上圖；**實務公報釋例則區分為順流交易及非順流交易（逆流及側流）而有不同處理：順流交易損益作為投資帳戶之調整項，非順流交易損益作為投資收益之調整項**。

有關關聯企業交易之未實現損益，本書依學說通說做法，亦即：關聯企業交易之未實現損益一律作為投資收益之調整項。惟為讀者實務運用，將於第 4 章說明實務公報釋例做法，以利讀者比較學習。

三 被投資者發行特別股

當被投資者發行特別股時，被投資者之股東權益、當期損益及股利發放均按特別股與普通股區分為二：(1) 股東權益分為：特別股權益與普通股權益；(2) 當期損益分為：特別股淨利與普通股淨利；(3) 股利發放分為：特別股股利與普通股股利。以下就投資者未持有被投資者特別股，以及持有被投資者特別股二種情形說明之。

(一) 投資者未持有被投資者特別股

1. 普通股股權淨值之計算

特別股權益由「**可回收金額**」與「**積欠股利**」兩項要素所組成，可回收金額乃特別股股東未來可回收的金額，為贖回價格或清算價格乘以股數。若特別股同時有贖回價格及清算價格，在繼續經營情況下，應以贖回價格為準；在清算情況下，應以清算價格為準。須特別注意，特別股發行溢價的資本公積屬於普通股股東權益，並非特別股權益。

特別股權益＝可回收金額＋積欠股利＝（贖回價格或清算價格 × 股數）＋積欠股利

普通股權益＝被投資者股東權益－特別股權益

當被投資者發行特別股時，在決定普通股投資成本超過股權淨值部分，應將股東權益總數扣除上段計算之特別股權益，再按持股比例計算之。亦即：

普通股股權淨值＝（股東權益總數－特別股權益）× 普通股持股比例

2. 普通股投資收益之計算

特別股對於普通股而言，主要具有**股利優先分派權**，若投資者未持有被投資公司特別股，則在計算投資收益時應先考量特別股可享有淨利，再就「普通股東可享有淨利」認列之。特別股淨利因該特別股是否屬於「累積特別股」而有所不同。

(1) **被投資者發行累積特別股**：無論被投資者當年度是盈餘或虧損，無論被投資者當年度有無宣告股利發放，累積特別股每年度享有「額定股利金額」之當年度淨利。

特別股淨利＝額定特別股股利＝特別股面額 × 票面股利率

普通股淨利＝被投資者淨利－特別股淨利

(2) **被投資者發行非累積特別股**：若被投資者當年度有宣告股利發放，非累積特別股享有宣告股利金額之當年度淨利；若被投資者當年度未宣告股利發放，即不享有任何淨利。

3. 普通股分配股利之計算

與普通股可享有淨利之概念相同，由於特別股享有股利優先分派權，當被投資者宣告發放現金股利時，應視特別股性質屬於累積或參加之條件，先決定特別股股利，宣告股利之剩餘部分則為普通股股利。

若特別股為累積特別股，則當被投資者宣告發放現金股利時，必須先「補足」積欠的特別股股利，才能分配股利予普通股股東，尚未補足積欠特別股股利前，不得分配任何股利予普通股股東。當特別股為參加特別股時，若普通股股利率超過特別股股利率，參加特別股股東除享有預先約定之股利外，還可分享普通股股利（即所謂參加），亦即參加特別股股東享有「變動額或變動率」的股利。

(二)投資者持有被投資者特別股

投資者持有被投資者特別股時,可比照普通股投資,採成本法或權益法處理。若特別股投資採成本法處理,僅在收到被投資者發放特別股股利時認列股利收入;若特別股投資採權益法處理,當所投資之特別股為累積特別股,每年就股利求償權認列投資收益,並增加「特別股投資」帳面金額,收到發放股利時,則作為投資帳戶減少。

有關子公司發行特別股對於投資損益與合併報表之影響,將於第 6 章中詳加說明。

釋例六 未投資特別股,投資收益之計算

P 公司於 X2 年初以 $3,500,000 取得 S 公司 80% 普通股股權。S 公司 X1 年底之業主權益資料如下:

5% 特別股,面額 $100	$1,000,000
普通股,面額 $10	3,000,000
資本公積	1,000,000
保留盈餘	300,000
業主權益合計	$5,300,000

假設投資成本與股權淨值差額分 5 年攤銷,X2 年度淨利為 $300,000。試按下列情況分別計算 P 公司投資 S 公司 X2 年度投資收益及 X2 年底投資帳戶餘額。

情況一:特別股為累積特別股,積欠 2 年股利,X2 年度宣告並發放股利 $200,000。
情況二:特別股為累積特別股,無積欠股利,X2 年度未發放股利。
情況三:特別股為非累積特別股,X2 年度宣告並發放股利 $200,000。
情況四:特別股為非累積特別股,X2 年度未發放股利。

解析

情況一:特別股權益 = $1,000,000 + $1,000,000 × 5% × 2 = $1,100,000
普通股權益 = $5,300,000 − $1,100,000 = $4,200,000
投資成本與股權淨值差額 = $3,500,000 − $4,200,000 × 80% = $140,000
投資收益 = ($300,000 − $50,000) × 80% − $140,000 ÷ 5 = $172,000
現金股利 = ($200,000 − $50,000 × 3) × 80% = $40,000
X2 年底投資帳戶餘額 = $3,500,000 + $172,000 − $40,000 = $3,632,000

〔驗證〕

X2 年底 S 公司股東權益 = \$5,300,000 + \$300,000 − \$200,000 = \$5,400,000

X2 年底 S 公司特別股權益 = \$1,000,000

X2 年底 S 公司投資帳戶餘額 = (\$5,400,000 − \$1,000,000) × 80% + \$112,000
$$= \$3,632,000$$

情況二：特別股權益 = \$1,000,000

普通股權益 = \$5,300,000 − \$1,000,000 = \$4,300,000

投資成本與股權淨值差額 = \$3,500,000 − \$4,300,000 × 80% = \$60,000

投資收益 = (\$300,000 − \$50,000) × 80% − \$60,000 ÷ 5 = \$188,000

X2 年底投資帳戶餘額 = \$3,500,000 + \$188,000 = \$3,688,000

〔驗證〕

X2 年底 S 公司股東權益 = \$5,300,000 + \$300,000 = \$5,600,000

X2 年底 S 公司特別股權益 = \$1,000,000 + \$50,000 = \$1,050,000

X2 年底 S 公司投資帳戶餘額 = (\$5,600,000 − \$1,050,000) × 80% + \$48,000
$$= \$3,688,000$$

情況三：特別股權益 = \$1,000,000

普通股權益 = \$5,300,000 − \$1,000,000 = \$4,300,000

投資成本與股權淨值差額 = \$3,500,000 − \$4,300,000 × 80% = \$60,000

投資收益 = (\$300,000 − \$50,000) × 80% − \$60,000 ÷ 5 = \$188,000

現金股利 = (\$200,000 − \$50,000) × 80% = \$120,000

X2 年底投資帳戶餘額 = \$3,500,000 + \$188,000 − \$120,000 = \$3,568,000

〔驗證〕

X2 年底 S 公司股東權益 = \$5,300,000 + \$300,000 − \$200,000 = \$5,400,000

X2 年底 S 公司特別股權益 = \$1,000,000

X2 年底 S 公司投資帳戶餘額 = (\$5,400,000 − \$1,000,000) × 80% + \$48,000
$$= \$3,568,000$$

情況四：特別股權益 = \$1,000,000

普通股權益 = \$5,300,000 − \$1,000,000 = \$4,300,000

投資成本與股權淨值差額 = \$3,500,000 − \$4,300,000 × 80% = \$60,000

投資收益 = \$300,000 × 80% − \$60,000 ÷ 5 = \$228,000

X2 年底投資帳戶餘額 = \$3,500,000 + \$228,000 = \$3,728,000

〔驗證〕

X2 年底 S 公司股東權益 = $5,300,000 + $300,000 = $5,600,000

X2 年底 S 公司特別股權益 = $1,000,000

X2 年底 S 公司投資帳戶餘額 = ($5,600,000 − $1,000,000) × 80% + $48,000
= $3,728,000

釋例七 投資特別股，投資收益之計算

P 公司於 X2 年初以 $3,500,000 取得 S 公司 80% 普通股股權，並按股權淨值取得 S 公司 50% 特別股股權。S 公司 X1 年底之業主權益資料如下：

5% 累積特別股，面額 $100，贖回價格 $110（積欠 2 年股利）	$1,000,000
普通股，面額 $10	3,000,000
資本公積	1,000,000
保留盈餘	300,000
業主權益合計	$5,300,000

假設投資成本與股權淨值差額分 5 年攤銷，X2 年度淨利為 $300,000，宣告並發放股利 $200,000，X3 年度淨利為 $100,000，未發放股利。假設 P 公司投資 S 公司特別股採權益法處理，試計算 P 公司投資 S 公司 X2 年度及 X3 年度投資收益及 X2 年底及 X3 年底投資帳戶餘額。

解析

特別股股東權益 = $1,000,000 × 110% + $1,000,000 × 5% × 2 = $1,200,000
普通股股東權益 = $5,300,000 − $1,200,000 = $4,100,000
差額 = $3,500,000 − $4,100,000 × 80% = $220,000（每年 $44,000）
X2 年發放股利 $200,000，特別股分配：$50,000 × 3 = $150,000
　　　　　　　　　　　　普通股分配：$200,000 − $150,000 = $50,000

普通股股權投資：
X2 年投資收益 = ($300,000 − $50,000) × 80% − $44,000 = $156,000
X3 年投資收益 = ($100,000 − $50,000) × 80% − $44,000 = $(4,000)
X2 年底普通股股權投資 = $3,500,000 + $156,000 − $50,000 × 80% = $3,616,000
X3 年底普通股股權投資 = $3,616,000 − $4,000 = $3,612,000

特別股股權投資：

特別股投資成本 = $1,200,000 × 50% = $600,000

X2 年投資收益 = $50,000 × 50% = $25,000

X3 年投資收益 = $50,000 × 50% = $25,000

X2 年底特別股股權投資 = $600,000 + $25,000 − $150,000 × 50% = $550,000

X3 年底特別股股權投資 = $550,000 + $25,000 = $575,000

四 被投資者虧損

在權益法下，被投資者發生虧損，投資者應按比例認列投資損失，並沖減普通股投資帳戶，當累積投資損失超過普通股投資（普通股投資沖減為零），應依投資者對關聯企業權益之其他組成部分優先順位（即清算優先權）之反向順序予以沖銷。**沖銷順序依序為：普通股投資→特別股投資→無擔保或不足擔保負債之順位→負債準備**。若有其他未認列為投資損失之部分，應予註記該未入帳之金額。虧損認列的會計處理判斷圖示如下，並說明如後。

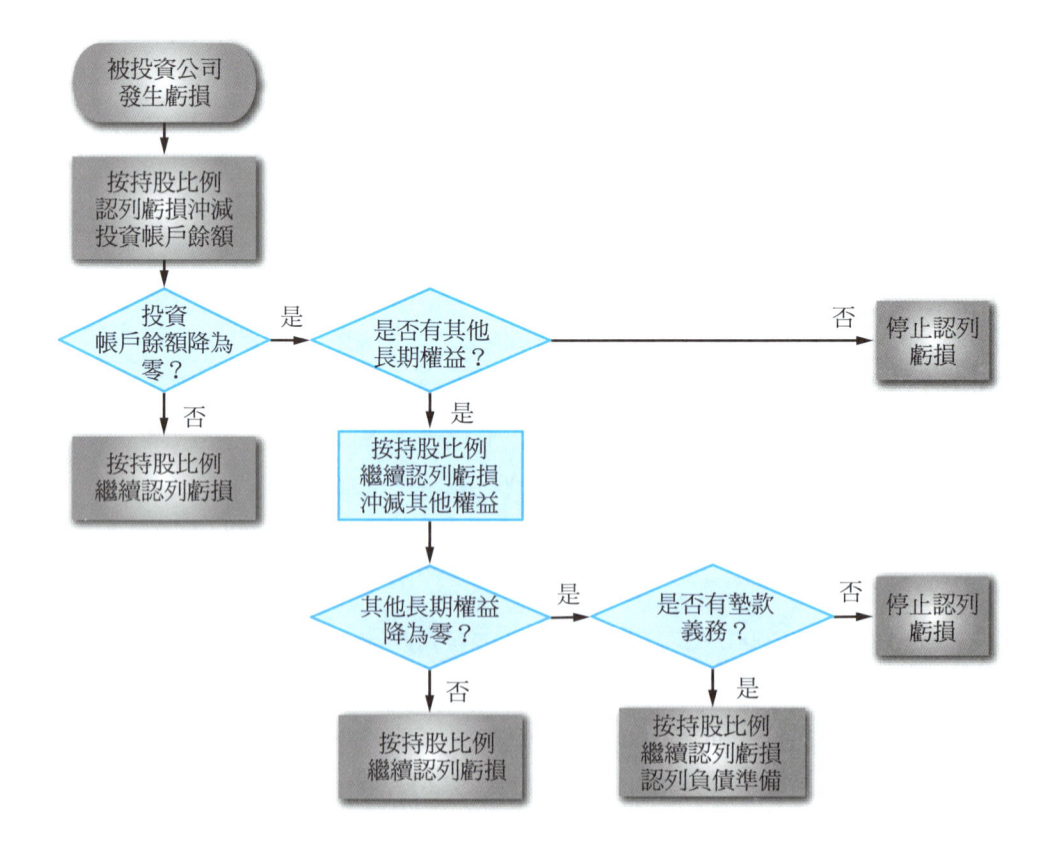

(一) 認列投資損失，沖減投資帳戶

依權益法規定，投資帳戶按取得後投資者對被投資者淨資產之份額之變動而調整，當被投資者發生虧損減少淨資產，投資者應以被投資者當年度之虧損金額與當年度應計之累積特別股利金額合計數，按持股比例認列投資損失，同時減少投資帳戶餘額。

採權益法認列之損益份額	×××	
採權益法之投資		×××

投資損失 =（被投資者虧損 + 累積特別股額定股利）× 持股比例

當被投資者連年虧損，在不考慮投資成本與股權淨值差額的情況下，隨著被投資者逐年認列虧損，投資者投資帳戶餘額將因逐年認列投資損失而減少。由於投資者屬於有限責任股東，**對被投資者之義務原則上以出資額為限**，故當投資者認列投資損失將投資帳戶餘額沖減至零，之後即不再認列投資損失，並停止適用權益法。

(二) 認列投資損失，沖減長期權益

當投資者對於被投資者之義務不再以出資額為限，而提供長期資金來源，例如：提供連年虧損淨值為負之子公司無擔保之長期放款，**這項既無計畫清償亦不可能於可預見未來清償之項目**，實質上應為企業對投資關聯企業之延伸，而**構成對關聯企業投資之長期權益**，此時雖然投資帳戶餘額已沖減至零，**投資者仍應繼續適用權益法認列投資損失，沖減長期權益**。當投資者認列投資損失將長期權益餘額沖減至零，之後不再認列投資損失，並停止適用權益法。

長期權益項目包括其他股權投資及未足額擔保債權，例如：特別股投資、長期應收款、長期放款，**不包括短期金融工具及足額擔保債權**，例如：應收帳款、應付帳款或足額擔保品之長期應收款（擔保放款）。當投資者認列投資損失，沖減長期權益項目時，如長期權益項目為「投資特別股」，則直接沖銷投資帳戶；如長期權益項目為「應收款項」，則不直接沖銷該帳戶，而設置「備抵呆帳」項目，以符合應收款項採備抵法之精神。會計分錄：

採權益法認列之損益份額	×××	
採權益法之投資		×××
特別股投資		×××
備抵呆帳－長期應收款		×××

(三) 認列投資損失，認列負債準備

當投資者對被投資者長期權益沖減至零，被投資者有下列情形之一者，仍應**繼續適用權益法認列投資損失，並認列相關負債準備**：

1. 投資公司已發生法定義務或推定義務

　　例如：投資者為關聯企業向銀行借款之保證人，若關聯企業已違約，銀行有權請投資者代為償還借款本息，投資者即負有償還之**法定義務**；若關聯企業尚未違約，而投資者則因借款擔保人之身分，在關聯企業違約時可能負有償還義務，即屬**推定義務**。

2. 投資公司已代關聯企業支付款項

　　例如：投資者雖未擔任關聯企業保證人，惟在關聯企業發生財務困難時，已代為支付款項。

(四) 虧損認列之迴轉

嗣後如關聯企業產生利潤，企業僅得於對利潤之份額等於對未認列損失之份額後，才重新恢復認列對利潤之份額。**後續認列投資利益之順序與虧損沖轉順序相反，亦即：未認列損失→負債準備→無擔保或不足擔保負債之順位→特別股投資→普通股投資。**

釋例八　被投資公司發生虧損

P 公司於 X1 年初支付 $300,000 取得 S 公司普通股 30% 股權，當時 S 公司淨資產之帳面金額與公允價值均為 $1,000,000。S 公司 X1 年至 X4 年度淨利（損）情形如下：

X1 年	淨損	$700,000
X2 年	淨損	500,000
X3 年	淨利	100,000
X4 年	淨利	400,000

X1 至 X4 年間，S 公司並未發放任何股利。試分別依下列三種情形，計算 P 公司 X1 年至 X4 年每年應認列之投資損益之金額，並作投資相關分錄。

1. P 公司對 S 公司無義務且未提出額外資金。
2. P 公司對 S 公司另有長期應收款 $100,000。
3. P 公司對 S 公司發生的損失在 $1,500,000 之範圍內有代償義務，P 公司評估該代償義務為 $60,000。

解析

1. P 公司無義務且未提出額外資金

　X1 年度投資損失 = $700,000 × 30% = $210,000

　X2 年度投資損失 = $90,000（依投資比例計算 $500,000 × 30% = $150,00 使投資帳戶為負，故僅能認列 $90,000，未認列損失 $60,000）

X3 年度投資收益＝0（依投資比例計算 $100,000×30\%＝\$30,000＜$ 前期未認列損失，不認列利益，累積未認列損失 $30,000）

X4 年投資利益＝$90,000（依投資比例計算 $400,000×30\%-$未認列損失 $30,000）

P 公司投資帳戶變動如下：

```
            投資 S 公司
X1 年初   300,000 | X1 年度   210,000
                 | X2 年度    90,000  → 停損，未認列損失 $60,000
                 | X3 年度         0  → 停損，沖轉未認列損失 $30,000
X4 年度    90,000 |                   → 沖轉未認列損失 $30,000
X4 年底    90,000 |
```

各年度投資相關分錄如下：

X1 年 12 月 31 日	採權益法認列之損益份額	210,000	
	採權益法之投資		210,000
X2 年 12 月 31 日	採權益法認列之損益份額	90,000	
	採權益法之投資		90,000
X3 年 12 月 31 日	無分錄		
X4 年 12 月 31 日	採權益法之投資	90,000	
	採權益法認列之損益份額		90,000

2. P 公司對 S 公司權益為 $400,000（$300,000＋$100,000）

X1 年度投資損失＝$700,000×30%＝$210,000（沖減投資帳戶）

X2 年度投資損失＝$500,000×30%
　　　　　　　＝$150,000（沖減投資帳戶 $90,000，長期權益 $60,000）

X3 年投資收益＝$100,000×30%＝$30,000（迴轉長期權益 $30,000）

X4 年投資利益＝$400,000×30%
　　　　　　　＝$120,000（迴轉長期權益 $30,000，投資帳戶 $90,000）

P 公司投資帳戶及應收款項（淨額）項目變動如下：

```
         投資 S 公司                        應收款－S 公司
X1 年初  300,000 | X1 年度  210,000    X1 年初  100,000 |
                | X2 年度   90,000                     | X2 年度  60,000
                | X3 年度        0    X3 年度   30,000 |
X4 年度   90,000 |                     X4 年度   30,000 |
X4 年底   90,000 |                     X4 年底  100,000 |
```

各年度投資相關分錄如下：

X1 年 12 月 31 日	採權益法認列之損益份額	210,000	
	採權益法之投資		210,000
X2 年 12 月 31 日	採權益法認列之損益份額	150,000	
	採權益法之投資		90,000
	備抵呆帳－長期應收關係人款		60,000
X3 年 12 月 31 日	備抵呆帳－長期應收關係人款	30,000	
	採權益法認列之損益份額		30,000
X4 年 12 月 31 日	備抵呆帳－長期應收關係人款	30,000	
	採權益法之投資	90,000	
	採權益法認列之損益份額		120,000

3. P 公司對 S 公司權益有代償義務：

X1 年度投資損失 ＝ $700,000 × 30% ＝ $210,000（沖減投資帳戶）

X2 年度投資損失 ＝ $500,000 × 30%
　　　　　　　 ＝ $150,000（沖減投資帳戶 $90,000，認列負債準備 $60,000）

X3 年投資收益 ＝ $100,000 × 30% ＝ $30,000（迴轉負債準備 $30,000）

X4 年投資利益 ＝ $400,000 × 30%
　　　　　　　 ＝ $120,000（迴轉負債準備 $30,000，投資帳戶 $90,000）

P 公司投資帳戶及負債準備項目變動如下：

投資 S 公司				負債準備			
X1 年初	300,000	X1 年度	210,000				
		X2 年度	90,000			X2 年度	60,000
		X3 年度	0	X3 年度	30,000		
X4 年度	90,000			X4 年度	30,000		
X4 年底	90,000						

各年度投資相關分錄如下：

X1 年 12 月 31 日	採權益法認列之損益份額	210,000	
	採權益法之投資		210,000
X2 年 12 月 31 日	採權益法認列之損益份額	150,000	
	採權益法之投資		90,000
	其他負債準備		60,000
X3 年 12 月 31 日	其他負債準備	30,000	
	採權益法認列之損益份額		30,000
X4 年 12 月 31 日	其他負債準備	30,000	
	採權益法之投資	90,000	
	採權益法認列之損益份額		120,000

第 3 節　投資帳戶其他變動

一　股權投資之減損

採用權益法後,企業應判定對關聯企業之淨投資是否有減損之客觀證據,並估計股權投資「可回收金額」,而將帳面金額與可回收金額差額認列為減損損失(Impairment Losses)。以下僅針對股權投資減損認列處理程序加以探討,至於對關聯企業之其他權利,如對關聯企業之長期墊款、特別股投資等,則適用 IFRS 第 9 號之減損規定。

(一) 減損評估

採用權益法後,投資者應以每一個關聯企業個別投資帳面金額為基礎,於資產負債表日評估是否有減損跡象。**投資者僅在(1)關聯企業「已發生」損失事件、(2)有減損的客觀證據,且(3)能「可靠估計」該損失事件對投資未來現金流量之影響時,才能認列投資減損**。如關聯企業僅「預期發生」損失事件,無論發生可能性多大,投資者均不得認列減損損失。以下彙整可能之損失事件及減損證據。

損失事件	屬減損客觀證據
(1) 關聯企業之重大財務困難。 (2) 關聯企業之違約,例如:延滯或不償付。 (3) 因與關聯企業之財務困難相關之經濟或法律理由,企業給予關聯企業原本不會考量之讓步。 (4) 關聯企業很有可能會聲請破產或進行其他財務重整。 (5) 由於關聯企業財務困難而使淨投資之活絡市場消失。 (6) 該投資在單獨財務報表中之帳面金額超過被投資者淨資產(包含相關商譽)在合併財務報表中之帳面金額。 (7) 股利金額超過子公司、合資或關聯企業宣告股利當期之綜合損益總額。	(1) 有關關聯企業營運所處之技術、市場、經濟或法律環境,已發生具不利影響之重大變動資訊,顯示權益工具投資成本可能無法回收。 (2) 權益工具投資之公允價值下跌至大幅或持續低於其成本。 **非屬減損客觀證據*** (1) 關聯企業之權益或金融工具不再公開交易而使活絡市場消失。 (2) 關聯企業之信用評等降級。 (3) 關聯企業之公允價值下跌。

* 本身並非減損證據,但連同其他資訊考量時,可能成為減損證據(補充性證據)。

(二) 可回收金額之決定

投資關聯企業之可回收金額,**應以每一關聯企業為基礎分別單獨評估**,除非該關聯企業無法產生與企業其他資產之現金流入大部分獨立之現金流入。**可回收金額為使用價值或公允價值減出售成本孰高者**,使用價值之估計方法有以下二種,一是以關聯企業價值角度評估;一是以投資者角度評估。在適當假設下,二法結果將相同:

1. **關聯企業價值角度評估**：使用價值為企業預期自投資所產生之估計未來現金流量，包括關聯企業營運所產生之未來現金流量及最終處分投資所得價款之現值之份額。
2. **投資者角度評估**：使用價值為企業預期自投資收取股利及最終處分投資所得價款之現值之份額。

(三) 減損損失之認列

當投資帳面金額大於可回收金額時，應認列減損損失，並以「**累計減損**」項目減少投資帳戶。如該減損損失嗣後迴轉，則應依 IAS 第 36 號規定，於該淨投資之可回收金額後續增加之範圍內認列。

雖然關聯企業投資帳戶帳面金額通常包括商譽、未入帳可辨認淨資產（如：未入帳專利權）之價值，但由於商譽或其他未入帳可辨認淨資產未單獨認列，而是內含於投資帳戶該會計項目，故關聯企業投資所認列之減損損失，不用分攤至構成投資關聯企業帳面金額之任何資產或商譽；此外，商譽部分亦不適用 IAS 第 36 號「資產減損」準則有關商譽減損測試之規定，亦無須對商譽單獨測試減損。

減損損失之計算如下：

$$減損損失 = 帳面金額 - \text{Max}(公允價值 - 出售成本，使用價值)$$

當投資公司對被投資公司具控制能力時，投資公司與被投資公司構成母子公司之關係，此時，子公司對母公司而言，為一現金產生單位，每年應定期評估子公司資產負債之可回收金額，認列減損損失。並於編製合併報表時，需將減損損失分攤至商譽及子公司之各項資產負債中。此部分會計處理將於第 8 章中詳細說明。

釋例九．具重大影響力股權投資減損

P 公司於 ×1 年 1 月 1 日以每股 $25 購入 S 公司流通在外普通股 200,000 股之 30%，當時 S 公司普通股股東權益為 $4,500,000，投資成本與取得股權淨值之差異，經分析後係因 S 公司帳上之機器設備低估所致，該機器設備剩餘耐用年限尚餘 5 年。

S 公司於 ×1 年度之淨損 $2,000,000，且 ×1 年底有客觀證據顯示該投資可能發生減損，故 P 公司於 ×1 年底依規定進行減損測試，評估投資 S 公司之可回收金額為 $800,000。試作 P 公司對 S 公司投資相關分錄。

解析

投資成本 = $25 × 200,000 × 30% = $1,500,000

投資成本與取得股權淨值差額 = $1,500,000 − $4,500,000 × 30%

= $150,000（每年攤 $30,000）

投資損失 = $2,000,000 × 30% + $30,000 = $630,000

減損損失 = ($1,500,000 − $630,000) − $800,000 = $70,000

X1 年 1 月 1 日	採權益法之投資	1,500,000	
	現金		1,500,000
X1 年 12 月 31 日	採權益法認列之損益份額	630,000	
	採權益法之投資		630,000
X1 年 12 月 31 日	減損損失	70,000	
	累計減損－採權益法之投資		70,000

二　期中取得投資

前述權益法會計處理均以期初取得投資簡化說明，惟實務上投資者通常於年度中間才取得股權，此時，投資成本與股權淨值差額及投資收益之計算相對較為複雜，說明如下：

(一) 投資成本與股權淨值差額

被投資者期中股東權益，必須由期初股東權益推算至取得日前所有股東權益變動項目而得。

取得日股東權益＝期初股東權益帳面金額＋期初至取得日之損益－期初至取得日股利

期中股權淨值＝取得日股東權益×取得比例

投資成本與股權淨值差額＝取得成本－期中股權淨值

(二) 投資損益

投資者僅能就「投資後」被投資者賺得之損益才能享有投資損益，因此權益法下認列之損益份額時，應依據被投資者經會計師查核之期中財務報告計算，若無法取得期中報告，則應假設被投資者淨利係於 1 年中平均賺得，投資收益將以被投資者全年淨利按取得日後至期末之期間占全年比例計算之。

投資收益＝被投資公司之淨利 × $\dfrac{投資日至年底}{全年}$ × 持股比例 ± 差額之攤銷 × $\dfrac{投資日至年底}{全年}$

> **釋例十　投資收益之計算－期中取得**
>
> P 公司於 X3 年 6 月 30 日購入 S 公司 50% 之股權，共支付 $5,750,000，S 公司 X3 年 1 月 1 日帳上股東權益金額如下：

普通股（每股 $10）	$5,000,000
資本公積	3,000,000
保留盈餘 X3/1/1	2,800,000

X3 年 6 月 30 日 S 公司各項資產、負債帳面金額與公允價值之差額如下，應付公司債於 X8 年 6 月 30 日到期：

	帳面金額	公允價值
存貨	$1,200,000	$1,500,000
應付公司債	1,800,000	2,000,000

S 公司 X3 年及 X4 年度帳上淨利及股利資料如下：

	淨利	股利
X3/1/1～X3/6/30	$700,000	$500,000
X3/7/1～X3/12/31	500,000	—

試計算 P 公司對 S 公司 X3 年度投資收益及投資帳戶餘額。

解析

X3 年 1 月 1 日 S 公司股東權益 = $5,000,000 + $3,000,000 + $2,800,000 = $10,800,000
X3 年 6 月 30 日 S 公司股東權益 = $10,800,000 + $700,000 − $500,000 = $11,000,000

投資成本與股權淨值差額分攤：

投資成本		$5,750,000
股權淨值	$11,000,000 × 50%	(5,500,000)
差額		$ 250,000
分配差額：		
存貨低估	($1,200,000 − $1,500,000) × 50%	(150,000)
長期負債低估	($1,800,000 − $2,000,000) × 50%	100,000
商譽		$ 200,000

X3 年度投資收益：

子公司淨利	$500,000 × 50%	$ 250,000
存貨低估		(150,000)
長期負債低估	($100,000 × 1/5 × 6/12)	10,000
		$ 110,000

X3 年底投資帳戶餘額 = $5,750,000 + $110,000 = $5,860,000

〔驗證〕

X3 年底 S 公司股東權益 = $10,800,000 + $700,000 + $500,000 − $500,000 = $11,500,000

X3 年底投資成本：

股權淨值（$11,500,000 × 50%）	$5,750,000
應付公司債低估（未攤銷額 $90,000）	(90,000)
商譽	200,000
X3 年底投資成本	$5,860,000

三　分次取得投資

當投資者分次取得被投資者流通在外普通股，以逐步增加對被投資者持股比例，進而取得對被投資者之重大影響力，**其會計處理方法應視該批取得股權是否使投資者「首次」取得對被投資者重大影響力而有不同**，依取得本次投資前持股比例不同可分為：(1) 投資關係由「不具重大影響力」至取得「重大影響力」；(2) 已具重大影響力下增加持股。以下分別說明之：

(一) 公允價值法改為權益法（20% 以下→ 20% 以上）

投資者在取得被投資者股權未達 20% 或無重大影響力時，應依據 IFRS 第 9 號「金融工具」準則，以公允價值評價，公允價值變動列為當期損益或其他綜合損益。然而，投資者增加對被投資者持股，致股權累計達 20% 或具有重大影響力時，則必須自**當年度**起對「所有」對被投資者之持股，全部改採用權益法處理。處理步驟如下：

1. 將本次取得重大影響力前之股權投資按**公允價值評價，公允價值變動列入當期損益或其他綜合損益**。
2. 以被投資者成為關聯企業之日之公允價值作為**全數**權益法投資之原始成本，計算當日投資成本與股權淨值差額，並開始適用權益法。

(二) 權益法下增加持股，未取得控制（20% 以上→ 20% 以上）

投資者若已經取得被投資者股權達 20% 或具重大影響力時，此時，投資者必須「**分批**」計算其投資成本與股權淨值差額，按照不同年限攤銷其差額。

投資收益 = 被投資者之淨利 × 期初持股比例 ± 第一批差額之攤銷

$$+ \text{被投資者之淨利} \times \frac{\text{投資日至年底}}{\text{全年}} \pm \text{第二批差額之攤銷} \times \frac{\text{投資日至年底}}{\text{全年}}$$

(三) 權益法下增加持股，取得控制（20% 以上 → 50% 以上）

當投資者增加持股至取得對被投資者之控制，投資者與被投資者成為母子公司，應自其投資不再為關聯企業或合資之日起停止採用權益法，並依 IFRS 第 3 號「企業合併」準則及 IFRS 第 10 號「合併報表」準則之規定處理其投資，詳第 3 章及第 6 章之說明。

惟若對關聯企業之投資成為對合資之投資，企業應持續適用權益法而不作再衡量。

釋例十一　投資收益之計算－分次取得

P 公司於 X1 年 1 月 4 日以現金 $650,000 購入 S 公司普通股 20,000 股，每股面值 $10，持股比例為 S 公司普通股實際發行股數 200,000 股之 10%，P 公司將此項投資分類為透過損益按公允價值衡量之金融資產。X1 年 12 月 31 日，S 公司普通股每股市價 $32。

X2 年 7 月 1 日，P 公司又以現金 $2,100,000 購入 S 公司普通股 60,000 股（占普通股實際發行股數 30%），持股比例增加為 40%。取得當時 S 公司除有未入帳之專利權 $200,000（估計效用期間 5 年）外，其餘資產負債之帳面金額均等於其公允價值。

S 公司 X1 年至 X2 年度股東權益資料如下：

		普通股股本	資本公積	保留盈餘	合計
X1 年 1 月 1 日	期初餘額	$2,000,000	$1,800,000	$1,700,000	$5,500,000
X1 年 5 月 7 日	發放現金股利			(400,000)	(400,000)
X1 年 12 月 31 日	本期淨利			900,000	900,000
X1 年 12 月 31 日	期末餘額	$2,000,000	$1,800,000	$2,200,000	$6,000,000
X2 年 4 月 15 日	發放現金股利			(500,000)	(500,000)
X2 年 12 月 31 日	本期淨利			1,000,000	1,000,000
X2 年 12 月 31 日	期末餘額	$2,000,000	$1,800,000	$2,700,000	$6,500,000

試作 P 公司 X1 年及 X2 年關於此項投資應有之分錄。

解析

1. 購入第一批

| X1 年 1 月 1 日 | 透過損益按公允價值衡量金融資產 | 650,000 | |
| | 現金 | | 650,000 |

2. 收到 X1 年現金股利：股利收入 = $400,000 × 10% = $40,000

| X1 年 5 月 7 日 | 現金 | 40,000 | |
| | 股利收入 | | 40,000 |

3. 第一年底評價

   公允價值變動 = $32 × 20,000 − $650,000 = ($10,000)

X1 年 12 月 31 日	金融資產評價損益	10,000	
	透過損益按公允價值衡量金融資產		10,000

4. 收到 X2 年現金股利：股利收入 $500,000 × 10% = $50,000

X2 年 4 月 15 日	現金	50,000	
	股利收入		50,000

5. 第一批投資公允價值之調整

   X2 年 7 月 1 日每股公允價格 = $2,100,000 ÷ 60,000 = $35

   公允價值變動 = $35 × 20,000 − $32 × 20,000 = $60,000

X2 年 7 月 1 日	透過損益按公允價值衡量金融資產	60,000	
	金融資產評價損益		60,000
X2 年 7 月 1 日	採權益法之投資	700,000	
	透過損益按公允價值衡量金融資產		700,000

6. 購入第二批

X2 年 7 月 1 日	採權益法之投資	2,100,000	
	現金		2,100,000

7. 計算投資收益

   X2 年 7 月 1 日股東權益 = $6,000,000 − $500,000 + $1,000,000 × 6/12 = $6,000,000

   投資成本與股權淨值差額 = ($700,000 + $2,100,000) − $6,000,000 × 40% = $400,000

   未入帳之專利權 = $200,000 × 40% = $80,000

   商譽 = $400,000 − $80,000 = $320,000

   X2 年投資收益 = ($1,000,000 × 6/12 × 40%) − $80,000 ÷ 5 × 6/12 = $192,000

X2 年 12 月 31 日	採權益法之投資	192,000	
	採權益法認列之損益份額		192,000

〔驗證〕

X2 年底投資帳面金額 = $700,000 + $2,100,000 + $192,000 = $2,992,000

X2 年底投資成本：

股權淨值（$6,500,000 × 40%）	$2,600,000
商譽	320,000
未攤銷專利權	72,000
	$2,992,000

四　出售部分投資

當投資者處分被投資者普通股將減少對被投資者持股比例，將可能喪失對被投資者之重大影響力，就處分股權部分，應就處分價款與處分部分投資帳面金額差額，認列處分投資損益，而對於剩餘未售部分之投資，則視投資者是否仍對被投資者具重大影響力而有不同，分為：(1) 投資關係維持「重大影響力」；(2) 由「具重大影響力」至「喪失重大影響力」。以下分別說明之：

(一) 權益法下減少持股（20% 以上→ 20% 以上）

當投資者處分部分股權投資，但仍保留對被投資者之重大影響力，應按出售比例沖轉投資相關帳面金額，剩餘股權投資部分應繼續採用權益法，在後續處理時，除考量持股比例改變外，亦須注意投資成本與股權淨值之差額，亦有部分比例被「售出」，在決定後續攤銷額時亦須比例換算。會計處理程序如下：

1. **決定處分損益**：除帳列淨資產投資應按出售比例沖轉外，投資者對於其他綜合損益中所認列與該關聯企業有關之所有金額，應依其性質與**出售比例**，作必要**之重分類調整**分錄。

處分投資損益 ＝ 處分價款 －(投資帳面金額 ± 相關其他綜合損益重分類數)× 出售比例

2. **剩餘投資相關帳戶**：按原帳列數認列，不需重新估價。
3. **後續投資損益之認列**：出售後若仍有影響力或控制能力，則應就被投資者全年度淨利（損），按加權平均持股比例認列投資收益，惟需注意投資成本與股權淨值差額已按出售比例減少，出售後差額之攤銷，亦需按出售比例減少之。

$$投資收益 = 被投資公司淨利 \times 期初持股比例 \times \frac{期初至出售日}{全年} \pm 差額攤銷 \times \frac{期初至出售日}{全年}$$

$$+ 被投資公司淨利 \times 期末持股比例 \times \frac{出售日至期末}{全年} \pm 調整後差額攤銷 \times \frac{出售日至期末}{全年}$$

(二) 權益法改為公允價值法（20% 以上→ 20% 以下）

1. **決定處分損益**：除帳列淨資產投資應按出售比例沖轉外，投資者對於其他綜合損益中所認列與該關聯企業有關之所有金額，**應全數**依其性質作必要**之重分類調整分錄**。投資者帳上若有因順流交易所產生之未實現損益，應轉為已實現損益。

處分投資損益 ＝ 處分價款 －（投資帳面金額 × 出售比例 ± 相關其他綜合損益重分類數）

2. 剩餘投資相關帳戶：按公允價值衡量，重分類為透過損益按公允價值衡量金融資產或透過綜合損益按公允價值衡量金融資產。
3. 後續投資損益之認列：改變處理後各年度收到之現金股利則認列為股利收入，其他會計處理應依 IFRS 第 9 號之規定。

釋例十二　出售投資，改採公允價值評價

P 公司於 X1 年 1 月 2 日以 $800,000 取得 S 公司 60% 的股權，當日 S 公司各資產負債的帳面金額均等於其公允價值。X2 年 12 月 31 日投資 S 公司帳戶之餘額為 $1,000,000，S 公司 X3 年淨利 $500,000，發放現金股利 $300,000，該年度因土地資產重估而產生重估價盈餘 $200,000，並將該利益認列於其他綜合損益。

S 公司 X4 年度每月平均賺得淨利 $50,000，並於 5 月 1 日宣告發放股利 $400,000。

試作：
1. 計算 X3 年 12 月 31 日投資 S 公司帳戶之餘額。
2. 試依下列三種情況，作 P 公司 X4 年度有關投資之相關分錄：
   (1) X4 年 7 月 1 日 P 公司以 $1,200,000 的價格出售所持有 S 公司全部股權。
   (2) X4 年 7 月 1 日 P 公司以 $600,000 的價格出售所持有 S 公司股權的半數，剩餘股權投資仍採權益法。
   (3) X4 年 7 月 1 日 P 公司以 $900,000 的價格出售所持有 S 公司股權的 3/4，若剩餘股權 7 月 1 日與期末公允價值分別為 $320,000 和 $300,000，P 公司指定剩餘股權投資按公允價值衡量，公允價值變動列為其他綜合損益。

解析

1. 投資帳戶餘額：

X3 年初餘額	$1,000,000
現金股利（$300,000 × 60%）	(180,000)
投資收益（$500,000 × 60%）	300,000
其他綜合損益（$200,000 × 60%）	120,000
	$1,240,000

2. X4 年 1 月 1 日至 6 月 30 日投資收益 = $50,000 × 6 × 60% = $180,000
   X4 年 7 月 1 日投資帳戶餘額 = $1,240,000 + $180,000 − $400,000 × 60% = $1,180,000
   (1) 情況一：處分全數投資
       處分投資利益 = $1,200,000 − ($1,180,000 − $120,000) = $140,000

X4年5月1日	現金	240,000	
	採權益法之投資		240,000
X4年7月1日	採權益法之投資	180,000	
	採權益法認列之損益份額		180,000
X4年7月1日	現金	1,200,000	
	其他綜合損益－採權益法認列之		
	其他綜合損益－重分類調整	120,000	
	採權益法之投資		1,180,000
	處分投資利益		140,000

(2) 情況二：處分部分投資但保有重大影響力

處分投資利益 = $600,000 − ($1,180,000 − $120,000) × 30% / 60% = $70,000

X4年1～6月投資收益 = $50,000 × 6 × 60% = $180,000

X4年7～12月投資收益 = $50,000 × 6 × 30% = $90,000

X4年5月1日	現金	240,000	
	採權益法之投資		240,000
X4年7月1日	採權益法之投資	180,000	
	採權益法認列之損益份額		180,000
X4年7月1日	現金	600,000	
	其他綜合損益－採權益法認列之		
	其他綜合損益－重分類調整	60,000	
	採權益法之投資		590,000
	處分投資利益		70,000
X4年12月31日	採權益法之投資	90,000	
	採權益法認列之損益份額		90,000

(3) 情況三：處分部分投資且喪失重大影響力

處分投資利益 = ($900,000 + $320,000) − ($1,180,000 − $120,000) = $160,000

X4年5月1日	現金	240,000	
	採權益法之投資		240,000
X4年7月1日	採用權益法之投資	180,000	
	採權益法認列之損益份額		180,000
X4年7月1日	現金	900,000	
	透過綜合損益按公允價值衡量金		
	融資產	320,000	
	其他綜合損益－採用權益法認列		
	其他綜合損益－重分類調整	120,000	
	採用權益法之投資		1,180,000
	處分投資利益		160,000

X4年12月31日	其他綜合損益－金融資產未實現損益	20,000	
	透過綜合損益按公允價值衡量金融資產		20,000

第4節 權益法下其他相關議題

一 會計年度不一致

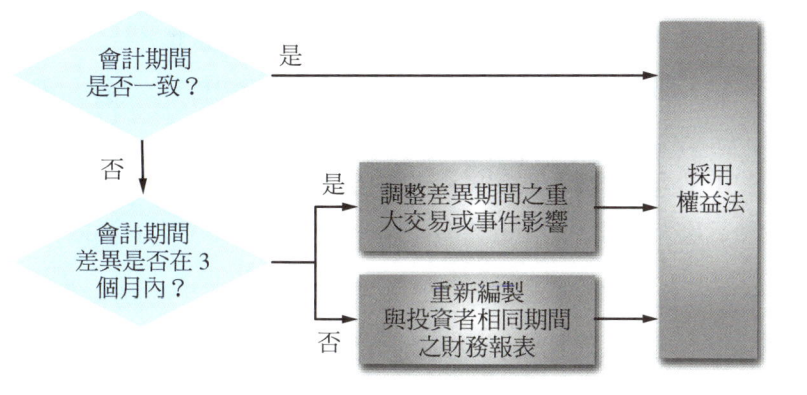

(一) 重編報表

企業於適用權益法時，應使用關聯企業或合資最近期可得之財務報表。如企業與關聯企業之報導期間結束日不同時，除非實務上不可行，關聯企業應另行編製與企業財務報表日期相同之財務報表，以供投資者使用。

(二) 不重編報表

當關聯企業與企業之報導期間結束日之差異不超過3個月時，可使用關聯企業最近期可得之財務報表；並且對於關聯企業財務報表日期與企業財務報表日期之間所發生之重大交易或事項之影響予以調整。報導期間之長度及報導期間結束日間之差異應每期相同。

二 會計方法不一致

企業財務報表之編製，應對類似情況下之相似交易及事項採用統一之會計政策。若關聯企業對類似情況下之相似交易及事項採用與企業不同之會計政策，企業對於以權益法處理之關聯企業財務報表應予調整，使關聯企業之會計政策符合企業之會計政策。

三　權益法下之揭露

依據 IFRS 第 12 號「對其他個體之權益之揭露」，企業對於關聯企業之權益應揭露下列資訊，使財務報表使用者得以評估該等權益對企業財務狀況、財務績效與現金流量之影響：

(一) 採權益法之重大判斷與假設

企業應於財務報表附註中揭露對另一個體權益之性質與類型，並揭露於判定對另一個體具有重大影響時所作之有關重大判斷與假設 (及該等判斷及假設之變動) 之資訊，例如：

1. 其未控制另一個體，即使其持有該其他個體超過半數之表決權。
2. 其控制另一個體，即使其持有該其他個體少於半數之表決權。
3. 其為代理人或主理人。
4. 其對另一個體不具重大影響，即使其持有該另一個體 20% 以上之表決權。
5. 其對另一個體具重大影響，即使其持有該另一個體少於 20% 之表決權。

(二) 對關聯企業之權益

企業對關聯企業之權益之性質、範圍及財務影響，包括企業與關聯企業具重大影響之其他投資者間之合約關係之性質及影響，及與企業對關聯企業之權益相關之風險之性質及變動，包括下列各項：

1. 企業對關聯企業之權益之性質、範圍及財務影響

(1) 就對報導企業具重大性之每一關聯企業應揭露：關聯企業之名稱、其與聯合協議或關聯企業間關係之性質、關聯企業之主要營業場所、企業所持有之所有權權益或參與份額之比例及所持有表決權（若適用時）之比例（若不同時）。

(2) 就對報導企業具重大性之每一關聯企業投資究採權益法或按公允價值衡量、關聯企業之彙總性財務資訊，若該合資或關聯企業係採權益法處理，企業對該合資或關聯企業之投資之公允價值（若該投資具公開市場報價）。

(3) 就有關企業對關聯企業個別不重大之投資，應揭露所有個別不重大之關聯企業之彙總財務資訊。

(4) 對關聯企業以現金股利之形式移轉資金予企業或償付企業放款或墊款之能力之任何重大限制，（例如由借款協議、法令規定或對合資或關聯企業具有聯合控制或重大影響之投資者間之合約性協議所產生者）之性質及範圍。

(5) 當採用權益法所用之關聯企業財務報表其日期或期間，與企業之財務報表不同時，應揭露該關聯企業之財務報表報導期間之結束日，及使用不同日期或期間之理由。

(6) 若企業採用權益法且已停止認列對合資或關聯企業之損失份額時，當期及累積未認列之對合資或關聯企業損失份額。

2. 與企業對關聯企業之權益相關之風險

依 IAS 第 37 號「負債準備、或有負債及或有資產」之規定，除非損失機率甚低，所發生與對關聯企業之權益有關之或有負債（包括其與其他關聯企業具有重大影響之投資者共同發生之或有負債中所承擔之份額），與（對關聯企業權益以外之）其他或有負債金額分別揭露。

本章習題

〈投資關聯企業之概念〉

1. 下列何者不宜採用權益法作為長期股權投資之會計處理方法？
   (A) 投資公司持有被投資公司 50% 以上之股份
   (B) 投資公司持股比例為 15%，但因被投資公司之股權持有相當分散，故投資公司為所有股東中持股比例第三高者
   (C) 投資公司指派人員獲聘為被投資公司之總經理
   (D) 透過投資個體之投資關係

2. 甲公司於 X1 年 1 月 1 日取得乙公司 30% 流通在外股權，甲公司的買價等於乙公司可辨認資產帳面金額的 30%，也等於乙公司公允價值的 30%。乙公司 X1 年度淨利為 $2,000,000，宣告並發放股利 $500,000。甲公司對於此投資在其合併財務報表中應採權益法處理，卻錯誤將此投資歸類為透過其他綜合損益按公允價值衡量金融資產。試問該錯誤對 X1 年底投資科目餘額，以及 X1 年度淨利造成什麼樣的影響？
   (A) 投資科目低列 $600,000, 淨利高列 $600,000
   (B) 投資科目高列 $600,000, 淨利高列 $600,000
   (C) 投資科目高列 $450,000, 淨利低列 $450,000
   (D) 投資科目低列 $450,000, 淨利低列 $450,000
   【103 年原民改編】

3. 甲公司於 20X1 年 12 月 31 日以 $35,000,000 取得乙公司 30% 股權，20X2 年乙公司淨利為 $700,000，且支付現金股利 $350,000，20X2 年 12 月 31 日該投資公允價值為 $36,000,000，假若甲公司將該筆採權益法之長期股權投資錯誤記錄為透過損益按公允價值衡量之金融資產，則對 20X2 年底之投資帳面金額、稅後淨利與投資活動現金流量有何影響？
   【102 年 CPA】
   (A) 低估、低估、低估　　　　　(B) 低估、低估、無影響
   (C) 高估、高估、高估　　　　　(D) 高估、高估、無影響

〈投資收益與投資帳戶餘額之決定〉

4. 甲公司年初取得乙公司 40% 股權，當時乙公司存貨被高估 $60,000，若該存貨在年底售出，則在權益法下相關會計處理為何？

(A) 借記：投資收益 $60,000、貸記：投資乙公司 $60,000
(B) 借記：投資乙公司 $60,000、貸記：投資收益 $60,000
(C) 借記：投資收益 $24,000、貸記：投資乙公司 $24,000
(D) 借記：投資乙公司 $24,000、貸記：投資收益 $24,000 　　　　　【100 年身心】

5. 世貿公司於 X8 年 1 月 1 日按被投資公司淨資產公允價值份額取得來利公司 25% 普通股股權，世貿採用權益法處理此項投資，X8 年底投資帳戶餘額為 $240,000。已知來利公司 X8 年度淨利為 $150,000，宣告及支付普通股股利 $60,000。試求世貿公司股權投資成本若干？

(A) $217,500　　　　　　　　　　　　(B) 255,000
(C) $262,500　　　　　　　　　　　　(D) $292,500

6. X1 年 1 月 1 日天天公司以 $620,000 取得欣欣公司 70% 的股權，並按欣欣公司淨資產公允價值比例衡量非控制權益，當時欣欣公司股東權益 $800,000，資產負債中除存貨價值高估 $30,000（已於 X1 年中售出）以及應付票據（X2 年 12 月 31 日到期）低估 $10,000 外，其餘可辨認淨資產帳面金額均等於公允價值。X1 年度欣欣公司淨利為 $80,000，兩公司間並無其他公司間交易。試問天天公司 X1 年度之投資收益為何？（不考慮所得稅問題）

(A) $80,500　　　　　　　　　　　　(B) $91,000
(C) $73,500　　　　　　　　　　　　(D) $31,500

7. 桃園公司於 X5 年初以 $700,000 買入林口公司普通股 40,000 股，占林口公司流通在外股數的 25%，且桃園公司對林口公司有重大影響力。X5 年中，桃園公司收到林口公司每股 $1.25 的現金股利，而林口公司 X5 年度淨利為 $300,000。若林口公司 X5 年初淨資產的帳面值為 $2,000,000，且桃園公司買入林口公司普通股之投資成本與林口公司股權淨值差額係因固定資產低估所致，其剩餘年限為二十年。林口公司普通股 X5 年底之市價為每股 $20。試問桃園公司 X5 年底帳上「採權益法之投資」科目餘額為何？

(A) $775,000　　　　　　　　　　　　(B) $765,000
(C) $715,000　　　　　　　　　　　　(D) $800,000

8. 甲公司於 X1 年初以 $1,120,000 取得乙公司 20% 股權，取得股權淨值為 $840,000，甲公司對乙公司具有重大影響力，甲公司對此投資以權益法處理。投資成本與股權淨值之差額係因專利權未入帳所致，分 10 年攤銷。乙公司 X1 年度淨利為 $252,000，發放現金股利 $56,000，則 X1 年 12 月 31 日甲公司投資乙公司帳列餘額為：

(A) $1,080,800　　　　　　　　　　(B) $1,092,000
(C) $1,131,200　　　　　　　　　　(D) $1,181,600　　　　【101 年原民】

9. 甲公司 X1 年 1 月 1 日以 $1,535,000 取得乙公司 35% 股權，取得當時乙公司股東權益包括普通股股本 $3,500,000、保留盈餘 $900,000，以及庫藏股 $300,000。除下列資產外，乙公司所有資產與負債的帳面金額均等於市價：

	帳面金額	公允價值	剩餘耐用年限
存貨	$255,000	$555,000	—
建築物	640,000	490,000	15 年
設備	410,000	510,000	10 年

除上述差異外，其餘投資成本與股權淨值之差額係因專利權未入帳所導致，分 10 年來攤銷。乙公司之上述存貨已於 X1 年中出售。乙公司 X1 年、X2 年淨利分別為 $420,000、$350,000。乙公司 X1 年、X2 年發放現金股利分別為 $100,000、$220,000。

試作：

1. 甲公司 X1 年之投資收益為何？
2. 甲公司 X2 年 12 月 31 日之投資帳戶餘額為何？　　　　【103 年關務】

10. P 公司 X1 年 1 月 1 日以 $1,850,000 取得 S 公司 40% 股權，取得當時 S 公司股東權益包括普通股股本 $3,500,000、保留盈餘 $1,000,000。除下列資產外，S 公司所有資產與負債的帳面金額均等於公允價值：

	帳面金額	公允價值	剩餘耐用年限
存貨	$150,000	$180,000	—
建築物	500,000	750,000	10 年
應付票據	300,000	320,000	2 年

S 公司之上述存貨已於 X1 年中出售。S 公司 X1 年、X2 年淨利分別為 $200,000、$300,000。S 公司 X1 年、X2 年發放現金股利分別為 $100,000、$200,000。

試作：

1. 計算 P 公司 X1 年及 X2 年之投資收益。
2. 計算 P 公司 X2 年 12 月 31 日之投資帳戶餘額。

〈被投資者虧損與減損〉

11. X1 年 1 月 1 日清華公司以現金 $100,000 購入元太公司 30% 股權，此購買價格等於所買入股權淨值之帳面金額。元太公司 X1 年至 X4 年之淨利（損失）和所支付的股利列示如下：

年度	淨利（損失）	所支付的股利
X1	$5,000	$5,000
X2	(270,000)	0
X3	(100,000)	0
X4	50,000	5,000

在複雜權益法之下，清華公司 X4 年之投資收益金額應為多少？
(A) $15,000　　(B) $13,500
(C) $5,500　　(D) $4,000

12. 甲公司於某年初以 $227,500 取得乙公司 25% 之股權，甲公司對此投資以權益法處理。乙公司當年之淨利為 $150,000，宣告並支付股利 $60,000。年底乙公司發生資金周轉困難，公司整體淨值下跌至 $120,000，試問甲公司於當年底對此項長期投資應認列之減損損失為若干？　　【101 年地特】
(A) $0　　(B) $130,000
(C) $197,500　　(D) $220,000

13. 甲公司 X1 年初以 $340,000 購入乙公司流通在外普通股之 30% 而對其具重大影響，乙公司 X1 年初之普通股權益為 $1,000,000，經分析甲公司投資成本與取得股權淨值之差額係因乙公司帳上設備低估所致，該設備採直線法提列折舊，估計殘值為零且剩餘耐用年限 5 年。乙公司於 X1 年淨損 $200,000，且甲公司於 X1 年底依規定進行減損測試後評估投資乙公司之可回收金額為 $210,000。甲公司關於投資乙公司應認列之減損損失金額為何？　　【104 年地特】
(A) $62,000　　(B) $70,000
(C) $90,000　　(D) $98,000

14. 興安公司於 X6 年 1 月 1 日以每股 $30 購入有達公司流通在外普通股 100,000 股之 30%，興安公司對有達公司具重大影響力但未具控制能力，當時有達公司普通股股東權益為 $2,800,000，投資成本與股權淨值之差，經分析係因機器設備帳列金額低估所致，該設備剩餘耐用年限為 5 年。有達公司 X6 年度發生淨損 $600,000，且有客觀證據顯示該投資可能發生減損，經評估投資有達公司之可回收金額為 $660,000。
試作：
1. 列示 X6 年底認列減損前興安公司投資有達公司項目餘額。
2. X6 年底興安公司應有之認列減損分錄。　　【100 年 CPA】

15. 瑞昌公司投資華陽公司流通在外普通股 40%，對華陽公司具重大影響力，採用權益法處理，X3 年底長期股權投資帳面金額為 $10,000,000，X4 年及 X5 年持股均無變動，X4 年度瑞昌公司對華陽公司另有下列各項餘額：

特別股（非累積、非參加）投資	$2,000,000
長期墊付款（無擔保、無回收計畫）	$4,000,000
抵押放款（以華陽公司之不動產設定抵押權，具足額擔保）	$5,000,000
應收帳款（因銷貨給華陽公司所發生者）	$2,000,000

X4 年華陽公司全年淨損 $57,000,000，X5 年則產生淨利 $29,500,000，假設均無須作其他調整或攤銷。

試作：瑞昌公司 X4 年底及 X5 年底認列投資損益之所有分錄。　　　　【104 年高考】

〈關聯企業未實現損益〉

16. 書豪公司於 X1 年底以 $150,000 的價格出售機器予其持股 80% 的建明公司。該機器對書豪公司而言，成本為 $200,000，出售當時的帳面金額為 $120,000，該機器尚有 5 年的耐用年限，採直線法提列折舊。書豪公司對該項投資採權益法處理，此一公司間銷售對 X1 年的投資收益及書豪公司帳列淨利的影響為何？　　　　【101 年 CPA】
    (A) 投資收益減少 $30,000，不影響書豪公司帳列淨利
    (B) 投資收益與書豪公司帳列淨利同時減少 $30,000
    (C) 投資收益減少 $24,000，書豪公司帳列淨利增加 $6,000
    (D) 投資收益減少 $24,000，書豪公司帳列淨利增加 $24,000

17. 天下公司於 X7 年度對宇宙公司之期末持股比例為 40%，該年度加權平均持股比例為 25%，天下公司依規定對此項長期投資採權益法處理。X7 年度宇宙公司曾銷貨一批給天下公司，該批商品之售價為 $3,000,000，毛利率 30%，至 12 月 31 日天下公司仍尚未出售。請問 X7 年 12 月 31 日天下公司對此項交易應有之調整分錄其貸方為何？
    (A) 採權益法之長期股權投資 $225,000
    (B) 採權益法之長期股權投資 $360,000
    (C) 採權益法之長期股權投資 $900,000
    (D) 投資收益 $360,000。

18. X1 年度 P 公司與被投資公司 S 公司間交易資料如下：
    交易一：銷售商品
    　　　　售價 $800,000，成本 $600,000，該批貨品直至 X2 年始售予第三者。
    交易二：銷售折舊性資產
    　　　　X1 年底出售設備，售價 $1,000,000，資產成本 $1,200,000，累計折舊 $500,000，剩餘耐用年限五年。
    交易三：銷售土地
    　　　　售價 $500,000，土地成本 $400,000，該筆土地直至 X8 年始售予第三者。

試計算下列情況下投資公司 X1 年與 X2 年度投資收益，並作投資公司帳上認列投資收益之分錄。

情況	持股比例 S公司	持股比例 T公司	賣方	買方	S公司淨利 X1年度	S公司淨利 X2年度
1	60%	40%	P公司	S公司	$1,500,000	$1,000,000
2	30%	40%	P公司	S公司	$1,500,000	$1,000,000
3	60%	40%	S公司	P公司	$1,500,000	$1,000,000
4	30%	40%	S公司	P公司	$1,500,000	$1,000,000
5	60%	80%	S公司	T公司	$1,500,000	$1,000,000
6	60%	40%	S公司	T公司	$1,500,000	$1,000,000

〈期中取得〉

19. 信義公司於 X8 年 4 月 1 日於公開市場上取得忠孝公司 20% 股權，X9 年 7 月 1 日再投資忠孝公司流通在外股權之 30%，忠孝公司並未編製期中報表，試求 X8 年度與 X9 年度信義公司認列對忠孝公司投資收益時應採之約當持股比例分別為何？
(A) 15% 與 30%　　　　　　　　(B) 15% 與 35%
(C) 20% 與 35%　　　　　　　　(D) 20% 與 50%

20. 甲公司 X1 年 10 月 1 日以 $300,000 購入乙公司股份之 30%，乙公司 X1 年 1 月 1 日股東權益總額為 $900,000，投資成本超過取得股權淨值部分係乙公司設備價值低估，該設備可用 5 年，無殘值，採直線法折舊，X1 年度乙公司之淨利為 $80,000，假設於年度平均發生，X1 年 7 月 1 日宣告並發放 $40,000 之現金股利，則 X1 年度甲公司認列之投資收益為何？　　　　　　　　　　　　　　　　　　　　　　　　　　【100 年地特】
(A) $4,800　　　　　　　　　　　(B) $4,950
(C) $5,100　　　　　　　　　　　(D) $18,000

21. P 公司於 X2 年 4 月 1 日以 $4,000,000 取得 S 公司 80% 股權，投資成本超過股權淨值數視為商譽。S 公司 X1 年 12 月 31 日股東權益內容如下：

普通股股本（每股面額 $10）	$4,000,000
保留盈餘	800,000
股東權益總額	$4,800,000

S 公司 X2 年及 X3 年淨利及股利資料如下：

	X2 年	X3 年
淨利（全年平均賺得）	$300,000	$480,000
股利（10 月 1 日發放）	60,000	100,000

試計算 P 公司對 S 公司 X2 年度與 X3 年度投資收益及投資帳戶餘額。

22. P 公司於 X3 年 10 月 1 日以每股 $30 的價格取得 S 公司流通在外普通股 100,000 之 60,000 股，P 公司對 S 公司具重大影響力，P 公司並支付法律及顧問支出共 $100,00。S 公司 X3 年 1 月 1 日及 10 月 1 日資產負債表相關資料如下：

	X3 年 1 月 1 日	X3 年 10 月 1 日	
	帳面金額	帳面金額	公允價值
現金	$300,000	$400,000	$400,000
存貨	500,000	600,000	500,000
其他流動資產	1,000,000	1,200,000	1,200,000
土地	1,200,000	1,200,000	1,500,000
設備	1,000,000	900,000	1,100,000
資產總額	$4,000,000	$4,300,000	$4,700,000
應付帳款	$600,000	$800,000	$800,000
其他負債	1,500,000	1,200,000	1,200,000
股本	1,000,000	1,000,000	
保留盈餘	900,000	800,000	
本期淨利		500,000	
負債及權益總額	$4,000,000	$4,300,000	

其他補充資料：

(1) 帳面金額高估之存貨於 X3 年 12 月出售。

(2) 帳面金額低估之設備估計自 X3 年 10 月 1 日起，剩餘耐用年限 5 年。

(3) S 公司 X3 年度淨利 $800,000（10 月 1 日至 12 月 31 日之淨利為 $300,000），S 公司於 X3 年 6 月 1 日及 12 月 1 日分別宣告並發放現金股利 $100,000。

試作：

1. 計算 P 公司對 S 公司 X3 年度投資收益及 X3 年 12 月 31 日投資帳戶餘額。

2. X3 年度投資相關分錄。

23. P 公司於 X1 年 4 月 1 日以 $1,260,000 取得 S 公司 80% 股權，取得當日 S 公司股東權益包含股本 $600,000、保留盈餘 $400,000，以及 1 月 1 日至 4 月 1 日之淨利為 $200,000。投資成本超過股權淨值係 S 公司未入帳之專利權，該專利權自 X1 年 4 月 1 日起估計有限年限 10 年。X1 年～X3 年 P 公司投資帳戶與 S 公司保留盈餘變動如下：

投資 S 公司

X1 年 4 月 1 日投資	$1,260,000	X1 年現金股利	$320,000
X1 年投資收益	480,000	X2 年現金股利	400,000
X2 年投資收益	560,000	X3 年現金股利	480,000
X3 年投資收益	640,000		

保留盈餘—S 公司

X1 年現金股利	400,000	X1 年 1 月 1 日餘額	$400,000
X2 年現金股利	500,000	X1 年度淨利	600,000
X3 年現金股利	600,000	X2 年度淨利	700,000
		X3 年度淨利	800,000

試作：

1. 計算 P 公司對 S 公司 X1 年～X3 年度正確之投資收益及 X3 年 12 月 31 日投資帳戶餘額。
2. 作 X3 年底結帳前必要之更正分錄。

〈分次取得投資〉

24. 甲公司於 20X1 年初取得乙公司 15% 的股權，並列為透過其他綜合損益按公允價值衡量之金融資產；另於 20X4 年初再取得乙公司 15% 的股權，致對乙公司營運具重大影響力。20X3 年底甲公司帳列金融資產未實現利益為 $50,000，該公司並無其他股權投資。若乙公司淨資產帳面值皆等於公允價值，其 20X4 年淨利為 $500,000，則投資乙公司 30% 股權對甲公司 20X4 年本期損益之影響為何？ 【103 年 CPA】
    (A) 增加 $75,000
    (B) 增加 $100,000
    (C) 增加 $150,000
    (D) 增加 $200,000

25. 奇美公司於 X5 年 1 月 1 日以 $1,400,000 購入 20,000 股德安公司流通在外 10% 之普通股，並將該項投資分類為透過其他綜合損益按公允價值衡量之金融資產。X5 年 5 月 1 日奇美公司收到德安公司發放之現金股利，每股 $1.8，德安公司 X5 年度盈餘為 $800,000，而年底市價則為每股 $72。奇美公司於 X6 年 7 月 1 日以每股 $80 之市價再購入 60,000 股德安公司之普通股，占流通在外普通股之 30%，當時德安公司淨資產之帳面金額為 $13,000,000，其設備資產之公允價值高於帳面金額 $500,000，剩餘耐用年限為 10 年，此項增額投資使得奇美公司對德安公司具重大影響力。X6 年 4 月 1 日奇美公司收到德安公司發放之現金股利，每股 $2.2。德安公司 X6 年度盈餘為 $1,000,000，而年底市價則為每股 $75。

試作：

1. 示奇美公司 X5 年度損益表與資產負債表中與投資德安公司有關之帳戶與金額。
2. 示奇美公司 X6 年度損益表中與投資德安公司有關之損益項目與金額。
3. 示奇美公司 X6 年度之資產負債表中投資德安公司帳戶餘額。

26. 台中公司於 X2 年 1 月 3 日以 $800,000 購入永昌公司 10% 之普通股股票作為投資，並將之歸類為透過其他綜合損益按公允價值衡量之金融資產。X4 年 1 月 3 日台中公司再以 $1,280,000 購入永昌公司 20% 之普通股股票作為長期投資，台中公司自此對永

昌公司之經營決策有重大之影響力，投資之會計處理改採權益法。X4 年初，永昌公司之淨資產帳面金額為 $5,400,000，經分析發現，投資成本與股權淨值之差額半數由於永昌公司土地低估，半數由於折舊性資產低估所導致，此折舊性資產估計剩餘耐用年限為 10 年。台中公司持有永昌公司股票之市價在 X2 年底為 $850,000；X3 年底為 $890,000；X4 年底為 $2,150,000。永昌公司 X2 年度之淨利為 $300,000，當年未發放股利。X3 年度之淨利為 $500,000，當年 5 月初宣告並支付股利 $400,000；X4 年度之淨利為 $500,000，當年 5 月初宣告並支付股利 $200,000。

試作：作台中公司 X2 至 X4 年各年投資相關之分錄。

〈出售部分投資〉

27. 若投資公司因出售持股致喪失對被投資公司之重大影響力，因而將會計處理由權益法改為成本法，則投資公司應以下列何者作為轉換後投資之新成本？
  (A) 轉換日市價
  (B) 轉換日投資之帳面金額與市價之較低者
  (C) 轉換日投資之帳面金額
  (D) 原始取得日之成本   【100 年高考】

28. 甲公司於 X3 年初以現金 $300,000 購入乙公司 30% 的股權，並對乙公司營運具重大影響力，當時乙公司權益為 $600,000，其中含未分配盈餘 $400,000。甲公司投資成本與所享有乙公司可辨認淨資產帳面金額間差額為專利權，經濟年限為 10 年。X6 年初乙公司未分配盈餘為 $550,000，X6 年上半年之淨利為 $50,000。X6 年 7 月 1 日甲公司以 $600,000 出售乙公司全部股權，則其出售投資利益為多少？
  (A) $240,000   (B) $282,000
  (C) $300,000   (D) $360,000   【101 年高考】

29. 甲公司於 X1 年初以 $760,000 取得上市公司乙公司 80% 之股權，當日乙公司權益為 $900,000（含股本 $300,000，保留盈餘 $600,000），除設備（剩餘耐用年限為 5 年，採直線法提列折舊）帳面金額低估 $50,000 外，當日乙公司其他可辨認資產與負債之帳面金額均等於公允價值。甲公司依可辨認淨資產之比例衡量非控制權益。X2 年 12 月 31 日乙公司權益為 $1,050,000（含股本 $300,000，保留盈餘 $750,000），甲公司於 X2 年 12 月 31 日以市價 $550,000 出售持股，致使其對乙公司之持股比例降至 30%，甲公司對乙公司仍具有重大影響。關於甲公司 X2 年個別財務報表上相關項目之金額，下列敘述何者正確？   【101 年 CPA】
  (A)「權益法投資─投資乙公司」之期末餘額為 $0
  (B)「處分投資利益」金額為 $16,000
  (C)「權益法投資─投資乙公司」之期末餘額為 $324,000

(D)「公允價值變動列入當期損益之金融資產—投資乙公司」之期末餘額為 $330,000

30. X4 年底甲公司持有關聯企業乙公司 40% 股權，X5 年 1 月 2 日以 $320,000 之公允價值，出售對乙公司一半的投資。X4 年底帳列與該關聯企業投資相關項目包括：(1)「採用權益法之投資」帳面金額為 $400,000。(2) 其他權益中有「重估增值—採用權益法之投資」$20,000，係因認列乙公司土地採重估模式所產生重估增值之份額。

乙公司 X5 年淨利為 $120,000，X5 年底甲公司持有乙公司 20% 股權投資之公允價值為 $360,000。

請按下列不同情況，回答各問題：

(1) 若甲公司對乙公司持股 20% 仍具有重大影響，作甲公司 X5 年與投資乙公司相關之分錄。

(2) 若甲公司對乙公司持股 20% 不具有重大影響，甲公司並將該剩餘投資分類為透過其他綜合損益按公允價值衡量之金融資產。

1. 出售對乙公司一半投資之該筆交易，對甲公司 X5 年度稅前淨利及稅前其他綜合利益之影響分別為何？

2. 作 X5 年底與投資乙公司相關之分錄。　　　　　　　　　　　　　【104 年臺灣菸酒】

CHAPTER 3 合併財務報表

學習目標

合併報表之編製範圍
- 控制為合併報表編製基礎
- 合併報表編製範圍之例外

合併報表之編製概念
- 合併理論與合併財務報表
- 合併報表之編製

收購日合併資產負債表之編製
- 母公司完全持有子公司（持股比例 = 100%）
- 母公司未完全持有子公司（持股比例 < 100%）
- 反向收購下合併資產負債表之編製

收購日後合併資產負債表之編製
- 權益法與合併報表
- 完全權益法
- 母公司未正確採用權益法

合併現金流量表
- 合併現金流量表之編製
- 股權比例變動年度之現金流量表

會計資訊之提供，應著重經濟實質，而不拘泥於法律形式。企業常常因法律上、經濟上或其他因素，而將一個經濟個體透過二個以上法律個體從事經濟活動。當某一個經濟個體藉由「控制」其他法律個體之經濟活動以獲取經濟利益，此時若僅閱讀單一法律個體之財務報表，自難瞭解整個經濟個體活動之全貌。因此，財務報導應以編製「合併財務報表」之方式，將同屬單一經濟個體旗下所有法律個體之資產、負債、權益、收益、費損及現金流量，合併於「集團財務報表」表達整個經濟個體之實質。

依照 IFRS 第 10 號規定，**當一個個體控制一個或多個其他個體，控制方稱為「母公司」，被控制方稱為「子公司」，母公司及其所有子公司稱為「集團」**。合併財務報表就是集團財務報表，亦即：合併財務報表（Consolidated Financial Statements）係將「母公司及其所有子公司」，以單一經濟個體表達其資產、負債、權益、收益、費損及現金流量。合併財務報表包括「合併資產負債表」、「合併損益表」、「合併權益變動表」、「合併現金流量表」及其附註。

第 1 節　合併報表之編製範圍

一　控制為合併報表編製基礎

依照 IFRS 第 10 號規定，原則上**母公司應提出合併財務報表**，並以「控制」作為合併報表之基礎，合併財務報表編製範圍應納入母公司及所有子公司。從而，**投資者是否「控制」被投資者，將影響投資者是否編製合併財務報表**（母公司才須編製合併報表）**及編製範圍**（子公司才須納入合併報表），**控制為合併報表之核心**，如何判斷控制遂成為實務上最重要的課題。所謂控制，依 IFRS 第 10 號規定，係「當投資者暴露於來自對被投資者之參與之變動報酬或對該等變動報酬享有權利，且透過其對被投資者之權力有能力影響該等報酬時，投資者控制被投資者」。此段定義可簡化為**控制三項要素：權力、報酬、能力**。

(一) 權力

合併報表精神在於：當某一個經濟個體藉由控制其他法律個體之經濟活動以獲取經濟利益，即應以整體經濟個體作為報表表達範圍。所謂「控制其他法律個體之經濟活動」表示：投資者具有賦予其**現時能力**以**主導**被投資者**攸關活動**（重大影響被投資者報酬之活動）之既存權利，亦即：投資者對被投資者具有權力。由於投資者通常透過表決權或類似權力而具有現時能力以主導攸關活動，故原則上**當投資者持有被投資者超過半數表決權，投資者對被投資者具有權力**，惟實務上投資者尚可利用合約協議等其他方式對被投資者具有權力。

(二) 報酬

合併報表精神在於：當某一個經濟個體藉由控制其他法律個體之經濟活動以獲取經濟利益，即應以整體經濟個體作為報表表達範圍。所謂投資者藉由被投資者從事經濟活動獲取「經濟利益」表示：**該經濟利益來自於被投資者之績效**，亦即：**投資者有來自被投資者所參與之「變動報酬」之暴險或權利**，例如：股利。因此，投資者之報酬可能為正值、負值或正負兼具。

(三) 能力

合併報表精神在於：當某一個經濟個體藉由控制其他法律個體之經濟活動以獲取經濟利益，即應以整體經濟個體作為報表表達範圍。所謂投資者「藉由」被投資者從事經濟活動獲取經濟利益表示：投資者不僅對被投資者具有權力及有來自對被投資者之變動報酬，且**投資者具有使用其權力影響被投資者變動報酬之能力**。

二 合併報表編製範圍之例外

(一) 母公司無須提出合併財務報表之情形

母公司原則上應提出合併報表，但若符合下列「所有」情形者，無須提出合併報表：

1. **母公司是中間母公司**：母公司係另一個體完全擁有之子公司或部分擁有之子公司，而其所有其他業主（包括無表決權之業主）已被告知且不反對母公司不提出合併財務報表。
2. **母公司為非公開發行公司**：母公司之債務或權益工具未於公開市場（國內或國外證券交易所或店頭市場，包括當地及區域性市場）交易。
3. **母公司財報非證券主管機關監管**：母公司未因欲於公開市場發行任何形式之工具，而向證券委員會或其他主管機關申報財務報表，或正在申報之程序中。
4. **母公司已納入其他個體之合併財務報表**：母公司之最終母公司或任何中間母公司已依 IFRS 編製合併財務報表供大眾使用，於該等財務報表中子公司係依該準則規定納入合併財務報表或透過損益按公允價值衡量。

(二) 母公司不得提出合併財務報表之情形

1. 母公司為投資個體

當母公司為投資個體（例如：共同基金）時，原則上其所投資之子公司應依 IFRS 第 9 號規定，**分類為「透過損益按公允價值衡量」**，而不得將該子公司納入合併財務報表。但當投資個體母公司所投資之子公司，並非投資個體，且主要目的及活動係提供母公司投資活動之相關服務（例如：投資諮詢服務、投資管理、財務支援、行政服務），

則該投資個體母公司應依規定將該提供投資服務之子公司納入合併報表。以下為**投資個體三項要件**：

(1) 為提供投資者投資管理服務之目的而自一個或多個投資者取得資金。
(2) 向投資者承諾其經營目的係純為來自資本增值、投資收益（例如：股利、利息、租金），或兩者之報酬而進行投資。
(3) 以公允價值基礎衡量及評估其幾乎所有投資之績效。

2. 母公司喪失控制

　　當母公司因出售股權、子公司增加發行新股等原因，喪失對子公司之控制時，母公司應自合併財務報表除列前子公司之資產及負債，並認列前子公司之任何保留投資。若母公司已不具重大影響力，應於喪失控制日以公允價值再衡量該保留投資，作為金融資產原始認列金額；若母公司雖喪失控制但保留重大影響力，則就保留部分之帳面金額作為原始認列投資關聯企業或合資之成本。此外，母公司應將出售股權等原因所收取的對價、保留投資之公允價值或帳面金額與喪失控制前之投資帳戶金額之差額，於損益中認列為歸屬於母公司之利益或損失。有關母公司喪失控制之損益認列與會計處理原則，待第 6 章再詳加說明。

第 2 節　合併報表之編製概念

一　合併理論與合併財務報表

　　當母公司透過「收購」程序取得子公司股權，獲取對子公司之控制，雖然子公司法律個體未消滅，但從經濟實質而言，母公司與子公司屬於單一控制下之集團，依據目前財務會計準則規定，其財務報表應反映此經濟實質，而須以整個經濟個體觀點來編製。在此概念下，**整個集團之權益由母公司股東（稱為「控制權益」）及各子公司之其他非母公司股東（稱為「非控制權益」）所共有**。以下將就各合併財務報表編製概念加以說明：

(一) 合併資產負債表

　　合併資產負債表係將母公司資產、負債及權益與子公司資產、負債及權益之類似會計項目相合併，例如：集團應收帳款金額原則上為母公司應收帳款金額與子公司應收帳款金額之合計數。然而，由於母公司與子公司同屬單一經濟個體，部分會計項目於合併時應予調整。

　　首先，**集團內公司間（母公司與子公司、子公司與子公司）相互交易所產生之相對債權債務項目，應予沖銷（對沖）**。例如：母公司賒銷子公司，母公司帳上將產生「應收帳款—子公司」及子公司帳上將產生「應付帳款—母公司」，惟就集團經濟實質而言，該賒

銷交易為集團內部交易，如同左手賣給右手，並無經濟實質，故該交易所生債權債務，在合併報表應予沖銷。因此，在編製合併資產負債表時，應於合併工作底稿（非正式會計分錄）借記「應付帳款—母公司」、貸記「應收帳款—子公司」，減少母公司應收帳款金額、減少子公司應付帳款金額，以避免合併應收帳款與合併應付帳款金額因集團間交易而虛增。

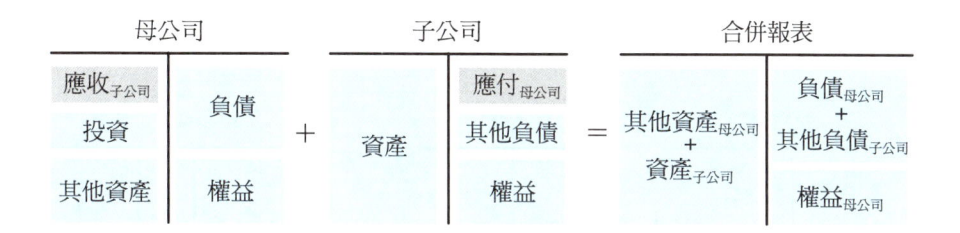

其次，合併財務報表應由母公司提出，亦即合併財務報表係以母公司視角編製，從而，**合併資產負債表股東權益應以母公司股東權益為主體，子公司股東權益應予沖銷**。子公司股東權益表彰子公司全體股東對子公司資產負債請求權，然而，由於母子公司分別為法律上獨立個體，各自有其會計紀錄及財務報表，母公司帳上原來以「投資子公司」表達對子公司資產負債請求權（股權）、子公司帳上原來以「股東權益」表達對子公司資產負債請求權。因此，在編製合併資產負債表時，應於合併工作底稿借記「子公司帳上之股東權益」、貸記「母公司帳上之投資子公司」，將**母公司帳上「投資子公司」（母公司資產項目）與子公司帳上「股東權益」（子公司權益項目）對沖**。一方面，沖銷子公司股東權益，在合併資產負債表上僅留下母公司股東權益；另一方面，沖銷母公司投資帳戶，在合併資產負債表上以子公司的資產與負債項目表達子公司財務狀況，而非以投資帳戶表達子公司資產負債請求權。

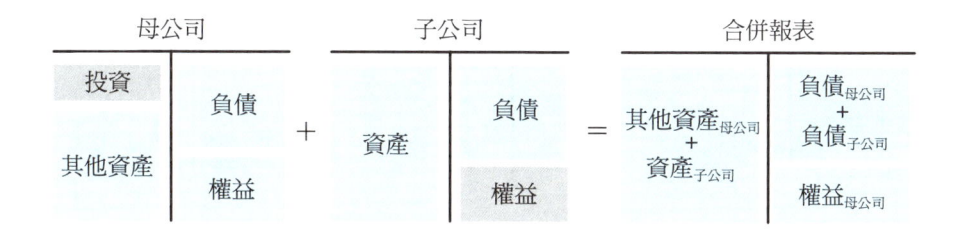

有時，母公司並不會收購子公司所有股權，此時子公司股東權益由母公司及非控制權益股東共同享有，惟在編製合併資產負債表時，子公司股東權益應完全沖銷，因此當**子公司帳上「股東權益」（母公司與非控制權益共同持有）與母公司帳上之「投資子公司」（母公司持有部分）對沖，將轉列出「非控制權益」（非控制權益持有部分）**，亦即應於合併工作底稿借記「子公司帳上之股東權益」、貸記「母公司帳上之投資子公司」、貸記

「非控制權益」。該分錄，一方面，沖銷子公司股東權益，在合併資產負債表上僅留下母公司股東權益；一方面，沖銷母公司投資帳戶，在合併資產負債表上以子公司的資產與負債項目表達子公司財務狀況，而非以投資帳戶表達子公司資產負債請求權；一方面，由於合併資產負債表上已表達子公司全數資產與負債，非由母公司持有之部分，將列於合併資產負債表「權益」項下，以「非控制權益」表達。併予敘明，合併資產負債表上之**「非控制權益」應以總數表達，列示於權益項下**，與母公司股東權益分別列示，無須區分資本（股本）、資本公積及保留盈餘（或累積虧損）等。

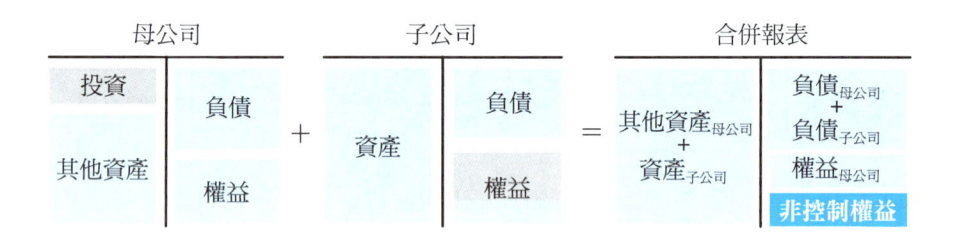

此外，由於母公司對子公司收購對價係按子公司淨資產之公允價值為基礎（如第1章所述），當母公司帳上「投資子公司」（公允價值為衡量基礎）與子公司帳上「股東權益」（帳面金額為衡量基礎）對沖，將因衡量基礎差異（投資成本與股權淨值差異）而產生數額無法完全沖銷情形，該衡量基礎差異來自於二部分：「可辨認資產負債公允價值與帳面金額差額」及「商譽或廉價購買利益」。由於合併財務報表係以母公司視角編製，有關子公司帳上資產與負債自應按收購對價（公允價值）作為衡量基礎。因此，在編製合併資產負債表時，應將子公司帳上可辨認資產與負債金額調整至公允價值，再與母公司帳上資產與負債合併，並認列商譽或廉價購買利益。

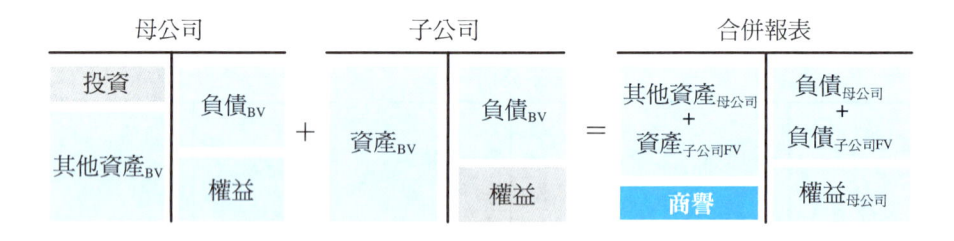

上開概念亦得以下圖恆等式方式說明，收購日時，子公司淨資產公允價值為母公司股東與非控制權益股東所擁有，子公司「淨資產」由「可辨認淨資產」與「商譽或廉價購買利益」所組成，亦即：子公司淨資產公允價值由「子公司可辨認淨資產公允價值」及「商譽或廉價購買利益」所組成，其中「子公司可辨認淨資產公允價值」又可再分為「子公司可辨認淨資產帳面金額」與「子公司可辨認淨資產公允價值與帳面金額之差額」，而「子公司可辨認淨資產帳面金額」即為子公司「股東權益」，須與母公司投資帳戶沖銷。

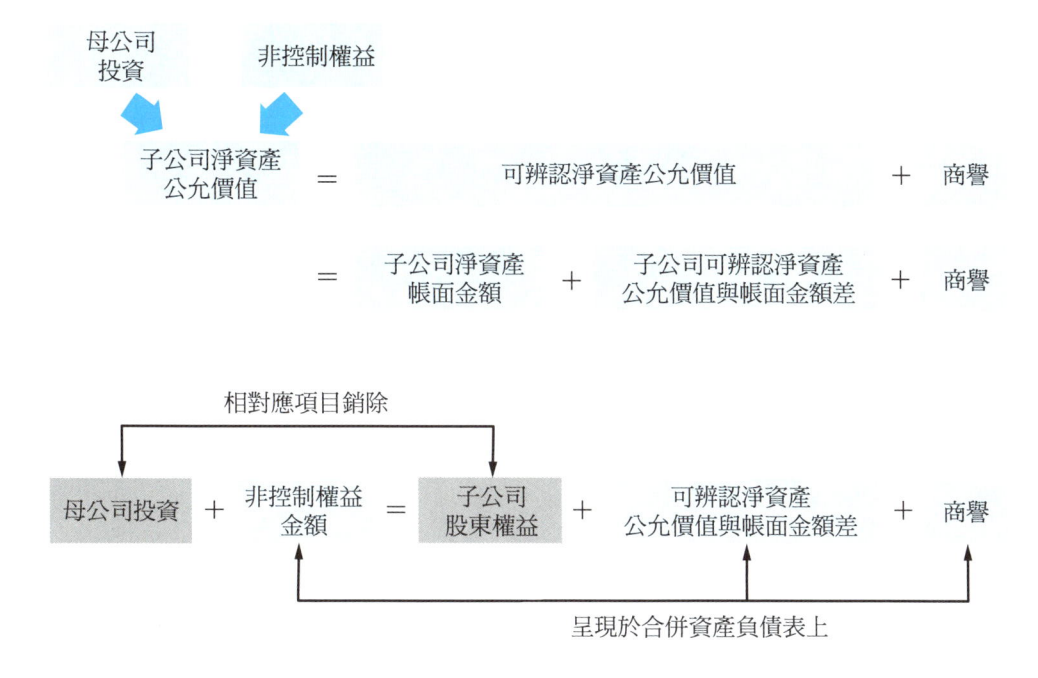

第 3 章 合併財務報表

合併資產負債表之格式如下：

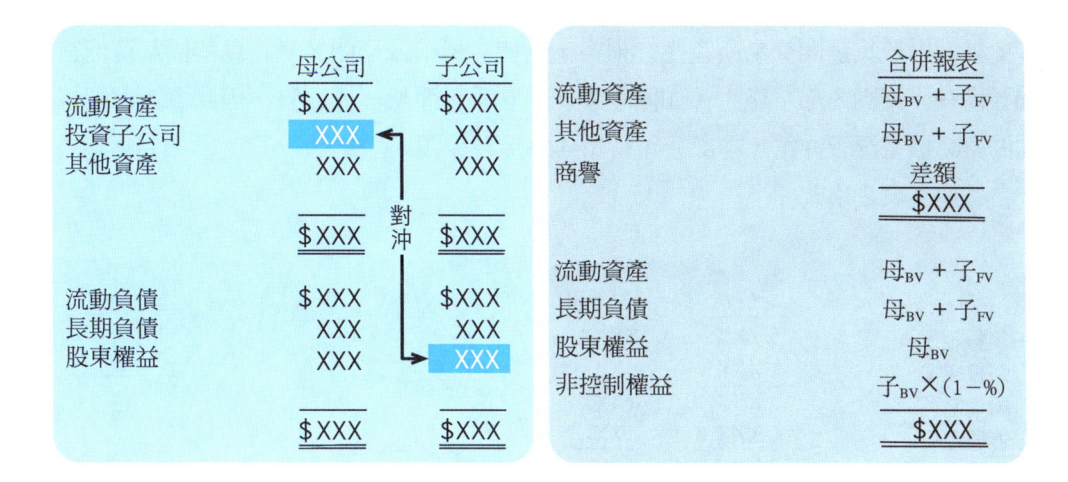

	母公司	子公司
流動資產	$XXX	$XXX
投資子公司	XXX	XXX
其他資產	XXX	XXX
	$XXX	$XXX
流動負債	$XXX	$XXX
長期負債	XXX	XXX
股東權益	XXX	XXX
	$XXX	$XXX

	合併報表
流動資產	母$_{BV}$ + 子$_{FV}$
其他資產	母$_{BV}$ + 子$_{FV}$
商譽	差額
	$XXX
流動資產	母$_{BV}$ + 子$_{FV}$
長期負債	母$_{BV}$ + 子$_{FV}$
股東權益	母$_{BV}$
非控制權益	子$_{BV}$×(1−%)
	$XXX

(二) 合併損益表

母公司損益包含母公司「個別損益」與「採權益法認列之子公司損益份額」二部分，而子公司損益則為母公司股東（控制權益）與非控制權益股東所享有，其關係式可列式如下：

$$\text{母公司淨利} = \text{母公司個別淨利} + \text{投資損益}$$

$$= \text{母公司個別淨利} + \text{子公司控制權益淨利}$$

$$= \text{母公司個別淨利} + \text{子公司淨利} - \text{子公司非控制權益淨利}$$

與合併資產負債表編製理論相同，當合併損益表以整個經濟個體觀點所編製時，集團整體淨利（稱為合併總損益）歸屬於母公司股東及各子公司之非控制權益股東所享有，合併損益表上應將合併總損益分為「母公司損益」及「非控制權益損益」二部分，亦即：將上列公式加以移項，可得下列結果：

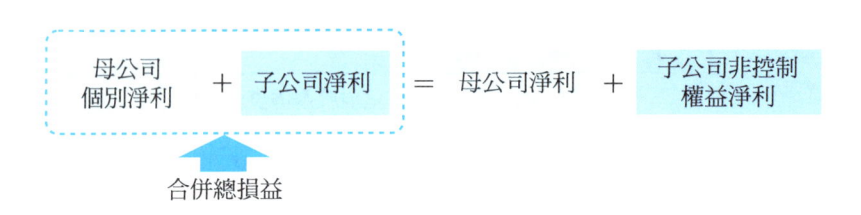

$$\underbrace{\text{母公司個別淨利} + \text{子公司淨利}}_{\text{合併總損益}} = \text{母公司淨利} + \text{子公司非控制權益淨利}$$

此外，對於集團間交易所產生之損益，例如：母子公司間銷貨，就集團整體而言，由於損益僅在「集團內部」產生，如同左手賣給右手，而無經濟實質，因此會計準則規定，集團間交易損益應予沖銷，本部分留待第 4 章另為說明。

合併損益表之格式如下：

	母公司	子公司
銷貨收入	$XXX	$XXX
銷貨成本	XXX	XXX
銷貨毛利	XXX	XXX
管理費用	XXX	XXX
	$XXX	$XXX

	合併報表
銷貨收入	母＋子
銷貨成本	母＋子
銷貨毛利	母＋子
管理費用	母＋子
合併總損益	$XXX
控制權益損益	XXX
非控制權益損益	$XXX

(三) 合併權益變動表

編製合併權益變動表時，合併權益總額應分別列出歸屬於「母公司業主」及「非控制權益」二部分。合併權益變動表之格式如下：

母公司權益變動表

	投入資本	保留盈餘	其他權益	總計
期初餘額	$XXX	$XXX	$XXX	$XXX
本期淨利	XXX	XXX	XXX	XXX
本期其他綜合損益	XXX	XXX	XXX	XXX
現金股利	XXX	XXX	XXX	XXX
期末餘額	$XXX	$XXX	$XXX	$XXX

子公司權益變動表

	投入資本	保留盈餘	其他權益	總計
期初餘額	$XXX	$XXX	$XXX	$XXX
本期淨利	XXX	XXX	XXX	XXX
本期其他綜合損益	XXX	XXX	XXX	XXX
現金股利	XXX	XXX	XXX	XXX
期末餘額	$XXX	$XXX	$XXX	$XXX

×非控制權益比例

合併權益變動表

	（歸屬於母公司之業主權益）				非控制權益	權益總額
	投入資本	保留盈餘	其他權益	總計		
期初餘額	$XXX	$XXX	$XXX	$XXX	$XXX	$XXX
本期淨利	XXX	XXX	XXX	XXX	XXX	XXX
本期其他綜合損益	XXX	XXX	XXX	XXX	XXX	XXX
現金股利	XXX	XXX	XXX	XXX	XXX	XXX
期末餘額	$XXX	$XXX	$XXX	$XXX	$XXX	$XXX

(四) 合併現金流量表

編製合併現金流量表時，來自營業活動之現金流量，應包括歸屬於「母公司業主」及「非控制權益」之損益。分配之現金股利，則僅將「母公司分配予業主」及「子公司分配予非控制權益」部分，列為籌資活動之現金流出。合併現金流量表之格式與個體現金流量表格式並無不同，有關合併現金流量表之編製，留待第 5 節再予說明。

二 合併報表之編製

(一) 合併報表編製程序

企業編製合併財務報表時，以同性質項目分別歸屬為基礎，將母公司與子公司財務報表中之資產、負債、權益、收益、費損及現金流量之類似項目予以加總，並作必要之沖銷。為使合併財務報表能夠如同單一經濟個體之方式表達集團財務資訊，應進一步執行下列程序：

1. 將母公司對各子公司投資之帳面金額與母公司於各子公司所占之權益互抵（銷除）。
2. 辨認合併子公司之淨資產中分別屬於非控制權益與母公司所有權權益之部分：淨資產屬於非控制權益部分包括：
   (1) 非控制權益在原始合併日所計算之金額。
   (2) 非控制權益所享有自合併日起權益變動之份額。
3. 辨認報導期間合併子公司損益中屬於非控制權益部分。
4. 集團內個體間交易有關會計項目應全數銷除：

(1) 集團內個體間交易所產生之資產、負債、權益、收益、費損及現金流量應全數銷除。
(2) 集團內個體間交易所產生之損失，如可能顯示已發生減損，應於合併財務報表中認列減損損失，無須銷除。
(3) 集團內個體間交易損益銷除所產生之所得稅暫時性差異，應適用 IAS 第 12 號「所得稅」之規定。

上述程序中 1.、2.(1) 係屬編製合併資產負債表之主要步驟，將於第 3 節「收購日合併資產負債表之編製」加以說明；程序 2.(2)、3.、4. 係屬編製合併損益表之主要步驟，惟需注意子公司損益及權益變動部分分配予控制權益與非控制權益時，應依現有之業主權益結構決定，不須考量潛在表決權。完整的合併資產負債表與損益表編製程序，將於第 4 節「收購日後合併報表之編製」加以說明，合併特殊議題與所得稅處理，則於本書第 4 章至第 8 章中再詳加說明。

(二) 合併會計期間

1. 原則：採用相同期間

當編製合併財務報表，其所使用之母公司及子公司財務報表，原則上應有相同報導日。如母公司與子公司之報導期間結束日不同時，除非實務上不可行，為合併報表之目的，子公司應編製與母公司財務報表日同日之額外財務資訊，使母公司能合併子公司之財務資訊。

2. 例外：採用不同期間

當子公司編製與母公司財務報表同日之額外財務資訊，實務上不可行，則母公司應使用子公司最近財務報表，並調整該等財務報表日與合併財務報表日之間所發生重大交易或事項之影響，以合併子公司之財務資訊。但在任何情形下，子公司財務報表日與合併財務報表日（母公司財務報表日）之差異不得超過 3 個月，且報導期間長度及財務報表日間之差異應每期相同。

(三) 合併報表之會計準則

母公司應對類似情況下之相似交易及事項採用統一會計政策編製合併財務報表。若集團中之某一成員對類似情況下之類似交易及事件所採用之會計政策，與合併財務報表所採用者不同，則編製合併財務報表時，應對該集團成員之財務報表予以適當調整，以確保遵循集團之會計政策。

(四) 待出售子公司之表達

當母公司取得子公司係主要以出售為目的，或意圖出售所持有子公司時，該子公司能

於目前狀況下依一般條件及商業慣例立即出售,且母公司高度很有可能出售該子公司,則應將該子公司列為待出售子公司。**待出售子公司應納入合併財務報表之編製**,惟在資產負債表中,應將該資產及負債應與合併財務報表中其他資產及負債分開列示,列在**流動資產與流動負債項**下,並按帳面金額及淨公允價值孰低評價;而損益表中則列示待出售子公司稅後損益及續後評價之稅後損益總和,作為停業單位損益,以稅後淨額列示。

第3節 收購日合併資產負債表之編製

當母公司收購子公司並取得控制,應於合併日編製合併報表,表達集團財務狀況,以下分別探討母公司完全持有子公司(持股比例＝100%)及母公司部分持有子公司(持股比例＜100%)之合併報表編製步驟。

一 母公司完全持有子公司（持股比例＝100%）

當母公司持有子公司股權達100%,代表母公司擁有集團全部權益,無「非控制權益」存在。依收購法規定,母公司應於收購日將子公司可辨認資產與負債按公允價值衡量,並視合併對價與子公司可辨認淨資產公允價值關係,認列商譽或廉價購買利益。

(一) 收購成本等於可辨認淨資產公允價值，無商譽或廉價購買利益

當母公司收購成本等於子公司可辨認淨資產公允價值,並無「商譽或廉價購買利益」;母公司持股比例達100%,無「非控制權益」。因此,編製合併報表時,當母公司帳上「投資子公司」與子公司帳上「股東權益」對沖,僅需子公司帳上可辨認資產負債調整至公允價值,並與母公司帳上可辨認資產負債項目合併計算。亦即:

投資帳戶餘額＝子公司淨資產公允價值
　　　　　　＝子公司淨資產帳面金額＋公允價值調整

合併報表上各資產負債項目餘額
＝母公司各資產負債帳面金額＋子公司各資產負債公允價值

(二) 收購成本大於可辨認淨資產公允價值，產生商譽

當母公司收購成本大於子公司可辨認淨資產公允價值,產生「商譽」;母公司持股比例達100%,無「非控制權益」。因此,編製合併報表時,當母公司帳上「投資子公司」與子公司帳上「股東權益」對沖,子公司帳上可辨認資產負債應調整至公允價值,並認列「商譽」,再與母公司帳上可辨認資產負債項目合併計算。亦即:

投資帳戶餘額 ＝ 子公司淨資產公允價值 ＋ 商譽

　　　　　　＝ 子公司淨資產帳面金額 ＋ 公允價值調整 ＋ 商譽

合併報表上各資產負債項目餘額

＝ 母公司各資產負債帳面金額 ＋ 子公司各資產負債公允價值 ＋ 商譽

(三) 收購成本小於可辨認淨資產公允價值，產生廉價購買利益

當母公司收購成本小於子公司可辨認淨資產公允價值，產生「廉價購買利益」；母公司持股比例達 100%，並無「非控制權益」。因此，編製合併報表時，當母公司帳上「投資子公司」與子公司帳上「股東權益」對沖，子公司帳上可辨認資產負債應調整至公允價值，並認列「廉價購買利益」，子公司帳上可辨認資產負債與母公司帳上可辨認資產負債項目合併計算，廉價購買利益應透過當期投資損益於當期認列，使母公司保留盈餘增加（後續釋例暫以母公司保留盈餘增加說明），並增加投資帳戶餘額。亦即：

投資帳戶餘額 ＝ 子公司淨資產公允價值 ＋ 廉價購買利益

　　　　　　＝ 子公司淨資產帳面金額 ＋ 公允價值調整 － 廉價購買利益

合併報表上各資產負債項目餘額

＝ 母公司各資產負債帳面金額 ＋ 子公司各資產負債公允價值

釋例一　持股比例 100%，各種情況

P 公司於 X1 年初發行股票取得 S 公司股權，當時 S 公司資產負債資料如下：

	P公司 帳面金額	P公司 公允價值	S公司 帳面金額	S公司 公允價值
資產	$5,000,000	$5,400,000	$2,000,000	$2,200,000
負債	3,000,000	3,000,000	1,000,000	1,000,000
股本	1,000,000	－	500,000	－
資本公積	500,000	－	300,000	－
保留盈餘	500,000	－	200,000	－

情況一：P 公司發行 100,000 股（每股市價 $12）取得 S 公司 100% 股權。
情況二：P 公司發行 100,000 股（每股市價 $15）取得 S 公司 100% 股權。
情況三：P 公司發行 100,000 股（每股市價 $11）取得 S 公司 100% 股權。

試作：
1. 取得日合併工作底稿上應有之沖銷分錄。
2. 編製合併日 P 公司與 S 公司合併工作底稿。

解析

情況一：持股比例 = 100%，取得成本($12 × 100,000)
= 淨資產公允價值($2,200,000 − $1,000,000)，無商譽或廉價購買利益

1. 分析投資成本與取得淨資產帳面金額之差額

取得對價		淨資產帳面金額		公允價值調整數		商譽
$1,200,000	=	$1,000,000	+	$200,000	+	$0

2. 沖銷分錄

① 普通股股本	500,000	
資本公積－普通股溢價	300,000	
保留盈餘	200,000	
未攤銷差額	200,000	
投資 S 公司		1,200,000
② 資產	200,000	
未攤銷差額		200,000

3. 合併工作底稿

會計項目	P公司	S公司	沖銷分錄 借	沖銷分錄 貸	合併報表
資產	$5,000,000	$2,000,000	② 200,000		$7,200,000
投資 S 公司	1,200,000			①1,200,000	—
未攤銷差額			① 200,000	② 200,000	—
合計	$6,200,000	$2,000,000			$7,200,000
負債	$3,000,000	$1,000,000			$4,000,000
股本	2,000,000	500,000	① 500,000		2,000,000
資本公積	700,000	300,000	① 300,000		700,000
保留盈餘	500,000	200,000	① 200,000		500,000
	$6,200,000	$2,000,000			$7,200,000

情況二：持股比例＝100%，取得成本（$15×100,000）＞淨資產公允價值，認列商譽

1. 分析投資成本與取得淨資產帳面金額之差額

取得對價		淨資產帳面金額		公允價值調整數		商譽
$1,500,000	＝	$1,000,000	＋	$200,000	＋	$300,000

2. 沖銷分錄

① 普通股股本	500,000	
資本公積－普通股溢價	300,000	
保留盈餘	200,000	
未攤銷差額	500,000	
投資 S 公司		1,500,000
② 資產	200,000	
商譽	300,000	
未攤銷差額		500,000

3. 合併工作底稿

會計項目	P公司	S公司	沖銷分錄 借	沖銷分錄 貸	合併報表
資產	$5,000,000	$2,000,000	② 200,000		$7,200,000
投資 S 公司	1,500,000			① 1,500,000	－
商譽			② 300,000		300,000
未攤銷差額			① 500,000	② 500,000	－
合計	$6,500,000	$2,000,000			$7,500,000
負債	$3,000,000	$1,000,000			$4,000,000
股本	2,000,000	500,000	① 500,000		2,000,000
資本公積	1,000,000	300,000	① 300,000		1,000,000
保留盈餘	500,000	200,000	① 200,000		500,000
	$6,500,000	$2,000,000			$7,500,000

情況三：持股比例＝100%，取得成本（$11×100,000）＜淨資產公允價值，認列廉價購買利益

1. 分析投資成本與取得淨資產帳面金額之差額

取得對價		淨資產帳面金額		公允價值調整數		廉價購買利益
$1,100,000	＝	$1,000,000	＋	$200,000	＋	－$100,000

2. 沖銷分錄

① 普通股股本	500,000	
資本公積－普通股溢價	300,000	
保留盈餘	200,000	
未攤銷差額	100,000	
投資 S 公司		1,100,000
② 資產	200,000	
未攤銷差額		100,000
廉價購買利益		100,000

3. 合併工作底稿

會計項目	P 公司	S 公司	沖銷分錄 借	沖銷分錄 貸	合併報表
資產	$5,000,000	$2,000,000	② 200,000		$7,200,000
投資 S 公司	1,100,000			①1,100,000	－
未攤銷差額			① 100,000	② 100,000	－
合計	$6,100,000	$2,000,000			$7,200,000
負債	$3,000,000	$1,000,000			$4,000,000
股本	2,000,000	500,000	① 500,000		2,000,000
資本公積	600,000	300,000	① 300,000		600,000
保留盈餘	500,000	200,000	① 200,000	② 100,000	600,000
	$6,100,000	$2,000,000			$7,200,000

二　母公司未完全持有子公司（持股比例＜100%）

當母公司持有子公司股權低於 100%，母公司未持有之部分稱為「非控制權益」。依據 IFRS 第 3 號之規定，非控制權益金額在收購日之衡量基礎有二：(一)按子公司「可辨認淨資產」公允價值比例衡量；(二)按公允價值衡量。茲分述如下：

(一) 非控制權益按子公司「可辨認淨資產」公允價值比例衡量

當非控制權益金額按子公司「可辨認淨資產」公允價值比例衡量時,非控制權益並無商譽或廉價購買利益,合併報表上僅有母公司於收購日所認列之商譽或廉價購買利益。茲以恆等式說明如下:

子公司淨資產公允價值＝母公司投資金額＋非控制權益金額

當　非控制權益金額＝子公司可辨認淨資產公允價值×非控制權益持股比例

則　母公司投資帳戶
　　＝子公司淨資產公允價值－子公司可辨認淨資產公允價值×非控制權益持股比例
　　＝（子公司可辨認淨資產公允價值＋商譽）－子公司可辨認淨資產公允價值
　　　×非控制權益持股比例
　　＝子公司可辨認淨資產公允價值×(1－非控制權益持股比例)＋商譽
　　＝子公司可辨認淨資產公允價值×母公司持股比例＋商譽

亦即　商譽＝母公司投資金額－子公司可辨認淨資產公允價值×母公司持股比例

釋例二　持股比例90%,非控制權益以被收購公司淨資產公允價值比例衡量

P 公司於 ×1 年初發行 90,000 股（每股市價 $15）取得 S 公司 90% 股權,當時 S 公司資產負債資料如下:

	P公司 帳面金額	P公司 公允價值	S公司 帳面金額	S公司 公允價值
資產	$5,000,000	$5,400,000	$2,000,000	$2,200,000
負債	3,000,000	3,000,000	1,000,000	1,000,000
股本	1,000,000	－	500,000	－
資本公積	500,000	－	300,000	－
保留盈餘	500,000	－	200,000	－

假設非控制權益以被收購公司可辨認淨資產公允價值比例衡量。試作:
1. 取得日合併工作底稿上應有之沖銷分錄。
2. 編製合併日 P 公司與 S 公司合併工作底稿。

解析

持股比例＝90%,取得成本＝$15×90,000＝$1,350,000
非控制權益＝淨資產公允價值×10%＝$1,200,000×10%＝$120,000

取得成本＋非控制權益＞淨資產公允價值，認列商譽

分析投資成本與取得淨資產帳面金額之差額：

取得對價		淨資產帳面金額		公允價值調整數		商譽
P 公司　　$1,350,000 ＋非控制權益 $ 120,000	＝	$1,000,000	＋	$200,000	＋	P 公司　　$270,000 ＋非控制權益 $　　　0

1. 沖銷分錄

① 普通股股本	500,000	
資本公積－普通股溢價	300,000	
保留盈餘	200,000	
未攤銷差額	470,000	
投資 S 公司		1,350,000
非控制權益		120,000
② 資產	200,000	
商譽	270,000	
未攤銷差額		470,000

2. 合併工作底稿

會計項目	P 公司	S 公司	沖銷分錄 借	沖銷分錄 貸	合併報表
資產	$5,000,000	$2,000,000	② 200,000		$7,200,000
投資 S 公司	1,350,000			① 1,350,000	－
商譽			② 270,000		270,000
未攤銷差額			① 470,000	② 470,000	－
合計	$6,350,000	$2,000,000			$7,470,000
負債	$3,000,000	$1,000,000			$4,000,000
股本	1,900,000	500,000	① 500,000		1,900,000
資本公積	950,000	300,000	① 300,000		950,000
保留盈餘	500,000	200,000	① 200,000		500,000
非控制權益				① 120,000	120,000
	$6,350,000	$2,000,000			$7,470,000

(二)非控制權益按公允價值衡量

當母公司於收購日按活絡市場報價或其他評價技術直接衡量非控制權益，非控制權益金額與子公司可辨認淨資產乘以非控制權益持股比例之差額，**將產生商譽或廉價購買利**

益，合併報表上則有母公司於收購日所認列之商譽及非控制權益之商譽。茲以恆等式說明如下：

子公司淨資產公允價值＝母公司投資金額＋非控制權益金額

商譽$_{母公司}$（廉價購買利益$_{母公司}$）
＝母公司投資金額－子公司可辨認淨資產公允價值×母公司持股比例

商譽$_{母公司}$（廉價購買利益$_{非控制權益}$）
＝非控制權益金額－子公司可辨認淨資產公允價值×非控制權益持股比例

由於母公司與非控制權益分別計算商譽或廉價購買利益可能會產生不一致的情形，但目前會計準則並不允許非控制權益認列廉價購買利益；且母公司有廉價購買利益時，非控制權益不得認列商譽。故當母公司或非控制權益經計算產生廉價購買利益時，應按下列情況調整：

1. 非控制權益經計算產生廉價購買利益

    當非控制權益公允價值低於子公司淨資產公允價值比例計算金額，而導致非控制權益產生廉價購買利益時，須將**非控制權益直接按子公司可辨認淨資產公允價值比例計算**，亦即忽略非控制權益所估算之公允價值，**非控制權益廉價購買利益為零**。

2. 母公司投資經計算產生廉價購買利益，非控制權益經計算產生商譽

    當非控制權益公允價值大於子公司淨資產公允價值比例計算金額，而母公司投資成本小於子公司淨資產公允價值份額，而導致母公司經計算產生廉價購買利益，非控制權益經計算產生商譽時，**應減少母公司之廉價購買利益，並同額減少非控制權益之商譽**，如非控制權之商譽已降至零，仍有差額，始認列母公司之廉價購買利益。

釋例三　持股比例 90%，非控制權益按公允價值衡量

P 公司於 X1 年初發行股票取得 S 公司股權，當時 S 公司資產負債資料如下：

	P 公司 帳面金額	P 公司 公允價值	S 公司 帳面金額	S 公司 公允價值
資產	$5,000,000	$5,400,000	$2,000,000	$2,200,000
負債	3,000,000	3,000,000	1,000,000	1,000,000
股本	1,000,000	—	500,000	—
資本公積	500,000	—	300,000	—
保留盈餘	500,000	—	200,000	—

情況一：P 公司發行 90,000 股（每股市價 $15）取得 S 公司 90% 股權，非控制權益公允價值為 $150,000。

情況二：P 公司發行 90,000 股（每股市價 $11）取得 S 公司 90% 股權，非控制權益公允價值為 $150,000。

情況三：P 公司發行 90,000 股（每股市價 $11）取得 S 公司 90% 股權，非控制權益公允價值為 $100,000。

試作：

1. 取得日合併工作底稿上應有之沖銷分錄。
2. 編製合併日 P 公司與 S 公司合併工作底稿。

解析

情況一：持股比例 = 90%

取得成本 = $15 × 90,000 = $1,350,000 > 淨資產公允價值份額，產生商譽

非控制權益 = 公允價值 = $150,000 > 淨資產公允價值份額，產生商譽

1. 分析投資成本與取得淨資產帳面金額之差額

取得對價		淨資產帳面金額		公允價值調整數		商譽
P 公司　　$1,350,000 +非控制權益$ 150,000	=	$1,000,000	+	$200,000	+	P 公司　　$270,000 +非控制權益$ 30,000

2. 沖銷分錄

① 普通股股本	500,000	
資本公積－普通股溢價	300,000	
保留盈餘	200,000	
未攤銷差額	500,000	
投資 S 公司		1,350,000
非控制權益		150,000
② 資產	200,000	
商譽	300,000	
未攤銷差額		500,000

3. 合併工作底稿

會計項目	P公司	S公司	沖銷分錄 借	沖銷分錄 貸	合併報表
資產	$5,000,000	$2,000,000	② 200,000		$7,200,000
投資 S 公司	1,350,000			①1,350,000	–
商譽			② 300,000		300,000
未攤銷差額			① 500,000	② 500,000	–
合計	$6,350,000	$2,000,000			$7,500,000
負債	$3,000,000	$1,000,000			$4,000,000
股本	1,900,000	500,000	① 500,000		1,900,000
資本公積	950,000	300,000	① 300,000		950,000
保留盈餘	500,000	200,000	① 200,000		500,000
非控制權益				① 150,000	150,000
	$6,350,000	$2,000,000			$7,500,000

情況二：持股比例 = 90%

取得成本 = $11 × 90,000 = $990,000 < 淨資產公允價值份額，產生廉價購買利益

非控制權益 = 公允價值 = $150,000 > 淨資產公允價值份額，產生商譽

將非控制權益商譽沖減至零，降低母公司認列廉價購買利益金額

1. 分析投資成本與取得淨資產帳面金額之差額

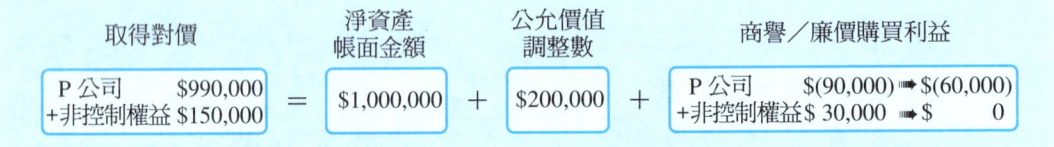

取得對價　　　　　　淨資產帳面金額　　公允價值調整數　　　商譽／廉價購買利益

| P公司　　　$990,000 | | | P公司　　　$(90,000) ➡ $(60,000) |
| +非控制權益 $150,000 | = $1,000,000 | + $200,000 | + 非控制權益 $ 30,000 ➡ $ 0 |

2. 沖銷分錄

```
① 普通股股本                        500,000
   資本公積－普通股溢價              300,000
   保留盈餘                         200,000
   未攤銷差額                       140,000
       投資 S 公司                              990,000
       非控制權益                               150,000
② 資產                             200,000
       未攤銷差額                               140,000
       廉價購買利益                              60,000
```

3. 合併工作底稿

會計項目	P 公司	S 公司	沖銷分錄 借	沖銷分錄 貸	合併報表
資產	$5,000,000	$2,000,000	② 200,000		$7,200,000
投資 S 公司	990,000			① 990,000	–
未攤銷差額			① 140,000	② 140,000	–
合計	$5,990,000	$2,000,000			$7,200,000
負債	$3,000,000	$1,000,000			$4,000,000
股本	1,900,000	500,000	① 500,000		1,900,000
資本公積	590,000	300,000	① 300,000		590,000
保留盈餘	500,000	200,000	① 200,000	② 60,000	560,000
非控制權益				① 150,000	150,000
	$5,990,000	$2,000,000			$7,200,000

情況三：持股比例 = 90%

取得成本 = $11 × 90,000 = $990,000 < 淨資產公允價值份額，產生廉價購買利益

非控制權益 = 公允價值 = $100,000 < 淨資產公允價值份額，產生廉價購買利益

將非控制權益廉價購買利益將至零，調整非控制權益認列金額

1. 分析投資成本與取得淨資產帳面金額之差額

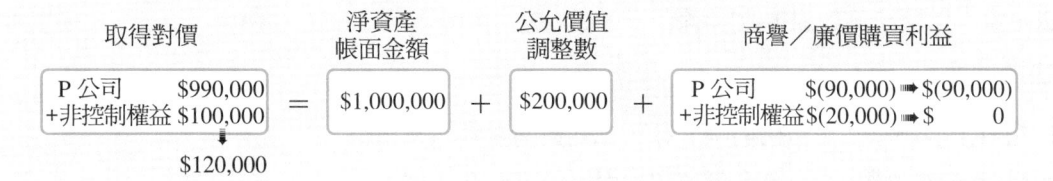

```
取得對價              淨資產        公允價值
                     帳面金額       調整數              商譽／廉價購買利益

P 公司      $990,000                              P 公司        $(90,000) ➡ $(90,000)
+非控制權益 $100,000  = $1,000,000  +  $200,000  + +非控制權益 $(20,000) ➡ $      0
   $120,000
```

2. 沖銷分錄

① 普通股股本	500,000	
資本公積－普通股溢價	300,000	
保留盈餘	200,000	
未攤銷差額	110,000	
投資 S 公司		990,000
非控制權益		120,000
② 資產	200,000	
未攤銷差額		110,000
廉價購買利益		90,000

3. 合併工作底稿

會計項目	P公司	S公司	沖銷分錄 借	沖銷分錄 貸	合併報表
資產	$5,000,000	$2,000,000	② 200,000		$7,200,000
投資S公司	990,000			① 990,000	—
未攤銷差額			① 110,000	② 110,000	—
合計	$5,990,000	$2,000,000			$7,200,000
負債	$3,000,000	$1,000,000			$4,000,000
股本	1,900,000	500,000	① 500,000		1,900,000
資本公積	590,000	300,000	① 300,000		590,000
保留盈餘	500,000	200,000	① 200,000	② 90,000	590,000
非控制權益				① 120,000	120,000
	$5,990,000	$2,000,000			$7,200,000

三 反向收購下合併資產負債表之編製

反向收購之合併財務報表係以法律上母公司（會計上被收購者）之名義所發布，但須於附註中敘明為法律上子公司（會計上收購者）財務報表之延續，並推算會計上收購者之法定資本以反映會計上被收購者之法定資本。

(一) 合併財務報表上各項目衡量基礎

1. **會計上收購者**：按合併前帳面金額認列與衡量資產及負債。
2. **會計上被收購者**：按公允價值認列與衡量資產及負債。
3. **非控制權益**：按合併前占會計上收購者之保留盈餘及其他權益帳面金額之比例（未考慮設算約當發行股份之持股比例）認列。

(二) 合併財務報表之權益

反向收購之合併財務報表係以法律上母公司（會計上被收購者）之名義所發布，因此反向收購後之權益結構（發行權益數量及種類）係反映法律上母公司之權益結構，而非會計上母公司之權益結構。

1. **金額部分**

合併報表中認列為已發行權益之金額係以會計上收購者於企業合併前發行流通在外之已發行權益加上被收購者發行權益之公允價值。

合併權益總額＝會計上收購者合併前帳面金額＋收購對價

2. **實際發行股數部分**

由於法律上實際發行權益者是「會計上被收購者」，因此關於「股本」股數，必須以「會計上被收購者」為基礎，方能反映出會計上被收購者之權益結構。因此在合併報表權益結構部分，股數為會計上被收購者「合併前股數」加計「為達成企業合併所發行之股數」，並據以計算股本。

股數＝會計上被收購者合併前已發行股數＋會計上被收購者合併時發行股數

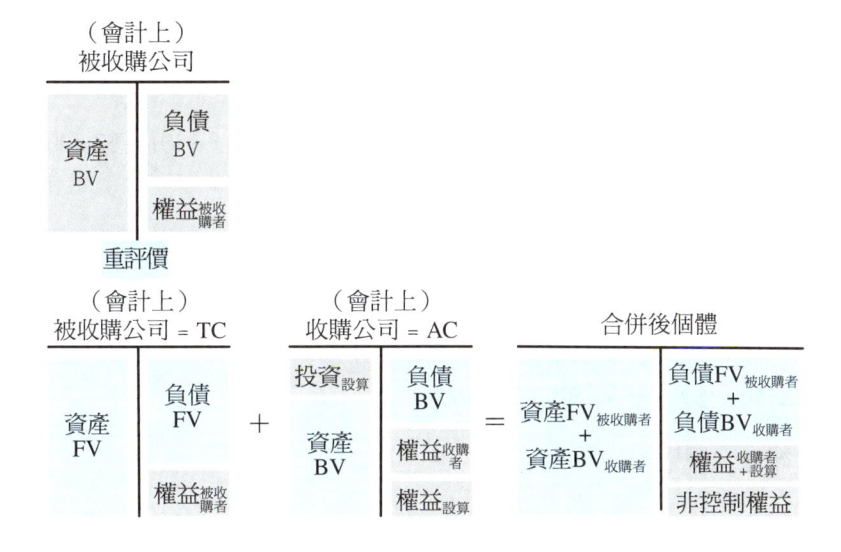

以第 1 章提及之例子說明。假設 TC 公司流通在外 100 股，每股市價 $37.5，AC 公司流通在外 100 股，每股市價 $75。TC 公司發行 150 股交換 AC 公司 75 股完成合併，AC 公司尚有 25 股未參與股份交換。TC 與 AC 兩家公司合併前股東權益資料如下：

	TC 公司	AC 公司
股本（發行 100 股）	$1,000	$1,000
資本公積	500	800
保留盈餘	500	1,200
股東權益合計	$2,000	$3,000

TC 原股東持股比例 $=\dfrac{100}{100+150}=40\%$，AC 原股東持股比例 $=\dfrac{150}{100+150}=60\%$，

AC 成為會計上收購者，TC 成為會計上被收購者。

AC 合併支付對價 $=\$75\times 75\times\dfrac{40\%}{60\%}=\$3,750$。

TC 應按公允價值衡量其可辨認淨資產。

合併後，AC 非控制權益為未參與股份交換 25 股股權，非控制權益比例 $= \dfrac{25}{100}$ $= 25\%$。

AC 與 TC 之合併財務報表編製原則如下：

合併財務報表上資產負債 = AC 帳面金額 + TC 公允價值

合併財務報表上股東權益總額 = AC 帳面金額 + 收購對價 = $3,000 + $3,750 = $6,750

非控制權益 = AC 原股東權益 × 非控制權益比例 = $3,000 × 25% = $750

合併財務報表上保留盈餘 = AC 保留盈餘帳面金額 ×（1 − 非控制權益比例）
　　　　　　　　　　　= $1,200 ×（1 − 25%）= $900

合併財務報表上股本 = TC 發行新股後總股本 = $10 ×（100 + 150）= $2,500

合併財務報表上股本溢價
= AC 原投入資本 ×（1 − 非控制權益比例）+ 支付對價 − 合併後總股本
= $1,800 × 75% + $3,750 − $2,500 = $2,600
= 合併後股東權益總額 − 非控制權益 − 合併後保留盈餘 − TC 總股本
= $6,750 − $750 − $900 − $2,500 = $2,600

合併後財務報表上股東權益內容如下：

	合併個體
股本（發行 100 + 150 股）	$2,500
資本公積（$1,800 × 75% + $3,750 − $2,500）	2,600
保留盈餘（$1,200 × 75%）	900
非控制權益（$3,000 × 25%）	750
股東權益合計	$6,750

(三) 合併每股盈餘

反向收購後合併財務報表之編製主體為會計上收購者，但財務報表之權益項目係反映法律上實際發行權益之會計上被收購者之權益結構，故在計算每股盈餘時應以「會計上收購者之損益」作為每股盈餘之分子，而以「法律上收購者之權益」作為每股盈餘分母計算之基礎。

$$每股盈餘 = \dfrac{會計上收購者之損益}{法律上收購者之權益數量}$$

1. 報導期間之表達
   (1) 分子：會計上收購者當期可歸屬於普通股股東之損益。
   (2) 分母：以法律上實際發行權益者為基礎，當期流通在外普通股加權平均流通在外股數之計算方式如下：
      ①報導期間開始日至收購日之流通在外普通股股數之計算，應按該期間會計上收購者之普通股加權平均流通在外股數乘以合併協議確立之換股比率。
      ②收購日至該報導期間結束日之流通在外普通股股數為該期間法律上發行權益者（會計上被收購者）之流通在外普通股實際股數。
   (3) 計算步驟如下：

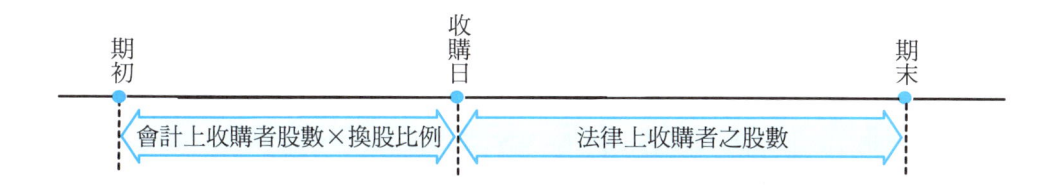

   ```
   期              收                              期
   初              購                              末
                   日
   ●───────────────●──────────────────────────────●
   │會計上收購者股數×換股比例│      法律上收購者之股數       │
   ```

   ①計算會計上收購者各期可歸屬於普通股股東之損益。
   ②收購日前普通股流通在外股數＝會計上收購者之普通股流通在外股數×協議換股比率
   ③收購日後普通股流通在外股數＝會計上被收購者之普通股流通在外實際股數
   ④每股盈餘 ＝ $\dfrac{①會計上收購者損益}{②\times流通期間比例＋③\times流通期間比例}$

2. 比較期間之表達
   (1) 分子：會計上收購者各期可歸屬於普通股股東之損益。
   (2) 分母：會計上收購者之歷史流通在外普通股加權平均股數乘以合併協議確立之換股比率（即：以「法律上實際發行權益者為基礎」）。

釋例四　反向收購之對價與商譽的決定，合併後個體報表：100%

TC 公司於 ×11 年 10 月 1 日以換發新股方式吸收合併 AC 公司，TC 公司為存續公司，換股比例為每 1.5 股 AC 公司股票換發 TC 公司股票 1 股，當日 AC 公司之普通股市價為每股 $29，TC 公司股票並無活絡市場公開報價。TC、AC 二公司合併前之財務狀況表（資產負債表）如下：

	TC 公司		AC 公司	
	帳面金額	公允價值	帳面金額	公允價值
流動資產	$360,000	$450,000	$795,000	$870,000
非流動資產	240,000	300,000	705,000	750,000
資產總額	$600,000	$750,000	$1,500,000	$1,620,000
流動負債	$90,000	$90,000	$60,000	$60,000
非流動負債	150,000	180,000	90,000	96,000
負債總額	$240,000	$270,000	$150,000	$156,000
股東權益				
普通股股本（面額 $10）	$150,000		$900,000	
資本公積	75,000		180,000	
保留盈餘	135,000		270,000	
股東權益總額	$360,000		$1,350,000	
負債與股東權益總額	$600,000		$1,500,000	

試作：

1. 計算該企業合併之移轉對價與商譽。
2. 編製 X11 年 10 月 1 日合併後之財務狀況表。
3. 承上題，假設 X10 年初至 X11 年 10 月 1 日，TC 與 AC 二家公司之流通在外之普通股均未變動。AC 公司之 X10 年淨利為 $900,000，TC 公司之 X10 年及 X11 年淨利分別為 $820,000 及 $780,300，試計算 TC 公司 X10 年及 X11 年比較損益表上之每股盈餘。

解析

1. TC 發行股數 = ($900,000 ÷ $10) ÷ 1.5 = 60,000

   AC 合併後持股比例 = $\frac{60,000}{15,000 + 60,000}$ = 80%

   AC 約當發行股數 = 90,000 ÷ 80% × 20% = 22,500

   支付對價 = $29 × 22,500 = $652,500

   TC 淨資產公允價值 = $750,000 − $270,000 = $480,000

   商譽 = $652,500 − $480,000 = $172,500

2. 合併後財務狀況表

流動資產（$795,000 + $450,000）	$1,245,000
非流動資產（$705,000 + $300,000）	1,005,000
商譽	172,500
資產總額	$2,422,500
流動負債（$60,000 + $90,000）	$ 150,000
非流動負債（$90,000 + $180,000）	270,000
負債總額	$ 420,000
股東權益	
普通股股本（$150,000 + $10 × 60,000）	$ 750,000
資本公積（$900,000 + $180,000 + $652,500 − $750,000）	982,500
保留盈餘	270,000
股東權益總額（$1,350,000 + $652,500）	$2,002,500
負債與股東權益總額	$2,442,500

3. 收購日前流通在外股數 = 90,000 ÷ 1.5 = 60,000

收購日後流通在外股數 = 15,000 + 60,000 = 75,000

TC 公司 ×10 年每股盈餘 = $\dfrac{\$900,000}{60,000}$ = \$15

TC 公司 ×11 年每股盈餘 = $\dfrac{\$780,300}{60,000 \times 9/12 + 75,000 \times 3/12}$ = \$12.24

釋例五　反向收購之對價與商譽的決定，合併後個體報表：小於 100%

同上例，TC 公司於 ×11 年 10 月 1 日以換發新股方式合併 AC 公司，換股比例為每 1.5 股 AC 公司股票，換發 TC 公司股票 1 股，惟 AC 公司 90,000 股中僅交換 71,250 股。當日 AC 公司之普通股市價為每股 \$29，TC 公司股票並無活絡市場公開報價。

試作：
1. 計算該企業合併之移轉對價與商譽。
2. 編製 ×11 年 10 月 1 日合併後 AC 公司之財務狀況表。

解析

1. TC 發行股數 = 71,250 ÷ 1.5 = 47,500

    AC 合併後持股比例 = $\dfrac{47,500}{15,000 + 47,500}$ = 76%

    AC 約當發行股數 = 71,250 ÷ 76% × 24% = 22,500
    支付對價 = \$29 × 22,500 = \$652,500
    TC 淨資產公允價值 = \$750,000 − \$270,000 = \$480,000
    商譽 = \$652,500 − \$480,000 = \$172,500
    非控制權益比例 = (90,000 − 71,250) ÷ 90,000 = 20.83%

2. 合併後財務狀況表

流動資產（\$795,000 + \$450,000）	\$1,245,000
非流動資產（\$705,000 + \$300,000）	1,005,000
商譽	172,500
資產總額	\$2,422,500
流動負債（\$60,000 + \$90,000）	\$ 150,000
非流動負債（\$90,000 + \$180,000）	270,000
負債總額	\$ 420,000
股東權益	
普通股股本（\$150,000 + \$10 × 47,500）	\$ 625,000
資本公積（(\$900,000 + \$180,000) × 79.17% + \$652,500 − \$625,000）	882,500
保留盈餘（\$270,000 × 79.17%）	213,750
非控制權益（\$1,350,000 × 20.83%）	281,250
股東權益總額（\$1,350,000 + \$652,500）	\$2,002,500
負債與股東權益總額	\$2,422,500

第 4 節　收購日後合併財務報表之編製

一　權益法與合併報表

收購日後，母公司採權益法處理子公司股權投資：子公司發放股利，按持股比例減少投資帳戶餘額；子公司產生淨利，按持股比例認列投資收益、增加投資帳戶餘額；子公司

股東權益之其他變動,按持股比例相對調整。因此,當母公司正確地採用權益法處理股權投資,投資帳戶餘額恆等於子公司股權淨值加未攤銷差額。投資帳戶餘額變動與子公司股東權益之恆等式關係可解析如下圖:

```
期初
餘額    投資成本 ＋ 非控制權益 ＝ 子公司股東權益 ＋ 公允價值調整 ＋ 商譽

收入
認列  ＋ 投資收益 ＋ 非控制淨利 ＝ ＋子公司淨利 ± 本期攤銷數

收到
股利  － 現金股利 － 非控制股利 ＝ －子公司股利
       ─────────────────────    ─────────────────────
期末
餘額    投資成本 ＋ 非控制權益 ＝ 子公司股東權益 ＋ 公允價值調整 ＋ 商譽
```

(一) 編製合併資產負債表

由上圖可知,母子公司在任何一個特定日期編製合併資產負債表,均應沖銷母公司帳上投資帳戶餘額與子公司股東權益,列出非控制權益及該特定日之未攤銷差額,並將子公司帳列各資產負債作必要調整後,與母公司帳列各該項目合併計算,其會計處理與前述併購日合併程序相同。

(二) 編製合併損益表

當編製合併損益表時,應沖銷母公司損益表上投資收益,列出非控制權益淨利,調整本期攤銷數,並將子公司帳列各項收入費用,與母公司帳列各該項目合併計算,其關係可列示如下:

合併總損益
＝ 母子公司淨利 ＋ 非控制權益淨利
＝ 母公司個別淨利 ＋ 子公司個別淨利 ± 本期差額攤銷數

其中母公司個別淨利,係指母公司未含投資收益之淨利。

(三) 編製合併保留盈餘表

在合併保留盈餘報表,子公司股東權益已全數沖銷,**合併保留盈餘即為母公司帳列保留盈餘**。由於子公司所發放之股利,歸屬於母公司部分,已與投資帳戶沖銷;歸屬於子公司之非控制權益部分,應調整至非控制權益,故**合併保留盈餘表中所列股利即為母公司發放股利**,其關係可列示如下:

合併股利 ＝ 母公司個別股利
合併保留盈餘期末餘額 ＝ 母公司保留盈餘 ＋ 合併淨利 － 合併股利

(四) 合併工作底稿沖銷分錄

編製合併財務報表，可藉合併工作底稿完成之。當採用財務報表式之合併工作底稿時，可由固定順序之合併沖銷分錄將上列報表之合併程序一次完成，配合前述高會恆等式說明如下：

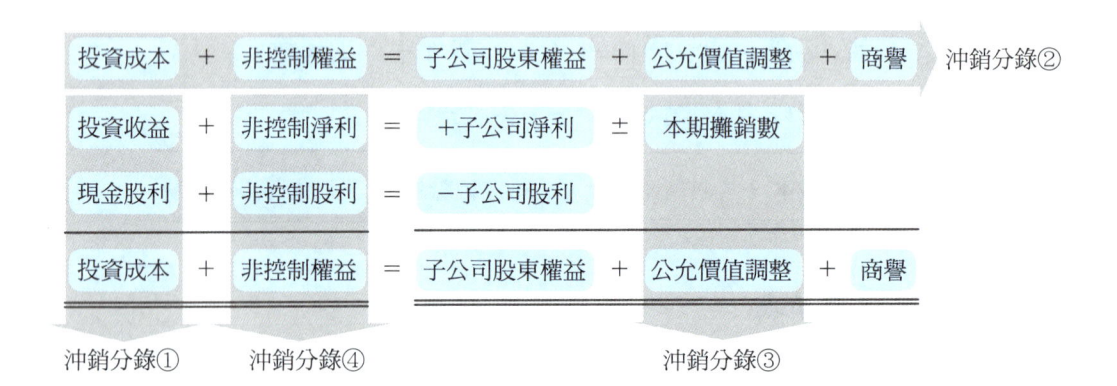

```
投資成本 + 非控制權益 = 子公司股東權益 + 公允價值調整 + 商譽    沖銷分錄②
投資收益 + 非控制淨利 = +子公司淨利 ± 本期攤銷數
現金股利 + 非控制股利 = －子公司股利
─────────────────────────────────────────
投資成本 + 非控制權益 = 子公司股東權益 + 公允價值調整 + 商譽

沖銷分錄①    沖銷分錄④              沖銷分錄③
```

沖銷分錄①：沖銷投資收益與股利，使投資帳戶回復期初餘額。
沖銷分錄②：沖銷期初投資帳戶與子公司股東權益，列出期初非控制權益與未攤銷差額。
沖銷分錄③：提列本期差額攤銷數，調整未攤銷差額至期末餘額。
沖銷分錄④：列出本期非控制股權淨利與股利，調整非控制權益至期末餘額。

期末非控制權益 ＝ 期初非控制權益 ＋ 本期非控制權益淨利 － 本期非控制權益股利

二　完全權益法

完全權益法，係指母公司對子公司正確地採用權益法計算投資收益與投資帳戶餘額。編製合併報表前，需先計算完全權益法下正確之投資收益與投資帳戶餘額，當母公司帳列相關餘額均等於正確餘額，即能確認母公司採完全權益法處理，此時即可按上述分析作沖銷分錄並完成工作底稿。

(一) 合併工作底稿沖銷分錄

1. 沖銷投資收益及子公司發放予母公司之股利，將期末投資帳戶餘額調整至期初餘額。

投資收益	×××
股利－子公司	×××
投資子公司	×××

2. 沖銷期初投資帳戶餘額及子公司股東權益,列出期初非控制權益餘額及未攤銷差額。

股本－子公司	×××	
保留盈餘－子公司	×××	
未攤銷差額	×××	
投資子公司		×××
非控制權益		×××

3. 攤銷或調整當年度折舊費用等。

銷貨成本、費用等	×××	
未攤銷差額		×××

4. 沖銷非控制權益淨利及股利,調整非控制權益本期變動數。

非控制權益淨利	×××	
股利－子公司		×××
非控制權益		×××

(二) 合併工作底稿格式（假設子公司帳列資產負債等於公允價值,差額為未入帳之專利權及商譽）

合併工作底稿係為方便計算並彙總上述沖銷分錄對各會計項目之影響,以完成合併財務報表編製之工具,並非正式的會計記錄,故無一定的格式,一般常見的有二類:

1. 財務報表式

財務報表式之合併工作底稿分為「損益表」、「保留盈餘表」及「資產負債表」三部分。基本上,合併報表之金額為母公司與子公司各項目餘額相加,並加減調整分錄欄位中借貸金額。由於合併沖銷分錄係調整「結帳前」合併報表各項目餘額,故上述沖銷分錄 2. 應調整「期初保留盈餘」。此外,保留盈餘表上之「淨利」金額係由損益表上母公司淨利而來;資產負債表上之「期末保留盈餘」則來自保留盈餘表上之期末保留盈餘合計數。在母公司正確地採用權益法下,合併損益表上母公司淨利將等於母公司個別損益表上之本期淨利;合併保留盈餘表及合併資產負債表上歸屬於母公司之權益均等於母公司個別報表上相對應之金額。財務報表式之合併工作底稿格式如下:

會計項目	P公司	S公司	沖銷分錄 借	沖銷分錄 貸	合併報表
損益表					
銷貨收入	BV_P	BV_S			$BV_P + BV_S$
銷貨成本	BV_P	BV_S			$BV_P + BV_S$
營業費用	BV_P	BV_S	③		$BV_P + BV_S + $ ③
投資收益	BV_P		①		－
淨利／總損益	NI_P	NI_S			（加總）
非控制權益淨利			④		
母公司淨利					NI_P
保留盈餘表					
期初保留盈餘	BV_P	BV_S	② BV_S		BV_P
本期淨利	NI_P	NI_S			結轉
本期股利	DIV_P	DIV_S		① ④ DIV_S	BV_P
期末保留盈餘	BV_P	BV_S			（加總）
資產負債表					
流動資產	BV_P	BV_S			$BV_P + BV_S$
投資S公司	BV_P			① ②	－
長期投資	BV_P	BV_S			$BV_P + BV_S$
固定資產	BV_P	BV_S			$BV_P + BV_S$
其他資產	BV_P	BV_S			$BV_P + BV_S$
專利權			②	③	②－③
商譽			②		②
合計	BV_P	BV_S			（加總）
流動負債	BV_P	BV_S			$BV_P + BV_S$
長期負債	BV_P	BV_S			$BV_P + BV_S$
股本	BV_P	BV_S	②		BV_P
資本公積	BV_P	BV_S	②		BV_P
保留盈餘	BV_P	BV_S			結轉
非控制權益				② ××× ④ ×××	②＋④
合計	BV_P	BV_S			（加總）

2. 試算表式

　　試算表式合併工作底稿係直接採母公司與子公司試算表資料編製，由於試算表即結帳前餘額，在填製工作底稿時無須辨認期初餘額或期末餘額，而對於因合併沖銷分錄而產生之會計項目，包括「商譽」、「非控制權益」及「非控制權益淨利」等項目，只需

在試算表上增加行列即可,最後再將調整後各項目填入應歸屬之財務報表欄位中,並將「合併綜合損益表」最後加總之控制權益淨利填入「合併保留盈餘表」;「合併保留盈餘表」之期末保留盈餘合計數填入「合併資產負債表」之期末保留盈餘,即完成合併工作底稿之編製。試算表式合併工作底稿之格式如下:

P 公司及 S 公司
合併工作底稿
×8 年度

會計項目	P公司	S公司	沖銷分錄 借方	沖銷分錄 貸方	合併綜合損益表	合併保留盈餘表	合併資產負債表
流動資產	BV_P	BV_S					$BV_P + BV_S$
投資 P 公司	BV_P	—		① ②			—
長期投資	BV_P	BV_S					$BV_P + BV_S$
固定資產	BV_P	BV_S					$BV_P + BV_S$
其他資產	BV_P	BV_S					$BV_P + BV_S$
流動負債	BV_P	BV_S					$BV_P + BV_S$
長期負債	BV_P	BV_S					$BV_P + BV_S$
普通股股本	BV_P	BV_S	②				BV_P
資本公積	BV_P	BV_S	②				BV_P
期初保留盈餘	BV_P	BV_S	②			BV_P	
股利	BV_P	BV_S		① ④		BV_P	
銷貨收入	BV_P	BV_S			$BV_P + BV_S$		
銷貨成本	BV_P	BV_S			$BV_P + BV_S$		
營業費用	BV_P	BV_S	③		$BV_P + BV_S + ③$		
投資收益	BV_P	—	①				
專利權			②				② − ③
商譽			②	③			②
非控制權益				② ④			② + ④
非控制權益淨利			④		④		
控制權益淨利					(加總) → NI_P		
期末保留盈餘						(加總) → RE_P	

釋例 六　完全權益法下合併工作底稿之編製

P 公司於 ×8 年 1 月 1 日以 $6,000,000 購買 S 公司 90% 之股權,收購日非控制權益公允價值為 $700,000,S 公司資產負債於收購日之帳面金額與公允價值相同,惟有公允

價值 $500,000 之未入帳專利權（剩餘有效年限 10 年）。S 公司於收購日之股東權益包含普通股 $2,000,000、資本公積 $1,000,000、保留盈餘 $3,000,000。

X8 年 12 月 31 日二公司之試算表列示如下：

	P 公司	S 公司
現金	$ 190,000	$ 300,000
存貨	700,000	1,300,000
機器設備	3,700,000	7,400,000
累計折舊	(1,500,000)	(1,600,000)
投資 P 公司	6,135,000	—
流動負債	(500,000)	(200,000)
長期負債	(1,500,000)	(1,000,000)
普通股（面額 $10）	(3,000,000)	(2,000,000)
資本公積	(2,500,000)	(1,000,000)
保留盈餘，X8 年 1 月 1 日	(1,500,000)	(3,000,000)
股利	300,000	100,000
銷貨收入	(3,000,000)	(2,600,000)
銷貨成本	1,800,000	1,700,000
利息收入	(200,000)	—
營業費用	1,000,000	500,000
投資收益	(225,000)	—
利息費用	100,000	100,000

試編製 P 及 S 二公司 X8 年 12 月 31 日之合併工作底稿與合併報表。

解析

取得對價	=	淨資產 帳面金額	+	公允價值 調整數	+	商譽
P 公司　　$6,000,000 +非控制權益 $ 700,000	=	$6,000,000	+	$500,000	+	P 公司　　　$150,000 +非控制權益 $ 50,000

X8 年 S 公司淨利 = $2,600,000 − $1,700,000 − $500,000 − $100,000 = $300,000

1. 投資收益與非控制權益淨利計算

	投資收益	非控制權益淨利
X8 年度 S 公司淨利享有數	$270,000	$30,000
專利權攤銷（$500,000 ÷ 10）	(45,000)	(5,000)
X8 年度認列數	$225,000	$25,000

2. 投資帳戶與非控制權益餘額計算

	投資帳戶	非控制權益
X8年初取得成本	$6,000,000	$700,000
X8年投資收益與非控制權益淨利	225,000	25,000
X8年股利發放	(90,000)	(10,000)
X8年底餘額	$6,135,000	$715,000

⇨ 確認 P 公司採用完全權益法處理

合併工作底稿如下，沖銷分錄說明如下：

期初餘額	6,000,000 + 700,000 = 6,000,000 + 500,000 + 200,000	沖銷分錄②
投資收益	225,000 + 25,000 = 300,000 − 50,000	
現金股利	− 90,000 − 10,000 = −100,000	
期末餘額	6,135,000 + 715,000 = 6,200,000 + 450,000 + 200,000	

　　　　　　　沖銷分錄①　　沖銷分錄④　　　　沖銷分錄③

①沖銷投資收益與股利，將期末投資帳戶餘額至期初餘額。

投資收益	225,000	
股利－S公司		90,000
投資S公司		135,000

②沖銷期初股東權益及投資帳戶餘額，列出專利權與非控制權益。

股本－S公司	2,000,000	
資本公積－S公司	1,000,000	
保留盈餘	3,000,000	
專利權	500,000	
商譽	200,000	
投資S公司		6,000,000
非控制權益		700,000

③攤銷專利權。

攤銷費用	50,000	
專利權		50,000

④認列非控制權益淨利與股利。

非控制權益淨利	25,000	
股利－S公司		10,000
非控制權益		15,000

3. 合併工作底稿
   (1) 財務報表式

會計項目	P公司	S公司	沖銷分錄 借	沖銷分錄 貸	合併報表
損益表					
銷貨收入	$ 3,000,000	$ 2,600,000			$ 5,600,000
銷貨成本	(1,800,000)	(1,700,000)			(3,500,000)
利息收入	200,000	—			200,000
營業費用	(1,000,000)	(500,000)	③ 50,000		(1,550,000)
投資收益	225,000	—	① 225,000		—
利息費用	(100,000)	(100,000)			(200,000)
非控制權益淨利			④ 25,000		(25,000)
本期淨利	$ 525,000	$ 300,000			$ 525,000
保留盈餘表					
期初保留盈餘	$ 1,500,000	$ 3,000,000	② 3,000,000		$ 1,500,000
本期淨利	525,000	300,000			525,000
本期股利	(300,000)	(100,000)		① 90,000 ④ 10,000	(300,000)
期末保留盈餘	$ 1,725,000	$ 3,200,000			$ 1,725,000
資產負債表					
現金	$ 190,000	$ 300,000			$ 490,000
存貨	700,000	1,300,000			2,000,000
機器設備	3,700,000	7,400,000			11,100,000
累計折舊	(1,500,000)	(1,600,000)			(3,100,000)
投資P公司	6,135,000	—		① 135,000 ② 6,000,000	—
專利權			② 500,000	③ 50,000	450,000
商譽			② 200,000		200,000
	$ 9,225,000	$ 7,400,000			$11,140,000
流動負債	$ 500,000	$ 200,000			$ 700,000
長期負債	1,500,000	1,000,000			2,500,000
普通股股本	3,000,000	2,000,000	② 2,000,000		3,000,000
資本公積	2,500,000	1,000,000	② 1,000,000		2,500,000
保留盈餘	1,725,000	3,200,000			1,725,000
非控制權益				② 700,000 ④ 15,000	715,000
	$ 9,225,000	$ 7,400,000			$11,140,000

(2) 試算表式

P公司及S公司
合併工作底稿
×8年度

會計項目	P公司	S公司	沖銷分錄 借	沖銷分錄 貸	合併綜合損益表	合併保留盈餘表	合併資產負債表
現金	$ 190,000	$ 300,000					$ 490,000
存貨	700,000	1,300,000					2,000,000
機器設備	3,700,000	7,400,000					11,100,000
累計折舊	(1,500,000)	(1,600,000)					(3,100,000)
投資P公司	6,135,000	—		① 135,000 ②6,000,000			—
流動負債	(500,000)	(200,000)					(700,000)
長期負債	(1,500,000)	(1,000,000)					(2,500,000)
普通股股本	(3,000,000)	(2,000,000)	②2,000,000				(3,000,000)
資本公積	(2,500,000)	(1,000,000)	②1,000,000				(2,500,000)
期初保留盈餘	(1,500,000)	(3,000,000)	②3,000,000			$(1,500,000)	
股利	300,000	100,000		① 90,000 ④ 10,000		300,000	
銷貨收入	(3,000,000)	(2,600,000)			$(5,600,000)		
銷貨成本	1,800,000	1,700,000			3,500,000		
利息收入	(200,000)	—			(200,000)		
營業費用	1,000,000	500,000	③ 50,000		1,550,000		
投資收益	(225,000)	—	① 225,000		—		
利息費用	100,000	100,000			200,000		
專利權			② 500,000	③ 50,000			450,000
商譽			② 200,000				200,000
非控制權益				② 700,000 ④ 15,000			(715,000)
非控制權益淨利			④ 25,000		25,000		
控制權益淨利					$(525,000)	(525,000)	
期末保留盈餘						$(1,725,000)	(1,725,000)

4. 合併財務報表

(1) 合併損益表

P 公司及 S 公司
合併損益表
×8 年度

銷貨收入	$5,600,000
銷貨成本	(3,500,000)
銷貨毛利	$2,100,000
營業費用	(1,550,000)
營業淨利	$ 550,000
利息收入	200,000
利息費用	(200,000)
本期淨利	$ 550,000
淨利歸屬於：	
母公司股東	$ 525,000
非控制權益	25,000
	$ 550,000

(2) 合併權益變動表

P 公司及 S 公司
合併權益變動表
×8 年度

	母公司股東之權益					
	普通股股本	資本公積	保留盈餘	總計	非控制權益	權益總額
期初餘額	$3,000,000	$2,500,000	$1,500,000	$7,000,000	$700,000	$7,700,000
本期淨利			525,000	525,000	25,000	550,000
本期股利			(300,000)	(300,000)	(10,000)	(310,000)
期末餘額	$3,000,000	$2,500,000	$1,725,000	$7,225,000	$715,000	$7,940,000

(3) 合併資產負債表

P公司及S公司
合併資產負債表
X8年12月31日

資產			負債及股東權益	
流動資產			負債	
現金		$ 490,000	流動負債	$ 700,000
存貨		2,000,000	長期負債	2,500,000
流動資產合計		$ 2,490,000	負債總額	$ 3,200,000
非流動資產			股東權益	
機器設備	$11,100,000		普通股股本	$ 3,000,000
累計折舊	(3,100,000)	$ 8,000,000	資本公積	2,500,000
專利權		450,000	保留盈餘	1,725,000
商譽		200,000	非控制權益	715,000
非流動資產合計		$ 8,650,000	權益總額	$ 7,940,000
資產總額		$11,140,000	負債及權益總額	$11,140,000

三 母公司未正確採用權益法

(一) 不完全權益法

　　不完全權益法，係指母公司對子公司雖採用權益法處理，但使用不恰當或不完全，例如：母公司雖以子公司淨利按持股比例認列投資收益，但未攤銷取得成本與股權淨值差額，導致母公司帳列投資與投資帳戶餘額均不正確。當母公司採用不完全權益法處理，在編製合併工作底稿時，應先作更正或調整分錄，將母公司帳列餘額改為完全權益法下應有餘額，再進行合併沖銷分錄。

1. 更正或調整分錄

　(1) 取得股權年度：當母公司於取得子公司股權年度採用不完全權益法，其對母公司淨利之影響僅及於當年度，故母公司僅需將當期差額攤銷數調整增加或減少當年度投資收益，並將投資帳戶調整至正確餘額。假設投資成本與股權淨值差額係子公司資產低估或負債高估所致（攤銷時使投資收益減少），更正或調整分錄如下：

　　　　　　投資收益　　　　　　　×××
　　　　　　　　投資子公司　　　　　　　×××

(2) 取得股權以後年度：當母公司自取得股權年度後持續採用不完全權益法，其對母公司淨利之影響將累積至取得股權以後年度之保留盈餘中，故母公司除應調整當年度投資收益外，尚應調整「取得日至當年度期初」之差額攤銷數，作為保留盈餘的增加或減少，並將投資帳戶調整至正確餘額。假設投資成本與股權淨值差額係子公司資產低估或負債高估所致（攤銷時使投資收益或保留盈餘減少），更正或調整分錄如下：

投資收益	×× ×	
保留盈餘－母公司	×× ×	
投資子公司		×× ×

2. 其他工作底稿沖銷分錄

參考第146頁「完全權益法」合併工作底稿沖銷分錄①～④。

(二) 成本法

成本法，係指母公司對子公司採用成本法處理，母公司收到子公司現金股利時認列股利收入，期末則未將子公司淨利按持股比例認列投資收益。在成本法下，投資帳戶餘額始終維持在母公司最初投資子公司之成本，而未因子公司損益或股利而有所變動。當母公司採用成本法處理，在編製合併報表時，應先作更正或調整分錄，將母公司當年度帳列股利收入沖銷，補認列投資收益，並調整投資帳戶餘額，調整至完全權益法下應有餘額，再依前述完全權益法之程序處理。

1. 調整或更正分錄

當母公司採成本法處理，對於子公司所發放之現金股利係作為股利收入，而未沖減投資帳戶餘額；且未認列投資收益，增加投資帳戶餘額，故就投資帳戶而言應調整投資收益與股利收益差額，並對以前年度二者差額調整保留盈餘。其關係可圖示如下：

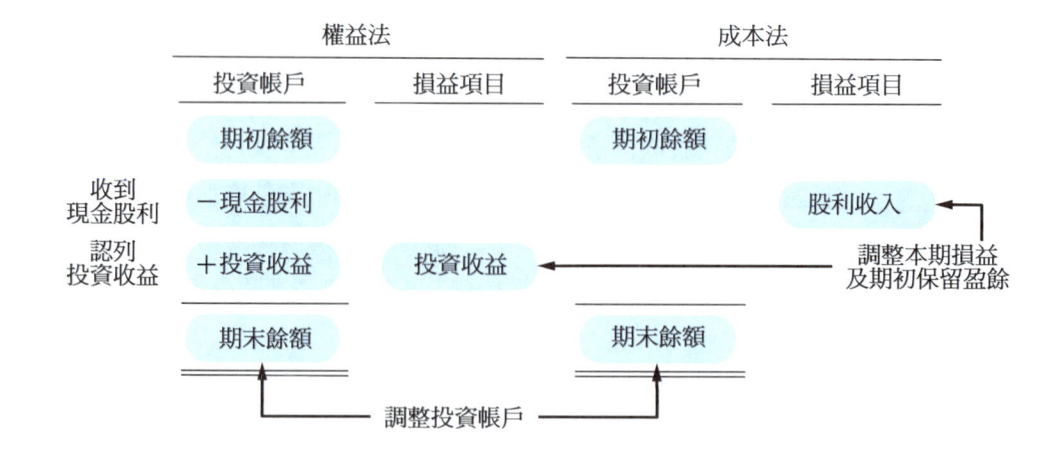

	權益法		成本法	
	投資帳戶	損益項目	投資帳戶	損益項目
	期初餘額		期初餘額	
收到現金股利	－現金股利			股利收入
認列投資收益	＋投資收益	投資收益		調整本期損益及期初保留盈餘
	期末餘額		期末餘額	

　　　　　　　　　　　　　　調整投資帳戶

調整與更正分錄如下：

股利收入	×××	
投資子公司		×××
投資收益		×××
保留盈餘－母公司		×××

2. 其他沖銷分錄

參考第 146 頁「完全權益法」合併工作底稿沖銷分錄①～④。

釋例七　取得股權以後年度，不完全權益法及成本法之比較

P 公司於 X1 年初發行普通股 100,000 股併購 S 公司 70% 股權，P 公司股票每股市價為 $30，非控制權益公允價值為 $1,300,000。併購當日 S 公司簡明資產負債表如下：

S 公司
資產負債表
X1 年 1 月 1 日

資產		負債及股東權益	
現金	$ 400,000	流動負債	$ 1,000,000
存貨	1,200,000	長期負債	1,700,000
其他流動資產	1,000,000	普通股股本	2,000,000
固定資產	3,000,000	資本公積	800,000
其他資產	400,000	保留盈餘	500,000
資產合計	$ 6,000,000		$ 6,000,000

除下列項目外，其餘資產及負債之公允價值均等於其帳面金額：

存貨	$1,000,000	（X1 年出售）
固定資產	3,300,000	（剩餘耐用年限 10 年）
專利權	500,000	（未入帳，剩餘有效年限 5 年）
長期負債	1,600,000	（預計 5 年後到期）

若 S 公司 X4 年 1 月 1 日保留盈餘為 $1,000,000，X4 年度淨利 $400,000，發放現金股利 $300,000。試作：

1. 計算在完全權益法下，P 公司 X4 年度投資收益及 X4 年底投資帳戶餘額。
2. 作完全權益法下 P 公司與 S 公司 X4 年度合併工作底稿下應有之沖銷分錄。
3. 若 P 公司採不完全權益法，作 P 公司與 S 公司 X4 年度合併工作底稿應有之調整與更正分錄。

4. 若 P 公司採成本法，作 P 公司與 S 公司 X4 年度合併工作底稿應有之調整與更正分錄。

解析

完全權益法

$$\underset{\substack{\text{P 公司} \quad \$3,000,000 \\ +\text{非控制權益} \ \$1,300,000}}{\text{取得對價}} = \underset{\$3,300,000}{\text{淨資產帳面金額}} + \underset{\$700,000}{\text{公允價值調整數}} + \underset{\substack{\text{P 公司} \quad \$200,000 \\ +\text{非控制權益} \ \$100,000}}{\text{商譽}}$$

子公司股東權益帳面金額 = $2,000,000 + $800,000 + $500,000 = $3,300,000

差額調整與攤銷：

項目	差異金額	攤銷年限	X1～X3 年攤銷數	X4 年攤銷數	X4 年底餘額
存貨高估	$(200,000)	1	$200,000	$ —	$ —
固定資產低估	300,000	10	(90,000)	(30,000)	180,000
專利權低估	500,000	5	(300,000)	(100,000)	100,000
長期負債高估	100,000	5	(60,000)	(20,000)	20,000
商譽	300,000	—	—	—	300,000
	$1,000,000		$(250,000)	$(150,000)	$600,000

1. X4 年度投資收益與非控制權益淨利計算

	投資收益	非控制權益淨利
X4 年度 S 公司淨利享有數	$280,000	$120,000
固定資產低估攤銷（$300,000÷10）	(21,000)	(9,000)
專利權攤銷（$500,000÷5）	(70,000)	(30,000)
負債高估攤銷（$100,000÷5）	(14,000)	(6,000)
X4 年度認列數	$175,000	$ 75,000

2. X4 年初投資帳戶與非控制權益餘額計算

	投資帳戶	非控制權益
X1 年初取得成本	$3,000,000	$1,300,000
保留盈餘增加數（$1,000,000 − $500,000）	350,000	150,000
存貨高估攤銷（$200,000）	140,000	60,000
固定資產低估攤銷（$300,000÷10×3）	(63,000)	(27,000)
專利權攤銷（$500,000÷5×3）	(210,000)	(90,000)
負債高估攤銷（$100,000÷5×3）	(42,000)	(18,000)
X4 年初餘額	$3,175,000	$1,375,000

3. X4年底投資帳戶與非控制權益餘額計算

	投資帳戶	非控制權益
X4年初餘額	$3,175,000	$1,375,000
加：投資收益	175,000	75,000
減：現金股利	(210,000)	(90,000)
X4年底投資帳戶餘額	$3,140,000	$1,360,000

4. 完全權益法下沖銷分錄

期初餘額	3,175,000 + 1,375,000	=	3,800,000 + 450,000 + 300,000			沖銷分錄②
投資收益	175,000 + 75,000	=	400,000 − 150,000			
現金股利	−210,000 − 90,000	=	−300,000			
期末餘額	3,140,000 + 1,360,000	=	3,900,000 + 300,000 + 300,000			

沖銷分錄①　　沖銷分錄④　　　沖銷分錄③

①沖銷投資收益與股利，將期末投資帳戶餘額調整至期初餘額：

投資收益	175,000	
投資S公司	35,000	
股利－S公司		210,000

②沖銷期初股東權益及投資帳戶，列出期初未攤銷差額與非控制權益：

股本－S公司	2,000,000	
資本公積－S公司	800,000	
保留盈餘	1,000,000	
固定資產	210,000	
專利權	200,000	
長期負債	40,000	
商譽	300,000	
投資S公司		3,175,000
非控制權益		1,375,000

③攤銷本期帳面金額與公允價值差額：

折舊費用	30,000	
攤銷費用	100,000	
利息費用	20,000	
固定資產		30,000
專利權		100,000
長期負債		20,000

④認列非控制權益淨利與股利：

非控制權益淨利	75,000	
非控制權益	15,000	
股利－S 公司		90,000

不完全權益法

不完全權益法下未攤銷淨資產高估與低估數，X4 年投資收益與投資帳戶餘額計算如下：

1. X4 年度投資收益淨利計算

	完全權益法	不完全權益法
X4 年度 S 公司淨利享有數	$280,000	$280,000
差額攤銷數（$150,000×70%）	(105,000)	
X4 年度認列數	$175,000	$280,000

2. X4 年底投資帳戶餘額計算

	完全權益法	不完全權益法
X1 年初取得成本	$3,000,000	$3,000,000
X1 年～X3 年保留盈餘增加數	350,000	350,000
X1 年～X3 年攤銷數（$250,000×70%）	(175,000)	
X4 年投資收益	175,000	280,000
X4 年現金股利	(210,000)	(210,000)
X4 年底餘額	$3,140,000	$3,420,000

當期投資收益差異調整數 =（$30,000＋$100,000＋$20,000）×70% = $105,000（調減）

期初保留盈餘調整數 = 取得日至期初差額調整累計數

$\quad\quad\quad$ =（－$200,000＋$30,000×3＋$100,000×3＋$20,000×3）×70%
$\quad\quad\quad$ = $175,000（調減）

或 = 期初投資帳戶差異數 = $3,175,000－$3,350,000 = $175,000（調減）

投資帳戶調減數 = $3,140,000－$3,420,000 = $280,000

更正分錄：

投資收益	105,000	
保留盈餘－前期損益調整	175,000	
投資 S 公司		280,000

成本法

成本法下 X4 年度帳上認列股利收入 $210,000，投資帳戶則一直維持在原始投資成本 $3,000,000。X4 年底投資帳戶餘額計算如下：

	完全權益法	成本法
X1 年初取得成本	$3,000,000	$3,000,000
X1 年～X3 年保留盈餘增加數	350,000	
X1 年～X3 年攤銷數	(175,000)	
X4 年投資收益	175,000	
X4 年現金股利	(210,000)	
X4 年初餘額	$3,140,000	$3,000,000

投資收益調整數＝當期應認列數＝$175,000

股利收入沖銷數＝當期現金股利＝$300,000×70%＝$210,000

期初保留盈餘調整數

＝取得日至編製報表前一年投資收益與股利收入差額

＝取得日至期初 S 公司保留盈餘增加數×%±差額調整累計數

＝$500,000×70%＋($200,000－$30,000×3－$100,000×3－$20,000×3)×70%

＝$175,000（調增）

投資帳戶調整數

＝取得日至編製報表年度投資收益與股利收入差額

＝取得日至編製報表年度子公司保留盈餘增加數×持股比例－攤銷數

＝$3,140,000－$3,000,000＝$140,000（調增）

更正分錄：

投資 S 公司	140,000	
股利收入	210,000	
投資收益		175,000
保留盈餘－前期損益調整		175,000

第 5 節　合併現金流量表

一　合併現金流量表之編製

　　編製合併現金流量表時，應先取得集團（合併個體）之「比較合併資產負債表」、「合併損益表」與「合併保留盈餘表」，合併現金流量表編製的步驟及方法，原則上與一般企業編製現金流量表相同，惟須注意某些因合併而產生之特殊交易項目及其在合併現金流量表之適當表達。

(一) 合併淨利

營業活動現金流量若採間接法，須從「本期淨利」開始調節，而合併個體之**本期淨利應包括「控制權益淨利（母公司淨利）」與「非控制權益淨利」二部分**。

(二) 現金股利發放數

現金股利應列為籌資活動現金流出，然而，子公司發放予母公司的現金股利，係在集團內的現金流動，並非自集團流出現金，故不得列為集團籌資活動之現金流出。因此，在合併現金流量表，**僅「子公司發放予非控制權益之股利」與「母公司發放予母公司股東之股利」列為籌資活動之現金流出**。

(三) 合併溢價之攤銷

母公司對子公司投資成本係按子公司淨資產之公允價值為基礎，在編製合併資產負債表時，子公司可辨認淨資產應按公允價值入帳，可辨認淨資產公允價值與帳面金額之差額（合併溢價）則於後續期間以折舊費用或攤銷費用逐期沖轉。雖然合併溢價攤銷將增加集團營業費用，減少集團淨利，但由於**合併溢價攤銷不影響現金流量**，故合併溢價攤銷應作為間接法下營業活動「合併淨利」之調整項目。

二 股權比例變動年度之現金流量表

對集團而言，對於子公司「取得控制」或「喪失控制」之現金流量影響數，深具意義。因此，依據 IAS 第 7 號「現金流量表」之規定，**因取得或喪失控制所產生之現金流量彙總數，應單獨表達並分類為投資活動**；其他未取得控制之股權取得交易或處分交易，則視其性質列為投資活動或籌資活動，茲分述如下：

(一) 取得控制交易

若母公司以現金完成收購交易，應於收購當年度，**將母公司所支付之現金與所取得子公司之現金相抵，以淨額作為單行項目單獨表達，並分類為投資活動現金流出**，與來自其他營業、投資及籌資活動之現金流量作區別；若以**現金以外的方式收購**，因不涉及現金交易，不應列在現金流量表中，而另**以附註方式揭露**。

(二) 喪失控制交易

對子公司喪失控制之現金流量影響數應作為單行項目單獨表達，並分別揭露所處分之資產與負債金額，喪失控制之現金流量影響數不應自取得控制之現金流量影響數中扣除。

(三) 不影響控制下之股權變動交易

1. 增加股權比例
   (1) 母公司向子公司購買股份：不影響現金流量

若母公司直接向子公司購入所發行股票,增加對子公司的持股比例,此時母公司之現金減少,子公司現金增加,對集團(合併個體)而言,**現金流量並未增減**,故無須於合併現金流量表中表達。

(2) 母公司向第三人購買股份:籌資活動現金流量

若母公司係自公開市場收回或向第三人購買子公司已發行股份,集團(合併個體)將支付現金於集團以外之人,屬集團(合併個體)與股東間的交易,應作為**庫藏股的收回,為籌資活動的現金流量**。

2. 減少股權比例

當**母公司出售子公司部分股權但未喪失控制**,集團(合併個體)將自集團以外之人取得現金,屬集團(合併個體)與股東間的交易,**應分類為來自籌資活動之現金流量**。

釋例八 合併現金流量表,以後年度

P 公司於數年前取得 S 公司大多數流通在外的股權,P 及 S 公司 X5 年底和 X6 年底的合併資產負債表及 X6 年度的合併損益表如下:

P 及 S 公司
合併資產負債表
X6 年及 X5 年 12 月 31 日

	X6 年	X5 年
資產		
現金	$ 184,000	$ 170,000
應收帳款－淨額	375,000	270,000
應收股利	12,000	10,000
存貨	250,000	205,000
投資 T 公司(適用權益法)	100,000	95,000
土地	79,000	100,000
房屋－淨額	900,000	820,000
無形資產－總額	100,000	100,000
資產總額	$2,000,000	$1,770,000
負債及股東權益		
應付帳款	$ 270,000	$ 290,000
普通股股本	600,000	500,000
資本公積	350,000	300,000
保留盈餘	670,000	600,000
非控制權益	110,000	80,000
負債及股東權益總額	$2,000,000	$1,770,000

P 及 S 公司
合併損益表
X6 年度

銷貨	$750,000	
投資收益－T 公司	15,000	
小計		$765,000
減：銷貨成本		(300,000)
銷貨毛利		$465,000
減：營業費用		
折舊費用	$120,000	
攤銷費用	10,000	
薪資費用	54,000	
其他營業費用	47,000	
利息費用	24,000	
出售土地損失	10,000	(265,000)
淨利		$200,000
減：非控制權益淨利		(50,000)
控制權益淨利		$150,000

試編製 P 及 S 公司 X6 年度合併現金流量表。

解析

(1) 投資 T 公司帳戶餘額增加 $15,000，係本期收到現金股利較投資收益少，應列為本期淨利之減少。

(2) 處分土地價款 ＝ 土地帳面金額減少 － 處分土地損失
　　　　　　　 ＝ ($100,000 － $79,000) － $10,000 ＝ $11,000

(3) 本期購入房屋 ＝ 房屋帳面金額增加數 ＋ 折舊費用
　　　　　　　 ＝ ($900,000 － $820,000) ＋ $120,000 ＝ $200,000

(4) 本期購入無形資產 ＝ 無形資產帳面金額增加數 ＋ 攤銷費用
　　　　　　　　　 ＝ ($100,000 － $100,000) ＋ $10,000 ＝ $10,000

(5) 本期現金增資 ＝ 投入資本帳面金額增加數
　　　　　　　 ＝ ($600,000 ＋ $350,000) － ($500,000 ＋ $300,000) ＝ $150,000

(6) 支付控制權益股利 = 期初保留盈餘 + 控制權益淨利 − 期末保留盈餘
$= \$600,000 + \$150,000 − \$670,000 = \$80,000$

(7) 支付非控制權益股利 = 期初非控制權益 + 非控制權益淨利 − 期末非控制權益
$= \$80,000 + \$50,000 − \$110,000 = \$20,000$

P 公司及 S 公司
合併現金流量表
X8 年度

營業活動現金流量：		
合併淨利		$200,000
調整項目：		
折舊費用	$120,000	
攤銷費用	10,000	
出售土地損失	10,000	
投資帳戶增加	(5,000)	
應收帳款淨額增加	(105,000)	
應收股利增加	(2,000)	
存貨增加	(45,000)	
應付帳款減少	(20,000)	(37,000)
來自營業活動之淨現金		$163,000
投資活動現金流量：		
出售土地	$ 11,000	
購買房屋	(200,000)	
購入無形資產	(10,000)	
用於投資活動之淨現金		(199,000)
籌資活動現金流量：		
現金增資	$150,000	
支付控制權益股利	(80,000)	
支付非控制權益股利	(20,000)	
來自籌資活動之淨現金流量		50,000
現金及約當現金增加		$ 14,000
期初現金及約當現金		170,000
期末現金及約當現金		$184,000

本章習題

〈控制能力及會計處理判斷〉

1. P 公司持有 S 公司 80% 股權，若 P 公司未將 S 公司納入合併報表之編製，下列何者為可能之原因：
(A) S 公司為外國公司
(B) S 公司為待出售子公司
(C) S 公司為多角化經營之公司
(D) 以上皆非

2. 若 S 公司之股權中，60% 由 A 公司持有，30% 由 B 公司持有，10% 由 C 公司持有，則：
(A) A、S、B、C 公司分別為投資公司、關聯企業、子公司、非控制權益
(B) A、S、B、C 公司分別為母公司、關聯企業、子公司、非控制權益
(C) A、S、B、C 公司分別為母公司、子公司、非控制權益、非控制權益
(D) A、S、B、C 公司分別為母公司、子公司、子公司、非控制權益

〈收購日合併資產負債表〉

3. 甲公司於 X7 年 1 月 1 日以 $250,000 取得乙公司 60% 股權，當時乙公司之股東權益為 $300,000，且淨資產中除辦公設備價值低估 $30,000（尚可使用 5 年，無殘值，並改採年數合計法計提折舊）及運輸設備價值高估 $20,000（尚可使用 8 年，無殘值，直線法計提折舊）外，其餘淨資產之公平價值均等於其帳面金額。X7 年 12 月 31 日甲公司與乙公司帳載運輸設備淨額各為 $160,000 及 $120,000；帳載辦公設備淨額各為 $100,000 及 $60,000。若按個體理論（Entity Theory）編製其合併財務報表，則 X7 年 12 月 31 日合併資產負債表中所列之運輸設備淨額及辦公設備淨額各為多少？　　【100 年 CPA】
(A) $262,500 及 $180,000
(B) $269,500 及 $172,000
(C) $269,500 及 $180,000
(D) $262,500 及 $172,000

4. X3 年 6 月 8 日甲公司以現金 $25,000、發行股票 12,000 股（每股面額 $10、市價 $56），收購乙公司 80% 股權，當時乙公司可辨認資產之帳面金額為 $560,000（公允價值 $700,000）、負債之帳面金額為 $230,000（公允價值 $230,000）。假設乙公司收購日之非控制權益係依公允價值衡量，且其收購日之公允價值為 $162,500，則收購日歸屬於非控制權益之商譽金額為何？　　【105 年 CPA】
(A) $0
(B) $68,500
(C) $80,250
(D) $376,000

5. 若 P 公司付出現金 $630,000 取得 S 公司 90% 股權，S 公司總資產之帳面金額若為 $620,000（含 S 公司過去因併購另一公司而產生之未攤銷商譽 $50,000），其中存貨被

高估 $12,000、建築物被低估 $20,000，S 公司負債之公允價值為 $330,000。則該筆投資所產生之商譽金額為何？

(A) $361,000   (B) $382,000

(C) $406,800   (D) $414,000

6. P 公司於 X1 年初發行股票取得 S 公司股權，當時 S 公司資產負債資料如下：

	P 公司 帳面金額	P 公司 公允價值	S 公司 帳面金額	S 公司 公允價值
資產	$5,000,000	$5,400,000	$2,000,000	$2,200,000
負債	3,000,000	3,000,000	1,000,000	1,000,000
股本	1,000,000	—	500,000	—
資本公積	500,000	—	300,000	—
保留盈餘	500,000	—	200,000	—

情況一：P 公司發行 90,000 股（每股市價 $12）取得 S 公司 90% 股權。

情況二：P 公司發行 90,000 股（每股市價 $15）取得 S 公司 90% 股權。

情況三：P 公司發行 90,000 股（每股市價 $11）取得 S 公司 90% 股權。

假設非控制權益以被收購公司可辨認淨資產公允價值衡量。

試作：

1. 取得日合併工作底稿上應有之沖銷分錄。
2. 編製合併日 P 公司與 S 公司合併工作底稿。

〈反向收購合併財務報表〉

7. X2 年 1 月 1 日甲公司以發行新股方式交換乙公司全部發行流通在外股份 20,000 股，雙方協議之換股比例為每 0.5 股乙公司股票交換甲公司 1 股股票。甲公司股票並未於股票市場交易，但估計 X2 年 1 月 1 日之公允價值每股 $92；乙公司股票於活絡股票市場交易，X2 年 1 月 1 日之市價每股 $182；甲公司與乙公司之普通股每股面額皆為 $10。

X2 年 1 月 1 日合併前，甲公司與乙公司之資產負債表與資產負債之公允價值如下：

	甲公司 帳面金額	甲公司 公允價值	乙公司 帳面金額	乙公司 公允價值
資產總額	$900,000	$950,000	$1,200,000	$1,280,000
負債總額	$150,000	$165,000	$ 300,000	$ 330,000
普通股股本	$100,000		$ 200,000	
資本公積	375,000		200,000	
保留盈餘	275,000		500,000	
權益總額	$750,000		$ 900,000	
負債與權益總額	$900,000		$1,200,000	

有關 X2 年 1 月 1 日甲公司與乙公司之合併資產負債表，下列敘述何者正確？

【107 年 CPA】

(A) 資產總額為 $2,180,000　　(B) 權益總額為 $1,685,000
(C) 資本公積為 $810,000　　(D)商譽金額為 $135,000

8. 甲公司於 X5 年 4 月 1 日以換發新股方式吸收合併乙公司，換股比例為每 2 股乙公司流通在外股票，換發甲公司新發行股票 1 股。當日甲、乙兩公司各項可辨認資產、負債帳面金額與公允價值相同，亦未產生合併商譽。X4 年 12 月 31 日甲公司及乙公司流通在外之普通股分別為 150 股及 500 股；X4 年淨利分別為 $1,050 及 $3,000，X5 年甲公司淨利 $5,800。甲公司 X4 年及 X5 年比較綜合損益表上之每股盈餘，下列何者正確？

(A) X4 年為 $7　　(B) X4 年為 $10.125
(C) X5 年為 $5.87　　(D) X5 年為 $16　　【106 年 CPA】

9. 大桐公司於 X1 年 1 月 1 日以換發新股方式合併小異公司，換股比例為每 0.4 股小異公司股票，換發大桐公司股票 1 股。當日小異公司之普通股市價為每股 $130，大桐公司股票並無活絡市場公開報價。因部分小異公司股東不願意進行股份交換，故大桐公司實際只取得小異公司流通在外普通股 2,700 股。大桐、小異二公司合併前之資產負債表如下：

	大桐公司		小異公司	
	帳面金額	公允價值	帳面金額	公允價值
流動資產	$100,000	$120,000	$210,000	$220,000
非流動資產	140,000	150,000	150,000	200,000
資產總額	$240,000	$270,000	$360,000	$420,000
流動負債	$ 40,000	$ 50,000	$ 80,000	$ 86,000
非流動負債	100,000	110,000	130,000	134,000
負債總額	$140,000	$160,000	$210,000	$220,000
權益				
普通股股本（每股面額 $10）	$ 25,000		$ 30,000	
資本公積	60,000		50,000	
保留盈餘	15,000		70,000	
權益總額	$100,000		$150,000	
負債與權益總額	$240,000		$360,000	

試作：

1. 計算該企業合併之移轉對價。
2. X1 年 1 月 1 日大桐公司帳上應作之會計分錄。

(3) 編製合併後大桐公司 X1 年 1 月 1 日之合併資產負債表。【102 年 CPA】

〈收購日後財務報表之編製〉

10. 在母公司正確採用權益法的情形下，母公司財務報表中下列各項會計項目餘額，何者與合併財務報表者不同？
(A) 股本
(B) 保留盈餘
(C) 採權益法之投資
(D) 母公司淨利

11. 在 P 公司正確採用權益法的情形下，P 公司與持股 70% 之 S 公司合併報表中，保留盈餘之金額應如何計算？
(A) 等於 P 公司期末帳列保留盈餘金額
(B) 等於 P 公司期末帳列保留盈餘加計 S 公司帳列保留盈餘的 70%
(C) 等於 P 公司期末帳列保留盈餘加計 S 公司帳列保留盈餘的 30%
(D) 等於 P 公司與 S 公司期末帳列保留盈餘合計數

12. P 公司 X1 年底帳列有下列關聯企業之應收款項：
(1) 應收 A 公司銷貨商品款項 $100,000（P 公司持有 A 公司 30% 股權，採權益法處理，然未編入合併報表）
(2) 應收 B 公司諮詢顧問服務款項 $200,000（P 公司持有 B 公司 80% 股權，採權益法處理，並編入合併報表）
(3) 應收 C 公司放款金額 $400,000（P 公司持有 C 公司 60% 股權，採權益法處理，然未編入合併報表）

則 P 公司與其子公司 X1 年底合併資產負債表上應收關係人款之金額為何？
(A) $200,000
(B) $300,000
(C) $500,000
(D) $700,000

13. 西嶽公司於 X2 年初支付 $1,600,000 取得華山公司 80% 股權，並依可辨認淨資產比例衡量非控制權益。收購日華山公司可辨認淨資產帳面金額為 $2,250,000，可辨認淨資產公允價值與帳面金額之差額為房屋帳面金額低估所致，房屋剩餘耐用年數為 10 年，此企業合併未產生商譽。若西嶽公司對華山公司在權益法下，X2 年投資收益為 $300,000，則西嶽公司與華山公司於合併綜合損益表上，非控制權益淨利為何？
(A) $75,000
(B) $67,500
(C) $60,000
(D) $40,000　　【103 年 CPA】

14. 甲公司於 X2 年初以 $800,000 取得乙公司 80% 股權，並具有控制。已知乙公司收購日可辨認淨資產之帳面金額為 $800,000，除土地低估 $120,000，存貨低估 $60,000（X2 年出售半數），負債低估 $30,000（X2 年全數償付）外，該公司其餘資產及負債之帳面

金額皆與公允價值相等，非控制權益按可辨認淨資產比例份額衡量。乙公司 X2 年度淨利為 $100,000，並發放現金股利 $50,000。甲公司 X2 年合併資產負債表上非控制權益為何？ 【106 年 CPA】

(A) $0 (B) $160,000
(C) $200,000 (D) $210,000

15. X5 年 1 月 1 日甲公司以 $90,000 取得乙公司 80% 股權，並具有控制。當日乙公司普通股股本 $60,000 及保留盈餘 $40,000。乙公司收購日可辨認淨資產之帳面金額與公允價值間之差額係來自於設備，且無合併商譽；該設備尚有 10 年經濟使用年限，甲公司與乙公司皆採用直線法提列折舊。甲公司對該投資採成本法。X5 年度乙公司發生經營虧損，其淨損失為 $10,000，該年未發放股利。X5 年 12 月 31 日乙公司尚有一筆應付予甲公司的帳款 $18,000。甲公司 X5 年度本身淨利（不含投資收益及股利收入）$150,000。甲公司 X5 年度合併綜合損益表上控制權益淨利之金額為何？ 【106 年 CPA】

(A) $140,000 (B) $141,000
(C) $142,000 (D) $150,000

16. P 公司於 X3 年初支付 $2,500,000 取得 S 公司 80% 流通在外普通股，並按 S 公司淨資產公允價值比例衡量非控制權益。當時 S 公司淨資產帳面金額為 $3,000,000，其資產及負債之帳面金額與公允價值差異係未入帳之專利權，估計剩餘年限 10 年。若 X3 年股利 $300,000，X3 年底 P 公司與 S 公司相關資料如下：

	P 公司	S 公司
資產負債表項目		
投資 S 公司	$2,644,000	$ —
保留盈餘	2,500,000	1,200,000
股東權益總額	5,400,000	3,200,000
損益表項目		
營業淨利	800,000	600,000
投資收益	384,000	—
本期淨利	900,000	500,000

則 X3 年 12 月 31 日合併資產負債表中專利權之金額為何？

(A) $200,000 (B) $180,000
(C) $160,000 (D) $144,000

17. P 公司於 X0 年 12 月 31 日以 $3,000,000 取得 S 公司普通股 90% 之股權，非控制權益按 S 公司淨資產公允價值比例衡量。S 公司資產帳面金額與公允價值差異係建築物

帳面金額低估 $500,000，該建築物剩餘耐用年數 10。P 公司與 S 公司 X1 年度損益表（不含投資收益）資料如下：

	P 公司	S 公司
銷貨收入	$2,000,000	$1,000,000
銷貨成本	(1,200,000)	(700,000)
營業費用	(300,000)	(100,000)
營業外收入費用	(100,000)	50,000

試編製 P 公司與 S 公司 X1 年度合併損益表（不考慮所得稅）。

18. P 公司於 X3 年初支付現金 $2,100,000 取得 S 公司 60% 之股權，非控制權益按公允價值 $1,400,000 衡量，合併當時 S 公司股東權益包括股本 $1,500,000、保留盈餘 $1,800,000，收購當時存貨帳面金額高估 $30,000（X3 年已出售），設備帳面金額低估 $100,000（剩餘年限 10 年）。S 公司 X3 年度淨利 $500,000，宣告現金股利（尚未發放）$300,000，P 公司與 S 公司 X3 年 12 月 31 日資產負債表資料如下：

	P 公司	S 公司
現金	$1,218,000	$ 800,000
應收帳款	1,200,000	1,000,000
應收股利	180,000	—
存貨	800,000	1,300,000
投資 S 公司	2,232,000	—
土地	2,500,000	1,200,000
設備	1,800,000	1,100,000
	$9,930,000	$5,400,000
應付帳款	$2,430,000	$ 450,000
應付股利	—	300,000
長期負債	2,500,000	1,150,000
股本	3,000,000	1,500,000
保留盈餘	2,000,000	2,000,000
	$9,930,000	$5,400,000

試作：

1. 若 P 公司個別淨利（不含投資收益）為 $800,000，計算 X3 年度合併總損益與 P 公司淨利。
2. 編製 P 公司與 S 公司 X3 年 12 月 31 日合併資產負債表。

19. P 公司於 X5 年初支付現金 $2,200,000 購入 S 公司 80% 股權，並依收購日公允價值 $550,000 衡量非控制權益。當時 S 公司權益包括股本 $1,500,000 及保留盈餘 $1,200,000；除存貨低估 $30,000 及設備高估 $120,000 外，其他可辨認資產、負債之帳面金額均等於公允價值。其中存貨已於 X5 年出售；設備自收購日起尚可使用五年，無殘值，採直線法提列折舊。P 公司與 S 公司 X6 年度各自財務報表如下，試完成 P 公司與 S 公司之 X6 年度財務報表式合併工作底稿。

	P 公司	S 公司
綜合損益表		
銷貨收入	$ 3,500,000	$ 1,500,000
投資收益	379,200	–
銷貨成本	(1,800,000)	(650,000)
其他費用	(974,200)	(400,000)
淨利	$ 1,105,000	$ 450,000
保留盈餘表－		
保留盈餘，1 月 1 日	$ 2,100,000	$ 1,300,000
加：淨利	1,105,000	450,000
減：股利	(755,000)	(250,000)
保留盈餘，12 月 31 日	$ 2,450,000	$ 1,500,000
資產負債表		
現金	$ 570,600	$ 400,000
應收帳款	1,200,000	600,000
存貨	930,000	800,000
土地	1,066,000	1,000,000
設備	779,000	800,000
投資 S 公司	2,454,400	–
	$ 7,000,000	$ 3,600,000
應付帳款	$ 1,550,000	$ 600,000
股本	3,000,000	1,500,000
保留盈餘	2,450,000	1,500,000
	$ 7,000,000	$ 3,600,000

20. P 公司於 X1 年初支付現金 $1,800,000 購入 S 公司 70% 股權，並依收購日 S 公司淨資產公允價值比例衡量非控制權益。當時 S 公司權益包括股本 $1,500,000 及保留盈餘 $500,000，S 公司資產負債之帳面金額與公允價值差異係設備低估 $200,000 及未入帳之專利權 $100,000，設備自收購日起尚可使用 5 年，專利權剩餘有效年限 10 年。
P 公司與 S 公司 X3 年度試算表如下，試完成 P 公司與 S 公司之 X3 年度試算表式合併工作底稿。

	P 公司	S 公司
借方		
現金	$ 500,000	$ 400,000
應收帳款	1,200,000	700,000
存貨	1,300,000	900,000
土地	2,400,000	1,000,000
設備	1,530,000	800,000
投資 S 公司	2,045,000	—
銷貨成本	3,000,000	1,200,000
其他費用	1,000,000	500,000
股利	700,000	100,000
合計	$13,675,000	$5,600,000
貸方		
投資收益	$ 175,000	$ —
應付帳款	1,500,000	1,300,000
股本	3,000,000	1,500,000
保留盈餘	4,000,000	800,000
銷貨收入	5,000,000	2,000,000
合計	$13,675,000	$5,600,000

〈不完全權益法與成本法〉

21. 甲公司持有乙公司 30% 股權。乙公司 X1 年度淨 $80,000，並支付股利 $10,000。甲公司對該投資誤採成本法處理。此項錯誤對於甲公司 X1 年度之投資帳戶餘額、淨利及保留盈餘之影響分別為：
    (A) 低估、高估、高估
    (B) 高估、低估、低估
    (C) 高估、高估、高估
    (D) 低估、低估、低估

22. 母公司對子公司之投資應採完全權益法卻誤採成本法處理，則在取得股權以後的年度，欲編製合併報表時，應調整增（減）保留盈餘金額為何？
    (A) 子公司當年淨利減子公司當年發放股利之差額乘持股比例
    (B) 子公司發放之股利乘持股比例
    (C) 取得股權後子公司保留盈餘增加數乘持股比例，減投資成本與股權淨值差額之攤銷累計數
    (D) 取得股權後子公司保留盈餘增加數乘持股比例

23. P 公司 X1 年 1 月 1 日以 $5,800,000 取得 S 公司 85% 股權，並按 S 公司淨資產公允價值比例衡量非控制權益。已知當日 S 公司可辨認淨資產帳面金額為 $6,500,000，帳面

金額與公允價值之差異為未入帳之專利權 $300,000，該專利權剩餘年限 10 年。S 公司 X1 年度與 X2 年度淨利與股利資料如下：

	X1 年度	X2 年度
淨利	$400,000	$300,000
股利	$150,000	$100,000

試作：

1. 計算 X1 年度投資收益及非控制權益淨利。
2. 計算 X2 年度投資收益及非控制權益淨利。
3. 計算 X2 年底投資帳戶餘額。
4. 若甲公司對乙公司之投資採 完全權益法（簡單權益法）時，作 X2 年底結帳前必要之調整與更正分錄。

24. P 公司於 X1 年初支付現金 $2,000,000 購入 S 公司 70% 股權，並依收購日 S 公司淨資產公允價值比例衡量非控制權益。當時 S 公司權益包括股本 $2,000,000 及保留盈餘 $500,000，S 公司資產負債之帳面金額與公允價值差異係未入帳之專利權 $100,000，該專利權剩餘有效年限 5 年。

P 公司與 S 公司 X3 年度試算表如下，試完成 P 公司與 S 公司之 X3 年度試算表式合併工作底稿。

	P 公司	S 公司
借方		
現金	$ 400,000	$ 300,000
應收帳款	1,200,000	700,000
存貨	1,600,000	800,000
土地	1,800,000	1,000,000
設備	2,500,000	1,500,000
投資 S 公司	2,000,000	—
銷貨成本	3,000,000	1,800,000
其他費用	2,000,000	700,000
股利	500,000	200,000
合計	$15,000,000	$7,000,000
貸方		
股利收入	$ 140,000	$ —
應付帳款	1,860,000	1,200,000
股本	3,000,000	2,000,000
保留盈餘	4,000,000	800,000
銷貨收入	6,000,000	3,000,000
合計	$15,000,000	$7,000,000

25. P 公司於 ×1 年 1 月 1 日以 $3,600,000 購買 S 公司 80% 之股權，非控制權益之公允價值以淨資產公允價值 20% 衡量。併購當日 S 公司淨資產帳面金額均等於公允價值，取得對價與淨資產帳面金額差額為未入帳之專利權及商譽，該專利權公允價值 $250,000，分 5 年攤銷。S 公司於併購日之股東權益列示如下：

普通股	$2,000,000
資本公積	1,000,000
保留盈餘	1,000,000
合計	$4,000,000

×3 年 12 月 31 日二公司之試算表列示如下：

	P 公司	S 公司
流動資產	$ 1,500,000	$ 2,000,000
固定資產	2,840,000	3,900,000
投資 P 公司	4,160,000	—
流動負債	(500,000)	(200,000)
長期負債	(1,500,000)	(1,000,000)
普通股（面額 $10）	(3,000,000)	(2,000,000)
資本公積	(1,500,000)	(1,000,000)
保留盈餘，×3 年 1 月 1 日	(1,700,000)	(1,500,000)
股利	320,000	200,000
銷貨收入	(5,000,000)	(3,000,000)
銷貨成本	3,700,000	2,000,000
營業費用	1,000,000	600,000
投資收益	(320,000)	—

試作：

1. P 及 S 二公司 ×3 年 12 月 31 日之合併工作底稿沖銷分錄。
2. P 及 S 二公司 ×3 年度損益表。
3. P 及 S 二公司 ×3 年 12 月 31 日資產負債表。

〈合併現金流量表〉

26. 母公司收購子公司所支付對價，於收購年度之現金流量表上應如何表達？
    (A) 應列為直接法下營業活動之現金流量
    (B) 應列為間接法下營業活動之現金流量
    (C) 應列為投資活動現金流量
    (D) 應列為籌資活動現金流量

27. 在編製母公司及其子公司之合併現金流量表時，下列何者應列為直接法下營業活動現金流量？

(A) 權益法下被投資公司發放現金股利

(B) 對子公司放款之收回

(C) 非控制權益現金股利

(D) 非控制權益

28. 甲公司持有乙公司 80% 股權，X8 年合併淨利為 $600,000、非控制權益淨利為 $150,000，合併資產負債表中部分項目於 X8 年之變動情形如下：

| 普通股股本增加 | $300,000 | 非控制權益增加 | $90,000 |
| 資本公積增加 | $150,000 | 保留盈餘增加 | $210,000 |

若支付股利歸類為籌資活動，且當年度未發放股票股利，則 X8 年合併現金流量表中籌資活動之淨現金流入金額為何？　　　　　　　　　　　　　　　　【108 年 CPA】

(A) $150,000　　　　　　　　　　　　　(B) $210,000

(C) $600,000　　　　　　　　　　　　　(D) $750,000

29. P 公司及其子公司 X1 年及 X2 年比較合併資產負債表資料如下：

	X1 年 12 月 31 日	X2 年 12 月 31 日	變動數
資產			
現金	$ 195,000	$ 320,000	$125,000
持有供交易金融資產	150,000	150,000	0
金融資產評價調整	20,000	45,000	25,000
應收帳款－淨額	320,000	505,000	185,000
存貨	510,000	390,000	(120,000)
土地	600,000	820,000	220,000
廠房及設備	475,000	690,000	215,000
累計折舊－廠房及設備	(120,000)	(200,000)	(80,000)
資產總額	$2,150,000	$2,720,000	
負債及股東權益			
應付帳款	$ 230,000	$ 346,000	116,000
應付費用	100,000	240,000	140,000
長期負債	800,000	600,000	(200,000)
非控制權益	150,000	204,000	54,000
普通股股本	500,000	600,000	100,000
資本公積	200,000	450,000	250,000
保留盈餘	220,000	300,000	80,000
庫藏股票	(50,000)	(20,000)	30,000
負債及股東權益總額	$2,150,000	$2,720,000	

其他補充資料：

(1) P 公司及其持股 70% 比例之子公司於 X1 年度及 X2 年度間均無持股比例變動，且無集團間交易之情事發生。

(2) P 公司及 S 公司 X2 年度淨利分別為 $500,000 及 $300,000；P 公司及 S 公司 X2 年度分別發放現金股利 $420,000 及 $100,000。

(3) P 公司於 X2 年初以每股 $34 價格發行普通股 10,000 股，並於 X2 年 10 月間以 $40,000 再發行庫藏股。

(4) P 公司於 X2 年 3 月間購入土地及廠房共 $550,000，並於 X2 年 10 月處分帳面金額 $80,000 之設備，得款 $60,000。

試依據上列資料編製 P 公司及其子公司 X2 年度現金流量表。

30. P 公司於 X5 年初支付現金 $300,000，並發行每股 $15、面額 $10 之普通股 160,000 股，取得 S 公司 90% 之股權。P 公司及 S 公司 X5 年初及 X5 年底之合併資產負債表如下：

P 公司及其子公司
合併資產負債表

	X5 年 1 月 1 日（合併前）	X5 年 1 月 1 日（合併後）	X5 年 12 月 31 日	變動數
資產				
現金	$ 600,000	$ 800,000	$ 640,000	(160,000)
應收帳款（淨額）	800,000	1,400,000	1,100,000	(300,000)
存貨	2,000,000	3,000,000	3,200,000	200,000
設備（淨額）	3,000,000	4,800,000	4,300,000	(500,000)
商譽		200,000	200,000	0
專利權	—	300,000	260,000	(40,000)
資產總額	$6,400,000	$10,500,000	$ 9,700,000	
負債及股東權益				
應付帳款	$2,000,000	$ 3,400,000	$ 2,140,000	(1,260,000)
應付公司債	1,000,000	1,000,000	1,000,000	0
股本	2,000,000	3,600,000	3,600,000	0
資本公積	900,000	1,700,000	1,700,000	0
保留盈餘	500,000	500,000	919,000	419,000
非控制權益		300,000	341,000	41,000
負債及權益總額	$6,400,000	$10,500,000	$10,800,000	

其他補充資料：
(1) P 公司與 S 公司於 X5 年無任何聯屬公司間交易，S 公司未發放現金股利。
(2) P 公司 X5 年度淨利為 $1,219,000，本期發放現金股利 $800,000。
(3) P 公司與 S 公司於 X5 年無購買或出售固定資產交易。

試編製 P 公司與 S 公司 X5 年度之合併現金流量表。

CHAPTER 4 母、子公司間交易

學習目標

集團間交易之會計處理原則
- 集團間交易之類型
- 母、子公司間交易對母公司財務報表之影響
- 母、子公司間交易對合併財務報表之影響

進銷貨交易
- 交易分析
- 母公司帳列處理
- 合併報表沖銷分錄
- 合併損益表之影響

固定資產交易
- 非折舊性資產
- 折舊性資產
- 存貨固定資產交易

公司債交易
- 交易分析
- 母公司帳列處理
- 合併報表沖銷分錄
- 合併損益表之影響

租賃交易
- 營業租賃
- 融資租賃－直接融資租賃
- 融資租賃－銷售型租賃

集團企業經營模式特徵之一在於透過集團內部公司間交易，達成節省成本、提高效率及風險控管之目的。然而，集團內部公司間之交易，就集團整體經濟實質而言，並無產生任何收益費損，一方之所得必然來自另一方之支出；因此，在編製合併財務報表時，集團內部交易所生之資產、負債、收益、費損，應予調整沖銷。

第1節　集團間交易之會計處理原則

一、集團間交易之類型

在集團企業，母公司控制集團旗下子公司，主導影響子公司利潤之攸關交易活動，子公司利潤為母公司投資收益計算的基礎，母、子公司間交易將影響母公司投資收益之計算。換句話說，母公司可藉由控制母、子公司間交易來影響母公司自己的利潤；因此，為了客觀表達集團整體經濟實質，母、子公司間交易之影響應予調整。**母、子公司間交易型態，依「交易相對人」可分為直接交易與間接交易，直接交易係集團成員相互交易，間接交易係集團成員與外部人交易，但最後達成集團成員相互交易的結果。**由於直接交易與間接交易在集團編製合併報表前，會計處理有些許不同，故**母公司對於直接交易與間接交易之投資收益計算及合併報表編製將有所不同：直接交易發生後應視為未發生，須將未實現損益予以調整沖銷；間接交易發生後應視為已發生，須將推定損益予以調整認列。**以下說明之。

(一) 直接交易

直接交易，係交易雙方為集團成員，交易標的為集團成員資產負債，交易結果讓該資產負債由集團某一成員持有轉為集團另一成員持有，集團持有該資產負債之狀態並未改變。例如：母公司出售商品予子公司，交易雙方為母公司與子公司，交易標的為母公司存貨資產，交易結果讓該筆存貨由母公司持有轉為子公司持有，惟就集團整體而言，集團持有該筆存貨之狀態並未改變。

在直接交易型態，交易雙方（集團成員）在交易時已在個體財務報表「同時認列」該交易相對資產負債與損益，例如：母公司認列銷貨收入及應收帳款、子公司認列本期進貨及應付帳款。然而，該交易以集團經濟實質而言是內部交易，如同將存貨由左手賣給右手，故會計上應認定直接交易損益尚未實現，交易經濟結果尚未發生。因此，**直接交易損益在計算母公司投資收益及編製合併報表時稱為「未實現損益」，該未實現損益應於交易年度沖銷，遞延至該交易標的移轉予集團外第三人或實際使用消耗時，再認列交易損益。**

(二) 間接交易

　　間接交易，交易一方為集團成員，交易另一方為集團外第三人，交易標的為集團成員資產負債，交易結果讓該資產負債由集團外第三人持有轉為集團成員持有，集團由未持有狀態變更為已持有狀態。雖然間接交易並非集團成員直接進行交易，但由於交易標的為集團成員資產負債，且交易結果讓集團成員持有該資產負債，形成集團成員間已完成交易的經濟實質，因此必須調整。例如：子公司自交易市場購入母公司公司債，該公司債買方為子公司、賣方為集團以外第三人，交易標的為母公司負債，交易結果該批公司債轉為由子公司持有，就集團整體而言，集團公司債由發行在外狀態（由第三人持有）轉為收回在內（由集團自己持有）狀態，因此必須認列相關損益。

　　在間接交易型態，交易之一方為非集團成員，集團僅「參與交易成員」在個體財務報表認列交易相關資產負債與損益，例如：子公司認列公司債投資。然而，該交易以集團經濟實質而言，已完成公司債收回交易，如同左手發行公司債、右手收回公司債，故會計上推定間接交易損益已經實現，交易經濟結果已經發生。因此，間接交易損益在計算母公司投資收益及編製合併報表時稱為「推定損益」，該推定損益應於交易年度提前認列。

二　母、子公司間交易對母公司財務報表之影響

(一) 直接交易之未實現損益對投資收益之影響

　　直接交易之未實現損益應於交易年度沖銷，遞延至該交易標的移轉予集團外第三人或實際使用消耗時，再認列交易損益。茲說明在直接交易型態，順流交易與逆流交易之投資收益計算。

1. 順流交易

　　在直接交易型態，順流交易係母公司銷售商品、勞務或其他資產給子公司之交易。此時，交易標的為母公司之存貨或固定資產，賣方為母公司，買方為子公司。在順流交易下，具控制力的母公司將主導整個銷售交易的發生時點、銷售價格與銷售數量，且**銷售交易所產生的銷售毛利或處分資產損益已完全呈現於母公司財務報表中**。但從集團整體觀之，此項交易並不具有經濟實質，甚至可能是具有人為操縱的非公平交易安排，故**母公司應將直接順流交易之未實現損益「全數」沖銷，並以「未實現銷貨毛利」或「未實現處分資產損益」之項目於損益表上單行表達**。

　　此外，未實現損益單行表達處理之結果，將使投資收益與投資帳戶餘額與完全權益法下應有餘額不同，為求合併程序簡便，學理上主張：母公司得將順流交易之未實現損益作為投資收益的調整，而將投資損益計算式修正如下：

$$投資收益 = 子公司淨利 \times 持股比例 \begin{array}{l} -\text{順流交易未實現利益} \\ +\text{順流交易未實現損失} \end{array}$$

2. 逆流交易

　　在直接交易型態，逆流交易係子公司銷售商品、勞務或其他資產給母公司之交易。此時，交易標的為子公司之存貨或固定資產，賣方為子公司，買方為母公司。在逆流交易下，雖然具控制力的母公司仍可主導銷售交易的時間、數量與金額，但銷貨毛利或處分損益係於子公司帳上認列，從經濟實質觀點而言，該未實現損益同時為母公司及非控制權益所享有，子公司帳上的未實現損益僅在母公司持股比例範圍內屬於母公司可控制部分，**故母公司應將直接逆流交易之未實現損益按「持股比例」沖銷，僅就子公司已實現淨利按持股比例認列投資收益。**

$$投資收益 = \left(子公司淨利 \begin{array}{l} -\text{逆流交易未實現利益} \\ +\text{逆流交易未實現損失} \end{array} \right) \times 持股比例$$

(二) 間接交易之推定損益對投資收益之影響

　　間接交易之推定損益應於交易年度提前認列。茲說明在間接交易型態，順流交易與逆流交易之投資收益計算。

1. 順流交易

　　在間接交易型態，順流交易通常係母公司所發行之金融工具由子公司持有之交易。此時，交易標的為母公司金融工具，發行方為母公司，投資方為子公司。以公司債交易為例，由於母公司可藉由對子公司重大營運決策之控制力，主導子公司從市場上買回母公司所發行的公司債之時點與數量，形同母公司提前收回公司債，但收回公司債所應產生的損益並未呈現於母公司的財務報表中，集團內成員的個體財務報表中也僅記錄子公司投資母公司公司債，因此**集團須計算該公司債視為提前收回之「推定損益」**，母公司**應將間接順流交易之推定損益「全數」沖銷。**

$$投資收益 = 子公司淨利 \times 持股比例 \begin{array}{l} +\text{順流交易推定收回利益} \\ -\text{順流交易推定收回損失} \end{array}$$

2. 逆流交易

　　在間接交易型態，逆流交易通常係子公司所發行之金融工具由母公司持有之交易。此時，交易標的為子公司金融工具，發行方為子公司，投資方為母公司。以公司債交易為例，由於母公司從市場上買回子公司所發行的公司債，形同母公司代子公司提前收回公司債，但收回公司債所應產生的損益並未呈現於子公司的財務報表中，集團內成員的個體財務報表中也僅記錄母公司投資子公司公司債，因此集團須計算該公司債視為提前

收回之「推定損益」。從經濟實質觀點而言，該推定損益同時為母公司及非控制權益所享有，推定損益僅在母公司持股比例範圍內屬於母公司可控制部分，故**母公司應將間接逆流交易之推定損益按「持股比例」沖銷**，僅就子公司推定已實現淨利按持股比例認列投資收益。

$$投資收益 = \left(子公司淨利 \begin{array}{l} + 逆流交易推定收回利益 \\ - 逆流交易推定收回損失 \end{array} \right) \times 持股比例$$

三　母、子公司間交易對合併財務報表之影響

　　母、子公司間交易，如為直接交易，該交易形式上即為集團內部交易，就集團而言，交易經濟結果尚未發生，交易相關損益尚未實現，應於交易年度沖銷，遞延至交易標的物移轉至集團以外第三人或消耗時再認列。母、子公司間交易，如為間接交易，該交易形式上是外部交易，但實質上是集團內部交易，就集團而言，該交易經濟結果視為已經發生，交易相關損益應推定實現，應於交易年度認列。母、子公司間交易對合併報表之影響，茲以直接交易與間接交易說明如下，其會計處理詳後續各節說明：

(一) 直接交易之未實現損益對合併財務報表之影響

1. 相對資產負債項目

　　直接交易所產生之相對資產負債項目，例如：商品或勞務交易中賣方之「應收帳款」與買方之「應付帳款」，就集團而言，視為並未發生，應予沖銷。

2. 相對損益項目

　　直接交易所產生之相對損益項目，例如：商品或勞務交易中賣方之「銷貨收入」與買方之「銷貨成本」，就集團而言，視為並未發生，應予沖銷。

3. 未實現損益項目

　　直接交易之未實現損益，應予銷除，俟實現時（交易標的移轉予集團外第三人或實際使用消耗）再行一次認列或分期認列。

(二) 間接交易之推定損益對合併財務報表之影響

1. 相對資產負債項目

　　間接交易所產生之相對資產負債項目，例如：公司債交易中發行方之「應付公司債」及「應付利息」與投資方之「公司債投資」及「應收利息」與「應付利息」，就集團而言，視為公司債已收回，應予沖銷。

2. 相對損益項目

　　間接交易所產生之相對損益項目，例如：公司債中發行方之「利息費用」與投資方

之「利息收入」、間接借貸關係中之「利息收入」與「利息成本」，就集團而言，視為公司債已收回，應予沖銷。

3. 推定損益項目

間接交易之推定損益，應視為交易已發生，於交易年度認列相關損益，例如：母公司帳列之應付公司債，與子公司帳列之公司債投資，於編製合併財務報表時，視為合併個體已收回所發行之債券，認列收回損益。

第 2 節　進銷貨交易

一、交易分析

商品或勞務交易之標的物為商品或勞務，母、子公司間一方為賣方，一方為買方，賣方於銷售當期認列「銷貨收入」，買方於取得商品或勞務時認列「存貨」或「進貨」。母、子公司間進銷貨交易情況及相關項目可圖示如下：

(一) 銷貨收入與銷貨成本

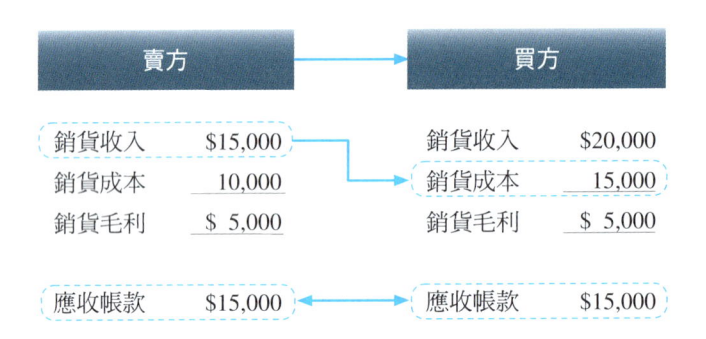

賣方		買方	
銷貨收入	$15,000	銷貨收入	$20,000
銷貨成本	10,000	銷貨成本	15,000
銷貨毛利	$ 5,000	銷貨毛利	$ 5,000
應收帳款	$15,000	應收帳款	$15,000

由上圖可知，集團內一方由集團以外第三人以 $10,000 成本購入商品或勞務，並以 $15,000 價格售予集團內另一方，並由集團內另一方以 $20,000 價格銷售至集團外第三人。如將集團視為一體，商品或勞務由集團以外第三人購入，須至銷售至集團以外第三人，始可視為交易完成，相關損益已實現，就集團而言，銷貨收入應為銷售予集團以外第三人之 $20,000，銷貨成本應為自集團以外第三人購入之 $10,000。集團成員相互銷售所生之銷貨收入及銷貨成本，僅為集團內部存貨「調撥」之安排，並無經濟實質，因此應予沖銷。

(二) 銷貨毛利與期末存貨

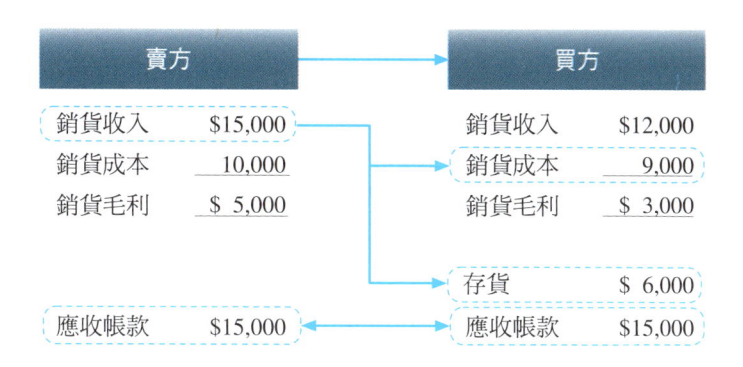

賣方		買方	
銷貨收入	$15,000	銷貨收入	$12,000
銷貨成本	10,000	銷貨成本	9,000
銷貨毛利	$ 5,000	銷貨毛利	$ 3,000
		存貨	$ 6,000
應收帳款	$15,000	應收帳款	$15,000

集團成員相互銷售應視為集團內部存貨調撥安排，由上圖可知，當集團內之買方僅銷售所購入貨物或勞務的 60%，其餘 40% 列為買方的存貨，就集團而言，銷貨收入應為銷售予集團以外第三人之 $12,000，銷貨成本應為自集團以外第三人購入之 $10,000 的 60%。而期末集團尚未出售部分則應按原賣方購入成本的 40% 評價，故當買方尚未將貨物或勞務售予第三人，則尚未售予第三人部分的商品或勞務將列為買方存貨，並按「銷售方售價」評價，造成買方存貨高估，賣方銷貨毛利高估，而應予調整。以上圖為例，賣方之銷貨毛利中尚未出售部分為 $5,000 × 40% = $2,000，應於合併報表上調整減少存貨金額，並調整增加銷貨成本以反映此「未實現利潤」。

此外，買賣雙方之應收帳款與應付帳款亦為相對項目，應一併沖銷。

二 母公司帳列處理

母、子公司間銷貨交易若有未實現利潤時，在認列投資收益時應予調整，母公司帳列投資相關分錄與投資帳戶餘額如下：

(一) 順流交易

順流交易下，銷貨交易認列於母公司帳上，母公司必須在認列投資收益時，調整母、子公司間期末未實現銷貨損益及期初已實現銷貨損益（前一年度期末未實現銷貨損益）。

1. **按持股比例認列投資收益**

$$投資收益 = 子公司淨利 \times 持股比例 \pm 差額攤銷$$

2. **調整期末未實現利潤**：以上圖為例，賣方銷貨毛利中 40% 尚未實現，應於母公司帳上作下列調整分錄，並於損益表上列為銷貨毛利的減項：

    未實現銷貨毛利*   2,000
      投資子公司   2,000

3. **調整期初已實現利潤**：以前頁圖為例，當集團內買方將該貨品銷售予集團外第三人，上期期末調整之未實現毛利 $2,000，應於母公司帳上作下列調整分錄，並於損益表上列為銷貨毛利的加項：

　　　　投資子公司　　　　　　　　　　2,000
　　　　　　已實現銷貨毛利*　　　　　　　　　　　2,000

4. **投資帳戶餘額**

$$投資帳戶餘額 = 子公司股東權益 \times 持股比例 \pm 未攤銷差額 \begin{matrix} -\text{期末未實現利益} \\ +\text{期末未實現損失} \end{matrix}$$

*若母公司對於順流交易之未實現損益採調整投資收益之簡便做法，則無須作上述 2. 及 3. 之調整分錄。

(二) 逆流交易

逆流交易下，銷貨交易認列於子公司帳上，則無前述公報之母公司帳列處理問題，其做法與順流交易母公司簡便做法相似，差別在於子公司淨利計算基礎改為「子公司已實現淨利」，公式如下：

$$投資收益 = \left(子公司淨利 \begin{matrix} -\text{期末未實現利益} \\ +\text{期初已實現利益} \end{matrix}\right) \times 持股比例 \pm 差額攤銷$$

$$投資帳戶餘額 = \left(子公司股東權益 \begin{matrix} -\text{期末未實現利益} \\ +\text{期末未實現損失} \end{matrix}\right) \times 持股比例 \pm 未攤銷差額$$

※ 當母、子公司間同時有順流及逆流銷貨交易，則上述公式應修正為：

投資收益（簡便做法下）

$$= \left(子公司淨利 \begin{matrix} -\text{期末逆流未實現利益} \\ +\text{期初逆流已實現利益} \end{matrix}\right) \times 持股比例 \pm 差額攤銷 \begin{matrix} -\text{順流期末未實現利益} \\ +\text{順流期初已實現利益} \end{matrix}$$

投資帳戶餘額

$$= \left(子公司股東權益 \begin{matrix} -\text{期末逆流未實現利益} \\ +\text{期末逆流未實現損失} \end{matrix}\right) \times \begin{matrix} 持股 \\ 比例 \end{matrix} \pm \begin{matrix} 未攤銷 \\ 差額 \end{matrix} \begin{matrix} -\text{期末順流未實現利益} \\ +\text{期末順流未實現損失} \end{matrix}$$

三 合併報表沖銷分錄

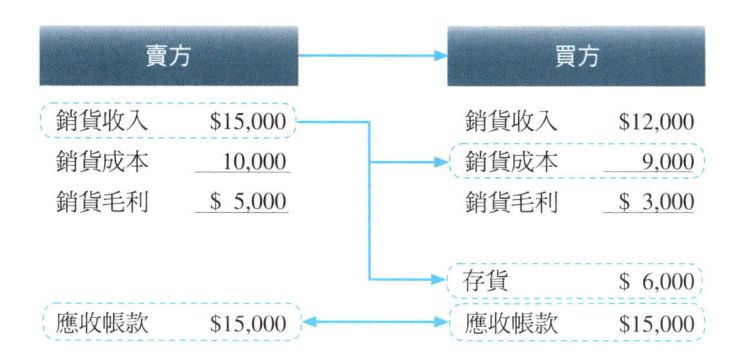

```
         賣方                              買方
  銷貨收入    $15,000            銷貨收入    $12,000
  銷貨成本     10,000            銷貨成本     9,000
  銷貨毛利    $ 5,000            銷貨毛利    $ 3,000

                                 存貨        $ 6,000
  應收帳款    $15,000            應收帳款    $15,000
```

(一) 發生年度

當母、子公司間發生進貨交易，雙方交易分錄如下：

賣方		買方	
應收帳款　15,000		存貨（進貨）　15,000	
銷貨收入	15,000	應付帳款	15,000
銷貨成本　10,000			
存貨	10,000		

賣方帳列之「銷貨收入」與買方之「存貨」（永續盤存制）或「進貨」（定期盤存制）為相對項目，就當期報表而言，若買方所購入存貨全數出售，則上列存貨（或進貨）已轉列銷貨成本，故賣方之「銷貨收入」之相對項目應改為「銷貨成本」，以上圖為例，沖銷分錄如下：

銷貨收入	15,000		⇨（當期內部交易總額）
銷貨成本		15,000	

相對的，買賣雙方之「應收帳款」與「應付帳款」亦為相對項目，均應予以消除。以上圖為例，沖銷分錄如下：

應付帳款	15,000		⇨（期末餘額）
應收帳款		15,000	

(二) 發生年度期末餘額

至於期末尚未出售部分，則屬賣方之未實現利潤，使買方之期末存貨高估，銷貨成本低估，故應予以轉回，以上圖為例，沖銷分錄如下：

銷貨成本	2,000		⇨（期末未實現損益）
存貨		2,000	

除上列沖銷分錄外，針對順流交易，母公司若未採取簡便之調整投資損益方式時，須在工作底稿中先將母公司所作之未實現銷貨損益分錄沖轉，以前頁圖為例，沖銷分錄如下：

投資子公司	2,000		⇨（期末未實現損益）
未實現銷貨損益		2,000	

(三) 交易實現年度

前一年度尚未出售之存貨係次年度之期初存貨，在先進先出法下，將於本期出售轉列為銷貨成本，前述之未實現利潤在實現年度將使買方之期初存貨高估、銷貨成本高估，帳列淨利低估。由於在母公司帳列投資帳戶於交易發生年度已減列此未實現利潤，而個體財務報表中已包含此項利潤，造成投資帳戶與股權淨值間產生新的差額，當此部分利潤實現時，應在工作底稿沖銷分錄中調整增加母公司投資帳戶與合併報表非控制權益（若為逆流交易），使投資帳戶回復至股權淨值數。以前頁圖為例，假設持股比例80%，沖銷分錄如下：

1. 順流交易

   (1) 採已實現銷貨毛利處理

已實現銷貨損益	2,000		⇨（期初已實現損益）
銷貨成本		2,000	

   (2) 採調整投資收益方式處理

投資子公司	2,000		⇨（期初已實現損益）
銷貨成本		2,000	

2. 逆流交易

投資子公司	1,600		⇨（期初已實現損益×持股比例）
非控制權益	400		⇨（期初已實現損益×非控制比例）
銷貨成本		2,000	

四　合併損益表之影響

母、子公司間銷貨交易對合併損益表中銷貨毛利之影響可列示如下：

合併銷貨收入 ＝ 母、子公司銷貨收入合計數 － 當年內部銷貨總額

合併銷貨成本 ＝ 母、子公司銷貨成本合計數 － 當年內部銷貨總額 ＋ 期末未實現利益 － 期初已實現利益

釋例一　母、子公司間順流銷貨交易

以下為 P 公司及其子公司 S 公司 X6 年 12 月 31 日部分財務資料：

	P 公司	S 公司
期末存貨	$ 600,000	$ 200,000
銷貨收入	1,400,000	1,000,000
銷貨成本	600,000	400,000
營業費用	400,000	400,000

P 公司於 X5 年 1 月 1 日以 $4,320,000 收購 S 公司 80% 之股權，非控制權益為淨資產公允價值 20%。收購當時 S 公司股東權益包括股本 $3,000,000、保留盈餘 $2,000,000，S 公司淨資產帳面金額與公允價值差額 $400,000，係未入帳專利權，分 10 年攤銷。X6 年度 P 公司出售成本 $200,000，售價 $300,000 之商品給 S 公司，其中 10% 於 X6 年度仍在 S 公司之期末存貨中。P 公司 X6 年度期初存貨中有 $20,000 係購自 S 公司，X5 年度 S 公司出售商品給 P 公司之毛利率為 40%。假設 S 公司 X5 年度及 X6 年度淨利分別為 $100,000 及 $200,000，X5 年及 X6 年兩年度均未發放股利。

試作：
1. 計算 P 公司投資 S 公司 X6 年度投資收益及 X6 年底投資帳戶餘額。
2. P 公司與 S 公司 X6 年度合併工作底稿沖銷分錄。
3. 編製 P 公司與 S 公司 X6 年度合併損益表。

解析

1. X6 年底順流交易未實現利潤 = ($300,000 − $200,000) × 10% = $10,000
   X6 年初逆流交易未實現利潤 = $20,000 × 40% = $8,000
   假設順流交易未實現損益單獨認列，投資收益與非控制權益淨利計算：

	投資收益	非控制權益淨利
X5 年度 S 公司淨利享有數	$ 80,000	$20,000
專利權攤銷（$400,000 ÷ 10）	(32,000)	(8,000)
X5 年度逆流交易未實現利益	(6,400)	(1,600)
X5 年度認列數	$ 41,600	$10,400
X6 年度 S 公司淨利享有數	$160,000	$40,000
專利權攤銷（$400,000 ÷ 10）	(32,000)	(8,000)
X5 年度逆流交易已實現利益	6,400	1,600
X5 年度認列數	$134,400	$33,600

投資帳戶與非控制權益餘額計算：

	投資帳戶	非控制權益
X5 年初取得成本	$4,320,000	$1,080,000
X5 年投資收益與非控制權益淨利	41,600	10,400
X5 年底餘額	$4,361,600	$1,090,400
X6 年投資收益與非控制權益淨利	134,400	33,600
X6 年度順流交易未實現利益	(10,000)	
X6 年底餘額	$4,486,000	$1,124,000

〔驗算〕

X6 年底 S 公司股東權益 = $5,000,000 + $100,000 + $200,000 = $5,300,000	
X6 年底股權淨值（$5,300,000 × 80%）	$4,240,000
未攤銷差額（$400,000 × 80% − $40,000 × 2 × 80%）	256,000
期末未實現利潤	(10,000)
	$4,486,000

2. 沖銷分錄

	投資帳戶	+	非控制權益	=	股東權益	+	專利權	+	逆流 未實現利潤	+	順流 未實現利潤
X5/1/1 餘額	$4,320,000	+	$1,080,000	=	$5,000,000	+	$400,000				
X5 年淨利	41,600	+	10,400	=	100,000	+	(40,000)	+	$(8,000)		
X5/12/31 餘額	$4,361,600	+	$1,090,400	=	$5,100,000	+	$360,000	+	$(8,000)		
X6 年淨利	134,400	+	33,600	=	200,000	+	(40,000)	+	8,000		
順流未實現利潤	(10,000)			=							$(10,000)
X6/12/31 餘額	$4,486,000	+	$1,124,000	=	$5,300,000	+	$320,000				$(10,000)

(1) 沖銷內部銷貨

銷貨收入	300,000	
銷貨成本		300,000

(2) 沖銷期末未實現利潤

銷貨成本	10,000	
存貨		10,000

(3) 沖銷期初已實現利潤

投資 S 公司	6,400	
非控制權益	1,600	
銷貨成本		8,000

(4) 沖銷期末未實現利潤

投資 S 公司	10,000	
未實現銷貨損益		10,000

(5) 沖銷投資收益

投資收益	134,400	
投資 S 公司		134,400

(6) 沖銷期初投資帳戶（$4,361,600 + $6,400），列出期初未攤銷差額及非控制權益（$1,090,400 + $1,600）

股本	3,000,000	
保留盈餘	2,100,000	
專利權	360,000	
投資 S 公司		4,368,000
非控制權益		1,092,000

(7) 攤銷專利權

攤銷費用	40,000	
專利權		40,000

(8) 認列非控制權益淨利

非控制權益淨利	33,600	
非控制權益		33,600

3. 合併損益表

P 公司與 S 公司
合併損益表
×6 年度

銷貨收入（$1,400,000 + $1,000,000 − $300,000）	$2,100,000
銷貨成本（$600,000 + $400,000 − $300,000 + $10,000 − $8,000）	(702,000)
銷貨毛利	$1,398,000
營業費用（$400,000 + $400,000 + $40,000）	(840,000)
合併總損益	$ 558,000
歸屬於	
母公司股東	$524,400
非控制權益	$ 33,600

第 3 節　固定資產交易

　　固定資產交易之標的物為土地及其他固定資產，母、子公司間一方為賣方，一方為買方，賣方於處分資產期間認列「資產處分損益」，買方於取得資產年度認列相關營業用資產。當賣方以銷售固定資產為主要營業項目，則屬存貨－固定資產交易，賣方於處分資產期間認列「銷貨收入」。固定資產需透過出售予第三人來實現其出售資產損益，或透過使用逐期耗用其經濟效益，在集團內部交易有出售資產利益時，將造成買方固定資產高估與折舊費用高估。反之，若有出售資產損失，買方按「賣方售價」評價其固定資產並攤提折舊，將造成固定資產與折舊費用低估，故在編製合併報表時均需加以調整。

　　母、子公司間固定資產交易若有未實現損益時，應予調整投資收益及投資帳戶，類似第一節所述之母、子公司間銷貨，惟內部銷貨交易之未實現利潤通常透過買方將存貨售予第三人實現，而內部固定資產交易之未實現損益則透過固定資產之使用或出售予第三人實現，茲分述如下：

一　非折舊性資產

(一) 交易分析

　　母、子公司間固定資產交易情況及相關項目可圖示如下：

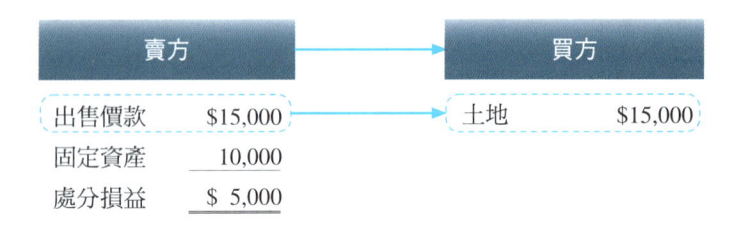

賣方		買方	
出售價款	$15,000	土地	$15,000
固定資產	10,000		
處分損益	$ 5,000		

　　由上圖可知，集團內之賣方以 $15,000 的價格將土地移轉給集團內另一方，將造成買方土地資產高估 $5,000。反之，若有出售資產損失，買方按「賣方售價」評價其資產並攤提折舊，將造成固定資產與低估，故在編製合併報表時均需加以調整。

(二) 母公司帳列處理

　　母、子公司間非折舊性資產交易所產生之未實現損益，無法透過折舊提列逐期攤銷，必須俟該非折舊性資產出售予集團以外第三人時才能視為實現。母公司在銷售年度應認列「未實現處分資產損益」，並沖減投資帳戶餘額，俟資產出售年度再將未實現損益轉列為「已實現處分資產損益」，並調整投資帳戶餘額。其投資收益與與投資帳戶餘額計算如下：

　　　　非折舊性資產未實現（損）益＝出售價款－賣方資產帳面金額

$$投資收益 = \begin{pmatrix} 子公司淨利 & -逆流未實現利益 \\ & +逆流已實現利益 \end{pmatrix} \times 持股比例 \pm 差額攤銷$$

投資帳戶餘額

$$= \begin{pmatrix} 子公司股東權益 & -期末逆流未實現利益 \\ & +期末逆流未實現損失 \end{pmatrix} \times \begin{matrix} 持股 \\ 比例 \end{matrix} \pm \begin{matrix} 未攤銷 \\ 差額 \end{matrix} \begin{matrix} -未實現利益 \\ +未實現損失 \end{matrix}$$

(三) 合併報表沖銷分錄（假設有出售利益）

1. 發生年度

賣方		買方	
應收帳款	15,000	土地	15,000
土地	10,000	應付帳款	15,000
出售土地利益	5,000		

(1) 買方土地因包含銷售方之「出售土地利益」而高估，以前頁圖為例，若集團間交易標的為土地，沖銷分錄如下：

出售土地利益	5,000	⇨（期末未實現損益）
土地	5,000	

(2) 買賣雙方之「應收帳款」與「應付帳款」為相對項目，均應予以消除。

(3) 除上列沖銷分錄外，需在工作底稿中先將母公司所作之未實現處分資產損益分錄沖轉如下（僅針對順流交易，非採簡便做法下）：

投資子公司	5,000	⇨（期末未實現損益）
未實現處分資產損益	5,000	

2. 持有期間

　　土地係非折舊性資產，內部交易所致之資產高估無法藉折舊提列逐期攤銷，需至土地出售予集團以外第三人始實現。故在購買方持有期間每年編製合併報表時，均需調減土地帳面金額，以前頁圖為例，若集團間交易標的為土地，持股比例為 80%，沖銷分錄如下：

(1) 順流交易

投資子公司	5,000	⇨（期初未實現損益）
土地	5,000	

(2) 逆流交易

投資子公司	4,000	⇨（期初未實現損益×%）
非控制權益	1,000	⇨（期初已實現損益×非控制比例）
土地	5,000	

3. 實現年度

在順流交易下需認列全部之已實現利潤，在逆流交易下則需按持股比例認列已實現利潤，並分別調整投資帳戶與非控制權益，以第 192 頁圖為例，若集團間交易標的為土地，沖銷分錄如下：

(1) 順流交易

已實現處分資產損益	5,000		⇨（本期已實現損益）
出售土地利益		5,000	

(2) 逆流交易

投資子公司	4,000		⇨（本期已實現損益×持股比例）
非控制權益	1,000		⇨（期初已實現損益×非控制比例）
出售土地利益		5,000	

(四) 合併損益表之影響

母、子公司間土地交易對合併財務報表之影響可列示如下：

合併土地餘額＝母、子公司土地合計數－當年售土地利益＋當年售土地損失

釋例二　逆流設備、順流土地交易，成本法

P 公司於 X0 年 12 月 30 日以 $4,300,000 取得 S 公司 80% 的股權，非控制權益為淨資產 S 公司淨資產公允價值的 20%。取得當日 S 公司股東權益包括股本 $3,000,000 及保留盈餘 $2,000,000，且其資產負債之帳面金額與公允價值差額係未入帳專利權 $375,000，分 5 年攤銷。S 公司 X1 年至 X3 年間淨利及股利分別為：X1 年淨利 $800,000，股利 $600,000；X2 年淨利 $900,000，股利 $700,000；X3 年淨利 $1,000,000，股利 $800,000。

P 公司與 S 公司 X1 年及 X3 年度公司間交易資料如下：
(1) X1 年 4 月 1 日 P 公司將一成本 $1,000,000 的土地以 $1,300,000 的價格售予 S 公司。
(2) X3 年 7 月 1 日 S 公司將購自 P 公司之土地按 $1,500,000 價款售予第三方。

試作：
1. 計算權益法下 X1 年至 X3 年之投資收益及 X1 年底、X2 年底及 X3 年底投資帳戶餘額。
2. 計算 X1 年至 X3 年之非控制權益淨利及 X1 年底、X2 年底及 X3 年底合併報表非控制權益餘額。
3. 作 X1 年度至 X3 年度合併工作底稿上之沖銷分錄。

解析

非控制權益 = ($3,000,000 + $2,000,000 + $375,000) × 20% = $1,075,000

商譽 = ($4,300,000 + $1,075,000) − ($3,000,000 + $2,000,000 + $375,000) = 0

X1 年順流土地未實現利益 = $1,300,000 − $1,000,000 = $300,000

X3 年順流土地已實現利益 = $1,300,000 − $1,000,000 = $300,000

1. 假設順流交易未實現損益調整投資收益，投資收益與非控制權益淨利計算：

	投資收益	非控制權益淨利
X1 年度 S 公司淨利享有數	$ 640,000	$160,000
專利權攤銷（$375,000 ÷ 5）	(60,000)	(15,000)
X1 年度順流交易未實現利益	(300,000)	
X1 年度認列數	$ 280,000	$145,000
X2 年度 S 公司淨利享有數	$ 720,000	$180,000
專利權攤銷（$375,000 ÷ 5）	(60,000)	(15,000)
X2 年度認列數	$ 660,000	$165,000
X3 年度 S 公司淨利享有數	$ 800,000	$200,000
專利權攤銷（$375,000 ÷ 5）	(60,000)	(15,000)
X3 年度順流交易未實現利益	300,000	
X3 年度認列數	$1,040,000	$185,000

2. 投資帳戶與非控制權益餘額計算：

	投資帳戶	非控制權益
X0 年底取得成本	$4,300,000	$1,075,000
X1 年投資收益與非控制權益淨利	280,000	145,000
X1 年股利發放	(480,000)	(120,000)
X1 年底餘額	$4,100,000	$1,100,000
X2 年投資收益與非控制權益淨利	660,000	165,000
X2 年股利發放	(560,000)	(140,000)
X2 年底餘額	$4,200,000	$1,125,000
X3 年投資收益與非控制權益淨利	1,040,000	185,000
X3 年股利發放	(640,000)	(160,000)
X3 年底餘額	$4,600,000	$1,150,000

3. 合併沖銷分錄

	投資帳戶	+ 非控制權益	= 股東權益	+ 專利權	順流未實現利潤
X0/12/30 餘額	$4,300,000	+ $1,075,000	= $5,000,000	+ $375,000	
X1 年淨利	280,000	+ 145,000	= 800,000	+ (75,000) +	$(300,000)
X1 年股利	(480,000)	+ (120,000)	(600,000)		
X1/12/31 餘額	$4,100,000	+ $1,100,000	= $5,200,000	+ $300,000 +	$(300,000)
X2 年淨利	660,000	+ 165,000	= 900,000	+ (75,000) +	
X2 年股利	(560,000)	+ (140,000)	(700,000)		
X2/12/31 餘額	$4,200,000	+ $1,125,000	= $5,400,000	+ $225,000	$(300,000)
X3 年淨利	1,040,000	+ 185,000	= 1,000,000	+ (75,000) +	300,000
X3 年股利	(640,000)	+ (160,000)	(800,000)		
X3/12/31 餘額	$4,600,000	+ $1,150,000	= $5,600,000	+ $150,000	

(1) 沖銷投資收益，投資帳戶回復期初餘額

	X1 年	X2 年	X3 年
投資 S 公司	200,000		
投資收益	280,000	660,000	1,040,000
股利	480,000	560,000	640,000
投資 S 公司		100,000	400,000

(2) 沖銷期初 S 公司股東權益與投資帳戶，列出差額與非控制權益

	X1 年	X2 年	X3 年
股本	3,000,000	3,000,000	3,000,000
保留盈餘	2,000,000	2,200,000	2,400,000
專利權	375,000	300,000	225,000
投資 S 公司	4,200,000	4,400,000	4,500,000
非控制權益	1,075,000	1,100,000	1,125,000

(3) 沖銷期末順流土地未實現 / 已實現利益

	X1 年	X2 年	X3 年
出售土地利益	300,000	—	—
投資 S 公司	—	300,000	300,000
土地	300,000	300,000	—
出售土地利益	—	—	300,000

(4) 攤銷專利權差額

	X1 年	X2 年	X3 年
攤銷費用	75,000	75,000	75,000
專利權	75,000	75,000	75,000

(5) 認列非控制權益淨利與股利

	X1 年	X2 年	X3 年
非控制權益淨利	145,000	165,000	185,000
股利	120,000	140,000	160,000
非控制權益	25,000	25,000	25,000

二　折舊性資產

(一) 交易分析

母、子公司間固定資產交易情況及相關項目可圖示如下：

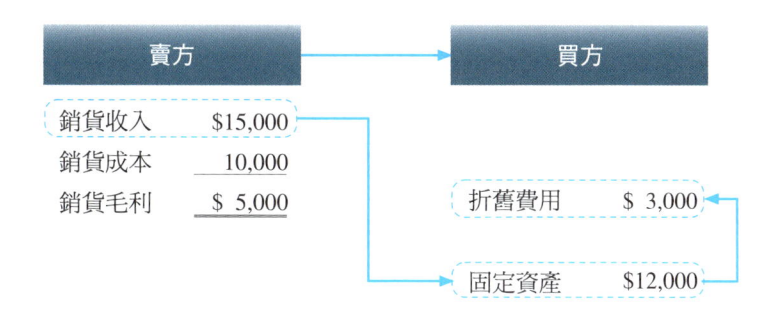

```
      賣方  ────────▶  買方

  銷貨收入   $15,000
  銷貨成本    10,000
  銷貨毛利   $ 5,000          折舊費用   $ 3,000
                              固定資產   $12,000
```

由上圖可知，集團內之賣方以 $15,000 的價格將固定資產移轉給集團內另一方，假設固定資產剩餘年限 5 年，則買方按「賣方售價」評價該固定資產並攤提折舊，每年提列 $3,000 折舊，期末固定資產帳面金額 $12,000。就集團而言，該固定資產成本 $10,000，每年應提列折舊 $2,000，當期期末帳面金額應為 $8,000，在集團內部交易有出售資產利益 $5,000 的情況下，將造成買方固定資產高估 $4,000 與折舊費用高估 $1,000。反之，若有出售資產損失，買方按「賣方售價」評價其固定資產並攤提折舊，將造成固定資產與折舊費用低估，故在編製合併報表時均需加以調整。

(二) 母公司帳列處理

母、子公司間固定資產交易，當賣方認列出售資產利益時，代表買方固定資產高估，該高估之折舊性固定資產，將透過後續使用期間提列較高的折舊費用逐期攤銷，使未實現

出售利益的影響數在固定資產耐用年限屆滿時完全攤銷完畢。反之，當賣方認列出售資產損失時，代表買方固定資產低估，其未實現出售損失的影響將在固定資產耐用年限屆滿時透過未來較低的折舊費用攤銷。母公司在銷售年度應認列「未實現處分資產損益」，並沖減投資帳戶餘額，並於資產使用期間逐期將未實現損益轉列為「已實現處分資產損益」，並調整投資帳戶餘額。相關計算如下：

折舊性資產未實現（損）益＝出售價款－賣方資產帳面金額

折舊性資產每年已實現（損）益＝折舊性資產未實現（損）益 × 折舊率

若折舊性資產在耐用年限屆滿前提前出售予集團以外之第三人，則未實現（損）益餘額應於該出售年度一次轉列為已實現。

母公司對折舊性資產交易未實現損益之會計處理與前述非折舊性資產交易相同。

若順流交易未實現利潤採調整投資收益方式處理，則

$$投資收益 = \left(子公司淨利 \begin{array}{l} -逆流未實現利益 \\ +逆流已實現利益 \end{array}\right) \times 持股比例 \pm 差額攤銷 \begin{array}{l} -順流未實現利益 \\ +順流已實現利益 \end{array}$$

$$投資帳戶餘額 = \left(子公司股東權益 \begin{array}{l} -期末逆流未實現利益 \\ +期末逆流未實現損失 \end{array}\right) \times \begin{array}{l}持股\\比例\end{array} \pm \begin{array}{l}未攤銷\\差額\end{array} \begin{array}{l}-未實現利益\\+未實現損失\end{array}$$

(三) 合併報表沖銷分錄（假設有出售利益）

1. 發生年度

賣方			買方		
現金	15,000		固定資產	15,000	
固定資產		10,000	現金		15,000
出售資產利益		5,000	折舊費用	3,000	
			累計折舊		3,000

(1) 買方之固定資產因包含賣方之「出售資產利益」而高估，以第197頁圖為例，若集團間交易標的為設備，沖銷分錄如下：

| 出售資產利益 | 5,000 | | ⇨ 期末未實現損益 |
| 　設備 | | 5,000 | |

(2) 若內部交易非發生於期末，當年度買方已透過折舊費用提列實現部分利益，故須調整減少折舊費用與累計折舊，以第197頁圖為例，若集團間交易標的為設備，剩餘年限5年，若處分交易發生期初，未實現利益每年藉由折舊費用減少 $1,000 轉列，沖銷分錄為：

累計折舊	1,000		⇨ 當期已實現損益
折舊費用		1,000	

(3) 除上列沖銷分錄外,需在工作底稿中先將母公司所認列之未實現處分資產損益分錄沖轉如下（僅針對順流交易）,以第 197 頁圖為例,沖銷分錄為:

投資子公司	4,000		⇨（期末未實現損益）
已實現處分資產損益	1,000		
未實現處分資產損益		5,000	

2. 以後年度－調整當期已實現利潤

內部交易之未實現利益使折舊性資產高估,使用期間中折舊費用亦高估,故須於資產剩餘使用期間,於每期編製合併報表時調整減少各期折舊費用,增加合併淨利。以第 197 頁圖為例,若集團間交易標的為設備,剩餘年限 5 年,沖銷分錄如下:

累計折舊	1,000		⇨ 當期已實現損益
折舊費用		1,000	

除上列沖銷分錄外,需在工作底稿中先將母公司所作之已實現處分資產損益分錄沖轉如下（僅針對順流交易）:

已實現處分資產損益	1,000		⇨ 當期已實現損益
投資子公司		1,000	

3. 以後年度－期初未實現利潤

(1) 順流交易:期初未實現處分損益透過折舊費用調整減少逐漸攤銷,使固定資產帳面金額高估數減少,而母公司因未實現處分損益所調整減少之投資帳戶餘額亦隨之逐漸減少,以第 197 頁圖為例,交易第 2 年對於期初未實現利潤應於合併工作底稿作下列沖銷分錄:

投資子公司	4,000		⇨ 期初未實現損益
累計折舊	1,000		⇨ 期初已實現損益
固定資產		5,000	

交易第三年對於期初未實現利潤應於合併工作底稿作下列沖銷分錄:

投資子公司	3,000		⇨ 期初未實現損益
累計折舊	2,000		⇨ 期初已實現損益
固定資產		5,000	

(2) 逆流交易:與順流交易相同,因未實現處分損益所調整減少之投資帳戶及非控制權益餘額亦隨之逐漸減少,以第 197 頁圖為例,當持股比例為 80%,交易第 2 年對於期初未實現利潤應於合併工作底稿作下列沖銷分錄:

投資子公司	3,200	⇨（期初未實現損益×%）
非控制權益	800	⇨（期初未實現損益×%）
累計折舊	1,000	⇨（期初已實現損益）
固定資產		5,000

交易第 3 年對於期初未實現利潤應於合併工作底稿作下列沖銷分錄：

投資子公司	2,400	⇨（期初未實現損益×%）
非控制權益	600	⇨（期初未實現損益×%）
累計折舊	2,000	⇨（期初已實現損益）
固定資產		5,000

綜合上述說明，將折舊性資產及其折舊費用在集團中之買方與集團財務報表之表達彙整如下（假設資產交易時間為第 1 年初）：

		第 1 年	第 2 年	第 3 年	第 4 年	第 5 年
買方報表	設備	$15,000	$15,000	$15,000	$15,000	$15,000
	累計折舊	(3,000)	(6,000)	(9,000)	(12,000)	(15,000)
	帳面金額	$12,000	$9,000	$6,000	$3,000	$0
	折舊費用	$3,000	$3,000	$3,000	$3,000	$3,000
合併報表	設備	$10,000	$10,000	$10,000	$10,000	$10,000
	累計折舊	(2,000)	(4,000)	(6,000)	(8,000)	(10,000)
	帳面金額	$8,000	$6,000	$4,000	$2,000	$0
	折舊費用	$2,000	$2,000	$2,000	$2,000	$2,000

期末未實現｜本期已實現

（四）合併損益表之影響

母、子公司間折舊性資產交易對合併財務報表之影響可列示如下：

合併折舊費用餘額 = 母、子公司折舊費用合計數 − 當年度已實現利益 + 當年度已實現損失

合併固定資產餘額 = 母、子公司固定資產合計數 − 未實現出售利益餘額 + 未實現出售損失餘額

> **釋例三　逆流設備交易**
>
> P 公司於 X0 年 12 月 30 日以 $4,300,000 取得 S 公司 80% 的股權，非控制權益為淨資產 S 公司淨資產公允價值的 20%。取得當日 S 公司股東權益包括股本 $3,000,000 及保留盈餘 $2,000,000，且其資產負債之帳面金額與公允價值差額係未入帳專利權 $375,000，

分 5 年攤銷。S 公司 X1 年至 X3 年間淨利及股利分別為：X1 年淨利 $800,000，股利 $600,000；X2 年淨利 $900,000，股利 $700,000；X3 年淨利 $1,000,000，股利 $800,000。

X1 年 4 月 1 日 S 公司將一帳面金額 $750,000 的設備以 $900,000 的價格售予 P 公司，P 公司估計該設備尚可使用 5 年，採直線法提列折舊。

試作：
1. 計算權益法下 X1 年至 X3 年之投資收益及 X1 年底、X2 年底及 X3 年底投資帳戶餘額。
2. 計算 X1 年至 X3 年之非控制權益淨利及 X1 年底、X2 年底及 X3 年底合併報表非控制權益餘額。
3. 作 X1 年度至 X3 年度合併工作底稿上之沖銷分錄。

解析

非控制權益 =（$3,000,000＋$2,000,000＋$375,000）× 20% = $1,075,000
商譽 =（$4,300,000＋$1,075,000）－（$3,000,000＋$2,000,000＋$375,000）= 0
X1 年逆流設備未實現利益 = $900,000－$750,000 = $150,000
X1 年逆流設備已實現利益 = $150,000 × 1/5 × 9/12 = $22,500
X2 年逆流設備已實現利益 = $150,000 × 1/5 = $30,000

1. 投資收益與非控制權益淨利計算：

	投資收益	非控制權益淨利
X1 年度 S 公司淨利享有數	$640,000	$160,000
專利權攤銷（$375,000÷5）	(60,000)	(15,000)
X1 年度逆流交易未實現利益	(120,000)	(30,000)
X1 年度逆流交易已實現利益	18,000	4,500
X1 年度認列數	$478,000	$119,500
X2 年度 S 公司淨利享有數	$720,000	$180,000
專利權攤銷（$375,000÷5）	(60,000)	(15,000)
X1 年度逆流交易已實現利益	24,000	6,000
X3 年度認列數	$684,000	$171,000
X3 年度 S 公司淨利享有數	$800,000	$200,000
專利權攤銷（$375,000÷5）	(60,000)	(15,000)
X1 年度逆流交易已實現利益	24,000	6,000
X3 年度認列數	$764,000	$191,000

2. 投資帳戶與非控制權益餘額計算：

	投資帳戶	非控制權益
X0 年底取得成本	$4,300,000	$1,075,000
X1 年投資收益與非控制權益淨利	478,000	119,500
X1 年股利發放	(480,000)	(120,000)
X1 年底餘額	$4,298,000	$1,074,500
X2 年投資收益與非控制權益淨利	684,000	171,000
X2 年股利發放	(560,000)	(140,000)
X2 年底餘額	$4,422,000	$1,105,500
X3 年投資收益與非控制權益淨利	764,000	191,000
X3 年股利發放	(640,000)	(160,000)
X3 年底餘額	$4,546,000	$1,136,500

3. 合併沖銷分錄

	投資帳戶	+	非控制權益	=	股東權益	+	專利權	+	逆流未實現利潤
X0/12/30 餘額	$4,300,000	+	$1,075,000	=	$5,000,000	+	$375,000		
X1 年淨利	478,000	+	119,500	=	800,000	+	(75,000)	+	$(150,000)
									22,500
X1 年股利	(480,000)	+	(120,000)		(600,000)				
X1/12/31 餘額	$4,298,000	+	$1,074,500	=	$5,200,000	+	$300,000	+	$(127,500)
X2 年淨利	684,000	+	171,000	=	900,000	+	(75,000)	+	30,000
X2 年股利	(560,000)	+	(140,000)		(700,000)				
X2/12/31 餘額	$4,422,000	+	$1,105,500	=	$5,400,000	+	$225,000		$(97,500)
X2 年淨利	764,000	+	191,000	=	1,000,000	+	(75,000)	+	30,000
X2 年股利	(640,000)	+	(160,000)		(800,000)				
X2/12/31 餘額	$4,546,000	+	$1,136,500	=	$5,600,000	+	$150,000		$(67,500)

(1) 沖銷投資收益，投資帳戶回復期初餘額

	X1 年	X2 年	X3 年
投資 S 公司	2,000		
投資收益	478,000	684,000	764,000
股利	480,000	560,000	640,000
投資 S 公司		124,000	124,000

(2) 沖銷期初 S 公司股東權益與投資帳戶，列出差額與非控制權益

	X1 年	X2 年	X3 年
股本	3,000,000	3,000,000	3,000,000
保留盈餘	2,000,000	2,200,000	2,400,000
專利權	375,000	300,000	225,000
投資 S 公司	4,200,000	4,400,000	4,500,000
非控制權益	1,075,000	1,100,000	1,125,000

(3) 沖銷期初逆流設備交易未實現利益

	X1 年	X2 年	X3 年
出售設備利益	150,000	—	—
投資 S 公司	—	102,000	78,000
非控制權益	—	25,500	19,500
累計折舊—設備	—	22,500	52,500
設備	150,000	150,000	150,000

(4) 沖銷當期設備已實現利益

	X1 年	X2 年	X3 年
累計折舊—設備	22,500	30,000	30,000
折舊費用	22,500	30,000	30,000

(5) 攤銷專利權差額

	X1 年	X2 年	X3 年
攤銷費用	75,000	75,000	75,000
專利權	75,000	75,000	75,000

(6) 認列非控制權益淨利與股利

	X1 年	X2 年	X3 年
非控制權益	500		
非控制權益淨利	119,500	171,000	191,000
股利	120,000	140,000	160,000
非控制權益		31,000	31,000

三 存貨固定資產交易

(一) 交易分析

當母、子公司之一方以銷售土地、房屋、機器、車輛等為主要營業項目，而一方購入其商品作為營業上使用，即屬存貨固定資產交易，此類交易兼具前述銷貨與固定資產交易性質，母、子公司間固定資產交易情況及相關項目可圖示如下：

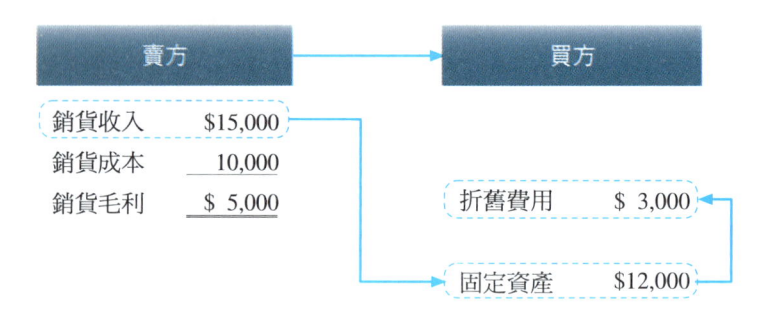

```
        賣方                          買方
  銷貨收入  $15,000
  銷貨成本   10,000
  銷貨毛利  $ 5,000              折舊費用   $ 3,000
                                 固定資產   $12,000
```

由上圖可知，集團內之賣方以 $15,000 的價格將存貨移轉給集團內另一方作為營業上使用，假設固定資產剩餘年限 5 年，則買方按「賣方售價」評價該固定資產並攤提折舊，每年提列 $3,000 折舊，期末固定資產帳面金額 $12,000。就集團而言，該固定資產成本 $10,000，每年應提列折舊 $2,000，當期期末帳面金額應為 $8,000，在集團內部交易有銷貨毛利 $5,000 的情況下，將造成買方固定資產高估 $4,000 與折舊費用高估 $1,000，故在編製合併報表時均需加以調整。

(二) 母公司帳列處理

賣方出售商品利潤應視為未實現利潤，順流交易下，銷貨交易認列於母公司帳上，母公司必須在認列投資收益時，調整母、子公司間期末未實現銷貨損益；買方所購入固定資產因包含未實現利潤而高估，需俟實際使用或出售第三人再轉列為已實現利潤，相關計算如下：

出售商品未實現利潤 ＝ 銷貨收入 － 銷貨成本

折舊性資產每年已實現（損）益 ＝ 折舊性資產未實現（損）益 × 折舊率

母公司對折舊性資產交易未實現損益之會計處理與前述折舊性資產交易相同。

若順流交易未實現利潤採調整投資收益方式處理，則

投資收益 ＝ (子公司淨利 － 逆流未實現利益 ＋ 逆流已實現利益) × 持股比例 ± 差額攤銷 － 順流未實現利益 ＋ 順流已實現損失

投資帳戶餘額
$$=\begin{pmatrix} 子公司股東權益 - 期末逆流未實現利益 \\ + 期末逆流未實現損失 \end{pmatrix} \times \begin{matrix} 持股 \\ 比例 \end{matrix} \pm \begin{matrix} 未攤銷 \\ 差額 \end{matrix} \begin{matrix} - 未實現利益 \\ + 未實現損失 \end{matrix}$$

(三) 合併報表沖銷分錄（假設有出售利益）

1. 發生年度

賣方			買方		
現金	15,000		固定資產	15,000	
銷貨收入		15,000	現金		15,000
銷貨成本	10,000		折舊費用	3,000	
存貨		10,000	累計折舊		3,000

(1) 賣方之「銷貨收入」與「銷貨成本」均高估，買方之固定資產因包含賣方之「銷貨毛利」而高估，以第204頁圖為例，若賣方認列銷貨收入與銷貨成本，買方資產入帳金額包含未實現銷貨毛利，沖銷分錄如下：

銷貨收入	15,000		⇨（當期銷售價款）
銷貨成本		10,000	⇨（當期成本）
固定資產		5,000	⇨（未實現銷貨毛利）

(2) 若內部交易非發生於期末，當年度買方已透過折舊費用提列實現部分利益，故需調整減少折舊費用與累計折舊，以第204頁圖為例，假設資產剩餘年限5年，交易發生於期初，則沖銷分錄為：

累計折舊	1,000		⇨（當期已實現損益）
折舊費用		1,000	

(3) 除上列沖銷分錄外，需在工作底稿中先將母公司所作之未實現銷售損益分錄沖轉如下（僅針對順流交易）：

投資子公司	4,000		⇨（期末未實現損益）
已實現銷貨損益	1,000		
未實現銷貨損益		5,000	

2. 以後年度－調整當期已實現利潤

內部交易之未實現利益使折舊性資產高估，使用期間中折舊費用亦高估，故需於每年編製合併報表時，調整減少各期折舊費用，增加合併淨利。以第204頁圖為例，沖銷分錄如下：

累計折舊	1,000		⇨（當期已實現損益）
折舊費用		1,000	

3. 以後年度－期初未實現利潤

予上述折舊性資產處理方式相同，茲不贅述。

(四) 合併損益表之影響

母、子公司間存貨固定資產交易對合併財務報表之影響可列示如下：

合併銷貨收入 = 母、子公司銷貨收入合計數 － 當年內部銷貨總額

合併銷貨成本 = 母、子公司銷貨成本合計數 － 當年內部銷貨總額

合併折舊費用餘額 = 母、子公司折舊費用合計數 $\begin{array}{l}- \text{當年度已實現利益}\\ + \text{當年度已實現損失}\end{array}$

合併固定資產餘額 = 母、子公司固定資產合計數 $\begin{array}{l}- \text{未實現出售利益餘額}\\ + \text{未實現出售損失餘額}\end{array}$

釋例四　存貨－固定資產交易，計算合併報表金額

P 公司於 X4 年 12 月 31 日以 $2,800,000 取得 S 公司 80% 股權，非控制權益為淨資產 S 公司淨資產公允價值的 20%。取得當日 S 公司的股東權益包括股本 $2,000,000 及保留盈餘 $1,000,000，S 公司淨資產帳面金額與公允價值差額係因機器設備低估 $500,000，該機器尚有 8 年耐用年數。

P 公司為運輸設備製造商，X8 年 1 月 1 日 P 公司將一成本 $600,000 的運輸設備以 $750,000 的價格售予 S 公司。S 公司以直線法提列折舊，估計耐用年數 6 年，無殘值。

X8 年度 P 公司及 S 公司的損益資料如下：

	P 公司	S 公司
銷貨收入	$3,020,000	$1,500,000
投資收益	160,000	－
銷貨成本	(2,060,000)	(900,000)
折舊費用	(305,000)	(270,000)
其他費用	(415,000)	(130,000)
淨利	$ 400,000	$ 200,000

若 S 公司 X8 年初保留盈餘為 $2,000,000，X8 年度發放股利 $120,000。

試作：
1. 計算 X8 年度正確投資收益。
2. 計算 X8 年底 投資帳戶餘額，並作合併工作底稿上必要更正與沖銷分錄。

3. 計算 X8 年底及 X9 年底合併資產負債表上該運輸設備淨額。
4. 編製 X8 年度合併損益表。

解析

機器設備折舊低估，每年攤銷數 = $500,000 ÷ 8 = $62,500

1. X8 年順流銷貨未實現利潤 = $750,000 − $600,000 = $150,000
   X8 年順流固定資產已實現利益 = $150,000 ÷ 6 = $25,000
   投資收益與非控制權益淨利計算：

	投資收益	非控制權益淨利
X8 年度 S 公司淨利享有數	$160,000	$40,000
機器設備攤銷（$500,000 ÷ 8）	(50,000)	(12,500)
X8 年度順流交易未實現利益	(150,000)	
X8 年度順流交易已實現利益	25,000	
X8 年度認列數	$(15,000)	$27,500

2. X4 年底非控制權益 = ($2,000,000 + $1,000,000 + $500,000) × 20% = $700,000
   X8 年底投資帳戶與非控制權益餘額計算：

	投資帳戶	非控制權益
X4 年底投資金額	$2,800,000	$700,000
X5 年～X7 年盈餘增加	800,000	200,000
X5 年～X7 年機器攤銷數 ($500,000 × 8 × 3)	(150,000)	(37,500)
X8 年初餘額	$3,450,000	$862,500
X8 年投資收益與非控制權益淨利	(15,000)	27,500
X8 年股利發放	(96,000)	(24,000)
X8 年底餘額	$3,339,000	$866,000

P 公司帳列投資收益 $160,000，表示 P 公司採不完全權益法處理投資

X8 年初投資帳戶餘額（帳載）= $2,800,000 + $800,000 = $3,600,000

X8 年初投資帳戶餘額應調減數 = $150,000

(1) 更正分錄

保留盈餘	150,000	
投資收益	175,000	
投資 S 公司		325,000

其他合併工作底稿沖銷分錄分析如下：

	投資帳戶	+ 非控制權益	= 股東權益	+ 資產低估	+ 順流未實現利潤
X4/12/31 餘額	$2,800,000	+ $700,000	= $3,000,000	+ $500,000	
X5～X7 年保留盈餘變動數	650,000	+ 162,500	= 1,000,000	+ (187,500)	
X8/12/31 餘額	$3,450,000	+ $862,500	= $4,000,000	+ $312,500	
X8 年淨利	(15,000)	+ 27,500	= 200,000	+ (62,500)	+ $(150,000)
					25,000
X2 年股利	(96,000)	+ (24,000)	= (120,000)	+	
X6/12/31 餘額	$3,339,000	+ $866,000	= $4,080,000	+ $250,000	+ $(125,000)

(2) 沖銷投資收益，投資帳戶回復期初餘額

投資 S 公司	111,000	
投資收益		15,000
股利		96,000

(3) 沖銷期初 S 公司股東權益與投資帳戶，列出差額與少數股權

股本	2,000,000	
保留盈餘	2,000,000	
機器設備	312,500	
投資 S 公司		3,450,000
非控制權益		862,500

(4) 沖銷期末未實現利益

銷貨收入	750,000	
銷貨成本		600,000
運輸設備		150,000

(5) 沖銷當期設備已實現利益

累計折舊	25,000	
折舊費用		25,000

(6) 攤銷機器設備差額

折舊費用	62,500	
累計折舊		62,500

(7) 認列非控制權益淨利與股利

非控制權益淨利	27,500	
股利		24,000
非控制權益		3,500

3. 運輸設備帳面金額

	X8 年 12 月 31 日			X9 年 12 月 31 日		
	S 公司	調整數	合併	S 公司	調整數	合併
運輸設備	$750,000	−150,000	$600,000	$750,000	−150,000	$600,000
累計折舊	(125,000)	− 25,000	(100,000)	(250,000)	− 50,000	(200,000)
帳面金額	$625,000		$500,000	$500,000		$400,000

速算法：按集團內賣方原始成本 $600,000 計算資產帳面金額與折舊費用

X8 年 12 月 31 日運輸設備帳面金額 = $600,000 − $100,000 = $500,000

X9 年 12 月 31 日運輸設備帳面金額 = $500,000 − $100,000 = $400,000

4. 合併損益表：

P 公司與 S 公司
合併損益表
X8 年度

銷貨收入（$3,020,000 + $1,500,000 − $750,000）	$3,770,000
銷貨成本（$2,060,00 + $900,000 − $600,000）	(2,360,000)
銷貨毛利	$1,410,000
折舊費用（$305,000 + $270,000 + $62,500 − $25,000）	(612,500)
其他費用（$415,000 + $130,000）	(545,000)
合併總損益	$ 252,500
歸屬於母公司股東	$225,000
非控制權益	$ 27,500

第 4 節　公司債交易

一　交易分析

當母、子公司一方為公司債之發行方，另一方自公開市場購入集團公司所發行之公司債，發行方於帳上認列「應付公司債」，並於債券流通期間認列「利息費用」；持有方於

帳上認列「公司債投資」，並於債券流通期間認列「利息收入」。母、子公司間公司債交易情況及相關項目可圖示如下：

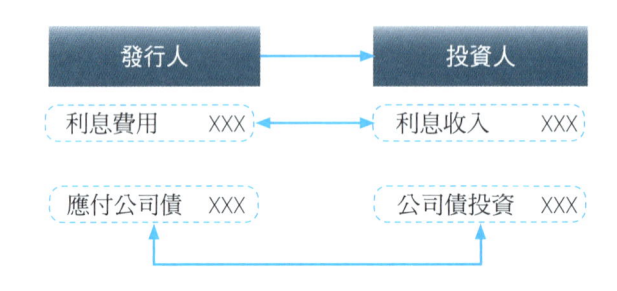

```
    發行人  ───────▶  投資人
  利息費用  XXX  ◀──▶  利息收入  XXX
  應付公司債 XXX        公司債投資 XXX
       ▲─────────────────┘
```

公司債交易為間接交易型態，當母、子公司之一方自公開市場購入另一方發行之公司債時，就集團而言，視為已收回公司債，應按收回價格（投資人購買價格）與發行人帳面金額間之差額認列公司債收回損益，且由於將公司債視為已收回，故須沖銷後續期間所有相關之利息費用與收入。

二　母公司帳列處理

母、子公司間若有一方自公開市場中購入另一方所發行公司債，就集團而言，視為投資方代替發行方收回其所發行之公司債，在母、子公司帳上所列之「應付公司債」與「公司債投資」及後續所認列之「利息費用」與「利息收入」應予沖銷。其損益認列情形可圖示如下（假設集團中發行方按 98 發行利率 10%、面額 $100,000，5 年期公司債，而集團中之投資方以 101 買回全數公司債，採直線法攤銷溢折價）：

	發行方			投資方		
	利息費用	溢折價攤銷	應付公司債	利息收入	溢折價攤銷	公司債投資
第 0 年			$ 98,000			$101,000
第 1 年	$10,400	$400	98,400	$9,800	$200	100,800
第 2 年	10,400	400	98,800	9,800	200	100,600
第 3 年	10,400	400	99,200	9,800	200	100,400
第 4 年	10,400	400	99,600	9,800	200	100,200
第 5 年	10,400	400	100,000	9,800	200	100,000

提前收回損失
= $98,000 − $101,000
= $(3,000)

後續期間認列之收回損失
$10,400 − $9,800 = $600

上圖中，假設於第 0 年投資公司債，集團應認列投資當時「應付公司債」$98,000 與「公司債投資」$101,000 之差額 $3,000 作為公司債推定收回損失（投資金額＞帳列負債

金額），但由於應付公司債與公司債投資如有溢折價應逐期攤銷至面額，故收回公司債損益應等於後續期間各期利息費用與利息收入差額之合計數。推定公司債收回損益及各期已認列收回損益之計算如下：

$$推定公司債收回（損）益 = 收回當時應付公司債帳面金額 - 公司債投資$$

$$各期已認列公司債收回（損）益 = 利息費用 - 利息收入$$

當公司債投資金額小於應付公司債帳面金額，為收回利益；公司債投資金額大於應付公司債帳面金額，為收回損失。公司債流通期間以後各期之公司債投資利息收入大於應付公司債之利息費用部分，為收回利益之認列；公司債投資利息收入小於應付公司債之利息費用部分，為收回損失之認列。

當發行方與投資方均採直線法攤銷溢折價，各期已認列公司債收回損益每期均相等，則上述算式可列示如下：

$$各期已認列公司債收回（損）益 = 推定公司債收回（損）益 \div 剩餘流通期間$$

當母、子公司間之公司債交易產生推定收回損益，應予調整投資收益，與前述銷貨與固定資產交易不同，前述直接交易損益發生時視為未實現而予「減列」投資收益，公司債交易損益為間接交易，間接交易發生時推定已發生，須「提前認列」，調整投資收益，而後續年度利息費用與收入差額，則視為逐期攤銷已認列損益，予以「減列」，調整投資收益。母公司投資收益與投資帳戶餘額計算如下：

投資收益
$$= \begin{pmatrix} 子公司淨利 & + 逆流推定收回（損）益 \\ & - 逆流已認列收回（損）益 \end{pmatrix} \times 持股比例 \pm 差額攤銷 \begin{matrix} + 順流推定收回（損）益 \\ - 順流已認列收回（損）益 \end{matrix}$$

投資帳戶餘額
$$= \begin{pmatrix} 子公司股東權益 + \begin{matrix} 逆流已認列 \\ 收回（損）益 \end{matrix} \end{pmatrix} \times 持股比例 \pm 未攤銷差額 + \begin{matrix} 順流已認列 \\ 收回（損）益 \end{matrix}$$

三　合併報表沖銷分錄

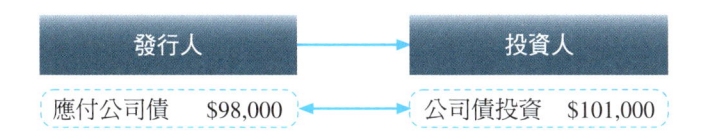

發行人　→　投資人

應付公司債　$98,000　←→　公司債投資　$101,000

(一) 發生年度

1. 期末發生（假設公司債折價發行，投資方溢價購入，以第 211 頁圖為例）

發行方			投資方		
現金	98,000		公司債投資	101,000	
應付公司債溢價	2,000		現金		101,000
應付公司債		100,000			

投資方所認列之公司債投資即為推定收回價款，故發行方之應付公司債帳面金額與公司債投資均應沖銷，差額即列為「推定收回公司債損益」，沖銷分錄：

應付公司債	100,000		⇨ 收回債券面額
推定收回損益	3,000		
應付公司債溢價		2,000	
公司債投資		101,000	⇨ 債券購買成本

2. 期中發生（假設公司債折價發行，投資方溢價購入，以第 211 頁圖為例）

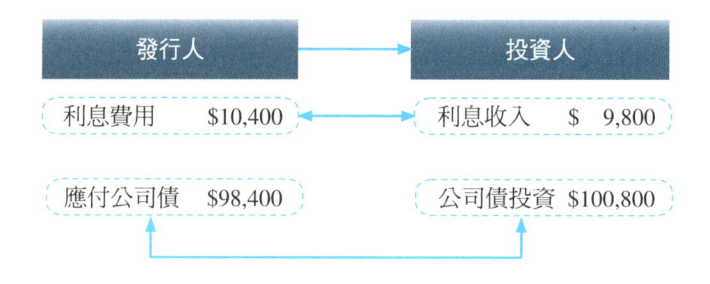

```
       發行人  ───────→  投資人
   利息費用 $10,400 ←──→ 利息收入 $9,800

   應付公司債 $98,400 ←── 公司債投資 $100,800
```

發行方與投資方除發行及購買分錄外，各自認列利息費用與利息收入分錄如下：

發行方			投資方		
利息費用	10,400		應收利息	10,000	
應付公司債折價		400	公司債投資		200
應付利息		10,000	利息收入		9,800

公司債推定收回損益係透過公司債剩餘流通期間利息費用與利息收入之差額逐期攤銷，故沖銷分錄如下：

(1) 應收應付款

應付利息	10,000		⇨ 期末未付款
應收利息		10,000	

(2) 收回當期已認列收回損益

應付公司債	100,000		⇨ 收回債券面額
利息收入	9,800		
推定收回利益	3,000		
應付公司債折價		1,600	⇨ 期末帳列餘額
公司債投資		100,800	⇨ 期末帳列餘額
利息費用		10,400	

(二) 流通期間

1. 期初未認列收回公司債損益

　　期初公司債未認列收回利益等於期初應付公司債帳面金額與公司債投資差額，此差額使期初投資帳戶餘額大於股權淨值，當沖銷期初應付公司債與公司債投資帳面金額後，在順流交易下須將全數貸記「投資子公司」，在逆流交易下則按持股比例調貸記「投資子公司」與「非控制權益」，使投資帳戶與股權淨值相配合。反之，期初公司債未認列收回損失將使期初投資帳戶餘額及非控制權益餘額小於子公司權益，則應借記「投資子公司」（與「非控制權益」）。以第212頁圖為例，作收回後第 2 年之沖銷分錄如下：

(1) 順流交易（母公司為發行方）

投資子公司	2,400		⇨ 期初已認列推定收回損失
應付公司債	100,000		⇨ 收回債券面額
應付公司債折價		1,600	⇨ 期初帳列餘額
公司債投資		100,800	⇨ 期初帳列餘額

(2) 逆流交易（子公司為發行方，假設持股比例 80%）

投資子公司	1,920		⇨ 期初已認列推定收回損失×80%
非控制權益	480		⇨ 期初已認列推定收回損失×20%
應付公司債	100,000		⇨ 收回債券面額
應付公司債折價		1,600	⇨ 期初帳列餘額
公司債投資		100,800	⇨ 期初帳列餘額

2. 本期認列公司債收回損益

　　由於公司債已推定收回，應沖銷各期相對應之「利息費用」與「利息收入」，而公司債收回對於集團整體損益之影響，將呈現在公司債剩餘流通期間發行方的「利息費用」與投資方的「利息收入」的差額，每年透過利息費用小於利息收入的方式來「實現」推定收回利益；透過利息費用大於利息收入的方式來「實現」推定收回損失。且由

於推定收回損益已提前於推定收回期間認列,故對於各期利益的實現將沖減投資子公司(及非控制權益),對於各期損失的實現則增加投資子公司(及非控制權益)。以第212頁圖為例,沖銷分錄列舉如下:

(1) 順流交易(母公司為發行方)

投資子公司	600	
利息收入	9,800	
利息費用		10,400

(2) 逆流交易(子公司為發行方,假設持股比例 80%)

投資子公司	480	
非控制權益	120	
利息收入	9,800	
利息費用		10,400

3. 上列交易可合併作一沖銷分錄

(1) 順流交易(母公司為發行方)

投資子公司	2,400		⇨ 期初已認列推定收回損失
應付公司債	100,000		⇨ 收回債券面額
利息收入	9,800		
應付公司債折價		1,200	⇨ 期末帳列餘額
公司債投資		100,600	⇨ 期末帳列餘額
利息費用		10,400	

(2) 逆流交易(子公司為發行方,假設持股比例 80%)

投資子公司	1,920		⇨ 期初已認列推定收回損失×80%
非控制權益	480		⇨ 期初已認列推定收回損失×20%
應付公司債	100,000		⇨ 收回債券面額
利息收入	9,800		
應付公司債折價		1,200	⇨ 期末帳列餘額
公司債投資		100,600	⇨ 期末帳列餘額
利息費用		10,400	

四　合併損益表之影響

(一) 發生年度

母、子公司間公司債交易對合併財務報表之影響可列示如下:

推定收回損益＝收回價格－應付公司債帳面金額

合併利息收入＝母、子公司利息收入合計數－推定收回公司債投資利息收入

合併利息費用＝母、子公司利息費用合計數－推定收回應付公司債利息費用

$$合併應付公司債 = \frac{母、子公司應付公司債}{帳面金額合計數} - 收回應付公司債帳面金額$$

(二) 以後年度

合併利息收入＝母、子公司利息收入合計數－推定收回公司債投資利息收入

合併利息費用＝母、子公司利息費用合計數－推定收回應付公司債利息費用

$$合併應付公司債 = \frac{母、子公司應付公司債}{帳面金額合計數} - 收回應付公司債帳面金額$$

釋例五 順流公司債交易，合併報表項目餘額

P 公司於 X2 年 1 月 1 日以 $3,000,000 取得 S 公司 90% 股權，非控制權益公允價值為 $400,000。取得當時 S 公司股東權益包括股本 $2,000,000、保留盈餘 $1,100,000，S 公司帳列資產負債均等於公允價值。S 公司於 X2 年 12 月 31 日在公開市場以 $4,750,000 購得 P 公司溢價發行，面額 $5,000,000，利率 10% 公司債。該公司債係於 X2 年 1 月 1 日按 103 發行，到期日為 X8 年 1 月 1 日，每年 1 月 1 日付息一次。假設 P 公司與 S 公司溢折價攤銷採直線法，P 公司及 S 公司 X2 及 X3 年之個別淨利及股利計算如下：

	X2 年		X3 年	
	P 公司	S 公司	P 公司	S 公司
其他收入	$2,000,000	$1,300,000	$3,175,000	$1,500,000
利息收入	—	0	—	550,000
利息費用	(475,000)	—	(475,000)	—
其他費用	(1,025,000)	(1,000,000)	(2,000,000)	(1,650,000)
個別淨利	$ 500,000	$ 300,000	$ 700,000	$ 400,000
股利	$ 300,000	$ 200,000	$ 500,000	$ 300,000

試作：
1. 計算 X2 及 X3 年度合併報表上之推定收回損益。

2. 計算 P 公司 X2 及 X3 年度之投資損益。
3. X2 及 X3 年度合併工作底稿沖銷分錄。

解析

商譽 = ($3,000,000 + $400,000) − ($2,000,000 + $1,100,000) = $300,000

1. 應付公司債溢價 = $5,000,000 × 3% = $150,000（每年攤銷 $25,000）

   公司債投資折價 = $5,000,000 − $4,750,000 = $250,000（每年攤銷 $50,000）

   X2 年 1 月 1 日應付公司債帳面金額 = $5,150,000 − $25,000 = $5,125,000

   公司債推定收回利益 = $5,125,000 − $4,750,000 = $375,000

   P 公司應付公司債與 S 公司之公司債投資攤銷表如下：

	P 公司應付公司債			S 公司之公司債投資			收回損益	
	利息費用	應付利息	應付公司債 BV	利息收入	應收利息	公司債投資 BV	推定收回損益	已認列損益
X2 年 1 月 1 日			$5,150,000					
X2 年 12 月 31 日	$475,000	$500,000	5,125,000			$4,750,000	$(375,000)	
X3 年 12 月 31 日	475,000	500,000	5,100,000	$550,000	$550,000	4,800,000		$75,000
X4 年 12 月 31 日	475,000	500,000	5,075,000	550,000	550,000	4,850,000		75,000
X5 年 12 月 31 日	475,000	500,000	5,050,000	550,000	550,000	4,900,000		75,000
X6 年 12 月 31 日	475,000	500,000	5,025,000	550,000	550,000	4,950,000		75,000
X7 年 12 月 31 日	475,000	500,000	5,000,000	550,000	550,000	5,000,000		75,000

2. 投資收益與非控制權益淨利計算

	投資收益	非控制權益淨利
X2 年度 S 公司淨利享有數	$270,000	$30,000
X2 年度順流交易推定收回利益	375,000	
X2 年度認列數	$645,000	$30,000
X3 年度 S 公司淨利享有數	$360,000	$40,000
X3 年度順流交易已認列收回利益	(75,000)	
X3 年度認列數	$285,000	$40,000

3. 沖銷分錄

	投資帳戶	+	非控制權益	=	股東權益	+	商譽	+	順流推定收回利益
X2/1/1 餘額	$3,000,000	+	$400,000	=	$3,100,000	+	$300,000		
X2 年淨利	645,000	+	30,000	=	300,000				$375,000
X2 年股利	(180,000)	+	(20,000)	=	(200,000)				
X2/12/31 餘額	$3,465,000	+	$410,000	=	$3,200,000	+	$300,000		$375,000
X3 年淨利	285,000	+	40,000	=	400,000				(75,000)
X3 年股利	(270,000)	+	(30,000)	=	(300,000)				
X3/12/31 餘額	$3,480,000	+	$420,000	=	$3,300,000	+	$300,000	+	$300,000

X2 年度：

(1) 沖銷投資收益與股利使投資帳戶回復期初餘額

投資收益	645,000	
股利－S 公司		180,000
投資 S 公司		465,000

(2) 沖銷期初投資帳戶與 S 公司股東權益，列出期初商譽與非控制權益

股本－S 公司	2,000,000	
保留盈餘－S 公司	1,100,000	
商譽	300,000	
投資 S 公司		3,000,000
非控制權益		400,000

(3) 沖銷期末公司債投資與應付公司債，列出推定收回損益

應付公司債	5,000,000	
應付公司債溢價	125,000	
公司債投資		4,750,000
公司債推定收回利益		375,000

(4) 調整非控制權益淨利與股利

非控制權益淨利	30,000	
股利－S 公司		20,000
非控制權益		10,000

X3 年度：

(1) 沖銷投資收益與股利使投資帳戶回復期初餘額

投資收益	285,000	
股利－S 公司		270,000
投資 S 公司		15,000

(2) 沖銷期初投資帳戶與 S 公司股東權益，列出期初商譽與非控制權益

股本－S 公司	2,000,000	
保留盈餘－S 公司	1,200,000	
商譽	300,000	
投資 S 公司（$3,465,000－$375,000）		3,090,000
非控制權益		410,000

(3) 沖銷期末公司債投資與應付公司債，以及當期利息費與利息收入，調整投資帳戶金額

應付公司債	5,000,000	
應付公司債溢價	100,000	
利息收入	550,000	
公司債投資		4,800,000
利息費用		475,000
投資 S 公司		375,000

(4) 調整非控制權益淨利與股利

非控制權益淨利	40,000	
股利－S 公司		30,000
非控制權益		10,000

(5) 沖銷相對項目

應付利息	500,000	
應收利息		500,000

釋例六 逆流公司債交易，合併報表項目餘額

同釋例五，P 公司於 X2 年 12 月 31 日在公開市場以 $4,750,000 購得 S 公司溢價發行，面額 $5,000,000，利率 10% 公司債。該公司債係於 X2 年 1 月 1 日按 103 發行，到期日為 X8 年 1 月 1 日，每年 1 月 1 日付息一次。假設 P 公司與 S 公司溢折價攤銷採直線法，P 公司及 S 公司 X2 及 X3 年之個別淨利及股利計算如下：

	X2 年 P 公司	X2 年 S 公司	X3 年 P 公司	X3 年 S 公司
其他收入	$2,000,000	$1,300,000	$2,150,000	$1,500,000
利息收入	—	—	550,000	—
利息費用	—	(475,000)	—	(475,000)
其他費用	(1,500,000)	(525,000)	(2,000,000)	(625,000)
個別淨利	$ 500,000	$ 300,000	$ 700,000	$ 400,000
股利	$ 300,000	$ 200,000	$ 500,000	$ 300,000

試作：
1. 計算 X2 及 X3 年度合併報表上之推定收回損益。
2. 計算 P 公司 X2 及 X3 年度之投資損益。
3. X2 及 X3 年度合併工作底稿沖銷分錄。

解析

1. 公司債推定收回利益 = $5,125,000 − $4,750,000 = $375,000（同順流交易）
2. 投資收益與非控制權益淨利計算：

	投資收益	非控制權益淨利
X2 年度 S 公司淨利享有數	$270,000	$30,000
X2 年度逆流交易推定收回利益	337,500	37,500
X2 年度認列數	$607,500	$67,500
X3 年度 S 公司淨利享有數	$360,000	$40,000
X3 年度順流交易已認列收回利益	(67,500)	(7,500)
X3 年度認列數	$292,500	$32,500

3. 沖銷分錄：

	投資帳戶	+	非控制權益	=	股東權益	+	商譽	+	逆流推定收回利益
×2/1/1 餘額	$3,000,000	+	$400,000	=	$3,100,000	+	$300,000		
X2 年淨利	607,500	+	67,500	=	300,000			+	$375,000
X2 年股利	(180,000)	+	(20,000)		(200,000)				
×2/12/31 餘額	$3,427,500	+	$447,500	=	$3,200,000	+	$300,000		$375,000
X3 年淨利	292,500	+	32,500	=	400,000			+	(75,000)
X3 年股利	(270,000)	+	(30,000)		(300,000)				
×3/12/31 餘額	$3,450,000	+	$450,000	=	$3,300,000	+	$300,000		$300,000

X2 年度

(1) 沖銷投資收益與股利使投資帳戶回復期初餘額

投資收益	607,500	
股利－S 公司		180,000
投資 S 公司		427,500

(2) 沖銷期初投資帳戶與 S 公司股東權益，列出期初商譽與非控制權益

股本－S 公司	2,000,000	
保留盈餘－S 公司	1,100,000	
商譽	300,000	
投資 S 公司		3,000,000
非控制權益		400,000

(3) 沖銷期末公司債投資與應付公司債，列出推定收回損益

應付公司債	5,000,000	
應付公司債溢價	125,000	
公司債投資		4,750,000
公司債推定收回利益		375,000

(4) 調整非控制權益淨利與股利

非控制權益淨利	67,500	
股利－S 公司		20,000
非控制權益		47,500

X3 年度：

(1) 沖銷投資收益與股利使投資帳戶回復期初餘額

投資收益	292,500	
股利－S 公司		270,000
投資 S 公司		22,500

(2) 沖銷期初投資帳戶與 S 公司股東權益，列出期初商譽與非控制權益

股本－S 公司	2,000,000	
保留盈餘－S 公司	1,200,000	
商譽	300,000	
投資 S 公司 ($3,427,500 − $337,500)		3,090,000
非控制權益 ($447,500 − $37,500)		410,000

(3) 沖銷期末公司債投資與應付公司債，以及當期利息費與利息收入，調整投資帳戶金額

應付公司債	5,000,000	
應付公司債溢價	100,000	
利息收入	550,000	
公司債投資		4,800,000
利息費用		475,000
投資 S 公司		337,500
非控制權益		37,500

(4) 調整非控制權益淨利與股利

非控制權益淨利	32,500	
股利－S 公司		30,000
非控制權益		2,500

(5) 沖銷相對項目

應付利息	500,000	
應收利息		500,000

第 5 節　租賃交易

租賃交易之標的物為使用權資產，依據 IFRS 第 16 號「租賃」與 IAS 第 40 號「投資性不動產」之規範，分為：(1) 營業租賃，與 (2) 融資租賃兩類。

一　營業租賃

(一) 交易分析

對於出租人而言，租賃合約性質之判斷決定於附屬於標的資產所有權之幾乎所有風險與報酬是否移轉予承租人，若未移轉予承租人，應將租賃合約分類為「營業租賃」；而就

承租人而言，僅在短期租賃（租賃期間不超過 12 個月且不含購買選擇權）及低價值標的的資產租賃兩種情形下，始可採用營業租賃之會計處理。

在營業租賃下，出租人應於租賃期間認列「租金收入」與「折舊費用」；承租人則透過支付租金取得資產使用權，應於租賃期間認列「租金費用」。當母、子公司間一方為出租人，一方為承租人，出租人擁有出租資產之所有權，承租人則透過支付租金取得使用權資產使用權。其間交易情況及相關項目可圖示如下：

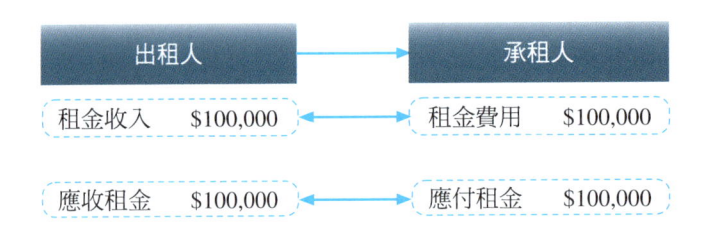

```
        出租人  ────────▶  承租人

   租金收入  $100,000  ◀────▶  租金費用  $100,000

   應收租金  $100,000  ◀────▶  應付租金  $100,000
```

由上圖可知，出租人擁有出租資產之所有權，承租人則透過支付租金取得使用權資產使用權，但就集團整體觀之，該資產之所有權與使用權均屬集團所有，故須將相對之租金收入費用、應收應付租金予以沖銷。

惟須注意當企業所擁有之不動產係由母公司或另一子公司租用，出租人於其個別財務報表中應將該不動產視為投資性不動產，而於合併財務報表中，該不動產則不符合投資性不動產之定義。

(二) 母公司帳上處理

當母、子公司間租賃交易屬營業租賃性質，出租人認列之「租金收入」與承租人認列之「租金支出」相等，此內部交易並未產生未實現損益，亦不影響投資收益之計算，母公司帳上無須對此作處理。

(三) 合併報表沖銷分錄

出租人			承租人		
應收租金	100,000		租金費用	100,000	
租金收入		100,000	應付租金		100,000

出租人之「租金收入」與承租人之「租金支出」為相對項目，若期末有應收應付餘額亦應沖銷，以上圖為例，合併工作底稿沖銷分錄為：

租金收入	100,000	
租金費用		100,000
應付租金	100,000	
應收租金		100,000

(四) 合併損益表

合併租金收入 ＝ 母、子公司租金收入合計數 － 內部交易租金收入

合併租金費用 ＝ 母、子公司租金費用合計數 － 內部交易租金費用

二 融資租賃－直接融資租賃

(一) 交易分析

對於出租人而言，當附屬於標的資產所有權之幾乎所有風險與報酬移轉予承租人，應將租賃合約分類為「融資租賃」；而就承租人而言，除屬於短期租賃及低價值標的的資產租賃兩種情形外，均應採用融資租賃之會計處理。

當租賃條款符合融資租賃條件，出租人於租賃開始時沖轉出租資產，認列租賃投資（應收租賃款），並於租賃期間認列「利息收入」；承租人於租賃開始時則應認列「使用權資產」與「租賃負債」，並於租賃期間攤銷使用權資產，並認列「利息費用」。假設出租人與承租人簽訂 5 年期租約，每年租金 $26,380 期末支付，隱含利率 10%，資產剩餘耐用年限亦為 5 年，則在租期第 1 年之交易情況及相關項目可圖示如下：

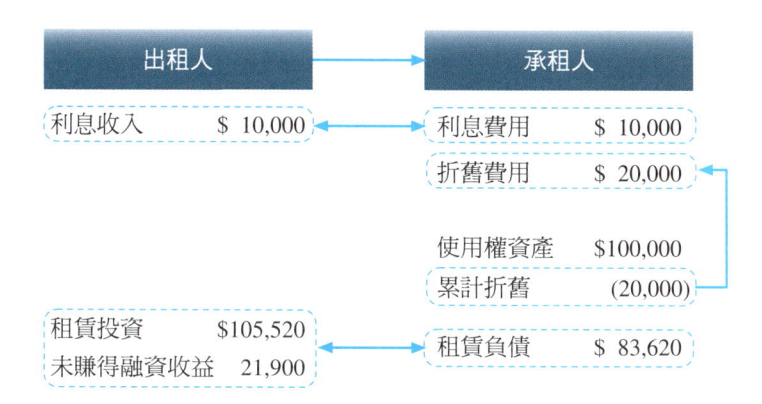

```
        出租人   ──────▶   承租人

  利息收入   $ 10,000  ◀──▶  利息費用    $ 10,000
                              折舊費用    $ 20,000
                              
                              使用權資產  $100,000
                              累計折舊     (20,000)
                              
  租賃投資      $105,520
  未賺得融資收益   21,900  ◀──▶  租賃負債    $ 83,620
```

承租人透過租賃交易取得資產使用權，猶如購買固定資產交易，當融資租賃型態為直接融資租賃時，承租人之「使用權資產」按出租人原始成本評價，資產認列金額與折舊費用均無高估問題。而承租人定期支付租金，猶如出租人借款予承租人，承租人需定期支付利息並還款，雙方帳列之利息收入與費用、應收租賃款與應付租賃款係相對項目，於編製合併報表時需予調整沖銷。

(二) 母公司帳上處理

當母、子公司間租賃交易屬直接融資型資本租賃性質，出租人所認列之「租賃投資」淨額與承租人認列之「租賃負債」相等，出租人所沖銷之「出租資產」與承租人認列的

「使用權資產」亦相等，故此內部交易不產生未實現損益，亦不影響投資收益之計算，母公司帳上無須對此作處理。

(三) 合併報表沖銷分錄

1. 租賃開始日

出租人			承租人		
租賃投資	131,900		使用權資產	100,000	
未賺得融資收益		31,900	租賃負債		100,000
出租資產		100,000			

上表中出租人之「租賃投資」、「未賺得融資收益」與承租人之「租賃負債」為相對項目，而承租人帳列之「使用權資產」就集團整體而言，應按其性質重分類為其他固定資產（如運輸設備），以第 223 頁圖為例，租賃開始日之沖銷分錄為：

租賃負債	100,000	
未賺得融資收益	31,900	
租賃投資		131,900
運輸設備	100,000	
使用權資產		100,000

2. 租賃期間支付租金與認列利息收入費用（以第 223 頁圖中第 1 年為例）

出租人			承租人		
現金	26,380		租賃負債	26,380	
租賃投資		26,380	現金		26,380
未賺得融資收益	10,000		利息費用	10,000	
利息收入		10,000	租賃負債		10,000

出租人之「利息收入」與承租之「利息費用」為相對項目，沖銷分錄為：

利息收入	10,000	
利息費用		10,000

出租人之「租賃投資」與承租人之「租賃負債」經此分錄後調整為期末餘額，即可將 1. 沖銷分錄改為期末數即可。

3. 承租人認列折舊費用（以第 223 頁圖中第 1 年為例）

出租人			承租人		
無			折舊費用	20,000	
			累計折舊－使用權資產		20,000

如前所述，使用權資產應按其性質重分類為其他固定資產，故累計折舊亦需重分類（假設為運輸設備），沖銷分錄為：

累計折舊－使用權資產	20,000	
累計折舊－運輸設備		20,000

(四) 合併損益表

合併利息收入 = 母、子公司利息收入合計數 − 內部交易利息收入

合併利息費用 = 母、子公司利息費用合計數 − 內部交易利息費用

三　融資租賃－銷售型租賃

(一) 交易分析

當母、子公司間一方為出租人，一方為承租人，且出租人租金現值與資產取得成本有價差時，則類似前述存貨或固定資產交易，承租人之使用權資產帳面金額因內含出售人利潤，導致固定資產與折舊費用高估，即須加以調整。假設出租人與承租人簽訂 5 年期租約，每年租金 $26,380 期末支付，隱含利率 10%，資產剩餘耐用年限亦為 5 年，出租人購入資產成本為 $85,000。則在租期第 1 年之交易情況及相關項目可圖示如下：

出租人		承租人	
銷貨收入	$100,000	使用權資產	$100,000
銷貨成本	(85,000)	累計折舊	(20,000)
銷貨毛利	$ 15,000		
		折舊費用	$ 20,000
利息收入	$ 10,000	利息費用	$ 10,000
租賃投資	$105,520		
未賺得融資收益	21,900	租賃負債	$ 83,620

(二) 母公司帳上處理

當母、子公司間租賃交易之一方為製造商或經銷商時，出租人於租賃開始日即認列銷貨收入與銷貨成本，而承租人所認列使用權資產之帳面金額則因內含出租人之銷貨毛利而高估，此項交易之性質猶如前述之存貨固定資產交易，出租人之銷貨毛利為未實現損益，須調整減少投資收益，該未實現利潤將透過承租人對使用權資產提列較高折舊費用而逐期攤銷。投資收益與投資帳戶餘額計算如下：

出租資產未實現利潤＝銷貨收入－銷貨成本

使用權資產每年已實現（損）益＝折舊性資產未實現（損）益×折舊率

投資收益
$= \begin{pmatrix} 子公司淨利 & -逆流未實現（損）益 \\ & +逆流已實現（損）益 \end{pmatrix} \times 持股比例 \pm 差額攤銷 \begin{matrix} -順流未實現（損）益 \\ +順流已實現（損）益 \end{matrix}$

投資帳戶餘額 $= \begin{pmatrix} 子公司 \\ 股東權益 \end{pmatrix} - \begin{matrix} 期末逆流未 \\ 實現（損）益 \end{matrix}） \times 持股比例 \pm 未攤銷差額 - \begin{matrix} 期末順流未 \\ 實現（損）益 \end{matrix}$

(三) 合併報表沖銷分錄

1. 租賃開始日

出租人		承租人	
租賃投資	131,900	使用權資產	100,000
未賺得融資收益	31,900	租賃負債	100,000
銷貨收入	100,000		
銷貨成本	85,000		
存貨	85,000		

上表中出租人之「租賃投資」、「未賺得融資收益」與承租人之「租賃負債」為相對項目，而承租人帳列之「使用權資產」因包含銷貨毛利而高估，且就集團整體而言，應按其性質重分類為其他固定資產（如機器設備），沖銷分錄為：

租賃負債	100,000	
未賺得融資收益	31,900	
租賃投資		131,900
機器設備	85,000	
銷貨收入	100,000	
使用權資產		100,000
銷貨成本		85,000

2. 租賃期間支付租金與認列利息收入費用

與前述直接融資型租賃同。

3. 承租人認列折舊費用（以第 225 頁圖中第 1 年為例）

出租人		承租人	
無		折舊費用	20,000
		累計折舊－租賃資產	20,000

第 4 章 母、子公司間交易

如前所述,除累計折舊需按其性質重分類外(假設為機器設備)外,未實現利潤應透過折舊費用沖減,逐期轉列已實現,沖銷分錄為:

累計折舊－使用權資產	20,000		⇨ 期末餘額
折舊費用		3,000	⇨ 當期已實現利潤
累計折舊－運輸設備		17,000	⇨ 按出租人成本計算應有餘額

4. 以後年度－期初未實現利潤(以第 225 頁圖中第 1 年為例)

(1) 順流交易

投資子公司	12,000		⇨ 期初未實現損益
累計折舊－使用權資產	3,000		⇨ 期初已實現損益
使用權資產		15,000	

(2) 逆流交易(假設母公司持股比例 80%)

投資子公司	9,600		⇨ 期初未實現損益×%
非控制權益	2,400		⇨ 期初未實現損益×%
累計折舊－使用權資產	3,000		⇨ 期初已實現損益
使用權資產		15,000	

(四) 合併損益表

母、子公司間銷售型資本租賃交易對合併財務報表之影響可列示如下:

合併銷貨收入＝母、子公司銷貨收入合計數－當年內部銷貨總額

合併銷貨成本＝母、子公司銷貨成本合計數－當年內部銷貨總額

合併折舊費用餘額＝母、子公司折舊費用合計數－當年度已實現利益

合併固定資產餘額＝母、子公司固定資產合計數＋使用權資產帳面金額－未實現利益餘額

合併利息收入＝母、子公司利息收入合計數－內部交易利息收入

合併利息費用＝母、子公司利息費用合計數－內部交易利息費用

釋例七 融資租賃,順流交易

P 公司於 X1 年 12 月 31 日以 $2,000,000 取得 S 公司 80% 股權,非控制權益按 S 公司淨資產公允價值 20% 計算。取得當日 S 公司股東權益包括股本 $1,000,000 及保留盈餘 $1,250,000,資產負債帳面金額與公允價值差額係未入帳之專利權 $250,000,分 5 年攤銷。

X2 年 12 月 31 日 P 公司將新購入機器租予 S 公司，租期 5 年，每年租金 $120,000 於年初支付。S 公司於租約期滿時有優惠承購權，優惠承購價為 $10,000。該機器估計可用 10 年，無殘值，每年履約成本 $5,626 約定由出租人支付。租賃開始日 P 公司隱含利率為 8%。若 S 公司 X2 年度與 X3 年度淨利與股利資料如下：

	X2 年	X3 年
淨利	$300,000	$400,000
股利	100,000	200,000

情況一：P 公司機器購入成本為 $500,000。
情況二：P 公司機器購入成本為 $420,000。

依上列情況試作：
1. 計算 X2 年度與 X3 年度之投資收益。
2. 計算 X2 年底與 X3 年底投資帳戶餘額。
3. 作 X2 年度與 X3 年度合併工作底稿沖銷分錄。

解析

非控制權益 = ($1,000,000 + $1,250,000 + $250,000) × 20% = $500,000
商譽 = ($2,000,000 + $500,000) − ($1,000,000 + $1,250,000) − $250,000 = 0
專利權攤銷數 = $250,000 ÷ 5 = $50,000
租賃負債 = ($120,000 − $5,626) × (1 + $P_{4,8\%}$) + $10,000 × $p_{5,8\%}$ = $500,000
租賃投資總額 = $114,374 × 5 + $10,000 = $581,870

出租人與承租人攤銷表

	P 公司與 S 公司		S 公司	P 公司	
	收付現金	利息費用/利息收入	租賃負債餘額	未實現利息收入餘額	應收租賃款餘額
租賃開始日			$500,000	$81,870	$581,870
X2 年 12 月 31 日	$114,374	—	385,626	81,870	467,496
X3 年 12 月 31 日	114,374	$30,850	302,102	51,020	353,122
X4 年 12 月 31 日	114,374	24,168	211,896	26,852	238,748
X5 年 12 月 31 日	114,374	16,952	114,474	9,900	124,374
X6 年 12 月 31 日	114,374	9,158	9,258	742	10,000
X7 年 12 月 31 日		742	10,000	—	10,000

〔情況一〕融資租賃－直接融資租賃

投資收益與非控制權益淨利計算：

	投資收益	非控制權益淨利
X2 年度 S 公司淨利享有數	$240,000	$60,000
專利權攤銷數（1/5）	(40,000)	(10,000)
X2 年度認列數	$200,000	$50,000
X3 年度 S 公司淨利享有數	$320,000	$80,000
專利權攤銷數（1/5）	(40,000)	(10,000)
X3 年度認列數	$280,000	$70,000

投資 S 公司與非控制權益帳戶餘額計算：

	投資帳戶	非控制權益
X2 年初餘額	$2,000,000	$500,000
X2 年投資收益與非控制權益淨利	200,000	50,000
現金股利	(80,000)	(20,000)
X2 年底餘額	$2,120,000	$530,000
X2 年投資收益與非控制權益淨利	280,000	70,000
現金股利	(160,000)	(40,000)
X2 年底餘額	$2,240,000	$560,000

合併工作底稿沖銷分錄：

	X2 年			X3 年	
① 投資收益	200,000		投資收益	280,000	
股利		80,000	股利		160,000
投資 S 公司		120,000	投資 S 公司		120,000
② 股本	1,000,000		股本	1,000,000	
保留盈餘	1,250,000		保留盈餘	1,450,000	
專利權	250,000		專利權	200,000	
投資 S 公司		2,000,000	投資 S 公司		2,120,000
非控制權益		500,000	非控制權益		530,000
③ 攤銷費用	50,000		攤銷費用	50,000	
專利權		50,000	專利權		50,000
④ 非控制權益淨利	50,000		非控制權益淨利	70,000	
股利		20,000	股利		40,000
非控制權益		30,000	非控制權益		30,000

⑤	租賃負債	385,626		租賃負債	302,102
	未賺得融資收益	81,870		未賺得融資收益	51,020
	租賃投資		467,496	租賃投資	353,122
⑥	機器設備	500,000		機器設備	500,000
	使用權資產		500,000	累計折舊－使用權資產	50,000
				使用權資產	500,000
				累計折舊－機器	50,000
				利息收入	30,850
				利息費用	30,850

〔情況二〕融資租賃－銷售型融資租賃

租賃未實現利益 = $500,000 − $420,000 = $80,000（每年攤 $8,000）

1. 投資收益與非控制權益淨利計算

	投資收益	非控制權益淨利
X2 年度 S 公司淨利享有數	$240,000	$60,000
專利權攤銷數（1/5）	(40,000)	(10,000)
租賃未實現利益	(80,000)	
X2 年度認列數	$120,000	$50,000
X3 年度 S 公司淨利享有數	$320,000	$80,000
專利權攤銷數（1/5）	(40,000)	(10,000)
租賃已實現利益	8,000	
X3 年度認列數	$288,000	$70,000

2. 投資 S 公司與非控制權益帳戶餘額計算

	投資帳戶	非控制權益
X2 年初餘額	$2,000,000	$500,000
X2 年投資收益與非控制權益淨利	120,000	50,000
現金股利	(80,000)	(20,000)
X2 年底餘額	$2,040,000	$530,000
X2 年投資收益與非控制權益淨利	288,000	70,000
現金股利	(160,000)	(40,000)
X2 年底餘額	$2,168,000	$560,000

3. 合併工作底稿沖銷分錄

X2年			X3年		
① 投資收益	120,000		投資收益	288,000	
股利		80,000	股利		160,000
投資S公司		40,000	投資S公司		128,000
② 股本	1,000,000		股本	1,000,000	
保留盈餘	1,250,000		保留盈餘	1,450,000	
專利權	250,000		專利權	200,000	
投資S公司		2,000,000	投資S公司		2,120,000
非控制權益		500,000	非控制權益		530,000
③ 攤銷費用	50,000		攤銷費用	50,000	
專利權		50,000	專利權		50,000
④ 非控制權益淨利	50,000		非控制權益淨利	70,000	
股利		20,000	股利		40,000
非控制權益		30,000	非控制權益		30,000
⑤ 銷貨收入	500,000		投資S公司	80,000	
銷貨成本		420,000	使用權資產		80,000
使用權資產		80,000			
⑥			累計折舊－使用權資產	8,000	
			折舊費用		8,000
⑦ 租賃負債	385,626		租賃負債	302,102	
未賺得融資收益	81,870		未賺得融資收益	51,020	
租賃投資		467,496	租賃投資		353,122
⑧ 機器設備	420,000		機器設備	420,000	
使用權資產		420,000	累計折舊－使用權資產	42,000	
			使用權資產		420,000
			累計折舊－機器		42,000
⑨			利息收入	30,850	
			利息費用		30,850

本章習題

〈存貨交易〉

1. 公司間有銷貨交易發生時,合併報表中下列那一項目之金額將不因順流或逆流交易而有不同?
(A) 合併淨利
(B) 非控制權益淨利
(C) 合併銷貨毛利
(D) 合併保留盈餘

2. 母子公司間存有存貨交易未實現利益時,非控制權益淨利如何計算?
(A) 子公司帳列淨利調整順流交易未(已)實現利益後乘以非控制權益比例
(B) 子公司帳列淨利乘以非控制權益比例
(C) 子公司帳列淨利調整順、逆流交易未(已)實現利益後乘以非控制權益比例
(D) 子公司帳列淨利調整逆流交易未(已)實現利益後乘以非控制權益比例

3. P 公司經常銷售商品予其子公司,若 S 公司 X3 年期初存貨之未實現利潤金額大於 X3 年期末存貨之未實現利潤金額時,則 X3 年合併損益表之敘述,下列何者為真?
(A) 合併損益表上之銷貨成本將小於母、子公司銷貨成本合計數。
(B) 合併損益表上之銷貨成本將大於母、子公司銷貨成本合計數。
(C) 合併損益表上之銷貨毛利將大於母、子公司銷貨毛利合計數。
(D) 合併損益表上之銷貨收入將大於母、子公司銷貨收入合計數。

4. P 公司 X3 年間與其投資公司間發生下列交易:
(1) 銷售商品予持股比例 15% 之 X 公司,售價 $200,000,銷貨毛利 $80,000,X 公司 X3 年底尚有 $50,000 之存貨。
(2) 自持股比例 100% 之 Y 公司購入商品共 $300,000,Y 公司認列該批商品之銷貨毛利為 $100,000,P 公司至 X3 年底尚有 $120,000 之存貨尚未售出。

若 P 公司及其子公司合併資產負債表之流動資產在沖銷分錄前為 $1,000,000,則沖銷上述交易影響數後,合併資產負債表之流動資產應為:
(A) $1,000,000
(B) $980,000
(C) $960,000
(D) $940,000

5. X5 年 1 月 1 日榮光公司以現金 $900,000 購入日正公司 90% 的股權,當時日正公司之股本為 $600,000,未分配盈餘為 $200,000。日正公司資產負債中除機器設備低估 $50,000,未入帳之專利權 $150,000 外,其餘資產負債之公允價值與帳面金額相等。X5 年中日正公司對榮光公司銷貨 $150,000、毛利 $50,000,至 X5 年年底,尚有五分之一

商品留於榮光公司之期末存貨中。日正公司 X5 年之帳列淨利為 $200,000，發放現金股利 $100,000。機器設備尚有 5 年耐用年限，專利權按 10 年攤銷。則 X5 年度榮光公司之投資收益為多少？

(A) $157,500　　(B) $150,300
(C) $148,500　　(D) $148,000

6. 台中公司在數年前依台南公司淨資產公允價值比例，取得台南公司 80% 股權。X1 年中，台南公司將成本 $80,000 的商品以 $100,000 之價格售予台中公司，至 X1 年底台中公司仍有 30% 的商品尚未出售。X2 年中，台中公司亦將成本 $100,000 的商品以 $150,000 之價格售予台南公司，至 X2 年底，台南公司仍有 30% 的商品尚未出售。台中公司 X1 年及 X2 年帳列之銷貨成本分別為 $400,000 及 $350,000，台南公司則二年均為 $250,000，則 X1 年及 X2 年合併損益表上銷貨成本之金額各為若干？

(A) $650,000 及 $600,000　　(B) $400,000 及 $250,000
(C) $556,000 及 $459,000　　(D) $554,800 及 $460,200

7. 甲公司於 X1 年初以現金 $360,000 取得乙公司 60% 的股權，並依非控制權益公允價值 $240,000 衡量非控制權益，當時乙公司可辨認淨資產的帳面金額與公允價值皆為 $600,000。X1 年間，乙公司將成本 $600,000 的商品以 $800,000 出售予甲公司，而甲公司截至 X1 年年底尚有 $200,000 的存貨未出售。X1 年，甲公司與乙公司的個別淨利（不含投資收益或股利收入）分別為 $300,000 與 $150,000。X2 年間，乙公司將成本 $900,000 的商品以 $1,200,000 出售予甲公司，而甲公司截至 X2 年年底尚有 $400,000 未出售。X2 年，甲公司與乙公司的個別淨利（不含投資收益或股利收入）分別為 $400,000 與 $250,000。X1 年至 X2 年間，甲公司和乙公司均無發放股利。試求 X2 年底甲公司帳上投資乙公司餘額為何？　　【105 年 CPA】

(A) $360,000　　(B) $500,000
(C) $540,000　　(D) $600,000

8. X1 年 1 月 1 日甲公司取得乙公司 85% 普通股股權並取得控制。X1 年 7 月 1 日甲公司將成本 $240,000 之商品以 $288,000 出售予乙公司，X1 年 12 月 31 日該批商品仍有八分之一尚未售予集團外之第三方，該未出售商品之淨變現價值為 $33,600。甲公司與乙公司對存貨以成本與淨變現價值孰低為評價基礎。試問 X1 年度甲公司與乙公司之合併綜合損益表中，應認列前述公司間交易有關之存貨跌價損失為何？　　【106 年 CPA】

(A) $0　　(B) $2,400
(C) $3,600　　(D) $4,800

9. 甲公司持有乙公司 80% 股權並具有控制。收購日乙公司可辨認資產與負債之帳面金額皆等於公允價值，且無合併商譽。X1 年度甲公司與乙公司之損益資料如下：

	甲公司	乙公司
銷貨收入	$600,000	$320,000
銷貨成本	(320,000)	(155,000)
營業費用	(100,000)	(89,000)
淨利	$180,000	$ 76,000
支付現金股利	$ 19,000	$ —

X1 年間甲公司以 $50,000 將成本 $40,000 商品售予乙公司，其中 30% 的商品至 X2 年底才出售予集團外的第三方。X1 年度合併淨利應為多少？ 【107 年 CPA】

(A) $180,000　　　　　　　　　　　　(B) $253,000
(C) $256,000　　　　　　　　　　　　(D) $259,000

10. 甲公司持有乙公司流通在外 55% 股權，並具有控制。X1 年度乙公司出售商品予甲公司，並作下列分錄：(借) 應收帳款 $40,000、(貸) 銷貨收入 $40,000，乙公司皆以商品成本加價 25% 作為銷售價格。截至 X1 年 12 月 31 日甲公司尚有該商品四分之一未售出。甲公司 X1 年度合併工作底稿應如何沖銷與調整此筆交易產生的未實現 (損) 益？ 【108 年 CPA】

(A) 減少甲公司期末存貨餘額 $2,000
(B) 增加甲公司期末存貨餘額 $2,500
(C) 減少甲公司期末存貨餘額 $8,000
(D) 增加甲公司期末存貨餘額 $10,000

11. 忠孝公司於 X1 年 1 月 1 日依仁愛公司淨資產公允價值比例取得仁愛公司 70% 股權，仁愛公司淨資產帳面金額與公允價值相等，忠孝公司依權益法處理該項投資之相關會計事項。X6 年度忠孝公司及仁愛公司的淨利分別為 $120,000 及 $60,000。X6 年度忠孝公司存貨中有一部分係於前一年度購自仁愛公司，其未實現利潤為 $8,000。X6 年底，忠孝公司之期末存貨中有 $12,000 購自仁愛公司，仁愛公司之期末存貨則有 $8,400 購自忠孝公司。X6 年度兩公司間銷貨毛利率均為售價的 20%。

試作：
1. 計算 X6 年度忠孝公司之投資收益。
2. 計算 X6 年度仁愛公司之非控制權益淨利。
3. X6 年度在合併工作底稿上關於內部銷貨及存貨利潤應作之沖銷分錄。

12. P 公司於 X1 年初以 $5,850,000 取得 S 公司 90% 股權，非控制權益為淨資產公允價值 10%。取得當日，S 公司股東權益包括股本 $4,000,000 及保留盈餘 $2,000,000，

且其資產負債之帳面金額與公允價值差額係未入帳專利權 $500,000，分 10 年攤銷。下列為 S 公司 X4 年、X5 年的淨利、股利及保留盈餘相關資料：

	X4 年	X5 年
淨利	$1,000,000	$1,200,000
股利	600,000	900,000
12/31 保留盈餘	2,600,000	2,900,000

X5 年中，P 公司將商品一批以 $500,000 售予 S 公司，S 公司期末存貨含未實現利潤 $150,000，S 公司 X4 年底的存貨包括購自 P 公司的商品，含未實現利潤 $100,000。

試作：

1. P 公司在權益法下，X4 年底之投資 S 公司帳戶餘額及 X5 年之投資收益金額。

2. 假若 P 公司採成本法處理其對 S 公司之投資，且 P 公司 X4 年及 X5 年底之保留盈餘分別為 $2,400,000 及 $3,600,000。試作 X5 年 P 公司合併報表之工作底稿上將成本法改為權益法之分錄。

13. P 公司於 X1 年初以 $1,000,000 取得 S 公司 80% 的股權而對 S 公司取得控制，並依可辨認淨資產之比例份額衡量非控制權益。收購日 S 公司股東權益包括股本 $500,000、資本公積 $300,000 及保留盈餘 $200,000，除折舊性資產帳面金額低估 $100,000 外，其餘可辨認資產、負債之帳面金額均與公允價值相等，該折舊性資產自收購日之剩餘耐用年限為 10 年。

P 公司係以成本加二成出售商品給 S 公司，X3 年 P 公司共出售商品 $600,000 給 S 公司，S 公司 X2 年及 X3 年期末存貨中分別有 $84,000 及 $120,000 係自 P 公司購得。X3 年 12 月 31 日 S 公司尚欠 P 公司 $100,000 貨款。

P 公司與 S 公司 X3 年 12 月 31 日試算表如下：

	P 公司	S 公司		P 公司	S 公司
應收帳款（淨額）	$ 684,000	$ 400,000	負債	$ 3,054,000	$ 800,000
存貨	900,000	400,000	普通股股本	2,000,000	500,000
投資啟元公司	1,116,000	－	資本公積	1,000,000	300,000
其他資產	4,500,000	1,200,000	保留盈餘	800,000	300,000
銷貨成本	3,600,000	1,000,000	銷貨收入	5,000,000	1,500,000
其他費用	1,000,000	300,000	投資收益	146,000	－
股利	200,000	100,000		$12,000,000	$3,400,000
	$12,000,000	$3,400,000			

試作：

1. X3 年二公司的合併工作底稿沖銷分錄。

2. 編製 X3 年度合併損益表。

〈土地設備交易〉

14. P公司持有S公司80%的股權。X5年間，S公司將成本$500,000的土地以$600,000之價格售予P公司，P公司至X8年中才將該土地以$800,000的售價售予第三者。則P公司在編製X8年度合併報表時，關於上述交易之處理，下列敘述何者正確？
    (A) 應貸記處分土地利益$200,000。　　　(B) 應借記投資子公司$100,000。
    (C) 應貸記投資收益$100,000。　　　　　(D) 以上皆非。

15. 大新公司擁有大立公司70%股權，大新公司以完全權益法處理長期投資。大立公司於X5年1月1日以現金$500,000購入機器設備一部，估計耐用年限為5年，殘值為$50,000，採年數合計法計提折舊。大立公司於X7年12月31日將該機器設備售予大新公司，售價為$200,000。大立公司X7年淨利為$300,000，則編製X7年之合併報表時，應沖銷之未實現損益金額為何？
    (A) $42,000　　　　　　　　　　　　　(B) $51,000
    (C) $60,000　　　　　　　　　　　　　(D) $70,000

16. 丙公司於X7年1月1日按股權淨值購入丁公司90%股權，X8年1月1日丁公司將帳面金額$50,000的設備按$100,000出售給丙公司，該設備估計可以使用5年，無殘值，採直線法折舊。丁公司X8年度淨利為$120,000，丙公司X8年度採完全權益法之投資收益為多少？　　　　　　　　　　　　　　　　　　　　　　　【100年CPA】
    (A) $58,000　　　　　　　　　　　　　(B) $63,000
    (C) $68,000　　　　　　　　　　　　　(D) $72,000

17. 甲公司擁有乙公司70%的股權。乙公司X8年1月1日將一帳面金額$320,000之機器以當時公允價值$280,000售予甲公司，甲公司估計該機器耐用年限尚有四年，無殘值，採直線法提列折舊。試問X8年度合併綜合損益表上該機器之折舊費用為何？
    (A) $56,000　　　　　　　　　　　　　(B) $65,000
    (C) $70,000　　　　　　　　　　　　　(D) $80,000　　　　　　　【104年CPA】

18. 甲公司持有乙公司80%股權，X8年1月1日甲公司將X6年1月1日購入之機器設備賣給乙公司，該機器於X6年1月1日之估計耐用年數為6年，採直線法提列折舊。此交易在甲公司帳上所作之分錄為：

現金	64,000	
累計折舊－機器	28,000	
機器		88,000
出售機器利益		4,000

若乙公司不打算改變該設備之估計耐用年限、殘值及折舊方法,則 X8 年度合併財務報表上該設備之期末帳面金額及折舊費用分別為何? 【104 年 CPA】

(A) $46,000 及 $12,000　　　　　(B) $46,000 及 $14,000
(C) $60,000 及 $12,000　　　　　(D) $60,000 及 $14,000

19. 甲公司於 X2 年 1 月 1 日取得乙公司 80% 普通股股權並取得控制。甲公司 X3 年 1 月 1 日以售價 $45,000 出售機器設備予乙公司,當日該機器設備之成本與累計折舊分別為 $80,000 與 $40,000;該機器設備原估計之耐用年限為 8 年且無殘值,以直線法提列折舊;另該日該機器設備之可回收金額為 $35,000。乙公司於 X3 年 1 月 1 日自甲公司購入該機器設備時,重新評估其耐用年限尚有 5 年,無估計殘值,且仍以直線法提列折舊。試問 X3 年度甲公司與乙公司之合併財務報表應認列該機器設備之折舊費用為何?

(A) $10,000　　　　　(B) $9,000
(C) $8,000　　　　　(D) $7,000　　　　　【106 年 CPA】

20. 甲公司 X1 年 1 月 1 日取得乙公司流通在外具表決權股權的 70%,並具有控制。當日乙公司可辨認淨資產之帳面金額等於其公允價值。X2 年 1 月 1 日乙公司以 $80,000 將一棟建築物售予甲公司,該建築物在 X2 年 1 月 1 日之帳面金額為 $60,000,從該日起算尚有 5 年使用年限,無殘值。甲公司與乙公司皆採直線法提列折舊。X2 年度乙公司淨利為 $200,000。甲公司 X2 年度合併綜合損益表上非控制權益淨利為何?【107 年 CPA】

(A) $54,000　　　　　(B) $55,200
(C) $60,000　　　　　(D) $128,800

21. 乙公司為甲公司 100% 持有之子公司。X1 年 1 月 1 日甲公司以 $20,000 將一輛卡車出售予乙公司,當日該卡車之帳面金額為 $15,000,尚可使用 5 年,無殘值。甲、乙兩家公司皆採直線法提列折舊。除該卡車外,甲公司與乙公司皆無其他折舊性資產。試問甲公司 X1 年度合併財務報表上折舊費用及卡車之帳面金額各為多少?

(A) 折舊費用 $4,000、卡車之帳面金額 $16,000
(B) 折舊費用 $5,000、卡車之帳面金額 $15,000
(C) 折舊費用 $3,000、卡車之帳面金額 $17,000
(D) 折舊費用 $3,000、卡車之帳面金額 $12,000　　　　　【108 年 CPA】

22. P 公司為重型機械製造商,P 公司於 X3 年初將成本 $500,000 之設備,按成本加成 50% 之價格,售予持股比例 70% 之 S 公司,S 公司將該設備列為「機器設備」,估計耐用年限 10 年,採直線法提列折舊,無殘值。

試作：

1 計算 X3 年 12 月 31 日及 X4 年 12 月 31 日合併資產負債表上該機器設備之帳面金額。

2 X3 年及 X4 年該機器設備相關之沖銷分錄。

23. P 公司於 X1 年 1 月 2 日以 $2,000,000 取得 S 公司 60% 的股權，並按 S 公司淨資產公允價值比例衡量非控制權益，收購當日 S 公司帳列淨資產帳面金額與公允價值差額係未入帳之專利權 $100,000，剩餘有效年限 5 年。X1 年至 X4 年間，P 公司個別淨利與 S 公司淨利資料如下：

	X1 年度	X2 年度	X3 年度	X4 年度
P 公司個別淨利	$500,000	$600,000	$700,000	$800,000
S 公司淨利	200,000	300,000	400,000	500,000

若 P 公司與 S 公司於 X1 年至 X4 年間發生下列交易事項：

(1) S 公司於 X1 年 10 月 1 日將成本 $100,000 之土地，以 $150,000 之價格售予 P 公司，P 公司至 X4 年 8 月以 $230,000 售予第三人。

(2) P 公司於 X2 年 1 月 2 日將帳面金額 $60,000 之設備，以 $80,000 之價格售予 S 公司，該設備之剩餘耐用年限 5 年，無殘值。

(3) P 公司 X3 年底期末存貨中包含未實現銷貨毛利 $3,000，該批存貨於 X4 年間售予第三人。

試計算 X1 年度至 X4 年度 P 公司與 S 公司之合併損益、控制權益淨利與非控制權益淨利金額。

24. 甲公司於 X1 年 10 月 1 日以 $1,600,000 取得乙公司 80% 的股權，採權益法處理該項投資，並依可辨認淨資產比例份額衡量非控制權益，當時乙公司的權益包含股本 $1,000,000 以及保留盈餘 $600,000，除了設備低估 $400,000 外，其他資產、負債的帳面金額均等於公允價值，該設備尚可使用八年，採直線法提列折舊，無殘值。

X2 年 7 月 1 日乙公司出售廠房給甲公司獲利 $21,000，該廠房尚可使用七年，無殘值，採直線法提列折舊。甲公司 X2 年和 X3 年本身淨利（不含投資收益或股利收入）分別為 $120,000 及 $170,000，乙公司 X2 年和 X3 年之保留盈餘變動情形如下：

	X2 年	X3 年
期初保留盈餘	$660,000	$730,000
加：淨利	100,000	160,000
減：股利	(30,000)	(80,000)
期末保留盈餘	$730,000	$810,000

試計算：

1. X3 年甲公司帳列投資收益以及合併報表中之控制權益淨利。
2. X3 年 12 月 31 日甲公司帳列「投資乙公司」項目餘額。
3. X3 年合併報表中之非控制權益淨利。
4. X3 年 12 月 31 日合併報表中之非控制權益項目餘額。　　　　　【107 年 CPA】

25. P 公司與 S 公司 X3 年個別財務資料如下：

	P 公司	S 公司
損益表：		
銷貨收入	$4,500,000	$2,000,000
投資收益	350,000	—
出售土地利益	—	120,000
折舊費用	(800,000)	(450,000)
銷貨成本及其他費用	(3,250,000)	(1,170,000)
淨利	$ 800,000	$ 500,000
保留盈餘表：		
期初保留盈餘	$2,600,000	$1,200,000
加：淨利	800,000	500,000
減：股利	(500,000)	(300,000)
期末保留盈餘	$2,900,000	$1,400,000
資產負債表：		
流動資產	$1,220,000	$2,000,000
固定資產	6,000,000	4,000,000
累計折舊	(2,000,000)	(1,000,000)
投資 S 公司	2,380,000	
資產總額	$7,600,000	$5,000,000
負債	$2,300,000	$2,100,000
普通股股本	2,400,000	1,500,000
保留盈餘	2,900,000	1,400,000
負債與股東權益總額	$7,600,000	$5,000,000

其他資料如下：

(1) P 公司於 X1 年 1 月 1 日以 $2,100,000 取得 S 公司 70% 的股權，非控制權益按淨資產公允價值 30% 計算。取得當日 S 公司股東權益包括股本 $1,500,000 及保留盈餘 $1,000,000，S 公司淨資產帳面金額與公允價值差額係存貨低估 $150,000（該存貨已於 X1 年全部出售），專利權 $350,000 未入帳（剩餘有效年限 5 年）。

(2) P 公司 X2 年 1 月 1 日將帳面金額 $500,000 的設備以 $700,000 的價格售予 S 公司，該設備估計可再使用 4 年。

(3) X3 年間 S 公司出售土地一筆予 P 公司，獲利 $120,000。

(4) P 公司對其投資採權益法，但並未調整投資成本超過帳面金額之差額，亦未調整公司間交易之未（已）實現損益。

試編製 X3 年度合併工作底稿。

〈租賃交易〉

26. 母、子公司間簽訂有銷售型租賃契約，編製合併報表時應：
(A) 准許承租人於租約開始時認列租賃損益
(B) 准許出租人於租約開始時認列租賃損益
(C) 遞延該一損益，而於承租人之租賃期間內分期認列
(D) 遞延該一損益，而於使用權資產之耐用年限內分期認列

27. 達威公司取得盛昌公司 90% 股權，盛昌公司淨資產公允價值與帳面金額相等，收購時未產生合併商譽。X5 年 1 月 1 日達威公司與盛昌公司簽訂一項為期 5 年之租賃設備合約，該設備經濟耐用年數為 5 年，無殘值。租約開始時達威公司該設備之帳面金額為 $1,150,000。盛昌公司自 X5 年 1 月 1 日起每年需付達威公司 $300,000，達威公司隱含利率為 9%，盛昌公司的增額借款利率亦為 9%，盛昌公司對此設備採直線法提列折舊。盛昌公司 X5 年淨利為 $180,000，X5 年達威公司投資收益金額為多少？(P4,9% = 3.2397，P5,9% = 3.8897)

(A) $64,472
(B) $65,978
(C) $127,562
(D) $15

28. 大華公司於 X1 年 1 月 1 日以現金 $640,000 購入中興公司 80% 之股權，當天中興公司股東權益如下：

普通股股本	$300,000
資本公積	300,000
保留盈餘	100,000
合計	$700,000

中興公司淨資產公允價值與帳面金額差異係未入帳專利權 $100,000，按 10 年攤銷。兩公司 X5 年 12 月 31 日之試算表如下：

	大華公司	中興公司
現金	$121,013	$126,050
存貨	90,000	120,000
固定資產	320,000	50,000
累計折舊－固定資產	(70,000)	(20,000)
使用權資產	40,676	
累計折舊－使用權資產	(10,796)	
營業使用權資產		420,000
累計折舊－營業使用權資產		(80,000)
應收租賃款		412,000
未實現利息收入		(4,000)
投資中興公司	640,000	
應付帳款	(130,000)	(180,000)
應付租賃款	(24,560)	
應付利息	(4,440)	
普通股股本	(300,000)	(300,000)
資本公積	(360,000)	(300,000)
保留盈餘，期初	(278,333)	(226,610)
銷貨收入	(300,000)	(130,000)
租金收入		(34,000)
利息收入－資本租賃		(4,440)
折舊費用	41,000	23,000
利息費用	4,440	
銷管費用	70,000	38,000
銷貨成本	140,000	90,000
租金費用	11,000	
合計	$ 0	$ 0

其他資料如下：

(1) X3年1月1日，中興公司購入一筆土地及地上物房屋共$140,000，並以營業租賃方式出租予大華公司，租期5年，每年年初支付租金$11,000，其中地上物之房屋價值為$120,000，耐用年限20年，以直線法攤提折舊，無殘值。

(2) X4年1月1日，中興公司以現金$14,000購入一機器，並以資本租賃方式出租予大華公司，租期4年，每年年初支付租賃款$5,000，4年後的優惠承購價格為$2,000，此機器公允價值為$17,560，出租人之隱含利率為15%（考慮優惠承購價格之下），大華公司以直線法提列為折舊，估計耐用年限為7年，無殘值。

(3) X5年，大華公司及中興公司已分別認列其有關租賃之利息費用及利息收入。

試作：

1. X5 年合併工作底稿上之沖銷分錄。
2. 計算 X5 年度合併淨損益及非控制權益淨利。　　　　　　【100 年 CPA 改編】

〈公司債交易〉

29. 子公司於 X7 年 1 月 1 日發行面額 $500,000、12%、五年後到期之公司債，發行時產生折價 $40,000，利息則於每年 12 月 31 日支付。X8 年 12 月 31 日母公司以 $250,000 的價格從公開市場購入子公司面額 $250,000 之公司債。母子兩公司皆以直線法攤銷折溢價。試問 X8 年度及 X9 年度合併損益表中應付公司債之利息費用各為若干？（合併個體所發行的公司債只有上述之公司債，且母公司仍繼續持有此公司債）

	X8 年度	X9 年度
(A)	$26,000	$26,000
(B)	$34,000	$34,000
(C)	$52,000	$26,000
(D)	$68,000	$34,000

30. X7 年 1 月 1 日子公司在公開市場上以 $210,000 取得母公司所發行面額 $200,000 之公司債。當時此筆公司債的折價金額為 $5,000，採直線法攤銷，到期日為 X11 年 12 月 31 日。針對此筆交易，母公司應如何調整其 X7 年度及 X8 年度之投資收益？

	X7 年度	X8 年度
(A)	減少 $12,000	增加 $3,000
(B)	增加 $12,000	減少 $3,000
(C)	減少 $4,000	增加 $1,000
(D)	增加 $4,000	減少 $1,000

31. 甲公司於 X6 年 12 月 31 日以 $500,000 取得乙公司 80% 的股權。取得當時乙公司股東權益總額為 $600,000，乙公司淨資產公允價值與帳面金額差額係未入帳之專利權 $25,000，分十年攤銷。X8 年 1 月 1 日甲公司以 $470,000 取得乙公司面額 $500,000、年利率 8% 之公司債，該公司債付息日為每年 1 月 1 日及 7 月 1 日，到期日為 X12 年 12 月 31 日，當時該公司債之帳面金額為 $480,000。乙公司 X8 年淨為 $300,000，甲、乙二公司對該公司債的溢、折價均採直線法攤銷，則甲公司 X8 年投資乙公司之投資收益金額若干？

(A) $240,000　　　　　　　　　　　　(B) $246,400
(C) $244,400　　　　　　　　　　　　(D) $246,000

32. X1 年 1 月 1 日大樑公司的長期負債包含面額 $900,000、利率 10%、X5 年 1 月 1 日到期的應付公司債,未攤銷溢價 $48,000,付息日為 1 月 1 日及 7 月 1 日,採直線法攤銷。大樑公司持有小叮公司 80% 的股權。X1 年 1 月 2 日,小叮公司以 $612,000 的價格從債券市場中,購買大樑公司流通在外面額 $600,000 的債券。大樑公司及小叮公司 X1 年度合併綜合損益表上,債券的推定贖回損益為何? 【102 年 CPA】

(A) 利得 $20,000   (B) 利得 $36,000
(C) 損失 $8,000   (D) 損失 $20,000

33. 承上題,大樑公司及小叮公司 X2 年 12 月 31 日合併資產負債表上,大樑公司的應付公司債加上未攤銷溢價後的餘額應為: 【102 年 CPA】

(A) $300,000   (B) $308,000
(C) $312,000   (D) $316,000

34. 甲公司持有乙公司流通在外 80% 股權並具有控制。X1 年 1 月 1 日甲公司支付 $391,000 購買乙公司所發行面額 $400,000、利率 3% 的公司債,乙公司當日流通在外的公司債面額為 $1,000,000、到期日為 X5 年 4 月 1 日。X1 年 1 月 1 日乙公司流通在外應付公司債之帳面金額為 $1,045,000。甲公司與乙公司皆採用直線法攤銷公司債折(溢)價。甲公司 X1 年度合併綜合損益表上應報導多少推定收回公司債(損)益?

(A) 推定收回公司債損失 $14,000   (B) 推定收回公司債損失 $21,600
(C) 推定收回公司債利益 $23,000   (D) 推定收回公司債利益 $27,000

【107 年 CPA】

35. X2 年 1 月 1 日甲公司以現金 $1,800,000 取得乙公司 80% 普通股股權並取得控制,另依可辨認淨資產公允價值之比例份額衡量非控制權益。X2 年 1 月 1 日乙公司之可辨認淨資產公允價值為 $2,100,000;且除設備帳面金額低估 $100,000 外,乙公司其他可辨認淨資產之公允價值與帳面金額皆相等;又該低估之設備自 X2 年 1 月 1 日估計耐用年限為 5 年,以直線法提列折舊且無估計殘值。乙公司於 X2 年 1 月 1 日以 $1,452,451 發行四年期公司債,面額 $1,500,000,票面利率 9%,每年 12 月 31 日支付利息,發行時之市場利率 10%。甲公司於 X2 年 12 月 31 日在公開市場以 $500,000 加計利息買入乙公司三分之一流通在外之公司債,作為「透過其他綜合損益按公允價值衡量之金融資產」投資。甲公司之債券投資與乙公司之應付公司債皆以有效利率法攤銷溢折價。乙公司 X2 年度與 X3 年度之淨利分別為 $1,000,000 與 $1,250,000,兩年度均未發放股利。下列敘述何者錯誤? 【108 年 CPA】

(A) X2 年度甲公司個體財務報表應認列之投資乙公司損益份額為 $774,052
(B) X2 年度合併綜合損益表應認列公司債推定收回損失為 $12,435

(C) X3 年度合併資產負債表之非控制權益為 $860,264

(D) X3 年度編製合併財務報表時應沖銷之利息費用與利息收入差額為 $5,635

36. 仁愛公司擁有乙公司 90％股權。X5 年 7 月 1 日乙公司由公開市場上已 $620,000 購得仁愛公司面額 $600,000，年利率 10％ 之公司債。該公司債付息日為每年 1 月 1 日及 7 月 1 日，到期日為 X9 年 7 月 1 日。X5 年 12 月 31 日二公司財務報表上有關公司債之資料如下：

	仁愛公司	乙公司
利息收入	$ —	$ 27,500
利息費用	160,000	—
應收利息	—	30,000
公司債投資	—	617,500
應付利息	75,000	—
應付公司債	1,500,000	—
應付公司債折價	35,000	—

試作：

1. 計算該公司債交易對 X5 年度合併淨利之影響數。
2. 計算合併損益表中利息費用與利息收入金額。
3. 計算合併資產負債表中應付利息之金額。
4. 列示合併資產負債表中有關應付公司債之相關資訊。

37. 甲公司於 X1 年 1 月 1 日取得乙公司 80％ 的股權，並採權益法處理該項投資，當時乙公司各項資產、負債之帳面金額與公允價值均相等。X3 年 9 月 1 日乙公司於市場上以 $596,160 加計利息取得甲公司 25％ 之公司債，該公司債於 X8 年 1 月 1 日到期，每年 1 月 1 日及 7 月 1 日付息，採直線法攤銷折溢價（因與有效利息法差異不大）。甲公司與乙公司 X3 年不包含投資收益之各別淨利分別為 $1,250,000 與 $350,000，甲公司和乙公司 X3 年 12 月 31 日與該公司債有關的資料如下：

	甲公司	乙公司
利息收入	—	$ 11,880
利息費用	$ 186,300	—
應收利息	—	?
投資公司債券	—	591,840
應付利息	97,200	—
應付公司債（年利率 9%）	2,160,000	—
應付公司債溢價	32,400	—

試作：

1. 計算 X3 年度合併報表中之公司債推定收回損益。
2. 計算 X3 年 12 月 31 日合併資產負債表上 1 應付利息 2 應付公司債 3 應付公司債溢價之金額。
3. 計算 X3 年度合併綜合損益表歸屬於控制權益之淨利。 【106 年 CPA】

38. P 公司於 X3 年 12 月 31 日以 $750,000 購入 S 公司 70% 股權而對 S 公司取得控制，並按 S 公司淨資產公允價值比例衡量非控制權益。當日 S 公司之股東權益包括股本 $500,000、保留盈餘 $400,000，除設備低估 $100,000 外，其他各項可辨認資產、負債之帳面金額均與公允價值相等，該設備自收購日起尚餘四年耐用年限，採直線法提列折舊。X4 年 1 月 1 日 S 公司於公開市場以 $165,000 取得 P 公司發行面額 $150,000、票面利率 10% 之公司債，當時公司債之帳面金額為 $174,000。該公司債於每年 7 月 1 日及 1 月 1 日付息，X6 年 12 月 31 日到期，採直線法攤銷溢折價。P 公司採權益法處理對 S 公司之投資，S 公司 X4 年及 X5 年淨利分別為 $500,000 及 $600,000，X4 年及 X5 年分別發放現金股利 $200,000、$300,000。

試作：

1. 計算 X4 年度合併綜合損益表之推定收回公司債損益。
2. 計算 P 公司 X4 年及 X5 年之投資收益及非控制權益淨利。
3. 計算 X4 年 12 月 31 日及 X5 年 12 月 31 日投資 S 公司及非控制權益帳戶之餘額。
4. 作 X4 年度及 X5 年度合併工作底稿沖銷分錄。

39. 同上題，惟 X4 年 1 月 1 日係 P 公司於公開市場以 $165,000 取得 S 公司發行面額 $150,000、票面利率 10% 之公司債，當時公司債之帳面金額為 $174,000。

試作：

1. 計算 X4 年度合併綜合損益表之推定收回公司債損益。
2. 計算 P 公司 X4 年及 X5 年之投資收益。
3. 計算 X4 年 12 月 31 日及 X5 年 12 月 31 日投資 S 公司帳戶之餘額。
4. 作 X4 年度及 X5 年度合併工作底稿沖銷分錄。

〈綜合題型〉

40. P 公司於 X1 年初取得 S 公司 90% 股權，S 公司淨資產帳面金額與公允價值相等，該項收購未產生合併商譽。X1 年至 X4 年間，二公司間發生之交易如下：

X1 年：P 公司將成本 $80,000 之商品，以 $100,000 之價格授與 S 公司，S 公司於 X1 年中出售其中 $60,000，其餘 $40,000 至 X2 年方予出售。

X2 年：P 公司將成本 $40,000 之商品，以 $52,500 之價格售予文明公公司，該批商品 S 公司全部於 X3 年方予出售。

X3 年：P 公司於年初將成本 $60,000 之設備，以 $75,000 之價格售予 S 公司。該設備估計可用 5 年，S 公司至 X4 年底仍在使用該設備。另，S 公司將成本 $50,000 之土地以 $60,000 之價格售予 P 公司，P 公司擬將土地作為廠房用地。

X4 年：S 公司於年初以 $50,400 購入 P 公司發行，面額 $50,000，年利率 10% 之公司債，當時該公司債之帳面金額為 $48,000，X7 年 12 月 31 日到期。

S 公司 X1 年至 X4 年之淨利分別為：$80,000、$110,000、$100,000 及 $120,000。

試作：

1. 計算 P 公司 X2、X3 及 X4 年之投資收益。
2. 計算 P 公司與 S 公司合併報表上 X2、X3 及 X4 年之非控制權益淨利。

41. 甲公司對乙公司股權投資之相關資料如下：

    (1) 甲公司於 X1 年 1 月 1 日以 $600,000 取得乙公司 90% 的股權，並按乙公司淨資產公允價值比例衡量非控制權益，當時乙公司淨資產公允價值為 $600,000，與其帳面金額相等。

    (2) X2 年中，乙公司以成本加二成的價格 $240,000 出售商品給甲公司，X2 年 12 月底，甲公司期末存貨中有 $72,000 係購自乙公司，該部分存貨於 X3 年中全部出售。

    (3) X3 年 9 月 1 日，甲公司將成本 $100,000 的商品以 $130,000 的價格售予乙公司，至 X3 年底乙公司尚有半數未出售。

    (4) X3 年 12 月 31 日，甲公司支付現金 $96,000 取得乙公司面額 $100,000，帳面金額 $97,500 之公司債，該公司債到期日為 X7 年 12 月 31 日，票面利率 10%。

    (5) 甲公司對乙公司之投資採不完全權益法處理，X3 年認列投資收益 $29,700，X3 年底投資帳戶餘額 $663,900。

    (6) 乙公司 X3 年初股東權益為 $650,000，X3 年之淨利為 $33,000，發放股利 $12,000；甲公司 X3 年淨利 $100,000，發放股利 $50,000。

    試作：
    1. X3 年底甲公司將對乙公司之投資由不完全權益法改為完全權益法之分錄。
    2. X4 年合併工作底稿中有關公司債相互持有之調整或沖銷分錄。
    3. 計算 X3 年之合併淨利、非控制權益淨利及 X3 年底非控制權益金額。

42. P 公司 X2 年初以 $900,000 取得 S 公司 90% 股權，並按 S 公司淨資產公允價值比例衡量非控制權益。S 公司當時的股東權益包括股本 $600,000 及保留盈餘 $200,000，淨資產帳面金額與公允價值差異係未入帳之專利權 $200,000，分 10 年攤銷。

若 S 公司 X5 年初保留盈餘 $500,000，X5 年淨利 $200,000，放發股利 $100,000，P 公司對此長期投資採權益法處理。

其他資料如下：

(1) X4 年 12 月 31 日，P 公司將帳面金額 $80,000 之機器以 $135,000 售予 S 公司，此機器估計尚可使用 10 年，採年數合計法提列折舊。

(2) X4 年中 P 公司將成本 $280,000 之商品以 $400,000 售予 S 公司，X4 年底 S 公司存貨中有 $100,000 係購自 P 公司，此部分存貨至 90 年全部出售。

(3) X5 年 9 月 1 日，S 公司向 P 公司借款 $180,000，年利率 8%，至 X5 年 12 月 31 日 S 公司尚未付息。

(4) X5 年中 S 公司將成本 $210,000 之商品以 $350,000 售予 P 公司，至 X5 年底此存貨尚有七分之一未賣出。

(5) X5 年 12 月 31 日，P 公司於公開市場以 $525,000 取得 S 公司面額 $500,000，年利率 10%，平價發行之公司債，其付息日為 6 月 30 日及 12 月 31 日，到期日為 X9 年 12 月 31 日。

(6) X5 年 12 月 31 日，P 公司將帳面金額 $90,000 之設備，以 $100,000 價格售予 S 公司，該設備估計可再使用五年，採直線法提列折舊。

試作：

P 公司與 S 公司 X5 年度合併工作底稿之沖銷分錄。

43. P 公司於 X1 年 1 月 1 日以 $680,000 購買 S 公司 90% 之股權，並按公允價值 $120,000 衡量非控制權益，S 公司資產負債帳面金額與公允價值差異係未入帳之專利權 $100,000，分 10 年攤銷。S 公司於併購日之股東權益列示如下：

普通股	$200,000
資本公積	100,000
保留盈餘	300,000
合計	$600,000

X5 年 1 月 1 日 S 公司出售一機器設備給 P 公司，售價 $30,000，S 公司製造該設備之成本 $20,000，該設備之耐用年限為 5 年，採直線法提列折舊，無殘值。

X6 年 12 月 31 日，P 公司自資本市場購入 S 公司發行在外公司債二分之一，該公司發行該公司債時之市場利率為 10%，當日之市場利率為 12%，購入價格為 $89,183。S 公司發行該公司債之市場利率為 10%，X6 年 12 月 31 日帳上公司債折價為 $7,586。公司債於每年 12 月 30 付息一次，該公司採有效利率法攤銷公司債折價。

P 公司於 X7 年出售商品給 S 公司，售價 $50,000，P 公司之毛利率為 30%，該商品於期末時仍有 $20,000 在 S 公司之期末存貨中。

X7 年 12 月 31 日二公司之試算表列示如下：

	P 公司	S 公司
現金	$20,193	$30,414
存貨	20,000	50,000
機器設備	351,000	1,622,000
累計折舊	(200,000)	(600,000)
投資 S 公司股票	680,000	—
投資 S 公司債券	90,885	—
應付公司債	—	(200,000)
應付公司債折價	—	6,345
普通股（面額 $10）	(200,000)	(200,000)
資本公積	(300,000)	(100,000)
保留盈餘，X7 年 1 月 1 日	(401,376)	(500,000)
銷貨收入	(300,000)	(360,000)
銷貨成本	100,000	72,000
利息收入	(10,702)	—
營業費用	150,000	160,000
利息費用	—	19,241

試編製 P 及 S 二公司 X7 年 12 月 31 日之合併工作底稿。

44. 忠孝公司於 X7 年初以 $700,000 取得仁愛公司 90% 股權，並按仁愛公司淨資產公允價值比例衡量非控制權益，仁愛公司淨資產帳面金額與公允價值差異係未入帳專利權 $100,000，分 10 年攤銷。X7 年至 X9 年二公司間發生之交易彙總如下（所有交易均為公平交易）：

(1) X7 年中忠孝公司將成本 $80,000 之商品以 $100,000 之價格售予仁愛公司，仁愛公司於 X7 年出售其中的 60%，餘者至 X8 年始行出售。

(2) X8 年中忠孝公司佑將成本 $40,00 之商品以 $52,500 之價格售予仁愛公司，仁愛公司至 X9 年始將該批商品一次全部出售。

(3) X8 年初仁愛公司將成本 $50,000 之土地以 $60,000 之價格售予忠孝公司，忠孝公司以將該土地作為廠房用地。

(4) X8 年初忠孝公司將成本 $60,000 之設備以 $75,000 之價格售予仁愛公司，該設備尚可使用五年，無殘值，按直線法提折舊，至 X9 年底仁愛公司仍在使用中。

(5) X9 年初忠孝公司以 $51,000 之價格購入仁愛公司發行之面額 $50,000，利率 10%，帳面金額 $48,000 之公司債，其到期日為 X11 年 12 月 31 日。

仁愛公司 X7、X8、X9 三年之淨利依序為 $100,000、$120,000 及 $125,000，發放現金股利 $40,000、$40,000 及 $50,000。

試作：

1. 若忠孝公司對仁愛公司之股權投資係採正確的權益法（完全權益法）處理，試計算下列各項之金額：

   ① 忠孝公司 X8 年及 X9 年之投資收益。

   ② X8 年及 X9 年合併損益表中非控制權益淨利。

   ③ 忠孝公司 X9 年底「投資仁愛公司」帳戶餘額。

2. 若忠孝公司對仁愛公司之股權投資一向採不完全權益法處理，投資收益係按仁愛公司帳列淨利乘以其持股比例認列，且 X9 年投資收益已認列但尚未結帳，試為忠孝公司作股權投資由不完全權益法轉換為完全權益法應作之更正分錄。

3. 若忠孝公司一向採成本法處理對仁愛公司之股權投資，且 X9 年尚未結帳，試為忠孝公司作股權投資由成本法轉換為完全權益法應作之更正分錄。

CHAPTER 5 母公司持股比例變動

學習目標

期中控制
- 股權淨值之決定
- 投資收益之決定
- 合併報表與沖銷分錄
- 合併損益表

分次投資
- 分次投資之型態
- 分次取得控制之會計處理

母公司出售部分股權
- 出售部分股權之樣態
- 母公司喪失控制力
- 母公司保留控制力

第 1 節　期中控制

前幾章所討論之子公司股權投資均假設於「期初」控制，故子公司股權淨值以「前一年年底」之股東權益金額計算，投資當年度投資收益則以子公司「當年度」損益表資料計算。然而，實務上母公司通常都在「期中」控制子公司，而非在期初。當母公司在會計年度中控制子公司，子公司之控制日股權淨值及取得年度投資收益即應調整。

一　股權淨值之決定

母公司期中控制子公司，在計算投資成本與股權淨值差額時，需先計算子公司「控制日」股東權益。**控制日股東權益，為當期期初股東權益，調整「期初至控制日」所有導致股東權益變動交易後之餘額**。常見股東權益變動交易事項包括期初至控制日子公司淨利或淨損、發放股利、買回或再發行庫藏股、資產重估增值等。有關股東權益變動交易事項的資料，若子公司有編製控制日之期中財務報表，則以該期中報表資料為準；若無編製控制日之期中報表或最近期之期中報表，則按年度報表資料比例計算之。

假設子公司期初至控制日股東權益交易僅有發放股利一項，子公司淨利按比例計算，則控制日子公司股東權益可列示如下：

$$\begin{matrix}\text{控制日子公司} \\ \text{股東權益}\end{matrix} = \begin{matrix}\text{期初子公司} \\ \text{股東權益}\end{matrix} + \begin{matrix}\text{子公司} \\ \text{當年淨利}\end{matrix} \times \frac{\text{期初至控制日}}{\text{全年}} - \begin{matrix}\text{期初至控制日} \\ \text{股利發放}\end{matrix}$$

其他有關投資成本與子公司可辨認淨資產公允價值差額，其計算與分攤和前述各章相同，茲不贅述。

二　投資收益之決定

母公司應自控制子公司之日起，採用權益法處理子公司投資。由於母公司是期中投資子公司，因此在計算投資當年度投資收益時，子公司已實現淨利必須按「持有期間」計算；投資成本與股權淨值差額，如為一次性事項而在持有期間實現者，則投資收益必須一次性調整，例如：子公司存貨高低估數於期中銷售時一次認列；**其餘差額則應按取得期間比例攤銷**，例如：子公司未入帳專利權在投資當年度按持有比例攤銷，以後年度按全年數攤銷。投資收益列示如下：

$$\text{投資收益} = \text{子公司淨利} \times \text{持股比例} \times \text{持有期間比例} \pm \text{差額攤銷} \times \text{持有期間比例}$$

三　合併報表與沖銷分錄

母公司應自控制子公司之日起，將子公司收益與費損編入合併財務報表中。因此，合併損益表中僅列示「控制日後」之子公司收入與費用，合併總損益為「全年度母公司損

益」與「控制日後子公司控制權益損益」，非控制權益淨利亦為控制日後子公司損益按非控制權益比例計算之。合併損益表之淨利圖示如下：

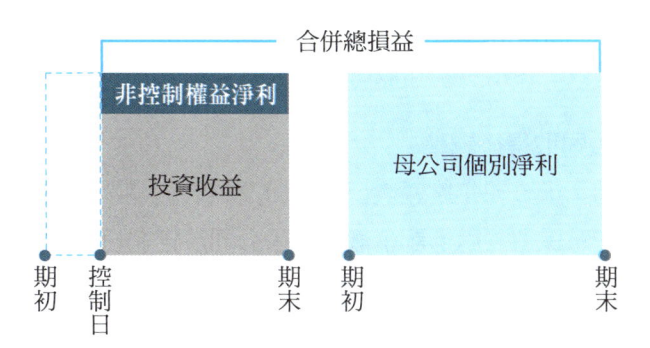

(一) 合併總損益之計算

在此方法下，合併損益表之合併總損益可分為三部分：(1) 母公司個別淨利；(2) 投資收益；(3) 非控制權益淨利，相關計算公式如下：

合併總損益 ＝ 母公司個別淨利 ＋ 子公司淨利 × 持有期間比例

控制權益淨利（母公司淨利）＝ 母公司個別淨利 ＋ 投資收益

非控制權益淨利 ＝ 子公司淨利 × 持有期間比例 × 非控制權益比例

(二) 合併工作底稿沖銷分錄

期中取得之合併報表，僅就「全年度母公司報表」與「控制日後子公司報表」合併。在編製合併工作底稿前，可先編製子公司「控制日至期末」之損益表與保留盈餘表，其餘之合併程序與第 3 章所述相同，按投資恆等式分析如下：

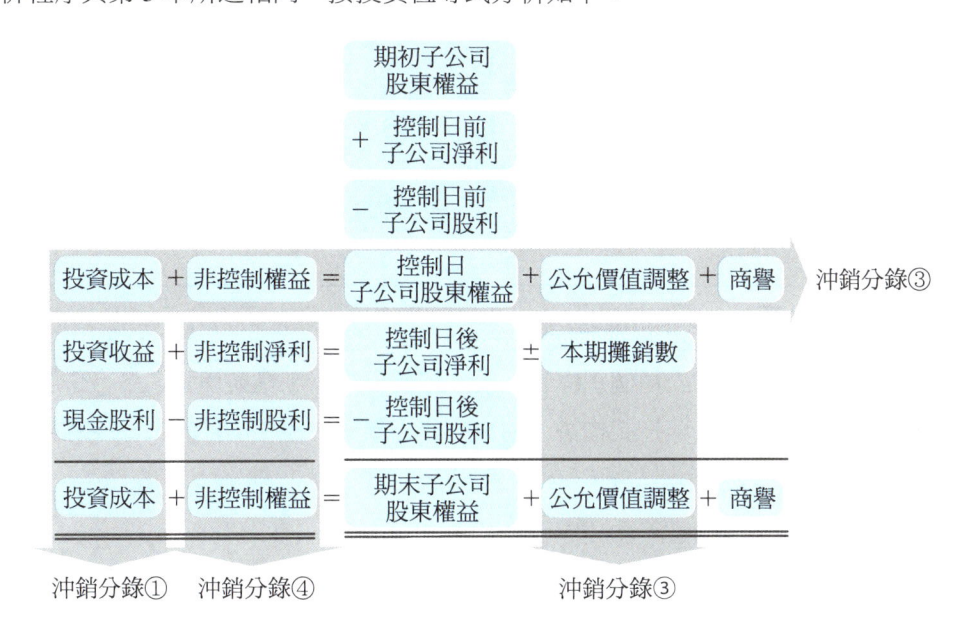

由於母公司係在期中控制，當母公司投資帳戶（投資成本）與子公司股東權益對沖時，母公司投資帳戶為控制日金額，因此**應以母公司投資帳戶與子公司「控制日」股東權益對沖**，才能列出控制日投資成本、非控制權益及公允價值調整數。從而，在編製合併報表時，依子公司年度報表是否依母公司取得後期間重新編製，而有不同合併沖銷分錄：

1. 子公司報表已依母公司取得後調整

　　合併報表編製前，子公司年度報表已依母公司控制後期間重新編製，則沖銷分錄與前數章相同，僅須注意**保留盈餘借記金額改為子公司於控制日之餘額**。沖銷分錄如下：

股本（控制日）	×××	
保留盈餘（控制日）	×××	
未攤銷差額（控制日）	×××	
投資子公司（取得成本）		×××
非控制權益（控制日）		×××

控制日保留盈餘＝期初餘額＋控制前收入－控制前費用成本－控制前股利

2. 子公司報表未作調整

　　合併報表編製前，子公司年度報表未依母公司控制後期間重新編製，子公司僅有年度報表，則須在沖銷分錄中將子公司控制前收入、成本費用與發放股利金額一併沖銷。沖銷分錄如下：

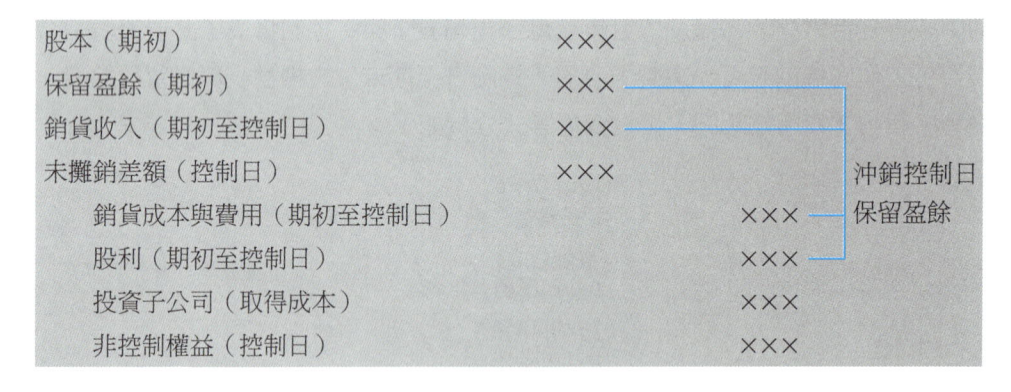

股本（期初）	×××	
保留盈餘（期初）	×××	
銷貨收入（期初至控制日）	×××	
未攤銷差額（控制日）	×××	
銷貨成本與費用（期初至控制日）		×××
股利（期初至控制日）		×××
投資子公司（取得成本）		×××
非控制權益（控制日）		×××

沖銷控制日保留盈餘

四　合併損益表

　　合併損益表，包括「母公司個別淨利」及「控制日後控制權益淨利」。合併總損益，包括「控制權益淨利」及「非控制權益淨利」，非控制權益淨利以控制日非控制權益後淨利為計算基礎。

釋例一　期中控制

P 公司於 X1 年 4 月 1 日以 $2,500,000 取得 S 公司 80% 股權，當日非控制權益公允價值為 $625,000，子公司帳列淨資產除設備低估 $150,000（剩餘耐用年限 4 年），其餘淨資產帳面金額均等於其公允價值。X1 年 1 月 1 日 S 公司有股本 $1,000,000、資本公積 $800,000，及保留盈餘 $1,200,000，X1 年 S 公司淨利為 $300,000 係於 1 年中平均賺得，且 S 公司於 3 月 1 日及 10 月 1 日各發放股利 $100,000。X1 年 12 月 31 日兩公司之試算表列示如下：

	P 公司	S 公司
流動資產	$2,000,000	$1,400,000
固定資產	3,780,000	2,800,000
投資 P 公司	2,577,500	–
流動負債	(500,000)	(100,000)
長期負債	(1,500,000)	(1,000,000)
普通股（面額 $10）	(3,000,000)	(1,000,000)
資本公積	(1,500,000)	(800,000)
保留盈餘，X1 年 1 月 1 日	(1,500,000)	(1,200,000)
股利	300,000	200,000
銷貨收入	(5,000,000)	(3,000,000)
銷貨成本	3,500,000	2,000,000
營業費用	1,000,000	700,000
投資收益	(157,500)	–

試作：
1. 計算 X1 年度投資收益與 X1 年 12 月 31 日投資帳戶餘額。
2. 編製 X1 年度合併工作底稿。
3. 編製 X1 年度合併損益表。

解析

1. S 公司 X1 年 1 月 1 日～3 月 31 日淨利 = $300,000 × 3/12 = $75,000
   S 公司 X1 年 3 月 31 日股東權益 = $3,000,000 + $75,000 − $100,000 = $2,975,000
   商譽 = ($2,500,000 + $625,000) − ($2,975,000 + $150,000) = $0
   設備低估每年攤銷數 = $150,000 ÷ 4 = $37,500

(1) 投資收益與非控制權益淨利計算

S公司X1年4月1日～12月31日淨利＝$300,000×9/12＝$225,000

	投資收益	非控制權益淨利
X1年度S公司淨利享有數	$180,000	$45,000
攤銷（$37,500×9/12）	(22,500)	(5,625)
X3年度認列數	$157,500	$39,375

(2) 投資帳戶與非控制權益餘額計算

	投資帳戶	非控制權益
X1年4月1日餘額	$2,500,000	$625,000
X1年投資收益與非控制權益淨利	157,500	39,375
X1年10月1日股利發放	(80,000)	(20,000)
X1年底餘額	$2,577,500	$644,375

2. 合併工作底稿

	投資帳戶	+	非控制權益	=	股東權益	+	專利權
X1/1/1 餘額				=	$3,000,000		
X1年1/1～3/31淨利					75,000		
X1年3/1股利					(100,000)		
X1/4/1 取得投資	**$2,500,000**	+	**$625,000**	=	**$2,975,000**	+	**$150,000**
X1年4/1～12/31淨利	157,500	+	39,375	=	225,000	+	(28,125)
X1年10/1股利	(80,000)	+	(20,000)	=	(100,000)		
X1/12/31餘額	**$2,577,500**	+	**$644,375**	=	**$3,100,000**	+	**$121,875**

(1) 子公司另行編製控制日後報表（財務報表式）

4月1日～12月31日銷貨收入＝$3,000,000×9/12＝$2,250,000

4月1日～12月31日銷貨成本＝$2,000,000×9/12＝$1,500,000

4月1日～12月31日營業費用＝$700,000×9/12＝$525,000

4月1日～12月31日發放股利＝$100,000

會計項目	P公司	S公司 （4～12月）	沖銷分錄 借	沖銷分錄 貸	合併報表
損益表					
銷貨收入	$5,000,000	$2,250,000			$7,250,000
銷貨成本	(3,500,000)	(1,500,000)			(5,000,000)
營業費用	(1,000,000)	(525,000)	③ 28,125		(1,553,125)
投資收益	157,500	—	① 157,500		—
非控制權益淨利			④ 39,375		(39,375)
本期淨利	$ 657,500	$ 225,000			$657,500
保留盈餘表					
期初保留盈餘	$1,500,000	$1,175,000	② 1,175,000		$1,500,000
本期淨利	657,500	225,000			657,500
本期股利	(300,000)	(100,000)		① 80,000 ④ 20,000	(300,000)
期末保留盈餘	$1,857,500	$1,300,000			$1,857,500
資產負債表					
流動資產	$2,000,000	$1,400,000			$3,400,000
固定資產	3,780,000	2,800,000	② 150,000	③ 28,125	6,701,875
投資P公司	2,577,500	—		① 77,500 ② 2,500,000	—
	$8,357,500	$4,200,000			$10,101,875
流動負債	$ 500,000	$ 100,000			$ 600,000
長期負債	1,500,000	1,000,000			2,500,000
普通股股本	3,000,000	1,000,000	② 1,000,000		3,000,000
資本公積	1,500,000	800,000	② 800,000		1,500,000
保留盈餘	1,857,500	1,300,000			1,857,500
非控制權益				② 625,000 ④ 19,375	644,375
	$8,357,500	$4,200,000			$10,101,875

沖銷分錄：

①	投資收益	157,500	
	股利		80,000
	投資S公司		77,500

② 股本（4/1）	1,000,000	
資本公積（4/1）	800,000	
保留盈餘（4/1）	1,175,000	
設備	150,000	
投資 S 公司		2,500,000
非控制權益		625,000
③ 折舊費用	28,125	
累計折舊－設備		28,125
④ 非控制權益淨利	39,375	
股利		20,000
非控制權益		19,375

(2) 子公司不另行編製取得日後報表（試算表式）：

沖銷分錄②改為：

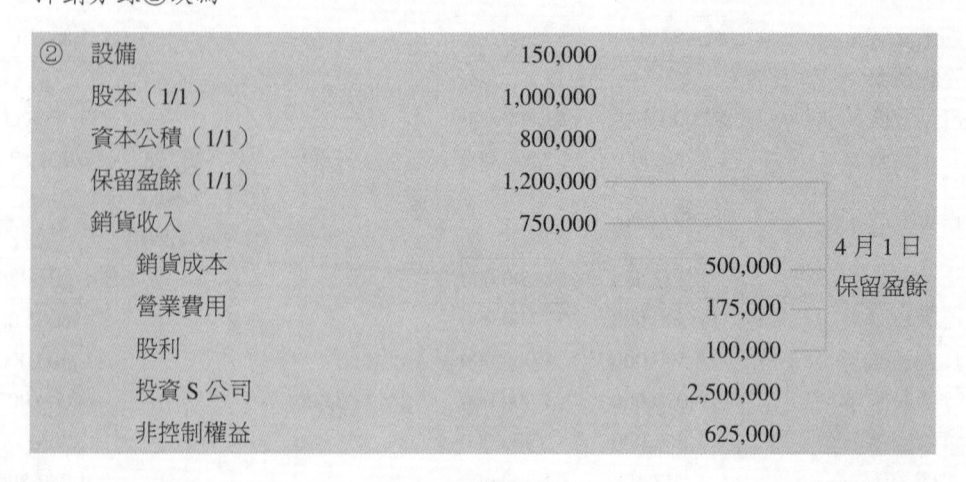

② 設備	150,000	
股本（1/1）	1,000,000	
資本公積（1/1）	800,000	
保留盈餘（1/1）	1,200,000	⎫
銷貨收入	750,000	⎬ 4月1日
銷貨成本		500,000　　保留盈餘
營業費用		175,000
股利		100,000
投資 S 公司		2,500,000
非控制權益		625,000

3. 合併損益表

P 公司與 S 公司
合併損益表
×1 年度

銷貨收入	$7,250,000
銷貨成本	(5,000,000)
銷貨毛利	$2,250,000
營業費用	(1,553,125)
合併總損益	$ 696,875
非控制權益淨利	$ 39,375
控制股權淨利	$ 657,500

P 公司及 S 公司
合併工作底稿
×8 年度

會計項目	P 公司	S 公司	沖銷分錄 借方	沖銷分錄 貸方	合併綜合損益表	合併保留盈餘表	合併資產負債表
流動資產	$2,000,000	$1,400,000					$3,400,000
固定資產	3,780,000	2,800,000	② 150,000	③ 28,125			6,701,875
投資 P 公司	2,577,500	—		① 77,500 ②2,500,000			—
流動負債	(500,000)	(100,000)					(600,000)
長期負債	(1,500,000)	(1,000,000)					(2,500,000)
普通股股本	(3,000,000)	(1,000,000)	②1,000,000				(3,000,000)
資本公積	(1,500,000)	(800,000)	② 800,000				(1,500,000)
保留盈餘	(1,500,000)	(1,200,000)	②1,200,000			$(1,500,000)	
本期股利	300,000	200,000		① 80,000 ② 100,000 ④ 20,000		300,000	
銷貨收入	(5,000,000)	(3,000,000)	② 750,000		$(7,250,000)		
銷貨成本	3,500,000	2,000,000		② 500,000	5,000,000		
營業費用	1,000,000	700,000	③ 28,125	② 175,000	1,553,125		
投資收益	(157,500)	—	① 157,500		—		
非控制權益				② 625,000 ④ 19,375			(644,375)
非控制權益淨利			④ 39,375		39,375		
控制權益淨利					$(657,500)	(657,500)	
期末保留盈餘						$(1,857,500)	(1,857,500)

第 2 節　分次投資

一　分次投資之型態

　　投資公司對於股權投資可能採分次逐步取得之方式，由於股權投資會計處理決定於投資公司之持股比例，故當投資公司分次投資逐步增加其持股比例，其會計處理將隨之調整改變，根據分次投資型態說明如下：

(一) 無重大影響力→具重大影響力

當投資公司不具重大影響力，通常作為「透過損益按公允價值衡量之金融資產」或「透過綜合損益按公允價值衡量之金融資產」，當投資公司繼續增加持股，使股權投資由「無重大影響力」轉為「具重大影響力」時，應將新投資成本及原已按公允價值評價之投資均依取得重大影響力日之公允價格，轉列為「採權益法之投資」帳戶；並於重分類年度（取得重大影響力日之年度）起採權益法處理，認列投資收益，讀者可參考第二章之說明。

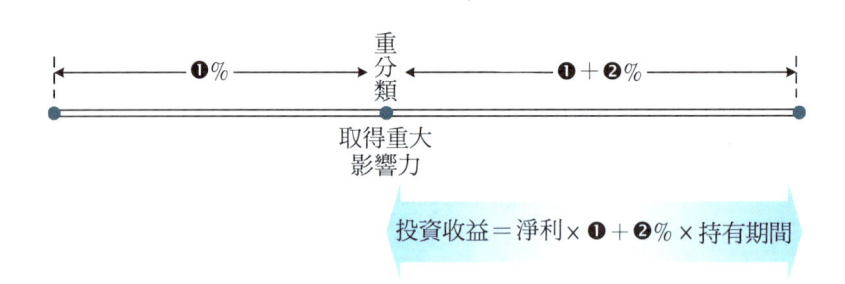

```
         ❶%           重分類         ❶＋❷%
├─────────────┼─────────────┤
                  取得重大
                   影響力
```

投資收益＝淨利×❶＋❷%×持有期間

(二) 具重大影響力→具重大影響力

若投資公司原已具重大影響力，並按權益法處理，當投資公司繼續增加持股，並不改變原先權益法之會計處理。因此，投資公司僅在認列投資收益與股利時，按加權平均持股比例計算，如本書第2章所述。

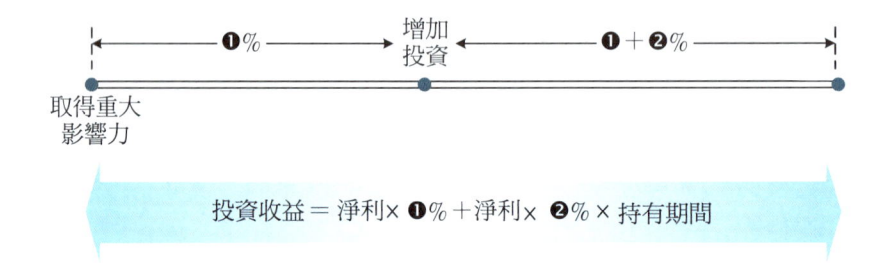

```
         ❶%           增加投資        ❶＋❷%
├─────────────┼─────────────┤
   取得重大
    影響力
```

投資收益＝淨利×❶%＋淨利×❷%×持有期間

(三) 無重大影響力→控制力

當投資公司不具重大影響力，通常作為「透過損益按公允價值衡量之金融資產」或「透過綜合損益按公允價值衡量之金融資產」，當投資公司繼續增加持股，使股權投資由「無重大影響力」轉為「具控制力」，與情況(一)相同，應將新投資成本及原已按公允價值評價之投資，按控制日公允價格，轉列「採權益法之投資」帳戶。由於投資公司控制被投資公司時，投資公司為母公司，被投資公司為子公司，因此應於控制日當期期末編製母子公司合併報表，有關子公司投資收益及合併損益之計算比照第1節「期中控制」說明處理。

```
       ←——— ❶% ———→ 重  ←——— ❶+❷% ———→
                    分類
                    取得控制力
```

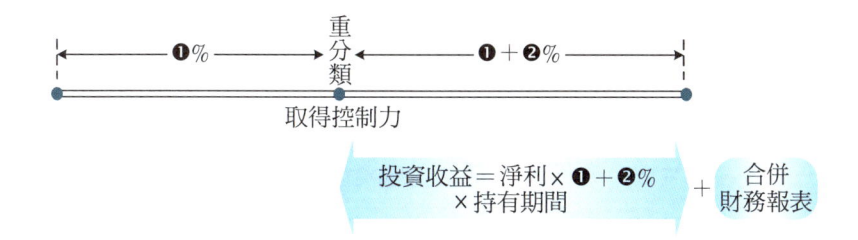

投資收益＝淨利×(❶+❷)%×持有期間 ＋ 合併財務報表

(四) 具重大影響力→控制力

當投資公司原已具重大影響力，並按權益法處理，若投資公司繼續增加持股，雖股權投資由「具重大影響力」轉為「具控制力」，但並不改變原先權益法之會計處理，僅按計算約當持股比例計算投資收益。惟因投資公司控制被投資公司，故須於控制日當期期末編製母子公司合併報表，與前述相同。

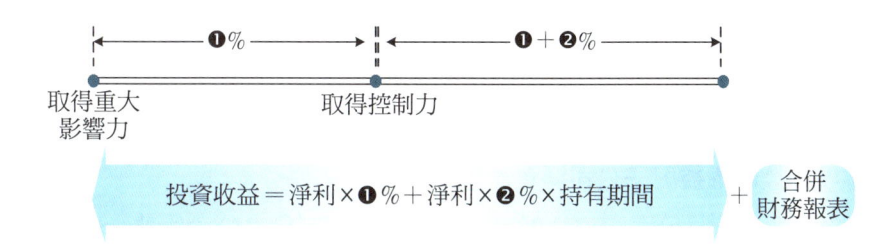

```
       ←——— ❶% ———→ ←——— ❶+❷% ———→
       取得重大              取得控制力
       影響力
```

投資收益＝淨利×❶％＋淨利×❷％×持有期間 ＋ 合併財務報表

(五) 控制力→控制力

若投資公司原已具有控制力，原股權投資已按權益法處理並編製母子公司合併報表，則母公司繼續增加持股對於母公司原會計處理及合併財務報表編製並無影響。

二　分次取得控制之會計處理

分次投資型態(一)、(二)為投資公司尚未控制被投資公司情形（雙方尚未成為母子公司），已於第 2 章說明，茲不贅述。以下說明分次投資型態(三)、(四)、(五)，投資公司控制被投資公司情形（母子公司情形），其中(三)、(四)係母公司因分次投資而取得控制，(五)係母公司雖分次取得但未改變原控制力。茲分述如下：

(一) 首次取得控制

當母公司原持股比例未達 50％，而藉由分次投資逐步取得對子公司的控制，**一旦母公司持股比例達到 50％ 合併報表編製門檻時，控制日即須按收購法處理子公司股權**，其會計處理步驟說明如下。

1. 原已持有投資認列處分損益
   (1) 原分類為「透過損益按公允價值衡量之金融資產」
   　　將帳列投資帳戶按控制日公允價值評價，並該資產帳戶餘額轉列「採權益法投資」，「透過損益按公允價值衡量之金融資產」於重分類日重評價之公允價值變動數應作為「金融資產評價損益」。
   (2) 原分類為「透過綜合損益按公允價值衡量之金融資產」
   　　將帳列投資帳戶按控制日公允價值評價，並該資產帳戶餘額轉列「採權益法投資」，「透過綜合損益按公允價值衡量之金融資產」於重分類日重評價之公允價值變動數則作為「其他綜合損益－金融資產未實現損益」，並於重分類日將累積之其他綜合損益轉列保留盈餘。
   (3) 原分類為「採權益法投資」
   　　直接將帳上「採權益法投資」按控制日公允價值評價，公允價值與帳面金額差額作為當期損益。

   $$當期認列損益金額 = 控制日公允價值 - 控制日帳面金額$$

2. 投資成本、非控制權益與子公司淨資產差額處理
   　　當原投資按控制日公允價值衡量後，「原投資控制日之公允價值」與「取得控制所支付價金」之合計數為合併對價，合併對價與子公司淨資產帳面金額之差額，分為淨資產公允價值與帳面金額差異及商譽二類，其處理方式與第 1 章相同。

   $$原投資公允價值 + 新投資成本 + 非控制權益 = 取得控制時子公司股東權益 + 公允價值調整 + 商譽$$

3. 投資收益與非控制權益淨利之決定
   (1) 期初取得控制
   　　若母公司於期初取得控制，則母公司享有子公司淨利份額及公允價值調整攤銷均按「合計股權比率」計算。
   (2) 期中取得控制
   　　若母公司於年度中取得控制權，則母公司享有子公司淨利份額及公允價值調整攤銷均按「持有期間加權計算股權比率」計算。假設原具重大影響力子公司淨利歸屬於母公司與非控制權益情形如下：

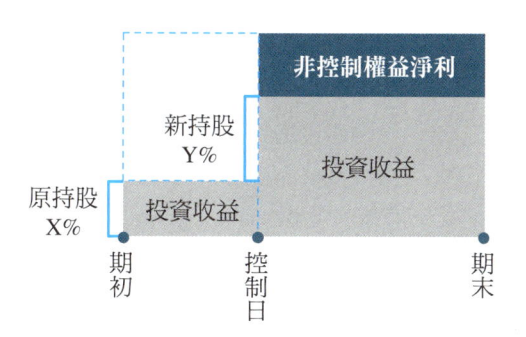

投資收益
＝子公司淨利×（X%×收購前期間比例＋(X＋Y)%×收購後期間比例）

4. 合併報表的編製

(1) 合併總損益之計算

母公司應自取得控制子公司之日起，將子公司損益納入合併損益表中，非控制權益淨利則為控制日後子公司「期末」非控制權益比例計算之，合併損益表之淨利計算可圖示如下：

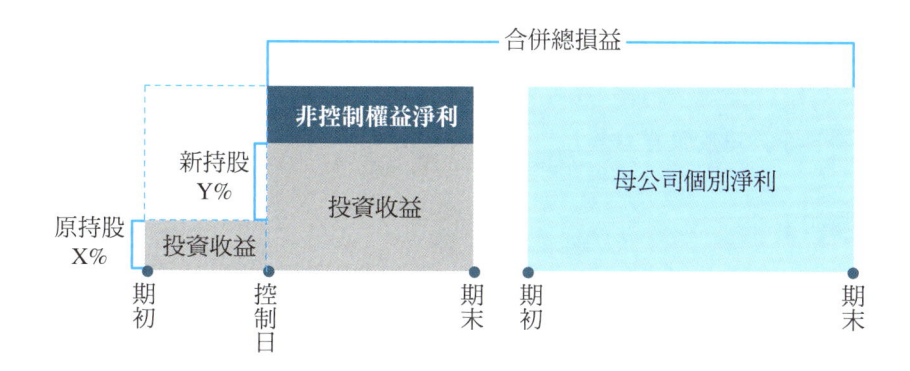

在此方法下，合併損益表之合併總損益可分為三部分：①母公司個別淨利；②投資收益；③非控制權益淨利，相關計算公式如下：

合併總損益＝母公司個別淨利＋控制日後子公司淨利

非控制權益淨利＝控制日後子公司淨利×期末非控制權益比例

(2) 合併工作底稿沖銷分錄

係就母公司全年度報表與控制日後子公司報表合併，其處理方法與第1節「期中控制」相同，以原投資採權益法為例，按投資恆等式分析如下：

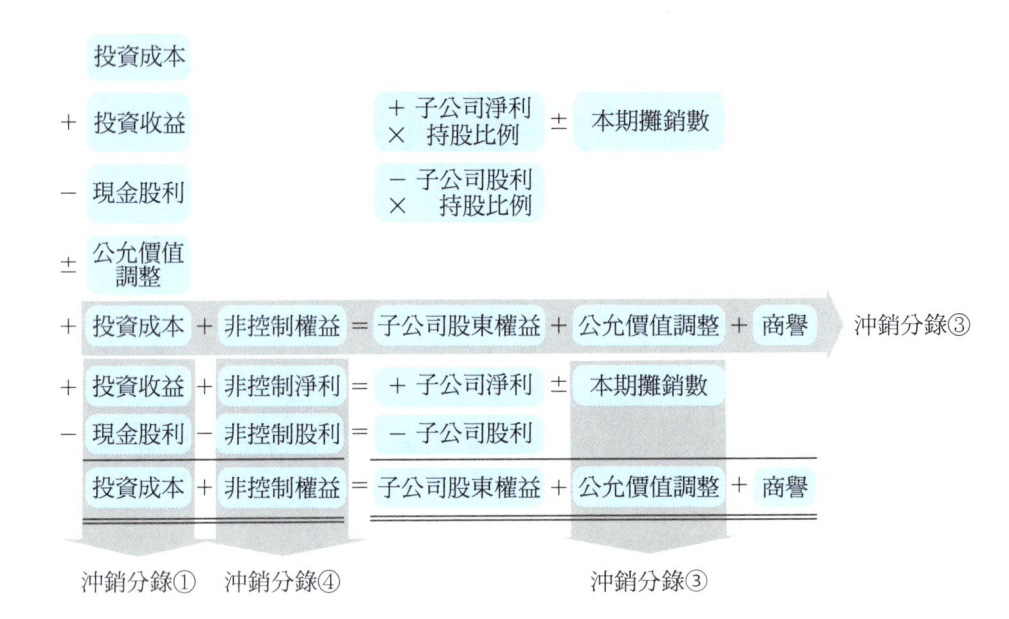

```
  投資成本
+ 投資收益           + 子公司淨利   ± 本期攤銷數
                    × 持股比例
− 現金股利           − 子公司股利
                    × 持股比例
± 公允價值
    調整
+ 投資成本 + 非控制權益 = 子公司股東權益 + 公允價值調整 + 商譽   沖銷分錄③
+ 投資收益 + 非控制淨利 = 子公司淨利 ± 本期攤銷數
− 現金股利 − 非控制股利 = − 子公司股利
  投資成本 + 非控制權益 = 子公司股東權益 + 公允價值調整 + 商譽

   沖銷分錄①  沖銷分錄④              沖銷分錄③
```

合併工作底稿沖銷分錄①，沖銷投資收益與股利，使投資帳戶餘額回復為控制日投資帳戶餘額，即「期初投資帳戶餘額（含必要調整後）＋本期新增投資」，沖銷分錄②，沖銷控制日投資帳戶餘額與控制日子公司股東權益，列出控制日非控制權益與合併溢價。其中

$$控制日子公司股東權益 = \frac{期初}{股東權益} + \frac{控制日前}{銷貨收入} - \frac{控制日前}{銷貨成本與費用} - \frac{控制日前}{股利}$$

沖銷分錄②如下：

股本（期初）	×××
保留盈餘（期初）	×××
銷貨收入（控制日前）	×××
未攤銷差額（控制日）	×××
銷貨成本與費用（控制日前）	×××
股利（控制日前）	×××
投資子公司（控制日）	×××
非控制權益（控制日）	×××

（保留盈餘（期初）、銷貨收入（控制日前）、銷貨成本與費用（控制日前）、股利（控制日前）合計為控制日保留盈餘）

其他合併工作底稿沖銷分錄與第3章所述相同。

釋例二　具重大影響力→控制力，期初取得控制

P 公司 X3 年 7 月 1 日以每股 $35 之價格購入 S 公司股票 40,000 股（股權比例 40%），當日 S 公司各項淨資產之帳面金額與公允價值差額係未入帳之專利權 $250,000，分 5 年攤銷。P 公司於 X4 年 1 月 1 日另以每股 $45（公允價格）取得 S 公司 40% 股權，當日非控制權益公允價值為 $1,000,000，S 公司各項淨資產之帳面金額與公允價值差額係未入帳之專利權 $500,000，剩餘有效期限 5 年。S 公司各年度淨利、股利與市價資料如下，假設股利發放日皆為每年 3 月 1 日。

	普通股股本	資本公積	保留盈餘	股東權益合計
X2 年 12 月 31 日	$1,000,000	$1,000,000	$1,200,000	$3,200,000
X3 年度淨利			500,000	500,000
X3 年現金股利			(200,000)	(200,000)
X3 年 12 月 31 日	$1,000,000	$1,000,000	$1,500,000	$3,500,000
X4 年度淨利			800,000	800,000
X4 年現金股利			(300,000)	(300,000)
X4 年 12 月 31 日	$1,000,000	$1,000,000	$2,000,000	$4,000,000

試作：
1. X4 年 1 月 1 日取得 40% 時應作之取得與調整分錄。
2. 計算 X4 年投資收益與期末投資帳戶餘額。
3. X4 年合併工作底稿沖銷分錄。

解析

1. X3 年 7 月 1 日股東權益 = $3,200,000 + $500,000 × 6/12 − $200,000 = $3,250,000

   40% 股權商譽 = $35 × 40,000 − ($3,250,000 + $250,000) × 40% = $0

   X3 年 12 月 31 日投資帳戶餘額（持股比例 40%）

X3 年 7 月 1 日（$35 × 40,000）	$1,400,000
X3 年投資收益（($500,000 − $50,000) × 6/12 × 40%）	90,000
	$1,490,000

   處分損益 = $45 × 40,000 − $1,490,000 = $310,000

X4 年 1 月 1 日	採權益法之投資	310,000	
	處分投資損益		310,000

取得分錄：

X4 年 4 月 1 日	採權益法之投資	1,800,000	
	現金		1,800,000

2. 商譽 = $45 × (40,000 + 40,000) + $1,000,000 − ($3,500,000 + $500,000) = $600,000

專利權每年攤銷數 = $500,000 ÷ 5 = $100,000

X4 年投資收益與非控制權益淨利計算：

	投資收益	非控制權益淨利
X4 年度 S 公司淨利享有數	$640,000	$160,000
專利權攤銷	(80,000)	(20,000)
X4 年度認列數	$560,000	$140,000

投資帳戶與非控制權益餘額計算：

	投資帳戶	非控制權益
X4 年 1 月 1 日餘額	$3,600,000	$1,000,000
X4 年投資收益與非控制權益淨利	560,000	140,000
X4 年現金股利	(240,000)	(60,000)
X4 年底餘額	$3,920,000	$1,080,000

3. X4 年度沖銷分錄

	投資帳戶	+	非控制權益	=	股東權益	+	專利權	+	商譽
X3/12/31 餘額	$1,490,000	+	—	=	$3,500,000				
公允價值調整	310,000								
X3/1/1 餘額	**$1,800,000**								
X4/1/1 取得投資	1,800,000								
	$3,600,000	+	**$1,000,000**	=	**$3,500,000**	+	**$500,000**	+	**$600,000**
X4 年投資收益	560,000	+	140,000	=	800,000	+	(100,000)		
X4 年現金股利	(240,000)	+	(60,000)	=	(300,000)				
X4/12/31 餘額	**$3,920,000**	+	**$1,080,000**	=	**$4,000,000**	+	**$400,000**	+	**$600,000**

(1) 沖銷投資收益與股利，投資帳戶回復至期初餘額

投資收益	560,000	
股利－S 公司		240,000
投資 S 公司		320,000

(2) 沖銷期初投資帳戶、新投資成本與期初子公司股東權益，列出期初非控制權益：

普通股股本－S公司	1,000,000	
資本公積－S公司	1,000,000	
保留盈餘－S公司	1,500,000	
專利權	500,000	
商譽	600,000	
投資S公司		3,600,000
非控制權益		1,000,000

(3) 沖銷專利權

攤銷費用	100,000	
專利權		100,000

(4) 調整非控制權益淨利與股利

非控制權益淨利	140,000	
非股利－S公司		60,000
非控制權益		80,000

釋例三　具重大影響力→控制力，期中取得控制

承釋例二，惟P公司於X4年4月1日另以每股$45取得S公司40%股權，當日非控制權益公允價值為$1,000,000，S公司各項淨資產之帳面金額與公允價值差額係未入帳之專利權$500,000，剩餘有效期限5年。

試作：
1. X4年4月1日取得40%時應作之取得與調整分錄。
2. 計算X4年投資收益與期末投資帳戶餘額。
3. X4年合併工作底稿沖銷分錄。

解析

1. X3年7月1日股東權益 = $3,200,000 + $500,000 × 6/12 − $200,000 = $3,250,000
   40% 股權商譽 = $35 × 40,000 − ($3,250,000 + $250,000) × 40% = $0
   X4年4月1日投資帳戶餘額（持股比例40%）

X3 年 7 月 1 日（$35 × 40,000）		$1,400,000
X3 年投資收益（($500,000 − $50,000) × 6/12 × 40%）		90,000
X4 年投資收益（($800,000 − $50,000) × 3/12 × 40%）		75,000
X4 年現金股利（$300,000 × 40%）		(120,000)
		$1,445,000

處分損益 = $45 × 40,000 − $1,445,000 = $355,000

| X4 年 4 月 1 日 | 採權益法之投資 | 355,000 | |
| | 處分投資損益 | | 355,000 |

取得分錄：

| X4 年 4 月 1 日 | 採權益法之投資 | 1,800,000 | |
| | 現金 | | 1,800,000 |

2. X4 年 4 月 1 日股東權益 = $3,500,000 + $800,000 × 3/12 − $300,000 = $3,400,000

商譽 = $45 × (40,000 + 40,000) + $1,000,000 − ($3,400,000 + $500,000) = $700,000

專利權每年攤銷數 = $500,000 ÷ 5 = $100,000

取得控制後 X4 年投資收益與非控制權益淨利計算：

	投資收益	非控制權益淨利
X4 年度 S 公司淨利享有數（$800,000 × 9/12）	$480,000	$120,000
專利權攤銷（$100,000 × 9/12）	(60,000)	(15,000)
X4 年度認列數	$420,000	$105,000

取得控制後投資帳戶與非控制權益餘額計算：

	投資帳戶	非控制權益
X4 年 4 月 1 日餘額	$1,445,000	
公允價值調整	355,000	
X4 年 4 月 1 日投資	1,800,000	1,000,000
X4 年投資收益與非控制權益淨利	420,000	105,000
X4 年底餘額	$4,020,000	$1,105,000

3. X4 年度沖銷分錄

	投資帳戶	+ 非控制權益	= 股東權益	+ 專利權	+ 商譽
X3/12/31 餘額	$1,490,000		$3,500,000		
X4 年 1/1～3/31 淨利	75,000		200,000		
X4 年 3/1 股利	(120,000)		(300,000)		
公允價值調整	355,000				
X3/1/1 餘額	**$1,800,000**				
X4/4/1 取得投資	1,800,000				
	$3,600,000 +	**$1,000,000** =	**$3,400,000** +	**$500,000** +	**$700,000**
X4 年投資收益	420,000 +	105,000 =	600,000 +	(75,000)	
X4/12/31 餘額	**$4,020,000** +	**$1,105,000** =	**$4,000,000** +	**$425,000** +	**$700,000**

(1) 沖銷投資收益與股利，投資帳戶回復至 4 月 1 日餘額

投資收益	420,000	
投資 S 公司		420,000

(2) 沖銷期初投資帳戶、新投資成本與期初子公司股東權益，列出 4 月 1 日非控制權益

普通股股本－S 公司	1,000,000	
資本公積－S 公司	1,000,000	
保留盈餘－S 公司	1,500,000	
取得股權前淨利	200,000	
專利權	500,000	
商譽	700,000	
股利－取得股權前股利		300,000
投資 S 公司		3,600,000
非控制權益		1,000,000

(3) 沖銷專利權

攤銷費用	75,000	
專利權		75,000

(4) 調整非控制權益淨利與股利

非控制權益淨利	105,000	
非控制權益		105,000

(二) 原已取得控制

當母公司原已取得控制，母公司後續增加投資並未改變母公司控制子公司的狀態，就合併報表的觀點而言，母公司後續所取得子公司之股權，係將合併報表股東權益中之「非控制權益」予以收回，此項交易的本質屬權益交易，因此母公司後續再取得子公司股權之投資成本與帳面金額差額，應作為資本公積的調整，而不再調整任何資產、負債或商譽。

1. 新取得投資調整母公司資本公積

(1) 新取得投資成本＞減少之非控制權益帳面金額

當母公司已控制子公司的情形下，母公司後續再取得之股權（如 60% → 70%）將使子公司非控制權益減少（如 40% → 30%）。新取得投資成本大於投資日非控制權益帳面金額減少數，應視為母公司給予非控制權益股東的「補貼」，作為母公司資本公積的減少。此項調整可在母公司分次取得股權時調整，或於合併工作底稿上為之。

資本公積調整數＝新投資成本－投資日非控制權益帳面金額減少份額

調整分錄為：

　　　　資本公積－母公司　　　　　　×××
　　　　　　投資子公司　　　　　　　　　　×××

(2) 新取得投資成本＜減少之非控制權益帳面金額

新取得投資成本若小於當日非控制權益帳面金額減少數，應視為非控制權益股東給母公司的「補貼」，作為母公司資本公積的增加。

資本公積調整數＝投資日非控制權益帳面金額減少份額－新投資成本

調整分錄為：

　　　　投資子公司　　　　　　　　　×××
　　　　　　資本公積－母公司　　　　　　×××

2. 投資成本、非控制權益與子公司淨資產差額處理

當新投資按投資日非控制權益帳面金額比例衡量後，使「母公司投資子公司總額」與「投資日後非控制權益剩餘帳面金額」之合計數，與子公司股東權益差額維持不變，此觀念如下圖所示。

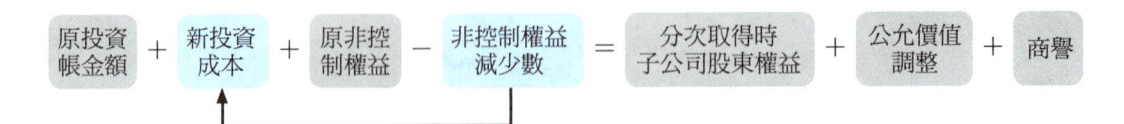

原投資帳金額 ＋ 新投資成本 ＋ 原非控制權益 － 非控制權益減少數 ＝ 分次取得時子公司股東權益 ＋ 公允價值調整 ＋ 商譽

3. 投資收益與非控制權益淨利之決定

(1) 期初分次取得股權

若母公司於期初再取得股權，則母公司享有子公司淨利份額及公允價值調整攤銷之計算均按合計股權比率計算。

(2) 期中分次取得股權

若母公司於年度中再取得股權，則母公司享有子公司淨利份額及公允價值調整攤銷之計算均按持有期間加權計算股權比率。子公司淨利歸屬於母公司與非控制權益情形如下：

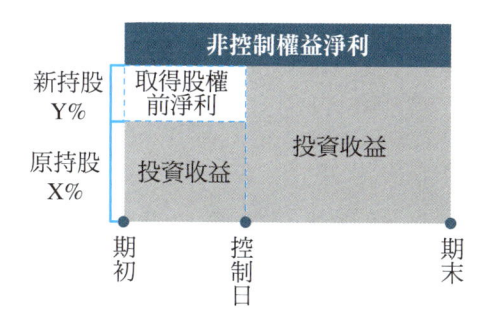

4. 合併報表的編製

(1) 合併總損益之計算

若投資公司原已持股達控制力，則新增加之投資，並未改變報表編製主體，合併報表涵蓋子公司報表期間為全年度，非控制權益淨利為子公司全年損益按「期末」非控制權益比例計算之，取得日前母公司未取得股權部分淨利稱為「取得股權前淨利」，合併損益表之淨利計算可圖示如下：

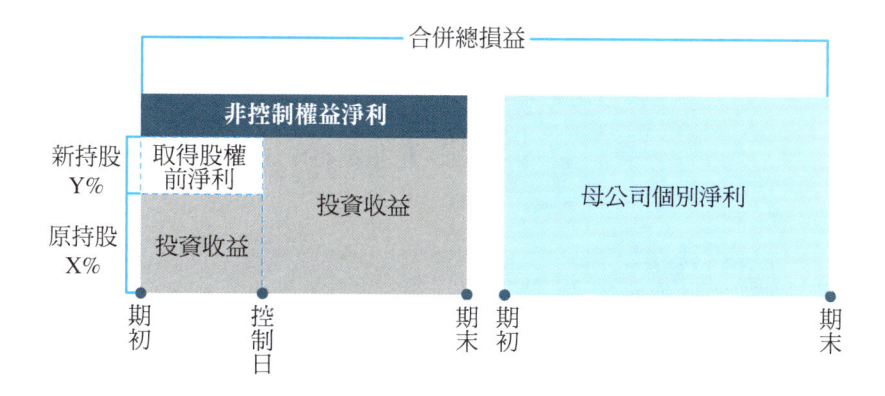

在此方法下，合併損益表之合併總損益可分為四部分：①母公司個別淨利；②投資收益；③非控制權益淨利；④取得股權前淨利，相關計算公式如下：

合併總損益＝母公司個別淨利＋子公司淨利

非控制權益淨利＝子公司淨利×期末少數股權比例（1－X％－Y％）

取得股權前淨利＝子公司淨利×未持有期間比例×新增持股比例（Y％）

(2) 合併工作底稿沖銷分錄

係就母公司全年度報表與子公司全年度報表合併，按投資恆等式分析如下：

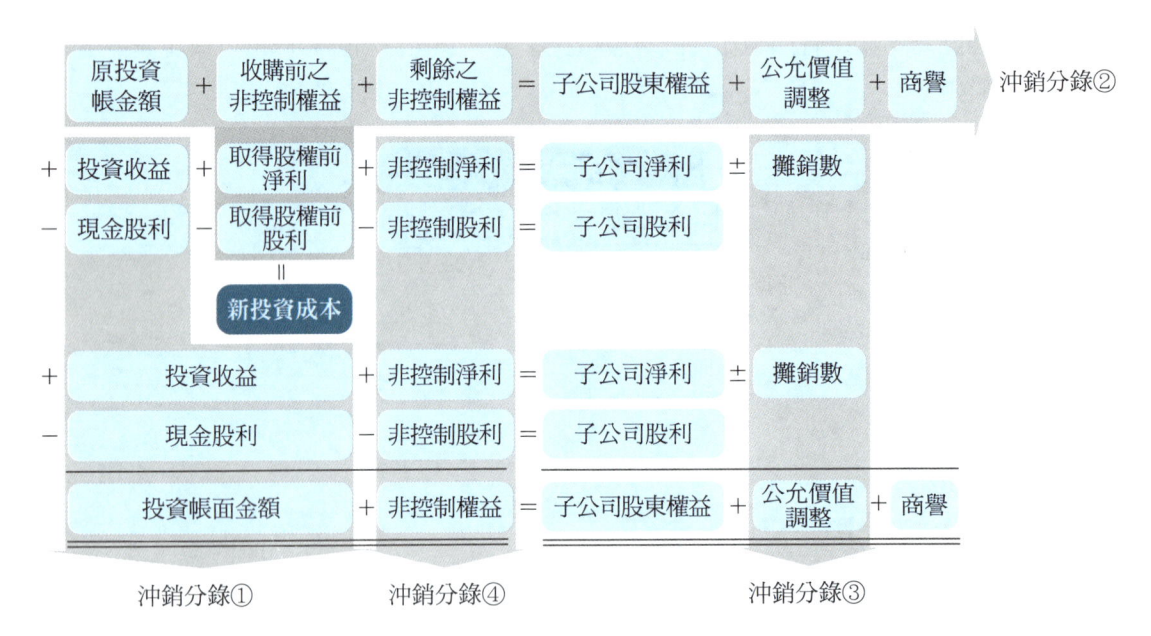

原投資帳面金額 ＋ 收購前之非控制權益	＋ 剩餘之非控制權益	＝ 子公司股東權益	＋ 公允價值調整	＋ 商譽	沖銷分錄②
＋ 投資收益	取得股權前淨利	＋ 非控制淨利	＝ 子公司淨利	± 攤銷數	
－ 現金股利	－ 取得股權前股利	－ 非控制股利	＝ 子公司股利		
	＝ 新投資成本				
＋ 投資收益		＋ 非控制淨利	＝ 子公司淨利	± 攤銷數	
－ 現金股利		－ 非控制股利	＝ 子公司股利		
投資帳面金額		＋ 非控制權益	＝ 子公司股東權益	＋ 公允價值調整	＋ 商譽
沖銷分錄①		沖銷分錄④		沖銷分錄③	

合併工作底稿沖銷分錄①，沖銷投資收益與股利，使投資帳戶餘額回復為「期初投資帳戶＋本期新增投資（調整資本公積後）」。沖銷分錄②，沖銷「期初投資帳戶＋本期新增投資」時，需注意子公司報表餘額為期初數，故應於沖銷分錄上列出「取得股權前淨利」、「取得股權前股利」，以及按期末非控制權益比例計算之非控制權益，如上圖中標註之各項目，其中

期初非控制權益＝期初股東權益×(1－X％－Y％)

沖銷分錄②如下：

股本（期初）	×××	
保留盈餘（期初）	×××	
取得股權前淨利	×××	
未攤銷差額（期初）	×××	
取得股權前股利		×××
投資子公司（期初BV＋新增成本）		×××
非控制權益（期初）		×××

其他合併工作底稿沖銷分錄與第3章所述相同。

釋例四　控制力→控制力，期初取得，計算投資收益

P 公司 X3 年 7 月 1 日以 $3,000,000 取得 S 公司 60% 流通在外股份，收購日非控制權益按子公司淨資產公允價值比例衡量。並於 X5 年 1 月 1 日以 $1,000,000 取得另外 20% 股權。S 公司 X2 年至 X5 年 12 月 31 日股東權益彙總如下：

	12月31日			
	X2 年	X3 年	X4 年	X5 年
股本（面額 $10）	$3,000,000	$3,000,000	$3,000,000	$3,000,000
資本公積	400,000	400,000	400,000	400,000
保留盈餘	600,000	1,100,000	1,200,000	1,400,000
股東權益總額	$4,000,000	$4,500,000	$4,600,000	$4,800,000
當年淨利	$300,000	$500,000	$400,000	$600,000
現金股利	$0	$0	$300,000	$400,000

假設 S 公司之淨利均為全年平均賺得，X3 年 7 月 1 日子公司淨資產帳面金額與公允價值差異為 S 公司未入帳專利權 $250,000，分 5 年攤銷。P 公司採用完全權益法處理對 S 公司之股權投資。

試計算：
1. P 公司 X4 年底投資帳戶與合併報表 X4 年底非控制權益帳戶餘額。
2. 作 P 公司 X5 年投資 S 公司應有分錄。
3. 作 X5 年度合併工作底稿沖銷分錄。

解析

1. X3 年 7 月 1 日 S 公司股東權益 = $4,000,000 + $500,000 × 6/12 = $4,250,000
   X3 年 7 月 1 日非控制權益 = ($4,250,000 + $250,000) × 40% = $1,800,000
   商譽 = ($3,000,000 + $1,800,000) − ($4,250,000 + $250,000) = $300,000

	投資收益	非控制權益淨利
X3 年 7～12 月 S 公司淨利享有數	$150,000	$100,000
專利權攤銷（$250,000 ÷ 5 × 6/12）	(15,000)	(10,000)
X3 年度認列數	$135,000	$90,000
X4 年度 S 公司淨利享有數	$240,000	$160,000
專利權攤銷（$250,000 ÷ 5）	(30,000)	(20,000)
X4 年度認列數	$210,000	$140,000

	投資帳戶	非控制權益
X3 年 7 月 1 日取得成本	$3,000,000	$1,800,000
X3 年投資收益與非控制權益淨利	135,000	90,000
X4 年投資收益與非控制權益淨利	210,000	140,000
X4 年股利發放	(180,000)	(120,000)
X4 年底餘額	$3,165,000	$1,910,000

2. (1) 資本公積調整數 $= \$1,000,000 - \$1,910,000 \times \dfrac{20\%}{40\%} = \$45,000$

X5 年 1 月 1 日	投資 S 公司	1,000,000	
	現金		1,000,000
	資本公積－母公司	45,000	
	投資 S 公司		45,000

(2) 收到現金股利 $\$400,000 \times 80\% = \$320,000$

X5 年度	現金	320,000	
	投資 S 公司		320,000

(3) 認列投資收益

	投資收益	非控制權益淨利
X5 年 S 公司淨利享有數	$480,000	$120,000
專利權攤銷（$250,000 ÷ 5）	(40,000)	(10,000)
X5 年度認列數	$440,000	$110,000

X5 年 12 月 31 日	投資 S 公司	440,000	
	投資收益		440,000

(4) 計算投資帳戶與非控制權益餘額

	投資帳戶	非控制權益
X5 年初餘額	$3,165,000	$1,910,000
增加投資成本	955,000	(955,000)
X5 年投資收益與非控制權益淨利	440,000	110,000
X5 年股利發放	(320,000)	(80,000)
X5 年底餘額	$4,240,000	$ 985,000

3. 合併工作底稿沖銷分錄

	投資帳戶	+	非控制權益	=	股東權益	+	專利權	+	商譽
X2/12/31 餘額			—		$4,000,000				
X3 年 1/1～7/31 淨利					250,000				
X3/7/1 取得投資	**$3,000,000**	+	**$1,800,000**		**$4,250,000**	+	**$250,000**	+	**$300,000**
X3 年 7/1～12/31 淨利	135,000	+	90,000	=	250,000		(25,000)		
X3/12/31 餘額	**$3,135,000**	+	**$1,890,000**	=	**$4,500,000**	+	**$225,000**	+	**$300,000**
X4 年投資收益	210,000	+	140,000	=	400,000		(50,000)		
X4 年股利發放	(180,000)	+	(120,000)		(300,000)				
X4/12/31 餘額	**$3,165,000**	+	**$1,910,000**	=	**$4,600,000**	+	**$175,000**	+	**$300,000**
X5/1/1 取得投資	1,000,000	+	(955,000)						
	(45,000)								
調整後餘額	**$4,120,000**	+	**$955,000**	=	**$4,600,000**	+	**$175,000**	+	**$300,000**
X5 年投資收益	440,000	+	110,000	=	600,000		(50,000)		
X5 年股利發放	(320,000)	+	(80,000)		(400,000)				
X5/12/31 餘額	**$4,240,000**	+	**$985,000**	=	**$4,800,000**	+	**$125,000**	+	**$300,000**

(1) 沖銷投資收益與股利，使投資帳戶回復期初餘額

投資收益	440,000	
股利－S 公司		320,000
投資 S 公司		120,000

(2) 沖銷期初投資帳戶與子公司股東權益，列出期初未攤銷差額與非控制權益

股本	3,000,000	
資本公積	400,000	
保留盈餘	1,200,000	
專利權	175,000	
商譽	300,000	
投資 S 公司		4,120,000
非控制權益		955,000

(3) 攤銷專利權

| 攤銷費用 | 50,000 | |
| 　專利權 | | 50,000 |

(4) 調整非控制權益淨利與股利

非控制權益淨利	110,000	
股利－S 公司		80,000
非控制權益		30,000

釋例五　控制力→控制力，期中取得，計算投資收益

承釋例四，惟 P 公司於 X5 年 4 月 1 日以 $1,000,000 取得另外 20% 股權。

試作：

1. P 公司 X5 年投資 S 公司應有分錄。
2. X5 年度合併工作底稿沖銷分錄。

解析

1. 計算 X5 年 4 月 1 日控制權益及非控制權益餘額

	投資帳戶	非控制權益
X3 年 7 月 1 日取得成本	$3,000,000	$1,800,000
X3 年投資收益與非控制權益淨利	135,000	90,000
X4 年投資收益與非控制權益淨利	210,000	140,000
X5 年 1 月 1 日至 4 月 1 日投資收益與非控制權益淨利 （($600,000 − $50,000) × 3/12 = $137,500）	82,500	55,000
X4 年股利發放	(180,000)	(120,000)
X5 年 4 月 1 日餘額	$3,247,500	$1,965,000

2. (1) 資本公積調整數 = $1,000,000 − $1,965,000 × $\dfrac{20\%}{40\%}$ = $17,500

X5 年 4 月 1 日	投資 S 公司	1,000,000	
	現金		1,000,000
	資本公積－母公司	17,500	
	投資 S 公司		17,500

(2) 收到現金股利 $400,000 × 80% = $320,000

X5 年度	現金	320,000	
	投資 S 公司		320,000

(3) 認列投資收益與非控制權益淨利

	投資收益	非控制權益淨利
X5 年 S 公司淨利享有數		
$600,000 × (3/12 × 60% + 9/12 × 80%)	$450,000	
$600,000 × (3/12 × 40% + 9/12 × 20%)		$150,000
專利權攤銷		
$50,000 × (3/12 × 60% + 9/12 × 80%)	(37,500)	
$50,000 × (3/12 × 40% + 9/12 × 20%)		(12,500)
X5 年度認列數	$412,500	$137,500

X5 年 12 月 31 日	投資 S 公司	412,400	
	投資收益		412,400

(4) 計算投資帳戶與非控制權益餘額

	投資帳戶	非控制權益
X5 年初餘額	$3,165,000	$1,910,000
增加投資成本	982,500	(982,500)
X5 年投資收益與非控制權益淨利	412,500	137,500
X5 年股利發放	(320,000)	(80,000)
X5 年底餘額	$4,240,000	$985,000

3. 合併工作底稿沖銷分錄

	投資帳戶	+	非控制權益	=	股東權益	+	專利權	+	商譽
X2/12/31 餘額		+			$4,000,000				
X3 年 1/1～7/31 淨利					250,000				
X3/7/1 取得投資	**$3,000,000**	+	**$1,800,000**	=	**$4,250,000**	+	**$250,000**	+	**$300,000**
X3 年 7/1～12/31 淨利	135,000	+	90,000	=	250,000	+	(25,000)		
X3/12/31 餘額	**$3,135,000**	+	**$1,890,000**	=	**$4,500,000**	+	**$225,000**	+	**$300,000**
X4 年投資收益	210,000	+	140,000	=	400,000	+	(50,000)		
X4 年股利發放	(180,000)	+	(120,000)	=	(300,000)				
X4/12/31 餘額	**$3,165,000**	+	**$1,910,000**	=	**$4,600,000**	+	**$175,000**	+	**$300,000**
X5 年 1/1～4/1 淨利	82,500	+	55,000	=	150,000	+	(12,500)		
X5/4/1 餘額	**$3,247,500**	+	**$1,965,000**	=	**$4,750,000**	+	**$162,500**	+	**$300,000**
X5/1/1 取得投資	1,000,000	+	(982,500)						
	(17,500)								
調整後餘額	**$4,230,000**	+	**$982,500**	=	**$4,750,000**	+	**$162,500**	+	**$300,000**
X5 年 4/1～12/31 淨利	330,000	+	82,500	=	450,000	+	(37,500)		
X5 年股利發放	(320,000)	+	(80,000)	=	(400,000)				
X5/12/31 餘額	**$4,240,000**	+	**$985,000**	=	**$4,800,000**	+	**$125,000**	+	**$300,000**

(1) 沖銷投資收益與股利，使投資帳戶回復期初餘額

投資收益	412,500	
股利－S公司		320,000
投資S公司		92,500

(2) 沖銷期初投資帳戶與子公司股東權益，列出期初未攤銷差額與非控制權益

股本	3,000,000	
資本公積	400,000	
保留盈餘	1,200,000	
專利權	175,000	
商譽	300,000	
投資S公司（$3,165,000＋$982,500）		4,147,500
非控制權益（$1,910,000－982,500）		927,500

(3) 攤銷專利權

攤銷費用	50,000	
專利權		50,000

(4) 調整非控制權益淨利與股利

非控制權益淨利	137,500	
股利－S公司		80,000
非控制權益		57,500

第3節　母公司出售部分股權

一　出售部分股權之樣態

當母公司因資金需求或其他管理上原因出售對子公司之部分持股，在母公司帳上，一方面需對處分所得與投資帳面金額之差額認列處分損益；另一方面需對子公司持股比例變動額外調整。茲以出售股權對子公司控制程度，分下列三種情形討論：

(一) 控制力→不具重大影響力

當母公司一次出售大量持股，母公司對子公司之持股比例由50%以上直接降至20%以下，母公司對子公司從具控制力轉為不具重大影響力，母公司應於處分日以處分價款與

帳面金額間差額認列出售持股部分之處分損益；剩餘持股部分，按當日公允價值轉列「透過損益按公允價值衡量金融資產」或「透過其他綜合損益按公允價值衡量金融資產」，公允價值與帳面金額間差額作為「金融資產評價損益」或「金融資產未實現損益」，且自此喪失控制權。母公司應於喪失對子公司控制之日起，終止將子公司收益與費損編入合併財務報表。

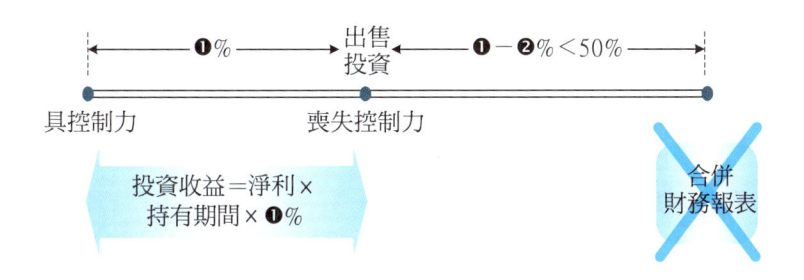

```
├──────❶%──────→ 出售  ←──❶－❷%＜50%──→
                  投資
●━━━━━━━━━━━━━●━━━━━━━━━━━━━━━━━━━━●
具控制力           喪失控制力                    ╳
       投資收益＝淨利×                      合併
       持有期間×❶%                       財務報表
```

(二) 控制力→重大影響力

當母公司出售部分持股，母公司對子公司之持股比例由 50% 以上降至 20% 至 50% 之間，母公司對子公司從具控制力轉為具重大影響力，母公司對子公司投資仍應採權益法，母公司於處分日之會計處理與(一)相同，除就出售持股部分以處分價款與帳面金額間差額認列處分損益外，對於剩餘仍採權益法之投資應按處分日公允價值重新評價，差額部分併入處分損益計算。亦即：母公司按處分日公允價值處分全部投資，再按公允價值購回部分投資；在計算投資收益時，按持股比例變動狀況採「約當持股比例」計算之。此外，母公司應於喪失對子公司控制之日起，終止將子公司收益與費損編入合併財務報表。

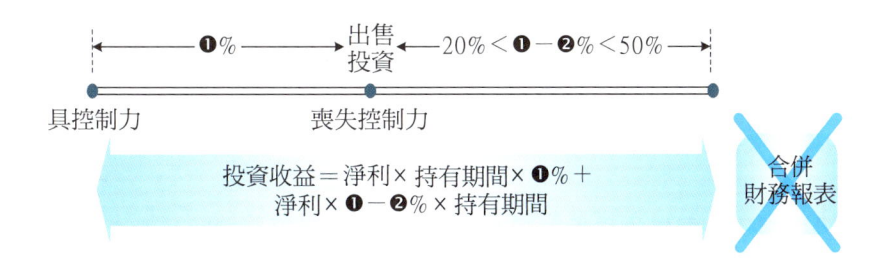

```
├──────❶%──────→ 出售  ←──20%＜❶－❷%＜50%──→
                  投資
●━━━━━━━━━━━━━●━━━━━━━━━━━━━━━━━━━━●
具控制力           喪失控制力                    ╳
       投資收益＝淨利×持有期間×❶%＋          合併
             淨利×❶－❷%×持有期間         財務報表
```

(三) 控制力→控制力

當母公司出售部分持股，母公司對子公司之持股比例仍維持 50% 以上，母公司對子公司未喪失控制力，母公司對子公司投資仍應採權益法，且期末須編製合併報表。母公司出售子公司部分股權，係母公司與「非控制權益」股東間之權益交易，處分價款與出售部分投資帳面金額之差額，應作為資本公積的調整，不得認列處分損益。在計算投資收益時，按持股比例變動狀況採「約當持股比例」計算之。此外，合併報表中之非控制權益因母公司出售持股而增加，故在計算非控制權益淨利及期末非控制權益時需加以調整。

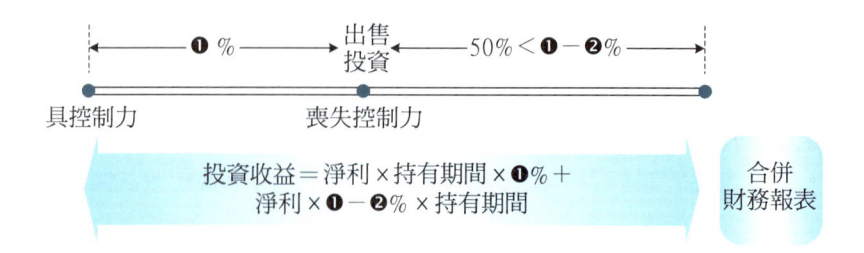

```
         ←———❶%———→ 出售  ←—50%＜❶－❷%—→
                    投資
    具控制力            喪失控制力
              ←  投資收益＝淨利×持有期間×❶％＋   → 合併
                 淨利×❶－❷％×持有期間            財務報表
```

二　母公司喪失控制力

當母公司出售子公司股權而喪失對子公司的控制力，如僅剩具重大影響力或根本不具重大影響力時，其會計處理如下：

(一) 出售損益之計算

當母公司於期初出售子公司部分股權，出售投資帳面金額為上期期末帳面金額；當母公司於期中出售子公司部分股權，須按權益法就「期初至出售日」認列投資收益，並計算處分日投資帳戶應有餘額，出售損益計算如下：

$$\begin{matrix}投資帳戶帳面金額\\應有餘額\end{matrix} = 期初餘額 + \begin{matrix}期初至出售日\\投資損益\end{matrix} - \begin{matrix}期初至出售日\\收到股利\end{matrix}$$

出售損益＝（淨售價＋剩餘投資公允價值）－投資帳戶帳面金額

(二) 投資收益之計算

1. 處分後母公司對子公司不具重大影響力（剩餘股權未達20%）

當母公司喪失對子公司的控制力，亦不具重大影響力，剩餘持股部分，須按處分日公允價值轉列「透過損益按公允價值衡量金融資產」或「透過綜合損益按公允價值衡量金融資產」，公允價值與帳面金額間差額作為「金融資產評價損益」或「金融資產未實現損益」。

2. 處分後母公司對子公司仍具重大影響力（剩餘股權20%～50%）

當母公司喪失對子公司的控制力，但仍具有重大影響力，應繼續採權益法處理，只是期末不須編製合併報表，母公司改稱為投資公司，子公司改稱為被投資公司。投資公司之投資收益的計算如下：

(1) 期初出售股權

若投資公司於期初出售股權，則對被投資公司淨利份額及公允價值調整攤銷之計算均按出售後股權比率計算。

(2) 期中出售股權

若投資公司於年度中出售股權，則對被投資公司淨利份額及公允價值調整攤銷

之計算均按持有期間加權計算股權比率。被投資公司淨利歸屬情形如下：

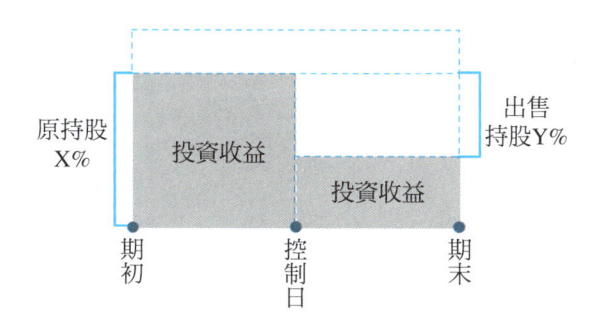

原持股 X%　投資收益　出售持股Y%
投資收益
期初　控制日　期末

投資收益＝子公司淨利×(X%×出售前期間比例＋(X－Y)%×出售後期間比例)

釋例六　期中出售，控制力→無控制力

P 公司於 X1 年 1 月 1 日以 $2,520,000 取得 S 公司 75% 股權，當時 S 公司股東權益包括股本 $2,000,000（每股面額 $10）及保留盈餘 $800,000，非控制權益公允價值為 $820,000。S 公司淨資產帳面金額與公允價值差為該公司未入帳之專利權 $400,000，分 5 年攤銷。S 公司 X1 年及 X2 年淨利及發放股利如下：

	X1 年度	X2 年度
淨利（年度中平均發生）	$300,000	$180,000
X1 年股利：5 月 1 日發放	180,000	－
X2 年股利：3 月 1 日發放	－	100,000

若 P 公司於 X2 年 4 月 1 日出售對 S 公司投資 50% 之股權（即其投資的 2/3），得款 $1,800,000。

試作：
1. X2 年 4 月 1 日處分投資分錄。
2. 計算 X2 年度投資收益。
3. X2 年度 P 公司與 S 公司合併工作底稿之沖銷分錄。

解析

母公司商譽＝$2,520,000－($2,800,000＋$400,000)×75%＝$120,000
非控制權商譽＝$2,520,000－($2,800,000＋$400,000)×25%＝$20,000

X2年4月1日投資帳戶餘額與非控制權益：

	投資帳戶	非控制權益
X1年初餘額	$2,520,000	$820,000
X1年投資收益與非控制權益淨利（$300,000－$80,000）	165,000	55,000
X1年現金股利	(135,000)	(45,000)
X1年12月31日餘額	$2,550,000	$830,000
X2年投資收益與非控制權益淨利（($180,000－$80,000)×3/12）	18,750	6,250
X2年現金股利	(75,000)	(25,000)
X2年4月1日餘額	$2,493,750	$811,250

1. 處分日投資公允價值 = $1,800,000 ÷ $\frac{50\%}{75\%}$ = $2,700,000

   處分投資利益 = $2,700,000 － $2,493,750 = $206,250

X2年4月1日	現金	1,800,000	
	採權益法之投資	900,000	
	投資S公司		2,493,750
	處分投資利益		206,250

2. 處分投資後持股比例 = 75% － 50% = 25%，仍採用權益法

   X2年度投資收益：

1月1日～4月1日	$18,750
4月1日～12月31日（$180,000×9/12×25%）	33,750
4月1日～12月31日專利權攤銷（$80,000×9/12×25%）	(15,000)
	$37,500

   由於4月1日出售後持股比例降至25%，喪失控制力，無須編製合併報表。

三　母公司保留控制力

當母公司出售子公司部分股權，但未改變母公司控制子公司的狀態，就合併報表的觀點而言，母公司出售子公司部分股權，僅僅增加合併報表股東權益之「非控制權益」，此項交易的本質屬權益交易，處分價款與出售部分投資帳面金額之差額，應作為資本公積的調整，不得認列處分損益，亦不再調整任何資產、負債或商譽。

(一) 處分差額調整母公司資本公積

1. 計算出售部分之帳面金額

(1) 合併商譽、公允價值商譽及控制溢價之計算

企業收購中對於子公司淨資產份額之計算，一般以公允價值衡量，再按持股比例分別歸屬於母公司與非控制權益，母公司對子公司的投資成本，實際上包含「子公司股東權益帳面金額」、「公允價值調整」及「商譽」三項。

就商譽之性質而言，合併移轉對價與可辨認淨資產公允價值間差額稱為「合併商譽」，合併商譽又再區分為「共同商譽」及「控制溢價」兩類。

①共同商譽

共同商譽，係子公司「權益本身」公允價值與「可辨認淨資產」公允價值之差異，通常來自於子公司本身的經營效率、品牌名聲等因素，屬於來自於不符合財務報表個別辨認資產的未來經濟效益。因此，**共同商譽，由母公司與非控制權益比例享有。**

無論是合併商譽、共同商譽或控制溢價商譽均須透過「交易」始能確定數額，在母公司出售部分子公司股權之情形下，因為「被交易的部分（售出的部分）」為日後的非控制權益，故共同商譽僅能先確定非控制權益部分，再反推子公司整體的共同商譽。

共同商譽＝子公司股東權益公允價值－可辨認淨資產公允價值

共同商譽（非控制權益）＝共同商譽×非控制權益%

共同商譽（控制權益）＝共同商譽×控制權益%

②控制溢價

控制溢價，係母公司投資成本與子公司「權益本身」公允價值之差異，來自於母公司運用合併淨資產所帶來的綜效。母公司之所以用「控制」方式投資子公司，必然考量到控制帶給母公司的綜效，故在財務理論上，子公司權益中，具控制權之股份價值與不具控制權之股份價值間一定有價差，該差額即為「控制溢價」。無論母公司對子公司持股比例為何，只要母公司仍然控制子公司，「控制溢價」將永遠存在，且專屬於母公司享有。因此，**控制溢價由母公司單獨享有。**

控制溢價計算式如下：

合併商譽＝合併對價－可辨認淨資產公允價值

控制溢價＝合併商譽－共同商譽（子公司整體）

母公司與非控制權益持有淨資產份額可列示如下：

母公司持有淨資產份額 ＝（淨資產公允價值 ＋ 共同商譽）× 持股比例$_{母公司}$ ＋ 控制溢價

非控制權益持有淨資產份額 ＝（淨資產公允價值 ＋ 共同商譽）× 持股比例$_{非控制權益}$

假設甲公司以 $2,520,000 取得乙公司 75% 股權，當時乙公司股東權益 $2,800,000，淨資產帳面金額與公允價值差額為未入帳之專利權 $400,000，非控制權益公允價值 $820,000。則母公司與非控制權益之商譽計算可圖示如下：

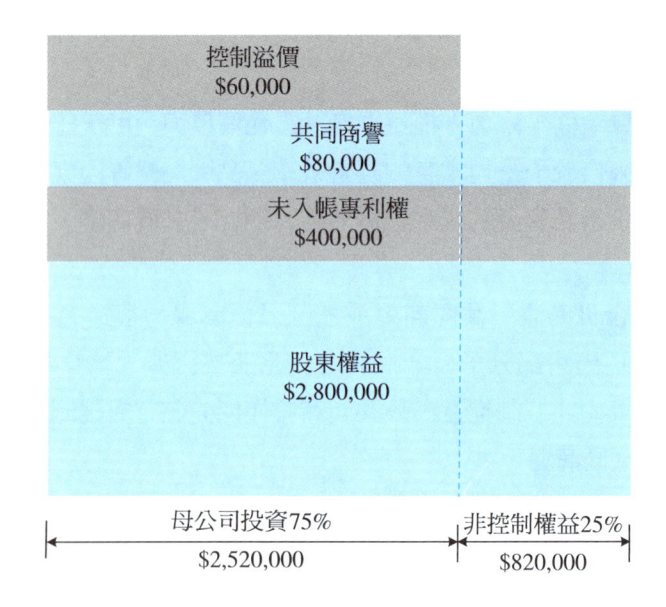

商譽 ＝ ($2,520,000 ＋ $820,000) － ($2,800,000 ＋ $400,000) ＝ $140,000

非控制權益認列商譽 ＝ $820,000 － ($2,800,000 ＋ $400,000) × 25% ＝ $20,000

共同商譽 ＝ $20,000 ÷ 25% ＝ $80,000

控制溢價 ＝ $140,000 － $80,000 ＝ $60,000

(2) 出售部分之帳面金額

母公司對子公司的投資成本，實際上包含「子公司股東權益帳面金額」、「公允價值調整」及「商譽」三項，當母公司轉讓部分股權予非控制權益，目前財務理論認為，由於母公司仍可「控制」子公司，因此母公司並未把「控制溢價」轉讓。從而，在計算母公司出售部分之投資帳面金額，僅能包括「子公司股東權益帳面金額」、「公允價值調整」、「共同商譽」部分，至於「控制溢價商譽」則維持不變。出售部分之帳面金額計算如下：

出售部分帳面金額

$$=（股東權益＋公允價值調整＋共同商譽）\times \frac{出售持股比例}{原持股比例}$$

$$=（出售日投資子公司帳面金額－控制溢價）\times \frac{出售持股比例}{原持股比例}$$

上述觀念如下圖所示：

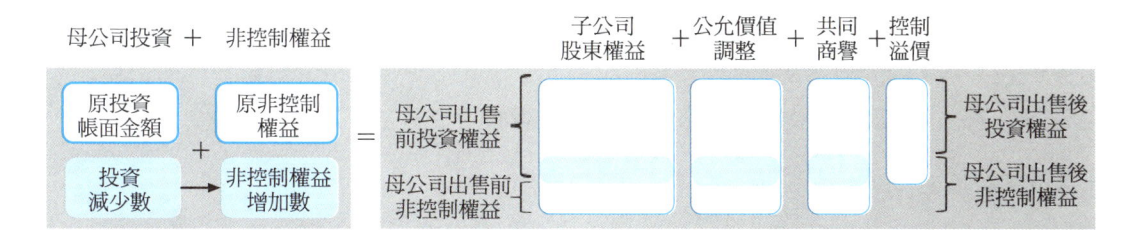

假設上述甲公司出售對乙公司投資15%之股權，則出售部分帳面金額與出售後母公司權益與非控制權益之計算如下：

出售部分帳面金額＝($2,800,000 + $400,000 + $80,000) × 15% = $492,000

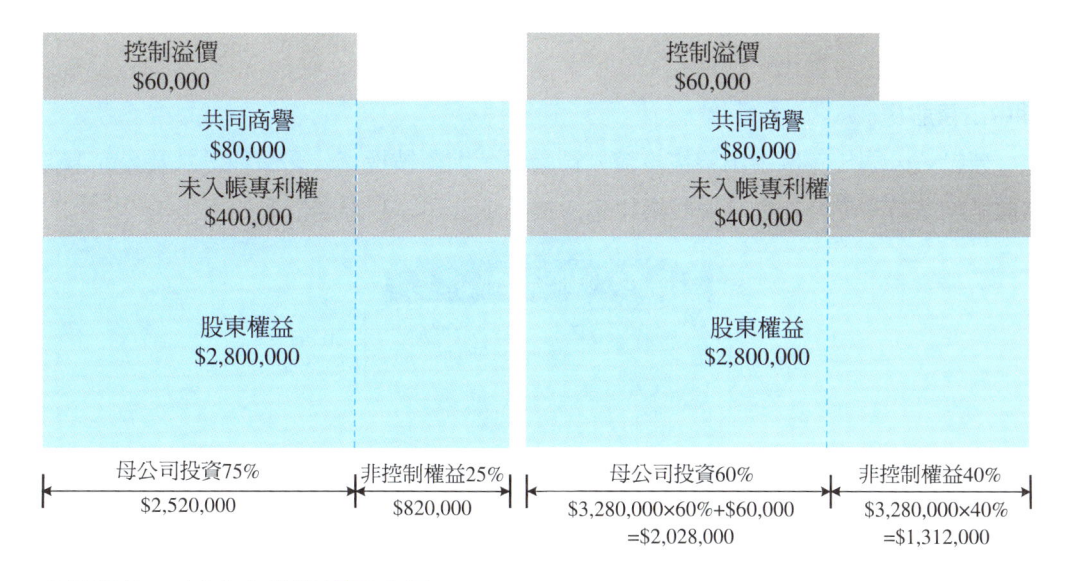

2. 處分價款 > 減少之投資帳面金額

當母公司出售部分股權（如70% → 60%）將使集團非控制權益增加（如30% → 40%），若出售價款大於出售日投資帳戶按權益法調整後應有餘額之減少數，視為非控制權益股東給予母公司的「貼補」，應作為母公司資本公積的增加。此項調整得在母公司出售子公司部分股權時調整，或於合併工作底稿上為之。

資本公積調整數＝處分價款－出售日投資子公司帳面金額份額

調整分錄為：

　　　　投資子公司　　　　　　　　　　×××
　　　　　　資本公積－母公司　　　　　　　　　×××

3. 處分價款 < 減少之投資帳面金額

　　當母公司出售部分股權（如 70% → 60%）將使集團非控制權益增加（如 30% → 40%），若出售價款小於出售日投資帳戶按權益法調整後應有餘額之減少數，視為母公司給予非控制權益股東的「貼補」，應作為母公司資本公積的增加。此項調整得在母公司出售子公司部分股權時調整，或於合併工作底稿上為之。

　　　　資本公積調整數 ＝ 出售日投資子公司帳面金額份額 － 處分價款

調整分錄為：

　　　　資本公積－母公司　　　　　　　×××
　　　　　　投資子公司　　　　　　　　　　　×××

(二) 投資收益與非控制權益淨利之決定

1. 期初出售股權

若投資公司於期初出售被投資公司股權，則對被投資公司淨利份額及公允價值調整攤銷均按出售後股權比率計算。

2. 期中出售股權

若投資公司於年度中出售被投資公司股權，則對被投資公司淨利份額及公允價值調整攤銷均按持有期間加權計算股權比率。被投資公司淨利歸屬情形如下：

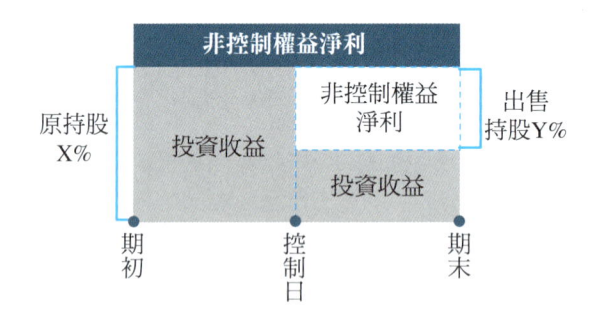

```
                    非控制權益淨利
        ┌─────────────────┬──────────┐
原持股  │                 │ 非控制權益│ 出售
 X%     │    投資收益     │   淨利    │ 持股Y%
        │                 ├──────────┤
        │                 │ 投資收益  │
        └─────────────────┴──────────┘
        期              控              期
        初              制              末
                        日
```

投資收益 ＝ 子公司淨利 ×（X% × 出售前期間比例 ＋(X－Y)% × 出售後期間比例）

(三) 合併總損益之計算

1. 期初出售部分股權

母公司於期初出售子公司部分股權後，母公司持股比例下降，非控制權益比例增加，子公司當年度淨利分配情形可圖示如下：

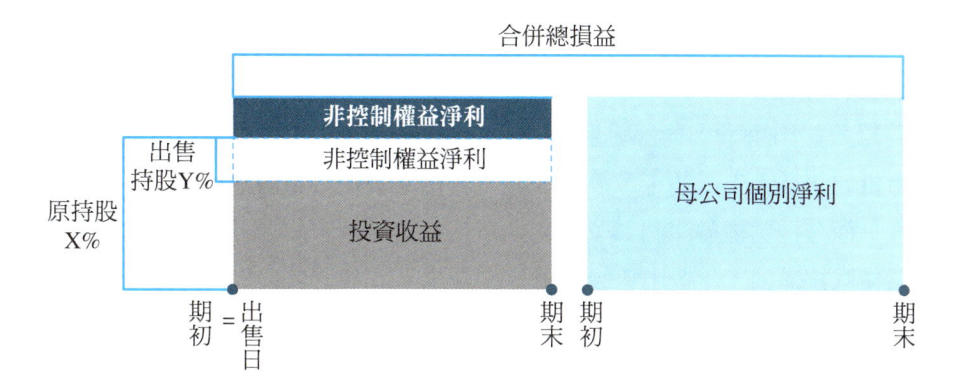

第 5 章　母公司持股比例變動

由上圖可知，子公司淨利可分為三部分：(1) 母公司享有部分；(2) 原非控制權益部分；(3) 因出售產生之新非控制權益。假設母公司原持股比例為 X%，本期出售子公司持股比例 Y%：

$$母公司享有部分 = 子公司淨利 \times (X\% - Y\%)$$

$$非控制權益享有部分 = 子公司淨利 \times (1 - X\%) + 子公司淨利 \times Y\%$$

2. 期中出售部分股權

母公司於期中出售子公司部分股權後，母公司持股比例下降，非控制權益比例增加，子公司當年度淨利分配情形可圖示如下：

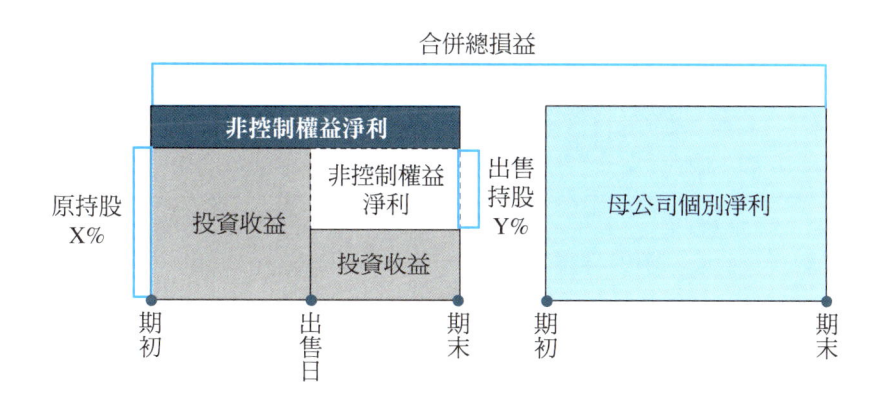

由上圖可知，子公司淨利可分為三部分：(1) 母公司享有部分；(2) 原非控制權益部分；(3) 因出售產生之新原非控制權益。假設母公司原持股比例為 X%，本期出售子公司持股比例 Y%：

$$母公司享有部分 = 子公司淨利 \times X\% \times 出售前期間 + 子公司淨利 \times (X\% - Y\%) \times 出售後期間$$

$$非控制權益享有部分 = 子公司淨利 \times (1 - X\%) + 子公司淨利 \times Y\% \times 出售後期間$$

(四) 合併報表的編製

1. 期初出售部分股權

由於母公司出售子公司部分股權並未改變控制狀態，故母子公司仍必須編製合併報表，合併報表編製主體並未改變。因此，合併報表仍必須涵蓋母公司與子公司「全年度」報表，僅非控制權益淨利為子公司全年損益按「期末」非控制權益比例計算之，亦即合併工作底稿編製工作按出售後股權比例為之。

2. 期中出售部分股權

由於母公司出售子公司部分股權並未改變控制狀態，故母子公司仍必須編製合併報表，合併報表編製主體並未改變。因此，合併報表仍必須涵蓋母公司與子公司「全年度」報表，惟非控制權益包括兩項：(1) 期初已存在的非控制權益；及 (2) 因母公司投資帳戶減少而新增之非控制權益，由於後者須按母公司投資帳戶比例減少數衡量，合併報表工作底稿可按投資恆等式分析如下：

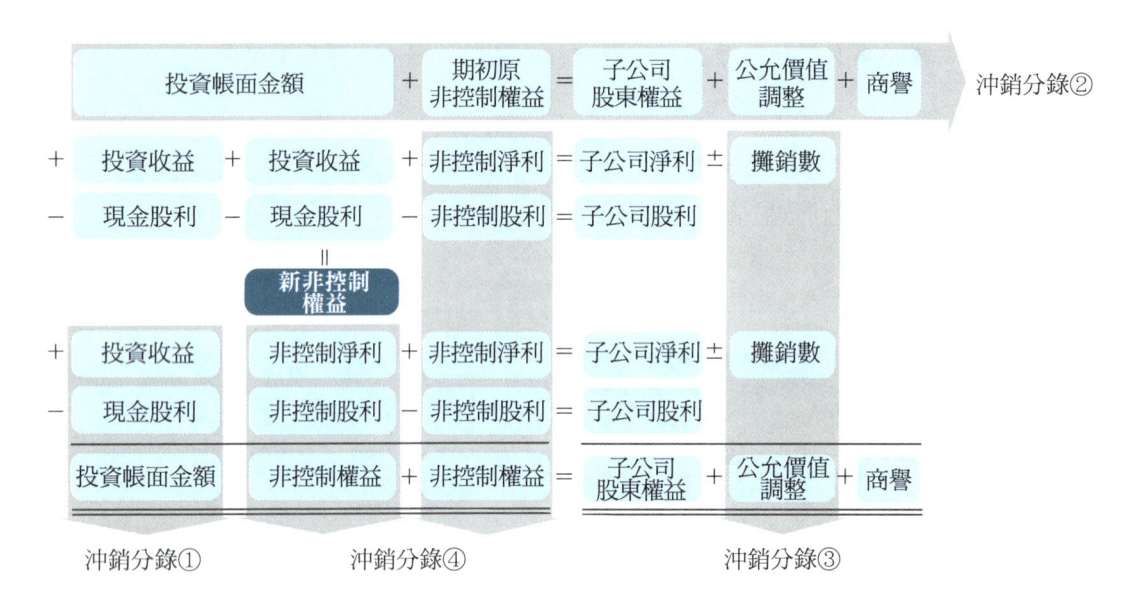

投資帳面金額	+	期初原非控制權益	=	子公司股東權益	+	公允價值調整	+	商譽	→ 沖銷分錄②
+ 投資收益	+ 投資收益	+ 非控制淨利	=	子公司淨利	±	攤銷數			
− 現金股利	− 現金股利	− 非控制股利	=	子公司股利					
	= 新非控制權益								
+ 投資收益	+ 非控制淨利	+ 非控制淨利	=	子公司淨利	±	攤銷數			
− 現金股利	− 非控制股利	− 非控制股利	=	子公司股利					
投資帳面金額	+ 非控制權益	+ 非控制權益	=	子公司股東權益	+	公允價值調整	+	商譽	
↓ 沖銷分錄①	↓ 沖銷分錄④			↓ 沖銷分錄③					

沖銷分錄②如下，其餘沖銷分錄則與第 3 章所述者相同：

股本（期初）	×××	
保留盈餘（期初）	×××	
未攤銷差額（期初）	×××	⇨ 期初數 − 出售數
投資子公司	×××	⇨ 期初 BV − 處分成本
少數股權（期初）	×××	⇨ 期初數
少數股權（期中）	×××	⇨ 處分日投資 × 出售比例

釋例七　期初出售，控制力→控制力

P 公司於 X1 年 1 月 1 日以 $2,520,000 取得 S 公司 75% 股權，當時 S 公司股東權益包括股本 $2,000,000（每股面額 $10）及保留盈餘 $800,000，非控制權益公允價值為 $820,000。S 公司淨資產帳面金額與公允價值差為該公司未入帳之專利權 $400,000，分 5 年攤銷。S 公司 X1 年及 X2 年淨利及發放股利如下：

	X1 年度	X2 年度
淨利（年度中平均發生）	$300,000	$180,000
X1 年股利：5 月 1 日發放	180,000	—
X2 年股利：3 月 1 日發放	—	100,000

若 P 公司於 X2 年 1 月 1 日出售對 S 公司投資 15% 之股權（即其投資的 20%），得款 $500,000。

試作：
1. X2 年 1 月 1 日處分投資分錄。
2. 計算 X2 年度投資收益。
3. X2 年度 P 公司與 S 公司合併工作底稿之沖銷分錄。

解析

1. 合併商譽 = ($2,520,000 + $820,000) − ($2,800,000 + $400,000) = $140,000
　母公司商譽 = $2,520,000 − ($2,800,000 + $400,000) × 75% = $120,000
　非控制權商譽 = $820,000 − ($2,800,000 + $400,000) × 25% = $20,000
　共同商譽 = $20,000 ÷ 25% = $80,000
　控制溢價 = $120,000 − $80,000 × 75% = $60,000
　(1) X2 年 1 月 1 日投資帳戶餘額與非控制權益

	投資帳戶	非控制權益
X1 年初餘額	$2,520,000	$820,000
X1 年投資收益與非控制權益淨利（$300,000 − $80,000）	165,000	55,000
X1 年現金股利	(135,000)	(45,000)
X1 年 12 月 31 日餘額	$2,550,000	$830,000

(2) 處分投資帳面金額 = ($2,550,000 − $60,000) × $\frac{15\%}{75\%}$ = $498,000

資本公積調整數 = $500,000 − $498,000 = $2,000

X2年1月1日	現金	500,000	
	投資S公司		498,000
	資本公積－母公司		2,000

2. 處分投資後持股比例 = 75% × 80% = 60%，仍採用權益法

X2年投資收益與非控制權益淨利計算：

	投資收益	非控制權益淨利
X2年S公司淨利享有數	$108,000	$72,000
X2年專利權攤銷	(48,000)	(32,000)
X2年度認列數	$60,000	$40,000

3. X2年底投資帳戶餘額與非控制權益

	投資帳戶	非控制權益
X2年初餘額	$2,550,000	$830,000
出售部分投資金額	(498,000)	498,000
X2年投資收益與非控制權益淨利	60,000	40,000
現金股利	(60,000)	(40,000)
X2年12月31日餘額	$2,052,000	$1,328,000

合併工作底稿沖銷分錄：

	投資帳戶	+	非控制權益	=	股東權益	+	專利權	+	商譽
X1/1/1 投資	$2,520,000	+	$820,000	=	$2,800,000	+	$400,000	+	$140,000
X1年投資收益	165,000	+	55,000	=	300,000	+	(80,000)		
X1年股利發放	(135,000)	+	(45,000)	=	(180,000)				
X1/12/31 餘額	**$2,550,000**	+	**$830,000**	=	**$2,920,000**	+	**$320,000**	+	**$140,000**
X2/1/1 出售投資	(500,000)	+	498,000						
	2,000								
調整後餘額	**$2,052,000**	+	**$1,328,000**	=	**$2,920,000**	+	**$320,000**	+	**$140,000**
X2年投資收益	60,000	+	40,000	=	180,000	+	(80,000)		
X2年股利發放	(60,000)	+	(40,000)	=	(100,000)				
X2/12/31 餘額	**$2,052,000**	+	**$1,328,000**	=	**$3,000,000**	+	**$240,000**	+	**$140,000**

① 投資收益	60,000	
股利－S公司		60,000

②	股本	2,000,000	
	保留盈餘	920,000	
	專利權	320,000	
	商譽	140,000	
	投資 S 公司		2,052,000
	非控制權益		1,328,000
③	攤銷費用	80,000	
	專利權		80,000
④	非控制權益淨利	40,000	
	股利		40,000

釋例八　期中出售，控制力→控制力

承釋例七，若 P 公司於 ×2 年 4 月 1 日出售對 S 公司投資 15% 之股權（即其投資的 20%），得款 $500,000。

試作：
1. ×2 年 4 月 1 日處分投資分錄。
2. 計算 ×2 年度投資收益。
3. ×2 年度 P 公司與 S 公司合併工作底稿之沖銷分錄。

解析

1. (1) ×2 年 4 月 1 日投資帳戶餘額與非控制權益

	投資帳戶	非控制權益
×1 年初餘額	$2,520,000	$820,000
×1 年投資收益與非控制權益淨利		
（$300,000 − $80,000）	165,000	55,000
×1 年現金股利	(135,000)	(45,000)
×1 年 12 月 31 日餘額	$2,550,000	$830,000
×2 年投資收益與非控制權益淨利		
（($180,000 − $80,000) × 3/12）	18,750	6,250
×2 年現金股利	(75,000)	(25,000)
×2 年 4 月 1 日餘額	$2,493,750	$811,250

(2) 處分投資帳面金額 = ($2,493,750 − $60,000) × $\frac{15\%}{75\%}$ = $486,750

資本公積調整數 = $500,000 − $486,750 = $13,250

X2年4月1日	現金	500,000	
	投資 S 公司		486,750
	資本公積−母公司		13,250

2. 處分投資後持股比例 = 75% × 80% − 60%，仍採用權益法

X2年投資收益與非控制權益淨利計算：

	投資收益	非控制權益淨利
X2年1月～3月認列數	$18,750	$ 6,250
X2年4月～12月 S 公司淨利享有數	81,000	54,000
（$180,000 × 9/12，60%，40%）		
X2年4月～12月專利權攤銷		
（$80,000 × 9/12）	(36,000)	(24,000)
X2年度認列數	$63,750	$36,250

3. (1) X2年底投資帳戶餘額與非控制權益

	投資帳戶	非控制權益
X2年初餘額	$2,550,000	$830,000
出售部分投資金額	(486,750)	486,750
X2年投資收益與非控制權益淨利	63,750	36,250
現金股利	(75,000)	(25,000)
X2年12月31日餘額	$2,052,000	$1,328,000

(2) 合併工作底稿沖銷分錄

	投資帳戶 +	非控制權益 =	股東權益 +	專利權 +	商譽
X1/1/1 投資	$2,520,000 +	$820,000 =	$2,800,000 +	$400,000 +	$140,000
X1年投資收益	165,000 +	55,000 =	300,000 +	(80,000)	
X1年股利發放	(135,000) +	(45,000)	(180,000)		
X1/12/31 餘額	**$2,550,000 +**	**$830,000 =**	**$2,920,000 +**	**$320,000 +**	**$140,000**
X2年 1/1～4/1 淨利	18,750 +	6,250 =	45,000 +	(20,000)	
X2年 3/1 股利發放	(75,000) +	(25,000) =	(100,000)		
X5/4/1 餘額	**$2,493,750 +**	**$811,250 =**	**$2,865,000 +**	**$300,000 +**	**$140,000**
X2/1/1 出售投資	(500,000) +	486,750			
	13,250				
調整後餘額	**$2,007,000 +**	**$1,298,000 =**	**$2,865,000 +**	**$300,000 +**	**$140,000**
X2年 9/1～12/31 淨利	45,000 +	30,000 =	135,000 +	(60,000)	
X2/12/31 餘額	**$2,052,000 +**	**$1,328,000 =**	**$3,000,000 +**	**$240,000 +**	**$140,000**

① 投資收益	63,750	
投資 S 公司	11,250	
股利		75,000
② 股本	2,000,000	
保留盈餘	920,000	
專利權	320,000	
商譽	140,000	
投資 S 公司		2,063,250
非控制權益 (1/1)		830,000
非控制權益 (4/1)		486,750
③ 攤銷費用	80,000	
專利權		80,000
④ 非控制權益淨利	36,250	
股利		25,000
非控制權益		11,250

本章習題

〈期中取得控制〉

1. 基隆公司於 X8 年 6 月 30 日收購長興公司 80% 之股權，二公司之結帳日均為 12 月 31 日。X8 年度二公司之合併淨利之計算應為：
   (A) 基隆公司 1 月 1 日至 12 月 31 日之淨利，加上長興公司 7 月 1 日至 12 月 31 日淨利之 80%。
   (B) 基隆公司 1 月 1 日至 12 月 31 日之淨利，加上長興公司 7 月 1 日至 12 月 31 日淨利之 100%。
   (C) 基隆公司 1 月 1 日至 12 月 31 日之淨利，加上長興公司 1 月 1 日至 12 月 31 日淨利之 80%。
   (D) 基隆公司 1 月 1 日至 12 月 31 日之淨利，加上長興公司 1 月 1 日至 12 月 31 日淨利之 100%。

2. 甲公司於 X5 年 6 月 1 日以 $350,000 購入乙公司 70% 股權而對乙公司取得控制，並依收購日可辨認淨資產之比例份額衡量非控制權益。當時乙公司之權益為 $500,000，可

辨認資產、負債之帳面金額均與公允價值相等。X5 年乙公司淨利 $150,000，係於一年內平均賺得，並於 9 月 1 日發放現金股利 $75,000。X5 年非控制權益淨利為何？
(A) $26,250
(B) $40,500
(C) $45,000
(D) $62,500
【106 年 CPA】

3. 甲公司於 X6 年 7 月 1 日購入乙公司 70% 股權，並具有控制，且依公允價值 $200,000 衡量非控制權益。當時乙公司可辨認淨資產之帳面金額 $120,000，除設備高估 $100,000 外，其餘各項可辨認資產、負債之帳面金額均等於公允價值，設備自收購日起尚可使用 10 年，無殘值，採直線法提列折舊。乙公司之 X6 年淨利 $120,000，全年平均賺得；並於 X6 年 10 月 1 日宣告發放現金股利 $70,000。X6 年 12 月 31 日之非控制權益為何？
【107 年 CPA】
(A) $198,500
(B) $218,000
(C) $219,500
(D) $239,000

4. S 公司 X1 年至 X3 年股東權益資料如下：

	X1 年 12 月 31 日	X2 年 12 月 31 日	X3 年 12 月 31 日
股本	$1,000,000	$1,000,000	$1,000,000
資本公積	1,500,000	1,500,000	1,500,000
保留盈餘	500,000	800,000	1,000,000
	$3,000,000	$3,300,000	$3,500,000

S 公司 X2 年度淨利 $300,000（收入 $600,000，成本及費用 $300,000，全年平均賺得），並於 X2 年 4 月 1 日及 10 月 1 日分別宣告發放現金股利 $50,000；X3 年度淨利 $200,000，未宣告發放股利。

P 公司於 X2 年 5 月 1 日支付 $2,100,000 購入 S 公司 60% 股權並取得控制，並按 S 公司淨資產公允價值比例衡量非控制權益，收購當時 S 公司可辨認淨資產之帳面金額與公允價值差異係未入帳之專利權 $150,000，剩餘年限 5 年。

試作：
1. 計算 P 公司對 S 公司 X2 年度及 X3 年度投資收益。
2. 計算 X2 年度及 X3 年度非控制權益淨利。
3. 計算 X2 年 12 月 31 日及 X3 年 12 月 31 日 P 公司對 S 公司投資帳戶餘額。
4. 作 P 公司與 S 公司 X2 年度合併工作底稿沖銷分錄。

5. P 公司於 X3 年 7 月 1 日支付 $3,000,000 購入 S 公司 75% 股權取得控制，並按 S 公司淨資產公允價值比例衡量非控制權益。收購當時 S 公司股東權益為 $3,700,000。P 公司與 S 公司 X3 年度試算表如下：

	P 公司	S 公司
現金	$1,800,000	$1,000,000
應收帳款	2,600,000	1,500,000
存貨	4,000,000	3,000,000
土地	2,600,000	1,000,000
設備	3,000,000	2,000,000
投資 S 公司	3,000,000	—
流動負債	(3,200,000)	(1,250,000)
其他負債	(4,000,000)	(2,900,000)
普通股股本	(5,000,000)	(2,000,000)
保留盈餘，1/1	(2,500,000)	(1,200,000)
股利	500,000	250,000
銷貨收入	(5,000,000)	(3,000,000)
股利收入	(112,500)	—
銷貨成本	1,000,000	1,000,000
營業費用	1,312,500	800,000
處分土地利益	—	(200,000)

其他補充資料：

(1) S 公司各項可辨認淨資產中除存貨高估 $100,000 外，其他項目之帳面金額與公允價值相等，該批存貨於 X3 年售出。

(2) S 公司於 X3 年 9 月 1 日出售土地與 P 公司，認列處分土地利益 $200,000，P 公司於 X5 年間出售該筆土地。

(3) S 公司於 X3 年 6 月 1 日及 X3 年 12 月 1 日分別宣告 $100,000 及 $150,000 之現金股利。

(4) S 公司之 X3 年度之銷貨收入、銷貨成本與營業費用係全年平均發生。

試編製 P 公司與 S 公司 X3 年度試算表式合併工作底稿。

〈分次取得－取得控制〉

6. P 公司於 X1 年間取得 S 公司控制之交易資料如下：

(1) 2 月 1 日以 $400,000 取得 S 公司 5% 之股權。

(2) 4 月 15 日以 $850,000 取得 S 公司 10% 之股權。

(3) 10 月 1 日支付 $3,600,000 取得 S 公司 45% 之股權,並取得對 S 公司之控制,當日 S 公司淨資產之帳面金額與公允價值相等。

若 S 公司 X1 年度淨利 $300,000,全年淨利平均賺得,X1 年度並未宣告或發放現金股利。則 X1 年度 P 公司應認列之處分投資損益金額為:

(A) $0　　(B) 損失 $50,000
(C) 損失 $73,750　　(D) 利益 $50,000

7. 承上題,P 公司 X1 年底之投資帳戶餘額為:

(A) $4,845,000　　(B) $4,850,000
(C) $4,895,000　　(D) $4,918,750

8. 甲公司於 X1 年 1 月 1 日以 $480,000 取得上市公司乙公司 40% 之股權,當日乙公司之權益為 $1,000,000,且其所有可辨認資產與負債之帳面金額均等於公允價值。甲公司於 X1 年 7 月 1 日另以市價 $500,000 額外取得乙公司 40% 之股權,當日乙公司所有可辨認資產與負債中,除了存貨高估 $45,000 外,其他可辨認資產與負債之帳面金額均等於公允價值,該批存貨於 X1 年 12 月 31 日仍有 1/3 尚未出售。甲公司依可辨認淨資產比例衡量非控制權益。乙公司 X1 年之淨利為 $180,000,係於年度中平均賺得。乙公司於 X1 年 6 月 10 日發放現金股利 $45,000。甲公司採權益法處理該項投資。試問 X1 年 12 月 31 日合併商譽與投資乙公司之帳戶餘額分別為:　　【101 年 CPA】

(A) $180,000 與 $1,094,000　　(B) $200,000 與 $1,048,000
(C) $198,000 與 $1,094,000　　(D) $200,000 與 $1,096,000

9. 甲公司於 X5 年初以 $13,000 取得乙公司 25% 股權,並對乙公司有重大影響力。X6 年 4 月 1 日甲公司以 $60,000 另購入乙公司 55% 股權,並依收購日公允價值 $20,000 衡量非控制權益,當日原持有乙公司 25% 股權之公允價值為 $25,000。甲公司採權益法處理對乙公司之投資,且每次取得股權時,乙公司各項可辨認資產及負債之帳面金額均等於公允價值。乙公司於 X5 年初之權益包括股本 $30,000 及保留盈餘 $20,000,X5 年及 X6 年之淨利均為 $40,000,係於一年中平均賺得,每年 6 月 10 日發放現金股利 $10,000,下列有關 X6 年合併財務報表之敘述,何者正確?(複選)　　【103 年 CPA】

(A) 合併權益變動表中資本公積減少 $10,500
(B) 合併綜合損益表中處分投資利益為 $2,000
(C) 合併綜合損益表中投資收益為 $0
(D) 合併綜合損益表中非控制權益淨利為 $6,000
(E) 期末合併商譽為 $11,000

10. P 公司投資 S 公司相關交易資料如下：

交易內容	股權比例	金額
X1 年 1 月 1 日取得 S 公司 40% 股權		
支付對價	40%	$ 6,000,000
X1 年 1 月 1 日至 X2 年 10 月 1 日 S 公司股東權益增加數		800,000
X2 年 10 月 1 日取得 S 公司 20% 股權		
支付對價	20%	3,600,000
X2 年 10 月 1 日非控制權益公允價值	40%	7,000,000
X2 年 10 月 1 日原持有投資公允價值	40%	7,000,000
X2 年 10 月 1 日 S 公司可辨認淨資產公允價值		16,000,000
X2 年 10 月 1 日 S 公司可辨認淨資產帳面金額		15,000,000

試作：

1. 計算 X2 年 10 月 1 日取得股權交易對下列項目之影響金額：①商譽，②原持有投資之再衡量或處分損益金額，③非控制權益。
2. P 公司 X2 年 10 月 1 日取得股權交易之分錄。

11. P 公司於 X1 年間分二次取得 S 公司之控制，相關資料如下：

日期	取得成本	S 公司股權公允價值	取得股權	累計取得股權
X1 年 7 月 1 日	$ 6,000,000	$20,000,000	30%	30%
X1 年 12 月 31 日	8,800,000	22,000,000	40%	70%
	$14,800,000			

X1 年 12 月 31 日
 普通股股本 $10,000,000
 保留盈餘   10,000,000
          $20,000,000
 非控制權益 $ 6,600,000

若 S 公司可辨認淨資產於各分次收購時之帳面金額與公允價值相等，X1 年 7 月 1 日至 12 月 31 日淨利 $2,500,000（收入 $4,000,000，成本與費用 $1,500,000），X1 年 8 月 1 日發放現金股利 $1,000,000。

試作：

1. X1 年度 P 公司帳上關於投資 S 公司之相關分錄。
2. X1 年度 P 公司與 S 公司合併工作底稿之沖銷分錄。

12. 忠孝公司於 X1 年至 X2 年間分三次投資甲公司之普通股，相關資料如下：

取得日	取得股數	取得成本（公允價值）
X1 年 7 月 1 日	4,000	$ 70,000
X1 年 12 月 31 日	12,000	288,000
X2 年 10 月 1 日	20,000	500,000

甲公司 X1 年 1 月 1 日股東權益中包括面額 $10 的普通股股本 $400,000 及保留盈餘 $250,000，X1 年及 X2 年之淨利分別為 $60,000 及 $70,000，並於每年 5 月 1 日及 11 月 1 日各分配股利 $20,000。假設甲公司淨資產帳面金額與公允價值相等，淨利平均賺得，忠孝公司按乙公司淨資產公與價值比例衡量非控制權益。

試為忠孝公司作：

1. 計算 X2 年之投資收益。
2. 計算 X2 年底投資帳戶餘額。
3. 計算 X2 年底合併資產負債表之商譽金額。
4. 作 X1 年至 X2 年間忠孝公司投資甲公司之必要分錄。

13. P 公司及其持股 80% 之 S 公司 X3 年 12 月 31 日個別及合併資產負債表如下：

	P 公司	S 公司	合併報表
現金	$ 600,000	$ 200,000	$ 800,000
存貨	900,000	500,000	1,400,000
其他流動資產	500,000	300,000	800,000
廠房設備不動產	1,500,000	1,500,000	3,000,000
投資 S 公司	1,000,000	—	—
商譽	—	—	300,000
	$4,500,000	$2,500,000	$6,300,000
流動負債	$ 800,000	$ 600,000	$1,400,000
其他負債	1,200,000	1,000,000	2,200,000
股本	1,000,000	500,000	1,000,000
保留盈餘	1,500,000	400,000	1,500,000
非控制權益	—	—	200,000
	$4,500,000	$2,500,000	$6,300,000

P 公司於 X4 年 5 月 1 日以每股 $20 購入 S 公司 5,000 股。

S 公司 X4 年度淨利 $300,000（全年平均賺得），並於 X4 年 4 月 1 日及 10 月 1 日分別宣告發放現金股利 $50,000。P 公司及 S 公司 X4 年度個別損益資料如下：

	P公司	S公司
銷貨收入	$3,000,000	$1,000,000
銷貨成本	(1,200,000)	(500,000)
營業費用	(800,000)	(200,000)
	$1,000,000	$ 300,000

試作：

1. X4年5月1日P公司投資S公司之會計分錄。
2. 計算X4年度投資收益與非控制權益淨利。
3. 編製P公司與S公司X4年度合併損益表。

14. S公司X1年至X3年股東權益資料如下：

	X1年12月31日	X2年12月31日	X3年12月31日
股本	$1,000,000	$1,000,000	$1,000,000
資本公積	1,500,000	1,500,000	1,500,000
保留盈餘	500,000	800,000	1,000,000
	$3,000,000	$3,300,000	$3,500,000

S公司X2年度淨利$300,000（收入$600,000，成本及費用$300,000，全年平均賺得），並於X2年5月1日及11月1日分別宣告發放現金股利$50,000；X3年度淨利$200,000，未宣告發放股利。

P公司於X2年4月1日支付$800,000購入S公司20%股權，具重大影響力，並於X2年10月1日支付$1,500,000購入S公司40%股權取得控制。P公司按S公司淨資產公允價值比例衡量非控制權益，收購當時S公司可辨認淨資產之帳面金額與公允價值差異係未入帳之專利權$225,000，剩餘年限5年。

試作：

1. 計算P公司對S公司X2年度及X3年度投資收益。
2. 計算X2年度及X3年度非控制權益淨利。
3. 計算X2年12月31日及X3年12月31日P公司對S公司投資帳戶餘額。
4. 作P公司與S公司X2年度合併工作底稿沖銷分錄。

〈分次取得－不影響控制〉

15. 下列有關母公司額外購入子公司流通在外股份之敘述，何者正確？（複選）

【105年CPA】

(A) 合併綜合損益表上不需就此交易認列損益
(B) 合併資產負債表上歸屬於母公司股東之權益增加

(C) 合併資產負債表上非控制權益之金額減少

(D) 合併商譽可能因此交易而增加,但不會減少

(E) 合併報表中併自子公司可辨認資產及負債之帳面金額於購入前後均相同

16. 力行公司將其對中央公司之投資比例由 X1 年 1 月 1 日的 70% 增加至 X1 年 6 月 1 日的 85%,中央公司 X1 年度之淨利為 $720,000,試問 X1 年度非控制權益淨利為多少?

(A) $108,000　　　　　　　　　　　　(B) $162,000

(C) $216,000　　　　　　　　　　　　(D) $242,000

17. 紫薇公司於 X5 年分二次取得翠竹公司股權,第一次於 1 月 1 日以 $600,000 取得翠竹公司 60% 股權,當時翠竹公司權益為 $800,000,並依非控制權益之公允價值 $400,000 衡量非控制權益;第二次於 10 月 1 日以 $290,000 取得 20% 股權。X5 年初翠竹公司除未入帳專利權 $100,000 外,其他可辨認資產、負債之帳面金額均與公允價值相等,該專利權分十年攤銷。翠竹公司 X5 年淨利為 $600,000,係於一年中平均賺得,且於 7 月 1 日宣告並發放股利 $80,000。紫薇公司採用權益法處理對翠竹公司之投資,X5 年 10 月 1 日紫薇公司取得 20% 之股權後,下列敘述何者正確?　【102 年 CPA】

(A)「投資翠竹公司」帳戶餘額增加 $290,000

(B) 投資收益增加 $195,000

(C) 資本公積減少 $17,500

(D) 非控制權益減少 $200,000

18. 承上題,紫薇公司與翠竹公司 X5 年度合併損益表之專利權攤銷費用為何?

(A) $10,000　　　　　　　　　　　　(B) $8,000

(C) $6,500　　　　　　　　　　　　　(D) $0　　　　　　【102 年 CPA】

19. P 公司投資 S 公司相關交易資料如下:

交易內容	股權比例	金額
X1 年 1 月 1 日取得 S 公司 60% 股權,並取得控制		
收購對價	60%	$12,000,000
非控制權益公允價值	40%	6,000,000
X2 年 10 月 1 日取得 S 公司 15% 股權		
支付對價	15%	3,500,000
X2 年 10 月 1 日非控制權益帳面金額		8,000,000
X2 年 10 月 1 日 S 公司可辨認淨資產公允價值		18,000,000
X2 年 10 月 1 日 S 公司可辨認淨資產帳面金額		16,000,000

試作：

1. 計算 X2 年 10 月 1 日取得股權交易對下列項目之影響金額：(1) 商譽，(2) 原持有投資之再衡量或處分損益金額，(3) 非控制權益。
2. P 公司 X2 年 10 月 1 日取得股權交易之分錄。

20. P 公司擁有 S 公司 85% 股權，X5 年 12 月 31 日二公司試算表資料如下：

	P 公司	S 公司
現金	$ 805,000	$ 400,000
應收帳款	800,000	500,000
存貨	1,000,000	1,000,000
固定資產	5,600,000	4,500,000
累計折舊	(1,200,000)	(1,500,000)
投資 S 公司	2,895,000	—
流動負債	(1,200,000)	(800,000)
其他負債	(1,000,000)	(1,000,000)
普通股股本	(5,000,000)	(2,000,000)
保留盈餘，1/1	(2,500,000)	(1,000,000)
股利（4 月發放）	200,000	100,000
銷貨收入	(1,500,000)	(800,000)
投資收益	(142,500)	—
銷貨成本	1,000,000	500,000
營業費用	242,500	100,000

P 公司於 X1 年以 $1,800,000 取得 S 公司 70% 股權，取得當時 S 公司股本與保留盈餘分別為 $2,000,000 及 $200,000，非控制權益公允價值為 $700,000。併購溢價作為商譽處理。

X5 年 10 月 1 日 P 公司再以 $500,000 取得 S 公司另外 15% 股權，假設 S 公司全年度收益平均發生。

X5 年間 P 公司曾銷貨予 S 公司，售價 $100,000，其中 $30,000 之帳款尚未支付。X5 年底 S 公司存貨中有 $20,000 之未實現利潤，X5 年初 S 公司存貨亦包含購自 P 公司之未實現利潤 $15,000。

試計算：

1. P 公司 X4 年底投資帳戶與合併報表 X4 年底非控制權益帳戶餘額。
2. 作 P 公司 X5 年投資 S 公司應有分錄。
3. 作 X5 年度合併工作底稿沖銷分錄。
4. 試編製 P 公司與 S 公司 X5 年度合併工作底稿。

〈處分投資－喪失控制〉

21. X3 年 12 月 31 日忠孝公司購入取得仁愛公司 60% 的股權，忠孝公司對該投資採完全（複雜）權益法處理。X5 年 5 月 1 日忠孝公司將其所持有仁愛公司股權中的 2/3 出售，以致對仁愛公司不再具有重大影響力。下列敘述何者正確？
   (A) 忠孝公司仍持有 20%，故對剩餘之投資得自行選擇採公允價值法或權益法處理
   (B) 為求一致性，忠孝公司對剩餘之投資應繼續採用權益法處理
   (C) 忠孝公司應將投資帳戶調整為原始取得成本的 1/3，對剩餘投資採公允價值法處理
   (D) 忠孝公司應出售日公允價值為新成本，對剩餘之投資採公允價值法處理

22. 母公司出售所持有子公司之股份時，下列三種情況中，那些應於帳上認列損益？①股權全部出售；②股權部分出售，維持控制；③股權部分出售，喪失控制力。

【104 年 CPA】

   (A) 僅情況①　　　　　　　　　　(B) 情況①與情況②
   (C) 情況①與情況③　　　　　　　(D) 情況①、情況②與情況③

23. 丙公司於 X6 年 1 月 2 日以 $380,000 取得丁公司 60% 的股權，當日丁公司各資產負債的帳面金額均等於其公允價值，丁公司淨資產帳面金額與公允價值之差額為未入帳之專利權 $100,000，分 10 年攤銷。丙對此投資採完全（複雜）權益法處理，X8 年 12 月 31 日投資丁公司帳戶之餘額為 $532,000。丁公司 X9 年度每月平均賺得淨利 $10,000，並於 5 月 1 日宣告發放股利 $30,000。X9 年 7 月 1 日丙公司以 $420,000 的價格出售所持有丁公司股權的 3/4（依加權平均法處理），則出售利益為：
   (A) $3,000　　　　　　　　　　　(B) $6,000
   (C) $13,000　　　　　　　　　　 (D) $16,000

24. X1 年初台北公司以 $240,000 取得台中公司 60% 股權，採權益法處理該投資，當日台中公司之權益 $200,000，包括普通股股本 $80,000（每股面額 $10）及保留盈餘 $120,000，且除設備低估 $200,000 外，並無其他未攤銷差額，該設備尚可使用十年，採用直線法折舊，無殘值。台中公司 X6 年初的保留盈餘為 $175,000，上半年獲利 $25,000。台北公司於 X6 年 7 月 1 日以 $300,000 出售其對台中公司之所有持股，試問出售損益金額為何？

【102 年 CPA】

   (A) $12,000　　　　　　　　　　 (B) $60,000
   (C) $78,000　　　　　　　　　　 (D) $87,000

25. 甲公司於 X1 年初以 $760,000 取得上市公司乙公司 80% 之股權，當日乙公司權益為 $900,000（含股本 $300,000，保留盈餘 $600,000），除設備（剩餘耐用年限為 5 年，採直線法提列折舊，無殘值）帳面金額低估 $50,000 外，當日乙公司其他可辨認資產

與負債之帳面金額均等於公允價值。甲公司依可辨認淨資產之比例衡量非控制權益。X2 年 12 月 31 日乙公司權益為 $1,050,000（含股本 $300,000，保留盈餘 $750,000），甲公司於 X2 年 12 月 31 日以市價 $550,000 出售持股，致使其對乙公司之持股比例降至 30%，甲公司對乙公司仍具有重大影響。關於甲公司 X2 年個別財務報表上相關項目之金額，下列敘述何者正確？ 【101 年 CPA】

(A)「權益法投資－投資乙公司」之期末餘額為 $0
(B)「處分投資利益」金額為 $16,000
(C)「權益法投資－投資乙公司」之期末餘額為 $324,000
(D)「公允價值變動列入當期損益之金融資產－投資乙公司」之期末餘額為 $330,000

26. P 公司投資 S 公司相關交易資料如下：

交易內容	股權比例	金額
X1 年 1 月 1 日取得 S 公司 80% 股權		
支付對價	80%	$13,000,000
非控制權益公允價值	30%	3,000,000
X1 年 1 月 1 日至 X2 年 10 月 1 日 S 公司股東權益增加數		1,000,000
X2 年 10 月 1 日處分 S 公司 40% 股權		
收取對價	50%	9,000,000
X2 年 10 月 1 日剩餘投資公允價值	30%	5,000,000

試作：
1. 計算 X2 年 10 月 1 日處分股權交易之處分損益金額。
2. P 公司 X2 年 10 月 1 日處分股權交易之分錄。

〈處分投資－未喪失控制〉

27. 大仁公司持有大德公司 90% 之股權，X3 年 12 月 31 日該長期股權投資帳戶餘額 $800,000，當時大德公司股東權益包括股本 $600,000、保留盈餘 $200,000，大德公司淨資產帳面金額與公允價值之差異係未入帳之專利權，攤銷期間尚有 5 年。大德公司 X4 年之淨利為 $100,000（係於年度中平均賺得），並於 X4 年 8 月 1 日核發股利 $50,000。大仁公司本決定於 X4 年 1 月 1 日以 $100,000 出售其投資之 10%，今因故延至 X4 年 7 月 1 日以相同價格出售之。試問大仁公司此延後出售其投資，相較於原訂之期初出售，對 X4 年將造成下列何種結果？

	「出售投資利益」金額	「非控制權益」期末餘額	「合併淨利」金額	「長期股權投資」期末餘額
(A)	不變	不變	不變	不變
(B)	變大	變小	變大	變大
(C)	不變	不變	變小	變大
(D)	變大	不變	變大	不變

28. P 公司於 X3 年 1 月 1 日以 $3,600,000 取得 S 公司 90% 股權（54,000 股），並按 S 公司淨資產公允價值比例衡量非控制權益。取得當時 S 公司股東權益之帳面金額與公允價值均為 $3,800,000，S 公司 X3 年淨利 $450,000，X3 年 6 月 1 日宣告並發放現金股利 $250,000。若 P 公司於 5 月 1 日以 $700,000 出售 S 公司 9,000 股，則 P 公司應於處分日認列：

(A) 處分投資利益 $100,000 (B) 處分投資利益 $77,500
(C) 資本公積增加 $107,500 (D) 資本公積增加 $77,500

29. X5 年 1 月 1 日宏大公司以現金 $480,000 購入仁愛公司 80% 的股權，並按仁愛公司淨資產公允價值比例衡量非控制權益。當時仁愛公司之股本為 $300,000，未分配盈餘為 $200,000，仁愛公司淨資產公允價值與帳面金額之差異係機器設備低估 $100,000，機器設備之耐用年限為 10 年。X5 年 7 月 1 日宏大公司出售部分投資而使得持股比例減少至 60%。若宏大公司 X5 年度之淨利為 $60,000，其淨利全年平均產生，X5 年度宏大公司之投資收益為多少？

(A) $28,000 (B) $34,000
(C) $35,000 (D) $40,000

30. 甲公司於 X1 年初以 $750,000 取得乙公司 80% 之股權，當日乙公司權益為 $900,000（含股本 $300,000，保留盈餘 $600,000），除存在未入帳專利權（公允價值為 $35,000，剩餘效益年限為 7 年）外，當日乙公司所有可辨認資產與負債之帳面金額均等於公允價值。甲公司依公允價值 $187,500 衡量非控制權益。X2 年 12 月 31 日乙公司權益為 $1,050,000（含股本 $300,000，保留盈餘 $750,000），甲公司於 X2 年 12 月 30 日以 $220,000 出售部分持股而使其對乙公司持股比例降至 60%。試問 X2 年 12 月 31 日合併資產負債表上非控制權益之金額為：　　　　　　【103 年 CPA】

(A) $437,500 (B) $435,500
(C) $431,000 (D) $430,000

31. X1 年初台北公司以 $500,000 取得台中公司 80% 股權，採權益法處理該投資，當日台中公司之權益 $500,000，且除房屋低估外，其餘資產及負債之公允價值均等於帳面金額，該房屋尚可使用二十年，採用直線法折舊，無殘值。X4 年 7 月 1 日台北公司出售

部分投資而使其對台中公司持股比率降至 60%。台中公司 X4 年淨利為 $62,000，係一年內平均賺得，X4 年合併綜合損益表中，非控制權益淨利為何？　　　【105 年 CPA】
(A) $10,000　　　　　　　　　　　(B) $12,400
(C) $16,725　　　　　　　　　　　(D) $43,400

32. P 公司投資 S 公司相關交易資料如下：

交易內容	股權比例	金額
X1 年 1 月 1 日取得 S 公司 75% 股權，並取得控制		
收購對價	75%	$15,000,000
非控制權益公允價值	25%	4,000,000
X2 年 10 月 1 日處分 S 公司 15% 股權		
收取對價	15%	3,200,000
X2 年 9 月 30 日 S 公司可辨認淨資產公允價值		18,000,000
X2 年 9 月 30 日 S 公司可辨認淨資產帳面金額		16,000,000

試作：
1. 計算 X2 年 10 月 1 日處分股權交易對下列項目之影響金額：①商譽，②原持有投資之再衡量或處分損益金額，③非控制權益。
2. P 公司 X2 年 10 月 1 日處分股權交易之分錄。

33. P 公司於 X1 年 6 月 1 日以 $4,500,000 取得 S 公司 80% 股權，並按 S 公司淨資產公允價值比例衡量非控制權益。S 公司淨資產公允價值與帳面金額之差額係未入帳之專利權 $375,000，分 10 年攤銷。S 公司 X0 年 12 月 31 日股東權益內容如下：

普通股股本（每股面額 $10）	$4,000,000
保留盈餘	800,000
股東權益總額	$4,800,000

S 公司 X1 年及 X2 年淨利及股利資料如下：

	X1 年	X2 年
淨利（全年平均賺得）	$300,000	$480,000
股利 (10 月 1 日發放)	60,000	100,000

P 公司於 X2 年 9 月 1 日以 $1,200,000 之價格出售 S 公司普通股 80,000 股。P 公司採用完全權益法處理有關投資事項。

試作：

1. 分別計算宏泰公司個別報表上 X1 年、X2 年度投資收益及合併報表上 X1 年、X2 年之非控制權益淨利。
2. 分別計算宏泰公司 X1 年底、X2 年底「投資寶鳳公司」項目之餘額，及合併報表上 X1 年底、X2 年底「非控制權益」項目之餘額。

34. 台北公司於 X1 年 1 月 1 日取得台中公司 80% 股權，採權益法處理該項投資，非控制權益依其公允價值衡量。除未入帳專利權外，其他可辨認資產、負債之帳面金額均等於公允價值，專利權分五年攤銷。

	台中公司	台北公司移轉對價（80%）	非控制權益公允價值（20%）
子公司權益公允價值	$312,500	$250,000	$62,500
普通股股本（面值 $10）	$100,000		
保留盈餘	150,000		
權益總額	$250,000		
減：取得股權帳面金額		200,000	50,000
公允價值超過帳面金額差額	$ 62,500	$ 50,000	$12,500
專利權	$ 25,000	$ 20,000	$ 5,000
商譽	37,500	30,000	7,500
合計	$ 62,500	$ 50,000	$12,500

台北公司於 X3 年 7 月 1 日以 $80,000 出售台中公司 20% 的股權（即其投資的 25%），假設 X2 年底台中公司之權益 $315,000，其中普通股股本 $100,000，保留盈餘 $215,000，X3 年淨利為 $30,000，其中前半年 $12,000，後半年 $18,000，當年未發放股利。

試作：

1. 台北公司出售股權之分錄。
2. X3 年底合併資產負債表專利權金額。
3. X3 年底台北公司帳列投資帳戶餘額。
4. X3 年度非控制權益淨利。

【105 年 CPA】

35. P 公司於 X1 年 1 月 1 日以 $2,400,000 取得 S 公司 80% 股權，共計 24,000 股，併購當日 S 公司股東權益包括普通股 $1,500,000、保留盈餘 $1,200,000，非控制權益按 S 公司淨資產公允價值比例衡量。S 公司淨資產帳面金額與公允價值差為該公司未入帳之專利權 $300,000，分五年攤銷。

S 公司 X4 年初保留盈餘 $1,500,000，X4 年 1 月 1 日至 8 月 1 日淨利 $200,000，8 月 1 日至 12 月 31 日淨利 $100,000，當年度兩公司間並無公司間交易發生。

P 公司於 X4 年 8 月 1 日以 $800,000 出售手中持有 S 公司 20% 股權，P 公司採成本法處理對 S 公司之投資。以下為 P 公司與 S 公司 X4 年 12 月 31 日之試算表：

	P 公司	S 公司
現金	$ 430,000	$ 500,000
應收帳款	450,000	500,000
存貨	1,000,000	1,000,000
固定資產	5,300,000	4,500,000
累計折舊	(1,200,000)	(1,500,000)
投資 S 公司	1,800,000	—
流動負債	(1,200,000)	(800,000)
其他負債	(1,000,000)	(1,000,000)
普通股股本	(3,000,000)	(1,500,000)
保留盈餘，1/1	(2,500,000)	(1,500,000)
股利（4月發放）	200,000	100,000
銷貨收入	(1,500,000)	(1,000,000)
股利收入	(80,000)	—
處分投資利益	(200,000)	—
銷貨成本	1,000,000	500,000
營業費用	500,000	200,000

試編製 P 公司與 S 公司 X4 年度合併工作底稿。

CHAPTER 6 子公司股東權益交易

學習目標

子公司發行特別股
- 特別股權益、特別股淨利與特別股股利之計算
- 母公司未持有子公司特別股之情形
- 母公司持有子公司特別股之情形

子公司發行新股
- 子公司發行新股之影響
- 母公司投資帳戶之調整
- 投資收益之決定與合併報表之編製

子公司庫藏股票交易
- 子公司買回庫藏股票交易之影響
- 子公司再發行庫藏股票交易之影響

子公司其他股東權益交易
- 子公司發放股票股利
- 子公司進行股票分割：
- 子公司前期損益調整
- 合併工作底稿沖銷分錄

母公司對於子公司投資的會計處理應採用權益法,在權益法的概念下,投資帳戶餘額理論上應隨著子公司股東權益變動而呈「比例」的變動:當子公司發生損益,子公司股東權益隨之增減,同時,母公司按持股比例認列投資損益,母公司投資子公司帳戶隨比例增減;當子公司發放現金股利,子公司股東權益隨之減少,同時,母公司收到子公司現金股利,母公司投資子公司帳戶應減少。因此,母公司投資子公司帳戶的餘額恆等於子公司淨資產帳面金額之份額,加上帳面金額與公允價值差額及商譽。

然而,子公司股東權益的變動,除了上述「本期損益」及「普通股股利發放」的原因外,還有可能因為「發行特別股」、「增加發行普通股」、「買回庫藏股」、「發放股票股利」或「股票分割」而變動。子公司股東權益的變動,可能影響母公司投資帳戶餘額與投資損益計算,本章將就說明母公司對於子公司股東權益變動交易之會計處理。

第 1 節　子公司發行特別股

一　特別股權益、特別股淨利與特別股股利之計算

當子公司發行特別股,子公司股東權益、當期損益及股利發放均按特別股與普通股區分為二:㈠股東權益分為:特別股權益與普通股權益;㈡當期損益分為:特別股淨利與普通股淨利;㈢股利發放分為:特別股股利與普通股股利。

特別股對於普通股而言,主要具有二項優先特性:股利優先分派權與剩餘財產優先請求權。股利優先分派權,將影響特別股股利與普通股股利發放數額,甚至在部分特別股條款,將影響特別股淨利與普通股淨利分配金額。剩餘財產優先請求權,將影響特別股權益與普通股權益。因此,當子公司發行特別股時,母公司對於投資子公司之會計處理時,應注意這些「優先」的特性。

以下簡要說明特別股權益、淨利與股利之計算。

㈠ 特別股股利之計算

特別股股利金額,因特別股條款屬「累積」或「參加」而有所不同。

1. 累積特別股及非累積特別股
  (1) 累積特別股:凡公司當年度無盈餘或未宣告特別股股利,該特別股股利將「積欠」,公司必須在未來有盈餘或宣告時,先「補足」積欠的特別股股利,才能分配股利予普通股股東;公司尚未補足積欠特別股股利前,不得分配任何股利予普通股股東。
  (2) 非累積特別股:凡公司當年度無盈餘或未宣告特別股股利,該特別股股利將「永遠

喪失」，公司在未來有盈餘或宣告時，不須先補足之前未發放的特別股股利（沒有積欠的概念），只需要按當年度約定股利金額先發放予特別股股東，再分配予普通股股東。

2. **參加特別股及非參加特別股**
   (1) 非參加特別股：無論公司盈餘及股利宣告數額，非參加特別股股東只能享有預先約定之「定額或定率」的股利。
   (2) 參加特別股：當普通股股利率超過特別股股利率，參加特別股股東除享有預先約定之股利外，還可分享普通股股利（即所謂參加），亦即參加特別股股東享有「變動額或變動率」的股利。參加特別股依參加比率，分為下列二種：
   ① 完全參加（全部參加）：當普通股股利率超過特別股股利率，特別股股東與普通股股東享有相同股利率。
   ② 部分參加：當普通股股利率超過特別股股利率，特別股股東可以參與分配至一定股利率（額外參加率），其餘分配予普通股股東。

(二) 特別股淨利之計算

特別股淨利因該特別股是否屬於「累積特別股」而有所不同。

1. **累積特別股**：無論子公司當年度是盈餘或虧損，無論子公司當年度有無宣告股利發放，累積特別股每年度享有「額定股利金額」之當年度淨利。

$$特別股淨利 = 額定特別股股利$$
$$普通股淨利 = 子公司淨利 - 特別股淨利$$

2. **非累積特別股**：若子公司當年度有宣告股利發放，非累積特別股享有額定股利金額之當年度淨利；若子公司當年度未宣告股利發放，即不享有任何淨利。
   (1) 子公司當年度有宣告股利發放：

$$特別股淨利 = 額定特別股股利$$
$$普通股淨利 = 子公司淨利 - 特別股淨利$$

   (2) 子公司當年度未宣告股利發放：

$$特別股淨利 = 0$$
$$普通股淨利 = 子公司淨利$$

(三) 特別股權益之計算

特別股權益由「可回收金額」與「積欠股利」二項組成要素所組成，可回收金額為特別股股東未來可自公司回收的金額，為贖回價格或清算價格乘以股數。若特別股同時有贖

回價格及清算價格，在繼續經營情況下，應以贖回價格為準；在清算情況下，應以清算價格為準。須特別注意，特別股發行溢價的資本公積屬於普通股股東權益，並非特別股權益。

特別股權益＝可回收金額＋積欠股利＝（贖回價格或清算價格×股數）＋積欠股利
普通股權益＝子公司股東權益－特別股權益

1. 可回收金額
   (1) 可贖回特別股：公司在繼續經營情況下，得按一定價格向特別股股東贖回特別股。（發動權在公司）

   $$特別股可回收金額＝贖回價格×股數$$

   (2) 清算特別股：特別股股東在清算情況下，得按一定價格向公司優先求償。（發動權在特別股股東）

   $$特別股可回收金額＝清算價格×股數$$

2. 積欠股利：當特別股為累積特別股時，特別股權益應加計歷年來所積欠之股利。

釋例一　特別股權益、特別股淨利與特別股股利之計算

S公司於X0年初股東權益資料如下：

特別股股本，6%，面額$10，清算價$11	$1,000,000
普通股股本，面額$10	4,000,000
資本公積	1,500,000
保留盈餘	800,000
股東權益總額	$7,300,000

S公司X0年及X1年度淨利分別為$200,000及$500,000，若S公司X0年未分配股利，X1年宣告發放$250,000現金股利。試分別按下列情形S公司X0年及X1年度特別股與普通股分別之權益、淨利與股利之金額：

1. 特別股為非累積特別股。
2. 特別股為累積特別股（X0年初無積欠股利）。
3. 特別股為非累積，參加至8%。

解析

1. 特別股為非累積特別股

    (1) X0 年特別股股利 = $0

    X0 年普通股股利 = $0

    X1 年特別股股利 = $10 × 100,000 × 6% = $60,000

    X1 年普通股股利 = $250,000 − $60,000 = $190,000

    (2) X0 年特別股淨利 = $0

    X0 年普通股淨利 = $200,000 − $0 = $200,000

    X1 年特別股淨利 = X1 年特別股股利 = $60,000

    X1 年普通股淨利 = $500,000 − $60,000 = $440,000

    (3) X0 年 12 月 31 日股東權益總額 = $7,300,000 + $200,000 = $7,500,000

    X0 年 12 月 31 日特別股權益 = $11 × 100,000 = $1,100,000

    X0 年 12 月 31 日普通股權益 = $7,500,000 − $1,100,000 = $6,400,000

    X1 年 12 月 31 日股東權益總額 = $7,500,000 + $500,000 − $250,000 = $7,750,000

    X1 年 12 月 31 日特別股權益 = $11 × 100,000 = $1,100,000

    X1 年 12 月 31 日普通股權益 = $7,750,000 − $1,100,000 = $6,650,000

2. 特別股為累積特別股

    (1) X0 年特別股股利 = $0

    X0 年普通股股利 = $0

    X1 年特別股股利 = 積欠股利 + 當年股利 = $10 × 100,000 × 6% × 2 = $120,000

    X1 年普通股股利 = $250,000 − $120,000 = $130,000

    (2) X0 年特別股淨利 = $10 × 100,000 × 6% = $60,000

    X0 年普通股淨利 = $200,000 − $60,000 = $140,000

    X1 年特別股淨利 = $10 × 100,000 × 6% = $60,000

    X1 年普通股淨利 = $500,000 − $60,000 = $440,000

    (3) X0 年 12 月 31 日特別股權益（X0 年未宣告股利，故積欠 1 年股利）

    = $11 × 100,000 + $60,000 = $1,160,000

    X0 年 12 月 31 日普通股權益 = $7,500,000 − $1,160,000 = $6,340,000

    X1 年 12 月 31 日特別股權益（X1 年宣告股利，無積欠股利）

    = $11 × 100,000 = $1,100,000

    X1 年 12 月 31 日普通股權益 = $7,750,000 − $1,100,000 = $6,650,000

3. 非累積，參加至 8%

(1) X0 年特別股股利 = $0

　　X0 年普通股股利 = $0

　　X1 年平均股利率 = $\dfrac{\$250,000}{\$1,000,000 + \$4,000,000} = 5\% < 8\%$

　　X1 年特別股股利 = $\$10 \times 100,000 \times 6\% = \$60,000$

　　X1 年普通股股利 = $\$250,000 - \$60,000 = \$190,000$

(2) X0 年特別股淨利 = $0

　　X0 年普通股淨利 = $200,000 - $0 = $200,000

　　X1 年特別股淨利 = X1 年特別股股利 = $60,000

　　X1 年普通股淨利 = $500,000 - $60,000 = $440,000

(3) X0 年 12 月 31 日特別股權益 = $\$11 \times 100,000 = \$1,100,000$

　　X0 年 12 月 31 日普通股權益 = $7,500,000 - $1,100,000 = $6,400,000

　　X1 年 12 月 31 日特別股權益 = $\$11 \times 100,000 = \$1,100,000$

　　X1 年 12 月 31 日普通股權益 = $7,750,000 - $1,100,000 = $6,650,000

二　母公司未持有子公司特別股之情形

當母公司未持有子公司特別股，對於合併個體而言，子公司特別股權益屬於「非控制權益」。母公司處理子公司投資時，基於特別股的優先性，仍應先計算特別股股利、特別股淨利及特別股權益，並於編製合併報表時，將子公司特別股權益全數列入「非控制權益」。

1. 計算投資成本與淨資產帳面金額差額

當子公司發行特別股，特別股權益將會影響普通股權益，母公司投資成本與股權淨值之差額，應按扣除特別股權益後餘額之普通股權益計算。

普通股權益 = 股東權益總額 － 特別股權益

投資成本與淨資產帳面金額差額

=（投資成本＋非控制權益$_{普通股}$＋ 非控制權益$_{特別股}$）－ 股東權益總額

上式中，非控制權益包括特別股權益與普通股權益，二者金額之衡量可採公允價值或淨資產公允價值比例計算。一般而言，特別股權益之公允價值應等於其贖回價格或清算價格加上積欠股利，與計算特別股權益之金額通常相等。

2. 計算投資收益與非控制權益淨利

當子公司發行特別股,特別股淨利會影響普通股淨利,進而影響投資收益。

普通股淨利 = 子公司淨利 － 當年度特別股淨利

投資收益 = (普通股淨利 ± 調整項) × 持股比例$_{普通股}$

非控制權益淨利 = 特別股淨利 + (普通股淨利 ± 調整項) × 非控制權益比例$_{普通股}$

3. 計算投資子公司及非控制權益餘額

當母公司未持有子公司特別股,非控制權益包含二部分:母公司**未持有**的「部分普通股權益」及「全部特別股權益」。

非控制權益餘額 = 特別股權益 + 普通股權益 × 非控制權益比例$_{普通股}$
　　　　　　　 = 期初餘額 + 非控制權益淨利$_{特別股＋普通股}$ － 非控制權益股利$_{特別股＋普通股}$

4. 編製合併工作底稿沖銷分錄

子公司發行特別股對母公司投資帳戶、投資收益之影響可按第三章所述之恆等式表達如下:

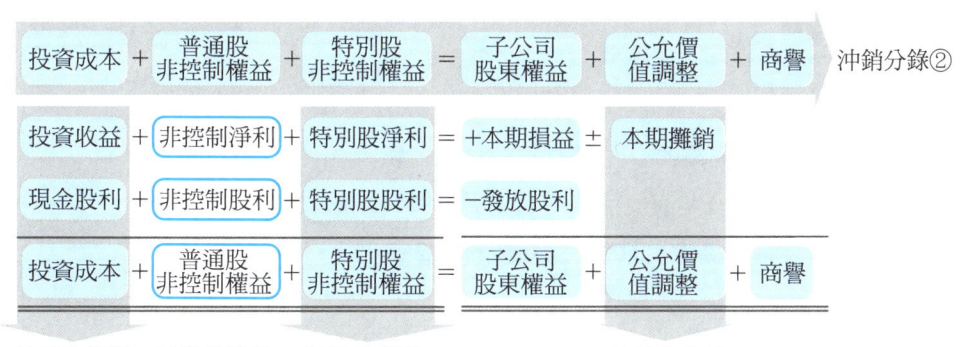

投資成本 + 普通股非控制權益 + 特別股非控制權益	=	子公司股東權益 + 公允價值調整 + 商譽	沖銷分錄②
投資收益 + 非控制淨利 + 特別股淨利	=	+本期損益 ± 本期攤銷	
現金股利 + 非控制股利 + 特別股股利	=	－發放股利	
投資成本 + 普通股非控制權益 + 特別股非控制權益	=	子公司股東權益 + 公允價值調整 + 商譽	

沖銷分錄①　沖銷分錄⑤　沖銷分錄④　　　　沖銷分錄③

母、子公司合併工作底稿沖銷分錄與前述各章相同,惟應注意子公司之特別股權益對合併個體而言亦屬「非控制權益」,在沖銷分錄②中,沖銷子公司股東權益後,應將其中期初特別股權益部分列為非控制權益,故該沖銷分錄會有二項非控制權益,分錄如下:

股本－子公司(期初)	×××	
資本公積－子公司(期初)	×××	
保留盈餘－子公司(期初)	×××	
未攤銷差額(期初)	×××	
投資子公司(期初)		×××
非控制權益(特別股)		×××　⇨ 期初特別股權益總額
非控制權益(普通股股)		×××　⇨ 期初普通股權益×少數%

沖銷分錄④、⑤為列出非控制權益淨利與股利，調整非控制權益變動數，當子公司發行特別股母公司並未取得情形下，屬於特別股淨利與股利部分均為非控制權益，故沖銷分錄④之分錄如下：

非控制權益淨利	×××	⇨	特別股淨利
股利－子公司	×××	⇨	特別股股利
非控制權益（特別股）	×××		

釋例二　子公司發行特別股，母公司未持有特別股

P 公司於 X1 年 1 月 3 日支付 $5,200,000 取得 S 公司 80% 普通股股權，取得日 S 公司股東權益如下：

特別股股本，6% 累積，非參加，面額 $10，清算價 $11，積欠 1 年股利	$1,000,000
普通股股本，面額 $10	4,000,000
資本公積	1,500,000
保留盈餘	1,000,000
股東權益總額	$7,500,000

其他資料如下：

(1) S 公司淨資產帳面金額與公允價值差額為未入帳專利權 $160,000 分 10 年攤銷，P 公司按 S 公司淨資產公允價值比例衡量普通股及特別股非控制權益。

(2) S 公司 X1 年度淨利為 $300,000，發放股利 $250,000。

試作：

1. 計算 X1 年度 P 公司對 S 公司之投資收益，與 X1 年合併損益表中非控制權益淨利。
2. 計算 X1 年 12 月 31 日 P 公司對 S 公司投資帳戶餘額，以及 X1 年 12 月 31 日合併資產負債表上非控制權益餘額。
3. 作 X1 年度 P 公司與 S 公司合併工作底稿之沖銷分錄。

解析

1. 計算投資成本與淨資產帳面金額差額

    X1 年初特別股權益 ＝（清算價格 × 特別股股數）＋積欠股利

    ＝ $11 × 100,000 + $1,000,000 × 6% = $1,160,000

X1年初普通股權益＝股東權益總額－特別股權
　　　　　　　　＝$7,500,000－$1,160,000＝$6,340,000
X1年初普通股非控制權益＝($6,340,000＋$160,000)×20%＝$1,300,000
投資成本與淨資產帳面金額差額
＝（投資成本＋非控制權益$_{普通股}$＋非控制權益$_{特別股}$））－股東權益總額
＝($5,200,000＋$1,300,000＋$1,160,000)－$7,500,000＝$160,000
商譽＝$160,000－$160,000＝$0

2. 計算投資收益與非控制權益淨利

子公司之特別股為累積特別股，X1年歸屬於特別股淨利為$60,000，母公司未持有特別股，在決定X1年度淨利歸屬時，應分配之順序為「非控制權益－特別股」、「控制權益」、「非控制權益－普通股」：

專利權每年攤銷數＝$160,000÷10＝$16,000
普通股淨利＝子公司淨利－特別股淨利＝$300,000－$60,000＝$240,000
投資收益$_{普通股}$＝（普通股淨利－專利權攤銷）×持股比例
　　　　　　＝($240,000－$16,000)×80%＝$179,200
非控制權益淨利＝特別股淨利＋（普通股淨利±調整項）×非控制權益比例$_{普通股}$
　　　　　　　＝$60,000＋($240,000－$16,000)×20%＝$104,800

上述計算可彙整為S公司淨利分配計算表如下：

	合計	投資收益 普通股（80%）	投資收益 特別股	非控制權益淨利 普通股（20%）	非控制權益淨利 特別股
X1年特別股淨利	$60,000		$ —		$60,000
X1年普通股淨利	240,000	$192,000		$48,000	
專利權攤銷	(16,000)	(12,800)		(3,200)	
X1年度認列數	$284,000	$179,200	$ —	$44,800	$60,000

3. 計算投資帳戶與非控制權益餘額

投資帳戶餘額＝期初餘額＋投資收益$_{普通股}$－現金股利$_{普通股}$
　　　　　　＝$5,200,000＋$179,200－$130,000×80%＝$5,275,200
非控制權益$_{特別股}$＝期初餘額＋非控制權益淨利$_{特別股}$－非控制權益股利$_{特別股}$
　　　　　　　＝$1,160,000＋$60,000－$120,000＝$1,100,000
非控制權益$_{普通股}$＝期初餘額＋非控制權益淨利$_{普通股}$－非控制權益股利$_{普通股}$
　　　　　　　＝$1,300,000＋$44,800－($250,000－$120,000)×20%＝$1,318,800

上述計算可彙整如下：

	投資帳戶		非控制權益	
	普通股（80%）	特別股	普通股（20%）	特別股
X1年初餘額	$5,200,000		$1,300,000	$1,160,000
X1年淨利分配	179,200		44,800	60,000
X1年股利分配	(104,000)		(26,000)	(120,000)
X1年底餘額	$5,275,200		$1,318,800	$1,100,000

4. 編製合併工作底稿沖銷分錄

	投資帳戶	+	普通股非控制權益	+	特別股非控制權益	=	股東權益	+	專利權
X1/1/1 餘額	$5,200,000	+	$1,300,000	+	$1,160,000	=	$7,500,000	+	$160,000
X1年淨利	179,200	+	44,800	+	60,000	=	300,000	+	(16,000)
X1年股利	(104,000)	+	(26,000)	+	(120,000)	=	(250,000)		
X1/12/31 餘額	$5,275,200	+	$1,318,800	+	$1,100,000	=	$7,550,000	+	$144,000

① 投資收益　　　　　　　　　　　179,200
　　股利－S公司　　　　　　　　　　　　　　104,000
　　投資S公司普通股　　　　　　　　　　　　 75,200

② 特別股股本－S公司　　　　　1,000,000
　　普通股股本－S公司　　　　　4,000,000
　　資本公積　　　　　　　　　　1,500,000
　　保留盈餘　　　　　　　　　　1,000,000
　　專利權　　　　　　　　　　　　160,000
　　　投資S公司普通股　　　　　　　　　　5,200,000
　　　非控制權益－普通股　　　　　　　　　1,300,000
　　　非控制權益－特別股　　　　　　　　　1,160,000

③ 攤銷費用　　　　　　　　　　　 16,000
　　專利權　　　　　　　　　　　　　　　　　 16,000

④ 非控制權益淨利－特別股　　　　 60,000
　　非控制權益淨利－普通股　　　　 44,800
　　非控制權益－特別股　　　　　　 60,000
　　　股利　　　　　　　　　　　　　　　　　146,000
　　　非控制權益－普通股　　　　　　　　　　 18,800

三　母公司持有子公司特別股之情形

當母公司持有子公司特別股，由於特別股不具表決權，因此無論母公司持股比例為何，均不影響母公司對子公司控制力之判斷。就合併個體之經濟實質而言，母公司持有子公司特別股，應視為母公司代子公司收回其所發行之特別股，屬於股東權益交易性質，故母公司投資子公司特別股，成本與股權淨值間差額應作為資本公積的調整，不得認列收回損益。

至於母公司對子公司特別股投資之會計處理，母公司必須先將投資分為特別股投資及普通股投資，再分別按權益法處理其會計處理方法。首先，將子公司特別股淨利及普通股淨利，按持股比例認列特別股投資損益及普通股投資損益；其次，將子公司特別股股利及普通股股利，按持股比例將所分配特別股股利及普通股股利，沖減投資帳戶餘額；最後，編製合併報表時，必須分別將所享有之特別股投資與普通股投資，與子公司特別股權益及普通股權益，進行沖銷，再將母公司「未持有」特別股權益及普通股權益列為「非控制權益」。

1. 特別股投資成本與股權淨值差額

母公司持有的子公司特別股，於編製合併財務報表時，視為**收回特別股**處理，特別股之投資成本與股權淨值差額作為「資本公積」之調整：

特別股投資成本與股權淨值差額（資本公積調整數）
＝特別股投資成本－（特別股權益×持股比例$_{特別股}$）

母公司認列投資子公司特別股時，應同時將投資成本與股權淨值差額於「母公司帳上」調整資本公積，使母公司投資成本等於股權淨值，之後合併沖銷分錄就無須再作處理，簡化以後各期沖銷程序。假設投資成本大於股權淨值（差額為正），應沖銷投資成本，母公司帳上調整分錄為：

資本公積－母公司　　　　　　×××
　　投資子公司特別股　　　　　　　　×××

當母公司投資子公司特別股而有股權淨值差額，已在母公司帳上調整資本公積，子公司特別股權益將等於特別股投資帳戶餘額與特別股非控制權益，合併工作底稿沖銷分錄如下：

特別股股本（期初）　　　　　×××
資本公積－特別股（期初）　　×××
　　投資子公司特別股　　　　　　　　×××　⇒ 投資成本±調整數
　　非控制權益（特別股）　　　　　　×××　⇒ 期初特別股權益總額

2. 特別股投資之會計處理

母公司對於子公司特別股投資可採權益法或成本法處理。

(1) 權益法：採權益法處理時，當特別股為累積特別股，特別股淨利為當年度按額定股利金額；當特別股為非累積特別股，特別股淨利為當年度宣告之特別股股利。母公司應就特別股淨利，按其特別股持股比例，計算當年度之投資收益，增加投資帳戶餘額，並就所收到之特別股股利，減少特別股投資成本，使特別股投資帳面金額與股權淨值相配合。

$$特別股投資收益 = 特別股淨利 \times 持股比例_{特別股}$$

$$特別股投資帳戶餘額 = 期初餘額 + 投資收益_{特別股} - 特別股股利 \times 持股比例_{特別股}$$

(2) 成本法：當母公司對子公司特別股投資採成本法，母公司僅對其所收到特別股股利認列股利收入，特別股投資成本維持期初數，特別股投資帳面金額不隨股權淨值變動而改變。

$$股利收入 = 特別股股利 \times 持股比例_{特別股}$$

3. 母公司投資收益與非控制權益之計算

當母公司同時擁有子公司發行之普通股及特別股時，其帳列投資收益分為普通股及特別股二部分，非控制權益淨利亦相同。

普通股淨利 = 子公司淨利 − 特別股淨利

普通股投資收益 =（普通股可享有淨利 ± 調整項）× 持股比例$_{普通股}$

非控制權益淨利 = 特別股淨利 × 非控制權益比例$_{特別股}$ + 普通股淨利 × 非控制權益比例$_{普通股}$

非控制權益 = 特別股權益 × 非控制權益比例$_{特別股}$ + 普通股權益 × 非控制權益比例$_{普通股}$

4. 合併沖銷分錄

(1) 母公司對於子公司特別股採權益法處理

子公司發行特別股對母公司投資帳戶、投資收益之影響可按第 3 章所述之恆等式表達如下。

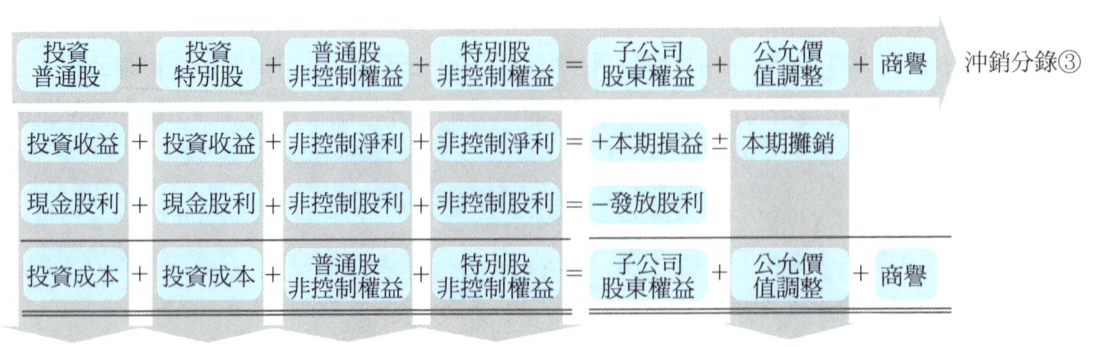

投資普通股	+	投資特別股	+	普通股非控制權益	+	特別股非控制權益	=	子公司股東權益	+	公允價值調整	+	商譽	沖銷分錄③
投資收益	+	投資收益	+	非控制淨利	+	非控制淨利	=	本期損益	±	本期攤銷			
現金股利	+	現金股利	+	非控制權益	+	非控制股利	=	−發放股利					
投資成本	+	投資成本	+	普通股非控制權益	+	特別股非控制權益	=	子公司股東權益	+	公允價值調整	+	商譽	
沖銷分錄①		沖銷分錄②		沖銷分錄⑥		沖銷分錄⑤				沖銷分錄④			

沖銷分錄①、②沖銷投資收益與股利，使投資帳戶回復期初餘額，此二分錄亦可合併作一分錄：

投資收益	×××	⇨ 普通股＋特別股投資收益
股利－子公司	×××	⇨ 普通股＋特別股投資股利
投資子公司普通股	×××	
投資子公司特別股	×××	

沖銷分錄③，沖銷子公司股東權益與期初投資帳戶後，應將母公司未持有之普通股權益與特別股權益列為非控制權益，故沖銷分錄會有二項非控制權益，分錄如下：

股本（期初）	×××	
資本公積（期初）	×××	
保留盈餘（期初）	×××	
未攤銷差額（期初）	×××	
投資子公司普通股（期初）	×××	
投資子公司特別股（期初）	×××	
非控制權益（特別股）	×××	⇨ 期初特別股權益×非控％
非控制權益（普通股）	×××	⇨ 期初普通股權益×非控％

若特別股投資成本與股權淨值差額未於母公司帳上先作調整，則上列沖銷分錄③，就必須將差額調整母公司資本公積（假設投資成本大於股權淨值）：

股本（期初）	×××	
資本公積（期初）	×××	
保留盈餘（期初）	×××	
未攤銷差額（期初）	×××	
資本公積－母公司	×××	
投資子公司普通股（期初）	×××	
投資子公司特別股（期初）	×××	⇨ 原始投資成本
非控制權益（特別股）	×××	⇨ 期初特別股權益×非控％
非控制權益（普通股）	×××	⇨ 期初普通股權益×非控％

(2) 母公司對於子公司特別股採成本法處理

若是母公司對於投資特別股採成本法，則上列沖銷分錄，需將股利收入與子公司發放之股利金額一併沖銷：

投資收益	×××	⇨ 普通股投資收益
股利收入	×××	⇨ 特別股投資股利
股利－子公司	×××	⇨ 普通股＋特別股投資股利
投資子公司普通股（期初）	×××	

釋例三　子公司發行特別股，母公司未持有特別股

延釋例一，P 公司於 X2 年 1 月 5 日支付 $500,000 取得 S 公司 40% 特別股股權。S 公司 X2 年度淨損 $100,000，未發放股利。

試作：

1. P 公司投資 S 公司特別股之相關分錄。
2. 計算 X2 年度 P 公司對 S 公司之投資收益，與 X2 年合併損益表中非控制權益淨利。
3. 計算 X2 年 12 月 31 日 P 公司對 S 公司投資帳戶餘額，以及 X2 年 12 月 31 日合併資產負債表上非控制權益餘額。
4. X2 年度 P 公司與 S 公司合併工作底稿之沖銷分錄。

解析

1. 特別股投資成本與 X2 年初特別股權益 = $1,100,000
   投資成本與特別股權益淨值差額 = $500,000 − $1,100,000 × 40% = $60,000
   X2 年度特別股投資收益 = $1,000,000 × 6% × 40% = $24,000

   投資相關分錄：

   (1) 取得投資：

投資 S 公司特別股	440,000	
資本公積－母公司	60,000	
現金		500,000

   (2) 認列投資收益：

投資 S 公司特別股	24,000	
投資收益		24,000

2. 計算投資收益與非控制權益淨利

   子公司之特別股為累積特別股，X2 年歸屬於特別股淨利為 $60,000，應分配與「母公司持有份額」及「非控制權益－特別股」；剩餘部分為普通股之淨損，應分配與「控制權益」及「非控制權益－普通股」：

   特別股淨利 = $60,000
   投資收益$_{普通股}$ = $60,000 × 40% = $24,000
   普通股淨損 = 子公司淨利 − 特別股淨利
   　　　　　 = −$100,000 − $60,000 = −$160,000

投資收益_{普通股} =（普通股淨利 − 專利權攤銷）× 持股比例
　　　　　　 =（−$160,000 − $16,000）× 80% = −$140,800

非控制權益淨利
= 特別股淨利 × 非控制權益比例_{特別股} +（普通股淨利 ± 調整項）× 非控制權益比例_{普通股}
= $60,000 × 60% +（−$160,000 − $16,000）× 20% = $36,000 − $35,200 = $800

上述計算可彙整為 S 公司淨利分配計算表如下：

	合計	投資收益 普通股（80%）	投資收益 特別股（40%）	非控制權益淨利 普通股（20%）	非控制權益淨利 特別股（60%）
×2 年特別股淨利	$ 60,000		$24,000		$36,000
×2 年普通股淨損	(160,000)	$(128,000)		$(32,000)	
專利權攤銷	(16,000)	(12,800)		(3,200)	
×1 年度認列數	$(116,000)	$(140,800)	$24,000	$(35,200)	$36,000

3. 計算投資帳戶與非控制權益餘額

特別股投資帳戶餘額 = 期初餘額 + 投資收益_{普通股} − 現金股利_{普通股}
　　　　　　　　　 = $440,000 + $24,000 − $0 = $464,000

普通股投資帳戶餘額 = 期初餘額 + 投資收益_{普通股} − 現金股利_{普通股}
　　　　　　　　　 = $5,275,200 − $140,800 − $0 = $5,134,400

非控制權益_{特別股}
= 期初餘額 − 轉列特別股投資 + 非控制權益淨利_{特別股} − 非控制權益股利_{特別股}
= $1,100,000 − $440,000 + $36,000 − $0 = $696,000

非控制權益_{普通股} = 期初餘額 + 非控制權益淨利_{普通股} − 非控制權益股利_{普通股}
　　　　　　　　 = $1,318,800 − $35,200 − $0 = $1,283,600

上述計算可彙整如下：

	投資帳戶 普通股（80%）	投資帳戶 特別股（40%）	非控制權益 普通股（20%）	非控制權益 特別股（60%）
×1 年底餘額	$ 5,275,200		$1,318,800	$1,100,000
×2 年初投資		$440,000		(440,000)
×2 年淨利分配	(140,800)	24,000	(35,200)	36,000
×2 年底餘額	$ 5,134,400	$464,000	$1,283,600	$ 696,000

4. 合併工作底稿沖銷分錄

	普通股 投資帳戶		特別股 投資帳戶		普通股 非控制權益		特別股 非控制權益		股東權益		專利權
X1/12/31 餘額	$5,275,200	+	$ 0	+	$1,318,800	+	$1,100,000	=	$7,550,000	+	$144,000
取得投資			440,000			+	(440,000)				
X2 年淨利（損）	(140,800)	+	24,000	+	(35,200)	+	36,000	=	(100,000)	+	(16,000)
X2 年股利	(0)	+	(0)	+	(0)	+	(0)	=	(0)		
X2/12/31 餘額	$5,134,400	+	$464,000	+	$1,283,600	+	$ 696,000	=	$7,450,000	+	$128,000

①	投資 S 公司普通股	140,800	
	投資 S 公司特別股		24,000
	投資損失		116,800
②	特別股股本－S 公司	1,000,000	
	普通股股本－S 公司	4,000,000	
	資本公積－S 公司	1,500,000	
	保留盈餘－S 公司	1,050,000	
	專利權	144,000	
	投資 S 公司普通股		5,275,200
	投資 S 公司特別股		440,000
	非控制權益－普通股		1,318,800
	非控制權益－特別股		660,000
③	攤銷費用	16,000	
	專利權		16,000
④	非控制權益淨利－特別股	36,000	
	非控制權益－普通股	35,200	
	非控制權益淨利－普通股		35,200
	非控制權益－特別股		36,000

第 2 節　子公司發行新股

子公司發行新股以募得資金，將增加子公司資產、股東權益總額、流通在外股數。公司法第 267 條規定，公司發行新股時，除保留員工承購外，應公告及通知原有股東，按照原有股份比例儘先分認，並聲明逾期不認購者，喪失其權利。因此，當子公司發行新股，母公司依公司法第 267 條規定，得決定是否按原持股比例認購新股。若母公司認購全數新

股或認購比例高於原持股比例，將增加對子公司之持股比例與股東權益之份額；若母公司完全不認購新股認購或認購比例低於原持股比例，將減少對子公司之持股比例與股東權益之份額，甚至喪失控制力。

此外，當子公司新股發行價格不等於發行時普通股每股帳面金額，將造成新舊股東間的交叉補貼：當發行價格高於原帳面金額，代表新股東以高於淨資產帳面金額的價格購買股權，猶如新股東給原股東的紅利，此認購投資成本高於帳面金額之溢價認購部分，原股東應按持股比例調整，增加資本公積；反之，當發行價格低於原帳面金額，代表新股東以低於淨資產帳面金額的價格購買股權，猶如原股東給新股東的紅利，此認購投資成本低於帳面金額之折價認購部分，原股東應按持股比例調整，減少資本公積。

綜上，子公司發行新股，將同時改變子公司股東權益及母公司持股比例，使子公司股權淨值產生變動，因此母公司投資帳戶須相應調整。在母、子公司維持控制關係的情形下，對合併個體而言，子公司發行新股屬於股東權益交易性質，母公司應透過調整資本公積的方式，反映出子公司股權淨值變動對於母公司投資帳戶的影響，以下分別說明之。

一　子公司發行新股之影響

1. 子公司股東權益的變動

當子公司以現金或取得其他資產方式發行新股，將增加帳上資產；當子公司因公司債轉換或以清償債務方式發行新股，將減少帳上負債，子公司應按收取資產的公允價值或減少負債的帳面金額決定股票發行價格，子公司新股發行後股東權益可列示如下：

$$\text{子公司新股增加股東權益} = \text{發行價格} \times \text{發行股數}$$

$$\text{子公司新股發行後股東權益} = \text{原股東權益總額} + \text{新股增加股東權益}$$

2. 母公司持股比例變動

子公司發行新股，若母公司對子公司之新股認購比例與原持股比例不同，將改變母公司持股比例：新股認購比例高於原持股比例，新股發行後，將增加母公司對子公司持股比例；新股認購比例低於原持股比例，新股發行後，將降低母公司對子公司持股比例。子公司發行新股之影響可列示如下：

$$\text{新股發行後母公司持股比例} = \frac{\text{母公司原持有股數} + \text{母公司認購股數}}{\text{原發行股數} + \text{新股發行股數}}$$

假設 P 公司持有 S 公司普通股實際發行股數 200,000 股之 60%，S 公司增資發行 50,000 股，P 公司認購新股 20,000 股、30,000 股、40,000 股之持股比例計算如下：

(1) 認購新股 40%，認購後之持股比例 $= \dfrac{120,000 + 20,000}{200,000 + 50,000} = 56\%$（持股比例下降）

(2) 認購新股 60%，認購後之持股比例 $= \dfrac{120,000 + 30,000}{200,000 + 50,000} = 60\%$（持股比例不變）

(3) 認購新股 80%，認購後之持股比例 $= \dfrac{120,000 + 40,000}{200,000 + 50,000} = 64\%$（持股比例增加）

二　母公司投資帳戶之調整

1. 子公司淨資產份額變動

　　子公司發行新股，無論母公司認購比例為何，在母、子公司維持控制關係的情形下，就合併個體而言，子公司發行新股屬於股東權益交易之性質，因此不應影響增資前合併個體之資產與負債。換句話說，合併個體於「取得控制後」之股東權益交易，不得改變「取得控制時」子公司淨資產公允價值，亦即母公司收購子公司之收購溢價所產生的差額分攤與商譽，不會因子公司發行新股而需要再衡量。

　　子公司所發行之新股，非由母公司認購者，為其他股東所持有（非控制權益）。在母、子公司維持控制關係的情形下，認購新股的其他股東，無論是否為原持有人，仍歸類至非控制權益。子公司淨資產份額視為由母公司及非控制權益「二方」所持有，其關係式可列示如下：

母公司投資 + 非控制權益 = 子公司股東權益$_{增資前}$ + $\boxed{\text{公允價值差額 + 商譽}}$

母公司投資 + 非控制權益 + $\boxed{\text{增資}}$ = 子公司股東權益$_{增資後}$ + $\boxed{\text{公允價值差額 + 商譽}}$

　　上式中，等號左方的「增資」金額，應按母公司及其他股東分別認購股數，分別增加母公司投資帳戶及非控制權益金額，而等號右方總數則應按增資後二方持股比例計算各自應有之淨資產份額。

　　對於子公司淨資產份額之計算，一般以公允價值衡量，再按持股比例分別歸屬於母公司與非控制權益。至於商譽之計算，則分為「共同商譽」及「控制溢價」而有不同處理：如商譽來自於不符合財務報表個別辨認資產的未來經濟效益，屬於共同商譽，應按持股比例分別歸屬於母公司與非控制權益；如商譽來自運用合併淨資產所帶來的綜效，屬於控制溢價，應歸母公司所有，不歸屬於非控制權益。

母公司持有淨資產份額 =（淨資產公允價值 + 共同商譽）× 持股比例$_{母公司}$ + 控制溢價

非控制權益持有淨資產份額 =（淨資產公允價值 + 共同商譽）× 持股比例$_{非控制權益}$

　　如第 3 章所述，非控制權益的衡量，可分為二種方式：(1) 依收購日被收購公司可辨認淨資產公允價值按非控制權益比例計算；(2) 依非控制權益整體公允價值衡量。以下分別說明之：

(1) 非控制權益按子公司淨資產公允價值份額衡量

　　在此情況下，商譽全數歸屬於母公司，在子公司發行新股且母、子公司維持控制關係的情形下，母公司認列商譽金額不變。

　　假設甲公司取得乙公司普通股實際發行股數 200,000 股之 60%，投資帳戶餘額為 $3,330,000，乙公司當時股東權益總額為 $5,000,000，乙公司淨資產帳面金額與公允價值差額係未入帳之專利權 $300,000。此時非控制權益及商譽之計算如下：

非控制權益 = ($5,000,000 + $300,000) × 40% = $2,120,000

商譽 = ($3,330,000 + $2,120,000) − ($5,000,000 + $300,000) = $150,000（控制溢價）

　　若乙公司按每股 $30 增資發行新股 50,000 股，甲公司全數認購，乙公司共收到甲公司增資款 $1,500,000（$30 × 50,000）。

甲公司增資後持股比例 = $\frac{120,000 + 50,000}{200,000 + 50,000}$ = 68%，非控制權益比例 = 32%

增資後母公司持有淨資產份額 = ($5,300,000 + $1,500,000) × 68% + $150,000
　　　　　　　　　　　　　　= $4,774,000

增資後非控制權益持有淨資產份額 = ($5,300,000 + $1,500,000) × 32% = $2,176,000

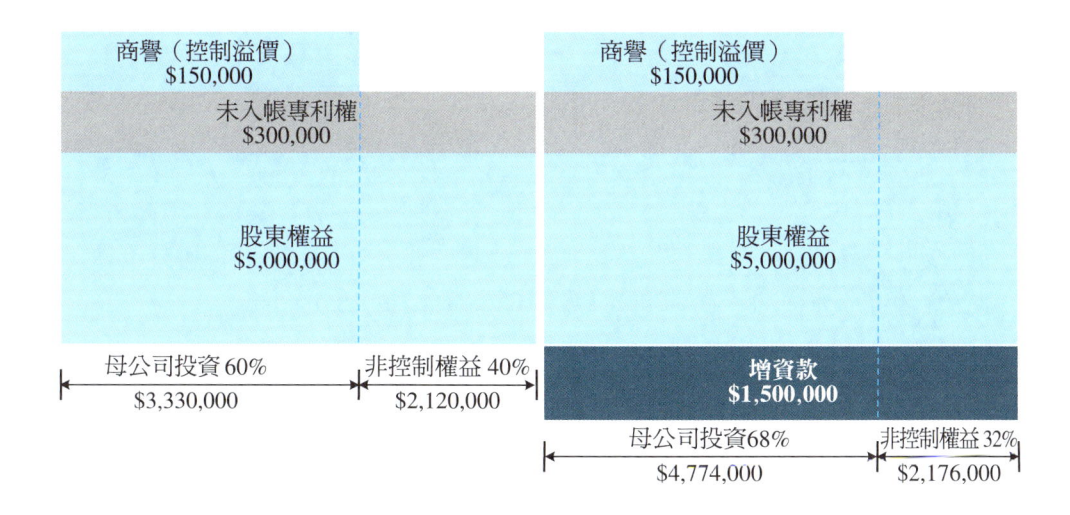

(2) 非控制權益按公允價值衡量

　　在此情況下，商譽分為二部分：專屬於母公司合併綜效之「控制溢價」及非合併綜效之「共同商譽」。在子公司發行新股且母、子公司維持控制關係的情形下，母公司「控制溢價」部分的商譽金額不變。

假設前例中，非控制權益按公允價值 $2,200,000 衡量，母公司對子公司淨資產份額變動數計算如下：

（增資前）

商譽 = ($3,330,000 + $2,200,000) − ($5,000,000 + $300,000) = $230,000

非控制權益認列商譽 = $2,200,000 − ($5,000,000 + $300,000) × 40% = $80,000

共同商譽 = $80,000 ÷ 40% = $200,000

控制溢價 = $230,000 − $200,000 = $30,000

（增資後）

甲公司增資後持股比例 = $\dfrac{120,000 + 50,000}{200,000 + 50,000}$ = 68%，非控制權益比例 = 32%

增資款 = $30 × 50,000 = $1,500,000

增資後母公司持有淨資產份額
= ($5,300,000 + $1,500,000 + $200,000) × 68% + $30,000 = $4,790,000

增資後非控制權益持有淨資產份額
= ($5,300,000 + $1,500,000 + $200,000) × 32% = $2,240,000

2. 母公司投資帳戶之調整

在母、子公司維持控制關係的情形下，母公司投資帳戶僅能「反映」子公司淨資產份額的變動數，母公司新股投資成本與新股發行後對子公司「淨資產份額」的變動，均

應在「母公司」帳上調整資本公積。若母公司認購成本大於子公司淨資產份額增加數，代表母公司補貼其他股東（非控制權益），應減少資本公積；若母公司認購成本小於子公司淨資產份額增加數，代表其他股東（非控制權益）對母公司之補貼，應增加資本公積。

增資後母公司投資帳戶應有餘額 = 母公司持有淨資產份額

資本公積調整數
= 母公司持有淨資產份額 −（增資前投資帳戶餘額 + 母公司新股認購成本）

(1) 非控制權益按子公司淨資產公允價值份額衡量

以前述母公司按每股 $30 認購全數 50,000 股新股為例，若商譽 $150,000 歸母公司所有，資本公積調整數之計算如下：

母公司持有淨資產份額 = ($5,300,000 + $1,500,000) × 68% + $150,000 = $4,774,000

資本公積調整數 = $4,774,000 − ($3,330,000 + $1,500,000) = −$56,000

母公司對於增加認購子公司股份，應於帳上作下列分錄：

投資乙公司	1,444,000	
資本公積−母公司	56,000	
現金		1,500,000

(2) 非控制權益按公允價值衡量

以前述母公司按每股 $30 認購全數 50,000 股新股為例，若商譽 $230,000 中控制溢價為 $30,000，歸屬於母公司之商譽為 $150,000，歸屬於非控制權益之商譽為 $80,000，資本公積調整數之計算如下：

母公司持有淨資產份額
= ($5,300,000 + $1,500,000 + $200,000) × 68% + $30,000 = $4,790,000

資本公積調整數 = $4,790,000 − ($3,330,000 + $1,500,000) = −$40,000

母公司對於增加認購子公司股份，應於帳上作下列分錄：

投資乙公司	1,460,000	
資本公積−母公司	40,000	
現金		1,500,000

三　投資收益之決定與合併報表之編製

1. 投資收益與投資帳戶餘額之決定

經過上列調整後，子公司發行新股後，子公司淨資產帳面金額、公允價值差額、商譽金額均不變，惟各股東持股比例改變，故母公司投資收益與非控制權益淨利，皆須按新股發行後持股比例計算損益份額與差額攤銷。

投資收益＝（子公司淨利±本期攤銷數）×新股發行後持股比例

非控制權益淨利＝（子公司淨利±本期攤銷數）×新股發行後持股比例

2. 合併工作底稿沖銷分錄

茲以第 3 章恆等式觀念彙總說明子公司發行新股對投資收益與投資帳戶之影響，惟須注意，子公司發行新股，應先按母公司與其他股東認股股數與認購價款，分別增加母公司投資帳戶與非控制權益餘額，再按新股發行後之持股比例，計算母公司與非控制權益個別享有之子公司淨資產份額，以價款和持股比例計算之二者增加數不同時，即須調整資本公積。

```
 投資成本 + 非控制權益 = 子公司股東權益 + 公允價值調整 + 商譽
 新增投資 + 非控制權益 = 子公司發行新股
±  調整數  ±   調整數
─────────────────────────────────────────────
 投資成本 + 非控制權益 = 子公司股東權益 + 公允價值調整 + 商譽   ← 沖銷分錄②
 投資收益 + 非控制淨利 = +子公司淨利 ± 本期攤銷數
 現金股利 + 非控制股利 = －子公司股利
 投資成本 + 非控制權益 = 子公司股東權益 + 公允價值調整 + 商譽
  ↑          ↑                    ↑
 沖銷分錄①  沖銷分錄④           沖銷分錄③
```

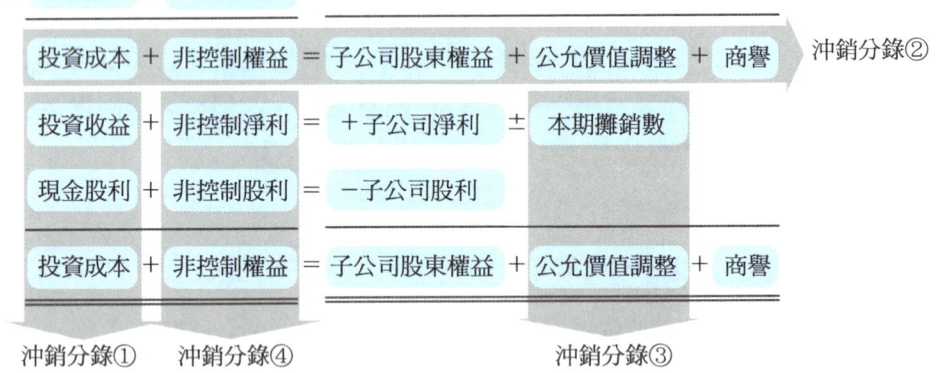

由上圖可知，沖銷分錄①、③、④與第 3 章所述相同，在沖銷分錄②期初子公司股東權益與投資帳戶沖銷時，子公司股東權益以期初數加上新股發行數計算，而母公司投資帳戶以期初餘額加上當期增加投資成本及調整數計算，沖銷分錄如下：

股本（增資後）	×××	⇨ 期初餘額＋增資股本
資本公積（增資後）	×××	⇨ 期初餘額＋增資溢價
保留盈餘（期初）	×××	
未攤銷差額（期初）	×××	
投資子公司	×××	⇨ 期初餘額＋投資±調整
非控制權益（增資後）	×××	⇨ 增資後權益×增資後比例

釋例四　子公司發行新股

P 公司持有 S 公司普通股實際發行股數 200,000 股之 60%，S 公司 X1 年初股東權益資料如下：

普通股－面額 $10，發行及流通在外 200,000 股	$2,000,000
資本公積－普通股發行溢價	1,200,000
保留盈餘	1,800,000
	$5,000,000

若 P 公司 X1 年初投資帳戶餘額為 $3,330,000，非控制權益餘額為 $2,200,000。S 公司淨資產帳面金額與公允價值差額係未入帳之專利權 $300,000，分 5 年攤銷，X1 年度淨利 $300,000，發放現金股利 $100,000。

按下列情況分別試作：

1. 作 P 公司認購 S 公司發行新股之相關分錄。
2. 計算 X1 年度 P 公司對 S 公司之投資收益，與 X1 年合併損益表中非控制權益淨利。
3. 計算 X1 年 12 月 31 日 P 公司對 S 公司投資帳戶餘額，以及 X1 年 12 月 31 日合併資產負債表上非控制權益餘額。
4. X1 年度 P 公司與 S 公司合併工作底稿之沖銷分錄。

情況一：S 公司於 X1 年 1 月 1 日增資發行 50,000 股，每股發行價格為 $30。P 公司認購 40%，計 20,000 股。

情況二：S 公司於 X1 年 1 月 1 日增資發行 50,000 股，每股發行價格為 $30。P 公司認購 60%，計 30,000 股。

情況三：S 公司於 X1 年 1 月 1 日增資發行 50,000 股，每股發行價格為 $20。P 公司認購 80%，計 40,000 股。

解析

商譽 = ($3,330,000 + $2,200,000) − ($5,000,000 + $300,000) = $230,000

非控制權益認列商譽 = $2,200,000 − ($5,000,000 + $300,000) × 40% = $80,000

共同商譽 = $80,000 ÷ 40% = $200,000

控制溢價 = $230,000 − $200,000 = $30,000

情況一：S 公司按每股 $30 增資發行 50,000 股，增資款 = $30 × 50,000 = $1,500,000

增資後股東權益 = $5,000,000 + $30 × 50,000 = $6,500,000

P 公司認購 40%（20,000 股），認購後持股比例 = $\dfrac{120,000 + 20,000}{200,000 + 50,000} = 56\%$

增加投資成本 = $30 × 20,000 = $600,000

增資後母公司持有淨資產份額
= ($5,000,000 + $1,500,000 + $300,000 + $200,000) × 56% + $30,000
= $3,950,000

資本公積調整數 = $3,950,000 − ($3,330,000 + $600,000) = $20,000

1. 投資分錄

X1 年初 投資 S 公司	620,000	
現金		600,000
資本公積−P 公司		20,000

2. 計算投資收益與非控制權益淨利

投資收益$_{增資後}$ =（普通股淨利 − 專利權攤銷）× 持股比例$_{增資後}$
　　　　　= ($300,000 − $60,000) × 56% = $134,400

非控制權益淨利$_{增資後}$ =（普通股淨利 − 專利權攤銷）× 非控制權益比例$_{增資後}$
　　　　　= ($300,000 − $60,000) × 44% = $105,600

3. 計算投資帳戶與非控制權益餘額

投資帳戶餘額
= 期初餘額 + 本期投資 ± 調整數 + 投資收益 − 現金股利
= $3,330,000 + $600,000 + $20,000 + $134,400 − $100,000 × 56% = $4,028,400

非控制權益帳戶餘額
= 期初餘額 + 本期投資 ± 調整數 + 非控制權益淨利 − 現金股利
= $2,200,000 + $30 × 30,000 − $20,000 + $105,600 − $100,000 × 44% = $3,141,600

4. 合併工作底稿沖銷分錄

增資前後投資恆等式如下:

	投資帳戶	+	非控制權益	=	股東權益	+	專利權	+	共同商譽	+	商譽控制溢價
×1/1/1 餘額	$3,330,000	+	$2,200,000	=	$5,000,000	+	$300,000	+	$200,000	+	$30,000
取得投資	600,000	+	900,000	=	1,500,000						
調整數	20,000	+	(20,000)								
增資後餘額	$3,950,000	+	$3,080,000	=	$6,500,000	+	$300,000	+	$200,000	+	$30,000
×1 年淨利	134,400	+	105,600	=	300,000	+	(60,000)				
×1 年股利	(56,000)	+	(44,000)	=	(100,000)						
×2/12/31 餘額	$4,028,400	+	$3,141,600	=	$6,700,000	+	$240,000	+	$200,000	+	$30,000

沖銷分錄如下:

① 投資收益	134,400	
股利－S公司		56,000
投資S公司		78,400
② 普通股股本－S公司	2,500,000	
資本公積－S公司	2,200,000	
保留盈餘－S公司	1,800,000	
專利權	300,000	
商譽	230,000	
投資S公司		3,950,000
非控制權益		3,080,000
③ 攤銷費用	60,000	
專利權		60,000
④ 非控制權益淨利	105,600	
股利－S公司		44,000
非控制權益		61,600

情況二：S公司按每股 $30 增資發行 50,000 股，增資款 = $30 × 50,000 = $1,500,000

增資後股東權益 = $5,000,000 + $30 × 50,000 = $6,500,000

P公司認購 60%（30,000 股），認購後持股比例 = $\dfrac{120,000 + 30,000}{200,000 + 50,000}$ = 60%

增加投資成本 = $30 × 30,000 = $900,000

增資後母公司持有淨資產份額

$= (\$5,000,000 + \$1,500,000 + \$300,000 + \$200,000) \times 60\% + \$30,000$

$= \$4,230,000$

資本公積調整數 $= \$4,230,000 - (\$3,330,000 + \$900,000) = \$0$

1. 投資分錄

X1年初	投資S公司	900,000	
	現金		900,000

2. 計算投資收益與非控制權益淨利

投資收益$_{增資後}$ =（普通股淨利 － 專利權攤銷）× 持股比例$_{增資後}$

$= (\$300,000 - \$60,000) \times 60\% = \$144,000$

非控制權益淨利$_{增資後}$ =（普通股淨利 － 專利權攤銷）× 非控制權益比例$_{增資後}$

$= (\$300,000 - \$60,000) \times 40\% = \$96,000$

3. 計算投資帳戶與非控制權益餘額

投資帳戶餘額 = 期初餘額 + 本期投資 ± 調整數 + 投資收益 － 現金股利

$= \$3,330,000 + \$900,000 + \$0 + \$144,000 - \$100,000 \times 60\% = \$4,314,000$

非控制權益帳戶餘額 = 期初餘額 + 本期投資 ± 調整數 + 非控制權益淨利 － 現金股利

$= \$2,200,000 + \$30 \times 20,000 + \$0 + \$96,000 - \$100,000 \times 40\%$

$= \$2,856,000$

4. 合併工作底稿沖銷分錄

增資前後投資恆等式如下：

	投資帳戶	+ 非控制權益	= 股東權益	+ 專利權	+ 共同商譽	商譽 控制溢價
X1/1/1 餘額	$3,330,000	+ $2,200,000	= $5,000,000	+ $300,000	+ $200,000	$30,000
取得投資	900,000	+ 600,000	= 1,500,000			
增資後餘額	**$4,230,000**	+ **$2,800,000**	= **$6,500,000**	+ **$300,000**	+ **$200,000**	+ **$30,000**
X1 年淨利	144,000	+ 96,000	300,000	+ (60,000)		
X1 年股利	(60,000)	+ (40,000)	= (100,000)			
X2/12/31 餘額	**$4,314,000**	+ **$2,856,000**	= **$6,700,000**	+ **$240,000**	+ **$200,000**	+ **$30,000**

沖銷分錄如下：

①	投資收益	144,000	
	股利－S公司		60,000
	投資S公司		84,000

② 普通股股本－S 公司	2,500,000	
資本公積－S 公司	2,200,000	
保留盈餘－S 公司	1,800,000	
專利權	300,000	
商譽	230,000	
投資 S 公司		4,230,000
非控制權益		2,800,000
③ 攤銷費用	60,000	
專利權		60,000
④ 非控制權益淨利	96,000	
股利－S 公司		40,000
非控制權益		56,000

情況三：S 公司按每股 $20 增資發行 50,000 股

 增資後股東權益 = $5,000,000 + $20 × 50,000 = $6,000,000

 P 公司認購 80%（40,000 股），認購後持股比例 = $\dfrac{120,000 + 40,000}{200,000 + 50,000} = 64\%$

 增加投資成本 = $20 × 40,000 = $800,000

 增資後母公司持有淨資產份額
 = ($5,000,000 + $1,000,000 + $300,000 + $200,000) × 64% + $30,000
 = $4,190,000

 資本公積調整數 = $4,190,000 − ($3,330,000 + $800,000) = $60,000

1. 投資分錄

  X1 年初 投資 S 公司   860,000
        現金   800,000
        資本公積－P 公司   60,000

2. 計算投資收益與非控制權益淨利

 投資收益$_{增資後}$ =（普通股淨利－專利權攤銷）× 持股比例$_{增資後}$
    = ($300,000 − $60,000) × 64% = $153,600

 非控制權益淨利$_{增資後}$ =（普通股淨利－專利權攤銷）× 非控制權益比例$_{增資後}$
    = ($300,000 − $60,000) × 36% = $86,400

3. 計算投資帳戶與非控制權益餘額

投資帳戶餘額
＝期初餘額＋本期投資±調整數＋投資收益－現金股利
＝$3,330,000＋$800,000＋$60,000＋$153,600－$100,000×64%＝$4,279,600

非控制權益帳戶餘額
＝期初餘額＋本期投資±調整數＋非控制權益淨利－現金股利
＝$2,200,000＋$20×10,000－$60,000＋$86,400－$100,000×36%＝$2,390,400

4. 合併工作底稿沖銷分錄

增資前後投資恆等式如下：

	投資帳戶	＋	非控制權益	＝	股東權益	＋	專利權	＋	共同商譽	＋	商譽 控制溢價
×1/1/1 餘額	$3,330,000	＋	$2,200,000	＝	$5,000,000	＋	$300,000	＋	$200,000	＋	$30,000
取得投資	800,000	＋	200,000	＝	1,000,000						
調整數	60,000	＋	(60,000)								
增資後餘額	$4,190,000	＋	$2,340,000	＝	$6,000,000	＋	$300,000	＋	$200,000	＋	$30,000
×1 年淨利	153,600	＋	86,400	＝	300,000	＋	(60,000)				
×1 年股利	(64,000)	＋	(36,000)	＝	(100,000)						
×2/12/31 餘額	$4,279,600	＋	$2,390,400	＝	$6,200,000	＋	$240,000	＋	$200,000	＋	$30,000

沖銷分錄如下：

① 投資收益	153,600	
股利－S公司		64,000
投資S公司		89,600
② 普通股股本－S公司	2,500,000	
資本公積－S公司	1,700,000	
保留盈餘－S公司	1,800,000	
專利權	300,000	
商譽	230,000	
投資S公司		4,190,000
非控制權益－普通股		2,340,000
③ 攤銷費用	60,000	
專利權		60,000
④ 非控制權益淨利	86,400	
股利－S公司		36,000
非控制權益		50,400

第 3 節　子公司庫藏股票交易

當子公司從流通市場中買回庫藏股，將同時減少流通在外股數及股東權益。若子公司是向非控制權益股東買回股票，因母公司持有股數不變，將增加母公司持股比例；若子公司是向母公司買回股票，將可能增加或減少母公司持股比例。因此，凡子公司買回庫藏股，將使母公司持有子公司之淨資產份額產生變動，此項改變在母、子公司維持控制關係的情形下，應將子公司股東權益交易所導致之淨資產份額變動，於母公司帳上調整，增減母公司「資本公積」。

此外，就合併個體整體觀之，子公司收購溢價產生之差額分攤與商譽於「取得控制時」業已決定，後續不再因子公司庫藏股票交易有所改變，故當收回價格（庫藏股成本）與與非控制權益按變動後非控制權益比例所計算之投資權益有差額時，亦須同時調整非控制權益金額。

相同的，當子公司再發行原買回之庫藏股，母公司持股比例將因子公司流通在外股數增加而變動，改變投資權益，故母公司亦須於帳上作相關調整。

一　子公司買回庫藏股票交易之影響

1. 子公司股東權益的變動

當子公司從流通市場中買回已發行普通股，將減少股東權益總額，買回庫藏股後股東權益可列示如下：

$$庫藏股票成本 = 購買價格 \times 購回股數$$

$$收回庫藏股後股東權益 = 原股東權益總額 - 庫藏股票成本$$

2. 母公司持股比例變動

當子公司向非控制權益股東買回庫藏股，由於母公司持有股數不變、子公司流通在外股數減少，將增加母公司持股比例：

$$母公司持股比例（自其他股東購回）= \frac{母公司原持股比例}{原發行股數 - 庫藏股購回股數}$$

$$母公司持股比例（自母公司購回）= \frac{母公司原持股比例 - 自母公司購回股數}{原發行股數 - 庫藏股購回股數}$$

假設甲公司取得乙公司普通股實際發行股數 250,000 股之 75%，若乙公司購回 10,000 股庫藏股，則甲公司持股比例可計算如下：

假設全數自其他股東購回，母公司持股比例 $= \dfrac{250,000 \times 75\%}{250,000 - 10,000} = 78.125\%$

假設自母公司購回 3,900 股，母公司持股比例 $= \dfrac{250,000 \times 75\% - 3,900}{250,000 - 10,000} = 76.5\%$

3. 子公司淨資產份額變動

在母、子公司維持控制關係的情形下，就合併個體而言，子公司庫藏股票交易屬於股東權益交易的性質，因此不應影響交易前合併個體之資產與負債。換句話說，合併個體於「取得控制後」之庫藏股票交易，不得改變「取得控制時」子公司淨資產公允價值，亦即母公司收購溢價所產生的差額分攤與商譽，不會因子公司庫藏股票交易而需要再衡量。

子公司淨資產份額可視為由母公司及非控制權益「二方」所持有，其關係式可列示如下：

母公司投資 ＋ 非控制權益 ＝ 子公司股東權益$_{收回前}$ ＋ $\boxed{\text{公允價值差額 ＋ 商譽}}$

收回後母公司持有淨資產份額
＝（淨資產公允價值 ＋ 共同商譽 － 庫藏股成本）× 持股比例$_{收回後}$ ＋ 控制溢價

4. 母公司投資帳戶之調整

在母、子公司維持控制關係的情形下，母公司投資帳戶僅能「反映」子公司淨資產份額的變動數，子公司庫藏股買回成本對子公司淨資產份額的變動，應在「母公司」帳上調整資本公積。若母公司對子公司淨資產份額減少，代表母公司補貼非控制權益股東，應減少資本公積；若母公司對子公司淨資產份額增加，代表非控制權益股東對母公司之補貼，應增加資本公積。

(1) 子公司向非控制權益股東買回庫藏股

假設子公司向非控制權益股東買回庫藏股，子公司支付現金與非控制權益股東，母公司對於子公司淨資產份額變動情形可列示如下：

母公司投資 ＋（非控制權益 － 庫藏股）＝ 子公司股東權益$_{收回前}$ ＋ $\boxed{\text{公允價值差額 ＋ 商譽}}$

收回後母公司投資帳戶應有餘額
＝ 母公司持有淨資產份額
＝（淨資產公允價值 ＋ 共同商譽 － 庫藏股成本）× 持股比例$_{收回後}$ ＋ 控制溢價

資本公積調整數 ＝ 母公司持有淨資產份額 － 收回前投資帳戶餘額

(2) 子公司向母公司買回庫藏股

假設子公司向母公司買回庫藏股，子公司支付現金予母公司，母公司對於子公

司淨資產份額變動情形可列示如下：

（母公司投資－庫藏股）＋非控制權益＝子公司股東權益$_{收回後}$＋ 公允價值差額＋商譽

收回後母公司投資帳戶應有餘額
＝母公司持有淨資產份額
＝（淨資產公允價值＋共同商譽－庫藏股成本）×持股比例$_{收回後}$＋控制溢價

資本公積調整數＝母公司持有淨資產份額－（收回前投資帳戶餘額－庫藏股）

5. 投資收益與投資帳戶餘額之決定

作完上列調整後，母公司之投資成本與投資權益差額不變，母公司按庫藏股購入後新持股比例計算投資收益及差額攤銷，其會計處理比照第 2 節子公司增加新股的情形。

投資收益＝（子公司淨利±本期攤銷數）×股票收回後持股比例

非控制權益淨利＝（子公司淨利±本期攤銷數）×股票收回後持股比例

6. 合併工作底稿沖銷分錄

茲以第三章恆等式觀念彙總說明子公司購買庫藏股對投資收益與投資帳戶之影響，惟須注意，子公司購買庫藏股時，應先按母公司與其他股東收回股數與股款，分別減少母公司投資帳戶與非控制權益餘額，再就收回後之持股比例計算母公司與非控制權益個別享有之子公司淨資產份額，二者變動數不同時須調整。

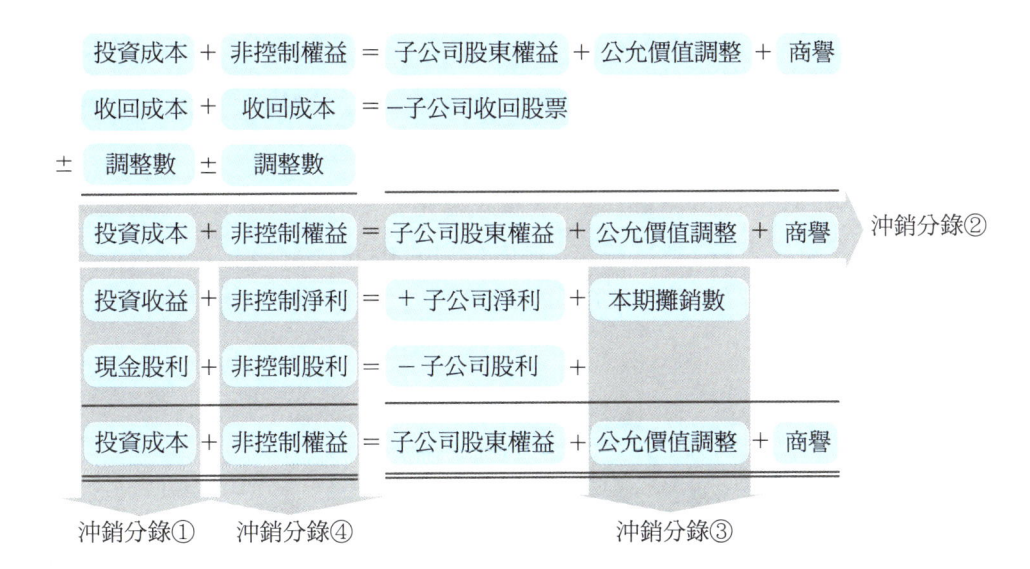

| 投資成本 ＋ 非控制權益 ＝ 子公司股東權益 ＋ 公允價值調整 ＋ 商譽 |
| 收回成本 ＋ 收回成本 ＝ －子公司收回股票 |
| ± 調整數 ± 調整數 |
| 投資成本 ＋ 非控制權益 ＝ 子公司股東權益 ＋ 公允價值調整 ＋ 商譽 ⟶ 沖銷分錄② |
| 投資收益 ＋ 非控制淨利 ＝ ＋子公司淨利 ＋ 本期攤銷數 |
| 現金股利 ＋ 非控制股利 ＝ －子公司股利 ＋ |
| 投資成本 ＋ 非控制權益 ＝ 子公司股東權益 ＋ 公允價值調整 ＋ 商譽 |
| 沖銷分錄① 沖銷分錄④ 沖銷分錄③ |

由上圖可知，沖銷分錄①、③、④與第三章所述相同，惟沖銷分錄②需包含庫藏股票成本，且合併報表上之非控制權益按扣除庫藏股成本後淨額計算，分錄如下：

股本	×××	
資本公積	×××	
保留盈餘（期初）	×××	
未攤銷差額（期初）	×××	
投資子公司	×××	⇨ 期初餘額 ± 調整
庫藏股票	×××	⇨ 收回數
非控制權益（期初）	×××	⇨ 收回後權益 × 收回後比例

二　子公司再發行庫藏股票交易之影響

子公司將原買回之庫藏股再發行，將增加流通在外股數及股東權益總額，同時改變母公司對子公司持股比例與股權淨值，與前述子公司股東權益交易相同，母公司須於帳上作相關調整。其會計處理方法與前述相同，不再贅述。

釋例五　子公司買回庫藏股

P 公司 X1 年 1 月 1 日於公開市場以 $4,400,000 購入 S 公司 75% 股權，當時 S 公司股東權益如下：

股本（每股面額 $10）	$2,500,000
資本公積	1,300,000
保留盈餘	1,400,000
股東權益總額	$5,200,000

投資當日 S 公司淨資產帳面金額與公允價值差異為該公司未入帳之專利權 $200,000，分 10 年攤銷。非控制權益公允價值為 $1,400,000。

S 公司 X3 年 1 月 2 日以 $300,000 向 P 公司以外之持股者購回 10,000 股庫藏股，其買回後之股東權益如下：

股本（每股面額 $10）	$2,500,000
資本公積	1,300,000
保留盈餘	1,800,000
減：庫藏股（成本）	(300,000)
股東權益總額	$5,300,000

S 公司 X3 年淨利為 $200,000，發放現金股利 $100,000。試作：

1. 就 S 公司之買回庫藏股，為 P 公司作必要之分錄。
2. 計算 X3 年度 P 公司對 S 公司之投資收益，與 X3 年合併損益表中非控制權益淨利。
3. 計算 X3 年 12 月 31 日 P 公司對 S 公司投資帳戶餘額，以及 X3 年 12 月 31 日合併資產負債表上非控制權益餘額。
4. X3 年度 P 公司與 S 公司合併工作底稿之沖銷分錄。

解析

商譽 = ($4,400,000 + $1,400,000) − $5,200,000 − $200,000 = $400,000
非控制權益認列商譽 = $1,400,000 − ($5,200,000 + $200,000) × 25% = $50,000
共同商譽 = $50,000 ÷ 25% = $200,000
控制溢價 = $400,000 − $200,000 = $200,000

S 公司買回庫藏股後母公司持股比例 = $\frac{250,000 \times 75\%}{250,000 - 10,000}$ = 78.125%

1. X3 年 1 月 1 日買回庫藏股前母公司投資帳戶餘額

投資成本	$4,400,000
X1～X2 年保留盈餘增加數份額（($1,800,000 − $1,400,000)×75%）	300,000
專利權攤銷（($20,000×2)×75%）	(30,000)
	$4,670,000

另法，X3 年 1 月 1 日買回庫藏股前母公司投資帳戶餘額可計算如下：

收回前股東權益份額		$5,600,000
未攤銷專利權（$200,000 − $20,000×2）		160,000
共同商譽		200,000
		$5,960,000
乘：持股比例	×	75%
		$4,470,000
加：控制溢價		200,000
		$4,670,000

S 公司買回庫藏股後母公司股權淨值
= ($5,300,000 + $160,000 + $200,000) × 78.125% + $200,000 = $4,621,875
母公司投資應調減數 = $4,621,875 − $4,670,000 = −$48,125

1. 投資分錄

    X3年1月1日　　　資本公積－P公司　　　　　　48,125
    　　　　　　　　　　　投資S公司　　　　　　　　　　　　48,125

2. 計算投資收益與非控制權益淨利

    投資收益_{增資後} ＝（普通股淨利－專利權攤銷）× 持股比例_{增資後}
    　　　　　＝($200,000 － $20,000) × 78.125% ＝ $140,625

    非控制權益淨利_{增資後} ＝（普通股淨利－專利權攤銷）× 非控制權益比例_{增資後}
    　　　　　＝($200,000 － $20,000) × 21.875% ＝ $39,375

3. 計算投資帳戶與非控制權益餘額

    X3年12月31日投資帳戶餘額
    ＝期初餘額 ± 調整數 ＋ 投資收益 － 現金股利
    ＝$4,670,000 － $48,125 ＋ $140,625 － $100,000 × 78.125% ＝ $4,684,375

    X3年1月1日非控制權益帳戶餘額
    ＝($5,600,000 ＋ $160,000 ＋ $200,000) × 25% ＝ $1,490,000

    X3年12月31日非控制權益帳戶餘額
    ＝期初餘額 － 本期收回 ± 調整數 ＋ 非控制權益淨利 － 現金股利
    ＝$1,490,000 － $300,000 ＋ $48,125 ＋ $39,375 － $100,000 × 21.875% ＝ $1,255,625

4. 合併工作底稿沖銷分錄

    增資前後投資恆等式如下：

	投資帳戶	＋ 非控制權益	＝ 股東權益	＋ 專利權	商譽 共同商譽 ＋ 控制溢價
X1/1/1 餘額	$4,400,000	＋ $1,400,000	＝ $5,200,000	＋ $200,000	＋ $200,000 ＋ $200,000
X1～X2年保留盈餘	270,000	＋ 90,000	＝ 400,000	＋ (40,000)	
X2/12/31 餘額	**$4,670,000**	＋ **$1,490,000**	＝ **$5,600,000**	＋ **$160,000**	＋ **$200,000** ＋ **$200,000**
收回庫藏		(300,000)	＝ (300,000)		
調整數	(48,125)	＋ 48,125			
增資後餘額	**$4,621,875**	＋ **$1,238,125**	＝ **$5,300,000**	＋ **$160,000**	＋ **$200,000** ＋ **$200,000**
X3年淨利	140,625	＋ 39,375	＝ 200,000	＋ (20,000)	
X3年股利	(78,125)	＋ (21,875)	＝ (100,000)		
X3/12/31 餘額	**$4,684,375**	＋ **$1,255,625**	＝ **$5,400,000**	＋ **$140,000**	＋ **$200,000** ＋ **$30,000**

沖銷分錄如下：

①	投資收益	140,625	
	股利－S公司		78,125
	投資S公司		62,500
②	普通股股本－S公司	2,500,000	
	資本公積－S公司	1,300,000	
	保留盈餘－S公司	1,800,000	
	專利權	160,000	
	商譽	400,000	
	庫藏股票		300,000
	投資S公司普通股		4,621,875
	非控制權益－普通股		1,238,125
③	攤銷費用	20,000	
	專利權		20,000
④	非控制權益－普通股	39,375	
	股利－S公司		21,875
	非控制權益－普通股		17,500

第4節　子公司其他股東權益交易

　　本章第1節至第3節有關子公司發行特別股、發行新股、庫藏股票交易，均使子公司流通在外股數及股東權益總額發生變動，在權益法之處理下，母公司因持股比例或投資權益變動必須於帳上作相對調整。然而，其他子公司股東權益交易，如果並未改變母公司持股比例，母公司僅須於子公司交易時，按持股比例於帳上調整投資帳戶。

一　子公司發放股票股利

　　子公司發放股票股利係以子公司股票作為股利分配予股東，方式有二：以保留盈餘轉股本之「盈餘轉增資」與以資本公積轉股本之「公積配股」。子公司發放股票股利，流通在外股數雖然增加，股東權益總額並未改變。由於所有股東皆按原持股比例獲配新股，故母公司持股比例不變，母公司投資權益不變，母公司無須對子公司發放股票股利在帳上作任何調整。簡而言之，子公司發放股票股利，僅為股東權益結構調整，並無其他影響。惟

必須特別注意的是，期末編製母、子公司合併報表，須以子公司發放股票股利後之餘額沖銷之。

1. 小額股票股利（發行股數＜流通在外股數×20%～25%）

　　子公司股東權益之調整如下：

$$發放後股本 = 原有餘額 + 發行股數 × 面額$$

$$發放後資本公積 = 原有餘額 + 發行股數 ×（市價 - 面額）$$

$$發放後保留盈餘 = 原有餘額 - 發行股數 × 市價$$

2. 大額股票股利（發行股數＞流通在外股數×20%～25%）

　　子公司股東權益之調整如下：

$$發放後股本 = 原有餘額 + 發行股數 × 面額$$

$$發放後資本公積 = 原有餘額$$

$$發放後保留盈餘 = 原有餘額 - 發行股數 × 面額$$

二　子公司進行股票分割

當子公司進行股票分割，流通在外股數雖然增加，股東權益總額並未改變。由於所有股東皆按原持股分割，故母公司持股比例不變，母公司投資權益不變，母公司無須對子公司進行股票分割作任何調整。簡而言之，子公司進行股票分割，僅為股東權益結構調整，並無其他影響。

三　子公司前期損益調整

當子公司發生前期損益調整情形，亦即子公司前期報表發布後，嗣後發現前期報表之損益項目或會計原則方法，發生錯誤致財務報表失實而須調整，此時母公司按持股比例調整投資帳戶，作為母公司前期損益調整，惟須注意計算時應以「錯誤發生時」之持股比例計算。

四　合併工作底稿沖銷分錄

前述各子公司股東權益交易所導致母公司投資帳戶調整，並不影響投資收益之計算，合併工作底稿沖銷分錄亦不受影響，惟需注意沖銷分錄②，沖銷子公司股東權益時，應以期初數加減各項調整數列示，沖銷子公司投資帳戶時亦比照處理之。沖銷分錄如下：

股本	×××	⇨ 期初餘額 ± 調整
資本公積	×××	⇨ 期初餘額 ± 調整
保留盈餘	×××	⇨ 期初餘額 ± 調整
未攤銷差額（期初）	×××	
投資子公司	×××	⇨ 期初餘額 ± 調整
非控制權益（期初）	×××	⇨（期初餘額 ± 調整）× %

釋例六　子公司股東權益調整交易

P 公司於 X1 年 1 月 1 日以 $4,100,000 取得 S 公司 80% 股權，當時 S 公司股東權益包括股本（每股面額 $10）$2,000,000、資本公積 $1,200,000 及保留盈餘 $1,300,000。S 公司淨資產帳面金額與公允價值差額為未入帳之專利權 $500,000，分 10 年攤銷，非控制權益公允價值為 $1,100,000。P 公司對 S 公司之投資採權益法處理。

S 公司 X2 年 12 月 31 日股東權益內容如下：

普通股股本（面額 $10）	$2,000,000
資本公積	1,200,000
保留盈餘	1,500,000
	$4,700,000

S 公司 X3 年有關股東權益交易如下：

2 月 28 日　S 公司發現 X2 年度折舊費用少計 $100,000。

3 月 31 日　土地採重估價模式按公允價值調整增加 $500,000。

6 月 15 日　宣告並發放每股 $2 之現金股利 5% 股票股利，當日股票市價為每股 $28。

12 月 31 日 X3 年淨利 $900,000。

試作：

1. 分別作 P 公司及 S 公司之相關分錄。
2. 計算 X3 年度 P 公司對 S 公司之投資收益，與 X3 年合併損益表中非控制權益淨利。
3. 計算 X3 年 12 月 31 日 P 公司對 S 公司投資帳戶餘額，以及 X3 年 12 月 31 日合併資產負債表上非控制權益餘額。
4. 作 X3 年度 P 公司與 S 公司合併工作底稿之沖銷分錄。

解析

S 公司 X1 年 1 月 1 日股東權益 = $2,000,000 + $1,200,000 + $1,300,000 = $4,500,000

商譽 = ($4,100,000 + $1,100,000) − ($4,500,000 + $500,000) = $200,000

專利權每年攤銷數 = $500,000 ÷ 10 = $50,000

1. X3 年度母、子公司股東權益交易分錄

   (1) 前期損益調整：子公司 X2 年折舊費用少計，應調整減少保留盈餘，母公司則應按持股比例減少投資帳戶。

   母公司認列前期損益調整 = $100,000 × 80% = $80,000

	子公司之處理		母公司之處理	
2 月 28 日	保留盈餘	100,000	保留盈餘	80,000
	累計折舊−機器	100,000	投資 S 公司	80,000

   (2) 土地重估價：土地重估增值應列為 X3 年其他綜合損益，母公司則應按持股比例增加投資帳戶。

   母公司認列其他綜合損益 = $500,000 × 80% = $400,000

	子公司之處理		母公司之處理	
3 月 31 日	土地	500,000	投資 S 公司	400,000
	其他綜合損益−		其他綜合損益−採權益	
	土地重估價	500,000	法認列之綜合損益份額	400,000

   (3) 發放股利：子公司發放現金股利時，母公司就收到現金股利減少投資帳戶，並註記股票股利增加股數。

   子公司發放現金股利 = $2 × 200,000 = $400,000

   子公司發放股票股利（小額）= $28 × 200,000 × 5% = $280,000

	子公司之處理		母公司之處理	
3 月 31 日	保留盈餘	680,000	現金	320,000
	現金	400,000	投資 S 公司	320,000
	待分配股票股利	100,000		
	資本公積−股本			
	溢價	180,000		

   (4) 認列投資收益：

   投資收益 = ($900,000 − $50,000) × 80% = $680,000

	子公司之處理		母公司之處理	
12月31日	本期淨利 900,000		投資 S 公司 680,000	
	保留盈餘	900,00	投資收益	680,000

2. X3 年度投資收益 = ($900,000 − $50,000) × 80% = $680,000

　　X3 年度非控制權益淨利 = ($900,000 − $50,000) × 20% = $170,000

3. X3 年底 S 公司股東權益餘額

普通股股本（$2,000,000 + $100,000）	$2,100,000
資本公積（$1,200,000 + $180,000）	1,380,000
保留盈餘（$1,500,000 − $100,000 − $680,000 + $900,000）	1,620,000
其他權益－土地重估價	500,000
	$5,600,000

投資帳戶與非控制權益餘額計算

	投資帳戶	非控制權益
X1 年初取得成本	$4,100,000	$1,100,000
X1～X2 年保留盈餘增加	160,000	40,000
X1～X2 年專利權攤銷	(80,000)	(20,000)
前期損益調整	(80,000)	(20,000)
重估增值	400,000	100,000
X3 年投資收益	680,000	170,000
X3 年股利發放	(320,000)	(80,000)
X3 年底餘額	$4,860,000	$1,290,000

4. 合併工作底稿之沖銷分錄

① 投資收益	680,000	
股利－S 公司		320,000
投資 S 公司		360,000
② 股本－S 公司	2,100,000	
資本公積－S 公司	1,380,000	
保留盈餘－S 公司	1,120,000	
其他權益－S 公司	500,000	
專利權	400,000	
商譽	200,000	
投資 S 公司		4,500,000
非控制權益		1,200,000
（期初保留盈餘 = $1,500,000 − 錯誤更正 $100,000 − 股票股利 $280,000）		

③ 攤銷費用	50,000	
專利權		50,000
④ 非控制權益淨利	170,000	
股利－S 公司		80,000
非控制權益		90,000

本章習題

〈子公司發行特別股－母公司未持有〉

1. 乙公司 X4 年底之股東權益內容如下：

15% 累積特別股，面額 $100	$1,000,000
普通股，面額 $10	2,000,000
資本公積	200,000
保留盈餘	300,000
	$3,500,000

該特別股積欠 1 年之股利，贖回價格為每股 $105。若甲公司於 X5 年初以 $2,100,000 取得乙公司 80% 普通股權益，並以公允價值 $500,000 衡量普通股非控制權益，若乙公司可辨認淨資產帳面金額與公允價值相等，則 X5 年初合併報表上應認列之商譽若干？

(A) $ 0 　　　　　　　　　　　　(B) $800,000
(C) $150,000 　　　　　　　　　(D) $300,000

2. 大葉公司於 X8 年 1 月 3 日以 $2,000,000 取得大德公司 80% 普通股股權，並以公允價值 $500,000 衡量普通股非控制權益，大葉公司淨資產公允價值與帳面金額差異係未入帳之專利權，該專利權有效年限 10 年。取得當時大德公司股東權益內容如下：

特別股股本，3% 累積，非參加，面值 $100，清算價格 $104	$1,000,000
普通股股本，面值 $10	2,000,000
資本公積－特別股	50,000
資本公積－普通股	100,000
保留盈餘	300,000
股東權益總額	$3,450,000

大德公司特別股無積欠股利，大德公司 X8 年度淨利為 $100,000。X8 年大葉公司權益法下應認列之投資收益為：
(A) $48,000　　　　　　　　　　(B) $48,800
(C) $56,000　　　　　　　　　　(D) $72,800

3. 甲公司於 X6 年 1 月 1 日以 $1,200,000 取得乙公司 90% 股權。當時乙公司可辨認資產、負債之公允價值與其帳面金額相等，乙公司權益如下：

特別股股本，面額 $100、優先股利率 6%，累積非參加，收回價格 $120	$300,000
普通股股本，面額 $10	500,000
資本公積－普通股	200,000
保留盈餘	500,000
權益總額	$1,500,000

甲公司採權益法處理該項投資，並依收購日公允價值 $340,000 與 $116,000 衡量屬非控制權益之特別股與普通股。乙公司特別股無積欠股利，X6 年 1 月 1 日合併資產負債表上之商譽金額為若干？　　　　　　　　　　　　　　　　　　　　　　【105 年 CPA】
(A) $4,000　　　　　　　　　　(B) $50,000
(C) $156,000　　　　　　　　　(D) $176,000

4. P 公司於 X1 年 1 月 1 日取得 S 公司 80% 股權，收購當時 S 公司股東權益包括普通股股本 $1,000,000、保留盈餘 $500,000，以及面額 $100、每股收回價格 $102 之特別股 1,000 股。若 S 公司淨資產之帳面金額與公允價值相等，P 公司與 S 公司於 X3 年 12 月 31 日合併資產負債表上認列商譽 $132,000，S 公司 X3 年度淨利 $100,000，P 公司帳列投資收益 $72,000。

試作：
1. 計算 P 公司 X1 年 1 月 1 日收購 S 公司股權之對價。
2. 計算 S 公司 X1 年 1 月 1 日之股東權益金額。
3. 計算 X3 年非控制權益淨利。

5. P 公司於 X1 年 1 月 1 日以 $2,400,000 取得 S 公司普通股 70% 股權，X0 年 12 月 31 日 S 公司股東權益如下：

8% 特別股股本，面額 $100，清算價格 $105	$1,000,000
普通股股本	3,000,000
保留盈餘	200,000
股東權益總額	$4,200,000

S公司淨資產帳面金額與公允價值差額為未入帳專利權 $200,000 分五年攤銷，當日普通股非控制權益公允價值為 $1,200,000。

S公司 X0 年淨利為 $100,000，未發放股利，X0 年以前未積欠股利，X1 年～X3 年 S公司淨利與股利發放情形如下：

	淨利	股利
X1 年	$400,000	$300,000
X2 年	200,000	0
X3 年	300,000	500,000

試依下列情形計算 X1 ～ X3 年投資收益與 X1 ～ X3 年底投資帳戶餘額。

1. 特別股為累積，非參加。
2. 特別股為非累積，完全參加。
3. 特別股為累積，參加至 10%。

〈子公司發行特別股－母公司持有〉

6. 母公司取得子公司特別股時，若所支付對價之公允價值低於子公司該部分特別股於合併報表之帳面金額，有關該差額之敘述，下列何者正確？　　　【102 年 CPA】
   (A) 減少合併保留盈餘　　　　　　　(B) 增加合併淨利
   (C) 增加資本公積　　　　　　　　　(D) 減少特別股投資成本

7. 甲公司持有乙公司 85% 普通股股權及 10% 特別股股權，乙公司淨資產帳面金額與公允價值相等，甲公司依乙公司淨資產公允價值比例衡量非控制權益。乙公司 X4 年底股東權益合計 $5,300,000，包括：15% 累積特別股，面額 $100：$2,000,000；普通股，面額 $10：$2,000,000；資本公積 $1,000,000；保留盈餘 $300,000。該特別股積欠 2 年股利，贖回價格為每股 $105。試計算 X4 年底合併資產負債表上非控制權益餘額？
   (A) $495,000　　　　　　　　　　　(B) $795,000
   (C) $2,295,000　　　　　　　　　　(D) $2,820,000

8. 台中公司持有台北公司流通在外股利率 10%，面值 $100 的累積特別股 70% 股權（7,000 股）以及普通股 60% 股權，台北公司去年度未宣告發放股利，本年度淨利為 $780,000，則本年度非控制權益淨利為若干？　　　　　　　　【100 年 CPA】
   (A) $234,000　　　　　　　　　　　(B) $302,000
   (C) $312,000　　　　　　　　　　　(D) $284,000

9. 甲公司於數年前投資乙公司流通在外特別股的 10% 及流通在外普通股的 80%，取得當時乙公司淨資產帳面金額與公允價值相等。乙公司 X4 年 12 月 31 日流通在外股票資料如下：

10%，累積特別股股本	$200,000
普通股股本	700,000

乙公司 X4 年度淨利為 $120,000。該特別股截至 X4 年 12 月 31 日已積欠 2 年股利。則 X4 年度甲公司投資乙公司特別股及普通股之投資收益合計為若干？ 【100 年 CPA】

(A) $82,000 (B) $84,000
(C) $96,000 (D) $100,000

10. 台北公司 X1 年底購入台中公司普通股股權 80%，採權益法處理該投資，移轉對價等於台中公司收購日可辨認淨資產公允價值之比例份額，且台中公司各項可辨認資產及負債之公允價值均與帳面金額相同。台中公司另有流通在外累積特別股 $400,000，股利率 5%，該日並無積欠股利，台北公司以收購日公允價值 $400,000 衡量該非控制權益之特別股。X2 年初台北公司以 $100,000 取得台中公司 40% 特別股股權，取得前台北公司權益合計為 $1,000,000，包括普通股股本 $200,000、資本公積 $200,000 以及保留盈餘 $600,000。試問經此交易後台北公司帳上保留盈餘及資本公積分別為何？

【107 年 CPA】

(A) $540,000 和 $260,000 (B) $600,000 和 $200,000
(C) $600,000 和 $260,000 (D) $660,000 和 $200,000

11. P 公司於 X4 年 1 月 1 日向其持股 90% 之 S 公司，按每股 $103 之價格取得 800 股特別股，取得當時 S 公司股東權益之內容如下：

普通股權益	$2,200,000
特別股權益（6%，面額 $100，收回價格 $105，1,000 股，積欠一年股利）	111,000

S 公司 X4 年淨利 $100,000，未宣告發放股利。

試作：P 公司 X4 年度對 S 公司投資之相關分錄。

12. 甲公司於 X1 年 7 月 1 日支付 $2,412,500 取得乙公司 80% 普通股股權，採權益法處理該項投資，並依收購日公允價值 $512,500、$600,000 分別衡量屬非控制權益之特別股及普通股。當日乙公司除未入帳專利權（剩餘效益年限為 5 年）外，其他可辨認資產及負債之帳面金額均等於公允價值，且無合併商譽。甲公司於 X3 年 1 月 1 日支付 $280,000 取得乙公司 50% 之特別股股權。

X1 年 1 月 1 日乙公司之權益包括普通股股本 $1,000,000、5% 累積特別股股本 $500,000 及保留盈餘 $1,800,000。乙公司各年度財務報表須於次年送交股東會承認，並由股東會決議前一年度股利金額，各年度均於 6 月 30 日宣告及發放股利，在 X1 年 1 月 1 日，除 X0 年股利尚未支付外，並未積欠 X0 年以前年度之特別股股利。乙公司各年度之淨利係於年度中平均賺得，其 X1 年至 X3 年保留盈餘之變動情形如下：

	X1 年	X2 年	X3 年
期初保留盈餘	$1,800,000	$1,900,000	$1,950,000
加：本期淨利（損）	150,000	100,000	(50,000)
減：分配前期股利	(50,000)	(50,000)	(20,000)
期末保留盈餘	$1,900,000	$1,950,000	$1,880,000

試作：（提示：歸屬於累積特別股淨利按持有時間比例計算）

1. 計算甲公司 X1 年 ~X3 年帳列之投資收益（損失）及非控制權益淨利（損失）。
2. 計算甲公司 X1 年 12 月 31 日、X2 年 12 月 31 日、X3 年 12 月 31 日帳列「投資乙公司普通股」之餘額，及合併資產負債表上之非控制權益之金額。
3. 作甲公司與乙公司 X1 年度合併工作底稿沖銷分錄。
4. 作甲公司 X3 年帳上與投資乙公司相關之所有分錄。　　　　　　　　　【103 年 CPA 改編】

13. P 公司於 X1 年 1 月 3 日支付 $5,200,000 取得 S 公司 80% 普通股股權並支付 $600,000 取得 S 公司 50% 特別股股權，取得日 S 公司股東權益如下：

特別股股本，6% 累積，非參加，面額 $10，清算價格 $11，積欠一年股利	$1,000,000
普通股股本，面額 $10	4,000,000
資本公積	1,500,000
保留盈餘	1,000,000
股東權益總額	$7,500,000

其他資料如下：

S 公司淨資產帳面金額與公允價值差額為未入帳專利權 $160,000 分十年攤銷，當日普通股非控制權益公允價值為 $1,400,000。

X1 年度 S 公司銷貨 $500,000 予 P 公司，毛利為 $100,000，P 公司 X1 年度只出售其中半數，且至 X1 年底 P 公司尚未支付該筆貨款予 S 公司。

X1 年 7 月 1 日 S 公司以現金 $700,000 向 P 公司購入土地，P 公司土地成本為 $600,000。

X1 年 10 月 1 日 P 公司以現金 $600,000 向 S 公司購入設備，該設備尚可使用 5 年，無殘值，S 公司帳上成本為 $800,000，至 X1 年 10 月 1 日累計折舊為 $250,000。

S 公司 X1 年度淨利為 $300,000，發放股利 $250,000。

試作：
1. X1 年 P 公司對 S 公司之投資收益，與 X1 年合併損益表中非控制權益淨利。
2. X1 年 12 月 31 日投資帳戶餘額。
3. X1 年度 P 公司與 S 公司合併工作底稿之沖銷分錄。

〈子公司發行新股〉

14. 當子公司按目前每股帳面金額發行新股，並由母公司全部認購，則下列敘述何者正確？
    (A) 母公司權益與非控制權益同時減少。
    (B) 母公司權益減少，非控制權益增加。
    (C) 母公司權益增加，非控制權益減少。
    (D) 母公司權益與非控制權益同時增加。

15. 甲公司於 X3 年初以乙公司每股淨值購入乙公司流通在外 10,000 股普通股的 80% 而對乙公司取得控制，並依收購日可辨認淨資產之比例份額衡量非控制權益。X5 年初乙公司新發行 2,500 股，當時乙公司各項可辨認資產、負債之帳面金額均與公允價值相等。下列敘述何者正確？ 【107 年 CPA】
    (A) 甲公司購入乙公司所有新股時，不論新股發行價格為何，皆僅記錄支付對價，不須調整資本公積
    (B) 甲公司未購入乙公司任何新股時，皆不作任何分錄
    (C) 甲公司購入乙公司新股之 80% 時，僅記錄支付對價，不須調整資本公積
    (D) 乙公司以高於每股淨值之價格發行新股，甲公司購入乙公司新股之 80% 時，應於帳上減少資本公積

16. 大同公司於 X1 年 1 月 1 日取得中正公司 80% 股權（64,000 股），並按中正公司淨資產公允價值比例衡量非控制權益，中正公司淨資產帳面金額與公允價值相等。中正公司於 X1 年 1 月 2 日增資發行新股 20,000 股予其他股東，其增資前後股東權益總金額分別為 $1,000,000 及 $1,400,000。中正公司增資後，大同公司應認列：
    (A) 出售股權利益 $96,000   (B) 出售股權利益 $128,000
    (C) 資本公積增加 $96,000   (D) 資本公積減少 $128,000

17. 秀岡公司於 X5 年 1 月 1 日取得青宇公司 80% 股權，當時青宇公司各項可辨認資產、負債之帳面金額均等於公允價值，且無合併商譽。青宇公司於 X6 年 1 月 1 日增資發行新股 5,000 股，每股發行價格 $12，秀岡公司認購 1000 股外，均由其他個體購得。青宇公司增資前權益包括普通股股本（每股面額 $10）$450,000 及保留盈餘 $180,000。秀岡公司採權益法處理對青宇公司之投資，青宇公司增資發行新股時，秀岡公司帳上應調整資本公積之金額為何？ 【101 年 CPA】
    (A) 增加 $4,440   (B) 減少 $4,440
    (C) 增加 $5,400   (D) 減少 $5,400

18. 甲公司於 X1 年 1 月 1 日以 $800,000 取得乙公司 80% 之股權，當日乙公司權益包括股本 $300,000（每股面額 $10），保留盈餘 $650,000，除未入帳專利權 $50,000（剩餘效益年限為 5 年）外，當日乙公司其他可辨認資產與負債之帳面金額均等於公允價值。甲公司依可辨認淨資產之比例衡量非控制權益。X2 年 12 月 31 日乙公司之權益包括股本 $300,000，保留盈餘 $750,000。乙公司於 X3 年 1 月 1 日以每股 $35 之價格發行新股 10,000 股，甲公司認購其中的 2,000 股。甲公司採權益法處理其對乙公司之投資。試問 X3 年 1 月 1 日乙公司發行新股後，甲公司帳上「投資乙公司」帳戶餘額為：
   (A) $934,000　　　　　　　　　　　(B) $929,500
   (C) $910,000　　　　　　　　　　　(D) $858,000　　　　【102 年 CPA】

19. 甲公司於 X2 年 1 月 1 日購入乙公司 80% 股權而對乙公司取得控制，當時乙公司各項資產、負債帳面金額均等於公允價值，且無合併商譽。乙公司於 X2 年底每股淨值為 $8，X3 年 1 月 1 日乙公司增資發行新股 30,000 股，每股發行價格 $12，甲公司全數認購後股權增加為 87.5%。甲公司投資帳戶於 X3 年 1 月 1 日增加金額為何？
   (A) 增加 $240,000　　　　　　　　　(B) 增加 $345,000
   (C) 增加 $351,000　　　　　　　　　(D) 增加 $360,000　　【105 年 CPA】

20. X1 年初台北公司取得台中公司 90% 股權，採權益法處理該投資，台中公司資產及負債之帳面金額均與公允價值相等，當時移轉對價與非控制權益合計數超過可辨認淨資產帳面金額之差額為 $50,000，其中歸屬於母公司之商譽為 $45,000，歸屬於非控制權益之商譽為 $5,000。X3 年 1 月 1 日台中公司權益包括普通股股本 $100,000（每股面額 $10），資本公積 $200,000 及保留盈餘 $300,000。台中公司於 X3 年 1 月 2 日增資發行新股 2,000 股，每股發行價格 $70，台北公司購得 600 股，其餘 1,400 股由其他個體購得。台中公司增資對合併報表之影響為何？　【107 年 CPA】
   (A) 合併淨利增加 $5,000
   (B) 合併淨利增加 $10,000
   (C) 合併資產負債表之資本公積增加 $5,000
   (D) 合併資產負債表之資本公積增加 $12,000

21. P 公司於 X2 年 1 月 1 日以 $2,500,000 取得 S 公司 80% 股權並具控制，並以 $600,000 衡量非控制權益。當日 S 公司股東權益包括普通股股本 $2,000,000，保留盈餘 $800,000，除設備價值低估 $100,000（剩餘年限 5 年）外，各項可辨認資產、負債之帳面金額均等於公允價值。S 公司 X2 年度淨利 $200,000，宣告並發放現金股利 $50,000。

    P 公司於 X3 年 1 月 1 日以每股 $15 購入 S 公司增資發行新股 40,000 股之半數（20,000 股），S 公司 X3 年度淨利 $300,000，宣告並發放現金股利 $100,000。

試作：

1. 計算 X2 年 12 月 31 日投資 S 公司帳面金額。
2. X3 年 1 月 1 日 P 公司對 S 公司投資之會計分錄。
3. 計算 X3 年 12 月 31 日 P 公司與 S 公司合併資產負債表上商譽之金額。
4. 計算 X3 年 12 月 31 日 P 公司與 S 公司合併資產負債表上非控制權益之金額。

22. P 公司持有 S 公司普通股實際發行股數 200,000 股之 80%，S 公司 X1 年初股東權益資料如下：

普通股－面額 $10，發行及流通在外 200,000 股	$2,000,000
資本公積－普通股發行溢價	1,200,000
保留盈餘	800,000
	$4,000,000

若 P 公司 X1 年初投資帳戶餘額為 $3,500,000，非控制權益餘額為 $850,000。S 公司淨資產帳面金額與公允價值差額係未入帳之專利權 $200,000，分 5 年攤銷，X1 年度淨利 $200,000，發放現金股利 $100,000。

試按下列情況分別作：

1. P 公司應作之調整分錄。
2. 計算 X1 年度投資收益。
3. X1 年度 P 公司與 S 公司合併工作底稿沖銷分錄。

情況一：S 公司於 X1 年 1 月 1 日增資發行 50,000 股，每股發行價格為 $30。P 公司並未認購 40%。

情況二：S 公司於 X1 年 1 月 1 日增資發行 50,000 股，每股發行價格為 $20。P 公司全數認購。

〈子公司庫藏股票交易〉

23. 子公司自非控制權益股東手中購回股份將導致母公司對子公司之股權增加，則子公司購回股票價格與每股帳面金額之關係，下列敘述何者正確？
    (A) 等於每股帳面金額時，母公司對子公司淨資產享有數增加
    (B) 低於每股帳面金額時，母公司對子公司淨資產享有數增加
    (C) 高於每股帳面金額時，母公司對子公司淨資產享有數增加
    (D) 與每股帳面金額之大小不影響母公司對子公司淨資產享有數

24. 母公司持有子公司 60% 股權，子公司 X1 年 12 月 31 日流通在外普通股 50,000 股股本 $500,000，保留盈餘 $300,000，母公司投資帳戶餘額為 $500,000。X2 年 1 月 1 日子公

司向非控制權益股東買回 2,000 股普通股庫藏，買回價格為每股 $14。若採用股票收回法（Retirement Method），則子公司買回庫藏股後，母公司對子公司的持股比例為：

(A) 60% (B) 62.5%
(C) 56% (D) 58.33%

25. 母公司持有子公司 72% 股權，子公司 X1 年 12 月 31 日流通在外普通股 100,000 股，股本 $1,000,000，保留盈餘 $500,000，母公司投資帳戶餘額 $1,260,000。X2 年 1 月 1 日子公司向非控制權益股東買回 10,000 股普通股庫藏，買回價格為 $12。設母公司採完全權益法之會計處理，關於子公司買回庫藏股之交易，母公司帳上需作之分錄為：

(A)（借）投資子公司 24,000，（貸）資本公積 24,000
(B)（借）資本公積 24,000，（貸）投資子公司 24,000
(C)（借）投資子公司 24,000，（貸）投資利益 24,000
(D)（借）投資損失 24,000，（貸）投資子公司 24,000

26. 甲公司於 X1 年 1 月 1 日以 $600,000 取得乙公司 60% 之股權，當日乙公司權益包括股本 $500,000（每股面額 $10），保留盈餘 $400,000，除建築物低估 $50,000（剩餘效益年限為 10 年，採直線法折舊）外，當日乙公司其他可辨認資產與負債之帳面金額均等於公允價值。甲公司依可辨認淨資產之比例衡量非控制權益。X2 年 12 月 31 日乙公司之權益包括股本 $500,000，保留盈餘 $610,000。乙公司於 X3 年 1 月 1 日以每股 $23 向非控制權益股東買回 10,000 股自家股份。甲公司採權益法處理其對乙公司之投資。試問在 X3 年 1 月 1 日乙公司買回庫藏股後，甲公司帳上「投資乙公司」之帳戶餘額為：

(A) $690,000 (B) $696,000
(C) $720,000 (D) $726,000 【101 年 CPA】

27. 甲公司於 X1 年初取得乙公司流通在外普通股 300,000 股的 40% 而對乙公司具重大影響，並採權益法處理該投資。乙公司於 X4 年初以每股 $25 向其他股東買回庫藏股 100,000 股，甲公司因此取得對乙公司之控制，並按可辨認淨資產之比例份額衡量非控制權益。於 X4 年初乙公司買回庫藏股前，甲公司原持有乙公司 40% 股權之公允價值為 $3,000,000，乙公司可辨認淨資產之帳面金額（等於公允價值）為 $6,000,000。甲公司估計因取得對乙公司控制而享有之利益於收購日之公允價值為 $250,000。收購日甲公司合併資產負債表上應認列之商譽金額為何？

(A) $0 (B) $250,000
(C) $900,000 (D) $1,150,000 【107 年 CPA】

28. P 公司持有 S 公司 60% 之股權，X2 年 12 月 31 日投資帳戶餘額 $750,000，並按 S 公司淨資產公允價值比例衡量非控制權益，當日乙公司股東權益包括股本 $500,000（每

股面額 $10），保留盈餘 $500,000。S 公司於 X3 年 1 月 1 日以每股 $22 向非控制權益股東買回 2,000 股自家股份。

試作：

1. 計算 S 公司庫藏股交易後，P 公司對 S 公司之持股比例。
2. 計算 S 公司庫藏股交易後，P 公司對 S 公司之投資帳戶餘額。
3. 作 P 公司對該交易應有之調整分錄。

29. P 公司持有 S 公司普通股實際發行股數 200,000 股之 75%，S 公司 X1 年初股東權益資料如下：

普通股－面額 $10，發行及流通在外 200,000 股	$2,000,000
資本公積－普通股發行溢價	1,200,000
保留盈餘	800,000
	$4,000,000

若 P 公司 X1 年初投資帳戶餘額為 $3,400,000，非控制權益餘額為 $1,100,000。S 公司淨資產帳面金額與公允價值差額係未入帳之專利權 $200,000，剩餘有效年限 10 年，X1 年度淨利 $200,000，發放現金股利 $120,000。

試按下列情況分別作：

1. P 公司應作之調整分錄。
2. 計算 X1 年度投資收益。
3. X1 年度 P 公司與 S 公司合併工作底稿沖銷分錄。

情況一：S 公司於 X1 年 1 月 1 日以每股 $25 價格向非控制權益股東購買 20,000 股。

情況二：S 公司於 X1 年 1 月 1 日以每股 $14.5 價格向非控制權益股東購買 20,000 股。

30. 甲公司於 X1 年初取得乙公司流通在外普通股 500,000 股的 48% 而對乙公司具重大影響，並採權益法處理該投資。乙公司於 X4 年初以每股 $25 向其他股東買回庫藏股 50,000 股，甲公司因此取得對乙公司之控制，並按可辨認淨資產之比例份額衡量非控制權益。於 X4 年初乙公司買回庫藏股前，甲公司原持有乙公司 48% 股權之帳面金額與公允價值分別為 $2,800,000 及 $3,000,000，乙公司可辨認淨資產之帳面金額（等於公允價值）為 $6,000,000，甲公司估計因取得對乙公司控制而享有之利益於收購日之公允價值為 $300,000。X4 年度淨利 $300,000，發放現金股利 $120,000。

試作：

1. 計算收購日甲公司合併資產負債表上應認列之商譽金額。
2. 計算投資 S 公司投資收益與期末投資帳面金額。
3. X4 年度 P 公司與 S 公司合併工作底稿沖銷分錄。

CHAPTER 7 複雜投資結構

學習目標

複雜投資結構型態
- 直接持股
- 間接持股
- 交叉持股
- 連結交叉持股

間接持股：母、子、孫型
- 會計處理原則
- 母、子關係先成立之母、子、孫投資型態
- 子、孫關係先成立之母、子、孫投資型態

間接持股：連結型
- 會計處理原則
- 控股關係成立順序對合併溢價之影響

交叉持股
- 母、子交叉持股會計處理原則
- 子、孫交叉會計處理原則

連結交叉持股
- 子、孫連結交叉持股會計處理原則
- 母、孫連結交叉持股會計處理原則：庫藏股票法

第 1 節　複雜投資結構型態

一　直接持股

直接持股（Direct Holding）係指母公司持有子公司股權，直接控制子公司，本書前六章所探討的情形皆為直接持股。

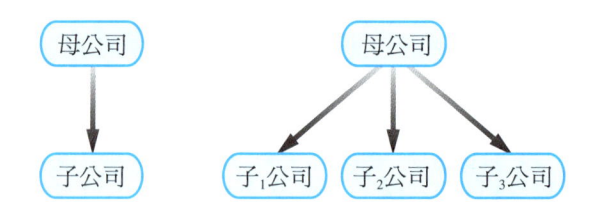

```
    母公司                        母公司
      │              ┌────────────┼────────────┐
      ▼              ▼            ▼            ▼
    子公司         子₁公司      子₂公司       子₃公司
```

二　間接持股

間接持股（Indirect Holding）係指母公司藉由持有子公司股權，間接控制子公司所投資的孫公司。間接持股區分為二種型態：

(一) 母、子、孫型（Father-son-grandson）

係指母公司不持有孫公司任何股權，而藉由持有子公司間接控制孫公司之控股型態。

```
    母公司  ───▶  子公司  ───▶  孫公司
```

(二) 連結型（Connecting Affiliates）

係指母公司一方面直接持有孫公司股權，一方面亦藉由持有子公司而間接控制孫公司之控股型態。

```
              母公司
             ╱      ╲
            ▼        ▼
         子公司 ───▶ 孫公司
```

三　交叉持股

交叉持股（Mutual Holding）係指聯屬公司間互相持有對方股權，區分為二種型態：

第 7 章 複雜投資結構

(一) 母、子交叉持股（Parent Mutually Owned）：係指母、子公司相互持有對方股權之控股型態。

```
母公司 ⇄ 子公司
```

(二) 子、孫交叉持股：係指子、孫公司間相互持有對方股權之控股型態。

```
母公司 → 子公司 ⇄ 孫公司
```

四　連結交叉持股

連結交叉持股（Connecting Affiliates Mutually Owned）係指間接持股與交叉持股同時存在之投資型態，區分為二種型態：

(一) 子、孫連結交叉持股：係指子、孫公司間相互持有對方股權之控股型態。

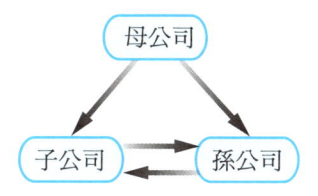

```
        母公司
       ↙     ↘
    子公司 ⇄ 孫公司
```

(二) 母、子連結交叉持股：係指母、子公司相互持有對方股權之控股型態。

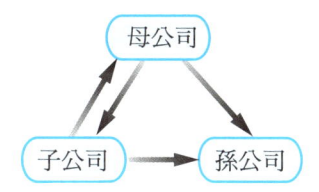

```
        母公司
       ↕     ↘
    子公司 → 孫公司
```

第 2 節　間接持股：母、子、孫型

一　會計處理原則

在母、子、孫型的間接持股型態，母公司持有子公司，子公司持有孫公司，母公司未持有孫公司任何股權；母公司淨利包含對子公司淨利的份額（母對子公司之投資收益），子公司淨利包含對孫公司淨利的份額（子對孫之投資收益），亦即：孫公司淨利先影響子公司淨利，子公司淨利再影響母公司淨利。因此，**在母、子、孫型的間接持股型態，必須「從下而上」**，亦即「從孫至子、從子至母」逐層計算各公司已實現淨利，再按持股比例

計算投資收益，最後再計算母公司淨利。茲簡要說明投資損益計算及合併報表編製之程序。

(一) 繪製投資結構圖

首先，依據投資情形及持股比例繪製成投資結構圖。

$$\boxed{母公司} \xrightarrow{X\%} \boxed{子公司} \xrightarrow{Y\%} \boxed{孫公司}$$

(二) 計算各公司已實現個別淨利、投資收益、投資帳戶餘額

母、子、孫公司分別為三個獨立個體，因此必須逐一計算其已實現淨利，由於孫公司淨利影響子公司淨利，子公司淨利影響母公司淨利，因此應先計算「子、孫間損益」再計算「母、子間損益」。

1. 子、孫間損益

在計算子、孫間損益時，僅須比照直接持股計算投資收益方法即可：先計算孫公司已實現淨利，再按持股比例計算子公司對孫公司投資收益，最後再計算子公司淨利。

$$\boxed{子公司} \xrightarrow{Y\%} \boxed{孫公司}$$

已實現淨利$_{孫}$ = 個別淨利$_{孫}$ ± 未實現損益$_{孫\to 子}$

投資收益$_{子\to 孫}$ = 已實現淨利$_{孫}$ × Y% ± 未實現損益$_{子\to 孫}$ ± 差額攤銷$_{子\to 孫}$

投資孫公司$_{子\to 孫}$ = 期初投資餘額$_{完全權益法}$ + 投資收益$_{子\to 孫}$ − 股利$_{孫\to 子}$

淨利$_{子}$ = 個別淨利$_{子}$ + 投資收益$_{子\to 孫}$

2. 母、子間損益

由於子公司淨利（含孫公司投資收益）於上步驟已計算完成，在計算母、子間損益時，亦僅比照直接持股計算投資收益方法即可：先計算子公司已實現淨利，再按持股比例計算母公司對子公司投資收益與投資子公司餘額。

$$\boxed{母公司} \xrightarrow{X\%} \boxed{子公司}$$

已實現淨利$_{子}$ = 淨利$_{子}$ ± 未實現損益$_{子\to 母}$

投資收益$_{母\to 子}$ = 已實現淨利$_{子}$ × X% ± 未實現損益$_{母\to 子}$ ± 差額攤銷$_{母\to 子}$

投資子公司$_{母\to 子}$ = 期初投資餘額$_{完全權益法}$ + 投資收益$_{母\to 子}$ − 股利$_{子\to 母}$

(三) 計算合併淨利及非控制權益淨利

將母公司對子公司、子公司對孫公司,兩段投資損益分別計算完成後,即可計算合併淨利與非控制權益淨利。

1. 母公司淨利

當母公司與子公司皆正確採用完全權益法計算投資收益,此時母公司淨利就會等於母公司個別淨利加計投資收益。

$$母公司淨利 = 淨利_母 = 個別淨利_母 + 投資收益_{母 \to 子}$$

2. 非控制權益淨利

(1) 在母、子、孫型的間接持股型態,合併報表中非控制權益分為二部分:孫公司非控制權益(非子公司控制之孫公司權益),以及子公司非控制權益(非母公司控制之子公司權益),亦即:**非由集團所控制之子公司及孫公司權益份額為非控制權益**。

從而,非控制權益淨利亦區分為二部分,列示如下:

$$非控制權益淨利 = 非控制權益淨利_子 + 非控制權益淨利_孫$$

$$非控制權益淨利_孫 = 已實現個別淨利_孫 \times (100\% - Y\%)$$

$$非控制權益淨利_子 = 已實現個別淨利_子 \times (100\% - X\%)$$

3. 驗算合併淨利與非控制權益淨利

由於「母、子、孫」在會計上視為一個集團,因此集團已實現淨利應為合併淨利加計集團非控制權益淨利之和。

$$合併淨利 = (個別淨利_母 + 個別淨利_子 + 個別淨利_孫) \pm 未實現損益^* \pm 差額攤銷$$
$$= 母公司淨利 + 非控制權益淨利$$

*未實現損益包含母、子、孫間所有順流及逆流交易。

(四) 編製合併沖銷分錄、合併工作底稿、合併報表

處理同第 3 章,茲不贅述。計算合併淨利及非控制權益淨利後,即可進行合併報表之編製。惟**在母、子、孫型的間接持股型態,母、子、孫關係成立的時點(先母、子再子、孫或先子、孫再母、子)將影響投資損益計算**,以下討論之。

二 母、子關係先成立之母、子、孫投資型態

若母、子關係先成立,在子公司尚未控制孫公司前,母公司已控制子公司,因此母公司對子公司的合併溢價僅來自子公司淨資產帳面金額與公允價值的差異。嗣後,子、孫關

係成立，子公司取得對孫公司的控制，子公司對孫公司的合併溢價來自於孫公司淨資產帳面金額與公允價值的差異。

(一) 母公司對子公司合併溢價之處理

母公司在取得子公司的控制權時，應分析子公司帳列可辨認淨資產與公允價值之差額，合併溢價扣除前述差額部分列為商譽或廉價購買利益，差額分攤則作為母公司認列子公司投資收益及非控制權益淨利之調整項。

(二) 子公司對孫公司合併溢價之處理

嗣後，子公司在取得孫公司控制時，再分析子公司對孫公司之合併溢價，差額分攤作為子公司認列孫公司投資收益及非控制權益淨利之調整項。

釋例一　母、子關係先建立之間接持股

P 公司於 X0 年 1 月 1 日以 $1,000,000 取得 S 公司 60% 股權，S 公司當時股東權益包含股本 $1,000,000、保留盈餘 $250,000，S 公司淨資產帳面金額與公允價值差額為未入帳之專利權 $250,000，分 10 年攤銷。當日 S 公司非控制權益公允價值為 $600,000。

S 公司於 X1 年 1 月 1 日以 $850,000 取得 T 公司 80% 股權。T 公司淨資產帳面金額與公允價值差額為未入帳之專利權 $50,000，分 10 年攤銷。當日 T 公司非控制權益公允價值為 $220,000。

X1 年 1 月 1 日 P 公司、S 公司、T 公司之股東權益如下：

	P 公司	S 公司	T 公司
股本	$2,000,000	$1,000,000	$ 800,000
保留盈餘	500,000	300,000	200,000
股東權益總額	$2,500,000	$1,300,000	$1,000,000

X1 年度三家公司淨利、股利資料如下：

	P 公司	S 公司	T 公司
個別淨利	$150,000	$120,000	$100,000
股利	100,000	80,000	50,000

試作：

1. 計算各公司投資收益、非控制權益淨利。
2. 計算投資帳戶餘額。
3. X1 年合併工作底稿沖銷分錄。

解析

1. 投資結構圖與併購溢價分攤

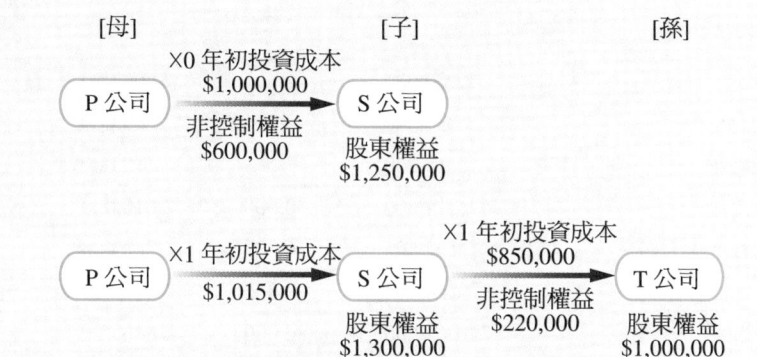

```
   [母]                    [子]                    [孫]
              X0年初投資成本
                $1,000,000
   P公司  ───────────────►  S公司
              非控制權益
               $600,000      股東權益
                            $1,250,000

                                        X1年初投資成本
                                          $850,000
          X1年初投資成本
   P公司  ───────────────►  S公司  ───────────────►  T公司
            $1,015,000                非控制權益
                            股東權益    $220,000      股東權益
                          $1,300,000                $1,000,000
```

(1) 處理母、子間投資：

商譽$_{P \to S}$ = ($1,000,000 + $600,000) − $1,250,000 − $250,000 = $100,000

專利權$_{P \to S}$ = $250,000，分 10 年攤銷，每年攤 $25,000

(2) 處理子、孫間投資：

商譽$_{S \to T}$ = ($850,000 + $220,000) − $1,000,000 − $50,000 = $20,000

專利權$_{S \to T}$ = $50,000，分 10 年攤銷，每年攤 $5,000

2. 計算各公司投資收益及非控制權益淨利

	投資收益		非控制權益淨利	
	P→S (60%)	S→T (80%)	S (40%)	T (20%)
X1 年 T 公司淨利		$80,000		$20,000
T 公司專利權攤銷		(4,000)		(1,000)
小計		$76,000		$19,000
X1 年 S 公司淨利（$120,000 + $76,000）	$117,600		$78,400	
S 公司專利權攤銷	(15,000)		(10,000)	
小計	$102,600	$76,000	$68,400	$19,000

*驗算：合併集團已實現淨利總和

個別淨利總和（$150,000 + $120,000 + $100,000）	$370,000
專利權攤銷（$25,000 + $5,000）	(30,000)
	$340,000

母公司淨利＋非控制權益淨利
＝($150,000＋$102,600)＋($19,000＋$68,400)＝$340,000

投資帳戶與非控制權益餘額：

	投資帳戶		非控制權益	
	P→S	S→T	S公司	T公司
X0年初投資	$1,000,000		$600,000	
X0年保留盈餘變動	30,000		20,000	
X0年專利權攤銷	(15,000)		(10,000)	
X1年初投資餘額	$1,015,000	$850,000	$610,000	$220,000
X1年投資收益	102,600	76,000	68,400	19,000
X1年股利	(48,000)	(40,000)	(32,000)	(10,000)
X1年底投資餘額	$1,069,600	$886,000	$646,400	$229,000

3. X1年合併工作底稿沖銷分錄

(1) 沖銷子公司對孫公司之投資收益，使投資孫公司帳戶回復至期初餘額

投資收益 $_{S→T}$	76,000	
股利 $_{S→T}$		40,000
投資T公司		36,000

(2) 沖銷母公司對子公司之投資收益，使投資子公司帳戶回復至期初餘額

投資收益 $_{P→S}$	102,600	
股利 $_{P→S}$		48,000
投資S公司		54,600

(3) 沖銷孫公司期初股東權益與孫公司投資帳戶餘額，列出期初專利權、商譽及孫公司非控制權益

普通股股本 $_T$	800,000	
保留盈餘 $_T$	200,000	
專利權 $_T$	50,000	
商譽 $_T$	20,000	
投資T公司		850,000
非控制權益 $_T$		220,000

(4) 沖銷子公司期初股東權益與子公司投資帳戶餘額，列出期初專利權、商譽及子公司非控制權益

普通股股本$_S$	1,000,000	
保留盈餘$_S$	300,000	
專利權$_S$	225,000	
商譽$_S$	100,000	
投資 S 公司		1,015,000
非控制權益$_S$		610,000

(5) 攤銷子公司及孫公司專利權

攤銷費用	30,000	
專利權$_S$		25,000
專利權$_T$		5,000

(6) 沖銷孫公司非控制權益淨利與股利，調整本期非控制權益變動數

非控制權益淨利$_T$	19,000	
股利$_T$		10,000
非控制權益$_T$		9,000

(7) 沖銷子公司非控制權益淨利與股利，調整本期非控制權益變動數

非控制權益淨利$_S$	68,400	
股利$_S$		32,000
非控制權益$_S$		36,400

三　子、孫關係先成立之母、子、孫投資型態

　　若子、孫關係先成立，在母公司尚未控制子公司前，子公司已控制孫公司，子公司對孫公司的合併溢價來自孫公司淨資產帳面金額與公允價值的差異。嗣後，母、子關係成立，雖然母公司形式上僅取得子公司控制權益，但母公司實質上已藉由控制子公司，間接取得孫公司控制權益，母公司同時取得子公司及孫公司之控制權益。由於母公司為「母、子、孫」集團合併財務報表之編製主體，必須在「直接取得」子公司之控制時處理母公司對子公司之合併溢價，亦須在「間接取得」孫公司之控制時處理母公司對孫公司之合併溢價，而當**母公司處理對孫公司之合併溢價時，係根據子公司投資孫公司股權之「公允價值」，以及孫公司在被收購當時可辨認資產負債公允價值決定，與子公司原始投資孫公司之合併溢價無關**，亦即：子公司個別帳上所認列之投資收益與投資孫公司帳戶餘額，將與從母公司觀點所計算之投資收益與投資孫公司帳戶餘額不同。茲說明如下：

(一) 子公司對孫公司合併溢價之處理

由於子、孫關係先成立，因此必須先處理子、孫間合併溢價，應依據子公司取得孫公司控制時，孫公司非控制權益公允價值及孫公司可辨認淨資產公允價值資料，分析子公司對孫公司之合併溢價，差額分攤作為子公司認列孫公司投資收益及非控制權益淨利之調整項。

(二) 母、子間投資成本與股權淨值差額之處理

嗣後，當母、子關係成立，母公司雖直接取得子公司控制權益，但已藉由子公司對孫公司的控股，間接取得孫公司控制權益，母公司實際上取得子公司及孫公司之控制權益。

1. 母公司對子公司合併溢價之處理

母公司取得子公司控制時，應根據取得當時子公司非控制權益公允價值及子公司可辨認淨資產公允價值資料，分析母公司對子公司之合併溢價，母公司對子公司之合併溢價來自於子公司淨資產公允價值與帳面金額差額。其中，子公司帳上「投資孫公司」係採權益法評價，其與母公司投資當時股權的公允價值不等，形成「投資孫公司之差額」，**故合併溢價包括子公司帳上「投資孫公司之差額」、「子公司其他淨資產差額」及商譽**。關係式如下：

$$合併溢價_{母→子}$$
$$=(投資成本_{母→子}+非控制權益公允價值_{子})-子公司權益$$
$$=子公司投資孫公司差額+子公司其他淨資產差額+商譽$$

2. 母公司對孫公司合併溢價之處理

母公司對孫公司之合併溢價係母公司透過子公司間接控制孫公司之對價，因此僅需以母公司的角度，以母公司「間接取得」子公司投資孫公司股權之公允價值，直接計算孫公司可辨認淨資產公允價值與帳面金額差額與商譽，無須再回到子公司的角度，考慮子公司對孫公司併購溢價。關係式如下：

$$合併溢價_{母→孫}$$
$$=(投資孫公司公允價值+非控制權益公允價值_{孫})-孫公司權益$$
$$=孫公司淨資產差額+商譽$$

> **釋例 二　子、孫關係先建立之間接持股**
>
> S 公司於 X0 年 1 月 1 日以 $820,000 取得 T 公司 80% 股權，T 公司當時股東權益包含股本 $800,000、保留盈餘 $150,000，T 公司淨資產帳面金額與公允價值差額為未入帳之專利權 $50,000，分 10 年攤銷。當日 T 公司非控制權益公允價值為 $200,000。

P 公司於 X1 年 1 月 1 日以 $1,100,000 取得 S 公司 60% 股權，當日 S 公司與 T 公司非控制權益公允價值分別為 $624,000 與 $220,000，S 對 T 公司投資公允價值 $880,000。X1 年 1 月 1 日母公司、子公司、孫公司之股東權益，及其他淨資產帳面金額與公允價值差額資料如下：

	P 公司	S 公司	T 公司
股本	$2,000,000	$1,000,000	$800,000
保留盈餘	500,000	300,000	200,000
未入帳專利權	—	250,000	60,000

X1 年度三家公司淨利、股利資料如下：

	P 公司	S 公司	T 公司
個別淨利	$150,000	$120,000	$100,000
股利	100,000	80,000	50,000

若專利權分 10 年攤銷，試作：

1. 計算各公司投資收益、非控制權益淨利。
2. 計算投資帳戶餘額。
3. X1 年合併工作底稿沖銷分錄。

解析

1. 投資結構圖

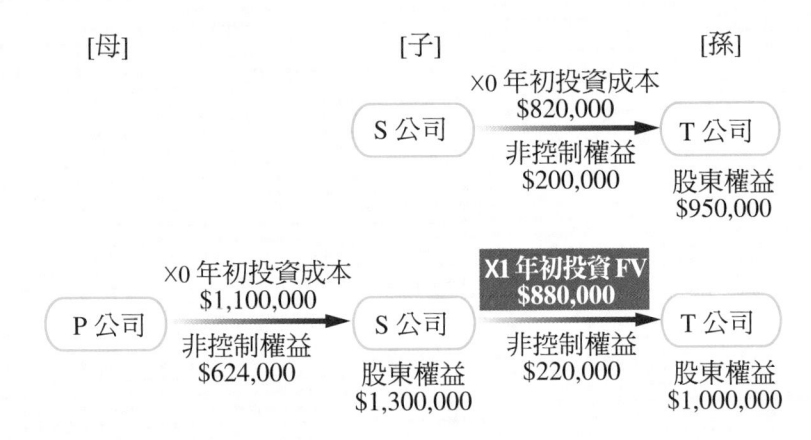

```
      [母]                    [子]                       [孫]
                                        X0年初投資成本
                                         $820,000
                              ┌─────┐                    ┌─────┐
                              │ S公司│ ─────────────────> │ T公司│
                              └─────┘   非控制權益        └─────┘
                                         $200,000        股東權益
                                                         $950,000

                   X0年初投資成本              X1年初投資FV
                    $1,100,000                 $880,000
       ┌─────┐                    ┌─────┐                    ┌─────┐
       │ P公司│ ─────────────────> │ S公司│ ─────────────────> │ T公司│
       └─────┘   非控制權益        └─────┘   非控制權益        └─────┘
                  $624,000        股東權益     $220,000       股東權益
                                 $1,300,000                 $1,000,000
```

2. 子公司帳上處理（不影響母公司）

   商譽 $_{S \to T}$ = ($820,000 + $200,000) − $950,000 − $50,000 = $20,000

   專利權 $_{S \to T}$ = $50,000，分 10 年攤銷，每年攤 $5,000

X1 年投資收益 = ($100,000 − $5,000) × 80% = $76,000

X1 年初投資孫公司餘額 = $820,000 + ($50,000 − $5,000) × 80% = $856,000

X1 年初非控制權益餘額 = $200,000 + ($50,000 − $5,000) × 20% = $209,000

X1 年底投資孫公司餘額 = $856,000 + $76,000 − $50,000 × 80% = $892,000

3. 母公司帳上處理

(1) P → S 差額分攤：

差額$_{P \to S}$ = ($1,100,000 + $624,000) − $1,300,000 = $424,000

子公司投資孫公司價值低估數 = $880,000 − $856,000 = $24,000

專利權$_{P \to S}$ = $250,000，分 10 年攤銷，每年攤 $25,000

商譽$_{P \to S}$ = $424,000 − ($250,000 + $24,000) = $150,000

(2) P → S → T 差額分攤：

差額$_{P \to S \to T}$ = ($880,000 + $220,000) − $1,000,000 = $100,000

專利權$_{P \to S \to T}$ = $60,000，分 10 年攤銷，每年攤 $6,000

商譽$_{P \to S \to T}$ = ($880,000 + $220,000) − $1,000,000 − $60,000 = $40,000

(3) 計算各公司投資收益及非控制權益淨利：

	投資收益 P → S（60%）	投資收益 P → S → T（80%）	非控制權益淨利 S（40%）	非控制權益淨利 T（20%）
X1 年 T 公司淨利		$80,000		$20,000
T 公司專利權攤銷		(4,800)		(1,200)
小計		$75,200		$18,800
X1 年 S 公司淨利（$120,000 + $75,200）	$117,120		$78,080	
S 公司專利權攤銷	(15,000)		(10,000)	
小計	$102,120	$75,200	$68,080	$18,800

(4) 投資帳戶與非控制權益餘額：

	投資帳戶 P → S	投資帳戶 P → S → T	非控制權益 S 公司	非控制權益 T 公司
X1 年初投資餘額	$1,100,000	$856,000	$624,000	$220,000
公允價值調整*		24,000		
	$1,100,000	$880,000	$624,000	$220,000
X1 年投資收益	102,120	75,200	68,080	18,800
X1 年股利	(48,000)	(40,000)	(32,000)	(10,000)
X1 年底投資餘額	$1,154,120	$915,200	$660,080	$228,800

* 使 X1 年初 P → S → T 餘額為 $880,000，等於 P 取得 S 控制當日之公允價值。

4. X1 年合併工作底稿沖銷分錄

   (1) 沖銷子公司帳載之子公司對孫公司之投資收益,使投資孫公司帳戶由 $892,000 回復至期初餘額 $856,000。

投資收益$_{S \to T}$	76,000	
股利$_{S \to T}$		40,000
投資 T 公司		36,000

   (2) 沖銷母公司對子公司之投資收益,使投資子公司帳戶回復至期初餘額。

投資收益$_{P \to S}$	102,120	
股利$_{P \to S}$		48,000
投資 S 公司		54,120

   (3) 沖銷子公司期初股東權益與子公司投資帳戶餘額,列出期初專利權、商譽、投資孫公司調整數及子公司非控制權益。

普通股股本$_S$	1,000,000	
保留盈餘$_S$	300,000	
專利權$_S$	250,000	
投資 T 公司	24,000	
商譽	150,000	
投資 S 公司		1,100,000
非控制權益$_S$		624,000

   (4) 沖銷孫公司期初股東權益與孫公司投資帳戶餘額,列出期初專利權、商譽及孫公司非控制權益。

普通股股本$_T$	800,000	
保留盈餘$_T$	200,000	
專利權$_T$	60,000	
商譽	40,000	
投資 T 公司		880,000
非控制權益$_T$		220,000

   (5) 攤銷子公司及孫公司專利權。

攤銷費用	31,000	
專利權$_S$		25,000
專利權$_T$		6,000

(6) 沖銷子公司非控制權益淨利與股利，調整本期非控制權益變動數。

非控制權益淨利$_S$	68,080	
股利$_S$		32,000
非控制權益$_S$		36,080

(7) 沖銷孫公司非控制權益淨利與股利，調整本期非控制權益變動數。

非控制權益淨利$_T$	18,800	
股利$_T$		10,000
非控制權益$_T$		8,800

第 3 節　間接持股：連結型

一　會計處理原則

在連結型的間接持股型態，母公司持有子公司，子公司持有孫公司，母公司另又持有孫公司；母公司淨利包含對子公司及孫公司淨利的份額（母對子公司之投資收益、母對孫公司之投資收益），子公司淨利包含對孫公司淨利的份額（子對孫之投資收益），亦即：孫公司淨利先影響子公司淨利及母公司淨利，子公司淨利再影響母公司淨利。因此，**在連結型的間接持股型態，仍必須「從下而上」，亦即「從孫至母」及「從孫至子、從子至母」逐層計算各公司已實現淨利，再按持股比例計算投資收益，最後再計算母公司淨利。**茲簡要說明投資損益計算及合併報表編製之程序。

(一) 繪製投資結構圖

首先，依據投資情形及持股比例繪製成投資結構圖。

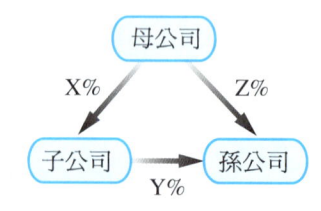

```
        母公司
       /      \
     X%        Z%
     /          \
  子公司 ──Y%──→ 孫公司
```

(二) 計算各公司已實現個別淨利、投資收益、投資帳戶餘額

母、子、孫公司分別為三個獨立個體，因此必須逐一計算其已實現淨利。由於母公司投資對象有二：子公司與孫公司，因此應先將投資關係區分為「母、孫」與「母、子、

孫」二項：「母、孫」以直接持股之權益法處理，「母、子、孫」則應以第 2 節方法處理。簡而言之，先計算孫公司已實現利潤，逐步向上推移，分別計算「母、孫」與「子、孫」間投資損益後，再計算「母、子」間投資收益。

(三) 計算合併淨利及非控制權益淨利

將母公司對孫公司、子公司對孫公司、母公司對孫公司，三段投資損益分別計算完成後，即可計算合併淨利與非控制權益淨利。

1. 母公司淨利

當母公司及子公司皆正確採用完全權益法計算投資收益，此時母公司淨利就會等於母公司個別淨利加計投資收益。

$$母公司淨利 = 淨利_{母} = 個別淨利_{母} + 投資收益_{母 \to 孫} + 投資收益_{母 \to 子}$$

2. 非控制權益淨利

與上述母公司淨利方法為相同概念，必須計算出子公司淨利（包含已實現淨利及投資收益），再乘以非控制權益持股比例。

$$非控制權益淨利 = 非控制權益淨利_{子} + 非控制權益淨利_{孫}$$

$$非控制權益淨利_{孫} = 已實現個別淨利_{孫} \times (100\% - Y\% - Z\%)$$

$$非控制權益淨利_{子} = 已實現個別淨利_{子} \times (100\% - X\%)$$

3. 驗算合併淨利與非控制權益淨利

由於「母、子、孫」在會計上視為一個集團，因此集團已實現淨利應為合併淨利加計集團非控制權益淨利之和。

$$合併淨利 = (個別淨利_{母} + 個別淨利_{子} + 個別淨利_{孫}) \pm 未實現損益^{*} \pm 差額攤銷$$
$$= 合併淨利 + 非控制權益淨利$$

* 未實現損益包含母、子、孫間所有順流及逆流交易。

(四) 編製合併沖銷分錄、合併工作底稿、合併報表

處理同第 3 章，茲不贅述。

二 控股關係成立順序對合併溢價之影響

如前所述，連結型間接持股關係可區分為「母、孫」與「母、子、孫」二項，然而，各投資關係合併溢價之處理方式，決定於母公司取得整個集團控制權的時點，亦即決定於母、子、孫成立集團的時點。在母、子、孫成立集團之前（母公司控制子公司及孫公司之前），各成員投資成本與取得權益帳面金額之差額，作為投資收益之調整；在母、子、孫

成立集團之後（母公司控制子公司及孫公司之後），各成員投資成本與取得權益帳面金額之差額，應作為資本公積之調整。以下依「母、子」、「子、孫」、「母、孫」投資關係之成立順序，分述如下：

(一) 母、子關係先成立之連結型間接持股

1. 先「子、孫」後「母、孫」之連結型間接持股

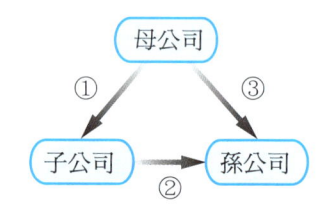

此項投資關係如右圖所示，母、子投資關係先成立，接著子、孫投資關係成立，最後母、孫公司投資關係成立。當子、孫投資關係成立時，母公司直接控制子公司，子公司直接控制孫公司，而母公司間接控制孫公司，母、子、孫的間接持股型態已成立，母、子、孫公司已成立集團，母公司實質上已可控制子公司及孫公司。**自母、子、孫成立集團後，任何集團成員間相互投資的行為，均屬於集團內部權益交易。**對孫公司投資母公司係由孫公司之非控制權益取得，故母公司投資成本與取得之孫公司非控制權益帳面金額之差異應作為資本公積之調整，而不再調整投資收益。

此項投資關係之合併溢價，母公司對子公司之投資差額將影響母公司對子、孫公司的投資收益、子公司對孫公司之投資差額將影響子公司對孫公司的投資收益，但母公司對孫公司之投資差額不影響母公司對孫公司的投資收益，而是作**為資本公積之調整**。

2. 先「母、孫」後「子、孫」之連結型間接持股

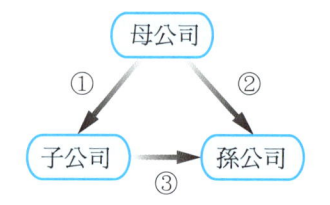

此項投資關係如右圖所示，母、子投資關係先成立，接著母、孫投資關係成立，最後子、孫公司的關係成立。母、子、孫成立集團的時點，須視母公司對孫公司的持股比例而定：

(1) 母公司直接控制孫公司

當母、孫投資關係成立時，母公司可直接控制孫公司（母對孫的持股比例超過半數），此時，母公司可控制子公司及孫公司，雖尚未成立母、子、孫的間接持股型態，但母、子、孫公司已成立集團，母公司實質上可控制子公司及孫公司，自此任何集團成員間相互投資的行為，均屬於集團內部權益交易。當最後子、孫投資關係成立時，子公司係由孫公司非控制權益取得投資，其投資成本與孫公司非控制權益帳面金額之差額，應作為資本公積之調整，而不再調整投資收益。

此項投資關係之合併溢價，母公司對子公司之投資差額將影響母公司對子公司的投資收益、母公司對孫公司之投資差額將影響母公司對孫公司的投資收益，但子公司對孫公司之投資差額不影響子公司對孫的公司投資收益，而是作為資本公積之調整。

(2) 母公司未直接控制孫公司

若母、孫投資關係成立時,母公司公司無法直接控制孫公司(母對孫的持股比例未超過半數),此時,母公司可控制子公司,但母公司無法控制孫公司,母、子、孫公司尚未成立集團;必須等到子、孫投資關係成立後,母公司可控制子公司、子公司可控制孫公司、母公司亦可控制孫公司,母、子、孫才成立集團,母公司才可控制整個集團,在此之前的投資關係均應計算投資差額。

此項投資關係,母公司應分別計算「母、子」及「母、孫」之合併溢價,由於原來母、孫投資尚未取得控制權,則在子公司可控制孫公司時,母公司須將母公司對公司之投資按公允價值衡量,連同子、孫投資成本計算對孫公司之合併溢價。

釋例三 母、子投資關係先成立之連結間接持股

P公司於X0年1月1日以$1,000,000取得S公司60%股權,S公司當時股東權益包含股本$1,000,000、保留盈餘$250,000,S公司淨資產帳面金額與公允價值差額為未入帳之專利權$250,000,分10年攤銷。當日S公司非控制權益公允價值為$600,000。

X1年1月1日母公司、子公司、孫公司之股東權益,以及X1年度、X2年度三家公司淨利、股利資料如下:

	P公司	S公司	T公司
X1年1月1日股本	$2,000,000	$1,000,000	$800,000
X1年1月1日保留盈餘	500,000	300,000	200,000
X1年及X2年個別淨利	150,000	120,000	100,000
X1年及X2年股利	100,000	80,000	50,000

試作下列情況下,計算各公司X2年度之投資收益、非控制權益淨利與X2年底投資帳戶餘額:

情況一:
1. S公司於X1年1月1日以$850,000取得T公司80%股權,T公司淨資產帳面金額與公允價值差額為未入帳之專利權$50,000,分10年攤銷。當日T公司非控制權益公允價值為$220,000。
2. P公司於X2年1月1日以$120,000取得T公司10%股權。

情況二:
1. P公司於X1年1月1日以$120,000取得T公司10%股權。
2. S公司於X2年1月1日以$870,000取得T公司80%股權,T公司淨資產帳面金額與公允價值差額為未入帳之專利權$50,000,分10年攤銷。當日P公司對T公司之投資與T公司非控制權益公允價值均為$125,000。

解析

情況一

1. 投資結構圖

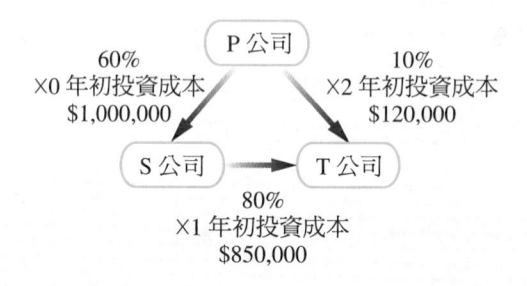

```
            P公司
    60%  ↙       ↘  10%
X0年初投資成本    X2年初投資成本
 $1,000,000       $120,000
    ↓                ↓
  S公司  ──→  T公司
         80%
      X1年初投資成本
         $850,000
```

(1) 處理母、子間投資（X0 年 1 月 1 日）：

差額$_{P \to S}$ = ($1,000,000 + $600,000) − $1,250,000 = $350,000

專利權$_{P \to S}$ = $250,000，分 10 年攤銷，每年攤 $25,000

商譽$_{P \to S}$ = $350,000 − $250,000 = $100,000

(2) 處理子、孫間投資（X1 年 1 月 1 日）：

差額$_{S \to T}$ = ($850,000 + $220,000) − $1,000,000 = $70,000

專利權$_{S \to T}$ = $50,000，分 10 年攤銷，每年攤 $5,000

商譽$_{S \to T}$ = $70,000 − $50,000 = $20,000

(3) 處理母、孫間投資（X2 年 1 月 1 日）：

母對孫投資按 T 公司 X2 年初非控制權益帳面金額衡量。

2. 計算 X2 年度各公司已實現個別淨利、投資收益

	投資收益			非控制權益淨利	
	P→S (60%)	S→T (80%)	P→T (10%)	S公司 (40%)	T公司 (10%)
X2 年 T 公司淨利		$80,000	$10,000		$10,000
T 公司專利權攤銷		(4,000)	(500)		(500)
小計		$76,000	$ 9,500		$ 9,500
X2 年 S 公司淨利 ($120,000 + $76,000)	$117,600			$78,400	
S 公司專利權攤銷	(15,000)			(10,000)	
小計	$102,600	$76,000	$ 9,500	$68,400	$ 9,500

*驗算：合併集團已實現淨利總和

個別淨利總和（$150,000 + $120,000 + $100,000） $370,000

專利權攤銷（$25,000 + $5,000） (30,000)

$340,000

母公司淨利＋非控制權益淨利
= ($150,000 + $102,600 + $9,500) + $68,400 + $9,500 = $340,000

3. 投資帳戶與非控制權益餘額

	投資帳戶			非控制權益	
	P→S	S→T	P→T	S公司	T公司
X0年初投資	$1,000,000			$600,000	
X0年保留盈餘變動	30,000			20,000	
X1年初投資		$850,000			$220,000
X1年保留盈餘變動	69,600	40,000		46,400	10,000
專利權攤銷（X0年及X1年）	(30,000)	(4,000)		(20,000)	(1,000)
X1年底投資餘額	$1,069,600	$886,000		$646,400	$229,000
X2年初投資			$120,000		
資本公積調整*			(5,500)	(114,500)	
X2年投資收益	102,600	76,000	9,500	68,400	9,500
X2年發放股利	(48,000)	(40,000)	(5,000)	(32,000)	(5,000)
X2年底投資餘額	$1,124,200	$922,000	$119,000	$682,800	$119,000

*使 X2 年初 P→T 投資餘額為 $104,500，等於 P 取得 T 股權當日 T 公司帳面金額比例。

情況二

1. 投資結構圖

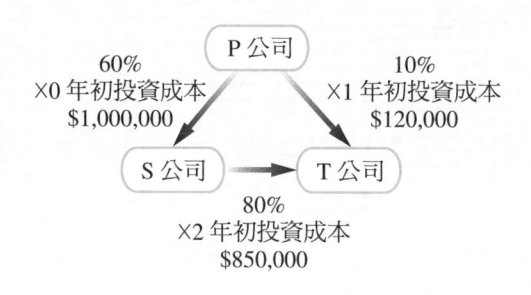

(1) 處理母、子間投資（同上）（X0 年 1 月 1 日）：

差額$_{P→S}$ = ($1,000,000 + $600,000) − $1,250,000 = $350,000

專利權$_{P→S}$ = $250,000，分 10 年攤銷，每年攤 $25,000

商譽$_{P→S}$ = $350,000 − $250,000 = $100,000

(2) 處理母、孫間投資（X1 年 1 月 1 日）：

母對孫投資未達重大影響力，採成本法處理。

(3) 處理子、孫間投資（X2 年 1 月 1 日）：

差額$_{S→T}$ = ($870,000 + $125,000 + $125,000) − $1,050,000 = $70,000

專利權$_{S→T}$ = $50,000，分 10 年攤銷，每年攤 $5,000

商譽$_{S→T}$ = $70,000 − $50,000 = $20,000

2. 計算 X2 年度各公司已實現個別淨利、投資收益

	投資收益			非控制權益淨利	
	P→S	P→T	S→T	S公司	T公司
	（60%）	（10%）	（80%）	（40%）	（10%）
X2 年 T 公司淨利		$10,000	$80,000		$10,000
T 公司專利權攤銷		(500)	(4,000)		(500)
小計		$ 9,500	$76,000		$ 9,500
X1 年 S 公司淨利					
（$120,000 + $76,000）	$117,600			$78,400	
S 公司專利權攤銷	(15,000)			(10,000)	
小計	$102,600	$ 9,500	$76,000	$68,400	$ 9,500

＊驗算：合併集團已實現淨利總和

個別淨利總和（$150,000 + $120,000 + $100,000）	$370,000
專利權攤銷（$25,000 + $5,000）	(30,000)
	$340,000

母公司淨利＋非控制權益淨利
= ($150,000 + $102,600 + $9,500) + $68,400 + $9,500 = $340,000

3. 投資帳戶與非控制權益餘額

	投資帳戶			非控制權益	
	P→S	P→T	S→T	S公司	T公司
X0 年初投資	$1,000,000			$600,000	
X0 年保留盈餘變動	30,000			20,000	
X1 年初投資		$120,000			
X1 年保留盈餘變動	24,000			16,000	
專利權攤銷（X0 年及 X1 年）	(30,000)			(20,000)	
X1 年底投資餘額	$1,024,000	$120,000		$616,000	
X2 年初投資			$870,000		$125,000
公允價值調整＊		5,000			
調整後餘額	$1,024,000	$125,000	$870,000	$616,000	$125,000
X2 年投資收益	102,600	9,500	76,000	68,400	9,500
X2 年發放股利	(48,000)	(5,000)	(40,000)	(32,000)	(5,000)
X2 年底投資餘額	$1,078,600	$129,500	$906,000	$652,400	$129,500

＊使 X2 年初 P→T 投資餘額為當時公允價值 $125,000，此項調整係於工作底稿上處理，母公司帳上仍採用成本法。

(二) 子、孫投資關係先成立之連結型間接持股

1. 先「母、子」後「母、孫」之連結型間接持股

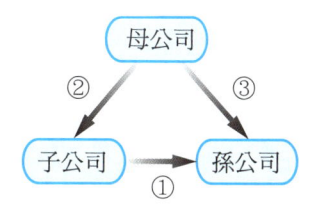

此項投資關係如右圖所示，子、孫投資關係先成立，接著母、子投資關係成立，最後母、孫投資關係成立。當母、子公司投資關係成立時，子公司直接控制孫公司、母公司直接控制子公司，母公司間接控制孫公司，母、子、孫公司的間接持股型態已成立，母、子、孫公司已成立集團，母公司已可控制子公司及孫公司。**自母、子、孫成立集團後任何集團成員間相互投資的行為，均屬於集團內部權益交易**，此時，母公司對孫公司之投資係由孫公司之非控制權益取得，其投資成本與孫公司非控制權益帳面金額之差異應作為**資本公積之調整**，而不再調整投資收益。

此項投資關係之合併溢價，母公司對子公司之投資差額將影響母公司對子公司的投資收益、子公司對孫公司之投資差額將影響子公司對孫公司的投資收益，此段母、子、孫之投資關係的合併溢價與投資收益的決定，與第 2 節「二、之母、子、孫型投資結構」相同，而母公司對孫公司之投資差額則不影響母對孫的投資收益，而是作為資本公積之調整。

2. 先「母、孫」後「母、子」之連結型間接持股

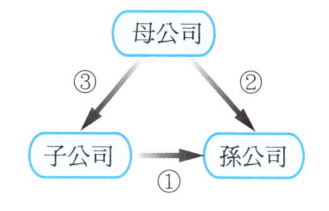

此項投資關係如右圖所示，子、孫投資關係先成立，接著母、孫投資關係成立，最後母、子投資關係成立。若母公司未直接控制孫公司，則當母、子公司投資關係成立時，藉由子公司直接控制孫公司、母公司直接控制子公司及孫公司，母、子、孫公司的間接持股型態已成立，母、子、孫公司已成立集團。當集團關係成立時，母公司須估計子公司與孫公司非控制權益公允價值與母、子投資成本同時作為合併對價，再分攤集團合併溢價。

> **釋例四　子、孫關係先建立之連結間接持股**

S 公司於 X0 年 1 月 1 日以 $820,000 取得 T 公司 80% 股權，T 公司當時股東權益包含股本 $800,000、保留盈餘 $150,000，T 公司淨資產帳面金額與公允價值差額為未入帳之專利權 $50,000，分 10 年攤銷。當日 T 公司非控制權益公允價值為 $200,000。

X1 年 1 月 1 日母公司、子公司、孫公司之股東權益，以及 X1 年度、X2 年度三家公司淨利、股利資料如下：

	P公司	S公司	T公司
股本	$2,000,000	$1,000,000	$800,000
保留盈餘	500,000	300,000	200,000
X1年及X2年個別淨利	150,000	120,000	100,000
X1年及X2年股利	100,000	80,000	50,000

試作下列情況下，計算各公司 X2 年度之投資收益、非控制權益淨利與 X2 年底投資帳戶餘額：

情況一：

1. P 公司於 X1 年 1 月 1 日以 $1,100,000 取得 S 公司 60% 股權，S 公司淨資產帳面金額與公允價值差額為未入帳之專利權 $250,000，分 10 年攤銷，T 公司淨資產帳面金額與公允價值差額為未入帳之專利權 $60,000，分 10 年攤銷。當日 S 公司與 T 公司非控制權益公允價值分別為 $624,000 與 $220,000，S 對 T 公司投資公允價值 $880,000。
2. P 公司於 X2 年 1 月 1 日以 $120,000 取得 T 公司 10% 股權。

情況二：

1. P 公司於 X1 年 1 月 1 日以 $120,000 取得 T 公司 10% 股權。
2. P 公司於 X2 年 1 月 1 日以 $1,170,000 取得 S 公司 60% 股權，S 公司淨資產帳面金額與公允價值差額除 S 對 T 公司投資公允價值 $926,000，其餘為未入帳之專利權 250,000，分 10 年攤銷，S 公司非控制權益公允價值分別為 $680,000。當日 P 公司對 T 公司投資以及 T 公司非控制權益公允價值均為 $122,000，T 公司淨資產帳面金額與公允價值差額為未入帳之專利權 $60,000，分 10 年攤銷。

解析

情況一：P 公司於 X1 年初直接控制 S 公司，且間接控制 T 公司

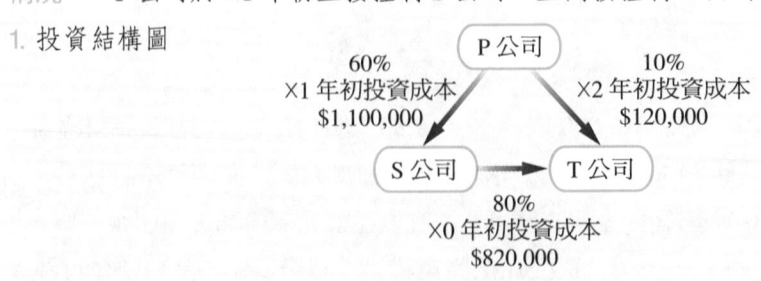

1. 投資結構圖

```
           P公司
    60%   ↙    ↘   10%
X1年初投資成本   X2年初投資成本
 $1,100,000      $120,000
        ↓         ↓
      S公司 ──→ T公司
              80%
         X0年初投資成本
           $820,000
```

2. 子公司帳上處理（不影響母公司）（X0 年 1 月 1 日）

商譽$_{S \rightarrow T}$ = ($820,000 + $200,000) − $950,000 − $50,000 = $20,000

專利權$_{S \rightarrow T}$ = $50,000，分 10 年攤銷，每年攤 $5,000

X1 年投資收益 = ($100,000 − $5,000) × 80% = $76,000

X1 年初投資孫公司餘額 = $820,000 + ($100,000 − $50,000 − $5,000) × 80% = $856,000

X1 年初非控制權益餘額 = $200,000 + ($100,000 − $50,000 − $5,000) × 20% = $209,000

X1 年底投資孫公司餘額 = $856,000 + $76,000 − $50,000 × 80% = $892,000

3. 母公司帳上處理（X1 年 1 月 1 日）

   (1) P → S 差額分攤：

   差額$_{P→S}$ = ($1,100,000 + $624,000) − $1,300,000 = $424,000

   子公司投資孫公司價值低估數 = $880,000 − $856,000 = $24,000

   專利權$_{P→S}$ = $250,000，分 10 年攤銷，每年攤 $25,000

   商譽$_{P→S}$ = $424,000 − ($250,000 + $24,000) = $150,000

   (2) P → S → T 差額分攤：

   差額$_{P→S}$ = ($880,000 + $220,000) − $1,000,000 = $100,000

   專利權$_{P→S→T}$ = $60,000，分 10 年攤銷，每年攤 $6,000

   商譽$_{P→S→T}$ = ($880,000 + $220,000) − $1,000,000 − $60,000 = $40,000

4. 計算 X2 年度各公司投資收益及非控制權益淨利

	投資收益			非控制權益淨利	
	P → S （60%）	P → T （10%）	S → T （80%）	S 公司 （40%）	T 公司 （10%）
X2 年 T 公司淨利		$10,000	$80,000		$10,000
T 公司專利權攤銷		(600)	(4,800)		(600)
小計		$ 9,400	$75,200		$ 9,400
X1 年 S 公司淨利 （$120,000 + $75,200）	$117,120			$78,080	
S 公司專利權攤銷	(15,000)			(10,000)	
小計	$102,120	$ 9,400	$75,200	$68,080	$ 9,400

＊驗算：合併集團已實現淨利總和

個別淨利總和（$150,000 + $120,000 + $100,000） $370,000

專利權攤銷（$25,000 + $6,000）   (31,000)

  $339,000

母公司淨利＋非控制權益淨利

= ($150,000 + $102,120 + $9,400) + $68,080 + $9,400 = $339,000

5. 投資帳戶與非控制權益餘額

	投資帳戶			非控制權益	
	P→S （60%）	S→T （80%）	P→T （10%）	S公司 （40%）	T公司 （20%→10%）
X0 年初投資		$820,000			$200,000
X0 年保留盈餘變動		40,000			10,000
X0 年專利權攤銷		(4,000)			(1,000)
X1 年初投資	$1,100,000			$624,000	
公允價值調整*		24,000			11,000
X1 年初調整後餘額	$1,100,000	$880,000		$624,000	$220,000
X1 年保留盈餘變動	69,120	40,000		46,080	10,000
X1 年專利權攤銷	(15,000)	(4,800)		(10,000)	(1,200)
X1 年底投資餘額	$1,154,120	$915,200		$660,080	$228,800
X2 年初投資			$120,000		(114,400)
資本公積調整*			(5,600)		
調整後餘額	$1,154,120	$915,200	$114,400	$660,080	$114,400
X2 年投資收益	102,120	75,200	9,400	68,080	9,400
X2 年發放股利	(48,000)	(40,000)	(5,000)	(32,000)	(5,000)
X2 年底投資餘額	$1,208,240	$950,400	$118,800	$696,160	$118,800

情況二：P 公司於 X2 年初直接控制 S 公司，且間接控制 T 公司

1. 投資結構圖

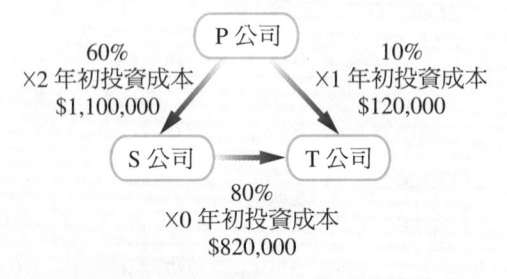

```
          P 公司
    60%  /      \  10%
X2年初投資成本   X1年初投資成本
$1,100,000      $120,000
       ↓           ↓
     S 公司 ────→ T 公司
           80%
        X0年初投資成本
          $820,000
```

2. 子公司帳上處理（不影響母公司）：同情況一

   X1 年底投資孫公司餘額 = $820,000 + ($50,000 + $50,000 − $5,000 × 2) × 80% = $892,000

   X1 年底非控制權益餘額 = $200,000 + ($50,000 + $50,000 − $5,000 × 2) × 20% = $218,000

   X1 年底股東權益 = $1300,000 + ($120,000 + $76,000) − $80,000 = $1,416,000

3. 母公司帳上處理

   (1) P → T：採成本法處理。

   (2) P → S 差額分攤：

   差額$_{P→S}$ = ($1,170,000 + $680,000) − $1,416,000 = $434,000

   子公司投資孫公司價值低估數 = $926,000 − $892,000 = $34,000

   專利權$_{P→S}$ = $250,000，分 10 年攤銷，每年攤 $25,000

商譽$_{P \to S}$ = \$434,000 − (\$250,000 + \$34,000) = \$150,000

(3) P → S → T 差額分攤：

差額$_{P \to S}$ = (\$926,000 + \$122,000 + \$122,000) − \$1,050,000 = \$120,000

專利權$_{P \to S \to T}$ = \$60,000，分 10 年攤銷，每年攤 \$6,000

商譽$_{P \to S \to T}$ = \$120,000 − \$60,000 = \$60,000

4. 計算 X2 年度各公司投資收益及非控制權益淨利

	投資收益			非控制權益淨利	
	P → S (60%)	P → T (10%)	S → T (80%)	S 公司 (40%)	T 公司 (10%)
X2 年 T 公司淨利		\$10,000	\$80,000		\$10,000
T 公司專利權攤銷		(600)	(4,800)		(600)
小計		\$ 9,400	\$75,200		\$ 9,400
X2 年 S 公司淨利 (\$120,000 + \$75,200)	\$117,120			\$78,080	
S 公司專利權攤銷	(15,000)			(10,000)	
小計	\$102,120	\$ 9,400	\$75,200	\$68,080	\$ 9,400

5. 投資帳戶與非控制權益餘額：

	投資帳戶			非控制權益	
	P → S (60%)	S → T (80%)	P → T (10%)	S 公司 (40%)	T 公司 (10%)
X0 年初投資		\$820,000			
X0 年保留盈餘變動		40,000			
X0 年專利權攤銷		(4,000)			
X1 年初投資			\$120,000		
X1 年保留盈餘變動		40,000			
X1 年專利權攤銷		(4,000)			
X1 年底投資餘額		\$892,000	\$120,000		
公允價值調整*		34,000	2,000		
X1 年初調整後餘額		\$926,000	\$122,000		\$122,000
X2 年初投資	\$1,170,000			\$680,000	
調整後餘額	\$1,170,000	\$926,000	\$122,000	\$680,000	\$122,000
X2 年投資收益	102,120	75,200	9,400	68,080	9,400
X2 年發放股利	(48,000)	(40,000)	(5,000)	(32,000)	(5,000)
X2 年底投資餘額	\$1,224,120	\$961,200	\$126,400	\$716,080	\$126,400

(三) 母、孫投資關係先建立之間接持股

1. 先「母、子」後「子、孫」之連結型間接持股

    此項投資關係如右圖所示，若母公司原未控制孫公司，集團關係於子公司投資孫公司時始成立，其會計處理同(三) 2.，茲不贅述。

2. 「子、孫」先，「母、子」後

    此項投資關係如右圖所示，若母公司原未控制孫公司，集團關係於母公司投資子公司時始成立，其會計處理同(二) 2.，茲不贅述。

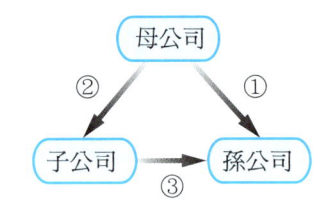

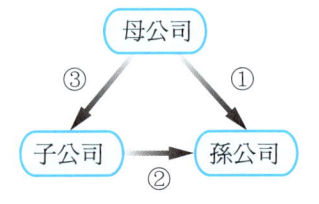

第 4 節　交叉持股

一　母、子交叉持股會計處理原則

(一) 繪製投資結構圖

首先，依據投資情形及持股比例繪製成投資結構圖。

(二) 子公司投資母公司之性質

由投資結構圖可以發現，母公司所發行 Y% 部分的股份已藉由控制的子公司又回到母公司的控制中。就母、子公司合併個體觀之，母公司部分股份已不再流通在外，關於此投資類型處理方法有二：

1. **庫藏股票法**：本法係將子公司對母公司之投資視為「合併個體買回庫藏股」。子公司對於母公司之投資採成本法處理，在編製合併財務報表時，將子公司對母公司投資成本，轉列為「庫藏股票」，作為合併權益的減項。
2. **傳統法**：本法係將子公司對母公司之投資視為「合併個體推定收回權益」。子公司對於母公司之投資採權益法處理，藉由合併沖銷分錄將母公司權益與投資帳戶對沖，子公司投資母公司視為推定收回母公司權益。

由於 IFRS 僅規定採庫藏股票法，本書僅就該法加以說明。

(三) 子公司對投資母公司之處理

對子公司而言，投資母公司之處理一定採用成本法處理，將收到母公司發放之股利作為股利收入，子公司帳列投資收益或淨利均不受母公司損益之影響。

$$淨利_{子} = 個別淨利_{子} + 股利收入_{母 \to 子}$$

(四) 母公司對投資子公司之處理

對母公司而言，投資子公司應採權益法處理：按子公司帳列淨利認列投資收益、子公司發放之股利作為投資子公司帳戶減項。然而，讀者可發現子公司帳列淨利中包含母公司發給子公司的股利，如此一來，母公司按比例認列自己發給自己的股利收入，這高估投資收益，因此**當母公司認列投資收益時，必須扣除母公司發給子公司的股利**。

$$投資收益_{母 \to 子} = (淨利_{子} \times X\% \pm 未實現損益 \pm 差額攤銷) - 股利收入_{母 \to 子}$$

母公司對子公司投資之相關分錄如下：

1. 收到子公司發放之股利

現金	×××	
投資子公司		×××

2. 認列子公司投資收益

投資子公司	×××	
投資收益		×××

3. 沖銷母公司給子公司之股利

投資收益	×××	
股利$_{母 \to 子}$		×××

(五) 計算合併淨利及非控制權益淨利

將母、子公司損益分別計算完成後，即可計算合併淨利與非控制權益淨利。

1. 母公司淨利

   當母公司採用完全權益法計算投資收益，此時母公司淨利就會等於母公司個別淨利加計投資收益。

   $$母公司淨利 = 淨利_{母} = 個別淨利_{母} + 投資收益_{母 \to 子}$$

2. 非控制權益淨利

   與上述母公司淨利方法為相同概念，計算出子公司淨利（包含已實現淨利及股利收

入），再乘以非控制權益持股比例。

$$非控制權益淨利_{子} = 已實現淨利_{子} \times (100\% - X\%)$$

3. 驗算合併淨利與非控制權益淨利

由於「母、子」在會計上視作一個集團，因此集團已實現淨利應為母公司淨利加計非控制權益淨利之和。

合併淨利
= 母公司淨利 + 非控制權益淨利
= 個別淨利$_{母}$ +（已實現淨利$_{子}$ × X% − 股利收入$_{母 \to 子}$）+ 已實現淨利$_{子}$ × (100% − X%)
= 個別淨利$_{母}$ +（個別淨利$_{子}$ ± 未實現損益 ± 差額攤銷 + 股利收入$_{母 \to 子}$）− 股利收入$_{母 \to 子}$
=（個別淨利$_{母}$ + 個別淨利$_{子}$）± 未實現損益 ± 差額攤銷

由於母公司在認列投資收益時，已扣除了母公司給子公司的股利，故股利收入在合併淨利與驗算機制中不予考慮。

(六) 編製合併沖銷分錄、合併工作底稿、合併報表

在庫藏股票法下，合併沖銷分錄與以往有所不同，因為子公司得自母公司之股利在帳上認列為股利收入，而在合併損益表中，該股利係未發放予合併個體以外之第三人，尚保留於合併個體中，故該**股利收入必須沖銷**；此外，子公司持有母公司股份之部分，對合併個體而言係收回母公司股份，為合併個體之庫藏股，應於合併沖銷分錄中**從投資母公司之資產項目轉出成為庫藏股票之權益減項項目**。

1. 合併沖銷分錄（假設子公司帳列資產負債等於公允價值，無合併溢價）

(1) 沖銷投資收益、母公司得自子公司之股利與子公司得自母公司之股利，將投資帳戶回復至期初餘額。

投資收益	×××	
股利收入	×××	
股利－子公司		×××
投資子公司		×××

(2) 沖銷期初投資帳戶餘額及子公司股東權益，並列出期初非控制權益及未攤銷投資成本與股權淨值之差額。

股本－子公司	×××	
保留盈餘－子公司	×××	
未攤銷差額	×××	
投資子公司		×××
非控制權益		×××

(3) 沖銷非控制權益淨利及股利,調整本期非控制權益之變動。

非控制權益淨利	×××	
股利－子公司		×××
非控制權益		×××

(4) 將子公司帳列之投資母公司資產項目重分類至庫藏股票,作為合併股東權益之減項。

庫藏股票	×××	
投資母公司		×××

2. 合併工作底稿

會計項目	P公司	S公司	沖銷分錄 借	沖銷分錄 貸	合併報表
損益表					
投資收益	$×××		① ×××		—
股利收入		$×××	① ×××		—
非控制權益淨利			③ ×××		NI_{Mir}
保留盈餘表					
期初保留盈餘	×××	×××	② ×××		BV_P
本期淨利	×××	×××			BV_P
(本期股利)	×××	×××		① ××× ③ ×××	BV_P
資產負債表					
(投資 S 公司)	×××			① ××× ② ×××	—
投資 P 公司		×××		④ ×××	—
股本	×××	×××	② ×××		BV_P
資本公積	×××	×××	② ×××		BV_P
保留盈餘	×××	×××			BV_P
庫藏股			④ ×××		Inv in P
(非控制權益)				② ××× ③ ×××	Minority
	$×××	$×××			

釋例五 母、子交叉持股

P 公司於 X1 年 1 月 1 日以 $1,000,000 取得 S 公司 60% 股權，S 公司當時股東權益包含股本 $1,000,000、資本公積 $100,000、保留盈餘 $200,000，S 公司淨資產帳面金額與公允價值差額為未入帳之專利權 $200,000，分 10 年攤銷。當日 S 公司非控制權益公允價值為 $600,000。S 公司 X1 年度淨利 $100,000，未發放股利。

S 公司於 X2 年 1 月 1 日以 $300,000 取得 P 公司 10% 股權，P 公司當時股東權益包含股本 $2,000,000、資本公積 $200,000、保留盈餘 $300,000。

X2 年度 P、S 公司淨利、股利資料如下：

	P 公司	S 公司
個別淨利（不含投資收益及股利收入）	$150,000	$110,000
股利	100,000	30,000
聯屬公司利潤	10,000	4,000

S 公司未實現利潤係 X2 年銷貨予 P 公司 $50,000，而 P 公司於 X2 年底仍有半數未出售；P 公司未實現利潤係於 X2 年 7 月 1 日出售運輸設備予 S 公司，該運輸設備尚可繼續使用 5 年。

試作：
1. X2 年度 P 公司及 S 公司帳列有關投資之分錄。
2. 計算 X2 年度 P 公司投資收益、合併淨利、非控制權益淨利。
3. 作庫藏股法下 X2 年度之合併沖銷分錄。

解析

1. 投資結構圖

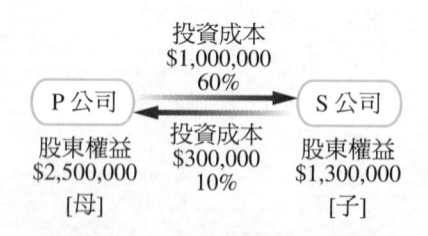

```
                投資成本
                $1,000,000
                   60%
    P 公司 ←――――――――――――→ S 公司
  股東權益    投資成本      股東權益
 $2,500,000   $300,000    $1,300,000
              10%
    [母]                    [子]
```

差額$_{P \to S}$ = ($1,000,000 + $600,000) − $1,300,000 = $300,000
專利權 = $200,000，分 10 年攤銷，每年攤銷 $20,000。
商譽 = $300,000 − $200,000 = $100,000

2. 計算各公司投資收益及非控制權益淨利

	投資收益 P→S	股利收入 S→P	非控制權益淨利 S公司
X2年P公司股利	$(10,000)	$10,000	
X2年S公司淨利（$110,000 + $10,000）	72,000		$48,000
P公司未實現利潤	(10,000)		
P公司已實現利潤	1,000		
S公司未實現利潤	(1,200)		(800)
S公司專利權攤銷	(12,000)		(8,000)
小計	$ 39,800	$10,000	$39,200

3. 投資帳戶與非控制權益餘額

	投資帳戶 P→S	投資帳戶 S→P	非控制權益 S公司
X1年初投資成本	$1,000,000		$600,000
X1年保留盈餘變動	60,000		40,000
X1年專利權攤銷	(12,000)		(8,000)
X1年底投資餘額	$1,048,000		$632,000
X2年初投資成本		$300,000	
X2年投資收益	49,800		39,200
X2年發放股利	(18,000)		(12,000)
X2年底投資餘額	$1,079,800	$300,000	$659,200

4. 母公司及子公司投資之分錄

(1) 子公司：成本法

① 投資母公司：

投資P公司	300,000	
現金		300,000

② 收到母公司發放股利：

現金	10,000	
股利收入		10,000

(2) 母公司：權益法

　①收到子公司發放股利：

現金	18,000	
投資子公司		18,000

　②認列投資收益：

投資子公司	49,800	
投資收益		49,800

　③沖銷母給子之股利：

投資收益	10,000	
股利$_{P \to S}$		10,000

②、③亦可合併為一分錄。

5. 合併沖銷分錄

(1) 投資收益	39,800	
股利收入	10,000	
股利$_S$		18,000
投資 S 公司		31,800
(2) 普通股股本$_S$	1,000,000	
資本公積$_S$	100,000	
保留盈餘$_S$	300,000	
專利權$_S$	180,000	
商譽$_S$	100,000	
投資 S 公司		1,048,000
非控制權益$_S$		632,000
(3) 銷貨收入	50,000	
銷貨成本		50,000
(4) 銷貨成本	2,000	
存貨		2,000
(5) 出售設備利益	10,000	
累計折舊	1,000	
折舊費用		1,000
設備		10,000
(6) 攤銷費用	20,000	
專利權		20,000

(7) 非控制權益淨利 s	39,200	
股利 s		12,000
非控制權益 s		27,200
(8) 庫藏股票	300,000	
投資母公司		300,000

二　子、孫交叉持股會計處理原則

(一) 繪製投資結構圖

首先，依據投資情形及持股比例繪製成投資結構圖。

```
母公司 ──X%──▶ 子公司 ◀──Y%── 孫公司
                    ──Z%──▶
```

(二) 計算合併淨利及非控制權益淨利

子、孫公司間相互持股，但子公司並不持有母公司股份，對集團而言，並不影響其股東權益；換句話說，並未使母公司流通在外股份減少，因此並不適用庫藏股票法，而採用「傳統法」，又稱「相對法」，本書稱之為「聯立方程式法」。

所謂聯立方程式法，係因子公司淨利受孫公司之影響，反之亦然，而母公司淨利又受子公司及孫公司影響，環環相扣，因此以聯立方程式推得其真實淨利。

已實現淨利$_母$＝個別淨利$_母$±未實現損益$_母$＋（淨利$_子$±差額攤銷$_{母→子}$）×X%

已實現淨利$_子$＝個別淨利$_子$±未實現損益$_子$＋（淨利$_孫$±差額攤銷$_{子→孫}$）×Y%

已實現淨利$_孫$＝個別淨利$_孫$±未實現損益$_孫$＋（淨利$_子$±差額攤銷$_{孫→子}$*）×Z%

*當母、子公司投資關係成立時，已形成集團，孫公司對子公司之投資，係由子公司之非控制權益取得投資，其差額之計算係以母公司投資子公司之金額決定。。

以下解釋聯立方程式之列式觀念：

1. **等式左邊：已實現淨利**

    等式左邊乃各公司間環環相扣之真實淨利，列式時就是未知數。

2. **等式右邊：已實現個別淨利＋投資收益**

    等式右邊分為二個部分：「已實現個別淨利」及「投資收益」。

(1) 已實現個別淨利為該公司原帳列個別淨利調整由其「發起」且「損益發生於自己」的聯屬公司間損益項目。故在母公司式子中必須調整順流交易之損益；而在子公司必須調整其銷售予母公司之逆流交易及銷售予孫公司之側流交易；而孫公司必須調整其銷售予子公司之側流交易。

(2) 投資收益為各公司因持股而享有各公司已實現淨利。

為求易於讓讀者記誦，本書列出下列方程式：

$$[母] \xrightarrow{X\%} [子] \underset{Z\%}{\overset{Y\%}{\rightleftarrows}} [孫]$$
$$P公司 \quad S公司 \quad T公司$$

$$P = (個別淨利_P \pm 未實現損益_P) + (S \pm 差額攤銷_{P \to S}) \times X\%$$

$$S = (個別淨利_S \pm 未實現損益_S) + (T \pm 差額攤銷_{S \to T}) \times Y\%$$

$$T = (個別淨利_T \pm 未實現損益_T) + (S \pm 差額攤銷_{T \to S}) \times Z\%$$

將母、子公司損益以聯立方程式計算完成後，即可計算合併淨利與非控制權益淨利。

1. 母公司淨利

$$母公司淨利 = 已實現淨利_母 = P$$

2. 非控制權益淨利

$$非控制權益淨利_子 = (S \pm 差額攤銷) \times (100\% - X\% - Z\%)$$
$$非控制權益淨利_孫 = (T \pm 差額攤銷) \times (100\% - Y\%)$$

3. 驗算合併淨利與非控制權益淨利

會計上將「母、子、孫」視作一個集團，集團已實現淨利應為合併淨利加計非控制權益淨利之和。

$$合併淨利 = (個別淨利_母 + 個別淨利_子 + 個別淨利_孫) \pm 未實現損益 \pm 差額攤銷$$
$$= 母公司淨利 + 非控制權益淨利$$

(三) 計算母、子公司已實現個別淨利、投資收益、投資帳戶餘額

與上述其他複雜投資結構計算步驟不同之處在於，使用聯立方程式處理投資時，必須先計算出各公司淨利後，再行計算各公司投資收益。

$$投資收益_P = (S \pm 差額攤銷) \times X\%$$

投資收益$_S$＝（T±差額攤銷）×Y%

投資收益$_T$＝（S±差額攤銷）×Z%

(四) 編製合併沖銷分錄、合併工作底稿、合併報表

處理同第 3 章。必須特別注意的一點，用聯立方程式法時，無論子公司及孫公司間相互持股比例為何，均假設**各聯屬公司均以「權益法」處理其投資收益**，因此即使孫公司持有子公司股權未達重大影響力，孫公司會計上必須以成本法處理投資子公司，在列式時，T的方程式中關於 S 投資收益部分仍以權益法列式（亦即：列式用權益法，個別帳上仍採成本法）。

釋例六 子、孫交叉持股

X1 年 12 月 31 日 P 公司以 $1,000,000 取得 S 公司 60% 股權，P 公司於取得 S 公司股權後，S 公司隨即以 $850,000 取得 T 公司 80% 股權，T 公司則以 $150,000 取得 S 公司 10% 股權。上列投資中 S 公司與 T 公司非控制權益均按該公司淨資產公允價值比例衡量，S 公司與 T 公司淨資產帳面金額與公允價值差異係未入帳之專利權，金額分別為 $200,000 與 $50,000，分 10 年攤銷。

X1 年 12 月 31 日 P、S、T 公司之股東權益如下：

	P 公司	S 公司	T 公司
股本	$2,000,000	$1,000,000	$800,000
保留盈餘	500,000	300,000	200,000
股東權益總額	$2,500,000	$1,300,000	$1,000,000

X2 年度三家公司淨利、股利資料之未實現利潤如下：

	P 公司	S 公司	T 公司
個別淨利	$150,000	$120,000	$100,000
股利	100,000	80,000	50,000

X2 年度三家公司聯屬交易如下：

		銷售方	
購買方	P 公司	S 公司	T 公司
P 公司	－	$1,000	$2,000
S 公司	$3,000	－	$4,000
T 公司	$5,000	$6,000	－

上述交易均為銷售貨物交易，購買方至年底尚未出售其存貨。試作：

1. 計算母公司淨利、非控制權益淨利。
2. 各公司帳列投資帳戶餘額及投資收益（或股利收入）。

解析

1. 投資結構圖

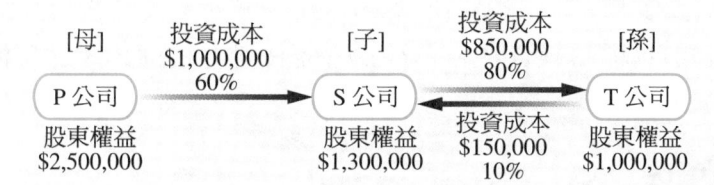

   [母] P公司　投資成本 $1,000,000　60%　→　[子] S公司　投資成本 $850,000　80%　→　[孫] T公司
   股東權益 $2,500,000　　　　　　　股東權益 $1,300,000　←　投資成本 $150,000　10%　股東權益 $1,000,000

   非控制權益$_{P \to S}$ = ($1,300,000 + $200,000) × 40% = $600,000

   商譽$_{P \to S}$ = ($1,000,000 + $600,000) − ($1,300,000 + $200,000) = $100,000

   專利權$_S$ = $200,000，每年攤 $20,000

   非控制權益$_{S \to T}$ = ($1,000,000 + $50,000) × 20% = $210,000

   商譽$_{S \to T}$ = ($850,000 + $210,000) − ($1,000,000 + $50,000) = $10,000

   專利權$_T$ = $50,000，每年攤 $5,000

   差額$_{T \to S}$ = $150,000 − ($1,300,000 + $200,000) × 10% = $0

2. 合併淨利、非控制權益淨利

   (1) 列出已實現淨利聯立方程式：

   P = ($150,000 − $3,000 − $5,000) + (S − $20,000) × 60%

   S = ($120,000 − $1,000 − $6,000) + (T − $5,000) × 80%

   T = ($100,000 − $2,000 − $4,000) + (S − $20,000) × 10%

   P = $249,087；S = $198,478；T = $111,848

   母公司淨利 = P = $249,087

   非控制權益淨利$_S$ = ($198,478 − $20,000) × (100% − 60% − 10%) = $53,543

   非控制權益淨利$_T$ = ($111,848 − $5,000) × (100% − 80%) = $21,370

   (2) 驗算：合併集團已實現淨利總和：

個別淨利總和（$150,000 + $120,000 + $100,000）	$370,000
未實現利潤（母，$3,000 + $5,000）	(8,000)
未實現利潤（子，$1,000 + $6,000）	(7,000)
未實現利潤（孫，$2,000 + $4,000）	(6,000)
專利權攤銷（$20,000 + $5,000）	(25,000)
	$324,000

母公司淨利＋非控制權益淨利＝$249,087＋$53,543＋$21,370＝$324,000
3. 投資帳戶餘額及投資收益
　(1) P → S（權益法）：
　　　投資收益＝(S － $20,000)×60%＝$107,087
　　　投資帳戶餘額＝$1,000,000＋$107,087－$48,000＝$1,059,087
　(2) S → T（權益法）：
　　　投資收益＝(T － $5,000)×80%＝$85,478
　　　投資帳戶餘額＝$850,000＋$85,478－$40,000＝$895,478
　(3) T → S（成本法）：
　　　投資收益＝0
　　　股利收入＝$80,000×10%＝$8,000
　　　投資帳戶餘額＝$150,000

第 5 節　連結交叉持股

一　子、孫連結交叉持股會計處理原則

(一) 繪製投資結構圖

首先，依據投資情形及持股比例繪製成投資結構圖。

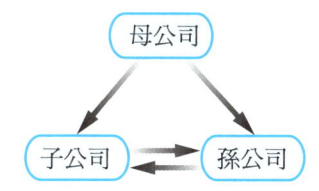

```
        母公司
       ↙    ↘
    子公司 ⇄ 孫公司
```

(二) 計算合併淨利及非控制權益淨利

子、孫連結交叉持股，其會計處理原則與子、孫交叉持股相同，採用「聯立方程式法」。

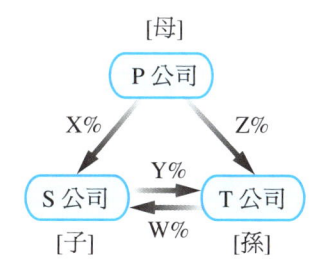

```
           [母]
          P 公司
       X%↙    ↘Z%
          Y%
    S 公司 ⇄ T 公司
       [子] W% [孫]
```

$P = (個別淨利_P \pm 未實現損益_P) + (S \pm 差額攤銷_{P \to S}) \times X\% + (T \pm 差額攤銷_{P \to T}) \times Z\%$

$S = (個別淨利_S \pm 未實現損益_S) + (T \pm 差額攤銷_{S \to T}) \times Y\%$

$T = (個別淨利_T \pm 未實現損益_T) + (S \pm 差額攤銷_{T \to S}) \times W\%$

將母、子公司損益以聯立方程式計算完成後，即可計算合併淨利與非控制權益淨利。

1. 母公司淨利

$$母公司淨利 = 已實現淨利_母 = P$$

2. 非控制權益淨利

$$非控制權益淨利_子 = (S \pm 差額攤銷) \times (100\% - X\% - W\%)$$

$$非控制權益淨利_孫 = (T \pm 差額攤銷) \times (100\% - Y\% - Z\%)$$

3. 驗算合併淨利與非控制權益淨利

會計上將「母、子、孫」視作一個集團，集團已實現淨利應為合併淨利加計非控制權益淨利之和。

$$合併淨利 = (個別淨利_母 + 個別淨利_子 + 個別淨利_孫) \pm 未實現損益 \pm 差額攤銷$$
$$= 母公司淨利 + 非控制權益淨利$$

(三) 計算母、子公司已實現個別淨利、投資收益、投資帳戶餘額

$$投資收益_P = (S \pm 差額攤銷_{P \to S}) \times X\% + (T \pm 差額攤銷_{P \to T}) \times Z\%$$

$$投資收益_S = (T \pm 差額攤銷_{S \to T}) \times Y\%$$

$$投資收益_T = (S \pm 差額攤銷_{T \to S}) \times W\%$$

(四) 編製合併沖銷分錄、合併工作底稿、合併報表

處理同第 3 章。

釋例七　子、孫連結交叉持股

X1 年 12 月 31 日 P 公司以 $1,000,000 取得 S 公司 60% 股權，P 公司於取得 S 公司股權後，S 公司隨即以 $850,000 取得 T 公司 80% 股權，T 公司則以 $150,000 取得 S 公司 10% 股權，P 公司又以 $80,000 取得 T 公司 5% 股權。上列投資中 S 公司與 T 公司非控制權益均按該公司淨資產公允價值比例衡量，S 公司與 T 公司淨資產帳面金額與公允價值差異係未入帳之專利權，金額分別為 $200,000 與 $50,000，分 10 年攤銷。

X1 年 12 月 31 日 P、S、T 公司之股東權益如下：

	P公司	S公司	T公司
股本	$2,000,000	$1,000,000	$800,000
保留盈餘	500,000	300,000	200,000
股東權益總額	$2,500,000	$1,300,000	$1,000,000

X2 年度三家公司淨利、股利資料如下：

	P公司	S公司	T公司
個別淨利	$150,000	$120,000	$100,000
股利	100,000	80,000	50,000

X2 年度三家公司聯屬交易未實現利潤如下：

		銷售方		
		P公司	S公司	T公司
購買方	P公司	–	$1,000	$2,000
	S公司	$3,000	–	$4,000
	T公司	$5,000	$6,000	–

上述交易均為銷售貨物交易，購買方至年底尚未出售其存貨。試作：

1. 計算母公司淨利、非控制權益淨利。
2. 各公司帳列投資帳戶餘額及投資收益（或股利收入）。

解析

1. 投資結構圖

```
                    [母]
                   P公司
    投資成本      投資成本      投資成本
   $1,000,000    $850,000      $80,000
      60%          80%           5%
   [子] S公司  ←→  T公司 [孫]
   股東權益    投資成本    股東權益
  $1,300,000  $150,000   $1,000,000
                10%
```

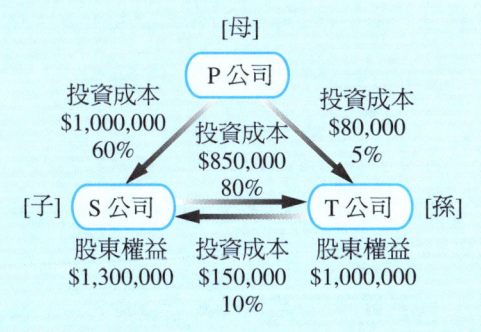

非控制權益 $_{P \to S}$ = ($1,300,000 + $200,000) × 40% = $600,000

商譽 $_{P \to S}$ = ($1,000,000 + $600,000) − ($1,300,000 + $200,000) = $100,000

專利權 $_S$ = $200,000，每年攤 $20,000

非控制權益$_{S \to T}$ = ($1,000,000 + $50,000) × 20% = $210,000

商譽$_{S \to T}$ = ($850,000 + $210,000) − ($1,000,000 + $50,000) = $10,000

專利權$_T$ = $50,000，每年攤 $5,000

差額$_{T \to S}$ = $150,000 − ($1,300,000 + $200,000) × 10% = $0

　　P公司透過S公司已取得T公司控制權，P公司對T公司之投資應按非控制權益金額比例認列，無須另行計算差額。

2. 合併淨利、非控制權益淨利

(1) 列出已實現淨利聯立方程式：

P = ($150,000 − $3,000 − $5,000) + (S − $20,000) × 60% + (T − $5,000) × 5%

S = ($120,000 − $1,000 − $6,000) + (T − $5,000) × 80%

T = ($100,000 − $2,000 − $4,000) + (S − $20,000) × 10%

P = $254,430；S = $198,478；T = $111,848

母公司淨利 = P = $254,430

非控制權益淨利 S = ($198,478 − $20,000) × (100% − 60% − 10%) = $53,543

非控制權益淨利 T = ($111,848 − $5,000) × (100% − 80% − 5%) = $16,027

(2) 驗算：合併集團已實現淨利總和：

個別淨利總和（$150,000 + $120,000 + $100,000）	$370,000
未實現利潤（母，$3,000 + $5,000）	(8,000)
未實現利潤（子，$1,000 + $6,000）	(7,000)
未實現利潤（孫，$2,000 + $4,000）	(6,000)
專利權攤銷（$20,000 + $5,000）	(25,000)
	$324,000

母公司淨利 + 非控制權益淨利 = $254,430 + $53,543 + $16,027 = $324,000

3. 投資帳戶餘額及投資收益

(1) P → S（權益法）：

投資收益 = (S − $20,000) × 60% = $107,087

投資帳戶餘額 = $1,000,000 + $107,087 − $48,000 = $1,059,087

(2) P → T（權益法）：

　　P公司對T公司之持股比例雖未超過50%（僅5%），然透過其所控制之S公司間接持有T公司股權，直接與間接持股比例合計超過50%（5% + 80%），對T公司亦具有控制能力，應以權益法處理。

投資按非控制權益公允價值入帳

= ($1,000,000 + $50,000) × 5% = $52,500（調整資本公積 $27,500）

投資收益 = (T − $5,000) × 5% = $5,342

投資帳戶餘額 = $52,500 + $5,342 − $2,500 = $55,342

(3) S → T（權益法）：

投資收益 = (T − $5,000) × 80% = $85,478

投資帳戶餘額 = $850,000 + $85,478 − $40,000 = $895,478

(4) T → S（成本法）：

投資收益 = 0

股利收入 = $80,000 × 10% = $8,000

投資帳戶餘額 = $150,000

二　母、孫連結交叉持股會計處理原則：庫藏股票法

(一) 繪製投資結構圖

首先，依據投資情形及持股比例繪製成投資結構圖。

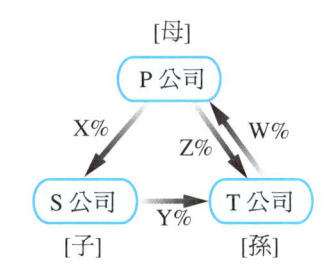

```
                [母]
               P 公司
         X%   ↙  ↑↓ ↘  W%
              Z%
         S 公司 ──→ T 公司
               Y%
          [子]      [孫]
```

(二) 計算各公司已實現個別淨利、投資收益、投資帳戶餘額

母、孫連結交叉持股在庫藏股票法下，必須將母、子、孫公司分成三項個體，一一計算其已實現淨利，首先應先把投資關係區分為「母、子、孫」之投資關係與「母、孫」之投資關係二項。「母、子、孫」投資關係應依第 2 節方法處理，至於「母、孫」投資關係則因為採庫藏股票法，孫公司對母公司投資之處理必須採用成本法處理，將收到母公司發放之股利作為股利收入，母公司在認列孫公司投資收益時，必須扣除母公司發給孫公司的股利。簡而言之，應先計算孫公司已實現淨利，逐步向上推移，計算子公司已實現淨利，最後計算母公司已實現淨利。

1. 計算孫公司已實現淨利

$$股利收入_{T \to P} = 股利_P \times W\%$$

$$T = (個別淨利_T \pm 未實現損益) + 股利收入_{T \to P}$$

2. 計算子公司已實現淨利

$$投資收益_{S \to T} = (T \pm 差額攤銷_{S \to T}) \times Y\%$$

$$S = (個別淨利_S \pm 未實現損益) + 投資收益_{S \to T}$$

3. 計算母公司已實現淨利

$$投資收益_{P \to S} = (S \pm 差額攤銷_{P \to S}) \times X\%$$

$$投資收益_{P \to T} = (T \pm 差額攤銷_{P \to T}) \times Z\% - 股利收入_{T \to P}$$

$$P = (個別淨利_P \pm 未實現損益_P) + 投資收益_{P \to S} + 投資收益_{P \to T}$$

(三) 計算母公司淨利及非控制權益淨利

將母、子、孫投資關係分成三段損益，分別計算完成後，即可計算合併淨利與非控制權益淨利。

1. 母公司淨利

當母、子公司皆正確採用完全權益法計算投資收益，此時母公司淨利就會等於母公司個別淨利加計投資收益。

$$母公司淨利 = 淨利_母 = 已實現個別淨利_母 + 投資收益_{母 \to 子} + 投資收益_{母 \to 孫}$$

2. 非控制權益淨利

與上述合併淨利方法為相同概念，關鍵在於必須計算出子公司淨利（包含已實現淨利及投資收益），再乘以非控制權益持股比例。

$$非控制權益淨利 = 非控制權益淨利_子 + 非控制權益淨利_孫$$

$$非控制權益淨利_孫 = T \times (100\% - Y\% - Z\%)$$

$$非控制權益淨利_子 = S \times (100\% - X\%)$$

3. 驗算合併淨利與非控制權益淨利

會計上將「母、子」視作一個集團，集團已實現淨利應為合併淨利加計非控制權益淨利之和。

合併淨利＝（個別淨利_母＋個別淨利_子＋個別淨利_孫）±未實現損益±差額攤銷
　　　　＝母公司淨利＋非控制權益淨利

(四) 編製合併沖銷分錄、合併工作底稿、合併報表

處理同上，不贅述。

釋例八　母、子連結交叉持股

X1年12月31日P公司以$1,000,000取得S公司60%股權，P公司於取得S公司股權後，S公司隨即以$850,000取得T公司80%股權，T公司則以$270,000取得P公司10%股權，P公司又以$80,000取得T公司5%股權。上列投資中S公司與T公司非控制權益均按該公司淨資產公允價值比例衡量，P、S與T公司淨資產帳面金額與公允價值差異係未入帳之專利權，金額分別為$200,000、$200,000與$50,000，分10年攤銷。

X1年12月31日P、S、T公司之股東權益如下：

	P公司	S公司	T公司
股本	$2,000,000	$1,000,000	$ 800,000
保留盈餘	500,000	300,000	200,000
股東權益總額	$2,500,000	$1,300,000	$1,000,000

X2年度三家公司淨利、股利資料如下：

	P公司	S公司	T公司
個別淨利	$150,000	$120,000	$100,000
股利	100,000	80,000	50,000

X2年度三家公司聯屬交易未實現利潤如下：

		銷售方	
	P公司	S公司	T公司
購買方　P公司	–	$1,000	$2,000
S公司	$3,000	–	$4,000
T公司	$5,000	$6,000	–

上述交易均為銷售貨物交易，購買方至年底尚未出售其存貨。試作：

1. 計算合併淨利、非控制權益淨利。
2. 各公司帳列投資帳戶餘額及投資收益（或股利收入）。

解析

1. 投資結構圖

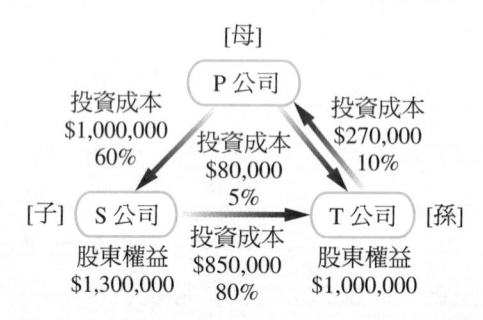

```
                    [母]
                   P公司
      投資成本    ↗  ↓  ↖    投資成本
      $1,000,000  投資成本    $270,000
       60%       $80,000      10%
                   5%
   [子] S公司   →    T公司  [孫]
      股東權益   投資成本   股東權益
     $1,300,000  $850,000  $1,000,000
                  80%
```

非控制權益 $_{P \to S}$ = ($1,300,000 + $200,000) × 40% = $600,000

商譽 $_{P \to S}$ = ($1,000,000 + $600,000) − ($1,300,000 + $200,000) = $100,000

專利權 $_S$ = $200,000，每年攤 $20,000

非控制權益 $_{S \to T}$ = ($1,000,000 + $50,000) × 20% = $210,000

商譽 $_{S \to T}$ = ($850,000 + $210,000) − ($1,000,000 + $50,000) = $10,000

專利權 $_T$ = $50,000，每年攤 $5,000

P 公司透過 S 公司已取得 T 公司控制權，P 公司對 T 公司之投資應按非控制權益金額比例認列，無須另行計算差額。

2. 計算已實現淨利與投資收益

    (1) 計算孫公司已實現淨利：

    股利收入 $_{T \to P}$ = $100,000 × 10% = $10,000

    淨利 $_T$ = ($100,000 − $2,000 − $4,000) + $10,000 = $104,000

    (2) 計算子公司已實現淨利：

    投資收益 $_{S \to T}$ = ($104,000 − $5,000) × 80% = $79,200

    淨利 $_S$ = ($120,000 − $1,000 − $6,000) + $79,200 = $192,200

    (3) 計算母公司投資收益：

    投資收益 $_{P \to S}$ = ($192,200 − $20,000) × 60% = $103,320

    投資收益 $_{P \to T}$ = ($104,000 − $5,000) × 5% − $10,000 = $(5,050)

3. 合併淨利、非控制權益淨利

    (1) 母公司淨利 = ($150,000 − $3,000 − $5,000) + $103,320 − $5,050 = $240,270

    (2) 非控制權益淨利：

    非控制權益淨利 $_S$ = ($192,200 − $20,000) × (100% − 60%) = $68,880

    非控制權益淨利 $_T$ = ($104,000 − $5,000) × (100% − 80% − 5%) = $14,850

(3) 驗算：合併集團已實現淨利總和：

個別淨利總和（$150,000 + $120,000 + $100,000）	$370,000
未實現利潤（母，$3,000 + $5,000）	(8,000)
未實現利潤（子，$1,000 + $6,000）	(7,000)
未實現利潤（孫，$2,000 + $4,000）	(6,000)
專利權攤銷（$20,000 + $5,000）	(25,000)
	$324,000

母公司淨利 + 非控制權益淨利 = $240,270 + $68,880 + $14,850 = $324,000

4. 計算投資帳戶餘額

投資帳戶餘額 $_{S \to T}$ = $850,000 + $79,200 − $40,000 = $889,200

投資帳戶餘額 $_{P \to S}$ = $1,000,000 + $103,320 − $48,000 = $1,055,320

投資帳戶餘額 $_{T \to P}$ = $270,000

P → T 投資按非控制權益金額入帳

= ($1,000,000 + $50,000) × 5% = $52,500（調整資本公積 $27,500）

投資帳戶餘額 $_{P \to T}$（採權益法）= $52,500 − $4,950 − $50,000 × 5% = $54,950

本章習題

〈直接持股〉

1. X1 年 1 月 1 日甲公司取得乙公司 90% 普通股股權並取得控制，另同時取得關聯企業丙公司 20% 普通股股權，且甲公司對兩家公司之股權投資採權益法。X1 年 3 月 1 日乙公司銷售存貨予甲公司，X1 年 12 月 31 日前甲公司將該批存貨全數賣至外界；另外，X1 年 10 月 1 日甲公司銷售存貨予丙公司，截至 X1 年 12 月 31 日該批存貨仍在丙公司尚未出售。有關 X1 年甲公司與子公司年度合併財務報表之敘述，下列何者正確？
   (A) 合併資產負債表不會出現權益法投資項目之金額
   (B) 甲公司銷售存貨予丙公司之銷貨毛利在合併財務報表中應已全數銷除
   (C) 乙公司銷售存貨予甲公司之銷貨收入在合併財務報表中應已全數銷除
   (D) 甲公司銷售存貨予丙公司之銷貨毛利應列入非控制權益淨利之計算　【107 年 CPA】

2. 東榮公司持有甲、乙及丙公司各 80%、60% 及 40% 股權，被投資公司淨資產帳面金額與公允價值相等。X5 年中乙公司將成本 $30,000 的商品以 $50,000 出售給甲公司，X5 年底甲公司尚未出售該批貨品。X5 年中丙公司亦銷售一批商品給乙公司，成本 $40,000，售價 $60,000，X5 年底乙公司尚未出售該批貨品。X5 年甲、乙和丙公司內部淨利分別為 $100,000、$80,000 和 $50,000，X5 年東榮公司採完全權益法應認列乙和丙公司投資收益各為多少？

	乙公司	丙公司
(A)	$38,400	$15,200
(B)	$38,400	$12,000
(C)	$36,000	$12,000
(D)	$36,000	$15,200

3. 甲公司 X1 年 1 月 1 日以現金 $870,000 取得乙公司 90% 普通股股權並取得控制，另依收購日公允價值 $88,000 衡量非控制權益。X1 年 1 月 1 日乙公司之權益包括普通股股本 $500,000 與保留盈餘 $350,000；且乙公司之可辨認淨資產之公允價值與帳面金額相等。同時，甲公司另以現金 $660,000 取得丙公司 80% 普通股股權並取得控制，且依收購日丙公司可辨認淨資產公允價值之比例份額衡量非控制權益。X1 年 1 月 1 日丙公司之權益包括普通股股本 $525,000 及保留盈餘 $300,000，丙公司可辨認淨資產之公允價值與帳面金額相等。X1 年度中，乙公司將成本 $60,000 之商品以 $80,000 出售予丙公司；丙公司 X2 年度始將此項交易之全部商品售予集團外之第三方。乙公司與丙公司 X1 年度之淨利分別為 $200,000 與 $60,000，X1 年度乙公司與丙公司皆未宣告發放現金股利。下列敘述何者正確？
   (A) X1 年 12 月 31 日編製合併財務報表時應沖銷公司間銷貨收入金額為 $57,600
   (B) X1 年 12 月 31 日編製合併財務報表時應沖銷公司間銷貨成本金額為 $54,000
   (C) X1 年 12 月 31 日合併財務報表之「非控制權益」金額為 $283,000
   (D) X1 年度合併財務報表之「非控制權益淨利」金額為 $32,000　　　　【108 年 CPA】

〈間接持股－母、子、孫型〉

4. 甲公司持有乙公司 90% 股權，乙公司持有丙公司 70% 股權，乙公司間及丙公司淨資產帳面金額與公允價值相等。本年度各公司個別淨利如下：甲公司 $120,000；乙公司 $60,000；丙公司 $30,000。試問控制權益淨利與非控制權益淨利為何？【101 年 CPA】
   (A) $180,900 與 $29,100　　　　　　　　(B) $192,900 與 $17,100
   (C) $195,000 與 $15,000　　　　　　　　(D) $198,900 與 $11,100

5. X1 年初台北公司持有台中公司 80% 股權，台中公司持有台南公司 90% 股權。當年不含投資收益之個別淨利分別為：台北公司 $420,000；台中公司 $280,000；台南公司 $280,000。假設取得時各投資之移轉對價均等於被投資公司可辨認淨資產公允價值比例，且被投資公司各項可辨認資產及負債之公允價值均與帳面金額相當。前述台南公司之淨利包含了出售給台中公司商品之未實現毛利 $56,000。X1 年度控制權益淨利為何？ 【102 年 CPA】

    (A) $706,670 (B) $755,980
    (C) $805,280 (D) $815,770

6. 東北公司持有西北公司 80% 股權，西北公司持有西南公司 70% 股權。X4 年度西北公司之個別淨利（又稱內部淨利）為 $100,000，且知 X4 年度西北公司之非控制權益淨利為 $31,200。試問 X4 年度西南公司之個別淨利為多少？

    (A) $46,000 (B) $60,000
    (C) $100,000 (D) $80,000

7. 台北公司持有台中公司 90% 股權，台中公司持有台南公司 80% 股權。X4 年台南公司出售商品予台北公司，毛利率為 20%。X4 年底台北公司帳列購自台南公司之商品仍有 $10,000 尚未外售。試問歸屬於控制權益之淨利應調整減少若干？ 【103 年 CPA】

    (A) $560 (B) $1,440
    (C) $1,600 (D) $1,800

8. 台北公司分別持有台中公司 80% 股權以及台南公司 40% 股權，台中公司持有台南公司 30% 股權，三家公司均採權益法處理其投資。X1 年度台北公司、台中公司及台南公司不含投資收益之淨利分別為 $45,000、$300,000 與 $250,000，每一家淨利皆含有母、子公司間交易之未實現利益 $20,000，且台北公司對台中公司之投資以及台中公司對台南公司之投資，在權益法下每年各應調整未入帳專利權之攤銷數 $15,000。試求 X1 年歸屬於台南公司之非控制權益淨利為何？

    (A) $54,000 (B) $64,500
    (C) $69,000 (D) $75,000 【108 年 CPA】

9. P 公司持有 S 公司 75% 的股權，而 S 公司持有 T 公司 90% 的股權。若 X1 年度 P、S、T 三家公司未含投資收益之淨利資料如下：

P 公司個別淨利	$300,000
S 公司個別淨利	200,000
T 公司個別淨利	100,000

    試計算 P、S、T 集團 X1 年度控制權益淨利及非控制權益淨利。

10. P 公司於 X0 年 1 月 1 日以 $1,000,000 取得 S 公司 60% 股權，S 公司當時股東權益包含股本 $1,000,000、保留盈餘 $250,000，S 公司淨資產帳面金額與公允價值差額為未入帳之專利權 $250,000，分十年攤銷。當日 S 公司非控制權益公允價值為 $600,000。

S 公司於 X1 年 1 月 1 日以 $850,000 取得 T 公司 80% 股權。T 公司淨資產帳面金額與公允價值差額為未入帳之專利權 $50,000，分十年攤銷。當日 T 公司非控制權益公允價值為 $220,000。

X1 年 1 月 1 日 P 公司、S 公司、T 公司之股東權益如下：

	P 公司	S 公司	T 公司
股本	$2,000,000	$1,000,000	$ 800,000
保留盈餘	500,000	300,000	200,000
股東權益總額	$2,500,000	$1,300,000	$1,000,000

X1 年度三家公司淨利、股利資料如下：

	P 公司	S 公司	T 公司
個別淨利	$150,000	$120,000	$100,000
股利	100,000	80,000	50,000
聯屬公司利潤	10,000	4,000	7,000

T 公司未實現利益係當年度銷貨予 S 公司 $30,000，而 S 公司於 X1 年底尚未將該商品出售；S 公司未實現利潤係當年度出售土地予 P 公司，售價 $50,000，而 P 公司於 X1 年底仍繼續持有該筆土地；P 公司未實現利潤係於 7 月 1 日出售運輸設備予 S 公司，售價 $60,000，該運輸設備尚可繼續使用 5 年。

試作：
1. 計算各公司投資收益、非控制權益淨利。
2. 計算投資帳戶餘額。
3. 作 X1 年合併工作底稿沖銷分錄。

〈間接持股－連結型〉

11. 台北公司持有台中公司 80% 股權及台南公司 30% 股權，台中公司持有台南公司 60% 股權。台北公司取得台中公司股權時，台中公司除有未入帳專利權 $1,000（分 10 年攤銷）外，並無其他未攤銷差額；其他投資取得時均無未攤銷差額。台北公司、台中公司與台南公司 X1 年個別淨利（不包含投資收益或股利收入）分別為 $4,000、$1,800 與 $500。其中台北公司淨利包含台北公司於 X1 年 8 月出售商品 $1,000 予台中公司之毛利為 $200，X1 年 12 月 31 日台中公司仍持有該批商品之 25% 未出售予外界。X1 年三

家公司均未發放股利。下列有關 X1 年度淨利之敘述何者正確？ 【103 年 CPA】
(A) 控制權益淨利 $5,710 (B) 控制權益淨利 $5,716
(C) 非控制權益淨利 $450 (D) 非控制權益淨利 $470

12. 甲公司於 X1 年 1 月 1 日分別持有乙公司與丙公司 60% 與 30% 之股權，乙公司於同日持有丙公司 40% 股權，前述各項投資皆採權益法處理，且於該日均無未攤銷差額。甲、乙與丙三家公司於 X1 年之個別淨利（不含投資收益或股利收入）分別為 $1,000,000、$500,000 與 $200,000。丙公司於 X1 年 10 月 1 日以 $200,000 銷售商品予甲公司，該批商品於丙公司帳列存貨成本為 $150,000。截至 X1 年底，甲公司購自丙公司該批存貨仍有半數尚未出售予外部企業。試問在 X1 年甲公司及其子公司之合併損益表上，非控制權益淨利為：
(A) $228,000　　(B) $252,500
(C) $280,500　　(D) $292,000 【101 年 CPA】

13. P 公司持有 X 公司 90% 的股權，Y 公司 70% 的股權，而 X 公司持有 Z 公司 60% 的股權及 Y 公司 20% 的股權；Y 公司則持有 Z 公司 30% 的股權。X1 年度 P、X、Y、Z 四家公司未含投資收益之淨利資料如下：

P 公司個別淨利	$400,000
X 公司個別淨利	300,000
Y 公司個別淨利	200,000
Z 公司個別淨利	100,000

若 X1 年間 X 公司出售土地予 Y 公司獲利 $50,000；Z 公司銷售商品與 P 公司共計銷貨毛利 $80,000，P 公司 X1 年底有半數存貨尚未出售；X1 年 12 月 31 日 P 公司按 $120,000 價格自公開市場上購回 Y 公司發行之公司債，該公司債於 Y 公司帳列餘額為 $135,000。

試計算 P、X、Y、Z 集團 X1 年度控制權益淨利及非控制權益淨利。

14. P 公司於 X0 年 1 月 1 日以 $1,000,000 取得 S 公司 60% 股權，S 公司當時股東權益包含股本 $1,000,000、資本公積 $100,000、保留盈餘 $150,000，S 公司淨資產帳面金額與公允價值差額為未入帳之專利權 $250,000，分 10 年攤銷。當日 S 公司非控制權益公允價值為 $600,000。

S 公司於 X1 年 1 月 1 日以 $850,000 取得 T 公司 80% 股權，T 公司當時股東權益包含股本 $800,000、資本公積 $100,000、保留盈餘 $50,000，T 公司淨資產帳面金額與公允價值差額為未入帳之專利權 $50,000，分 10 年攤銷。當日 T 公司非控制權益公允價值為 $200,000。

P公司於X2年1月1日以$120,000取得T公司10%股權。

X2年1月1日P公司、S公司、T公司之股東權益如下：

	P公司	S公司	T公司
股本	$2,000,000	$1,000,000	$ 800,000
資本公積	200,000	100,000	100,000
保留盈餘	300,000	250,000	100,000
股東權益總額	$2,500,000	$1,350,000	$1,000,000

X2年度三家公司淨利、股利資料如下：

	P公司	S公司	T公司
個別淨利	$150,000	$120,000	$100,000
股利	100,000	80,000	50,000
聯屬公司利潤	10,000	4,000	7,000

T公司未實現利潤組成有二：一為當年度銷貨$100,000於S公司獲利$10,000，而S公司於X2年底尚有半數商品尚未出售，一為當年度銷貨$50,000於P公司損失$3,000，P公司於X2年底仍繼續持有該批商品；S公司未實現利潤係當年度出售土地於P公司，而P公司於X2年底仍繼續持有該筆土地；P公司未實現利潤係於7月1日出售運輸設備於S公司，該運輸設備尚可繼續使用5年。

試作：

1. 計算X2年各公司投資收益、非控制權益淨利。
2. 計算X2年底各投資帳戶餘額。

15. P公司、S公司及T公司X3年度財務報表資料如下：

	P公司	S公司	T公司
損益表及保留盈餘表			
銷貨收入	$2,000,000	$1,000,000	$ 600,000
投資收益－S公司	180,000	—	
投資收益－T公司	70,000	20,000	—
銷貨成本	(1,200,000)	(500,000)	(300,000)
營業費用	(650,000)	(270,000)	(200,000)
本期淨利	$ 400,000	$ 250,000	$ 100,000
期初保留盈餘	500,000	300,000	200,000
減：股利	(200,000)	(150,000)	(50,000)
期末保留盈餘	$ 700,000	$ 400,000	$ 250,000

	P公司	S公司	T公司
資產負債表			
現金	$ 200,000	$ 150,000	$ 200,000
應收帳款	300,000	250,000	300,000
存貨	811,000	500,000	400,000
設備	1,480,000	870,000	600,000
投資S公司(80%)	1,304,000	—	—
投資T公司(70%)	905,000	—	—
投資T公司(20%)	—	230,000	—
資產總額	$5,000,000	$2,000,000	$1,500,000
應付帳款	$1,100,000	$ 200,000	$ 150,000
其他負債	1,200,000	400,000	300,000
股本	2,000,000	1,000,000	800,000
保留盈餘	700,000	400,000	250,000
負債及權益總額	$5,000,000	$2,000,000	$1,500,000

其他補充資料：

(1) P公司於X1年1月1日以$1,200,000取得S公司80%股權，S公司當時股東權益包含股本$1,000,000、保留盈餘$200,000，S公司淨資產帳面金額與公允價值差額為未入帳之專利權$100,000，分5年攤銷。當日S公司非控制權益公允價值為$300,000。

(2) P公司於X1年1月2日以$800,000取得T公司70%股權，T公司當時股東權益包含股本$800,000、保留盈餘$100,000，T公司淨資產帳面金額與公允價值相等。當日T公司非控制權益公允價值為$300,000。

(3) S公司於X2年1月2日以$200,000取得T公司20%股權，T公司當時股東權益包含股本$800,000、保留盈餘$150,000，T公司淨資產帳面金額與公允價值相等。

(4) X3年中，S公司將商品一批以$100,000售予P公司，P公司期末存貨含未實現利潤$10,000，P公司X4年底的存貨包括購自S公司的商品，含未實現利潤$5,000。

試編製P公司、S公司及T公司X3年度合併工作底稿。

〈母、子交叉持股〉

16. 下列何種投資結構於合併報表上適用庫藏股法處理？（甲為母公司，乙、丙為子公司）
    (A) 甲持有乙公司90%股權、乙持有丙公司60%股權、丙持有丁公司50%股權
    (B) 甲持有乙公司70%股權、乙持有丙公司50%股權、丙持有乙公司40%股權
    (C) 甲持有乙公司90%股權、乙持有丙公司80%股權、丙持有甲公司10%股權
    (D) 甲持有乙公司80%股權、乙持有丙公司70%股權、丙持有乙公司30%股權

17. 甲公司於 X1 年取得乙公司 90% 股權，乙公司於 X2 年亦取得甲公司 15% 股權，所有投資成本均等於取得淨資產公允價值，無合併溢價。甲公司採用庫藏股法處理相互持股，二家公司 X4 年度之個別淨利（即不含自投資所產生之 益）及宣告之股利金額如下：

(1) 甲公司：個別淨利 $300,000、股利 $150,000

(2) 乙公司：個別淨利 $180,000、股利 $90,000。

試問：甲公司 X4 年度之投資收益為若干？

(A) $182,250　　　　　　　　　　(B) $162,000

(C) $159,750　　　　　　　　　　(D) $85,500

18. 台北公司年初已持有台中公司流通在外股權 80%，取得當時台中公司淨資產之帳面金額與公允價值相等。台中公司年初已持有台北公司流通在外股權 10%，投資成本超過取得股權淨值 $15,000，認定為商標權，預估仍有 10 年經濟年限。本年度台北公司、台中公司不含投資收益、股利收入之個別淨利為 $200,000、$40,000，發放股利為 $50,000、$20,000。假如採用庫藏股票法，非控制權益淨利若干？

(A) $4,000　　　　　　　　　　　(B) $9,000

(C) $12,000　　　　　　　　　　 (D) $45,000

19. X1 年初台北公司以 $540,000 取得台中公司 90% 股權，採權益法處理該投資，當日台中公司之權益 $350,000，且除設備低估 $200,000 外，其餘資產及負債之公允價值與帳面金額均相等，該設備尚可使用十年，採用直線法折舊。台中公司於 X2 年初取得台北公司 5% 股權。X2 年度台北公司與台中公司個別淨利（不包含投資收益或股利收入）分別為 $50,000 及 $40,000，皆未發放股利。若採庫藏股票法，X2 年度合併淨利為何？

(A) $70,000　　　　　　　　　　(B) $83,500　　　　【104 年 CPA】

(C) $86,000　　　　　　　　　　(D) $90,000

20. 甲公司持有乙公司 100% 股權，採權益法處理該投資，且無合併商譽。X6 年初乙公司以 $590,000 取得甲公司 10% 股權，當時甲公司之權益 $5,500,000。上述兩投資發生時，被投資公司各項可辨認資產、負債之帳面金額均等於公允價值。X6 年度甲公司不含投資收益之本身淨利 $714,000，年底宣告且發放現金股利 $196,000。甲公司採庫藏股票法處理甲、乙公司間之相互持股，X6 年底有關合併財務報表之敘述，下列何者正確？　　　　　　　　　　　　　　　　　　　　　　　　　　【108 年 CPA】

(A) 合併權益減少 $590,000

(B) 合併權益減少 $641,800

(C) 合併商譽增加 $40,000

(D) 乙公司對甲公司之投資帳戶餘額 $641,800，且於合併過程中沖銷

21. X1 年 12 月 31 日甲公司以 $540,000 取得乙公司 90% 股權並具控制，採權益法處理該投資，並依可辨認淨資產比例份額衡量非控制權益。當日除乙公司設備低估 $200,000 外，其餘可辨認資產、負債之帳面金額均等於公允價值，且無合併商譽，該設備尚可使用 10 年。X1 年 12 月 31 日乙公司之權益包括股本 $250,000 及保留盈餘 $150,000。X2 年 1 月 1 日乙公司取得甲公司 5% 股權（1,000 股），X2 年甲公司與乙公司本身淨利（不含投資收益及股利收入）分別為 $50,000 與 $40,000，皆未發放股利，X2 年合併綜合損益表之本期淨利為何？ 【108 年 CPA】
    (A) $70,000   (B) $83,500
    (C) $86,000   (D) $90,000

22. 大方公司於 X3 年 1 月 1 日以現金 $400,000 取得小林公司 70% 股權，並按小林公司淨資產公允價值比例衡量非控制權益。當時小林公司股東權益為 $500,000，淨資產帳面金額與公允價值差額係未入帳之專利權 $100,000，分 10 年攤銷。X4 年 12 月 31 日，兩公司之股東權益如下：

	大方	小林
股本	$1,000,000	$300,000
保留盈餘	200,000	300,000
	$1,200,000	$600,000

小林公司於 X5 年 1 月 2 日以現金 $120,000 取得大方公司 10% 之股權，X5 年度兩公司之資料如下：

	大方	小林
個別淨利	$150,000	$80,000
股利	60,000	50,000

試問在庫藏股法下，X5 年度控制權益淨利及非控制權淨利各為若干？

23. 甲公司於 X3 年初以現金 $220,000 取得乙公司 80% 股權，並按乙公司淨資產公允價值比例衡量非控制權益。該日乙公司淨資產之帳面價值為 $250,000。投資成本與股權淨值之差額係源自於專利權低估 $25,000，分 5 年攤銷。乙公司於 X4 年初以現金 $100,000 取得甲公司 10% 股權，投資成本等於股權淨值。甲、乙二公司 X5 年度之個別營業結果如下：

	甲公司	乙公司
銷貨收入	$100,000	$100,000
出售固定資產利得	—	2,000
營業費用	(40,000)	(59,000)
個別淨利	$ 60,000	$ 43,000

補充資訊
(1) 甲、乙兩家公司 X5 年度宣告並發放之股利分別為 $20,000、$10,000。
(2) 乙公司於 X5 年初出售固定資產給非聯屬公司獲利 $2,000，該固定資產係乙公司於 X4 年底以現金 $5,000 向甲公司購買，當時甲公司獲利 $3,000。

試作：依庫藏股法 (treasury method) 計算 X5 年度之控制權益淨利及非控制權淨利。

24. P 公司於 X1 年 1 月 1 日按 $2,160,000 取得 S 公司 80% 股權，並按 S 公司淨資產公允價值比例衡量非控制權益，取得當日 S 公司之股東權益包括股本 $1,500,000，保留盈餘 $1,200,000，S 公司於取得日之淨資產帳面金額與公允價值相等。

S 公司於 X1 年 1 月 2 日按 $600,000 取得 P 公司 10% 股權，取得當日 P 公司之股東權益包括股本 $4,000,000，保留盈餘 $1,500,000，P 公司於取得日之淨資產帳面金額與公允價值相等。

X1 年度兩公司之試算表資料如下：

	P 公司	S 公司
銷貨收入	$(3,000,000)	$(1,000,000)
投資收益	(160,000)	—
股利收入	—	(20,000)
成本與費用	2,660,000	820,000
股利	200,000	100,000
投資 S 公司	2,240,000	
投資 P 公司		600,000
其他資產	6,060,000	3,400,000
負債	(2,500,000)	(1,200,000)
股本	(4,000,000)	(1,500,000)
保留盈餘	(1,500,000)	(1,200,000)

試作：
1. 依庫藏股法，作 P 公司 X1 年度有關投資之相關分錄。
2. 完成 P 公司與 S 公司 X1 年度合併工作底稿。

〈連結交叉持股〉

25. 甲公司持有乙公司 80% 股權，乙公司持有丙公司 70% 股權，丙公司持有乙公司 10% 股權。投資日皆於數年前，無併購溢價。3 家公司本年度之個別淨利（即不含自投資所產生之收益）及宣告股利之情形如下表：

	甲公司	乙公司	丙公司
個別淨利	$336,000	$153,000	$120,000
股利	150,000	90,000	60,000

甲公司本年度完全權益法下之投資收益為若干？？

(A) $203,871　　　　　　　　　　(B) $189,600

(C) $122,400　　　　　　　　　　(D) $72,000

26. 東興公司持有東和公司 80% 股權及東榮公司 60% 股權，東和公司持有東榮公司 15% 股權，東榮公司持有東和公司 5% 股權，上述投資之成本均無併購溢價。X5 年度東興公司、東和公司及東榮公司個別內部淨利及股利如下：

	東興公司	東和公司	東榮公司
內部淨利	$300,000	200,000	100,000
股利	$30,000	20,000	10,000

已知東榮公司 X5 年 12 月 31 日存貨中有購自東和公司之商品，毛利為 $30,000。X5 年度東興公司及其子公司之合併淨利為多少？

(A) $514,710　　　　　　　　　　(B) $532,600

(C) $570,000　　　　　　　　　　(D) $600,000

27. 甲公司持有乙公司 90% 之股權及丙公司 60% 之股權，乙公司亦持有丙公司 20% 股權，而丙公司亦持有甲公司 25% 之股權。本年度各公司之個別淨利分別為：甲公司 $250,000，乙公司 $150,000，丙公司 $200,000。試問乙公司之非控制權益淨利為何？

(A) $73,602　　　　　　　　　　(B) $67,205

(C) $36,801　　　　　　　　　　(D) $22,360

28. X1 年 1 月 1 日甲、乙、丙三公司間投資同時完成，並按被投資公司淨資產公允價值比例衡量非控制權益，彼此持股情形及有關資料如下：

(1) 甲公司同時持有乙、丙公司之股份分別為 60%、70%，投資成本分別為 $9,000,000 及 $5,200,000。

(2) 乙公司持有丙公司股份 20%，投資成本 $1,500,000。

(3) 丙公司持有乙公司股份 30%，投資成本 $4,500,000。

(4) X1 年度甲、乙、丙三公司之內部淨利依序分別為 $800,000；$500,000；$300,000，該年底所發放之現金股息依序分別為 $320,000；$200,000；$80,000。

(5) X1 年度甲、乙、丙三公司間有內部銷貨，其期末存貨中有未實現利潤依序分別為 $15,000；$20,000；$6,000。其中甲來自乙，乙來自丙，丙來自乙。

(6) X1 年 1 月 1 日甲、乙、丙三公司之股東權益如下：

	普通股本	保留盈餘	合計
甲公司	$20,000,000	$28,000,000	$48,000,000
乙公司	8,000,000	6,000,000	14,000,000
丙公司	3,000,000	4,000,000	7,000,000

(7) 各公司淨資產帳面金額與公允價值差額係未入帳之專利權，乙公司、丙公司未入帳專利權分別為 $500,000 及 $200,000，該專利權有效年限 10 年。三公司對投資之會計處理採複雜權益法。

(8) 公司會計年度採曆年制，乙、丙兩公司間之相互持股，採相對法處理。

試依上述資料，求算下列各項：

1. X1 年度甲公司對乙公司之投資收益金額。
2. X1 年度甲公司對丙公司之投資收益金額。
3. X1 年 12 月 31 日甲公司帳上對乙公司之投資金額。
4. X1 年 12 月 31 日甲公司帳上對丙公司之投資金額。
5. X1 年度甲、乙、丙三公司之合併總淨利。
6. X1 年度合併損益表中控制權益淨利。
7. X1 年度乙公司非控制權益淨利。
8. X1 年度丙公司非控制權益淨利。

29. P 公司於 X1 年 1 月 1 日分別以 $400,000 及 $350,000 取得 S 公司 75% 股權及 T 公司 60% 股權，並按被投資公司淨資產公允價值比例衡量非控制權益。取得當時 S 公司股東權益包括股本 $300,000 及保留盈餘 $100,000；T 公司股東權益包括股本 $200,000 及保留盈餘 $300,000。S 公司及 T 公司淨資產帳面金額與公允價值差額係未入帳之專利權，分別為 $80,000 及 $50,000，分 10 年攤銷。其他資料如下：

(1) S 公司於 X2 年 1 月 1 日取得 T 公司 20% 股權；T 公司於 X3 年 1 月 1 日取得 S 公司 10% 股權。取得時投資成本均與股權淨值相等，無合併溢價。

(2) S 公司 X1 年中出售一筆土地予 T 公司，售價為 $200,000，成本為 $180,000。至 X3 年底該土地仍在 T 公司帳上。

(3) S 公司 X2 年底存貨中有購自 P 公司及 T 公司之商品，毛利分別為 $15,000 和 $10,900，上述商品均已於 X3 年分別售予外人。

(4) T 公司 X3 年度銷售予 P 公司之商品售價為 $130,000，銷貨毛利率為 30%，至年底該商品尚有半數未售出。

(5) S 公司於 X3 年 6 月 30 日將帳面價值 $200,000 之辦公設備以 $250,000 之價格售予 P 公司，該設備尚可使用 5 年，無殘值，採直線法提列折舊。

(6) 除上述交易外，X1 年至 X3 年間並無其他內部交易發生。三家公司 X1 年至 X3 年間均未曾增資。

(7) P 公司 3 年間不含投資收益之個別淨利每年均為 $200,000，3 年間發放之股利每年均為 $100,000。S 公司 3 年間不含投資收益之個別淨利每年均為 $120,000，3 年間發放之股利每年均為 $60,000。T 公司 3 年間不含投資收益之個別淨利每年均為 $100,000，3 年間發放之股利每年均為 $50,000。

試計算：

1. P 公司 X1 年度之控制權益淨利。
2. S 公司 X2 年度之淨利（含投資收益）。
3. P 公司 X2 年度之控制權益淨利。
4. P 公司 X3 年度之控制權益淨利。
5. P 公司 X3 年度之非控制權益淨利合計數。

CHAPTER 8 投資減損、合併所得稅與每股盈餘

學習目標

投資子公司減損之會計處理
- 母公司個別資產—投資子公司之減損
- 集團現金產生單位—子公司併入之淨資產與商譽之減損

合併所得稅
- 合併前之所得稅相關問題
- 合併時之所得稅相關問題
- 合併後之所得稅相關問題—分別申報
- 合併後之所得稅相關問題—合併申報

合併每股盈餘
- 母、子公司均為簡單資本結構
- 僅母公司為複雜資本結構
- 子公司為複雜資本結構：可轉換為子公司普通股
- 子公司為複雜資本結構：可轉換為母公司普通股

第 1 節　投資子公司減損之會計處理

一　母公司個別資產－投資子公司之減損

就母公司而言，子公司股權是以現金或發行股票所取得，「投資子公司」是一項資產，子公司各期發放的股利是母公司的現金流入，且可大部分獨立於母公司其他資產或資產群組之現金流量，故「投資子公司」屬一現金產生單位，其減損之處理原則與其他個別資產之減損並無不同。

(一) 減損測試

就母公司帳上之「投資子公司」，應於每一報導期間結束日評估是否有任何跡象顯示「投資子公司」可能已減損，若有任何減損跡象存在，則應估計資產之可回收金額。其應考量之跡象如下：

1. 該投資在單獨財務報表中之帳面金額超過被投資者淨資產（包含相關商譽）在合併財務報表中之帳面金額。
2. 股利金額超過子公司、合資或關聯企業宣告股利當期之綜合損益總額。

(二) 衡量可回收金額

所謂可回收金額係指資產之淨公允價值及其使用價值，兩者較高者。

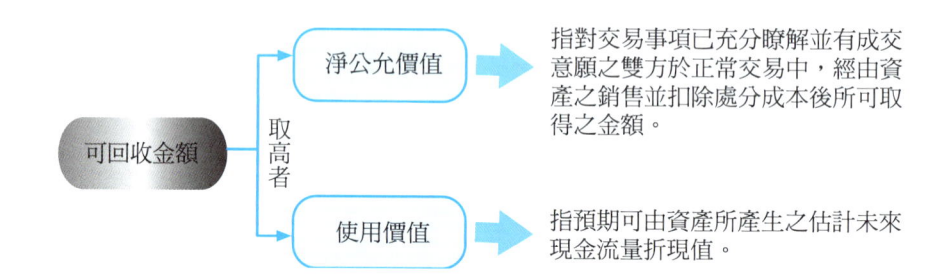

可回收金額　取高者
- 淨公允價值 → 指對交易事項已充分瞭解並有成交意願之雙方於正常交易中，經由資產之銷售並扣除處分成本後所可取得之金額。
- 使用價值 → 指預期可由資產所產生之估計未來現金流量折現值。

(三) 減損損失之認列與後續處理

當可回收金額低於帳面金額時，應將帳面金額減少至可回收金額，所減少部分即為減損損失。

$$減損損失 = 帳面金額 - 可回收金額$$

會計分錄：

　　減損損失　　　　　　　　　×××
　　　　累計減損－投資子公司　　　　　×××

有關母公司投資子公司減損之會計處理已於本書第二章說明,以下僅針對併購子公司在合併報表上之減損處理加以說明。

二　集團現金產生單位－子公司併入之淨資產與商譽之減損

就集團而言,子公司所併入之淨資產加上收購溢價所產生的商譽,通常隸屬於集團某營業單位,其營運產生的現金流入亦獨立於集團的其他資產或資產群組,使投資子公司成為「包含商譽之現金產生單位」。其處理原則如下:

(一) 商譽之分攤

1. 商譽之性質與處理原則

企業合併所認列之商譽為一項資產,代表自企業合併取得之其他資產所產生之未個別辨認及單獨認列之未來經濟效益,因商譽無法獨立於其他資產或資產群組產生現金流量,故在減損測試時,企業因合併所取得之商譽,應自收購日起分攤至收購者預期會因該合併綜效而受益之各現金產生單位或現金產生單位群組,無論被收購者其他資產或負債是否分派到該等單位或單位群組。

2. 商譽分攤原則

每一個應分攤商譽之現金產生單位或現金產生單位群組應代表為內部管理目的監管商譽之企業內最低層級,且不大於彙總前之營運部門。企業合併所取得商譽之原始分攤,若無法於企業合併生效之當年年底前完成,則應於收購日後開始之**第 1 年年度結束前完成**。

(1) 商譽分攤之可能結果:以下圖為例,併購產生之商譽可分為下列幾種情況:

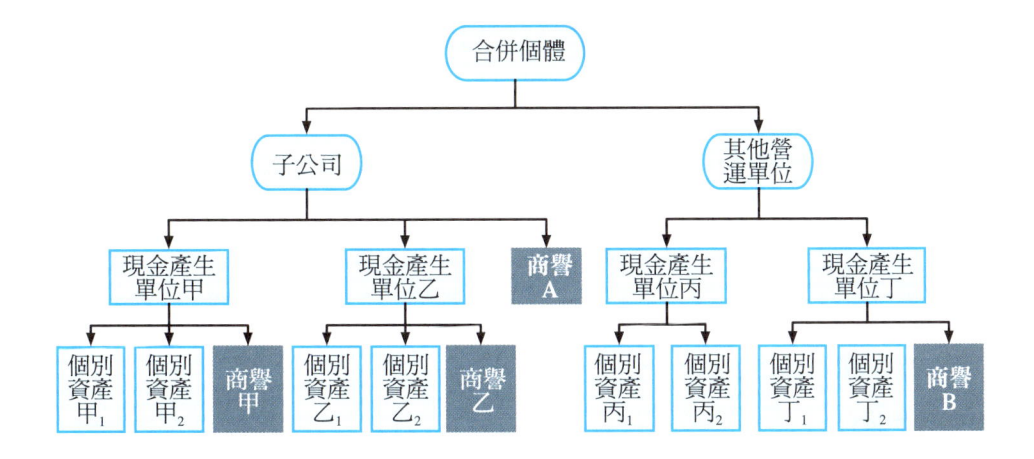

①**商譽與個別現金產生單位有關,可按合理一致基礎分攤**

如圖中之商譽甲與商譽乙,可分攤予子公司(某營運單位)下個別現金產生單位甲及乙;另圖中商譽 B 則可分攤至係因合併綜效而受益的現金產生單位丁,

即使收購子公司之淨資產並未分派至該現金產生單位。此類商譽之減損測試應就其所歸屬之現金產生單位為之，若該現金產生單位中的個別資產有減損跡象，應優先作減損測試，並認列該資產減損損失，再對現金產生單位整體作減損測試，認列減損損失，並沖銷商譽。以上圖為例，若個別資產甲₁有減損跡象，應作減損測試，並認列該資產減損損失，再對現金產生單位甲整體作減損測試，當整體帳面金額大於可回收金額，應認列減損損失，並沖銷商譽甲。

②**商譽與現金產生單位群組有關，無法分攤至各現金產生單位**

如圖中商譽 A 與現金產生單位甲、乙有關，但無法按合理一致的基礎分攤，則在個別現金產生單位甲、乙減損測試後，再與商譽甲合併，將合併子公司視為「一現金產生單位」，再做減損測試，並認列必要的減損損失。惟若合併子公司並非獨立的現金產生單位，而係一個更大現金產生單位之一部分時，合併子公司須加入該單位其他現金產生單位，再作減損測試。

(二) 減損測試

1. 合併當年度

母公司應於**當年度**結束前針對「子公司併入之淨資產與商譽」之現金產生單位進行減損測試。

2. 以後年度

母公司**每年**均須針對「子公司併入之淨資產與商譽」之現金產生單位進行減損測試。藉由包含商譽之該單位帳面金額與其可回收金額之比較，進行該單位之減損測試。若該單位可回收金額超過其帳面金額，則該單位及分攤至該單位之商譽皆應視為未減損。但若該單位帳面金額超過其可回收金額，則企業應認列減損損失。

減損測試時點得於年度中任一時點進行，但每年測試時點應相同，不同現金產生單位得於不同時點進行減損測試。

(三) 減損損失之認列與分攤

當可回收金額低於帳面金額時，應將帳面金額減少至可回收金額，所減少部分即為減損損失。「子公司併入之淨資產與商譽」現金產生單位減損損失之處理視子公司是否為獨立現金產生單位而有不同。

1. 子公司為獨立現金產生單位

(1) 無非控制權益

子公司現金產生單位之帳面金額大於可回收金額時，應認列減損損失，且減損損失由母公司 100% 認列。

$$現金產生單位減損損失 = 現金產生單位 BV - 可回收金額$$

減損損失需按下列程序分攤：
① 先就已分攤至現金產生單位之商譽，減少其帳面金額。
② 次就其餘減損損失再依現金產生單位中各資產（含所分攤之共用資產）帳面金額等比例分攤至各資產。

由於母公司已於個別帳上認列「投資子公司」之減損損失，故應於合併工作底稿上將該**減損分錄予以迴轉**，並**認列集團之減損損失，沖銷商譽與其他資產**。

釋例一　投資子公司減損，無非控制權益

P 公司於 X1 年初以 $3,500,000 取得 S 公司 100% 股權，S 公司可辨認淨資產於收購日之帳面金額與公允價值均為 $3,000,000。由於 S 公司之資產整體為可產生與其他資產或資產群組大部分獨立現金流入之最小可辨認資產群組，屬一現金產生單位，而 P 公司其他現金產生單位預期可因合併綜效而獲益，故收購商譽 $200,000 分攤至 P 公司其他現金產生單位。

假設 P 公司其他現金產生單位並無減損，P 公司於 X1 年底決定 S 公司現金產生單位之可回收金額為 $2,800,000，S 公司不含商譽之淨資產帳面金額為 $3,100,000。

試作：
1. P 公司帳上減損損失認列分錄。
2. X1 年度合併工作底稿有關減損之沖銷分錄。

解析

1. 合併個體相關帳戶餘額如下圖所示

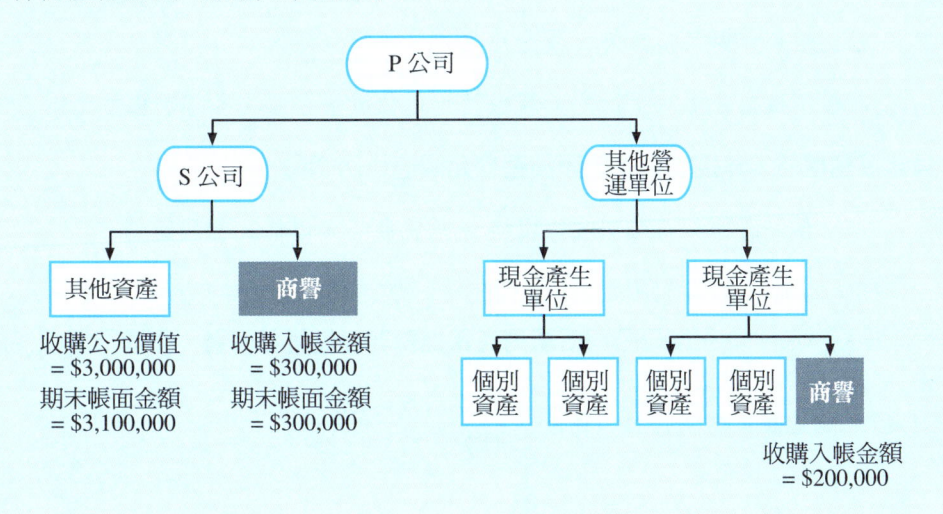

```
                        P 公司
                    ┌─────┴─────┐
                  S 公司      其他營運單位
              ┌─────┴─────┐   ┌─────┴─────┐
           其他資產   商譽   現金產生單位  現金產生單位
                                ┌──┴──┐   ┌──┴──┐
         收購公允價值 收購入帳金額 個別  個別  個別  個別  商譽
         =$3,000,000 =$300,000   資產  資產  資產  資產
         期末帳面金額 期末帳面金額
         =$3,100,000 =$300,000                        收購入帳金額
                                                      =$200,000
```

收購商譽 = $3,500,000 − $3,000,000 = $500,000

S 公司分攤商譽 = $500,000 − $200,000 = $300,000

減損損失 = ($3,100,000 + $300,000) − $2,800,000 = $600,000

母公司帳上分錄：

X1 年 12 月 31 日　　減損損失	600,000	
累計減損−投資 S 公司		600,000

2. 合併工作底稿沖銷分錄

(1) 迴轉 P 公司帳上減損分錄

累計減損−投資 S 公司	600,000	
減損損失		600,000

(2) 認列合併個體商譽減損

減損損失	600,000	
商譽		300,000
累計減損−其他資產		300,000

(2) 有非控制權益，非控制權益按公允價值衡量

合併商譽 =（母公司收購價格 + 非控制權益公允價值）− 淨資產公允價值

在此情況下，非控制權益與控制權益各自認列商譽，當商譽所屬現金產生單位（子公司）發生減損，**減損損失按損益分配比例認列**。

現金產生單位減損損失 = 現金產生單位 BV − 可回收金額

控制權益分攤減損損失 = 現金產生單位減損金額 × 母公司持股比例

非控制權益分攤減損損失 = 現金產生單位減損金額 × 非控制權益比例

(3) 有非控制權益，非控制權益按淨資產公允價值比例衡量

合併商譽 = 母公司收購價格 − 淨資產公允價值 × 持股比例

在此情況下，非控制權益未認列商譽，當商譽所屬現金產生單位（子公司）進行減損測試時，應先**以母公司所認列商譽推算非控制權益商譽**，再進行減損測試。

非控制權益推算數 = 母公司商譽 × $\dfrac{\text{非控制權益比例}}{\text{母公司持股比例}}$

現金產生單位減損損失＝(現金產生單位 BV＋非控制權益推算數)－可回收金額

控制權益分攤減損損失＝現金產生單位減損金額×母公司持股比例

在此情況下，母公司就全部減損損失比例認列，由於**非控制權益未認列商譽**，故僅比例認列商譽以外資產減損損失。

釋例二　投資子公司減損，有非控制權益

P 公司於 X1 年初以 $2,900,000 取得 S 公司 80% 股權，S 公司可辨認淨資產於收購日之帳面金額與公允價值均為 $3,000,000。由於 S 公司之資產整體為可產生與其他資產或資產群組大部分獨立現金流入之最小可辨認資產群組，屬一現金產生單位，而 P 公司其他現金產生單位預期可因合併綜效而獲益，故收購商譽 $200,000 分攤至 P 公司其他現金產生單位。

若 P 公司其他現金產生單位並無減損，P 公司於 X1 年底決定 S 公司現金產生單位之可回收金額為 $2,800,000，S 公司不含商譽之淨資產帳面金額為 $3,100,000。

假設一：非控制權益公允價值為 $700,000，

假設二：非控制權益按淨資產公允價值比例計算。

試就上述假設分別作：

1. P 公司帳上減損損失認列分錄。
2. X1 年度合併工作底稿有關減損之沖銷分錄。

解析

〔假設一〕非控制權益按公允價值衡量

1. 在此情況下，非控制權益與控制權益各自認列商譽，當商譽所屬現金產生單位（子公司）發生減損，減損損失按損益分配比例認列。

   收購商譽＝($2,900,000＋$700,000)－$3,000,000＝$600,000

   S 公司分攤商譽＝$600,000－$200,000＝$400,000

   減損金額＝($3,100,000＋$400,000)－$2,800,000＝$700,000
   　　　　　（商譽減損 $400,000，其他資產減損 $300,000）

   控制權益分攤減損損失＝$700,000×80%＝$560,000（母公司帳上認列）

   非控制權益分攤減損損失＝$700,000×20%＝$140,000（作為非控制權益淨利減少）

母公司帳上分錄：

X1 年 12 月 31 日	減損損失	560,000	
	累計減損－投資 S 公司		560,000

2. 合併工作底稿沖銷分錄
   (1) 迴轉 P 公司帳上減損分錄

累計減損－投資 S 公司	560,000	
減損損失		560,000

   (2) 認列合併個體商譽減損

減損損失	700,000	
商譽		400,000
累計減損－其他資產		300,000

〔假設二〕非控制權益按淨資產公允價值比例衡量

1. 在此情況下，母公司就全部減損損失比例認列，而非控制權益因未認列商譽，故僅比例認列商譽以外資產減損損失。

   非控制權益 = $3,000,000 × 20\% = \$600,000$
   收購商譽 = ($2,900,000 + \$600,000) - \$3,000,000 = \$500,000$
   S 公司分攤商譽 = $500,000 - \$200,000 = \$300,000$
   未入帳商譽 = $300,000 ÷ 80\% × 20\% = \$75,000$
   減損金額 = ($3,100,000 + \$300,000 + \$75,000) - \$2,800,000 = \$675,000$
   　　　　　（商譽減損 $375,000，其他資產減損 \$300,000$）
   控制權益分攤減損損失 = $675,000 × 80\% = \$540,000$
   　（商譽減損 $300,000，其他資產減損 \$300,000 × 80\% = \$240,000$）
   非控制權益分攤減損損失 = ($675,000 - \$375,000) × 20\% = \$60,000$
   母公司帳上分錄：

X1 年 12 月 31 日	減損損失	540,000	
	累計減損－投資 S 公司		540,000

2. 合併工作底稿沖銷分錄
   (1) 迴轉 P 公司帳上減損分錄

累計減損－投資 S 公司	540,000	
減損損失		540,000

(2) 認列合併個體商譽減損

減損損失	600,000	
商譽		300,000
累計減損－其他資產		300,000

2. 子公司為更大現金產生單位之一部分

當子公司資產將併同母公司其他資產或資產群組產生現金流入，子公司本身並非一個可供減損測試之現金產生單位，而屬於某較大現金產生單位之一部分。此時，須將減損測試層級向上拉至該較大的現金產生單位，進行減損測試。

當該較大現金產生單位發生減損損失，應沖減與此現金產生單位相關的商譽，其他可辨認資產則按帳面金額比例調整。子公司亦應分攤減損損失，按沖減前子公司商譽帳面金額為基礎分攤，再按持股比例分攤與控制權益與非控制權益。

釋例三　投資子公司減損，有非控制權益，非單獨現金產生單位

P 公司於 X1 年初以 $2,900,000 取得 S 公司 80% 股權，S 公司可辨認淨資產於收購日之帳面金額與公允價值均為 $3,000,000，非控制權益公允價值為 $700,000。由於 S 公司之資產將併同母公司其他資產群組產生現金流入，屬較大現金產生單位 A 的一部分。而 P 公司其他現金產生單位預期可因合併綜效而獲益，故收購商譽 $200,000 分攤至 P 公司其他現金產生單位，現金產生單位 A 與先前其他企業合併相關之商譽為 $1,000,000。

假設 P 公司其他現金產生單位並無減損，P 公司於 X1 年底決定現金產生單位 A 之可回收金額為 $11,840,000，現金產生單位 A 不含商譽之淨資產帳面金額為 $11,000,000。

試作：
1. P 公司帳上減損損失認列分錄。
2. X1 年度合併工作底稿有關減損之沖銷分錄。

解析

1. 合併個體相關帳戶餘額如圖所示：

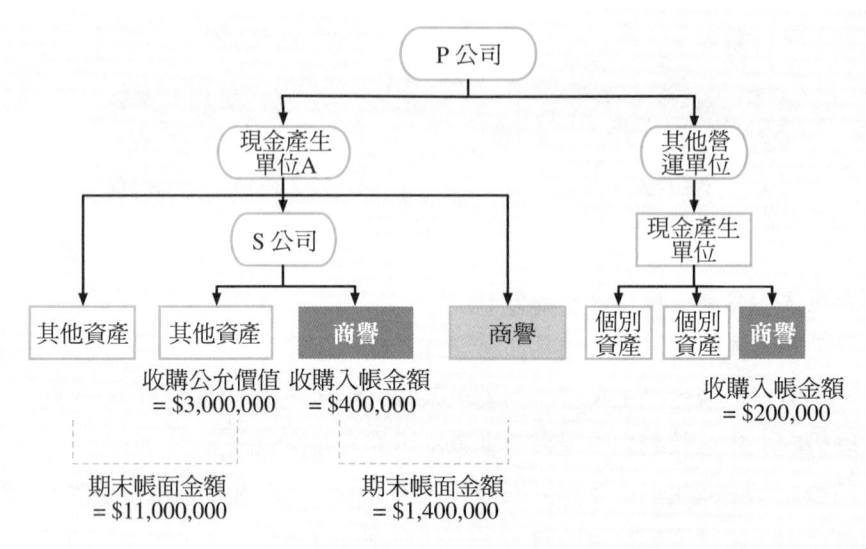

```
                          ┌──────────┐
                          │  P 公司  │
                          └────┬─────┘
                ┌──────────────┴──────────────┐
          ┌─────┴─────┐                 ┌─────┴─────┐
          │ 現金產生  │                 │ 其他營   │
          │ 單位A    │                 │ 運單位   │
          └─────┬─────┘                 └─────┬─────┘
                │                       ┌─────┴─────┐
          ┌─────┴─────┐                 │ 現金產生  │
          │  S 公司   │                 │ 單位      │
          └─────┬─────┘                 └─────┬─────┘
```

收購商譽 = ($2,900,000 + $700,000) − $3,000,000 = $600,000

S 公司分攤商譽 = $600,000 − $200,000 = $400,000

現金產生單位 A 減損損失

= ($11,000,000 + $1,000,000 + $400,000) − $11,840,000 = $560,000（商譽減損）

S 公司分攤商譽減損 = $560,000 × $\dfrac{\$400,000}{\$1,400,000}$ = $160,000

控制權益分攤商譽減損 = $160,000 × 80% = $128,000

非控制權益分攤商譽減損 = $160,000 × 20% = $32,000

母公司帳上分錄：

X1 年 12 月 31 日	減損損失	128,000	
	累計減損－投資 S 公司		128,000

2. 合併工作底稿沖銷分錄

(1) 迴轉 P 公司帳上減損分錄

累計減損－投資 S 公司	128,000	
減損損失		128,000

(2) 認列合併個體商譽減損

減損損失	560,000	
商譽		560,000

(四) 減損損失之迴轉

現金產生單位減損損失之迴轉，應依該單位裡商譽以外之各資產帳面金額，比例分攤至各該等資產。此等帳面金額增加部分，應作為個別資產之減損損失迴轉處理，已認列之**商譽減損損失，不得於後續期間迴轉**。

第 2 節　合併所得稅

企業合併所得稅，按所得稅債權債務關係成立時點在合併前、合併時、合併後，各有不同議題，本節分別討論之。

一　合併前之所得稅相關問題

企業合併前，收購者與被收購者帳上各有其遞延所得稅資產或負債。企業合併結果，收購者與被收購者應就「合併前已存在」而「已認列或未認列」之遞延所得稅資產或負債，於合併時重新評估與調整。

(一) 收購者有遞延所得稅資產

企業合併結果可能影響收購者實現「合併前已存在」之遞延所得稅資產的機率或金額，此時，收購者應於企業合併當期認列合併前已存在之遞延所得稅資產的變動，但**該變動並不屬於企業合併會計處理之一部分**，而係收購者本身對於遞延所得稅資產可回收性之評估與調整。因此，合併前已存在之「收購者」遞延所得稅資產金額調整，並不影響合併商譽或廉價購買利益之金額計算。其可能情況有二：

1. 收購者原未認列遞延所得稅資產，嗣認為很有可能回收者

收購者於合併前因預期無課稅所得而未認列先前年度累計虧損之遞延所得稅資產，合併後因集團綜效將增加未來課稅所得，預期在合併後所得稅申報主張虧損扣抵，回收合併前未認列之遞延所得稅資產。此時，**收購者應於合併當期調整遞延所得稅資產金額變動，認列遞延所得稅資產及所得稅利益**。

2. 收購者原已認列遞延所得稅資產，嗣認為不再很有可能回收者

收購者於合併前帳上已認列先前年度累計虧損之遞延所得稅資產，合併後因集團整併將減少未來課稅所得，預期在合併後已不再很有可能有課稅所得供回收遞延所得稅資產。此時，**收購者應於合併當期調整遞延所得稅資產金額變動，沖銷所得稅資產及認列所得稅費用**。

(二) 被收購公司有遞延所得稅資產

企業合併結果可能影響被收購者實現「合併前已存在」之遞延所得稅資產的機率或金

額，此時，收購者應於企業合併當期就被收購者合併前已存在之遞延所得稅資產進行評估，認列為合併後個體之遞延所得稅資產，**該處理屬於企業合併會計處理之一部分，係收購者取得被收購者之遞延所得稅資產。因此，合併前已存在之「被收購者」遞延所得稅資產金額調整，將影響合併商譽或廉價購買利益之金額計算**。其可能情況有二：

1. **被收購者原已認列遞延所得稅資產，或收購者原未認列遞延所得稅資產、合併時已符合單獨認列條件**

    依存在於收購日之事實與情況調整或認列遞延所得稅資產及所得稅利益或費用。

2. **收購者原未認列遞延所得稅資產、合併時未符合單獨認列條件**

    如在衡量期間內，遞延所得稅資產已達單獨認列條件，則應減少與該收購有關之商譽帳面金額，若商譽之帳面金額為零，則剩餘之遞延所得稅利益應認列為廉價購買利益。如在衡量期間之外，遞延所得稅資產於實現時認列為利益。

二　合併時之所得稅相關問題

企業合併時，收購者應支付合併對價以取得被收購者可辨認淨資產，由於被收購者可辨認淨資產之帳面金額與公允價值通常有所差異，且合併對價通常亦不等於可辨認淨資產之公允價值，而產生合併商譽或廉價購買利益，因此企業合併時，收購者應評估與認列被收購者就「合併時成立」而「未認列」之遞延所得稅資產或負債。

(一) 可辨認淨資產之遞延所得稅

在企業合併交易，企業應於收購日以公允價值認列所取得之可辨認資產或負債，但若稅法規定，企業合併所取得之可辨認淨資產課稅基礎不受企業合併影響或受不同影響時，將使合併所取得之可辨認資產或負債的帳面金額與課稅基礎有所差異，造成暫時性差異，產生遞延所得稅資產或負債。**該暫時性差異之遞延所得稅資產或負債，亦為合併所取得之可辨認資產或負債，進而影響合併商譽或廉價購買利益**。其公式如下：

	資產	資產	負債	負債
帳面金額（公允價值）	XXX	XXX	XXX	XXX
－ 課稅基礎	(XXX)	(XXX)	(XXX)	(XXX)
財稅差異	正數	負數	正數	負數
	↓	↓	↓	↓
暫時性差異	應課稅	可減除	可減除	應課稅
× 預期稅率	× ％	× ％	× ％	× ％
遞延所得稅	負債	資產	資產	負債

遞延所得稅負債＝子公司淨資產低估數×子公司適用稅率

遞延所得稅資產＝子公司淨資產高估數×子公司適用稅率

(二) 商譽之遞延所得稅

1. 合併原始認列商譽之遞延所得稅負債

由於商譽係收購價格與收購淨資產公允價值差額之「剩餘數」，如於合併時，認列商譽及其產生之遞延所得稅負債，商譽本身所產生之遞延所得稅負債將又增加商譽帳面金額，而又繼續增加遞延所得稅負債，則將成為循環問題。因此 IAS 第 12 號規定，**企業不認列因商譽原始認列所產生之遞延所得稅負債，而遞延所得稅負債如係由商譽之原始認列所產生而未認列者，其後續之減少，視為由商譽之原始認列所產生，亦不得認列。**

例如在企業合併中，企業原始認列商譽帳面金額 $100，稅法不允許商譽帳面金額金額減少作為課稅所得之可減除費用，商譽於原始認列時之課稅基礎為 $0，商譽帳面金額與課稅基礎間差額 $100 原屬暫時性差異，而應認列遞延所得稅負債，但因其係由於商譽原始認列所產生者，因此不得認列該筆遞延所得稅負債。嗣後，企業因商譽減損而認列減損損失 $20，商譽相關之暫時性差異由 $100 減至 $80，導致未認列之遞延所得稅負債減少，此時該遞延所得稅減少亦視為與商譽原始認列有關，亦不得認列相關所得稅利益及遞延所得稅負債。

2. 非因合併而原始認列商譽之遞延所得稅負債

若與商譽有關之應課稅暫時性差異之遞延所得稅負債，在非由商譽原始認列所產生之範圍內，則應予認列。

例如：在企業合併中，企業原始認列商譽帳面金額 $100，稅法規定可自收購當年度起每年依 20% 作為課稅所得之可減除費用，商譽於原始認列時之課稅基礎為 $100，收購當年底則為 $80。若商譽至收購當年底未減損，商譽之帳面金額於收購當年底仍為 $100，則在當年底將產生應課稅暫時性差異 $20。因該應課稅暫時性差異與商譽之原始認列無關，所產生之遞延所得稅負債應予認列。

3. 我國現行法對於合併商譽之相關規定

(1) 認列規定

收購者依企業併購法或金融機構合併法進行合併，採購買法者，應先按收購日之公允價值逐項衡量因合併而取得之可辨認資產與承擔之負債，再將收購成本超過可辨認資產之公允價值扣除承擔之負債後淨額部分，列為商譽。

(2) 攤銷規定

依營利事業所得稅查核準則第 96 條規定，合併所生之商譽，依其合併準據法規定年限內，按年平均攤銷。相關法律之商譽攤銷年限規定如下：

①企業併購法第 40 條：15 年內。
②金融機構合併法第 13 條第 1 項第 6 款：5 年內。

釋例四　收購日相關遞延所得稅資產負債之認列

P 公司於 X1 年初發行 200,000 股（面額 $10、每股市價 $15）收購 S 公司全部淨資產，合併當時 S 公司淨資產帳面金額與公允價值資料如下：

	帳面金額	公允價值
現金	$ 100,000	$ 100,000
應收帳款	300,000	250,000
存貨	500,000	420,000
土地	1,000,000	1,500,000
建築物	1,200,000	1,500,000
設備（淨額）	400,000	300,000
商譽	100,000	
應付帳款	420,000	420,000
應付公司債	740,000	720,000

其他補充資料如下：

(1) 除上列資產負債外，S 公司尚有未入帳的專利權，預計未來經濟效益為 $100,000；另外，S 公司估計產品保證負債 $200,000 亦未估列入帳。

(2) S 公司過去有營業損失 $150,000，依據稅法規定可抵 P 公司未來之營業利益。

若所得稅率 20%，試作下列兩種情況下 P 公司之收購分錄：

1. 假設稅法規定收購交易取得之淨資產公允價值可作為課稅基礎。
2. 假設稅法規定收購交易取得之淨資產公允價值不得作為課稅基礎，僅可以被收購公司帳面金額作為課稅基礎。

解析

遞延所得稅與商譽的決定：
營業損失產生遞延所得稅資產 = $150,000 × 20% = $30,000

〔情況一〕公允價值可作為課稅基礎

	會計基礎	課稅基礎	暫時性差異	遞延所得稅資產	遞延所得稅負債
現金	$ 100,000	$ 100,000	$0		
應收帳款	250,000	250,000	0		
存貨	420,000	420,000	0		
土地	1,500,000	1,500,000	0		
建築物	1,500,000	1,500,000	0		
設備	300,000	300,000	0		
專利權	100,000	100,000	0		
應付帳款	(420,000)	(420,000)	0		
應付公司債	(720,000)	(720,000)	0		
保證負債	(200,000)	(200,000)	0		
合計	$2,830,000	$2,830,000	$ 0	$ 0	$ 0
營業損失				30,000	
				$30,000	

商譽 = $15 × 200,000 − $2,830,000 − $30,000 = $140,000

收購分錄：

現金	100,000	
應收帳款	250,000	
存貨	420,000	
土地	1,500,000	
建築物	1,500,000	
設備（淨額）	300,000	
專利權	100,000	
遞延所得稅資產	30,000	
商譽	140,000	
應付帳款		420,000
應付公司債		720,000
產品保證負債		200,000
普通股股本		2,000,000
資本公積－普通股溢價		1,000,000

〔情況二〕公允價值不可作為課稅基礎

	會計基礎	課稅基礎	暫時性差異	遞延所得稅資產	遞延所得稅負債
現金	$ 100,000	$ 100,000	$ 0		
應收帳款	250,000	300,000	(50,000)	$ 10,000	
存貨	420,000	500,000	(80,000)	16,000	
土地	1,500,000	1,000,000	500,000		100,000
建築物	1,500,000	1,200,000	300,000		60,000
設備	300,000	400,000	(100,000)	20,000	
專利權	100,000	0	100,000		20,000
應付帳款	(420,000)	(420,000)	0		
應付公司債	(720,000)	(740,000)	20,000		4,000
保證負債	(200,000)	0	(200,000)	40,000	
合計	$2,830,000	$2,340,000	$490,000	$ 86,000	$184,000
營業損失				30,000	
				$116,000	

商譽 = $15 × 200,000 − $2,830,000 − $116,000 + $184,000 = $238,000

收購分錄：

現金	100,000	
應收帳款	250,000	
存貨	420,000	
土地	1,500,000	
建築物	1,500,000	
設備（淨額）	300,000	
專利權	100,000	
遞延所得稅資產	116,000	
商譽	238,000	
應付帳款		420,000
應付公司債		720,000
產品保證負債		200,000
遞延所得稅負債		184,000
普通股股本		2,000,000
資本公積－普通股溢價		1,000,000

三 合併後之所得稅相關問題－分別申報

依據我國現行法對於合併所得稅之相關規定，若母、子公司未符合金融控股法或企業併購法相關規定，或雖符合但未選擇合併其所得稅者，此時，母、子公司分別為不同的課稅主體，其營業淨利、虧損扣抵、租稅獎勵或稅額扣抵等項目均個別計算，互不影響。

當母、子公司採分別申報所得稅，母、子公司為不同課稅主體，子公司課稅基礎係以子公司自己的「個別稅前會計淨利」為基礎（含逆流交易未實現損益），按其適用之稅率，計算應付所得稅、遞延所得稅及所得稅費用。母公司課稅基礎則以母公司自己的「個別稅前會計淨利」為基礎（含順流交易未實現損益），加計「投資收益」，按其適用之稅率，計算應付所得稅、遞延所得稅及所得稅費用。

然而，就集團整體觀之，「合併稅前會計淨利」須調整母子間交易未實現損益（無論順流或逆流）、合併資產負債之會計基礎與課稅基礎差異等事項，故集團合併所得稅與母子個別所得稅間必須調整，且母公司「投資收益」尚牽涉「子公司未分配盈餘課稅與否」之規定，亦影響帳列遞延所得稅之金額，以下分別討論之。

(一) 子公司未分配盈餘所產生之所得稅影響

在財務會計，母公司以權益法處理子公司投資，母公司依子公司本期損益按持股比例認列投資收益，增加投資帳戶金額，收到子公司股利時，則減少投資帳戶金額。在稅務會計，母公司以「收付實現原則」處理子公司投資，母公司以收到子公司股利作為投資收益課稅的時點。亦即：母公司對子公司投資收益的實現原則，財務會計採取「應計基礎」，稅務會計採取「現金基礎」。因此，當子公司本期有淨利，但未全額發放股利，而有未分配盈餘時，母公司帳上之投資子公司之帳面金額（應計基礎）與課稅基礎（現金基礎）將有所不同，產生暫時性差異或永久性差異。該等差異因稅法上就投資收益不同的消除重複課稅規定而有不同處理，茲以下列幾種情況分別探討之。

1. 投資收益全額免稅

若稅法規定，**投資收益全額免稅**，則在此情形下，母公司帳列「投資收益」**屬永久性差異的性質**，在計算課稅所得時即予調整減除，不會產生暫時性差異。我國稅法對於國內轉投資即採此規定。

2. 投資收益於收到股利時全額課稅

公司發放股利金額往往小於淨利，使得按發放股利計算之「應付所得稅」與按投資收益計算之「所得稅費用」有所差異，會計基礎（應計基礎）與課稅基礎（現金基礎）因而不同。**子公司累積未分配盈餘將產生應課稅暫時性差異，母公司應認列遞延所得稅負債，該遞延所得稅負債金額即為會計基礎下之投資帳戶（投資收益）與課稅基礎下之投資成本（股利）間之差額**。我國稅法對於國外投資即採此規定。其關係可圖示如下：

```
課稅基礎 ➡ 投資成本
            ＋投資收益 ×稅率＝所得稅費用  ⎤
            －投資股利 ×稅率＝應付所得稅  ⎦ 遞延所得稅
會計基礎 ➡ 投資餘額
```

$$\left[\begin{array}{c}\text{投資帳戶餘額}\\(\text{會計基礎})\end{array} - \begin{array}{c}\text{投資成本}\\(\text{課稅基礎})\end{array}\right] \times 稅率$$

$$= \left[投資收益 － 收到股利\right] \times 稅率$$

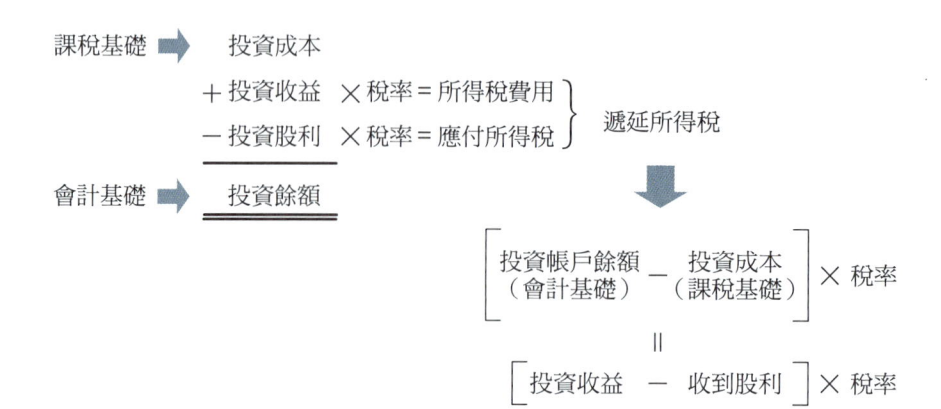

3. 投資收益於收到股利時部分課稅，部分免稅

與 2. 相同，不再贅述。當子公司有未分配盈餘，母公司將產生暫時性差異，若稅法規定公司轉投資之投資收益部分課稅、部分免稅時，則遞延所得稅負債之計算僅須修改增加課稅比率即可，其修改後計算如下：

遞延所得稅負債＝〔投資帳戶餘額（會計基礎）－投資成本（課稅基礎）〕×稅率×課稅比率
　　　　　　　＝〔投資收益－收到股利〕×稅率×課稅比率

4. 我國現行法對於投資收益及股利收入之相關規定

(1) 投資收益

我國所得稅法以「現金收付制」課徵投資收益，因此公司轉投資收益，若被投資公司當年度經股東同意或股東會決議不分配股利時，得免列投資收益，亦即：**投資公司按權益法認列之投資收益並無所得稅負**。然而，在計算未分配盈餘稅時，依所得稅法第 66 條之 9 規定，未分配盈餘稅以財務會計所計算之稅後純益為稅基，因此**權益法認列之投資收益須計入盈餘年度之未分配盈餘課稅**。

(2) 股利收入

依所得稅法第 42 條規定，公司投資於「國內」其他營利事業，所獲配之現金股利或股票股利，不計入所得額課稅，但若公司係投資「國外」其他營利事業所獲配之股利，則須計入所得額課稅。

釋例五　子公司未分配盈餘之所得稅認列

P 公司於 ×1 年 1 月 1 日以 $5,600,000 取得 S 公司 80% 股權，當日 S 公司之權益包括股本 $3,000,000 與保留盈餘 $4,000,000。P 公司採權益法處理其對 S 公司之投資，以公允價值 $1,400,000 衡量非控制權益。S 公司可辨認資產及負債之帳面金額均等於公允

價值。P 公司與 S 公司之適用稅率分別為 20% 與 25%。S 公司各項可辨認資產及負債之課稅基礎即為其帳面金額。

P 公司與 S 公司 X1 年之個別稅前淨利（不含投資收益或股利收入）分別為 $4,000,000 與 $1,000,000，S 公司於 X1 年宣告及發放股利 $300,000。

試作：

1. 計算 P 公司 X1 年度投資收益與 X1 年 12 月 31 日投資帳戶餘額。
2. 試按下列三種假設，作母公司 X1 年期末所得稅相關分錄，並計算 X1 年之合併所得稅費用。

   假設一：股利所得與證券交易所得均免稅。
   假設二：投資收益於收到現金股利全數課稅。
   假設三：投資收益於收到現金股利時 60% 免課所得稅。

解析

1. 合併商譽 = ($5,600,000 + $1,400,000) − ($3,000,000 + $4,000,000) = 0

   子公司所得稅費用 = $1,000,000 × 25% = $250,000

   子公司稅後淨利 = $1,000,000 − $250,000 = $750,000

   投資收益 = $750,000 × 80% = $600,000

   X1 年 12 月 31 日投資帳戶餘額 = $5,600,000 + $600,000 − $300,000 × 80% = $5,960,000

2. 〔情況一〕：股利所得與證券交易所得均免稅

   母公司應付所得稅 = $4,000,000 × 20% = $800,000

   子公司 X1 年度未分配盈餘產生遞延所得稅負債 = 0

   母公司分錄：

   所得稅費用　　　　　　　　　　800,000
   　　應付所得稅　　　　　　　　　　　　800,000

   合併所得稅費用 = $250,000 + $800,000 = $1,050,000

   〔情況二〕：投資收益於收到現金股利全數課稅

   母公司應付所得稅
   = 個別稅前淨利 × 稅率 + 股利收入 × 課稅比率 × 稅率
   = $4,000,000 × 20% + ($300,000 × 80%) × 100% × 20% = $848,000

   子公司 X1 年度未分配盈餘產生遞延所得稅負債
   = ($750,000 − $300,000) × 80% × 20% = $72,000

> 母公司分錄：
>
> | 所得稅費用 | 920,000 | |
> |---|---|---|
> | 　　應付所得稅 | | 848,000 |
> | 　　遞延所得稅負債 | | 72,000 |
>
> 合併所得稅費用 = $250,000 + $920,000 = $1,170,000
>
> 〔情況三〕：投資收益於收到現金股利時 60% 免課所得稅
>
> 母公司應付所得稅
> = 個別稅前淨利 × 稅率 + 股利收入 × 課稅比率 × 稅率
> = $4,000,000 × 20% + ($300,000 × 80%) × 40% × 20% = $819,200
>
> 子公司 X1 年度未分配盈餘產生遞延所得稅負債
> = ($750,000 − $300,000) × 80% × 40% × 20% = $28,800
>
> 母公司分錄：
>
> | 所得稅費用 | 848,000 | |
> |---|---|---|
> | 　　應付所得稅 | | 819,200 |
> | 　　遞延所得稅負債 | | 28,800 |
>
> 合併所得稅費用 = $250,000 + $848,000 = $1,098,000

(二) 母、子公司間交易所產生之未實現利潤

母、子公司間交易所產生之未實現利潤，在個別申報所得稅時，為個別公司的已實現利潤，並作為個別公司的課稅所得，計算個別所得稅費用。但從集團整體觀之，此未實現利潤在計算合併淨利時應予銷除，其於個別公司帳上所認列的相關所得稅費用亦應轉列為「遞延所得稅資產」，待未實現利潤實現的年度，在合併報表再沖銷相關遞延所得稅資產，轉列所得稅費用。

1. 順流交易未實現利潤

順流交易之未實現利潤於交易年度已包含於母公司淨利，並按母公司適用稅率認列應付所得稅。但該未實現利潤須至子公司出售予第三人始能實現，並列為出售予第三人年度之淨利，由於該順流交易之所得稅效果已在母公司帳上認列，故此項遞延所得稅資產應於母公司帳上與其他所得稅相關分錄一併入帳。由**於利潤實現方為子公司，順流遞延所得稅資產應按「子公司實現年度」預期稅率計算**，算式如下：

遞延所得稅資產 = 順流交易未實現利潤 × 子公司估計實現年度稅率

2. 逆流交易未實現利潤

　　逆流交易之未實現利潤於交易年度已包含於子公司淨利，並按子公司適用稅率認列應付所得稅。但該未實現利潤須至母公司出售予第三人始實現，並列為出售予第三人年度之淨利，由於該交易之所得稅效果並未在母公司帳上認列，故此項遞延所得稅資產應於合併工作底稿調整之。由於利潤實現方為母公司，流遞延所得稅資產應按「母公司實現年度」預期稅率計算，逆流交易遞延所得稅資產之算式如下：

$$遞延所得稅資產 = 逆流交易未實現利潤 \times 母公司估計實現年度稅率$$

(三) 母、子公司個別申報所得稅之處理程序

1. 合併差額遞延所得稅及合併商譽

$$差額遞延所得稅 = (合併淨資產會計基礎 - 合併淨資產課稅基礎) \times 稅率$$

$$合併商譽 = 合併對價 - 合併淨資產會計基礎 \pm 差額遞延所得稅$$

2. 母、子公司交易未實現損益遞延所得稅

$$母、子公司交易遞延所得稅 = (未實現利潤 - 已實現利潤) \times 稅率$$

3. 子公司稅後淨利

$$子公司稅後淨利 = 子公司稅前淨利 \times (1 - 所得稅率)$$

4. 子公司未分配盈餘之遞延所得稅負債

子公司未分配盈餘之遞延所得稅負債
$$= (子公司稅後淨利 - 子公司股利發放數) \times 課稅比例 \times 所得稅率$$

5. 母公司投資收益

$$母公司投資收益 = 子公司稅後淨利份額 \pm 逆流交易稅後已(未)實現利潤份額 \pm 順流交易稅前已(未)實現利潤 \pm 合併差額攤銷$$

6. 母公司應付所得稅及所得稅費用

母公司應付所得稅
$$= 母公司個別稅前淨利 + 子公司現金股利 \times 課稅比例 \times 所得稅率$$

母公司所得稅費用
$$= 母公司應付所得稅 \pm (子公司未分配盈餘 \pm 順流) 遞延所得稅$$

7. 計算集團所得稅費用

$$集團所得稅費用 = \frac{母公司}{所得稅費用} + \frac{子公司}{所得稅費用} \pm (逆流 \pm 合併差額)遞延所得稅$$

釋例六 投資收益免稅，順逆流未實現利潤

P 公司於 X1 年 1 月 1 日以 $1,800,000 取得 S 公司 90% 普通股股權，而 10% 非控制權益為 $200,000，當日 S 公司股東權益包括普通股股本 $800,000、資本公積 $200,000，保留盈餘 $500,000。收購日 S 公司可辨認資產及負債之帳面金額均等於公允價值。

P 公司 X3 年 1 月 1 日存貨含有 $100,000 購自 S 公司之商品，毛利率 20%。X3 年度 S 公司銷售 $300,000 商品予 P 公司，毛利率 25%，期末尚有 1/3 尚未出售。

P 公司於 X2 年初以 $200,000 出售帳面價值 $150,000 之機器設備給 S 公司，該設備剩餘耐用年限 5 年，以直線法提列折舊。

P 公司與 S 公司 X3 年之個別稅前淨利（不含投資收益或股利收入）分別為 $800,000 與 $250,000，乙公司於 X3 年宣告及發放股利 $100,000，S 公司 X3 年期初保留盈餘 $700,000，無其他投入資本變動。假設 P 公司與 S 公司稅率分別為 25% 及 20%，商譽之課稅基礎為零，股利所得與證券交易所得均免稅。

試作：
1. 作二公司 X3 年期末所得稅相關分錄。
2. 計算 P 公司與 S 公司 X3 年度合併所得稅費用。
3. 計算 P 公司 X3 年度投資收益與 X3 年 12 月 31 日投資帳戶餘額。
4. 計算控制權益淨利與合併總損益。
5. 作 P 公司與 S 公司 X3 年度合併工作底稿沖銷分錄。

解析

1. 商譽 = ($1,800,000 + $200,000) − ($800,000 + $200,000 + $500,000) = $500,000

   子公司應付所得稅 = 個別稅前淨利 × 稅率 = $250,000 × 20% = $50,000

   子公司分錄：

所得稅費用	50,000	
應付所得稅		50,000

母公司應付所得稅＝個別稅前淨利×稅率＝$800,000×25%＝$200,000
母公司分錄：

  所得稅費用   200,000
    應付所得稅   200,000

2. 合併所得稅費用計算：

期初順流交易產生遞延所得稅資產＝$50,000×4/5×20%＝$8,000
期末順流交易產生遞延所得稅資產＝$50,000×3/5×20%＝$6,000
期初逆流交易產生遞延所得稅資產＝$100,000×20%×25%＝$5,000
期末逆流交易產生遞延所得稅資產＝$300,000×25%×1/3×25%＝$6,250
X3年度合併所得稅＝$200,000＋$50,000－($6,000－$8,000)－($6,250－$5,000)
      ＝250,750

3. 投資收益與非控制權益淨利計算：

子公司稅後淨利＝$250,000－$50,000＝$200,000

	投資收益	非控制權益淨利
X3年度S公司稅後淨利享有數	$180,000	$20,000
X3年度逆流交易稅後已實現利益	13,500	1,500
X3年度逆流交易稅後未實現利益	(16,875)	(1,875)
X3年度順流交易稅後已實現利益	8,000	
X3年度認列數	$184,625	$19,625

投資帳戶與非控制權益餘額計算：

	投資帳戶	非控制權益
X1年初取得成本	$1,800,000	$200,000
X1～X2年度保留盈餘增加數	180,000	20,000
X2年度逆流交易稅後未實現利益	(13,500)	(1,500)
X2年度順流交易稅前未實現利益	(32,000)	
X2年底應有餘額	$1,934,500	$218,500
X3年投資收益與非控制權益淨利	184,625	19,625
X3年股利發放	(90,000)	(10,000)
X3年底餘額	$2,029,125	$228,125

4. 控制權益淨利＝母公司個別淨利＋投資收益－所得稅費用
    ＝$800,000＋$184,625－$200,000＝$784,625

合併總損益：

母公司個別稅前淨利	$800,000
子公司個別稅前淨利	250,000
逆流交易已實現利潤	20,000
逆流交易未實現利潤	(25,000)
順流交易未實現利潤	10,000
所得稅費用	(250,750)
	$804,250

合併總損益 = 控制權益淨利 + 非控制權益淨利 = $784,625 + $19,625 = $804,250

5. 合併工作底稿

	投資帳戶	+	非控制權益	=	股東權益	+	商譽	+	（未）已實現損益
X1/1/1 投資	$1,800,000	+	$200,000	=	$1,500,000	+	$500,000		
X1 年～X2 年盈餘變動	180,000	+	20,000	=	200,000				
逆流銷貨交易	(18,000)	+	(2,000)	=					(20,000)
逆流遞延所得稅資產	4,500	+	500	=					5,000
順流設備交易	(40,000)			=					(50,000)
									10,000
順流遞延所得稅資產	8,000			=					8,000
X2/12/31 餘額	**$1,934,500**	+	**$218,500**	=	**$1,700,000**	+	**$500,000**	+	**(47,000)**
X3 年稅後淨利	180,000	+	20,000	=	200,000				
逆流銷貨交易	(4,500)	+	(500)	=					20,000
									(25,000)
逆流遞延所得稅資產	1,125	+	125	=					(5,000)
									6,250
順流設備交易	10,000			=					10,000
順流遞延所得稅資產	(2,000)			=					(2,000)
X2 年股利發放	(90,000)	+	(10,000)	=	(100,000)				
X2/12/31 餘額	**$2,029,125**	+	**$228,125**	=	**$1,800,000**	+	**$500,000**	+	**(42,750)**

沖銷分錄：

(1) 沖銷逆流銷貨交易

銷貨收入	300,000	
銷貨成本		300,000

(2) 沖銷逆流銷貨交易期末未實現利益

銷貨成本	25,000	
存貨		25,000

(3) 沖銷逆流銷貨交易期初已實現利益

投資 S 公司	13,500	
非控制權益	1,500	
所得稅費用	5,000	
銷貨成本		20,000

(4) 沖銷順流設備交易未實現利益

投資 S 公司	32,000	
累計折舊－設備	20,000	
遞延所得稅資產	8,000	
折舊費用		10,000
設備		50,000

(5) 沖銷投資收益，投資帳戶回復期初餘額

投資收益	184,625	
投資 S 公司		94,625
股利－S 公司		90,000

(6) 沖銷期初 S 公司股東權益與投資帳戶，列出差額與非控制權益

股本－S 公司	800,000	
資本公積－S 公司	200,000	
保留盈餘－S 公司	700,000	
商譽	500,000	
投資乙公司		
（$1,934,500 + $13,500 + $32,000）		1,980,000
非控制權益（$218,500 + $1,500）		220,000

(7) 調整順流交易期末遞延所得稅資產

所得稅費用	2,000	
遞延所得稅資產		2,000

(8) 調整逆流交易期末遞延所得稅資產

遞延所得稅資產	6,250	
所得稅費用		6,250

(9) 認列非控制權益淨利與股利

非控制權益淨利	16,000	
股利		10,000
非控制權益		6,000

四　合併後之所得稅相關問題－合併申報

當母、子公司採合併申報所得稅，母、子公司視為同一個主體，課稅基礎係以合併報表中之「合併稅前會計淨利」為基礎，調整財稅差異後，計算「合併課稅淨利」，最後決定應付所得稅與所得稅費用。

在合併申報制，作為課稅基礎之「合併稅前會計淨利」已消除了母、子公司間交易未實現利潤，且子公司股利乃內部事項完全免稅，因此並無未實現損益損益與子公司未分配盈餘之遞延所得稅的問題，其會計處理較為單純，僅有「合併資產負債會計基礎與課稅基礎差異」及「分攤所得稅費用」兩大問題。

(一) 合併資產負債會計基礎與課稅基礎差異處理

企業於收購時所取得淨資產之帳面金額，如與課稅基礎間有差異，則應認列遞延所得稅資產或負債。**如因合併而原始認列之合併商譽，則不認列遞延所得稅**。詳參「二、合併時之所得稅相關問題」之說明。

(二) 分攤所得稅費用

由於母公司投資收益係以子公司「稅後淨利」為基礎，當母公司在認列投資收益前，須先將合併所得稅費用分攤予母公司與子公司，方得計算子公司的稅後淨利。目前會計準則中對於母、子公司間所得稅的分攤方式並無規定，如在稅法採累進稅率無單一稅率適用的情形下，一般以母、子公司稅前淨利佔淨利總和之比率分攤之。惟子公司所得稅費用尚須調整因合併對價與淨資產帳面金額差額而產生之遞延所得稅。

$$母公司所得稅費用 = 集團所得稅費用 \times \frac{母公司已實現稅前淨利}{母公司已實現稅前淨利 + 子公司已實現稅前淨利}$$

$$子公司所得稅費用 = 集團所得稅費用 \times \frac{子公司已實現稅前淨利}{母公司已實現稅前淨利 + 子公司已實現稅前淨利}$$

投資收益 =（子公司已實現稅前淨利 － 子公司分攤所得稅費用）× 持股比例

(三) 合併申報制之所得稅處理步驟

1. 計算合併差額遞延所得稅及合併商譽

差額遞延所得稅 =（合併淨資產會計基礎 － 合併淨資產課稅基礎）× 稅率

合併商譽 = 合併對價 － 合併淨資產會計基礎 ± 差額遞延所得稅

2. 計算母、子公司已實現個別稅前淨利

母公司已實現個別稅前淨利＝個別稅前淨利±順流交易調整數

子公司已實現個別稅前淨利＝個別稅前淨利±逆流交易調整數

3. 計算集團應付所得稅及所得稅費用

集團應付所得稅＝（母公司已實現個別稅前淨利＋子公司已實現個別稅前淨利）×稅率

集團所得稅費用＝集團應付所得稅±差額遞延所得稅

4. 分攤個別所得稅費用

母公司個別所得稅費用

$$= 集團所得稅費用 \times \frac{母公司已實現個別稅前淨利}{母公司已實現個別稅前淨利＋子公司已實現個別稅前淨利}$$

子公司個別所得稅費用

$$= 集團所得稅費用 \times \frac{子公司已實現個別稅前淨利}{母公司已實現個別稅前淨利＋子公司已實現個別稅前淨利}$$

± 差額遞所得稅

釋例七　合併申報所得稅，併購差額分攤，順逆流未實現利潤

P 公司於 X1 年 1 月 1 日以 $1,800,000 取得 S 公司 90% 普通股股權，而 10% 非控制權益為 $200,000，當日 S 公司股東權益包括普通股股本 $800,000、資本公積 $200,000，保留盈餘 $500,000。收購日 S 公司可辨認資產及負債中，除建築物與設備之公允價值分別超出其帳面金額 $200,000 與 $100,000 外，其他可辨認資產及負債之帳面金額均等於公允價值。假設建築物與設備剩餘耐用年限分別為 10 年與 4 年。

P 公司 X3 年 1 月 1 日存貨含有 $100,000 購自 S 公司之商品，毛利率 20%。X3 年度 S 公司銷售 $300,000 商品予 P 公司，毛利率金額 25%，期末尚有 1/3 尚未出售。

P 公司於 X2 年初以 $200,000 出售帳面金額 $150,000 之機器設備給 S 公司，該設備剩餘耐用年限 5 年，以直線法提列折舊。

假設 P 公司與 S 公司採合併申報所得稅，併購溢價產生之折舊與攤銷費用報稅時不得抵減，稅率採累進稅率，稅率如下：

$100,000 以下	免稅
$100,000 以上	25%

若 S 公司 X3 年初保留盈餘為 $700,000，X3 年度兩公司之所得稅調整分錄前個別損益（不含投資收益）資料如下：

	P 公司	S 公司
銷貨收入	$3,200,000	$1,200,000
銷貨成本	2,400,000	800,000
營業費用	200,000	150,000
利息費用	30,000	—

試作：
1. X3 年合併個體所得稅相關分錄。
2. 計算 P 公司 X3 年度投資收益。

解析

1. 計算併購差額遞延所得稅及合併商譽

   建築物：$200,000 × 25% = $50,000（每年沖轉 $5,000）
   設備：　$100,000 × 25% = $25,000（每年沖轉 $6,250）
   　　　　　　　　　　　　$75,000

   商譽計算：

收購對價（$1,800,000 + $200,000）		$2,000,000
子公司股東權益（$800,000 + $200,000 + $500,000）		(1,500,000)
收購對價差額		$ 500,000
分攤：建築物	$200,000	
設備	100,000	
遞延所得稅負債	(75,000)	(225,000)
商譽		$ 275,000

2. 計算母、子公司已實現個別稅前淨利

   子公司 X3 年度已實現稅前淨利
   ＝子公司個別淨利 + 期初逆流交易已實現利潤 − 期末逆流交易未實現利潤
   ＝($1,200,000 − $800,000 − $150,000) + $20,000 − $25,000 = $245,000

   母公司 X3 年度已實現個別稅前淨利
   ＝母公司個別淨利 + 本期順流交易已實現利潤
   ＝($3,200,000 − $2,400,000 − $200,000 − $30,000) + $10,000
   ＝$580,000

計算合併個體應付所得稅及所得稅費用：
合併個體應付所得稅 = ($245,000 + $580,000 − $100,000) × 25% = $181,250
合併個體所得稅費用 = $181,250 − $5,000 − $6,250 = $170,000
分攤個別所得稅費用：母、子公司應付所得稅按個別已實現淨利比例分攤，併購溢價所致遞延所得稅負債為子公司淨資產帳面金額低估產生，故調整子公司所得稅費用。

子公司個別所得稅費用 = $181,250 × $\frac{\$245,000}{\$825,000}$ − $11,250 = $42,576

母公司個別所得稅費用 = $181,250 × $\frac{\$580,000}{\$825,000}$ = $127,424

所得稅費用	170,000	
遞延所得稅負債	11,250	
應付所得稅		181,250

投資收益與非控制權益淨利計算：
子公司稅後已實現淨利 = $245,000 − $42,576 = $202,424

	投資收益	非控制權益淨利
X3年度S公司淨利享有數	$182,182	$20,242
建築物攤銷（$200,000 ÷ 10）	(18,000)	(2,000)
設備攤銷（$100,000 ÷ 4）	(22,500)	(2,500)
X3年度順流交易稅前已實現利益	10,000	
X3年度認列數	$151,682	$15,742

投資帳戶與非控制權益餘額計算：

驗算：母公司個別淨利	$570,000	母公司已實現淨利	$580,000
投資收益	151,682	子公司已實現淨利	245,000
稅前淨利	$721,682	建築物攤銷	(20,000)
所得稅費用	(127,424)	設備攤銷	(25,000)
控制權益淨利	$594,258	所得稅費用	(170,000)
非控制權益淨利	15,742		
	$610,000		$610,000

調節相符

第 3 節　合併每股盈餘

當公開發行之集團母公司向證券主管機關申報財務報表時，其集團之合併財務報表應揭露每股盈餘的資訊，集團合併財務報表之每股盈餘以合併資訊為計算基礎。若母公司選擇額外揭露以單獨財務報表為基礎之每股盈餘時，則僅能於單獨綜合損益表揭露單獨報表之每股盈餘資訊；母公司不得於合併財務報表表達單獨報表每股盈餘資訊。每股盈餘之計算程序已於中級會計學有詳盡說明，茲不贅述，以下僅針對合併報表之議題探討。

一　母、子公司均為簡單資本結構

當母、子公司均為簡單資本結構，即母、子公司僅發行普通股或不可轉換特別股，應揭露合併基本每股盈餘。基本每股盈餘資訊之目的，係衡量母公司於報導期間內每一普通股對於企業績效之權益，故應以歸屬於母公司普通股權益持有人之損益（分子），除以當期流通在外普通股加權平均股數（分母）計算之。

$$基本每股盈餘 = \frac{歸屬於普通股權益持有人之損益}{當期流通在外普通股加權平均股數}$$

$$= \frac{母公司個別已實現淨利 - 母公司特別股股利 + 子公司已實現每股盈餘 \times 母公司持有子公司約當股數}{母公司加權平均流通在外股數}$$

(一) 基本每股盈餘－分子

所謂「歸屬於母公司普通股權益持有人之損益」係指控制權益淨利，應分別調整分類為權益之特別股股利之稅後金額、清償特別股所產生之差額，以及特別股之其他類似影響數，以下分別說明之。

1. 控制權益淨利

控制權益淨利為母公司個別淨利加上採完全權益法下之投資收益，其中投資收益部分尚須考量聯屬交易及子公司資本結構之影響。此部分計算亦可分析如下：

控制權益淨利

= 母公司個別淨利 + 投資收益

= 母公司個別淨利 + $\left(\begin{array}{l}子公司個別淨利 - 逆流未實現損益 \\ + 逆流已實現損益\end{array}\right) \times$ 持股比例 $\begin{array}{l}- 順流未實現損益 \\ + 順流已實現損益\end{array}$

= 母公司個別淨利 $\begin{array}{l}- 順流未實現損益 \\ + 順流已實現損益\end{array}$ + $\left(\begin{array}{l}子公司個別淨利 - 逆流未實現損益 \\ + 逆流已實現損益\end{array}\right) \times$ 持股比例

= 母公司個別已實現淨利 + 子公司已實現淨利 × 持股比例

= 母公司個別已實現淨利 + 子公司已實現每股盈餘 × 母公司持有子公司約當股數

2. 特別股調整

(1) 特別股股利

　　自損益扣除之特別股股利後金額為：①與當期有關之已宣告非累積特別股股利之稅後金額；以及②應付之當期累積特別股股利之稅後金額，無論宣告與否。當期特別股股利之金額，不包括與先前期間有關而於當期支付或宣告之積欠特別股股利。

(2) 遞增股利率特別股

　　所謂遞增股利率特別股，係指該特別股原始折價發行，但嗣後提供低額股利；或該特別股原始溢價發行，但嗣後提供高於市場行情股利。折價遞增股利率特別股於原始發行時之任何折價或溢價，應採用有效利息法攤銷至保留盈餘，並於計算每股盈餘時，將其視為特別股股利。

(3) 特別股買回、轉換或收回

①企業可能向持有人公開收購而再買回特別股，所支付予特別股股東對價之公允價值與特別股帳面金額差額之部分，代表對特別股持有人之報酬及對企業保留盈餘之調整。該金額在計算歸屬於母公司普通股權益持有人之損益時應予以調整。

②企業可能會透過對原始轉換條件作有利之變更，或支付額外對價，以誘導可轉換特別股提早轉換。普通股或其他所支付對價之公允價值，超過按原始轉換條件可發行普通股之公允價值之部分，係對特別股股東之報酬，在計算歸屬於母公司普通股權益持有人之損益時應予以減除。

③任何特別股帳面金額超過清償該特別股所支付對價之公允價值之部分，在計算歸屬於母公司普通股權益持有人之損益時應予以加回。

(二) 基本每股盈餘－分母

　　所謂「當期流通在外普通股加權平均股數」係指當期期初流通在外普通股股數，調整乘上時間加權因子之當期買回或發行之普通股股數。

二　僅母公司為複雜資本結構

　　當母公司為複雜資本結構，代表母公司除發行普通股及不可轉換特別股外，尚有發行可轉換為普通股之債務證券或權益證券、或有發行認股權、認股證等類似權利。複雜資本結構之公司應考慮潛在普通股對每股盈餘之稀釋效果，同時計算基本每股盈餘及稀釋每股盈餘，此稱為雙重表達。合併稀釋每股盈餘之計算可列示如下：

$$\frac{\text{母公司個別已實現淨利} - \text{母公司特別股股利} + \frac{\text{子公司已實現每股盈餘}}{} \times \text{母公司持有子公司約當股數} \pm \text{稀釋性潛在普通股淨利影響數}}{\text{母公司加權平均流通在外股數} \pm \text{稀釋性潛在普通股普通股股數影響數}}$$

(一) 稀釋每股盈餘－分子

計算稀釋每股盈餘時，屬於普通股股東之本期純益（損）之本期純益（損）減除特別股股利後，再調整下列金額：

1. 稀釋性潛在普通股之股利。（增加）
2. 稀釋性潛在普通股於本期已認列之利息費用。（增加）
3. 稀釋性潛在普通股因轉換而產生之任何其他收益與費損之變動。（增減）

(二) 稀釋每股盈餘－分母

計算稀釋每股盈餘時，除應依照基本每股盈餘之規定計算普通股流通在外加權平均股數外，再加上所有具稀釋作用之潛在普通股轉換為普通股之加權平均流通在外股數。而加計股數之流通期間：

1. 稀釋性潛在普通股期初已存在：視為期初即已轉換。
2. 稀釋性潛在普通股本期發行：視為發行日即已轉換。
3. 稀釋性潛在普通股本期註銷或任其失效：僅就其流通在外期間之部分計入稀釋每股盈餘之計算。
4. 潛在普通股於期中轉換為普通股，自期初至轉換日之期間，其股數應列入稀釋每股盈餘之計算中；而自轉換日至期末之期間，其股數應列入基本與稀釋每股盈餘之計算中。

釋例八 合併每股盈餘，子公司為簡單資本結構

母公司相關資料如下：

(1) 本期個別淨利為 $1,000,000（不包括子公司之盈餘）。
(2) 全年流通在外普通股 400,000 股。
(3) 流通在外之認股證，可認購 20,000 股普通股，每股認購價格為 $10（假設當年度普通股平均每股市價 $20）。
(4) 可轉換之累積特別股 10,000 股，每股發放現金股利 $1.50。每 1 股特別股可轉換成 2 股普通股。
(5) 母公司持有 90,000 股子公司普通股。

子公司相關資料如下：

(1) 本期淨利為 $360,000。
(2) 全年流通在外普通股 100,000 股。
(3) 除股利外，母、子公司間無銷除或調整項目。

假設不考慮所得稅，試計算合併個體基本每股盈餘與合併稀釋每股盈餘。

> **解析**

1. 計算子公司每股盈餘

   子公司基本每股盈餘＝稀釋每股盈餘＝$360,000 ÷ 100,000 = \$3.6$

2. 計算合併基本每股盈餘

   合併基本每股盈餘 $= \dfrac{\$1,000,000 + \$3.6 \times 90,000 - \$1.5 \times 10,000}{400,000} = \$3.2725$

3. 計算合併稀釋每股盈餘

   認股證而增加之股數：$20,000 - \$10 \times 20,000 \div \$20 = 10,000$（股）

   合併稀釋每股盈餘 $= \dfrac{\$1,000,000 + \$3.6 \times 90,000}{400,000 + 10,000 + 20,000} = \$3.0791$

三　子公司為複雜資本結構：可轉換為子公司普通股

無論是母公司或子公司發行得轉換為子公司普通股之工具，在計算合併稀釋每股盈餘時，均應假設該工具會被轉換，而該工具係先直接影響子公司稀釋每股盈餘，再透過投資收益之認列，間接影響合併稀釋每股盈餘。得轉換子公司普通股之工具，將影響合併稀釋每股盈餘之分子，而不影響稀釋每股盈餘之分母。

(一) 子公司發行潛在普通股可轉換為子公司普通股

合併稀釋每股盈餘之計算可列示如下：

$$\dfrac{\text{母公司個別已實現淨利} - \text{母公司特別股股利} + \text{子公司已實現調整潛在普通股之稀釋每股盈餘} \times \text{母公司持有子公司約當股數}}{\text{母公司加權平均流通在外股數}}$$

1. **稀釋每股盈餘－分子**

   子公司發行得轉換為子公司普通股之工具，應計入子公司稀釋每股盈餘資料之計算。母公司再透過投資收益，調整「歸屬於母公司普通股權益持有人之損益」。

2. **稀釋每股盈餘－分母**

   母公司流通在外普通股股數並不會因假設轉換而變動，故稀釋每股盈餘計算中之分母不受影響。

(二) 母公司持有潛在普通股可轉換為子公司普通股

合併稀釋每股盈餘之計算可列示如下：

$$\frac{母公司個別已實現淨利 - 母公司特別股股利 + 子公司已實現調整潛在普通股之稀釋每股盈餘 \times 母公司持有子公司調整潛在普通股轉換後約當股數}{母公司加權平均流通在外股數}$$

1. 稀釋每股盈餘－分子

母公司發行得轉換為子公司普通股之工具，應計入子公司稀釋每股盈餘資料之計算。母公司再透過投資收益，調整「歸屬於母公司普通股權益持有人之損益」。

母公司發行可轉換為子公司普通股之工具，在決定其對稀釋每股盈餘之影響時，應假設該工具會被轉換，且在計算稀釋每股盈餘之分子時，對於歸屬於母公司普通股權益持有人之損益作必要之調整。除了該等調整外，應於假設轉換時，子公司流通在外普通股增加而導致報導個體記錄之任何損益之變動調整分子。

2. 稀釋每股盈餘－分母

母公司流通在外普通股股數並不會因假設轉換而變動，故稀釋每股盈餘計算中之分母不受影響。

> **釋例九　合併每股盈餘，子公司為複雜資本結構**

母公司相關資料如下：

(1) 本期個別淨利為 $1,000,000（不包括子公司之盈餘）。
(2) 全年流通在外普通股 400,000 股。
(3) 母公司持有 90,000 股子公司普通股。

子公司相關資料如下：

(1) 本期淨利為 $360,000。
(2) 全年流通在外普通股 100,000 股。
(3) 流通在外之認股證，可認購 20,000 股普通股，每股認購價格為 $10（假設當年度普通股平均每股市價 $20）。
(4) 可轉換之累積特別股 10,000 股，每股發放現金股利 $1.50。每 1 股特別股可轉換成 2 股普通股。
(5) 除股利外，母、子公司間無銷除或調整項目。

假設不考慮所得稅，試作：

1. 計算合併個體基本每股盈餘與合併稀釋每股盈餘。
2. 若母公司持有子公司發行認股證 5,000 單位，並擁有子公司 2,000 股轉換特別股，計算合併個體基本每股盈餘與合併稀釋每股盈餘。

解析

1. 母公司未持有子公司潛在普通股
   (1) 計算子公司基本每股盈餘

   基本每股盈餘 = ($360,000 − $1.5 × 10,000) ÷ 100,000

   　　　　　　 = $3.45

   (2) 計算合併基本每股盈餘

   $$\text{基本每股盈餘} = \frac{\$1,000,000 + \$3.45 \times 90,000}{400,000}$$

   　　　　　　 = $3.27625

   (3) 計算子公司稀釋每股盈餘

   認股證而增加之股數：20,000 − $10 × 20,000 ÷ $20 = 10,000（股）

   $$\text{稀釋每股盈餘} = \frac{\$360,000}{(100,000 + 10,000 + 20,000)}$$

   　　　　　　 = $2.7692

   (4) 計算合併稀釋每股盈餘

   $$\text{稀釋每股盈餘} = \frac{\$1,000,000 + \$2.7692 \times 90,000}{400,000}$$

   　　　　　　 = $3.1231

2. 母公司持有子公司潛在普通股
   (1) 計算子公司基本每股盈餘

   基本每股盈餘 = ($360,000 − $1.5 × 10,000) ÷ 100,000

   　　　　　　 = $3.45

   (2) 計算合併基本每股盈餘

   特別股股利收入 = $1.5 × 2,000 = $3,000

   $$\text{基本每股盈餘} = \frac{\$1,000,000 + \$3,000 + \$3.45 \times 90,000}{400,000}$$

   　　　　　　 = $3.28375

(3) 計算子公司稀釋每股盈餘：

認股證而增加之股數 = 20,000 − $10 × 20,000 ÷ $20 = 10,000（股）

$$稀釋每股盈餘 = \frac{\$360,000}{(100,000 + 10,000 + 20,000)}$$

$$= \$2.7692$$

(4) 計算合併稀釋每股盈餘

母公司持有子公司認股證淨利影響數

= 子公司稀釋每股盈餘 × 可換得普通股股數 × 母公司持有潛在普通股比例

$$= \$2.7692 × 10,000 × \frac{5,000}{20,000} = \$2.7692 × 2,500$$

$$= \$6,923$$

母公司持有子公司特別股淨利影響數

= 子公司稀釋每股盈餘 × 可換得普通股股數 × 母公司持有潛在普通股比例

$$= \$2.7692 × 20,000 × \frac{2,000}{10,000} = \$2.7692 × 4,000$$

$$= \$11,077$$

$$稀釋每股盈餘 = \frac{\$1,000,000 + \$2.7692 × (90,000 + 2,500 + 4,000)}{400,000}$$

$$= \$3.1681$$

四　子公司為複雜資本結構：可轉換為母公司普通股

　　子公司發行可轉換為母公司普通股之工具，在計算稀釋每股盈餘時，應視為母公司潛在普通股。同理，子公司發行購買母公司普通股之選擇權或認股證，於計算合併稀釋每股盈餘時，亦應視為母公司潛在普通股。這類工具由於視為母公司潛在普通股，因此均會影響稀釋每股盈餘中分子與分母之計算。合併稀釋每股盈餘的計算可列示如下：

$$\frac{母公司個別已實現淨利 − 母公司特別股股利 + 子公司已實現每股盈餘 × 母公司持有子公司約當股數 \pm 子公司稀釋性潛在普通股淨利影響數}{母公司加權平均流通在外股數 \pm 子公司稀釋性潛在普通股股數影響數}$$

　　綜合上述各種狀況，合併稀釋每股盈餘之計算步驟可列示如下：

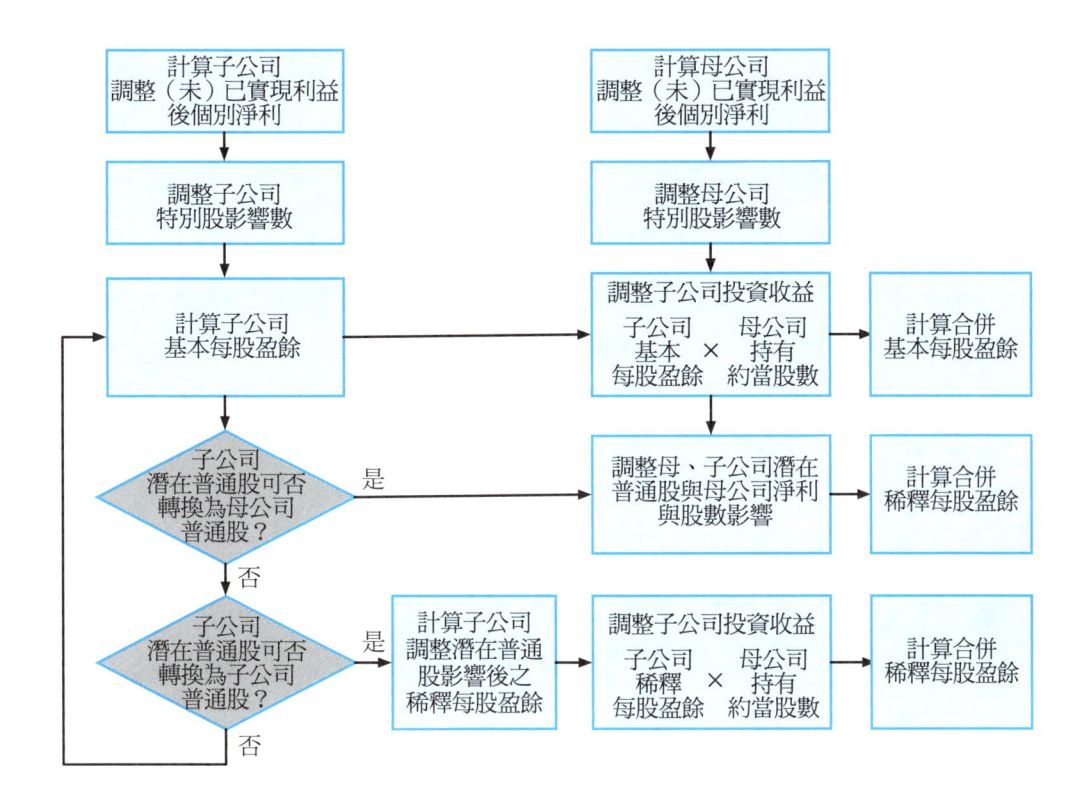

第 8 章　投資減損、合併所得稅與每股盈餘

```
計算子公司                              計算母公司
調整（未）已實現利益                    調整（未）已實現利益
後個別淨利                              後個別淨利
    ↓                                      ↓
調整子公司                              調整母公司
特別股影響數                            特別股影響數
    ↓                                      ↓
                                       調整子公司投資收益
計算子公司          ────→              子公司      母公司       → 計算合併
基本每股盈餘                            基本    ×  持有             基本每股盈餘
    ↓                                  每股盈餘    約當股數
 子公司                                     ↓
潛在普通股可否  ─是─→                 調整母、子公司潛在     → 計算合併
轉換為母公司                            普通股與母公司淨利        稀釋每股盈餘
 普通股？                               與股數影響
    ↓否
 子公司              計算子公司         調整子公司投資收益
潛在普通股可否 ─是→ 調整潛在普通  →   子公司      母公司    →  計算合併
轉換為母公司        股影響後之          稀釋    ×  持有          稀釋每股盈餘
 普通股？           稀釋每股盈餘       每股盈餘    約當股數
    ↓否
```

釋例十　子公司潛在普通股可轉換為子公司及母公司普通股，計算每股盈餘

　　P 公司擁有 S 公司 80% 普通股股權。X6 年度 P 公司全年流通在外的普通股有 100,000 股；全年流通在外的面額 $100、8% 累積特別股有 2,000 股。X6 年度 S 公司全年流通在外的普通股有 50,000 股；全年流通在外的面額 $100、8% 累積特別股有 10,000 股，及若干流通在外的認股權。其他相關資訊如下：

(1) S 公司的特別股可轉換成 30,000 股的普通股。
(2) S 公司的認股權可以每股 $15 的價格購買 10,000 股的普通股。
(3) X6 年度 P 公司未宣告及發放任何的股利。
(4) P 及 S 公司 X6 年度個個別淨利分別為 $272,000 及 $240,000。
(5) X6 年度 P 公司將成本 $60,000 的商品售予 S 公司，售價為 $80,000。X6 年度 S 公司已售出此批商品的 60%，且獲利 $30,000。
(6) X6 年度 S 公司將成本 $90,000 的土地售予 P 公司，售價為 $106,000，P 公司尚未出售此筆土地。

(7) P 公司取得 S 公司之股權時，S 公司資產負債除未入帳專利權 $40,000（分 10 年攤銷）外，其帳面金額與公允價值相當。

(8) P 及 S 公司 X6 年度普通股平均每股市價均為 $20，年底每股市價均為 $25。

試作：

1. 假設 S 公司的可轉換特別股及認股權均轉換成 S 公司的普通股，請計算 P 及 S 公司 X6 年度的合併基本每股盈餘及合併稀釋每股盈餘。

2. 假設 P 公司的可轉換特別股及認股權均轉換成 P 公司的普通股，請計算 P 及 S 公司 X6 年度的合併基本每股盈餘及合併稀釋每股盈餘。

解析

1. 假設 S 公司的可轉換特別股及認股權均轉換成 S 公司的普通股

	基本每股盈餘	稀釋每股盈餘
S 公司每股盈餘：		
普通股股東享有淨利		
S 公司淨利	$240,000	$240,000
特別股股利（$100 × 8% × 10,000）	(80,000)	
逆流交易未實現利潤（$106,000 − $90,000）	(16,000)	(16,000)
專利權攤銷（$40,000 ÷ 10）	(4,000)	(4,000)
	$140,000	$220,000
普通股流通在外股數	50,000	50,000
認股權增加股數（10,000 − $15 × 10,000 ÷ $20）		2,500
轉換特別股增加股數		30,000
	50,000	82,500
釋每股盈餘	$ 2.8000	$ 2.6667
合併每股盈餘：		
普通股股東享有淨利		
P 公司個別淨利	$272,000	$272,000
特別股股利（$100 × 8% × 2,000）	(16,000)	(16,000)
加：S 公司每股盈餘享有數（40,000 股）	112,000	106,667
順流交易未實現利潤（$20,000 × 40%）	(8,000)	(8,000)
	$360,000	$354,667
普通股流通在外股數	100,000	100,000
稀釋每股盈餘	$ 3.6000	$ 3.5467

2. 假設 S 公司的可轉換特別股及認股權均轉換成 P 公司的普通股

	基本每股盈餘	稀釋每股盈餘
S 公司每股盈餘：		
普通股股東享有淨利		
S 公司淨利	$240,000	$240,000
特別股股利（$100×8%×10,000）	(80,000)	
逆流交易未實現利潤（$106,000－$90,000）	(16,000)	(16,000)
專利權攤銷（$40,000÷10）	(4,000)	(4,000)
	$140,000	$220,000
普通股流通在外股數	50,000	50,000
稀釋每股盈餘	$ 2.8000	$4.4000
合併每股盈餘：		
普通股股東享有淨利		
P 公司個別淨利	$272,000	$272,000
特別股股利（$100×8%×2,000）	(16,000)	(16,000)
加：S 公司每股盈餘享有數（40,000 股）	112,000	176,000
順流交易未實現利潤（$20,000×40%）	(8,000)	(8,000)
	$360,000	$424,000
普通股流通在外股數	100,000	100,000
認股權增加股數（10,000－$15×10,000÷$20）		2,500
轉換特別股增加股數		30,000
	100,000	132,500
稀釋每股盈餘	$ 3.6000	$ 3.2000

本章習題

〈投資子公司減損〉

1. P 公司於 X6 年以現金 $3,000,000 取得 S 公司 70% 股權並認列 $500,000 商譽。P 公司於編製 X7 年財務報表時估計 S 公司可辨認淨資產公允價值總額為 $2,500,000，S 公司整體公允價值為 $2,800,000，則 P 公司與 S 公司 X7 年合併損益表上應認列之減損損失為何？
   (A) $200,000　　　　　　　　　(B) $300,000
   (C) $350,000　　　　　　　　　(D) $500,000

2. P 公司有 X、Y 二個現金產生單位，P 公司於編製 X3 年度財務報時評估 X 現金產生單位之商譽帳面金額為 $100,000，公允價值為 $80,000；Y 現金產生單位之商譽帳面金額為 $200,000，公允價值為 $250,000，則 P 公司 X3 年損益表上應認列之減損損失為何？
   (A) $0　　　　　　　　　　　　　　　(B) $20,000
   (C) $70,000　　　　　　　　　　　　 (D) $100,000

3. P 公司於 X1 年初以 $2,500,000 取得 S 公司 100% 股權，S 公司可辨認淨資產於收購日之帳面金額與公允價值均為 $2,300,000。由於 S 公司之資產整體為可產生與其他資產或資產群組大部分獨立現金流入之最小可辨認資產群組，屬一現金產生單位，而 P 公司其他現金產生單位預期可因合併綜效而獲益，故收購商譽 30% 分攤至 P 公司其他現金產生單位。假設 S 公司 X1 年度淨損 $100,000，未發放現金股利，X1 年底 P 公司其他現金產生單位並無減損，現金產生單位之可回收金額為 $2,000,000，則 P 公司與 S 公司 X1 年度合併資產負債表中之商譽金額為何？
   (A) $200,000　　　　　　　　　　　　(B) $140,000
   (C) $60,000　　　　　　　　　　　　 (D) $0

4. P 公司於 X1 年初以 $1,000,000 取得 S 公司 80% 股權，並按 S 公司可辨認淨資產公允價值比例衡量非控制權益。S 公司可辨認淨資產於收購日之帳面金額與公允價值均為 $1,100,000。由於 S 公司之資產整體為可產生與其他資產或資產群組大部分獨立現金流入之最小可辨認資產群組，屬一現金產生單位，而 P 公司其他現金產生單位預期可因合併綜效而獲益，故收購商譽 40% 分攤至 P 公司其他現金產生單位。假設 S 公司 X1 年度淨損 $100,000，未發放現金股利，X1 年底 P 公司其他現金產生單位並無減損，現金產生單位之可回收金額為 $980,000，則 P 公司帳上應認列之減損損失金額為何？
   (A) $120,000　　　　　　　　　　　　(B) $20,000
   (C) $72,000　　　　　　　　　　　　 (D) $88,000

5. P 取得 S 公司之股權而對 S 公司具有控制，由於 S 公司之資產整體為可產生與其他資產或資產群組大部分獨立現金流入之最小可辨認資產群組，屬一現金產生單位，而 P 公司其他現金產生單位預期可因合併綜效而獲益，故收購商譽 $100,000 分攤至 P 公司其他現金產生單位。假設 P 公司其他現金產生單位並無減損，P 公司於 X3 年底決定 S 公司現金產生單位之可回收金額為 $2,800,000，S 公司不含商譽之淨資產帳面金額為 $3,000,000。試按下列情況，決定 X3 年度 P 公司帳上應認列之減損損失金額，並作 X3 年度合併工作底稿有關減損之沖銷分錄。

   假設一：P 公司取得 S 公司 100% 股權，收購商譽 $250,000。
   假設二：公司取得 S 公司 60% 股權，非控制權益按公允價值衡量，收購商譽 $250,000。

假設三：P 公司取得 S 公司 60% 股權，非控制權益按淨資產公允價值比例計算，收購商譽 $250,000。

6. P 公司於 X1 年初以 $2,800,000 取得 S 公司 80% 股權，並按公允價值 $800,000 衡量非控制權益。S 公司可辨認淨資產於收購日之帳面金額與公允價值均為 $3,200,000。由於 S 公司之資產整體為可產生與其他資產或資產群組大部分獨立現金流入之最小可辨認資產群組，屬一現金產生單位。S 公司 X5 年 12 月 31 日資產負債之帳面金額與公允價值資料如下：

	帳面金額	公允價值
現金	$1,200,000	$1,200,000
應收帳款	1,500,000	1,500,000
廠房及設備	2,500,000	2,400,000
專利權	800,000	800,000
應付帳款	(1,000,000)	(1,000,000)
應付票據	(1,500,000)	(1,500,000)
普通股股本	(2,000,000)	
保留盈餘	(1,500,000)	

分別假設 S 公司 X5 年 12 月 31 日每股市價為 $18 及 $15，試作：
1. P 公司帳上減損損失認列分錄。
2. X5 年度合併工作底稿有關減損之沖銷分錄。

〈合併時遞延所得稅分攤〉

7. P 公司取得 S 公司 100% 股權而對 S 公司取得控制，並依可辨認淨資產公允價值之比例份額衡量非控制權益。若 S 公司設備之帳面金額 $5,000,000，公允價值 $6,000,000，P 公司所得稅率 20%，則收購價款應分攤予設備及遞延所得稅項目分別若干？
   (A) 設備 $5,000,000、遞延所得稅負債 $0
   (B) 設備 $5,800,000、遞延所得稅負債 $200,000
   (C) 設備 $6,000,000、遞延所得稅資產 $200,000
   (D) 設備 $6,000,000、遞延所得稅負債 $200,000

8. 甲公司以現金 $225,000 購入乙公司 75% 股權而對乙公司具有控制，並以收購日公允價值 $75,000 衡量非控制權益。當日乙公司可辨認淨資產之公允價值 $250,000，但其帳面金額與課稅基礎均為 $200,000。甲及乙公司適用之所得稅稅率分別為 15% 及 20%，收購日前甲及乙公司均無遞延所得稅資產或負債。假設商譽之課稅基礎為零，試問收購日合併報表應認列之商譽為何？ 【106 年 CPA】

(A) $0 (B) $50,000
(C) $57,500 (D) $60,000

9. 甲公司以現金 $1,500,000 收購乙公司所有股權,當日乙公司可辨認淨資產公允價值為 $1,200,000,但其帳面金額與課稅基礎均為 $1,000,000。假設甲、乙公司適用之所得稅率均為 17%,收購日前甲公司與乙公司均無遞延所得稅資產或負債。假設商譽之課稅基礎為 $300,000,試問該收購之合併商譽為何? 【108 年 CPA】
   (A) $250,000 (B) $300,000
   (C) $334,00 (D) $339,780

10. 甲公司於 ×1 年 1 月 1 日發行普通股 100,000 股以股份交換方式吸收合併乙公司,當日甲公司普通股每股市價為 $50,乙公司權益為 $4,000,000。乙公司於合併前有累積營業虧損 $400,000,可扣抵年限 尚餘 2 年,乙公司未認列與該虧損扣抵相關之遞延所得稅資產,甲公司評估於未來兩年內很有可能有足夠之課稅所得可供減除乙公司未扣抵營業虧損之半數。乙公司於合併日帳列可辨認淨資產之帳面金額較其公允價值低估 $500,000。依甲公司所處之課稅管轄區規定,甲公司收購乙公司取得之所有可辨認資產及負債於合併日之課稅基礎均等於合併日乙公司原帳列金額,且商譽之課稅基礎為 $0。除前述外,甲乙二公司無其他財稅差異,甲公司之適用稅率為 20%。試問甲公司於 ×1 年 1 月 1 日應認列之商譽金額為何? 【103 年 CPA】
    (A) $560,000 (B) $520,000
    (C) $500,000 (D) $360,000

11. P 公司於 ×3 年初以 $2,000,000 取得 S 公司 70% 股權,並依公允價值 $700,000 衡量非控制權益。S 公司 ×3 年初資產負債資料如下:

	帳面金額	公允價值
流動資產	$1,500,000	$1,500,000
土地	1,200,000	1,500,000
建築物(剩餘年限 10 年)	800,000	700,000
設備(剩餘年限 2 年)	500,000	550,000
資產總額	$4,000,000	$4,250,000
負債	$2,000,000	$2,000,000
普通股股本	1,500,000	
保留盈餘	500,000	
負債及股東權益總額	$4,000,000	

S 公司 ×3 年度淨利 $300,000,發放現金股利 $200,000,假設 P 公司與 S 公司稅率均為 20%。

試分別按下列假設作：

1. 計算合併商譽。
2. 計算 X3 年度投資收益與非控制權益。
3. 作 X3 年度合併工作底稿沖銷分錄。

假設一：P 公司收購 S 公司取得之所有可辨認資產及負債於合併日之課稅基礎均等於合併日 S 公司公允價值，且商譽之課稅基礎為 $0，及 X3 年度投資收益。

假設二：P 公司收購 S 公司取得之所有可辨認資產及負債於合併日之課稅基礎均等於合併日 S 公司原帳列金額，且商譽之課稅基礎為 $0，計算合併商譽及 X3 年度投資收益。

12. 甲公司於 X1 年 1 月 1 日發行普通股 10,000 股，以股份交換方式吸收合併乙公司，當日甲公司普通股每股股價為 $50，每股面額為 $10。收購日乙公司各項可辨認資產及負債之公允價值與課稅基礎如下：

乙公司可辨認資產及負債於收購日之公允價值
（不含遞延所得稅）與課稅基礎

資產：	公允價值	課稅基礎	負債：	公允價值	課稅基礎
現金	$100,000	$100,000	應付帳款	$200,000	$200,000
存貨	300,000	300,000	應付公司債	450,000	500,000
設備	500,000	500,000	估計產品保證負債	200,000	0
無形資產—客戶關係	400,000	0			
資產總額	$1,300,000	$900,000	負債總額	$850,000	$700,000

無形資產—客戶關係之剩餘效益年限為 10 年，採直線法攤銷。應付公司債之面額為 $500,000，於 X6 年 1 月 1 日到期，採直線法攤銷折價。乙公司合併前有累積營業虧損 $100,000，甲公司於收購日評估未來很有可能有足夠之課稅所得可供減除該未扣抵營業虧損之全數。合併商譽之課稅基礎為 $300,000，在申報所得稅時分 10 年採直線法攤銷。

甲公司於 X1 年 12 月 31 日估計產品保證負債之帳面金額為 $150,000。由於收購後原乙公司所屬事業單位之獲利不如預期，甲公司評估未來很有可能僅有 $50,000 之課稅所得可供減除乙公司累積營業虧損。甲公司 X1 年底發生商譽減損 $2,500。

甲公司 X1 年之課稅所得為 $2,000,000，適用稅率為 20%，除以上所述者外，無其他暫時性差異。

試作：

1. 計算收購日合併商譽之金額。

2. 甲公司於 X1 年 1 月 1 日收購乙公司之分錄。

3. 計算甲公司 X1 年度之所得稅費用。

4. 甲公司 X1 年 12 月 31 日認列所得稅費用之分錄。　　　　　　　　　【108 年 CPA】

〈合併後所得稅影響〉

13. 若母、子公司間有未實現損益，則於何種情況下會產生遞延所得稅？
    (A) 合併個體選擇合併申報所得稅　　　　(B) 合併個體為聯屬集團
    (C) 母、子公司個別申報所得稅　　　　　(D) 未實現損益係因逆流交易所產生

14. 甲公司持有乙公司 70% 股權，甲公司對該投資採完全權益法。乙公司於本年度銷貨給甲公司，產生毛利 $100,000，至年底尚有 $70,000 未實現，所得稅稅率為 25%，採個別申報制度。則此項逆流交易未實現毛利所產生之遞延所得稅資產，表達在甲公司帳上、乙公司帳上、合併資產負債表上之金額分別為若干？
    (A) $0、$0、$17,500　　　　　　　　　(B) $12,250、$0、$17,500
    (C) $17,500、$0、$17,500　　　　　　　(D) $0、$17,500、$17,500

15. P 公司持有 S 公司 40% 股權，投資成本與取得之 S 公司淨資產份額無差額，P 公司 X3 年度於帳上認列投資收益 $300,000，收到現金股利 $200,000，假設 P 公司與 S 公司稅率均為 20%，P 公司收取 S 公司現金股利 80% 免課所得稅。則有關此項交易之影響，下列何者正確？
    (A) X3 年度正確投資收益應為 $288,000
    (B) X3 年度投資帳戶餘額增加 $82,000
    (C) X3 年度遞延所得稅負債增加 $4,000
    (D) X3 年度遞延所得稅負債減少 $12,000

16. 台北公司持有台中公司 80% 股權，X8 年間台北公司銷貨給台中公司，年底未實現毛利 $200,000。所得稅稅率為 25%，台北公司對投資採完全權益法。若台北公司 X8 年度所得稅費用為 $450,000，則台北公司 X8 年度的課稅所得為若干？
    (A) $1,600,000　　　　　　　　　　　　(B) $1,800,000
    (C) $1,960,000　　　　　　　　　　　　(D) $2,000,000

17. 甲公司於 X1 年 1 月 1 日以 $400,000 取得乙公司 80% 之股權，當日乙公司之權益為 $500,000，且所有可辨認資產及負債之公允價值均等於帳面金額。甲公司依可辨認淨資產之比例份額衡量非控制權益。X1 年甲公司與乙公司之稅前個別淨利（不含投資收

益或股利收入）分別為 $500,000 與 $80,000，兩家公司均未宣告股利。乙公司於 X1 年將成本 $35,000 之商品以 $50,000 銷售予甲公司，該批存貨於 X1 年底仍有 1/3 為甲公司所持有。甲公司與乙公司分開申報其所得稅，其適用稅率分別為 20% 與 25%，所有可辨認資產與負債之課稅基礎均等於帳面金額，股利所得與證券交易所得免稅，甲、乙二公司於 X1 年初帳上均無遞延所得稅。除前述外，甲、乙二公司無其他財稅差異。試問 X1 年之合併所得稅費用為何？ 【107 年 CPA】

(A) $118,750
(B) $119,000
(C) $120,000
(D) $121,000

18. 甲公司於 X5 年 1 月 1 日取得乙公司 80% 股權並具控制，採權益法處理該項投資。當日乙公司可辨認資產、負債之帳面金額均等於公允價值。X5 年 1 月 2 日甲公司將帳面金額 $2,500 的機器以 $6,500 出售予乙公司，該機器尚可使用 10 年，無殘值，採用直線法提列折舊。兩家公司對機器之後續衡量均採成本模式。甲公司及乙公司適用之所得稅率分別為 20% 及 25%。有關 X5 年所得稅費用之敘述，下列何者正確？

【108 年 CPA】

(A) 甲、乙兩公司所得稅費用合計數較合併綜合損益表之所得稅費用多 $720
(B) 甲、乙兩公司所得稅費用合計數較合併綜合損益表之所得稅費用多 $900
(C) 甲、乙兩公司所得稅費用合計數較合併綜合損益表之所得稅費用多 $1,000
(D) 甲、乙兩公司所得稅費用合計數等於合併綜合損益表之所得稅費用

19. P 公司及其持股比例 100% 子公司 X1 年度損益資料如下：

	P 公司	S 公司
銷貨收入	$3,000,000	$1,200,000
處分資產利益	200,000	
銷貨成本	(1,800,000)	(700,000)
營業費用	(900,000)	(300,000)
稅前淨利	$ 500,000	$ 200,000

X1 年間 P 公司出售土地給 S 公司獲利 $200,000，P 公司及 S 公司稅率均為 20%。

試作：

1. 若 P 公司與 S 公司採個別申報所得稅，計算 X1 年度合併報表之所得稅費用，及 P 公司與 S 公司個別財務報表上之所得稅費用。

2. 若 P 公司與 S 公司採個別申報所得稅，計算 X1 年度合併報表之所得稅費用，及 P 公司與 S 公司個別財務報表上之所得稅費用。

20. P 公司於 X5 年 1 月 2 日以 $2,000,000 取得 S 公司 60% 之股權，依可辨認淨資產公允價值之比例衡量非控制權益，收購當時 S 公司股東權益包括股本 $2,000,000、保留盈餘 $1,200,000，S 公司所有可辨認資產及負債之公允價值均等於帳面金額。

X5 年度 S 公司出售商品給 P 公司，銷貨成本 $200,000，售價為 $300,000，期末存貨中有半數尚未出售。P 公司及 S 公司 X5 年度損益資料如下：

	P 公司	S 公司
銷貨收入	$5,000,000	$1,800,000
銷貨成本	(2,600,000)	(1,000,000)
營業費用	(1,400,000)	(400,000)
稅前淨利	$1,000,000	$ 400,000

若 S 公司 X5 年度發放現金股利 $150,000，P 公司與 S 公司採個別申報所得稅，依稅法規定，股利收入 80% 免稅，P 公司與 S 公司之適用稅率分別為 20% 與 25%。

試作：

1. 計算 P 公司與 S 公司個別財務報表上之所得稅費用，及 X5 年度合併報表之所得稅費用。
2. P 公司對 S 公司 X5 年度投資收益。
3. 編製 X5 年度 P 公司與 S 公司合併損益表。

21. 甲公司於 X1 年 1 月 1 日以 $5,600,000 取得乙公司 80% 股權，當日乙公司之權益包括股本 $1,000,000 與保留盈餘 $4,000,000。甲公司採權益法處理其對乙公司之投資，以公允價值 $1,400,000 衡量非控制權益。乙公司可辨認資產及負債中，除建築物與設備之公允價值分別超出其帳面金額 $800,000 與 $400,000，以及未入帳專利權之公允價值 $500,000 外，其他可辨認資產及負債之帳面金額均等於公允價值。前項建築物與設備之剩餘耐用年限分別為 10 年與 8 年，採直線法攤提折舊，無殘值。未入帳專利權之剩餘效益年限為 5 年。甲公司與乙公司之適用稅率分別為 20% 與 25%。乙公司各項可辨認資產及負債之課稅基礎即為其帳面金額。商譽之課稅基礎為零，股利所得與證券交易所得均免稅。

甲公司與乙公司 X1 年之個別稅前淨利（不含投資收益或股利收入）分別為 $4,000,000 與 $1,000,000，乙公司於 X1 年宣告及發放股利 $300,000。乙公司於 X1 年以 $500,000 銷貨予甲公司，該批存貨於乙公司帳列成本為 $300,000，於 X1 年底仍有半數為甲公司所持有。

試作：

1. 決定合併商譽之金額。
2. 計算 X1 年之合併所得稅費用。

3. 編製 X1 年度合併工作底稿應作之調整及沖銷分錄（包括非控制權益之部分）。

【101 年 CPA】

〈合併每股盈餘－簡單資本結構〉

22. 若母、子公司均無潛在普通股流通在外，則計算合併每股盈餘時分母為：
    (A) 母公司流通在外普通股加權平均股數
    (B) 母公司與子公司流通在外普通股加權平均股數之合計數
    (C) 母公司流通在外普通股股數加母公司持有子公司普通股股數
    (D) 母公司與子公司流通在外普通股股數合計數

23. 計算合併每股盈餘時，需先計算子公司每股盈餘，原因為：
    (A) 母公司為複雜資本結構
    (B) 子公司有可轉換為子公司普通股之潛在普通股流通在外
    (C) 子公司持有可轉換為母公司普通股之潛在普通股流通在外
    (D) 以上皆是

24. 若子公司並無可轉換之證券或認股證，則合併基本每股盈餘應如何計算？
    (A) 歸屬於母公司普通股之合併淨利除以母公司加權平均流通在外股數
    (B) 歸屬於母公司普通股之合併淨利除以母公司與子公司加權平均流通在外總股數
    (C) 母公司基本每股盈餘與子公司基本每股盈餘之平均數
    (D) 合併淨利除以母公司與子公司加權平均流通在外總股數 【104 年 CPA】

25. 甲公司持有乙公司 70% 股權並具控制。X5 年甲公司與乙公司全年流通在外普通股數分別為 100,000 股與 10,000 股。X5 年 1 月 2 日乙公司將帳面金額 $15,000 的機器以 $20,000 出售予甲公司，該機器尚可使用 5 年，無殘值，採用直線法提列折舊。兩家公司對機器之後續衡量均採成本模式。甲公司與乙公司不含投資收益與股利收入之本身淨利分別為 $125,000 與 $54,000。X5 年度甲公司合併基本每股盈餘為何？（小數點計算至第二位，第三位四捨五入。）
    (A) $1.25 (B) $1.59
    (C) $1.60 (D) $1.79 【108 年 CPA】

26. 子公司可轉換公司債為具稀釋作用之可轉換為母公司普通股的潛在普通股，在計算合併稀釋每股盈餘時，下列敘述何者正確？
    (A) 合併稀釋每股盈餘僅分母受影響
    (B) 合併稀釋每股盈餘僅分子受影響
    (C) 合併稀釋每股盈餘的分母與分子皆受影響
    (D) 合併稀釋每股盈餘的分母與分子皆不受影響 【104 年 CPA】

〈合併每股盈餘－複雜資本結構〉

27. 甲公司持有乙公司 90% 普通股，乙公司有票面利率 10%，面額 $100,000，依面額發行之可轉換公司債全年流通在外，母公司並未持有此公司債，兩家公司適用的所得稅稅率均為 25%。假設此公司債可轉換為甲公司 10,000 股普通股，且具有稀釋作用，則在計算母公司之稀釋每股盈餘時，此公司債對該計算公式之分子的影響金額為若干？

(A) $10,000　　　　　　　　　　　　(B) $9,000
(C) $7,500　　　　　　　　　　　　(D) $6,750　　　　【100 年 CPA】

28. 甲公司有 25,000 股普通股全年流通在外，甲公司持有乙公司全年流通在外普通股 10,000 股之 80%。本年度乙公司之淨利為 $100,000、合併淨利中歸屬於甲公司股東之金額為 $200,000。此外，乙公司有認股權全年流通在外，該認股權得以每股 $15 認購乙公司普通股 2,000 股，乙公司普通股全年平均市價為 $25。試問，合併稀釋每股盈餘為若干？

(A) $8.93　　　　　　　　　　　　(B) $8.00
(C) $7.76　　　　　　　　　　　　(D) $7.63　　　　【101 年 CPA】

29. 甲公司於 X1 年 1 月 1 日以股份交換方式吸收合併乙公司，合併後甲公司流通在外普通股股數為 100,000 股，且於 X1 年上半年度維持不變。乙公司於合併後成為甲公司轄下之事業單位。依該合併契約，若於合併後第一年之年度結算後，原乙公司所屬事業單位全年度之部門營業利益率達 15% 以上，甲公司須額外發行新股 20,000 股予乙公司原股東。此外，甲公司基於留才，於收購日發行 25,000 單位認股權給與乙公司研發人員，每單位認股權可按 $40 認購甲公司普通股一股，於合併日二年後既得。甲公司 X1 年上半年度之淨利為 $500,000，原乙公司事業單位上半年度之部門營業利益率為 18%。甲公司普通股於 X1 年上半年之平均股價為 $50。試問甲公司 X1 年上半年度之合併綜合損益表上稀釋每股盈餘為何？

(A) $3.45　　　　　　　　　　　　(B) $4.00
(C) $4.17　　　　　　　　　　　　(D) $4.76　　　　【105 年 CPA】

30. P 公司與其持股 60% 之子公司相關資料如下：

	P 公司	S 公司
普通股股數（面額 $10）	500,000	100,000
認股權證（每股認購價格 $12，每股平均市價 $18）	—	12,000
本期淨利（包含投資收益）	$800,000	$300,000
投資收益（$180,000 減除專利權攤銷 $30,000）	150,000	

試按下列假設計算 P 公司與 S 公司合併稀釋每股盈餘：

1. 假設一：S 公司認股權證每單位可認購 S 公司普通股 1 股。
2. 假設二：S 公司認股權證每單位可認購 P 公司普通股 1 股。

31. 甲公司於 X1 年 1 月 1 日以 $600,000 取得乙公司 80% 之普通股股權，當日乙公司之權益包括普通股股本 $500,000（每股面額 $10），可轉換特別股股本 $200,000（每股面額 $100，股利率 5%，累積且非參加，每股可轉換為 5 股乙公司普通股）以及保留盈餘 $400,000。除未入帳專利權 $50,000（剩餘效益年限為 5 年）外，當日乙公司其他可辨認資產與負債之帳面金額均等於公允價值。甲公司屬簡單資本結構，未發行特別股，X1 年全年度流通在外普通股股數為 100,000 股。甲公司與乙公司 X1 年之個別淨利（不含投資收益或股利收入）分別為 $500,000 與 $190,000。甲公司於 X1 年曾將成本 $14,000 之商品以 $20,000 售予乙公司。截至 X1 年底，乙公司購自甲公司該批存貨仍有 1/3 尚未售出。試問 X1 年合併基本及稀釋每股盈餘為何？ 【102 年 CPA】

32. P 公司與子公司 S 公司 X4 年度個別損益表及合併報表金額如下：

	P 公司	S 公司	合併金額
銷貨收入	$1,400,000	$1,000,000	$2,000,000
銷貨成本	(800,000)	(600,000)	(990,000)
營業費用	(200,000)	(140,000)	(380,000)
投資收益	208,000	0	0
非控制權益淨利	0	0	(52,000)
淨利	$ 608,000	$ 260,000	$ 578,000

其他資訊如下：

(1) 公司間存貨交易全都為順流交易。
(2) 母公司投資採不完全權益法處理（或稱簡單權益法）。
(3) P 公司 X4 年度有 100,000 股普通股及 20,000 股面額 $100，4% 累積可轉換特別股流通在外。特別股為非約當普通股，並可以 1 股換 2 股方式轉換成普通股。
(4) S 公司 X4 年度有 60,000 股普通股及 10,000 股認股證流通在外。每股認股證可以每股 $20 認購 S 公司普通股 1 股，P 公司持有半數的認股證。S 公司普通股 X4 年度平均市價為 $40，年底市價為 $50。
(5) S 公司同時發行有可轉換公司債，可轉換為該公司普通股 10,000 股，X4 年度屬於此公司債之利息費用為 $28,800。

試計算 X4 年度合併個體之基本每股盈餘及完全稀釋每股盈餘。（不考慮所得稅）

33. 甲公司於 X5 年 10 月 1 日以現金 $3,000,000 及 50,000 股甲公司每股面額 $10 之股票（公允價值為 $1,000,000）收購乙公司全部股份，該日乙公司之資產負債狀況如下：

	帳面金額	公允價值
流動資產	$ 800,000	$ 800,000
固定資產	1,500,000	2,000,000
專利權	300,000	1,000,000

甲公司 X6 年度含乙公司之淨利為 $1,000,000，全年流通在外股數為 100,000 股，年底每股市價為 $18。

不考慮所得稅，分別針對下列獨立情況作答：

情況一

乙公司於 X5 年 10 月 1 日依合併契約規定辦理解散，乙公司併入甲公司成為乙部門。合併契約並約定，若乙部門 X7 年之部門利潤達 $500,000，甲公司將再發行 10,000 股甲公司股票給乙公司原股東。乙部門 X6 年之部門利潤為 $500,000。甲公司在 X6 年底認為乙部門之部門利潤在 X7 年很有可能超過 $500,000。

試作：
1. 甲公司於合併日及 X6 年底與此合併相關之分錄。
2. 計算甲公司 X6 年基本每股盈餘及稀釋每股盈餘。

情況二

乙公司並未解散。合併契約並約定，若乙公司 X7 年之淨利達 $500,000，甲公司將再發行 10,000 股甲公司股票給乙公司原股東。乙公司 X6 年淨利為 $500,000。甲公司在 X6 年底認為乙公司 X7 年之淨利很有可能超過 $500,000。

試作：甲公司於合併日及 X6 年底與此合併相關之分錄。

情況三

乙公司並未解散。合併契約約定，若 X7 年底甲公司股票每股市價未達 $20，則甲公司將額外發行普通股給乙公司原股東以彌補其損失。甲公司 X7 年底每股市價為 $19.5。

試作：
1. 甲公司 X6 年底、X7 年底與此合併相關之分錄。
2. 計算甲公司 X6 年基本每股盈餘及稀釋每股盈餘。

CHAPTER 9 衍生工具

學習目標

衍生工具概念
- 衍生工具之定義
- 衍生工具之種類
- 衍生工具之特性與功能
- 衍生工具之風險
- 衍生工具之會計處理

遠期合約
- 遠期合約簡介
- 遠期合約之訂價
- 遠期合約之評價
- 遠期合約之會計處理

期貨合約
- 期貨合約簡介
- 期貨合約之會計處理

選擇權
- 選擇權簡介
- 選擇權之會計處理

交換
- 交換簡介
- 利率交換合約之訂價與評價
- 交換合約之會計處理

附錄　以企業本身權益工具交割之衍生工具
- 以企業本身股份為標的之衍生工具性質
- 衍生工具之交割方式
- 以企業本身普通股為標的之選擇權

第 1 節　衍生工具概念

一　衍生工具之定義

衍生工具（Derivatives）是一種財務工具或合約，係由一般商品（例如：原油、棉花、大豆）或金融商品（例如：股票、債券）現貨市場所衍生之金融工具。衍生工具的價值由標的資產（一般商品或金融商品）的價值或其他指標（例如：台股指數、氣候指標）而決定，例如：原油遠期購買合約，衍生工具為遠期合約，標的資產為原油；台積電認股權，衍生工具為選擇權，標的資產為台積電股票；台股指數期貨，衍生工具為期貨，標的資產為台股指數。

衍生工具主要分為二類：一類是以「**遠期交易**」為基礎的衍生工具，包括店頭市場交易之「遠期合約與交換」及集中市場交易之「期貨合約」；另一類則是以「**選擇權交易**」為基礎的衍生工具，包括集中市場及店頭市場交易之「選擇權」。

衍生工具亦可透過相互結合或資產標的組合等發展出「期權」、「換匯換率」合約等新一代的衍生工具，例如：衍生工具與固定收益金融工具結合後，將形成「結構性金融工具」等混合式證券，亦為衍生工具。衍生工具相關架構及關係可列示如下：

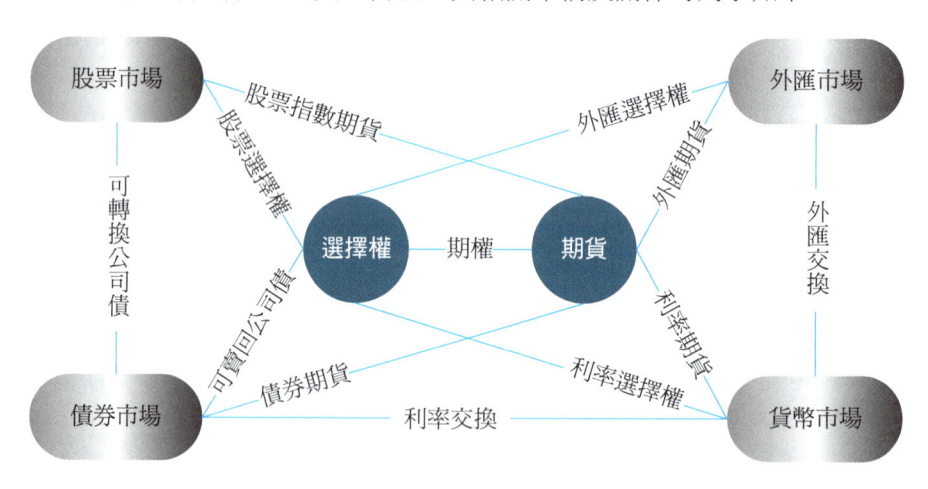

上圖中之外匯市場、股票市場、債券市場與貨幣市場，即屬於金錢、貨幣、資本、資金等財貨請求權流通與交換之金融市場。而非金融市場中，如原油、玉米等能源或大宗農作物市場，亦有原油或玉米之期貨、選擇權等衍生工具。

二　衍生工具之種類

1. **遠期交易**：遠期交易 (Forward) 係買賣雙方約定於未來某一**日期**，以**約定價格**買賣約定**數量**之特定標的物之交易。遠期交易之標的包括匯率、利率或一般商品。
2. **期貨交易**：期貨交易 (Future) 係買賣雙方透過集中市場結算所約定於未來某一特定日

期，以市場成交價格買賣約定數量特定標的物之交易。期貨之標的與遠期合約相同，包括匯率、利率或一般商品。
3. **交換**：交換（Swap）係交易雙方協議以一定價格於固定一段期間，互相交換一連串現金流量的一種契約，交換交易通常以本金計算現金流量，但並非以本金作為交換標的。交換交易得由交易雙方直接進行，亦得透過銀行等中介機構進行交換。交換交易係非標準化交易，隨交易雙方需求訂定，常見交換交易為利率交換與通貨交換二種。
4. **選擇權**：選擇權（Option）分為買權及賣權二種：**買權**係指持有人有權利於未來一定期間內按履約價格向選擇權發行人購買一定數量之特定標的物；**賣權**係指持有人有權利於未來一定期間內按履約價格向選擇權發行人出售一定數量之特定標的物，無論買權或賣權持有人均無執行買權或賣權之義務。選擇權之標的物包括股票、股價指數、外幣、利率或一般商品。

有關上述各種衍生工具之性質、訂價、評價與會計處理等說明，詳第 2~5 節。

三 衍生工具之特性與功能

1. 衍生工具之特性

(1) **槓桿操作**：槓桿係指投資資產價值為投資本金的倍數，倍數大小視交易保證金或權利金比例而定。由於衍生工具通常無須原始淨投資（投資本金為 0），或相較於對市場因素變動預期有類似反應之其他類型合約僅須較小金額之原始淨投資（例如，保證金為 10% 的金融期貨，只要投資 $1，即可從事 $10 的期貨交易），故衍生工具有槓桿特性。

(2) **具有標的**：衍生工具價值變動係反應特定變數（有時稱為標的）之變動，例如特定利率、金融工具價格、商品價格、匯率、價格或費率指數、信用評等或信用指數、或其他變數之變動。例如，股票選擇權交易中，股價為標的，而股票為標的物。

(3) **未來交割**：衍生工具合約係以約定價格（履約價格或固定價格）於未來交割標的物。例如，某一 90 天期股票遠期合約，其約定以固定之 $10 於 90 天後買賣標的物 1 單位股票；到期日若標的為 $13，則買入股票遠期合約方獲利 $3，賣出方損失 $3。

(4) **衍生能力**：衍生工具除上述四類外，亦得以遠期、期貨、選擇權及交換為基礎種類，與標的資產交叉組合再次衍生而產生新的衍生工具。例如期貨合約加上選擇權而成為期貨選擇權（如持有者有權在三個月內簽訂一個 9 月期之期貨）；利率交換加上選擇權而成為利率交換選擇權等，使衍生工具種類複雜繁多。

(5) **評價困難**：衍生工具有兩種買賣方式，一為集中市場的買賣（Exchange Trading），另一為店頭市場買賣（櫃檯買賣，OTC Trading）。集中市場買賣之衍生工具有公開市場價格，得用以估計公允價值，其評價較為客觀；店頭市場買賣之衍生工具則缺

乏公開客觀的評價基礎，一般採用複雜財務模型計算衍生工具之理論價值。

2. 衍生工具之功能

(1) 降低融資成本。

(2) 增加融資途徑或分散資金的來源。

(3) 優化資產與負債配置。

(4) 調整財務結構。

(5) 增加資產運用收益。

(6) 增加財務處理及資金調度彈性。

(7) 消除或減低匯率或利率風險。

四　衍生工具之風險

操作衍生工具涉及之風險種類可分為下列幾類，其中 1~4 項屬於財務風險。

1. 信用風險

信用風險（Credit Risk）係指交易一方發生違約或無法完全依照約定條款履約，導致另一方產生損失之可能性，又稱違約風險（Default Risk）。

2. 市場風險

市場風險（Market Risk）係指衍生工具標的價格反轉，使交易產生損失之可能性，又稱價格風險（Price Risk），或市場價格風險。

3. 流動性風險

流動性風險（Liquidity Risk）係指交易一方想將手中部位予以軋平時，無法在市場找到交易對手，或無法以合理的價格與速度完成時，所導致損失發生之可能性。

4. 現金流量風險

現金流量風險（Cash Flow Risk）係指貨幣性金融工具未來現金流量變動之風險。例如：浮動利率債務會隨著指標利率變動而使其未來現金流量變動。

5. 作業風險

作業風險（Operational Risk）係指因制度不當、人為疏失、管理失當或監督不周等原因，所引致損失發生之可能性。

6. 法律風險

法律風險（Legal Risk）係指因合約不詳、授權不明、法令不全或交易對手無法律行為能力等原因，引致合約被判無效或違約之可能性。

五　衍生工具之會計處理

企業操作衍生工具之動機有二：投機（Speculation）與避險（Hedging），會計處理

則依據操作動機而異其規定。

1. 投機衍生工具

　　企業對非因避險而持有之（投機型）衍生工具，應將衍生工具視為「持有供交易」之金融資產或負債，以透過損益按公允價值衡量，亦即採取透明度最高之表達方式，在持有期間之財務報表中完全反映公允價值變動的損益影響，即當期認列損益。

2. 避險衍生工具

　　企業對因避險而持有之衍生工具，應適用 IFRS 第 9 號「避險會計」規定，以公允價值衡量，但公允價值變動影響則視避險交易性質於當期認列為損益或遞延認列。

　　本章將針對遠期合約、期貨、選擇權、交換四種類型衍生工具，介紹其性質、基本訂價與評價觀念，並說明非避險交易下之會計處理。有關衍生工具之避險會計處理將在第 10 章及第 11 章說明。

第 2 節　遠期合約

一　遠期合約簡介

　　遠期合約（Forward Contracts）係交易雙方以特定價格買賣特定數量商品、貨幣或其他金融工具之合約，並於未來日期交割或結清（Delivery or Settlement）。遠期合約存續期間並無現金流量，雙方於合約到期時**總額交割**（依約定條件買賣商品、貨幣或其他金融工具），或依約定條件**淨額交割**（以現金、股票、商品或其他資產結算價差）。

　　例如，甲乙雙方約定於 6 個月後按每單位 $100 的價格買賣 10,000 單位的貴金屬。由於該合約預定於未來日期交割或結清，且合約之「價格 = $100/ 單位」、「數量 = 10,000 單位」及「時間 = 6 個月後」為買賣雙方所約定，不得變更，故該合約屬於遠期合約。

　　當合約條件約定交易雙方於合約到期時，賣方有義務交付 10,000 單位貴金屬，並有向買方收取 $1,000,000 現金之權利；買方則有支付 $1,000,000 現金之義務，並有收取 10,000 單位貴金屬之權利，則當甲乙雙方在 6 個月後，買賣雙方交換「貴金屬」與「現金」時，即完成「總額交割」。

　　由於遠期合約之「價格」、「數量」及「時間」事前均已約定且不可變更，當締約日至到期日標的物（貴金屬）的價格發生變動，合約雙方將產生「損益」的效果。例如：貴金屬市場價格於交割日上升至 $120，賣方依約定只能按 $100 出售，若依當時市場價格購入貴金屬後出售，每單位損失 $20，共損失 $200,000；而買方則得可按 $100 購入市場價格 $120 的貴金屬，若立即於市場上轉手銷售，每單位獲利 $20，共獲利 $200,000。由此可知，遠期合約為「零和遊戲」的性質：交易一方利益之金額等於他方損失的金額。

正因為遠期合約為零和遊戲性質（一方利益等於他方損失），故遠期合約之交易雙方亦可透過事前約定，在合約到期日就「損益金額部分」交易。當甲乙雙方在 6 個月後，賣方交付 $200,000 現金予買方，即完成「淨額交割」。

遠期合約並非集中市場交易之合約，未受嚴格規範，使交易雙方承擔信用風險。實務上，當遠期合約交易之一方為銀行時，通常會要求他方提供擔保品。

二　遠期合約之訂價

遠期合約之到期日在未來的某日，而交易雙方必須在締約時就決定「未來交割價格（遠期價格）」。**在無套利機會的環境下，「遠期價格」應等於「現時交易價格」加計利息成本與持有成本，並扣除持有標的物孳息。**當交易雙方締約時，遠期價格為市場公平價格，則雙方不須預先收付現金補貼，此時的遠期合約稱為**零成本合約**（Zero-Cost Term Contract）。零成本合約下遠期價格之訂價如下：

遠期價格（F）＝即期價格（S）×（1＋當期利率因子＋持有成本－標的物孳息）

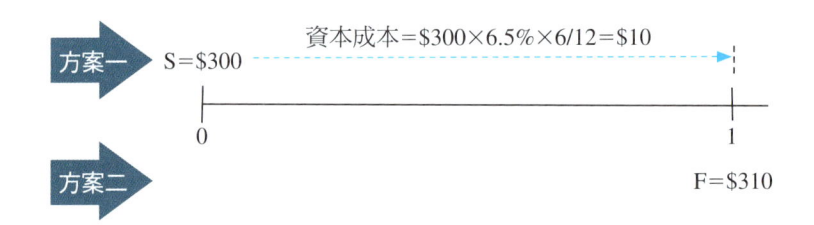

```
方案一    S=$300  資本成本＝$300×6.5%×6/12＝$10
                ├─────────────────────────┤
                0                         1
方案二                                    F=$310
```

以貴金屬遠期合約為例，若簽訂鈦金屬之遠期合約，約定 6 個月後購買，鈦金屬現貨單價 USD300，持有成本及標的物孳息可合理假設為 0，利率 6.5%，則鈦金屬遠期價格應為 USD310【300 ×（1 + 6.5% × 6/12）】。

當遠期合約約定遠期價格並非市場公平價格，則簽約時有利之一方可能需以現金補償對方。不論遠期價格是否為公平價格，合約成立時，交易對手也可能另外要求補償性存款、保證金或擔保品。

三　遠期合約之評價

1. 遠期合約於到期日之價值

遠期合約之遠期價格（履約價格）為到期日收付現金的金額，當零成本遠期合約在到期日時標的物即期價格不等於簽約日之遠期履約價格，遠期合約之價值不再等於簽約時之「零成本」。而零成本遠期合約在到期日之價值，即持有此合約所產生之損益。

(1) 遠期合約買方

就遠期合約之買方而言，當遠期履約價格低於到期日標的物即期價格，買方可

按低價購入標的物,而產生利益;當遠期履約價格高於到期日標的物即期價格,買方則應按高價購入標的物,而產生損失。

$$遠期合約到期日價值 = 遠期合約之(損)益 = (S_T - F_T) \times 合約數量$$

其中,F_T = 合約開始即約定之履約價格,S_T = 到期日之即期價格

(2) 遠期合約賣方

就遠期合約之賣方而言,當遠期履約價格高於到期日標的物即期價格,賣方可按高價賣出標的物,而產生利益;當遠期履約價格低於到期日標的物即期價格,賣方則應按低價賣出標的物,而產生損失。

$$遠期合約到期日價值 = 遠期合約之(損)益 = (F_T - S_T) \times 合約數量$$

其中,F_T = 合約開始即約定之履約價格,S_T = 到期日之即期價格

2. 遠期合約於到期前之公允價值決定

遠期合約簽約後,買賣雙方因流動性需求或其他原因提前解約,或因會計報表編製之評價需求,應計算遠期合約於到期前之價值,其估算方法係假設評價日簽訂一個「價格相同」、「數量相同」、「方向相反」、「時間 = 剩餘期間」的新遠期合約,以新舊合約到期日履約價格差額「折現」計算之。所謂「方向相反」係指,如遠期合約之**買方**,必須假設評價日簽訂一個價格相同、數量相同、剩餘期間的新遠期合約之**賣出**合約;如遠期合約之**賣方**,則必須假設評價日簽訂一個價格相同、數量相同、剩餘期間的新遠期合約之**買入**合約。

以遠期合約之買方而言,遠期合約於評價日之公允價值價算如下:

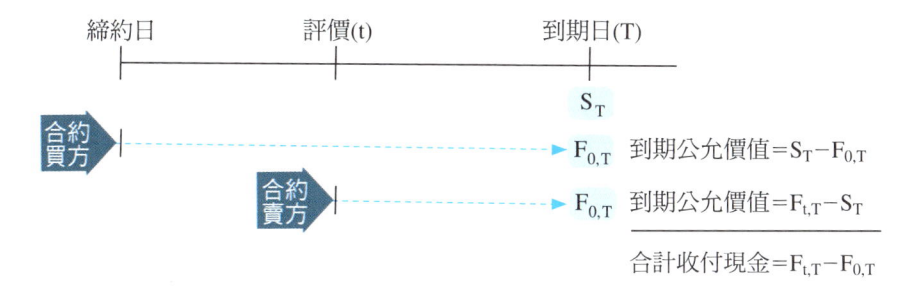

```
締約日          評價(t)         到期日(T)
 |───────────────|───────────────|
                                 S_T
 合約
 買方 ┤- - - - - - - - - - - - →F_{0,T}  到期公允價值 = S_T - F_{0,T}
              合約
              賣方 ┤- - - - - - →F_{t,T}  到期公允價值 = F_{t,T} - S_T
                                         ─────────────────────
                                         合計收付現金 = F_{t,T} - F_{0,T}
```

假設,S_T = 到期日 (T) 之即期價格

$F_{0,T}$ = 簽約日之到期日 (T) 遠期價格(舊合約之履約價格)

$F_{t,T}$ = 評價日 (t) 簽約之到期日 (T) 遠期價格(評價日 (t) 若簽訂零成本新合約之履約價格)

由上圖可知,一買一賣兩遠期合約於到期日之公允價值係合約剩餘期間遠期價格的差額,**將此差額折現至評價日 t**,即可得兩合約共計之公允價值;而新合約是 t 日當日新簽訂零價值之合約,所以前述兩合約共計之公允價值**即為須作評價之舊買約之公允價值**。

遠期合約（買方）評價日價值＝遠期合約公允價值＝$\dfrac{F_{t,T} - F_{0,T}}{(1+r)^{(T-t)}}$＝$\dfrac{\text{兩遠期價格差}}{\text{將差價折現}}$

釋例一　賣重金屬遠期合約之訂價與評價

甲公司與乙公司於 X1 年 1 月 1 日簽訂零成本、六個月到期遠期合約。甲公司約定出售 10,000 單位鈦金屬予乙公司。X1 年度鈦金屬相關價格資料如下：

	X1 年 1 月 1 日	X1 年 3 月 31 日	X1 年 6 月 30 日
現貨價格	$300	$292	$285
遠期價格	$310	$297	–

假設 X1 年 1 月 1 日 6 個月到期無風險利率為 6.5%；X1 年 3 月 31 日 3 個月到期無風險利率為 6%，甲公司於 6 月 30 日採現金淨額交割遠期合約。

試計算甲公司該遠期出售合約與乙公司該遠期購買合約於 3 月 31 日及 6 月 30 日之公允價值。

解析

甲公司（遠期合約之賣方）：
遠期合約 3 月 31 日公允價值
＝1 月 1 日預定於 6 月 30 日以 $310 出售鈦金屬合約（原遠期合約賣方）
　＋3 月 31 日預定於 6 月 30 日以 $297 購買鈦金屬合約（新遠期合約買方）
＝$\dfrac{10{,}000 \times (\$310 - \$297)}{1 + 6\% \times 3/12}$＝$128,079

遠期合約 6 月 30 日公允價值＝遠期合約之（損）益＝$(F_T - S_T) \times$ 合約數量
＝($310 − $285) × 10,000 ＝ $250,000

乙公司（遠期合約之買方）：
遠期合約 3 月 31 日公允價值
＝1 月 1 日預定於 6 月 30 日以 $310 購買鈦金屬合約（原遠期合約買方）
　＋3 月 31 日預定於 6 月 30 日以 $297 出售鈦金屬合約（新遠期合約賣方）
＝$\dfrac{10{,}000 \times (-\$310 + \$297)}{1 + 6\% \times 3/12}$＝−$128,079

遠期合約 6 月 30 日公允價值＝遠期合約之（損）益＝$(S_T - F_T) \times$ 合約數量
＝($285 − $310) × 10,000 ＝ −$250,000

3. 遠期合約公允價值之組成分析

遠期合約之公允價值為合約剩餘期間遠期價格的差額,若將即期價格變動列入分析,亦可將遠期合約價值分解為「即期部分價值」與「遠期部分價值」。

假設,S_0 = 簽約日之即期價格,$F_{0,T}$ = 簽約日之到期日(T)遠期價格

S_t = 評價日(t)之即期價格,$F_{t,T}$ = 評價日(t)之到期日(T)遠期價格

$$遠期合約公允價值 = \frac{F_{t,T} - F_{0,T}}{(1+r)^{(T-t)}}$$

$$= \frac{(S_t - S_0) + [(F_{t,T} - S_t) - (F_{0,T} - S_0)]}{(1+r)^{(T-t)}}$$

$$= \frac{(S_t - S_0)}{(1+r)^{(T-t)}} + \frac{(F_{t,T} - S_t) - (F_{0,T} - S_0)}{(1+r)^{(T-t)}}$$

$$= \underbrace{【即期部分之公允價值】}_{\text{0 期至 t 期即期價格差}} + \underbrace{【遠期部分之公允價值】}_{\text{0 期至 t 期即期價格與遠期價格差之變動}}$$

上式中,0 期至 t 期即期價格差為遠期合約之「即期部分之公允價值」,0 期至 t 期即期價格與遠期價格差之變動為遠期合約之「遠期部分之公允價值」。

釋例二 遠期合約公允價值之組成分析

承釋例一,請將甲公司與乙公司遠期合約 3 月 31 日及 6 月 30 日公允價值,分解為即期部分與遠期部分。

解析

1. 甲公司(遠期合約之賣方):

   遠期合約 3 月 31 日公允價值

   = 6 月 30 日以 $310 出售鈦金屬合約 + 6 月 30 日以 $297 購買鈦金屬合約

   $$= \frac{10,000 \times (\$310 - \$297)}{1 + 6\% \times 3/12}$$

   $$= \frac{10,000 \times [(\$300 - \$292) + (\$310 - \$300) - (\$297 - \$292)]}{1 + 6\% \times 3/12}$$

   $$= \frac{10,000 \times (\$300 - \$292)}{1 + 6\% \times 3/12} + \frac{10,000 \times [(\$310 - \$300) - (\$297 - \$292)]}{1 + 6\% \times 3/12}$$

   $$= \underbrace{【即期部分之公允價值】}_{\text{1/1~3/31 即期價格差}} + \underbrace{【遠期部分之公允價值】}_{\text{1/1~3/31 即期價格與遠期價格差之變動}}$$

   = $78,818 + $49,261 = $128,079

遠期合約 6 月 30 日公允價值

$= 10,000 \times (\$310 - \$285) = \$250,000$

$= \underbrace{10,000 \times (\$300 - \$285)}_{\substack{\text{【即期部分之公允價值】}\\ \text{1/1~6/30 即期價格差}}} + \underbrace{10,000 \times [(\$310 - \$300) + (\$285 - \$285)]}_{\substack{\text{【遠期部分之公允價值】}\\ \text{1/1~6/30 即期價格與遠期價格差之變動}}}$

$= \$150,000 + \$100,000$

2. 乙公司（遠期合約之買方）：

遠期合約 3 月 31 日公允價值

$= \dfrac{10,000 \times (\$297 - \$310)}{1 + 6\% \times 3/12}$

$= \dfrac{10,000 \times [(\$292 - \$300) + (\$297 - \$292) - (\$310 - \$300)]}{1 + 6\% \times 3/12}$

$= \underbrace{\dfrac{10,000 \times (\$292 - \$300)}{1 + 6\% \times 3/12}}_{\substack{\text{【即期部分之公允價值】}\\ \text{1/1~3/31 即期價格差}}} + \underbrace{\dfrac{10,000 \times [(\$297 - \$292) - (\$310 - \$300)]}{1 + 6\% \times 3/12}}_{\substack{\text{【遠期部分之公允價值】}\\ \text{1/1~3/31 即期價格與遠期價格差之變動}}}$

$= -\$78,818 - \$49,261 = -\$128,079$

遠期合約 6 月 30 日公允價值

$= 10,000 \times (\$285 - \$310)$

$= \underbrace{10,000 \times (\$285-\$300)}_{\substack{\text{【即期部分之公允價值】}\\ \text{1/1~6/30 即期價格差}}} + \underbrace{10,000 \times [(\$285 - \$285) - (\$310 - \$300)]}_{\substack{\text{【遠期部分之公允價值】}\\ \text{1/1~6/30 即期價格與遠期價格差之變動}}}$

$= -\$150,000 - \$100,000 = -\$250,000$

結論：遠期合約公允價值＝兩遠期價格差之現值；而即期部分公允價值＝兩即期價格差之現值；遠期部分則為剩餘之價值，其代表時間價值之變動。

四　遠期合約之會計處理

1. 非避險遠期合約會計處理

當企業簽訂之遠期合約並未指定作為避險工具時，應按公允價值評價，且公允價值變動應列為當期損益。其會計處理程序如下：

(1) **取得**：一般狀況下，遠期合約為零成本合約，簽約日公允價值為零，無現金收付，無須作分錄，若有交易成本則列為當期費用。

(2) **持有期間評價**：

① 遠期購買合約市場價格 > 履約價格 ➡ 有評價利益
   遠期出售合約市場價格 < 履約價格 ➡ 有評價利益

　　　透過損益按公允價值衡量金融資產　　×××
　　　　　金融資產評價損益　　　　　　　　　　×××

② 遠期購買合約市場價格 < 履約價格 ➡ 有評價損失
   遠期出售合約市場價格 > 履約價格 ➡ 有評價損失

　　　金融資產評價損益　　　　　　　　×××
　　　　　透過損益按公允價值衡量金融資產　　　×××

(3) **到期淨額交割**

① 收現：當遠期購買合約到期日市場價格大於履約價格，或是遠期出售合約到期時市場價格小於履約價格時，遠期合約將有借方餘額。

　　　現金　　　　　　　　　　　　　　×××
　　　　　透過損益按公允價值衡量金融資產　　　×××

② 付現：當遠期購買合約到期日市場價格小於履約價格，或是遠期出售合約到期日市場價格大於履約價格時，遠期合約將有貸方餘額。

　　　透過損益按公允價值衡量金融資產　　×××
　　　　　現金　　　　　　　　　　　　　　　×××

(4) **到期總額交割**：若遠期合約一方選擇總額交割，則交易雙方須按合約簽訂價格及數量購買及出售該合約標的物。例如原油遠期購買合約採總額交割，買方須按遠期合約之約定價格支付貨款，並將原油（存貨）入帳。

釋例三　貴重金屬遠期合約：持有供交易

甲公司於 X1 年 1 月 1 日簽訂零成本、6 個月到期遠期合約，約定出售 10,000 單位鈦金屬。X1 年度鈦金屬相關價格資料如下：

	X1 年 1 月 1 日	X1 年 3 月 31 日	X1 年 6 月 30 日
現貨價格	$300	$292	$285
遠期價格	$310	$297	—
遠期合約公允價值	$0	$128,079	$250,000

假設X1年1月1日6個月到期無風險利率為6.5%；X1年3月31日3個月到期無風險利率為6%，甲公司於6月30日以現金淨額交割該遠期合約。

若甲公司未指定該遠期合約作為避險工具，試作該遠期合約於3月31日及6月30日之相關分錄。

解析

日期	科目	借方	貸方
3月31日	透過損益按公允價值衡量金融資產	128,079	
	金融資產評價損益		128,079
6月30日	透過損益按公允價值衡量金融資產	121,921	
	金融資產評價損益		121,921
	現金	250,000	
	透過損益按公允價值衡量金融資產		250,000

2. 遠期合約在避險策略上之運用

遠期合約係買賣雙方約定於未來某一特定日期，以約定價格買賣約定數量之特定標的物之交易。因遠期合約具有「鎖定」未來交易價格之特性，在遠期購買合約下，將因未來交易價格上漲而產生利益；在遠期出售合約下，則將因未來交易價格下跌產生利益，故企業可利用遠期合約以上特性進行避險操作。

當企業擁有資產時，為規避資產價值下跌的風險，可簽訂遠期出售合約的方式，藉由市場價格下跌在遠期合約產生之利益，抵銷持有資產價值減少之損失；當企業承擔負債（合約負債，到期時應交付資產）時，為規避利率下跌導致負債增加的風險，亦可簽訂遠期購買合約，藉由價格上漲在遠期合約產生之利益，抵銷負債所增加之損失。

此外，當企業簽訂不可取消購買合約，因購買合約已鎖定未來購買價格，故承擔未來購買價格下跌所致之損失風險，此時，企業可選擇簽訂遠期出售合約，藉由市場價格下跌在遠期合約產生之利益，抵銷持有購買合約可能之損失。而在企業預期購買某項資產時，若預期該項資產價格將上升，亦可藉由直接簽訂以該資產為標的之遠期購買合約，鎖定預期購買資產之現金流量。

上述避險策略中，對於遠期價格的變動以及相關損益金額衡量與認列時點等會計處理，將於第10章再加以說明。

第3節 期貨合約

一 期貨合約簡介

依據我國「期貨交易法」規定，所稱期貨交易，指依國內外期貨交易所或其他期貨市場之規則或實務，**從事衍生自商品、貨幣、有價證券、利率、指數或其他利益之契約或其組合之交易**。遠期合約則是指當事人約定，於未來特定期間，依特定價格及數量等交易條件買賣約定標的物，或於到期前或到期時結算差價之契約。由上列定義可知，期貨合約與遠期合約之性質類似，具有「價格」、「數量」及「時間」三者均事先約定之特性，所不同者在於期貨合約係買賣雙方透過集中市場之結算所進行之「標準化」合約，二者之比較及期貨交易流程概述如下。

1. 期貨合約與遠期合約之比較
   (1) 交割日期：遠期合約有特定交割日期；期貨則為特定交割期間，通常為9個月。
   (2) 標準化交易：遠期合約買賣數量、交割日期及合約價格由交易雙方決定；期貨交易則有固定單位與固定交割日，且合約價格為市場公平價格。
   (3) 集中交易：遠期合約為客戶與經紀人間之交易，屬店頭市場交易；期貨則在交易所完成，屬集中市場交易。
   (4) 風險程度：遠期合約通常無需抵押品，亦未經交易保證，信用風險較高；期貨交易係由交易所保證雙方到期履約，故要求交易雙方支付一定金額保證金，屬有抵押品交易，信用風險較低。期貨交易人所需支付保證金有二種：原始保證金，維持保證金（詳下段說明）。
   (5) 逐日結算：期貨交易係按市場價值變動逐日結清，損失金額自原始保證金中扣除，當原始保證金額度低於規定水準時，交易人必須補足至原始保證金水準，即維持保證金。如有利益，則需將差額加回保證金中。

就買賣雙方而言，現貨交易與遠期交易或期貨交易之主要差異在於交易時間為「現在」或是「未來」，現貨交易下標的物按目前價格成交，即承擔此段期間市場價格波動的風險；而同樣在未來交易之遠期交易與期貨交易而言，差異在於遠期交易較期貨交易須承擔信用風險與流動風險，二者之主要差別在於交易承擔的風險不同，可比較如下圖：

現貨交易 →（市場價格風險）→ 遠期交易 →（信用風險／流動性風險）→ 期貨交易

2. 期貨合約相關名詞解釋
   (1) 口（Lot）：計算期貨合約的單位，買進一口即表示買進一單位期貨合約。
   (2) 倉位部分（Position）：留置在市場中尚未結清的期貨合約。
   (3) 平倉（Offset）：將尚未結清的部位反向沖銷。
   (4) 保證金（Margin）保證履行期貨交易義務的資金，期貨交易人需在交易前將保證金存入期貨公司保證金帳戶中。
   (5) 原始保證金（Initial Margin）：欲建立新部位時所需的資金，原始保證後金額度由交易所訂定之。
   (6) 維持保證金（Maintenance Margin）：在建立部位後所需維持在帳戶的最低保證金水準，帳戶淨值低於所需之維持保證金，期貨經紀商將向客戶發出保證金追繳通知。
   (7) 追繳保證金（Margin Call）：若帳戶淨值低於維持保證金時，期貨經紀商必須向客戶發出追繳通知，客戶應繳足至原始保證金的水準。
   (8) 交割（Delivery）：在期貨合約到期時賣方移轉現貨商品所有權予買方，買方須以現金支付到期日之結算價格。
   (9) 入金與出金：入金係指交易人將個人資金撥轉存入期貨經紀商開立於金融機構之「客戶保證金專戶」，以從事期貨、選擇權交易或補繳保證金之行為；出金係指交易人將個人剩餘保證金從期貨經紀商開立於金融機構之「客戶保證金專戶」提領之行為。
   (10) 轉倉（Switch）：將留倉的期貨部位同時以一買一賣或一賣一買的方式使近月合約轉為遠月合約繼續持有。
   (11) 基差（Basis）：現貨與期貨間的價格差，現貨價格減期貨價格即等於基差。
   (12) 價差（Spread）：近月期貨合約與遠月期貨合約的價格差，近月期貨價格減遠月期貨價格即等於價差。
   (13) 結算價格（Settlement Price）：每日交易結束後由交易所公佈之價格，作為逐日結算的價格，結算價格通常不一定等於當日的收盤價。

3. 期貨合約之交易程序

目前在台灣期貨交易所上市期貨商品包括股價指數期貨、個股期貨、利率期貨、匯率期貨及商品期貨等五大類型。我國期貨市場交易流程包括：(1) 開戶，(2) 存入保證金，(3) 下單交易，(4) 每日結算保證金，(5) 補足保證金，(6) 平倉或到期交割，(7) 出金，其交易流程圖如下：

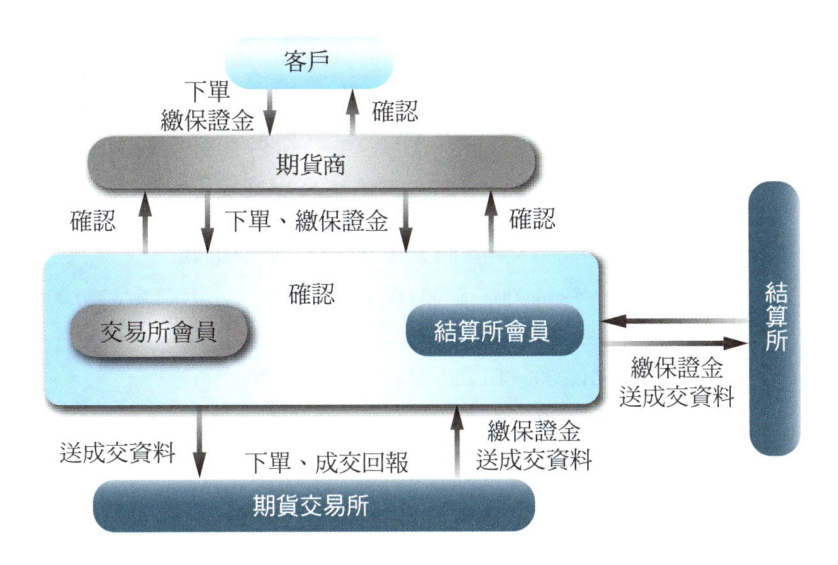

```
客戶
  ↓下單    ↑確認
  繳保證金
     期貨商
  ↑確認  ↓下單、繳保證金  ↑確認
         確認
  交易所會員    結算所會員  ⇄  結算所
                    繳保證金
                    送成交資料
  ↓送成交資料  ↓下單、成交回報  ↑繳保證金
                              送成交資料
         期貨交易所
```

在期貨交易中，為降低交易之信用風險而採用保證金制度，維持保證金之基準與追繳保證金之數額，在各交易所規定不同。以美國芝加哥交易所為例，其規定買賣一口玉米期貨須繳 675 美元的原始保證金，而其維持保證金為 500 美元（原始保證金之 75%），若有一投資者買進一個玉米期貨合約後價格下跌致其損失超過 175 美元時，投資者須繳交追繳保證金至 675 美元，投資者若未能及時補足保證金，即會被強迫出場（砍倉或斷頭）。

結算所對於期貨合約採取「Marking to Market」的逐日結算方式，於每一交易日後設定結算價格，結算期貨未平倉部位的獲利或損失，並將獲利金額撥入保證金帳戶，或將損失金額自保證金帳戶中扣除。以臺灣證券交易所發行量加權股價指數期貨契約（臺股期貨, TX）為例，期貨契約內容（摘要）包括：

項目	內容
契約價值	• 臺股期貨指數乘上新臺幣 200 元
契約到期交割月份	• 自交易當月起連續 3 個月份，另加上 3 月、6 月、9 月、12 月中 3 個接續的季月契約在市場交易 • 新交割月份契約於到期月份契約最後交易日之次 1 營業日一般交易時段起開始交易
升降單位	• 指數 1 點 (相當於新臺幣 200 元)
最後交易日	• 各契約的最後交易日為各該契約交割月份第 3 個星期三
最後結算日	• 最後結算日同最後交易日
交割方式	• 以現金交割，交易人於最後結算日依最後結算價之差額，以淨額進行現金之交付或收受
原始保證金	• 94,000 元
維持保證金	• 72,000 元

假設甲公司預期台股指數將下跌，於 3 月 1 日賣出 10 口 9 月台股期貨，成交價為 10,000 點，依據目前期貨合約之規定，原始保證金為 $940,000，維持保證金為 $720,000，契約價值為每點 $200 計算。若 3 月 1 日、3 月 2 日、3 月 3 日台股指數結算價分別為 10,200、10,100、10,150，則甲逐日損益與保證金帳戶餘額計算如下：

3 月 1 日　　當日損益 = (10,000 − 10,200) × 10 × $200 = ($400,000)
　　　　　　保證金餘額 = $940,000 − $400,000 = $540,000 < 維持保證金 $720,000
　　　　　　甲公司須補足至 $720,000
3 月 2 日　　當日損益 = (10,200 − 10,100) × 10 × $200 = $200,000
　　　　　　保證金餘額 = $720,000 + $200,000 = $920,000
3 月 3 日　　當日損益 = (10,100 − 10,150) × 10 × $200 = ($100,000)
　　　　　　保證金餘額 = $920,000 − $100,000 = $820,000

二　期貨合約之會計處理

1. 非避險期貨合約會計處理

當企業簽訂之期貨合約並未指定作為避險工具時，應按公允價值評價，且公允價值變動應列為當期損益。其會計處理程序如下：

(1) 取得：與遠期合約相同，期貨合約簽約時為零成本合約，簽約日公允價值為零，但須支付原始保證金，交易成本列為當期費用。

　　　　期貨保證金　　　　　　　　　×××
　　　　手續費　　　　　　　　　　　×××
　　　　　　現金　　　　　　　　　　　　　×××

(2) 持有期間評價：同遠期合約，惟期貨每日結算，且有公開市場，其市場價格即代表未來成交商品現在之價格，故不需折現。

①評價利益：交易所將當日結算獲利直接轉入保證金帳戶。

　　　　期貨保證金　　　　　　　　　×××
　　　　　　金融資產評價損益　　　　　　　×××

②評價損失：交易所將當日結算損失直接從保證金帳戶扣除，當減除金額後之保證金餘額低於要求的保證金額度時，交易所將要求投資人存入現金補足，若未補足，則將該期貨帳戶結清。損益認列之會計分錄如下：

　　　　金融資產評價損益　　　　　　×××
　　　　　　期貨保證金　　　　　　　　　　×××

(3) 結清

①到期淨額交割：與持有期間評價相同，期貨損益直接轉入期貨保證金帳戶。

②到期總額交割：若按總額交割，則須按到期日結算價格及數量購買及出售該合約標的物。例如股票期貨出售合約採總額交割，賣方須交付股票，並依到期日結算價格收取價款，除列帳列金融資產（股票）。

③收回保證金

現金	×××	
期貨保證金		×××

釋例四　公債期貨：持有供交易

丙公司於 X1 年 9 月 29 日繳交保證金 $1,620,000，並於 X1 年 9 月 30 日放空 12 口 10 年公債期貨（每口公債 500 萬），有關此公債期貨相關資訊如下：

X1 年 9 月 30 日成交價	116.^{195}
X1 年 12 月 31 日收盤價	114.^{745}
X2 年 1 月 6 日平倉價（6 口）	112.^{745}
X2 年 3 月 19 日到期交割價	110.^{745}（兩天後總額交割）

假設期貨交易每日結算，試作丙公司有關此期貨之相關分錄。

解析

X1 年 9 月 29 日	期貨保證金	1,620,000	
	現金		1,620,000

X1 年 12 月 31 日	期貨保證金	870,000	
	金融資產評價損益		870,000

（$60,000,000 ×(116.195% − 114.745%)）

X2 年 1 月 6 日	期貨保證金	600,000	
	金融資產評價損益		600,000

（$30,000,000 ×(114.745% − 112.745%)）

X2 年 3 月 19 日	期貨保證金	1,200,000	
	金融資產評價損益		1,200,000

（$30,000,000 ×(114.745% − 110.745%)）

＊由釋例可知，因交易人須每日以保證金結清當日損益，使期貨在資產負債表上不會被認列，此期貨保證金餘額不代表期貨之價值，而僅作為信用保證之工具。

2. 期貨合約在避險策略上之運用

與遠期合約交易類似，期貨交易利潤受到期貨約定之履約價格與標的物到期時之價格影響，其關係可圖示如下：

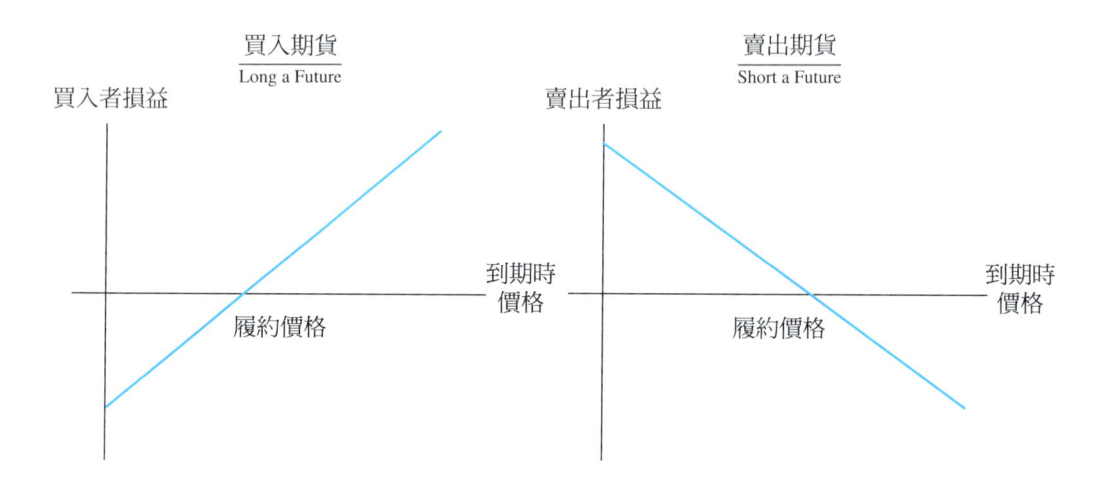

買入期貨 Long a Future／買入者損益，履約價格，到期時價格

賣出期貨 Short a Future／賣出者損益，履約價格，到期時價格

採用期貨合約作為避險工具，係將現貨擁有的部位在期貨市場中進行相反方向的操作，使未來在期貨市場平倉後的盈虧，能與現貨市場價格變動的盈虧相抵，而達成固定成本或售價之目的。有關期貨作為避險工具之會計處理，則留待第 10 章及第 11 章再加以說明。

第 4 節　選擇權

一　選擇權簡介

1. 選擇權之意義

選擇權是一種衍生合約，**選擇權持有人有權利但沒有義務（可放棄該權利）在未來某一特定日期或未來特定期間內，以約定價格向選擇權發行人購買或出售一定數量的特定標的物，而選擇權發行人則有義務（但無權利）履行選擇權持有人購買或出售之要求**。由於發行人只負擔義務，所以通常須向持有人收取一筆權利金作為補償，而為確保發行人於合約屆滿時能依約履行義務，通常發行人會被要求提供保證金作為履約保證。

2. 選擇權基本構成要素

(1) 選擇權標的物

選擇權依標的物（Underlying Asset）區分，包括：①現貨選擇權（如股票、股票指數、外幣、利率相關證券、各種商品），②實體商品選擇權，及③期貨選擇權。

(2) 標的物數量

各種在集中市場交易之選擇權標的物數量均經標準化。原則上，每一合約所規範標的物數量，在合約存續期間中不會改變，除非遇有股票分割或發放股票股利之情形（反稀釋條款）。

(3) 履約價格

選擇權在履約時，其標的物之買賣價格成為履約價格（Strike Price or Exercise Price）。此一價格由交易所訂定，原則上在合約存續期間不會改變，但如標的股票有分割或發放股票股利之情形，在除權日當天，履約價格及合約數量均會調整（反稀釋條款）。

(4) 權利期間

選擇權合約所定履約權利期間的最後一天，稱為失效日或到期日（Expiration Date）。

(5) 權利金

權利金（Premium）係買方進場取得選擇權所須支付之價金，此價金由市場供需雙方來決定，換言之，權利金即為選擇權之價格，包含內含價值及時間價值。

(6) 選擇權之交割

選擇權的結算方式與遠期合約相同，可採用總額交割或淨額交割的方式。

3. 選擇權類型

(1) 以買權與賣權區分

買權（Call）係購買特定標的物的權利。**買入買權**（Long a Call）係選擇權持有人支付一筆權利金後，取得依約定價格向選擇權發行人「購買」一定數量的特定標的物；**賣出買權**（Short a Call）係指選擇權發行人收取該權利金，並有義務依約定價格「出售」標的物。

賣權（Put）係出售特定標的物的權利。**買入賣權**（Long a Put）選擇權持有人支付支付一筆權利金後，取得依約定價格「出售」一定數量的特定標的物與選擇權發行人；**賣出賣權**（Short a Put）係指選擇權發行人收取該權利金，並有義務依約定價格「購買」標的物。

(2) 以標的資產區分

①股權選擇權（Equity Options）

- 股票選擇權（Stock Options）係使選擇權持有人在一定期間有權以一約定價格買進或賣出標的股票之權利，發行人則有依持有人要求賣出或買進標的股票之義務。此項選擇權係目前交易所掛牌買賣之衍生商品，產品具有標準化的特性，流動性佳。

- 認股權證（Warrants）係廣義的股票選擇權，分為「認購權證」與「認售權證」，亦可附著於公司債發行。
- 股票轉換權（Conversion Right）係嵌入於「可轉換公司債」之股票買權。

②外匯選擇權（Foreign Currency Options）
- 即期外匯選擇權（Options on the Spot Price）係以選擇權到期當天之即期外匯作為標的之合約。
- 外匯期貨選擇權（Options on Futures Contracts）係以選擇權到期當天的某一外匯期貨作為標的之合約，其選擇權到期日係於外匯期貨交割日之前。

③利率選擇權（Interest Rate Option）
- 利率上限（Interest Rate Caps）係使持有人在合約有效期間內，具有向發行人收取市場利率高於 Caps 履約價格之利率差額之權利，屬利率買權。
- 利率下限（Interest Rate Floors）係使持有人在合約有效期間內，具有向發行人收取市場利率低於 Floors 履約價格之利率差額之權利，屬利率賣權。
- 利率上下限（Interest Rate Collars）係同時買進利率上限及賣出利率下限之合約，當市場高於 Collars 之上限價格時，發行人須支付利率差額予持有人；當市場利率低於 Collars 之下限價格時，持有人須支付利率差額予發行人。

(3) 執行權利之時間區分
①歐式選擇權（European Options）：持有人僅能在權利期間最後一天（即到期日）執行權利。
②美式選擇權（American Options）：持有人可在權利期間內任何一天執行權利。

4. 選擇權價值

選擇權的價值可分為內含價值與時間價值二部分。以履約價格為 $100 之股票買權為例，買權之價值可圖示如下：

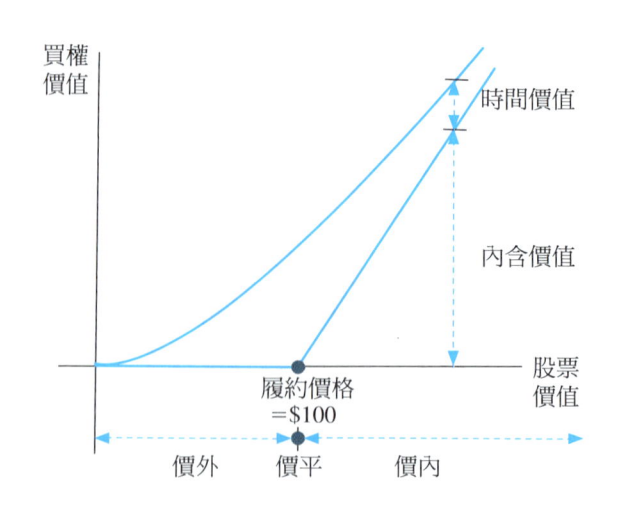

(1) 內含價值

內含價值（Intrinsic Value）又稱履約價值，係指執行價格與標的物市價間對選擇權持有人有利之差額。在買權為履約價格低於標的物市價之金額，在賣權為履約價格高於標的物市價之金額。以上述股票買權為例，當股票市價為 $120 時，買權之內含價值為 $20（$120－$100）。

依履約價格與標的物價格之關係，可分為價平、價內與價外三種情形：

①**價內**（In-the-Money）

當買權之標的物市價大於執行價格時，則此買權為價內；**若賣權之執行價格大於標的物之市價時**，則此賣權亦為價內。以上述股票買權為例，當股票市價 $120 大於履約價格 $100，買權內含價值 $20 大於零，即為價內。價內之選擇權理論上預期會被執行。

②**價平**（At-the-Money）

當標的物市價等於執行價格。以上述股票買權為例，當股票市價等於履約價格 $100，買權內含價值等於零，即為價平。

③**價外**（Out-of-the-Money）

當買權之標的物市價小於執行價格時，則此買權為價外；**若賣權之執行價格小於標的物之市價時**，則此賣權亦為價外。以上述股票買權為例，當股票市價 $70 小於履約價格 $100，買權內含價值為 0（小於零時可選擇不執行），即為價外。價外之選擇權理論上預期不會被執行。

就買權而言，履約價格愈低，買權持有人愈可能執行買權，權利金價值愈大；就賣權而言，履約價格愈高，賣權持有人愈可能執行賣權，權利金價值愈大。

(2) 時間價值

在未屆失效日前，買權與賣權之總價值均會大於其內含價值，超過部分即為時間價值（Time Value）。所謂時間價值係持有人對價平或價外選擇權進入價內，或已為價內但更深入價內的預期所願意支付的權利金，這種期望會隨著時間的消逝而機會愈來愈少，**時間價值在到期日為零**。

(3) 選擇權評價模式

實務上經常使用的選擇權評價模式包括 Black-Scholes' option pricing model，以及 Binomial Option Pricing，在計算時涉及艱澀的理論和運算，在此不多說明。

二　選擇權之會計處理

1. 選擇權之交易型態

(1) 買入買權

標的物價格大於履約價格時，買權產生利益，但購買買權須支付權利金，故持有**買權之利潤為標的物價格大於履約價格部分扣除權利金**。亦即，當標的物價格等於履約價格加計權利金時，購買買權達到損益兩平。而標的物價格小於履約價格時，買權持有人將不履約，其損失即為權利金。理論上，持有人之利潤可以為無限大，而損失（權利金）有限的。假設買權履約價格為 $100，權利金 $5，則當標的物價格為 $105，買權價值為 $5，扣除權利金 $5 後，達損益兩平。其損益情形如下圖所示：

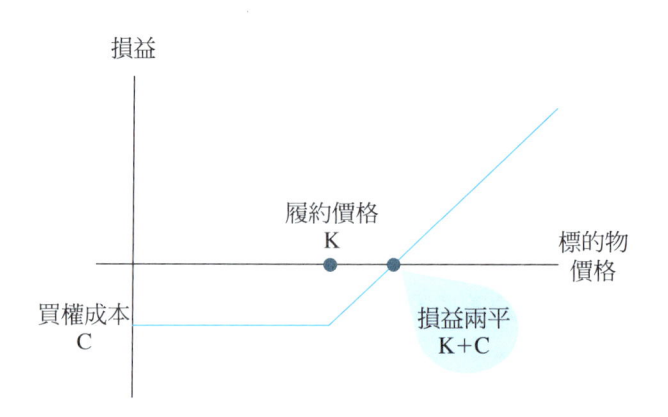

(2) 買入賣權

履約價格大於標的物價格時，賣權產生利益，但購買賣權須支付權利金，故持有**賣權之利潤為履約價格大於標的物市價扣除權利金部份**，由於標的物價格最低為零，持有人之最大利潤為履約價格減權利金部分，當標的物價格等於履約價格減除權利金時，購買賣權達到損益兩平。而當履約價格小於標的物格（價外），賣權持有人將不履約，其損失即為權利金。故可推知賣權持有人之利潤有限，損失（權利金）有限。假設賣權履約價格為 $100，權利金 $5，則當標的物價格為 $95，賣權價值為 $5，扣除權利金 $5 後，達損益兩平。其損益情形如下圖所示：

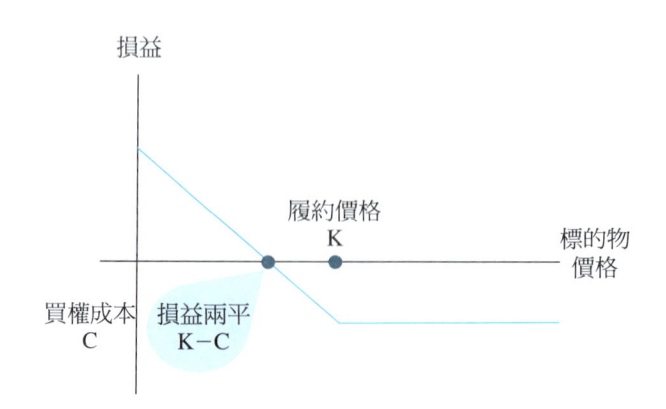

(3) 賣出買權

當履約價格大於標的物價格（價外），買權持有人將不履約，而買權發行人之利潤即為權利金；當履約價格小於標的物價格，持有人將履約（價內），買權發行人之損失為標的物價格大於履約價格扣除權利金部份，理論上，發行人之利潤（權利金）有限，損失無限。假設買權履約價格為 $100，權利金 $5，則當標的物價格小於 $100，持有人將不會履約，賣出買權利潤為 $5；當標的物價格為 $105，賣出買權損失 $5 與權利金抵銷後，達損益兩平。其損益情形如下圖所示：

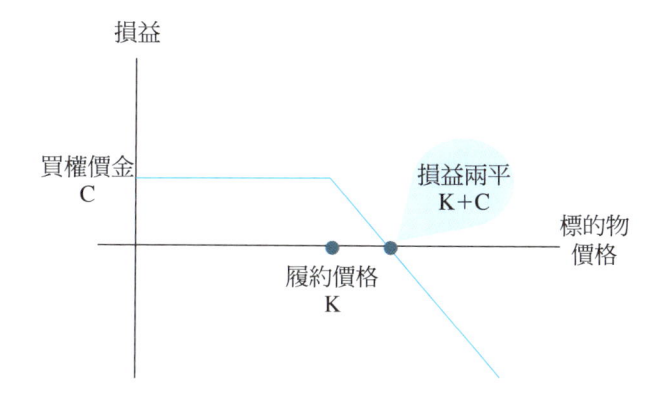

(4) 賣出賣權

當履約價格小於標的物價格（價外），賣權持有人將不履約，而賣權發行人之利潤即為權利金；當履約價格大於標的物價格，持有人將履約（價內），賣權發行人之損失為履約價格大於標的物價格扣除權利金部份，由於標的物價格最低為零，發行人之最大損失亦為履約價格減權利金部分。故賣權發行人係損失有限，利潤（權利金）亦有限。假設賣權履約價格為 $100，權利金 $5，則當標的物價格大於 $100，持有人將不會履約，賣出賣權利潤為 $5；當標的物價格為 $95，賣出買權損失 $5 與權利金抵銷後，達損益兩平。其損益情形如下圖所示：

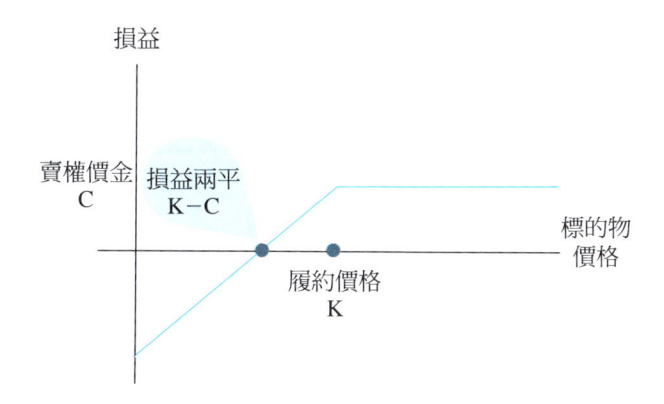

2. 非避險／投機選擇權會計處理

當企業購入選擇權且未指定作為避險工具時，應按公允價值評價，且公允價值變動列為當期損益。其會計處理程序如下：

(1) 取得

簽約日公允價值為權利金（時間價值），交易成本列為當期費用。須作分錄：

透過損益按公允價值衡量金融資產	×××	
手續費	×××	
現金		×××

(2) 持有期間評價

選擇權於簽約日內含價值通常為零，時間價值則隨時間經過逐漸減少，至到期日時，時間價值為零。評價損益為公允價值（內含價值＋時間價值）之變動數。評價之會計處理同遠期契約。

(3) 到期：淨額交割（假設選擇權有借方餘額，收現）

現金	×××	
透過損益按公允價值衡量金融資產		×××

釋例五　股票選擇權：持有供交易

丁公司於 X1 年 1 月 1 日買入六個月後到期，淨額交割之賣出選擇權，標的物為 1,000 股 A 公司股票，履約價格 $100，權利金 $15,000，相關資料如下：

	X1 年 1 月 1 日	X1 年 3 月 31 日	X1 年 6 月 30 日
A 公司股票價格	$100,000	$103,000	$99,000
選擇權時間價值	$15,000	$8,000	$0

試作丁公司 X1 年 1 月 1 日、X1 年 3 月 31 日及 X1 年 6 月 30 日相關分錄。

解析

	X1 年 1 月 1 日	X1 年 3 月 31 日	X1 年 6 月 30 日
選擇權內含價值	$ 0	$ 0	$1,000
選擇權時間價值	15,000	8,000	0
選擇權公允價值	$15,000	$8,000	$1,000

X1 年 1 月 1 日	透過損益按公允價值衡量金融資產	15,000	
	現金		15,000

X1年3月31日	金融資產評價損益	7,000	
	透過損益按公允價值衡量金融資產		7,000
X1年6月30日	金融資產評價損益	7,000	
	透過損益按公允價值衡量金融資產		7,000
	現金	1,000	
	透過損益按公允價值衡量金融資產		1,000

3. 選擇權在避險策略上之運用

　　選擇權與遠期合約和期貨交易相同，因具有鎖定未來特定期間特定價格之性質，除可藉以鎖定企業預期購買資產或發行負債的價格外，亦可對於企業已持有之資產負債價值變動的風險，或是對於企業已簽訂之購買、銷售合約因價格波動產生之風險，均得以有效抵銷。此外，由於選擇權持有人對於價外之選擇權無履約之義務，就持有選擇權本身並未承擔跌價風險（惟須支付選擇權權利金），加上企業可藉由同時買進或賣出不同履約價格之買權、賣權，並加以組合，達到鎖定價格區間，將企業風險控制在一定水準。有關選擇權在避險操作上之會計處理，則留待第 10 章、第 11 章再加以說明。

第 5 節　交換

一　交換簡介

1. 交換之意義

　　交換是買賣雙方在一定期間內，由「不同利率計息方式」或「不同貨幣」產生一連串不相同的現金流量互換的協議。具體言之，交換是兩種（或以上）經濟個體於磋商後，約定於未來進行多次遠期交易之合約。

2. 交換之主要種類

　　金融交換原為處理國際貿易中進出口廠商債務清償的程序，以及銀行間對於不同貨幣的調度需求，而近來則在國際金融市場蓬勃發展下，金融交換已形成許多企業管理其資產負債的工具，茲舉例說明常見的交換合約如下：

(1) 貨幣交換（Currency Swap）：例如 A 銀行與 B 銀行約定，在未來三年內 A 銀行的美元與 B 銀行歐元互換。

```
            美元
  A 銀行 ⇄ B 銀行
            歐元
```

(2) 利率交換（Interest Rate Swap）：例如 A 銀行與 B 銀行約定，按約定本金計算，在未來三年內 A 銀行的固定利率計息方式與 B 銀行的浮動利率計息方式互換。

```
         固定利率
A 銀行 ───────→ B 銀行
       ←───────
         浮動利率
```

(3) 貨幣利率交換（Cross Currency Swap or Currency Coupon Swap）：例如台灣 A 公司至海外發行美元浮動利率公司債，再與 B 銀行簽訂貨幣利率交換合約，在未來三年內 A 公司收取美元浮動利率債券之現金流量並交付 B 銀行台幣固定利率本息之現金流量。

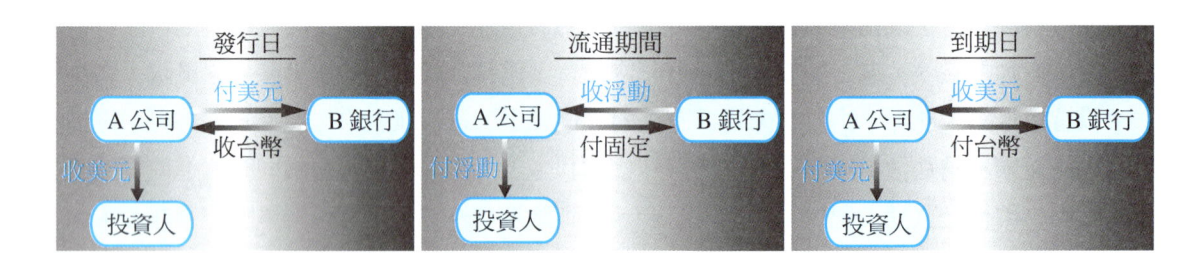

發行日	流通期間	到期日
A公司 付美元→ B銀行 　　　 ←收台幣 收美元↓ 投資人	A公司 ←收浮動 B銀行 　　　 付固定→ 付浮動↓ 投資人	A公司 ←收美元 B銀行 　　　 付台幣→ 付美元↓ 投資人

(4) 換匯（Foreign Exchange Swap）：在外匯市場上同時買又賣（Buy and Sell）或賣又買（Sell and Buy）一筆金額相等交割日不同的外匯交易。例如 A 銀行於 1 月 1 日對 B 銀行買入 100 萬美元（1 月 3 日交割），同時賣出 100 萬美元（2 月 3 日交割）。

(5) 股價交換（Equity Swap）：為某種計息方式（如 LIBOR）與某種股價指數間的互換，用來使資金成本或收益與股票收益率連結。

(6) 商品交換（Commodity Swap）：為某種商品的市場價格與固定（合約）價格間的互換來移轉該種商品的價格風險。

(7) 交換選擇權（Swaption）：為選擇權的一種，買方支付權利金後可取得一個執行交換合約的權利（Option on Swap）。

本書將以交換合約中最常見的利率交換合約加以說明。

二　利率交換合約之訂價與評價

1. 利率交換合約之現金流量

利率交換合約係合約雙方交換利息收付方式。例如，甲公司與乙公司簽訂利率交換合約，甲公司發行之固定利率債券利息與乙公司發行浮動利率之利息進行交換；假設名目本金為 $1,000,000，4 年期，固定利率為 5%，浮動利率為每年 1/1 當日之一年期市場基準利率，每年年底以現金淨額交割。交易流程如下：

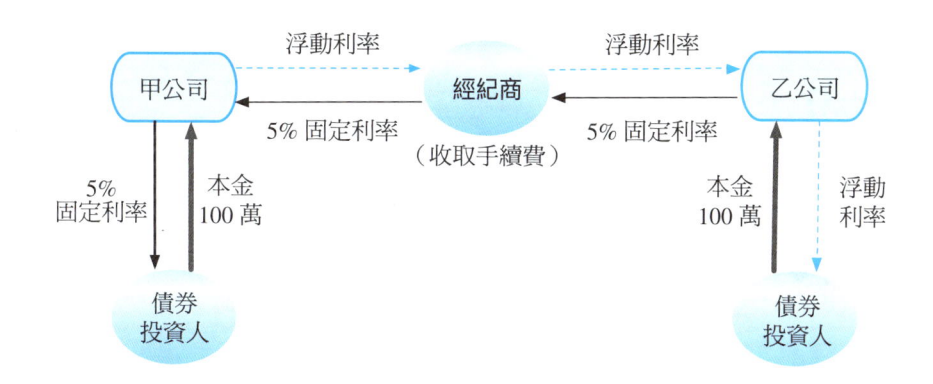

```
                    浮動利率              浮動利率
    甲公司  ┄┄┄┄┄→  經紀商  ←┄┄┄┄┄  乙公司
           ←─────           ─────→
           5% 固定利率  (收取手續費)  5% 固定利率
      ↓5%        ↑本金              ↑本金        ↓浮動
      固定利率    100萬              100萬        利率
      ↓           │                  │            ┇
      債券                                        債券
      投資人                                       投資人
```

　　對甲公司而言，每期將自乙公司所收取之固定利息，轉付予甲公司債券投資人，甲公司則支付浮動利息予乙公司，甲公司透過利率交換合約（收固定、付浮動），將固定利率債券實質上轉換為浮動利率債券。假設各期浮動利率分別為 5%、3%、6%、4%，則甲公司各期收付利息狀況如下：

（單位：萬元）		第 1 期	第 2 期	第 3 期	第 4 期
公司債	利息支出❶	$100×5% = $(5)	$100×5% = $(5)	$100×5% = $(5)	$100×5% = $(5)
利率交換	收固定❷	$100×5% = $ 5	$100×5% = $ 5	$100×5% = $ 5	$100×5% = $ 5
	付浮動❸	$100×5% = $(5)	$100×3% = $(3)	$100×6% = $(6)	$100×4% = $(4)
	現金淨額 ❹=❷-❸	0	$ 2	$(1)	$ 1
淨利息支出❺=❶+❹		$100×5% = $(5)	$100×3% = $(3)	$100×6% = $(6)	$100×4% = $(4)

2. 利率交換合約之訂價與評價

　　利率交換合約之訂價係指在交易前，訂出一個固定利率，**該固定利率使合約之固定現金流量與預期浮動現金流量之淨現值為 0；利率交換合約之評價則係就已知的固定利率與各期預期浮動利率差額所產生的交換部位，計算其淨現值**。然問題在於如何在交易發生前得知各期預期的浮動利率？計算淨現值應使用之折現率為何？此概念涉及「遠期利率」之概念，茲說明如下：

(1) 即期利率與遠期利率

　　在貨幣市場上，貨幣的價格是以利率的方式表示，代表貨幣或資金使用者所支付給貨幣或資金供給者在某一特定期間的酬勞。而依據結款時點的不同，利率可分為即期利率（Spot rate, SR）與遠期利率（Forward rate, FR）二種，即期利率為「今天」借款 n 期的利率，遠期利率代表今天約定「未來」借款 1 期的利率。遠期利率的概念可由下圖說明：

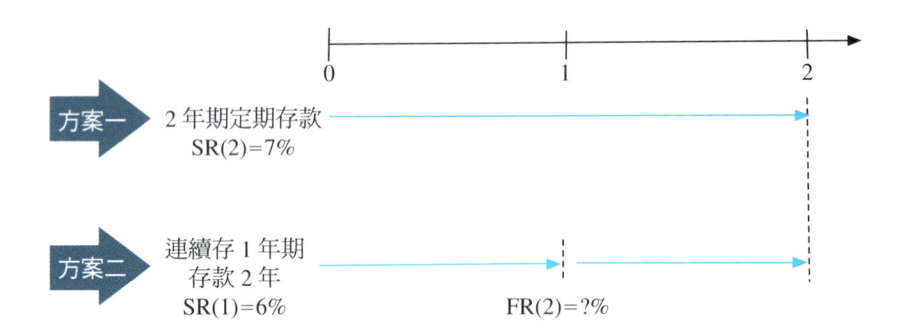

```
        0              1              2
方案一   2 年期定期存款 ─────────────────
        SR(2)=7%

方案二   連續存 1 年期
        存款 2 年      ───────  ───────
        SR(1)=6%              FR(2)=?%
```

上圖中，方案一為 2 年期定期存款（期間內不付息），假設 2 年期存款利率為 7%，則 2 年後該定期款之本利和為 $1.1449；方案二為存款 1 年後以到期本利繼續存款 1 年，假設 1 年期存款利率為 6%，1 年後該定期款之本利和為 $1.06，若方案二欲賺得與方案一相同之報酬，需確保在 1 年後之 1 年期存款利率為 8.009%（$\frac{\$1.1449}{\$1.06} - 1$），此項利率為投資人預期 1 年後之 1 年期存款的預期利率，即稱為「遠期利率」。而藉由今天存款 1 年期及 2 年期的利率（即期利率）分別為 6% 及 7%，可推出 1 年後存款 1 年之利率（遠期利率）為 8.009%；藉由今天存款 2 年期及 3 年期的即期利率，可推出 2 年後存款 1 年之遠期利率，以此類推，假設 n 年期之即期存款利率為 SR(n)，n 年末之 1 年期遠期利率為 FR(n + 1)，二者關係如下：

$$(1 + 7\%)^2 = SR(2)^2 = (1 + 6\%) \times (1 + FR(2))$$

$$FR(2) = \frac{(1 + SR(2))^2}{(1 + SR(1))^1} - 1 = \frac{(1 + 7\%)^2}{(1 + 6\%)} - 1 = 8.009\%$$

亦即，遠期利率 $FR(n + 1) = \frac{(1 + SR(n + 1))^{n+1}}{(1 + SR(n))^n} - 1$

第 1 年之 1 年期的遠期利率（第 1 年初至第 1 年底）與即期利率相同，即 FR(1) = SR(1)，第 2 年後之各 1 年期遠期利率 FR(n) 則須依照上述方式求算。故在利率交換合約簽約時，若可取得當時貨幣市場上各種天期的即期利率，即可推算出各期之遠期利率，作為利率交換合約中之預期浮動利率。

(2) 利率交換合約之訂價

利率交換合約的公允價值為未來現金流量之折現值，亦即按合約期間與合約本金所計算之各期固定利率與浮動利率差額之折現值。當利率交換合約於簽約時之固定利率為市場公平價格，簽約雙方應無需現金補貼，此為零成本合約（Zero-Cost Term Contract）。零成本合約下之固定利率（X）訂價關係式如下：

$$\frac{X-FR(1)}{(1+SR(1))^1} + \frac{X-FR(2)}{(1+SR(2))^2} + \cdots\cdots + \frac{X-FR(n)}{(1+SR(n))^n} = 0$$

$$X \cdot \left[\frac{1}{(1+SR(1))^1} + \frac{1}{(1+SR(2))^2} + \cdots\cdots + \frac{1}{(1+SR(n))^n}\right]$$

$$= \frac{FR(1)}{(1+SR(1))^1} + \frac{FR(2)}{(1+SR(2))^2} + \cdots\cdots + \frac{FR(n)}{(1+SR(n))^n}$$

利率訂價者利用市場債券價格計算各期即期利率，再依前頁介紹之方法計算各期遠期利率，即可求算固定利率 X。

(3) 利率交換合約之評價

利率交換合約的公允價值為未來現金流量之折現值，當利率變動時，各年期即期利率將與合約所載交換固定利率不同，此時應以未來各期現金流入流出數差額，以各期即期利率折現，再予加總。

公允價值 ＝ Σ（名目本金 × 遠期利率差額 × $p_{n,\text{即期利率}}$）

當現金流入數大於現金流出數，交換合約之公允價值為正（屬金融資產）；當現金流入小於現金流出數，交換合約之公允價值為負（屬金融負債）。

實務上，通常採用倫敦銀行間借貸利率平均值（LIBOR）作為基準利率，並考量借款期間，以決定利率水準。由上述計算中可知，在即期利率上升的同時，遠期利率增加的幅度較即期利率為大，且期間愈長，幅度愈大，此即「利率期間結構」之概念。惟本章後續之討論將先假設利率期間結構為水平利率期間結構（flat spot and forward rate yield curves），即以當期即期利率作為遠期利率估計值計算。

三　交換合約之會計處理

交換合約公允價值係未來現金流量折現值，其帳面金額將隨時間經過累計應計利息，並調整當期現金流量收付差額，計算調整前帳面金額，期末依據當期利率資料計算交換合約公允價值，並據此求出本期評價調整數。會計處理如下：

假設未來有現金流入 （交換合約公允價值為正）		假設未來有現金流出 （交換合約公允價值為負）	
金融資產－交換		金融負債－交換	
期初公允價值 本期應計利息	本期收現數	本期付現數	期初公允價值 本期應計利息
調整前餘額			調整前餘額
評價利益	評價損失	評價利益	評價損失
期末公允價值			期末公允價值

(一) **取得**：簽約日公允價值為零，無現金收付，無須作分錄。交易成本列為當期費用。

(二) **持有**

1. 應計利息：

   (1) 假設為金融資產：利息收入＝期初合約帳面金額×期初 1 年期即期利率

透過損益按公允價值衡量金融資產	×××	
利息收入		×××

   (2) 假設為金融負債：利息費用＝期初合約帳面金額×期初 1 年期即期利率

利息費用	×××	
透過損益按公允價值衡量金融負債		×××

2. 現金收付：

   (1) 假設為金融資產

現金	×××	
透過損益按公允價值衡量金融資產		×××

   (2) 假設為金融負債

透過損益按公允價值衡量金融負債	×××	
現金		×××

3. 評價調整（如前述，會計處理同遠期契約）

   評價損益＝期末公允價值－調整前餘額

   　　　　＝期末公允價值－（期初餘額＋應計利息±現金收付）

4. 各期期末：淨額交割

   (1) 收現（交換有借方餘額）

現金	×××	
透過損益按公允價值衡量金融資產		×××

   (2) 付現（交換有貸方餘額）：

透過損益按公允價值衡量金融負債	×××	
現金		×××

釋例六　非避險利率交換合約之會計處理

甲公司於 X1 年 1 月 1 日簽訂四年期的利率交換合約（收固定，付浮動），利率交換合約之條件如下：名目本金為 $1,000,000，固定利率為 2%，浮動利率為每年 1/1 當日之一年期市場基準利率，每年年底以現金淨額交割。

一年期市場基準利率資訊：X1 年 1 月 1 日為 2%，X1 年 12 月 31 日為 3%，X2 年 12 月 31 日為 4%，X3 年 12 月 31 日為 5%，利率期間結構均為水平線。

試作：

1. 計算利率交換合約 X1 年 12 月 31 日、X2 年 12 月 31 日、X3 年 12 月 31 日之公允價值。
2. 計算 X1 年～X4 年度利率交換合約評價損益。
3. 若甲公司未指定該利率交換合約作為避險工具，作 X1～X4 年利率交換之相關分錄。

解析

1. 利率交換合約現金流量

	X1/1/1 （2%）	X1/12/31 （3%）	X2/12/31 （4%）	X3/12/31 （5%）	X4/12/31
收固定		$ 20,000	$ 20,000	$ 20,000	$ 20,000
付浮動		(20,000)	(30,000)	(40,000)	(50,000)
淨額交割		$ 0	$(10,000)	$(20,000)	$(30,000)

X1 年 12 月 31 日公允價值 = 預計未來三年每年支付 $10,000，按當時利率 3% 折現
$$= -\$10,000 \times P_{3,3\%} = -\$28,286$$

X2 年 12 月 31 日公允價值 = 預計未來二年每年支付 $20,000，按當時利率 4% 折現
$$= -\$20,000 \times P_{2,4\%} = -\$37,722$$

X3 年 12 月 31 日公允價值 = 預計未來一年每年支付 $30,000，按當時利率 5% 折現
$$= -\$30,000 \times P_{1,5\%} = -\$28,571$$

2. 利息費用與評價損益

	利息費用 ①	現金收付 ②	帳面金額 ③	公允價值 ④	評價損益 ⑤
X1年1月1日			0	0	—
X1年12月31日	0	0	0	(28,286)	(28,286)
X2年12月31日	(849)	10,000	(19,135)	(37,722)	(18,587)
X3年12月31日	(1,509)	20,000	(19,231)	(28,571)	(9,340)
X4年12月31日	(1,429)	30,000	0	0	0

① = 上期④ × 當期期初浮動利率
② = $20,000 − $1,000,000 × 當期期初浮動利率
③ = 上期④ + ② + ①
④ = 利率交換公允價值（前述計算）
⑤ = ④ − ③

3. 會計分錄

X1年12月31日	金融負債評價損益	28,286	
	透過損益按公允價值衡量金融負債		28,286
X2年12月31日	利息費用（$28,286 × 3%）	849	
	透過損益按公允價值衡量金融負債		849
	透過損益按公允價值衡量金融負債	10,000	
	現金		10,000
	金融負債評價損益	18,587	
	透過損益按公允價值衡量金融負債		18,587
X3年12月31日	利息費用（$37,722 × 4%）	1,509	
	透過損益按公允價值衡量金融負債		1,509
	透過損益按公允價值衡量金融負債	20,000	
	現金		20,000
	金融負債評價損益	9,340	
	透過損益按公允價值衡量金融負債		9,340
X4年12月31日	利息費用（$28,571 × 5%）	1,429	
	透過損益按公允價值衡量金融負債		1,429
	透過損益按公允價值衡量金融負債	30,000	
	現金		30,000

2. 交換合約在避險策略上之運用

交換合約係一段期間內現金流量的交換，對於持有浮動利率資產或負債之企業而言，可利用利率交換合約將浮動利率之現金流量「交換」為固定利率現金流量，將企業每期利息的現金流量「鎖定」在一特定利率水準，以降低企業未來現金流量的不確定性的風險。此外，當利率變動導致固定利率資產或負債公允價值變動，使企業產生價值變動損失風險時，可藉由簽訂相對應之利率交換合約，以交換合約之公允價值變動數抵銷企業持有固定利率資產負債之可能損失。有關利率交換合約在避險操作上之會計處理，將留待第 10 章再加以說明。

附　錄　以企業本身權益工具交割之衍生工具

一　以企業本身股份為標的之衍生工具性質

當企業持有或發行以企業本身權益工具為標的之衍生工具，例如甲公司購買以甲公司股票為標的物之買權或賣權，在會計處理時，不得僅因合約可能導致收取或交付其本身權益工具，而將該合約列為權益工具。在判斷以企業本身權益工具交割的之權利、選擇權或認股證，是否應列為權益工具，決定條件有二：(1) 企業是否可無條件避免現金流出的義務，(2) 該金融工具是否可以固定金額換取固定股數。

條件 (1) 下，當企業不可無條件避免現金流出的義務，即符合負債定義；而針對條件 (2)，可分析列舉各種情況如下：

(一) 固定金額交換固定數量本身股份：權益

企業之合約將以收取或交付固定數量之本身權益工具之方式交割，以交換固定數量之現金或另一金融資產者，係屬權益工具。例如一項已發行之股票選擇權，賦予交易對方有權以固定價格或固定面額債券購買該企業固定數量股份者，屬於權益工具。任何所收取對價直接計入權益，視為股份發行；任何所支付對價則直接自權益減除，視為庫藏股。權益工具公允價值之變動不認列於財務報表中。

(二) 固定金額交換變動數量本身股份：金融資產或金融負債

企業可能具有收取或交付變動數量之本身股份或其他權益工具之合約權利或義務，而使所收取或交付之企業本身權益工具之公允價值等於合約權利或義務之金額。該合約權利或義務可能為一固定金額，或者部分或全部隨企業本身權益工具市價以外之變數（如利率、商品價格或金融工具價格）而波動。此時本身權益工具為交割的工具，非為權益工具，應列為金融資產或金融負債。

(三) 變動金額交換固定數量本身股份：金融資產或金融負債

企業將以交付或收取固定數量之本身權益工具，交換變動金額之現金或另一金融資產交割之合約，為金融資產或金融負債。

二 衍生工具之交割方式

在判斷各類以企業本身股份為標的的衍生工具是否應列為權益時，應進一步分析其交割方式。衍生工具交割方式可分為下列四類：

(一) 現金淨額交割

以本身普通股為標的之衍生工具若以現金淨額交割，亦即於合約交割時，不收取或交付本身之普通股。在此情況下，即使本身普通股價格變動對於企業不利，企業仍無法避免現金流出，故該衍生工具應分類為金融資產或金融負債。

(二) 股份淨額交割

以本身普通股為標的之衍生工具若以股份淨額交割，亦即於合約交割時，視合約價值以本身普通股淨額交割。例如合約到期時價值為 $1,000，若當時每股股價為 $50，企業應交付 20 股，若當時每股股價為 $40，企業應交付 25 股。在此情況下，即使本身普通股價格變動對於企業不利，企業仍無法避免交付變動數量企業本身股份，故該衍生工具應分類為金融資產或金融負債。

(三) 交付總額交換企業本身股份

以本身普通股為標的之衍生工具若以總額交割，亦即於合約交割時，企業將依合約執行價格交付（或收取）一定現金以取得（或支付）固定數量的本身股票，故屬權益工具。例如企業發行本身股份買權，買權持有人在股票價格大於履約價格時，會交付固定現金取得一定股數之普通股，企業所發行本身股份買權猶如與買權持有人約定發行股票，故應將發行買權所收取權利金列為股東權益的增加，而在交割前應認列尚未收款之「應收款」；又如企業發行本身股份賣權，賣權持有人在股票價格低於履約價格時，會交付股數之普通股取得固定金額之現金，企業所發行本身股份賣權猶如與賣權持有人約定收回庫藏股票，故應將發行賣權所收取權利金列為股東權益的減少，而在交割前應認列尚未付款之「應付款」。

(四) 合約一方可選擇交割方式

當衍生金融工具給與一方選擇如何交割（如發行人或持有人可選擇以現金淨額交割或以股份交換現金），除非所有交割方式均將使其成為權益工具外，否則企業即不可無條件避免現金流出的義務，應將該衍生工具列為金融資產或金融負債。

三 以企業本身普通股為標的之選擇權

(一) 買進以企業本身普通股為標的之買權

1. 現金或股份淨額交割

當企業買進以企業本身普通股為標的之買權，且合約上約定之交割方式為現金或股份淨額交割（以與合約公允價值變動等值之現金或股份支付），企業應將買權之權利金列為「**透過損益按公允價值衡量金融資產**」，後續依公允價值評價。

合約到期時，應對該金融資產重新評價，當股票價格低於履約價格時，該買權價值為零；當股票價格大於履約價格時，該買權公允價值為股票價格超過履約價值部分（內含價值），企業可收取現金或股票（庫藏股票）完成交割。

2. 總額交割

當企業買進以企業本身普通股為標的之買權，且合約上約定之交割方式為總額交割，企業係支付權利金取得按約定價格購入本身股票的權利，應列為「**庫藏股票－買權**」，視為購回庫藏股票之預付款項，且於合約期間無需重新評價。

合約到期時，若股票價格低於履約價格時，該買權價值為零，企業若選擇放棄該買權，應將「庫藏股票－買權」予以沖轉，作為「資本公積－庫藏股票交易」之減少；當股票價格大於履約價格時，企業可執行買權，按約定價格購入股票，同時沖轉「庫藏股票－買權」，使庫藏股成本等於履約價格加上權利金。

3. 合約一方可選擇交割方式

當企業買進以企業本身普通股為標的之買權，且合約上約定交易雙方可選擇採總額或淨額之交割方式，此時，因企業不可無條件避免現金流出的義務，故買權之權利金應作為金融資產，與會計處理與 1. 相同，惟在買權到期時，若選擇採總額方式交割，企業按約定價格購入股票，同時沖轉金融資產，使庫藏股成本等於履約價格加上買權公允價值，亦即為買權到期日之股票價格。

> **釋例七　買進以企業本身普通股為標的之買權**
>
> 甲公司於 X1 年 4 月 1 日與 P 公司簽訂一合約，約定於 X2 年 3 月 31 日若甲公司執行其買權，則甲公司具有收取 1,000 股甲公司本身普通股，並支付 $97,000 現金（每股 $97）之義務，甲公司若不執行買權，將無須支付任何款項。
>
> | | X1 年 4 月 1 日 | X1 年 12 月 31 日 | X2 年 3 月 31 日 |
> | --- | --- | --- | --- |
> | 每股市價 | $95 | $100 | $100 |
> | 買權公允價值 | $5,000 | $4,000 | $3,000 |

試按下列假設作甲公司有關此交易相關分錄。

情況一：此買權將以現金淨額交割。

情況二：此買權將以股份淨額交割。

情況三：此買權將以總額交割。

情況四：甲公司可選擇採總額交割或淨額交割，甲公司於合約到期時採總額交割。

解析

情況一：現金淨額交割

X1年4月1日	透過損益按公允價值衡量金融資產	5,000	
	現金		5,000
X1年12月31日	金融資產評價損益	1,000	
	透過損益按公允價值衡量金融資產		1,000
X2年3月31日	金融資產評價損益	1,000	
	透過損益按公允價值衡量金融資產		1,000
	現金	3,000	
	透過損益按公允價值衡量金融資產		3,000

情況二：股份淨額交割

X1年4月1日	透過損益按公允價值衡量金融資產	5,000	
	現金		5,000
X1年12月31日	金融資產評價損益	1,000	
	透過損益按公允價值衡量金融資產		1,000
X2年3月31日	金融資產評價損益	1,000	
	透過損益按公允價值衡量金融資產		1,000
	庫藏股票*	3,000	
	透過損益按公允價值衡量金融資產		3,000

*P公司應支付甲公司股票30股（$3,000 ÷ $100 = 30 股）

情況三：總額交割

X1年4月1日	庫藏股票－買進買權	5,000	
	現金		5,000
X1年12月31日	無分錄		
X2年3月31日	庫藏股票	102,000	
	現金		97,000
	庫藏股票－買進買權		5,000

情況四：得選擇交割方式（假設總額交割）

X1 年 4 月 1 日	透過損益按公允價值衡量金融資產	5,000	
	現金		5,000
X1 年 12 月 31 日	金融資產評價損益	1,000	
	透過損益按公允價值衡量金融資產		1,000
X2 年 3 月 31 日	金融資產評價損益	1,000	
	透過損益按公允價值衡量金融資產		1,000
	庫藏股票	100,000	
	現金		97,000
	庫藏股票－買進買權		3,000

(二) 賣出以企業本身普通股為標的之買權

1. 現金或股份淨額交割

當企業發行以企業本身普通股為標的之買權，且合約上約定之交割方式為現金或股份淨額交割，企業應將出售買權之權利金列為「**透過損益按公允價值衡量金融負債**」，**後續依公允價值評價**。

合約到期時，應對該金融負債重新評價，當股票價格低於履約價格時，該買權價值為零；當股票價格大於履約價格時，買權持有方將執行該買權，企業（買權發行方）則有義務依約支付該買權之公允價值（內含價值）以完成交割。

2. 總額交割

當企業發行以企業本身普通股為標的之買權，且合約上約定之交割方式為總額交割，企業（買權發行方）係向買權持有人預收股款，使買權持有人有按約定價格購入股票的權利，應列為「**資本公積－買權**」，且於合約期間無需重新評價。

合約到期時，若股票價格低於履約價格時，該買權價值為零，買權持有人將放棄該買權，企業應將「資本公積－買權」予以沖轉，作為「資本公積－庫藏股票交易」之增加；當股票價格大於履約價格時，買權持有人將執行買權，企業將收取約定價格之股款，並沖轉「資本公積－買權」，**使股票發行價格等於履約價格加上權利金**。

3. 合約一方可選擇交割方式

當企業發行以企業本身普通股為標的之買權，且合約上約定交易雙方可選擇採總額或淨額之交割方式，此時，因企業不可無條件避免現金流出的義務，故買權之權利金應作為金融負債，與會計處理與 1. 相同，惟在買權到期時，若選擇採總額方式交割，企業按約定價格交付（或發行）股票，同時沖轉金融負債，使股票發行價格等於履約價格加上買權公允價值，亦即為買權到期日之股票價格。

釋例八　賣出以企業本身普通股為標的之買權

乙公司於 X1 年 4 月 1 日與 P 公司簽訂一合約，約定於 X2 年 3 月 31 日若 P 公司執行其買權，則乙公司負有交付 1,000 股乙公司本身普通股之義務，並可收取 $97,000 現金（每股 $97），P 公司若不執行買權，將無須支付任何款項。

	X1 年 4 月 1 日	X1 年 12 月 31 日	X2 年 3 月 31 日
每股市價	$95	$100	$100
買權公允價值	$5,000	$4,000	$4,000

試按下列假設作乙公司有關此交易相關分錄。

情況一：此買權將以現金淨額交割。

情況二：此買權將以股份淨額交割，乙公司交付於 X2 年 1 月以當時市價每股 $98 買入之庫藏股票。

情況三：此買權將以總額交割，乙公司交付於 X2 年 1 月以當時市價每股 $98 買入之庫藏股票。

情況四：此買權可選擇採總額或淨額交割，乙公司交付於 X2 年 1 月以當時市價每股 $98 買入之庫藏股票。

解析

情況一：現金淨額交割

X1 年 4 月 1 日	現金	5,000	
	透過損益按公允價值衡量金融負債		5,000
X1 年 12 月 31 日	透過損益按公允價值衡量金融負債	1,000	
	金融負債評價損益		1,000
X2 年 3 月 31 日	透過損益按公允價值衡量金融負債	1,000	
	金融負債評價損益		1,000
	透過損益按公允價值衡量金融負債	3,000	
	現金		3,000

情況二：股份淨額交割

X1 年 4 月 1 日	現金	5,000	
	透過損益按公允價值衡量金融負債		5,000
X1 年 12 月 31 日	透過損益按公允價值衡量金融負債	1,000	
	金融負債評價損益		1,000

X2 年 3 月 31 日	透過損益按公允價值衡量金融負債	1,000	
	金融負債評價損益		1,000
	透過損益按公允價值衡量金融負債	3,000	
	庫藏股票		2,940*
	資本公積－庫藏股票交易		60

*乙公司應交付乙公司股票 30 股（$3,000 ÷ $100 ＝ 30 股），每股庫藏股成本 $98。

情況三：總額交割

X1 年 4 月 1 日	現金	5,000	
	資本公積－認股權		5,000
X1 年 12 月 31 日	無分錄		
X2 年 3 月 31 日	現金	97,000	
	資本公積－認股權	5,000	
	庫藏股票		98,000
	資本公積－庫藏股票交易		4,000

情況四：得選擇交割方式

X1 年 4 月 1 日	現金	5,000	
	透過損益按公允價值衡量金融負債		5,000
X1 年 12 月 31 日	透過損益按公允價值衡量金融負債	1,000	
	金融負債評價損益		1,000
X2 年 3 月 31 日	透過損益按公允價值衡量金融負債	1,000	
	金融負債評價損益		1,000
	現金	97,000	
	透過損益按公允價值衡量金融負債	3,000	
	庫藏股票		98,000
	資本公積－庫藏股票交易		2,000

(三) 買進以企業本身普通股為標的之賣權

1. 現金或股份淨額交割

當企業買進以企業本身普通股為標的之賣權，且合約上約定之交割方式為現金或股份淨額交割（以與合約公允價值變動等值之現金或股份支付），企業應將賣權之權利金列為「**透過損益按公允價值衡量金融資產**」，**後續依公允價值評價**。

合約到期時，應對該金融資產重新評價，當股票價格大於履約價格時，該賣權價值為零；當股票價格小於履約價格時，該賣權公允價值為股票價格小於履約價值部分（內含價值），企業可收取現金或股票（庫藏股票）完成交割。

2. 總額交割

當企業買進以企業本身普通股為標的之賣權,且合約上約定之交割方式為總額交割,企業係支付權利金取得按約定價格發行(或再出售)本身股票的權利,應列為「**庫藏股票－賣權**」,視為庫藏股票再發行之預收款項,且於合約期間無需重新評價。

合約到期時,若股票價格大於履約價格時,該賣權價值為零,企業若選擇放棄該賣權,應將「庫藏股票－賣權」予以沖轉,作為「資本公積－庫藏股票交易」之增加;當股票價格小於履約價格時,企業可執行賣權,按約定價格購入股票,同時沖轉「庫藏股票－賣權」,使股票再發行價格等於履約價格減除權利金。

3. 合約一方可選擇交割方式

當企業買進以企業本身普通股為標的之賣權,且合約上約定交易雙方可選擇採總額或淨額之交割方式,此時,因企業不可無條件避免現金流出的義務,應將賣權之權利金應作為金融負債,與會計處理與 1. 相同,惟在賣權到期時,若選擇採總額方式交割,企業按約定價格再發行股票,同時沖轉金融負債,使庫藏股再發行價格等於履約價格減除賣權公允價值,即賣權日之股票價格。

釋例九 買進以企業本身普通股為標的之賣權

丙公司於 X1 年 4 月 1 日與 P 公司簽訂一合約,約定於 X2 年 3 月 31 日若丙公司執行其賣權,則 P 公司負有買進 1,000 股丙公司本身普通股、並支付 $103,000 現金(每股 $103)之義務,丙公司若不執行賣權,將無須支付任何款項。

	X1 年 4 月 1 日	X1 年 12 月 31 日	X2 年 3 月 31 日
每股市價	$105	$100	$100
買權公允價值	$5,000	$4,000	$3,000

試按下列假設作丙公司有關此交易相關分錄,假設折現率為 3%。

情況一:此賣權將以現金淨額交割。

情況二:此賣權將以股份淨額交割。

情況三:此賣權將以總額交割,丙公司交付於 X2 年 1 月以當時市價每股 $97 買入之庫藏股票。

情況四:此賣權可選擇採總額或淨額交割方式,丙公司採總額交割,並交付於 X2 年 1 月以當時市價每股 $97 買入之庫藏股票。

解析

情況一：現金淨額交割

X1年4月1日	透過損益按公允價值衡量金融資產	5,000	
	現金		5,000
X1年12月31日	金融資產評價損益	1,000	
	透過損益按公允價值衡量金融資產		1,000
X2年3月31日	金融資產評價損益	1,000	
	透過損益按公允價值衡量金融資產		1,000
	現金	3,000	
	透過損益按公允價值衡量金融資產		3,000

情況二：股份淨額交割

X1年4月1日	透過損益按公允價值衡量金融資產	5,000	
	現金		5,000
X1年12月31日	金融資產評價損益	1,000	
	透過損益按公允價值衡量金融資產		1,000
X2年3月31日	金融資產評價損益	1,000	
	透過損益按公允價值衡量金融資產		1,000
	庫藏股票*	3,000	
	透過損益按公允價值衡量金融資產		3,000

*P公司應支付公司股票30股（$3,000÷$100＝30股）。

情況三：總額交割

X1年4月1日	庫藏股票－賣權	5,000	
	現金		5,000
X2年3月31日	現金	103,000	
	庫藏股票－賣權		5,000
	庫藏股票($97×1,000)		97,000
	資本公積－庫藏股票		1,000

情況四：得選擇總額或淨額交割

X1年4月1日	透過損益按公允價值衡量金融資產	5,000	
	現金		5,000
X1年12月31日	金融資產評價損益	1,000	
	透過損益按公允價值衡量金融資產		1,000

X2年3月31日	金融資產評價損益	1,000	
	透過損益按公允價值衡量金融資產		1,000
	現金	103,000	
	透過損益按公允價值衡量金融資產		3,000
	庫藏股票 ($97 × 1,000)		97,000
	資本公積－庫藏股票		3,000

(四) 賣出以企業本身普通股為標的之賣權

1. 現金或股份淨額交割

當企業發行以企業本身普通股為標的之賣權,且合約上約定之交割方式為現金或股份淨額交割(以與合約公允價值變動等值之現金或股份支付),企業應將出售賣權之權利金列為「**透過損益按公允價值衡量金融負債**」,後續依公允價值評價。

合約到期時,應對該金融負債重新評價,當股票價格大於履約價格時,該賣權價值為零;當股票價格小於履約價格時,賣權持有方將執行該買權,企業(賣權發行方)則有義務依約支付該賣權之公允價值(內含價值)以完成交割。

2. 總額交割

當企業發行以企業本身普通股為標的之賣權,且合約上約定之交割方式為總額交割,企業(賣權發行方)係與賣權持有人約定將來約定價格買回本身股票,且企業不可無條件避免支付現金之義務,故企業應將**未來支付價款(履約價值)予以折現**,借記「**資本公積－賣權**」,連同收取之權利金一併計入「**應付款項**」,並於合約期間**認列應付款項之利息費用**。

合約到期時,若股票價格大於履約價格時,該賣權價值為零,賣權持有人將放棄該賣權,企業應將相關項目沖轉,作為「資本公積－庫藏股票交易」之增加;當股票價格小於履約價格時,賣權持有人執行賣權,企業按約定價格購買股票,同時沖轉應付款項,並將「資本公積－賣權」轉列「庫藏股票」。

3. 合約一方可選擇交割方式

當企業發行以企業本身普通股為標的之賣權,且合約上約定交易雙方可選擇採總額或淨額之交割方式,此時,因企業不可無條件避免現金流出的義務,應將賣權之權利金應作為金融負債,與會計處理與 1. 相同,惟在賣權到期時,若選擇採總額方式交割,企業按約定價格購入股票,同時沖轉金融負債,使庫藏股購入價格等於履約價格減除賣權公允價值,即賣權日之股票價格。

釋例十　賣出以企業本身普通股為標的之賣權

丁公司於 X1 年 4 月 1 日與 P 公司簽訂一合約，約定於 X2 年 3 月 31 日若 P 公司執行其賣權，則丁公司負有買進 1,000 股丁公司本身普通股，並支付 $103,000 現金（每股 $103）之義務，P 公司若不執行賣權，將無須支付任何款項。

	X1 年 4 月 1 日	X1 年 12 月 31 日	X2 年 3 月 31 日
每股市價	$105	$100	$100
買權公允價值	$5,000	$4,000	$3,000

試按下列假設作丁公司有關此交易相關分錄，假設折現率為 3%。

情況一：此賣權將以現金淨額交割。

情況二：此賣權將以股份淨額交割，丁公司交付於 X2 年 1 月以當時市價每股 $97 買入之庫藏股票。

情況三：此賣權將以總額交割。

情況四：此賣權將以總額交割，丁公司交付於 X2 年 1 月以當時市價每股 $97 買入之庫藏股票。

解析

情況一：現金淨額交割

X1 年 4 月 1 日	現金	5,000	
	透過損益按公允價值衡量金融負債		5,000
X1 年 12 月 31 日	透過損益按公允價值衡量金融負債	1,000	
	金融負債評價損益		1,000
X2 年 3 月 31 日	透過損益按公允價值衡量金融負債	1,000	
	金融負債評價損益		1,000
	透過損益按公允價值衡量金融負債	3,000	
	現金		3,000

情況二：股份淨額交割

X1 年 4 月 1 日	現金	5,000	
	透過損益按公允價值衡量金融負債		5,000
X1 年 12 月 31 日	透過損益按公允價值衡量金融負債	1,000	
	金融負債評價損益		1,000

X2 年 3 月 31 日	透過損益按公允價值衡量金融負債	1,000	
	金融負債評價損益		1,000
	透過損益按公允價值衡量金融負債	3,000	
	庫藏股票		2,910
	資本公積－庫藏股票交易		90

※ 丁公司應支付 P 公司股票 30 股（$3,000 ÷ $100 = 30 股），每股庫藏股成本 $97。

情況三：總額交割

丁公司負有交付 $103,000 之現金與 P 公司之義務，而 P 公司於到期時負有交付 1,000 股丁公司普通股之義務，應付款現值 = $103,000 × $p_{1,3\%}$ = $100,000

4 月 1 日至 12 月 31 日應計利息 = $100,000 × 3% × 9/12 = $2,250

1 月 1 日至 3 月 31 日認列應計利息 = $100,000 × 3% × 3/12 = $750

X1 年 4 月 1 日	現金	5,000	
	庫藏股票－賣出賣權	95,000	
	應付款項		100,000
X1 年 12 月 31 日	利息費用	2,250	
	應付款項		2,250
X2 年 3 月 31 日	利息費用	750	
	應付款項		750
	應付款項	103,000	
	現金		103,000
	庫藏股票	95,000	
	庫藏股票－賣出賣權		95,000

情況四：得選擇總額或淨額交割

X1 年 4 月 1 日	現金	5,000	
	透過損益按公允價值衡量金融負債		5,000
X1 年 12 月 31 日	透過損益按公允價值衡量金融負債	1,000	
	金融負債評價損益		1,000
X2 年 3 月 31 日	透過損益按公允價值衡量金融負債	1,000	
	金融負債評價損益		1,000
	透過損益按公允價值衡量金融負債	3,000	
	庫藏股票	100,000	
	現金		103,000

本章習題

〈遠期合約〉

1. 甲公司於 X1 年 12 月 2 日簽訂一淨額交割之遠期合約，約定於 X2 年 5 月 31 日以每單位 $500 賣出商品存貨 10,000 單位，假設 12 月 31 日市場之無風險利率為 6%，其他相關資訊如下：

日期	即期價格	6/30 到期之遠期價格
X1 年 12 月 2 日	$485	$500
X1 年 12 月 31 日	475	489
X2 年 5 月 31 日	470	—

若甲公司並未指定此遠期合約作為避險工具，則甲公司於於 X1 年度應認列之損益金額為何？

(A) $107,317 (B) $243,902
(C) $110,000 (D) $100,000

2. 甲公司於 X1 年 11 月 1 日與乙公司簽訂一遠期購買合約，甲公司將於 X2 年 10 月 31 日支付 $1,000,000 現金以購買乙公司流通在外普通股 10,000 股（每股 $100），此項遠期合約以淨額交割，市場利率 6%。相關市價資料如下：

	X1 年 11 月 1 日	X1 年 12 月 31 日	X2 年 10 月 31 日
每股市價	$94.34	$97	$102
遠期合約公允價值	$0	$17,600	$20,000（交割前）

試作甲公司與乙公司有關此遠期合約相關交易。

3. 甲公司於 X3 年 10 月 1 日與乙公司簽訂一遠期合約，甲公司於 X4 年 9 月 30 日將以每股 $50 購買乙公司普通股 10,000 股，並約定合約到期時採現金淨額交割。假設市場利率為 5%，遠期合約及乙公司股票相關價格資料如下：

	X3 年 10 月 1 日	X3 年 12 月 31 日	X4 年 9 月 30 日
乙公司普通股每股市價	$47.62	$50.12	$53
X4 年 9 月 30 日遠期價格	$50.00	$52.00	—

試作：
1. 計算該遠期合約於 X3 年 12 月 31 日及 X4 年 9 月 30 日（交割前）之公允價值。
2. 作甲公司與乙公司關於此遠期合約之相關分錄。

〈期貨合約〉

4. 台北公司於 X6 年 12 月 1 日繳交原始保證金 $3,000,000，並於當日購入石油期貨 10,000 桶，每桶 $2,200，X6 年 12 月 31 日石油每桶價格為 $2,180，台北公司於 X7 年 1 月 20 日石油每桶價格為 $2,250 時平倉，若台北公司並未指定此石油期貨作為避險工具。則有關此期貨交易於財務報表之表達，下列何者正確？
(A) X6 年 12 月 1 日應借記透過損益按公允價值衡量金融資產 $3,000,000。
(B) X6 年 12 月 31 日應認列金融資產評價利益（當期損益）$200,000。
(C) X6 年 12 月 31 日應認列金融資產未實現損失（其他綜合損益）$200,000。
(D) X7 年 1 月 20 日應認列金融資產評價利益（當期損益）$700,000。

5. 台北公司於 X1 年 10 月 1 日支付保證金 $10,000,000，並放空五口六個月後到期之公債期貨，此公債期貨每單位標的債券面額 $1,000,000。公債期貨於 X1 年 10 月 1 日及 X1 年 12 月 31 日之報價分別為 103.06 及 102.35。試作台北公司 X1 年度甲公司公債期貨之相關分錄。

6. 甲公司及乙公司於 X1 年 12 月 1 日分別買進及賣出台指期貨 10 口，合約價值為指數 100 倍，支付保證金各為 $3,000,000，當日台股加權指數為 8,000 點，X1 年 12 月 31 日台股收盤指數為 8,100 點，兩公司均於 X2 年 3 月 1 日平倉，當日台股指數 7,800 點。試作甲公司與乙公司有關此期貨相關交易。

〈選擇權〉

7. 乙公司於 X2 年初以 $10,000 購入買權，此買權允許乙公司可於 6 月底前以每股 $30 買進丁公司普通股 10,000 股。X2 年初丁公司普通股每股市價 $30，X2 年 3 月底編製季報時丁公司普通股每股市價 $33，而時間價值為 $4,000，則乙公司 X2 年第 1 季財務報表此買權之帳面金額為何？
(A) $10,000。 (B) $4,000。
(C) $30,000。 (D) $34,000。

8. 丙公司於 X1 年 10 月 1 日以 $40,000 購入甲公司普通股之買權，此買權持有人可於未來 3 個月的時間以每股 $50 買進甲公司普通股 10,000 股，丙公司並未指定此衍生工具作為避險工具。X1 年底甲公司普通股市價為每股 $58，此項買權於 X1 年底之時間價值為 $10,000，則有關丙公司 X1 年財務報表之表達，下列何者正確？
(A) X1 年 10 月 1 日應借記透過損益按公允價值衡量金融資產 $40,000。
(B) X1 年 10 月 1 日應借記透過綜合損益按公允價值衡量金融資產 $40,000。
(C) X1 年 12 月 31 日應貸記金融資產評價損益 $80,000。
(D) X1 年 12 月 31 日應貸記金融資產未實現損益 $50,000。

9. 甲公司 X5 年 9 月 1 日支付 $15,000 購買乙公司普通股認股權證，該權證持有人可於 X6 年 4 月 1 日以每股 $60 買入乙公司普通股 2,000 股。若甲公司並未指定此衍生工具為避險工具，且 X5 年 12 月 31 日乙公司普通股認股權證公允價值為 $12,000，則有關甲公司 X5 年財務報表之表達，下列何者正確？
    (A) 透過損益按公允價值衡量金融資產 $15,000。
    (B) 透過綜合損益按公允價值衡量金融資產 $12,000。
    (C) 金融資產評價損益 $3,000。
    (D) 金融資產未實現損益 $3,000。

10. 甲公司 X5 年 11 月 1 日支付 $15,000 購買乙公司普通股賣權，此賣權持有人可於 X6 年 5 月 1 日以每股 $60 賣出乙公司普通股 2,000 股。若甲公司並未指定此衍生工具為避險工具。X5 年 11 月 1 日乙公司普通股每股市價 $60，X5 年底乙公司普通股每股市價 $55，此賣權 X5 年底公允價值為 $30,000，則甲公司 X5 年度應認列之損益金額為何？
    (A) 利益 $15,000。 (B) 利益 $10,000。
    (C) 損失 $5,000。 (D) 損失 $15,000。

11. 甲公司於 X1 年 11 月 30 日銷售以 10,000 股乙公司普通股為標的之賣權，該買權之履約價格為 $50，每股賣權之權利金為 $3，賣權失效日期為 X2 年 1 月 31 日。乙公司股票相關價格如下：

	X1 年 11 月 30 日	X1 年 12 月 31 日	X2 年 1 月 31 日
普通股每股市價	$50	$48	$46
賣權時間價值	$3	$2.5	$0

    甲公司對於此項賣權交易於 X1 年度及 X2 年度應分別認列之損益金額為何？
    (A) X1 年度認列利益 $15,000，X2 年度認列損失 $5,000
    (B) X1 年度認列損失 $15,000，X2 年度認列利益 $5,000
    (C) X1 年度認列利益 $30,000，X2 年度認列損失 $40,000
    (D) X1 年度認列損失 $5,000，X2 年度認列利益 $10,000

12. 甲公司於 X1 年 11 月 7 日以 $240,000 購買以乙公司普通股為標的之認購權證，作為持有供交易之金融資產，此權證讓甲公司可以按每股 $60 之履約價格購買 30,000 股之乙公司普通股，此權證的失效日期為 X2 年 1 月 31 日。X1 年 11 月 7 日、X1 年 12 月 31 日與 X2 年 1 月 31 日乙公司普通股之市價分別為 $60、$65 與 $64。經評估 X1 年底此權證之時間價值為 $180,000，甲公司應認列 X1 年度之「透過損益按公允價值衡量之金融資產損益」為何？ 【102 年 CPA】
    (A) 損失 $30,000 (B) 損失 $60,000
    (C) 利益 $90,000 (D) 利益 $120,000

13. 甲公司於 X1 年 11 月 1 日支付權利金 $20,000 向乙公司購入 X 公司 5,000 單位的買權，履約價格 $110，當日 X 公司股價 $100，到期日為 X2 年 4 月 30 日。此項交易不符合避險交易的規定，其他相關資料如下：

	X1 年 12 月 31 日	X2 年 3 月 31 日	X2 年 4 月 30 日
X 公司普通股每股市價	$105	$108	$116
買權公允價值	$10,000	$18,000	$30,000

試作：
1. X1 年 11 月 1 日購入買權分錄。
2. X1 年 12 月 31 日編製年度財務報表調整分錄。
3. X2 年 3 月 31 日編製季報表調整分錄。
4. X2 年 4 月 30 日結算選擇權分錄。

14. 甲公司於 X1 年 11 月 1 日支付權利金 $20,000 向乙公司購入 Y 公司 3,000 單位的賣權，履約價格 $100，當日 Y 公司股價 $100，到期日為 X2 年 4 月 30 日，到期以現金淨額交割。此項交易不符合避險交易的規定，其他相關資料如下：

	X1 年 12 月 31 日	X2 年 3 月 31 日	X2 年 4 月 30 日
Y 公司普通股每股市價	$102	$98	$96
賣權時間價值	$16,000	$3,000	$0

試作：
1. X1 年 11 月 1 日購入賣權分錄。
2. X1 年 12 月 31 日編製年度財務報表調整分錄。
3. X2 年 3 月 31 日編製季報表調整分錄。
4. X2 年 4 月 30 日結算選擇權分錄。

15. 甲公司於 X1 年 11 月 5 日賣出本身普通股 3,000 股的買權給乙公司，收取權利金 $11,000，到期日為 X2 年 4 月 30 日。此買權約定於到期日以現金淨額交割，履約價格為 $50，相關資料如下：

	X1 年 11 月 5 日	X1 年 12 月 31 日	X2 年 4 月 30 日
普通股每股市價	$45	$52	$55
買權公允價值	$11,000	$8,000	$15,000

試作甲公司與乙公司有關此交易相關分錄。

16. 甲公司於 X1 年 6 月 1 日賣出本身普通股 10,000 股之歐式買權給乙公司，該買權於到期時才可行使，到期日為 X2 年 5 月 31 日，履約價格為 $100，約定以現金淨額交割，並收取權利金 $30,000。

	X1年6月1日	X1年12月31日	X2年5月31日
每股市價	$96	$105	$108
買權公允價值	$30,000	$42,000	$80,000

試作甲公司與乙公司有關此買權交易。

〈交換〉

17. 甲公司於X1年1月1日簽訂付5%固定利率且收一年期浮動利率之零成本利率交換，此利率交之名目本金為$5,000,000，期間為3年，收付息日為每年12月31日，每年年底淨額交割當期之交換利息。X1年1月1日一年期浮動利率亦為5%，X1年至X3年每年年底之浮動利率為：X1年5.4%、X2年6%及X3年5.6%。若甲公司未指定此利率交換合約為避險工具，試作：

1. 計算此利率交換合約X1年～X3年底之公允價值。
2. 作X1年～X3年相關日期之分錄。

18. 乙公司於X1年1月2日簽訂三年期的利率交換合約（收固定，付浮動），名目本金為$1,000,000，固定利率為2%，浮動利率為每年1/1當日之一年期市場基準利率，每年年底以現金淨額交割。若一年期市場基準利率資訊：X1年初為2%，X1年底為3%，X2年底為4%。利率期間結構均為水平線。

試作：

1. 計算此利率交換合約X1年～X3年底之公允價值。
2. 作X1年～X3年相關日期之分錄。

〈附錄：發行本身權益工具交割〉

19. 下列何者為金融負債？ 【104年CPA】
(A) 企業發行之可轉換特別股（可轉換為發行公司之普通股）
(B) 企業發行之可贖回特別股
(C) 企業發行之可賣回特別股
(D) 企業購入本身特別股之買權

20. 下列有幾項合約的條件通常符合國際會計準則所稱「得以現金淨額交割」之條件？1 合約明訂得以現金淨額交割 2 與同一交易對手以反向合約互抵 3 企業購買黃金之合約 4 企業購買辦公大樓之合約，該合約得以土地淨額交割 【107年CPA】
(A) 一項　　　　　　　　　　(B) 二項
(C) 三項　　　　　　　　　　(D) 四項

21. 丙公司發行股票選擇權，持有人要求履約時，發行人可選擇以現金淨額交割或以本身股份交換現金之方式交割。丙公司應如何分類？
    (A) 權益
    (B) 金融資產
    (C) 金融負債
    (D) 將現金交割與股份交割等兩項選擇權分別列為負債與權益

22. 乙公司簽訂一項零成本遠期合約，該公司一年後必須以合約規定之固定金額現金購買固定數量之本身權益工具。則簽約日乙公司應： 【102 年 CPA】
    (A) 以該選擇權公允價值認列金融負債
    (B) 以合約規定固定金額現金之折現值認列金融負債
    (C) 以簽約日公允價值認列將於交割日發行之本身權益工具
    (D) 無須認列負債，僅須於合約到期日記錄購買庫藏股票

23. P 公司於 X1 年 4 月 1 日與甲公司簽訂一遠期購買合約，P 公司將於 X2 年 3 月 31 日支付 $480,000 之現金（即普通股之每股價格為 $48），以購買 P 公司流通在外普通股 10,000 股。

	X1 年 4 月 1 日	X1 年 12 月 31 日	X2 年 3 月 31 日
每股市價	$45	$53	$50
遠期購買合約公允價值	$0	$64,000	$20,000

    假設企業（發行人）所發行之標的股份在合約期限內不支付股利，遠期購買合約之公允價值為零時，遠期價格折現值等於即期價格，折現率為 5%。
    試按下列假設作 P 公司有關此交易相關分錄。
    情況一：此遠期購買合約將以現金淨額交割。
    情況二：此遠期購買合約將以股份淨額交割。
    情況三：此遠期購買合約將以總額交割。

24. 甲公司於 X1 年 10 月 1 日與 P 公司簽訂一合約，約定於 X2 年 9 月 30 日若甲公司執行其買權，則甲公司具有收取 10,000 股甲公司本身普通股，並支付 $480,000 現金（每股 $48）之義務，甲公司若不執行買權，將無須支付任何款項。

	X1 年 4 月 1 日	X1 年 12 月 31 日	X2 年 3 月 31 日
每股市價	$46	$47	$50
買權公允價值	$15,000	$16,000	$20,000

    試按下列假設作甲公司有關此交易相關分錄。
    情況一：此買權將以現金淨額交割。

情況二：此買權將以股份淨額交割。

情況三：此買權將以總額交割。

情況四：甲公司可選擇採總額交割或淨額交割，甲公司於合約到期時採總額交割。

25. 乙公司於 X1 年 10 月 1 日與 P 公司簽訂一合約，約定於 X2 年 9 月 30 日若 P 公司執行其賣權，則乙公司負有買進 10,000 股乙公司本身普通股，並支付 $450,000 現金（每股 $45）之義務，P 公司若不執行賣權，將無須支付任何款項。

	X1 年 4 月 1 日	X1 年 12 月 31 日	X2 年 3 月 31 日
每股市價	$48	$43	$40
賣權公允價值	$10,000	$20,000	$50,000

試按下列假設作乙公司有關此交易相關分錄，假設折現率為 3%。

情況一：此賣權將以現金淨額交割。

情況二：此賣權將以股份淨額交割，丁公司交付於 X2 年 1 月以當時市價每股 $40 買入之庫藏股票。

情況三：此賣權將以總額交割。

CHAPTER 10 避險會計

學習目標

避險會計之基本觀念
- 避險會計之目的
- 避險工具與被避險項目之範圍
- 避險工具與被避險項目之指定
- 避險會計之類別

公允價值避險
- 公允價值避險處理原則
- 各項避險交易之說明

現金流量避險
- 現金流量避險處理原則
- 各項避險工具與被避險項目之處理

避險會計之特殊規範
- 避險工具部分避險之指定
- 被避險項目部分避險之指定

附錄　避險會計適用與終結
- 避險會計之適用與停止
- 避險關係之終結

資本市場不變的通則：承擔風險，獲取報酬。報酬的成本即為風險的承擔。企業之經營，就是風險之管理。企業的財務狀況由資產與負債組成，資產與負債皆為企業風險的來源。

舉例而言，存貨受到商品市場波動（供需法則或貿易戰爭）影響，產品銷貨價格及銷貨毛利將隨之變動，進而須於評價日認列評價損益，或於處分日認列處分損益，企業將承擔「價格風險」。外幣應收（付）帳款受到匯率波動影響，到期日收付現金流量將隨之變動，進而影響外幣應收（付）帳款之公允價值，企業將承擔「匯率風險」。國外營運機構淨投資受到匯率波動影響，進而影響股利收入現金流量及投資公允價值，企業將承擔「匯率風險」。變動利率應付公司債受到利率波動影響，利息支出現金流量將隨之變動，進而影響應付公司債之公允價值，企業將承擔「利率風險」。此外，企業對於「預定於未來」取得之資產或承擔之負債，例如：預定之重大資本預算或籌資計畫、定期之進銷貨合約等未來交易，因未來交易之不確定情形，企業無法確定未來須收付之資金金額，因而將承擔「現金流量風險」。

企業在辨識產生各項目（被避險項目）所產生之風險及導致該項風險之動因（商品價格、利率、匯率等）後，可藉由操作依附於風險動因之衍生工具（避險工具），「抵銷」風險所產生之損益，或「鎖定」未來交易之現金流量，以管理風險。本章將針對避險交易之會計處理加以說明，有關外幣交易及其相關避險會計處理，則留待第 11 章說明。

第 1 節　避險會計之基本觀念

一　避險會計之目的

避險會計（Hedge Accounting）之目的係為於財務報表中表達企業使用金融工具管理特定風險（該風險可能影響當期損益或其他綜合損益）所產生暴險之風險管理活動之影響。其中，所使用之衍生工具稱為「**避險工具（Hedging Instruments）**」，而所管理之特定風險則為「**被避險項目（Hedged Items）**」所產生之暴險。避險會計之特色在於──企業應在「同一會計期間」認列避險工具與被避險項目因公允價值變動產生之損益，使二者損益產生「互抵」效果，以忠實表達企業的避險效果。

然而，作為避險工具之衍生工具，原則上應於當期認列公允價值變動損益；另一方面，作為被避險項目之資產、負債或未來交易（確定承諾、高度很有可能發生之預期交易），理論上應依其他會計準則規定（例如：存貨準則、不動產、廠房及設備準則等）認列帳面金額變動之損益（例如：未來交易必須待交易發生時才認列損益），則避險工具與被避險項目常常無法在「同一會計期間」認列損益產生互抵效果，因此，避險會計例外規

定二種損益認列方式:「當期法」與「遞延法」。

(一) 當期法—被避險項目損益提前認列

當期法係被避險項目配合避險工具認列方式,**被避險項目與避險工具皆「當期認列」公允價值變動損益**。避險會計要求企業對於「已認列之資產負債」或「未認列之確定承諾」,規避「公允價值變動風險」時,應將被避險項目因公允價值變動所產生之評價損益,配合避險工具之會計處理方法,提前至當期認列。

例如:企業目前持有 1 單位存貨,帳面金額 $100,為規避存貨跌價風險,簽訂淨額交割遠期合約,約定將於 1 年後以遠期價格 $100 出售 1 單位存貨,若不考慮利率因素,則當存貨價格漲至 $120,遠期合約按公允價值衡量產生評價損失 $20,而存貨價格上漲之利益須待存貨出售時才能認列,二者損益認列情形如下:

	當期	次期	合計
被避險項目(存貨)	$ 0	$20	$ 20
避險工具(遠期合約)	(20)	0	(20)
合計	$(20)	$20	$ 0

上例中,存貨價值變動風險所產生的損益完全由遠期合約公允價值變動損益所抵銷,但若二者採原適用之會計原則處理,其損益影響數將分別在不同會計期間認列,無法忠實表達企業避險操作之效果,因此避險會計規定存貨評價利益提前至當期認列,與遠期合約評價損失於同一會計期間認列,二者損益同期相互抵銷。

(二) 遞延法—避險工具損益延後認列

遞延法係避險工具配合被避險項目認列方式,**避險工具「遞延認列」公允價值變動損益,至被避險項目「應認列」損益時,避險工具再認列相關損益**。避險會計要求企業規避「未來現金流量變動風險」者,應將避險工具之公允價值變動損益,認列為「其他綜合損益(OCI)」,並結轉至「其他權益-累積綜合損益(AOCI)」,再配合被避險項目之預期交易後續「將認列非金融資產或非金融負債」,或非屬前述「將認列非金融資產或非金融負債」,而將累積之其他綜合損益轉入該非金融資產或非金融負債之原始成本或其他帳面金額(非屬重分類調整),或轉列至損益(重分類調整)。

例如:企業預期於 1 年後銷售 1 單位存貨,為規避未來存貨售價下降導致現金流量變動風險,簽訂淨額交割遠期合約,約定將於 1 年後以遠期價格 $100 出售 1 單位存貨,若不考慮利率因素,則未來存貨售價跌至 $90 時,遠期合約採現金淨額交割可收到 $10,並產生評價利益 $10。存貨價格下跌則使企業預期銷貨收入減少 $10,現金流量亦減少 $10,二者損益認列情形如下:

	當期	次期	合計
被避險項目（預期存貨銷售）	$ 0	$(10)	$(10)
避險工具（遠期合約）	10	0	10
合計	$10	$(10)	$ 0

　　上例中，未來存貨售價變動風險所產生的現金流量減少數，恰由遠期合約現金淨額交割時補足，然若二者採原適用之會計原則處理，其損益影響數將分別在不同會計期間認列，無法忠實表達企業避險操作之效果。由於上述之被避險之「預期存貨銷售交易」並未於資產負債表上認列，因此避險會計準則要求遠期合約評價利益應認列為「其他綜合損益（OCI）」，並結轉至「其他權益－累積其他綜合損益（AOCI）」，再配合存貨實際銷貨時，將累積之其他綜合損益同時予以轉列至損益，二者之損益相互抵銷。

二　避險工具與被避險項目之範圍

　　避險會計在適用時必須指定「避險關係」以及被規避的風險，相關之適用條件、避險有效性評估、停止適用之情形均留待本章附錄討論，本段先說明適用避險關係要件中之二項要素：避險工具與被避險項目。

(一) 符合要件之避險工具（Qualifying Instruments）

1. **透過損益按公允價值衡量之衍生工具。**
2. **透過損益按公允價值衡量之非衍生金融資產**（透過其他綜合損益按公允價值衡量之權益工具除外）**或非衍生金融負債之外幣風險組成部分。**
3. **僅有與企業外部個體訂定之合約始能被指定為避險工具**，企業本身權益工具或企業所發行的選擇權均不可作為避險工具。但在特殊情況下，例如：企業發行可買回公司債，針對買回權組成部分，企業得指定所發行之選擇權作為避險工具等。

(二) 符合要件之被避險項目

1. 被避險項目可為**已認列之資產或負債、未認列之確定承諾、預期交易或國外營運機構淨投資**。前述被避險項目可為**單一項目**或**項目群組**之組成部分。
2. 其他條件
   (1) **被避險項目必須能可靠衡量。**
   (2) 若被避險項目為**預期交易**（或其組成部分），該交易必須為**高度很有可能**。
   (3) 為避險會計之目的，僅與報導企業外部之一方間之資產、負債、確定承諾或高度很有可能之預期交易，始得被指定為被避險項目。對於同一集團內企業間之交易，避險會計僅適用於該等企業之個別或單獨財務報表，而不適用於集團之合併財務報表，但投資個體之合併財務報表除外。

三　避險工具與被避險項目之指定

(一) 避險工具之指定

1. 符合要件之工具應就其**整體**指定為避險工具
2. 「符合要件之工具應就其整體指定為避險工具」之例外情形
   (1) **將選擇權合約之內含價值與時間價值分開，並僅指定選擇權內含價值變動作為避險工具**，時間價值變動部分並非避險工具。例如，為規避存貨公允價值變動風險，買入履約價格 $100 之價平賣出選擇權，權利金 $10（內含價值＝0，時間價值＝$10），並將選擇權合約之內含價值與時間價值分開，並僅指定選擇權內含價值變動作為避險工具。若合約到期時存貨價格為 $85，選擇權公允價值 $15（內含價值＝$15，時間價值＝$0），其中內含價值增加之 $15 應列為當期之避險損益計算，而時間價值所減少之 $10 則列為其他綜合損益，後續再重分類調整至損益（詳後述）。
   (2) **將遠期合約之遠期部分與即期部分分開，並僅指定遠期合約之即期部分之價值變動作為避險工具**，而非遠期部分之價值變動。例如：為規避存貨公允價值變動風險，簽訂零成本遠期出售合約，並指定遠期合約之即期部分價值變動部分作為規避存貨公允價值變動風險。若簽約日之現貨價格與遠期價格分別為 $100 及 $105，到期日存貨現貨價格為 $85，則遠期合約公允價值 $20（即期部分＝$100－$85＝$15，遠期部分＝$105－$100＝$5），其中即期部分增加之 $15 應列為當期之避險損益計算，而遠期部分所增加之 $5 則**直接列入損益**或**選擇**以「選擇權時間價值之處理方式」作會計處理（詳後述）。
   (3) 整體工具之某一比例得被指定為某一避險關係中之避險工具。例如：欲將一收取變動利率並支付固定利率之利率交換合約，指定為所發行變動利率債務之避險工具，若債務金額為 $100，利率交換合約之名目本金為 $150，則可將利率交換合約的 $100（2/3）指定為該變動利率債務之避險工具，剩餘之 $50（1/3）則作為透過損益按公允價值衡量之金融資產處理。惟須注意不得指定衍生工具流通期間之一部分作為避險工具，例如：利率交換合約之期間為 6 年，債務期間為 5 年，則公司不得指定此利率交換合約之其中 5 年作為避險工具。
3. 一對一避險之擴大
   (1) **一對多避險**

   若單一避險工具與作為被避險項目之多個不同風險部位有明確之指定關係，則該單一避險工具得被指定用以規避一種以上風險的避險工具。例如：某台灣公司擁有 60 天後收取美元之應收帳款及支付日圓之應付帳款，為規避未來現金流量變動風

險，簽訂一 60 天期外幣遠期合約收日圓付美元，將美元收款與日圓付款數鎖定在一定匯率，以單一遠期合約同時規避兩種風險。

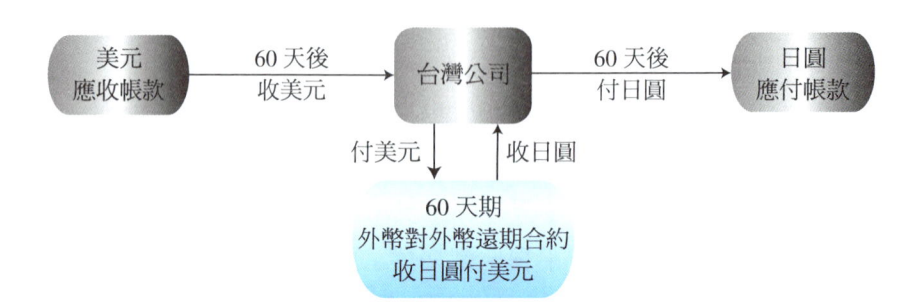

(2) 多對一避險

兩項以上衍生工具之組成或該組成之某百分比，得指定為避險工具，即使該組成存在衍生工具風險互抵之情形。例如某台灣公司擁有 60 天後收取歐元之應收帳款，為規避歐元匯率變動風險，簽訂一 60 天期外幣遠期合約收美元付歐元，及另一 60 天期外幣遠期合約收台幣付美元，將歐元收款金額鎖定在一定匯率，以兩個遠期合約規避一項風險。

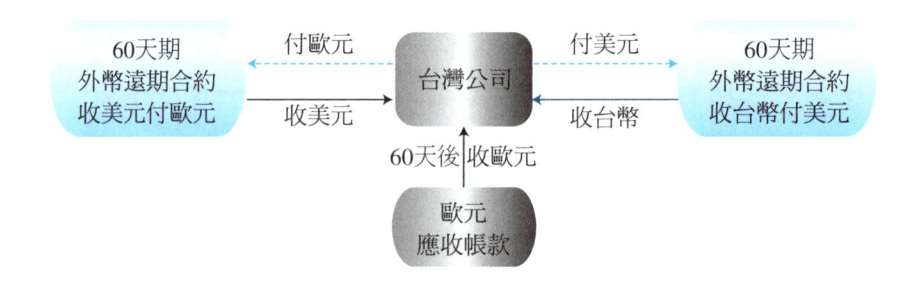

衍生工具亦可與其他非衍生工具組成一避險工具，例如：公司持有 25 年固定利率債券投資，為規避利率波動所致之公允價值變動風險，公司可發行 20 年期固定利率公司債，並指定該應付公司債於原始認列時採透過損益按公允價值衡量，以抵消公司債投資前 20 年的公允價值變動風險，至於 21 年至 25 年部分，則可透過簽訂 21 年至 25 年之遠期利率交換合約以規避該段期間之風險，此利率交換合約與應付公司債之組合即可指定作為公司債投資之避險關係。

(二) 被避險項目之指定

1. 企業可能於避險關係中**指定一項目之整體作為被避險項目**，一項目之整體包含該項目之現金流量或公允價值之所有變動。
2. 企業可能於避險關係中**指定一項目之組成部分作為被避險項目**，一組成部分包含該項目

整體公允價值變動之部分或整體現金流量變動之部分。於該情況下，企業僅得指定下列類型之組成部分（包括該等組成部分之組合）作為被避險項目：

(1) **風險組成部分**（Risk Components）：風險組成部分須為金融或非金融項目之可單獨辨認組成部分，且該項目之現金流量或公允價值之變動中歸屬於該風險組成部分之變動必須能可靠衡量。例如：甲公司發行固定利率債券，該債務發行時之市場利率決定於一指標利率（如 LIBOR）加上公司之信用風險貼水，當指標利率變動時，固定利率債券之價格受到影響，由於指標利率為一項可單獨辨認及可靠衡量之組成部分，故甲公司可以風險組成部分（指標利率風險）為基礎，對固定利率債券指定避險關係（參見第 11 章釋例）。

(2) **名目金額組成部分**（Components of A Nominal Amount）：以下二種類型之名目金額組成部分可於避險關係中被指定為被避險項目：
  ①項目整體之某一比例，如放款金額的 80%。
  ②層級組成部分（Layer Component），例如：僅針對本金，或是僅針對利息部分進行避險，或是外幣銷售金額最先發生之 $10 萬元外幣，或是針對儲存於某地之存貨實體數量之一部分（例如：儲存於 ×× 地點之天然氣之 5 百萬立方公尺底層）等，均可指定作為被避險項目。

3. **彙總暴險**：當一合格的被避險項目與衍生工具之組合而產生一不同之**彙總暴險，且該彙總暴險係就一種或多種特定風險而當作一項暴險被管理**，在此情況下，以該彙總暴險為基礎指定被避險項目。例如 1 月初乙公司高度很有可能在第 6 個月後購入 100 桶原油，並使用 6 個月期合約價格 $100 之原油期貨合約以規避價格風險（美元基礎）。該高度很有可能之原油購買及原油期貨合約之組合，就風險管理目的，可視為 6 個月期固定金額 $10,000 美元之外幣暴險，若乙公司於 1 月初決定不對美元暴險作避險操作，在原 IAS 第 39 號公報規範下，乙公司不得於後續期間，如 3 月初，將前述購買原油及原油期貨構成之彙總暴險作為被避險項目。然 IFRS 第 9 號放寬避險會計規範，使被避險項目與避險工具組成之彙總暴險可以作為被避險項目。因此，乙公司可以在 3 月初指定前述彙總暴險為被避險項目，並指定 $10,000 美元遠期外匯合約為避險工具，而適用避險會計。

有關「項目群組」與「彙總曝險」之會計處理留待第 4 節與第 11 章再加以說明。

四　避險會計之類別

避險會計就風險來源係已入帳之「期間相關」資產或負債，與尚未入帳之「交易相關項目」區分為三類：

(一) 公允價值避險

公允價值避險（Fair Value Hedge）係指對已認列資產或負債或未認列確定承諾之公允價值變動暴險之避險，或對任何此種項目之組成部分之公允價值變動暴險之避險；該等公允價值變動可歸因於特定風險，且會影響損益。例如，外幣應收帳款受到匯率變動的影響將產生兌換損益，而尚未入帳之進貨合約則因交易價格、數量、時間均已確定不能變更，在商品價格變動時，將產生待履行合約損益。

(二) 現金流量避險

現金流量避險（Cash Flow Hedge）係指對現金流量變異暴險之避險，該變異係可歸因於與全部已認列資產或負債或已認列資產或負債之組成部分（例如變動利率債務之全部或部分之未來利息支付）或高度很有可能預期交易有關之特定風險，且會影響損益。例如企業發行變動利率計息之公司債，因利率變動使公司支付利息之現金流量改變，或是匯率變動使公司預期購入新設備之現金支付金額改變等。

茲將公允價值避險與現金流量避險下所適用之被避險項目彙整如下：

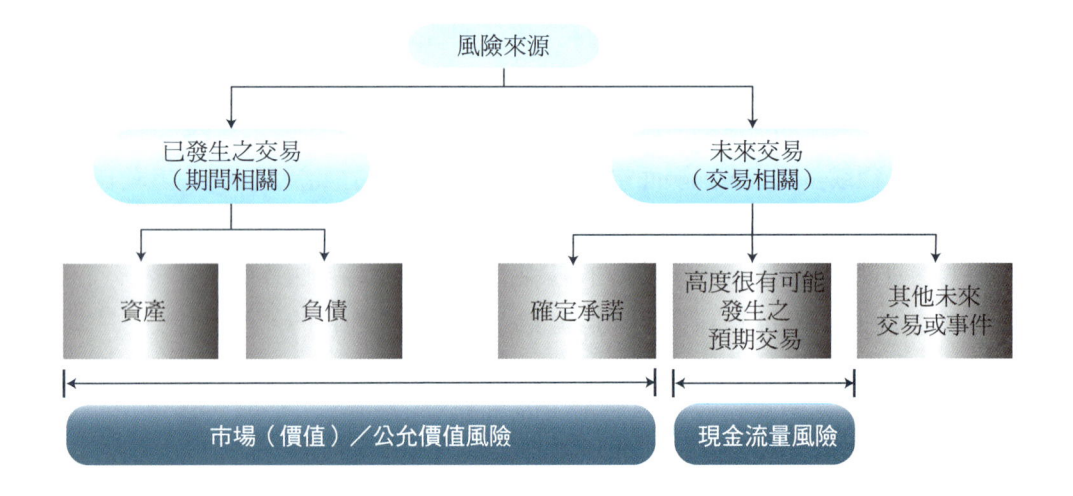

```
                         風險來源
              ┌─────────────┴─────────────┐
         已發生之交易                   未來交易
         （期間相關）                  （交易相關）
         ┌─────┬─────┐          ┌─────┬─────────┬──────┐
        資產   負債           確定承諾  高度很有可能  其他未來
                                      發生之       交易或事件
                                      預期交易
         └──────市場（價值）/公允價值風險──┤  └──現金流量風險──┘
```

(三) 國外營運機構淨投資之避險

國外營運機構淨投資係指報導個體對於國外營運機構之淨資產所享有之權益金額，包括子公司、關聯企業、聯合協議或分公司之形式，其營運所在國家或使用之貨幣與報導個體不同。**國外營運機構淨投資之避險**（Hedge of a net investment in a foreign operation）**係規避對於國外營運機構之淨資產所享有之權益金額之匯率變動風險。**

國外營運機構淨投資之避險原則上係屬於企業已入帳資產之公允價值避險，惟因其性質特殊（屬於企業享有之權益），加上匯率風險規避的特殊處理規定，故將其單獨列為避險類型之一種，其他在公允價值與現金流量避險中，對於利率風險與匯率風險等，亦有部分特殊規範，茲整理如下圖所示，有關匯率風險部分，將留待第 11 章再加以探討。

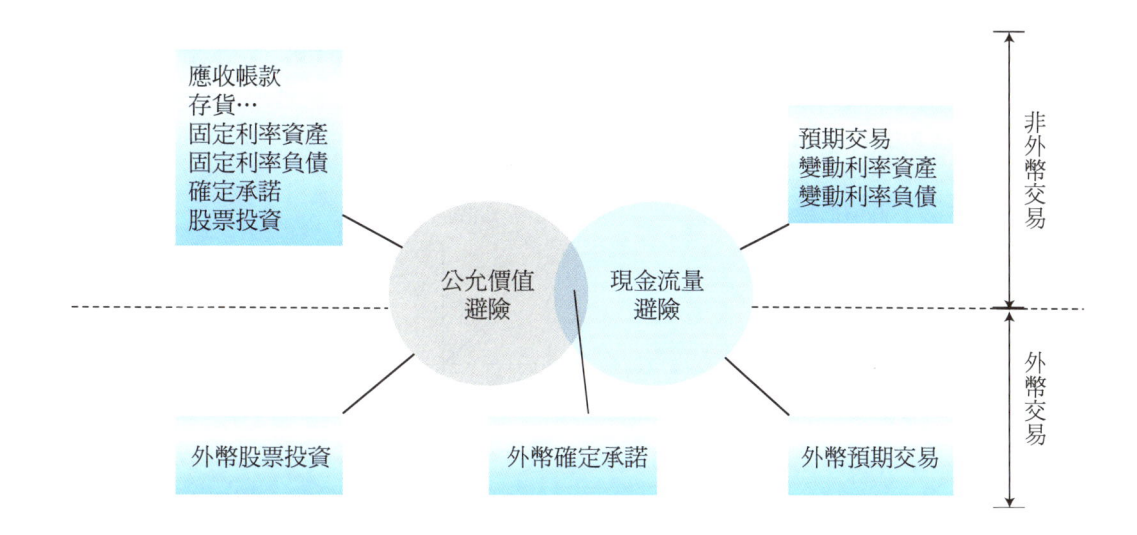

```
應收帳款                                              非
存貨…                                                外
固定利率資產                    預期交易              幣
固定利率負債                    變動利率資產          交
確定承諾                        變動利率負債          易
股票投資
            公允價值    現金流量
            避險        避險
                                                     外
                                                     幣
                                                     交
   外幣股票投資      外幣確定承諾    外幣預期交易     易
```

第 2 節　公允價值避險

一　公允價值避險處理原則

企業對於已認列之資產負債，或未認列之確定承諾，在規避其公允價值變動風險時，應採**「當期法」**認列損益，將「被避險項目」因公允價值變動所產生之評價損益，配合避險工具之會計處理方法，提前至當期認列。

(一) 一般情形

1. 避險工具之利益或損失應認列於當期損益。
2. 被避險項目之避險利益或損失，應調整被避險項目之帳面金額，並認列於當期損益。

(二) 例外情形：被避險項目為「將公允價值變動列報於其他綜合損益中之權益工具」

1. 避險工具之利益或損失應認列於其他綜合損益。
2. 被避險項目為「將公允價值變動列報於其他綜合損益中之權益工具」，其因公允價值變動所產生之評價損益，仍應認列於**其他綜合損益**。

二　各項避險交易之說明

1. 已認列之資產負債

   (1) 存貨

   當企業持有存貨即面臨價格波動之市場風險。當企業預期存貨未來市價下跌，得選擇「出售」相似之商品期貨或遠期合約，將存貨之價值「鎖定」至遠期價格，

若存貨市價確實如預期下跌時,企業將會因商品期貨或遠期合約公允價值上升,而「抵銷」存貨跌價損失,達到避險目的。為表達避險效果,當存貨成為被避險項目時,應按**公允價值評價**,且**公允價值變動列為當期損益**。

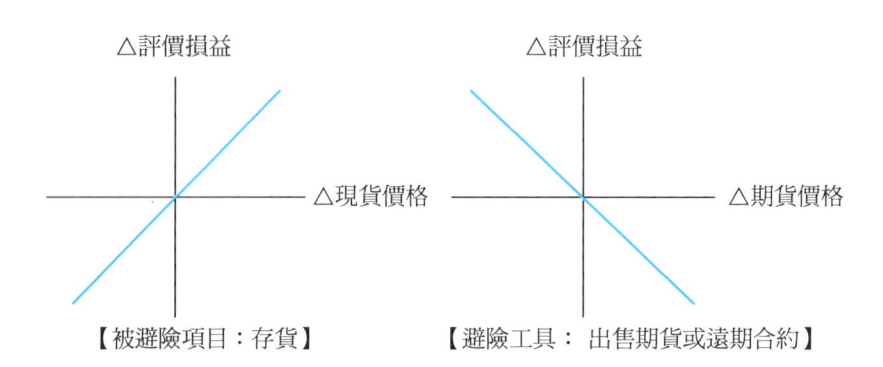

【被避險項目:存貨】　　　　　　【避險工具:出售期貨或遠期合約】

存貨跌價(損)益 =(結清日現貨價格 − 交易日現貨價格)× 存貨數量
遠期合約評價(損)益 =(簽約日遠期價格 − 結清日遠期價格)× 合約數量

釋例一　貴重金屬遠期合約 ↔ 存貨價值變動:公允價值避險

甲公司於 X1 年 1 月 1 日以零成本、六個月到期 10,000 單位之出售鈦金屬遠期合約以規避鈦金屬存貨公允價值變動風險,該批 10,000 單位鈦金屬存貨係於 X0 年 12 月 31 日以 $3,000,000 買入(單價 $300),至 6 月 30 日該批商品仍未賣出。

X1 年度鈦金屬相關價格資料如下:

	X1 年 1 月 1 日	X1 年 3 月 31 日	X1 年 6 月 30 日
現貨價格	$300	$292	$285
遠期價格	$310	$297	−

假設 X1 年 1 月 1 日 6 個月到期無風險利率為 6.5%;X1 年 3 月 31 日 3 個月到期無風險利率為 6%,甲公司於 X1 年 6 月 30 日採現金淨額交割遠期合約。甲公司指定該遠期合約之整體為避險工具,且避險關係符合所有避險會計之要件。

試作甲公司 X1 年 3 月 31 日及 X1 年 6 月 30 日之相關分錄。

解析

X1 年 3 月 31 日遠期合約價值 =($310 − $297)× 10,000 ÷(1 + 6% × 3/12)= $128,079
X1 年 6 月 30 日遠期合約價值 =($310 − $285)× 10,000 = $250,000(變動數 = $121,921)

存貨（被避險項目）與遠期合約（避險工具）相關帳戶餘額計算如下：

存貨		避險之衍生金融資產－遠期合約	
1/1 餘額 3,000,000		3/31 128,079	
	3/31 評價 80,000	3/31 餘額 128,079	
3/31 餘額 2,920,000		6/30 評價 121,921	
	6/30 評價 70,000	6/30 餘額 250,000	
6/30 餘額 2,850,000			

銷貨成本		避險損益－避險工具	
3/31 評價 80,000 ⟵⟶		3/31 128,079	
6/30 評價 70,000 ⟵⟶		6/30 121,921	

被避險項目－存貨		避險工具－遠期合約	
X1年1月1日	無分錄	X1年1月1日	無分錄
X1年3月31日		X1年3月31日	
銷貨成本	80,000	避險之衍生金融資產	128,079
存貨	80,000	避險損益－公允價值避險	128,079
X1年6月30日		X1年6月30日	
銷貨成本	70,000	避險之衍生金融資產	121,921
存貨	70,000	避險損益－公允價值避險	121,921
		現金	250,000
		避險之衍生金融資產	250,000

(2) 透過其他綜合損益按公允價值衡量之權益工具投資

當企業指定權益工具作為「透過其他綜合損益按公允價值衡量金融資產」，即承擔市場風險及企業風險等。為規避權益工具公允價值下跌所產生之評價損失，企業得選擇「出售」股票期貨或買入股票選擇權賣權，將權益證券價值「鎖定」至該衍生工具之執行價格，達到避險目的。在避險有效情形下，被避險項目與避險工具損益認列狀況如下（假設不考慮時間價值）：

	被避險項目 （透過其他綜合損益按公允價值衡量之權益工具投資）	避險工具 （遠期出售合約、期貨）
公允價值上升 （$FV_1 > FV_0$）	評價利益（OCI） ＝投資 FV_1 －投資 FV_0	評價損失（OCI） ＝標的 FV_1 －標的執行價格
公允價值下降 （$FV_1 < FV_0$）	評價損失（OCI） ＝投資 FV_0 －投資 FV_1	評價利益（OCI） ＝標的執行價格－標的 FV_1

上表中,當所「出售」衍生工具標的為所持有之權益證券,且執行價格等於所持有股權證券目前價值(FV_0),公允價值變動之損益可完全抵銷。其風險抵銷效果如下圖所示:

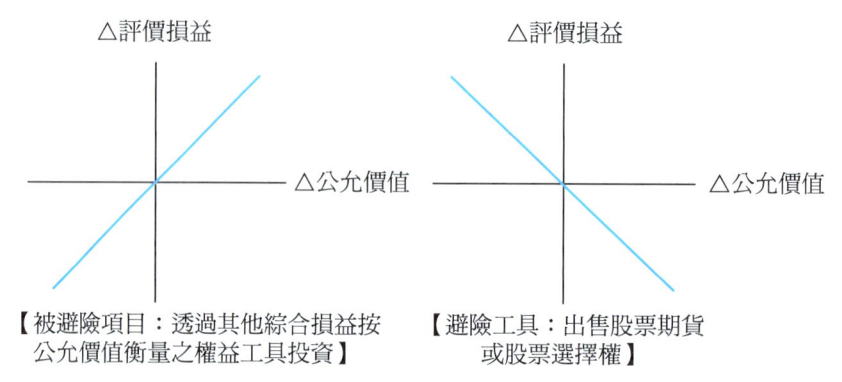

【被避險項目:透過其他綜合損益按公允價值衡量之權益工具投資】

【避險工具:出售股票期貨或股票選擇權】

為表達避險效果,當透過其他綜合損益按公允價值衡量之權益工具投資成為被避險項目時,應按**公允價值評價,且公允價值變動列為其他綜合損益**,而避險工具之公允價值變動數亦列為**其他綜合損益**。

釋例二　股票選擇權 ↔ FVOCI 股票投資:公允價值避險

丁公司於 X1 年 1 月 1 日購入 1,000 股 A 公司股票,並指定為透過其他綜合損益按公允價值衡量,丁公司於當日買入六個月後到期,價平之賣出選擇權,標的物為 1,000 股 A 公司股票,履約價格 $100,權利金 $15,000,相關資料如下:

	X1 年 1 月 1 日	X1 年 3 月 31 日	X1 年 6 月 30 日
A 公司股票價格	$100,000	$103,000	$99,000
選擇權時間價值	$15,000	$8,000	$0

丁公司指定此選擇權為避險工具,規避 A 公司股票價格下跌之風險,前述避險關係符合所有避險會計之要件。試作丁公司 X1 年 1 月 1 日、X1 年 3 月 31 日及 X1 年 6 月 30 日相關分錄。

解析

指定避險前,被避險項目價格變動原係列入 OCI 且後續不作重分類調整,IFRS 第 9 號公報特別規定避險工具及被避險項目所有價值變動均列入 OCI。

此例中值得注意的是,賣出選擇權對投資價值下跌部分作避險,此類避險為單邊避險,與遠期合約適用之雙邊避險不同。釋例中之 FVOCI 股票投資之避險中,股票上漲部分雖然不適用避險會計,但 FVOCI 之原會計處理即規定公允價值變動須列入 OCI。

	X1年1月1日	X1年3月31日	X1年6月30日
選擇權內含價值	$0	$0	$1,000
選擇權時間價值	$15,000	$8,000	$0
選擇權公允價值	$15,000	$8,000	$1,000

透過其他綜合損益按公允價值衡量金融資產				避險之衍生金融資產－選擇權		
1/1 餘額	100,000			1/1 餘額	15,000	
3/31 評價	3,000					3/31 評價 7,000
		6/30 評價	4,000			6/30 評價 7,000
6/30 餘額	99,000			6/30 餘額 1,000	6/30 結清	1,000

OCI－金融資產未實現評價損益				OCI－避險損益		
		3/31 評價	3,000	⟷	3/31 評價	7,000
6/30 評價	4,000	⟷			6/30 評價	7,000

被避險項目－投資				避險工具－選擇權		
X1年1月1日				X1年1月1日		
透過其他綜合損益按公允				避險之衍生金融資產	15,000	
價值衡量金融資產	100,000			現金		15,000
現金		100,000				
X1年3月31日				X1年3月31日		
透過其他綜合損益按公允				OCI－避險損益－公允	7,000	
價值衡量金融資產	3,000			價值避險		
OCI－金融資產未實現評價損益		3,000		避險之衍生金融資產		7,000
X1年6月30日				X1年6月30日		
OCI－金融資產未實現評				OCI－避險損益－公允價		
價損益	4,000			值避險	7,000	
透過其他綜合損益按公允價值衡		4,000		避險之衍生金融資產		7,000
量金融資產				現金	1,000	
				避險之衍生金融資產		1,000

註：本章第4節將對選擇權時間價值部分之規範作進一步說明。

(3) 應付公司債

當企業發行公司債，將承擔按約定利率支付利息及到期償還固定金額本金之義務。當利率下跌時，應付公司債公允價值將較帳面金額高，因而產生負債增加之評價損失，故企業在預期利率下跌時，得選擇「買入」與公司債承受相當利率風險之衍生工具（例如：簽訂收固定付變動之利率交換合約），「鎖住」應付公司債利率至變動利率，若利率確實如預期下跌，應付公司債雖產生評價損失，但所持有之利

率交換合約卻產生相當之評價利益，抵銷應付公司債公允價值變動之損益，達到避險目的。

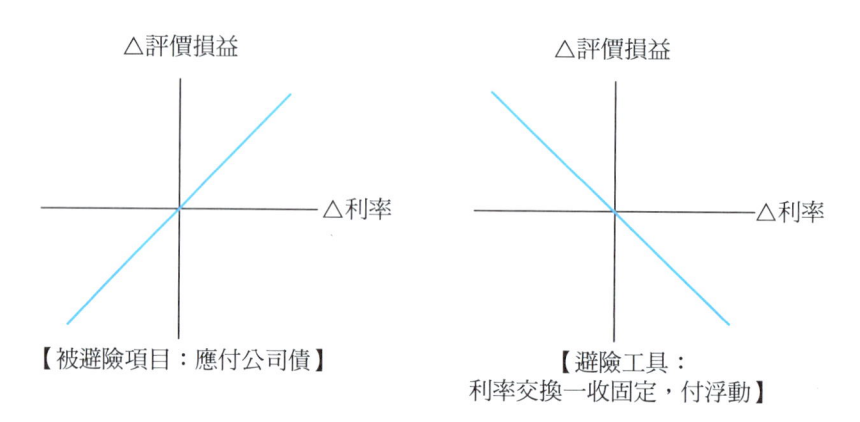

【被避險項目：應付公司債】　　【避險工具：利率交換—收固定，付浮動】

①**避險損益之計算**：為表達避險效果，應付公司債原本應按「攤銷後成本衡量」，但在適用避險會計時，為配合避險工具（例如：利率交換合約），**應付公司債應以避險期間公允價值變動調整帳面金額，而此公允價值變動應列入當期損益**。以發行公司債時立刻簽訂利率交換合約為例，避險工具與被避險項目評價損益計算如下：

❶應付公司債評價損益

　　＝按目前市場利率計算現值－攤銷後成本（按發行時市場利率折現）

❷利率交換評價損益

$$= \frac{\text{未來現金收付數}}{\text{按市場利率折現值}} - (\text{上期餘額} \pm \text{收付現金} \pm \text{應計利息})$$

②**應付公司債之溢折價處理**：公司債溢折價應以攤銷開始日重行計算之有效利率為基礎，予以攤銷並認列為當期損益。攤銷期間有二種選擇：

❶於認列調整數時即開始攤銷，至避險工具到期日結束。

　期末應付公司債＝按目前市場利率計算現值
　當期利息費用＝期初應付公司債帳面金額×期初市場利率（每期利率波動）

❷停止適用避險會計時開始攤銷，至避險工具到期日結束

　期末應付公司債＝按目前市場利率計算現值
　當期利息費用＝期初應付公司債帳面金額×發行市場利率（每期利率相同）

　　應付公司債評價調整所致之溢折價於避險期間結束後開始攤銷，重新計算有效利率。若避險期間結束時，公司債亦已到期，則因避險關係產生之公司債未攤銷溢折價，應於到期時一次沖轉，調整**利息費用**。

釋例三 利率交換合約 ↔ 固定利率公司債：公允價值避險

甲公司於 X1 年 1 月 1 日平價發行 4 年期、票面利率 2%、每年 12/31 付息、面額 $1,000,000 之公司債；同時簽訂四年期的利率交換合約（收固定，付變動），並用以規避整體公司債因基準利率變動產生之公允價值變動風險。利率交換合約之條件如下：名目本金為 $1,000,000，固定利率為 2%，變動利率為每年 1/1 當日之一年期市場基準利率，每年年底以現金淨額交割。前述避險關係符合所有避險會計之要件。

一年期市場基準利率資訊：X1 年 1 月 1 日為 2%，X1 年 12 月 31 日為 3%，X2 年 12 月 31 日為 4%，X3 年 12 月 31 日為 5%，利率期間結構假設均為水平線。

假設一：被避險項目每期均以利息法攤銷溢折價。

假設二：避險關係產生之公司債溢折價於停止適用避險會計時開始攤銷。

試分別按二項假設作公司債與利率交換合約之相關分錄。

解析

假設一：

1. 應付公司債與利率交換合約現金流量及公允價值之計算

	X1/1/1 (2%)	X1/12/31 (3%)	X2/12/31 (4%)	X3/12/31 (5%)	X4/12/31
應付公司債					
現金流量	$ 1,000,000	$(20,000)	$ (20,000)	$ (20,000)	$ (20,000)
公允價值	(1,000,000)	(971,714)	(962,278)	(971,429)	(1,000,000)
利率交換					
現金流量		$ 0	$ (10,000)	$ (20,000)	$ (30,000)
公允價值	$ 0	(28,286)	(37,722)	(28,571)	—

公司債 X1 年 12 月 31 日公允價值 = 未來 3 年本息，按當時利率 3% 折現
$$= \$20,000 \times P_{3,3\%} + \$1,000,000 \times p_{3,3\%} = \$971,714$$

公司債 X2 年 12 月 31 日公允價值 = 未來 2 年本息，按當時利率 4% 折現
$$= \$20,000 \times P_{2,4\%} + \$1,000,000 \times p_{2,4\%} = \$962,278$$

公司債 X3 年 12 月 31 日公允價值 = 未來 1 年本息，按當時利率 5% 折現
$$= \$20,000 \times P_{1,5\%} + \$1,000,000 \times p_{1,5\%} = \$971,429$$

利率交換 X1 年 12 月 31 日公允價值 = 預計未來 3 年每年支付 $10,000，按當時利率 3% 折現
$$= -\$10,000 \times P_{3,3\%} = -\$28,286$$

利率交換 X2 年 12 月 31 日公允價值＝預計未來 2 年每年支付 $20,000，按當時利率 4% 折現
$$= -\$20,000 \times P_{2,4\%} = -\$37,722$$
利率交換 X3 年 12 月 31 日公允價值＝預計未來 1 年每年支付 $30,000，按當時利率 5% 折現
$$= -\$30,000 \times P_{1,5\%} = -\$28,571$$

2. 應付公司債與利率交換合約之利息費用與評價損益

	應付公司債				利率交換				
	利息費用 ①	帳面金額 ②	公允價值 ③	評價損益 ④	利息費用 ⑤	現金收付 ⑥	帳面金額 ⑦	公允價值 ⑧	評價損益 ⑨
X1年1月1日		1,000,000	1,000,000	—			0	0	—
X1年12月31日	(20,000)	1,000,000	971,714	28,286	(0)		0	(28,286)	(28,286)
X2年12月31日	(29,151)	980,865	962,278	18,587	(849)	10,000	(19,134)	(37,722)	(18,587)
X3年12月31日	(38,491)	980,769	971,429	9,340	(1,509)	20,000	(19,231)	(28,571)	(9,340)
X4年12月31日	(48,571)	1,000,000	1,000,000	0	(1,429)	30,000	0	0	0

①＝上期③×當期期初變動利率
②＝上期③＋(①－$20,000)
③＝公司債公允價值（前述計算）
④＝②－③

⑤＝上期⑧×當期期初變動利率
⑥＝$20,000－$1,000,000×當期期初變動利率
⑦＝上期⑧＋⑤＋⑥
⑧＝利率交換公允價值（前述計算）
⑨＝⑧－⑦

應付公司債與利率交換相關帳戶餘額計算如下：

```
            應付公司債
                    | X1/1/1    1,000,000
```

應付公司債折價			避險之衍生金融負債－利率交換		
X1 年評價 28,286				X1 年評價	28,286
X1/12/31 28,286				X1/12/31	28,286
	X2 年攤銷 9,151	X2 年交割 10,000	X2 年利息	849
X2 年評價 18,587				X2 年評價	18,587
X2/12/31 37,722				X2/12/31	37,722
	X3 年攤銷 18,491	X3 年交割 20,000	X3 年利息	1,509
X3 年評價 9,340				X3 年評價	9,340
X3/12/31 28,571				X3/12/31	28,571
	X4 年攤銷 28,571	X4 年交割 30,000	X4 年利息	1,429
	X4/12/31 0			X4/12/31	0

3. 會計分錄

被避險項目－應付公司債			避險工具－利率交換		
X1年1月1日			X1年1月1日		
現金	1,000,000		備忘分錄		
應付公司債		1,000,000			
X1年12月31日			X1年12月31日		
利息費用	20,000		避險損益－公允價值避險	28,286	
現金		20,000	避險之金融負債－利率交換		28,286
應付公司債折價	28,286				
避險損益－公允價值避險		28,286			
X2年12月31日			X2年12月31日		
利息費用	29,151		利息費用	849	
應付公司債折價		9,151	避險之金融負債－利率交換		849
現金		20,000	避險之金融負債－利率交換	10,000	
應付公司債折價	18,587		現金		10,000
避險損益－公允價值避險		18,587	避險損益－公允價值避險	18,587	
			避險之金融負債－利率交換		18,587
X3年12月31日			X3年12月31日		
利息費用	38,491		利息費用	1,509	
應付公司債折價		18,491	避險之金融負債－利率交換		1,509
現金		20,000	避險之金融負債－利率交換	20,000	
應付公司債折價	9,340		現金		20,000
避險損益－公允價值避險		9,340	避險損益－公允價值避險	9,340	
			避險之金融負債－利率交換		9,340
X4年12月31日			X4年12月31日		
利息費用	48,571		利息費用	1,429	
應付公司債折價		28,571	避險之金融負債－利率交換		1,429
現金		20,000	避險之金融負債－利率交換	30,000	
應付公司債	1,000,000		現金		30,000
現金		1,000,000			

假設二：
1. 應付公司債與利率交換合約現金流量及公允價值之計算（同假設一）
2. 應付公司債與利率交換合約之利息費用與評價損益

	應付公司債					利率交換				
	利息費用 ①	帳面金額 ②	公允價值 ③	評價損益 ④	利息費用 ⑤	現金收付 ⑥	帳面金額 ⑦	公允價值 ⑧	評價損益 ⑨
X1年1月1日		1,000,000	1,000,000	–			0	0	–
X1年12月31日	(20,000)	1,000,000	971,714	28,286	(0)	0	0	(28,286)	(28,286)
X2年12月31日	(20,000)	1,000,000	962,278	9,436	(10,000)	10,000	(28,286)	(37,722)	(9,436)
X3年12月31日	(20,000)	1,000,000	971,429	(9,151)	(20,000)	20,000	(37,722)	(28,571)	9,151
X4年12月31日	(20,000)	1,000,000	1,000,000	(28,571)	(30,000)	30,000	(28,571)	0	28,571

① = 上期② × 固定利率
② = 上期② + (① − $20,000)
③ = 公司債公允價值（前述計算）
④ = 上期③ − ③

⑤ = ⑥
⑥ = $20,000 − $1,000,000 × 當期期初變動利率
⑦ = 上期⑧ + ⑤ + ⑥
⑧ = 利率交換公允價值（前述計算）
⑨ = ⑧ − ⑦

應付公司債與利率交換相關帳戶餘額計算如下：

```
            應付公司債
                    │ X1/1/1   1,000,000
                    │
```

```
         應付公司債折價                          避險之衍生金融負債－利率交換
X1年評價    28,286 │                                              │ X1年評價    28,286
                  │ X1/12/31  28,286                              │ X1/12/31   28,286
X2年評價     9,436 │                                              │ X2年評價     9,436
                  │ X2/12/31  37,722                              │ X2/12/31   37,722
                  │ X3年評價   9,151           X3年評價   9,151   │
                  │ X3/12/31  28,571                              │ X3/12/31   28,571
                  │ X4年評價  28,571           X4年評價  28,571   │
                  │ X4/12/31       0                              │ X4/12/31        0
```

3. 會計分錄

被避險項目－應付公司債			避險工具－利率交換		
X1年1月1日			X1年1月1日		
現金	1,000,000		備忘分錄		
應付公司債		1,000,000			
X1年12月31日			X1年12月31日		
利息費用	20,000		避險損益－公允價值避險	28,286	
現金		20,000	避險之金融負債－利率交換		28,286
應付公司債折價	28,286				
避險損益－公允價值避險		28,286			
X2年12月31日			X2年12月31日		
利息費用	20,000		利息費用	10,000	
現金		20,000	現金		10,000
應付公司債折價	9,436		避險損益－公允價值避險	9,436	
避險損益－公允價值避險		9,436	避險之金融負債－利率交換		9,436
X3年12月31日			X3年12月31日		
利息費用	20,000		利息費用	20,000	
現金		20,000	現金		20,000
避險損益－公允價值避險	9,151		避險之金融負債－利率交換	9,151	
應付公司債折價		9,151	避險損益－公允價值避險		9,151
X4年12月31日			X4年12月31日		
利息費用	20,000		利息費用	30,000	
現金		20,000	現金		30,000
避險損益－公允價值避險	28,571		避險之金融負債－利率交換	28,571	
應付公司債折價		28,571	避險損益－公允價值避險		28,571
應付公司債	1,000,000				
現金		1,000,000			

2. 未入帳之確定承諾

　　確定承諾係買賣雙方約定於一定期間以約定價格買賣一定數量之商品或勞務。確定承諾雖然於買賣雙方約定時並未入帳，但已承諾「鎖住」未來購買或出售價格，當市場價格波動，企業即承擔交貨日以低於市場價格銷售商品，或以高於市場價格購買商品之風險，故企業得選擇操作衍生工具（例如：遠期合約），達成避險效果。

　　為表達避險效果，由於避險工具（衍生工具）之公允價值變動應認列為當期損益，故**未入帳確定承諾之公允價值累積變動數，亦應列為資產或負債，並認列為當期損益**。

企業嗣後履行承諾實際取得資產或承擔負債時，應將確定承諾之「**公允價值累積變動數**」**轉列為該資產或負債之原始帳面金額。**由於確定承諾與衍生工具之當期損益，係以未來交割日之價格計算，故計算時應按評價日之利率折現。茲就確定出售承諾及確定購買承諾分別說明之。

(1) **確定出售承諾**

當企業簽訂確定出售承諾，若履約日現貨價格高於承諾日約定價格，企業必須按低於市價金額認列銷貨收入，產生確定承諾之損失。此時，若企業於承諾日同時簽訂買入相同數量相同期間之遠期合約，則當合約到期日現貨價格高於簽約日遠期價格，該遠期合約將產生與確定承諾相同金額之價格變動利益，完全抵銷確定承諾之損失，達到避險目的。相同的，當履約日（合約到期日）現貨價格低於承諾日（簽約日）約定價格，則確定承諾將產生利益，而遠期合約將產生損失。關係可列示如下：

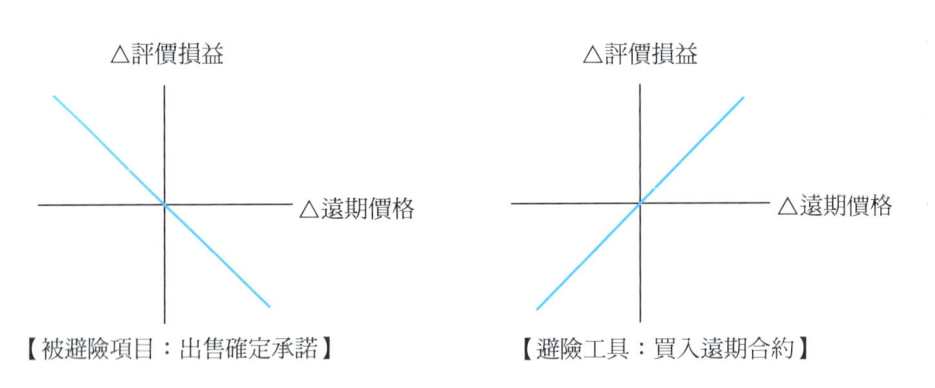

【被避險項目：出售確定承諾】　　【避險工具：買入遠期合約】

確定承諾（損）益＝（簽約日遠期價格－到期日現貨價格）×出售數量×複利現值

遠期合約評價（損）益＝（到期日現貨價格－簽約日遠期價格）×出售數量×複利現值

(2) **確定購買承諾**

當企業簽訂確定購買承諾，若履約日現貨價格低於承諾日約定價格，企業必須按高於市價金額認列進貨成本，產生確定承諾之損失。此時，若企業於承諾日同時簽訂出售相同數量相同期間之遠期合約，則當合約到期日現貨價格低於簽約日遠期價格，該遠期合約將產生與確定承諾相同金額之價格變動利益，完全抵銷確定承諾之損失，達到避險目的。相同的，當履約日現貨價格（合約到期日）大於承諾日（簽約日）約定價格，則確定承諾將產生利益，而遠期合約則產生損失。關係可列示如下：

【被避險項目：購入確定承諾】　　　　【避險工具：出售遠期合約】

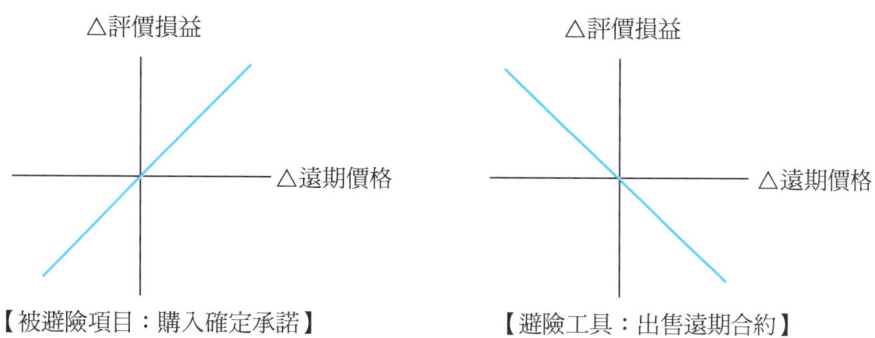

確定承諾（損）益＝（到期日現貨價格－簽約日遠期價格）×購買數量×複利現值
遠期合約評價（損）益＝（簽約日遠期價格－到期日現貨價格）×購買數量×複利現值

釋例四　貴重金屬遠期合約 ↔ 確定承諾：公允價值避險

甲公司於 X1 年 1 月 1 日簽訂確定承諾合約，將於 6 月 30 日以 $310 之單價購入 10,000 單位鈦金屬，並於同日簽訂零成本、六個月到期出售鈦金屬 10,000 單位之遠期合約規避前述確定承諾公允價值變動風險。甲公司於 6 月 30 日將確定承諾與避險工具如期交割。甲公司指定該遠期合約之整體為避險工具，且避險關係符合所有避險會計之要件。

假設 X1 年 1 月 1 日 6 個月到期無風險利率為 6.5%；X1 年 3 月 31 日 3 個月到期無風險利率為 6%，甲公司於 6 月 30 日採現金淨額交割遠期合約。

X1 年度鈦金屬相關價格資料如下：

	X1 年 1 月 1 日	X1 年 3 月 31 日	X1 年 6 月 30 日
現貨價格	$300	$292	$285
遠期價格	$310	$297	－

試作甲公司 3 月 31 日及 6 月 30 日之相關分錄。

解析

X1 年 3 月 31 日確定承諾價值＝($297 － $310) × 10,000 ÷ (1 + 6% × 3/12) ＝ ($128,079)
X1 年 6 月 30 日確定承諾價值＝($285 － $310) × 10,000
　　　　　　　　　　　　　＝ ($250,000)（變動數＝$121,921）

X1 年 3 月 31 日遠期合約價值 = ($310 − $297) × 10,000 ÷ (1 + 6% × 3/12) = $128,079

X1 年 6 月 30 日遠期合約價值 = ($310 − $285) × 10,000
= $250,000（變動數 = $121,921）

其他負債－確定承諾			
		3/31	128,079
		6/30	121,921
6/30 沖轉	250,000	6/30 餘額	250,000

避險之衍生金融資產－遠期合約			
3/31	128,079		
6/30	121,921		
6/30 餘額	250,000	6/30 結清	250,000

存貨			
6/30	3,100,000	6/30 沖轉	250,000
	2,850,000		

避險損益－被避險項目	
3/31 評價	128,079
6/30 評價	121,921

避險損益－避險工具	
3/31 評價	128,079
6/30 評價	121,921

被避險項目－確定承諾

X1 年 1 月 1 日
無分錄

X1 年 3 月 31 日
避險損益－公允價值避險　　128,079
　　其他負債－確定承諾　　　　　　128,079

X1 年 6 月 30 日
避險損益－公允價值避險　　121,921
　　其他負債－確定承諾　　　　　　121,921
存貨　　　　　　　　　　　2,850,000
其他負債－確定承諾　　　　　250,000
　　現金　　　　　　　　　　　　3,100,000

避險工具－遠期合約

X1 年 1 月 1 日
備忘分錄

X1 年 3 月 31 日
避險之衍生金融資產　　　　128,079
　　避險損益－公允價值避險　　　　128,079

X1 年 6 月 30 日
避險之衍生金融資產　　　　121,921
　　避險損益－公允價值避險　　　　121,921
現金　　　　　　　　　　　　250,000
　　避險之衍生金融資產　　　　　　250,000

第 3 節　現金流量避險

　　公允價值避險係針對已認列資產負債或未認列確定承諾之公允價值變動避險，公允價值避險交易之進行並未改變原交易之現金流量。現金流量避險係指規避現金流量變動之風險，現金流量變動係因高度很有可能發生預期交易之特定風險所引起，或已認列資產負債受變動利率或匯率變動所引起。

一　現金流量避險處理原則

現金流量避險主要係針對「未入帳」之被避險項目進行避險，例如：未入帳之預期交易或未支付之變動利率利息。由於被避險項目尚未發生，企業無從認列入帳，故避險會計僅能以「**遞延法**」處理避險工具損益，將避險工具之公允價值變動損益，認列為「**其他綜合損益（OCI）**」，並結轉至「其他權益－累積其他綜合損益（AOCI）」，再配合被避險項目之預期交易後續「將認列非金融資產或非金融負債」，或非屬前述「將認列非金融資產或非金融負債」，而將累積之其他綜合損益轉入該非金融資產或非金融負債之原始成本或其他帳面金額（非屬重分類調整），或轉列至損益（重分類調整）。

(一) 避險期間之損益認列

1. 有效避險部分：認列於其他綜合損益

與被避險項目相關之單獨權益組成部分（現金流量避險準備）**應調整為下列兩者（絕對金額）中孰低者**，作為現金流量避險準備：

(1) 避險工具自避險開始後之累積利益或損失。
(2) 被避險項目自避險開始後之公允價值（現值）**累積變動數**，亦即被避險之期望未來現金流量累積變動數之現值。

2. 避險無效部分：認列於當期損益

避險工具之任何剩餘利益或損失屬避險無效性，應認列於當期損益。

釋例五　現金流量避險↔避險無效部分之會計處理

甲公司簽訂衍生工具合約以規避高度很有可能發生預期交易所致之現金流量變動風險，第 1 期至第 3 期間該衍生工具公允價值變動，與被避險交易預期未來現金流量現值增減數資料如下：

	衍生工具公允價值變動數		被避險交易預期未來現金流量現值變動數	
	當期變動數	累積變動數	當期變動數	累積變動數
第 1 期	$10,000	$10,000	$(9,500)	$(9,500)
第 2 期	3,000	13,000	(4,500)	(14,000)
第 3 期	(18,000)	(5,000)	15,000	1,000

試作甲公司第 1 期至第 3 期衍生工具相關分錄。

解析

1. 第 1 期被避險項目累積變動數較小，當期避險工具端較大，為過度避險（Over Hedge），累積至避險準備（AOCI）金額為 $9,500。

   其他綜合損益認列數 = $9,500 − 0 = $9,500

第 1 期	避險之衍生金融資產	10,000	
	OCI－避險損益－現金流量避險		9,500
	金融資產評價損益		500

2. 第 2 期避險工具累積變動數較小，當期避險工具端較小，為避險不足（Under Hedge），累積至避險準備（AOCI）金額為 $13,000

   其他綜合損益認列數 = $13,000 − $9,500 = $3,500

第 2 期	避險之衍生金融資產	3,000	
	金融資產評價損益	500	
	OCI－避險損益－現金流量避險		3,500

3. 第 3 期被避險項目累積變動數較小，當期避險工具端較大，為過度避險（Over Hedge），累積至避險準備（AOCI）金額為 $(1,000)。

   其他綜合損益認列數 = −$1,000 − $13,000 = ($14,000)

第 3 期	OCI－避險損益－現金流量避險	14,000	
	金融資產評價損益	4,000	
	避險之衍生金融資產		18,000

(二) 避險結束之調整

1. 預期交易後續將認列非金融資產或非金融負債：入帳金額調整（非重分類調整）

若被避險之預期交易後續將導致認列非金融資產或非金融負債者，企業應將避險工具所累積認列之現金流量避險準備轉入該非金融資產或負債之原始成本或其他帳面金額。惟此**非屬重分類調整，故不影響其他綜合損益**。

2. 其他情況：後續作重分類調整

若被避險之預期交易後續並未導致認列任何非金融資產或非金融負債（即非屬 1. 情形之現金流量避險者），若被避險預期交易後續導致認列金融資產或金融負債，該**金融資產或金融負債仍應按公允價值入帳**，而現金流量避險之累計金額應於被避險之期**望未來現金流量影響損益之同一期間**（例如：預期銷售發生時，該欲規避之預期銷售交

易不會導致認列金融資產或金融負債)，**或多個期間內**(例如：利息收入或利息費用認列期間)，自現金流量避險準備**重分類至當期損益，作為重分類調整**。例如：預期銷貨交易於交易認列時(影響損益期間)，將累積其他綜合損益作重分類調整，調整銷貨收入認列金額。

惟須注意若該避險工具累計認列之現金流量避險準備金額為損失且企業預期該損失之全部或部分於未來某一或多個期間內無法回收，應立即將預期無法回收之金額重分類至當期損益，作為重分類調整。另外，值得注意的是前述 2. 情形中，若預期交易後續將認列金融資產或金融負債，則避險工具所累積認列之現金流量避險準備不得作為入帳金額調整；但在預期交易後續將認列非金融資產或非金融負債時(即前述 1. 情形)，該現金流量避險準備須作為入帳金額調整。此係因為金融資產與金融負債須以交易日之公允價值衡量認列；而非金融資產或非金融負債應以成本(包含避險損益)入帳。

二　各項避險工具與被避險項目之處理

(一) 高度很有可能預期交易

1. 後續導致認列非金融資產或非金融負債

當企業預計購入一項資產，並預期該資產未來市場價格上漲，企業將面對現金流出增加之風險。企業為規避市場價格波動導致之現金流量風險，得透過簽訂遠期合約或期貨等衍生工具合約，按約定價格購入約定數量的標的物。當市場價格上漲時，企業雖然在購入資產時付出之現金數增加，但透過遠期合約或期貨到期的現金淨額交割，「收回」約定遠期價格與購入當日市場價格差額之現金，將購買資產的現金流量「鎖定」在衍生工具簽約時之遠期價格，達到避險目的。

此外，衍生工具於避險期間所累積之其他權益餘額，在實際取得非金融資產或非金融負債時，應調整該資產負債之入帳金額，故當企業於避險期間屆滿日取得資產，則資產之入帳金額應為衍生工具簽約時之遠期價格。

> **釋例六　貴重金屬遠期合約 ↔ 預期購買存貨：現金流量避險**

甲公司預期(高度很有可能)於 6 個月後購入 10,000 單位鈦金屬存貨，故於 X1 年 1 月 1 日簽訂零成本、六個月到期 10,000 單位之購買鈦金屬遠期合約以規避預期購買鈦金屬之現金流量變動風險。甲公司於 X1 年 6 月 30 日按每單位 $285 購入 10,000 單位鈦金屬。

X1年度鈦金屬相關價格資料如下：

	X1年1月1日	X1年3月31日	X1年6月30日
現貨價格	$300	$292	$285
遠期價格	$310	$297	—

假設 X1 年 1 月 1 日 6 個月到期無風險利率為 6.5%；X1 年 3 月 31 日 3 個月到期無風險利率為 6%，甲公司於 X1 年 6 月 30 日採現金淨額交割遠期合約。甲公司指定該遠期合約之整體為避險工具，且避險關係符合所有避險會計之要件。

試作甲公司 X1 年 3 月 31 日及 X1 年 6 月 30 日之相關分錄。

解析

X1 年 3 月 31 日遠期合約價值 = ($297 − $310) × 10,000 ÷ (1 + 6% × 3/12) = −$128,079

X1 年 6 月 30 日遠期合約價值 = ($285 − $310) × 10,000

$\qquad\qquad\qquad\qquad$ = −$250,000（變動數 = −$121,921）

避險之衍生金融負債－遠期合約			OCI－避險損益－避險工具		
	3/31 評價	128,079	3/31 評價 128,079	3/31 結帳	128,079
	6/30 評價	121,921	6/30 評價 121,921	6/30 結帳	121,921
6/30 結清 250,000	6/30 餘額	250,000			

存貨		其他權益－避險損益		
6/30	2,850,000	3/31 結帳 128,079		
6/30	250,000	6/30 結帳 121,921		
	3,100,000	6/30 餘額 250,000	6/30 沖轉	250,000

被避險項目－預期購買存貨交易	避險工具－遠期合約
X1 年 1 月 1 日	X1 年 1 月 1 日
無分錄	備忘分錄
X1 年 3 月 31 日	X1 年 3 月 31 日
無分錄	OCI－避險損益－現金流
	$\quad$ 量避險 $\qquad$ 128,079
	$\quad\quad$ 避險之衍生金融負債 $\qquad$ 128,079
	（結帳分錄）
	其他權益－避險損益－現
	$\quad$ 金流量避險 $\qquad$ 128,079
	$\quad\quad$ OCI－避險損益－現金流量避險 $\qquad$ 128,079

被避險項目－預期購買存貨交易		避險工具－遠期合約	
X1 年 6 月 30 日		X1 年 6 月 30 日	
存貨	3,100,000	OCI－避險損益－現金流	
其他權益－避險損益－		量避險	121,921
現金流量避險	250,000	避險之衍生金融負債	121,921
現金	2,850,000	避險之衍生金融負債	250,000
		現金	250,000
		（結帳分錄）	
		其他權益－避險損益－現	
		金流量避險	121,921
		OCI－避險損益－現金流量避險	121,921

* 讀者可比較前述釋例一、四、六，以存貨為例，當企業持有存貨預計於未來出售，得採用公允價值避險規避持有存貨之價值損失；當企業已簽訂存貨之確定出售承諾，未來價格變動亦得透過公允價值避險予以規避。但當企業尚未簽訂確定出售承諾，未來價格變動將影響未來出售存貨之現金流量，此時則應採用現金流量避險，由於尚未發生之預期交易現金流量變動尚未在帳上處理，故避險工具公允價值變動損益應予以遞延，待預期交易實際發生時調整入帳，「鎖定」預期交易之現金流量。前述說明之關係可圖示如下：

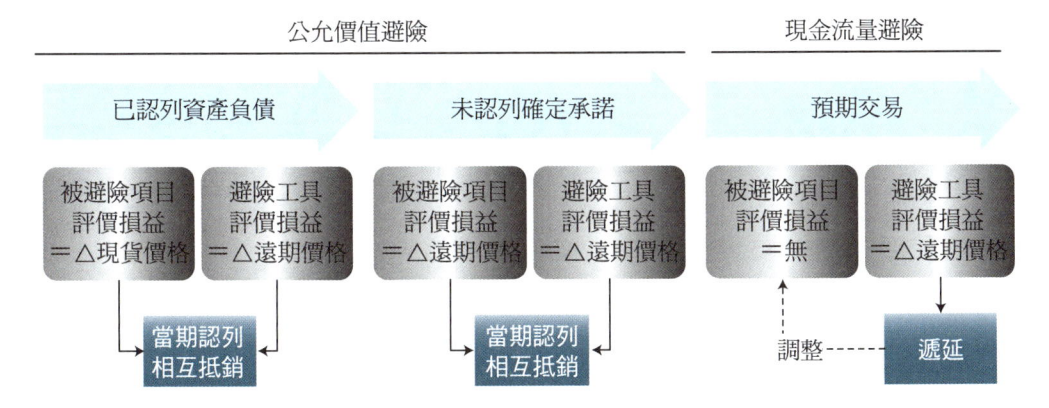

公允價值避險		現金流量避險
已認列資產負債	未認列確定承諾	預期交易

被避險項目評價損益＝△現貨價格	避險工具評價損益＝△遠期價格	被避險項目評價損益＝△遠期價格	避險工具評價損益＝△遠期價格	被避險項目評價損益＝無	避險工具評價損益＝△遠期價格
當期認列相互抵銷		當期認列相互抵銷		調整	遞延

2. 其他情況：後續將認列金融資產或金融負債

與 1. 之觀念相同，企業得透過簽訂遠期合約或期貨等衍生工具合約，將購買資產或承擔負債的現金流量「鎖定」於衍生工具簽約時之遠期價格。惟企業所取得之資產或承擔之負債為**金融資產或金融負債**，依據 IFRS 第 9 號之規定，**僅能依公允價值（即取得日市場價格）入帳**，故衍生工具於避險期間所累積之其他權益餘額，應在未來現金流**量影響損益之同一或多個期間內作為重分類調整**。若取得之金融資產或金融負債係附息資產或負債，則應在利息收入或利息費用認列之期間，自現金流量避險準備重分類至利息收入或利息費用項目。

釋例七　公債遠期合約 ↔ 預期購買公司債：現金流量避險

丙公司於 X1 年初預期 6 個月後將有一筆閒置資金 $6,000,000 可供運用，為增加收益並保留資金調度彈性，丙公司計畫將前述資金用以投資面額 $5,000,000 之 5 年期公債。丙公司希望規避這六個月間之公債價格波動風險，故於 X1 年 1 月 1 日與甲銀行簽訂一遠期合約，約定於 X1 年 7 月 1 日以估計之公債 6 個月遠期價格（X1 年 1 月 1 日市場報價）買入面額 $5,000,000 之 5 年期公債，票面利率 6%，該合約將以現金淨額交割。

丙公司於 X1 年 7 月 1 日購入面額 $5,000,000 之 5 年期公債，同時淨額交割上述遠期合約。丙公司購入之公債將以攤銷後成本衡量，其到期日為 X6 年 6 月 30 日，票面利率為 6%，每年 6 月 30 日及 12 月 31 日各付息一次。公債相關之市場價格與遠期價格資料如下：

	X1 年 1 月 1 日	X1 年 7 月 1 日
市場價格	114.8340 （有效利率為 2.8%）	117.8993 （有效利率為 2.2%）
遠期價格	116.8669 （有效利率為 2.4%）	—

試作丙公司 X1 年度關於預期交易及衍生工具之會計分錄。

解析

1. 遠期合約公允價值變動 = $5,000,000 ×（117.8993% − 116.8669%）= $51,620
2. 債券投資利息攤銷：

   債券投資入帳金額 = $5,000,000 × 117.8993% = $5,894,965

   債券投資遠期價格 = $5,000,000 × 116.8669% = $5,843,345

   債券投資應按購入當時有效利率攤銷溢折價，與按遠期價格計算各期利息收入之差額，應於公債持有期間自其他綜合損益重分類調整至利息收入。

	應計利息	7 月 1 日即期價格 市場利率 = 2.2%		1 月 1 日遠期價格 市場利率 = 2.4%		利息收入 差異數
		利息收入	期末帳面金額	利息收入	期末帳面金額	
X1 年 7 月 1 日			$5,894,965		$5,843,345	
X1 年 12 月 31 日	$150,000	$64,845	5,809,810	$70,120	5,763,465	$5,275
X2 年 6 月 30 日	150,000	63,908	5,723,718	69,162	5,682,627	5,254
X2 年 12 月 31 日	150,000	62,961	5,636,679	68,192	5,600,816	5,231

3. 會計記錄：

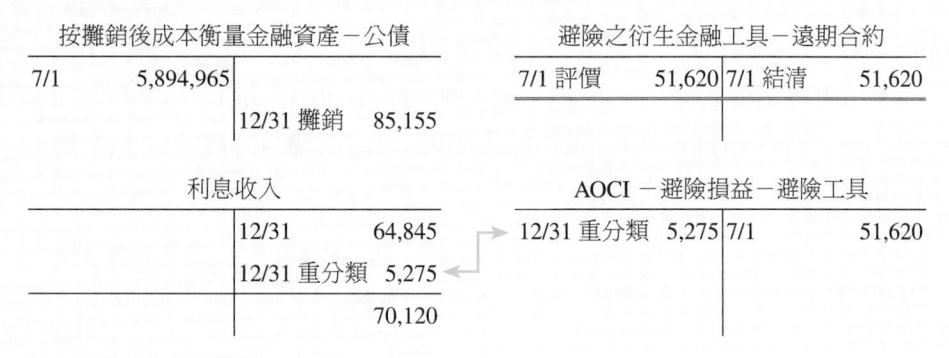

按攤銷後成本衡量金融資產－公債		避險之衍生金融工具－遠期合約	
7/1　5,894,965		7/1 評價　51,620	7/1 結清　51,620
	12/31 攤銷　85,155		

利息收入		AOCI－避險損益－避險工具	
	12/31　64,845	12/31 重分類　5,275	7/1　51,620
	12/31 重分類　5,275		
	70,120		

被避險項目－預期購買公司債交易		避險工具－遠期合約	
X1年1月1日		X1年1月1日	
不作分錄		備忘分錄	
X1年7月1日		X1年7月1日	
按攤銷後成本衡量金融資產　5,894,965		避險之衍生金融資產	
現金　　　　　　　　　　　　5,894,965		－遠期合約　　　　　　　51,620	
		OCI－避險損益－現金流量避險　51,620	
		現金　　　　　　　　　　　51,620	
		避險之衍生金融資產－遠期合約　51,620	

X1年12月31日
應收利息　　　　　　　　150,000
　　按攤銷後成本衡量金融資產　　　85,155
　　利息收入　　　　　　　　　　　64,845
OCI－現金流量避險－重
　分類調整　　　　　　　　5,275
　　利息收入　　　　　　　　　　　5,275

4. 上列交易結果可彙總如下：

(1) 公債實際購入價格較預期價格多 $51,620，惟可藉衍生工具利益補償。

(2) 利息收入認列金額為 $70,120，包括以即期價格有效利率計算之 $64,845，加上衍生工具獲利 $51,620 於本期自其他綜合損益重分類調整之 $5,275，使利息收益達到避險活動欲鎖定之遠期價格有效利率 2.4%：

$$\$5,843,345 \times 2.4\% \times 6/12 = \$64,845 + \$5,275 = \$70,120$$

3. 其他情況：後續不會導致認列金融資產或金融負債

　　凡非屬 1. 及 2. 情形之現金流量避險，原認列於其他綜合損益之金額，應於被避險之預期交易影響損益之同一或多個期間內（例如：預期銷售發生時），自權益重分類調整至當期損益，作為重分類調整。

釋例八　賣重金屬遠期合約 ↔ 預期銷售：現金流量避險

甲公司於 X1 年 1 月 1 日預期（高度很有可能）將於 6 月 30 日銷售 10,000 單位鈦金屬，並於同日簽訂零成本、六個月到期 10,000 單位之出售鈦金屬遠期合約規避前述預期交易現金流量變動風險。甲公司於 6 月 30 日以市價銷售 10,000 單位鈦金屬。

X1 年度鈦金屬相關價格資料如下：

	X1 年 1 月 1 日	X1 年 3 月 31 日	X1 年 6 月 30 日
現貨價格	$300	$292	$285
遠期價格	$310	$297	–

假設 X1 年 1 月 1 日 6 個月到期無風險利率為 6.5%；X1 年 3 月 31 日 3 個月到期無風險利率為 6%，甲公司於 6 月 30 日採現金淨額交割遠期合約。試作甲公司 3 月 31 日及 6 月 30 日之相關分錄。

解析

X1 年 3 月 31 日遠期合約價值 = ($310 − $297) × 10,000 ÷ (1 + 6% × 3/12) = $128,079

X1 年 6 月 30 日遠期合約價值 = ($310 − $285) × 10,000 = $250,000（變動數 = $121,921）

OCI －避險損益－避險工具				其他權益－避險損益			
3/31 結帳	128,079	3/31 評價	128,079	6/30 結帳	250,000	3/31 結帳	128,079
6/30 結帳	121,921	6/30 評價	121,921			6/30 結帳	121,921

銷貨收入				OCI －避險損益－重分類調整			
		6/30	2,850,000	6/30 重分類	250,000	3/31 結帳	250,000
		6/30 重分類	250,000				
			3,100,000				

被避險項目－預期銷貨交易		避險工具－遠期合約	
X1 年 1 月 1 日		X1 年 1 月 1 日	
不作分錄		備忘分錄	
X1 年 3 月 31 日		X1 年 3 月 31 日	
不作分錄		避險之衍生金融資產　128,079	
		OCI －避險損益－現金流量避險　128,079	
X1 年 6 月 30 日		X1 年 6 月 30 日	
現金　2,850,000		避險之衍生金融資產　121,921	
OCI －現金流量避險－重		OCI －避險損益－現金流量避險　121,921	
分類調整　250,000		現金　250,000	
銷貨收入　3,100,000		避險之衍生金融資產　250,000	

(二) 變動利率債權或債務

當企業**發行變動利率公司債**，每期所支付之利息係按合約約定當期變動利率計算，受到利率波動影響，若欲規避未來利率上升致現金流量增加之損失，企業可選擇簽訂「收變動、付固定」之利率交換合約，將利率交換合約所收到的變動利息，用以支付公司債的變動利息。如此一來，實質上而言，企業每期係支付固定利率之利息，將未來利息現金流出「鎖定」於固定利率，達到避險目的。

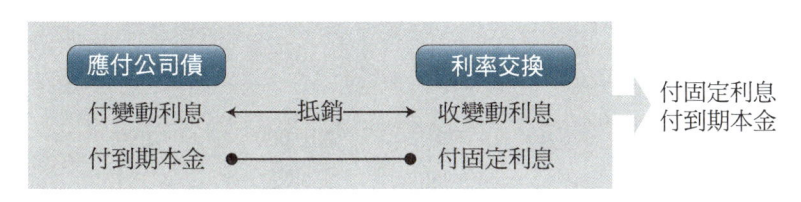

```
    【應付公司債】              【利率交換】
     付變動利息  ←── 抵銷 ──→  收變動利息      付固定利息
     付到期本金  ●──────────●  付固定利息      付到期本金
  【被避險項目：應付公司債】   【避險工具：利率交換】
```

另一方面，當企業**購買變動利率債券投資**，每期所收取之利息係按合約約定當期變動利率計算，受到利率波動影響，若欲規避未來利率下降致現金流量減少之損失，企業得選擇簽訂「付變動、收固定」之利率交換合約，將債券投資所收到的變動利息支付利率交換合約的變動利息。如此一來，實質上而言，企業每期係收到固定利率之利息，將未來利息現金流入「鎖定」於固定利率，達到避險目的。

釋例九　利率交換合約 ↔ 變動利率公司債：現金流量避險

甲公司於 X1 年 1 月 1 日平價發行四年期、變動利率（每年期初之 1 年期基準利率）、每年 12/31 付息、面額 $1,000,000 之公司債；同時簽訂四年期的利率交換合約（收浮動、付固定），並用以規避公司債因基準利率變動產生之現金流量變動風險。利率交換合約之條件如下：名目本金為 $1,000,000，固定利率為 2%，變動利率為每年 1/1 當日之一年期市場基準利率，每年年底以現金淨額交割。前述避險關係符合所有避險會計之要件。

一年期市場基準利率資訊：X1 年 1 月 1 日為 2%，X1 年 12 月 31 日為 3%，X2 年 12 月 31 日為 4%，X3 年 12 月 31 日為 5%，利率期間結構均為水平線。

試作：公司債與利率交換合約之相關分錄。

解析

1. 應付公司債與利率交換合約現金流量及公允價值之計算

	X1/1/1 （2%）	X1/12/31 （3%）	X2/12/31 （4%）	X3/12/31 （5%）	X4/12/31
應付公司債					
現金流量	$1,000,000	$(20,000)	$(30,000)	$(40,000)	$(50,000)
利率交換					
現金流量		$0	$10,000	$20,000	$30,000
公允價值	$0	$28,286	$37,722	$28,571	—

利率交換公允價值之計算（詳第9章釋例）

2. 應付公司債與利率交換合約之利息費用與評價損益

	應付公司債			利率交換					現金收付合計
	利息費用 ①	現金收付 ②	帳面金額 ③	利息收入 ④	現金收付 ⑤	帳面金額 ⑥	公允價值 ⑦	評價損益 ⑧	
X1年1月1日			1,000,000			0	0	—	
X1年12月31日	(20,000)	(20,000)	1,000,000	0	0	28,286	28,286	28,286	(20,000)
X2年12月31日	(30,000)	(30,000)	1,000,000	849	10,000	19,135	37,722	18,587	(20,000)
X3年12月31日	(40,000)	(40,000)	1,000,000	1,509	20,000	19,231	28,571	9,340	(20,000)
X4年12月31日	(50,000)	(50,000)	1,000,000	1,429	30,000	0	0	0	(20,000)

①＝上期③×當期期初變動利率　　⑤＝$1,000,000×當期期初變動利率－$20,000
②＝上期③×當期期初變動利率　　⑥＝上期⑦＋④－⑤
③＝上期③＋(①－②)　　　　　　⑦＝利率交換公允價值
④＝上期⑦×當期期初變動利率　　⑧＝⑦－⑥

3. 利率交換與其他綜合損益（OCI）相關帳戶餘額計算如下：

避險之衍生金融資產－利率交換				
X1年評價	28,286			
X1/12/31	28,286			
X2年利息	849	X2年交割	10,000	
X2年評價	18,587			
X2/12/31	37,722			
X3年利息	1,509	X3年交割	20,000	
X3年評價	9,340			
X3/12/31	28,571			
X4年利息	1,429	X4年交割	30,000	
X4/12/31	0			

OCI－現金流量避險	
X1年評價	28,286
X2年利息	849
X2年評價	18,587
X3年利息	1,509
X3年評價	9,340
X4年利息	1,429

OCI－現金流量避險－重分類調整	
X2/12/31	10,000
X3/12/31	20,000
X4/12/31	30,000

4. 會計分錄

被避險項目－應付公司債			避險工具－利率交換		
X1年1月1日			X1年1月1日		
現金	1,000,000		備忘分錄		
應付公司債		1,000,000			
X1年12月31日			X1年12月31日		
利息費用	20,000		避險之金融資產—利率交換	28,286	
現金		20,000	OCI－避險損益－現金流量避險		28,286
			（結帳分錄）		
			OCI－避險損益－現金流量避險	28,286	
			其他權益－避險損益－現金流量避險		28,286
X2年12月31日			X2年12月31日		
利息費用	30,000		避險之金融資產—利率交換	849	
現金		30,000	避險之金融資產—利率交換	18,587	
OCI－避險損益－現金流量避險－重分類調整	10,000		OCI－避險損益－現金流量避險		19,436
利息費用		10,000	現金	10,000	
			避險之金融資產—利率交換		10,000
			（結帳分錄）		
			OCI－避險損益－現金流量避險	19,436	
			OCI－避險損益－現金流量避險－重分類調整		10,000
			其他權益－避險損益－現金流量避險		9,436
X3年12月31日			X3年12月31日		
利息費用	40,000		避險之金融資產—利率交換	1,509	
現金		40,000	避險之金融資產—利率交換	9,340	
OCI－避險損益－現金流量避險－重分類調整	20,000		OCI－避險損益－現金流量避險		10,849
利息費用		20,000	現金	20,000	
			避險之金融資產—利率交換		20,000

被避險項目－應付公司債			避險工具－利率交換		
			（結帳分錄）		
			OCI－避險損益－現金流量避險	10,849	
			其他權益－避險損益－現金流量避險		9,151
			OCI－避險損益－現金流量避險－重分類調整		20,000
X4 年 12 月 31 日			X4 年 12 月 31 日		
利息費用	50,000		避險之金融資產－利率交換	1,429	
現金		50,000	OCI－避險損益－現金流量避險		1,429
應付公司債	1,000,000		現金	30,000	
現金		1,000,000	避險之金融資產－利率交換		30,000
OCI－避險損益－現金流量避險－重分類調整	30,000		（結帳分錄）		
利息費用		30,000	OCI－避險損益－現金流量避險	1,429	
			其他權益－避險損益－現金流量避險	28,571	
			OCI－避險損益－現金流量避險－重分類調整		30,000

第 4 節　避險會計之特殊規範

一　避險工具部分避險之指定

1. 選擇權時間價值之會計處理

當企業將選擇權合約之內含價值與時間價值分開，並僅指定選擇權內含價值變動作為避險工具，企業應按被避險項目類型之不同，處理選擇權之時間價值：

(1) 交易相關之被避險項目

交易相關之被避險項目包括確定承諾及預期交易二項，對交易相關之被避險項目進行避險之選擇權，其**時間價值之公允價值變動，應在與被避險項目相關之範圍內認列於其他綜合損益**，且應累計於單獨權益組成部分。

對於已累計於單獨權益組成部分之選擇權時間價值所產生之公允價值累積變動數應按下列方式處理：

①預期交易或確定承諾**後續導致認列非金融資產或非金融負債**：企業應自該單獨權益組成部分移除該金額，並將其直接納入該資產或該負債之原始成本或其他帳面金額，此項調整**非屬重分類調整**，並不影響其他綜合損益。

②其他情況：例如認列金融資產負債或出售商品，非屬①所述情況之避險關係，該金額應於**被避險之期望未來現金流量影響損益之同一期間（或多個期間）內，自該單獨權益組成部分重分類至損益作為重分類調整**。

③惟若預期該金額之全部或部分於未來某一或多個期間內無法回收，則應立即將預期無法回收之金額重分類至損益作為重分類調整。

(2) **期間相關之被避險項目**

期間相關之被避險項目適用範圍，包括對固定利率公司債投資或發行、持有存貨、持有透過綜合損益按公允價值衡量權益工具投資之公允價值避險；對浮動利率公司債投資或發行之現金流量避險。對期間相關之被避險項目進行避險之選擇權，其**時間價值之公允價值變動**，應在與被避險項目相關之範圍內認列於**其他綜合損益**，且應累計於單獨權益組成部分。

對於已累計於單獨權益組成部分之選擇權時間價值所產生之公允價值累積變動數應按下列方式處理：

①指定選擇權作為避險工具之日之時間價值，應在與被避險項目相關之範圍內，**於選擇權內含價值之避險調整可影響損益**（或其他綜合損益，若被避險項目為持有透過綜合損益按公允價值衡量權益工具投資）**之期間內以有系統且合理之基礎攤銷**。因此，於每一報導期間，攤銷金額應自單獨權益組成部分重分類至損益作為**重分類調整**。

②若避險關係包括作為避險工具之選擇權之內含價值變動，且該避險關係停止適用避險會計，則已累計於單獨權益組成部分之淨額（即包括累計攤銷）應立即重分類至損益作為重分類調整。

避險會計在處理時有四項判斷要素：(1) 避險會計類別；(2) 是否將內含價值分離；(3) 被避險項目性質；(4) 交易相關類別所產生資產負債之性質，會計處理可彙整如下圖：

高等會計學

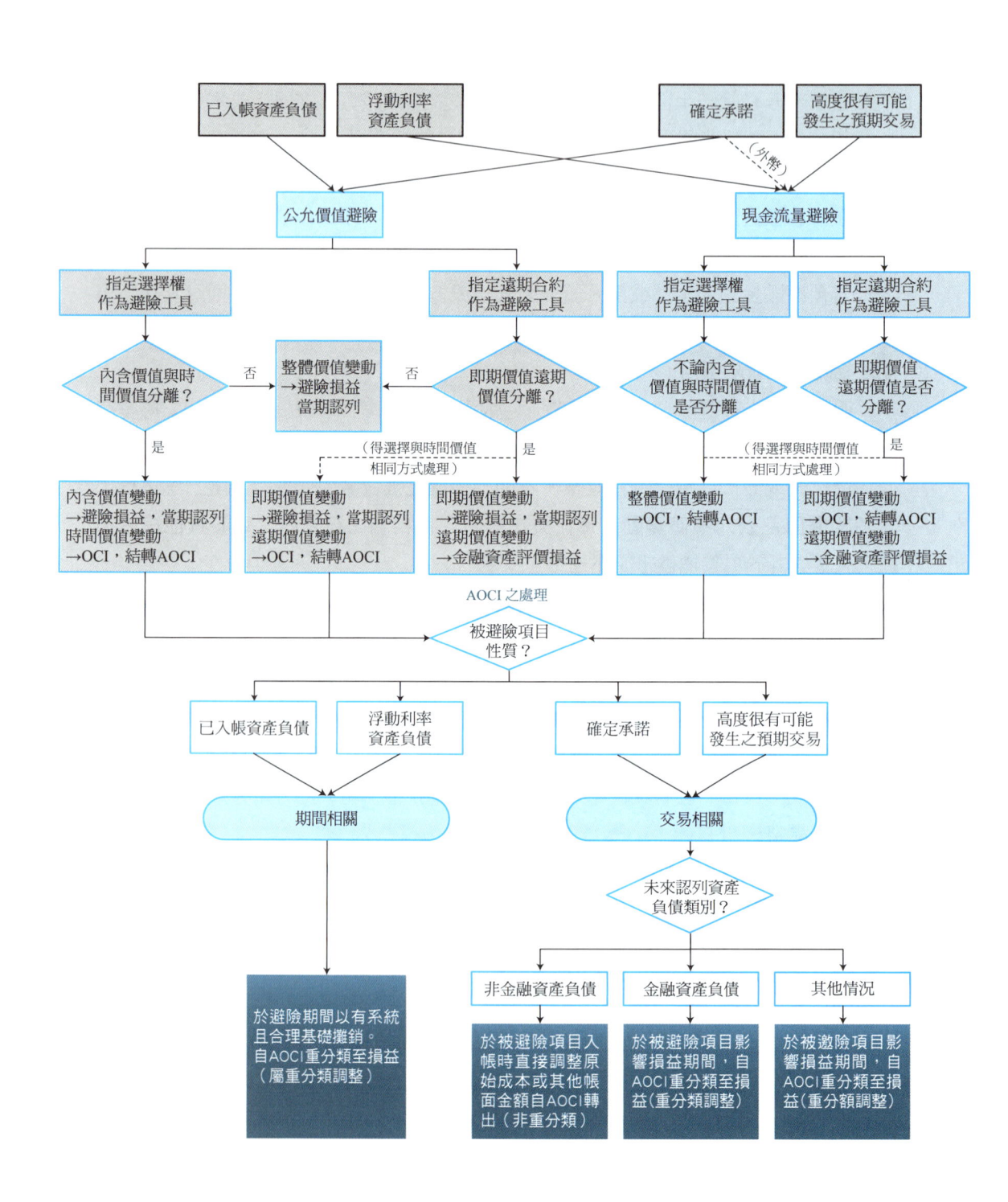

避險會計處理流程圖

被避險項目:
- 已入帳資產負債
- 浮動利率資產負債
- 確定承諾
- 高度很有可能發生之預期交易（外幣）

公允價值避險

指定選擇權作為避險工具
- 內含價值與時間價值分離？
  - 否 → 整體價值變動 → 避險損益當期認列
  - 是 →
    - 內含價值變動 → 避險損益，當期認列
    - 時間價值變動 → OCI，結轉AOCI

指定遠期合約作為避險工具
- 即期價值遠期價值分離？（得選擇與時間價值相同方式處理）
  - 否 → 即期價值變動 → 避險損益，當期認列；遠期價值變動 → OCI，結轉AOCI
  - 是 → 即期價值變動 → 避險損益，當期認列；遠期價值變動 → 金融資產評價損益

現金流量避險

指定選擇權作為避險工具
- 不論內含價值與時間價值是否分離 → 整體價值變動 → OCI，結轉AOCI

指定遠期合約作為避險工具
- 即期價值遠期價值是否分離？（得選擇與時間價值相同方式處理）
  - 否 → 即期價值變動 → OCI，結轉AOCI；遠期價值變動 → 金融資產評價損益
  - 是 → 即期價值變動 → OCI，結轉AOCI；遠期價值變動 → 金融資產評價損益

AOCI 之處理

被避險項目性質？

- 已入帳資產負債
- 浮動利率資產負債
  → **期間相關**：於避險期間以有系統且合理基礎攤銷。自AOCI重分類至損益（屬重分類調整）

- 確定承諾
- 高度很有可能發生之預期交易
  → **交易相關** → 未來認列資產負債類別？
  - 非金融資產負債：於被避險項目入帳時直接調整原始成本或其他帳面金額自AOCI轉出（非重分類）
  - 金融資產負債：於被避險項目影響損益期間，自AOCI重分類至損益（重分類調整）
  - 其他情況：於被避險項目影響損益期間，自AOCI重分類至損益（重分額調整）

釋例十　選擇權 ↔ 存貨價值變動（期間相關）：公允價值避險

丙公司於 X1 年 1 月 1 日購入 1,000 單位存貨，為規避存貨現貨價格下跌之風險，買入 6 個月後到期，價平之賣出選擇權，標的物為 1,000 單位丙公司存貨，履約價格 $100，權利金 $15,000，相關資料如下：

	X1 年 1 月 1 日	X1 年 3 月 31 日	X1 年 6 月 30 日
丙公司存貨價格	$100,000	$103,000	$99,000
選擇權時間價值	$15,000	$8,000	$0

若丙公司將選擇權合約之內含價值與時間價值分開，並僅指定選擇權內含價值變動作為避險工具；且該避險關係符合所有避險會計之要件。試作丙公司 X1 年 1 月 1 日、X1 年 3 月 31 日及 X1 年 6 月 30 日相關分錄。

解析

	X1 年 1 月 1 日	X1 年 3 月 31 日	X1 年 6 月 30 日
選擇權內含價值	$0	$0	$1,000
選擇權時間價值	$15,000	$8,000	$0
選擇權公允價值	$15,000	$8,000	$1,000

1. 此例中值得注意的是，賣出選擇權對存貨價值下跌部分作避險，因存貨價值上漲部分不適用避險會計，而仍依存貨原成本與淨變現價值孰低評價，所以存貨上漲不須紀錄。此類避險為單邊避險，與遠期合約適用之雙邊避險不同。而釋例二中之 FVOCI 股票投資之避險中，股票上漲部分雖然不適用避險會計，但 FVOCI 之原會計處理就規定公允價值變動須列入 OCI，因此該釋例被避險項目之處理與本例之存貨被避險項目處理是不一樣的。

2. 存貨之公允價值避險，屬於期間相關之被避險項目，丙公司將選擇權時間價值變動部分採直線法攤銷，自單獨權益組成部分（AOCI）做重分類調整，增加當期銷貨成本。
   X1 年 1 月 1 日至 3 月 31 日時間價值變動分攤數 = $15,000 × 3/6 = $7,500
   X1 年 3 月 31 日至 6 月 30 日時間價值變動分攤數 = $15,000 × 3/6 = $7,500

存貨			
1/1 購入	100,000		
		6/30 評價	1,000
6/30 餘額	99,000		

避險之衍生金融資產－選擇權			
1/1 購入	15,000		
		3/31 評價	7,000
		6/30 評價	7,000
6/30 餘額	1,000	6/30 結清	1,000

銷貨成本				銷貨成本－避險損益	
3/31 分攤	7,500	0 ↔	0		
6/30 評價	1,000			6/30 評價	1,000
6/30 分攤	7,500				

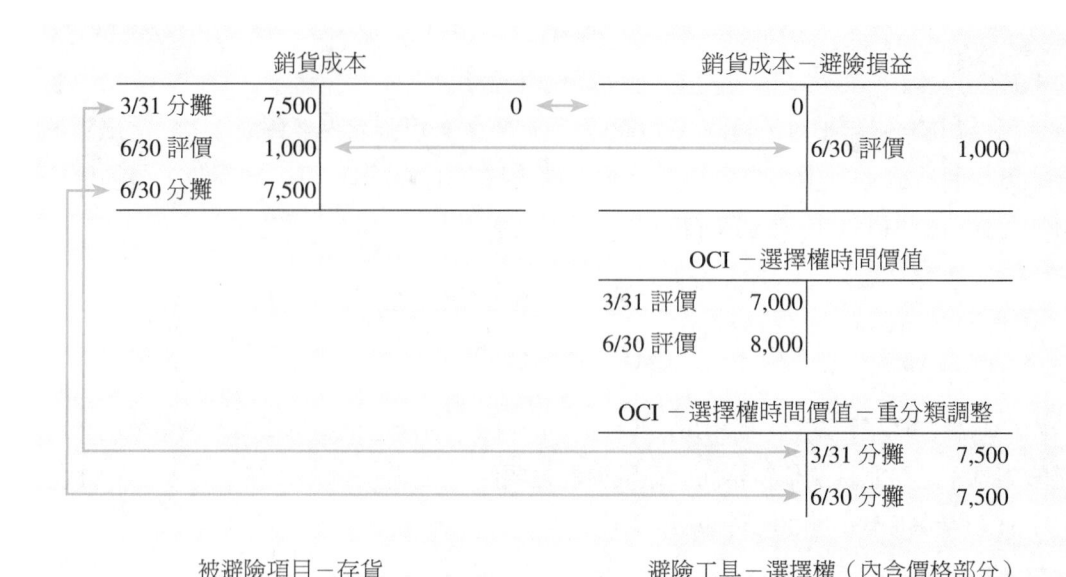

OCI －選擇權時間價值	
3/31 評價	7,000
6/30 評價	8,000

OCI －選擇權時間價值－重分類調整	
3/31 分攤	7,500
6/30 分攤	7,500

被避險項目－存貨		
X1 年 1 月 1 日		
存貨	100,000	
現金		100,000
X1 年 3 月 31 日		
無分錄		
X1 年 6 月 30 日		
銷貨成本	1,000	
存貨		1,000

避險工具－選擇權（內含價格部分）		
X1 年 1 月 1 日		
避險之衍生金融資產	15,000	
現金		15,000
X1 年 3 月 31 日		
OCI －選擇權時間價值	7,000	
避險之衍生金融資產		7,000
銷貨成本	7,500	
OCI －選擇權時間價值		
－重分類調整		7,500
X1 年 6 月 30 日		
OCI －選擇權時間價值	8,000	
避險之衍生金融資產		7,000
避險損益－公允價值避險		1,000
銷貨成本	7,500	
OCI －選擇權時間價值		
－重分類調整		7,500
現金	1,000	
避險之衍生金融資產		1,000

釋例十一　選擇權 FVOCI 股票投資（期間相關）：公允價值避險

同前例，假設丁公司於 X1 年 1 月 1 日購入 1,000 股 A 公司股票，並指定透過其他綜合損益按公允價值衡量，為規避 A 公司股票價格下跌之風險，丁公司買入 6 個月後到期，價平之賣出選擇權，標的物為 1,000 單位 A 公司股票。若選擇權相關資料同前例，

丁公司將選擇權合約之內含價值與時間價值分開，並僅指定選擇權內含價值變動作為避險工具。

試作：丁公司 X1 年 1 月 1 日、X1 年 3 月 31 日及 X1 年 6 月 30 日相關分錄。

解析

1. 透過其他綜合損益按公允價值衡量股票投資之避險中，股票上漲部分雖然不適用避險會計，但此類投資之原會計處理即規定公允價值變動須列入其他綜合損益，因此其被避險項目之處理與前例之存貨被避險項目處理不同。丁公司於 3 月底認列 $3,000 金融資產未實現利益，6 月底認列 $4,000 金融資產未實現損失，累積認列之 $1,000 金融資產未實現損失與選擇權內含價值變動認列之避險利益 $1,000 相抵銷。

2. 透過其他綜合損益按公允價值衡量股票投資之公允價值避險，屬於期間相關之被避險項目，時間價值變動部分 $15,000 應採直線法攤銷，將 AOCI 做重分類調整，列為避險損益，與前例之存貨被避險項目處理相同。

被避險項目－投資			避險工具－選擇權		
X1 年 1 月 1 日			X1 年 1 月 1 日		
透過其他綜合損益按公允			避險之衍生金融資產	15,000	
價值衡量金融資產	100,000		現金		15,000
現金		100,000			
X1 年 3 月 31 日			X1 年 3 月 31 日		
透過其他綜合損益按公允			OCI－選擇權時間價值	7,000	
價值衡量金融資產	3,000		避險之衍生金融資產		7,000
OCI－金融資產未實			避險損益－公允價值避險	7,500	
現評價損益		3,000	OCI－選擇權時間價		
			值－重分類調整		7,500
X2 年 6 月 30 日			X1 年 6 月 30 日		
OCI－金融資產未實現評			OCI－選擇權時間價值	8,000	
價損益	4,000		避險之衍生金融資產		7,000
透過其他綜合損益按			OCI－避險損益－公		
公允價值衡量金融資產		4,000	允價值避險		1,000
			避險損益－公允價值避險	7,500	
			OCI－選擇權時間價		
			值－重分類		7,500
			現金	1,000	
			避險之衍生金融資產		1,000

釋例十二　選擇權 ↔ 確定承諾銷貨（交易相關）：公允價值避險

丙公司於 X1 年 1 月 1 日簽訂確定承諾合約，將於 6 個月後按每單位 $100 價格購買 1,000 單位存貨，並於同日買入 6 個月後到期之賣出選擇權，標的物為 1,000 單位丙公司存貨，履約價格 $100，權利金 $15,000，丙公司於 6 月 30 日將確定承諾與避險工具如期交割。相關資料如下：

	X1 年 1 月 1 日	X1 年 3 月 31 日	X1 年 6 月 30 日
丙公司存貨價格	$100,000	$103,000	$99,000
選擇權時間價值	$15,000	$8,000	$0

若丙公司將選擇權合約之內含價值與時間價值分開，並僅指定選擇權內含價值變動作為確定承諾因即期價格變動導致之價值下跌風險之避險工具；且該避險關係符合所有避險會計之要件。

試作丙公司 X1 年 1 月 1 日、X1 年 3 月 31 日及 X1 年 6 月 30 日相關分錄。

解析

	X1 年 1 月 1 日	X1 年 3 月 31 日	X1 年 6 月 30 日
選擇權內含價值	$0	$0	$1,000
選擇權時間價值	$15,000	$8,000	$0
選擇權公允價值	$15,000	$8,000	$1,000

確定承諾之公允價值避險，屬於交易相關之被避險項目，丙公司將選擇權時間價值變動部分於履行確定承諾認列存貨（非金融資產）時調整存貨入帳金額。

確定承諾				避險之衍生金融資產—選擇權			
3/31 評價	0	6/30 評價	1,000	1/1 購入	15,000		
						3/31 評價	7,000
						6/30 評價	7,000
6/30 沖轉	1,000	6/30 餘額	1,000	6/30 餘額	1,000	6/30 結清	1,000

避險損益				避險損益			
		3/31 評價	0	↔	3/31 評價	0	
6/30 評價	1,000					6/30 評價	1,000

```
         存貨                                    OCI－選擇權時間價值
6/30 購入    100,000 | 6/30 確定承諾  1,000      3/31 評價    7,000
6/30 AOCI    15,000 |                           6/30 評價    8,000
6/30 餘額   114,000                             6/30 餘額   15,000
```

被避險項目－確定承諾銷貨			避險工具－選擇權（內含價格部分）		
X1年1月1日			X1年1月1日		
無分錄			避險之衍生金融資產	15,000	
			現金		15,000
X1年3月31日			X1年3月31日		
無分錄			OCI－選擇權時間價值	7,000	
			避險之衍生金融資產		7,000
X1年6月30日			X1年6月30日		
避險損益－公允價值避險	1,000		OCI－選擇權時間價值	8,000	
其他負債－確定承諾		1,000	避險之衍生金融資產		7,000
			避險損益－公允價值避險		1,000
存貨	114,000		現金	1,000	
其他負債－確定承諾	1,000		避險之衍生金融資產		1,000
現金		100,000			
其他權益－選擇權時間價值		15,000			

2. 遠期合約遠期部分之會計處理

當企業將遠期合約之遠期部分與即期部分分開，並僅指定遠期合約之即期部分價值變動作為避險工具，IFRS 第 9 號則未採強制方式，僅規定**企業得以適用於選擇權時間價值之相同方式，適用於遠期合約之遠期部分**。亦即，企業可對於交易相關與期間相關之被避險項目性質，決定對於遠期部分價值變動金額的調整方式。若企業未選擇適用有關選擇權時間價值之相同方式處理，應依照透過損益按公允價值衡量之金融資產的會計處理。

釋例十三　貴重金屬遠期合約 ↔ 存貨價值變動（期間相關）：公允價值避險

甲公司於 X1 年 1 月 1 日以零成本、六個月到期 10,000 單位之出售鈦金屬遠期合約規避鈦金屬存貨公允價值變動風險，該批 10,000 單位鈦金屬存貨係於 X0 年 12 月 31 日以 $3,000,000 買入（單價 $300），至 X1 年 6 月 30 日該批商品仍未賣出。

X1 年度鈦金屬相關價格資料如下：

	X1 年 1 月 1 日	X1 年 3 月 31 日	X1 年 6 月 30 日
現貨價格	$300	$292	$285
遠期價格	$310	$297	–
遠期合約公允價值	$0	$128,079	$250,000
遠期合約即期部分之公允價值	$0	$ 78,818	$150,000
遠期合約遠期部分之公允價值	$0	$ 49,261	$100,000

若 X1 年 1 月 1 日之 6 個月到期無風險利率為 6.5%；X1 年 3 月 31 日之 3 個月到期無風險利率為 6%，甲公司於 X1 年 6 月 30 日採現金淨額交割遠期合約。

假設甲公司指定遠期合約之即期部分部分作為規避存貨公允價值變動風險，且該避險關係符合所有避險會計之要件，並選擇適用選擇權時間價值之相同方式處理遠期合約之遠期部分。試作甲公司 X1 年 3 月 31 日及 X1 年 6 月 30 日之相關分錄。

解析

甲公司選擇指定遠期合約之即期部分作為規避存貨公允價值變動風險，對於遠期合約遠期部分 $100,000 於避險期間以直線法平均攤銷，調整銷貨成本（減少）。

被避險項目－存貨			避險工具－遠期合約（即期部分）		
X1 年 1 月 1 日			X1 年 1 月 1 日		
無分錄			備忘分錄		
X1 年 3 月 31 日			X1 年 3 月 31 日		
銷貨成本	80,000		避險之衍生金融資產	128,079	
存貨		80,000	避險損益－公允價值避險		78,818
			OCI－遠期合約之遠期部分		49,261
			OCI－遠期合約之遠期部		
			分－重分類調整	50,000	
			銷貨成本		50,000
X1 年 6 月 30 日			X1 年 6 月 30 日		
銷貨成本	70,000		避險之衍生金融資產	121,921	
存貨		70,000	避險損益－公允價值避險		71,182
			OCI－遠期合約之遠期部分		50,739
			OCI－遠期合約之遠期部		
			分－重分類調整	50,000	
			銷貨成本		50,000
			現金	250,000	
			避險之衍生金融資產		250,000

第 10 章 避險會計

釋例十四　貴重金屬遠期合約 ↔ 確定承諾（交易相關）：公允價值避險

公司於 X1 年 1 月 1 日簽訂確定承諾合約，將於 6 月 30 日以 $310 之單價購入 10,000 單位鈦金屬，並於同日簽訂零成本、六個月到期出售鈦金屬 10,000 單位之遠期合約規避前述確定承諾公允價值變動風險。甲公司於 X1 年 6 月 30 日將確定承諾與避險工具（遠期合約）如期交割。

假設 X1 年 1 月 1 日之 6 個月到期無風險利率為 6.5%；X1 年 3 月 31 日之 3 個月到期無風險利率為 6%，甲公司於 X1 年 6 月 30 日採現金淨額交割遠期合約。

X1 年度鈦金屬相關價格資料如下：

	X1 年 1 月 1 日	X1 年 3 月 31 日	X1 年 6 月 30 日
現貨價格	$300	$292	$285
遠期價格	$310	$297	-
遠期合約公允價值	$ 0	$128,079	$250,000
遠期合約即期部分之公允價值	$ 0	$ 78,818	$150,000
遠期合約遠期部分之公允價值	$ 0	$ 49,261	$100,000

假設甲公司指定遠期合約之即期部分部分作為規避確定承諾因即期價格變動導致之價值變動風險，並選擇適用選擇權時間價值之相同方式處理遠期合約之遠期部分，且該避險關係符合所有避險會計之要件，試作甲公司 X1 年 3 月 31 日及 X1 年 6 月 30 日之相關分錄。

解析

甲公司選擇指定遠期合約之即期部分部分作為規避確定承諾（交易相關）公允價值變動風險，由於確定承諾導致認列非金融資產（存貨），故對於遠期合約遠期部分 $100,000 應作為履行確定承諾認列存貨（非金融資產）時調整存貨入帳金額。

被避險項目－確定承諾			避險工具－遠期合約（即期部分）		
X1 年 1 月 1 日			X1 年 1 月 1 日		
無分錄			備忘分錄		
X1 年 3 月 31 日			X1 年 3 月 31 日		
避險損益－公允價值避險	78,818		避險之衍生金融資產	128,079	
其他負債－確定承諾		78,818	避險損益－公允價值避險		78,818
			OCI－遠期合約之遠期部分		49,261

被避險項目－確定承諾			避險工具－遠期合約（即期部分）		
X1年6月30日			X1年6月30日		
避險損益－公允價值避險	71,182		避險之衍生金融資產	121,921	
其他負債－確定承諾		71,182	避險損益－公允價值避險		71,182
存貨	2,850,000		OCI－遠期合約之遠期部分		50,739
其他負債－確定承諾	150,000		現金	250,000	
其他權益－遠期合約之遠期部分	100,000		避險之衍生金融資產		250,000
現金		3,100,000			

二　被避險項目部分避險之指定

前已述及，當被避險項目之公允價值變動可歸因於一種或多種特定風險之現金流量或公允價值變動（風險組成部分），倘若基於特定市場結構之評估，該風險組成部分係可單獨辨認及可靠衡量，企業可以僅指定該組成部分作為被避險項目。其中，**利率相關之資產或負債之利率決定，可分為無風險利率與信用風險調整二部分**，故在實務操作上，可透過簽訂利率交換合約，指定對於無風險利率部分進行避險。

釋例十五　利率交換不含信用風險貼水／公司債含信用風險貼水

甲公司於X1年1月1日平價發行四年期、票面利率8%（2%＋6%信用風險貼水）、每年12月31日付息、面額$1,000,000之公司債；同時簽訂四年期的利率交換合約（收固定，付變動），並用以規避整體公司債因基準利率變動產生之公允價值變動風險。利率交換合約之條件如下：名目本金為$1,000,000，固定利率為2%，變動利率為每年1月1日當日之一年期市場基準利率，每年年底以現金淨額交割。

一年期市場基準利率資訊：X1年1月1日為2%，X1年12月31日為3%，X2年12月31日為4%，X3年12月31日為5%，利率期間結構均為水平線。

前述公司債與利率交換合約於X1年初之最適避險比率為87.5%，並以全數$1,000,000公司債作為被避險項目，利率交換之名目本金為$875,000（$1,000,000×87.5%）；此四年期間，公司債與利率交換二者形成之避險組合假設沒有變動（沒有再平衡/no rebalance）。

假設被避險項目每期均必須以利息法攤銷溢折價，試作公司債與利率交換合約之相關分錄。

解析

1. 應付公司債與利率交換合約現金流量及公允價值之計算

	X1/1/1 (2% + 6%)	X1/12/31 (3% + 6%)	X2/12/31 (4% + 6%)	X3/12/31 (5% + 6%)	X4/12/31
應付公司債					
現金流量	$ 1,000,000	$ (80,000)	$ (80,000)	$ (80,000)	$(1,080,000)
公允價值	(1,000,000)	(974,687)	(965,289)	(972,973)	(1,000,000)

公司債 X1 年 12 月 31 日公允價值 = 未來 3 年本息，按當時利率 9% 折現
$= \$80{,}000 \times P_{3,9\%} + \$1{,}000{,}000 \times p_{3,9\%} = \$974{,}687$

公司債 X2 年 12 月 31 日公允價值 = 未來 2 年本息，按當時利率 10% 折現
$= \$80{,}000 \times P_{2,10\%} + \$1{,}000{,}000 \times p_{2,10\%} = \$965{,}289$

公司債 X3 年 12 月 31 日公允價值 = 未來 1 年本息，按當時利率 11% 折現
$= \$80{,}000 \times P_{1,11\%} + \$1{,}000{,}000 \times p_{1,11\%} = \$972{,}973$

	X1/1/1 (2%)	X1/12/31 (3%)	X2/12/31 (4%)	X3/12/31 (5%)	
利率交換					
現金流量		$ 0	$(8,750)	$(17,500)	$(26,250)
公允價值	$ 0	(24,750)	(33,007)	(25,000)	—

利率交換 X1 年 12 月 31 日公允價值
= 未來 3 年 −$10,000 之年金現值（按 3% 折現）× 87.5%
= −$10,000 × $P_{3,3\%}$ × 87.5%
= −$24,750

利率交換 X2 年 12 月 31 日公允價值
= 未來 2 年 −$20,000 年金現值（按 4% 折現）× 87.5%
= −$20,000 × $P_{2,4\%}$ × 87.5%
= −$33,007

利率交換 X3 年 12 月 31 日公允價值
= 未來 1 年 −$30,000 年金現值（按 5% 折現）× 87.5%
= −$30,000 × $P_{1,5\%}$ × 87.5%
= −$25,000

2. 應付公司債與利率交換合約之利息費用與評價損益

	應付公司債				利率交換				
	利息費用 ①	帳面金額 ②	公允價值 ③	評價損益 ④	利息費用 ⑤	現金收付 ⑥	帳面金額 ⑦	公允價值 ⑧	評價損益 ⑨
X1年1月1日		1,000,000	1,000,000	—			0	0	—
X1年12月31日	(80,000)	1,000,000	974,687	25,313	(0)	0	0	(24,750)	(24,750)
X2年12月31日	(87,722)	982,409	965,289	17,120	(743)	8,750	(16,743)	(33,007)	(16,264)
X3年12月31日	(96,529)	981,818	972,973	8,845	(1,320)	17,500	(16,827)	(25,000)	(8,173)
X4年12月31日	(107,027)	1,000,000	1,000,000	0	(1,250)	26,250	0	0	0

① = 上期③ × 當期期初變動利率
② = 上期③ + (① − $80,000)
③ = 公司債公允價值（前述計算）
④ = ② − ③

⑤ = 上期⑧ × 當期期初變動利率
⑥ = ($20,000 − $1,000,000 × 當期期初變動利率) × 87.5%
⑦ = 上期⑧ + ⑤ − ⑥
⑧ = 利率交換公允價值（前述計算）
⑨ = ⑧ − ⑦

應付公司債與利率交換相關帳戶餘額計算如下：

```
          應付公司債
                    | X1/1/1   1,000,000
```

```
        應付公司債折價                               避險之衍生金融資產－利率交換
X1年評價   25,313  |                                                    | X1年評價   24,750
X1/12/31   25,313  |                                                    | X1/12/31   24,750
                   | X2年攤銷   7,722      X2年交割   8,750  | X2年利息      743
X2年評價   17,120  |                                                    | X2年評價   16,264
X2/12/31   34,711  |                                                    | X2/12/31   33,007
                   | X3年攤銷  16,529      X3年交割  17,500  | X3年利息    1,320
X3年評價    8,845  |                                                    | X3年評價    8,173
X3/12/31   27,027  |                                                    | X3/12/31   25,000
                   | X4年攤銷  27,027      X4年交割  26,250  | X4年利息    1,250
                   | X4/12/31        0                                  | X4/12/31        0
```

3. 會計分錄

被避險項目－應付公司債			避險工具－利率交換		
X1年1月1日			**X1年1月1日**		
現金	1,000,000		備忘分錄		
應付公司債		1,000,000			
X1年12月31日			**X1年12月31日**		
利息費用	80,000		避險損益－公允價值避險	24,750	
現金		80,000	避險之衍生金融資產—利率交換		24,750
應付公司債折價	25,313				
避險損益－公允價值避險		25,313			
X2年12月31日			**X2年12月31日**		
利息費用	87,722		利息費用	743	
應付公司債折價		7,722	避險之衍生金融資產—利率交換		743
現金		80,000	避險之衍生金融資產—利率交換	8,750	
			現金		8,750
應付公司債折價	17,120		避險損益－公允價值避險	16,264	
避險損益－公允價值避險		17,120	避險之衍生金融資產—利率交換		16,264
X3年12月31日			**X3年12月31日**		
利息費用	96,529		利息費用	1,320	
應付公司債折價		16,529	避險之衍生金融資產—利率交換		1,320
現金		80,000	避險之衍生金融資產—利率交換	17,500	
			現金		17,500
應付公司債折價	8,845		避險損益－公允價值避險	8,173	
避險損益－公允價值避險		8,845	避險之衍生金融資產—利率交換		8,173
X4年12月31日			**X4年12月31日**		
利息費用	107,027		利息費用	1,250	
應付公司債折價		27,027	避險之衍生金融資產—利率交換		1,250
現金		80,000	避險之衍生金融資產—利率交換	26,250	
			現金		26,250
應付公司債	1,000,000				
現金		1,000,000			

附錄　避險會計之適用與終結

一　避險會計之適用與停止

(一) 避險會計之適用

避險會計在適用時必須指定避險關係，以及被規避的風險。**避險關係**（Hedging Relationship）僅於符合下列所有要件時，始得適用避險會計：

1. 避險關係僅包含合格避險工具與合格被避險項目。
2. 於避險關係開始時，**對避險關係、企業之風險管理目標及避險執行策略，具有正式指定及書面文件**。該書面文件應包括對避險工具、被避險項目及被規避風險本質之辨認，及企業將如何評估避險關係是否符合避險有效性規定（包括其對避險無效性來源之分析及其如何決定避險比率）。
3. 避險關係符合下列所有避險有效性規定（Hedge Effectiveness Requirements）
   (1) 被避險項目與避險工具間有經濟關係。

   經濟關係（Economic Relationship）存在之規定意指避險工具及被避險項目之價值因相同風險（即被規避風險）而通常呈反向變動。因此，必須可預期避險工具價值及被避險項目價值將隨相同標的或經濟上相關標的（例如布蘭特原油及西德克薩斯輕質原油）之變動而有系統地變動（與對所規避風險作反應之方式類似）。

   避險工具及被避險項目間是否存有經濟關係，可採用習性分析加以判斷，惟應注意兩項變數間僅存在統計相關性本身並不足以支持經濟關係存在之結論為有效。

   (2) 信用風險之影響並未支配該經濟關係所產生之價值變動

   避險工具或被避險項目之信用風險變動幅度可能會影響前述（1）之經濟關係，使二者抵銷之程度可能變得不穩定。例如，企業使用無擔保衍生工具對商品價格風險之暴險進行避險，若該衍生工具之交易對方之信用狀況嚴重惡化，則交易對方信用狀況變動對避險工具之公允價值之影響可能超過商品價格變動對避險工具之公允價值之影響，而被避險項目之價值變動大部分取決於商品價格變動。

   (3) 避險關係中預計避險比率與企業實際避險比率相等

   避險比率係以相對權重表示之避險工具數量與被避險項目數量間關係，可以按下列公式加以表達：

   $$避險比率（hedge\ ratio）= \frac{被避險項目數量}{避險工具數量}$$

   當避險工具的標的物與企業的被避險項目完全相同，可以用 1 單位的避險工具

規避 1 單位的被避險項目，例如 10,000 美元應收帳款因美元對台幣匯率變動所產生的風險，可藉由出售 10,000 美元遠期外匯完全抵消，其避險比率為 1。然而在實務操作時，有時無法取得標的物與被避險項目完全相同的衍生工具，或因取得與被避險項目標的物完全相同的衍生工具成本過高，此時可藉由估算特定風險因素變動對衍生工具與被避險項目價格波動的影響數決定避險關係之避險比率。例如甲公司進口秘魯咖啡豆，為規避存貨價格波動風險，出售阿拉比卡咖啡期貨，經估計秘魯咖啡豆價格波動 1%，阿拉比卡咖啡期貨價格變動率為 1.2%，則對於 120 單位的秘魯咖啡豆現貨的避險，可出售 100 單位之阿拉比卡咖啡期貨，避險比率為 120/100 = 1.2（即 1 單位避險工具可規避 1.2 單位被避險項目）。指定之避險關係應採用與企業實際使用之被避險項目數量及避險工具數量兩者之比率相等之避險比率，但是價格波動的影響數可能隨時間經過而改變，使被避險項目與避險工具之權重間不平衡，因而引發可能導致與避險會計目的不一致之會計結果，故需不斷的調整避險部位，才能達到完全避險的目的，不過由於成本過高，一般會採取固定一段時間價格大幅變化後才調整的避險策略。

(二) 避險有效性之評估

避險會計是以互抵的方式認列避險工具與被避險項目之公允價值變動產生之損益（或其他綜合損益）影響數，在衡量避險有效性時可按避險工具與被避險項目損益絕對值之比值加以計算，例如當避險工具公允價值變動損失 100，被避險項目公允價值變動利益 80，則避險有效性為 80/100 = 80%，或 100/80 = 125%，目前財務會計準則對於避險有效性已無過去高度有效之規定，企業可自訂其評估避險有效性的方法，並於避險文件載明是否包含所有避險工具之利益或損失，以及避險工具損益之計算是否排除其時間價值部分。

企業在避險開始時即須在預期有效的前提下進行避險會計處理，且至少應於編製年度或期中報表時再評估避險之實際有效性。以下分別說明之：

1. 推定有效

當避險工具與整體被避險資產或負債或被險之預期交易之主要條件相同時，可推定避險合乎有效性。例如，企業以遠期合約作為預期購買商品之避險，若符合下列條件，則可假設避險具高度有效性且無任何避險無效部分：

(1) 遠期合約與被避險之預期交易具有相同時間、相同地點、相同數量購買相同商品之條件。
(2) 遠期合約開始之公允價值為零。
(3) 於評估有效性時，遠期合約價值不考慮溢價或折價之變動，且對預期交易之預期現金流量變動以現貨價格變動為衡量基礎；或遠期合約價值包括溢價或折價變動之整

體價值變動，且對預期交易之預期現金流量變動以商品遠期價格變動為衡量基礎。當避險雙方之主要條件並未相同，若僅有微小的到期日或名目金額的差異，仍可輕易的決定避險係預期有效。若企業無法輕易決定避險係預期有效，則可採用迴歸分析、蒙地卡羅模擬或其他統計方法決定之。

2. 實際有效

對於公允價值避險之有效性評估，通常以避險工具與被避險項目金額互抵之實際結果決定避險是否有效；對於預期交易之現金流量避險通常採用「虛擬避險工具法」決定避險是否有效。

所謂虛擬避險工具法係假設企業以一主要條件與被避險項目完全相同之避險工具進行避險，故可預期被規避風險所造成之現金流量變動均可完全抵銷，再將虛擬避險工具與實際避險工具之公允價值變動加以比較，二者之差異即為避險無效之部分。

(三) 避險會計之停止適用

避險會計開始適用後，**在避險仍有效的情形下，企業不得主動取消原指定的避險**，除非為避險工具或被避險項目之出售或結清，在處理時應就有效性與避險關係二方面考量：

1. 避險有效性之考量

若一避險關係不再符合有關避險比率之避險有效性規定，但該指定避險關係之風險管理目標仍維持相同，則企業應調整避險關係之避險比率以再次符合避險會計之要件（重新平衡）。

2. 避險關係之考量

企業應僅於避險關係（或避險關係之一部分）不再符合避險會計之要件時（於考量避險關係之任何重新平衡後（若適用時））推延停止適用避險會計。

(1) 避險關係整體上不再符合要件之情況：
　①避險關係不再符合風險管理目標。
　②避險工具已出售或解約（與避險關係中之整體數量有關）。
　③被避險項目與避險工具間不再有經濟關係，或信用風險之影響開始支配該經濟關係所產生之價值變動。

(2) 避險關係之一部分不再符合要件之情況：
　①於重新平衡避險關係時，避險比率可能以某些被避險項目數量不再屬避險關係之一部分之方式調整。
　②當屬預期交易（或其組成部分）之被避險項目之部分數量不再高度很有可能發生。

(四) 避險策略

企業經營所涉及的市場風險不一而足，甚至會有部分項目之風險相互抵銷的情形發生。對於企業所採取的避險策略可採取個別避險、組合避險及總體避險三類，各類避險方式應採取不同的避險效果評估方法，亦適用不同之避險會計，以下先就此三類之性質說明如下：

1. 個別避險（一對一避險）

所謂個別避險係指企業針對個別之風險項目（已認列資產、負債、確定承諾及非確定承諾之預期交易），進行單一的風險規避。

例如，甲公司發行公司債之票面利息係以 LIBOR ＋ 3% 計算，因該項負債之利息費用會隨著 LIBOR 之波動而有所不同，當 LIBOR 升高時，利息負擔增加，反之則減少。為規避公司盈餘受 LIBOR 變動而影響，甲公司決定買入付固定利率收變動利率之交換合約，以鎖定公司債之利息支出。上述避險方式，即屬一對一之避險關係（One-to-One Linkage），其避險效果可由被避險項目（應付公司債）及避險工具（交換合約）之損益抵銷程度即可明確衡量。然而此項避險操作是否得以降低甲公司整體涉險程度，則視利率風險對公司其他資產、負債及所有預期交易而定，因此無法就單一避險策略來確定公司整體風險是否降低。

實務上，避險有效性應以企業整體為認定基礎，若避險操作結果並未降低企業整體之暴險程度，則不應避險，惟評估企業整體涉險程度是否降低因欠缺客觀標準，使整體風險衡量甚為不易，因此 IFRS 第 9 號公報並未要求在適用避險會計時，避險操作結果確能降低企業整體風險。而個別避險則可透過避險關係之損益分析評估避險策略是否有效，惟其是否可降低企業整體風險則須視情況而定。

2. 群組避險

個別避險在評估避險策略時，具有客觀衡量之優點，然在實務上需要找到可完全對應的避險工具並不容易，且成本較高，且由於風險項目間可能會有相互抵銷彼此風險之情況，企業通常將相似性質之資產（負債）匯集成組—將性質相似之資產加以組合，以其資產組合部分從事避險操作；或將不同性質的資產或負債加以組合，以其淨餘額部分從事避險操作。例如，發行變動利率公司債 $10,000,000 之甲公司，另持有變動利率資產 $12,000,000，由於該二項目均受無風險利率波動影響，二者性質類似，甲公司為規避利率波動帶來之現金流量風險，可以買入收固定利率、付變動利率之交換合約 $2,000,000 來對淨風險部位進行避險操作。同樣的，組合避險之避險效果，可由被避險項目（淨風險部位）與避險工具之損益抵銷程度加以衡量，惟淨部位的損益應如何反應在相關的風險資產及負債，如前述之 $2,000,000 利率交換合約損益應與 $10,000,000 之

變動利率公司債損益加以抵銷，抑或與 $12,000,000 之變動利率資產損益抵銷，涉及較為複雜之分攤方法，亦常出現在匯率避險交易中，留待第 11 章再作說明。

3. 總體避險

所謂總體避險係指將企業所有風險項目（包括已認列資產及負債、確定承諾與非確定承諾之預期交易），不論性質是否相似，全部匯總成一整體，以該整體之淨風險部位進行避險。例如，甲公司除擁有前述變動利率之負債及資產（利率風險）外，尚有投資國外子公司（匯率風險）、商品存貨（市場價值風險）等風險項目，此外，利率、匯率、其他價格的變動均可能造成經濟狀況的改變，進而影響母公司及子公司的價值。此時，甲公司可將上述各項加以彙整，以其淨餘額（假設為多頭部位）進行避險，賣出相當於淨餘額部位之期貨合約。

相較於個別避險或組合避險，總體避險將不同性質項目全部混合為一體，其避險效果應如何認定及衡量，因缺乏客觀標準，造成避險會計上適用的困難，目前並無避險會計可以適用。

二、避險關係之終結

(一) 避險關係終結之情況

1. 避險工具已到期或出售、解約或執行。
2. 預期交易預計不會發生。
3. 該避險不再符合避險關係之條件，通常為避險關係不符合公司避險政策下所要求之避險有效性。

(二) 避險關係終結之會計處理

1. 公允價值避險
   (1) 避險工具在避險關係終結後（若尚未到期或執行）仍按原會計處理方式，採公允價值衡量，公允價值變動列為當期損益。
   (2) 被避險項目因所規避之風險而產生之利益或損失不再調整被避險項目之帳面金額，被避險項目按避險關係終結時之帳面金額作為新成本，後續應依所適用之公報規定處理。

2. 現金流量避險
   (1) 避險工具在避險關係終結後（若尚未到期或執行）仍按原會計處理方式，採公允價值衡量，公允價值變動列為當期損益。若預期交易不會發生，原列為其他權益之累積利益或損失，應立即轉列為當期損益。
   (2) 在現金流量避險下，因採用「遞延法」，被避險項目之處理並未因適用避險會計而

改變，故當避險關係終結時，其會計處理不變。

(3) 當以非金融資產或非金融負債為標的之預期交易變更為適用公允價值避險之確定承諾，其遞延之其他權益，應作為該資產或負債之原始成本或帳面金額之調整。

3. 國外營運機構淨投資避險

(1) 避險工具在避險關係終結後（若尚未到期或執行）仍按原會計處理方式，採公允價值衡量，公允價值變動列為當期損益。

(2) 被避險項目之會計處理不變。

(3) 於預期避險交易有效期間所認列為其他權益之避險工具累積利益或損失，應以調整非金融項目入帳基礎，或於被避險項目影響損益時，轉列當期損益。

(4) 若被避險項目已出售，原列為其他權益之避險工具累積利益或損失，應立即轉列為當期損益。

有關國外營運機構淨投資避險之會計處理將於第 11 章再加以說明。

本章習題

〈避險會計之基本觀念〉

1. 下列有關避險會計之敘述，何者正確？
 (A) 確定承諾之避險不適用公允價值避險會計。
 (B) 確定承諾之避險可能適用現金流量避險會計。
 (C) 假設企業併購其他企業的確定承諾不涉及匯率風險，企業得將其指定為被避險項目。
 (D) 適用避險會計之確定承諾避險，帳上認列的確定承諾負債為 IFRS 第 9 號公報規範的衍生性商品。

2. 下列何者不可能為合格之被避險項目？
 (A) 100 萬附息資產與 80 萬附息負債之淨額。
 (B) 附息負債之無風險利率部分。
 (C) 採權益法投資之公允價值變動。
 (D) 附息資產之信用風險變動部分。

3. 下列有關避險會計中「高度有效」條件的敘述何者錯誤？
 (A) 企業得自行依風險管理策略訂定評估有效性之方法。
 (B) 企業得以虛擬工具法，評估現金流量避險是否能合乎「實際高度有效」之條件。

(C) 企業可能無須使用統計方法評估是否能合乎「預期高度有效」之條件。

(D) 在避險期間中，企業避險實際結果維持在 80% 至 125%，即符合高度有效之條件。

4. 有關避險會計，下列敘述何者錯誤？
   (A) 嵌入式衍生工具不能為避險工具
   (B) 發行之選擇權可能為適用避險會計的避險工具
   (C) 一個衍生工具可能同時為一個資產與一個負債的避險工具，並適用避險會計
   (D) 買入之選擇權可能為適用避險會計的避險工具

5. 為避免價格變動所帶來之不利影響而對下列項目進行避險，試問何者不適用公允價值避險之會計處理？
   (A) 預期銷貨
   (B) 投資之權益證券
   (C) 購買原油而簽訂之確定承諾
   (D) 帳上之稻米存貨

6. 現金流避險下，避險工具損益應如何處理？
   (A) 列為其他綜合損益，並予遞延。
   (B) 列為發生當期費用。
   (C) 於遠期合約期間攤銷。
   (D) 作為被避險項目價格變動之抵減項目。

7. 有關利率交換之會計處理，下列何者正確？（複選題）　　　　　【106 年 CPA】
   (A) 甲公司簽訂 5 年期付固定、收浮動之利率交換，此合約每年年底以每年年初之 1 年期利率交割，但甲公司在簽約時預先支付未來 5 年之固定利息。此合約為應適用 IFRS9 之衍生工具
   (B) 甲公司簽訂 5 年期付浮動、收固定之利率交換，此合約每年年底以每年年初之 1 年期利率交割，但甲公司在簽約時預先支付未來 5 年之變動利息。此合約為應適用 IFRS9 之衍生工具
   (C) 甲公司簽訂 5 年期付固定、收浮動之利率交換，此合約每年年底以每年年初之 1 年期利率交割。此合約僅能作為公允價值避險中之避險工具而適用避險會計
   (D) 甲公司簽訂 5 年期付浮動、收固定之利率交換，此合約每年年底以每年年初之 1 年期利率交割。此合約僅能作為現金流量避險中之避險工具而適用避險會計
   (E) 甲公司簽訂 5 年期之利率交換，此合約每年年底以每年年初之 1 年期無風險利率交割。此合約可能可以作為對具有信用風險公司債投資之公允價值避險中之避險工具，而適用避險會計

8. 國外營運機構淨投資之避險，有關其避險會計處理，下列敘述何者正確？
   (A) 遠匯合約不可能為合格避險工具

(B) 外幣匯率選擇權不可能為合格避險工具
(C) 企業可以針對遠期外匯合約整體之公允價值變動指定避險關係
(D) 企業不能以美元規避其他幣別的外幣匯率風險　　　　　　　　【108 年 CPA】

〈公允價值避險〉

9. 甲公司於 X1 年 11 月 2 日簽訂一淨額交割之遠期合約，約定於 X2 年 4 月 30 日以每單位 $500 賣出商品 A 存貨 10,000 單位，以規避 X1 年 11 月 2 日購入之 A 存貨 10,000 單位之公允價格變動風險，假設 12 月 31 日市場之無風險利率為 6%，其他相關資訊如下：

日期	即期價格	6/30 到期之遠期價格
X1 年 11 月 2 日	$480	$500
X1 年 12 月 31 日	475	481
X2 年 4 月 30 日	470	—

試作：甲公司 X1 年度及 X2 年度有關存貨及遠期出售合約之相關分錄。

10. 甲公司於 X1 年 11 月 2 日簽訂一確定承諾，將以現時之 X2 年 4 月 30 日遠期單價 $500 購入 10,000 單位商品存貨，甲公司同時簽訂一淨額交割之遠期合約，約定於 X2 年 4 月 30 日以每單位 $500 賣出商品存貨 10,000 單位，以規避前述確定承諾之公允價值變動風險，假設 12 月 31 日市場之無風險利率為 6%，其他相關資訊如下：

日期	即期價格	6/30 到期之遠期價格
X1 年 11 月 2 日	$480	$500
X1 年 12 月 31 日	475	481
X2 年 4 月 30 日	470	—

試作：甲公司 X1 年度確定承諾及遠期出售合約之相關分錄。

11. 甲公司於 X1 年 1 月 1 日以每股 $30 買入 10,000 股乙公司股票，並將該股票投資分類為「透過其他綜合損益按公允價值衡量之權益工具投資」。甲公司為規避前述股票公允價值下跌之風險，於 X1 年 1 月 1 日買入 X1 年 3 月 31 日到期之賣出選擇權，其標的物為 10,000 股乙公司股票，履約價格為 $30，權利金為 $50,000，且到期時以現金淨額交割。甲公司指定以前述賣權規避股票公允價值下跌之風險。X1 年 1 月 1 日及 X1 年 3 月 31 日乙公司股票每股市價分別為 $30 及 $28。

試作：X1 年 1 月 1 日與 X1 年 3 月 31 日購入股票及避險之相關分錄。

12. 台北公司於 X1 年 10 月 1 日支付現金 $3,274,782 購買甲公司發行之 5 年期公司債，該公司債之票面金額 $3,000,000，票面利率為年息 5%，有效利率為年息 3%，甲公司固

定於每年年底支付利息，假設台北公司所持有甲公司之公司債分類為透過綜合損益按公允價值衡量金融資產，台北公司預期將來之市場利率將上升，為規避此債券整體公允價值下跌之風險，經由內部財務人員規劃，於X10年1月1日放空三口六個月後到期之公債期貨，此公債期貨每單位標的債券面額 $1,000,000。有關此債券與公債期貨之相關資訊如下表：

	債券投資	公債期貨
金融商品面額	$3,000,000	$3,000,000
X1年10月5日報價或成交價	$109.16	$106.06
X1年12月31日報價或收盤價	$106.80	$105.39

試作：台北公司X1年度甲公司債券投資與公債期貨之相關分錄。

13. 甲公司於X1年1月1日平價發行4年期公司債，其面額 $1,000,000、票面利率5%、每年12月31日付息；並同時簽訂一項支付浮動指標利率（以X1年1月1日及後續三年每年12月31日之1年期即期指標利率決定）、收取5%固定利率之4年期利率交換合約，其名目本金為 $1,000,000 且於每年12月31日淨額交割當期之交換利息。以利率交換合約規避公司債整體公允價值變動風險，且利率交換與公司債之關鍵條款皆相同，因此於各期間內皆可推定此避險完全有效。X1年1月1日，1年期即期指標利率為5%；X1年、X2年及X3年之每年12月31日之1年期即期指標利率分別為5.4%、5%及4.6%。所有相關期間內，前述指標利率之收益曲線皆為水平。此避險關係符合避險會計之所有要件。甲公司採取於認列被避險項目因避險導致之帳面金額調整數時，即開始攤銷該調整數。另外，假設前述公司債及利率交換皆無信用風險。

試作：

X1年12月31日及X2年12月31日甲公司有關利率交換合約之相關分錄（計算結果四捨五入至整數位）。　　　　　　　　　　　　　　　　　　　　【107年CPA】

14. 甲公司於X1年1月1日平價發行三年期債券，面額 $5,000,000，票面利率3%，每年年底付息。甲公司同時簽訂一三年期之利率交換合約，名目本金 $5,000,000，付浮動（以每年年初變動利率決定）收3%固定利率，每年年底淨額交割當期之交換利息。X1年至X2每年年底之變動利率為：X1年3.6%、X2年3.2%，且假設收益率曲線為水平。

試按下列情況，作甲公司X1年度至X3年度應付公司債及利率交換合約之相關分錄：

情況一：於認列被避險項目因避險導致之帳面金額調整數時，即開始攤銷該調整數。

情況二：不於認列被避險項目因避險導致之帳面金額調整數時，即開始攤銷該調整數。

〈現金流量避險〉

15. 甲公司對高度很有可能發生預期交易之避險，列於其他權益之避險工具損益，在下列那個情形下，應該立即列入當期損益？ 【102 年 CPA】
    (A) 甲公司取消原指定之避險
    (B) 預期交易預計不會發生時
    (C) 避險工具到期時
    (D) 避險工具解約時

16. 1 月 1 日甲公司以零成本遠期合約規避預期交易之風險，並以遠期合約整體公允價值變動計算避險有效性。第一季末，遠期合約資產之公允價值為 $100；被避險項目因被規避風險造成的現金流量變動之現值為 $80（損失），假設甲公司無其他適用避險會計之交易事項，則此遠期合約對第一季財務報表造成下列那一項影響？
    (A) 金融工具未實現損益增加 $100
    (B) 金融工具未實現損益增加 $80
    (C) 當期損益增加 $100
    (D) 沒有任何影響，因為該有效避險之衍生工具不須入帳

17. X1 年 1 月 1 日甲公司以零成本遠期合約規避三年後高度很有可能發生預期交易之風險，並以三年之遠期合約整體公允價值變動計算避險有效性。X1 年底，遠期合約資產之公允價值為 $100；被避險項目因被規避風險造成的現金流量變動之現值為 $80（損失）。X2 年底，遠期合約資產之公允價值為 $170；被避險項目因被規避風險造成的現金流量累積變動之現值為 $180（損失）。假設甲公司無其他適用避險會計之交易，則此遠期合約對 X2 年其他綜合利益之影響為何？
    (A) 增加 $100
    (B) 增加 $90
    (C) 增加 $80
    (D) 增加 $70

18. 丙公司預期（高度很有可能）於 6 個月後購入 10,000 單位鈦金屬存貨，故於 X1 年 11 月 2 日簽訂一淨額交割之遠期合約，約定於 X2 年 4 月 30 日以每單位 $500 買進商品存貨 A 10,000 單位，以規避預期購買 A 存貨之現金流量變動風險。丙公司於 X2 年 4 月 30 日按每單位 $470 購入 10,000 單位 A 存貨。假設 12 月 31 日市場之無風險利率為 6%，A 存貨之即期價格與遠期價格資料如下：

日期	即期價格	6/30 到期之遠期價格
X1 年 11 月 2 日	$480	$500
X1 年 12 月 31 日	475	481
X2 年 4 月 30 日	470	—

試作：丙公司 X1 年度及 X2 年度有關預期交易及遠期購買合約之相關分錄。

19. 本題假設 CP（商業本票）變動利率合乎國際會計準則第 39 號之基準利率定義。X1 年年初甲公司平價發行 5 年期變動利率公司債 $1,000,000，票面利率為一年期 CP 利率 +3%，每年年底依當年年初之一年期利率付息。該公司希望將利率鎖定為固定利率，於是在發行公司債之同日另簽定付 5% 固定利率且收一年期 CP 變動利率之零成本利率交換，此利率交換之名目本金為 $1,000,000，期間為 5 年，收付息日與公司債相同。不考慮所得稅之影響。X1 年、X2 年及 X3 年交換合約相關資料如下：

	X1 年	X2 年	X3 年
期初一年期 CP 利率	5%	4%	3%
期末利率交換公允價值	−$37,000	−$57,000	−$39,000

試作：

1. 請分別回答 X1 年、X2 年及 X3 年下列各項目之金額：
   ① 利率交換與公司債交易對當期損益之淨影響？
   ② 利率交換與公司債交易對當期其他綜合損益之淨影響？
   ③ 利率交換與公司債交易有關之「其他權益－現金流量避險」項目於 12 月 31 日餘額？

2. 公司債的變動利率指標為 CP，企業若簽訂其他變動利率指標之利率交換作為前述公司債的避險工具，在何種情況下可適用避險會計？ 【105 年 CPA】

20. 甲公司於 X1 年 1 月 1 日平價發行 5 年期變動利率公司債 $1,000,000，每年年底依當年年初利率付息，發行當時之即期變動利率為 4.7%，甲公司希望將利率鎖定在 5% 之固定利率，於是在發行公司債之同日另簽定付 5% 收變動利率之利率交換，此利率交換之名目本金為 $1,000,000，期間為 5 年，收付息日與公司債相同。

假設各年初的變動利率及剩餘年限市場類似條件交換的固定利率如下：

	X1 年初	X2 年初	X3 年初	X4 年初	X5 年初
變動利率	4.7%	5.4%	5.2%	5.8%	6.0%
固定利率	5.0%	5.8%	5.7%	6.2%	6.3%

若甲公司指定前述利率交換作為規避公司債變動利率變動之現金流量變動風險，試作甲公司 X1 年～X3 年有關發行公司債及簽定交換合約之相關分錄。

21. 甲公司於 X1 年 11 月 2 日簽訂一淨額交割之遠期合約，約定於 X2 年 4 月 30 日以每單位 $1,000 賣出商品 A 存貨 1,000 單位，假設 12 月 31 日市場之無風險利率為 6%，其他相關資訊如下：

日期	即期價格	4/30 到期之遠期價格
X1 年 11 月 2 日	$980	$1,000
X1 年 12 月 31 日	1,050	1,030
X2 年 4 月 30 日	1,020	—

試按下列情況作甲公司 X1 年 11 月 2 日、X1 年 12 月 31 日及 X2 年 4 月 30 日有關遠期出售合約與被避險項目之相關分錄。

情況一：甲公司指定遠期合約整體價值之變動作為規避 X1 年 11 月 2 日預期於 X2 年 4 月 30 日購入之 A 存貨 1,000 單位之公允價格變動風險，

情況二：甲公司指定遠期合約之整體價值變動部分作為規避 X1 年 11 月 2 日簽訂之按 $1,000 於 X2 年 4 月 30 日購入 1,000 單位 A 存貨合約之公允價格變動風險。

情況三：甲公司指定遠期合約整體價值之變動作為規避甲公司預計（高度很有可能）於 X2 年 4 月 30 日銷售 1,000 單位 A 存貨之現金流量變動風險。甲公司於 X2 年 4 月 30 日銷售 1,000 單位 A 存貨。

〈避險工具部分避險之指定〉

22. 甲公司於 X1 年 11 月 1 日預期於 X2 年 1 月 31 日高度很有可能購入 100 噸玉米，並於 X1 年 11 月 1 日簽訂一項零成本之遠期合約，以規避前述高度很有可能發生交易之風險，該遠期合約約定於 X2 年 1 月 31 日以 $850,000 購入 100 噸玉米，且以現金淨額交割該遠期合約。假設在 X1 年 11 月 1 日至 X2 年 1 月 31 日間此避險均符合適用避險會計，且該公司針對避險工具之即期價格變動（遠期部分不選擇以選擇權時間價值之規定處理）指定避險關係。另外，甲公司於 X2 年 1 月 31 日購入之 100 噸玉米，於 X2 年 4 月 1 日以 $1,000,000 出售。本題適用之折現率均假設為年利率 12%，且不考慮所得稅之影響。有關一噸玉米價格之相關資料如下：

	X1 年 11 月 1 日	X1 年 12 月 31 日	X2 年 1 月 31 日
即期價格	$8,100	$7,880	$8,450
30 天	8,220	7,900	8,550
60 天	8,350	8,000	8,660
90 天	8,500	8,250	8,880

以下有關於前述避險及後續銷貨交易會計處理之敘述何者正確？（複選題）
(A) X2 年 1 月 31 日認列存貨 - 玉米之金額可能為 $810,000
(B) X1 年度認列前述避險有關之其他綜合損益為借方 $59,406
(C) X2 年度認列透過損益按公允價值衡量之金融資產損失為 $2,376
(D) X2 年 4 月 1 日認列出售 100 噸玉米之收入，此交易將使本期淨利增加 $150,000

(E) X2 年 4 月 1 日記錄累積之其他綜合損益之重分類調整時，應貸記其他綜合損益 - 重分類調整為 $5,000　　　　　　　　　　　　　　　　　　　　　【104 年 CPA 改編】

23. 甲公司於 X1 年 11 月 2 日帳上仍有一批商品存貨正在製造中，預計於當年底出售，預期之售價為 $2,000,000，甲公司於 11 月 2 日購入並指定一衍生性商品作為預期銷售該商品存貨之避險工具，並於避險策略中說明評估避險有效性時不考慮此衍生工具之時間價值變動。假設商品存貨於 12 月 31 日完成並出售，其帳面價值為 $1,500,000，售價為 $1,800,000，期末衍生工具之公允價值上升 $180,000（其中 $200,000 為內含價值增加，$20,000 屬時間價值減少），惟仍繼續持有該衍生性商品，試作甲公司 X1 年度關於預期交易及衍生性商品之會計分錄。

24. 甲公司持有大豆存貨一批，共計 1,000 噸，每噸成本 $11,900，因近日大豆價格呈現下跌趨勢，故計畫對所持有之大豆存貨進行避險操作。經評估後，甲公司於 X1 年 10 月 1 日簽訂期貨合約，出售一月底到期，於基隆交貨大豆 1,000 噸，每噸價格 $11,800，並支付 5% 之期貨保證金。甲公司之避險有效性之評估以現貨價格之變動為準，不包括期貨時間價值之變動。

假設大豆期貨每月結清，由於大豆未如預期下跌，甲公司於 11 月 30 日繳交維持保證金 $200,000，於 X2 年 1 月 31 日以當日價格 $11,500 出售大豆 1,000 噸，並將期貨契約淨額交割結清。大豆現貨與期貨價格資料如下：

	現貨價格	X2 年 1 月 31 日期貨價格
X1 年 10 月 1 日	$11,900	$11,800
X1 年 10 月 31 日	12,100	11,950
X1 年 11 月 30 日	12,200	12,000
X1 年 12 月 31 日	11,800	11,700
X2 年 1 月 31 日	11,500	11,500

試作甲公司相關日期之分錄。

25. 乙公司於 X1 年 4 月 1 日與丙公司簽訂一合約，約定於 X2 年 3 月 31 日若乙公司執行其賣權，則丙公司具有向乙公司收取 1,000 股 A 公司普通股，並支付 $100,000 現金（每股 $100）之義務，乙公司若不執行賣權，將無須支付任何款項。其他相關資料如下：

	X1 年 4 月 1 日	X1 年 12 月 31 日	X2 年 3 月 31 日
每股市價	$ 100	$ 98	$95
賣權時間價值	$15,000	$8,000	$ 0

試按下列情況作乙公司 X1 年 4 月 1 日、X1 年 12 月 31 日及 X2 年 3 月 31 日相關分錄。

情況一：乙公司未指定此衍生工具作為避險工具。

情況二：乙公司指定此選擇權之整體價格變動作為規避 X1 年 4 月 1 日購入之 A 公司股票 10,000 股之公允價格下跌風險（股票投資分類為透過其他綜合損益按公允價值後衡量）。

情況三：乙公司指定此選擇權之內含價格變動部分作為規避 X1 年 4 月 1 日購入之 A 公司股票 10,000 股之公允價格下跌風險。

26. 甲公司於 X1 年 1 月 1 日以每股 $30 買入 100 股乙公司股票，並將該股票投資分類為「透過其他綜合損益按公允價值衡量之權益工具投資」。甲公司為規避前述股票公允價值下跌之風險，於 X1 年 1 月 1 日買入 X1 年 3 月 31 日到期之賣出選擇權，其標的物為 100 股乙公司股票，履約價格為 $30，權利金為 $500，且到期時以現金淨額交割。甲公司指定以前述賣權之內含價值規避股票公允價值下跌之風險。X1 年 1 月 1 日及 X1 年 3 月 31 日乙公司股票每股市價分別為 $30 及 $28。

試作：

1. X1 年 1 月 1 日與 X1 年 3 月 31 日購入股票及避險之相關分錄。
2. 甲公司是否能以該股票賣權之整體公允價值變動作為避險工具，規避其所持有股票投資公允價值下跌之風險而適用避險會計？
3. 若甲公司並未於 X1 年 1 月 1 日買入乙公司股票，但預期高度很有可能於 X1 年 4 月 1 日買入乙公司股票 100 股，且將該股票以公允價值衡量並將公允價值之變動列報於其他綜合損益。試問甲公司是否能指定與前述股票選擇權之履約價格、權利期間與標的物相同之股票買權之內含價值部分為避險工具，以規避前述權益工具之預期購買之現金流量風險而適用避險會計？（請敘明原因）　【108 年 CPA】

27. 甲公司於 X1 年 1 月 1 日以每股 $30 購入 5,000 股之乙公司普通股，且分類為透過損益按公允價值評價金融資產。甲公司於 X3 年 1 月 31 日以每股 $27 全數賣出 5,000 股之乙公司普通股，乙公司普通股每股股價資料如下：

	X1 年 1 月 1 日	X1 年 12 月 31 日	X2 年 12 月 31 日
每股股價	$30	$17	$37

X1 年 1 月 1 日，甲公司為規避乙公司普通股股票價格自 $30 下跌至 $20 之風險，因而對同一對手在同一合約中，買入及賣出下列兩個選擇權：買入乙公司股票之賣權，支付權利金 $8,000，標的資產為 5,000 股之乙公司普通股，履約價格為 $30；賣出乙公司股票之賣權，收取權利金 $1,000，標的資產為 5,000 股之乙公司普通股，履約價格為 $20。前述兩個以現金淨額交割之選擇權到期日均為 X2 年 12 月 31 日。避險有效性係以乙公司普通股投資之公允價值變動與選擇權內含價值變動之比較作為評估基礎（指定以內含價值作為避險工具），前述兩個選擇權相關之價格資訊如下表所示：

	X1 年 1 月 1 日	X1 年 12 月 31 日	X2 年 12 月 31 日
履約價 $30 選擇權內含價值	$0	$65,000	$0
履約價 $30 選擇權總價值	$8,000	$69,000	$0
履約價 $20 選擇權內含價值	$0	$15,000	$0
履約價 $20 選擇權總價值	$1,000	$15,500	$0

試作：請依甲公司所持有之乙公司普通股及前述兩選擇權總計，依序回答下列問題。

1. 對甲公司 X1 年損益之淨影響數及其他綜合損益之淨影響數？
2. 對甲公司 X2 年損益之淨影響數及其他綜合損益之淨影響數？
3. 對甲公司 X3 年損益之淨影響數及其他綜合損益之淨影響數？ 【106 年 CPA】

28. 甲公司於 X1 年 11 月 2 日簽訂一淨額交割之遠期合約，約定於 X2 年 4 月 30 日以每單位 $200 賣出商品 A 存貨 10,000 單位，假設 12 月 31 日市場之無風險利率為 6%，其他相關資訊如下：

日期	即期價格	4/30 到期之遠期價格
X1 年 11 月 2 日	$190	$200
X1 年 12 月 31 日	185	190
X2 年 4 月 30 日	170	—

試按下列情況作甲公司 X1 年 11 月 2 日、X1 年 12 月 31 日及 X2 年 4 月 30 日有關遠期出售合約與被避險項目之相關分錄。

情況一：甲公司指定遠期合約整體價值之變動作為規避 X1 年 11 月 2 日購入之 A 存貨 10,000 單位之公允價格變動風險，

情況二：甲公司指定遠期合約之即期價格變動部分作為規避 X1 年 11 月 2 日購入之 A 存貨 10,000 單位之公允價格變動風險，

情況三：甲公司指定遠期合約之即期價格變動部分作為規避 X1 年 11 月 2 日簽訂之按 $200 於 X2 年 4 月 30 日購入 10,000 單位 A 存貨合約之公允價格變動風險，

情況四：甲公司指定遠期合約整體價值之變動作為規避甲公司預計（高度很有可能）於 X2 年 4 月 30 日銷售 10,000 單位 A 存貨之現金流量變動風險。甲公司於 X2 年 4 月 30 日銷售 10,000 單位 A 存貨。

29. 乙公司於 X1 年 4 月 1 日與丙公司簽訂一合約，約定於 X2 年 3 月 31 日若乙公司執行其賣權，則丙公司具有向乙公司收取 1,000 單位存貨，並支付 $500,000 現金（每股 $500）之義務，乙公司若不執行賣權，將無須支付任何款項。其他相關資料如下：

	X1 年 4 月 1 日	X1 年 12 月 31 日	X2 年 3 月 31 日
每股市價	$500	$480	$470
賣權時間價值	$100,000	$60,000	$0

試按下列情況作乙公司 X1 年 4 月 1 日、X1 年 12 月 31 日及 X2 年 3 月 31 日相關分錄。

情況一：乙公司未指定此衍生工具作為避險工具。

情況二：乙公司指定此選擇權之整體價格變動作為規避 X1 年 4 月 1 日購入 1,000 單位存貨之公允價格變動風險。

情況三：乙公司指定此選擇權之內含價格變動部分作為規避 X1 年 4 月 1 日購入 1,000 單位存貨之公允價格變動風險。

情況四：乙公司指定此選擇權之整體價格變動作為規避乙公司預計（高度很有可能）於 X2 年 4 月 1 日銷售 1,000 單位存貨之現金流量變動風險。甲公司於 X2 年 4 月 1 日銷售 1,000 單位存貨。

30. 甲公司於 X1 年 1 月 1 日購入 10,000 單位存貨，為規避存貨公允價值低於 $90（至 $60）之風險，甲公司於 X1 年 1 月 1 日以該批存貨（10,000 單位）為標的物，買入 6 個月後到期之賣權，履約價格 $90，權利金 $60,000，並同時賣出相同期間之賣權，履約價格為 $60，權利金 $20,000。相關資料如下：

	X1 年 1 月 1 日	X1 年 3 月 31 日	X1 年 6 月 30 日
甲公司存貨價格	$100	$86	$0
履約價格 $90 之賣權時間價值	$60,000	$25,000	$0
履約價格 $60 之賣權時間價值	$20,000	$10,000	$0

試分別按下列情況作甲公司 X1 年 1 月 1 日、X1 年 3 月 31 日及 X1 年 6 月 30 日相關分錄。

1. 若甲公司將二筆選擇權合約之整體價值變動指定作為存貨價值自 $90 下跌至 $60 之避險工具。
2. 若甲公司將二筆選擇權合約之內含價值與時間價值分開，並僅指定選擇權內含價值變動作為存貨價值自 $90 下跌至 $60 之避險工具。
3. 同 1.，假設 X1 年 6 月 30 日存貨價值下跌至 $55，作 X1 年 6 月 30 日相關分錄。

CHAPTER 11 外幣交易之會計處理

學習目標

外幣交易之判斷
- 匯率之基本觀念
- 功能性貨幣
- 外幣交易事項與國外營運機構
- 外幣交易之會計處理原則

即期匯率外幣交易
- 一般進出口交易
- 外幣放款或借款
- 外幣金融資產投資
- 國外營運機構之長期墊款及投資

遠期匯率外幣交易
- 遠期外匯合約
- 非避險遠期外匯合約會計處理
- 避險之遠期外匯合約會計處理

附錄　被避險項目之特殊指定
- 群組避險
- 彙總避險

第 1 節　外幣交易之判斷

一　匯率之基本觀念

匯率（Exchange Rate）係指兩種貨幣間兌換的比率，依其性質有下列不同定義：

(一) 直接匯率與間接匯率

本國貨幣與他國貨幣兌換比率稱為外幣兌換率或匯率。外幣兌換率有直接匯率及間接匯率二種，**直接匯率**（Direct Quotation）係指一單位外幣可折算本國貨幣之金額，**間接匯率**（Indirect Quotation）係指一單位本國貨幣可折算為外國貨幣之金額。以下為新台幣對主要國外貨幣之匯率：

	直接匯率	間接匯率
美元	NT$31.50	US$0.03174
歐元	NT$40.65	€ 0.02460
日圓	NT$ 0.3638	￥2.7487

以日圓為例，直接匯率係指一日圓可兌換為新台幣 $0.3638，間接匯率係指新台幣 $1 可兌換日圓 $2.7487，當新台幣升值代表一日圓可兌換新台幣金額減少，或新台幣 $1 可兌換日圓增加；當新台幣貶值代表一日圓可兌換新台幣金額增加，或新台幣 $1 可兌換日圓減少。

(二) 買入匯率與賣出匯率

就外匯銀行觀點而言，匯率又可分為買入匯率與賣出匯率。**買入匯率**係指銀行買入外匯之價格，亦即外幣持有人將外幣「賣」給銀行的價格；**賣出匯率**係指銀行出售外匯之價格，亦即外幣持有人向銀行「買」進外幣之價格。銀行之賣出匯率通常較買入匯率為高，以賺取中間之價差。

(三) 即期匯率與遠期匯率

就貨幣買進賣出之交割時間區分，匯率分為即期匯率與遠期匯率。**即期匯率**（Spot Rate）係指銀行立即辦理通貨交割之匯率，亦即兩國貨幣在某一特定日當天之兌換比率；**遠期匯率**（Forward Rate）係指於未來一定時間交割之匯率，通常報價為 30 天、60 天、90 天、120 天及 180 天期，亦即貨幣「未來」的交換價格。

即期匯率與遠期匯率通常不相等，遠期匯率高於即期匯率部分稱為溢價，遠期匯率低於即期匯率部分則稱為折價，溢價或折價產生原因受到各國間利率、通貨膨脹、外幣供需及政治因素等影響。

(四) 浮動匯率與固定匯率

浮動匯率（Floating Rate）又稱自由市場匯率，係指一國匯率的升貶，由市場上外匯供需變動而決定，政府不加干涉，使市場機能充分發揮。**固定匯率**（Fixed Rate）又稱官方匯率，則是指一國中央銀行規定匯率，並保持匯率基本不變，或其波動保持在一定幅度之內。

通常外匯市場越發達的國家，對於外匯市場的干預越少，目前大多數國家以混合固定匯率與浮動匯率機制的管制匯率，外匯變化除了可由市場供需決定外，政府也會在必要時出面干預外幣市場價格。

二 功能性貨幣

外幣係指個體功能性貨幣以外之貨幣。所謂**功能性貨幣**（Functional Currency）係指報導個體營運所處主要經濟環境之貨幣，而「主要經濟環境」通常係指主要產生及支用現金之環境。一般而言，功能性貨幣可提供有助於瞭解報導個體的資訊，並反映攸關於報導個體之基本事件與情況的經濟特質。功能性貨幣通常是該報導個體於重大程度上使用該貨幣，或該貨幣對報導個體具有重大影響，企業之功能性貨幣係客觀判斷的結果，不得自由選擇。在判斷企業之功能性貨幣時，應考量下列因素：

(一) 主要指標

1. 產生現金之貨幣（收入指標）：**通常為商品及勞務計價與交割之貨幣**。該貨幣主要影響商品及勞務之銷售價格，且該貨幣所屬國家之競爭力及法規主要決定商品及勞務銷售價格。
2. 支用現金之貨幣（成本指標）：**通常為該等成本計價及清償之貨幣**，該貨幣主要影響為提供商品或勞務之人工、原料及其他成本。

(二) 佐證指標

1. 由籌資活動（即發行債務及權益工具）所產生資金之貨幣。
2. 通常用以保留由營業活動收到之貨幣。

當前述各項指標參雜而功能性貨幣並不明顯時，管理階層必須判斷以決定最能忠實表述標的交易、事項及情況之經濟效果之功能性貨幣。運用判斷時應優先考量主要指標，次要指標屬於額外佐證，且除非標的交易、事項及情況發生變化，否則功能性貨幣一經決定即不再改變。

三　外幣交易事項與國外營運機構

企業從事涉及外幣之營業活動通常透過下列二種方式：

(一) 外幣交易事項

企業以自己作為交易主體，發生**以外幣為基準（Denominated）之交易事項**，亦即以外幣計價或要求以外幣交割之交易。包括下列交易：

1. 企業個體買入或出售商品或勞務，其價格係以外幣計價者。
2. 企業個體借入或貸出資金，其應付或應收之金額係以外幣計價者。
3. 企業個體取得或處分以外幣計價之資產，或發生或清償以外幣計價之負債。

外幣交易的判斷取決於**企業之功能性貨幣**與**交易計價貨幣**兩項因素，舉例而言，一台灣公司銷售商品予一日本公司，外幣交易之判斷可列表如下，此類交易之會計處理將於第二節說明。

功能性貨幣 交易計價貨幣	台灣公司		日本公司	
	新台幣	日圓	新台幣	日圓
新台幣	非外幣交易	外幣交易	非外幣交易	外幣交易
日圓	外幣交易	非外幣交易	外幣交易	非外幣交易
美元	外幣交易	外幣交易	外幣交易	外幣交易

(二) 國外營運機構

企業於國外設置分公司或子公司、轉投資關聯企業（採權益法處理）、參與聯合協議或發生以外幣為基準之交易事項。企業之國外分公司、子公司、關聯企業或聯合協議稱為「國外營運機構」，擁有一個以上國外營運機構者則稱為「本國企業」。國外營運機構之記帳貨幣、功能性貨幣與表達貨幣可能與企業之記帳與表達貨幣不同，對於國外營運機構採權益法處理與合併財務報表之編製，應先將國外營運機構之報表轉換為與企業相同之表達貨幣，此部分將於第 12 章說明，本章則說明企業對國外營運機構長期性質墊款之會計處理。

而對於上述國外營業活動與外幣交易因匯率變動所致之公允價值風險與現金流量風險，可採用簽訂遠期外匯合約方式加以規定，此類交易之會計處理將於第三節說明。

四　外幣交易之會計處理原則

(一) 原始認列

外幣交易之原始認列，應以**外幣金額依交易日之即期匯率換算記錄**。

(二) 後續衡量

企業透過以外幣交易所持有之外幣資產或負債，對於匯率變動之處理原則應視該資產或負債為貨幣性或非貨幣性項目而定。以下分別說明之。

1. 貨幣性項目

貨幣性項目（Monetary Items）**係指企業所持有之貨幣單位**（如台幣現鈔、美元現鈔），**及收付具有固定或可決定數量貨幣單位之資產或負債**（如美元計價應收帳款或應付帳款、歐元計價銀行借款、人民幣計價同業放款等）。企業之合約約定將收取或交付變動數量之本身權益商品或資產，且其公允價值等於一固定或可決定之貨幣金額者，亦為貨幣性資產或負債。

當匯率變動時，企業將來以外幣作為基準之收付金額即產生變動，故應於**報導期間結束日以收盤匯率換算**，將匯率變動差額加以調整，認列為**當期之「兌換損益」**。

2. 非貨幣性項目

非貨幣性資產或負債（Nomonetary Items）係指收付不具有固定或可決定數量之貨幣單位之資產或負債，例如存貨、固定資產、權益投資等。

非貨幣性項目於報導期間結束日換算基準匯率及兌換差額之調整應視其評價方法而定：

(1) **以歷史成本衡量**：採成本模式並以外幣計價之廠房、設備、不動產及投資性不動產等資產，該項目之帳面金額可能為歷史成本，由於該等非貨幣性項目之未來收付金額，並未受匯率波動影響，故企業**以取得該項目之交易日歷史匯率**（Historical Rate）**衡量即可**，不需於期末調整兌換差額。

(2) **以公允價值衡量**：以公允價值衡量之非貨幣性資產負債，例如：透過損益按公允價值衡量金融資產、透過其他綜合損益按公允價值衡量金融資產，其未來之收付金額並非完全受到匯率變動影響，而主要受到公允價值變動的影響，故應**以決定公允價值當日之匯率**（Current Rate）**換算**。匯率變動差額之損益分類應視其產生項目而定：如匯率變動差額係因損益按公允價值衡量金融資產負債所產生，兌換差額應列為**當期損益**；如匯率變動差額係因透過其他綜合損益按公允價值衡量金融資產（權益工具投資）產生，兌換差額應列為**其他綜合損益**。

(3) **以混合基礎衡量**：外幣計價之存貨採「成本與淨變現價值孰低」衡量，或外幣計價之資產有減損跡象時，資產帳面金額係考量減損前帳面金額與可回收金額孰低者，該項目將以混合基礎衡量基準匯率，其報導期間結束日時係比較下列兩者決定：①成本或帳面金額按交易日匯率（歷史成本衡量）換算，②淨變現價值或可回收金額按報導期間結束日收盤匯率換算。

第 2 節　即期匯率外幣交易

一　一般進出口交易

(一) 交易日

以外幣為基準之交易通常**以交易發生日之即期匯率作為入帳之基礎**。以外幣結清之進貨交易，應按進口當日即期匯率換算外幣金額，記入「進貨」與「應付帳款」；以外幣結清之銷貨交易，應按外幣銷貨當日即期匯率換算為外幣金額，記入「銷貨」與「應收帳款」。上列「進貨」與「銷貨」二項目按即期匯率換算後即不再調整。

(二) 結清日

交易發生日與結清日在同一會計期間時，結清金額與帳載金額間之兌換差額為當期兌換損益，且於同一會計期間認列。

1. 外幣進貨交易

外幣進貨交易產生之外幣應付帳款屬於貨幣性負債，因其未來支付金額受匯率變動影響，故當台幣升值，將來須支付金額換算成台幣數額相對較小，產生兌換利益；而當台幣貶值，將來須支付金額換算成台幣數額相對較多，產生兌換損失，以直接匯率表達如下：

$$兌換（損）益＝（交易日匯率－結清日匯率）\times 外幣進貨金額$$

2. 外幣銷貨交易

外幣銷貨交易產生之外幣應收帳款屬於貨幣性資產，因其未來收現金額受匯率變動影響，故當台幣升值，將來可收現金額換算成台幣數額相對較小，產生兌換損失；而當台幣貶值，將來可收現金額換算成台幣數額相對較多，產生兌換利益，以直接匯率表達如下：

$$兌換（損）益＝（結清日匯率－交易日匯率）\times 外幣銷貨金額$$

(三) 報導期間結束日

交易發生日與結清日分屬不同會計期間時，外幣貨幣性資產或負債於報導期間結束日應**按該日即期匯率**重新換算後金額，與交易發生日之原帳載金額或上期報導期間結束日之帳載金額之兌換差額為**當期兌換損益**，認列為當期損益，計算方式與結清日相同。

釋例一　外銷交易

甲公司於 X1 年 12 月 3 日銷貨予美國 A 公司，銷售金額為 US$100,000，約定於 X2 年 3 月 1 日付款，且甲公司於該日將 US$100,000 換為新台幣。相關之即期匯率如下：

	X1 年 12 月 3 日	X1 年 12 月 31 日	X2 年 3 月 1 日
即期匯率	$31.28	$32.32	$33.30

試作：甲公司相關日期之分錄。

解析

1. 交易日

X1 年 12 月 3 日	應收帳款－外幣	3,128,000	
	銷貨		3,128,000

2. 報導期間結束日

兌換利益 = ($32.32 − $31.28) × US$100,000 = $104,000

X1 年 12 月 31 日	應收帳款－外幣	104,000	
	兌換損益		104,000

3. 結算日

兌換利益 = ($33.3 − $32.32) × US$100,000 = $98,000

X2 年 3 月 1 日	現金	3,330,000	
	兌換損益		98,000
	應收帳款－外幣		3,232,000

釋例二　進口交易

甲公司於 X1 年 12 月 3 日向美國 B 公司進貨一筆，進貨金額為 US$100,000，約定於 X2 年 3 月 1 日付款。相關之即期匯率如下：

	X1 年 12 月 3 日	X1 年 12 月 31 日	X2 年 3 月 1 日
即期匯率	$31.28	$32.32	$33.30

試作：甲公司相關日期之分錄。

> **解析**
>
> 1. 交易日
>
> | | | | |
> |---|---|---|---|
> | X1年12月3日 | 存貨 | 3,128,000 | |
> | | 應付帳款－外幣 | | 3,128,000 |
>
> 2. 報導期間結束日
>
>   兌換損失 =($32.32 − $31.28)× US$100,000 = $104,000
>
> | | | | |
> |---|---|---|---|
> | X1年12月31日 | 兌換損益 | 104,000 | |
> | | 應付帳款－外幣 | | 104,000 |
>
> 3. 結算日
>
>   兌換損失 =($33.3 − $32.32)× US$100,000 = $98,000
>
> | | | | |
> |---|---|---|---|
> | X2年3月1日 | 兌換損益 | 98,000 | |
> | | 應付帳款－外幣 | 3,232,000 | |
> | | 現金 | | 3,330,000 |

二　外幣放款或借款

(一) 交易日

以外幣為基準之外幣放款或借款交易以交易發生日之即期匯率作為入帳之基礎。以外幣結清之借款交易，應按**當日即期匯率**換算外幣金額，記入借款項目；將以外幣結清之放款交易，應按**當日即期匯率**換算外幣金額，記入應收或投資項目。

(二) 結清日

1. **應計利息**：以外幣為計價單位之放款或借款所含之利息需在持有期間認列，由於利息收付數係以外幣計價，在入帳時應按**計息期間之平均匯率**換算入帳：

   利息收入（費用）＝外幣借貸金額 × 利率 × 計息期間 × 計息期間平均匯率

2. **結清帳款**：交易發生日與結清日在同一會計期間時，結清金額與帳載金額間之兌換差額為當期兌換損益。

   (1) 本金部分：以外幣計價之放款，當台幣升值，將來可收現金額換算成台幣數額相對較小，產生兌換損失；而當台幣貶值，將來可收現金額換算成台幣數額相對較多，產生兌換利益。以外幣計價之借款，匯率變動之影響則與外幣計價之

放款相反。以直接匯率表達如下：

兌換（損）益＝（結清日匯率－交易日匯率）×外幣放款金額

兌換（損）益＝（交易日匯率－結清日匯率）×外幣借款金額

(2) 利息部分：由於利息收入與利息費用均按平均匯率換算，故結清日有關利息部分之兌換損益係**結清日匯率與計息期間平均匯率差額**所產生。以直接匯率表達如下：

兌換（損）益＝（結清日匯率－平均匯率）×外幣利息收入金額

兌換（損）益＝（平均匯率－結清日匯率）×外幣利息費用金額

(三) 報導期間結束日

1. **應計利息**：交易發生日與結清日分屬不同會計期間，期末需對放款或借款計算應收利息或應付利息，利息收入（費用）按發生日至報導期間結束日平均匯率計算，應收（應付）利息係貨幣性資產負債，需按期末即期匯率計算，二者匯率差額屬兌換損益。調整分錄如下：

(1) 應收利息（假設期末匯率大於平均匯率）

應收利息－外幣	×××		⇨ 期末即期匯率
利息收入		×××	⇨ 計息期間平均匯率
兌換損益		×××	

(2) 應付利息（假設期末匯率大於平均匯率）

利息費用	×××		⇨ 計息期間平均匯率
兌換損益	×××		
應付利息－外幣		×××	⇨ 期末即期匯率

2. **本金部分**：交易發生日與結清日分屬不同會計期間時，外幣貨幣性資產或負債於報導期間結束日應按**該日即期匯率**重新換算後金額，與發生日之原帳載金額或上期報導期間結束日之帳載金額金之兌換差額為**兌換損益**，列為**當期損益**，計算方式與結清日相同。

釋例三 外幣借款

甲公司於 X1 年 10 月 1 日向瑞士銀行借款 300,000 歐元，期間六個月，利率 5%，相關匯率資料如下：

	X1 年 10 月 1 日	X1 年 12 月 31 日	X2 年 3 月 31 日
即期匯率	$40.16	$40.63	$40.56

若 X1 年 10 月 1 日至 X1 年 12 月 31 日平均匯率為 $40.42，X1 年 12 月 31 日至 X2 年 3 月 31 日平均匯率為 $40.58。

試作：甲公司借款相關日期之分錄。

解析

1. 交易日

外幣借款 = $40.16 × €300,000 = $12,048,000

X1 年 10 月 1 日	現金	12,048,000	
	銀行借款－外幣		12,048,000

2. 報導期間結束日

利息費用 = $40.42 × €300,000 × 5% × 3/12 = $40.42 × €3,750 = $151,575

應付利息 = $40.63 × €3,750 = $152,363

利息費用產生之兌換損失 = ($40.63 − $40.42) × €300,000 × 5% × 3/12 = $788

借款產生之兌換利損失 = ($40.63 − $40.16) × €300,000 = $141,000

X1 年 12 月 31 日	利息費用	151,575	
	兌換損益	788	
	應付利息－外幣		152,363
	兌換損益	141,000	
	銀行借款－外幣		141,000

3. 結算日

利息費用 = $40.58 × €300,000 × 5% × 3/12 = $40.58 × €3,750 = $152,175

利息費用產生之兌換利益
= ($40.58 − $40.56) × €3,750 + ($40.63 − $40.56) × €3,750 = $338

借款產生之兌換利益 = ($40.63 − $40.56) × €300,000 = $21,000

X2 年 3 月 31 日	銀行借款－外幣	12,189,000	
	利息費用	152,175	
	應付利息－外幣	152,363	
	現金		12,472,200
	兌換損益		21,338

三 外幣金融資產投資

(一) 外幣金融工具分類

金融資產投資之續後評價方式分為「透過損益按公允價值衡量」、「透過其他綜合損益按公允價值衡量」與「按攤銷後成本衡量」三類。外幣金融資產投資之帳面金額或公允價值變動包含金融商品「**外幣公允價值變動**」及「**匯率變動**」二項影響因素，外幣公允價值變動，按 IFRS 第 9 號之規定處理；匯率變動，則視其屬貨幣性或非貨幣性金融資產而定，依 IAS 第 21 號「匯率變動之影響」規定處理。

1. 貨幣性金融資產

　　係指收付具有固定或可決定貨幣金額之金融資產，例如企業投資於國外公司所發行之公司債，或外國政府之公債等，此類外幣貨幣性金融資產投資應於報導期間結束日按即期匯率換算，**兌換差額應列為當期損益**。

2. 非貨幣性金融資產

　　係指收付不具有固定或可決定金額之金融資產，例如企業投資於國外公司所發行之股票，此類外幣非貨幣性金融資產投資應於報導期間結束日按即期匯率換算，兌換差額則併入公允價值整體變動，再視續後評價方法不同，**列為當期損益或其他綜合損益**項下。

　　上列分類與兌換差額之處理亦可彙總圖示如下：

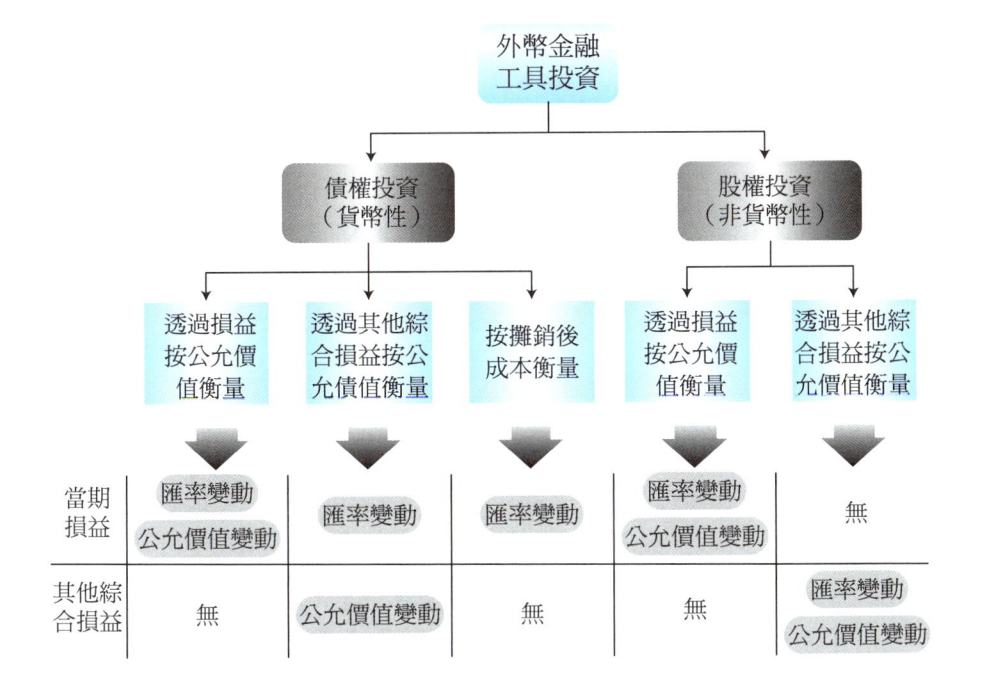

	債權投資（貨幣性）			股權投資（非貨幣性）	
	透過損益按公允價值衡量	透過其他綜合損益按公允價值衡量	按攤銷後成本衡量	透過損益按公允價值衡量	透過其他綜合損益按公允價值衡量
當期損益	匯率變動 公允價值變動	匯率變動	匯率變動	匯率變動 公允價值變動	無
其他綜合損益	無	公允價值變動	無	無	匯率變動 公允價值變動

以下針對公允價值評價之貨幣性及非貨幣性金融資產投資分別加以說明。

(二)貨幣性金融資產投資

1. **透過損益按公允價值衡量金融資產**
   (1) 認列利息收入：貨幣性透過損益按公允價值衡量金融資產可以不攤銷溢折價，收到票面利息時**按當日即期匯率換算「現金」入帳金額，利息收入按計息期間平均匯率換算**，認列利息收入，二者差額即為兌換損益。分錄如下：

現金－外幣	×××	⇨ 即期匯率
利息收入	×××	⇨ 計息期間平均匯率
兌換損益	×××	

   此類金融資產若選擇攤銷溢折價，則利息收入、兌換損益與評價損益等三項與下兩類金融資產的相關金額相等，以下釋例將採攤銷溢折價作法以便比較。

   (2) 期末評價：外幣透過損益按公允價值衡量金融資產期末公允價值變動數，包括外幣公允價值變動及匯率變動影響數，二者均列為**當期損益**。假設外幣公允價值為 FV，匯率為 C，計算公式如下：

   透過損益按公允價值衡量金融資產：債券
   （貨幣性項目）　　　　　　　（假設為兌換利益及評價利益）

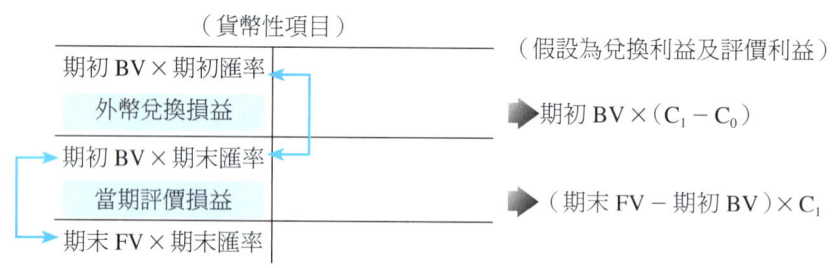

   期初 BV × 期初匯率
   　外幣兌換損益　　　　　　　➡ 期初 BV ×($C_1 - C_0$)
   期初 BV × 期末匯率
   　當期評價損益　　　　　　　➡ （期末 FV － 期初 BV）× C_1
   期末 FV × 期末匯率

2. **按攤銷後成本衡量金融資產**
   (1) 認列利息收入：按攤銷後成本衡量金融資產應攤銷溢折價，收到票面利息時按當日即期匯率換算「現金」入帳金額，**利息收入按計息期間平均匯率換算，溢折價攤銷調整數則按平均匯率**[1]**換算**，上述差額即為兌換損益。分錄如下：（假設金融資產投資係折價取得）

現金－外幣	×××	⇨ 即期匯率
按攤銷後成本衡量金融資產	×××	⇨ 計息期間平均匯率
利息收入	×××	⇨ 計息期間平均匯率
兌換損益	×××	

---

[1] 上列處理方式下，兌換損益係利息收現數之即期匯率與平均匯率的差額；若採另一作法，將溢折價攤銷數按即期匯率換算，則兌換損益係外幣利息收入之即期匯率與平均匯率的差額，兩種做法將導致期末按即期匯率調整貨幣性資產之認列金額不同，但合計計算結果相同。

(2) 期末評價：按攤銷後成本衡量金融資產期末不調整公允價值變動數，惟應按期末即期匯率換算，認列兌換損益。計算如下：

```
         按攤銷後成本衡量金融資產：債券
              （貨幣性項目）
─────────────────────────────────
  期初 BV × 歷史匯率 ┐
  攤銷數 × 平均匯率   │
  外幣兌換損益        │ ▶ 期初 BV × (C₁ − C₀) + 攤銷數 × (C₁ − C平均)
  期末 BV × 期末匯率 ┘
```

3. 透過其他綜合損益按公允價值衡量金融資產

(1) 認列利息收入：貨幣性透過其他綜合損益按公允價值衡量金融資產應攤銷溢折價，收到票面利息時按當日即期匯率換算「現金」入帳金額，**利息收入（按溢折價攤銷調整數）按計息期間平均匯率換算，認列利息收入**，上述差額即為兌換損益。分錄如下：（假設金融資產投資係折價取得）

現金 − 外幣	×××	⇨ 即期匯率
透過其他綜合損益按公允價值衡量金融資產	×××	⇨ 計息期間平均匯率
利息收入	×××	⇨ 計息期間平均匯率
兌換損益	×××	

(2) 期末評價：外幣透過其他綜合損益按公允價值衡量金融資產期末公允價值變動數，包括外幣公允價值變動及匯率變動影響數，前者應列為**其他綜合損益**，後者則屬**當期損益**。假設外幣公允價值為 FV，匯率為 C，計算公式如下：

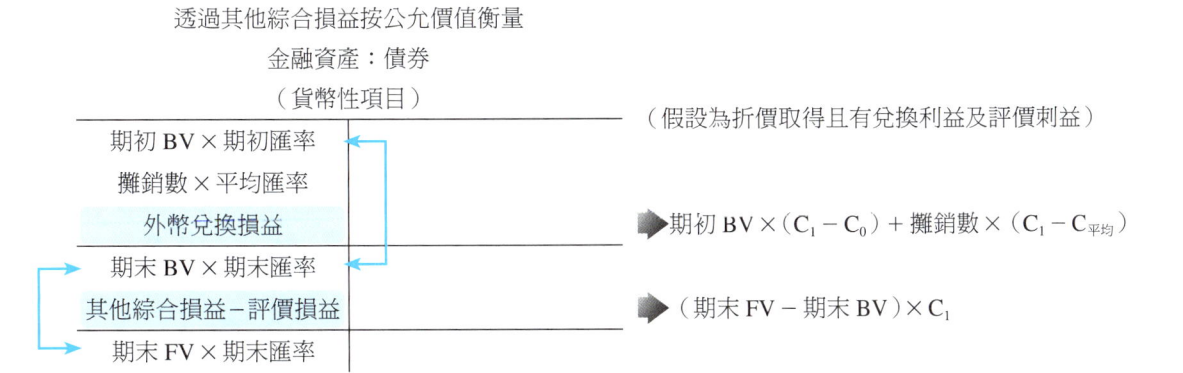

```
      透過其他綜合損益按公允價值衡量
            金融資產：債券
             （貨幣性項目）
─────────────────────────────────   （假設為折價取得且有兌換利益及評價利益）
  期初 BV × 期初匯率 ┐
  攤銷數 × 平均匯率  │
  外幣兌換損益       │ ▶ 期初 BV × (C₁ − C₀) + 攤銷數 × (C₁ − C平均)
  期末 BV × 期末匯率 ┘
  其他綜合損益 − 評價損益     ▶ （期末 FV − 期末 BV）× C₁
  期末 FV × 期末匯率
```

釋例四　外幣公司債投資

丙公司於 X1 年 1 月 1 日以 102,357 美元購入美國 B 公司發行之 5 年期公司債，公司債之面額為 100,000 美元，票面利率 2.5%，有效利率 2%，每年 12 月 31 日付息，X1 年 1 月 1 日美元對新台幣之匯率 $34。其他相關日期之匯率與公司債公允價值資料如下：

	X1 年 12 月 31 日	X2 年 12 月 31 日
即期匯率	$33.5	$33.8
公司債 FV	101	98.5

假設 X1 年及 X2 年平均匯率分別為：$33.6、$33。

試分別按下列三種情況作丙公司持有公司債 X1 年度與 X2 年度相關分錄：

情況一：丙公司將其分類為按攤銷後成本衡量金融資產。
情況二：丙公司將其分類為透過損益按公允價值衡量之金融資產，並選擇攤銷公司債溢折價。
情況三：丙公司將其分類為透過其他綜合損益按公允價值衡量之金融資產。

解析

情況一：按攤銷後成本衡量金融資產

	現金利息 (2.5%)	利息收入 (2%)	溢價攤銷數	期末 BV
X1 年 1 月 1 日				$34 × 102,357 = $3,480,138
X1 年 12 月 31 日	$33.5 × 2,500 = $83,750	$33.6 × 2,047 = $68,779	$33.6 × 453 = $15,221	$33.5 × 101,904 = $3,413,784
X2 年 12 月 31 日	$33.8 × 2,500 = $84,500	$33 × 2,038 = $67,254	$33 × 462 = $15,246	$33.8 × 101,442 = $3,428,740

匯率變動兌換損益

1. 交易日入帳：

   X1 年 1 月 1 日　　按攤銷後成本衡量金融資產　　3,480,138
   　　　　　　　　　　現金　　　　　　　　　　　　　　　　3,480,138

2. 認列第一年利息收入

   兌換損失 = $83,750 − $68,779 − $15,221 = ($250)

X1年12月31日	現金	83,750	
	兌換損益	250	
	利息收入		68,779
	按攤銷後成本衡量金融資產		15,221

3. 第一年期末評價調整：

兌換損失 = $3,413,784 − ($3,480,138 − $15,221) = ($51,133)

| X1年12月31日 | 兌換損益 | 51,133 | |
| | 　按攤銷後成本衡量金融資產 | | 51,133 |

*若按即期匯率換算溢折價攤銷數，則公司債溢價攤銷數為 $33.5 × 453 = $15,176，利息收入認列時產生兌換損失 $205（($33.5 − $33.6) × 2,047），而期末匯率調整則產生 $51,178 之兌換損失（($33.5 − $34) × 102,357），二筆兌換損失合計 $51,383，此項結果與溢折價攤銷數按平均匯率換算之結果相同。

4. 認列第二年利息收入

兌換利益 = $84,500 − $67,254 − $15,246 = $2,000

X2年12月31日	現金	84,500	
	利息收入		67,254
	按攤銷後成本衡量金融資產		15,246
	兌換損益		2,000

5. 第二年期末評價調整

兌換利益 = $3,428,740 − ($3,413,784 − $15,246) = $30,202

| X2年12月31日 | 按攤銷後成本衡量金融資產 | 30,202 | |
| | 　兌換損益 | | 30,202 |

情況二：透過損益按公允價值衡量金融資產（攤銷溢折價）

	現金利息 (2.5%)	利息收入 (2.5%)	溢價攤銷數	期末 BV	期末 FV
X1年1月1日				$34 × 102,357 = $3,480,138	
X1年12月31日	$33.5 × 2,500 = $83,750	$33.6 × 2,047 = $68,779	$33.6 × 453 = $15,221	$33.5 × 101,904 = $3,413,784	$33.5 × 101,000 = $3,383,500
X2年12月31日	$33.8 × 2,500 = $84,500	$33 × 2,038 = $67,254	$33 × 462 = $15,246	$33.8 × 101,442 = $3,428,740	$33.8 × 98,500 = $3,329,300

匯率變動　　　　匯率變動　　公允價值變動
兌換損益　　　　兌換損益　　評價損益

1. 交易日入帳

X1年1月1日	透過損益按公允價值衡量金融資產	3,480,138	
	現金		3,480,138

2. 認列第一年利息收入

   兌換損失 = $83,750 - 68,779 - 15,221 = (250)$

X1年12月31日	現金	83,750	
	兌換損益	250	
	利息收入		68,779
	透過損益按公允價值衡量金融資產		15,221

3. 第一年期末評價調整：

   兌換損失 = $3,413,784 - (3,480,138 - 15,221) = (51,133)$
   評價損益 = $3,383,500 - 3,413,784 = (30,284)$

X1年12月31日	兌換損益	51,133	
	金融資產評價損益	30,284	
	透過損益按公允價值衡量金融資產		81,417

4. 認列第二年利息收入

   兌換利益 = $84,500 - 67,254 - 15,246 = 2,000$

X2年12月31日	現金	84,500	
	利息收入		67,254
	兌換損益		2,000
	透過損益按公允價值衡量金融資產		15,246

5. 第二年期末評價調整

   兌換利益 = $3,428,740 - (3,413,784 - 15,246) = 30,202$
   未實現評價損失 = $(3,329,300 - 3,428,740) + 30,284 = (69,156)$

X2年12月31日	金融資產評價損益	69,156	
	透過損益按公允價值衡量金融資產		38,954
	兌換損益		30,202

情況三：透過其他綜合損益按公允價值衡量金融資產

	現金利息 (2.5%)	利息收入 (2%)	溢價攤銷數	期末 BV	期末 FV
X1年1月1日				$34 × 102,357 = $3,480,138	
X1年12月31日	$33.5 × 2,500 = $83,750	$33.6 × 2,047 = $68,779	$33.6 × 453 = $15,221	$33.5 × 101,904 = $3,413,784	$33.5 × 101,000 = $3,383,500
X2年12月31日	$33.8 × 2,500 = $84,500	$33 × 2,038 = $67,254	$33 × 462 = $15,246	$33.8 × 101,442 = $3,428,740	$33.8 × 98,500 = $3,329,300

匯率變動 兌換損益　　匯率變動 兌換損益　　公允價值變動 OCI－評價損益

1. 交易日入帳：

X1年1月1日	透過其他綜合損益按公允價值衡量金融資產	3,480,138	
	現金		3,480,138

2. 認列第一年利息收入：

兌換損失 = $83,750 − $68,779 − $15,221 = ($250)

X1年12月31日	現金	83,750	
	兌換損益	250	
	利息收入		68,779
	透過其他綜合損益按公允價值衡量金融資產		15,221

3. 第一年期末評價調整

兌換損失 = $3,413,784 − ($3,480,138 − $15,221) = ($51,133)

未實現評價損益 = $3,383,500 − $3,413,784 = ($30,284)

X1年12月31日	兌換損益	51,133	
	其他綜合損益－未實現評價損益	30,284	
	透過其他綜合損益按公允價值衡量金融資產		81,417

4. 認列第二年利息收入

兌換利益 = $84,500 − $67,254 − $15,246 = $2,000

X2年12月31日	現金	84,500	
	利息收入		67,254
	透過其他綜合損益按公允價值衡量金融資產		15,246
	兌換損益		2,000

5. 第二年期末評價調整：

兌換利益 = $3,428,740 - ($3,413,784 - $15,246) = $30,202

未實現評價損失 = ($3,329,300 - $3,428,740) + $30,284 = ($69,156)

X2年12月31日	其他綜合損益－未實現評價損益	69,156	
	透過其他綜合損益按公允價值衡量金融資產		38,954
	兌換損益		30,202

(三) 非貨幣性金融資產投資

非貨幣性金融資產之兌換差額不需強制認列於當期損益，故外幣非貨幣性金融資產公允價值之變動，包括任何與匯率變動相關者，得**與外幣公允價值變動數合併**，按續後評價方式不同一併認列。

1. 透過損益按公允價值衡量金融資產

非貨幣性之透過其他損益按公允價值衡量金融資產在收到現金股利時按當日即期匯率換算「現金」及「股利收入」。分錄如下：

現金－外幣	×××	⇨ 即期匯率
股利收入	×××	⇨ 即期匯率

外幣之透過損益按公允價值衡量金融資產期末公允價值變動數包括外幣公允價值變動及匯率變動影響數，二者合併處理，計算公式如下：

持有供交易金融資產：股票
（非貨幣性項目）

期初 BV × 期初匯率	
當期評價損益	（假設為兌換利益及評價利益）
期末 FV × 期末匯率	▶ 期末 FV × C_1 － 期初 BV × C_0

2. 透過其他綜合損益按公允價值衡量金融資產

非貨幣性之透過其他綜合損益按公允價值衡量資產在收到現金股利時按當日即期匯率換算「現金」及「股利收入」。分錄如下：

現金－外幣	×××	⇨ 即期匯率
股利收入	×××	⇨ 即期匯率

外幣之透過其他綜合損益按公允價值衡量金融資產期末公允價值變動數包括外幣公允價值變動及匯率變動影響數，二者合併處理，差額均列為其他綜合損益，計算公式如下：

第 11 章 外幣交易之會計處理

透過其他綜合損益按公允價值衡量
金融資產：股票（非貨幣性項目）

期初 BV × 期初匯率	（假設為兌換利益及評價利益）
其他綜合損益－評價損益	▶ 期末 FV × C_1 － 期初 BV × C_0
期末 FV × 期末匯率	

釋例五　外幣股票投資

甲公司於 X1 年 1 月 1 日以每股 20 美元購入美國 A 公司股票 1,000 股，X1 年 1 月 1 日美元對新台幣之匯率 $34。A 公司於 X1 年 6 月 1 日及 X2 年 5 月 20 日各發放每股現金股利 1 美元，當日即期匯率分別為 $32 及 $33。其他相關日期之匯率與股票公允價值資料如下：

	X1 年 12 月 31 日	X2 年 12 月 31 日
即期匯率	$33.5	$33.8
股票價格	US$22	US$19

若甲公司將其分類為透過損益按公允價值評價之金融資產，試作甲公司持有該股票投資之相關分錄。

解析

X1 年初投資成本 ＝ $34 × US$20 × 1,000 ＝ $680,000
X1 年底投資公允價值 ＝ $33.5 × US$22 × 1,000 ＝ $737,000
X2 年底投資公允價值 ＝ $33.8 × US$19 × 1,000 ＝ $642,200

X1 年 1 月 1 日	透過損益按公允價值衡量金融資產	680,000	
	現金		680,000
X1 年 6 月 1 日	現金 ($32 × US$1 × 1,000)	32,000	
	股利收入		32,000
X1 年 12 月 31 日	透過損益按公允價值衡量金融資產	57,000	
	金融資產評價損益 ($737,000 － $680,000)		57,000
X2 年 5 月 20 日	現金 ($33 × US$1 × 1,000)	33,000	
	股利收入		33,000
X2 年 12 月 31 日	金融資產評價損益 ($642,200 － $737,000)	94,800	
	透過損益按公允價值衡量金融資產		94,800

四 國外營運機構之長期墊款及投資

企業個體對於國外營運機構可能有應收或應付等貨幣性項目，若該項目之清償目前既無計畫亦不可能於可預見之未來發生時，例如長期應收款或放款、集團內其他個體間之類似項目，**實質上屬於企業個體對該國外營運機構淨投資之一部分**，其會計處理如下。惟須注意，聯屬公司間之短期借款、應收帳款及應付帳款等，則仍應按前述外幣交易處理。

(一) 交易日

以外幣為基準之交易應以交易發生日之即期匯率作為入帳之基礎。

(二) 報導期間結束日

當交易發生日與結清日分屬不同會計期間，企業對國外營運機構間之長期墊款或投資應比照貨幣性項目**於報導期間結束日按該日即期匯率重新換算**，該金額與交易發生日之原帳載金額或上期報導期間結束日帳載金額間之兌換差額，因該墊款或投資款具長期性質，企業不擬於可預見將來結清，故此項**兌換差額列為「換算調整數」**，作為**其他綜合損益**。

關於企業對國外營運機構間投資之會計處理與財務報表表達則留待第 12 章再說明。

釋例六　國外營運機構間之長期墊款

甲公司於 X1 年 10 月 1 日為其在日本之子公司墊付購買商品之價款 10,000,000 日圓，且不擬於短期內收回此墊款。假設相關匯率資料如下：

	X1 年 10 月 1 日	X1 年 12 月 31 日	X2 年 12 月 31 日
即期匯率	$0.36	$0.38	$0.35

試作甲公司對日本子公司墊款相關日期之分錄。

解析

1. 交易日

   外幣墊款 = $0.36 × ¥10,000,000 = $3,600,000

X1 年 10 月 1 日	對子公司長期墊款	3,600,000	
	現金		3,600,000

2. 第一年底

   兌換差額 = ($0.38 − $0.36) × ¥10,000,000 = $200,000

X1 年 12 月 31 日	對子公司長期墊款	200,000	
	其他綜合損益－換算調整數		200,000

3. 第二年底

兌換差額 = ($0.35 − $0.38) × ¥10,000,000 = ($300,000)

X2 年 12 月 31 日	其他綜合損益－換算調整數	300,000	
	對子公司長期墊款		100,000

第 3 節　遠期匯率外幣交易

一　遠期外匯合約

(一) 遠期外匯合約之定義

遠期外匯合約（Foreign Currency Forward Contracts）係指買賣雙方約定於未來一特定日期或一段特定期間內，依照事先約定的匯率（遠期匯率）買賣約定數量外匯的合約。所謂「未來」則必須在訂約日以後的 2 個營業日以上。

(二) 遠期外匯合約之特色

遠期外匯合約具有下列特性：

1. **店頭市場交易**：遠期外匯合約是客戶與銀行間或銀行與銀行間的櫃檯交易，主要透過電話、電報與電腦終端機連線作業從事交易，並無實質交易場所，買賣雙方可自行協議合約規格，例如：遠期匯率、到期日、合約面額與其他有關事項，為一種非制式的合約型態，具有「量身訂製」的特性，相當具有彈性，可滿足不同需求者之需要。
2. **違約風險大**：遠期外匯合約在到期日前並無現金流量發生，只在到期時才必須履行交割義務；由於訂約日與結清日相隔一段時日，結清日之即期匯率和原先訂定之遠期匯率可能相差甚遠，導致一方獲利一方損失，使遭受重大損失之一方可能無法履行合約義務，因此遠期外匯合約具有違約風險，交易雙方應慎選交易對象。

(三) 遠期外匯合約之功能

1. **規避匯率變動風險**

由於國際性商業活動之進行，企業可能必須於未來特定時日支付或收取一定金額之外匯，或是持有外幣計價的資產或負債，都將因匯率變動導致企業收入、成本、資產、負債的金額產生不確定性。此時，運用遠期外匯合約可減少或抵銷匯率變動的風險，此亦為遠期外匯合約最原始的目的。

2. 傳達匯率價格訊息

若遠期外匯市場係有效率的市場,遠期外匯的價格應能充分反應所有對未來即期匯率的有關資訊,亦即應可藉由遠期匯率來預測未來即期匯率。

3. 賺取匯率變動利益

由於遠期外匯合約之訂約日與結清日相隔一段時日,結清日之即期匯率與原先訂約日之遠期匯率可能相差甚遠,導致一方獲利,一方損失,故外匯市場投機者視其為賺取匯率變動差額利益的管道之一。

(四) 遠期外匯合約之訂價

在遠期外匯市場中,市場參與者以避險、套利或投機為目的而從事遠期外匯交易時,須對遠期外匯合約內之遠期匯率進行評價。依據國際金融理論,**假設國際間的資本可以不需任何成本自由移動,且沒有套利機會存在下,可導出匯率與兩國利率之均衡關係**。以台幣和美元之關係為例,假設目前 1 美元可兌換新台幣 $30,6 個月台幣和美元之利率分別為 3% 和 5%,在無套利的情形下,二種幣別在不同國家之本利和相等,可推導匯率與利率之關係圖,以及遠期匯率之計算如下:

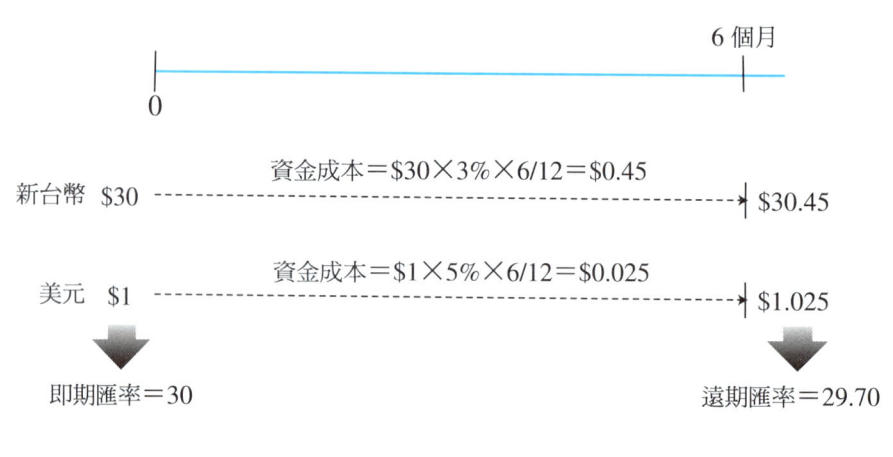

```
                                              6 個月
  ├──────────────────────────────────────────────┤
  0

                   資金成本＝$30×3%×6/12＝$0.45
新台幣 $30  ------------------------------------→ $30.45

                   資金成本＝$1×5%×6/12＝$0.025
美元   $1   ------------------------------------→ $1.025
           ↓                                      ↓
      即期匯率＝30                          遠期匯率＝29.70
```

$$F_n = S_0 \times \frac{1 + r_h \times n/360}{1 + r_f \times n/360}$$

F_n = n 日到期的遠期匯率

S_0 = 今日即期匯率

r_h = 本國 n 天期存款利率或投資報酬率

r_f = 他國 n 天期存款利率或投資報酬率

(五) 遠期匯率之評價

遠期匯率會受到各國利率、通貨膨脹、外幣供需及政治因素等影響,在簽訂遠期外匯買賣合約後,當合約剩餘天期之遠期匯率與約定遠期匯率不同,遠期合約將因買賣雙方未

來現金補貼產生評價損益：

遠期外匯購買合約：評價日遠期匯率＞簽約日遠期匯率（履約價格）⇒ 有利益
　　　　　　　　　評價日遠期匯率＜簽約日遠期匯率（履約價格）⇒ 有損失

遠期外匯出售合約：評價日遠期匯率＞簽約日遠期匯率（履約價格）⇒ 有損失
　　　　　　　　　評價日遠期匯率＜簽約日遠期匯率（履約價格）⇒ 有利益

遠期外匯合約公允價值＝評價日與簽約日遠期匯率差額折算至評價日之現值

$$= \frac{F_{t,T} - F_{0,T}}{(1+r)^{(T-t)}}$$

假設，$F_{0,T}$＝簽約日之到期日（T）遠期匯率
　　　$F_{t,T}$＝評價日（t）簽約之到期日（T）遠期匯率
　　　r＝評價日剩餘期間（T－t）無風險利率

　　假設甲公司X1年1月1日簽訂遠期外匯合約，約定於X1年4月30日以固定匯率NT$32/US$1 賣出 US$1,000,000 並買進新台幣。假設相關日期美元即期匯率與遠期匯率資料如下，利率6%：

日期	即期匯率	4/30 到期之遠期匯率
X1年1月1日	$31.6	$32
X1年1月31日	30.7	31
X1年4月30日	30.2	—

$$1月31日遠期合約價值 = \frac{US\$1,000,000 \times (\$32 - \$31)}{1 + 6\% \times 3/12} = \$985,222$$

　　上列算式中，若將簽約日與評價日之即期匯率放入，可將遠期合約之價值計算拆解為即期部分與遠期部分二項，計算如下：

1月31日遠期外匯賣出合約價值

$$= \frac{US\$1,000,000 \times [(\$31.6 - \$30.7) + (\$32 - \$31.6) - (\$31 - \$30.7)]}{1 + 6\% \times 3/12}$$

$$= \frac{US\$1,000,000 \times (\$31.6 - \$30.7)}{1 + 6\% \times 3/12} + \frac{US\$1,000,000 \times [(\$32 - \$31.6) - (\$31 - \$30.7)]}{1 + 6\% \times 3/12}$$

$$= \$886,700 + \$98,522$$

$$= \underbrace{1月1日至1月31日即期價格差}_{即期部分} + \underbrace{1月1日至1月31日即期價格與遠期價格差之差}_{遠期部分}$$

於到期日，遠期外匯合約之遠期部分在下列兩情形下將為負價值（產生費損）：

1. 簽約日，遠期匯率大於即期匯率（預期外幣升值），而公司簽訂遠期外匯買入合約，及
2. 簽約日，遠期匯率小於即期匯率（預期外幣貶值），而公司簽訂遠期外匯賣出合約。

　　上述兩情況下，公司買入外幣且遠匯較大，以較高遠期匯率買入產生費損；公司賣出外幣且遠匯較小，以較小價格賣出產生費損。

於到期日，遠期外匯合約之遠期部分在下列兩情形下將為正價值（產生利益）：

1. 簽約日，遠期匯率小於即期匯率（預期外幣貶值），而公司簽訂遠期外匯買入合約，及
2. 簽約日，遠期匯率大於即期匯率（預期外幣升值），而公司簽訂遠期外匯賣出合約。

二　非避險遠期外匯合約會計處理

當企業簽訂之遠期外匯合約並未指定作為避險工具時，**應列為「透過損益按公允價值衡量」**，按公允價值評價，且公允價值變動列為當期損益。

釋例七　遠期外匯合約：持有供交易

甲公司與乙公司於 X1 年 1 月 1 日簽訂遠期外匯合約，甲公司約定於 X1 年 4 月 30 日以固定匯率 NT$32/US$1 賣出 US$1,000,000 予乙公司並買進新台幣。假設相關日期美元即期匯率與遠期匯率資料如下，甲公司與乙公司之利率均為 6%：

日期	即期匯率	4/30 到期之遠期匯率
X1 年 1 月 1 日	$31.6	$32
X1 年 1 月 31 日	30.7	31
X1 年 4 月 30 日	30.2	–

若甲公司與乙公司均未指定該遠期外匯合約作為避險工具，到期日以現金淨額交割。試作甲公司與乙公司相關日期應有之分錄。

解析

1. 甲公司（出售方）：

   1 月 31 日遠期合約價值 $= \dfrac{US\$1,000,000 \times (\$32 - \$31)}{1 + 6\% \times 3/12} = \$985,222$

   4 月 30 日遠期合約價值 $= US\$1,000,000 \times (\$32 - \$30.2) = \$1,800,000$

1 月 1 日	簽約日，無分錄		
1 月 31 日	金融資產評價損益	985,222	
	透過損益按公允價值衡量金融資產		985,222

4月30日	透過損益按公允價值衡量金融資產	814,778	
	金融資產評價損益		814,778
	透過損益按公允價值衡量金融負債	1,800,000	
	現金		1,800,000

2. 乙公司（購買方）：

$$1月31日遠期合約價值 = \frac{US\$1,000,000 \times (\$31 - \$32)}{1 + 6\% \times 3/12} = -\$985,222$$

$$4月30日遠期合約價值 = US\$1,000,000 \times (\$30.2 - \$32) = -\$1,800,000$$

1月1日	簽約日，無分錄		
1月31日	金融資產評價損益	985,222	
	透過損益按公允價值衡量金融負債		985,222
4月30日	金融資產評價損益	814,778	
	透過損益按公允價值衡量金融負債		814,778
	透過損益按公允價值衡量金融負債	1,800,000	
	現金		1,800,000

三　避險之遠期外匯合約會計處理

(一) 公允價值避險

當企業持有資產即面臨該資產公允價值可能下跌導致之損失，此時企業可選擇「出售」與該資產承受相當風險之衍生工具，藉以「鎖住」資產出售價格：當資產公允價值下跌時，所持有之資產固然承受跌價損失，但所持有之避險工具卻產生相當之利得，抵銷大部分之資產跌價損失；同樣的，當資產公允價值上升時，所持有資產享有之利得則會被避險工具產生之損失抵銷，使企業持有資產之風險控制在一定的程度內。

對於已認列之資產負債，或未認列之確定承諾，在規避其公允價值變動風險時，應採「當期法」，將「被避險項目」因公允價值變動所產生之評價損益，配合衍生工具之會計處理方法，提前至當期認列。惟被避險項目為選擇將公允價值變動列報於其他綜合損益中之權益工具時，避險工具之利益或損失則配合被避險項目，認列於其他綜合損益。

有關公允價值避險之會計處理原則已於前章說明，茲列舉常見外幣被避險項目，說明其性質及其會計處理：

1. 外幣應收帳款

當企業持有外幣應收帳款即承擔匯率下跌所導致應收帳款公允價值減少之風險，故

可選擇「**出售**」相同金額之外幣遠期合約。當匯率下跌，應收帳款公允價值減少，帳款結清日將產生兌換損失，此時若企業同時持有相同期間之遠期外匯出售合約，則將因該合約產生評價利益抵銷帳款兌換損失；同樣的，當匯率上升，應收帳款產生兌換利益亦會被遠期外匯出售合約之損失抵銷。其損益認列情形如下：

兌換（損）益 ＝（結清日即期匯率－交易日即期匯率）× 外幣應收金額

避險（損）益 ＝（簽約日遠期匯率－到期日即期匯率）× 外幣遠匯金額

當公司選擇將遠期外匯合約之即期部分與遠期部分分離，並指定即期部分作為外幣應收帳款之避險工具時，**遠期合約中即期部分**的價值變動應配合應收帳款匯率變動列為**當期損益**，至於**遠期合約之遠期部分**價值變動數則得選擇適用有關選擇權時間價值之相同方式處理，而將其列為**本期其他綜合損益**，且因被避險項目屬期間相關項目，故應於避險期間攤銷（可採直線法），**重分類為避險損益**。若遠期合約之遠期部分價值變動數未選擇適用有關選擇權時間價值之相同方式處理，應依照透過損益按公允價值衡量之金融資產會計處理。

遠期部分 ＝ 遠期匯率$_{簽約日}$－即期匯率$_{簽約日}$

以釋例八之匯率資料說明，在簽約日遠期匯率（$32.31）小於即期匯率（$32.42），市場預期匯率貶值，當公司簽訂遠期出售合約美元 $100,000，即產生費損（避險損失或金融資產評價損失）：

($32.31 － $32.42) × 100,000 ＝ －$11,000

若公司簽訂遠期購入合約美元 $100,000，即產生利得（避險利益或金融資產評價利益）：

($32.42 － $32.31) × 100,000 ＝ $11,000

釋例八　遠期外匯合約 ↔ 外幣應收應付款：公允價值避險

甲公司於 X1 年 9 月 1 日出售商品一批，共計 $100,000 美元，約定六個月後收款。甲公司預期新台幣升值，故於 X1 年 9 月 1 日與銀行簽訂遠期外匯出售合約，將於 X2 年 3 月 1 日出售 $100,000 美元，並指定此合約作為上述外幣應收帳款公允價值避險。甲公司於 X2 年 3 月 1 日收到外幣貨款，淨額交割結清銀行遠期外匯合約，若利率為 6%；且前述避險關係符合所有避險會計之要件。相關日期美元即期匯率與遠期匯率資料如下：

日期	即期匯率	3/1 到期之遠期匯率
X1 年 9 月 1 日	$32.42	$32.31
X1 年 12 月 31 日	31.85	31.76
X2 年 3 月 1 日	31.72	31.72

試按下列情況作甲公司相關日期應有之分錄：

情況一：甲公司避險策略係指定遠期合約之整體公允價值變動為避險工具。

情況二：甲公司避險策略係指定遠期合約之即期部分價值變動為避險工具，且遠期外匯合約之遠期部分選擇適用有關選擇權時間價值之相同方式處理，並以直線法攤銷。

解析

1. 遠期合約公允價值計算：

	X1 年 12 月 31 日	X2 年 3 月 1 日
遠匯合約到期價值	($32.31 − $31.76) × 100,000 = $55,000	($32.31 − 31.72) × 100,000 = $59,000
遠匯合約公允價值	$55,000 ÷ (1+6% × 2/12) = $54,455	$59,000
公允價值變動	$54,455（利益）	$59,000 − $54,455 = $4,545（利益）
即期部分價值變動	($32.42 − $31.85) × 100,000 ÷ (1+6% × 2/12) = $56,435（利益）	($32.42 − $31.72) × 100,000 − $56,435 = $13,565（利益）
遠期部分價值變動	$54,455 − $56,435 = ($1,980)（損失）	$4,545 − $13,565 = ($9,020)（損失）

外幣應收帳款公允價值計算（按即期匯率入帳）：

X1 年 12 月 31 日兌換差額 = ($31.85 − $32.42) × US$100,000 = ($57,000)（損失）

X2 年 3 月 1 日兌換差額 = ($31.72 − $31.85) × US$100,000 = ($13,000)（損失）

情況一：指定遠期外匯合約之整體公允價值變動為避險工具

1. 會計分錄：

被避險項目－應收帳款			避險工具－遠期外匯合約		
X1 年 9 月 1 日			X1 年 9 月 1 日		
應收帳款－外幣	3,242,000		備忘分錄		
銷貨收入		3,242,000			
X1 年 12 月 31 日			X1 年 12 月 31 日		
兌換損益	57,000		避險之衍生金融資產	54,455	
應收帳款－外幣		57,000	避險損益－公允價值避險		54,455
X2 年 3 月 1 日			X2 年 3 月 1 日		
兌換損益	13,000		避險之衍生金融資產	4,545	
應收帳款－外幣		13,000	避險損益－公允價值避險		4,545
現金－外幣	3,172,000		現金	59,000	
應收帳款－外幣		3,172,000	避險之衍生金融資產		59,000

2. 上列交易結果可彙總如下：
   (1) 外幣應收帳款按結清日匯率僅能收回 $3,172,000，但避險的結果可收回 $3,231,000（$3,172,000 ＋ $59,000），避險操作將匯率有效「鎖住」簽約日遠期匯率 $32.31。
   (2) 持有外幣應收帳款因台幣升值產生兌換損失 $70,000（$57,000 ＋ $13,000），但避險工具因台幣升值產生利益 $59,000（$54,455 ＋ $4,545），將兌換損益風險有效降低。

情況二：指定遠期外匯合約之即期部分價值變動為避險工具

遠期部分 ＝ ($32.31 － $32.42)×100,000 ＝ ($11,000)

產生費損 $11,000 於重分類調整時攤銷為費損：

X1 年 9 月 1 日至 X1 年 12 月 31 日應攤銷費用 ＝ $11,000×4/6 ＝ $7,333

X2 年 1 月 1 日至 X2 年 3 月 1 日應攤銷費用 ＝ $11,000×2/6 ＝ $3,667

1. 會計分錄：

被避險項目－應收帳款			避險工具－遠期外匯合約		
X1 年 9 月 1 日			X1 年 9 月 1 日		
應收帳款－外幣	3,242,000		備忘分錄		
現金		3,242,000			
X1 年 12 月 31 日			X1 年 12 月 31 日		
兌換損益	57,000		避險之衍生金融資產	54,455	
應收帳款－外幣		57,000	OCI －遠期合約遠期部分	1,980	
			避險損益－公允價值避險		56,435
			避險損益	7,333	
			OCI －遠期合約遠期		
			部分－重分類調整		7,333
X2 年 3 月 1 日			X2 年 3 月 1 日		
兌換損益	13,000		避險之衍生金融資產	4,545	
應收帳款－外幣		13,000	OCI －遠期合約遠期部分	9,020	
現金－外幣	3,172,000		避險損益－公允價值避險		13,565
應收帳款－外幣		3,172,000	現金	59,000	
			避險之衍生金融資產		59,000
			避險損益	3,667	
			OCI －遠期合約遠期		
			部分－重分類調整		3,667

2. 上列交易結果可彙總如下：
(1) 外幣應收帳款按結清日匯率僅能收回 $3,172,000，但避險的結果得收回 $3,231,000（$3,172,000 + $59,000），將匯率有效「鎖住」簽約日遠期匯率 $32.31。
(2) 持有外幣應收帳款因台幣升值產生兌換損失 $70,000（$57,000 + $13,000），但避險工具因台幣升值產生利益 $70,000（$56,435 + $13,565），二者兌換損益相互抵銷。惟公司另須負擔避險成本 $11,000，於避險期間採直線法攤銷作重分類調整（列入避險損益）。
(3) 此結果看似與情況一指定整體公允價值變動為避險工具相同，即避險期間淨損益完全相同；但避險成本 $11,000 在情況二指定即期部分公允價值變動為避險工具時，可採用直線法作重分類調整，損益將較為平穩。

2. 外幣應付帳款

當企業持有外幣應付帳款即承擔匯率上升所導致應付帳款公允價值增加之風險，故可選擇「**買入**」相同金額之外幣遠期合約。當匯率上升，應付帳款公允價值增加，於帳款結清日將產生兌換損失，此時若企業同時持有相同期間之遠期外匯購買合約，則將因該合約產生評價利益抵銷外幣應付帳款兌換損失；同樣的，當匯率下跌，應付帳款產生兌換利益亦會被遠期外匯購買合約之損失抵銷。其損益認列情形與風險抵銷效果如下：

兌換（損）益 =（交易日即期匯率 − 結清日即期匯率）× 外幣應付金額

避險（損）益 =（到期日即期匯率 − 簽約日遠期匯率）× 外幣遠匯金額

當公司選擇將遠期外匯合約之即期部分與遠期部分分離，並指定即期部分作為外幣應付帳款之避險工具時，遠期合約中即期部分的價值變動應配合應付帳款匯率變動列為**當期損益**，至於遠期合約之**遠期部分價值變動**則得選擇適用有關選擇權時間價值之相同方式處理，而將**其列為本期其他綜合損益**，且因被避險項目屬期間相關項目，故應於**避險期間攤銷（可採直線法），重分類為當期避險損益**；或採與透過損益按公允價值衡量之金融資產相同方式，認列金融資產評價損益。

(1) 簽約日預期外幣升值，遠期匯率大於即期匯率

出售方遠期部分 = 遠期匯率$_{簽約日}$ − 即期匯率$_{簽約日}$ > 0 ➔ 貸餘 AOCI ➔ 重分類為避險利益

購買方遠期部分 = 即期匯率$_{簽約日}$ − 遠期匯率$_{簽約日}$ < 0 ➔ 借餘 AOCI ➔ 重分類為避險損失

(2) 簽約日預期外幣貶值，遠期匯率小於即期匯率

出售方遠期部分 = 遠期匯率$_{簽約日}$ − 即期匯率$_{簽約日}$ < 0 ➔ 借餘 AOCI ➔ 重分類為避險損失

購買方遠期部分 = 即期匯率$_{簽約日}$ − 遠期匯率$_{簽約日}$ > 0 ➔ 貸餘 AOCI ➔ 重分類為避險利益

釋例九　公允價值避險－外幣應付帳款 ↔ 遠期外匯購買合約

甲公司於 X1 年 12 月 1 日自美國進口商品一批，金額為 100,000 美元，付款期限為 90 天。甲公司為規避美元匯率變動之風險，於 X1 年 12 月 1 日簽訂 90 天期、100,000 美元之遠期外匯購買合約，並指定此合約作為規避該進貨交易之外匯風險，且避險關係符合所有避險會計之要件。相關匯率資料如下：

	X1 年 12 月 1 日	X1 年 12 月 31 日	X2 年 3 月 1 日
即期匯率	$31.28	$32.32	$33.30
遠期匯率			
60 天	31.34	32.35	33.32
90 天	31.38	32.37	33.33

甲公司於 X2 年 3 月 1 日總額結清銀行遠期外匯合約，支付外幣應付帳款，若利率為 6%。試按下列情況作甲公司相關日期之分錄：

情況一：甲公司避險策略係指定遠期合約之整體公允價值變動為避險工具。

情況二：甲公司避險策略係指定遠期合約之即期部分價值變動為避險工具，且遠期外匯合約之遠期部分選擇適用有關選擇權時間價值之相同方式處理，並以直線法攤銷。

解析

遠期合約公允價值：

	X1 年 12 月 31 日	X2 年 3 月 1 日
遠匯合約到期價值	($32.35 − $31.38) × 100,000 = $97,000	($33.30 − $31.38) × 100,000 = $192,000
遠匯合約公允價值	$97,000 ÷ (1+6% × 2/12) = $96,040	$192,000
公允價值變動	$96,040	$192,000 − $96,040 = $95,960
即期部分價值變動	($32.32 − $31.28) × 100,000 ÷ (1+6% × 2/12) = $102,970	($33.30 − $31.28) × 100,000 − $102,970 = $99,030
遠期部分價值變動	$96,040 − $102,970 = ($6,930)	$95,960 − $99,030 = ($3,070)

外幣應付帳款公允價值計算（按即期匯率入帳）：

X1 年 12 月 31 日兌換差額 = ($32.32 − $31.28) × US$100,000 = $104,000（損失）

X2 年 3 月 1 日兌換差額 = ($33.30 − $32.32) × US$100,000 = $98,000（損失）

情況一：指定遠期外匯合約之整體公允價值變動為避險工具

1. 會計分錄

被避險項目－應收帳款			避險工具－遠期外匯合約		
X1年12月1日			X1年12月1日		
進貨	3,128,000		備忘分錄		
應付帳款－外幣		3,128,000			
X1年12月31日			X1年12月31日		
兌換損益	104,000		避險之衍生金融資產	96,040	
應付帳款－外幣		104,000	避險損益－公允價值避險		96,040
X2年3月1日			X2年3月1日		
兌換損益	98,000		避險之衍生金融資產	95,960	
應付帳款－外幣		98,000	避險損益－公允價值避險		95,960
應付帳款－外幣	3,330,000		現金－外幣	3,330,000	
現金－外幣		3,330,000	現金		3,138,000
			避險之衍生金融資產		192,000

2. 上列交易結果可彙總如下：

   (1) 外幣應付帳款按結清日匯率須支付 $3,330,000，但避險的結果僅支付 $3,138,000，將匯率有效「鎖住」簽約日遠期匯率 $31.38。

   (2) 持有外幣應付帳款因台幣貶值產生兌換損失 $202,000（$104,000 + $98,000），但避險工具因台幣升值產生利益 $192,000（$96,040 + $95,960），二者兌換損益相互抵銷。

情況二：指定遠期外匯合約之即期部分價值變動為避險工具

遠期部分 = ($31.38 - $31.28) × 100,000 = $10,000

簽約日遠期匯率大於即期匯率，公司簽訂遠期外匯購入合約產生費用 $10,000，於重分類調整時攤銷為費損：

X1年12月1日至X1年12月31日應攤銷費用 = $10,000 × 1/3 = $3,333
X2年1月1日至X2年3月1日應攤銷費用 = $10,000 × 2/3 = $6,667

1. 會計分錄：

被避險項目－應付帳款			避險工具－遠期外匯合約	
X1年12月1日			X1年12月1日	
進貨	3,128,000		備忘分錄	
應付帳款－外幣		3,128,000		

被避險項目－應付帳款			避險工具－遠期外匯合約		
X1年12月31日			X1年12月31日		
兌換損益	104,000		避險之衍生金融資產	96,040	
應付帳款－外幣		104,000	OCI－遠期合約遠期部分	6,930	
			避險損益－公允價值避險		102,970
			避險損益	3,333	
			OCI－遠期合約遠期		
			部分－重分類調整		3,333
X2年3月1日			X2年3月1日		
兌換損益	98,000		避險之衍生金融資產	95,960	
應付帳款－外幣		98,000	OCI－遠期合約遠期部分	3,070	
應付帳款－外幣	3,330,000		避險損益－公允價值避險		99,030
現金－外幣		3,330,000	現金	3,330,000	
			現金－外幣		3,138,000
			避險之衍生金融資產		192,000
			避險損益	6,667	
			OCI－遠期合約遠期		
			部分－重分類調整		6,667

2. 上列交易結果可彙總如下：

 (1) 外幣應付帳款按結清日匯率須支付 $3,330,000，但避險的結果僅支付 $3,138,000，將匯率有效「鎖住」簽約日遠期匯率 $31.38。

 (2) 持有外幣應付帳款因台幣貶值產生兌換損失 $202,000（$104,000＋$98,000），但避險工具因台幣升值產生利益 $202,000（$102,970＋$99,030），二者兌換損益相互抵銷。

 (3) 遠期部分產生避險費損 $10,000，於避險期間採直線法攤銷作重分類調整（列入避險損益）。

3. 外幣確定承諾

 確定承諾為買賣雙方約定於一定期間以約定價格買賣一定數量之商品或勞務，當企業持有銷售或進貨之確定承諾即承擔該商品價格波動之風險。當該銷售或進貨交易以外幣為基準貨幣時，該確定承諾即稱外幣確定承諾。在匯率上升時，若外幣確定承諾為進貨交易，企業即承擔到期按較高匯率計算之現金流出增加風險；同樣的，在匯率下跌時，若外幣確定承諾為銷貨交易，企業則承擔按較低匯率計算之現金流入減少風險。

 外幣確定承諾之價款包含商品價格與匯率兩個部分，因此**企業對於外幣確定承諾避**

險得有二項避險策略：其一係針對商品價格波動之公允價值避險，其二係針對匯率變動造成風險做避險操作。

(1) 指定遠期外匯合約之整體價值變動為避險工具

當被避險項目是**外幣確定購買承諾**，若指定**遠期外匯購買合約**之整體價值變動為避險工具，外幣確定承諾及遠期外匯購買合約之損益如下：

確定承諾（損）益 ＝（遠期匯率$_{簽約日}$ － 即期匯率$_{到期日}$）× 外幣購買金額

遠期合約評價（損）益 ＝（即期匯率$_{到期日}$ － 遠期匯率$_{簽約日}$）× 外幣購買金額

當被避險項目是**外幣確定銷售承諾**，若指定**遠期外匯賣出合約**之整體價值變動為避險工具，外幣確定承諾及遠期外匯賣出合約之損益如下：

確定承諾（損）益 ＝（即期匯率$_{到期日}$ － 遠期匯率$_{簽約日}$）× 外幣銷售金額

遠期合約評價（損）益 ＝（遠期匯率$_{簽約日}$ － 即期匯率$_{到期日}$）× 外幣銷售金額

一般而言，未認列確定承諾之避險會計應適用公允價值避險，但**確定承諾外幣風險之避險，公司得按公允價值避險或現金流量避險處理**。此係因非外幣之確定承諾，其現金流入或流出係固定金額，因此公司簽訂非外幣確定承諾後，不會有現金流量變動之風險，而僅承擔確定承諾公允價值變動之風險；但外幣確定承諾導致之現金流入或流出係固定金額之外幣，換算為功能性貨幣時，其金額隨著匯率升貶而變動（非固定），所以外幣確定承諾產生之風險有公允價值風險及現金流量風險兩種解釋方式。

(2) 指定遠期外匯購買合約之即期部分價值變動為避險工具

當公司選擇將將遠期外匯合約之即期部分與遠期部分分離，並指定即期部分作為外幣確定承諾因即期匯率變動風險之避險工具時，遠期合約中即期部分的價值變動應視避險類型為公允價值避險或現金流量避險有不同之處理。外幣確定承諾及遠期外匯合約之即期部分損益計算如下：

① 外幣確定購買承諾

確定承諾（損）益 ＝（即期匯率$_{簽約日}$ － 即期匯率$_{到期日}$）× 外幣購買金額

遠期合約評價（損）益 ＝（即期匯率$_{到期日}$ － 即期匯率$_{簽約日}$）× 外幣購買金額

② 外幣確定出售承諾

確定承諾（損）益 ＝（即期匯率$_{到期日}$ － 即期匯率$_{簽約日}$）× 外幣銷售金額

遠期合約評價（損）益 ＝（即期匯率$_{簽約日}$ － 即期匯率$_{到期日}$）× 外幣銷售金額

至於遠期外匯合約之遠期部分得選擇適用有關選擇權時間價值之相同方式處理，因確定承諾屬於**交易相關項目**，故遠期部分之公允價值變動的處理原則如下：

① **確定承諾後續導致認列非金融資產或非金融負債**：企業應自該單獨權益組成部分移除該金額，並將其直接納入該資產或該負債之原始成本或其他帳面金額，此項調整非屬重分類調整，並不影響其他綜合損益。

② **其他情況**：非屬 ① 所述情況之避險關係，該金額應於被避險之期望未來現金流量影響損益之同一期間（或多個期間）內，自該單獨權益組成部分重分類至損益作為重分類調整。

③ 惟若預期該金額之全部或部分於未來某一或多個期間內無法回收，則應立即將預期無法回收之金額重分類至損益作為重分類調整。

此外，若遠期合約之遠期部分價值變動數未選擇適用有關選擇權時間價值之相同方式處理，應依照**透過損益按公允價值衡量之金融資產（或負債）會計處理**。

釋例十 遠期外匯合約 ↔ 外幣進貨確定承諾：公允價值避險

甲公司於 X1 年 12 月 1 日與英國乙公司簽訂定價 300,000 歐元不可取銷之進貨合約，乙公司並於 X2 年 1 月 31 日交貨。甲公司為規避前述外幣進貨合約之匯率風險，於 X1 年 12 月 1 日簽訂 X2 年 1 月 31 日到期之零成本且現金淨額交割之遠期外匯購買合約，約定之遠期匯率為 $39，金額為 300,000 歐元，且指定該遠匯合約為避險工具，且避險關係符合所有避險會計之要件。若衡量遠匯合約公允價值時之折現率為年利率 6%。相關匯率資料如下：（計算結果四捨五入至整數位）

	X1 年 12 月 1 日	X1 年 12 月 31 日	X2 年 1 月 31 日
歐元即期匯率	$40.0	$39.0	$38.3
30 天歐元遠期匯率	$39.5	$38.5	$38.1
60 天歐元遠期匯率	$39.0	$38.0	$37.8

試按下列假設作甲公司 X1 年及 X2 年上述交易之相關分錄：

1. 甲公司指定以遠期外匯合約整體公允價值變動規避確定承諾因遠期匯率變動引致之風險，並採公允價值避險處理。
2. 甲公司指定以遠期外匯合約之即期部分規避確定承諾因即期匯率變動引致之風險，且遠期外匯合約之遠期部分選擇適用有關選擇權時間價值之相同方式處理，並以直線法攤銷，採公允價值避險處理。

解析

	X1 年 12 月 31 日	X2 年 1 月 31 日
遠匯合約到期價值	($38.5 − $39) × 300,000 = ($150,000)	($38.3 − $39) × 300,000 = ($210,000)
遠匯合約公允價值	($150,000) ÷ (1 + 6% × 1/12) = ($149,254)	($210,000)
公允價值變動	($149,254)	−210,000 − (−$149,254) = ($60,746)
即期部分價值變動	($39 − $40) × 300,000 ÷ (1 + 6% × 1/12) = ($298,507)	($38.3 − $40) × 300,000 − (−$298,507) = ($211,493)
遠期部分價值變動	− $149,254 − (− $298,507) = $149,253	− $60,746 − (− $211,493) = $150,747

1. 公允價值避險－整體公允價值變動為避險工具

被避險項目－確定承諾		避險工具－遠期外匯合約	
X1 年 12 月 1 日		X1 年 12 月 1 日	
無分錄		備忘分錄	
X1 年 12 月 31 日		X1 年 12 月 31 日	
其他資產－確定承諾 149,254		避險損益－公允價值避險 149,254	
避險損益－公允價值避險	149,254	避險之衍生金融資產	149,254
X2 年 1 月 31 日		X2 年 1 月 31 日	
其他資產－確定承諾 60,746		避險損益－公允價值避險 60,746	
避險損益－公允價值避險	60,746	避險之衍生金融資產	60,746
存貨 11,700,000		避險之衍生金融資產 210,000	
其他資產－確定承諾	210,000	現金	210,000
現金	11,490,000		

上列交易結果可彙總如下：進貨按 $11,700,000（$39 × € 300,000）入帳，鎖定遠期匯率入帳。

2. 公允價值避險－即期部分價值變動為避險工具

被避險項目－確定承諾		避險工具－遠期外匯合約	
X1 年 12 月 1 日		X1 年 12 月 1 日	
無分錄		備忘分錄	
X1 年 12 月 31 日		X1 年 12 月 31 日	
其他資產－確定承諾 298,507		避險損益－公允價值避險 298,507	
避險損益－公允價值避險	298,507	OCI－遠期合約遠期部分	149,253
		避險之衍生金融資產	149,254

被避險項目－確定承諾		避險工具－遠期外匯合約	
X2 年 1 月 31 日		X2 年 1 月 31 日	
其他資產－確定承諾 211,493		避險損益－公允價值避險 211,493	
避險損益－公允價值避險	211,493	OCI－遠期合約遠期部分	150,747
存貨 11,700,000		避險之衍生金融資產	60,746
其他權益－遠期合約遠期		避險之衍生金融資產 210,000	
部分 300,000		現金	210,000
其他資產－確定承諾	510,000		
現金	11,490,000		

上列交易結果可彙總如下：進貨按 $11,700,000（＝$39×€300,000）入帳。

釋例十一　遠期外匯合約 ↔ 外幣進貨確定承諾：現金流量避險

同釋例十，但以現金流量避險方式處理。

試按下列假設作甲公司 X1 年及 X2 年上述交易之相關分錄：

1. 甲公司指定以遠期外匯合約整體公允價值變動規避確定承諾因遠期匯率變動引致之風險，並採現金流量避險處理。
2. 甲公司指定以遠期外匯合約之即期部分價值變動規避確定承諾因即期匯率變動引致之風險，且遠期外匯合約之遠期部分選擇適用有關選擇權時間價值之相同方式處理，並以直線法攤銷，採現金流量避險處理。

解析

1. 現金流量避險－整體公允價值變動為避險工具

被避險項目－確定承諾		避險工具－遠期外匯合約	
X1 年 12 月 1 日		X1 年 12 月 1 日	
無分錄		備忘分錄	
X1 年 12 月 31 日		X1 年 12 月 31 日	
無分錄		OCI－避險損益－現金流量避險 149,254	
		避險之衍生金融資產	149,254

被避險項目－確定承諾			避險工具－遠期外匯合約		
X2 年 1 月 31 日			X2 年 1 月 31 日		
存貨	11,700,000		OCI－避險損益－現金流量避險	60,746	
其他權益－現金流量避險		210,000	避險之衍生金融資產		60,746
現金		11,490,000	避險之衍生金融資產	210,000	
			現金		210,000

上列交易結果可彙總如下：進貨依進貨合約支付 $11,490,000（$38.3×£300,000），加上遠期外匯合約所支付之 $210,000，購買存貨共支付 $11,700,000（$39×£300,000）入帳，有效「鎖住」簽約日之遠期匯率 $39。

2. 當甲公司指定以遠期外匯合約之即期部分價值變動規避確定承諾因即期匯率變動所引致之風險，並採現金流量避險處理，當遠期合約遠期部分選擇依選擇權時間價值之處理方式，則其會計處理結果與 1. 相同；但若選擇不依照選擇權時間價值之處理方式，則結果不同。

避險工具－遠期外匯合約（即期部分） －依選擇權時間價值之處理方式			避險工具－遠期外匯合約（即期部分） －未依選擇權時間價值之處理方式		
X1 年 12 月 1 日			X1 年 12 月 1 日		
備忘分錄			備忘分錄		
X1 年 12 月 31 日			X1 年 12 月 31 日		
OCI－避險損益－現金流量避險	298,507		OCI－避險損益－現金流量－避險	298,507	
OCI－遠期合約遠期部分		149,253	金融資產評價損益		149,253
避險之衍生金融資產		149,254	避險之衍生金融資產		149,254
X2 年 1 月 31 日			X2 年 1 月 31 日		
OCI－避險損益－現金流量避險	211,493		OCI－避險損益－現金流量避險	211,493	
OCI－遠期合約遠期部分		150,747	金融資產評價損益		150,747
避險之衍生金融資產		60,746	避險之衍生金融資產		60,746
X2 年 12 月 31 日			X2 年 12 月 31 日		
避險之衍生金融資產	210,000		避險之衍生金融資產	210,000	
現金		210,000	現金		210,000
存貨	11,700,000		存貨	12,000,000	
其他權益－遠期合約遠期部分	300,000		其他權益－現金流量避險		510,000
其他權益－現金流量避險		510,000	現金		11,490,000
現金		11,490,000			

茲就釋例十與釋例十一外幣確定承諾避險之會計處理結果彙整如下表：

	公允價值避險		現金流量避險		
	整體價值變動為避險工具	即期部分價值變動為避險工具	整體價值變動為避險工具	即期部分價值變動為避險工具	
				採選擇權時間價值處理方式	不採選擇權時間價值處理方式
X1年避險損益					
確定承諾	$149,254	$298,507	—	—	
遠期合約	(149,254)	(298,507)	—	—	
OCI－現金流量避險			(149,254)	(298,507)	(298,507)
OCI－遠期合約遠期部分		149,253		149,253	
X1年金融資產評價損益					149,253
X2年避險損益					
確定承諾	60,746	211,493	—	—	
遠期合約	(60,746)	(211,493)	—	—	
OCI－現金流量避險			(60,746)	(211,493)	(211,493)
OCI－遠期合約遠期部分		150,747		150,747	
X2年金融資產評價損益					150,747
存貨入帳金額	11,700,000	11,700,000	11,700,000	11,700,000	12,000,000

(二) 現金流量避險

公允價值避險，係針對已認列資產負債或未認列確定承諾公允價值變動之避險，公允價值避險交易之進行並未改變原交易之現金流量；現金流量避險，係指規避現金流量變動之風險，該變動係因高度很有可能發生預期交易之特定風險所引起，或是已認列資產或負債受變動利率或匯率變動所引起。由於現金流量避險主要係針對「未入帳」之預期交易或「未支付」之變動利率利息，其被避險項目並未入帳，會計處理係針對**避險工具價值變動採取「遞延法」**，將「避險工具」之公允價值變動損益，遞延認列為「其他綜合損益」，並配合被避險之預期交易相關損益認列期間，將累積之其他綜合損益予以轉列：

1. 後續導致認列非金融資產或非金融負債——入帳金額調整（非重分類調整）

若一被避險預期交易後續導致認列非金融資產或非金融負債，則企業應將避險工具所累積認列之現金流量避險準備移除，並將其直接納入該資產或該負債之原始成本或其他帳面金額。此非屬重分類調整，因此不影響其他綜合損益。

2. 其他情況——後續作重分類調整

若一被避險預期交易後續導致認列金融資產或金融負債，該金融資產或金融負債仍

應按公允價值入帳，對於現金流量避險準備部分，應於被避險之期望未來現金流量影響損益之同一期間（或多個期間）內（例如，在利息收入或利息費用認列之期間或預期銷售發生時），自現金流量避險準備重分類至損益作為重分類調整。

若被避險預期交易後續並未導致資產取得或承擔負債，即非屬 1. 所述情況之現金流量避險者；且後續亦未導致認列金融資產或金融負債，該累計金額應於被避險之期望未來現金流量影響損益之同一期間，自現金流量避險準備重分類至損益作為重分類調整。例如預期銷貨交易於交易認列時（影響損益期間），將累積其他綜合損益作重分類調整，調整銷貨收入認列金額。

釋例十二　遠期外匯合約 ↔ 外幣購買資產預期交易：現金流量避險

甲公司預期於 X1 年 6 月 30 日購買美國 B 公司 US$1,000,000 之機器設備，該機器設備耐用年限 10 年，無殘值。甲公司於 X1 年 1 月 1 日簽訂遠期外匯購入合約，約定於 X1 年 6 月 30 日以固定匯率 NT$32/US$1 購入 US$1,000,000，並指定該遠期外匯合約整體公允價值變動作為預期交易之避險工具，且避險關係符合所有避險會計之要件。假設相關日期美元即期匯率與遠期匯率資料如下：

日期	即期匯率	3/1 到期之遠期匯率
X1 年 1 月 1 日	$31.6	$32
X1 年 3 月 31 日	30.7	31
X1 年 6 月 30 日	30.2	—

若利率為 6%，到期日按現金淨額交割遠期合約，並如期購買資產，試作甲公司相關日期應有之分錄。

解析

避險工具部分：

X1 年 3 月 31 日遠期合約價值 $= \dfrac{US\$1,000,000 \times (\$31 - \$32)}{1 + 6\% \times 3/12} = -\$985,222$

X1 年 6 月 30 日遠期合約價值 $= US\$1,000,000 \times (\$30.2 - \$32) = -\$1,800,000$

1 月 1 日	簽約日，無分錄		
3 月 31 日	OCI－避險損益－現金流量避險	985,222	
	避險之衍生金融資產		985,222

6月30日	OCI－避險損益－現金流量避險	814,778	
	避險之衍生金融資產		814,778
	避險之衍生金融資產	1,800,000	
	現金		1,800,000
6月30日	機器設備	32,000,000	
	其他權益－現金流量避險		1,800,000
	現金		30,200,000
12月31日	折舊費用 ($32,000,000 × 1/10 × 6/12)	1,600,000	
	累計折舊－機器設備		1,600,000

釋例十三　遠期外匯合約 ↔ 外幣銷售預期交易：現金流量避險

甲公司預期於 X1 年 6 月 30 日銷售一批商品予美國 A 公司，該批商品預計售價為 US$1,000,000。甲公司於 X1 年 1 月 1 日簽訂遠期外匯出售合約，約定於 X1 年 6 月 30 日以固定匯率 NT$32/US$1 出售 US$1,000,000，並指定該遠期外匯合約整體公允價值變動作為預期交易之避險工具，且避險關係符合所有避險會計之要件。假設相關日期美元即期匯率與遠期匯率資料如下：

日期	即期匯率	3/1 到期之遠期匯率
X1 年 1 月 1 日	$31.6	$32
X1 年 3 月 31 日	30.7	31
X1 年 6 月 30 日	30.2	–

若利率為 6%，到期日按現金淨額交割遠期合約，並如期銷售商品，試作甲公司相關日期應有之分錄。

解析

避險工具部分：

X1 年 3 月 31 日遠期合約價值 = $\dfrac{US\$1,000,000 \times (\$32 - \$31)}{1 + 6\% \times 3/12}$ = $985,222

X1 年 6 月 30 日遠期合約價值 = US$1,000,000 × ($32 − $30.2) = $1,800,000

3月31日	避險之衍生金融資產	985,222	
	OCI－避險損益－現金流量避險		985,222
6月30日	避險之衍生金融資產	814,778	
	OCI－避險損益－現金流量避險		814,778
	現金	1,800,000	
	避險之衍生金融資產		1,800,000
6月30日	現金	30,200,000	
	OCI－避險損益－現金流量避險－重分類調整	1,800,000	
	銷貨收入		32,000,000

(三) 國外營運機構淨投資避險

1. 國外營運機構淨投資之性質

國外營運機構係指一個個體，該個體為報導個體之子公司、關聯企業、合資或分公司，其營運所在國家或使用之貨幣與報導個體不同。國外營運機構淨投資係指報導個體對於國外營運機構淨資產所享有之權益金額，當母公司對國外營運機構有國外營運機構之應收或應付貨幣性項目，若該項目之清償目前既無計畫、亦不可能於可預見之未來發生時，則實質上屬於個體對該國外營運機構淨投資之一部分。

2. 被避險項目之性質

採用權益法評價之投資，因權益法係投資者按股權比例認列投資損益，而非認列投資之公允價值變動，故不得作為公允價值避險之被避險項目。然而，企業投資於國外子公司或設置分支機構，因其擁有資產淨額係以外幣作為基準貨幣，當匯率波動時，企業即承擔匯率風險，故企業得選擇以「**出售遠期外匯合約**」等方式規避國外營運機構淨資產之匯率風險。因此，國外營運機構淨投資之避險會計之**合格被避險項目僅下列三項淨投資之兌換差額：國外營運機構淨投資按權益法處理，或以編製合併財務報表或聯合報表等方式列入企業財務報表**。

3. 避險工具的考量：

(1) 避險有效性評估：由於衍生或非衍生工具可被指定為國外營運機構淨投資避險之避險工具，評估有效性時，應按母公司功能性貨幣與用以衡量被規避風險之功能性貨幣比值計算。

(2) 避險工具持有者之考量：避險工具可由集團內任何單一或多個企業持有，不限於規避淨投資之企業。

4. 國外營運機構淨投資之避險處理

國外營運機構淨投資避險（包括作為淨投資之一部分處理之貨幣性項目之避險），

應採用與現金流量避險類似之方式處理。由於公司與國外營運機構間交易及損益認列所產生之兌換損益不列為當期損益，而係列入「累積換算調整數」作為股東權益之一部分，為彰顯避險效果，**避險工具公允價值變動數亦應列入「累積換算調整數」中**，藉以抵銷匯率變動之損益。

(1) 避險工具之利益或損失屬避險有效部分，應認列於其他綜合損益。

(2) 避險工具之利益或損失屬避險無效部分，應列入當期損益。

(3) 當公司選擇將遠期外匯合約之即期合部分與遠期部分分離，並指定即期部分作為國外營運機構淨投資之避險工具時，**遠期部分之變動得選擇適用有關選擇權時間價值之相同方式處理**；若未作前述選擇，則遠期部分之價值變動得選擇適用有關選擇權時間價值之相同方式處理；若未作前述選擇，則遠期部分之價值變動部分應列入當期損益，即**依照透過損益按公允價值衡量之金融資產（或負債）的會計處理**。

(4) 與避險有效部分有關且先前已認列於其他綜合損益之避險工具利益或損失，應於處分或部分處分國外營運機構時，**自權益重分類至損益作為重分類調整**。

釋例十四　遠期外匯合約 ↔ 國外營運機構淨投資：國外營運機構淨投資避險

乙公司於 X1 年 1 月 1 日投資 300,000 美元於美國成立一子公司（其功能性貨幣及表達貨幣均為美元），同時乙公司與銀行簽訂 180 天期之遠期外匯賣出合約，金額為 300,000 美元。

X1 年 12 月 31 日子公司總資產為 452,000 美元，包括現金 52,000 美元及固定資產 400,000 美元，負債 100,000 美元，股東權益 352,000 美元（包括母公司原始投資 300,000 美元及當年度營運利益 52,000 美元）。

若乙公司 X1 年度認列投資收益 $1,742,000、換算調整數（貸餘）$225,600，X1 年底投資帳戶餘額為 $11,897,600，乙公司認為該子公司營運成效不彰，故於 X2 年 1 月 1 日決議將其全數出售，得款 250,000 美元。相關匯率資料如下：

	X1 年 1 月 1 日	X1 年 6 月 30 日	X1 年 12 月 31 日	X1 年平均
即期匯率	$33.1	$33.4	$33.8	$33.5
180 天遠期匯率	$33.05	–	–	–

假設一：乙公司將此遠期合約整體之公允價值變動指定為子公司淨投資匯率風險之避險工具，前述避險關係符合所有避險會計之要件。

假設二：乙公司將此遠期合約即期部分之價值變動指定為子公司淨投資匯率風險之避險工具，前述避險關係符合所有避險會計之要件，且乙公司並未採用以選擇權時間價值之相同方式處理遠期合約之遠期部分。

試作：乙公司關於避險交易及處分子公司投資之會計分錄。

解析

遠期合約公允價值 = ($33.05 – $33.4) × 300,000 = ($105,000)
遠期合約即期部分價值變動 = ($33.1 – $33.4) × 300,000 = ($90,000)
遠期合約遠期部分價值變動 = ($33.05 – $33.1) × 300,000 = ($15,000)
處分投資得款 = $33.8 × 250,000 = $8,450,000
（假設一）處分損失 = $8,450,000 – ($11,897,600 – $225,600 + $105,000) = ($3,327,000)
（假設二）處分損失 = $8,450,000 – ($11,897,600 – $225,600 + $90,000) = ($3,312,000)

假設一			假設二		
X1年1月1日			X1年1月1日		
無分錄			無分錄		
X1年6月30日			X1年6月30日		
OCI－國外營運機構淨投資避險	105,000		OCI－國外營運機構淨投資避險	90,000	
避險之衍生金融資產		105,000	金融資產評價損益	15,000	
避險之衍生金融資產	105,000		避險之衍生金融資產		105,000
現金		105,000	避險之衍生金融資產	105,000	
X2年1月1日			X2年1月1日		
現金	8,450,000		現金	8,450,000	
處分投資損失	3,327,000		處分投資損失	3,312,000	
OCI－國外營運機構報表換算之兌換差額－重分類調整	225,600		OCI－國外營運機構報表換算之兌換差額－重分類調整	225,600	
OCI－國外營運機構淨投資避險－重分類調整		105,000	OCI－國外營運機構淨投資避險－重分類調整		90,000
採用權益法投資		11,897,600	採用權益法投資		11,897,600

附錄　被避險項目之特殊指定

(一) 群組避險

項目群組係指被避險項目包括資產與負債所構成之淨部位，或是現金流入與現金流出所構成之淨部位的項目群組。當某項特定風險使企業擁有之資產與負債（或是現金流入與現金流出）同時產生曝險，例如美元匯率上漲使企業帳列之美元應收帳款及美元外幣應付帳款同時產生兌換利益與兌換損失，而形成「自然避險」之效果，又如預期外幣銷貨收入所產生的現金流入的變動數，亦將與預期外幣佣金支出之現金流出變動數相抵銷。此時，企業可選擇將資產減除負債或是現金流入減除現金流出之「淨部位」，無法藉由資產負債（或現金流入與流出）相抵銷之部分加以避險，其避險關係如下圖所示：

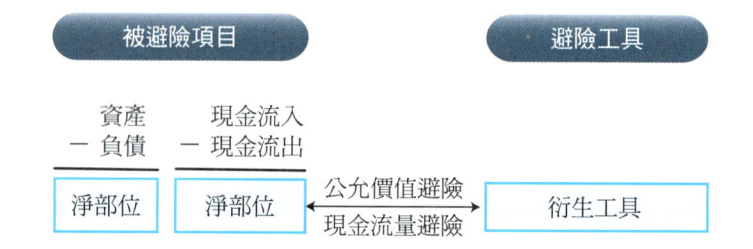

```
        被避險項目                      避險工具

    資產        現金流入
    － 負債     － 現金流出
                           公允價值避險
    淨部位      淨部位  ←─────────────→   衍生工具
                           現金流量避險
```

1. **被避險項目之合格性**
   (1) **公允價值避險**：公允價值之群組避險，其項目群組須同時符合以下條件時，始為合格被避險項目：
   ① 個別組成項目為合格被避險項目之項目。
   ② 群組內之項目係以群組基礎共同管理。
   (2) **現金流量避險**：現金流量之群組避險，其項目群組須同時符合以下條件時，始為合格被避險項目：
   ① 個別組成項目為合格被避險項目之項目。
   ② 群組內之項目係以群組基礎共同管理。
   ③ 僅適用於**外幣風險之避險**，且指定該淨部位之預期交易影響損益之報導期間、交易性質及數量，此外，項目群組內各項目現金流量變動與項目群組整體現金流量變動不會呈現同方向或一定比例之關係，而是形成風險互抵部位。

2. **表達**
   (1) **公允價值避險**：對一組共同進行避險之資產及負債（被避險項目）而言，財務狀況表中個別資產及負債之利益或損失應認列為構成該群組之各個別項目帳面金額之調整，並認列為損益（或其他綜合損益）。至於**避險工具產生之避險損益須單獨列示，不影響損益表上與該被避險項目本身相關之項目**。例如，企業使用利率交換對

固定利率資產及固定利率負債之淨部位之公允價值利率風險進行避險,此利率交換收取之淨利息必須列報於損益表之個別單行項目中,不得調整為互抵之利息收入及利息費用。

(2) **現金流量避險**:若項目群組並未具任何風險互抵部位(例如一組被規避外幣風險之外幣費用),**則重分類之避險工具利益或損失應以有系統且合理之基礎分攤予被避險項目所影響之單行項目**;若項目群組具風險互抵部位(例如外幣計價之一組收入及費用),則企業應於損益及其他綜合損益表之個別**單行項目中列報該避險利益或損失,不影響損益表上與該被避險項目本身相關之單行項目**(例如收入或銷貨成本)。

釋例十五　遠期合約 ↔ 預期銷貨＋預期購買設備:現金流量避險

甲公司於 X1 年初預期 X1 年 12 月 31 日發生銷貨 1,000,000 港幣及購買機器 1,300,000 港幣,甲公司於 X1 年 1 月 1 日簽訂購買外幣出售台幣之淨額交割遠期合約 300,000 港幣,並指定遠期合約整體公允價值變動作為前述預期交易群組之避險工具,前述避險關係符合所有避險會計之要件。若機器耐用年限 5 年,預期交易於一年後發生。相關匯率如下:

	X1 年 1 月 1 日	X1 年 12 月 31 日
即期匯率	$3.30	$3.60
遠期匯率	$3.50	$3.60

試作甲公司相關交易之會計分錄。

解析

1. 避險工具:對於淨部位之避險,猶如簽訂購買外幣遠期合約 1,300,000 港幣以規避預期購買機器設備現金流量變動風險,並簽訂出售外幣遠期合約 1,000,000 港幣以規避預期銷貨之現金流量變動風險。二者避險損益均列為其他綜合損益,計算如下:預期銷貨交易避險損失 = ($3.5 − $3.6) × 1,000,000 港幣 = −$100,000 預期購買機器交易避險利益 = ($3.6 − $3.5) × 1,300,000 港幣 = $130,000

X1 年 12 月 31 日	避險之衍生金融資產	30,000	
	OCI －避險損益－現金流量避險	100,000	
	OCI －避險損益－現金流量避險		130,000
	現金	30,000	
	避險之衍生金融資產		30,000

2. 預期銷貨收入發生時，應將其他綜合損益作重分類調整，然在淨部位避險下，重分類調整數不直接調整「銷貨收入」，而轉列為「**淨部位避險損益**」單獨認列。

X1 年 12 月 31 日	現金	3,600,000	
	銷貨收入		3,600,000
	淨部位避險損益	100,000	
	OCI－避險損益－現金流量避險		
	－重分類調整		100,000

3. 預期購買機器設備發生時，應將累積其他綜合損益沖轉，作為資產入帳金額的調整，然在淨部位避險下，避險損益不得併入相關損益項目中，應單獨認列「**淨部位避險損益**」，計算如下：

資產入帳金額（反應避險結果）＝ $3.5 × 1,300,000 港幣 ＝ $4,550,000
折舊費用（按未避險情況計算）＝ $3.6 × 1,300,000 港幣 × 1/5 ＝ $936,000
淨部位避險損益 ＝ $130,000 × 1/5 ＝ $26,000

X1 年 12 月 31 日	機器設備	4,550,000	
	其他權益－現金流量避險	130,000	
	現金		4,680,000
X2 年 12 月 31 日	折舊費用	936,000	
	淨部位避險損益		26,000
	累計折舊－機器設備		910,000

3. 零淨部位

當被避險項目間相互完全抵銷按群組基礎管理之風險時，例如預期銷貨收入 $100 與預期費用 $100 時，則企業在未使用避險工具的情況下，完成前述的群組避險效果。在此情況下，**除**須符合前述群組避險之條件外，**尚須**在符合下列條件情況下，將該被避險項目指定於未使用避險工具之避險關係中：

(1) 該避險為滾動淨風險避險策略之一部分，企業將隨時間經過（例如當交易進入企業之避險時段）例行性地對相同類型之新部位進行避險。

(2) 被避險淨部位之規模隨滾動淨風險避險策略之期間而變動，且企業使用合格避險工具以對淨風險（即當淨部位並非為零時）進行避險。

(3) 當淨部位並非為零且係以合格避險工具避險時，避險會計通常適用於此種淨部位；且對零淨部位不適用避險會計將導致不一致之會計結果（因不適用避險會計將不會認列淨部位避險中所認列之風險互抵部位）。

(二) 彙總避險

彙總暴險（Aggregated Exposure）係指被避險項目與衍生工具之組合後，作為一項**被避險項目**。當企業指定此種被避險項目時，應評估該彙總暴險是否因結合一個被避險項目與一個衍生工具而產生一種不同之彙總暴險，且該彙總暴險係將一種或多種特定風險當作一項暴險被管理，其避險關係如下圖所示：

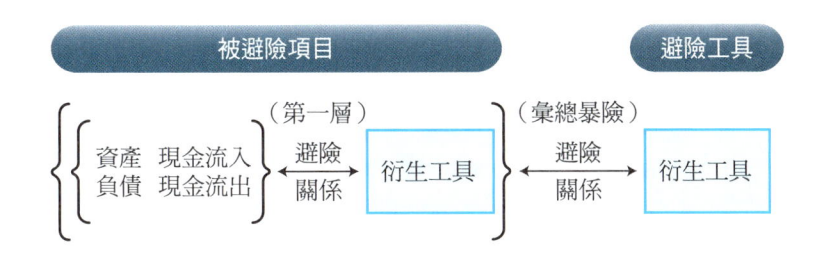

彙總暴險包括含有預期交易之彙總暴險(即未承諾但預計將產生暴險之未來交易與衍生工具)，若該彙總暴險屬高度很有可能，且一旦其已發生而不再屬預期時仍為合格被避險項目。彙總避險之情況例如企業高度很有可能在 1 年後向美國購入一定數量之黃豆，並使用 1 年期之黃豆期貨合約以規避價格風險(美元基礎)，該高度很有可能之黃豆購買及黃豆合約之組合，就風險管理目的，可視為 1 年期固定金額美元外幣暴險，此時可再另外簽訂一遠期外匯合約，使預期黃豆購買交易中影響現金流量的兩項因素－商品價格與匯率得以有效避險。

當以彙總暴險為基礎指定被避險項目時，企業基於評估避險有效性及衡量避險無效性之目的，應考量構成該彙總暴險之各項目之合併影響。惟構成該彙總暴險之各項目仍應單獨處理。

1. 屬彙總暴險之一部分之衍生工具被認列為按公允價值衡量之單獨資產或負債。
2. 若避險關係被指定於構成彙總暴險之項目間，則衍生工具被納入作為彙總暴險之一部分之方式，應與該衍生工具於彙總暴險層級被指定為避險工具之方式一致。例如，對於構成彙總暴險之項目間之避險關係，若企業自其指定為避險工具之衍生工具中排除其遠期部分，當納入該衍生工具於作為被避險項目之彙總暴險之一部分時，企業亦必須排除該遠期部分。除此之外，彙總暴險應將衍生工具按其整體或比例納入。

釋例十六　黃金遠期合約＋遠期外匯合約 ↔ 預期購買進貨：現金流量避險

甲公司於 X1 年初預期(高度很有可能發生)於 X2 年底購入黃金存貨 1,000 盎司，並於 X1 年 1 月 1 日公司簽訂黃金遠期合約 (1,000 盎司) 以規避預期交易現金流量風險，並以黃金遠期價格為基礎，評估避險有效性。

甲公司於 X1 年 12 月 31 日另以一年期之 1,000,000 美元遠匯合約規避下列匯率彙總暴險：黃金預期購買交易與黃金遠期合約之群組，因遠期匯率變動導致之現金流量變動的風險，避險有效性之評估係根據遠期匯率之變動衡量。所有合約在所有期間均以 10% 折現，甲公司於 X2 年 12 月 31 日以即期價格買入 1,000 盎司的黃金，前述避險關係符合所有避險會計之要件。

有關黃金遠期合約及遠期匯率相關資料如下：

		X1 年 1 月 1 日	X1 年 12 月 31 日	X2 年 12 月 31 日
黃金遠期合約	即期價格	US$980	US$1,090	US$1,300
	遠期價格	US$1,000	US$1,100	US$1,300
美元對台幣遠期合約	即期匯率	US$1 = NT$30	US$1 = NT$30	US$1 = NT$33
	遠期匯率	US$1 = NT$31	US$1 = NT$32	US$1 = NT$33

試作甲公司相關交易之會計分錄。

解析

1. 甲公司於 X1 年僅對黃金價格變動部分進行現金流量避險

   黃金遠期合約 X1 年 12 月 31 日公允價值
   = [$30 × (US$1,100 − US$1,000) × 1,000] ÷ (1+10%) = $2,727,273

X1 年 12 月 31 日	避險之衍生金融資產	2,727,273	
	OCI－避險損益－現金流量避險		2,727,273

2. 甲公司於 X1 年 12 月 31 日對於黃金預期購買交易與黃金遠期合約進行彙總避險，二者組合為甲公司預期於 X2 年 12 月 31 日按 US$1,000 價格購買黃金 1,000 盎司，共計 US$1,000,000 之部分作匯率變動之避險。

   黃金遠期合約 X2 年 12 月 31 日公允價值 = $33 × (US$1,300 − US$1,000) × 1,000
   = $9,900,000

   遠期外匯合約 X2 年 12 月 31 日公允價值 = ($33 − $32) × US$1,000,000
   = $1,000,000

X2 年 12 月 31 日	避險之衍生金融資產	7,172,727	
	OCI－避險損益－現金流量避險		7,172,727
	($9,900,000 − $2,727,273 = $7,172,727)		
	現金	9,900,000	
	避險之衍生金融資產		9,900,000

X2 年 12 月 31 日	避險之衍生金融資產	1,000,000	
	OCI－避險損益－現金流量避險		1,000,000
	現金	1,000,000	
	避險之衍生金融資產		1,000,000

3. 黃金存貨購入成本 ＝ $33 × US$1,300 × US$1,000 ＝ $42,900,000

 黃金存貨屬非金融資產，故將避險累積影響數共計 $10,900,000 由其他權益項下一併轉出，調整存貨入帳金額，存貨入帳金額為 $32,000,000（$32 × 1,000 × 1,000），亦即於黃金價格避險開始時（X1 年 1 月 1 日）之遠期價格（$1,000）與外匯避險開始時（X1 年 12 月 31 日）之遠期匯率（$32）所決定者。

X2 年 12 月 31 日	存貨	32,000,000	
	AOCI－避險損益－現金流量避險	10,900,000	
	現金		42,900,000

本章習題

〈外幣交易之判斷〉

1. 以下對於外幣資產之會計處理何者正確？　　　　　　　　　　　　　　　【106 年 CPA】
   (A) 分類為「透過其他綜合損益按公允價值衡量之金融資產」之外幣公司債，其兌換損益應認列於其他綜合損益項下
   (B) 分類為「透過其他綜合損益按公允價值衡量之金融資產」之外幣普通股，其兌換損益應認列於其他綜合損益項下
   (C) 對國外營運機構之應收款項，其兌換損益皆應認列於損益項下
   (D) 適用避險會計之避險工具不可包含「非屬衍生工具之外幣資產」

2. 下列何種外幣交易所產生之兌換損益應列示於股東權益項下？
   (A) 對外幣承諾進行避險
   (B) 對外匯進行投機
   (C) 對暴露外幣資產或負債部位進行避險
   (D) 對國外子公司或被投資公司淨投資之避險

3. 甲公司取得乙公司 100% 股權，甲公司為台灣母公司，功能性貨幣與記帳貨幣皆為新台幣；乙公司為香港子公司，功能性貨幣與記帳貨幣分別為新台幣與港幣。乙公司 X2 年 12 月 31 日資產負債表存貨為 216,000 港幣，該存貨包含兩批不同類商品，其進貨時間與金額分別為 X2 年 2 月 28 日之 48,000 港幣與 X2 年 10 月 25 日之 168,000 港幣，且 X2 年 12 月 31 日兩批存貨之淨變現價值分別為 48,200 港幣與 $167,000 港幣。有關新台幣與港幣的兌換匯率如下：

時間	港幣 $1 兌換新台幣之金額
X2 年 2 月 28 日	$4.8
X2 年 10 月 25 日	$4.4
X2 年 12 月 31 日	$4.5
X2 年度平均	$4.7

試問甲公司 X2 年度合併綜合損益表上銷貨成本中應計入乙公司存貨跌價損失之金額為何？ 【106 年 CPA】

(A) $3,760 新台幣
(B) $4,400 新台幣
(C) $4,500 新台幣
(D) $13,500 新台幣

〈一般進出口交易〉

4. 當新台幣升值時，持有外幣帳款之國內進口商與出口商產生兌換損益之情形通常為：

	進口商	出口商
(A)	利益	利益
(B)	損失	損失
(C)	利益	損失
(D)	損失	利益

5. 明新公司 X1 年 12 月 31 日調整前外幣應付帳款餘額如下：美國傑佛瑞公司（美元 15,000 美元）$480,000、英國百利公司（20,000 英鎊）$800,000。若 X1 年 12 月 31 日及 X2 年間應付帳款結清日之即期匯率資料如下：

(1) X1 年 12 月 31 日：美元 $32.2、英鎊 $41.1。

(2) 結清日：美元 $33.2、英鎊 $39.8。

則 X2 年度損益表中結清上述應付帳款產生之兌換（損）益為何？

(A) $11,000   (B) $41,0004
(C) $8,000   (D) $(14,000)

6. 明倫公司專門經營電子產品出口業務，今該公司出售一批電子產品給日本公司，總金額為 4,000,000 日圓，出售日之匯率為 1 日圓＝ 0.25 新台幣，付款日之匯率為 1 新台幣＝ 3.85 日圓，試問該交易之銷貨收入應為多少？
   (A) 新台幣 1,038,961 元　　　　　　(B) 新台幣 961,039 元
   (C) 新台幣 1,000,000 元　　　　　　(D) 新台幣 800,000 元

7. 甲公司成立於 X4 年初，X4 年中發生下列外幣交易：
   (1) 外銷英國商品，售價 100,000 歐元，帳款已於 X4 年中收現，銷貨日與收款日之匯率分別為 $36 及 $39。
   (2) 自日本進口商品，報價 5,000,000 日圓，進口日匯率 $0.308，貨款至 X4 年底尚未支付。
   (3) 外銷美國商品，售價 200,000 美元，銷貨日匯率 $32.34，貨款至 X4 年底尚未收現。
   假設 X4 年 12 月 31 日歐元、里拉及美元之匯率分別為 $38、$0.282 及 $31.1。
   試計算：
   1. 甲公司 X4 年應認列之兌換損益金額。
   2. 甲公司 X4 年 12 月 31 日資產負債表上外幣應收帳款及應付帳款餘額。

〈外幣貸款或借款〉

8. 甲公司於 X5 年 1 月 1 日借入 10,000 美元，借款期間為二年，利率 5%，每年付息一次。X5 年 1 月 1 日、12 月 31 日及全年平均匯率分別為 $31.8、$32.3 及 $32.1。甲公司 X5 年度應認列之兌換（損）益金額為何？
   (A) $(100)　　　　　　　　　　　　(B) $(5,000)
   (C) $(5,100)　　　　　　　　　　　(D) $5,000

9. 永慶公司於 X1 年 9 月 30 日發行海外公司債，共計 $2,000,000 美元，按面額發行，X8 年 9 月 30 日到期，票面利率為年息 1.75%，次年起之每年 9 月 30 日為債息付款日，各相關日之匯率如下：

X5 年 12 月 31 日	$33.30
X6 年 9 月 30 日	$33.50
X6 年 12 月 31 日	$32.30
X7 年 9 月 30 日	$31.50
X6 年 1 月 1 日至 9 月 30 日平均匯率	$32.70
X6 年 9 月 30 日至 12 月 31 日平均匯率	$32.40
X6 年 1 月 1 日至 12 月 31 日平均匯率	$32.50
X7 年 1 月 1 日至 9 月 30 日平均匯率	$31.80
X7 年 1 月 1 日至 12 月 31 日平均匯率	$31.20

永慶公司會計年度採曆年制，試作：
1. 作永慶公司 X6 年 9 月 30 日至 X7 年 9 月 30 日公司債之相關分錄。
2. 設永慶公司決定將該公司債改為由美國子公司 S 公司向當地之銀行貸款，再轉貸給台灣母公司使用，且本金不擬於可預見之未來償還，則永慶公司對該長期貸款之會計處理與上述公司債有無不同？（假設 S 公司之功能性貨幣為美元）

〈外幣金融資產投資〉

10. 甲公司於 X1 年初以 18,268 美元取得 A 公司所發行面額 20,000 美元、票面利率 3% 之公司債，該公司債於每年 12 月 31 日付息，X5 年 12 月 31 日到期，採有效利息法攤銷溢折價，X1 年初該債券之市場利率為 5%。甲公司之功能性貨幣為新台幣，並將該投資分類為透過其他綜合損益按公允價值衡量之金融資產。X1 年 12 月 31 日及 X2 年 12 月 31 日該公司債之公允價值分別為 18,247 美元及 18,396 美元。
美元兌新台幣之相關匯率資料如下：

X1 年 1 月 1 日	$31.5	X1 年平均	$31.6
X1 年 12 月 31 日	$32.0	X2 年平均	$31.0
X2 年 12 月 31 日	$30.5		

若不考慮該債券之預期信用損失，試作：
1. 甲公司該債券投資於 X1 及 X2 年度帳上應認列之利息收入。
2. 甲公司該債券投資於 X1 及 X2 年度帳上應認列之兌換（損）益。
3. 甲公司該債券投資於 X1 及 X2 年度帳上應認列之其他綜合（損）益。【107 年 CPA】

〈與國外營運機構間具之投資及墊款〉

11. 富新公司貸款新台幣 $30,000,000 予其持股比例 80% 之美國富陽子公司，富陽公司係以美元為功能性貨幣，貸款當日匯率、當年度平均匯率及期末匯率分別為 $25、$27 及 $26。若該貸款屬於短期性質，則富陽公司當年度財務報表中有關之換算差額應為：
(A) 兌換利益 $46,154 (B) 兌換損失 $88,889
(C) 股東權益調整 $46,154 (D) 以上皆非

12. 承上題，若該貸款屬於長期性質，則富新公司與富陽公司當年度之合併財務報表上，有關換算差額應為：
(A) 兌換利益 $1,200,000 (B) 兌換損失 $960,00
(C) 股東權益調整 $960,00 (D) 以上皆非

13. 甲公司 X1 年 12 月 10 日為其在日本之子公司墊付向美商進口貨物之款項，該款項以日圓為基準，金額為 500,000 日圓。甲公司短期內並不擬向其子公司收回此墊款。X1 年

12 月 10 日匯率為 $0.272，X1 年 12 月 31 日匯率為 $0.278。試問 X1 年 12 月 31 日甲公司之調整分錄下列何者正確？

(A) 借記：兌換損益 $3,000
(B) 貸記：兌換損益 $3,000
(C) 借記：換算調整數 $3,000
(D) 貸記：換算調整數 $3,000

14. 甲公司 X4 年 12 月 10 日為其在日本之子公司墊付向台灣進口貨物之款項，該款項以新台幣為基準，金額為 10,000 日圓。甲公司短期內並不擬向其子公司收回此墊款。X4 年 12 月 10 日匯率為 $0.28，X4 年 12 月 31 日匯率為 $0.27。試問在日本子公司之功能性貨幣為日圓及新台幣二種不同情況下，子公司 X4 年底報表上有關此墊款轉換時應使用之匯率分別為：

(A) $0.28 及 $0.28
(B) $0.27 及 $0.27
(C) $0.28 及 $0.27
(D) $0.27 及 $0.28

15. X2 年 1 月 1 日甲公司以 250,000 美元取得美國乙公司普通股股權，分類為「透過其他綜合損益按公允價值衡量之金融資產」投資，但該權益證券之公允價值無法可靠衡量。X3 年 12 月 31 日甲公司投資乙公司之帳面金額仍為 250,000 美元，且 X3 年度乙公司未宣告發放股利。有關新台幣與美元的兌換匯率如下：

時間	1 美元兌換新台幣之金額
X2 年 1 月 1 日	$28
X2 年 12 月 31 日	$33
X3 年 12 月 31 日	$31
X2 年度平均	$30
X3 年度平均	$32

甲公司之功能性貨幣為新台幣，試問 X3 年度甲公司認列有關投資美國乙公司之兌換損益為何？　【108 年 CPA】

(A) 兌換損失 $500,000
(B) 兌換損失 $250,000
(C) 兌換損益 $0
(D) 兌換利益 $250,000

〈非避險遠期外匯合約會計處理〉

16. 新月公司預期美元將下跌，為賺取匯率變動利得，於 X1 年 11 月 1 日向銀行簽訂一 90 天期 500,000 美元之遠期外匯出售合約，其相關匯率資料如下：

	X1年11月1日	X1年12月31日	X2年1月30日
即期匯率	$33.49	$33.51	$33.53
遠期匯率			
30天	$33.52	$33.54	$33.55
90天	$33.55	$33.56	$33.58

不考慮利率影響，此交易總共認列多少兌換（損）益？

(A) $5,000　　　　　　　　　　　　(B) $30,000

(C) $10,000　　　　　　　　　　　 (D) $(20,000)

17. 甲子公司進出口部門進行進出口交易，此外還買賣遠匯。其於進行進出口交易時，係以外幣報價。該部門本期營運成果彙總如下表，其上 FC 係指外幣單位。

進口交易				
商品號碼	數量	單價 (FC)	進貨時 即期匯率	進貨時 遠期匯率	付款時 即期匯率
A	6,000	$ 9.75	$21	$20.5	$20
B	40,000	15.75	12	12.5	13
C	16,000	12.00	30	31.5	32
D	24,000	36.00	9	8.5	8

出口交易				
商品號碼	數量	單價 (FC)	銷貨時 即期匯率	銷貨時 遠期匯率	收款時 即期匯率
W	32,000	$12.30	$ 8	$ 8.5	$ 9
X	17,600	19.50	50	49.0	48
Y	44,000	15.75	30	29.5	29
Z	6,000	24.00	20	19.0	18

購入（或售出）之外幣	目的	遠期契約 平均即期匯率	遠期契約 平均遠匯匯率	平均到期日之即期匯率
$ 180,000	避險	$14.25	$15.50	$14.75
(330,000)	避險	22.00	22.50	21.75
980,000	投機	7.00	6.25	5.50
(980,000)	投機	18.75	18.50	21.25

甲子公司請您擔任績效評估之顧問，試作：

1. 請計算甲子公司因匯率變動而產生之總損益。
2. 請對甲子公司進出口部門之整體績效作出評論，如有需要，並請對甲子公司提出建議，說明理由。

〈避險性遠期外匯合約之會計處理觀念〉

18. 下列何種情況下外幣交易之兌換差額中有效避險部分必定要遞延（列入其他綜合損益）？
(A) 規避外幣確定承諾匯率變動風險之遠期外匯買賣合約交易
(B) 非避險性質之遠期外匯買賣合約交易
(C) 規避國外淨投資匯率變動風險之外幣借款交易
(D) 規避外幣債權、債務匯率變動風險之遠期外匯買賣合約交易

19. 下列何者應列為其他綜合損益？　　　　　　　　　　　　　　　【105 年 CPA】
(A) 現金流量避險之下，避險工具之利益或損失屬於有效避險之部分
(B) 於國外營運機構之個別財務報表上，構成報導個體對國外營運機構淨投資一部分之貨幣性項目，所產生之兌換差額
(C) 於報導個體之單獨財務報表中，構成報導個體對國外營運機構淨投資一部分之貨幣性項目，所產生之兌換差額
(D) 在包含國外營運機構及報導個體之合併財務報表中，構成報導個體對國外營運機構淨投資一部分之貨幣性項目，所產生之兌換差額
(E) 公允價值避險之下，避險工具按公允價值再衡量所產生之利益或損失

〈公允價值避險──已入帳外幣資產負債〉

20. 苗栗公司於 X1 年 11 月 2 日向國外公司進口一批商品，價款為 100,000 美元雙方約定付款期限為 90 天，為規避此外幣債務之匯兌風險，苗栗公司於 X1 年 11 月 2 日簽訂 90 天期、100,000 美元之遠期外匯買入合約，相關之匯率資料如下：

	X1 年 11 月 2 日	X1 年 12 月 31 日	X2 年 1 月 30 日
即期匯率	$32.42	$32.48	$32.52
遠期匯率			
30 天	$32.52	$32.54	$32.56
90 天	$32.55	$32.57	$32.59

假設利率影響數微小，苗栗公司以新台幣為功能性貨幣，上述所有交易對苗栗公司 X1 年度損益之影響為何？　　　　　　　　　　　　　　　【101 年 CPA】
(A) 無影響　　　　　　　　　　　　　(B) 損失 $5,000
(C) 損失 $6,000　　　　　　　　　　　(D) 損失 $7,000

21. 甲公司於 X4 年 11 月 1 日出口一批商品至德國公司計 20,000 歐元，並約定於 X5 年 1 月 30 日收款。甲公司為規避外幣匯率變動風險，於 X4 年 11 月 1 日另與銀行簽訂 90 天期、20,000 歐元之遠期外匯出售合約。相關之匯率資料如下：（無需考慮折現因素）

	X4 年 11 月 1 日	X4 年 12 月 31 日	X5 年 1 月 30 日
即期匯率	$40.17	$40.14	$40.12
遠期匯率			
30 天	$40.20	$40.17	$40.15
90 天	$40.25	$40.21	$40.20

假設利率影響數微小，試問甲公司於 X4 及 X5 兩年度所認列之兌換（損）益金額分別為何？ 【104 年 CPA】

(A) $0 及 $0
(B) $1,000 及 $600
(C) $(1,600) 及 $(1,000)
(D) $(1,000) 及 $(600)

22. 大埔公司於 X8 年 11 月 1 日外銷貨物一批，價款為 1,000,000 港幣，買方之香港公司將於 X9 年 2 月 1 日付款。大埔公司為規避此外幣資產匯率變動之風險，並可賺取外匯變動之兌換利益，於 X8 年年 11 月 1 日簽訂 90 天期，1,500,000 港幣之遠期外匯賣出合約，其相關匯率資料如下：

	X8 年 11 月 1 日	X8 年 12 月 31 日	X9 年 2 月 1 日
即期匯率	$4.54	$4.65	$4.58
遠期匯率			
30 天	$4.52	$4.62	$4.49
60 天	$4.45	$4.59	$4.28
90 天	$4.41	$4.56	$4.11

試計算大埔公司 X8 及 X9 年度之：

1. 應收帳款產生之兌換損益
2. 遠期外匯合約中屬規避外幣債權部分之兌換損益
3. 遠期外匯合約中屬非避險部分之兌換損益
4. 有關兌換損益及溢折價攤銷，對淨利之影響數

以上請列示計算式，並說明上列 1.2.3. 各情況匯率適用之原則。

〈外幣確定承諾〉

23. 甲公司於 X4 年 11 月 1 日與荷蘭公司簽定 10,000 歐元之銷貨合約，約定於 X5 年 1 月 30 日交貨，並於當日收款。甲公司為規避外幣匯率變動風險，同時與銀行簽訂 10,000 歐元、90 天期之遠期外匯出售合約。相關之匯率資料如下：（無需考慮折現因素）

	X4 年 11 月 1 日	X4 年 12 月 31 日	X5 年 1 月 30 日
即期匯率	$40.35	$40.40	$40.45
遠期匯率			
30 天	$40.34	$40.39	$40.44
90 天	$40.33	$40.38	$40.43

若甲公司將前述避險視為公允價值避險,試問於 X4 及 X5 兩年度對外幣確定承諾應認列之(損)益金額分別為:

(A) $600 及 $600　　　　　　　　　(B) $(600) 及 $(600)
(C) $500 及 $500　　　　　　　　　(D) $0 及 $0

24. 甲公司於 X1 年 12 月 1 日與美國 A 公司訂定 200,000 美元之進貨合約,約定於 X2 年 1 月 30 日交貨並於該日付款。甲公司為規避該段期間匯率波動風險,於 X1 年 12 月 1 日簽訂 60 天期、200,000 美元之遠期外匯購入合約。相關日期美元對新台幣之直接匯率如下:

	X1 年 12 月 1 日	X1 年 12 月 31 日	X2 年 1 月 30 日
即期匯率	$31.12	$31.14	$31.18
遠期匯率			
30 天	$31.15	$31.17	$31.20
60 天	$31.20	$31.21	$31.25

甲公司以新台幣為功能性貨幣,並將前述避險視為公允價值避險,且符合避險會計之所有要件,年利率為 12%,X1 年及 X2 年就被避險項目應分別認列多少(損)益?

(A) X1 年認列利益 $6,000,X2 年認列損失 $2,000
(B) X1 年認列利益 $5,357,X2 年認列損失 $1,357
(C) X1 年認列利益 $5,941,X2 年認列損失 $1,941
(D) X1 年認列損失 $5,941,X2 年認列利益 $1,941　　　　　　　　　【107 年 CPA】

25. 甲公司於 X1 年 12 月 1 日與英國乙公司簽訂定價 300,000 英鎊不可取消之進貨合約,乙公司並於 X2 年 1 月 31 日交貨。甲公司為規避前述進貨合約之匯率風險,甲公司並於 X1 年 12 月 1 日簽訂 X2 年 1 月 31 日到期之零成本且現金淨額交割之遠期外匯合約,約定之遠期匯率為 $47.425,金額為 300,000 英鎊,且指定該遠匯合約之即期匯率部分為避險工具。若甲公司對外幣確定承諾之匯率避險係以現金流量避險處理,且估計遠匯合約公允價值時之折現率為年利率 6%。相關匯率資料如下:(計算結果四捨五入至整數位)

	X1/12/01	X1/12/31	X2/01/31
英鎊即期匯率	$47.000	$47.370	$47.390
30 天英鎊遠期匯率	$47.180	$47.515	$47.650
60 天英鎊遠期匯率	$47.425	$47.750	$46.825

有關前述避險及後續進貨合約之會計處理，以下敘述何者正確？　　【105 年 CPA】

(A) 甲公司為規避進貨合約之匯率變動風險，簽訂之遠期外匯合約為做多合約

(B) X1 年 12 月 31 日甲公司認列避險工具資產之金額為 $26,866

(C) X1 年 12 月 31 日甲公司認列「避險工具損益」為貸方金額 $110,448

(D) X1 年 12 月 31 日甲公司認列「金融工具評價損益」為借方金額 $83,582

(E) X1 年 12 月 31 日甲公司認列「其他綜合損益－現金流量避險」為貸方金額 $26,866

26. 信義公司於 X1 年 11 月 1 日與法國公司簽訂一合約，約定於 X2 年 1 月 30 日以 50,000 歐元的價格購入機器一部，採直線法分 10 年提列折舊，無殘值。為規避歐元匯率變動風險，信義公司同時與銀行簽訂一 90 天期遠期外匯合約，買進 55,000 歐元。X2 年 1 月 30 日，信義公司淨額交割上述遠期外匯合約，並購入機器。相關日歐元對新台幣之直接匯率資料如下：（假設不考慮利率因素）

	X1 年 11 月 1 日	X1 年 12 月 31 日	X2 年 1 月 30 日
即期匯率	$40.80	$40.90	$40.86
遠期匯率			
30 天	$40.81	$40.91	$40.87
60 天	$40.82	$40.92	$40.88
90 天	$40.83	$40.93	$40.89

試作：

情況一：信義公司將前述避險以公允價值避險處理。

1. 信義公司 X1 年 12 月 31 日之相關調整分錄。

2. 信義公司 X2 年 1 月 30 日之相關調整分錄。

情況二：信義公司將前述避險以現金流量避險處理，且將避險所產生之損益遞延至被避險項目影響損益之期間認列。

1. 信義公司 X1 年 12 月 31 日之相關調整分錄。

2. 信義公司 X2 年 1 月 30 日之相關調整分錄。

3. 信義公司 X2 年 12 月 31 日之相關調整分錄。　　【100 年 CPA】

27. 甲公司於 X8 年 12 月 1 日外銷貨物一批，價款為 100,000 美元，買方公司將於 X9 年 3 月 1 日付款。甲公司為規避此外幣資產匯率變動之風險，於 X8 年 12 月 1 日簽訂 90 天期，100,000 美元之遠期外匯賣出合約，其相關匯率資料如下：

	X8 年 12 月 1 日	X8 年 12 月 31 日	X9 年 3 月 1 日
即期匯率	31.0	30.0	29.0
遠期匯率			
30 天	30.5	29.6	29.0
90 天	30.0	29.8	29.0

甲公司借款利率 6%，試按下列情況作應收帳款及遠期合約相關日期之分錄：

1. 甲公司未指定遠期合約作為避險險工具。
2. 甲公司避險策略係指定遠期合約之整體公允價值變動為避險險工具，並採公允價值避險處理。
3. 甲公司避險策略係指定遠期合約之即期部分價值變動為避險險工具，並採公允價值避險處理。
4. 甲公司避險策略係指定遠期合約之整體公允價值變動為避險險工具，並採現金流量避險處理。

28. 甲公司於 X1 年 12 月 1 日與美國 A 公司簽訂定價 100,000 美元不可取銷之進貨合約，A 公司並於 X2 年 3 月 1 日交貨。甲公司為規避前述外幣進貨合約之匯率風險，於 X1 年 12 月 1 日簽訂 X2 年 3 月 1 日到期之零成本且現金淨額交割之遠期外匯購買合約，約定之遠期匯率為 $30，金額為 100,000 美元，且指定該遠期外匯合約為避險工具，假設避險關係符合所有避險會計之要件，折現率為 6%。相關匯率資料如下：

	X1 年 12 月 1 日	X1 年 12 月 31 日	X2 年 3 月 1 日
即期匯率	31.0	30.0	29.0
遠期匯率			
60 天	30.5	29.6	29.0
90 天	30.0	29.8	29.0

試作：

1. 計算 X1 年 12 月 31 日與 X2 年 3 月 1 日遠期合約公允價值，並分別計算該遠期合約之即期部分與遠期部分之公允價值。
2. 按下列情況作確定承諾及遠期合約相關日期之分錄：
   (1) 甲公司避險策略係指定遠期合約之整體公允價值變動為避險險工具，並採公允價值避險處理。

(2) 甲公司避險策略係指定遠期合約之即期部分價值變動為避險險工具,並採公允價值避險處理,遠期合約之遠期部分選擇適用有關選擇權時間價值之相同方式處理。

(3) 甲公司避險策略係指定遠期合約之整體公允價值變動為避險險工具,並採現金流量避險處理。

(4) 甲公司避險策略係指定遠期合約之即期部分價值變動為避險險工具,並採現金流量避險處理,遠期合約之遠期部分選擇適用有關選擇權時間價值之相同方式處理。

(5) 甲公司避險策略係指定遠期合約之即期部分價值變動為避險險工具,並採現金流量避險處理,遠期合約之遠期部分未選擇適用有關選擇權時間價值之相同方式處理。

3. 完成下列表格:

	公允價值避險		現金流量避險		
	整體價值變動為避險工具	即期部分價值變動為避險工具	整體價值變動為避險工具	即期部分價值變動為避險工具	
				採選擇權時間價值處理方式	不採選擇權時間價值處理方式
X1年避險損益					
確定承諾					
遠期合約					
OCI 現金流量避險					
OCI 遠期合約遠期部分					
X1年金融資產評價損益					
X2年避險損益					
確定承諾					
遠期合約					
OCI 現金流量避險					
OCI 遠期合約遠期部分					
X2年金融資產評價損益					
存貨入帳金額					

〈國外營運機構淨投資避險〉

29. 國外營運機構淨投資之避險,有關其避險會計處理,下列敘述何者正確?【108年CPA】
    (A) 遠匯合約不可能為合格避險工具
    (B) 外幣匯率選擇權不可能為合格避險工具

(C) 企業可以針對遠期外匯合約整體之公允價值變動指定避險關係

(D) 企業不能以美元規避其他幣別的外幣匯率風險

30. 甲公司 X5 年對美國子公司之淨投資為 200,000 美元，為規避該項投資之匯率變動風險，甲公司於 X5 年 1 月 1 日借入 200,000 美元，借款期間為 2 年，利率 6%，每年付息 1 次。X5 年 1 月 1 日、12 月 31 日及全年平均匯率分別為 $31.9、$32.3 及 $32.1。甲公司 X5 年底有關該利息之調整分錄中，下列何者正確？

(A) 借記：利息費用 $387,600

(B) 貸記：換算調整數 $80,000

(C) 貸記：應付利息 $385,200

(D) 借記：兌換損益 $2,400

31. 大福公司於 X1 年 4 月 1 日投資 50,000 美元於美國成立一子公司。為避免美元貶值，大福公司同時與銀行簽訂 90 天期之遠期外匯合約，賣出 50,000 美元，當日 90 天期遠期匯率為 $29.8。大福公司將此遠期合約之整體公允價值變動指定為對該子公司淨投資匯率風險之避險工具。X1 年 6 月 30 日該合約到期，大福公司以現金淨額交割。X1 年 12 月 31 日子公司總資產為 52,000 美元，包括流動資產 21,000 美元及固定資產 31,000 美元，股東權益 52,000 美元（包括母公司原始投資 50,000 美元及當年度營運利益 2,000 美元）。X2 年 1 月 1 日，因經營策略改變，大福公司出售該美國子公司股權之一半，得款 27,000 美元。美國子公司之功能性貨幣為美元。相關日美元對新台幣之即期匯率如下：

	新台幣／美元
X1 年 4 月 1 日	$30.00
X1 年 6 月 30 日	$29.20
X1 年 12 月 31 日	$29.00
X1 年 4 月 1 日至 12 月 31 日平均匯率	$30.25

試作：大福公司 X1、X2 年度在完全權益法下有關長期投資及遠期外匯賣出合約之所有分錄。

【100 年 CPA】

32. X6 年 1 月 1 日台灣甲公司投資 2,000,000 美元，在美國成立一子公司（功能性貨幣與報導貨幣均為美元），當日並與銀行簽訂於 X6 年 6 月 30 日到期之遠期外匯出售合約，金額 2,000,000 美元。X6 年 12 月 31 日子公司總資產為 2,010,000 美元，包括現金 110,000 美元及固定資產 1,900,000 美元，股東權益 2,010,000 美元（包括母公司原始投資 2,000,000 美元及當年度營運利益 10,000 美元）。X7 年 1 月 1 日，甲公司出售子公司 30% 之股權，得款 590,000 美元。相關匯率假設如下：

	即期匯率	6/30 到期之遠期匯率	期初至當日加權平均匯率
X6 年 1 月 1 日	$35	$34.8	—
X6 年 6 月 30 日	$34	$34	$34.5
X6 年 12 月 31 日	$33	—	$34
X7 年 1 月 1 日	$33	—	—

1. 假設甲公司並未指定該遠期契約為避險工具，試作甲公司 X7 年 1 月 1 日出售子公司時之分錄。
2. 假設甲公司於 X6 年 1 月 1 日指定該遠期合約即期價格部分為避險工具，規避前述國外營運機構淨投資匯率風險的避險工具。試作甲公司 X7 年 1 月 1 日出售子公司時之分錄。（不考慮遠期契約之折現因素）
3. 在那些條件下，甲公司可以用非美元合約規避國外營運機構淨投資的美元匯率風險？
4. 若美國子公司的功能性貨幣為新台幣，則本題中之遠期合約是否適用國外營運機構淨投資之避險？（請說明原因）
5. 若美國子公司的功能性貨幣為歐元，則本題中之遠期合約是否適用國外營運機構淨投資之避險？（請說明原因）

CHAPTER 12 國外營運機構之會計處理

學習目標

外幣報表轉換之基本觀念
- 國外營運機構之功能性貨幣
- 國外營運機構外幣報表轉換方法

外幣報表之再衡量與換算
- 外幣報表之再衡量：記帳貨幣≠功能性貨幣
- 外幣報表之換算：功能性貨幣≠表達貨幣

外幣現金流量表之再衡量與換算
- 外幣現金流量表之再衡量
- 外幣現金流量表之換算

權益法下國外投資項目之再衡量與換算
- 衡量：記帳貨幣≠功能性貨幣＝表達貨幣
- 換算：記帳貨幣＝功能性貨幣≠表達貨幣
- 母子公司間交易之處理
- 處分國外子公司股權
- 合併現金流量表之編製程序

第 1 節　外幣報表轉換之基本觀念

　　企業在國外投資關聯企業、子公司、分公司或聯合協議時，該國外營運機構通常使用當地貨幣作為記帳單位；當該國外營運機構經營時，或因當地經濟環境、或因所提供商品或勞務之特性，會選擇特定貨幣（例如：美元）作為衡量單位；當母國機構認列投資收益、分公司淨利及編製合併報表時，又須將國外營運機構以本國貨幣作為表達單位。例如：台灣母公司於泰國設置子公司，泰國子公司平日以「泰銖」作為記帳單位，但泰國子公司進銷貨報價均以「美元」作為基準，期末台灣母公司將泰國子公司營運結果合併至母公司時，則以「新台幣」計價編製合併報表。此例中，泰銖為記帳貨幣，美元為功能性貨幣，新台幣為表達貨幣。

　　營運機構之記帳貨幣、功能性貨幣與表達貨幣，可能為相同或不同幣別，國外營運機構之會計處理與其所使用之功能性貨幣息息相關，本章將先說明功能性貨幣之觀念，再說明外幣報表之轉換方法，最後說明母國企業與國外營運機構合併財務報表編製程序。

一　國外營運機構之功能性貨幣

　　國外營運機構之功能性貨幣與母國企業本身之功能性貨幣可能不同。例如：台灣總公司因主要產生及支用現金的環境均使用新台幣，故台灣總公司以新台幣作為功能性貨幣；然而，泰國子公司因從事接單生產後直接外銷之業務，且進出口報價均以美元為基準，故泰國子公司以美元作為功能性貨幣。企業管理階層必須運用判斷，以決定最能夠忠實表達標的交易、事項及情況之經濟效果的功能性貨幣。此外，除非標的交易、事項及情況發生變化，否則功能性貨幣一經決定即不再改變。母國企業在決定國外營運機構之功能性貨幣是否與母國企業本身相同時，除上述功能性貨幣之主要指標與佐證指標外，尚須額外考量下列因素：

(一) 國外營運機構之交易獨立性

　　若國外營運機構所從事活動是母國企業之延伸，例如：國外營運機構僅出售自母國企業進口之商品，並將所收之價款直接匯回母國企業，**則國外營運機構應選擇與企業相同之功能性貨幣**。若國外營運機構從事活動為高度自主，例如：營運所累積之現金及其他貨幣性項目、所發生之費用、所產生之收益及安排之借款等，絕大部分以當地貨幣進行，則國外營運機構可能選擇與母國企業不同之功能性貨幣。

(二) 國外營運機構與企業間之交易比例

　　若國外營運機構與母國企業間之交易占國外營運機構營運活動比例愈高，則國外營運機構應選擇與母國企業相同之功能性貨幣。反之，若關聯交易占營運活動比例愈低，則國

外營運機構得選擇與母國企業不同之功能性貨幣。

(三) 國外營運機構之現金流量影響力

若國外營運機構活動所產生之現金流量直接影響母國企業之現金流量,且隨時可以匯回給母國企業,則國外營運機構應選擇與母國企業相同之功能性貨幣。另一方面,若國外營運機構活動所產生之現金流量不足以支應現有及正常預期之債務,且需要母國企業提供資金,則國外營運機構亦應選擇與母國企業相同之功能性貨幣。

釋例一 功能性貨幣之判斷

P公司之功能性貨幣為新台幣。P公司分別於美國及英國設立A及B兩家公司,並發生下列交易:

1. A公司及B公司分別向P公司借款NT$5,000,000,帳列應付關係人款。
2. A公司將借款所得之NT$5,000,000投資於國際市場之有價證券。
3. B公司將借款所得之NT$5,000,000全數投資於興建廠房,以製造產品於英國市場銷售;B公司大部分營運、人工成本及進貨均發生於英國當地市場且按歐元計價。
4. B公司另向非關係人之C公司借款NT$3,000,000,A公司提供此項借款保證,B公司意圖透過營運活動產生之收入償還第三人借款。

試判斷A、B二國外營運機構之功能性貨幣。

解析

1. A公司之主要營業活動為投資有價證券,並由P公司提供資金,而P公司亦可直接進行投資有價證券的活動,故A公司之功能性貨幣為新台幣。
2. B公司之銷售價格與銷貨成本除了受到英國當地法規及競爭力影響外,亦會受到歐元之影響;且B公司意圖透過營運活動產生之收入償還第三人借款,顯示其產生之現金流量足以支應現有及正常預期之債務,故B公司之功能性貨幣為歐元。

釋例二 功能性貨幣之判斷

P公司之功能性貨幣為新台幣,P公司持有紐西蘭Z公司40%股權,並採權益法處理。Z公司於本年度向第三人借入NT$50,000,000。Z公司大部分營運、人工成本及進貨均發生於紐西蘭當地市場且按紐幣計價。試判斷C公司之功能性貨幣。

> **解析**
>
> Z公司本年度由籌資活動所產生資金之貨幣為新台幣，但由於大部分Z公司營運、銷售、進貨、人工成本皆以鈕幣計價，且紐西蘭係Z公司競爭者及法規之所在國家，Z公司應優先考量營運活動的主要指標，繼續以鈕幣為其功能性貨幣，不考慮當年籌資活動對資金的影響。

二　國外營運機構外幣報表轉換方法

國外營運機構外幣報表之轉換方法，依其外幣交易事項是否按功能性貨幣衡量，及報表是否按表達貨幣為表達，而有不同的處理方法。

(一) 再衡量（Remeasurement）：記帳貨幣≠功能性貨幣 ⇒ 兌換損益（當期損益）

當國外營運機構以當地貨幣作為記帳貨幣，而該記帳貨幣非功能性貨幣時，母國企業應將該當地貨幣財務報表**以功能性貨幣再衡量**，以顯示自始以功能性貨幣衡量之結果。再衡量所產生之轉換差額，因直接影響國外營運機構之現金流量，應列為當期損益（兌換損益）。

(二) 換算（Translation）：功能性貨幣≠表達貨幣 ⇒ 換算調整數（其他綜合損益）

當國外營運機構財務報表已按功能性貨幣衡量，但母國企業財務報表之表達貨幣與國外營運機構功能性貨幣不同時，亦即功能性貨幣非為表達貨幣，母國企業應將該國外營運機構外幣財務報表**以表達貨幣換算**，以顯示以表達貨幣表達之結果。換算產生之轉換差額，因與國外營運機構由營業而產生之現金流量無關，僅與母國企業現金流量有間接關係，故不列為當期損益，而**作為股東權益之調整項目（換算調整數）**。

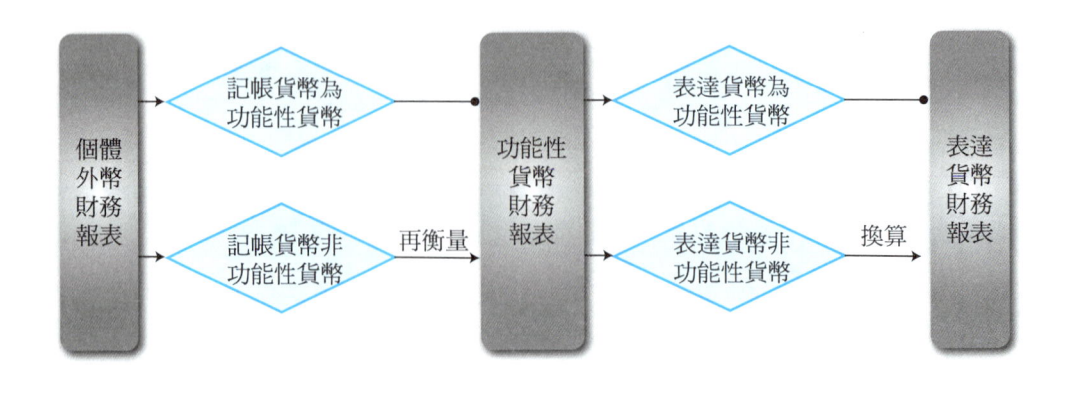

個體外幣財務報表 → 記帳貨幣為功能性貨幣／記帳貨幣非功能性貨幣（再衡量）→ 功能性貨幣財務報表 → 表達貨幣為功能性貨幣／表達貨幣非功能性貨幣（換算）→ 表達貨幣財務報表

由上圖可知，母國企業在處理國外營運機構之報表有二前提：一是報表應按功能性貨幣衡量；二是報表應按表達貨幣為表達單位。

當記帳貨幣為功能性貨幣時，母國企業應將該報表予以換算；當表達貨幣為其功能性貨幣時，則應先按表達貨幣再衡量，而由於再衡量後之報表已按表達貨幣表達，即無須再作換算。當記帳貨幣非功能性貨幣亦非表達貨幣時，外幣報表需按功能性貨幣再衡量，並以表達貨幣之換算率將報表再予換算，涵蓋二項程序。

第 2 節　外幣報表之再衡量與換算

一　外幣報表之再衡量：記帳貨幣 ≠ 功能性貨幣

(一) 轉換匯率之適用

當國外營運機構以當地貨幣作為記帳貨幣，而記帳貨幣非功能性貨幣時，母國企業應將當地貨幣財務報表以功能性貨幣再衡量，以顯示自始以功能性貨幣衡量之結果。再衡量匯率適用如下：

1. 損益表項目
   (1) 與貨幣性項目有關之收益費用：按交易日匯率或平均匯率轉換。

   　　與貨幣性項目有關之收益費用包括存款與債券投資產生之利息收入、借款及債務產生之利息費用、所得稅費用等，應按**交易日匯率**或**平均匯率**轉換。例如美國分公司一年期外幣定期存款 US$10,000，利率 5%，台灣總公司當年度應認列之利息收入為 US$10,000 × 5% × 32（當年平均匯率）＝ NT$16,000。

   (2) 與貨幣性項目無關之收益費用：按歷史匯率轉換。

   　　與貨幣性項目無關之收益費用包括固定資產與無形資產提列之折舊與攤銷費用、預付費用與預收收入轉列之費用與收入等，應按歷史匯率轉換。例如 P 公司於 X1 年初投資大陸 S 公司，當日匯率為 4.68，S 公司帳列設備成本 ¥2,000,000、累計折舊 ¥200,000，採直線法分 10 年提列折舊，該公司另於 X1 年 7 月 1 日購入設備 ¥1,000,000（當日匯率 4.5）。則 S 公司 X1 年度折舊費用計算如下：

X1 年初	¥2,000,000 × 1/10 × 4.68 ＝	$ 936,000
X1 年購入	¥1,000,000 × 1/10 × 6/12 × 4.50 ＝	225,000
		$1,161,000

2. 資產負債項目
   (1) 貨幣性項目：按資產負債表日收盤匯率轉換。

貨幣性資產，包括現金、應收帳款、存出保證金、債券投資、遞延所得稅資產。貨幣性負債，包括銀行透支、應付帳款、應付票據、應付費用、應付公司債、存入保證金、遞延所得稅負債。

(2) 非貨幣性項目

①**以歷史成本衡量之非貨幣性項目：按歷史匯率轉換**，若該資產負債係投資關聯企業、收購子公司或成立分支機構時即已存在者，**按投資或收購當日匯率**轉換。

以歷史成本衡量之非貨幣性資產，包括預付費用、固定資產、無形資產。以歷史成本衡量之非貨幣性負債，包括預收收入、其他遞延貸項。

②**以公允價值衡量非貨幣性項目：按決定公允價值當日匯率轉換。**

以公允價值衡量非貨幣性項目，包括證券投資、採重估價模式之不動產、廠房、設備、投資性不動產，應以衡量日公允價值與衡量日匯率計算。

③**以混合基礎衡量衡量非貨幣性項目：按歷史匯率**或**資產負債表日收盤匯率**轉換。

常見混合基礎衡量衡量非貨幣性項目有二：「廠房、設備、不動產及投資性不動產」與「存貨」。以下說明之。

❶廠房、設備、不動產及投資性不動產其帳面金額可能為歷史成本（成本模式）或公允價值（重估價模式），在報導期間結束日比較下列兩者決定

A. 帳面金額按金額決定當日之匯率（即以歷史成本衡量之項目為交易日之匯率）轉換。

B. 公允價值或可回收金額（以適當者）按價值決定當日之匯率（例如報導期間結束日之收盤匯率）轉換。

❷存貨採「成本與淨變現價值孰低」衡量，或當資產有減損跡象時，資產帳面金額係考量減損前帳面金額與可回收金額孰低者。其報導期間結束日資產帳面金額時係比較下列兩者決定：

A. 成本或帳面金額（以適當者）按金額決定當日之匯率（即以歷史成本衡量之項目為交易日之匯率）轉換。

B. 淨變現價值或可回收金額（以適當者）按價值決定當日之匯率（例如報導期間結束日之收盤匯率）轉換。

3. 權益項目

(1) **投入資本項目**：包括股本、資本公積或總公司往來等項目，**按歷史匯率轉換**，亦即以投資關聯企業、收購子公司或成立分支機構之匯率衡量。

(2) **股利：按股利宣告日匯率轉換。**

(3) **保留盈餘**：投資關聯企業、收購子公司或成立分支機構之保留盈餘按當日歷史匯率轉換，保留盈餘為投資當時換算後餘額加計各期轉換後損益金額，減除轉換後股利金額所決定。

> **釋例三　國外子公司存貨項目之轉換**

台灣 P 公司美國子公司存貨採成本與淨變現價值孰低法，X1 年底帳列存貨為 US$50,000，包括 X1 年 11 月 10 日進貨 US$20,000 及 X1 年 12 月 20 日進貨 US$30,000。相關匯率資料如下：

X1 年 11 月 10 日	$28
X1 年 12 月 20 日	$27
X1 年 12 月 31 日	$30

若美國子公司功能性貨幣為新台幣，試分別按下列情況計算轉換後期末存貨金額。

1. X1 年底存貨之淨變現價值為 US$48,000。
2. X2 年底存貨之淨變現價值為 US$45,000。

解析

〔記帳貨幣：美元〕≠〔功能性貨幣：新台幣〕→再衡量

1. 轉換後期末存貨成本 = $28 × US$20,000 + $27 × US$30,000 = $1,370,000
   轉換後期末存貨淨變現價值 = $30 × US$48,000 = $1,440,000 > $1,370,000
   期末存貨按成本評價，金額為 $1,370,000。
2. 轉換後期末存貨淨變現價值 = $30 × US$45,000 = $1,350,000 < $1,370,000
   期末存貨按淨變現價值，金額為 $1,350,000，認列跌價損失 $20,000。

(二) 轉換差額之處理

依（一）規定換算所產生之轉換差額，應列入「兌換損益」項目，作為當期損益。

外幣再衡量試算表

貨幣性資產	外幣金額×收盤匯率	貨幣性負債	外幣金額×收盤匯率
貨幣性費用	外幣金額×平均匯率	貨幣性收入	外幣金額×平均匯率
非貨幣性資產	外幣金額×歷史匯率	非貨幣性負債	外幣金額×歷史匯率
非貨幣性費用	外幣金額×歷史匯率	非貨幣性收入	外幣金額×歷史匯率
		股本	外幣金額×歷史匯率
		保留盈餘	（上期結轉）
再衡量損益			

貨幣性項目｜非貨幣性項目｜股東權益項目

借貸平衡數

由上述計算可知，**再衡量所產生兌換損益係由貨幣性項目匯率變動所引起**，貨幣性資產在匯率上升時（期末收盤匯率＞平均匯率＞期初收盤匯率），轉換後帳面金額增加，將產生兌換利益；而貨幣性負債在匯率下降時（期末收盤匯率＜平均匯率＜期初收盤匯率），轉換後帳面金額減少，亦產生兌換利益，反之亦然。

例如：P 公司於 ×1 年初投資大陸 S 公司，當日匯率為 $4.68，S 公司帳列銀行借款 ¥2,000,000，該公司另於 ×1 年 7 月 1 日借款 ¥1,000,000（當日匯率 $4.5），若 ×1 年收盤匯率為 4.71。則 S 公司銀行借款帳戶變動可分析如下：

×1 年初	¥2,000,000 × $4.68 =	$ 9,360,000
×1 年借款	¥1,000,000 × $4.50 =	4,500,000
兌換損失		270,000（平衡數）
×1 年底	¥3,000,000 × $4.71 =	$14,130,000

假設貨幣性項目之變動均為年度中平均發生，則兌換損益可計算如下：

兌換（損）益
= 貨幣性淨資產$_{期末}$ × 匯率$_{期末}$ －（貨幣性淨資產$_{期初}$ × 匯率$_{期初}$ ＋ 本期變動數 × 匯率$_{平均}$）
= 貨幣性淨資產$_{期末}$ × 匯率$_{期末}$ － 貨幣性淨資產$_{期初}$ × 匯率$_{期初}$
　－（貨幣性淨資產$_{期末}$ － 貨幣性淨資產$_{期初}$）× 匯率$_{平均}$
= 貨幣性淨資產$_{期初}$ ×（匯率$_{平均}$ － 匯率$_{期初}$）＋ 貨幣性淨資產$_{期末}$ ×（匯率$_{期末}$ － 匯率$_{平均}$）

上例中，兌換損益 = ¥2,000,000 ×（$4.5 － $4.68）＋ ¥3,000,000 ×（$4.71 － $4.5）= $270,000

釋例四　外幣報表之再衡量

台灣 P 公司於 ×1 年 1 月 3 日取得大陸 S 公司 80% 股權，收購當時 S 公司股本 ¥1,000,000、資本公積 ¥500,000、保留盈餘 ¥600,000。S 公司 ×2 年 12 月 31 日試算表資料如下：（單位為人民幣）

借方：		貸方：	
現金	¥ 380,000	累計折舊－設備	¥1,625,000
應收帳款	410,000	應付帳款	925,000
存貨	500,000	長期借款	2,000,000
設備	5,000,000	股本	1,000,000
專利權	680,000	資本公積	500,000
銷貨成本	1,000,000	保留盈餘	700,000
折舊費用	500,000	銷貨收入	1,800,000
攤銷費用	80,000	兌換損益	150,000
其他費用	100,000		
股利	50,000		
合計	¥8,700,000	合計	¥8,700,000

相關交易資料如下：

(1) S 公司係以先進先出法計算銷貨成本，X2 年存貨相關資料如下：
X2 年期初存貨　　　¥400,000（匯率 $4.56）
X2 年 6 月 21 日購入 ¥300,000（匯率 $4.58）
X2 年 10 月 15 日購入 ¥600,000（匯率 $4.75）
X2 年 12 月 31 日購入 ¥200,000（匯率 $4.71）
X2 年期末存貨共計　 ¥500,000

(2) S 公司之折舊性資產均採直線法，分 10 年提列折舊，該公司於 X1 年 7 月 1 日曾購入設備 ¥1,500,000，X2 年底折舊性資產明細如下：

設備		累計折舊－設備	
X1/1/3 收購	¥3,500,000（匯率 4.68）	X1/1/3 收購	¥700,000
X1/7/1 購入	¥1,500,000（匯率 4.50）	X1 年折舊（X1 年前購入）	¥350,000
		（X1 年購入）	¥75,000
		X2 年折舊（X1 年前購入）	¥350,000
		（X1 年購入）	¥150,000

(3) S 公司於 X1 年 7 月 1 日買進專利權 ¥800,000（匯率 $4.50），分 10 年攤銷。

(4) S 公司 X1 年年度淨利為 ¥150,000（轉換成新台幣後為 $594,900），並於 X1 年 12 月 31 日及 X2 年 12 月 31 日分別發放現金股利 ¥50,000，此外股東權益至 X2 年底無任何變動。

(5) S 公司 X2 年之銷貨收入、兌換損益和其他費用均於年度中平均發生。

相關匯率資料如下：

X1 年 1 月 3 日	$4.68	X1 年平均	$4.55
X1 年 12 月 31 日	$4.56	X2 年平均	$4.62
X2 年 12 月 31 日	$4.71		

　　若 S 公司之功能性貨幣為新台幣，編製 S 公司 X2 年度試算表，並計算再衡量為功能性貨幣之影響數。

解析

〔記帳貨幣：人民幣〕≠〔功能性貨幣＝表達貨幣：新台幣〕➡ 再衡量

S 公司之功能性貨幣為新台幣，故 S 公司人民幣報表應再衡量為以新台幣衡量之報表。

1. 貨幣性項目：按資產負債表日收盤匯率轉換

    S 公司 X2 年 12 月 31 日之貨幣性資產包括現金及應收帳款，貨幣性負債包括應付帳款及長期借款，均按 X2 年 12 月 31 日即期匯率 $4.71 轉換。

	外幣金額	匯率	新台幣金額
現金	¥ 380,000 ×	$4.71 =	$ 1,789,800
應收帳款	410,000 ×	4.71 =	1,931,100
應付帳款	(925,000) ×	4.71 =	(4,356,750)
長期借款	(2,000,000) ×	4.71 =	(9,420,000)

2. 與貨幣性項目有關之收益費用：按交易日匯率或平均匯率轉換

    S 公司 X2 年度與貨幣性項目有關之收益費用包括銷貨收入、兌換損益、其他營業費用，按 X2 年平均匯率 $4.62 轉換。

	外幣金額	匯率	新台幣金額
銷貨收入	¥(1,800,000) ×	$4.62 =	$(8,316,000)
兌換損益	(150,000) ×	4.62 =	(693,000)
其他費用	100,000 ×	4.62 =	462,000

3. 非貨幣資產－存貨與銷貨成本之轉換：按歷史匯率轉換

    (1) 銷貨成本

	外幣金額	匯率	新台幣金額
X2 年初	¥400,000 ×	$4.56 =	$1,824,000
X2/6/21	300,000 ×	4.58 =	1,374,000
X2/10/15	300,000 ×	4.75 =	1,425,000
			$4,623,000

    (2) 期末存貨

	外幣金額	匯率	新台幣金額
X2/10/15	¥300,000 ×	$4.75 =	$1,425,000
X2/12/31	200,000 ×	4.71 =	942,000
			$2,367,000

4. 非貨幣資產－折舊性資產與折舊攤銷費用之轉換：按歷史匯率轉換
  (1) 設備－成本

	外幣金額	匯率	新台幣金額
X1/1/3	¥3,500,000 ×	$4.68 =	$16,380,000
X1/7/1	1,500,000 ×	4.50 =	6,750,000
	¥5,000,000		$23,130,000

  (2) 設備－累計折舊

	外幣金額	匯率	新台幣金額
X1/1/3	¥700,000 ×	$4.68 =	$3,276,000
X1 年折舊	350,000 ×	4.68 =	1,638,000
	75,000 ×	4.50 =	337,500
X2 年折舊	350,000 ×	4.68 =	1,638,000
	150,000 ×	4.50 =	675,000
	¥1,625,000		$7,564,500

  X2 年折舊費用 = $1,638,000 + $675,000 = $2,313,000

  (3) 專利權

	外幣金額	匯率	新台幣金額
X1/7/1	¥800,000 ×	$4.50 =	$3,600,000
X1 年攤銷	(40,000) ×	4.50 =	(180,000)
X2 年攤銷	(80,000) ×	4.50 =	(360,000)
	¥680,000		$3,060,000

5. 股東權益項目：股本、資本公積按 X1 年初收購當時歷史匯率 4.68 轉換，期初保留盈餘以上期期末換算後餘額結轉，股利按股利宣告日匯率轉換。

	外幣金額	匯率	新台幣金額
股本	¥1,000,000 ×	$4.68 =	$4,680,000
資本公積	500,000 ×	4.68 =	2,340,000
保留盈餘	600,000 ×	4.68 =	2,808,000
X1 年度淨利	150,000		594,900
X1 年股利	(50,000) ×	4.56 =	(228,000)
	¥2,200,000		$10,194,900

  X1 年底保留盈餘 = $2,808,000 + $594,900 − $228,000 = $3,174,900

6. S公司 X2 年度再衡量試算表：

S公司
試算表
X2年12月31日

	借方：	外幣金額	匯率	新台幣金額	貸方：	外幣金額	匯率	新台幣金額
1. 貨幣性項目	現金	380,000	4.71	1,789,800	應付帳款	925,000	4.71	4,356,750
	應收帳款	410,000	4.71	1,931,100	長期借款	2,000,000	4.71	9,420,000
	其他費用	100,000	4.62	462,000	銷貨收入	1,800,000	4.62	8,316,000
					兌換損益	150,000	4.62	693,000
2. 非貨幣性項目	存貨	500,000	註3.(2)	2,367,000				
	銷貨成本	1,000,000	註3.(1)	4,623,000				
	設備	5,000,000	註4.(1)	23,130,000	累計折舊－設備	1,625,000	註4.(2)	7,564,500
	專利權	680,000	註4.(3)	3,060,000				
	折舊費用	500,000	註4.(2)	2,313,000				
	攤銷費用	80,000	註4.(3)	360,000				
3. 股東權益項目	股利	50,000	4.71	235,500	股本	1,000,000	4.68	4,680,000
					資本公積	500,000	4.68	2,340,000
					保留盈餘	700,000	註5.	3,174,900
	兌換損失	（平衡數）		273,750				
	合計	8,700,000		$40,545,150	合計	8,700,000		$40,545,150

試算表再衡量為功能性貨幣之影響數＝$273,750（兌換損失）

二　外幣報表之換算：功能性貨幣≠表達貨幣

(一) 轉換匯率之適用

當國外營運機構財務報表已按功能性貨幣衡量，但尚未按母國企業表達貨幣表達時，亦即功能性貨幣非表達貨幣，母國企業應將國外營運機構財務報表以表達貨幣進行換算，以顯示以表達貨幣表達之結果。換算匯率適用如下：

1. **資產負債項目**：按資產負債表日之**收盤匯率**轉換。
2. **股東權益項目**
   (1) 期初保留盈餘：以**上期期末換算後餘額**結轉。
   (2) 股利：按**股利宣告日匯率**轉換。
   (3) 其他項目：**按歷史匯率轉換**。
3. **損益表項目**：現時匯率係指損益認列日之匯率。實務上按當期**加權平均匯率**轉換，無須逐筆按認列時之匯率轉換。

(二) 轉換差額之處理

依（一）規定換算所產生之轉換差額，應列入「換算調整數」項目，作為本期其他綜合損益項目。

外幣換算試算表

資產	外幣金額×收盤匯率	負債	外幣金額×收盤匯率	} 資產負債項目
費用	外幣金額×平均匯率	收入	外幣金額×平均匯率	} 損益項目
股利	外幣金額×當日匯率	股本 保留盈餘	外幣金額×歷史匯率 （上期結轉）	} 股東權益項目
		換算調整數		

↑ 借貸平衡數

上圖關係中，可將會計恆等式列示如下：

（資產－負債）×收盤匯率＝投入資本×歷史匯率＋保留盈餘＋換算調整數

股東權益總額×現時匯率＝投入資本×歷史匯率＋保留盈餘＋換算調整數

故外幣報表換算產生之「換算調整數」亦可由股東權益變動數推得，將股東權益以 T 字帳表達，換算調整數亦可計算如下。

股東權益

		股本　　外幣金額×歷史匯率	
		保留盈餘　　（上期結轉）	
股利	外幣金額×當日匯率		
費用	外幣金額×平均匯率	收入　　外幣金額×平均匯率	
		換算調整數	
		餘額　　外幣金額×收盤匯率	

釋例五　外幣報表之換算

台灣 P 公司於 X1 年 1 月 3 日取得大陸 S 公司 80% 股權，收購當時 S 公司股本 ¥1,000,000、資本公積 ¥500,000、保留盈餘 ¥600,000。S 公司 X2 年 12 月 31 日試算表資料如下：（單位為人民幣）

借方：		貸方：	
現金	¥380,000	累計折舊－設備	¥1,625,000
應收帳款	410,000	應付帳款	925,000
存貨	500,000	長期借款	2,000,000
設備	5,000,000	股本	1,000,000
專利權	680,000	資本公積	500,000
銷貨成本	1,000,000	保留盈餘	700,000
折舊費用	500,000	銷貨收入	1,800,000
攤銷費用	80,000	兌換損益	150,000
其他費用	100,000		
股利	50,000		
合計	¥8,700,000	合計	¥8,700,000

S 公司 X1 年年度淨利為 ¥150,000，並於 X1 年 12 月 31 日及 X2 年 12 月 31 日分別發放現金股利 ¥50,000，此外股東權益至 X2 年底無任何變動。S 公司 X2 年之銷貨收入、兌換損益和其他費用均於年度中平均發生。

相關匯率資料如下：

X1 年 1 月 3 日	$4.68	X1 年平均	$4.55
X1 年 12 月 31 日	$4.56	X2 年平均	$4.62
X2 年 12 月 31 日	$4.71		

若 S 公司之功能性貨幣為人民幣，編製 S 公司 X2 年度試算表，並計算換算為表達貨幣之影響數。

解析

〔記帳貨幣＝功能性貨幣〕：〔人民幣≠表達貨幣：新台幣〕➡ 換算

S 公司之功能性貨幣為人民幣，故 S 公司人民幣之報表需換算為以新台幣表達之報表。

1. 資產負債項目：按資產負債表日之收盤匯率 $4.71 轉換。
2. 損益表項目：按當期加權平均匯率轉換 $4.62。
3. 股東權益項目：期初保留盈餘按上期期末換算後餘額結轉，股利按股利宣告日匯率 4.71 轉換，股本與資本公積按歷史匯率轉換。保留盈餘轉換之計算如下：

	外幣金額		匯率		新台幣金額
保留盈餘	¥600,000	×	4.68	=	$2,808,000
X1 年度淨利	150,000	×	4.55	=	682,500
X1 年股利	(50,000)	×	4.56	=	(228,000)
	¥700,000				$3,262,500

4. S 公司 X2 年度換算試算表：

<table>
<tr><th colspan="8">S公司
試算表
X2 年 12 月 31 日</th></tr>
<tr><th></th><th>借方：</th><th>外幣金額</th><th>匯率</th><th>新台幣金額</th><th>貸方：</th><th>外幣金額</th><th>匯率</th><th>新台幣金額</th></tr>
<tr><td rowspan="5">1. 資產負債項目</td><td>現金</td><td>¥380,000</td><td>4.71</td><td>$1,789,800</td><td>累折－設備</td><td>¥1,625,000</td><td>4.71</td><td>$7,653,750</td></tr>
<tr><td>應收帳款</td><td>410,000</td><td>4.71</td><td>1,931,100</td><td>應付帳款</td><td>925,000</td><td>4.71</td><td>4,356,750</td></tr>
<tr><td>存貨</td><td>500,000</td><td>4.71</td><td>2,355,000</td><td>長期借款</td><td>2,000,000</td><td>4.71</td><td>9,420,000</td></tr>
<tr><td>設備</td><td>5,000,000</td><td>4.71</td><td>23,550,000</td><td></td><td></td><td></td><td></td></tr>
<tr><td>專利權</td><td>680,000</td><td>4.71</td><td>3,202,800</td><td></td><td></td><td></td><td></td></tr>
<tr><td rowspan="4">2. 損益表項目</td><td>銷貨成本</td><td>1,000,000</td><td>4.62</td><td>4,620,000</td><td>銷貨收入</td><td>1,800,000</td><td>4.62</td><td>8,316,000</td></tr>
<tr><td>折舊費用</td><td>500,000</td><td>4.62</td><td>2,310,000</td><td>兌換損益</td><td>150,000</td><td>4.62</td><td>693,000</td></tr>
<tr><td>攤銷費用</td><td>80,000</td><td>4.62</td><td>369,600</td><td></td><td></td><td></td><td></td></tr>
<tr><td>其他費用</td><td>100,000</td><td>4.62</td><td>462,000</td><td></td><td></td><td></td><td></td></tr>
<tr><td rowspan="4">3. 股東權益項目</td><td>股利</td><td>50,000</td><td>4.71</td><td>235,500</td><td>股本</td><td>1,000,000</td><td>4.68</td><td>4,680,000</td></tr>
<tr><td></td><td></td><td></td><td></td><td>資本公積</td><td>500,000</td><td>4.68</td><td>2,340,000</td></tr>
<tr><td></td><td></td><td></td><td></td><td>保留盈餘</td><td>700,000</td><td>註 3.</td><td>3,262,500</td></tr>
<tr><td></td><td></td><td></td><td></td><td>換算調整數</td><td colspan="2">（平衡數）</td><td>103,800</td></tr>
<tr><td></td><td>合計</td><td>¥8,700,000</td><td></td><td>$40,825,800</td><td>合計</td><td>¥8,700,000</td><td></td><td>$40,825,800</td></tr>
</table>

試算表換算為功能性貨幣之影響數＝$103,800（換算調整數貸餘）

第 3 節　外幣現金流量表之再衡量與換算

依據 IAS 7「現金流量表」之規定，非功能性貨幣之外幣交易所產生的現金流量，應按現金流量發生日之功能性貨幣與交易貨幣間之匯率（歷史匯率）再衡量，亦即以功能性貨幣衡量該外幣交易金額；若功能性貨幣非表達貨幣，則須按現金流量發生日之功能性貨幣與表達貨幣間之匯率換算（平均匯率）。

此外，外幣匯率變動所產生之未實現兌換利益及損失並非現金流量，在編製現金流量表時，應於現金流量表中報導匯率變動對現金及約當現金期初期末餘額調節之影響，該影響數應與來自營業、投資、籌資活動之現金流量分離並單獨表達。以下說明外幣現金流量表之再衡量與換算。

一　外幣現金流量表之再衡量

當國外營運機構之記帳貨幣非功能性貨幣，國外營運機構之外幣報表須再衡量為按功能性貨幣衡量之報表，其中的貨幣性項目於再衡量過程所產生的轉換差額已列入國外盈餘機構損益表。依據 IAS 7 規定，**再衡量之轉換差額屬於「未實現損益」**，不影響現金流量，在編製現金流量表時，**應自營業活動現金流量項下之「本期損益」中調整；各項貨幣性項目之變動數亦須減除各項目之轉換差額**，再編製現金流量表；至於「現金」項目本身之轉換差額則與營業、投資、籌資活動之現金流量分離並單獨表達。茲分述各步驟如下：

(一) 兌換損益作為本期損益調整減項

在計算各貨幣性項目兌換損益時應辨識該項目本期變動交易中是否有特殊重大交易（例如購買固定資產、重大投資交易、發放股利或母子公司間交易等），**特殊重大交易應以發生當日歷史匯率計算，其他交易則按當年平均匯率換算**，各貨幣性項目兌換損益計算可以 T 字帳說明：

貨幣性資產項目		貨幣性負債項目	
期初餘額×收盤匯率			期初餘額×收盤匯率
特殊交易×歷史匯率	特殊交易×歷史匯率	特殊交易×歷史匯率	特殊交易×歷史匯率
其他變動×平均匯率			其他變動×平均匯率
兌換損益			兌換損益
期末餘額×收盤匯率			期末餘額×收盤匯率

各項目兌換損益
＝期末餘額×匯率$_{期末}$－（期初餘額×匯率$_{期初}$±其特殊交易×匯率$_{歷史}$±其他變動×匯率$_{平均}$）

假設各項貨幣性項目之交易平均發生，兌換損益計算如下：

兌換（損）益＝貨幣性項目$_{期初}$×（匯率$_{平均}$－匯率$_{期初}$）＋貨幣性項目$_{期末}$×（匯率$_{期末}$－匯率$_{平均}$）

當各項目兌換損益計算完畢後，應注意各項目兌換損益合計數應等於本期再衡量報表中兌換損益總數。

上列**外幣報表再衡量產生的兌換損益屬於不動用現金之損益項目，應自本期損益中扣除**。

(二) 計算貨幣性項目淨變動數：

各項貨幣性項目變動數應扣除（一）所計算之轉換差額，以淨額列入現金流量表中。

貨幣性項目變動數＝（期末餘額－期初餘額）±兌換損益

(三) 計算現金轉換差額

現金項目本身之轉換差額則營業、投資、籌資活動之現金流量分離並單獨表達，列為「匯率變動對現金及約當現金之影響」。

現金兌換（損）益＝現金餘額$_{期初}$×（匯率$_{平均}$－匯率$_{期初}$）＋現金餘額$_{期末}$×（匯率$_{期末}$－匯率$_{平均}$）

(四) 現金流量表之格式：

國外營運機構現金流量表格式如下：

子公司 現金流量表 XX 年度	
營業活動現金流量	
本期淨利	（＝合併損益）
調整項目：	
再衡量兌換損益	（＝貨幣性項目兌換損益）
折舊費用	（＝折舊×歷史匯率）
攤銷費用	（＝攤銷×歷史匯率）
貨幣性流動資產變動	（＝變動數－轉換差額）
貨幣性流動負債變動數	（＝變動數－轉換差額）
非貨幣性流動資產變動	（＝變動數）
非貨幣性流動負債變動數	（＝變動數）
營業活動淨現金流量	
投資活動現金流量	
購買固定資產、投資	（＝購買數×歷史匯率）
出售固定資產、投資	（＝出售數×歷史匯率）
投資活動淨現金流量	
籌資活動現金流量	
舉借負債、增資	（＝變動數－轉換差額）
償還借款	（＝變動數－轉換差額）
發放股利	（＝股利×歷史匯率）
籌資活動淨現金流量	
匯率變動對現金影響	（＝現金之兌換損益）
本期現金增減數	
期初現金餘額	
期末現金餘額	

釋例六　外幣現金流量表之再衡量

承釋例四，台灣 P 公司於 X1 年 1 月 3 日取得大陸 S 公司 80% 股權，取得當日子公司股東權益包括股本 ¥1,000,000、資本公積 ¥500,000 及保留盈餘 ¥600,000，S 公司之功能性貨幣為新台幣，大陸子公司 X1 年與 X2 年底資產負債表及 X2 年度損益表資料如下：

大陸 S 公司
資產負債表
X1 及 X2 年度

	X1 年底 外幣金額	X1 年底 新台幣金額	X2 年底 外幣金額	X2 年底 新台幣金額
現金	¥ 110,000	$ 501,600	¥ 380,000	$ 1,789,800
應收帳款	240,000	1,094,400	410,000	1,931,100
存貨	400,000	1,824,000	500,000	2,367,000
設備	3,875,000	17,878,500	3,375,000	15,565,500
專利權	760,000	3,420,000	680,000	3,060,000
	¥5,385,000	$24,718,500	¥5,345,000	$24,713,400
應付帳款	¥1,185,000	$ 5,403,600	¥ 925,000	$ 4,356,750
長期借款	2,000,000	9,120,000	2,000,000	9,420,000
股本	1,000,000	4,680,000	1,000,000	4,680,000
資本公積	500,000	2,340,000	500,000	2,340,000
保留盈餘	700,000	3,174,900	920,000	3,916,650
	¥5,385,000	$24,718,500	¥5,345,000	$24,713,400

大陸 S 公司
損益表
X2 年度

	外幣金額	新台幣金額
銷貨收入	¥1,800,000	$8,316,000
兌換損益	150,000	419,250*
銷貨成本	(1,000,000)	(4,623,000)
折舊費用	(500,000)	(2,313,000)
攤銷費用	(80,000)	(360,000)
其他費用	(100,000)	(462,000)
本期淨利	¥ 270,000	$ 977,250

*包含報表換算產生之兌換損失 $273,750

相關交易資料如下：

1. S 公司應收帳款變動數係來自於賒銷及帳款收現；應付帳款變動數係來自於賒購及帳款付現，X2 年計有三次賒購：X2 年 6 月 21 日購入 ¥300,000（匯率 $4.58）、X2 年 10 月 15 日購入 ¥600,000（匯率 $4.75）、X2 年 12 月 31 日購入 ¥200,000（匯率 $4.71）。
2. S 公司於 X2 年 12 月 31 日發放現金股利 ¥50,000。
3. S 公司 X2 年之銷貨收入、兌換損益和其他費用均於年度中平均發生。

相關匯率資料如下：

X1 年 1 月 3 日	$4.68	X1 年平均	$4.55
X1 年 12 月 31 日	$4.56	X2 年平均	$4.62
X2 年 12 月 31 日	$4.71		

試編製大陸子公司 X2 年度合併現金流量表。

解析

1. 計算各貨幣性項目兌換損益

現金

	外幣金額	匯率	新台幣金額		外幣金額	匯率	新台幣金額
X1/12/31	¥110,000	$4.56	$ 501,600	X2 年股利	¥ 50,000	$4.71	$235,500
X2 年其他	320,000	4.62	1,478,400				
兌換利益			45,300				
X2/12/31	¥380,000	4.71	$1,789,800				

應收帳款

	外幣金額	匯率	新台幣金額		外幣金額	匯率	新台幣金額
X1/12/31	¥240,000	$4.56	$1,094,400				
X2 年賒銷/收現	170,000	4.62	785,400				
兌換利益			51,300				
X2/12/31	¥410,000	4.71	$1,931,100				

應付帳款

	外幣金額	匯率	新台幣金額		外幣金額	匯率	新台幣金額
				X1/12/31	¥1,185,000	$4.56	$5,403,600
				X2/6/21 進貨	300,000	4.58	1,374,000
				X2/10/15 進貨	600,000	4.75	2,850,000
				X2/12/31 進貨	200,000	4.71	942,000
X2 年付現	¥1,360,000	$4.62	$6,283,200	兌換損失			70,350
				X2/12/31	¥ 925,000	4.71	$4,356,750

長期借款							
	外幣金額	匯率	新台幣金額		外幣金額	匯率	新台幣金額
				×1/1/3	¥2,000,000	$4.56	$9,120,000
				兌換損失			300,000
				×2/12/31	¥2,000,000	4.71	$9,420,000

[驗證] 貨幣性項目產生之兌換損益 = $45,300 + $51,300 − $70,350 − $300,000
　　　　　　　　　　　　　　　= ($273,750)

2. 編製現金流量表：

大陸 S 公司
現金流量表
×2 年度

營業活動現金流量		
合併淨利		$ 977,250
調整項目：		
報表轉換兌換損失	$ 273,750	
折舊費用	2,313,000	
攤銷費用	360,000	
應收帳款增加數（$1,931,100 − $1,094,400 − $51,300）	(785,400)	
存貨增加數（$2,367,000 − $1,824,000）	(543,000)	
應付帳款減少數（$5,403,600 − $4,356,750 + 70,350）	(1,117,200)	501,150
		$1,478,400
融資活動現金流量		
發放股利		(235,500)
匯率變動對現金影響		45,300
		$1,288,200
期初現金餘額		501,600
期末現金餘額		$1,789,800

二　外幣現金流量表之換算

　　當國外營運機構已按功能性貨幣衡量並編製現金流量表，但功能性貨幣並非母國企業之表達貨幣，則國外營運機構之外幣現金流量表應換算為按表達貨幣表達之報表。報表換算過程中所產生之「換算調整數」不影響現金流量及損益計算，故在編製現金流量表之前，應先計算資產負債表上每一項目受匯率變動影響而產生之換算調整數，並以扣除此換

算調整數後之餘額變動數,編製現金流量表。

(一) 子公司資產負債各項目換算調整數之計算

1. **一般原則**:在計算各項目換算調整數時,應辨識該項目本期變動交易中是否有特殊重大交易(例如購買固定資產、重大投資交易、發放股利或母子公司間交易等),特殊重大交易應以發生當日歷史匯率計算,其他交易則按當年平均匯率換算,各項目換算調整數計算可以 T 字帳說明:

資產類項目			負債類項目
期初餘額×收盤匯率			期初餘額×收盤匯率
特殊交易×歷史匯率	特殊交易×歷史匯率	特殊交易×歷史匯率	特殊交易×歷史匯率
其他變動×平均匯率			其他變動×平均匯率
換算調整數			換算調整數
期末餘額×收盤匯率			期末餘額×收盤匯率

各項目換算調整數
= 期末餘額×匯率$_{期末}$ -(期初餘額×匯率$_{期初}$ ± 特殊交易×匯率$_{歷史}$ ± 其他變動×匯率$_{平均}$)

➡ 資產類換算調整數>0,代表為借餘;換算調整數<0,代表為貸餘
➡ 負債類換算調整數>0,代表為貸餘;換算調整數<0,代表為借餘

當各項目換算調整數計算完畢後,應注意各項目換算調整數合計數等於本期子公司**換算報表中「累積換算調整數」本期變動金額**:

$$\Sigma 資產類換算調整數 + \Sigma 負債類換算調整數 = 本期換算調整數變動數$$

2. **特殊項目說明**
   (1) 應收帳款與銷貨收現數:銷貨收現數為銷貨收入調整本期應收帳款變動數,在外幣換算報表中,應收帳款之變動除賒銷與收現外,另有匯率變動導致之換算調整數,假設換算調整數為借方(代表本期匯率上升),應收帳款之變動如下:

應收帳款	
期初餘額×收盤匯率	
本期賒銷×平均匯率	本期收現×平均匯率 → 銷貨收現數
換算調整數	= 銷貨收入
	± 應收帳款變動數
期末餘額×收盤匯率	± 換算調整數

$$銷貨收現數 = 銷貨收入 \begin{matrix} + 應收帳款減少數 + 換算調整借方差額 \\ - 應收帳款增加數 - 換算調整貸方差額 \end{matrix}$$

換算調整數＝應收帳款$_{期末}$×匯率$_{期末}$－（應收帳款$_{期初}$×匯率$_{歷史}$±變動數$_{外幣}$×匯率$_{歷史}$）

(2) 應付帳款、存貨帳戶與進貨付現數：進貨收現數為銷貨成本調整本期存貨及應付帳款變動數，在外幣換算報表中，存貨及應付帳款之變動除進貨、銷售與付現外，另有匯率變動導致之換算調整數，假設存貨換算調整數為借方，應付帳款換算調整數為貸方（代表本期匯率上升），二帳戶之變動如下：

應付帳款		存貨	
	期初餘額×收盤匯率	期初餘額×收盤匯率	
本期付現×平均匯率	本期進貨×平均匯率	本期進貨×平均匯率	本期銷售×平均匯率
	換算調整數	換算調整數	
	期末餘額×收盤匯率	期末餘額×收盤匯率	

進貨收現數
＝銷貨成本±存貨變動數±應付帳款變動±換算調整數

進貨付現數＝銷貨成本
　　　　　　＋存貨增加數＋應付帳款減少數＋換算調整貸方差額
　　　　　　－存貨減少數－應付帳款增加數－換算調整借方差額

存貨換算調整數＝存貨$_{期末}$×匯率$_{期末}$－（存貨$_{期初}$×匯率$_{歷史}$±變動數$_{外幣}$×匯率$_{歷史}$）

應付帳款換算調整數
＝應付帳款$_{期末}$×匯率$_{期末}$－（應付帳款$_{期初}$×匯率$_{歷史}$±變動數$_{外幣}$×匯率$_{歷史}$）

(3) 現金變動數：與前述計算程序相同，現金項目亦可採T字帳分析換算調整數如下：

現金	
期初餘額×收盤匯率	
出售資產×歷史匯率	購買資產×歷史匯率 ➡ 重大投資活動
舉借貸款×歷史匯率	償還貸款×歷史匯率 ➡ 重大籌資活動
本期增資×歷史匯率	發放股利×歷史匯率 ➡ 重大籌資活動
其他變動×平均匯率	➡ 其他營業活動
換算調整數	
期末餘額×收盤匯率	

由上圖可知，期末現金餘額之調節如下：

期末現金餘額＝期初現金餘額±現金流量$_{營業}$±現金流量$_{投資}$±現金流量$_{籌資}$±換算調整數

(二) 現金流量表之格式

國外營運機構換算現金流量表之格式與再衡量現金流量表之格式相同，在編製現金流量表時除按上列格式一一填入外，應注意調節重大投資及籌資交易：

固定資產變動數（假設本期未處分固定資產）
＝資產負債表變動數－換算調整數＝（購買×匯率$_{購買日}$）－（折舊×匯率$_{平均}$±差額攤銷）

長期借款變動數
＝資產負債表變動數－換算調整數＝（舉借×匯率$_{舉借日}$）－（償還×匯率$_{償還日}$）

釋例七　換算現金流量表

承釋例五，台灣 P 公司於 X1 年 1 月 3 日取得大陸 S 公司 80% 股權，取得當日子公司股東權益包括股本 ¥1,000,000、資本公積 ¥500,000 及保留盈餘 ¥600,000，S 公司之功能性貨幣為人民幣，大陸子公司 X1 年與 X2 年底資產負債表及 X2 年度損益表資料如下：

大陸 S 公司
資產負債表
X1 及 X2 年度

	X1 年底 外幣金額	X1 年底 新台幣金額	X2 年底 外幣金額	X2 年底 新台幣金額
現金	¥ 110,000	$ 501,600	¥ 380,000	$ 1,789,800
應收帳款	240,000	1,094,400	410,000	1,931,100
存貨	400,000	1,824,000	500,000	2,355,000
設備	3,875,000	17,670,000	3,375,000	15,896,250
專利權	760,000	3,465,600	680,000	3,202,800
	¥5,385,000	$24,555,600	¥5,345,000	$25,174,950
應付帳款	¥1,185,000	$5,403,600	¥925,000	$4,356,750
長期借款	2,000,000	9,120,000	2,000,000	9,420,000
股本	1,000,000	4,680,000	1,000,000	4,680,000
資本公積	500,000	2,340,000	500,000	2,340,000
保留盈餘	700,000	3,262,500	920,000	4,274,400
換算調整數		(250,500)		103,800
	¥5,385,000	$24,555,600	¥5,345,000	$25,174,950

大陸 S 公司
損益表
X2 年度

	外幣金額	新台幣金額
銷貨收入	¥1,800,000	$8,316,000
兌換損益	150,000	693,000
銷貨成本	(1,000,000)	(4,620,000)
折舊費用	(500,000)	(2,310,000)
攤銷費用	(80,000)	(369,600)
其他費用	(100,000)	(462,000)
本期淨利	¥ 270,000	$1,247,400

相關匯率資料如下：

X1 年 1 月 3 日	$4.68	X1 年平均	$4.55
X1 年 12 月 31 日	$4.56	X2 年平均	$4.62
X2 年 12 月 31 日	$4.71		

試編製大陸子公司 X2 年度合併現金流量表。

解析

1. 計算各項目換算調整數

	期初數 外幣金額	匯率	新台幣金額 ①	變動數 外幣金額	匯率	新台幣金額 ②	換算調整數 ③＝④－(①＋②)	期末數 外幣金額	匯率	新台幣金額 ④
現金*	110,000	4.56	501,600	−50,000	4.71	−235,500	45,300	380,000	4.71	1,789,800
				320,000	4.62	1,478,400				
應收帳款	240,000	4.56	1,094,400	170,000	4.62	785,400	51,300	410,000	4.71	1,931,100
存貨	400,000	4.56	1,824,000	100,000	4.62	462,000	69,000	500,000	4.71	2,355,000
設備	3,875,000	4.56	17,670,000	−500,000	4.62	−2,310,000	536,250	3,375,000	4.71	15,896,250
專利權	760,000	4.56	3,465,600	−80,000	4.62	−369,600	106,800	680,000	4.71	3,202,800
應付帳款	(1,185,000)	4.56	(5,403,600)	260,000	4.62	1,201,200	(154,350)	(925,000)	4.71	(4,356,750)
長期借款	(2,000,000)	4.56	(9,120,000)	0	4.62	0	(300,000)	(2,000,000)	4.71	(9,420,000)
股本	(1,000,000)	4.68	(4,680,000)					(1,000,000)	4.68	(4,680,000)
資本公積	(500,000)	4.68	(2,340,000)					(500,000)	4.68	(2,340,000)
保留盈餘	(700,000)		(3,262,500)	50,000	4.71	235,500		(920,000)		(4,274,400)
				(270,000)	4.62	(1,247,400)				
換算調整數			250,500				(354,300)			(103,800)

*現金餘額變動中包含發放股利之特殊交易，股利發放數以當日匯率換算，其他變動數則按平均匯率換算。

2. 編製合併現金流量表：

大陸 S 公司
現金流量表
X2 年度

營業活動現金流量		
合併淨利		$1,247,400
調整項目：		
折舊費用	$2,310,000	
攤銷費用	369,600	
應收帳款增加數	(785,400)	
存貨增加數	(462,000)	
應付帳款減少數	(1,201,200)	231,000
		$1,478,400
融資活動現金流量		
發放股利		(235,500)
匯率變動對現金影響		45,300
		$1,288,200
期初現金餘額		501,600
期末現金餘額		$1,789,800

第 4 節　權益法下國外投資項目之再衡量與換算

　　對於國外關聯企業或子公司，投資者（母公司）須按權益法處理該投資。在權益法下，取得日時，投資原始依成本及取得日即期匯率認列，取得日後、持有期間內，投資者「投資帳戶帳面金額」按其持股比例隨著被投資者「權益」變動而增減，於收到現金股利時，投資者依當日即期匯率減少投資帳戶餘額，並按被投資者當期損益之份額，認列投資收益，調整投資帳戶餘額。由於國外關聯企業或子公司通常以外幣作為記帳貨幣，在計算投資收益及編製合併報表時，應先判斷該國外關聯企業或子公司之功能貨幣與記帳貨幣是否相同，按前述第二節之程序，將國外關聯企業或子公司之報表「再衡量」為功能性貨幣表達之報表，若國外關聯企業或子公司之功能性貨幣與投資公司或母公司之表達貨幣相同，即可依此報表計算投資收益與投資帳戶餘額；若國外關聯企業或子公司之功能性貨幣與投資公司或母公司之表達貨幣不同，則須進一步將報表「換算」為母公司之表達貨幣，再進行後續之會計處理程序。以下分別說明之。

一　再衡量：記帳貨幣 ≠ 功能性貨幣 = 表達貨幣

當國外關聯企業或子公司之功能貨幣與記帳貨幣不同，而與母公司表達貨幣相同時，投資公司（或母公司）應將國外關聯企業或子公司之報表以功能性貨幣「再衡量」。以下就母公司於取得日之收購對價與差額分攤、投資期間採權益法損益份額與投資帳戶餘額之計算，以及合併報表編製程序分別說明之。

(一) 收購對價差額與攤銷

1. 收購對價差額

收購對價無論按母國貨幣或他國貨幣支付，在計算收購對價差額時，均應將收購對價按功能性貨幣衡量。當母公司分次取得子公司股權時，**轉換匯率以取得控制能力之日當日匯率計算**。收購對價之差額計算如下：

$$差額_{外幣} =（投資成本_{外幣} + 非控制權益公允價值_{外幣}）- 股東權益_{外幣}$$

$$\begin{aligned}差額_{功能性貨幣} &= 差額_{外幣} \times 歷史匯率_{取得控制能力當日} \\ &=（投資成本_{外幣} + 非控制權益公允價值_{外幣} - 股東權益_{外幣}）\times 歷史匯率_{取得控制能力當日}\end{aligned}$$

2. 收購差額攤銷

收購差額之攤銷與期末帳面金額之表達，視此項差額之性質而定：

(1) **因貨幣性項目產生之差額**：差額攤銷應按**交易日匯率或平均匯率**轉換，期末未攤銷差額按資產負債表日現時匯率轉換。

(2) **因非貨幣性項目產生之差額**：差額攤銷及期末未攤銷差額均**按歷史匯率轉換**。

(二) 投資收益之決定

母公司應按子公司轉換後報表認列子公司投資收益，由於子公司轉換產生之兌換損益屬當期損益，母公司將子公司包含轉換差額之損益按持股比例認列即可。

$$投資收益 = 子公司淨利 \times 持股比例 - 差額攤銷數$$

(三) 期末投資帳戶之決定

子公司發放股利於報表轉換時係採用歷史匯率，亦即使用宣告日匯率轉換，故母公司收到股利時亦以宣告日匯率轉換入帳。當子公司宣告股利至期末尚未發放，則應以資產負債表日匯率轉換應付股利，而母公司帳上之應收股利亦按資產負債表日匯率轉換，二者金額相對，可於編製報表時沖銷。

母公司投資國外子公司期末帳戶餘額之計算可以恆等式計算如下：

$$\begin{array}{c}
\underset{\times歷史匯率}{投資成本} + \underset{\times歷史匯率}{非控制權益} = \underset{\times歷史匯率}{股東權益_{子公司}} \pm \underset{\times歷史匯率}{價值調整_{貨幣性}} \pm \underset{\times歷史匯率}{價值調整_{非貨幣性}} + 商譽 \\
+ \;收資收益\; + \underset{淨利}{非控制權益} = 淨利_{子公司轉換後} \pm \underset{\times平均匯率}{差額攤銷_{貨幣性}} \pm \underset{\times歷史匯率}{差額攤銷_{非貨幣性}} \\
- \underset{\times歷史匯率}{現金股利} - \underset{\times歷史匯率}{非控制股利} = \underset{\times歷史匯率}{現金股利_{子公司}} \\
\hline
\underset{投資成本}{再衡量} + \underset{控制權益}{再衡量非} = \underset{股東權益_{子公司}}{再衡量} \pm \underset{\times收盤匯率}{價值調整_{貨幣性}} \pm \underset{\times歷史匯率}{價值調整_{非貨幣性}} + 商譽
\end{array}$$

由上圖中可知，期末投資帳戶餘額有二種計算方式：

期末投資 = 期初投資 + 投資收益 − 股利

期末投資 = 期末子股東權益 × 持股比例 + 未攤銷差額

(四) 合併報表之編製

當國外子公司已按功能性貨幣衡量並編製財務報表，且功能性貨幣與表達貨幣相同，亦即「功能性貨幣＝表達貨幣」，母子公司編製合併報表之程序與一般投資國內子公司相同，茲不贅述。

> **釋例 八　權益法之國外投資再衡量會計處理**

台灣 P 公司於 X1 年 1 月 3 日支付 $8,424,000 新台幣取得大陸 S 公司 80% 股權，取得當日 S 公司股東權益包括股本 ¥1,000,000、資本公積 ¥500,000 及保留盈餘 ¥600,000，非控制權益公允價值為 $2,106,000 新台幣 (¥450,000)，收購對價與子公司股東權益差額為子公司未入帳之專利權，分 10 年攤銷。若 S 公司之功能性貨幣為新台幣，S 公司財務報表相關資料如下：

	X1 年 1 月 3 日 外幣	X1 年 1 月 3 日 新台幣	X1 年 12 月 31 日 外幣	X1 年 12 月 31 日 新台幣	X2 年 12 月 31 日 外幣	X2 年 12 月 31 日 新台幣
股本	¥1,000,000	$4,680,000	¥1,000,000	$4,680,000	¥1,000,000	$4,680,000
資本公積	500,000	2,340,000	500,000	2,340,000	500,000	2,340,000
保留盈餘	600,000	2,808,000	700,000	3,174,900	920,000	3,916,650
當期淨利			150,000	594,900	270,000	977,250
現金股利			50,000	228,000	50,000	235,500

相關匯率資料如下：

X1 年 1 月 3 日	$4.68	X1 年平均	$4.55
X1 年 12 月 31 日	$4.56	X2 年平均	$4.62
X2 年 12 月 31 日	$4.71		

試作：

1. 計算 X2 年度投資收益與非控制權益淨利。
2. 計算 X2 年 12 月 31 日投資帳戶與非控制權益餘額。
3. 作 X2 年度合併工作底稿沖銷分錄。

解析

1. 投資收益與非控制權益淨利計算：

   未入帳專利權 = ($8,424,000 + $2,106,000) − (¥1,000,000 + ¥500,000 + ¥600,000) × $4.68
   = $702,000

	投資收益	非控制權益淨利
X1 年度 S 公司淨利 $594,900 享有數	$475,920	$118,980
專利權攤銷（$702,000 ÷ 10）	(56,160)	(14,040)
X1 年度認列數	$419,760	$104,940
X2 年度 S 公司淨利 $977,250 享有數	$781,800	$195,450
專利權攤銷（$702,000 ÷ 10）	(56,160)	(14,040)
X2 年度認列數	$725,640	$181,410

2. X2 年 12 月 31 日投資帳戶與非控制權益餘額：

	投資帳戶	非控制權益
X1 年 1 月 1 日餘額	$8,424,000	$2,106,000
X1 年投資收益與非控制權益淨利	419,760	104,940
X1 年股利發放 $228,000	(182,400)	(45,600)
X2 年投資收益與非控制權益淨利	725,640	181,410
X2 年股利發放 $235,500	(188,400)	(47,100)
X2 年底餘額	$9,198,600	$2,299,650

〔驗算〕

		投資帳戶	+	非控制權益	=	股東權益	+	專利權
X1/1/3 餘額	外幣	¥1,800,000	+	¥450,000	=	¥2,100,000	+	¥150,000
	新台幣	$8,424,000	+	$2,106,000	=	$9,828,000	+	$702,000
X1 年淨利	外幣	108,000	+	27,000	=	150,000	+	(15,000)
	新台幣	419,760	+	104,940	=	594,900	+	(70,200)
X1 年股利	外幣	(40,000)	+	(10,000)	=	(50,000)		
	新台幣	(182,400)	+	(45,600)	=	(228,000)		
X1/12/31 餘額	外幣	¥1,868,000	+	¥467,000	=	¥2,200,000	+	¥135,000
	新台幣	$8,661,360	+	$2,165,340	=	$10,194,900	+	$631,800
X2 年淨利	外幣	204,000	+	51,000	=	270,000	+	(15,000)
	新台幣	725,640	+	181,410	=	977,250	+	(70,200)
X2 年股利	外幣	(40,000)	+	(10,000)	=	(50,000)		
	新台幣	(188,400)	+	(47,100)	=	(235,500)		
X2/12/31 餘額	外幣	¥2,032,000	+	¥508,000	=	¥2,420,000	+	¥120,000
	新台幣	$9,198,600	+	$2,299,650	=	$10,936,650	+	$561,600

3. 合併工作底稿沖銷分錄：

(1) 投資收益		725,640	
股利			188,400
投資子公司			537,240
(2) 股本（¥1,000,000 × $4.68）		4,680,000	
資本公積（¥500,000 × $4.68）		2,340,000	
保留盈餘		3,174,900	
專利權（$702,000 − $70,200）		631,800	
投資子公司			8,661,360
非控制權益			2,165,340
(3) 攤銷費用		70,200	
專利權			70,200
(4) 非控制權益淨利		181,410	
股利			47,100
非控制權益			134,310

二　換算：記帳貨幣＝功能性貨幣≠表達貨幣

當國外關聯企業或子公司之功能貨幣與記帳貨幣相同，而與母公司表達貨幣不同時，投資公司（或母公司）應將國外關聯企業或子公司之報表以母公司表達貨幣「換算」。以下就母公司於取得日之收購對價與差額分攤、投資期間採權益法損益份額與投資帳戶餘額之計算，以及合併報表編製程序分別說明之。

(一) 收購對價差額與攤銷

1. 收購對價差額

收購對價無論按母國貨幣或他國貨幣支付，在計算收購對價差額時均應將收購對價按功能性貨幣衡量。當母公司分次取得子公司股權時，轉換匯率以取得控制能力之日當日匯率計算。收購對價之差額計算如下：

差額$_{外幣}$＝（投資成本$_{外幣}$＋非控制權益公允價值$_{外幣}$）－股東權益$_{外幣}$

差額$_{功能性貨幣}$＝差額$_{外幣}$×歷史匯率$_{取得控制能力當日}$

　　　　　　＝（投資成本$_{外幣}$＋非控制權益公允價值$_{外幣}$－股東權益$_{外幣}$）×歷史匯率$_{取得控制能力當日}$

2. 收購差額攤銷

母公司在計算投資收益及編製合併報表時，**收購對價差額攤銷數應按平均匯率換算，列於損益表，期末未攤銷差額則按期末收盤匯率換算，列於資產負債表**。由於收購差額期初餘額與期末餘額係按當期期末收盤匯率轉換，攤銷數則按平均匯率轉換，因此將使收購差額項目產生換算調整數。由於此項換算調整數係因母公司投資子公司所產生，故在母公司帳上應作相對調整。相關計算及分錄如下：

收購溢價差額

期初數　外幣金額×歷史匯率	攤銷數　外幣金額×平均匯率
換算調整數	
期末數　外幣金額×收盤匯率	

換算調整數＝收購差額期末餘額×現時匯率$_{本期末}$
　　　　　　－（期初餘額×現時匯率$_{上期末}$－攤銷數×平均匯率）

假設上式中換算調整數為正，母公司應依持股比例於帳上調整增加投資帳戶，並貸記「換算調整數」，惟須注意若非控制權益按子公司淨資產公允價值比例衡量，則商譽所產生之提算調整數，均為母公司認列，分錄為：

　　投資子公司　　　　　　　　　　×××
　　　其他綜合損益－換算調整數　　　　　×××

(二)投資收益之決定

母公司應就子公司轉換後報表認列子公司投資收益,而子公司換算報表中所產生之換算調整數,母公司亦應按持股比例認列。相關計算及分錄如下:

$$投資收益 = (子公司淨利_{外幣} - 攤銷數) \times 平均匯率 \times 持股比例$$

$$母公司認列換算調整數 = 報表換算調整數變動數 \times 持股比例$$

假設子公司換算報中換算調整數為貸餘,亦即為權益之加項,母公司應於帳上按持股比例調整增加投資帳戶,並貸記「換算調整數」,分錄為:

投資子公司	×××	
投資收益		×××
投資子公司	×××	
其他綜合損益－換算調整數		×××　➡ 換算調整數×持股比例

(三)期末投資帳戶之決定

子公司發放股利於報表換算時係採用歷史匯率,亦即使用宣告日匯率轉換,故**母公司收到股利時亦以宣告日匯率轉換入帳**。當子公司宣告股利至期末尚未發放,則應以資產負債表日匯率轉換應付股利,而母公司帳上之應收股利亦按資產負債表日匯率轉換,二者金額相對,可於編製報表時沖銷。

母公司投資國外子公司期末帳戶餘額之計算可以恆等式計算如下:

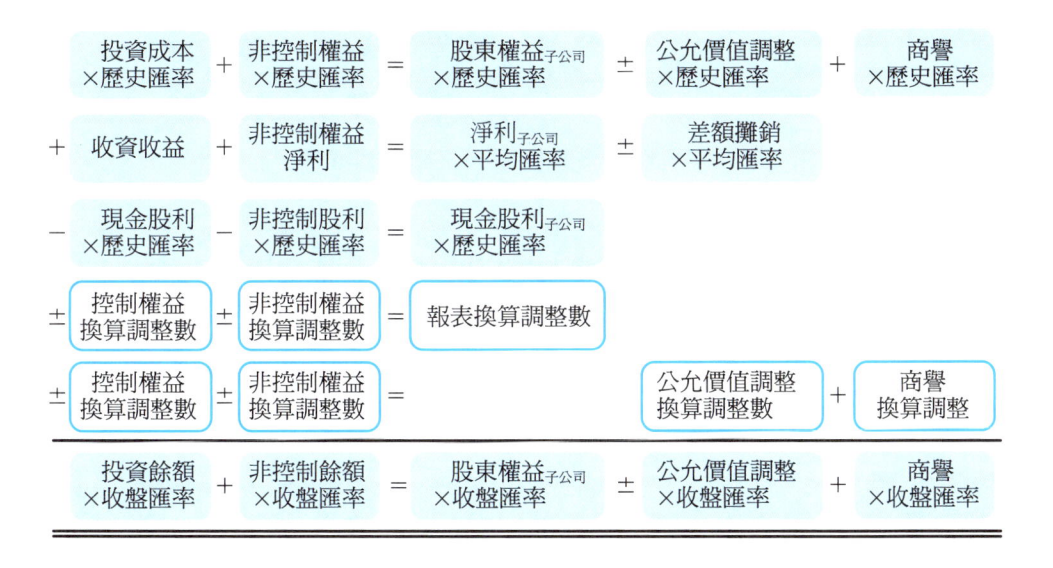

$$\begin{array}{c}
\begin{pmatrix}投資成本\\ \times歷史匯率\end{pmatrix} + \begin{pmatrix}非控制權益\\ \times歷史匯率\end{pmatrix} = \begin{pmatrix}股東權益_{子公司}\\ \times歷史匯率\end{pmatrix} + \begin{pmatrix}公允價值調整\\ \times歷史匯率\end{pmatrix} + \begin{pmatrix}商譽\\ \times歷史匯率\end{pmatrix}\\
+\ 投資收益\ +\ \begin{pmatrix}非控制權益\\淨利\end{pmatrix} = \begin{pmatrix}淨利_{子公司}\\ \times平均匯率\end{pmatrix} \pm \begin{pmatrix}差額攤銷\\ \times平均匯率\end{pmatrix}\\
-\ \begin{pmatrix}現金股利\\ \times歷史匯率\end{pmatrix} - \begin{pmatrix}非控制股利\\ \times歷史匯率\end{pmatrix} = \begin{pmatrix}現金股利_{子公司}\\ \times歷史匯率\end{pmatrix}\\
\pm \begin{pmatrix}控制權益\\換算調整數\end{pmatrix} \pm \begin{pmatrix}非控制權益\\換算調整數\end{pmatrix} = 報表換算調整數\\
\pm \begin{pmatrix}控制權益\\換算調整數\end{pmatrix} \pm \begin{pmatrix}非控制權益\\換算調整數\end{pmatrix} = \begin{pmatrix}公允價值調整\\換算調整數\end{pmatrix} + \begin{pmatrix}商譽\\換算調整\end{pmatrix}\\
\hline
\begin{pmatrix}投資餘額\\ \times收盤匯率\end{pmatrix} + \begin{pmatrix}非控制餘額\\ \times收盤匯率\end{pmatrix} = \begin{pmatrix}股東權益_{子公司}\\ \times收盤匯率\end{pmatrix} \pm \begin{pmatrix}公允價值調整\\ \times收盤匯率\end{pmatrix} + \begin{pmatrix}商譽\\ \times收盤匯率\end{pmatrix}
\end{array}$$

由上圖中可知,期末投資帳戶餘額有二種計算方式:

期末投資 = 期初投資 + 投資收益 − 股利 ± 換算調整數
　　　　 = (子公司股東權益$_{期末}$ × 持股比例 + 未攤銷差額) × 現時匯率$_{本期末}$

(四) 合併報表之編製

當國外子公司已按功能性貨幣衡量並編製財務報表,但功能性貨幣與表達貨幣不同,亦即「功能性貨幣 ≠ 表達貨幣」,母子公司在編製合併報表前,應先按母公司表達貨幣換算子公司財務報表,子公司報表換算所產生之換算調整數,母公司必須按持股比例認列,同時調整投資帳戶餘額。編製合併報表之程序可按下列恆等式說明之:

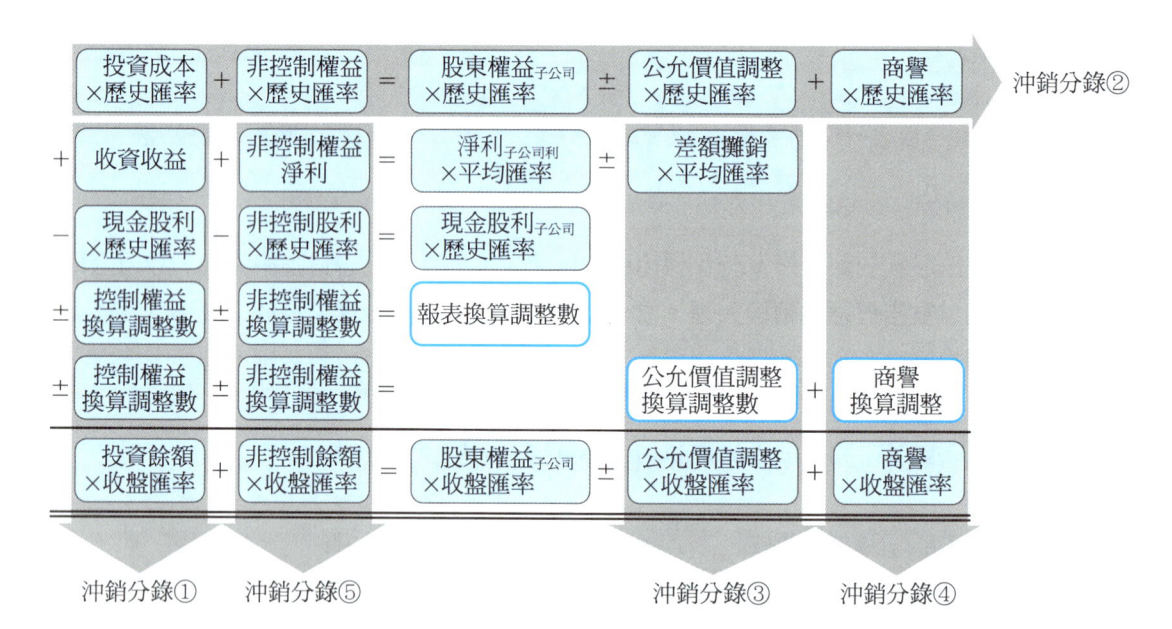

投資成本×歷史匯率	+	非控制權益×歷史匯率	=	股東權益$_{子公司}$×歷史匯率	±	公允價值調整×歷史匯率	+	商譽×歷史匯率	→ 沖銷分錄②
+ 投資收益	+	非控制權益淨利	=	淨利$_{子公司利}$×平均匯率	±	差額攤銷×平均匯率			
− 現金股利×歷史匯率	−	非控制股利×歷史匯率	=	現金股利$_{子公司}$×歷史匯率					
± 控制權益換算調整數	±	非控制權益換算調整數	=	報表換算調整數					
± 控制權益換算調整數	±	非控制權益換算調整數	=			公允價值調整換算調整數	+	商譽換算調整	
投資餘額×收盤匯率	+	非控制餘額×收盤匯率	=	股東權益$_{子公司}$×收盤匯率	±	公允價值調整×收盤匯率	+	商譽×收盤匯率	
↓沖銷分錄①		↓沖銷分錄⑤				↓沖銷分錄③		↓沖銷分錄④	

沖銷分錄①,沖銷投資收益、股利及本期認列之換算調整數:

投資收益	×××	
股利		×××
換算調整數		××× ➜ 沖銷本期認列換算調整數

沖銷分錄②,沖銷投資帳戶與子公司股東權益(期初換算調整數餘額)期初餘額,列出期初非控制權益餘額:

股本	×××		➜ 股本外幣 × 匯率$_{取得控制日}$
資本公積	×××		➜ 資本公積外幣 × 匯率$_{取得控制日}$
保留盈餘	×××		➜ 上期餘額
未攤銷差額	×××		➜ 期初數
投資子公司		×××	➜ 期初數
非控制權益		×××	➜ 期初數
換算調整數		×××	➜ 沖銷期初報表換算調整數

沖銷分錄③，認列本期攤銷費用及換算調整數：

攤銷費用	×××	
專利權		×××
換算調整數		××× ← 沖銷本期認列換算調整數

沖銷分錄④，沖銷非控制權益淨利、股利及本期認列之換算調整數：

非控制權益淨利	×××	
股利		×××
非控制權益		×××
換算調整數		××× ← 沖銷本期認列換算調整數

釋例九 權益法之國外投資換算會計處理

台灣 P 公司於 X1 年 1 月 3 日支付 $8,424,000 新台幣取得大陸 S 公司 80% 股權，取得當日 S 公司股東權益包括股本 ¥1,000,000、資本公積 ¥500,000 及保留盈餘 ¥600,000，非控制權益公允價值為 $2,106,000 新台幣（¥450,000），收購對價與子公司股東權益差額為子公司未入帳之專利權，分十年攤銷。若 S 公司之功能性貨幣為人民幣，S 公司財務報表相關資料如下：

| | X1 年 1 月 3 日 | | X1 年 12 月 31 日 | | X2 年 12 月 31 日 | |
	外幣	新台幣	外幣	新台幣	外幣	新台幣
股本	¥1,000,000	$4,680,000	¥1,000,000	$4,680,000	¥1,000,000	$4,680,000
資本公積	500,000	2,340,000	500,000	2,340,000	500,000	2,340,000
保留盈餘	600,000	2,808,000	700,000	3,262,500	920,000	4,274,400
換算調整數				(250,500)		103,800
當期淨利			150,000	682,500	270,000	1,247,400
現金股利			50,000	228,000	50,000	235,500

相關匯率資料如下：

X1 年 1 月 3 日	$4.68	X1 年平均	$4.55
X1 年 12 月 31 日	$4.56	X2 年平均	$4.62
X2 年 12 月 31 日	$4.71		

試作：

1. 計算 X2 年度投資收益與非控制權益淨利。
2. 計算 X2 年 12 月 31 日投資帳戶與非控制權益餘額。
3. 作 X1 年度與 X2 年度投資 S 公司應有之會計分錄。
4. 製作 X2 年度合併工作底稿。

解析

1. 專利權 = ($8,424,000 ÷ $4.68) + ¥450,000 − (¥1,000,000 + ¥500,000 + ¥600,000) = ¥150,000

	投資收益	非控制權益淨利
X1年度甲公司淨利享有數	$546,000	$136,500
專利權攤銷（¥15,000 × $4.55）	(54,600)	(13,650)
X1年度認列數	$491,400	$122,850
X2年度甲公司淨利享有數	$997,920	$249,480
專利權攤銷（¥15,000 × $4.62）	(55,440)	(13,860)
X2年度認列數	$942,480	$235,620

2. (1) 專利權攤銷產生換算調整數：

X1年初	¥150,000 × 4.68 =	$702,000
X1年度攤銷	¥(15,000) × 4.55 =	(68,250)
X1年度換算調整數		(18,150)
X2年初	¥135,000 × 4.56 =	$615,600
X2年度攤銷	¥(15,000) × 4.62 =	(69,300)
X2年度換算調整數		18,900
X2年底	¥120,000 × 4.71	$565,200

(2) X2年度報表換算調整數增加數 = $103,800 − (−$250,500) = $354,300

(3) X2年12月31日投資帳戶餘額：

	投資帳戶	非控制權益
X1年1月1日餘額	$8,424,000	$2,106,000
X1年投資收益與非控制權益淨利	491,400	122,850
X1年股利發放 $228,000	(182,400)	(45,600)
X1年度換算調整數 ($18,150 + $250,500)	(214,920)	(53,730)
X1年底餘額	$8,518,080	$2,129,520
X2年投資收益與非控制權益淨利	942,480	235,620
X2年股利發放 $235,500	(188,400)	(47,100)
X2年度換算調整數 ($18,900 + $354,300)	298,560	74,640
X2年底餘額	$9,570,720	$2,392,680

第 12 章　國外營運機構之會計處理

〔驗算〕

		投資帳戶	+	非控制權益	=	股東權益	+	專利權
X1/1/3 餘額	外幣	¥1,800,000	+	¥450,000	=	¥2,100,000	+	¥150,000
	新台幣	$8,424,000	+	$2,106,000	=	$9,828,000	+	$702,000
X1 年淨利	外幣	108,000	+	27,000	=	150,000	+	(15,000)
	新台幣	491,400	+	122,850	=	682,500	+	(68,250)
X1 年股利	外幣	(40,000)	+	(10,000)	=	(50,000)		
	新台幣	(182,400)	+	(45,600)	=	(228,000)		
換算調整數		(214,920)	+	(53,730)	=	(250,500)		(18,150)
X1/12/31 餘額	外幣	¥1,868,000	+	¥467,000	=	¥2,200,000	+	¥135,000
	新台幣	$8,518,080	+	$2,129,520	=	$10,032,000	+	$615,600
X2 年淨利	外幣	204,000	+	51,000	=	270,000	+	(15,000)
	新台幣	942,480	+	235,620	=	1,247,400	+	(69,300)
X2 年股利	外幣	(40,000)	+	(10,000)	=	(50,000)		
	新台幣	(188,400)	+	(47,100)	=	(235,500)		
換算調整數		298,560	+	74,640	=	354,300		18,900
X2/12/31 餘額	外幣	¥2,032,000	+	¥508,000	=	¥2,420,000	+	¥120,000
	新台幣	$9,570,720	+	$2,392,680	=	$11,398,200	+	$565,200

3. 母公司帳列投資相關分錄：

X1 年			X2 年		
X1 年 1 月 1 日					
投資子公司	8,424,000				
現金		8,424,000			
X1 年間			X2 年間		
現金	182,400		現金	188,400	
投資子公司		182,400	投資子公司		188,400
X1 年 12 月 31 日			X2 年 12 月 31 日		
投資子公司	491,400		投資子公司	942,480	
投資收益		491,400	投資收益		942,480
X1 年 12 月 31 日			X2 年 12 月 31 日		
OCI–採權益法認列			投資子公司	298,560	
之換算調整數	214,920		OCI–採權益法認列		
投資子公司		214,920	之換算調整數		298,560

4. X2 年度合併工作底稿

	P公司	S公司	沖銷分錄 借方	沖銷分錄 貸方	合併損益表	合併保留盈餘表	合併資產負債表
借方							
現金	2,460,280	1,789,800					4,250,080
應收帳款	4,875,000	1,931,100					6,806,100
存貨	8,724,000	2,355,000					11,079,000
設備	11,727,000	15,896,250					27,623,250
專利權	2,400,000	3,202,800	② 615,600	③ 50,400			6,168,000
投資 S 公司	9,570,720			① 1,052,640 ② 8,518,080			0
銷貨成本	11,200,000	4,620,000			(15,820,000)		
折舊費用	4,250,000	2,310,000			(6,560,000)		
攤銷費用	1,300,000	369,600	③ 69,300		(1,738,900)		
其他費用	1,993,000	462,000			(2,455,000)		
股利	1,500,000	235,500		① 188,400 ④ 47,100		(1,500,000)	
合計	60,000,000	33,172,050					55,926,430
貸方							
應付帳款	8,173,360	4,356,750					12,530,110
長期借款	12,000,000	9,420,000					21,420,000
股本	10,000,000	4,680,000	② 4,680,000				10,000,000
資本公積	5,000,000	2,340,000	② 2,340,000				5,000,000
保留盈餘,1/1	3,000,000	3,262,500	② 3,262,500			3,000,000	
換算調整數	83,640	103,800	① 298,560 ④ 74,640	② 250,500 ③ 18,900			83,640
銷貨收入	20,000,000	8,316,000			28,316,000		
投資收益	942,480		① 942,480		0		
兌換損益	800,520	693,000			1,493,520		
合計	60,000,000	33,172,050					
非控制權益				② 2,129,520 ④ 263,160			2,392,680
非控制權益淨利			④ 235,620		(235,620)		
控制權益淨利					3,000,000	3,000,000	
保留盈餘,12/31						4,500,000	4,500,000
			12,518,700	12,518,700			55,926,430

合併工作底稿沖銷分錄：

①	投資收益	942,480	
	換算調整數	298,560	
	股利		188,400
	投資子公司		1,052,640
②	股本	4,680,000	
	資本公積	2,340,000	
	保留盈餘	3,262,500	
	專利權	615,600	
	換算調整數		250,500
	投資子公司		8,518,080
	非控制權益		2,129,520
③	攤銷費用	69,300	
	換算調整數		18,900
	專利權		50,400
④	非控制權益淨利	235,620	
	換算調整數	74,640	
	股利		47,100
	非控制權益		263,160

三　母子公司間交易之處理

(一) 母子公司間往來帳款

　　母子公司間進銷貨交易所產生之應收應付款屬於貨幣性資產負債，母子公司於個別帳上之會計處理，視該交易基準貨幣、子公司功能性貨幣與表達貨幣而定：

1. 交易基準貨幣非表達貨幣

(1) 再衡量：基準貨幣≠功能性貨幣≠表達貨幣

　　以順流交易為例，台灣母公司銷售一批商品予美國子公司，售價 US$10,000，該筆交易以美元作為基準貨幣，若交易日與結帳日之匯率分別為 $31 及 $32，美國子公司功能性貨幣為新台幣，表達貨幣為美元。

（〔基準貨幣：美元〕≠〔功能性貨幣：新台幣〕≠〔表達貨幣：美元〕）

①母公司之處理：母公司應在銷貨日將交易金額 US$10,000，按交易日匯率 $31，認列 NT$310,000 之應收帳款與銷貨收入，但母公司認列之應收帳款 US$10,000 屬外

幣貨幣性資產，期末應按資產負債表日現時匯率 $32 評價，將應收帳款帳面金額調整為 NT$320,000，並認列 NT$10,000 之兌換利益。

②子公司之處理：由於交易基準貨幣非功能性貨幣，該進貨交易應按功能性貨幣再衡量，進貨之應付帳款屬貨幣性項目，再衡量應按資產負債表日現時匯率轉換，差額認列兌換損益。子公司期末應按 $32 再衡量應付帳款，應付帳款再衡量之帳面金額為 NT$320,000，並認列 NT$10,000 之兌換損失。

③合併報表之處理：當編製合併報表時，子公司應付帳款與母公司應收帳款為相對項目且金額相等（均以資產負債表日現時匯率計算），應予沖銷。

(2) 換算：基準貨幣＝功能性貨幣≠表達貨幣

以順流交易為例，台灣母公司銷售一批商品予美國子公司，售價 US$10,000，該筆交易以美元作為基準貨幣，若交易日與結帳日之匯率分別為 $31 及 $32，美國子公司功能性貨幣為美元，表達貨幣為新台幣。

（〔基準貨幣：美元〕＝〔功能性貨幣：美元〕≠〔表達貨幣：新台幣〕）

①母公司之處理：母公司應在銷貨日將交易金額 US$10,000，按交易日匯率 $31，認列 NT$310,000 之應收帳款與銷貨收入，但母公司認列之應收帳款 US$10,000 屬外幣貨幣性資產，期末應按資產負債表日現時匯率 $32 評價，將應收帳款帳面金額調整為 NT$320,000，並認列 NT$10,000 之兌換利益。

②子公司之處理：雖然交易基準貨幣為功能性貨幣，但功能性貨幣非表達貨幣，該進貨交易應按表達貨幣換算，進貨之應付帳款屬貨幣性項目，換算應按資產負債表日現時匯率轉換，差額認列換算調整數。子公司期末應按 $32 換算應付帳款，應付帳款換算之帳面金額為 NT$320,000，並認列 NT$10,000 之換算調整數。

③合併報表之處理：當編製合併報表時，子公司應付帳款與母公司應收帳款為相對項目且金額相等（均以資產負債表日現時匯率計算），應予沖銷。

2. 交易基準貨幣為表達貨幣

以順流交易為例，母公司認列之應收帳款按本國貨幣表達，期末毋須調整。前例中，母公司於交易日認列 $310,000 之應收帳款與銷貨收入，期末毋須再對匯率變動作調整。

以順流交易為例，台灣母公司銷售一批商品予美國子公司，售價 NT$310,000（US$10,000），該筆交易以新台幣作為基準貨幣，若交易日與結帳日之匯率分別為 $31 及 $32，美國子公司功能性貨幣為美元，台灣母公司表達貨幣為新台幣。

（〔基準貨幣：新台幣〕＝〔表達貨幣：新台幣〕≠〔功能性貨幣：美元〕）

(1) 母公司之處理：母公司應在銷貨日於帳上認列 NT$310,000 之應收帳款與銷貨收入，且因交易基準貨幣為新台幣（嗣後付款均按 NT$310,000 結清），故母公司期末無須

對於匯率變動作調整。

(2) 子公司之處理：子公司應在進貨日於帳上認列 NT$310,000 之應付帳款與進貨，且因交易基準貨幣為新台幣（嗣後付款均按 NT$310,000 結清），故子公司帳列應付帳款應維持 NT$310,000，使合併工作底稿上母子公司之應收應付款金額相等，亦即子公司帳列應付帳款均應按交易發生之匯率 $31 轉換，無論其功能性貨幣為何。

(3) 合併報表之處理：當編製合併報表時，子公司應付帳款與母公司應收帳款為相對項目且金額相等，應予沖銷。

(二) 母子公司間未實現利潤

母公司與國外子公司**進銷貨交易所導致之未實現損益，與相對之進貨銷貨項目，應按銷貨日當日匯率轉換之**。若聯屬公司間進銷貨**交易筆數較多，且子公司報表通常亦以平均匯率換算進銷貨項目，則聯屬公司間之存貨交易可採用平均匯率計算**。

釋例十　集團間內部交易所產生貨幣性項目之兌換差額與未實現利潤沖銷

台灣母公司持有美國子公司 100% 股權，本年度母子公司間發生銷貨交易，售價為 10,000 美元或新台幣 $300,000，銷貨毛利 $60,000，若買方至年底尚未出售該批存貨，且買方尚未支付貨款。假設母公司之功能性貨幣為新台幣，子公司之功能性貨幣為美元，當年度美元兌新台幣匯率資料如下：銷貨日匯率 US$1 = $30、期末匯率 US$1 = $32、當年度平均匯率 US$1 = $31。

試按下列四種情況作母公司、子公司及合併工作底稿有關該筆銷貨交易之分錄。

情況一：順流交易，該筆銷貨交易以新台幣計價。
情況二：順流交易，該筆銷貨交易以美元計價。
情況三：逆流交易，該筆銷貨交易以新台幣計價。
情況四：逆流交易，該筆銷貨交易以美元計價。

解析

1. 情況一：順流交易，該筆銷貨交易以新台幣計價 → 美國子公司之外幣交易
   應付帳款（貨幣性負債）產生兌換利益 = 10,000 − ($300,000 ÷ $32) = 625（美元）
   期末子公司存貨（非貨幣性資產）按期末匯率換算 = 10,000 × $32 = $320,000
   期末子公司應付帳款（貨幣性負債）按期末匯率換算 = 9,375 × $32 = $300,000

	台灣母公司（新台幣）			美國子公司（美元）	
交易日	應收帳款	300,000	存貨	10,000	
	銷貨收入		300,000	應付帳款－外幣		10,000
	銷貨成本	240,000			
	存貨		240,000		
編表日	（無分錄）		應付帳款－外幣	625	
			兌換利益		625

2. 情況二：順流交易，該筆銷貨交易以美元計價→台灣母公司之外幣交易

   應收帳款（貨幣性資產）產生兌換利益 = (10,000 × $32) − $300,000 = $20,000
   期末子公司存貨（非貨幣性資產）按期末匯率換算 = 10,000 × $32 = $320,000
   期末子公司應付帳款（貨幣性負債）按期末匯率換算 = 10,000 × $32 = $320,000

	台灣母公司（新台幣）			美國子公司（美元）	
交易日	應收帳款－外幣	300,000	存貨	10,000	
	銷貨收入		300,000	應付帳款		10,000
	銷貨成本	240,000			
	存貨		240,000		
編表日	應收帳款－外幣	20,000	（無分錄）		
	兌換利益		20,000		

3. 情況三：逆流交易，該筆銷貨交易以新台幣計價→美國子公司之外幣交易

   應收帳款（貨幣性資產）產生兌換損失 = ($300,000 ÷ $32) − 10,000 = −625（美元）
   期末子公司應收帳款（貨幣性資產）按期末匯率換算 = 9,375 × $32 = $300,000

	台灣母公司（新台幣）			美國子公司（美元）	
交易日	存貨	300,000	應收帳款－外幣	10,000	
	應付帳款		300,000	銷貨收入		10,000
				銷貨成本	8,000	
				存貨		8,000
編表日	（無分錄）		兌換損益	625	
			應收帳款－外幣		625

4. 情況四：逆流交易，該筆銷貨交易以美元計價→台灣母公司之外幣交易

   應付帳款（貨幣性負債）產生兌換損失 = $300,000 − (10,000 × $32) = −$20,000
   期末子公司應收帳款（貨幣性資產）按期末匯率換算 = 10,000 × $32 = $320,000

	台灣母公司（新台幣）		美國子公司（美元）	
交易日	存貨	300,000	應收帳款	10,000
	應付帳款－外幣	300,000	銷貨收入	10,000
			銷貨成本	8,000
			存貨	8,000
編表日	兌換損益	20,000	（無分錄）	
	應付帳款－外幣	20,000		

情況一至情況四之沖銷分錄如下：

	情況一		情況二		情況三		情況四	
應付帳款	300,000		320,000		300,000		320,000	
應收帳款		300,000		320,000		3000,000		320,000
銷貨收入	300,000		300,000		300,000		300,000	
銷貨成本		300,000		300,000		3000,000		3000,000
銷貨成本	60,000		60,000		60,000		60,000	
存貨		60,000		60,000		60,000		60,000

情況一至情況四合併報表之存貨與兌換損益如下：

	情況一	情況二	情況三	情況四
存貨	$320,000 − $60,000 = $260,000	$320,000 − $60,000 = $260,000	$300,000 − $60,000 = $240,000	$300,000 − $60,000 = $240,000
兌換（損）益	$31 × 625 = $19,375	$20,000	$31 × −625 = ($19,375)	($20,000)

釋例十一　母公司與國外子公司間交易之處理

台灣母公司於 ×1 年初以 €52,000 取得西班牙子公司 90% 股權，取得當日西班牙子公司股東權益包括股本 €40,000 及保留盈餘 €12,000，未控制權益公允價值為 €6,000，子公司淨資產帳面金額與公允價值差額係未入帳之專利權 €4,000，分五年攤銷。×1 年度母子公司間交易如下：

子公司於 8 月 1 日將成本 €8,000 的商品以 €10,000 之價格出售給母公司，該批商品在 ×1 年底仍有 40% 尚未售出，母公司於 10 月 1 日支付半數貨款，另有半數貨款尚未支付。

母公司於 10 月 1 日將帳面金額 $1,000,000 之設備以 $1,200,000 之價格出售予子公司,該設備貨款屬於母公司對子公司之長期墊款,短期內不擬收回。設備耐用年限 10 年,無殘值,以直線法提列折舊。

假設西班牙子公司之功能性貨幣為歐元,西班牙子公司 X1 年度淨利為 €10,000,X1 年度歐元對新台幣之匯率資料如下:

1 月 1 日	$40.5	8 月 1 日	$41.2
10 月 1 日	$40.0	12 月 31 日	$41.5
全年平均	$40.8		

試作:

1. 母、子公司 X1 年度進銷貨交易之相關分錄。
2. 母、子公司 X1 年度設備交易之相關分錄。
3. 計算 X1 年度投資收益。
4. 母、子公司 X1 年度合併工作底稿之沖銷分錄。

解析

〔基準貨幣＝功能性貨幣:歐元〕≠〔表達貨幣:新台幣〕→換算

商譽 ＝ (€52,000 + €6,000) − (€40,000 + €12,000) − €4,000 = €2,000

1. 逆流銷貨交易:該進銷貨交易對母公司而言屬外幣交易,期末需對外幣貨幣性負債調整,子公司則無須調整。

	台灣母公司(新台幣)			西班牙子公司(歐元)	
8 月 1 日	進貨	412,000		應收帳款	10,000
	應付帳款－外幣		412,000	銷貨收入	10,000
				銷貨成本	8,000
				存貨	8,000
10 月 1 日	應付帳款－外幣	206,000		現金	5,000
	現金		200,000	應收帳款	5,000
	兌換損益		6,000		
12 月 31 日	兌換損益	1,500		無分錄	
	應付帳款－外幣		1,500		

2. 順流設備交易:該設備交易對子公司而言屬外幣交易,期末需對外幣貨幣性負債調整,母公司則無須調整。

子公司認列換算調整數 ＝ ($1,200,000 ÷ 41.5) − ($1,200,000 ÷ 40) = €1,084

	台灣母公司（新台幣）			西班牙子公司（歐元）	
10月1日	應收子公司款項	1,200,000	設備	30,000	
	設備		1,000,000	應付母公司款項		30,000
	處分資產利益		200,000		
12月31日	無分錄		應付母公司款項	1,084	
			換算調整數		1,084

3. (1) 專利權攤銷產生換算調整數：

X1年初	€4,000	× 40.5	=	$162,000
X1年度攤銷	(800)	× 40.8	=	(32,640)
X1年度換算調整數				3,440
X1年底	3,200	× 41.5	=	$132,800

(2) 商譽產生換算調整數：

X1年初	2,000	× 40.5	=	$81,000
X1年度換算調整數				2,000
X1年底	2,000	× 41.5	=	$83,000

(3) X1年底報表換算調整數：

X1年底股本	€40,000	× 40.5	=	$1,620,000
X1年底保留盈餘	12,000	× 40.5	=	486,000
X1年淨利	10,000	× 40.8	=	408,000
X1年度換算調整數				59,000
X1年底應有餘額	62,000	× 41.5	=	$2,573,000

4. 逆流銷貨未實現利益 = (€10,000 − €8,000) × 40% × $40.8 = $32,640

順流設備未實現利益 = $1,200,000 − $1,000,000 = $200,000

順流設備已實現利益 = $200,000 × 1/10 × 3/12 = $5,000

	投資收益	非控制權益淨利
X1年度子公司淨利（$40.8 × €10,000）	$367,200	$40,800
專利權攤銷（$40.8 × €800）	(29,376)	(3,264)
逆流銷貨未實現利益	(29,376)	(3,264)
順流設備未實現利益	(195,000)	
X1年度認列數	$113,448	$34,272

	投資帳戶	非控制權益
X1年1月1日餘額	$2,106,000	$243,000
X1年投資收益與非控制權益淨利	113,448	34,272
X1年度換算調整數		
（$3,440 + $2,000 + $59,000）	57,996	6,444
X1年底餘額	$2,277,444	$283,716

〔驗算〕

子公司X21年12月31日股東權益：

股本 $41.5 × €40,000	$1,660,000
保留盈餘 $41.5 × (€12,000 + €10,000)	913,000
專利權 $41.5 × (€4,000 − €800)	132,800
商譽 $41.5 × €2,000	83,000
逆流未實現利益 $40.8 × €2,000 × 40%	(32,640)
順流未實現利益 ($195,000)	(195,000)
合計	$2,561,160
投資帳戶餘額（90%）	$2,277,444
非控制權益餘額（10%）	283,716
	$2,561,160

沖銷分錄：

(1) 投資收益	113,448	
換算調整數	57,996	
投資子公司		171,444
(2) 股本（€40,000 × $40.5）	1,620,000	
保留盈餘（€12,000 × $40.5）	486,000	
專利權（€4,000 × $40.5）	162,000	
商譽（€2,000 × $40.5）	81,000	
投資子公司		2,106,000
非控制權益		243,000
(3) 攤銷費用	32,640	
換算調整數		3,440
專利權		29,200
商譽	2,000	
換算調整數		2,000
(4) 銷貨收入（$40.8 × €10,000）	408,000	
銷貨成本		408,000

(5) 銷貨成本（$40.8 × €800）	32,640	
存貨		32,640
(6) 應付帳款－西班牙子公司	207,500	
應收帳款－台灣母公司		207,500
(7) 出售設備利益	200,000	
累計折舊	5,000	
設備		200,000
折舊費用		5,000
(8) 應付母公司款項（$41.5 × €28,916）	1,200,000	
應收子公司款項		1,200,000
(9) 非控制權益淨利	34,272	
換算調整數	6,444	
非控制權益		40,716

(三) 長期性質之應收應付款

母公司與國外子公司之應收應付款若不擬於短期內償付而具有長期性質時，期末餘額應按資產負債表現時匯率轉換，換算時產生之轉換差額需列入其他綜合損益（結轉至股東權益下之其他權益），不得列為當期損益。而母子公司編製合併報表時，因母子公司應收應付款均按期末現時匯率計算，故可完全沖銷。

四　處分國外子公司股權

母公司可能經由出售、清算、返還股本或放棄全部或部分所持有國外子公司股權之方式，處分或部分處分其國外子公司之權益。處分或部分處分投資子公司所導致的持股比例變動，已於本書第 6 章說明，而當母公司處分或部分處分國外子公司時，對於子公司換算報表上之「換算調整數」的處理，則視母公司是否喪失控制權而有所不同，茲分述如下：

(一) 未喪失控制權

當母公司處分部分國外子公司權益，且未影響其控制權時，母公司應**按比例將認列於其他綜合損益之累計兌換差額重新歸屬予**該國外子公司之非控制權益，無任何金額重分類至損益。

(二) 喪失控制權

當母公司處分國外子公司時，與該國外子公司相關且認列於其他綜合損益並累計於權益項下之單獨組成部分之累計兌換差額總數，**應於認列處分損益時作為重分類調整，自權益重分類至損益**。

釋例十二　國外營運機構淨投資：投資收益與處分投資

乙公司於 X1 年 1 月 1 日投資 300,000 美元於美國成立一子公司（其功能性貨幣及表達貨幣均為美元）。X1 年 12 月 31 日子公司總資產為 452,000 美元，包括現金 52,000 美元及固定資產 400,000 美元，負債 100,000 美元，股東權益 352,000 美元（包括母公司原始投資 300,000 美元及當年度營運利益 52,000 美元）。X1 年初、X1 年底（X2 年初）與 X1 年平均匯率分別為 $33.1、$33.8、$33.5，子公司 X1 年度換算報表如下：

美國子公司
X1 年 12 月 31 日

	美元	新台幣		美元	新台幣
資產			負債	US$100,000	$ 3,380,000
現金	US$52,000	$ 1,757,600	權益		
固定資產	400,000	13,520,000	投入資本	300,000	9,930,000
			保留盈餘	52,000	1,742,000
			換算調整數		225,600
	US$452,000	$15,277,600		US$452,000	$15,277,600

若 X2 年 1 月 1 日乙公司認為該子公司營運成效不彰，故決議將其全數出售，得款 250,000 美元，試作乙公司關於國外投資之會計分錄。

解析

投資入帳金額 = $33.1 × US$300,000 = $9,930,000
X1 年度投資收益 = $33.5 × US$52,000 = $1,742,000
期末投資帳戶應有餘額 = $33.8 × US$352,000 = $11,897,600
換算調整數 = $11,897,600 − ($9,930,000 + $1,742,000) = $225,600

X1 年 1 月 1 日	採用權益法投資	9,930,000	
	現金		9,930,000
X1 年 12 月 31 日	採用權益法投資	1,742,000	
	投資收益		1,742,000
X1 年 12 月 31 日	採用權益法投資	225,600	
	OCI－採權益法認列之換算調整數		225,600
結帳分錄	OCI－採權益法認列之換算調整數	225,600	
	其他權益－採權益法認列之換算調整數		225,600

處分投資得款 = $33.8 × US$250,000 = $8,450,000
處分損失 = $8,450,000 − ($11,897,600 − $225,600) = ($3,222,000)

X2年1月1日	現金	8,450,000	
	處分投資損失	3,447,600	
	採用權益法投資		11,897,000
	處分投資損失	225,600	
	OCI－採權益法認列之換算調整數－重分類調整		225,600

五　合併現金流量表之編製程序

合併現金流量表的編製程序已於第 8 章說明，母子公司合併現金流量表編製程序如下：

編製合併資產負債表與損益表 → 分析現金以外項目之變動 → 將現金流入分類為營業、投資及籌資活動 → 辨認不影響現金之重大投資及籌資活動 → 編製合併現金流量表

(一) 再衡量：記帳貨幣 ≠ 功能性貨幣 = 表達貨幣

當國外子公司功能性貨幣為母國貨幣，子公司外幣報表「再衡量」為母國貨幣報表，再衡量轉換差額影響未來現金流量，應列入子公司損益表中，**亦將影響合併現金流量表中營業活動現金流量**，合併現金流量表之編製步驟與一般國內子公司相同。

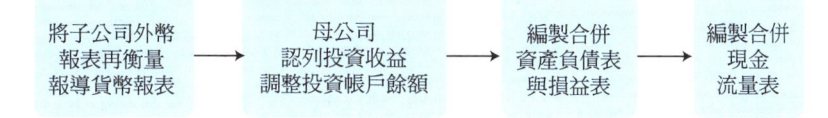

將子公司外幣報表再衡量報導貨幣報表 → 母公司認列投資收益調整投資帳戶餘額 → 編製合併資產負債表與損益表 → 編製合併現金流量表

(二) 換算：記帳貨幣 = 功能性貨幣 ≠ 表達貨幣

當國外子公司功能性貨幣為當地貨幣，子公司外幣報表「換算」為母國貨幣報表，**換算調整數不影響現金流量及損益計算**，在編製合併現金流量表之前需先計算合併資產負債表上每一項目受匯率變動影響而產生之換算調整數，並據以扣除換算調整數後之餘額變動數，編製現金流量表。合併現金流量表之編製程序：

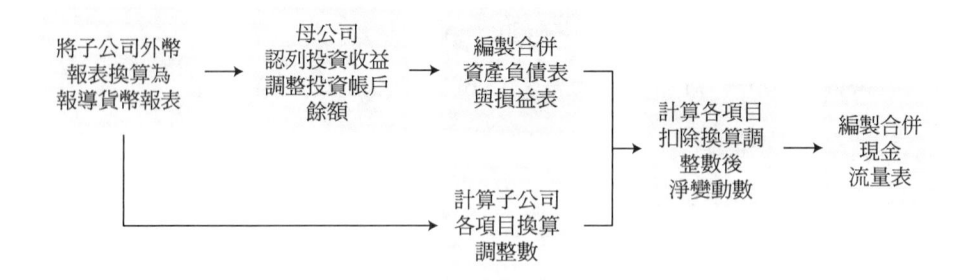

```
將子公司外幣        母公司              編製合併
報表換算為   →   認列投資收益    →   資產負債表
報導貨幣報表        調整投資帳戶        與損益表
                    餘額                                  計算各項目
                                                          扣除換算調      編製合併
                                                      →   整數後       →  現金
                                                          淨變動數         流量表
                    計算子公司
                →   各項目換算
                    調整數
```

上圖中需注意，計算淨變動額時所扣除之換算調整數，除子公司報表各項目換算調整數外，應加計因母公司投資成本與股權淨值差額攤銷所額外產生之換算調整數。舉例言之，假設母公司投資成本與股權淨值差額係專利權未入帳所致，則合併資產負債表中專利權的變動數應扣除子公司報表中專利權產生之換算調整數及母公司計算投資收益時攤銷專利權產生之換算調整數。

釋例十三 合併現金流量表

台灣 P 公司於 X1 年 1 月 3 日支付新台幣 $8,424,000 取得大陸 S 公司 80% 股權，並按 ¥450,000 衡量非控制權益。取得當日 S 公司股東權益包括股本 ¥1,000,000、資本公積 ¥500,000 及保留盈餘 ¥600,000，S 公司資產負債之帳面金額與公允價值相等。S 公司之功能性貨幣為人民幣，大陸子公司 X1 年與 X2 年底資產負債表及 X2 年度損益表資料如下：

大陸 S 公司
資產負債表
X1 及 X2 年度

	X1 年底 外幣金額	X1 年底 新台幣金額	X2 年底 外幣金額	X2 年底 新台幣金額
現金	¥ 110,000	$ 501,600	¥ 380,000	$ 1,789,800
應收帳款	240,000	1,094,400	410,000	1,931,100
存貨	400,000	1,824,000	500,000	2,355,000
設備	3,875,000	17,670,000	3,375,000	15,896,250
專利權	760,000	3,465,600	680,000	3,202,800
	¥5,385,000	$24,555,600	¥5,345,000	$25,174,950
應付帳款	¥1,185,000	$5,403,600	¥925,000	$4,356,750
長期借款	2,000,000	9,120,000	2,000,000	9,420,000
股本	1,000,000	4,680,000	1,000,000	4,680,000
資本公積	500,000	2,340,000	500,000	2,340,000
保留盈餘	700,000	3,262,500	920,000	4,274,400
換算調整數		(250,500)		103,800
	¥5,385,000	$24,555,600	¥5,345,000	$25,174,950

P 公司及大陸子公司 X1 年與 X2 年底合併資產負債表，以及 X2 年度合併損益表資料如下：

P 公司及子公司
合併資產負債表
X1 及 X2 年度

	X1 年底	X2 年底		X1 年底	X2 年底
現金	$1,324,600	$2,490,800	應付帳款	$11,803,600	$11,456,750
應收帳款	3,038,400	4,060,820	長期借款	19,120,000	17,420,000
存貨	6,444,000	7,485,000	股本	6,000,000	6,000,000
設備	36,680,000	37,910,000	資本公積	2,000,000	2,000,000
累折－設備	(7,930,000)	(13,194,550)	保留盈餘	5,200,000	5,417,000
專利權	6,481,200	6,018,000	非控制權益	2,129,520	2,392,680
			換算調整數	(214,920)	83,640
	$46,038,200	$44,770,070		$46,038,200	$44,770,070

P 公司及子公司
合併損益表
X2 年度

銷貨收入	$18,600,000
兌換損益	279,320
銷貨成本	(10,740,000)
折舊費用	(5,050,800)
攤銷費用	(588,900)
其他費用	(847,000)
合併淨利	$1,652,620
非控制權益淨利	$(235,620)
本期淨利	$1,417,000

其他補充資料如下：

1. P 公司於 X2 年度購入設備 $480,000，除該項添購與折舊提列外，無其他固定資產交易。
2. P 公司於 X2 年度償還長期借款 $2,000,000。
3. 保留盈餘除本期淨利與發放股利外，無其他變動。

相關匯率資料如下：

X1 年 1 月 3 日	$4.68	X1 年平均	$4.55
X1 年 12 月 31 日	$4.56	X2 年平均	$4.62
X2 年 12 月 31 日	$4.71		

試編製 P 公司及大陸子公司 X2 年度合併現金流量表。

解析

專利權 = ($8,424,000 ÷ $4.68) + ¥450,000 − (¥1,000,000 + ¥500,000 + ¥600,000) = ¥150,000

專利權攤銷產生換算調整數：

X1 年 = ¥135,000 × $4.56 − (¥150,000 × $4.68 − ¥15,000 × $4.55) = −$18,150

X2 年 = ¥120,000 × $4.71 − (¥135,000 × $4.56 − ¥15,000 × $4.62) = $18,900

1. 計算子公司換算報表上各項目之匯率換算調整數：

	期初數			變動數			換算調整數 ③ = ④ − (① + ②)	期末數		
	外幣金額	匯率	新台幣金額 ①	外幣金額	匯率	新台幣金額 ②		外幣金額	匯率	新台幣金額 ④
現金*	110,000	4.56	501,600	−50,000	4.71	−235,500	45,300	380,000	4.71	1,789,800
				320,000	4.62	1,478,400				
應收帳款	240,000	4.56	1,094,400	170,000	4.62	785,400	51,300	410,000	4.71	1,931,100
存貨	400,000	4.56	1,824,000	100,000	4.62	462,000	69,000	500,000	4.71	2,355,000
設備	3,875,000	4.56	17,670,000	−500,000	4.62	−2,310,000	536,250	3,375,000	4.71	15,896,250
專利權	760,000	4.56	3,465,600	−80,000	4.62	−369,600	106,800	680,000	4.71	3,202,800
應付帳款	(1,185,000)	4.56	(5,403,600)	260,000	4.62	1,201,200	(154,350)	(925,000)	4.71	(4,356,750)
長期借款	(2,000,000)	4.56	(9,120,000)	0	4.62	0	(300,000)	(2,000,000)	4.71	(9,420,000)
合計							354,300			

*現金餘額變動中包含發放股利之特殊交易，股利發放數以當日匯率換算，其他變動數則按平均匯率換算。

2. 計算合併資產負債表各項目扣除換算調整數後之淨變動數：

	X1 年底	X2 年底	變動數	換算調整數	淨變動數
現金	$1,324,600	$2,490,800	$1,166,200	$ 45,300	$1,120,900
應收帳款	3,038,400	4,060,820	1,022,420	51,300	971,120
存貨	6,444,000	7,485,000	1,041,000	69,000	972,000
設備	28,750,000	24,715,450	(4,034,550)	536,250	(4,570,800)[4]
專利權	6,481,200	6,018,000	(463,200)	125,700[1]	(588,900)
	$46,038,200	$44,770,070			
應付帳款	$11,803,600	$11,456,750	(346,850)	(154,350)	(501,200)
長期借款	19,120,000	17,420,000	(1,700,000)	(300,000)	(2,000,000)
股本	6,000,000	6,000,000	—	0	—
資本公積	2,000,000	2,000,000	—	0	—
保留盈餘	5,200,000	5,417,000	217,000	0	217,000[5]
非控制權益	2,129,520	2,392,680	263,160	(74,640)[2]	188,520[6]
換算調整數	(214,920)	83,640	298,560	(298,560)[3]	—
	$46,038,200	$44,770,070			

(1) 專利權換算調整數

　　＝子公司報表換算產生者 $106,800 ＋攤銷差額產生 $18,900 ＝ $125,700

(2) 非控制權益換算調整數

　　＝（子公司報表換算產生者 $354,300 ＋專利權攤銷產生 $18,900）×非控制權益比例 20%

　　＝ $74,640

(3) 合併換算調整數

　　＝（子公司報表換算產生者 $354,300 ＋專利權攤銷產生 $18,900）×持股比例 80%

　　＝ $298,560

(4) 設備變動數

　　＝損益表折舊費用 $5,050,800 － 本期購入設備 $480,000 ＝ $4,570,800

(5) 保留盈餘變動數

　　＝本期淨利 $1,417,000 － 本期現金股利 $1,200,000 ＝ $217,000

(6) 非控制權益變動數

　　＝本期非控制權益淨數 $235,620 － 本期現金股利 $47,100 ＝ $188,520

3. 編製合併現金流量表：

P公司及子公司
合併現金流量表
X2年度

營業活動現金流量		
合併淨利		$1,652,620
調整項目：		
折舊費用	$ 5,050,800	
攤銷費用	588,900	
應收帳款增加數	(971,120)	
存貨增加數	(972,000)	
應付帳款減少數	(501,200)	3,195,380
		$4,848,000
投資活動現金流量		
購買設備	$ (480,000)	
		(480,000)
融資活動現金流量		
償還借款	$(2,000,000)	
母公司發放股利	(1,200,000)	
子公司非控制權益股利	(47,100)	(3,247,100)
匯率變動對現金影響		45,300
		$1,166,200
期初現金餘額		1,324,600
期末現金餘額		$2,490,800

本章習題

〈外幣報表轉換〉

1. 使用本國貨幣之國內公司有一日本子公司，該日本子公司記帳及編製報表所使用的單位為日幣，若其功能性貨幣分別為新台幣及美元之情況下，合併時日本子公司之報表需經何種轉換程序？

功能性貨幣為新台幣	功能性貨幣為美元
(A) 只需經換算 (translate)	再衡量 (remeasure)，再換算
(B) 只需經換算	先換算，之後再衡量
(C) 只需經再衡量	先再衡量，再換算
(D) 只需經再衡量	先換算，之後再衡量

2. 國外營運機構外幣財務報表換算為本國貨幣財務報表時，若該外幣非為功能性貨幣時，下列敘述何者為正確？
   (A) 係以現時匯率換算之
   (B) 產生之兌換差額，直接影響國外營運機構之現金流量
   (C) 產生之兌換差額，直接影響本國企業之現金流量
   (D) 兌換差額列為股東權益之調整項目

3. 外幣財務報表中，下列何類項目在換算時與再衡量時使用相同之匯率？
   (A) 資本　　　　　　　　　　　(B) 負債
   (C) 資產　　　　　　　　　　　(D) 費用

4. 桃園公司於 X4 年 8 月 15 日投資新竹公司並取得控制。新竹公司對土地與房屋採重估價模式，新竹公司於 X2 年 4 月 1 日取得房屋，並於 X9 年 3 月 15 日辦理重估價，則 X9 年 12 月 31 日將房屋由功能性貨幣換算為表達貨幣時，依國際會計準則之規定，應選用那一日期的匯率？　　　　　　　　　　　　　　　　　　　　　【101 年 CPA】
   (A) X2 年 4 月 1 日　　　　　　(B) X4 年 8 月 15 日
   (C) X9 年 3 月 15 日　　　　　　(D) X9 年 12 月 31 日

5. 日本子公司 X9 年度進貨（年度中平均發生）成本為 500,000 日幣，期初存貨成本 80,000 日幣係於日幣之直接匯率為 $0.25 時購入，期末存貨 100,000 日幣則是於 X9 年 12 月 2 日購買，存貨係採先進先出法計價。日本子公司之功能性貨幣為新台幣，X9 年 12 月 2 日、X9 年 12 月 31 日、以及 X9 年平均之日幣與新台幣的兌換率分別為 1 日幣 = 新台幣 $0.29、$0.3 及 $0.28。試問 X9 年度轉換後之銷貨成本為何？
   (A) $131,000　　　　　　　　　(B) $134,400
   (C) $144,000　　　　　　　　　(D) $149,000

6. 新山公司於 X1 年 1 月 1 日即取得美國七星公司 100% 股權，七星公司 X7 年度損益表上包括：租金費用 24,000 美元、呆帳費用 4,000 美元及折舊費用 30,000 美元。該折舊費用為 X4 年 1 月 1 日購入之機器設備所提列，購入時匯率為 $31.5，X7 年相關匯率為 1 月 1 日 $32.5，12 月 31 日為 $35，加權平均匯率為 $34.5。若七星公司以美元記帳，其功能性貨幣為新台幣，則七星公司 X7 年度轉換後損益表中上述費用金額合計為多少？

(A) $1,941,000 (B) $2,030,000
(C) $2,001,000 (D) $1,911,000

7. 甲公司取得乙公司 100% 股權，甲公司為台灣母公司，功能性貨幣與記帳貨幣皆為新台幣；乙公司為香港子公司，功能性貨幣與記帳貨幣分別為新台幣與港幣。乙公司 X2 年 12 月 31 日資產負債表存貨為 216,000 港幣，該存貨包含兩批不同類商品，其進貨時間與金額分別為 X2 年 2 月 28 日之 48,000 港幣與 X2 年 10 月 25 日之 168,000 港幣，且 X2 年 12 月 31 日兩批存貨之淨變現價值分別為 48,200 港幣與 167,000 港幣。有關新台幣與港幣的兌換匯率如下：

時間	1 港幣兌換新台幣之金額
X2 年 2 月 28 日	$4.8
X2 年 10 月 25 日	$4.4
X2 年 12 月 31 日	$4.5
X2 年度平均	$4.7

試問甲公司 X2 年度合併綜合損益表上銷貨成本中應計入乙公司存貨跌價損失之金額為何？ 【106 年 CPA】

(A) 新台幣 $3,760 (B) 新台幣 $4,400
(C) 新台幣 $4,500 (D) 新台幣 $13,500

8. 甲公司於 X1 年 12 月 31 日取得 B 公司 100% 股權，B 公司記帳貨幣為美元，功能性貨幣為新台幣，甲公司之表達貨幣為新台幣。B 公司之 X2 年綜合損益表資料如下：

| 銷貨收入 | US$100,000 | 折舊費用 | US$10,000 |
| 銷貨成本 | 50,000 | 其他營業費 | 20,000 |

(1) 不動產、廠房與設備購入時之匯率為 $30.0，採歷史成本衡量。

(2) 存貨採先進先出法，期初存貨 10,000 美元為 X1 年底購入，X2 年進貨全年平均發生，期末存貨成本為 10,000 美元，淨變現價值為 9,900 美元。

(3) X1 年財務報表由美元換算為新台幣之兌換差額為新台幣 $250,000（借餘）。

(4) X2 年匯率並無劇烈波動，相關日美元對新台幣之直接匯率：1 月 1 日（X1 年 12 月 31 日）：$30.5；12 月 31 日：$31.5；X2 年全年平均匯率為 $31.0。美元與新台幣皆非為高度通貨膨脹經濟之下貨幣。

X2 年 B 公司換算為新台幣之綜合損益表之本期淨利為何？

(A) $370,000 (B) $385,000
(C) $620,000 (D) $635,000 【105 年 CPA】

9. 台灣 P 公司於 X6 年初以 $7,000,000 購買德國 S 公司 100% 股權，德國子公司當日股東權益包括股本 €150,000、保留盈餘 €50,000，德國子公司功能性貨幣為新台幣，相關匯

率資料如下：

	X6 年初	X6 年底	X6 年全年平均
歐元兌新台幣	35	33	34

S 公司 X6 年 12 月 31 日試算表資料如下：

	借方（歐元）	貸方（歐元）
現金	€100,000	
應收帳款	160,000	
存貨	120,000	
固定資產	200,000	
累計折舊		€80,000
應付帳款		160,000
長期借款		100,000
股本		150,000
保留盈餘		50,000
銷貨收入		300,000
銷貨成本	180,000	
折舊費用	20,000	
其他費用	60,000	
	€840,000	€840,000

S 公司 X6 年度銷貨成本中包括 €50,000 期初存貨，以及分別於 4 月 1 日及 10 月 1 日分別進貨 €100,000 及 €150,000（扣除期末存貨 €120,000），4 月 1 日及 10 月 1 日歐元兌新台幣之匯率分別為 $34.2 及 $33.8。S 公司之固定資產係 X5 年以前所取得，X6 年間並無取得或處分資產。其他銷管費用係以現金支付。

試作：

1. 編製 S 公司 X6 年 12 月 31 日以新台幣表達之試算表。
2. 計算 S 公司 X6 年度以新台幣計算之本期淨利。

10. 台灣 P 公司於 X6 年初以 $7,000,000 購買德國 S 公司 100% 股權，德國子公司當日股東權益包括股本 €150,000、保留盈餘 €50,000，德國子公司功能性貨幣為歐元，相關匯率資料如下：

	X6 年初	X6 年底	X6 年全年平均
歐元兌新台幣	35	33	34

S 公司 X6 年 12 月 31 日試算表資料如下：

	借方（歐元）	貸方（歐元）
現金	€100,000	
應收帳款	160,000	
存貨	120,000	
固定資產	200,000	
累計折舊		€ 80,000
應付帳款		160,000
長期借款		100,000
股本		150,000
保留盈餘		50,000
銷貨收入		300,000
銷貨成本	180,000	
折舊費用	20,000	
其他費用	60,000	
	€840,000	€840,000

試作：

1. 編製 S 公司 X6 年 12 月 31 日以新台幣表達之試算表。
2. 編製 S 公司以新台幣表達之 X6 年 12 月 31 日資產負債表。

〈外幣現金流量表〉

11. 台灣 P 公司於 X6 年初以 $7,000,000 購買德國 S 公司 100% 股權，德國子公司當日股東權益包括股本 €150,000、保留盈餘 €50,000，當日歐元對新台幣匯率為 $35。德國子公司功能性貨幣為歐元，X6 年及 X7 年比較報表資料如下：

	X6 年 12 月 31 日	X7 年 12 月 31 日
現金	€100,000	€110,000
應收帳款	160,000	190,000
存貨	120,000	110,000
固定資產	200,000	250,000
累計折舊	(80,000)	(105,000)
應付帳款	(160,000)	(150,000)
長期借款	(100,000)	(160,000)
股本	(150,000)	(150,000)
保留盈餘	(50,000)	(90,000)
銷貨收入	(300,000)	(400,000)
股利	—	30,000
銷貨成本	180,000	250,000
折舊費用	20,000	25,000
其他費用	60,000	90,000

其他資料如下：

(1) S 公司於 X7 年 7 月 1 日購入設備 €50,000，耐用年限 5 年，採直線法提列折舊，當日歐元兌新台幣之匯率為 33.2，其他資產均於 X5 年以前所取得，X6 年間並無取得或處分資產。

(2) S 公司於 X7 年 7 月 1 日借款 €60,000，當日歐元兌新台幣之匯率為 $34.3。

(3) S 公司 X7 年 5 月 1 日發放現金股利 €30,000，當日歐元兌新台幣之匯率為 $33.5。

(4) 相關匯率資料如下：

	X7 年初	X7 年底	X6 年全年平均	X7 年全年平均
歐元兌新台幣	33	3334	34	33.6

試作：

1. 編製 S 公司 X7 年 12 月 31 日以新台幣表達之試算表。
2. 編製 S 公司 X7 年度以新台幣表達之現金流量表。

12. 台灣 P 公司於 X6 年初以新台幣 $7,000,000 購買德國 S 公司 100% 股權，德國子公司當日股東權益包括股本 €150,000、保留盈餘 €50,000，當日歐元對新台幣匯率為 $35。德國子公司功能性貨幣為新台幣，X6 年及 X7 年比較報表資料如下：

	X6 年 12 月 31 日	X7 年 12 月 31 日
現金	€100,000	€110,000
應收帳款	160,000	190,000
存貨	120,000	110,000
固定資產	200,000	250,000
累計折舊	(80,000)	(105,000)
應付帳款	(160,000)	(150,000)
長期借款	(100,000)	(160,000)
股本	(150,000)	(150,000)
保留盈餘	(50,000)	(90,000)
銷貨收入	(300,000)	(400,000)
股利	–	30,000
銷貨成本	180,000	250,000
折舊費用	20,000	25,000
其他費用	60,000	90,000

其他資料如下：

(1) S 公司 X7 年度銷貨成本中包括 €120,000 期初存貨（X6 年 10 月 1 日取得，當日匯率 $33.8），以及分別於 5 月 1 日及 9 月 1 日分別進貨 €120,000（扣除期末存貨 €110,000），5 月 1 日及 9 月 1 日歐元兌新台幣之匯率分別為 $33.5 及 $32.9。

(2) S 公司於 X7 年 7 月 1 日購入設備 €50,000，耐用年限 5 年，採直線法提列折舊，當日歐元兌新台幣之匯率為 $33.2，其他資產均於 X5 年以前所取得，X6 年間並無取得或處分資產。

(3) S 公司於 X7 年 7 月 1 日借款 €60,000，當日歐元兌新台幣之匯率為 34.3。

(4) S 公司 X6 年度以新台幣計算之本期淨利為 $1,256,000，X7 年 5 月 1 日發放現金股利 €30,000，當日歐元兌新台幣之匯率為 $33.5。

(5) 相關匯率資料如下：

	X7 年初	X7 年底	X7 年全年平均
歐元兌新台幣	33	34	33.6

試作：
1. 編製 S 公司 X7 年 12 月 31 日以新台幣表達之試算表。
2. 編製 S 公司 X7 年度以新台幣表達之現金流量表。

〈投資國外子公司之會計處理〉

13. 大雅公司於 X5 年 1 月 5 日支付 $2,340,000 新台幣取得香港大祥公司 80% 股權，大祥公司淨資產之帳面金額與公允價值相等，當日匯率為 $3.6。大祥公司當日帳列股本為 400,000 港幣，保留盈餘為 225,000 港幣。其 X5 年度股東權益資料如下：

	港幣	換算匯率	新台幣
股東權益總額 (1/1)	HK$625,000	$3.6	$2,250,000
淨利	300,000	3.7	1,110,000
股利	(100,000)	3.5	(350,000)
換算調整數			125,000
股東權益總額 (12/31)	HK$825,000	$3.8	$3,135,000

大雅公司 X5 年投資收益為：
(A) $125,000　　　　　　　　　　(B) $861,000
(C) $888,000　　　　　　　　　　(D) $1,110,000

14. 甲公司於 X4 年 12 月 31 日支付 $300,000 新台幣取得法國公司 60% 股權，取得當日法國公司股東權益包括股本 10,000 歐元及保留盈餘 2,000 歐元，法國子公司除專利權低估 500 歐元外，其餘淨資產之帳面金額與公允價值相當，專利權分 5 年攤銷。法國公司功能性貨幣為歐元，相關匯率為：X4 年 12 月 31 日 $40，X5 年 12 月 31 日 $40.6，X5 年度加權平均匯率 $40.3，則 X5 年度合併報表上該專利權攤銷金額及相關換算調整數之餘額分別為：

(A) $2,015 及 $285 貸餘 (B) $2,015 及 $285 借餘
(C) $4,030 及 $270 貸餘 (D) $4,030 及 $270 借餘

15. 甲公司於 X1 年初取得英國子公司 60% 股權，英國子公司之淨資產帳面金額與公允價值相等，無收購商譽，英國子公司之功能性貨幣為英鎊。X6 年度英國子公司淨利為 10,000 英鎊，並於 X6 年 3 月 1 日及 9 月 1 日分別發放股利 2,000 英鎊，當時匯率分別為 $58.4 及 $58.1。假設 X6 年度平均匯率為 $58.2，X6 年 1 月 1 日及 12 月 31 日匯率分別為 $58.5 及 $58.0，若 X6 年初甲公司帳上投資餘額為 $3,510,000，且已認列來自英國子公司報表換算之兌換差額（貸方）$5,000，則 X6 年底英國子公司財務報表換算後，甲公司帳列換算調整數之餘額為：（假設母子公司間無內部交易）？
    (A) $35,600 (B) $30,600
    (C) $25,600 (D) $5,000

16. 光華公司於 X8 年 1 月 1 日取得日本水上公司 80% 股權，取得當日水上公司可辨認淨資產之帳面金額等於公允價值，且無合併商譽，水上公司權益包括股本 ¥5,000,000，保留盈餘 ¥2,000,000，匯率為 0.25，水上公司之功能性貨幣為日幣，水上公司 X8 年度保留盈餘換算資料如下：

	日幣	匯率	新台幣
期初保留盈餘餘額	¥2,000,000	0.25	$500,000
X8 年淨利	1,000,000	—	260,000
X8 年股利	(200,000)	0.28	(56,000)
期末保留盈餘餘額	¥2,800,000		$704,000

光華公司 X8 年度權益法下因換算水上公司報表，帳上借記換算調整數 $8,000，則光華公司 X8 年底合併資產負債表上非控制權益餘額為何？ 【101 年 CPA】
    (A) $283,200 (B) $386,800
    (C) $388,800 (D) $390,800

17. 丙公司 X1 年 1 月 1 日以 $6,400,000 新臺幣取得日本 C 公司 80% 股權並具控制，且依可辨認淨資產之比例份額衡量非控制權益。該日本 C 公司以日圓記帳，收購日可辨認淨資產帳面金額為 20,000,000 日圓，公允價值為 25,000,000 日圓，差額係未入帳專利權所致，該專利權之效益年限自收購日起尚有 10 年。C 公司之 X1 年銷貨收入為 36,500,000 日圓，銷貨成本為 20,000,000 日圓，折舊費用為 3,000,000 日圓，其他營業費用為 5,000,000 日圓。X1 年期末 C 公司因外幣交易導致兌換損失為 500,000 日圓。C 公司 X1 年未宣告發放現金股利。日圓對新臺幣之直接匯率如後：X1 年 1 月 1 日匯率為 0.32，X1 年平均匯率為 0.325，X1 年底匯率為 0.33。丙公司之功能性貨幣及表達貨幣

為新臺幣，C 公司之功能性貨幣為日圓。日圓與新臺幣皆非為高度通貨膨脹經濟下之貨幣。丙公司採權益法下，對 C 公司 X1 年之投資收益為何？　　　【108 年 CPA】

(A) $1,950,000　　　　　　　　　　　　(B) $2,080,000
(C) $2,230,000　　　　　　　　　　　　(D) $2,268,000

18. 呼市公司於 X1 年初取得香港大豐公司 70% 股權，當時大豐公司之權益包括股本 50,000 港幣及保留盈餘 20,000 港幣，各項可辨認資產及負債之帳面金額均等於公允價值，且無合併商譽。大豐公司於 X1 年至 X3 年間保留盈餘之變動情形如下：

	港幣
X1 年度淨利	HK$18,000
X2 年度淨利	12,000
X3 年 3 月 1 日發放股利	8,500
X3 年度淨損	(6,300)

大豐公司之功能性貨幣為港幣，其財務報表須換算為新台幣，呼市公司採用權益法處理對大豐公司之投資，相關港幣兌新台幣之匯率資料如下：

X1 年 1 月 1 日	$3.50	X3 年 12 月 31 日	$3.41
X1 年 12 月 31 日	$3.40	X1 年度平均	$3.20
X2 年 12 月 31 日	$3.25	X2 年度平均	$3.35
X3 年 3 月 1 日	$3.38	X3 年度平均	$3.28

試計算：
1. X2 年 12 月 31 日呼市公司「投資大豐公司」帳戶餘額。
2. 大豐公司 X3 年 12 月 31 日換算為新台幣後資產負債表上保留盈餘之金額。

【103 年 CPA 改編】

19. 大智公司於 X5 年 1 月 2 日以 $5,460,000 新台幣購得法國子公司 60% 股權，並按子公司淨資產公允價值比例衡量非控制權益，當日法國子公司之股東權益包括股本 €200,000 及保留盈餘 €50,000，當日歐元即期匯率為新台幣 $35/ 歐元，法國子公司除未入帳之專利權 €10,000 外，其餘資產負債之帳面金額與公允價值相等，專利權分 10 年攤銷，法國子公司之功能性貨幣為歐元。

以下為子公司 X5 年度股東權益之變動情形：（C 代表現時匯率，A 代表平均匯率）

	歐元	匯率	新台幣
股東權益 X5 年 1 月 2 日	€250,000	C　$35.0	$8,750,000
淨利	50,000	A　$34.6	1,730,000
股利	(30,000)	C　$34.2	(1,026,000)
換算調整數			(328,000)
股東權益 X5 年 12 月 31 日	€270,000	C　$33.8	$9,126,000

試求：

1. X5 年度專利權攤銷數額。
2. X5 年 12 月 31 日未攤銷專利權餘額。
3. X5 年度來自專利權產生之換算調整數。
4. X5 年度來自子公司之投資收益。
5. X5 年 12 月 31 日投資子公司帳戶餘額。

20. X1 年 1 月 1 日台灣乙公司以 $9,216,000 新台幣取得日本 B 公司 80% 股權，並依可辨認淨資產公允價值之比例份額衡量非控制權益。B 公司收購日可辨認淨資產帳面金額為 ¥30,000,000 日圓（包含股本 ¥25,000,000 日圓，保留盈餘 ¥5,000,000 日圓），公允價值為 ¥36,000,000 日圓，差額係機器設備帳面價值低於其公允價值所致，該機器設備剩餘有效使用年限尚有十年，殘值不變，採直線法提列折舊。X1 年 B 公司淨利為 ¥4,000,000 日圓，宣告並發放現金股利 ¥3,000,000 日圓。

    乙公司採權益法處理對 B 公司之投資。X1 年 1 月 1 日、X1 年平均、X1 年 12 月 31 日及宣告並發放股利時之日圓對新台幣之直接匯率分別為：0.32、0.33、0.34 及 0.321。X1 年匯率無劇烈波動。B 公司之功能性貨幣為日圓、乙公司之功能性貨幣及表達貨幣皆為新台幣。日圓與新台幣皆非為高度通貨膨脹經濟之下貨幣。

    試作：

    1. X1 年乙公司投資 B 公司之所有相關分錄。
    2. X1 年 12 月 31 日乙公司帳列投資帳戶餘額。
    3. X1 年 12 月 31 日合併報表中非控制權益餘額。　　　　　　　　　　　【104 年 CPA 改編】

21. 三合公司於 X1 年 1 月 1 日以 $3,000,000 新台幣取得香港古德公司 80% 股權，並按子公司淨資產公允價值比例衡量非控制權益，當日古德公司股東權益包括股本 400,000 港幣，保留盈餘 600,000 港幣，香港古德公司除未入帳之專利權 100,000 港幣外，其餘資產負債之帳面金額與公允價值相等，專利權分 10 年攤銷。古德公司之功能性貨幣為港幣。

    X1 年度古德公司帳列收入總額為港幣 1,800,000，費用總額為 1,500,000 港幣，並於 7 月 1 日宣告股利 100,000 港幣，收入及費用係於年度中平均發生。此外，古德公司於 10 月 1 日辦理現金增資 8,000 股，每股面值港幣 10 之普通股，以港幣 26 溢價發行，分別由三合公司和非控制權益依原有持股比例認購。X1 年度有關匯率資料如下：

X1 年 1 月 1 日	1 港幣 = $3.20 新台幣
X1 年 7 月 1 日	1 港幣 = $3.15 新台幣
X1 年 10 月 1 日	1 港幣 = $3.28 新台幣

X1 年 12 月 31 日　　　　　1 港幣＝$3.30 新台幣

X1 年平均匯率　　　　　　1 港幣＝$3.24 新台幣

試求：

1. X1 年 12 月 31 日合併報表中「商譽」項目餘額。
2. X1 年 12 月 31 日合併報表中「換算調整數」項目餘額。
3. X1 年度投資收益及非控制權益淨利。
4. X1 年 12 月 31 日投資帳戶餘額及合併報表中「非控制權益」項目餘額。
5. 作 X1 年度三合公司與香港古德公司合併工作底稿沖銷分錄。

22. 台灣 P 公司於 X6 年初以 $5,250,000 購買德國 S 公司 70% 股權，並按子公司淨資產公允價值比例衡量非控制權益，德國子公司當日股東權益包括股本 €150,000、保留盈餘 €50,000。德國公司帳面金額與公允價值之差額係未入帳之專利權 €10,000（剩餘年限 10 年）。德國子公司功能性貨幣為歐元，相關匯率資料如下：

	X6 年初	X6 年底	X6 年全年平均
歐元兌新台幣	35	33	34

S 公司 X6 年 12 月 31 日試算表資料如下：

現金	$100,000	累計折舊	$80,000
應收帳款	160,000	應付帳款	160,000
存貨	120,000	長期借款	100,000
固定資產	200,000	股本	150,000
銷貨成本	180,000	保留盈餘	50,000
折舊費用	20,000	銷貨收入	300,000
其他費用	60,000		

試作：

1. 編製 S 公司 X6 年 12 月 31 日以新台幣表達之試算表。
2. 計算 X6 年度 P 公司對 S 公司投資收益。
3. 計算 X6 年 12 月 31 日 P 公司對 S 公司投資帳戶餘額。
4. X6 年度 P 公司與 S 公司合併工作底稿沖銷分錄。　　　　　　【108 年 CPA】

〈與國外子公司間之交易〉

23. 美國母公司於 X1 年間銷售 100,000 美元之商品與其位於印度之子公司，並以美元作為該筆交易之計價貨幣，若印度子公司之功能性貨幣為當地貨幣，則對於美元與盧布匯率變動之影響，應如何處理？

(A) 屬美國母公司之外幣交易，應認列兌換損益；印度子公司則否。
(B) 屬印度子公司之外幣交易，應認列兌換損益；美國母公司則否。
(C) 屬美國母公司及印度子公司之外幣交易，二者均應認列兌換損益。
(D) 非屬美國母公司及印度子公司之外幣交易。

24. 甲公司之功能性貨幣為新台幣，其美國分公司之存貨全由總公司依成本發貨，X5年中總公司發貨至美國分公司資料分別如下：3月1日發貨8,000美元（當時匯率32.1),9月1日發貨12,000美元（當時匯率 32.3）。若X5年底及X5年度平均匯率分別為33.5、33.2，美國分公司之功能性貨幣為美元，則分公司之報表換算為新台幣後之總公司來貨金額為何？ 【102年CPA】

(A) $670,000　　　　　　　　　　(B) $664,000
(C) $644,400　　　　　　　　　　(D) $20,000

25. P公司於X4年1月1日支付NT$25,625,000取得紐西蘭S公司60%股權，並按子公司淨資產公允價值比例衡量非控制權益，取得當日S公司股東權益包括股本NZ$1,500,000及保留盈餘NZ$500,000, 紐西蘭S公司資產負債之帳面金額與公允價值相等，X4年12月31日S公司之試算表資料如下（單位為NZ$）：

借方：		貸方：	
流動資產	NZ$2,000,000	流動負債	NZ$1,150,000
固定資產	2,400,000	長期負債	1,500,000
其他資產	972,000	累計折舊	600,000
銷貨成本	700,000	股本	1,500,000
折舊費用	250,000	保留盈餘	500,000
其他費用	278,000	銷貨	1,350,000
合計	NZ$6,600,000	合計	NZ$6,600,000

其他資料如下：

(1) S公司X4年3月1日及12月15日分別自P公司購入存貨NT$954,000及NT$903,000。P公司以成本加價25%出售商品予S公司，S公司於進貨後30日內付款。12月15日之進貨中尚有40%未出售。

(2) S公司亦有對台灣廠商銷貨，並以新台幣為計價基準，乙公司收款後立即匯兌為紐幣。X4年中對台灣廠商之交易如下：

日期	銷貨金額	收款日
X4年3月31日	NT$1,458,000	X4年6月30日
X4年6月30日	NT$1,360,800	X5年3月31日

(3) X4 年 12 月 15 日 P 公司墊款 NT$2,709,000 予 S 公司作為短期週轉之用。
(4) S 公司以紐幣為其功能性貨幣，且其他費用中包括兌換損（益）。
(5) X4 年度相關匯率如下：

X4 年 1 月 1 日	$20.50	X4 年 6 月 30 日	$21.60
X4 年 3 月 1 日	21.20	X4 年 12 月 15 日	21.50
X4 年 3 月 31 日	22.50	X4 年 12 月 31 日	21.00
X4 年度加權平均匯率	21.40		

試作：
1. 計算 S 公司 X4 年度因上述外幣交易所產生之兌換損益金額。
2. 決定 S 公司 X4 年度換算為新台幣之試算表中換算調整數之金額。
3. 計算商譽產生之換算調整數。
4. 計算投資 S 公司帳戶餘額。
5. 作 P 公司與 S 公司 X4 年度合併工作底稿中沖銷內部銷貨未實現利潤之分錄。

26. 信義公司於 X1 年 1 月 1 日支付 NT$2,800,000 取得西班牙子公司 60% 股權，並按子公司淨資產公允價值份額衡量非控制權益。取得當日西班牙子公司股東權益包括股本 €100,000、資本公積 €5,000 及保留盈餘 €20,000，帳面金額與公允價值差額係未入帳之專利權 €5,000，分 10 年攤銷，當日匯率為 35。西班牙子公司 X5 年 12 月 31 日試算表資料如下：（子公司之功能性貨幣為歐元，€ 代表歐元）

借方：		貸方：	
現金	€20,000	累計折舊－運輸設備	€54,000
應收帳款	40,000	累計折舊－辦公設備	20,000
短期投資	15,000	應付帳款	5,000
存貨	50,000	長期借款	50,000
運輸設備	120,000	股本	100,000
辦公設備	40,000	資本公積	5,000
銷貨成本	80,000	保留盈餘	40,000
折舊費用	16,000	銷貨收入	125,000
其他費用	14,000	兌換損益	1,000
現金股利	5,000		
合計	€400,000	合計	€400,000

西班牙子公司其他資料如下：
(1) X4 年初曾購入設備 NT$1,200,000，其中三分之二為運輸設備，其餘折舊性資產於投資時均已購入。折舊性資產均採直線法，分 10 年提列折舊。

(2) X5 年 3 月 31 日自信義公司購入存貨 €40,000（成本 €30,000），X5 年底尚有 25% 未出售；其他之進銷貨係於年度中平均發生。

(3) 短期投資於 X1 年初購得，X5 年底按成本評價。

(4) 長期借款中包含一筆於 X4 年初借自信義公司之無息貸款 €20,000，以歐元計價（具長期墊款性質）。

(5) 自 X1 年初投資後，曾於 X3 年底、X4 年底及 X5 年 10 月 31 日分別發放相同金額之現金股利。

(6) X4 年底子公司轉換後報表中「換算調整數」項目為貸餘 $900,000。

(7) 相關匯率資料如下：

X3 年 12 月 31 日	$40.0	X5 年 3 月 31 日	$41.6
X4 年 12 月 31 日	$42.0	X5 年 10 月 31 日	$41.2
X5 年平均匯率	$41.5	X5 年 12 月 31 日	$41.0

母、子公司間存貨交易之相關處理，係以實際交易日匯率為準。

試作：

1. X5 年底合併報表中「專利權」項目餘額。
2. X5 年度專利權產生之換算調整數。
3. X5 年底信義公司之「投資西班牙子公司」項目餘額。
4. X4 年底西班牙子公司轉換後報表中「保留盈餘」項目餘額。
5. X5 年底西班牙子公司轉換後報表中「換算調整數」項目餘額。
6. X5 年度信義公司之投資收益金額。
7. X5 年底信義公司之「投資西班牙子公司」項目餘額。
8. X5 年底合併報表中「非控制權益」項目餘額。
9. X5 年度信義公司帳上「換算調整數」減少之金額。
10. 若至 X4 年底專利權產生之累積換算調整數為貸餘 $30,000，計算 X5 年底合併報表中「換算調整數」項目餘額。

CHAPTER 13 聯合協議與總分支機構會計

學習目標

聯合協議
- 聯合協議之特性
- 聯合協議之類型
- 聯合營運之會計處理
- 合資之會計處理

總分支機構會計
- 總分支機構會計之基本觀念
- 總公司發貨至分公司之處理

- 總、分公司間運費之處理
- 總、分公司間費用之處理
- 分公司固定資產之處理
- 往來帳戶之調節

銷售代理
- 銷售代理與分支機構之比較
- 銷售代理之會計處理

第 1 節　聯合協議

聯合協議是一項「企業間」常見的合作模式，通常用於高投資金額且高經營風險的事業，例如：興建鐵路、開採油氣、經營電信等，藉由結合參與聯合協議各方之資源（技術、人才、資金），共同分擔風險及投資，並增加獲利之可能。舉例而言，大陸工程、東元集團、富邦集團、太電集團及長榮集團於 1996 年組成「台灣高速鐵路企業聯盟」，成功爭取興建營運台灣南北高速鐵路，嗣成立台灣高鐵公司營運迄今；中華電信、兆豐銀行、新光金控及全聯實業於 2018 年宣布擔任「將來銀行」之發起策略股東，爭取台灣純網銀的銀行執照。

企業參與聯合協議之會計處理，主要規範於 IFRS 第 11 號「聯合協議」。由於本號準則有以多項專有名詞指涉特定概念，為利學習，先予說明。以台灣高鐵為例，台灣高鐵本身稱為「聯合協議」；五大原始股東（大陸工程、東元集團、富邦集團、太電集團、長榮集團）為聯合協議之「各方（參與者）」；五大原始股東「聯合控制」台灣高鐵。

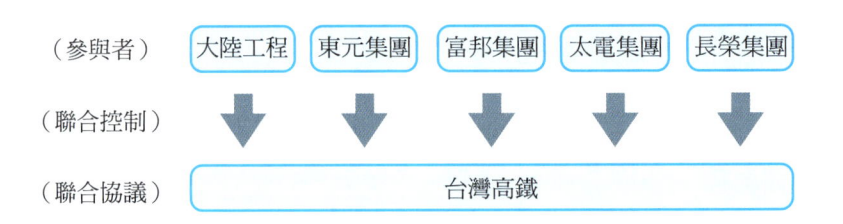

（參與者）	大陸工程	東元集團	富邦集團	太電集團	長榮集團
（聯合控制）	↓	↓	↓	↓	↓
（聯合協議）	台灣高鐵					

一　聯合協議之特性

聯合協議（Joint Arrangements）**係二方以上具有聯合控制之協議**。聯合協議具有二項特性：「協議拘束力」與「聯合控制」。

(一) 協議拘束力

所謂「協議拘束力」係指**參與聯合協議的各方皆受合約協議內容所拘束**。合約協議訂定各方參與該事業活動之條款，原則以書面方式訂定，通常包括下列事項：

1. 聯合協議之目的、活動及存續期間。
2. 聯合協議之董事會或類似治理單位之成員如何任命。
3. 聯合協議之決策制定流程，包括須由各方決議之事項、各方之表決權及支持該等事項所需之表決權數。聯合協議之決策制定流程反映出該聯合協議之聯合控制情形。
4. 各方所須提供之資本或其他投入。
5. 各方如何分配與該聯合協議有關之資產、負債、收入、費用或損益。

(二) 聯合控制

聯合協議係二方以上具有聯合控制之協議，亦即：任何一方皆「無法單獨控制」聯合協議，必須「聯合」二方以上一致同意才能「控制」聯合協議，故稱為「聯合控制」（Joint Control）。因此，**聯合控制有二項要件：「集體控制」及「一致同意」。**

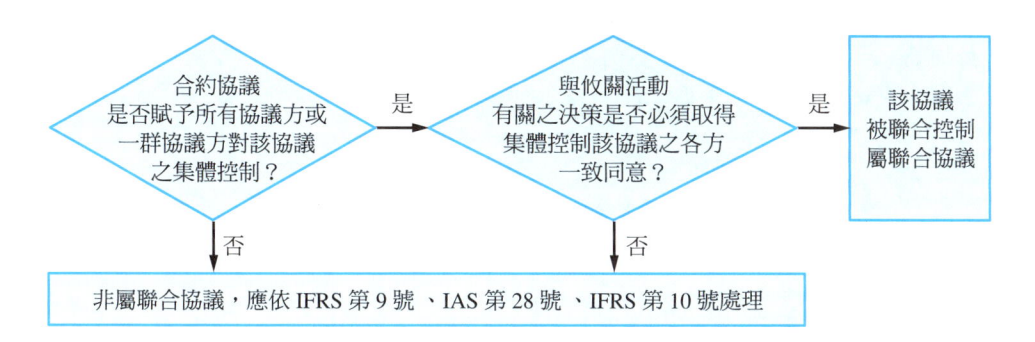

```
合約協議              與攸關活動
是否賦予所有協議方或   是   有關之決策是否必須取得   是   該協議
一群協議方對該協議    ──→   集體控制該協議之各方  ──→  被聯合控制
之集體控制？                一致同意？              屬聯合協議
    │否                        │否
    ↓                          ↓
非屬聯合協議，應依 IFRS 第 9 號、IAS 第 28 號、IFRS 第 10 號處理
```

1. 集體控制

集體控制之要件係指：任何一方參與者皆無法單獨控制協議，必須結合二方以上參與者形成一個集合體，由該集合體控制協議。亦即：任何一方的單獨表決權，皆未超過「控制」所需表決權比例（最低表決權比例），任何一方無法單獨作出與攸關活動有關的決策。

2. 一致同意

一致同意之要件係指：集體控制所有成員必須一致同意才能取得控制並作成決策，因此如果集合體其中有一個成員不同意，但同意方仍可藉由聯合其他集合體成員，取得超過「控制」所需表決權比例（最低表決權比例），使得決策通過，則不符一致同意要件。

釋例 一　聯合協議之判斷

假設甲、乙、丙三公司訂立一項協議，三方皆受合約協議內容所拘束，試就下列情況分別判斷該合約協議是否屬聯合協議？

	甲表決權	乙表決權	丙表決權	最低表決權比例
1.	60%	25%	15%	50%
2.	50%	30%	20%	75%
3.	40%	30%	30%	60%

解析

聯合協議具有二項特性:「協議拘束力」與「聯合控制」,依題旨,該協議已對三方具有拘束力,故本題僅需判斷「聯合控制」。聯合控制有二要件:「集體控制」及「一致同意」,以下就各情況分別判斷。

1. 甲表決權 60% > 最低表決權比例 50% ➡ 單獨控制

    (1) 集體控制之判斷:

    甲單獨表決權為 60%,已超過控制所需表決權比例(最低表決權)50%,甲可單獨作出與攸關活動有關的決策,無須聯合其他各方,不符集體控制要件。

    (2) 一致同意之判斷:

    甲已單獨控制合約協議,無須判斷。

    (3) 結論:

    甲單獨控制該合約協議,本協議並非聯合協議。

2. 甲 + 乙表決權 = 80% > 最低表決權比例 75% ➡ 聯合控制

    (1) 集體控制之判斷:

    甲單獨表決權為 50%,未超過控制最低表決權 75%,甲無法單獨作出與攸關活動有關之決策,甲公司未單獨控制該合約協議,但甲與乙聯合表決權為 80%,超過控制最低表決權比例 75%,符合集體控制要件,甲、乙集體控制協議。此外,甲、丙間和乙、丙間亦不符合集體控制之要件,因為甲、丙聯合表決權為 70% 和乙、丙聯合表決權為 50%,均未超過最低表決權 75%。

    (2) 一致同意之判斷:

    甲、乙集體控制協議,若乙不同意決策,則甲僅取得 50% 表決權;若甲不同意決策,則乙僅取得 30% 表決權,均低於最低表決權比例 75%,無法取得控制作成決策。唯有甲與乙一致同意決策,取得 80% 表決權,始得取得控制作成決策,符合一致同意要件。

    (3) 結論:

    甲與乙集體控制協議,且須甲與乙一致同意始得控制協議,本協議為聯合協議。此時,甲與乙稱為「對聯合協議具有聯合控制之各方」,丙稱為「參與聯合協議但不具有聯合控制之各方」。

3. （甲＋乙）或（甲＋丙）表決權＞最低表決權比例 60%➡非聯合控制
(1) 集體控制之判斷：

　　甲單獨表決權為 40%，未超過控制最低表決權 60%，甲無法單獨作出與攸關活動有關之決策，甲公司未單獨控制該合約協議。而甲與乙聯合表決權 70%，甲與丙聯合表決權 70%，乙與丙聯合表決權 60%，上開聯合表決權均超過控制所需表決權比例 60%，符合「集體控制」要件，甲、乙、丙集體控制協議。

(2) 一致同意之判斷：

　　由於甲、乙、丙集體控制協議，有關一致同意要件是：須取得甲、乙、丙三方一致同意，始得取得控制作成決策。若甲不同意決策，則乙、丙可取得 60% 表決權，若乙不同意決策，則甲、丙可取得 70% 表決權；如丙不同意決策，則甲、乙可取得 70% 表決權，均達最低表決權比例 60%，可取得控制作成決策。在本情形下，本合約協議存在超過一種共同同意組合，而無須集體控制之甲、乙、丙三方一致同意，故該協議原則上不符合一致同意要件，除非該協議明訂集體控制「各方」或「特定組合」必須一致同意攸關活動有關之決策。

(3) 結論：

　　甲、乙、丙集體控制協議，但無須甲、乙、丙一致同意即可控制協議，本協議並非聯合協議。

二　聯合協議之類型

　　企業因各種不同目的訂立聯合協議（例如：以協議作為分擔成本及風險之方法，以協議作為取得新技術或進入新市場之方法），且企業可使用不同之結構及法律形式訂立協議內容。由於聯合協議類型將影響會計處理方法，因此以下先說明聯合協議之類型及其判斷方式。

(一) 聯合營運

　　聯合營運（Joint Operation）係指一項聯合協議，該協議內容使得「聯合控制各方」就該協議有關資產享有權利，協議有關負債負有義務，聯合控制各方則稱為「聯合營運者」。簡而言之，**具有聯合控制之聯合營運者，對於聯合協議有關「資產及負債」，享有權利、負有義務**。

(二) 合資

　　合資（Joint Venture）係指一項聯合協議，該協議內容使得「聯合控制各方」就該協

議之淨資產具有權利，聯合控制各方則稱為「合資者」。簡而言之，**具有聯合控制之合資者，對於聯合協議之淨資產（權益），具有權利**。

(三) 聯合協議類型之判斷

企業應就聯合協議結構、法律形式、合約條款及其他事實及情況，評估聯合協議所產生之權利及義務關係，以判斷聯合協議之類型。以下說明主要判斷依據。

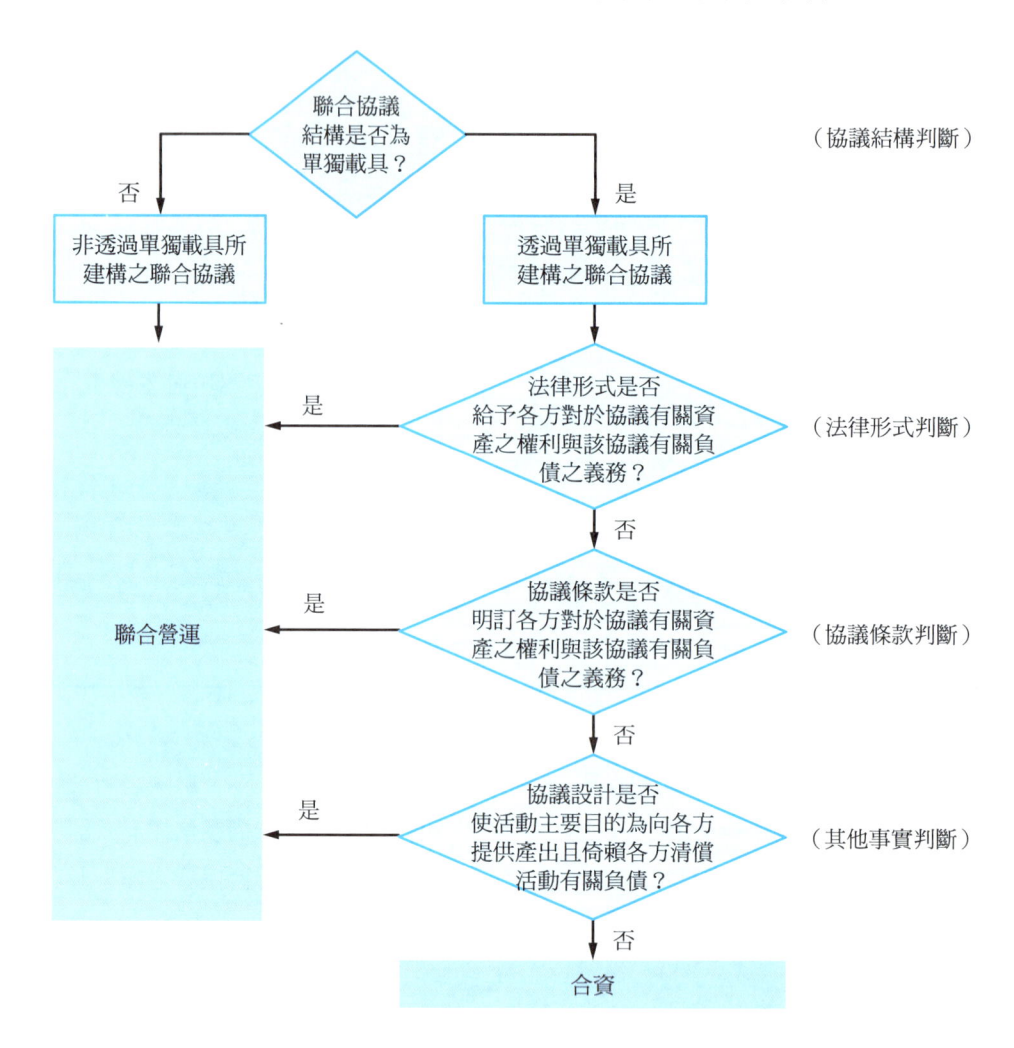

```
                    聯合協議
                    結構是否為
                    單獨載具？
               否  ↙        ↘  是
        非透過單獨載具所      透過單獨載具所
        建構之聯合協議        建構之聯合協議                （協議結構判斷）
                                    ↓
                              法律形式是否
                              給予各方對於協議有關資
                        是 ←  產之權利與該協議有關負     （法律形式判斷）
                              債之義務？
                                    ↓ 否
                              協議條款是否
                              明訂各方對於協議有關資
                        是 ←  產之權利與該協議有關負     （協議條款判斷）
                              債之義務？
                                    ↓ 否
                              協議設計是否
                              使活動主要目的為向各方
        聯合營運     是 ←    提供產出且倚賴各方清償    （其他事實判斷）
                              活動有關負債？
                                    ↓ 否
                                   合資
```

1. 協議結構判斷

聯合營運與合資最重要差異在於：**聯合控制者對協議之「資產及負債」享有權利義務，為聯合營運；聯合控制者對協議之「淨資產（權益）」享有權利義務，為合資**。由於淨資產（權益）是一個剩餘財產請求權，因此通常在「合資」類型，係由一個「單獨載具（單獨個體）」直接持有並控制協議有關之資產及負債，聯合控制者（合資者）是透過持有權益間接控制該協議；而在「聯合營運」類型，係由聯合控制者（聯合營運

者）直接持有並控制協議有關之資產及負債。換言之，**無單獨載具者，必為聯合營運；有單獨載具者，該聯合協議可能為合資或聯合營運，原則上為合資，但必須考量其法律形式、協議條款及其他事實綜合判斷**。所謂「單獨載具」（Separate Vehicle）係指一個可單獨辨認之財務結構，包括單獨之法律個體（如公司）或法令承認之個體，無論該等個體是否具有法律人格。

2. 法律形式判斷

當各方透過單獨載具建構聯合協議，法律形式將有助於初步評估「聯合控制各方」與「單獨載具」對於資產及負債之權利義務關係。當單獨載具所持有之資產及負債，屬於該單獨載具自身的資產負債，而並非屬於聯合控制各方的資產負債，亦即**該法律形式讓「聯合控制各方」與「單獨載具」之資產負債有所區隔，則該聯合協議為「合資」**。反之，當單獨載具所持有之資產及負債，屬於聯合控制各方之資產及負債，亦即**法律形式並未賦予「聯合控制各方」與「單獨載具」間之區隔，則可斷定該協議為「聯合營運」**。

例如：甲公司與乙公司創設丙公司建構聯合協議，甲與乙對丙各擁有50%表決權股份，由於甲與乙選擇以「公司組織」作為聯合協議之法律形式，公司享有獨立法人格，丙公司直接持有相關資產負債，甲與乙僅對丙公司之淨資產（權益）享有權利，公司組織（單獨載具）與業主（聯合控制各方）間有所區隔，因此選擇「公司組織」作為單獨載具之法律形式，將可能使該聯合協議為合資。

3. 協議條款判斷

聯合協議條款所規範各方之權利及義務內容，原則上會依循所採取的法律形式，例如：各方選擇以「公司組織」作為單獨載具之法律形式，理論上聯合控制各方應以持有表決權股份比例對「單獨載具公司」享有權益；然而，基於民法私法自治與契約自由精神，在不違反強制或禁止規定情形下，各方得透過聯合協議條款變更單獨載具法律形式所賦予之權利義務。從而，雖然各方選擇以「公司組織」作為法律形式，但各方透過協議修改公司特性，使每一方均依特定比例對公司資產享有權利、對公司負債負有義務，則此類條款將修改公司特性而可能導致協議成為聯合營運。

以下比較聯合營運及合資之一般條款內容：

	聯合營運	合資
合約協議條款	合約協議提供聯合協議各方對於該協議有關資產之權利與該協議有關負債之義務。	合約協議提供聯合協議各方對於該協議之淨資產之權利，亦即單獨載具對該協議有關資產及負債具有權利義務。

	聯合營運	合資
對資產之權利	合約協議訂定聯合協議各方依特定比例（例如：依所有權權益比例或依直接可歸屬於各方活動比例）分享該協議有關資產之權利（例如：產權或所有權）。	合約協議訂定投入協議之資產及聯合協議後續取得資產為該協議之資產。各方對該協議之資產，並無權利（例如：產權或所有權）。
對負債之義務	合約協議訂定聯合協議各方依特定比例（例如：依所有權權益比例或依直接可歸屬於各方活動比例）分擔所有負債、義務、成本及費用。	合約協議訂定聯合協議對協議之負債及義務負有責任。 合約協議訂定聯合協議各方僅在其各自對協議投資之範圍內，或在其各自對協議之任何未繳或額外資本之投入義務範圍內，或在前二者範圍內，對協議負有責任。
	合約協議訂定聯合協議各方對第三方所提出之請求負有責任。	合約協議規定聯合協議之債權人就協議之債務或義務對協議之任一方不具追索權。
收入、費用、損益	合約協議訂定收入及費用之分攤以聯合協議每一方之相對績效為基礎。例如：合約協議可能訂定收入及費用以各方所使用共同營運廠房之產能為基礎，此可能與各方對聯合協議之所有權權益不同。 在其他情形下，各方可能同意以特定比例（例如：所有權權益比例）分享與該協議有關之損益，但只要各方對於協議有關資產負債具有權利義務，以所有權權益比例分配損益之約定，仍不影響其成為聯合營運。	合約協議訂定每一方對於與協議活動有關損益之份額。
保證	聯合協議各方通常須對向聯合協議提供融資或自聯合協議收受服務之第三方提供保證。此等保證之提供或各方對於提供保證之承諾，並無法決定聯合協議之類型。聯合協議之類型判斷，仍為各方或單獨載具對協議有關負債負有義務。	

4. 其他事實及情況判斷

當合約協議條款並未明訂各方對於協議有關資產負債之權利義務，各方應考量其他事實及情況以評估該協議究為「聯合營運」或「合資」。例如：甲公司與乙公司創設丙公司建構聯合協議，各方對丙公司擁有 50% 之所有權權益，該協議之目的為製造雙方本身個別製造流程所需之材料，協議條款如下：(1) 雙方同意依 50 比 50 之比例購買由丙公司生產之所有成品，且除雙方同意，丙公司不得將任何成品售予第三人；(2) 丙公司銷售價格為生產成本及管理費用之合計數，亦即銷售價格為損益兩平之最低金額。雖然本協議條款並未明訂甲與乙對於丙之資產負債享有權利義務，且甲與乙選擇以公司作為聯合協議之法律形式，則似乎該聯合協議屬於合資；但由於協議條款載明，甲與乙必須購買丙生產之所有成品，表示丙現金流量完全倚賴甲與乙，甲與乙實際上負有提供資

金清償丙負債之義務,且丙不得將任何成品售予第三人,表示甲與乙耗用丙資產之所有經濟效益且對丙所有資產具有權利,此等事實及情況顯示該協議為聯合營運。

三 聯合營運之會計處理

(一) 聯合營運會計處理原則

1. **聯合營運者**

    聯合營運下,**聯合營運者(Joint Operator)對於聯合協議相關之資產負債具有權利義務**,因此對於聯合營運之權益,聯合營運者應與聯合協議就其份額「同步」認列下列各項:
    (1) 資產:包括其對共同持有之任何資產所享有之份額。
    (2) 負債:包括其對共同發生之任何負債所承擔之份額。
    (3) 收入:包括其對聯合營運產出或出售產出之收入所享有之份額。
    (4) 費用:包括其對共同發生之任何費用之份額。

2. **不具聯合控制之參與者**
    (1) 參與者對聯合協議相關資產負債具有權利義務:同聯合營運者之處理,亦即採比例合併法。
    (2) 參與者對聯合協議相關資產負債未具有權利義務:選擇適用之 IFRS 處理。

※ 聯合協議之會計處理整理如下:

	聯合營運	合資
聯合營運者或合資者 (聯合控制)	比例合併法	權益法
參與者 (無聯合控制)	原則:比例合併法 例外:選擇適當方法	重大影響:權益法 非重大影響:金融工具

釋例二 聯合控制資產

X1 年初甲、乙、丙、丁四家公司簽訂合約協議共同投資一輸油管,總成本為 $20,000,000,每家公司均出資四分之一,而成為聯合營運者。因輸油管營運成本高昂,甲、乙、丙、丁以輸油管作為抵押品,向銀行聯合貸款 $8,000,000。甲公司因自身財務狀況不佳,另行辦理合資專案借款 $500,000,並發生登記費 $10,000。X1 年度該輸油管收入 $1,000,000,成本 $400,000。

試作:甲公司分錄。

解析

1. 認列甲公司所享有聯合控制資產之份額,並根據資產之性質予以分類。

不動產、廠房及設備－聯合營運	5,000,000	
現金		5,000,000

2. 認列甲公司與其他合資控制者共同因合資而發生之負債,其所承擔之份額。

銀行存款－聯合營運	2,000,000	
銀行借款－聯合營運		2,000,000

3. 認列甲公司為合資所享有資產份額所作之融資與其合資權益有關之費用。

銀行存款	500,000	
登記費	10,000	
銀行借款－聯合營運		500,000
現金		10,000

4. 認列甲公司對合資收益及費用之份額。

現金	250,000	
營業收入－聯合營運		250,000
營業成本－聯合營運	100,000	
現金、應付帳款等		100,000

(二) 聯合營運者與聯合營運間之交易

1. 聯合營運者出售資產予聯合營運(順流交易)

當聯合營運者出售資產予聯合營運,該出售方實際上係與聯合營運之其他各方進行交易。因此,該出售方應僅在其他各方對聯合營運之權益範圍內(非持股比例部分)認列交易損益,出售方在出售年度應將歸屬於本身之處分資產損益份額予以遞延,作為其按份額認列之聯合營運資產之減項,使該資產之帳面金額等於原帳面金額之份額。並在以後年度透過未實現處分利益之沖轉,減少按份額認列之營運資產折舊費用。惟當出售資產有淨變現價值減少或資產減損之證據,出售方應認列減損損失之全額。

釋例三：合資控制者與合資間之交易

甲公司為一聯合營運之聯合營運者，其對該聯合營運之資產、負債、收入及費用均享有 60% 之權益。X1 年初甲公司將成本 $750,000、累計折舊 $500,000 之設備以 $300,000 售予該聯合營運。甲公司及該聯合營運對機器設備之後續衡量均採成本模式，該設備於 X1 年初之剩餘耐用年限為五年，無殘值，採直線法提列折舊。

試作：甲公司與聯合營運 X1 年度之相關分錄。

解析

順流交易

1. 交易日：順流交易下，聯合營運取得之 $300,000 資產，甲公司需按 60% 認列資產取得，而甲公司出售設備的交易係甲公司與聯合營運之其他各方進行交易，該聯合營運應僅在其他各方對聯合營運之權益之範圍內認列由此交易產生之損益。故甲公司須將出售設備利益的 60% 遞延，認列「遞延處分資產利益」，作為聯合營運資產之減項。

聯合營運			甲公司		
X1 年 1 月 1 日			X1 年 1 月 1 日		
			現金	300,000	
			累計折舊－設備	500,000	
			設備		750,000
			遞延處分資產利益		50,000
設備	300,000		設備－聯合營運	180,000	
現金		300,000	現金－聯合營運		180,000

2. 期末調整：聯合營運資產 X1 年提列折舊 $60,000（$300,000÷5），甲公司應按 60% 認列外，就遞延處分利益已實現部分應予沖銷，作為聯合營運資產折舊的減少。

聯合營運			甲公司		
X1 年 12 月 31 日			X1 年 12 月 31 日		
折舊費用	60,000		折舊費用－聯合營運	36,000	
累計折舊－設備		60,000	累計折舊－聯合營運設備		36,000
			遞延處分資產利益	6,000	
			折舊費用－聯合營運		6,000

3. 順流交易影響彙總如下：

	X1年初		X1年底	
	聯合營運	甲公司	聯合營運	甲公司
設備成本	$300,000 ×60%→	$180,000	$300,000 ×60%→	$180,000
累計折舊			(60,000) ×60%→	(36,000)
遞延利益		(30,000)		(24,000)
帳面金額	$300,000	$150,000	$240,000	$120,000

由上表計算可知，甲公司帳上聯合營運資產金額係按其原帳面金額60%之份額認列。
X1年甲公司帳列折舊費用
＝聯合營運資產折舊費用－未實現利益攤銷數＝$36,000－$30,000×1/5
＝出售方原帳面金額提列數＝$150,000×1/5＝$30,000

2. 聯合營運出售資產予聯合營運者（逆流交易）

當聯合營運出售資產予某一聯合營運者（某聯合營運者向聯合營運購買資產），購買方實際上係自聯合營運之其他各方購入資產，不得認列交易損益之份額，直至該項資產轉售予第三人始得認列交易損益之份額，除比例沖轉聯合營運資產外，應將處分資產損益份額予以遞延為「未實現處分資產損益」，作為取得資產帳面金額減項，使資產帳面金額反映向其他各方購買之價格與本身份額之帳面金額。以後年度透過未實現處分損益之沖轉，調整減少折舊費用。惟當出售資產有淨變現價值減少或資產減損之證據，購買方應認列減損損失之份額。

釋例四　合資控制者與合資間之交易

甲公司為一聯合營運之聯合營運者，其對該聯合營運之資產、負債、收入及費用均享有60%之權益。X1年初聯合營運將成本$750,000、累計折舊$500,000之設備以$300,000售予該甲公司。甲公司及該聯合營運對機器設備之後續衡量均採成本模式，該設備於X1年初之剩餘耐用年限為五年，無殘值，採直線法提列折舊。

試作：甲公司與聯合營運X1年度之相關分錄。

解析

1. 交易日：甲公司取得$300,000設備，聯合營運除列資產並認列$50,000處分資產利益，甲公司須於帳上依60%認列處分聯合營運資產及處分利益，然甲公司與聯合營運從事購買資產之交易時，不得認列對此損益之份額，故應將該利益份額列為「遞延處分資產利益」，作為甲公司資產減項。

聯合營運		甲公司	
X1年1月1日		X1年1月1日	
現金 300,000		現金－聯合營運 180,000	
累計折舊－設備 500,000		累計折舊－聯合營運設備 300,000	
設備	750,000	設備－聯合營運	450,000
處分資產利益	50,000	處分資產利益－聯合營運	30,000
		處分資產利益－聯合營運 30,000	
		遞延處分資產利益	30,000
		設備 300,000	
		現金	300,000

2. 期末調整：甲公司 X1 年提列折舊 $60,000（$300,000÷5），並就遞延處分利益已實現部分應予沖銷，作為甲公司折舊費用的減少。

聯合營運		甲公司	
X1年1月1日		X1年12月31日	
		折舊費用 60,000	
		累計折舊－設備	60,000
		遞延處分資產利益 6,000	
		折舊費用－聯合營運	6,000

3. 逆流交易影響彙總如下：

	X1 年初		X1 年底	
	聯合營運	甲公司	聯合營運	甲公司
設備成本	$ －	$300,000	$ －	$300,000
累計折舊	－	－	－	(60,000)
遞延利益		(30,000)		(24,000)
帳面金額	$ －	$270,000	$ －	$216,000

由上表計算可知，甲公司設備的 40% 係向第三方購買，60% 部分類似向自己購買，故帳列金額 40% 按售價計算，其餘 60% 係按聯合營運原帳面金額 60% 之份額認列。

X1 年初設備金額 = $300,000 × 40% + $250,000 × 60% = $270,000

X1 年底設備金額 = $240,000 × 40% + $200,000 × 60% = $216,000

X1 年甲公司帳列折舊費用
= 購買方帳列折舊費用 － 未實現利益攤銷數 = $60,000 － $30,000 × 1/5
= $300,000 × 40% × 1/5 + $250,000 × 60% × 1/5 = $54,000

四　合資之會計處理

(一) 合資會計處理原則

1. 合資者

合資下，**合資者（Joint Venturer）應將其合資權益認列為一項投資**，並依 IAS 第 28 號「投資關聯企業及合資」之規定**採用權益法處理該投資**，除非企業依該準則規定豁免適用權益法。

2. 不具聯合控制之參與者

(1) 對合資未具重大影響：依「金融工具」之規定處理。
(2) 對合資具有重大影響：依「投資關聯企業及合資」之規定處理。

(二) 合資者與合資間之交易

合資者與合資間之交易，應依照第二章關聯企業間交易未實現損益之方式處理，合資者或合資間涉及不構成業務之資產之「逆流」及「順流」交易所產生之利益及損失，僅在非關係人投資者對合資之權益範圍內，認列於企業財務報表。以下分別針對順流與逆流交易說明之。

1. 合資者出售資產予合資（順流交易）

合資者與合資間順流交易損益則應比例沖轉，列為「**未實現銷貨毛利或未實現處分資產損益**」，並於合資者損益表上單行表達，作為相關銷貨毛利或處分投資損益之減項。並於買方（合資者）將存貨售予第三人時認列為銷售年度之銷貨毛利加項，「未實現處分資產損益」應於買方（被投資者）將資產售予第三人時一次將未認列之處分損益轉列「已實現處分資產損益」，或隨著資產使用期間將未實現損益沖轉，作為相關折舊費用、攤銷費用等之減項。

當出售資產有淨變現價值減少或資產減損之證據，出售方應認列減損損失之全額。

2. 合資出售資產予合資者（逆流交易）

由於逆流交易所產生的銷貨毛利或資產處分損益認列於合資帳上，故合資者無法在自己帳上以「未實現損益」項目消除此關聯企業之未實現損益，而必須**先計算合資之「已實現淨利」，再透過認列合資損益份額方式調整此未實現損益的影響**。同樣的，在出售資產資產前，應參考處分價款或投資作價資料，作該項資產之減損測試，若有資產之淨變現價值減少或該等資產減損損失之證據時，合資者應按持股比例認列該項資產之減損損失。

> **釋例五　權益法之採用及其停止**

甲公司與乙公司簽訂契約，於 X1 年 1 月 1 日設立合資丙公司，丙公司實收資本額為 $5,000,000。甲公司投資 $1,750,000，占 35% 股權比例。丙公司 X1 年稅後純損為 $300,000，X2 年稅後淨利為 $60,000。X1 年初丙公司將成本 $750,000、累計折舊 $500,000 之設備以 $300,000 售予該甲公司。甲公司及丙公司對機器設備之後續衡量均採成本模式，該設備於 X1 年初之剩餘耐用年限為 5 年，無殘值，採直線法提列折舊。

試作：甲公司對於丙公司之相關分錄。

解析

甲公司對丙公司因有聯合控制能力，故對其股權投資應採權益法。

X1 年出售資產未實現利益 = $300,000 − ($750,000 − $500,000)
　　　　　　　　　　　　 = $50,000（每年認列 $10,000）
X1 年度採權益法認列之損益份額 = (−$300,000 − $50,000 + $10,000) × 35% = ($119,000)
X2 年度採權益法認列之損益份額 = ($60,000 + $10,000) × 35% = $24,500

X1 年 1 月 1 日	採用權益法之投資	1,750,000	
	現金		1,750,000
X1 年 12 月 31 日	採權益法認列之損益份額	119,000	
	採用權益法之投資		119,000
X2 年 12 月 31 日	採用權益法之投資	24,500	
	採權益法認列之損益份額		24,500

(三) 處分部分合資投資

當合資者處分合資企業持股時，將可能喪失對合資企業之重大影響力，就處分股權部分，應按處分價款與處分部分投資帳面金額差額，認列處分投資損益，而對於剩餘未售部分之投資，則視投資者是否仍對被投資者具重大影響力而有不同，以下分別說明之：

1. **維持重大影響力**

　應按出售比例沖轉投資相關帳面金額，剩餘股權投資部分應繼續採用權益法，在後續處理時，除考量持股比例改變外，亦須注意投資成本與股權淨值之差額，亦有部分比例被「售出」，在決定後續攤銷額時亦須比例換算。

2. **喪失重大影響力**

　應全數沖轉投資相關帳面金額，剩餘股權投資部分應按公允價值衡量，重分類為透

過損益按公允價值衡量金融資產或透過其他綜合損益按公允價值衡量金融資產,處分損益之計算如下:

$$處分投資損益=(處分價款+剩餘投資公允價值)-投資帳面金額$$

釋例六 處分部分持股

甲公司與乙公司簽訂契約,於X1年1月1日設立合資丙公司,丙公司實收資本額為$2,000,000。甲公司投資$1,000,000,占50%股權比例。丙公司X1年度及X2年度換算為新台幣後稅後淨利為$600,000及$800,000,現金股利分別為$160,000及$300,000,換算調整數分別為$40,000(貸餘)及$60,000(貸餘)。

試作:

1. 甲公司X1年度有關合資之相關分錄。
2. 若甲公司於X2年初以$280,000出售丙公司10%股權予乙公司,甲公司喪失對丙公司之聯合控制,但仍具重大影響,作X2年度有關合資之相關分錄。
3. 假設X2年初甲公司以$1,100,000出售丙公司40%股權予乙公司,甲公司喪失對丙公司之聯合控制,且不具重大影響。剩餘股權於X2年初及X2年底公允價值分別為$300,000及$400,000,作X2年度有關合資之相關分錄。

解析

1. X1年度甲公司持有丙公司50%股權,(1)應依權益法,按合資比例認列丙公司淨利及其他綜合損益;(2)所收到之丙公司股利作為合資投資之收回。

①	採用權益法之投資	1,000,000	
	現金		1,000,000
②	採用權益法之投資	320,000	
	採權益法認列之損益份額		300,000
	採權益法認列之其他綜合損益份額-換算調整數		20,000
③	現金	80,000	
	採用權益法之投資		80,000

2. 出售部分合資權益(合資→仍具重大影響權益投資)

將丙公司權益投資重分類為關聯企業,持股比例降為40%,仍以權益法處理丙公司權益投資,並依處分比例將換算調整數重分類至損益。

X2年初投資帳戶餘額 = $1,000,000 + $320,000 - $80,000 = $1,240,000

處分投資損益 = $280,000 - ($1,240,000 - $20,000) × 1/5 = $36,000

①	現金	280,000	
	採權益法認列之其他綜合損益份額－		
	換算調整數－重分類調整	4,000	
	採用權益法之投資		248,000
	處分投資利益		36,000
②	採用權益法之投資	344,000	
	採權益法認列之損益份額		320,000
	採權益法認列之其他綜合損益份額－換算調整數		24,000
③	現金	120,000	
	採用權益法之投資		120,000

3. 出售部分合資權益（合資→不具重大影響權益投資）

　　出售後持股比例降為 10%，將丙公司權益投資重分類為金融工具，以公允價值重新衡量丙公司權益投資，並將全部換算調整數重分類至損益。

處分投資損益 = ($1,100,000 + $300,000) − ($1,240,000 − $20,000) = $180,000

①	現金	1,100,000	
	透過損益按公允價值衡量金融資產	300,000	
	採權益法認列之其他綜合損益份額－		
	換算調整數－重分類調整	20,000	
	採用權益法之投資		1,240,000
	處分投資利益		180,000
②	透過損益按公允價值衡量金融資產	100,000	
	金融資產評價損益（$400,000 − $300,000）		100,000
③	現金	30,000	
	股利收入（$300,000 × 10%）		30,000

第 2 節　總分支機構會計

　　當營運規模逐漸擴大，企業為增加銷售據點，增加顧客購買商品或服務的機會，通常採用設置「分支機構」方式經營，並輔以「分權制度」管理，授與各分支機構主管人員一定決策權限，並按各分支機構經營成果評估其績效。與前述各章之子公司或關聯企業不同，分支機構（分公司）並非單獨之法律個體，而為總機構（總公司）之一部分，分支機構若僅負責銷售商品與勞務，而沒有獨立進貨、支付營運費用、購置資產等權限時，可稱為「銷售據點」，其會計處理如同公司設置零用金制度；而若分支機構主管人員具有進貨、支付費用、購置資產等權限時，為計算分支機構績效狀況等管理原因，分支機構則需獨立設帳並單獨編製報表。以下分別說明之。

一　總分支機構會計之基本觀念

(一) 總分支機構會計之概說

　　總、分公司間關係與母、子公司間關係有其類似之處：分公司通常獨立設帳，有個別財務報表，總公司得分別評估各分公司營運狀況；但也有其不同之處：分公司非獨立法人個體，分公司仍為總公司的一部分，分公司交易為企業整體交易的一部分，分公司會計記錄為企業整體會計紀錄的一部分，因此分公司財務報表僅得供企業內部使用，企業對外財務報表則必須將總、分公司個別會計紀錄及報表合併，編製代表單一法律個體之整體報表。與母、子公司合併財務報表相對，總、分公司報表合併之結果稱為「聯合財務報表」或「綜合財務報表」。

(二) 橋樑項目

　　分支機構之經營，可採取與總公司無涉之「完全獨立」方式，自總公司以外個體進貨，並支付各項支出；或是採取依附總公司之方式，自總公司進貨、分攤總公司各項營運費用，並由總公司統籌購置營業用資產。總、分公司間之交易，如同獨立企業間交易一樣，總、分公司雙方均須記錄，並以「往來帳戶」作為連結總、分公司間權利義務的橋樑項目。

1. 總公司帳上之「分公司往來」

　　為表達總公司（Home Office）對分公司淨資產之投資，**總公司帳上有一項目「分公司往來」，用以記錄總、分公司間資產負債之移轉及分公司損益之結轉**，其性質類似母公司之「投資子公司」項目，通常為借方餘額。

2. 分公司帳上之「總公司往來」

　　為表達總公司對分公司（Branch）淨資產之權益，**分公司帳上有一項目「總公司往來」，用以記錄總、分公司間資產負債之移轉及分公司損益之結轉**，其性質類似子公司之「股東權益」項目，通常為貸方餘額。

3. 總公司往來等於分公司往來

　　由於「往來項目」是記錄總、分公司間資產負債之移轉及分公司損益之結轉之橋樑，「**總公司往來**」與「**分公司往來**」為相對項目，總公司增減「分公司往來」時，分公司必同額增減「總公司往來」，因此除非有「時間性差異」或「錯誤」之原因，二往來項目餘額應永遠相等。

（分公司帳上）總公司往來			（總公司帳上）分公司往來	
	期初餘額	⟷	期初餘額	
運交總公司資產	來自總公司資產	⟷	運交分公司資產	來自分公司資產
分公司淨損	分公司淨利	⟷	分公司淨利	分公司淨損
	期末餘額	⟷	期末餘額	

(三) 分公司間不設往來項目

各分公司間亦可能發生交易，理論上也可設置分公司間之往來帳戶，而於期末編製聯合財務報表時，再於工作底稿中消除。但為便利總公司管理，實務上分公司間之交易仍透過總公司往來帳戶處理，分公司彼此間並不設置往來帳戶。

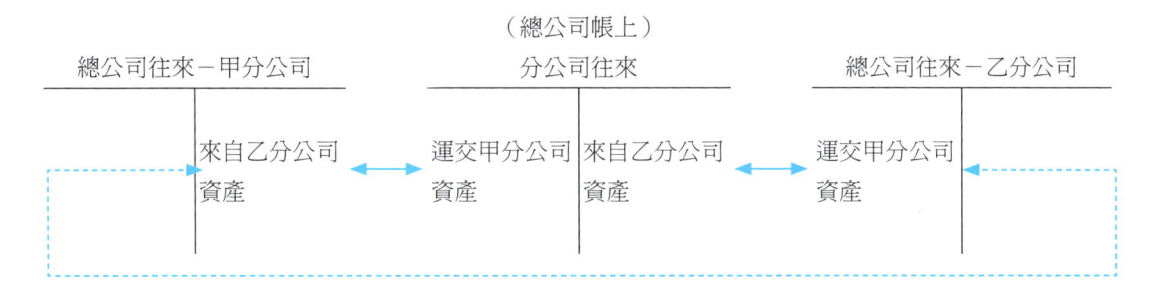

（總公司帳上）

總公司往來－甲分公司	分公司往來	總公司往來－乙分公司
來自乙分公司資產	運交甲分公司資產 ｜ 來自乙分公司資產	運交甲分公司資產

釋例六　總分支機構聯合報表之編製

甲公司於 X1 年初於台中設置分公司，X1 年度總、分公司調整前試算表資料如下：

	總公司 借方	總公司 貸方	分公司 借方	分公司 貸方
現金	$100,000		$100,000	
應收帳款	200,000		100,000	
存貨 (1/1)	200,000		0	
設備淨額	750,000		200,000	
分公司往來	300,000			
應付帳款		$350,000		$100,000
股本		1,000,000		
保留盈餘		200,000		
總公司往來				300,000
銷貨收入		800,000		500,000
進貨	650,000		400,000	
營業費用	150,000		100,000	
合計	$2,350,000	$2,350,000	$900,000	$900,000

若總、分公司 X1 年底期末存貨分別為 $350,000 及 $100,000，試作：

1. 分公司結帳及總公司認列分公司淨利之分錄。
2. 計算 X1 年底總公司之「分公司往來」及分公司之「總公司往來」帳戶餘額。
3. 編製總、分公司 X1 年底之聯合資產負債表與 X1 年度聯合損益表。

解析

1. 分公司結帳及總公司認列分公司淨利之分錄：

總公司			分公司		
分公司往來	100,000		存貨 (12/31)	100,000	
分公司淨利		100,000	銷貨收入	500,000	
			進貨		400,000
			營業費用		100,000
			分公司淨利		100,000
			分公司淨利	100,000	
			總公司往來		100,000

2. X1 年底總公司之「分公司往來」
 ＝分公司之「總公司往來」帳戶餘額
 ＝ $300,000 + $100,000 = $400,000

3. 總、分公司聯合財務報表

聯合工作底稿
X1 年度

會計項目	總公司	分公司	沖銷分錄 借方	沖銷分錄 貸方	聯合損益表	聯合保留盈餘表	聯合資產負債表
現金	$100,000	$100,000					$200,000
應收帳款	200,000	100,000					300,000
存貨 1/1	200,000	0			$(200,000)		
設備淨額	750,000	200,000					950,000
分公司往來	300,000			① 300,000			0
進貨	650,000	400,000			1,050,000		
營業費用	150,000	100,000			250,000		
應付帳款	(350,000)	(100,000)					(450,000)
股本	(1,000,000)						(1,000,000)
保留盈餘 1/1	(200,000)					$(200,000)	
總公司往來		(300,000)	① 300,000				0
銷貨收入	(800,000)	(500,000)			(1,300,000)		
存貨 12/31					450,000		450,000
本期淨利					(250,000)	(250,000)	
保留盈餘 12/31						(450,000)	(450,000)

甲公司
損益表
X1 年度

銷貨收入	($800,000 + $500,000)		$1,300,000
銷貨成本			
期初存貨		$ 200,000	
本期進貨	($650,000 + $400,000)	1,050,000	
期末存貨	($350,000 + $100,000)	(450,000)	(800,000)
銷貨毛利			$500,000
營業費用	($150,000 + $100,000)		(250,000)
本期淨利			$ 250,000

甲公司
資產負債表
X1 年 12 月 31 日

現金	$ 200,000	應付帳款	$ 450,000
應收帳款	300,000		
存貨	450,000	股本	1,000,000
設備淨額	950,000	保留盈餘 ($200,000 + $250,000)	450,000
資產總額	$1,900,000	負債及權益總額	$1,900,000

二　總公司發貨至分公司之處理

　　企業設置分公司目的通常作為總公司的零售商或經銷商，故分公司的商品通常由總公司運至分公司供其銷售。關於總公司發貨至分公司，其會計處理因不同之「存貨計價方式」及「存貨盤存制」而有所不同，以下討論之。

(一) 發貨價格等於成本（存貨未加價）

　　當總公司發貨分公司，如商品計價以總公司成本價時，會計處理最為簡便，因分公司帳上存貨價值即為總公司商品原始成本，期末無須另行調整。

1. 定期盤存制

　　採用定期盤存制時，分公司必須設置「進貨」項目，但為使總、分公司間的進銷貨，有別於企業與第三人間的進銷貨，總、分公司間進銷貨特別設置「發貨分公司」及「總公司來貨」二個相對項目，取代總公司「銷貨」及分公司「進貨」。又總公司發貨分公司，為總公司資產之移轉，將使總公司對分公司之投資及權益增加，其分錄如下：

	總公司			分公司	
分公司往來	×××		總公司來貨	×××	
發貨分公司		×××	總公司往來		×××

2. 永續盤存制

採用永續盤存制時，由於並無「進貨」項目，因此必須直接以「存貨」項目取代「發貨分公司」及「總公司來貨」二相對項目。其分錄如下：

	總公司			分公司	
分公司往來	×××		存貨	×××	
存貨		×××	總公司往來		×××

採用此方式，將使企業所有銷貨毛利完全歸於分公司享有（總公司銷貨毛利為零），由於將完全忽視總公司取得或保管商品及其他經營管理上的努力及成本，因此，績效評估可能將有所偏差；此外，總公司將無法對分公司隱藏企業整體之利潤，將產生競爭上風險。

> **釋例七　發貨價格等於成本**
>
> X1 年初，總公司將成本 $200,000 之商品以成本價發貨分公司，分公司 X1 年度向總公司以外之供應商進貨 $80,000，分公司 X1 年銷貨收入 $300,000，營業費用 $50,000，且經盤點期末存貨，自總公司運來者餘二成，外購商品餘 $48,000。
>
> 試作：總公司移轉商品、分公司結帳及總公司認列分公司淨利之分錄。
>
> **解析**
>
> 1. 總公司移轉商品及分公司外購商品
>
>   總、分公司商品間之移轉，性質類似一般進銷貨，惟為有別與外人間之銷貨與進貨，「發貨分公司」及「總公司來貨」二相對項目，取代總公司之銷貨及分公司之進貨。
>
> | | 總公司 | | | 分公司 | |
> |---|---|---|---|---|---|
> | 分公司往來 | 200,000 | | 總公司來貨 | 200,000 | |
> | 　發貨分公司 | | 200,000 | 　總公司往來 | | 200,000 |
> | | | | 進貨 | 80,000 | |
> | | | | 　現金 | | 80,000 |
>
> 2. 分公司結帳及總公司認列分公司淨利
>
>   (1) 分公司結帳分錄：

分公司期末存貨 = $200,000 × 20% + $48,000 = $88,000

分公司銷貨成本 = $200,000 × 80% + ($80,000 − $48,000) = $192,000

分公司淨利 = $300,000 − $192,000 − $50,000 = $58,000

分公司作結帳分錄時先列出期末存貨，而本期淨利將增加總公司往來帳戶。（分公司亦可先貸記「本期淨利」，再作一分錄借記「本期淨利」，貸記「總公司往來」）

(2) 總公司認列分公司淨利：分公司本期淨利將使分公司淨資產增加，總公司應比照認列，一方面增加分公司之投資，借記「分公司往來」，另方面認列分公司淨利，貸記「分公司淨利」。該分錄性質與擁有子公司100%股權之母公司認列投資收益之分錄類似。

總公司			分公司		
分公司往來	58,000		存貨	88,000	
分公司淨利		58,000	銷貨收入	300,000	
			總公司來貨		200,000
			進貨		80,000
			營業費用		50,000
			總公司往來		58,000

(二) 發貨價格超過成本（存貨加價）

基於上述「成本未加價」計價方式之缺點，為使所有對利潤有貢獻的部門均可公平享有利潤，促進存貨管理之效率，並對分公司隱藏真正利潤，通常總公司對分公司發貨價格超過其進貨成本。常見之存貨加價政策有：按成本加固定百分比之標準加價、按銷貨批發價發貨、按銷貨零售價發貨。

1. 定期盤存制

總公司			分公司		
分公司往來	×××		總公司來貨	×××	
發貨分公司		×××	總公司往來		×××
分公司存貨加價		×××			

2. 永續盤存制

總公司			分公司		
分公司往來	×××		存貨	×××	
存貨		×××	總公司往來		×××
分公司存貨加價		×××			

總公司帳上之「發貨分公司」及「分公司存貨加價」之和，應等於分公司帳上之「總公司來貨」。「總公司來貨」包含了未實現利潤，但分公司並不知悉總公司成本，只知道發貨價格；而總公司為使「發貨分公司」等於原始存貨成本，以便於計算總公司之銷貨成本及期末存貨成本，通常將發貨價格超過成本部分，另外設置「分公司存貨加價」或「分公司存貨未實現利潤」項目。

所謂「分公司存貨加價」，其性質類似於母、子公司間銷貨之未實現利潤，當總公司發貨分公司，分公司帳上存貨價值將高於總公司原始成本，而內含未實現利潤，故期末必須調整分公司帳上未出售之商品價值，扣除未實現存貨加價利潤，將未出售部分回歸總公司原始取得成本。

此外，總公司應就已出售予外人部分之存貨加價，已由未實現利潤轉為已實現，增加分公司淨利。

已實現利潤＝存貨加價×已外售存貨比例
　　　　　＝期初存貨加價＋本期進貨加價－期末存貨加價

釋例八　發貨價格高於成本

X1年初，總公司將成本 $200,000 之商品加價二成發貨分公司，分公司 X1 年度未向總公司以外之供應商進貨，分公司 X1 年以 $300,000 價格出售總公司運來商品之八成，並發生營業費用 $50,000。

試作：總公司移轉商品、分公司結帳及總公司認列分公司淨利之分錄。

解析

1. 總公司移轉商品

總公司			分公司		
分公司往來	240,000		總公司來貨	240,000	
發貨分公司		200,000	總公司往來		240,000
分公司存貨加價		40,000			

2. 分公司結帳及總公司認列分公司淨利

總公司			分公司		
分公司往來	58,000		存貨	48,000	
分公司淨利		58,000	銷貨收入	300,000	
分公司存貨加價	32,000		總公司來貨		240,000
分公司淨利		32,000	營業費用		50,000
			總公司往來		58,000

(1) 分公司結帳分錄

　　分公司期末存貨 = $200,000 × 120% × 20% = $48,000

　　分公司銷貨成本 = $240,000 × 80% = $192,000

　　分公司淨利 = $300,000 − $192,000 − $50,000 = $58,000

(2) 總公司認列分公司淨利：總公司先依分公司帳載本期淨利認列分公司淨利，並就本期已實現利潤調整增加分公司淨利。

　　已實現利潤 = 存貨加價 × 已外售存貨比例 = ($200,000 × 20%) × 80% = $32,000。

　　經調整後，「分公司存貨加價」帳戶餘額為 $40,000 − $32,000 = $8,000，即等於分公司帳上尚未出售存貨被總公司加價墊高之金額（存貨加價 $40,000 × 20%，或期末存貨 $48,000 120%）。而該筆分公司帳上期末存貨高估之金額 $8,000，將來必須於工作底稿中與分公司存貨對沖，減少分公司期末存貨成本，使分公司期末存貨成本等於總公司原始成本。

工作底稿分錄			分公司	
分公司存貨加價	8,000		分公司存貨成本	$48,000
存貨－分公司		8,000	減：未實現加價	(8,000)
			總公司存貨成本	$40,000

※分公司淨利之驗證：依上列分錄，總公司認列分公司淨利 $90,000（= $58,000 + $32,000），與分公司依未加價銷貨成本計算之淨利相等。

	本期淨利 （按總公司成本計）	本期淨利 （按發貨價格計）
銷貨收入	$300,000	$300,000
減：銷貨成本	(160,000)	(192,000)
營業費用	(50,000)	(50,000)
加：已實現加價		32,000
分公司淨利	$ 90,000	$ 90,000

三　總、分公司間運費之處理

(一) 進貨運費

　　企業進貨運費應作為存貨成本加項，相同地，當總公司將商品運至分公司，所發生必要且合理之運費，應列為存貨成本之一部分，該運費實為分公司之進貨運費，應增加存貨成本，惟為與外購商品之進貨運費區隔，另設「總公司來貨運費」項目記錄，待計算銷貨成本時再併入成本中。此外，期末在計算分公司存貨價值時，應將運費分攤至期末存貨中。

當總公司公司代分公司支付進貨運費，總公司應作為「分公司往來」增加，分公司則列為「總公司往來」項目；當分公司將進貨退還總公司，則應將總公司來或、總公司來貨運費，以及相對之總公司往來一併沖轉。

(二) 超額運費

有時總、分公司間或分公司間所發生的運費，係因總公司決策錯誤或無效率而發生，例如：分公司收到不良品退回總公司、總公司發貨數量錯誤，或分公司間因缺貨而緊急調貨等情形，這些非必要之超額運費，實際上並未增加商品之效用，故不能列為分公司存貨成本，而應列為損失，且因物流決策通常由總公司決定，故超額運費應由總公司負擔，分公司所認列之進貨運費應等於正常運費。

釋例九　總、分公司間之運費

X1年度，台北公司之總、分公司間商品移轉及運費事項如下：（存貨係採定期盤存制）

1. 總公司將成本 $100,000 之商品加價 20% 發貨予甲分公司，並支付運費 $2,000。
2. 甲分公司驗收商品時，發現有 1/4 瑕疵品，將瑕疵品退回總公司，總公司並支付運費 $550。
3. 由於前述瑕疵品致甲分公司缺貨，總公司緊急調貨予甲分公司，總公司支付急件運費 $600。該部分商品成本 $25,000，總公司仍加價 20% 為發貨價，其正常運費為 $500。
4. 總公司誤將應送往乙分公司之商品運往丙分公司，後再由丙分公司轉運乙分公司，該批商品發貨價格按成本 $80,000 計。丙分公司支付總公司來貨運費 $800，乙分公司支付來貨運費 $1,000，若該公司由總公司運往乙公司僅需運費 $600。

試作：總、分公司相關分錄。

解析

1. 該運費實為分公司之進貨運費，應增加存貨成本，而該運費由總公司支付，應計入總、分公司往來項目：

總公司		甲分公司	
分公司往來　　　122,000		總公司來貨　　　120,000	
發貨分公司	100,000	總公司來貨運費　　2,000	
分公司存貨加價	20,000	總公司往來	122,000
現金	2,000		

2. 因總公司管理不善而其貨物有瑕疵品,使得分公司退回瑕疵品之運費與之前總公司運來瑕疵品之運費均成為不必要之運費,而應認列為損失,非進貨運費。

   損失 = $550 + $2,000 × 1/4 = $1,050

總公司		甲分公司	
發貨分公司	25,000	總公司往來	30,500
分公司存貨加價	5,000	總公司來貨	30,000
超額運費損失	1,050	總公司來貨運費	500
分公司往來	30,500		
現金	550		

3. 總公司因緊急調貨而支付急件運費,不因列為分公司進貨運費,分公司之「總公司來貨運費」僅得認列正常運費 $500,而超額運費 $100(= $600 − $500),應列為損失,並由總公司負擔。該部分商品成本 $30,000,總公司仍加價 20% 為發貨價,其正常運費為 $500。

總公司		甲分公司	
分公司往來	30,500	總公司來貨	30,000
超額運費損失	100	總公司來貨運費	500
發貨分公司	25,000	總公司往來	30,500
分公司存貨加價	5,000		
現金	600		

※ 由上可知,若總公司第一次發貨分公司時均為良品,則分錄 2 及 3 不會發生,而可得下表中超額運費損失以外其他帳戶餘額,因此瑕疵品之運送僅將增加總公司之超額運費損失,而對於其他帳戶不生影響。故只有必要且合理之運費始得作為存貨成本之增加。

總公司		分公司	
分公司往來	$122,000	總公司往來	$122,000
發貨分公司	$100,000	總公司來貨	$120,000
分公司存貨加價	$20,000		
超額運費損失	$1,150	總公司來貨運費	$2,000

4. 分公司彼此間不設往來帳戶,係透過各分公司與總公司間之往來帳戶作連結。

   (1) 丙公司:由於之前總公司來貨係誤送,而已移轉予乙公司,故原先記錄之總公司來貨、總公司來貨運費及總公司往來均應迴轉沖銷。

(2) 乙公司：總公司來貨以成本計算，乙公司雖然支付運費 $1,000，但因如無誤送情形下之正常運費應為 $600，故僅得認列運費成本 $600。另原本來貨成本 $80,000 應同額增加總公司往來 $80,000，但因乙分公司為其多支付運費 $400（＝$1,000－$600），該超額運費應由總公司負擔，減少總公司往來，故總公司往來僅得增加 $79,600（＝$80,000－$400）。

(3) 總公司：商品運送過程中總計支付運費 $1,800（＝$800＋$1,000），較正常運費 $600 多出 $1,200，其係總公司管理疏失所致，應由總公司負擔該超額運費損失。總公司應將不應存在之交易沖銷，補認列應存在之交易，亦即迴轉已認列之發貨丙公司 $80,000，而補記發貨乙公司 $80,000。而所沖銷之丙公司往來 $80,800，係原發貨成本 $80,000 及丙公司代付之運費 $800。至所補認列之乙公司往來 $79,600，則為發貨成本 $80,000，扣除乙公司多支付之超額運費 $400（＝支付運費 $1,000－正常運費 $600）。

總公司		乙分公司		丙分公司	
丙公司往來 80,000		無分錄		總公司來貨	80,000
發貨丙公司	80,000			總公司來貨運費	800
				總公司往來	80,000
				現金	800
乙公司往來 79,600		總公司來貨 80,000		總公司往來	80,800
發貨丙公司 80,000		總公司來貨運費 600		總公司來貨	80,000
超額運費損失 1,200		總公司往來	79,600	總公司來貨運費	800
丙公司往來	80,800	現金	1,000		
發貨乙公司	80,000				

四　總、分公司間費用之處理

(一) 總公司代付費用

分公司所發生之費用，如由分公司自行支付，則應於分公司帳上直接認列為費用。如由總公司代為支付，則期末時應將費用自總公司帳上轉出，同時計入分公司帳上，認列為分公司費用，並貸記總公司往來，否則將高估分公司淨利。

(二) 總公司費用分攤

對於可直接歸屬於分公司之費用，如折舊費用、租金費用等，認列於分公司帳上固然無疑；但對於總公司及各分公司共同發生之費用，如：廣告費、總管理處之薪資等一般管

理費用，則僅能選擇合理且有系統之方式分攤至各分公司。

釋例十　總、分公司間之費用

X1 年度，甲公司之總、分公司間費用事項如下：

1. 總公司認列退休金費用 $300,000，其中 15% 應由分公司負擔。
2. 分公司代公司整體規劃廣告活動，分公司接洽支付本年度廣告費 $200,000，其中總公司應負擔 80%。
3. 總公司每月均代付分公司租金費用 $20,000，而於期末一次向分公司請款。

試作：總、分公司分攤費用之分錄。

解析

以下分錄係假設總、分公司於費用發生時，均全部記為各該單位之費用，至期末再依分攤結果調整。總、分公司亦可於費用發生時即直接辨認或分攤至適當單位。

總公司			分公司		
分公司往來	45,000		退休金費用	45,000	
退休金費用		45,000	總公司往來		45,000
廣告費	160,000		總公司往來	160,000	
分公司往來		160,000	廣告費		160,000
分公司往來	240,000		租金支出	240,000	
租金費用		240,000	總公司往來		240,000

五　分公司固定資產之處理

(一) 分公司自行購置與管理

若分公司固定資產係由分公司自行購置與管理，則其會計處理與一般獨立公司相同。

總公司		分公司		
無分錄		設備－分公司	×××	
		現金		×××
		折舊費用	×××	
		累計折舊－分公司		×××

(二) 總公司代為購置與管理

當總公司代為購置與管理分公司資產時，分公司之固定資產應記錄在總公司帳上，且因固定資產之累計折舊必須跟隨著相關資產帳戶，故累計折舊亦應列入總公司帳上。惟該資產係由分公司所使用，因此折舊費用應由分公司負擔。

總公司		分公司	
固定資產－分公司　×××		無分錄	
現金　　　　　　　　　　×××			
分公司往來　　　×××		折舊費用　　　×××	
折舊費用　　　　　　　　×××		總公司往來　　　　　×××	

(三) 分公司自行購置，總公司統籌管理

若固定資產係由分公司自行購置，但由總公司統籌管理時，固定資產仍須列入總公司帳上，其分錄類似於分公司代墊總公司款項，惟該項資產仍為分公司所使用，因此折舊費用仍由分公司負擔。

總公司		分公司	
固定資產－分公司　×××		總公司往來　　　×××	
分公司往來　　　　　　　×××		現金　　　　　　　　×××	
分公司往來　　　×××		折舊費用　　　×××	
折舊費用　　　　　　　　×××		總公司往來　　　　　×××	

六　往來帳戶之調節

總公司之「分公司往來」及分公司之「總公司往來」係相對項目，「分公司往來」增減時，「總公司往來」必發生同額增減。而當此二帳戶餘額不等時，必定是因為「**時間性差異**」或「**錯誤**」所導致，此時應調節總、分公司之往來帳戶，使其帳戶餘額正確並相等，其調節方式類似於銀行調節表。常見調節項目如下：

(一) 在途存貨

總公司發貨予分公司之商品，於期末結帳時，尚在途中，故總公司已入帳（借記「分公司往來」），而**分公司尚未入帳。此時應調整貸記分公司之「總公司往來」**。

(二) 在途匯款

分公司於期末匯款予總公司，分公司已入帳（借記「總公司往來」），於期末結帳時，**總公司尚未收到款項而未入帳。此時應調整貸記總公司之「分公司往來」**。

(三) 代收付款

分公司代總公司或總公司代分公司，收受應收帳款或支付應付帳款，代收代付之一方

於收取或支付款項時已入帳，而另一方因於期末結帳時尚未收到通知而未入帳。此時應調整另一方之往來項目。

釋例十一　往來帳戶之調節

X1 年底，甲公司之總公司帳上之「分公司往來」餘額為 $370,800，分公司帳上之「總公司往來」餘額為 $205,300，經分析差異原因如下：

1. X1 年 12 月 31 日總公司將成本 $120,000 之商品加價 25% 送往分公司，而分公司遲至 X2 年 1 月 3 日始收貨入帳。
2. X1 年 12 月 30 日分公司將支票 $12,000 郵寄予總公司，總公司於 X2 年 1 月 5 日收到支票。
3. X1 年 12 月 31 日分公司代總公司支付運費 $8,000，總公司於 X2 年 1 月 2 日始獲通知。
4. X1 年底總公司分攤總管理費用 $3,800 於分公司，分公司誤記為 $8,300。

試作：總、分公司往來帳戶調節表及調節分錄。

解析

1. 總、分公司往來帳戶調節表：

甲公司
總、分公司往來調節表
X1 年 12 月 31 日

	分公司往來 （總公司帳）	總公司往來 （分公司帳）
調整前餘額	$370,800	$205,300
在途存貨		150,000
在途匯款	(12,000)	
分公司代付款項	(8,000)	
分公司更正錯誤		(4,500)
調整後餘額	$350,800	$350,800

2. 調節分錄：

(1) 分公司帳上補記總公司之在途存貨，增加總公司往來。

　　　總公司來貨　　　　　　　150,000
　　　　　總公司往來　　　　　　　　　150,000

(2) 總公司帳上補記分公司之在途匯款,減少分公司往來。

現金	12,000	
分公司往來		12,000

(3) 總公司帳上補記運費,減少分公司往來。

運費	8,000	
分公司往來		8,000

(4) 分公司帳上更正管理費用之錯誤,調整總公司往來。

總公司往來	4,500	
管理費用		4,500

第3節　銷售代理

銷售代理是企業在總公司所在地以外地區設立「展示商品」的據點,該展示中心陳列樣品,提供顧客參考,並接受顧客下訂單。展示中心接獲訂單後,再將訂單轉給總公司,由總公司處理之後流程,如信用調查、運送商品、收取帳款等。

一　銷售代理與分支機構之比較

銷售代理與分支機構均為總公司所在地以外地區設立新銷貨或生產據點之方式,二者比較如下:

銷售代理	分公司
據點僅有樣品而無存貨。	據點通常有足夠庫存商品供出售。
訂單轉由總公司處理。	訂單由分公司處理。
信用調查、賒帳核准及帳款收取由總公司為之。	信用調查、賒帳核准及帳款收取由分公司為之。
據點僅維持一定金額之現金,對支出作備忘分錄,類似零用金制度。	據點具有獨立企業的多數功能,並擁有獨立的會計系統及記錄。

二　銷售代理之會計處理

承前所述,銷售代理據點並無完整的會計記錄,通常僅作小額現金支出只記錄,其與營業相關之一切事項均由總公司記錄。總公司視其管理之目的,可將銷售代理據點之財務狀況,複雜精細至編製個別據點之財務報表,亦可簡化至僅維持零用金之記錄。

茲整理銷售代理相關分錄如下:

1. 購買銷售代理之房地及設備：

總公司		銷售代理據點
土地－A 據點	×××	
房屋－A 據點	×××	無分錄
設備－A 據點	×××	
現金	×××	

2. 設立 A 據點零用金：

總公司		銷售代理據點
零用金－A 據點	×××	
現金	×××	備忘分錄

3. 運送樣品至 A 據點：

總公司		銷售代理據點
樣品存貨－A 據點	×××	
存貨	×××	無分錄

4. A 據點接獲訂單，總公司出貨並寄發帳單：

總公司		銷售代理據點
應收帳款	×××	
銷貨收入－A 據點	×××	
銷貨成本－A 據點	×××	無分錄
存貨	×××	

5. 總公司支付 A 據點費用：

總公司		銷售代理據點
銷貨運費－A 據點	×××	
薪資費用－A 據點	×××	
廣告費用－A 據點	×××	無分錄
現金	×××	

6. 提列 A 據點固定資產之折舊：

總公司		銷售代理據點
折舊費用－A 據點	×××	
累計折舊－A 房屋	×××	無分錄
累計折舊－A 設備	×××	

7. A 據點申請撥補零用金：

總公司		銷售代理據點
水電費用－A 據點	×××	
交通費用－A 據點	×××	備忘分錄零用金支出，撥補時列出明細連同單
其他費用－A 據點	×××	據送交總公司補足零用金。
現金	×××	

8. 將 A 據點之樣品存貨調整至淨變現價值：

總公司		銷售代理據點
廣告費－A 據點	×××	
樣品存貨－A 據點	×××	無分錄

本章習題

〈聯合協議觀念〉

1. 下列何者不屬於聯合營運？　　　　　　　　　　　　　　　　　　　　　　　【108 年 CPA】
   (A) 兩家石油公司共同投資輸油管路以運送各自開採之石油，並依協議比例分攤輸油管路所發生之費用
   (B) 兩家不動產代銷公司共同出資購買一房屋，分享出租房屋所賺取之租金，並分攤相關費用
   (C) 兩家航太材料公司依照協議，各自負責生產飛機之某些部分，各自承擔其所發生之生產成本，並分享出售飛機之收入
   (D) 兩家石油公司共同投資輸油管路以運送各自開採之石油，並按其出資比例對於攸關活動，行使其權益

2. 甲公司、乙公司及丙公司簽訂一項協議，三方皆受合約協議內容所拘束，試問下列情形何者非屬聯合協議？

	甲表決權	乙表決權	丙表決權	最低表決權比例
(A)	50%	30%	20%	75%
(B)	25%	65%	10%	80%
(C)	40%	35%	25%	50%
(D)	35%	35%	5%（其餘股權極為分散）	50%

3. 下列有關聯合營運之敘述，何者錯誤？
   (A) 聯合營運者提供或出資購買一項或多項資產，投入協議經營之事業。
   (B) 聯合營運並不設立公司、合夥或其他與合資控制者分離之組織。

(C) 每參與聯合營運者通常依其所享有聯合控制資產之份額，行使其權益。
(D) 聯合營運者對聯合控制資產所分享之金額，認列為投資。　　【101 年 CPA 改編】

4. 甲與乙兩方建構一聯合協議於公司組織之 C 個體中，各方對該個體擁有 50% 之所有權益。該協議之目的係為確保雙方得以操作製造各自所需材料之設備。該協議並未明訂雙方對 C 個體之資產具有權利或對 C 個體之負債負有義務。下列敘述何者正確？
(A) 該聯合協議屬合資，合併報表應採用 IFRS9 認列對 C 個體之投資。
(B) 該聯合協議屬合資，合併報表應採用 IAS28 權益法認列對 C 個體之投資。
(C) 該聯合協議屬合資，合併報表應採用成本法認列對 C 個體之投資。
(D) 該聯合協議屬聯合營運，聯合營運者僅需依據其對 C 個體之權益，認列 C 個體資產與負債之份額。　　【106 年 CPA】

〈聯合營運會計處理〉

5. 甲公司為一聯合營運之聯合營運者，其對該聯合營運之資產、負債、收入及費用均享有 60% 之權益。X3 年底甲公司將成本 $750,000、累計折舊 $500,000 之設備以 $300,000 售予該聯合營運。甲公司及該聯合營運對機器設備之後續衡量均採成本模式，該設備於 X3 年底之剩餘耐用年限為 6 年，無殘值，採直線法提列折舊。下列敘述何者正確？　　【104 年 CPA 改編】
(A) X3 年底甲公司應將處分設備利益 $50,000 全數予以遞延。
(B) X3 年底聯合營運購入之設備應以 $250,000 入帳。
(C) X4 年度甲公司應認列之折舊費用為 $30,000。
(D) X4 年底甲公司帳上「設備－聯合營運」之帳面金額為 $125,000。

6. 甲公司為一聯合營運之聯合營運者，其對該聯合營運之資產、負債、收入及費用均享有 40% 之權益。X1 年初聯合營運將成本 $750,000、累計折舊 $500,000 之設備以 $300,000 售予甲公司。甲公司及該聯合營運對機器設備之後續衡量均採成本模式，該設備於 X1 年初之剩餘耐用年限為 5 年，無殘值，採直線法提列折舊。下列敘述何者正確？
(A) X1 年初聯合營運應將處分設備利益 $50,000 全數予以遞延。
(B) X1 年度甲公司購入之設備應以 $250,000 入帳。
(C) X1 年度甲公司應認列之折舊費用為 $50,000。
(D) X1 年底甲公司帳上「設備－聯合營運」之帳面金額為 $224,000。

7. 甲公司為一聯合營運者，對聯合營運之資產、負債、收入與費用均享有 40% 之權益，試作：下列情況下聯合營運與甲公司 X1 年度應有之會計分錄。

1. X1 年 1 月 3 日甲公司將成本 $800,000，累計折舊 $300,000 之機器設備以 $600,000 出售予聯合營運者，該機器設備尚可使用 5 年，無殘值，採直線法提列折舊，甲公司與聯合營運者公司對設備之後續衡量均採成本模式。
2. X1 年 1 月 3 日聯合營運者將成本 $800,000，累計折舊 $300,000 之機器設備以 $600,000 出售予甲公司，該機器設備尚可使用 5 年，無殘值，採直線法提列折舊，甲公司與聯合營運者公司對設備之後續衡量均採成本模式。

〈合資會計處理〉

8. 甲公司與乙公司於 X1 年年初簽訂合約，設立由雙方聯合控制之丙公司，雙方出資金額均為 $2,000,000，分別取得丙公司 50% 之權益，該聯合協議屬合資性質。X3 年年初，乙公司將持有丙公司之權益出售 2/5 予甲公司，售價為 $1,200,000，甲公司因而取得對丙公司之控制。乙公司雖對丙公司喪失聯合控制但仍具重大影響。當日乙公司剩餘之丙公司權益的公允價值為 $1,800,000，甲公司原持有之丙公司 50% 權益公允價值為 $3,000,000。X1 年度至 X3 年度丙公司淨利與現金股利如下：

	X1 年度	X2 年度	X3 年度
淨利（年度中平均賺得）	$500,000	$600,000	$560,000
現金股利（9月發放）	300,000	450,000	380,000

試作：
1. X3 年年初甲公司購買丙公司 20% 權益之分錄。
2. X3 年年初乙公司出售丙公司 20% 權益之分錄。
3. 分別計算 X3 年 12 月 31 日甲公司與乙公司對丙公司投資之帳列金額。【105 年 CPA】

9. 甲公司與乙公司簽訂契約，於 X1 年 1 月 1 日設立合資丙公司，丙公司實收資本額為 $5,000,000。甲公司投資 $1,750,000，占 35% 股權比例。丙公司 X1 年稅後純損為 $300,000，X2 年稅後淨利為 $60,000（淨利係於年度中平均發生）。甲公司於 X2 年 6 月 30 日以 $1,200,000 出售其對丙公司之持股而使其持股比例降為 10%，並喪失聯合控制。甲公司對丙公司剩餘持股於 6 月 30 日及 12 月 31 日之公允價值分別為 $500,000 及 $490,000。

試作：甲公司對於丙公司之相關分錄。

10. 甲公司與乙公司於 X1 年年初簽訂合約，設立一家由雙方聯合控制之丙公司，雙方各出資 $1,000,000，分別享有丙公司淨資產 50% 之權益。丙公司 X1 年度與 X2 年度帳列淨利分別為 $300,000、$420,000，每年 8 月均發放現金股利 $250,000。X1 與 X2 年度甲、乙、丙三家公司發生下列交易事項：

(1) X1 年 4 月 1 日甲公司將成本 $600,000，累計折舊 $200,000 之機器設備以 $450,000 出售予丙公司，該機器設備尚可使用 5 年，無殘值，採直線法提列折舊，甲公司與丙公司對設備之後續衡量均採成本模式。

(2) X1 年 7 月 1 日甲公司將生產之電腦設備以 $240,000 出售予乙公司，該電腦設備成本 $180,000，耐用年限 4 年，無殘值，採直線法提列折舊，乙公司對設備之後續衡量採成本模式。

(3) 丙公司於 X2 年將成本 $100,000 的商品以 $120,000 出售予乙公司，至 X2 年底乙公司仍有 40% 的商品未出售。 【108 年 CPA】

試作：

1. 分別計算甲公司及乙公司 X1 年度與 X2 年度應認列之合資淨利份額。
2. 分別計算 X2 年 12 月 31 日甲公司及乙公司對丙公司合資投資之帳列金額。

〈總、分公司會計基本觀念〉

11. 下列何者應借記總公司往來帳？
(A) 總公司移轉資產給分公司　　(B) 分公司移轉現金給總公司
(C) 分公司年度結算有盈餘　　　(D) 總公司移轉現金給分公司

12. 下列何者將使總公司之「分公司往來」借方餘額低估？
(A) 總公司匯往分公司之在途存款。
(B) 總公司運往分公司之在途存貨。
(C) 分公司年底代收總公司應收帳款，尚未通知總公司。
(D) 分公司年度結轉淨損，總公司尚未認列。 【103 年 CPA】

〈總公司對分公司發貨〉

13. 總公司將商品轉予分公司時通常以成本、成本加價或零售價作為轉撥價格，下列敘述何者錯誤？
(A) 總公司若以成本加價方式將商品轉予分公司，則所有銷貨毛利便不會僅歸屬於分公司，有助於評估分公司之績效。
(B) 總公司若以零售價或商品正常售價將商品轉予分公司，則分公司帳上之存貨餘額等於其存貨盤點之零售金額，可以警示管理當局存貨的管理是否適當。
(C) 總公司若以成本將商品轉予分公司，則所有銷貨毛利均歸屬於分公司，將有助於評估總公司之績效。
(D) 當總公司與分公司間商品之移轉計價係採成本時，「運交分公司存貨」與「來自總公司存貨」兩項目之金額會相等。 【102 年 CPA】

14. 台北總公司以成本加價 30% 作為對分公司商品移轉之價格。X7 年 10 月 23 日總公司運送成本 $500,000 之商品給嘉義分公司，並另支付 $15,000 之運費。X7 年 11 月 15 日台南分公司向台北總公司訂貨，但由於存貨短缺，故由嘉義分公司將上述商品全數運往台南分公司，並由嘉義分公司支付運費 $7,700。正常情況下，總公司運往台南分公司之商品運費為 $17,000，試計算台南分公司於 X7 年 11 月 15 日應認列之商品成本為多少？ 【101 年 CPA】

    (A) $515,000　　　　　　　　　　　　　　(B) $517,000
    (C) $667,000　　　　　　　　　　　　　　(D) $682,000

〈總、分公司間運費〉

15. 總公司交分公司商品所發生的運費，基本上應作為商品成本，並由何方列帳？
    (A) 由分公司列帳　　　　　　　　　　　(B) 由總公司與分公司平均列帳
    (C) 由總公司列帳　　　　　　　　　　　(D) 何方付款，何方列帳

16. 高雄總公司誤將應送往台中分公司之貨品運往台北分公司，後經台北分公司再轉運至台中。若運費之計算如下：高雄至台中 $2,000，台中至台北 $2,500，台北至高雄 $4,500，則有關上項交易，總公司所應認列的損失以及台中分公司所應認列的運費成本各為若干？

	總公司	宜蘭分公司
(A)	$7,000	$2,500
(B)	$5,000	$2,000
(C)	$4,500	$2,000
(D)	$2,000	$4,500

17. 台北總公司分別於台中及台南設立分公司，分公司間不設往來帳戶。台北總公司運往分公司的商品皆以成本加價 20%。97 年 10 月中，總公司支付運費 $800，運送成本 $22,000 的商品至台中分公司。12 月下旬，因台南分公司需貨甚急，總公司庫存不足，遂由台中分公司支付運費 $640，將該批商品調撥給台南分公司。該批商品如果由總公司直接運交台南分公司，需支付運費 $700。假設台南分公司未將該批商品售出，台南分公司年底的存貨金額應為多少？

    (A) $26,400　　　　　　　　　　　　　　(B) $27,040
    (C) $27,100　　　　　　　　　　　　　　(D) $27,900

18. 某公司在全國各地有多個分公司，分公司的商品一律由總公司配送，移轉價格為總公司進貨成本加價。X1 年 5 月 1 日總公司將基隆分公司訂貨的商品運往宜蘭分公司，並支付 $2,200 的運費，總公司此批商品的進貨成本為 $16,000。X1 年 5 月 2 日宜蘭分公

司緊急將此批商品運往基隆分公司，並支付 $900 的運費。正常情況下，總公司運往基隆分公司的商品運費為 $1,500，宜蘭分公司運往基隆分公司商品運費為 $800，總公司對該批商品配送於帳上借記「基隆分公司往來」$21,500，試問總公司之移轉價格為成本加價多少%？

(A) 15% (B) 25%
(C) 20% (D) 18% 【105 年 CPA】

〈計算分公司淨利與結帳分錄〉

19. X7 年底台北總公司與分公司間往來之相關資料如下：
    (1) 總公司調整前帳上「分公司往來」餘額為 $189,500。
    (2) 分公司於 X7 年 12 月 31 日寄出 $6,000 之支票予總公司，總公司至 X8 年 1 月 3 日才收到。
    (3) 總公司於 X7 年 12 月 31 日運送商品給分公司，分公司至 X8 年 1 月 4 日才收到。此批商品移轉價格為 $20,000。
    (4) 分公司於 X7 年 12 月 25 日代收總公司應收帳款 $1,500，但未通知總公司。
    試問分公司調整前帳上「總公司往來」餘額為何？
    (A) $165,000 (B) $185,000
    (C) $205,000 (D) $217,000 【101 年 CPA】

20. 台北總公司於台中設有一分公司，對外採購一律由總公司負責，分公司所需進貨皆由總公司以成本加價 20% 發貨給分公司。X7 年底分公司帳上之結帳分錄如下：

銷貨收入	1,000,000	
存貨	300,000	
存貨		240,000
總公司來貨		840,000
費用		150,000
總公司往來		70,000

    X7 年度分公司依總公司原始進貨成本計算之淨利金額為何？
    (A) $70,000 (B) $100,000
    (C) $120,000 (D) $200,000 【102 年 CPA】

21. 台北總公司於台南設有一分公司，對外採購一律由總公司負責，分公司所需進貨皆由總公司以成本加價 25% 發貨給分公司。X7 年底分公司帳上之結帳分錄如下：

銷貨收入		2,000,000
存貨		600,000
存貨		480,000
總公司來貨		1,680,000
費用		300,000
總公司往來		140,000

試作：X7 年度分公司依成本計算之淨利金額。

22. 台北總公司一成本加價 25% 移轉商品給新竹分公司，X6 年 12 月 31 日新竹分公司帳上記載下列資料：

銷貨	$1,200,000
期初存貨，1/1	100,000（其中 25% 係外購）
總公司來貨	875,000
進貨	180,000
營業費用	50,000
期末存貨，12/31	200,000（其中 10% 係外購）

試作：

1. 新竹分公司 X6 年 12 月 31 日之結帳分錄。
2. 台北總公司 X6 年 12 月 31 日針對新竹公司之調整分錄。

23. 總公司與其台東分公司，存貨皆採用定期盤存制。下列為 X1 年度有關台東分公司之彙總交易：

(1) 收到總公司匯來現金 $25,000。

(2) 支付總公司運來商品之運費 $3,000，其商品移轉價格依成本 $100,000 加價二成五計算。

(3) 向外賒購商品 $20,000。

(4) 賒銷商品 $180,000。

(5) 應收帳款 $80,000 收現。

(6) 匯回總公司現金 $75,000。

(7) 應付帳款 $15,000 付現。

(8) 收到總公司通知應分攤費用：廣告費 $800，折舊費用 $500，其他費用 $700。

(9) 收到總公司通知已代收台東分公司之應收帳款 $30,000。

(10) 結帳分錄，台東分公司之期初及期末存貨分別為 $21,000 與 $18,000，其中外購商品比例均為 20%。

試作：

1. 總公司與分公司 X1 年度相關分錄。
2. 計算：①總公司帳上應認列台東分公司淨利之金額；②總公司 X1 年年底帳上「台東分公司往來」帳戶之餘額。

〈總、分公司往來帳戶調節〉

24. 台北總公司與分公司 X7 年底結帳前試算表部分資料如下：

	總公司		分公司
分公司往來	$486,000	總公司往來	$439,000
發貨分公司	786,000	總公司來貨	750,000

其它資料如下：(1) 總公司運往分公司之商品係依成本移轉。(2) 分公司 X7 年 12 月 31 日匯回總公司現金 $11,000，總公司遲至 X8 年 1 月 6 日才收到。下列何者為總公司結帳前正確之分公司往來餘額？

(A) $522,000 (B) $497,000
(C) $475,000 (D) $428,000

25. X7 年底台北總公司與分公司間往來之相關資料如下：
(1) 總公司調整前帳上「分公司往來」餘額為 $189,500。
(2) 分公司於 X7 年 12 月 31 日寄出 $6,000 之支票予總公司，總公司至 X8 年 1 月 3 日才收到。
(3) 總公司於 X7 年 12 月 31 日運送商品給分公司，分公司至 X8 年 1 月 4 日才收到。此批商品移轉價格為 $20,000。
(4) 分公司於 X7 年 12 月 25 日代收總公司應收帳款 $1,500，但未通知總公司。試問分公司調整前帳上「總公司往來」餘額為何？

(A) $165,000 (B) $185,000
(C) $205,000 (D) $217,000　　　　　　　　【101 年 CPA】

26. X1 年甲公司與其分公司相關資料如下：
(1) 分公司退回瑕疵商品 $7,500，但總公司至期末尚未收到該批商品。
(2) 總公司代分公司支付 $6,400 保險費用，但分公司誤記為 $4,600。
(3) 總公司分攤 $13,000 行政費用給分公司負擔，但分公司尚未入帳。
(4) 總公司移轉商品予分公司均按進貨成本加價 15%。X1 年 12 月 31 日「發貨分公司」金額為 $380,000，「總公司來貨」金額為 $428,400，差額係存貨加價及在途存貨所致。
(5) 總公司支付發貨分公司之緊急運費 $1,200，總公司全額計入分公司往來帳戶，分公司則尚未記錄該筆運費，但正常運費為 $900。

若 X1 年期末調整前分公司帳上之總公司往來帳戶餘額為 $485,500，調整後正確餘額應為多少？ 【108 年 CPA】

(A) $510,100 (B) $509,800
(C) $506,500 (D) $501,500

27. 甲公司 X3 年 12 月 31 日調整前試算表如下：

	總公司 借方	總公司 貸方	分公司 借方	分公司 貸方
現金	$ 94,000		$ 30,000	
應收帳款	180,000		142,000	
存貨 (1/1)	145,000		80,000	
設備淨額	750,000			
分公司往來	250,000			
應付帳款		$ 97,000		$ 18,000
股本		1,000,000		
保留盈餘		20,000		
總公司往來				192,000
銷貨收入		800,000		450,000
進貨	650,000		140,000	
發貨分公司		200,000		
總公司來貨			207,000	
分公司存貨加價		36,000		
營業費用	84,000		61,000	
合計	$2,153,000	$2,153,000	$660,000	$660,000

其他資料如下：

(1) 總公司轉撥商品予分公司均按成本加價 15% 為移轉價格。

(2) 經核對總、分公司銀行帳戶，發現總公司 X3 年 12 月 31 日匯往分公司 $13,000，分公司於 X4 年 1 月 3 日才收到。

(3) 分公司於 X3 年底代付總公司應付帳款 $20,000，總公司尚未記錄。

(4) 總公司分攤給分公司之費用 $2,000，分公司尚未記錄。

(5) 總、分公司 X3 年 12 月 31 日期末存貨分別為 $126,000 及 $15,000（其中 $6,950 係自外界購入，不含在途存貨）。

(6) 除上述事項外，總、分公司相對項目若仍有差異係期末在途存貨所致。

試作：

1. 計算在途存貨之總公司發貨成本及分公司期初存貨中購自外界之金額。

2. 計算已實現存貨加價金額及分公司正確淨利。

3. 計算 X3 年 12 月 31 日總、分公司往來調整後正確餘額。　　　　　【106 年 CPA】

〈銷售代理〉

28. 甲電動汽車公司在信義商圈設置形象概念館，概念館展示成車樣品並接受客製化訂製，X1 年度交易如下：

(1) 設立信義概念館零用金 $100,000。

(2) 運送樣品車 $15,000,000 至信義概念館。

(3) 甲公司支付概念館租金 $2,000,000，薪資費用 $1,000,000。

(4) 信義概念館接獲客戶訂單 $2,500,000，甲公司出貨並開立發票，該部汽車成本為 $1,800,000。

(5) 信義概念館支付水電費 $250,000、廣告費 $500,000、書報雜誌費 $50,000，申請撥補零用金。

(6) 年底樣品存貨淨變現價值 $12,000,000。

試作：甲公司 X1 年度銷售代理之相關分錄。

CHAPTER 14 營運部門與期中財務報導

學習目標

營運部門及應報導部門
- 營運部門報導
- 辨識營運部門
- 決定「應報導部門」

部門報導之揭露
- 應報導部門之揭露
- 企業整體資訊之揭露

期中財務報導之認列與衡量
- 期中財務報導之內容
- 期中財務報導之認列與衡量原則
- 認列與衡量原則適用及估計方法之釋例

期中財務報導之所得稅處理
- 期中所得稅費用之衡量
- 所得稅抵減
- 虧損扣抵

期中財務報導之表達與揭露
- 期中財務報導之表達
- 期中財務報導之揭露
- 先前報導期中期間之重編

第 1 節　營運部門及應報導部門

一　營運部門報導

　　財務報表使用者通常需要企業內部資源之分配、經營活動性質與財務影響、及營運所處經濟環境之資訊，以瞭解企業營運目標及評估績效達成之情形。在最理想的狀態，企業「外部」財務資訊報導基礎（財務會計）與「內部」資源分配及績效評估基礎（管理會計）相同。然而，實務上企業分工細密、營運複雜，若財務報導逐一揭露各個實際內部部門資訊，將使部門資訊過於詳細龐雜，反而使資訊價值下降。因此，IFRS 在「**企業應揭露有助於財務報表使用者評估企業所從事經營活動與所處經濟環境之性質及財務影響之資訊**」之核心原則下，規範營運部門報導。

　　依營運部門報導核心原則，企業營運部門報導主要步驟有三：首先，應先辨識「營運部門」；其次，再決定「應報導部門」；最後，提供「應報導部門」之財務及敘述性資訊。本節說明「營運部門」及「應報導部門」，次節說明應揭露之資訊。

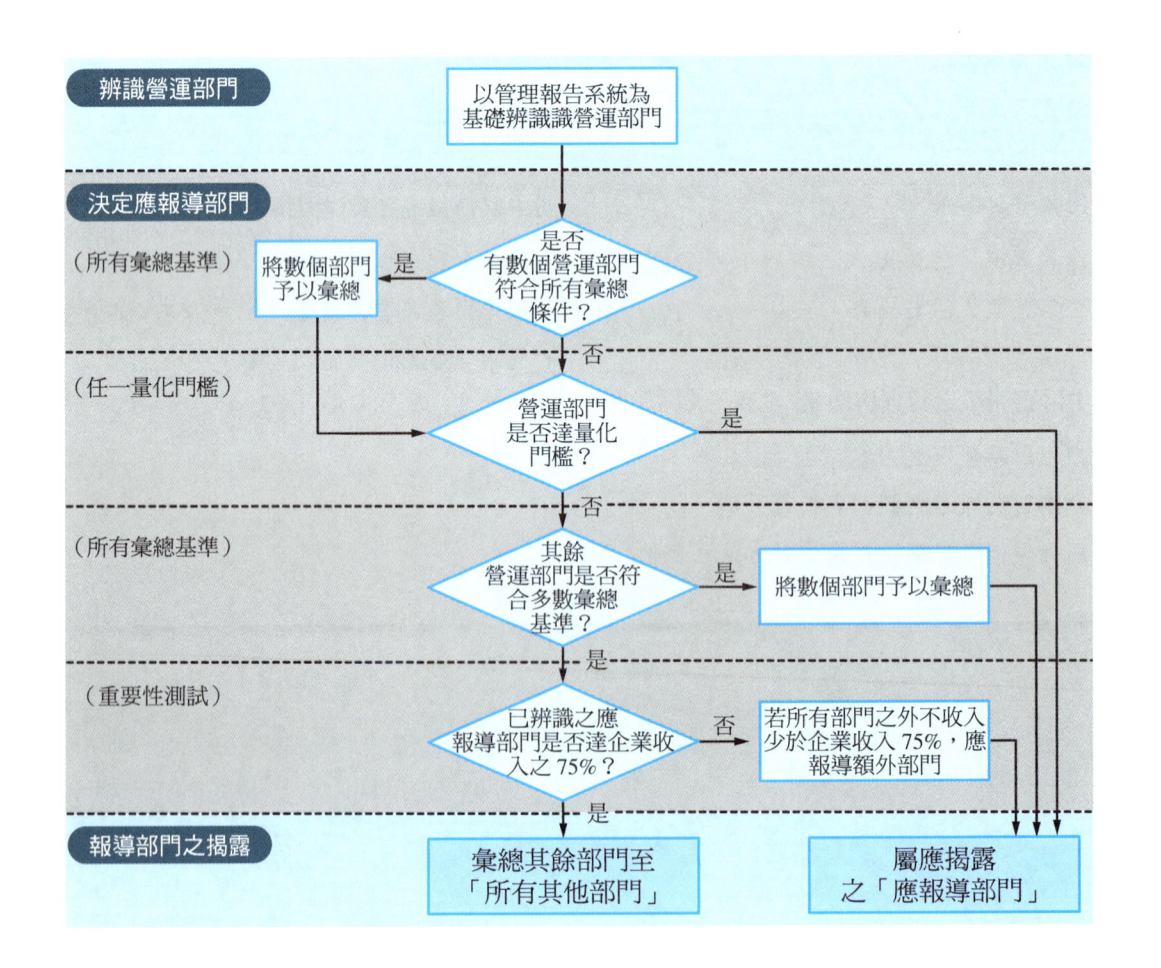

辨識營運部門
　以管理報告系統為基礎辨識營運部門

決定應報導部門

（所有彙總基準）
　是否有數個營運部門符合所有彙總條件？
　是 → 將數個部門予以彙總
　否 ↓

（任一量化門檻）
　營運部門是否達量化門檻？
　是 →
　否 ↓

（所有彙總基準）
　其餘營運部門是否符合多數彙總基準？
　是 → 將數個部門予以彙總
　否 ↓

（重要性測試）
　已辨識之應報導部門是否達企業收入之 75%？
　否 → 若所有部門之外不收入少於企業收入 75%，應報導額外部門
　是 ↓

報導部門之揭露
　彙總其餘部門至「所有其他部門」　｜　屬應揭露之「應報導部門」

二　辨識營運部門

(一) 營運部門三要件

並非企業每一個部門皆為財務報導中「營運部門」（Operating Segments）或「屬於營運部門之一部分」，**在財務報導目的下，若某部門未賺得收入或賺得之收入僅為偶發性收入，則非屬營運部門**。例如：企業總部或功能性部門（負責退休福利計畫部門）。依IFRS規定，營運部門係同時符合下列特性之企業組成部分：

1. 從事可能獲得收入並發生費用（包括與企業內其他組成部分間交易相關之收入與費用）之經營活動。因此，企業創業期間之營運部門，其從事「可能」獲得收入並發生費用之經營活動，雖尚未獲得收入，但仍為營運部門。
2. 營運結果定期由該企業之主要營運決策者複核，以制定分配資源與該部門之決策及評量其績效。
3. 具單獨財務資訊。

(二) 營運部門之人事組織

營運部門通常設有一位「部門經理人」，直接對「主要營運決策者」負責，並定期與其聯繫，討論部門之營運活動、財務結果、預測或計畫。

1. **主要營運決策者**：主要營運決策者係指具有分配資源予企業營運部門並評量其績效之職能者，但不必然為特定職稱之經理人。企業營運決策者通常為執行長或營運長，但也可能為執行董事團隊或其他人員。
2. **部門經理人**：部門經理人係指直接對主要營運決策者負責，並定期與其保持聯繫，討論部門之營業活動、財務結果、預測或計畫之職能者，但不必然為特定職稱之經理人。主要營運決策者與部門經理人並非絕對互斥之概念，有時主要營運決策者亦可能擔任數個營運部門之部門經理人，單一經理人亦可能擔任超過一個營運部門以上之部門經理人。
3. **矩陣式組織之考量**：許多大型複雜之企業常使用「矩陣式組織」作為內部管理之組織架構，所謂矩陣式組織是企業將內部依不同地區及不同產品作為劃分標準，區分成各組成部分（如右圖所示）。而企業主要營運決策者係定期檢視二組組成部分之營運結果，二組組成部分亦均具可取得之財務資訊。於此情況下，企業應依核心原則，決定何組組成單位構成營運部門。

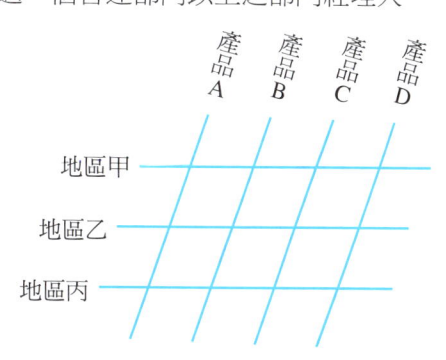

若二組組成部分中，僅其中一組之各部門均有負責之部門經理人時，則該組之組成單位即構成營運部門，如上圖中地區甲、乙、丙均設有部門經理人，而產品線組成單位中僅 A、B 設有經理人，則企業應選擇地區別作為營運部門（即營運部門為甲、乙、丙）。

三 決定「應報導部門」

(一) 彙總「單一營運部門」（所有彙總基準）

通常具有相似經濟特性的營運部門，會呈現相似之長期財務績效。例如：二個經濟特性相似之營運部門，預期將有相似之長期平均毛利率，此時將該二營運部門合併彙總成一個應報導部門，仍有助於財務報表使用者之決策。依 IFRS 規定，若**二個以上之營運部門符合下列「所有」彙總基準**（Aggregation Criteria），**得彙總為單一應報導部門**（Reportable Segments）：

1. 符合「核心原則」。
2. 具有相似之經濟特性。
3. 符合下列所有彙總基準：
   (1) 產品及勞務之性質。
   (2) 生產過程之性質。
   (3) 產品及勞務之客戶類型或類別。
   (4) 配銷產品或提供勞務之方法。
   (5) 監管環境之性質（若適用時）。例如：銀行、保險或公用事業。

(二) 決定「單獨報導部門」（任一量化門檻）

營運部門符合下列任一量化門檻（收入門檻、損益門檻、資產門檻）（Quantitative Thresholds）者，**為單獨報導部門，應單獨揭露該部門之資訊**。若營運部門未符合任何一項量化門檻，但管理當局認為該部門資訊對財務報表使用者有用時，仍可單獨成為一個應報導部門，予以單獨揭露。

1. 收入門檻

    該營運部門收入（包括對外部客戶之銷售及部門間銷售或轉撥）達所有營運部門收入（內部及外部）合計數之 10% 以上者。

2. 損益門檻

    該營運部門損益絕對值達下列二項絕對值較大者之 10% 以上者：
   (1) 無虧損之所有營運部門之利益合計數。

(2) 有虧損之所有營運部門之損失合計數。
3. 資產門檻
　　部門資產達所有營運部門資產合計數之 10% 以上者。

(三) 彙總「其餘營運部門」（多數彙總基準）

　　對於未符合量化門檻之其他營運部門，若具有相似經濟特性，且符合單一營運部門下列「多數」彙總基準時，得將這些營運部門資訊合併，產生一個應報導部門。

1. 符合「核心原則」。
2. 具有相似之經濟特性。
3. 符合下列多數彙總基準：
   (1) 產品及勞務之性質。
   (2) 生產過程之性質。
   (3) 產品及勞務之客戶類型或類別。
   (4) 配銷產品或提供勞務之方法。
   (5) 監管環境之性質（若適用時）。例如：銀行、保險或公用事業。

※ 彙總條件之比較：

	單一營運部門	其餘營運部門
量化門檻	符合量化門檻	未符合量化門檻
核心原則	符合核心原則	符合核心原則
經濟特性	相似經濟特性	相似經濟特性
彙總條件	符合「所有」彙總基準	符合「多數」彙總基準

(四) 增加「額外應報導部門」（重要性測試：外部收入 75% 條件）

　　若營運部門所報導之「外部收入總額」小於企業收入之 75%，則應額外增加應報導部門數（即使未符合量化門檻之規定），直至應報導部門之外部收入至少達企業收入之 75% 為止。

(五) 彙總「所有其他部門」

　　非屬應報導部門及企業其他經營活動之相關資訊，應合併揭露於「所有其他部門」種類，與應報導部門之其他調節項目分別列示，並說明「所有其他部門」種類之收入來源。

(六) 應報導部門之數量限制

　　企業單獨揭露之應報導部門數量可能有實務上限制，超過適當數量將顯得部門資訊過於詳細，IFRS 雖未明訂限制，但認為**如報導部門數量增加至 10 個以上時，企業應考量是否已達實務上之限制**。

(七) 比較期間應報導部門之決定

1. 原單獨報導部門之持續報導

當某一營運部門在前一期被辨識為單獨報導部門,而本期已不符合量化門檻時,若管理階層判斷該部門仍持續具重要性,則本期仍應持續單獨報導該部門之資訊。

2. 新單獨報導部門之比較報表重編

當某一營運部門前一期不符合量化門檻,而本期被辨識為單獨報導部門時,除必要資訊無法取得且編製成本過高外,為比較目的所列之前期部門資料應予重編,以反映此一新應報導部門為一單獨部門。

> **釋例一　辨認應報導部門**

甲公司共辨識出三個營運部門:台北部門、台中部門、高雄部門,各部門之相關資訊如下:

	台北部門	台中部門	高雄部門	合計
外部客戶收入	$315,000	$360,000	$75,000	$750,000
部門間收入	60,000	15,000	—	75,000
部門收入	$375,000	$375,000	$75,000	$825,000
部門損益	$ 22,500	$ 30,000	$ (5,000)	$ 47,500
部門資產	$ 5,000	$ 60,000	$ 5,000	$ 70,000

試作:請依量化門檻測試辨識甲公司應報導部門。

> **解析**

1. 營運部門量化門檻可分為三方面決定:

   (1) 收入門檻:營運部門收入(包括對外銷售及部門間銷售或轉撥)達所有營運部門收入(內部及外部)合計數之 10% 以上者。

   所有營運部門收入(內部及外部)合計數為 $825,000,其 10% 門檻為 $82,500。

	台北部門	台中部門	高雄部門	合計
外部客戶收入	$315,000	$360,000	$75,000	$750,000
部門間收入	60,000	15,000	—	75,000
部門收入	$375,000	$375,000	$75,000	$825,000
量化門檻:$82,500	已達	已達	未達	

(2) 損益門檻：營運部門損益之絕對值達下列兩項絕對值較大者之 10% 以上者：

①無虧損之所有營運部門利益合計數
   無虧損部門總利益 = $22,500 + $30,000 = $52,500
②有虧損之所有營運部門損失合計數
   有虧損部門總損失 = $(5,000)

二項絕對值較大者為 $52,500，其 10% 門檻為 $5,250。

	台北部門	台中部門	高雄部門	合計
部門損益	$22,500	$30,000	$(5,000)	$47,500
無虧損部門	$22,500	$30,000	—	$52,500
有虧損部門			$(5,000)	$(5,000)
量化門檻：$5,250	已達	已達	未達	

(3) 資產門檻：部門資產達所有營運部門資產合計數之 10% 以上者。

所有營運部門總資產 $70,000，其 10% 門檻為 $7,000。

	台北部門	台中部門	高雄部門	合計
部門資產	$5,000	$60,000	$5,000	$70,000
量化門檻：$7,000	未達	已達	未達	

2. 決定應報導部門：營運部門僅須符合任何一項門檻即可視為應報導部門，台北部門及台中部門均至少符合一項門檻，故為應報導部門；高雄部門則非應報導部門。
(1) 台北部門：已達收入門檻及損益門檻。
(2) 台中部門：已達收入門檻、損益門檻及資產門檻。
(3) 高雄部門：未達任何門檻。

3. 重要性測試：通過門檻之應報導部門外部收入至少達企業收入之 75% 為止。企業收入為 $750,000，其 75% 為 $562,500。而台北部門及台中部門之外部收入合計數為 $675,000，已達 75%，故通過重要性測試。

4. 應報導部門個數限制：根據門檻及測試結果，應報導部門個數為 2 個，並未超過 10 個，故應報導部門個數合理。

第 2 節　部門報導之揭露

一　應報導部門之揭露

企業應揭露有助於財務報表使用者評估其所從事經營活動之性質與財務影響，及其營運所處經濟環境之資訊。為落實此項核心原則，企業應於綜合損益表列報之每一期間揭露：「一般性資訊」、「部門損益、資產及負債資訊」、「部門衡量基礎資訊」及「相對應調節項目資訊」。

(一) 一般性資訊

企業應揭露下列一般性資訊：

1. 企業應報導部門之辨識因素，包括組織之基礎。例如：管理階層是否依據產品與勞務、地區、監管環境之差異，或綜合各種因素以組織該企業，以及各部門是否予以彙總。
2. 管理階層評估部門是否符合彙總基準之判斷，包括如何評估具有相似經濟特性時所依據之經濟指標之簡要描述。
3. 每一應報導部門產生收入之產品與勞務類型。

(二) 部門損益資訊

企業應報導每一應報導部門損益之衡量金額。下列項目若包括在經主要營運決策者複核之部門損益衡量金額；或雖未包括於部門損益之衡量金額，但定期提供予主要營運決策者，則企業應予揭露每一個應報導部門之下列資訊。

1. 來自外部客戶之收入。
2. 來自與企業內其他營運部門交易之收入。
3. 利息收入。企業應將每一應報導部門之利息收入與利息費用分別報導。但若部門收入大部分皆來自於利息，且主要營運決策者主要依據淨利息收入評量部門績效並決定資源分配，企業得報導部門利息收入減除利息費用之淨額，並且揭露此事實。
4. 利息費用。
5. 折舊與攤銷。
6. 重大之收益與費損項目。
7. 採權益法處理之對關聯企業損益及合資損益之權益。
8. 所得稅費用或所得稅利益。
9. 折舊與攤銷外之重大非現金項目。

(三) 部門資產資訊

下列項目若包括在經主要營運決策者複核之部門資產衡量金額；或雖未包括於部門資產之衡量金額，但定期提供予主要營運決策者，則企業應予揭露每一個應報導部門之下列資訊。

1. 採權益法處理之對關聯企業投資及合資投資之金額。
2. 非流動資產增加數。但不包括金融工具、遞延所得稅資產、淨確定福利資產及由保險合約產生之權利。

(四) 部門負債資訊

若部門負債之金額係定期提供予主要營運決策者，則企業應報導每一個應報導部門負債之衡量金額。

(五) 部門衡量基礎資訊

1. **績效衡量基礎（管理會計）才能成為部門報導基礎（財務會計）**：每一個應報導部門之資產、負債及損益項目之報導金額，應為主要營運決策者分配資源及評量績效所用之衡量金額。若應報導部門損益、資產或負債之金額係以分攤方式決定，則應採合理基礎分攤。
2. **與財務報表最一致之績效衡量基礎才能成為部門報導基礎**：主要營運決策者於分配資源或評量績效時，若僅使用一種方法衡量營運部門損益、資產或負債，則應以該方法報導部門損益、資產或負債；若使用超過一種方法，則應採取管理階層認為與衡量企業財務報表相對應金額最為一致之衡量原則。
3. **衡量基礎之揭露**：企業應提供每一個應報導部門損益、資產及負債之衡量說明，並至少應揭露下列資訊：
   (1) 應報導部門間所有交易之會計基礎。
   (2) 應報導部門損益與企業列計所得稅費用（利益）及停業單位損益前之損益二者衡量差異之性質。該等差異可能包括為了瞭解報導部門資訊之會計政策及集中發生成本分攤政策。
   (3) 應報導部門資產與企業資產二者衡量差異之性質。該等差異可能包括為了瞭解報導部門資訊之會計政策及共同使用資產分攤政策。
   (4) 應報導部門負債與企業負債二者衡量差異之性質。該等差異可能包括為了瞭解應報導部門資訊之會計政策及共同承擔負債分攤政策。
   (5) 應報導部門損益之衡量方法如與前期不同時，其改變之性質及影響。

(6) 應報導部門不對稱分攤之性質及影響，例如：企業可能分攤折舊費用予某部門，卻未分攤相關折舊性資產予該部門。

(六) 相對應調節項目資訊

企業應於每一資產負債表日，將營運部門報導項目（包括部門損益、部門資產負債及其他重大項目）調節至相對應財務報表金額。依據國際財務報表準則規定，企業應提供下列所有項目之調節資訊：

1. **收入調節**：應報導部門收入總額調節至與企業收入金額相符。
2. **損益調節**：應報導部門損益衡量總額調節至與企業所得稅費用（利益）及停業單位損益前之損益金額相符。若企業已將所得稅費用（利益）分攤予應報導部門，則企業得調節部門損益衡量總額至與企業稅後損益金額相符。
3. **資產調節**：應報導部門資產總額調節至與企業資產總額相符。
4. **負債調節**：應報導部門負債總額調節至與企業負債總額相符。
5. **其他重大項目調節**：應報導部門所揭露之每一其他重大項目資訊之金額總數調節至與企業相對應項目之金額相符。應注意的是，所有重大調節項目應分別辨識及說明。例如：應報導部門損益與企業損益金額之重大調節項目，係因採用不同會計政策所產生，則企業應對該等重大調節項目分別辨識及說明。

(七) 重編前期報導資訊

當企業改變內部組織架構導致應報導部門之組成改變，企業應針對應報導部門每一個別揭露項目，評估前期相對應資訊之取得性與編製成本。原則上，企業應重編前期部門別報導資訊，例外則無須重編而以揭露方式替代。

1. **原則**：前期相對應資訊並非不易取得或編製成本不高時，應重編前期部門資訊之相對應項目（包括期中資訊）。
2. **例外**：前期相對應資訊不易取得且編製成本過高時，企業原則上應揭露於改變發生之當年度當期按舊基礎及新基礎劃分部門之部門資訊。

二　企業整體資訊之揭露

有時企業經營活動並非以產品及勞務別或地區別為劃分基礎，而使得同一營運部門有來自「不同產品及勞務」或「不同地區」之收入，或使得不同營運部門有來自「相同產品及勞務」或「相同地區」之收入。為達成營運部門報導核心原則，當企業經營活動非以產

品及勞務別或地區別為劃分基礎時，企業必須額外提供「產品及勞務」、「地區」、「主要客戶」之資訊。

(一) 產品別及勞務別之資訊

企業應報導每一產品及勞務或每一組類似產品及勞務來自外部客戶之收入，報導金額應以編製企業財務報表之財務資訊為基礎。若必要資訊無法取得且編製成本過高者得不予報導，但企業應揭露該事實。

(二) 地區別資訊

企業應報導下列地區別資訊，報導金額應以編製企業財務報表之財務資訊為基礎。若必要資訊無法取得且編製成本過高者得不予報導，但企業應揭露該事實。此外，企業得提供多個國家之地區資訊小計。

1. 來自本國及外國之外部客戶收入。若企業來自單一外國之外部客戶收入重大時，應單獨揭露該收入。企業應揭露外部客戶收入歸屬於各國之基礎。
2. 位於本國及外國之非流動資產（不含金融工具、遞延所得稅資產、退職後福利資產及由保險合約產生之權利）。如位於單一外國之資產金額重大時，應單獨揭露該資產。

(三) 主要客戶資訊

企業應提供對「主要客戶」依賴程度之資訊。**所謂主要客戶係指該單一外部客戶之收入占企業收入金額之 10% 以上。企業應揭露每一主要客戶之收入總額及所屬報導部門名稱，但無須揭露主要客戶名稱或分別報導每一部門來自於該客戶之收入金額**。對於屬共同控制下之企業集團，應視為單一客戶；但對於同一政府（中央、地方或國外）控制下之企業，需要考量經濟整合程度判斷是否應視為單一客戶。

釋例二 部門報導之揭露

甲公司為一多角化公司，其以不同產品及勞務之策略性業務單位辨識應報導部門，共辨識出四個應報導部門：家電部門、貿易部門、投資部門及融資部門，另有未達量化門檻之其他營運部門（不含總管理處）。應報導部門之會計政策原則上皆與公司重要會計政策相同，且應報導部門報導之金額與營運決策者使用之報告一致。下頁表是各部門財務狀況表及營運情形：

	家電部門	貿易部門	投資部門	融資部門	其他部門
收入					
外部客戶	$50,000	$58,000	$115,000	$　　—	$40,000
部門間	—	15,000	—	—	10,000
利息收入	8,000	2,000	10,000	—	—
淨利息收入				20,000	
成本及費用					
銷貨成本－外部	$45,000	$46,400	$ 80,000	—	$28,000
銷貨成本－內部	—	12,750	—	—	9,000
利息費用	6,000	2,000	—	—	—
折舊與攤銷	400	500	350	800	500
採權益法認列之損益份額	—	—	1,050	—	—
資產減損	4,000	—	8,000	—	—
應報導部門非流動資產資本支出	$6,000	$14,000	$ 10,000	$ 16,000	$12,000
應報導部門資產	$50,000	$60,000	$120,000	$100,000	$30,000
應報導部門負債	$30,000	$25,000	$ 80,000	$ 60,000	$15,000

其他資訊如下：

(1) 該公司係以稅前營業損益（不包括非經常發生之損益及兌換損益）作為管理階層資源分配及績效評估之基礎。且融資部門大部分收入皆來自利息，該公司主要以淨利息收入管理該部門，而非總收入與總費用金額，該部門利息收入 $100,000，利息費用 $80,000。

(2) 將部門間之銷售及移轉，視為與第三人間之銷售或移轉，以現時市價衡量。

(3) 由於所得稅、非經常發生之損益及兌換損益係以全公司為基礎進行管理，故未分攤所得稅費用（利益）、非經常發生之損益及兌換損益至應報導部門。本年度所得稅費用為 $7,000，年底遞延所得稅資產為 $12,000。

(4) 並非所有應報導部門之損益均包含折舊與攤銷外之重大非現金項目。該公司尚有商譽減損損失 $3,000，商譽本年度帳列餘額 $5,000。

(5) 以現金支付予退休金計畫之基礎認列及衡量其應報導部門之退休金費用。本年度退休金費用 $4,000，年底確定福利退休金負債 $20,000。

(6) 總管理處尚發生無法歸屬之管理費用 $15,000 及家電部門為其墊款 $2,000。

(7) 其他重大項目除資產減損外，尚有非流動資產資本支出（包括新增之不動產、廠房及設備、無形資產與投資性不動產），其中部門資訊並未包括總管理處建築物資本支出 $20,000。

(8) 甲公司來自外部客戶收入中，53% 來自台灣、12% 來自日本、10% 來自韓國、8% 來自新加坡，其餘來自世界各國。

試作：
1. 編製甲公司營運部門損益及資產負債資訊。
2. 編製甲公司應報導部門收入、損益、資產及負債之調節表。
3. 編製甲公司收入之地區資訊。

解析

1. 甲公司營運部門損益及資產負債資訊：

	家電部門	貿易部門	投資部門	融資部門	其他部門	調節及銷除	合併
收入							
外部客戶	$50,000	$58,000	$115,000	$　　—	$40,000	$　　—	$263,000
部門間	—	15,000	—	—	10,000	(25,000)[(1)]	—
利息收入	8,000	2,000	10,000	—	—	—	20,000
淨利息收入	—	—	—	20,000*	—	—	20,000
收入小計	$58,000	$75,000	$125,000	$20,000	$50,000	$(25,000)	$303,000
成本及費用							
銷貨成本－外部	$45,000	$46,400	$80,000	$　　—	$28,000	$　　—	$199,400
銷貨成本－內部	—	12,750	—	—	9,000	(21,750)[(2)]	—
利息費用	6,000	2,000	—	—	—	—	8,000
折舊與攤銷	400	500	350	800	500	—	2,550
採權益法認列之損益份額	—	—	1,050	—	—	—	1,050
資產減損	4,000	—	8,000	—	—	3,000[(2)]	15,000
未分攤費用	—	—	—	—	—	19,000[(2)]	19,000
成本及費用小計	$55,400	$61,650	$89,400	$800	$37,500	$250	$245,000
應報導部門損益	$2,600	$13,350	$35,600	$19,200	$12,500	$(25,250)	$58,000
應報導部門資產	$50,000	$60,000	$120,000	$100,000	$30,000	$15,000[(3)]	$375,000
應報導部門負債	$30,000	$25,000	$80,000	$60,000	$15,000	$20,000[(4)]	$230,000

*融資部門大部分之收入來自於利息，公司主要以淨利息收入管理該部門，而非總收入與總費用金額。依 IFRS 8 第 23 段規定該公司得僅揭露淨額。

2. 甲公司應報導部門收入、損益、資產及負債之調節表：

(1) 收入：應報導部門收入總額調節至與企業收入金額（不含利息收入）相符。

應報導部門收入總計（$50,000 + $58,000 + $115,000）	$238,000
所有其他部門收入	50,000
消除部門間收入	(25,000)
企業收入	$263,000

(2) 損益：應報導部門損益衡量總額調節至與企業所得稅費用（利益）及停業單位損益前之損益金額相符。

應報導部門損益總計（$2,600 + $13,350 + $35,600 + $19,200）	$70,750
所有其他部門損益	12,500
消除部門間損益（$25,000 − $21,750）	(3,250)
未分攤金額	
商譽減損損失	(3,000)
總管理處共用費用	(15,000)
合併退休金費用之調節	(4,000)
稅前淨利	$58,000

(3) 資產：應報導部門資產總額調節至與企業資產總額相符。

應報導部門資產總計（$50,000 + $60,000 + $120,000 + $100,000）	$330,000
所有其他部門資產	30,000
消除應收總管理處款項	(2,000)
未分攤金額	
商譽	5,000
遞延所得稅資產	12,000
企業資產	$375,000

(4) 負債：應報導部門負債總額調節至與企業負債總額相符。

應報導部門負債總計（$30,000 + $25,000 + $80,000 + $60,000）	$195,000
所有其他部門負債	15,000
未分攤確定福利退休金負債	20,000
企業負債	$230,000

(5) 其他重大項目：應報導部門所揭露之每一其他重大項目資訊之金額總數調節至與企業相對應項目之金額相符。

	應報導部門總計	調節	企業總計
利息收入	$20,000	$ —	$20,000
利息費用	8,000		8,000
淨利息收入（僅融資部門）	20,000		20,000
非流動資產資本支出	46,000	12,000	58,000
折舊與攤銷	2,050	500	2,550
資產減損	12,000	3,000	15,000

3. 地區別資訊：

地區資訊	
台灣	$139,390
日本	31,560
韓國	26,300
新加坡	21,040
其他國家	44,710
總計	$263,000

第 3 節　期中財務報導之認列與衡量

一　期中財務報導之內容

所謂「期中期間」指短於一完整財務年度之財務報導期間。針對期中期間所編製之財務報告稱為「期中財務報告」（Interim Financial Reporting）。IAS 鼓勵公開發行公司至少於財務年度上半年終了後 60 日內，提供財務年度上半年末之期中財務報告（半年報）；我國公開發行公司，依證券交易法第 36 條規定，應於每會計年度第一季、第二季及第三季終了後 45 日內，公告並申報經會計師核閱及提報董事會之財務報告，亦即我國之公開發行公司須編製「季報」作為期中財務報告。

期中財務報告的目的在於「更新」最近期完整財務年度之資訊，藉由提供即時且可靠之期中財務報導，協助投資者、債權人及其他財務報表使用者瞭解企業創造盈餘與現金流量的能力、財務狀況及流動性。期中財務報告應著重於「新發生」的活動、事項及情況，

並非重複先前已報導過的資訊。因此，基於時效性及成本考量，避免重複先前報導資訊，**期中財務報導特性有二：「至少提供報表最低組成部分」及「按期中期間資料評估重大性」**。

(一) 至少提供報表最低組成部分

企業得自由選擇提供「整份財務報表」或「一組簡明財務報表」作為期中財務報告。簡明財務報表為報表最低組成部分（Minimum Components），包括「**最近年度財務報表之每一標題及小計**」與「**選定之解釋性附註**」。

整份財務報表 完整組成部分	一組簡明財務報表 最低組成部分
(1) 當期期末財務狀況表。	(1) 簡明財務狀況表。
(2) 當期綜合損益表（單一或單獨損益表及綜合損益表）。	(2) 簡明之綜合損益表（簡明單一或簡明單獨損益表及簡明綜合損益表）。
(3) 當期權益變動表。	(3) 簡明權益變動表。
(4) 當期現金流量表。	(4) 簡明現金流量表。
(5) 附註，包含重大會計政策彙總及其他解釋性資訊。	(5) 選定之解釋性附註。
(6) 企業追溯適用會計政策、追溯重編或重分類財務報表之項目，最早比較期間之期初財務狀況表。	

(二) 按期中期間資料評估重大性

為確保期中財務報告之可瞭解性及攸關性，企業在決定認列、衡量、分類或揭露期中報告某一項目之**重大性，應按相關之期中期間財務資料評估，而非按全年度之預測資料**。依 IAS 第 1 號及第 8 號規定，重大性之判斷，係以該項目之遺漏或誤述是否可能影響財務報表使用者經濟決策作為依據。因此，企業應按相關期中期間資料之重大性為基礎評估，特殊項目、會計政策或估計變動及錯誤等項目，如未揭露將產生誤導推論，則企業應認列與揭露該等項目，以確保期中報告包括攸關企業期中期間財務狀況與績效之所有資訊。

二　期中財務報導之認列與衡量原則

(一) 一致性原則

雖然企業藉由期中財務報告提供即時攸關資訊，但由於每個期中期間皆為財務年度之一部分，財務報導之頻率（每年、每半年或每季）不得影響年度結果之衡量，因此期中會計政策與年度會計政策應相同，期中期間認列資產、負債、收益及費損之原則與年度財務報表應相同。

(二) 認列原則

IAS 原則上以「獨立理論」作為期中財務報告編製原則。所謂「獨立理論」係將每一期中期間視為單獨存在之一獨立財務報導期間。基此，**期中財務報告之重大性，以期中期間財務資料評估；資產及負債之認列，以期中期間結束日評估；收益及費損之認列，以期中期間評估**。亦即：資產為期中報表日之經濟效益；負債為期中報表日之現存義務；收益及費損為在期中期間業已發生之資產負債變動。總之，**凡在年度結束日必須立即認列而不能遞延之交易或事項，在期中期間發生時亦應立即加以認列而不得分攤於各期中期間**。

(三) 衡量原則

由於期中財務報告係「更新」最近期完整財務年度之資訊，因此**期中期間會計項目係以「年初至今（期中報表日）」作為衡量基礎**。例如：在曆年制企業，第一季季報，以 1 月 1 日至 3 月 31 日（含期後短期間）之可得資訊作為衡量基礎；半年報，以 1 月 1 日至 6 月 30 日（含期後短期間）之可得資訊作為衡量基礎；第三季季報，以 1 月 1 日至 9 月 30 日（含期後短期間）之可得資訊作為衡量基礎。

正因為期中財務報告係「更新資訊」之報導，如某個會計項目於先前期中報告已認列及衡量，但該項目之金額在後續期中期間所得的資訊認為已發生估計變動，則企業應在後續期中報告透過額外認列或迴轉先前已認列金額加以變動，至於先前期中報告之金額則不予追溯調整。換句話說，當期期中期間所報導金額，反映「年初至今」所報導金額之所有估計變動，以前期中期間所報導金額並不追溯調整。例如：企業於第一季季報已認列某項資產減損損失，編製半年報時，依相關資訊認為第一季該資產減損數應高於原認列金額，則企業僅須於半年報補認列減損損失，而無須更正第一季季報。

(四) 估計方法

期中財務報告與年度財務報告相同，其衡量須基於合理之估計，惟期中財務報告通常較年度財務報告需要更大程度使用估計方法，因此企業應設計期中財務報告之衡量程序，以確保資訊之可靠性及揭露重大之財務資訊。有時企業於年度財務報表須聘請外部獨立專家（律師、精算師、評價師等）協助衡量負債準備、退休金負債、或有事項及資產之重估價及公允價值事項，但基於期中報告即時更新目的，企業可能無須聘請該等外部獨立專家，而以最近期資料予以推估即可。

三 認列與衡量原則適用及估計方法之釋例

(一) 資產之認列與衡量

期中會計政策與年度會計政策相同，期中期間資產之認列與衡量原則與年度財務報表相同。**資產為企業因過去事項而可控制之資源，僅具未來裁量性之資源非屬資產**。因此，

資產不論於期中報表日或年度結束日，均採用相同的未來經濟效益測試；企業投入之成本或預期取得之資源，如依其性質於年度結束日不符合資產定義者，於期中報表日亦不會符合資產定義，故不得於期中期間認列為資產。以下說明數例。

1. 存貨

存貨之認列與衡量於期中及年度應採用相同準則：IAS 第 2 號。由於存貨於每一財務報導期間結束日須確定存貨數量、成本及淨變現價值，故產生部分特殊問題。

(1) 存貨價格：企業對於原料、人工或其他購入商品或勞務之數量回饋金或折扣及其他契約價格變動，若其**很有可能賺得或發生**，則買賣雙方應於期中期間予以預計認列。但對於**未事先約定**或具裁量性之回饋金及折扣，因不符合資產負債之定義，不視為預期會發生之事項，故**不得預計認列**。

(2) 存貨數量：企業應於年度結束日進行完整存貨盤點及評價程序，但為節省成本及時間，企業可能無須在期中報表日進行該等程序，而依據毛利率法進行估計即為已足。

(3) 存貨之淨變現價值：企業應參考存貨於期中報表日之售價及相關之完工與處分成本而決定淨變現價值。企業僅於財務年度結束日將存貨價值回升至淨變現價值係屬適當時，始應將跌價損失於後續期中期間迴轉至淨變現價值。

(4) 期中期間之製造成本差異：製造業期中報告日之價格差異、效率差異、支出差異及數量差異，應就此等差異於年度結束日認列當期損益之相同範圍，於期中報告日認列於當期損益。預期成本差異將於年度結束日被吸收而加以遞延之做法並不適當，因為將導致期中報告之存貨價值高於或低於實際製造成本。

釋例三　存貨之成本與淨變現價值孰低法

甲公司之存貨採成本與淨變現價值孰低法，存貨成本之決定採先進先出法。X1 年度之期初存貨為 2,000 單位，每單位成本為 $12。其他相關資料如下：

季別	購買數量	購貨單價	銷貨數量	期末存貨	期末淨變現價值
1	3,000	$12.5	4,000	1,000	$10.0
2	4,000	13.0	3,500	1,500	12.4
3	3,500	14.2	2,500	2,500	15.0
4	2,000	15.0	3,000	1,500	14.0

試作：

1. 甲公司 X1 年度編製期中報表有關存貨評價之調整分錄。
2. 編製第一季至第三季及年度資產負債報表與綜合損益表關於該存貨之表達。

第 14 章　營運部門與期中財務報導

解析

1. 第一季（X1 年 3 月 31 日）

    存貨成本 = $12.5 × 1,000 = $12,500

    存貨淨變現價值 = $10 × 1,000 = $10,000

    存貨跌價損失 = $12,500 − $10,000 = $2,500

X1 年 3 月 31 日	銷貨成本－存貨跌價損失	2,500	
	備抵存貨跌價		2,500

2. 第二季（X1 年 6 月 30 日）

    存貨成本 = $13 × 1,500 = $19,500

    存貨淨變現價值 = $12.4 × 1,500 = $18,600

    備抵存貨跌價餘額 = $$19,500 − $18,600 = $900

    存貨跌價迴轉利益 = $2,500 − $900 = $1,600

X1 年 6 月 30 日	備抵存貨跌價	1,600	
	銷貨成本－存貨跌價損失		1,600

3. 第三季（X1 年 9 月 30 日）

    存貨成本 = $14.2 × 2,500 = $35,500

    存貨淨變現價值 = $15 × 2,500 = $37,500

    備抵存貨跌價餘額 = $0

    存貨跌價迴轉利益 = $900

X1 年 9 月 30 日	備抵存貨跌價	900	
	銷貨成本－存貨跌價損失		900

4. 第四季（X1 年 12 月 31 日）

    存貨成本 = $15 × 1,500 = $22,500

    存貨淨變現價值 = $14 × 1,500 = $21,000

    存貨跌價損失 = $22,500 − $21,000 = $1,500

X1 年 12 月 31 日	銷貨成本－存貨跌價損失	1,500	
	備抵存貨跌價		1,500

財務報表之表達：

資產負債表

	第一季末 （3月31日）	第二季末 （6月30日）	第三季末 （9月30日）	X1年底 （12月31日）
存貨	$12,500	$19,500	$35,500	$22,500
備抵存貨跌價	(2,500)	(900)	(0)	(1,500)
小計	$10,000	$18,600	$35,500	$21,000

綜合損益表（期初至當期末）

	第一季	第二季	第三季	X1年度
存貨跌價損失	$ 2,500	$ 900	$ 0	$ 1,500

釋例四　製造成本差異

甲公司為一高度自動化製造商，生產單一產品並採標準成本制先進先出法，X1年期初存貨5,000單位，X1年度各季預計與實際銷售數量與生產數量資訊如下：

	第一季	第二季	第三季	第四季
預計銷售數量	18,000	20,000	20,000	22,000
實際銷售數量	18,000	20,000	20,000	22,000
預計生產數量	20,000	20,000	20,000	20,000
實際生產量	20,000	17,000	21,000	22,000

若甲公司每季固定製造費用估計數為 $300,000，每單位預計變動製造成本為 $10，假設甲公司 X1 年度實際製造成本與預算數相同，製造費用差異直接結轉銷貨成本，產品售價每單位 $50 全年相同。

試作：

1. 甲公司 X1 年度編製期中報表有關固定費用分攤之分錄。
2. 編製第一季至第四季期中報表以及年度損益表中銷貨毛利之表達。

解析

固定製造費用分攤率 = $300,000 ÷ 20,000 = $15
每單位製造成本 = $10 + $15 = $25

第一季（達正常產能）

在製品	500,000	
原料、人工等		200,000
已分攤製造費用		300,000
已分攤製造費用	300,000	
製造費用		300,000

第二季（未達正常產能）

能量差異（銷貨成本）= $300,000 - $15 × 17,000 = $45,000（不利）

在製品	425,000	
原料、人工等		170,000
已分攤製造費用		255,000
已分攤製造費用	255,000	
銷貨成本－能量差異	45,000	
製造費用		300,000

第三季（達正常產能）

能量差異（銷貨成本）= $300,000 - $15 × 21,000 = ($15,000)（有利）

在製品	525,000	
原料、人工等		210,000
已分攤製造費用		315,000
已分攤製造費用	315,000	
銷貨成本－能量差異		15,000
製造費用		300,000

第四季（達正常產能）

能量差異（銷貨成本）= $300,000 - $15 × 22,000 = ($30,000)（有利）

在製品	550,000	
原料、人工等		220,000
已分攤製造費用		330,000
已分攤製造費用	330,000	
銷貨成本－能量差異		30,000
製造費用		300,000

財務報表之表達：

綜合損益表（期初至當期末）

	第一季	第二季	第三季	X1年度
銷貨收入	$900,000	$1,900,000	$2,900,000	$4,000,000
銷貨成本				
標準成本	$450,000	$ 950,000	$1,450,000	$2,000,000
能量差異	—	45,000	30,000	—
合計	$450,000	$ 995,000	$1,480,000	$2,000,000
銷貨毛利	$450,000	$ 905,000	$1,420,000	$2,000,000

2. **無形資產**

　　企業於期中期間應採用與年度期間相同之無形資產定義與認列標準。符合無形資產認列條件之前所發生之成本，應認列為費用，符合認列條件特定時點之後所發生之成本，應認列為無形資產成本。亦即：**企業在成本「發生當期」之期中期間，於「期中報告日」並未符合無形資產認列條件，即必須直接在當期期中報告認列為費用，不得遞延認列**。企業**不得**因為預期該成本將於當期的「後續期間」符合認列條件，而在發生當期暫不認列支出，等待該筆支出於「後續期中報告日」符合認列條件時，在「符合認列條件」之期中期間，再認列為無形資產。

　　例如：甲公司會計年度為曆年制，期中報表按季發布，X1年各季研發部門發生之研發費用分別為 $100,000、$150,000、$280,000、$300,000，甲公司於第三季9月1日時，研發費用達到無形資產資本化標準，第三季7月1日至8月31日研發費用 $160,000，9月1日至9月30日則為 $120,000。則甲公司應於第三季報表認列無形資產 $120,000，X1年底無形資產應為 $420,000（第三季 $120,000 + 第四季 $300,000），第一季至第三季損益表則分別認列研究發展費用 $100,000、$250,000、$410,000。

3. **資產折舊、攤銷與減損**

(1) 資產折舊與攤銷：企業僅針對該期中期間「實際持有」之資產，計算期中期間之折舊與攤銷費用，而不得考慮後續期中期間預計取得或處分之資產。

(2) 資產減損：企業於期中報表日所採用之資產減損測試、認列及迴轉條件，係與年度結束日所採用者相同，即資產之可回收金額低於帳面金額時，應認列減損損失。然而，在「資產減損不可迴轉」之資產，資產減損有時會發生期中報表與年度報表不一致的問題。例如：商譽在期中發生減損，但到年度結束時並未減損，此時 IAS 規定，雖然商譽在年度結束並未減損，但由於期中報表編製時已發生商譽減損，因此企業必須於期中報表認列損失，且年度結束時仍不得迴轉。

釋例五 資產減損

台北公司於 X1 年 12 月 31 日以 $1,300,000 收購甲公司，甲公司擁有二座廠房，分別坐落於 A、B 二國。收購對價分攤於 B 國之收購價格為 $500,000，可辨認資產之公允價值為 $350,000，產生商譽 $150,000。台北公司於 X1 年 12 月 31 日及 X2 年 12 月 31 日判定 A、B 二個現金產生單位之使用價值均大於其帳面金額。台北公司對 B 國可辨認資產以耐用年限 10 年，直線法提列折舊，無殘值。

X3 年 1 月 1 日，因 B 國對出口產量進行新管制方案，台北公司預期 B 國產量將大幅減少，其於 B 國營運之可回收金額可能發生減損，經評估，現金產生單位之可回收金額為 $270,000，淨帳面金額 $465,000。台北公司於 X3 年 3 月 31 日評估無須提列額外減損或迴轉已提列之減損。X3 年第二季，B 國營運情形改善，台北公司於 X3 年 6 月 30 日重新估計 B 國營運淨資產之可回收金額為 $300,000，當時 B 國現金產生單位淨帳面金額 $280,000。

試作：X1 至 X3 年度關於 B 國淨資產之分錄。（不考慮所得稅影響數）

解析

1. 取得現金產生單位：

X1 年 12 月 31 日	可辨認資產－B 國	350,000	
	商譽－B 國	150,000	
	現金		500,000

2. 提列第一年折舊：

X2 年 12 月 31 日	折舊－B 國可辨認資產	35,000	
	累計折舊－B 國可辨認資產		35,000
	（$350,000 ÷ 10）		

3. 認列減損損失：

減損損失 = $465,000 − $270,000 = $195,000

減損損失 $195,000，先將與 B 國營運相關之商譽帳面金額沖減至零，再將 B 國現金產生單位之其他可辨認資產帳面金額沖減。

X3 年 1 月 1 日	減損損失	195,000	
	商譽－B 國		150,000
	累計減損－B 國可辨認資產		45,000

4. 認列減損迴轉利益：

X3 年 1 月 1 日至 X3 年 6 月 30 日折舊費用 = $270,000 ÷ 9 年 × 6/12 = $15,000

X3 年 6 月 30 日帳面金額 = $270,000 − $15,000 = $255,000

X3 年 6 月 30 日未認列減損帳面金額 = $350,000 − $350,000 × 1/10 × 1.5 = $297,500

X3 年 6 月 30 日之可回收金額 = $300,000

迴轉利益 = $297,500 − $255,000 = $42,500

X3 年 6 月 30 日	折舊－B 國可辨認資產	15,000	
	累計減損－B 國可辨認資產	2,500	
	累計折舊－B 國可辨認資產		17,500
	累計減損－B 國可辨認資產	42,500	
	減損迴轉利益		42,500

(二) 負債之認列與衡量

期中會計政策與年度會計政策相同，期中期間負債之認列與衡量原則與年度財務報表相同。**負債為企業預期清償將造成資源流出之現存義務，僅具未來裁量性之義務（即使已經規劃且每年很有可能發生，但還沒發生）仍非屬負債。**

1. 負債準備

企業於期中報告日與年度結束日對於負債準備之認列與衡量採取相同標準，亦即：當因某一事項產生法定或推定義務，使企業除移轉經濟利益外，別無其他實際可行方案時，應認列負債準備。若企業負債準備之最佳估計金額有所變動時，該負債準備之金額應予向上或向下調整，並將相對應的損失或利益於該期中期間認列為當期損益。

釋例六 產品保固

甲公司於 X1 年 1 月 1 日成立，銷售智慧型手機並保證產品售後服務 1 年，且該保固並未單獨銷售，手機平均售價為 $18,000，甲公司預估每出售 100 支將有 2 支會發生故障，且就具有法定或推定義務之範圍內估計每支維修費用 $1,500。甲公司於每一季估計下一季之維修費，X1 年各季之相關資料如下：

	第一季	第二季	第三季	第四季
銷售數量	1,000 支	500 支	800 支	1,200 支
實際發生之維修費用	$24,000	$19,500	$18,600	$29,700

試作：X1 年度關於產品保固之分錄。

解析

	第一季	第二季	第三季	第四季
銷售數量	1,000 支	500 支	800 支	1,200 支
估計故障比率	× 2%	× 2%	× 2%	× 2%
估計故障數量	20 支	10 支	16 支	24 支
每支修理費用	× $1,500	× $1,500	× $1,500	× $1,500
估計產品保固費用	$30,000	$15,000	$24,000	$36,000
實際發生之維修費用	$24,000	$19,500	$18,600	$29,700

第一季	產品保固費用	30,000	
	估計產品保證負債		30,000
	估計產品保證負債	24,000	
	現金		24,000
第二季	產品保固費用	15,000	
	估計產品保證負債		15,000
	估計產品保證負債	19,500	
	現金		19,500
第三季	產品保固費用	24,000	
	估計產品保證負債		24,000
	估計產品保證負債	18,600	
	現金		18,600
第四季	產品保固費用	36,000	
	估計產品保證負債		36,000
	估計產品保證負債	29,700	
	現金		29,700

2. 員工福利

(1) 員工紅利：實務上，員工紅利有下列不同條款：有些紅利以持續受雇一定期間為條件；有些紅利以每月、每季或每年之營運結果為發放依據；有些紅利純以企業裁量，或依據契約或慣例決定。對於期中報導目的而言，企業僅在依法定義務或推定義務，除支付該紅利外，別無其他實際可行方案，且可以合理估計金額時，該員工紅利始應予認列。

(2) 休假、假日及其他短期帶薪假：企業應將期中報告日**認列「累積帶薪假」**之費用或負債；而**不得認列「非累積帶薪假」**之費用或負債。累積帶薪假之金額，以期中報

告日,員工「已累積未使用且日後得使用」之預計支付數衡量。

(3) 退休金負債:期中期間之退休金成本,應按前一年度結束日依精算決定之退休金成本率,以「年初至今」為基礎計算,並針對期中報告日之重大市場波動及重大一次性事項(例如:計畫修正、縮減與清償)加以調整。

釋例七 員工紅利

甲公司以年度盈餘目標作為紅利發放基礎,其年度績效紅利發放規定為:若發放紅利前之稅前盈餘超過 $500,000,則發放超過 $500,000 部分的 10%。甲公司預期全年度發放紅利前稅前盈餘 $800,000,試依下列情形計算甲公司半年報所應認列之紅利費用?

1. 甲公司於 6 月 30 日累計稅前盈餘 $350,000,且按盈餘相對比例為基礎認列紅利費用。
2. 甲公司於 6 月 30 日累計稅前盈餘 $350,000,且按員工已提供勞務相對比例為基礎認列紅利費用。
3. 甲公司於 6 月 30 日累計虧損 $100,000,惟預期全年度仍有盈餘 $800,000,且按員工已提供勞務相對比例為基礎認列紅利費用。

解析

1. 上半年有盈餘,以盈餘相對比例為基礎認列。

   紅利費用 = ($1,600,000 − $1,000,000) × 5% × $\dfrac{\$700,000}{\$1,600,000}$ = $13,125

2. 上半年有盈餘,以服務期間為基礎認列。

   紅利費用 = ($1,600,000 − $1,000,000) × 5% × $\dfrac{6 \text{ 個月}}{12 \text{ 個月}}$ = $15,000

3. 上半年為虧損,但預期全年度有盈餘。
   因甲公司上半年為虧損,不認列紅利費用。

(三) 收益之認列與衡量

期中會計政策與年度會計政策相同,期中期間收益之認列與衡量原則與年度財務報表相同。若企業在年度財務報表加以預計或遞延並不適當時,則於期中報表日亦不得加以預計或遞延,必須於發生時認列。由於收益為企業資產之增加或負債之減少,僅具未來裁量性非屬資產或負債,因此**任何具未來裁量性(即使依產業慣例或企業特性而有季節性或週**

期性）之資產增加或負債減少，均不得認列收益，必須在實際發生時，才能於該期中期間認列為收益。

例如：甲公司於 X1 年初取得政府新產品研究開發補助款 $5,000,000，並預計該計畫之研究發展支出占估計總成本 1/4（X1 年度認列 $1,250,000），若 X1 年度占年度研究發展總支出比率依序為 30%、20%、40%、10%，甲公司應估計各季研究發展支出占估計總成本比例，於各季中期中財務報告將「遞延政府補助收入」分別轉列 $375,000、$250,000、$500,000、$125,000 為政府補助收入。

(四) 費損之認列與衡量

期中會計政策與年度會計政策相同，期中期間費損之認列與衡量原則與年度財務報表相同。**企業僅在同時符合下列二條件時認列費損：(1) 該支出為一法定義務或推定義務，企業除支付外，別無他法；(2) 該義務可合理估計。因此，任何具未來裁量性，即使具有支出之意圖或必要，仍不得認列費損，必須在實際發生時，才能於該期中期間認列為費損。**以下說明數例。

1. 具裁量性之費損（含已規劃之既定成本）

企業對於某些成本及費損會在年度預算規劃中編列相關既定成本，例如：廣告費用、員工訓練成本、定期維修或大修成本、捐贈等，雖然這些成本很可能每年都會發生，且已編列相關既定成本預算，但因仍然具有裁量性，企業仍然可決定是否支出、支出多少，因此具裁量性之既定成本須在實際發生時，始在該期中期間認列為費用。

例如：甲公司之廣告計畫與銷售安排有明確關係，其廣告預算係依估計各季銷貨收入之 10% 編列，若甲公司於廣告費發生前並不具有法定或推定義務，則甲公司應於實際支付廣告費時認列費用；若甲公司與廣告公司簽約，應支付之廣告費用為其銷貨收入 10%，該公司因而於各季報導期間結束日具有支付廣告費之法定或推定義務，企業即應按各季銷貨收入金額的 10%，認列負債準備。

2. 不具裁量性之費損（有法定義務或推定義務）

(1) 勞工保險及退休金之雇主提撥額：企業若因勞動法規規定，而須負擔員工之保險費或退休金，該等費用為法定義務。如該等費用是以「年度」作為計算基礎，則企業應以「全年平均」估計有效提撥率，於各期中期間認列相關費用。但在我國，由於勞工保險條例第 15 條、勞工退休金條例第 14 條及全民健康保險法第 27 條規定，企業應負擔員工之勞工保險保險費、勞工提繳退休金及全民健康保險費，係以「月」作為計算基礎，實務上企業直接以「當月」提撥額認列費用。

(2) 所得稅費用：所得稅費用係依所得稅法所產生之法定義務，由於所得稅係以「年度盈餘」為計算基礎，故期中所得稅費用應以「預期年度盈餘」所適用之稅率予以應

計。亦即：期中所得稅費用，以估計之「年度平均有效稅率」，按該期中期間之稅前淨利，估計期中所得稅費用。由於所得稅費用特殊問題較複雜，詳參第 4 節說明。

(3) 變動租賃給付條款：有時企業所簽訂之租賃契約訂有變動租賃給付條款，通常約定如下：當承租人年度銷售額未達目標金額，僅收取最低租金（固定金額）；當承租人年度銷售額達成目標金額，租金為最低租金加上銷貨額之特定比例。在企業預期年度銷售額可達成目標，且企業除支付該筆款項外，別無實際可行之其他方案，變動租賃給付已成推定義務，企業應於各期中期間認列變動租賃給付。

第 4 節　期中財務報導之所得稅處理

一　期中所得稅費用之衡量

(一) 單一有效稅率

期中財務報告之會計認列及衡量原則，應與年度財務報表所採用者相同。所得稅以「年度盈餘」為計算基礎，故期中所得稅費用應以「預期年度盈餘」所適用之稅率予以應計。亦即：企業應按估計之「年度平均有效稅率」，以該期中期間之稅前淨利，估計期中所得稅費用。

以我國所得稅法第 5 條第 5 項為例，企業在 2019 年全年課稅所得額在 $12 萬以下，免徵所得稅；逾 $12 萬未逾 $50 萬以下者，按 19% 計徵所得稅；逾 $50 萬者，按 20% 計徵所得稅。假設企業於編製每季期中報告時，皆預估全年度課稅所得額為 $40 萬，則應擇定「年度平均有效稅率」為 19%，估計各季所得稅費用。

釋例八　有效稅率：每季盈餘

試就下列情況計算每季報導之所得稅費用：

情況一：甲公司每季編製財務報表，預計每季賺取稅前淨利 $200,000。其營運所在國家對稅前淨利 $500,000 以下之企業，稅率 10%；超過 $500,000 部分稅率 20%，假設實際盈餘與預計數相符。

情況二：甲公司每季編製財務報表，預計第一季賺取稅前淨利 $225,000，但預期將於其他三季各發生損失 $75,000。其營運所在國家之估計年度平均所得稅稅率 17%。

解析

情況一：全年度預估稅前淨利 = $200,000 × 4 = $800,000

全年預估應付所得稅 = $500,000 × 10% + ($800,000 − $500,000) × 20% = $110,000

年度平均有效稅率 = $110,000 ÷ $800,000 = 13.75%

期間	稅前盈餘	有效稅率	所得稅費用
第一季	$200,000	13.75%	$ 27,500
第二季	200,000	13.75%	27,500
第三季	200,000	13.75%	27,500
第四季	200,000	13.75%	27,500
年度	$800,000		$110,000

情況二：

期間	稅前盈餘	有效稅率	所得稅費用
第一季	$225,000	17%	$ 38,250
第二季	(75,000)	17%	(12,750)
第三季	(75,000)	17%	(12,750)
第四季	(75,000)	17%	(12,750)
年度	$ 0		$ 0

(二) 變動有效稅率（累進稅率或稅率修正）

稅率並非固定不變，有時稅法規定累進稅率結構，有時稅法在期中期間修正而改變有效稅率，此時企業須以「年初至今」之資訊為基礎，以「預期年度盈餘」所適用之「年度平均有效稅率」，以該期中期間之稅前淨利，估計期中所得稅費用。**有效稅率之變動應視為會計估計變動，累積調整之**。因此，企業在稅率變動前已估計之所得稅負債（累積各期所得稅費用），須按最新估計有效稅率，在變動當期其中期間，向上或向下調整，認列所得稅費用。

再以我國所得稅法第 5 條第 5 項為例，假設企業於編製第一季報表時，就第一季可得資訊，預估年度盈餘為 $40 萬，應擇定「年度平均有效稅率」為 19%，以第一季稅前淨利，估計第一季所得稅費用。編製第二季報表時，就第二季可得資訊，預估年度盈餘為 $80 萬，應擇定「年度平均有效稅率」為 20%，以截至第二季稅前淨利，估計截至第二季應付所得稅（負債），計算第二季所得稅費用。

釋例九　當年度有效稅率變動

甲公司每季編製財務報表，預計每季賺取稅前淨利 $200,000。其營運所在國家對稅前淨利 $500,000 以下之企業，稅率 10%；超過 $500,000 部分稅率 20%。惟第三季因稅法修改，對全年度超過 $500,000 部分稅率由 20% 增加至 30%。設實際盈餘與預計數相符，請計算每季報導之所得稅費用。

解析

第一季及第二季之有效稅率（舊稅法）
全年度稅前淨利 = $200,000 × 4 = $800,000
全年預估應付所得稅 = $500,000 × 10% + ($800,000 − $500,000) × 20% = $110,000
年度平均有效稅率 = $110,000 ÷ $800,000 = 13.75%
第三季及第四季之有效稅率（新稅法）
全年度稅前淨利 = $200,000 × 4 = $800,000
全年預估應付所得稅 = $500,000 × 10% + ($800,000 − $500,000) × 30% = $140,000
年度平均有效稅率 = $140,000 ÷ $800,000 = 17.5%
期中期間稅率之變動，應視為會計估計之變動，第三季所得稅費用計算如下：
第三季累積稅前盈餘 = $200,000 × 3 = $600,000
第三季末估計應付所得稅 = $600,000 × 17.5% = $105,000
第三季所得稅費用 = $105,000 − $27,500 − $27,500 = $50,000
　　　　　或 $200,000 × 17.5% + $200,000 × (17.5% − 13.75%) × 2
第四季所得稅費用 = $200,000 × 17.5% = $35,000

期間	稅前盈餘	年初至當期末稅前盈餘	有效稅率	年初至當期末所得稅費用	當期所得稅費用
第一季	$200,000	$200,000	13.75%	$ 27,500	$ 27,500
第二季	200,000	400,000	13.75%	55,000	27,500
第三季	200,000	600,000	17.5%	105,000	50,000
第四季	200,000	$800,000	17.5%	140,000	35,000
年度	$800,000				$140,000

釋例十　當年度適用已生效之稅率變動

甲公司採曆年制且每半年編製財務報表，其營運所在國家稅率 30%，該國稅法於 X2 年 5 月 31 日修正，其稅率調減為 28%，並自 X3 年度開始生效適用。設甲公司於 X1 年 12 月 31 日財務報表報導因暫時性差異 $100,000 而認列遞延所得稅負債 $30,000。該暫時性差異，公司預期 $20,000 於 X2 年度下半年迴轉，其餘 $80,000 則於 X3 年度迴轉。請計算甲公司半年度報導期間結束日之遞延所得稅負債。

解析

甲公司應以 30% 稅率衡量預期於本年度迴轉之暫時性差異 $20,000，而以 28% 稅率衡量下年度迴轉之暫時性差異 $80,000，因此半年度報導期間結束日之遞延所得稅負債為 $28,400。

(三) 加權平均有效稅率

1. 財務報導年度與課稅年度不同

若企業之財務報導年度不同於課稅年度，則期中期間之所得稅費用應針對不同課稅年度之稅前利益，分別適用各課稅年度之加權平均有效稅率予以衡量。

2. 不同所得種類或所得來源地適用不同稅率

企業不同所得種類（例如：資本利得、營業利潤）或不同所得來源地或管轄地（例如：台灣、美國）可能適用不同稅率，雖然企業愈精確估計，愈有助於財務報導，理論上企業應就每一個別所得項目，按其適用稅率估計所得稅費用，惟實務上企業很可能無法達成該目標。因此，若不同所得種類或不同所得來源地或管轄地之加權平均稅率可合理近似於使用更多特定稅率之結果，則可採用單一加權平均稅率。

釋例十一　財務報導年度與課稅年度不同

甲公司報導期間結束日為 6 月 30 日，且每季編製財務報表，其課稅年度結束日為 12 月 31 日。該公司於 X1 年 7 月 1 日至 X2 年 6 月 30 日之報導期間內，每季賺得稅前淨利 $100,000。其營運所在國家於 X1 年課稅年度之估計平均所得稅率 25%，於 X2 年稅率則為 20%。請計算每季報導之所得稅費用。

解析

各季報導期間結束日	稅前盈餘	有效稅率	所得稅費用
X1 年 9 月 30 日	$100,000	25%	$25,000
X1 年 12 月 31 日	100,000	25%	25,000
X2 年 3 月 31 日	100,000	20%	20,000
X2 年 6 月 30 日	100,000	20%	20,000
年度	$400,000		$90,000

釋例十二　跨國型企業之有效稅率

甲公司於 A、B、C 三個國家營運，採曆年制且每半年編製財務報表，每一國家各有其稅率及相關法令。各國營運情形如下：

	A 國	B 國	C 國	總計
預期年度盈餘	$300,000	$300,000	$200,000	$800,000
實際半年度盈餘	$140,000	$100,000	$160,000	$400,000

試就下列情形，計算半年報之期中所得稅費用。

1. 各國所得稅率有所差異：A 國稅率 25%、B 國稅率 40%、C 國稅率 20%。
2. 各國所得稅率差異不大：A 國稅率 21%、B 國稅率 20%、C 國稅率 22%。

解析

1. 各國所得稅率有所差異：為計算期中所得稅費用，甲公司應就每一國家分別決定年度有效所得稅率，並以該國家之期中實際盈餘乘以有效稅率計算期中所得稅費用。

	A 國	B 國	C 國	總計
預期年度盈餘	$300,000	$300,000	$200,000	$800,000
實際半年度盈餘	$140,000	$100,000	$160,000	$400,000
預期年度有效稅率	25%	40%	20%	
期中所得稅費用	$35,000	$40,000	$32,000	$107,000

2. 各國所得稅率差異不大：假設三國間稅率不同但差異不大時，甲公司得採用加權平均稅率決定年度有效所得稅率。

$$\text{加權平均稅率} = \frac{\$300,000 \times 21\% + \$300,000 \times 20\% + \$200,000 \times 22\%}{\$300,000 + \$300,000 + \$200,000} = 20.875\%$$

	A 國	B 國	C 國	總計
預期年度盈餘	$300,000	$300,000	$200,000	$800,000
實際半年度盈餘	$140,000	$100,000	$160,000	$400,000
預期年度有效稅率	20.875%	20.875%	20.875%	
期中所得稅費用	$29,225	$20,875	$33,400	$83,500

二　所得稅抵減

(一) 年度基礎之所得稅抵減

某些課稅轄區依據資本支出、出口、研發費用或其他基礎，給予納稅個體應付所得稅之抵減，若該等抵減是以年度為基礎，則應於估計年度有效稅率列入計算。

(二) 一次性事項之所得稅抵減

若是與一次性事項相關之租稅利益，則僅於發生該事項之期中期間認列該租稅利益，該等利益並不列入年度單一有效稅率之計算。

(三) 政府補助性質之所得稅抵減

某些國家所給予之租稅利益或抵減，包括與資本投資及出口水準有關之規定，雖包含於所得稅申報內，但其性質卻更類似政府補助，此時應如同「一次性事項」，於發生該抵減之期中期間認列租稅利益。

三　虧損扣抵

在計算年度所得稅時，若當年度為營業損失，則通常依據稅法規定，該損失可以抵沖其應付所得稅。如虧損係可以抵沖以前年度盈餘而據以申請退稅者，稱為「遞轉前期」；如虧損僅得抵沖以後年度盈餘，減少以後年度稅負者，稱為「遞轉後期」。

(一) 遞轉前期之虧損扣抵

遞轉前期之虧損扣抵利益應反映於該損失發生之期中期間，亦即於損失發生之期中期間直接認列所得稅費用之減少或所得稅利益之增加。

(二) 遞轉後期之虧損扣抵

遞轉後期之虧損扣抵利益應在未來很有可能被使用之條件下認列為遞延所得稅資產。遞延所得稅資產認列條件達成與否，應於各期中報告日評估，如符合條件而預期被使用者，則遞轉後期之租稅利益應於反映於該損失發生之期中期間，列入估計年度有效稅率之計算。

釋例十三　遞轉後期之虧損扣抵

甲公司報導期間結束日為 12 月 31 日，且每季編製財務報表，其營運所在地稅率為 40%。X1 年 1 月 1 日該公司在稅法上尚有未使用之虧損扣抵 $10,000，該虧損扣抵僅得抵沖以後年度課稅所得，因該公司於 X0 年評估該利益並非很有可能使用，而未予認列遞延所得稅資產。X2 年度公司獲利情形好轉，預期每季將賺得 $25,000。請計算每季報導之所得稅費用。

解析

甲公司之遞轉後期之虧損扣抵利益於 X2 年度已達成很有可能被使用之條件，該遞轉後期利益應列入估計年度有效稅率之計算。

$$估計年度有效稅率 = \frac{(\$25,000 \times 4 - \$10,000) \times 40\%}{\$25,000 \times 4} = 36\%$$

各季報導期間結束日	稅前盈餘	有效稅率	所得稅費用
X2.03.31	$25,000	36%	$9,000
X2.06.30	25,000	36%	9,000
X2.09.30	25,000	36%	9,000
X2.12.31	25,000	36%	9,000
年度	$100,000		$36,000

第 5 節　期中財務報導之表達與揭露

一　期中財務報導之表達

依 IAS 及我國證券交易法規定，企業期中財務報告應表達期間如下：

(一) IAS 規定之應表達期間

無論完整或簡明之期中報告應包括下列各期間之期中財務報告。此外，對於業務具高度季節性之企業，IAS 鼓勵提供截至期中期間結束日止 12 個月之財務資訊及其前 12 個月期間之比較資訊。

1. 資產負債表：本期期中期間結束日及前一年度結束日的比較資產負債表。
2. 綜合損益表：包含兩部分之比較綜合損益表。
   (1) 本期期中期間及前一年度可比較期間（期初至期末）。

(2) 本年度年初至當期末期間及前一年度可比較期間（年初至當期期末）。
3. **股東權益變動表**：本年度年初至本期期末及前一年度可比較期間（去年年初至當期期末）之比較權益變動表。
4. **現金流量表**：本年度年初至本期期末及前一年度可比較期間（去年年初至該期期末）之現金流量表。

(二) 我國證券交易法規定之應表達期間

依證券交易法第 14 條第 2 項及證券發行人財務報告編製準則第 20 條規定，公開發行公司應就下列各期間編製期中財務報告：

1. **資產負債表**：本期期中期間結束日、前一年度結束日及前一年度可比較期中期間結束日之資產負債表。
2. **綜合損益表**：本期期中期間、本期年初至本期期中期間結束日、前一年度可比較期中期間及前一年度年初至可比較期中期間結束日之綜合損益表。
3. **股東權益變動表**：本期年初至本期期末之權益變動表，及前一年度同期間之權益變動表。
4. **現金流量表**：本期年初至本期期末之現金流量表，及前一年度同期間之現金流量表。

釋例十四　每季發布期中財務報告

採用曆年制之公司，其編製 X1 年各季期中財務報告，各報表應涵蓋期間如下：

1. 第一季期中財務報告

	當期期中期間結束日	可比期中期間結束日	前一年度結束日
資產負債表	X1.03.31	X0.03.31*	X0.12.31
	當期期中期間	可比期中期間	
綜合損益表			
－當期期中期間及年初至當期末（3 個月）	X1.01.01～X1.03.31	X0.01.01～X0.03.31	
權益變動表			
－年初至當期末（3 個月）	X1.01.01～X1.03.31	X0.01.01～X0.03.31	
現金流量表			
－年初至當期末（3 個月）	X1.01.01～X1.03.31	X0.01.01～X0.03.31	

＊IFRS 未要求，但我國編製準則要求之規定。

2. 第二季期中財務報告

	當期期中期間結束日	可比期中期間結束日	前一年度結束日
資產負債表	X1.06.30 當期期中期間	X0.06.30* 可比期中期間	X0.12.31
綜合損益表			
－當期期中期間（3個月）	X1.04.01～X1.06.30	X0.04.01～X0.06.30	
－年初至當期末（6個月）	X1.01.01～X1.06.30	X0.01.01～X0.06.30	
權益變動表			
－年初至當期末（6個月）	X1.01.01～X1.06.30	X0.01.01～X0.06.30	
現金流量表			
－年初至當期末（6個月）	X1.01.01～X1.06.30	X0.01.01～X0.06.30	

* IAS 為要求，但我國編製準則要求之規定。

3. 第三季期中財務報告

	當期期中期間結束日	可比期中期間結束日	前一年度結束日
資產負債表	X1.09.30 當期期中期間	X0.09.30* 可比期中期間	X0.12.31
綜合損益表			
－當期期中期間（3個月）	X1.07.01～X1.09.30	X0.07.01～X0.09.30	
－年初至當期末（9個月）	X1.01.01～X1.09.30	X0.01.01～X0.09.30	
權益變動表			
－年初至當期末（9個月）	X1.01.01～X1.09.30	X0.01.01～X0.09.30	
現金流量表			
－年初至當期末（9個月）	X1.01.01～X1.09.30	X0.01.01～X0.09.30	

* IFRS 未要求，但我國編製準則要求之規定。

釋例十五　改變報導期間結束日

承上例，若公司將其報導期間結束日由 12 月 31 日改變至 3 月 31 日，則其應於 X2 年第一季期中財務報告中提供下列財務報表：

第一季期中財務報告	當期期中期間結束日	可比期中期間結束日	前一年度結束日
資產負債表	X2.06.30 當期期中期間	X1.06.30* 可比期中期間	X2.03.31
綜合損益表			
－當期期中期間及年初至當期末 （3個月）	X2.04.01～X2.06.30	X1.04.01～X1.06.30	
權益變動表			
－年初至當期末（3個月）	X2.04.01～X2.06.30	X1.04.01～X1.06.30	
現金流量表			
－年初至當期末（3個月）	X2.04.01～X2.06.30	X1.04.01～X1.06.30	

* IFRS 未要求，但我國編製準則要求之規定。

二　期中財務報導之揭露

(一) 應行揭露之重大事項及交易

　　由於企業期中財務報告使用者通常可取得企業最近年度財務報告，因此企業並不需要在期中財務報告之附註中報導在年度財務報告附註中已提供但相對不重大之資訊更新。於期中報表日，企業僅須揭露自前一年度報導期間結束日後，當期期中期間內，具重大性之所有事項或交易。下列事項及交易如屬重大，則必須於期中財務報告揭露：

1. 存貨沖減至淨變現價值及其迴轉。
2. 金融資產、不動產、廠房及設備、無形資產、源自客戶合約之資產或其他資產減損損失之認列及其迴轉。
3. 重組成本之負債準備之迴轉。
4. 不動產、廠房及設備項目之取得及處分。
5. 不動產、廠房及設備之購買承諾。
6. 訴訟了結。
7. 前期錯誤之更正。
8. 影響企業之金融資產及金融負債公允價值之經營或經濟情況之變動，無論該等資產或負債係按公允價值或攤銷後成本認列。
9. 於報導期間結束日或之前尚未改善之任何借款延滯或借款合約之違反。
10. 關係人交易。
11. 用於衡量金融工具公允價值之公允價值層級中之等級間之移轉。
12. 因金融資產之目的或用途變動所導致金融資產分類之變動。
13. 或有負債或或有資產之變動。

(二) 選定之解釋性附註

　　下列資訊為「選定之解釋性附註」，原則上應包括於期中財務報告。若企業未於期中財務報告揭露選定之解釋性附註，而欲藉由交互索引方式至其他文件（例如：管理階層評論或風險報告）提供，則除非該等其他文件得與期中財務報告在相同條件及同一時間提供予報表使用人，否則期中財務報告將不完整。選定之解釋性附註資訊通常應以財務年度年初至當期期末（年初至今）為基礎報導。

1. 期中財務報表採用與最近年度財務報表相同會計政策及計算方法之聲明，或若此等會計政策或方法已變動，該變動之性質及影響之說明。
2. 關於期中營運之季節性或週期性之解釋性評述。
3. 影響資產、負債、權益、淨利或現金流量之項目，由於其性質、規模或發生頻率而屬異

常者,其性質及金額。
4. 本財務年度內以前期中期間所報導金額之估計變動或以前財務年度所報導金額之估計變動,其性質及金額。
5. 債務及權益證券之發行、再買回及償還。
6. 對普通股及其他股份分別支付之股利(彙總或每股金額)。
7. 部門資訊(外部客戶及部門間收入、部門損益、部門資產負債之重大變動、劃分部門或部門損益衡量基礎之差異說明、部門損益至所得稅費用及停業單位損益之重大調節項目)。
8. 尚未反映於期中期間財務報表之期中期間後之事項。
9. 期中期間企業組成變動之影響,包括企業合併、對子公司與長期投資取得或喪失控制、重組及停業單位。
10. 對於金融工具公允價值之揭露。
11. 當個體成為或不再成為合併財務報表之投資個體之揭露。
12. 客戶合約收入之細分。

(三) 期中財務報告之揭露

1. 遵循 IFRS 之揭露:若企業之期中財務報告係完全遵循所有 IFRS 之規定,應揭露此事實,但若未完全遵循,則不得聲稱其財務報告係遵循 IFRS。
2. 於年度財務報表中之揭露:若企業估計某一期中期間報導之金額將於財務年度最後之期中期間有重大變動,但該最後期中期間並未發布單獨財務報告時,則應於該財務年度之年度財務報表附註中揭露此估計變動之性質及金額(期中未揭露→年度補揭露)。

三 先前報導期中期間之重編

(一) 錯誤更正

錯誤更正,應調整期初保留盈餘,並揭露其對發生錯誤期間之損益影響與其性質。編製比較財務報表時,應重編以前各期財務報表。

(二) 會計估計變動

會計估計變動之影響數應於發生估計變動之期中期間予以認列,無須追溯調整前期財務報表。因以前期中期間報導之估計金額在本期發生變動,雖與前期有關,但期中財務報導採用「年初至今」之方法,已將調整金額全數列為本期損益,故不必追溯調整以前期中期間之報表。

(三) 會計政策變動

在期中期間之會計政策變動，無論會計政策在那一季變動，或無論係以「追溯適用」或「推延適用」處理該會計政策變動，均視為實務最早可行之期（至遲為當期）之第一季發生該會計原則變動，該累積影響數計算至實務最早可行重編之第一季報表，並依新會計政策重編當年度之以前各季期中財務報表及以前年度可比期中期間財務報表。

(四) 重要性原則、期中非常損益及停業單位損益

IFRS 規定不得列報非常損益，但認為金額重大之項目，如遺漏或錯誤將影響報表使用者之經濟決策時，應於報表中分開列示，如：停業營業部門等。而某項目是否重大，係與期中期間財務資料比較，而非與預測年度財務資料比較。因此，期中報表因金額重大而分開列示之項目，在年度財務報表可能不會出現。若停止營業部門事項係發生於期中期間，必須重編以前各期中期間之綜合損益表，將當年度以前各期中期間之停業單位損益與正常損益分開列示；如不單獨列示各季損益表，而僅列出截至當季期末為止之綜合損益表時，則無須重編報表。

本章習題

〈營運部門〉

1. 國際財務報導準則有關營運部門資訊之揭露，下列敘述何者錯誤？　【102 年 CPA】
(A) 公司總部可能未賺得收入，故非屬營運部門。
(B) 公司某些功能性部門可能賺得之收入僅為企業活動偶發之收入，故非屬營運部門。
(C) 兩個部門若有相似的研發項目，則可以彙總為同一部門。
(D) 主要營運決策者只要其職能涉及分配資源予企業營運部門並評量其績效，不必然為有特定職稱之經理人。

2. 將企業組成部分辨識為營運部門所應具備之特性，下列何者錯誤？　【104 年 CPA】
(A) 有單獨之財務資訊者。
(B) 經營活動已開始賺得收入，並且收入不包括與同一企業內其他組成部分之交易所產生者。
(C) 營運結果定期由該企業之主要營運決策者複核，以制定分配資源予該部門之決策及評量其績效。
(D) 從事可能賺得收入並發生費用之經營活動

〈應報導部門〉

3. 依據 IFRS 第 8 號「營運部門」之規範，所報導營運部門自企業外部客戶獲得之收入應至少達： 【100 年 CPA】
(A) 企業收入之 75%
(B) 企業收入之 90%
(C) 企業收入之 75% 與資產之 10%
(D) 企業收入之 90% 與資產之 10%

4. 有關應揭露之產業別財務資訊不包括下列何者？
(A) 銷貨成本
(B) 資本支出
(C) 部門利益或損失
(D) 折舊、折耗及攤銷費用

5. 企業應報導營運部門損益之衡量金額，有關應報導部門之部門損益資訊不包括下列何者？
(A) 重大收益費損項目
(B) 所得稅費用或利益
(C) 折舊與攤銷以外之重大非現金項目
(D) 銷貨成本

6. 企業應提供「主要客戶」依賴程度之資訊。所謂主要客戶資訊應包括下列何者？
(A) 提供予主要客戶之產品或服務
(B) 每一主要客戶之收入總額及所屬報導部門名稱
(C) 主要客戶名稱
(D) 各部門來自於該客戶之收入金額

7. 甲公司有 5 個營運部門，各營運部門財務資訊如下：

	A 部門	B 部門	C 部門	D 部門	E 部門
外部客戶收入	$360,000	$72,000	$518,400	$28,800	$14,400
部門間收入	72,000	7,200	7,200	504,000	7,200
部門費用	468,000	57,600	648,000	576,000	7,200
部門資產	864,000	324,000	1,296,000	288,000	72,000
部門負債	144,000	216,000	1,008,000	36,000	64,800

試作：

1. 分別依收入門檻、資產門檻、損益門檻決定應報導部門。
2. 收入門檻、資產門檻、損益門檻所決定之應報導部門是否通過重要性測試？有無需要額外增加應報導部門？

8. 甲公司各營運部門財務資訊如下：

	美國	法國	德國	日本	墨西哥	其他	總計
外部客戶收入	$301,000	$51,600	$25,800	$30,100	$12,900	$ 8,600	$430,000
部門間收入	86,000			25,800			111,800
部門收入	387,000	51,600	25,800	55,900	12,900	8,600	541,800
部門損益	68,800	8,600	12,900	8,600	4,300	4,300	107,500
部門資產	430,000	64,500	73,100	77,400	17,200	12,900	675,100

試作：

1. 分別依收入門檻、資產門檻、損益門檻決定應報導部門。
2. 收入門檻、資產門檻、損益門檻所決定之應報導部門是否通過重要性測試？有無需要額外增加應報導部門？
3. 請編製甲公司地區別資訊。
4. 請編製甲公司應報導部門收入調節表。

9. 甲公司 ×1 年底各營運部門財務資訊如下：

	A部門	B部門	C部門	D部門	E部門	總管理處	合併
收入							
外部客戶	$15,000	$12,500	$8,750	$22,500	$8,750		$ 67,500
部門間	6,250	8,750		10,000			25,000
投資收益				3,750		$ 7,500	11,250
收入合計	$21,250	$21,250	$8,750	$36,250	$8,750	$ 7,500	$103,750
成本及費用							
銷貨成本	$12,500	$11,250	$5,000	$20,000	$5,000		$ 53,750
折舊費用	1,250	2,500	3,125	5,000	625		12,500
其他營業費用	1,250	2,500	1,250	2,500	1,250		8,750
利息費用	1,250			2,500			3,750
所得稅費用（利益）						$ 5,000	5,000
部門淨利	$ 5,000	$ 5,000	$ (625)	$ 6,250	$1,875	$ 2,500	$ 20,000
資產							
部門資產	$22,500	$23,750	$7,500	$27,500	$8,750		$ 90,000
投資關聯企業				25,000		$50,000	75,000
總管理處資產						5,000	5,000
部門間應收款項	1,250	2,500					
資產合計	$23,750	$26,250	$7,500	$52,500	$8,750	$55,000	$170,000

試作：

1. 分別依收入門檻、損益門檻、資產門檻決定應報導部門。
2. 收入門檻、損益門檻、資產門檻所決定之應報導部門是否通過重要性測試？有無需要額外增加應報導部門？
3. 請編製甲公司部門別資訊及調節表。

〈期中財務報導之認列與衡量〉

10. 期中財務報表中，有關成本與費用之認列，下列敘述何者錯誤？　　　【108 年 CPA】
(A) 期中財務報表得採用毛利法
(B) 利息費用應與編製年度財務報表適用相同之原則於期中報表報導
(C) 廣告支出應按各銷貨金額比例平均分攤至各期中財務報告中
(D) 所得稅費用之計算應依預期之全年度加權平均稅率，乘以期中期間之稅前淨利

11. 請問那一期間的損益不會出現在 X2 年第三季季報（1 月 1 日至 9 月 30 日）之綜合損益表？　　　【108 年 CPA】
(A) X2 年 1 月 1 日至 9 月 30 日
(B) X1 年 1 月 1 日至 9 月 30 日
(C) X2 年 7 月 1 日至 9 月 30 日
(D) X1 年 1 月 1 日至 12 月 31 日

12. 國際會計準則有關期中財務報表認列及衡量原則，下列敘述何者錯誤？　【102 年 CPA】
(A) 每一期中期間所認列之所得稅費用，應依整個財務年度所估計之年度平均有效所得稅率計算認列。
(B) 預期於年底發生的定期維修成本，對期中報導目的而言，雖然編製期中財務報導時尚未發生，公司仍須預先認列費用。
(C) 公司本年度每季預計投入研發費用 1 萬元。雖然公司預計到第三季結束時，前三季研發費用將可以符合資產資本化條件，但公司不應該在編製第一季期中報表時將 1 萬元資本化。
(D) 期中期間之退休金成本應採用前一財務年度結束日依精算決定之退休金成本率，以年初至當期末為基礎計算，並針對該結束日後之重大市場波動，及重大縮減、清償或其他重大一次性事項加以調整。

13. 有關期中財務報導之敘述，下列何者錯誤？　　　【103 年 CPA】
(A) 期中財務報告的目的主要在提供對最近期整份年度財務報表之更新，並非重複先前已報導之資訊。
(B) 基於時效性及成本之考量並避免先前報導資訊之重複，國際會計準則不鼓勵企業於期中財務報告發布整份財務報表。

(C) 若企業屬國際會計準則第 33 號 (IAS33)「每股盈餘」之適用範圍,應於表達期中期間損益組成部分之報表中,表達該期中期間之基本及稀釋每股盈餘。

(D) 鼓勵業務具高度季節性之企業,揭露截至期中期間結束日止 12 個月之財務資訊及其前 12 個月期間之比較資訊。

14. 國際會計準則要求期中財務報導所採用之會計政策應與年度財務報表相同。下列何項與此規定不符: 【104 年 CPA】

(A) 期中財務報導的頻率(每季或每半年)不得影響其年度之損益。為達成該目標,以期中報導為目的所作之衡量,應以年初至當期末為基礎。

(B) 期中期間為財務年度整體的一部分,故期中期間費用之估計均應以整年度的費用為估計基礎。

(C) 期中期間衡量係將每一期中期間視為單獨存在的一獨立報導期間。

(D) 期中財務報導如果發現存貨跌價損失,應該馬上認列,即使於年底對整年度評價並未發現跌價損失。

15. 下列有關期中財務報表之敘述何者正確? 【103 年 CPA 改編】

(A) 企業報導的頻率不得影響其年度結果之衡量,因此如果預計於年底時商譽不會減損,期中發生的商譽減損不須於期中財務報表認列。

(B) 期中財務報表所認列之商譽減損,即使到年底經評估並未發生減損,仍不可迴轉。

(C) 在 X4 年第一季,公司投入廣告費用 $40,000,此廣告活動效益會影響整年度,因此在第一季底時,應將 $30,000 遞延。

(D) 甲公司之生產及銷售具有高度之季節性,若該公司在第一季時發生一筆固定製造成本,且與整年度製造活動有關,則該公司應將該製造成本全部於第一季認列為費用。

16. 下列存貨評價法何者雖適用於期中報表,但卻不適用於期末正式報表?

(A) 毛利率法   (B) 先進先出法
(C) 後進先出法   (D) 加權平均法

17. 育達公司於 X1 年初估計 X1 年每季將投入研發費用 $4,000,000,公司預計第三季結束時所有投入的研發費用方符合無形資產的定義。另育達公司於 5 月 20 日支付 X1 年全年度地價稅 $40,000,且育達公司於 6 月 10 日支付每半年一次之一般維修 $20,000。試問第二季(4 月 1 日至 6 月 30 日)應認列多少費用? 【103 年 CPA】

(A) $30,000   (B) $60,000
(C) $4,030,000   (D) $4,060,000

18. 甲公司會計年度為曆年制，按季發布期中報表。X1 年度各季研發費用分別為 $50,000、$75,000、$140,000、$150,000，甲公司於 8 月 16 日時研發費用達到無形資產資本化標準。已知 7 月 1 日至 8 月 15 日研發費用 $80,000，8 月 16 日至 9 月 30 日為 $60,000，則請問甲公司 X1 年底無形資產應認列若干？
    (A) $415,000 (B) $290,000
    (C) $210,000 (D) 207,500

19. 甲公司租賃合約約定：每年租金為 $1,200,000，如年銷貨超過 $5,000,000，則按超過數額加計 5% 之或有租金。若甲公司 6 月 30 日銷貨收入 $6,500,000，預估全年銷貨收入 $10,000,000，則請問甲公司半年報應認列租金支出為何？
    (A) $600,000 (B) $675,000
    (C) $725,000 (D) 762,500

20. 甲公司以盈餘目標作為紅利發放基礎，若發放紅利前之稅前盈餘超過 $500,000，則發放超過 $500,000 部分的 10%。甲公司預期全年度發放紅利前稅前盈餘 $800,000，則甲公司半年報所應認列之紅利費用，下列何者錯誤？
    (A) 若甲公司 6 月 30 日稅前盈餘 $350,000，且按盈餘相對比例為基礎認列紅利費用，則甲公司應認列 $13,125 紅利費用。
    (B) 若甲公司 6 月 30 日稅前盈餘 $350,000，且按員工已提供勞務比例為基礎認列紅利費用，則甲公司應認列 $15,000 紅利費用。
    (C) 若甲公司 6 月 30 日累計虧損 $100,000，惟預期全年度仍有盈餘 $800,000，且按員工已提供勞務比例為基礎認列紅利費用，則甲公司應認列 $15,000 紅利費用。
    (D) 若甲公司 6 月 30 日累計虧損 $100,000，惟預期全年度仍有盈餘 $800,000，且按員工已提供勞務比例為基礎認列紅利費用，則甲公司應認列 $0 紅利費用。

21. 甲公司存貨採成本與淨變現價值孰低法，存貨成本之決定採先進先出法。X1 年度期初存貨為 3,000 單位，每單位成本為 $15。其他相關資料如下：

季別	進貨數量	進貨價格	銷貨數量	期末淨變現價值
1	2,000	$15.2	4,000	$14.0
2	3,500	15.5	3,000	15.4
3	2,500	16.4	3,500	17
4	3,000	17	2,500	16.5

試作：
1. 甲公司 X1 年度編製期中報表有關存貨評價之調整分錄。
2. 編製第一季至第三季及年度資產負債表與綜合損益表關於該存貨之表達。

22. 甲公司於 20X1 年全年之維修費用相關資料如下表，且該維修費用於發生前並不具有法定或推定義務。

	第一季	第二季	第三季	第四季
實際發生之維修費用	$ —	$10,000	$30,000	$50,000

試作：X1 年度關於維修費用之分錄。

〈期中財務報導之所得稅〉

23. 長榮公司 X2 年之前三季有下列稅前營業收益，已知各季之有效稅率如下，試決定第三季之所得稅費用（或節省數）。第一季：當季稅前營業收益 $50,000，有效稅率 25%；第二季：當季稅前營業收益 $(20,000)，有效稅率 25%；第三季：當季稅前營業收益 $70,000，有效稅率 30%。
    (A) $7,500
    (B) $21,000
    (C) $22,500
    (D) $30,000

24. 甲公司預估 X1 年度各季預估稅前淨利分別為 $35,000、$45,000、$65,000、$75,000，其中第四季稅前淨利包含轉投資乙公司所獲配之現金股利 $25,000。

    依稅法規定：稅前淨利 $50,000 以下，稅率 20%；稅前淨利 $50,001 以上部分，稅率 25%。公司轉投資他公司股利收入，80% 免計入所得額課稅。

    試計算甲公司 X1 年度預估有效稅率。

25. 所得稅法規定：全年課稅所得額 $120,000 以下，免徵所得稅；逾 $120,000 未逾 $500,000 者，按 19% 計徵所得稅；逾 $500,000 者，按 20% 計徵所得稅。甲公司編製第一季財報時，就第一季可得資訊，預估每季課稅所得額 $100,000；編製半年報時，就第二季可得資訊，預估第二季至第四季課稅所得額 $150,000；編製第三季季報時，就第三季可得資訊，預估第三季及第四季課稅所得額 $120,000；編製年報時，確認第四季課稅所得額 $200,000。設第一季至第三季實際盈餘與當季預計數相符，試計算每季報導之所得稅費用。

26. 丙公司 X4 年年初截至第一季末及第二季末的所得相關金額如下，所得稅率為 25%，預計 X5 年將有足夠課稅所得以實現虧損扣抵遞轉的所得稅利益。

	至第一季止	至第二季止
稅前會計損失	$937,500	$1,500,000
交際費剔除	75,000	135,000
折舊費用認列的差異（財務會計較稅法多認列）	75,000	225,000
分期收款銷貨毛利認列差異（財務會計較稅法多認列）	300,000	675,000

試問：第二季的所得稅費用（利益）並作分錄？ 【105 年 CPA】

〈期中財務報導之表達與揭露〉

27. 國際會計準則有關期中財務報導之敘述，下列何者錯誤？　　　　　　　　【107 年 CPA】

(A) 強制規定須發布期中財務報告之公司及頻率

(B) 鼓勵公開發行公司至少提供其財務年度上半年末之期中財務報告

(C) 鼓勵公開發行公司不晚於期中期間結束後 60 天發布期中財務報告

(D) 期中財務報告可以選擇提供簡明財務報表，不一定要提供整份財務報表

28. 有關期中財務報表，下列敘述何者錯誤？　　　　　　　　　　　　【104 年 CPA 改編】

(A) 台灣上市公司半年報之資產負債表，除了提供當年度 X4 年 6 月 30 日合併資產負債表外，應提供前一財務年度結束日（X3 年 12 月 31 日）合併資產負債表

(B) 台灣上市公司半年報之綜合損益表，當年度除了提供前半年（X4 年 1 月 1 日至 6 月 30 日）合併綜合損益，仍須提供第二季合併綜合損益（X4 年 4 月 1 日至 6 月 30 日）

(C) 台灣上市公司半年報之現金流量表，當年度除了提供前半年（X4 年 1 月 1 日至 6 月 30 日）合併現金流量表外，應提供前一年度同期間現金流量表（X3 年 1 月 1 日至 6 月 30 日）

(D) 國際會計準則第 34 號 (IAS34) 規定，公司應該每三個月出具一份報表。

CHAPTER 15 公司重整與清算

學習目標

企業重組
- 重組之基本觀念
- 重組負債準備之認列
- 重組負債準備之衡量原則
- 重組計畫之報導期間議題

公司重整
- 重整之程序
- 重整之債權債務關係
- 重整之財務報表
- 重整之會計處理

公司破產
- 破產之程序
- 破產之資產負債關係
- 破產債務受償順序
- 破產之會計處理

公司清算
- 清算之原因
- 清算之程序
- 清算之債權債務關係

依公司法第 1 條規定,公司係以營利為目的之社團法人。公司經營之業務,除依法令許可業務外,原則上並無業務範圍或經營方式之限制。然而,公司在繼續經營中,或為因應競爭策略調整,必須重大改變公司業務範圍及經營方式;或為處理財務困難,必須調整公司資產負債及資本結構;甚至在公司事業不能成就,選擇不再繼續經營,而解散公司退還股款予股東。本章將討論公司財務及業務重大調整之會計處理。

公司重大調整財務及業務經營之會計處理,主要依其「是否發生財務困難」分為「公司重組」及「財務困難處理」二類。公司重組,乃非因財務困難所作之「業務」重大調整,故原則上不涉及資本結構、債權人及股東權利義務之調整,主要處理「受重組影響之利害關係人」之權利義務。財務困難,乃因財務困難所作之「財務及業務」重大調整,故將處理資本結構、債權人、股東、其他利害關係人之權利義務。

當公司在經營上遭遇財務困難時,公司經營者可選擇繼續經營或是選擇結束營業。當選擇繼續經營時,公司必須與債權人協商,透過重新擬訂債務條件,度過危機;而當選擇結束營業時,公司必須變現資產、了結債務、分配剩餘財產予股東。無論是繼續經營或是結束營業,目前實務上均有二種處理方式供企業選擇:一是私下協商或結算機制「財務困難債務處理」與「清算」;另一則是透過司法程序進行「重整程序」與「破產程序」。

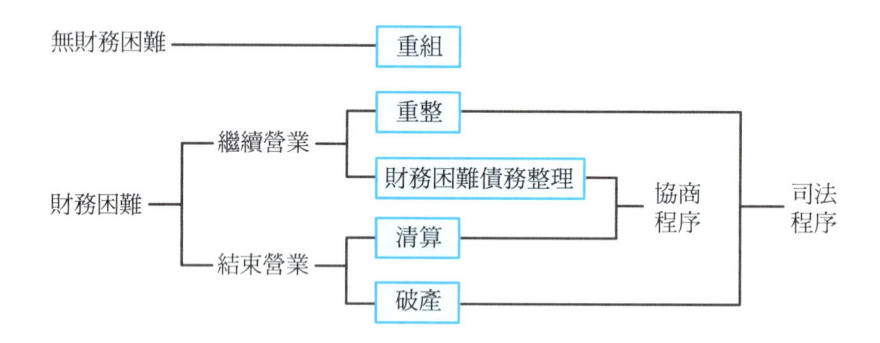

```
無財務困難 ─────── 重組

            ┌ 繼續營業 ┬ 重整
            │         │                    ┌ 協商  ┐ 司法
財務困難 ───┤         └ 財務困難債務整理 ─┤ 程序  │ 程序
            │         ┌ 清算                └──────┘
            └ 結束營業┤
                      └ 破產
```

第 1 節　企業重組

一　重組之基本觀念

(一) 重組之定義

重組(Restructuring)係指管理階層意圖重大改變「企業從事之業務範圍」或「該業務經營之方式」所規劃及控制之計畫。

(二) 常見重組事項

1. 一業務線之出售或終止。
2. 結束位於某國家或地區之業務場所，或將位於某國家或地區之經營活動轉移至另一國家或地區。
3. 管理結構之變動，例如：消除某一管理層級。
4. 對企業營運之性質及焦點有重大影響之主要改組。

二 重組負債準備之認列

(一) 負債準備之認列原則

負債準備係指不確定支出時點或金額之負債，僅於同時符合下列三項條件方得認列負債準備，若未能符合，僅得揭露為或有負債。

1. **現時義務**：企業因過去事項而負有現時義務（法定義務或推定義務）。
2. **可能性**：企業很有可能需要流出具經濟效益之資源以清償該義務。
3. **可估計性**：該義務金額能可靠估計。

(二) 重組負債準備之認列原則

重組負債準備屬負債準備，因此重組負債準備僅於同時符合下列三項條件時，始認列重組負債準備，若未能符合，僅得揭露為或有負債。

1. **推定義務**：企業僅符合下列情形之一時，始產生重組之推定義務：
   (1) **具備詳細正式之重組計畫**。企業重組計畫至少應標明以下主要內容：①涉及之業務或業務之一部分；②受影響之主要地點；③將給予資遣費之被解僱員工之工作地點、職能及概略人數；④將承擔之支出；⑤計畫施行時間。
   (2) **重組影響人員產生有效預期**。企業得藉由以下事項，使受重組影響人員（例如：客戶、供應商、員工）已有效預期企業將進行重組：
   ①企業已經開始進行重組計畫，例如：拆除廠房、出售資產等。
   ②企業公開發布重組詳細計畫，該計畫應充分詳細說明重組計畫內容、預定開始施行及完成之時程，表明企業不太可能對重組計畫作出重大變更。如重組計畫預期在重組開始前延宕一段時間，或重組將花費一段不合理的長時間，由於該時程給予企業變更重組計畫的機會，因此無法對於重組利害關係人產生有效預期。
2. **可能性**：企業很有可能需要流出具經濟效益之資源以清償該義務。
3. **可估計性**：該義務金額能可靠估計。

三　重組負債準備之衡量原則

(一) 屬重組負債準備之支出

重組負債準備應僅包括由重組所產生之**直接支出**，該等支出必須同時符合下列二項條件：

1. 重組所必須負擔者。
2. 與企業之持續活動無關者。

(二) 非重組負債準備之支出

下列成本係與未來業務活動有關，並非因重組而產生之直接成本，故不包括在重組負債準備內，亦不得認列為報導期間結束日之重組負債準備。該等支出應按其他獨立於重組外支出之相同基礎認列。

1. 再培訓或遷移繼續留用之員工相關支出。
2. 行銷成本。
3. 投資新系統及配銷通路之支出。
4. 截至重組日發生之可辨認未來營運損失。
5. 資產預期處分利益不得作為重組負債準備之減項，即使資產出售被視為重組計畫之一部分。

四　重組計畫之報導期間議題

(一) 重組計畫決定日並非重組負債準備認列日

管理階層或董事會於報導期間結束日（例如：X1年12月31日）以前作出重組決定，如在報導期間結束日未產生重組推定義務，不符合認列原則，故當年度（X1年）不應認列重組負債準備。

(二) 報導期間結束日後達成重組負債準備之認列條件

企業於報導期間結束日（例如：X1年12月31日）以前通過重組決定，而在報導期間後（X2年）已經開始進行重組計畫，或對重組影響人員產生有效預期時，若重組屬重大事項，且不揭露重組事項將影響使用者依據財務報表所作之經濟決策時，企業應予揭露重組事項；但由於企業在報導期間結束日未產生重組推定義務，不符合認列原則，故不可調整報導期間結束日（X1年）之財務報表，補認列重組負債準備，而須於符合認列條件年度（X2年），認列重組負債準備。

> **釋例一　企業重組**
>
> 甲公司董事會於 X1 年 12 月 12 日決定關閉一生產特定產品之事業部。請依據下列情形說明公司是否應認列重組負債準備。
>
> 1. 甲公司於報導期間結束日前，該重組決定尚未傳達予受重組影響之任何人，且亦未採取任何步驟實施該重組決定。
> 2. 甲公司董事會於 X1 年 12 月 20 日已核准關閉該事業部之詳細計畫，通知信函已經發送客戶，提醒客戶尋求可替代之供貨來源，且裁員通知已經發送至該事業部之員工。

解析

1. 甲公司不應認列重組負債準備。

   提列負債準備之判斷：

   (1) 因過去義務事件而產生現時義務：公司尚未有具備詳細正式之重組計畫，且未採取任何步驟使重組影響人員產生有效預期，故不存在義務事件，也因此不負有義務。

   (2) 履行具經濟效益之資源以清償：無現時義務，無須討論。

   結論：不應認列重組負債準備。

2. 甲公司可認列重組負債準備。

   提列負債準備之判斷：

   (1) 因過去義務事件而產生現時義務：公司已具備詳細正式之重組計畫，且重組決定已傳達予顧客及員工，使其產生該事業部將關閉之有效預期，故自 X1 年 12 月 20 日產生一推定義務。

   (2) 履行具經濟效益之資源以清償：很有可能。

   結論：於 X1 年 12 月 31 日，按關閉事業部之成本的最佳估計認列重組負債準備。

第 2 節　公司重整

一　重整之程序

重整（Reorganizations）係指債務人發生財務困難，致暫停營業或有停業之虞，而依

公司法之規定，向法院聲請重整，以求重建更生之可能。重整之程序多規範於公司法，茲說明如下。

(一) 重整之聲請

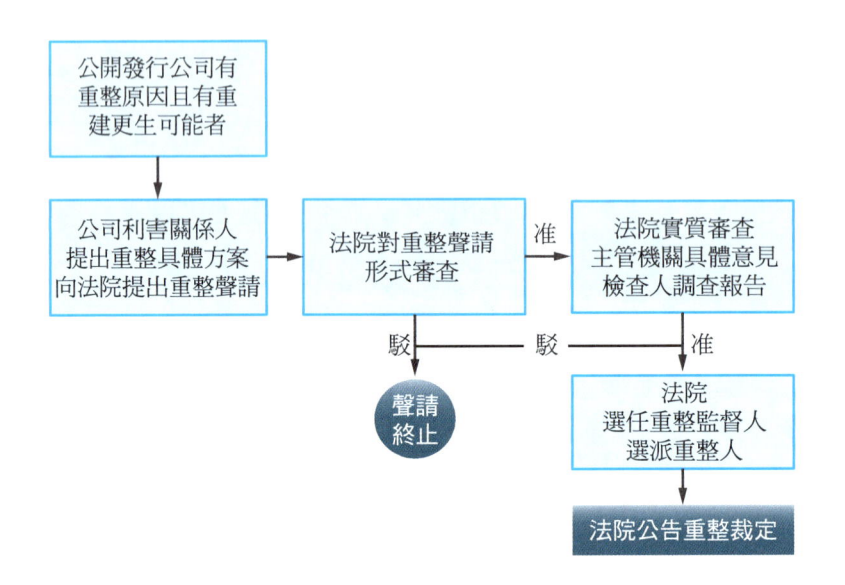

```
公開發行公司有
重整原因且有重
建更生可能者
        ↓
公司利害關係人          法院對重整聲請    准    法院實質審查
提出重整具體方案  →    形式審查        →    主管機關具體意見
向法院提出重整聲請                            檢查人調查報告
                    駁 ↓    駁 ↓          准 ↓
                      聲請                  法院
                      終止                  選任重整監督人
                                            選派重整人
                                              ↓
                                          法院公告重整裁定
```

1. **得聲請重整之公司種類**（公司法 §282）
   (1) 公開發行股票之股份有限公司。
   (2) 公開發行公司債之股份有限公司。

2. **聲請重整之原因**（公司法 §282）
   　　公司因財務困難，暫停營業或有停業之虞，而有重建更生之可能者。

3. **聲請人**（公司法 §282）
   (1) 公司（經董事會以董事 2/3 以上之出席及出席董事過半數同意）。
   (2) 繼續 6 個月以上持有已發行股份總數 10% 以上股份之股東。
   (3) 相當於公司已發行股份總數金額 10% 以上之公司債權人。
   (4) 工會。包括：①企業工會；②會員受僱於公司人數，逾其所僱用勞工人數 1/2 之產業工會；③會員受僱於公司之人數，逾其所僱用具同類職業技能勞工人數 1/2 之職業工會。
   (5) 公司 2/3 以上之受僱員工。

4. **聲請重整之書狀**（公司法 §283）
   (1) 聲請人之姓名及住所或居所；聲請人為法人、其他團體或機關者，其名稱及公務所、事務所或營業所。
   (2) 有法定代理人、代理人者，其姓名、住所或居所，及法定代理人與聲請人之關係。

(3) 公司名稱、所在地、事務所或營業所及代表公司之負責人姓名、住所或居所。
(4) 聲請之原因及事實。
(5) 公司所營事業及業務狀況。
(6) 公司最近一年度依第 228 條規定所編造之表冊；聲請日期已逾年度開始 6 個月者，應另送上半年之資產負債表。
(7) 對於公司重整之具體意見。
(8) 公司為聲請時，應提出重整之具體方案（公司為聲請人時方提供）。

(二) 法院對重整之准駁

1. 形式審查（公司法 §283-1）

重整之聲請，有下列情形之一者，法院應裁定駁回：
(1) 聲請程序不合者。但可以補正者，應限期命其補正。
(2) 公司未依本法公開發行股票或公司債者。
(3) 公司經宣告破產已確定者。
(4) 公司依破產法所為之和解決議已確定者。
(5) 公司已解散者。
(6) 公司被勒令停業限期清理者。

2. 實質審查（公司法 §284、§285、§285-1）

法院依檢查人之報告，並參考目的事業中央主管機關、中央金融主管機關、證券管理機關及其他有關機關、團體之意見，應於收受重整聲請後 120 日內，為准許或駁回重整之裁定，並通知各有關機關。

3. 選任重整監督人及選派重整人（公司法 §289、§290）

若法院准予重整，作成重整裁定時，應選任重整監督人及選派重整人。
(1) 選任重整監督人：①法院應選任對公司業務，具有專門學識及經營經驗者或金融機構為重整監督人；②重整監督人，應受法院監督，並得由法院隨時改選；③重整監督人有數人時，關於重整事務之監督執行，以其過半數之同意行之。
(2) 選派重整人：①法院就債權人、股東、董事、目的事業中央主管機關或證券管理機關推薦之專家中選派公司重整人；②重整人執行職務應受重整監督人之監督，其有違法或不當情事者，重整監督人得聲請法院解除其職務，另行選派之；③重整人有數人時，關於重整事務之執行，以其過半數之同意行之。

4. 公告重整裁定（公司法 §291、§292）

(1) 法院為重整裁定後，應即公告下列事項：①重整裁定之主文及其年、月、日；②重整監督人、重整人之姓名或名稱、住址或處所；③公司法第 289 條第 1 項所定期間、期日及場所；④公司債權人怠於申報權利時，其法律效果。

(2) 書面送達重整裁定於利害關係人：法院對於重整監督人、重整人、公司、已知之公司債權人及股東，仍應將重整裁定及所列各事項，以書面送達之。

(3) 通知主管機關：法院為重整裁定後，應檢同裁定書，通知主管機關，為重整開始之登記，並由公司將裁定書影本黏貼於該公司所在地公告處。

(三) 重整之進行

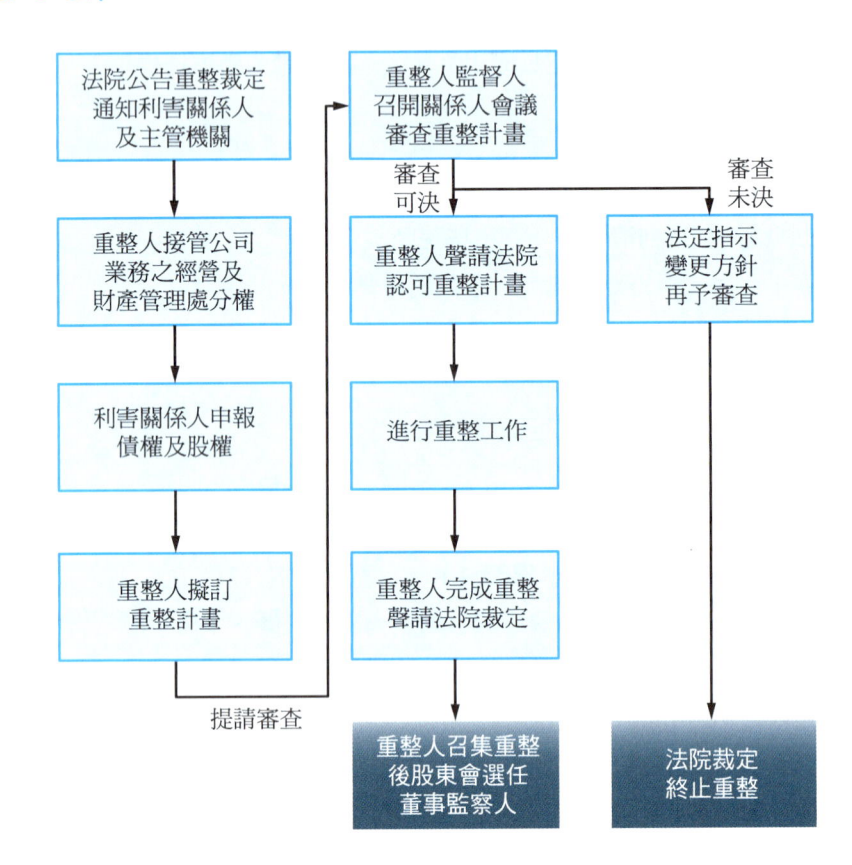

```
法院公告重整裁定          重整人監督人
通知利害關係人     →     召開關係人會議
及主管機關                審查重整計畫
    ↓                    審查可決 ↓        審查未決 ↓
重整人接管公司            重整人聲請法院     法定指示
業務之經營及              認可重整計畫      變更方針
財產管理處分權                              再予審查
    ↓                        ↓                ↓
利害關係人申報            進行重整工作
債權及股權
    ↓                        ↓
重整人擬訂                重整人完成重整
重整計畫                  聲請法院裁定
            提請審查          ↓                ↓
                          重整人召集重整     法院裁定
                          後股東會選任       終止重整
                          董事監察人
```

1. 移交經營權（公司法 §293）

重整裁定送達公司後，公司業務之經營及財產之管理處分權移屬於重整人，由重整監督人監督交接，並聲報法院，公司股東會、董事及監察人之職權，應予停止。交接時，公司董事及經理人，應將有關公司業務及財務之一切帳冊、文件與公司之一切財產，移交重整人。重整前及重整程序中公司運作方式比較如下頁圖：

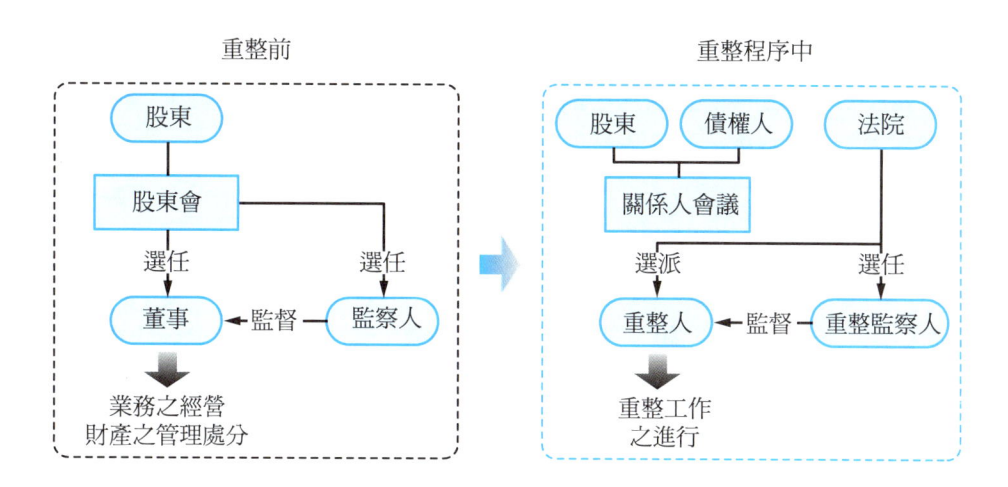

```
重整前                                          重整程序中
┌─────────────────────────┐      ┌──────────────────────────────┐
│         股東              │      │    股東    債權人    法院      │
│          │               │      │      └──┬──┘       │         │
│         股東會            │      │      關係人會議      │         │
│      選任 │ 選任          │  →   │      選派 │  選任    │         │
│    董事─監督─監察人        │      │    重整人─監督─重整監察人      │
│         ↓                │      │         ↓                   │
│      業務之經營            │      │      重整工作                │
│      財產之管理處分         │      │      之進行                  │
└─────────────────────────┘      └──────────────────────────────┘
```

2. 確認重整債權及股東權（公司法 §297、§298、§299）

重整債權人應提出足資證明其權利存在之文件，向重整監督人申報，經申報者，其時效中斷；未經申報者，不得依重整程序受清償。股東之權利，依股東名簿之記載。重整監督人，於權利申報期間屆滿後，應依其初步審查之結果，分別製作優先重整債權人、有擔保重整債權人、無擔保重整債權人及股東清冊。

3. 擬訂重整計畫（公司法 §303、§304）

重整人應擬訂重整計畫（Reorganization Plan），連同公司業務及財務報表，提請第一次關係人會議審查。公司重整如有下列事項，應訂明於重整計畫：

(1) 全部或一部重整債權人或股東權利之變更。
(2) 全部或一部營業之變更。
(3) 財產之處分。
(4) 債務清償方法及其資金來源。
(5) 公司資產之估價標準及方法。
(6) 章程之變更。
(7) 員工之調整或裁減。
(8) 新股或公司債之發行。
(9) 其他必要事項。

(四) 關係人會議之召開

1. 關係人之組成（公司法 §300）

重整債權人及股東，為公司重整之關係人。關係人會議由重整監督人為主席，並召集除第一次以外之關係人會議。

2. **關係人會議之任務（公司法 §301）**
   (1) 聽取關於公司業務與財務狀況之報告及對於公司重整之意見。
   (2) 審議及表決重整計畫。
   (3) 決議其他有關重整之事項。
3. **關係人會議之表決權（公司法 §298、§302）**
   　　關係人會議，應分別按「優先重整債權人」、「有擔保重整債權人」、「無擔保重整債權人」、及「股東」四組，分組行使其表決權，其決議以經各組表決權總額 1/2 以上之同意行之。重整債權人之表決權，以其債權之金額比例定之；股東表決權，依公司章程之規定。公司無資本淨值時，股東組不得行使表決權。

(五) 認可重整計畫（公司法 §305、§306）

1. 重整計畫經關係人會議可決者，重整人應聲請法院裁定認可後執行之，並報主管機關備查。
2. 重整計畫未得關係人會議有表決權各組之可決時，重整監督人應即報告法院，法院得依公正合理之原則，指示變更方針，命關係人會議在 1 個月內再予審查。重整計畫經指示變更再予審查，仍未獲關係人會議可決時，應裁定終止重整。

(六) 完成重整計畫（公司法 §310）

　　公司重整人，應於重整計畫所定期限內完成重整工作；重整完成時，應聲請法院為重整完成之裁定，並於裁定確定後，召集重整後之股東會選任董事、監察人。

二　重整之債權債務關係

　　公司在重整程序時，計有二項負債來源：一是**重整後才發生之負債**，稱為「**重整債務**」（新債務、優先債務）；一是**重整前已存在之負債**，稱為「**重整債權**」（舊債務）。

(一) 重整債務（公司法 §312）

　　公司重整債務有二，其優先於重整債權而為清償；且其優先受償權之效力，不因裁定終止重整而受影響。

1. 維持公司業務繼續營運所發生之債務。
2. 進行重整程序所發生之費用。

(二) 重整債權（公司法 §296）

　　對公司之債權，在「重整裁定前」成立者，為重整債權。

1. **優先重整債權**：依法享有優先受償權者，為優先重整債權。
2. **有擔保重整債權**：其有抵押權、質權或留置權為擔保者，為有擔保重整債權。
3. **無擔保重整債權**：無擔保者，為無擔保重整債權。

三 重整之財務報表

重整公司之財務報表應反映公司於重整期間之財務與業務狀況；換言之，財務報表除了公司經營成果之表達外，尚須反映公司於執行重整計畫下財務狀況之改善。因此，財務報表應將有關重整之事項與一般經營事項分開表達。由於我國並未發布有關重整會計處理之相關準則，本書依據美國會計準則說明重整財務報表。

(一) 資產負債表

公司應將重整債務（新債務）與完全擔保重整債權（完全擔保舊債務）及無擔保重整債權與擔保不足重整債權（非完全擔保舊債務）分開列示。其中，重整債務與完全擔保重整債權必須完全償付，因此又稱為「非協商債務」；而無擔保重整債權與擔保不足重整債權並不必然完全償付，因此又稱為「協商債務」。

1. **非協商債務**：「**重整債務**」與「**完全擔保重整債權**」；按一般正常負債處理，依到期日區分流動及非流動項目。
2. **協商債務**：「**無擔保重整債權**」與「**擔保不足重整債權**」；以總數在資產負債表單獨彙總為一項。

(二) 損益表

公司於重整期間因營業而發生之收益費損，按一般正常方式處理，因重整所發生之專業費用，如律師及會計師公費等，在發生當期即認列為費用；且重整程序相關專業費用應與一般營業收益費損項目分開列示。

(三) 現金流量表

如同損益表之處理，重整程序相關現金流量項目應與一般營業現金流量項目分開列示，而重整程序相關專業費用係列於營業活動現金流量項下，且重整期間之現金流量表，應以**直接法**表達營業活動現金流量之情形。

釋例二　重整財務報表

X2 年 1 月 1 日甲公司向法院聲請重整，X1 年 12 月 31 日甲公司資產負債表如下：

甲公司
資產負債表
X1 年 12 月 31 日

流動資產			流動負債		
現金	$ 800,000		應付帳款	$ 9,500,000	
應收帳款（淨額）	3,600,000		應付稅款	980,000	
存貨	5,400,000		應付利息	3,120,000	
其他流動資產	1,200,000	$11,000,000	應付銀行票據	3,500,000	$17,100,000
固定資產			長期負債		
土地	$ 7,500,000		銀行借款	$ 5,000,000	
建築物（淨額）	5,250,000		應付公司債（12%）	10,000,000	15,000,000)
設備（淨額）	4,250,000	17,000,000	股東權益		
無形資產			股本	$10,000,000	
商譽		2,000,000	資本公積	5,000,000	
			保留盈餘	(17,100,000)	(2,100,000)
資產總額		$30,000,000	負債及股東權益		$30,000,000

其他資訊如下：

1. 銀行借款之擔保品為土地；應付公司債之擔保品為建築物。
2. X2 年間其他交易項目為：
   (1) 聲請重整之律師及會計師費用為 $250,000，僅付 $25,000。
   (2) 銷貨收入 $4,000,000、本期進貨 $1,500,000、期末存貨 $3,900,000、帳款收現 $200,000、帳款付現 $500,000。
   (3) 薪資費用 $300,000，已支付 $100,000；其他營業費用 $75,000，全數付現。
   (4) 建築物尚有 10 年耐用年限，設備尚有 5 年耐用年限，均無殘值。
   (5) 商譽係以往年度併購其他公司所產生，本年度並無減損跡象。

試作：

1. 試問甲公司得否向法院聲請重整，若可，則得提出聲請之人為何？
2. 試編製重整聲請日之資產負債表。
3. 試編製重整期間之損益表、資產負債表及現金流量表。

解析

1. (1) 若甲公司為：
    ① 公開發行股票之股份有限公司；或
    ② 公開發行公司債之股份有限公司，則得聲請重整。
   (2) 有權聲請之人為：
    ① 公司。（經董事會以董事 2/3 以上之出席及出席董事過半數同意）；
    ② 繼續 6 個月以上持有已發行股份總數 10% 以上股份之股東；
    ③ 相當於公司已發行股份總數金額 10% 以上之公司債權人。

2. 重整聲請日之資產負債表

    重整聲請日需將各項重整債權（舊債務）重分類：
   (1) 銀行借款金額較擔保品帳面金額小，重分類為「完全擔保重整債權」
   (2) 應付公司債金額較擔保品帳面金額大，重分類為「部分擔保重整債權」
   (3) 負債剩餘部分之應付帳款、應付稅款、應付利息及應付銀行票據等，重分類為「無擔保重整債權」

    無擔保重整債權 ＝ 應付帳款 ＋ 應付稅款 ＋ 應付利息 ＋ 應付銀行票據
    ＝ $9,500,000 ＋ $980,000 ＋ $3,120,000 ＋ $3,500,000 ＝ $17,100,000

甲公司
資產負債表
X1 年 12 月 31 日

流動資產			負債		
現金	$ 800,000		非協商債務		
應收帳款（淨額）	3,600,000		完全擔保重整債權	$ 5,000,000	$5,000,000
存貨	5,400,000		協商債務		
其他流動資產	1,200,000	$11,000,000	部分擔保重整債權	$10,000,000	
固定資產			無擔保重整債權	17,100,000	27,100,000
土地	$7,500,000		股東權益		
建築物（淨額）	5,250,000		股本	$10,000,000	
設備（淨額）	4,250,000	17,000,000	資本公積	5,000,000	
無形資產			保留盈餘	(17,100,000)	(2,100,000)
商譽		2,000,000			
資產總額		$30,000,000	負債及股東權益		$30,000,000

3. 重整期間（X2年度）交易彙總如下：

現金					銷貨			
期初餘額	800,000	(1)	25,000				(2)-1	4,000,000
(2)-3	200,000	(2)-4	500,000					
		(3)	100,000		進貨			
		(3)	75,000		(2)-2	1,500,000		
小計	300,000							

重整債務					重整費用			
(2)-4	500,000	(1)	225,000		(1)	250,000		
		(2)-2	1,500,000					
		(3)	200,000		薪資費用			
		小計	1,425,000		(3)	300,000		

應收帳款					營業費用			
期初餘額	3,600,000							
(2)-1	4,000,000	(2)-3	200,000		(3)	75,000		
小計	7,400,000							

建築物（淨額）					折舊費用			
期初餘額	5,250,000	(4)	525,000		(4)	1,375,000		
小計	4,725,000							

設備（淨額）				
期初餘額	4,250,000	(4)	850,000	
小計	3,400,000			

(1) 損益表：

甲公司
損益表
X2年度

銷貨收入		$ 4,000,000
銷貨成本		
期初存貨	$ 5,400,000	
本期進貨	1,500,000	
期末存貨	(3,900,000)	(3,000,000)
銷貨毛利		$ 1,000,000
營業費用		
薪資費用	$ 300,000	
折舊費用	1,375,000	
其他營業費用	75,000	(1,750,000)
重整項目前淨利		$ (750,000)
重整程序相關之專業費用		(250,000)
本期淨利（損）		$(1,000,000)

(2) 資產負債表：

甲公司
資產負債表
X2 年 12 月 31 日

流動資產			負債		
現金	$ 300,000		非協商債務		
應收帳款（淨額）	7,400,000		重整債務	$ 1,425,000	
存貨	3,900,000		完全擔保重整債權	5,000,000	$ 6,425,000
其他流動資產	1,200,000	$12,800,000	協商債務		
固定資產			部分擔保重整債權	$10,000,000	
土地	$7,500,000		無擔保重整債權	17,100,000	27,100,000
建築物（淨額）	4,725,000		股東權益		
設備（淨額）	3,400,000	15,625,000	股本	$10,000,000	
無形資產			資本公積	5,000,000	
商譽		2,000,000	保留盈餘	(18,100,000)	(3,100,000)
資產總額		$30,425,000	負債及股東權益		$30,425,000

(3) 現金流量表：

甲公司
現金流量表
X2 年度

營業活動現金流量	
銷貨收現數	$200,000
進貨付現數	(500,000)
支付薪資	(100,000)
支付其他營業費用	(75,000)
重整項目前營業活動現金淨流出	$(475,000)
重整程序相關之專業費用	(25,000)
營業活動現金淨流出	$(500,000)
期初現金餘額	800,000
期末現金餘額	$300,000

四　重整之會計處理

公司在執行重整計畫時，將對其資產及負債重新評價，並調整其資本結構，如：發行新股交換債權、發行新股籌集資金等。若公司在重整後，其資本結構及股東組成已有重大變化，此時如同重新設立新公司一般，應以**「重新開始報導」**（Fresh-Start Reporting）處理；若其資本結構及股東組成並無重大改變，則按一般資產負債重估之處理即可，本書不贅述。

(一) 重新開始報導要件

若重整後之公司符合下列兩項要件，則重整後公司已如新設立公司，應作重新開始報導之處理。該二項要件為「置死地而後生」

1. **置死地**：「重整價值＜重整債務＋協商債務」

    所謂**重整價值**係公司「**資產**」之公允價值（不含負債），亦即重整時，新買主欲取得該公司資產所願意支付之價格。當重整計畫認可時，重整價值小於重整債務及協商債務之和，該公司本質上已是破產狀態，其資產不足以清償其債務，故稱「置死地」。

2. **而後生**：「原普通股股東重整後股權比例＜重整後股權比例的 50%」

    當重整計畫認可時，執行重整計畫後，原普通股股東重整後股權比例未達新公司股權 50%，表示原控制公司的股東已喪失了其對重整後新公司之控制權，該公司控制權已易主，故稱「而後生」。

(二) 重新開始報導之處理

符合重新開始報導之公司，正如一家新設立之公司，應以公允價值記錄其所取得之資產與負債。最重要的是，一家新設立之公司帳上應無任何保留盈餘或累積虧損之餘額。

1. **資產之重估**

    重整時，由於控制權易主，新買主應就各項有形或無形之可辨認資產以**公允價值**入帳，公允價值與帳面金額之差異，認列**資產重新衡量損益**。假設資產公允價值小於帳面金額，產生損失，分錄如下：

存貨	×××	
設備	×××	
⋮	×××	
資產重新衡量損益	×××	
土地		×××

2. **負債之清理與協商**

    重整時，應將原帳列負債依協商後之條件以重整計畫認可日**公允價值**認列為重整債

權,而原負債金額與協商後重整債權金額之差額認列為**債務清償損益**,若重整計畫包括發行新股以清償負債,此時就必須認列股本投入數。假設負債公允價值小於帳面金額,產生利益,分錄如下:

應付帳款	×××	
應付公司債	×××	
應付利息	×××	
⋮	×××	
債務清償損益		×××
股本		×××
重整債權		×××

3. 調整資本結構

　　重整計畫通常會包括發行新股取得現金或原股東換發新股,若為發行新股取得現金,則依一般處理原則即可;若為原股東換發新股,此時帳面差額由於是股東間交易,僅認列**資本公積之變動**,不認列損益。

(1) 現金發行新股:

現金	×××	
股本(新)		×××
資本公積		×××

(2) 原股東換發新股:

股本(舊)	×××	
股本(新)		×××
資本公積		×××

4. 重新開始報導

　　本步驟為重新開始報導之關鍵步驟,若公司重整不符合重新開始報導要件,則不需本步驟。本步驟係將上述 1. 至 3. 之損益結轉至累積虧損,並**以資本公積彌補虧損,將保留盈餘變成零**,成為一家新設立公司。

重整價值超過可辨認資產金額	×××	
債務清償利益	×××	
資本公積	×××	
資產重新衡量損失		×××
保留盈餘		×××

　　讀者注意,在上述的分錄中有項資產項目「**重整價值超過可辨認資產金額**」,此項目係因重整價值而來,所謂「重整價值」係新買主欲取得該公司資產所願意支付之價

格，有時重整價值會高於公司所認列各項可辨認資產金額之總和，即重整時公司有無法辨認之無形資產，如同企業合併時分攤移轉對價之相同處理，此時應將重整價值超過可辨認資產金額部分認列為**無形資產**。

(三) 重新開始報導後之財務報表

重整後之資產負債表，各項資產皆已按公允價值表達，且重整債權亦已按新債務條件表達，而重整債務按現時價值入帳，公司帳列無保留盈餘。惟重整後公司應附註揭露個別資產負債及資本原始金額之調整情形、債務免除之金額、銷除保留盈餘或累積虧損之金額及影響重整價值決定之重要因素。

資產負債表	
資產（BV）	負債（舊）
	股本（舊）
	保留盈餘（負）

重整
重新開始報導

資產負債表	
資產（FV）	重整債務（新）
	重整債權（舊）
重整價值超過可辨認資產金額	股本（新）
	保留盈餘（＝0）
重整價值	重整價值

釋例三　重整會計處理－重新開始報導

承釋例二，甲公司於 X3 年 1 月 1 日重整計畫執行完畢。重整計畫為：

(1) 應付公司債債權人接受甲公司新發行 10% 優先償還公司債 $2,000,000，及面額 $10 之普通股 500,000 股；並免除原應付利息 $3,000,000，其餘 $120,000 必須於 X3 年底前支付。
(2) 應付帳款債權人同意接受面額 $10 之普通股 50,000 股抵償貨款 $1,525,000。
(3) 銀行同意接受甲公司新發行 10% 優先償還公司債 $2,500,000 與面額 $10 之 50,000 股普通股，抵償應付銀行票據。
(4) 原普通股股東同意換發面額 $10 之 300,000 股普通股。
(5) 甲公司擬以每股 $19 發行新股 100,000 股以尋求新資金挹入。

重整計畫執行基準日各項資產估價如下：
(1) 重整價值估計為 $28,100,000。
(2) 存貨公允價值 $3,500,000、土地公允價值 $8,200,000、建築物公允價值 $4,500,000、設備公允價值 $3,000,000、商譽已無價值，其餘資產公允價值等於帳面金額。

試作：

1. 試問重整計畫應經過何種法定程序方為可決。
2. 重整計畫分錄。
3. 編製重整後之資產負債表。

解析

1. 重整計畫經關係人會議可決者，重整人應聲請法院裁定認可後執行之，並報主管機關備查。而關係人會議，應分別按「優先重整債權人」、「有擔保重整債權人」、「無擔保重整債權人」、及「股東」四組，分組行使其表決權，其決議以經各組表決權總額二分之一以上之同意行之。重整債權人之表決權，以其債權之金額比例定之；股東表決權，依公司章程之規定。公司無資本淨值時，股東組不得行使表決權。

2. 重整計畫分錄

   (1) 協商債務之清理：

   ①應付公司債：

部分擔保重整債權	10,000,000	
10% 優先償還公司債		2,000,000
股本		5,000,000
債務清償利益		3,000,000

   ②應付利息：

無擔保重整債權	3,000,000	
債務清償利益		3,000,000

   ③應付帳款：

無擔保重整債權	1,525,000	
股本		500,000
債務清償利益		1,025,000

   ④應付銀行票據：

無擔保重整債權	3,500,000	
10% 優先償還公司債		2,500,000
股本		500,000
債務清償利益		500,000

(2) 判斷是否符合重新報導要件：

①要件一：重整價值小於債務之和

　　重整價值 = $30,000,000

　　債務總和 = $1,425,000 + $5,000,000 + $10,000,000 + $17,100,000 = $33,525,000

　　重整價值小於協商債務及非協商債務總和，符合要件一。

②要件二：重整後原股東持股比例小於 50%

　　持股比例 = $3,000,000/$10,000,000 = 30%

　　重整後原股東持股比例為 30%，小於 50%，符合要件二。

　　甲公司重整符合重新報導要件。

(3) 重新報導之分錄：

①資產重新評價至公允價值：

土地	700,000	
資產重新衡量損失	2,325,000	
存貨		400,000
建築物		225,000
設備		400,000
商譽		2,000,000

②股權調整：

股本（舊）	10,000,000	
股本		3,000,000
資本公積		7,000,000
現金	1,900,000	
股本		1,000,000
資本公積		900,000

③彌補帳列虧損重新開始報導，並認列重整價值超過可辨認資產金額

重整價值超過可辨認資產金額	400,000	
債務清償利益	7,525,000	
資本公積	12,500,000	
資產重新評價損失		2,325,000
累積虧損		18,100,000

3. 重新報導後之資產負債表

甲公司
資產負債表
X1 年 12 月 31 日

流動資產			負債		
現金	$ 1,800,000		非協商債務		
應收帳款（淨額）	7,400,000		重整債務	$ 1,425,000	
存貨	3,500,000		完全擔保重整債權	5,000,000	$ 6,425,000
其他流動資產	1,200,000	$13,900,000	10% 優先償還公司債		4,500,000
固定資產			協商債務		
土地	$ 8,200,000		無擔保重整債權		9,075,000
建築物（淨額）	4,500,000		股東權益		
設備（淨額）	3,000,000	15,700,000	股本	$10,000,000	
重整價值超過可辨認資產金額		400,000	保留盈餘	0	10,000,000
資產總額		$30,000,000	負債及股東權益		$30,000,000

第 3 節　公司破產

一　破產之程序

破產（Bankruptcy）之程序多規範於破產法，茲說明如下。

(一) 破產之聲請

1. **聲請破產之原因（破產法 §57）**：破產，債務人不能清償債務者。
2. **聲請人或宣告（破產法 §58、§60）**
   (1) 公司聲請。
   (2) 債權人聲請。
   (3) 法院依職權宣告。
3. **聲請破產之書狀（破產法 §61、§62）**
   (1) 聲請人為公司：應附具財產狀況說明書及其債權人、債務人清冊。
   (2) 聲請人為債權人：出具聲明書敘明其債權之性質、數額及債務人不能清償其債務之事實。

(二) 法院對破產之准駁

1. 審查（破產法 §63）

法院對於破產之聲請，應自收到聲請之日起 7 日內，以裁定宣告破產或駁回破產之聲請。在裁定前，法院得依職權為必要之調查，並傳訊債務人、債權人及其他關係人。

2. 選任破產管理人（破產法 §64、§83）

(1) 選任破產管理人：若法院准予破產，作成破產宣告時，應選任破產管理人。破產管理人，應就會計師或其他適於管理破產財團之人選任之。破產管理人，應受法院之監督，必要時，法院得命其提供相當之擔保。

(2) 決定債權申報期間及第一次債權人會議期日：法院選任破產管理人時，應決定下列事項：
①申報債權之期間：該期間須在破產宣告之日起，15 日以上，3 個月以下；
②第一次債權人會議期日：該期日須在破產宣告之日起 1 個月以內。

3. 宣告破產裁定（破產法 §65）

(1) 法院為破產裁定後，應即公告下列事項：
①破產裁定之主文及其宣告之年、月、日；
②破產管理人之姓名、住址及處理破產事務之地址；
③債權申報期間及第一次債權人會議期日；
④破產之債務人及屬於破產財團之財產持有人，對於破產人不得為清償或交付其財產，並應即交還或通知破產管理人；
⑤破產之債權人，應於規定期限內向破產管理人申報其債權，其不依限申報者，不得就破產財團受清償。

(2) 書面送達破產裁定於利害關係人：法院對於已知之債權人、債務人及財產持有人，應將破產宣告及所列各事項，以書面送達之。

(3) 通知主管機關：法院為破產宣告後，就公司或破產財團有關之登記，應即通知該登記所，囑託為破產之登記。

(三) 破產之進行

1. 移交經營權（破產法 §75、§88）

公司因破產之宣告，對於應屬破產財團之財產，喪失其管理及處分權。公司應將與其財產有關之一切簿冊、文件及其所管有之一切財產，移交破產管理人。破產前及破產程序中公司運作方式比較如下圖：

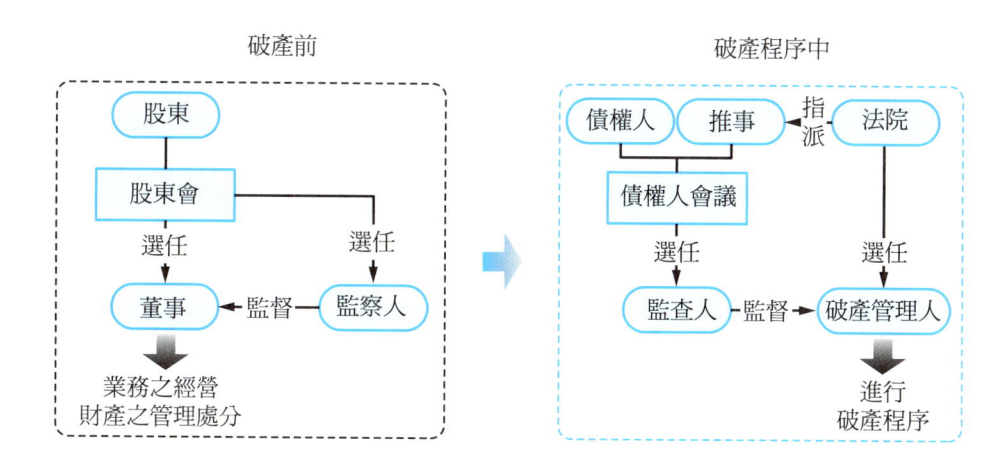

2. 確認破產債權及股東權（破產法 §65、§93、§94）

(1) 破產之債權人，應於規定期限內向破產管理人申報其債權，其不依限申報者，不得就破產財團受清償。
(2) 破產管理人應不問其股東出資期限，而令其繳納所認之出資。
(3) 破產管理人於申報債權期限屆滿後，應即編造債權表，並將已收集及可收集之公司資產，編造資產表。

(四) 債權人會議之召開

1. 債權人會議之組成（破產法 §117、§122）

債權人會議由法院指派「推事」一人為主席，其餘參與人分別為「破產管理人」、「債權人」、「公司（破產人）」及「監查人」。

2. 債權人會議之任務（破產法 §120）

(1) 聲請撤換破產管理人（破產法 §85）。
(2) 選任監查人一人或數人，代表債權人監督破產程序之進行。
(3) 破產財團之管理方法。
(4) 公司（破產人）營業之繼續或停止。

3. 債權人會議之表決權（破產法 §123）

債權人會議之決議，應有出席破產債權人過半數，而其所代表之債權額超過總債權額之半數者之同意。

(五) 破產清算程序

1. **變價破產財團（破產法 §138）**：破產財團之財產有變價之必要者，應依拍賣方法為之。
2. **清償清算債權（破產法 §139）**：破產財團之財產可分配時，破產管理人應作成分配

表,記載分配之比例及方法,依債務清償順序平均分配於各債權人。

(六) 聲報破產終結

1. **製作分配報告(破產法§145)**:破產管理人於最後分配完結時,應即向法院提出關於分配之報告。
2. **聲報法院終結(破產法§146)**:法院接到最後分配報告後,應即為破產終結之裁定。

二 破產之資產負債關係

公司在破產程序時,計有以下四項資產負債來源:(1) 破產前已存在之資產,稱為「破產財團」;(2) 破產前已存在之負債,稱為「破產債權」(舊債務);(3) 破產後成立之負債,稱為「財團債務」(新債務);(4) 破產後發生之費用(新費用)。

(一) 破產財團(破產法§82)

「破產財團」為破產公司的「資產總稱」,其包含二類:

1. 破產宣告時屬於破產人之一切財產,及將來行使之財產請求權。
2. 破產宣告後,破產終結前,破產人所取得之財產。

(二) 破產債權(破產法§98)

對於破產人之債權,在「破產宣告前」成立者,為破產債權。

(三) 財團債務(破產法§96)

財團債務類似於重整債務,係「破產程序開始後」而成立之債務。財團債務應先於破產債權,隨時由破產財團清償之,公司財團債務有四:

1. 破產管理人關於破產財團所為行為而生之債務。
2. 破產管理人為破產財團請求履行雙務契約所生之債務,或因破產宣告後應履行雙務契約而生之債務。
3. 為破產財團無因管理所生之債務。
4. 因破產財團不當得利所生之債務。

(四) 財團費用(破產法§95)

財團費用與財團債務,不同之處在於其為費用項目,即「破產程序開始後」而所生之費用。財團費用亦應先於破產債權,隨時由破產財團清償之,公司財團費用有三:

1. 因破產財團之管理變價及分配所生之費用。
2. 因破產債權人共同利益所需審判上之費用。
3. 破產管理人之報酬。

三 破產債務受償順序

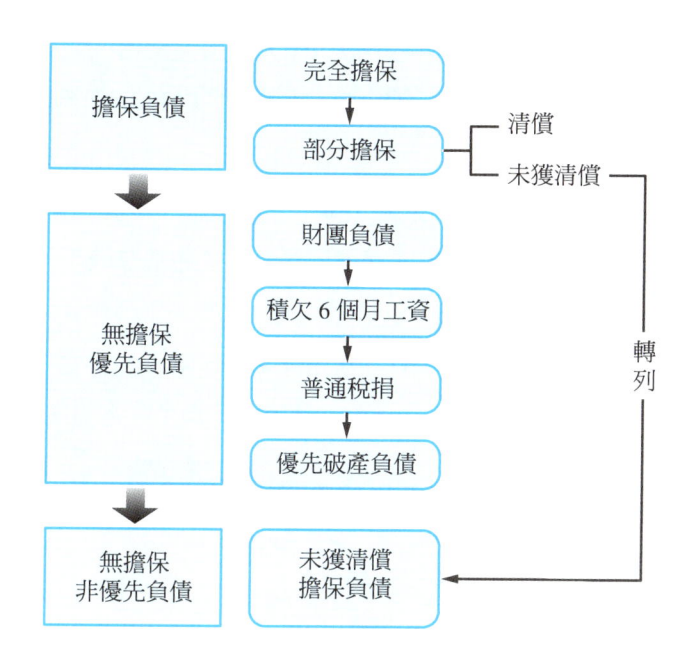

```
擔保負債 ──┬── 完全擔保 ─────────────── 清償
          └── 部分擔保 ─────────────── 未獲清償 ──┐
                                                    │
無擔保      ┌── 財團負債                            │ 轉
優先負債 ──┼── 積欠 6 個月工資                    │ 列
          ├── 普通稅捐                              │
          └── 優先破產負債                          │
                                                    │
無擔保      ←─────────── 未獲清償 ←────────────────┘
非優先負債                擔保負債
```

公司破產時，即代表公司資產不足以清償負債，此時負債清償順序相當重要，必須依照其清償效力逐一清償，方為適法。以下將分別依債務類別說明其清償順序：

(一) 完全擔保負債

即有別除權之破產債權，此類負債本身已有質押品或抵押品，且質押品或抵押品之價值高於或等於負債金額，此類負債擁有最高清償效力，當公司變賣其抵押品所得清償該負債後，若有賸餘則列為「可供清償無擔保負債之資產」。

(二) 部分擔保負債

亦為有別除權之破產債權，雖然此類負債本身已有質押品或抵押品，但質押品或抵押品之價值低於負債金額，即使公司變賣其抵押品所得也不足以完全清償該負債，而未獲清償部分則轉列為「無擔保非優先負債」。

(三) 無擔保優先負債

此類負債雖然並無質押品或抵押品，但因依照其他法律規定，該負債仍擁有一定的優先權。一般無擔保優先負債有三：

1. **財團費用及財團債務**：依破產法第 97 條規定，財團費用及財團債務應先於破產債權，隨時由破產財團清償之。
2. **工資**：依勞動基準法第 28 條第 1 項規定，雇主因歇業、清算或宣告破產，本於勞動契

約所積欠之工資未滿 6 個月部分、未依勞動基準法給付之退休金、未依勞動基準法或勞工退休金條例給付之資遣費，有最優先受清償之權。
3. **稅捐**：稅捐稽徵法第 6 條規定，稅捐之徵收，優先於普通債權。惟必須注意，若係破產財團成立後才發生之應納稅捐則為財團費用，較破產前已發生之應納稅捐具有優先權。

(四) 無擔保非優先負債

此類負債既無質押品或抵押品，又無其他法定優先權，此類債權人是最末順位清償者，通常在破產情形下，該類債務人無法獲得足額清償。通常在破產計畫表附註中會揭露此類負債受償率：

$$無擔保非優先負債受償率 = \frac{可供清償無擔保非優先負債之資產總額}{無擔保非優先負債總額}$$

四　破產之會計處理

(一) 編製破產計畫表

破產管理人就任後，應就公司資產負債之財務狀況造具資產表及債權表，並於債權人會議時，編製「破產計畫表」予利害關係人，使利害關係人得以掌握破產事務。破產計畫表有下列幾項特色：

1. **破產基準日之資產負債表**

　　破產計畫表係破產基準日之資產負債表，其目的係提供報表使用者有關資產處分預期金額及債權人獲得清償之優先順序，與可能不足清償數等資訊。

2. **財產部分以淨變現價值為衡量基礎**

　　公司在破產程序時，繼續經營之假設已不復存在，此時資產歷史成本資料已退居於參考地位，「**資產淨變現價值**」方為攸關資訊，因此破產計畫表中各資產負債除揭露原有歷史成本基礎之金額外，尚須以淨變現價值基礎衡量其資產負債之金額。

3. **負債及權益以清償效力作為劃分依據**

　　當公司破產宣告時，所有負債均視為已到期，此時資產負債之劃分不再使用「流動性」（因為全部都變成流動負債），而改採用「**清償效力之大小**」作為分類依據。重編後資產負債表如下圖所示：

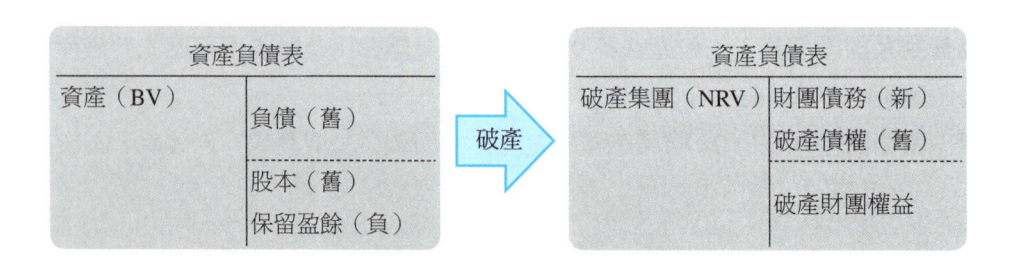

資產負債表			資產負債表	
資產（BV）	負債（舊）	破產 →	破產集團（NRV）	財團債務（新）
				破產債權（舊）
	股本（舊）			
	保留盈餘（負）			破產財團權益

4. 擔保品淨變現價值與擔保負債相抵

當質押品或抵押品之價值高於負債金額，應將資產與負債相抵後餘額列為「可供清償無擔保負債之資產」；當質押品或抵押品之價值低於負債金額，則將負債減除質押品價值後列為「無擔保非優先負債」。

(二) 計算各項負債及權益受償金額

質押品或抵押品與擔保負債相抵後，若有剩餘資產應依序清償工資、稅款等優先財團債務，若仍有剩餘則清償無擔保非優先負債，當剩餘數不足清償全數非優先負債，則可計算其受償率如下：

$$無擔保非優先負債受償率 = \frac{可供清償無擔保非優先負債之資產總額}{無擔保非優先負債總額}$$

釋例四　破產會計處理

甲公司面臨無法清償到期負債的困境，因而向法院聲請破產，該公司 ×1 年 1 月 1 日的財務資料如下所示：

	帳面金額	估計淨變現價值
現金	$ 32,000	$ 32,000
應收帳款（淨額）	120,000	100,000
存貨	180,000	130,000
土地	640,000	480,000
廠房設備（淨額）	500,000	205,000
資產總額	$1,472,000	$947,000
應付帳款	$ 190,000	
應付工資	19,000	
應付稅捐	28,000	
應付票據與利息	390,000	
應付抵押借款與利息	462,000	
普通股股本	800,000	
累積虧損	(417,000)	
負債與股東權益總額	$1,472,000	

其他有關資料如下：

(1) 存貨和應收帳款已提供作為應付票據之擔保。
(2) 土地已提供作為應付抵押借款之抵押物。
(3) 清算結束時，估計須支付清算人酬勞 $35,000。

試作：

1. 編製甲公司 X1 年 1 月 1 日的破產計畫表。
2. 計算甲公司無擔保非優先債權人之受償率。
3. 按清償優先順位編表列示甲公司各類債權之獲償金額。

解析

1. 破產計畫表：

甲公司
破產計畫表
X1 年 1 月 1 日

資產

帳面金額		變現價值－擔保債務	可供清償無擔保負債之變現價值
	清償完全擔保負債之資產		
$ 640,000	土地	$480,000	
	減：應付抵押借款與利息	(462,000)	$ 18,000
	清償部分擔保負債之資產		
120,000	應收帳款	$100,000	
180,000	存貨	130,000	
	減：應付票據與利息	(390,000)	0
	可供清償無擔保優先及非優先負債之資產		
32,000	現金		32,000
500,000	廠房設備		205,000
	可供清償無擔保優先及非優先負債之資產總額		$255,000
	減：無擔保優先債務		
	應付工資	$ 19,000	
	應付稅捐	28,000	
	應付清算費用	35,000	(82,000)
	可供清償無擔保非優先負債之資產總額		$173,000
	估計不足清償額		177,000
$1,472,000			$350,000

負債及股東權益

帳面金額		擔保及優先負債	無擔保非優先負債
	完全擔保負債		
462,000	應付抵押借款與利息	$462,000	0
	部分擔保負債		
390,000	應付票據與利息	$390,000	
	減：應收帳款及存貨	(230,000)	$160,000
	無擔保優先負債		
19,000	應付工資	$ 19,000	
28,000	應付稅款	28,000	
	清算費用	35,000	
	無擔保非優先負債		
190,000	應付帳款		190,000
	股東權益		
800,000	普通股股本		
(417,000)	累積虧損		
$1,472,000			$350,000

2. 無擔保非優先負債受償率 = $\dfrac{\text{可供清償無擔保非優先負債之資產總額}}{\text{無擔保非優先負債總額}}$

$= \dfrac{\$173,000}{\$350,000} = 49.43\%$

3.
受償順序	會計項目	帳面金額	獲償金額	獲償比率
完全擔保負債	應付抵押借款與利息	$ 462,000	$462,000	100%
部分擔保負債	應付票據與利息	390,000	309,086*	79.25%
無擔保優先負債	應付工資	19,000	19,000	100%
	應付稅款	28,000	28,000	100%
	清算費用	35,000	35,000	
無擔保非優先負債	應付帳款	190,000	93,914	49.43%
合計		$1,124,000	$947,000*	

*應付票據與利息係由應收帳款及存貨擔保，惟應收帳款及存貨之估計淨變現價值小於應付票據與利息之帳面金額，乃部分擔保負債。讀者在計算部分擔保負債受償金額時必須區分成兩部分：「擔保額內負債」及「無擔保負債」，因擔保額外負債視同無擔保非優先負債，因此必須依上題饍之受償率計算受償金額。

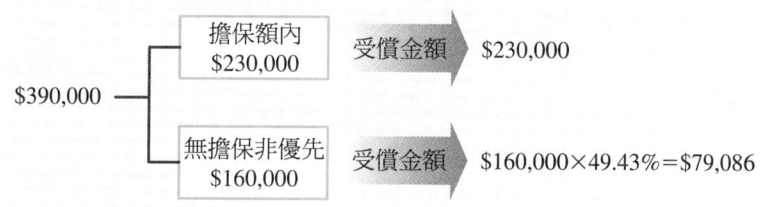

$390,000 ─┬─ 擔保額內 $230,000 ──▶ 受償金額 $230,000
         └─ 無擔保非優先 $160,000 ──▶ 受償金額 $160,000 × 49.43% = $79,086

第 4 節　公司清算

一　清算之原因

當公司有下列原因必須解散時，即應進行清算（Liquidations）程序（公司法 §24、§315）。

1. 章程所定解散事由。
2. 公司所營事業已成就或不能成就。
3. 股東（會）為解散之決議。
4. 有記名股票之股東不滿 2 人。但政府或法人股東 1 人者，不在此限。
5. 解散之命令或裁判。

二　清算之程序

清算之程序多規範於公司法，清算種類有二：「普通清算」及「特別清算」，其中特別清算程序與重整程序及破產程序類似，不再贅述，以下說明普通清算程序。

```
股份有限公司      進行     清算人選定      清算人    清算計畫之擬訂
應行解散事由  ──▶ 清算 ──▶ ・董事      ──▶ 就任 ──▶ ・檢查公司財產情形
                            ・股東會選任                  ・公告債權人申報債權
                            ・法院選派                    ・擬訂清算計畫
                                                              │
                                                              ▼
                                                       清算工作之執行
                                                       ・清償清算債權
                                                       ・分派剩餘財產予股東
                                                              │
                                                              ▼
                                                       清算工作之完結
                                                       ・清算財務報表之承認
                                                       ・聲報法院清算完成
```

(一) 清算人之選任（公司法 §322）

1. **當然清算人**：董事。
2. **選任清算人**：公司法或章程另有規定或股東會可另選清算人。
3. **選派清算人**：法院得因利害關係人之聲請，選派清算人。

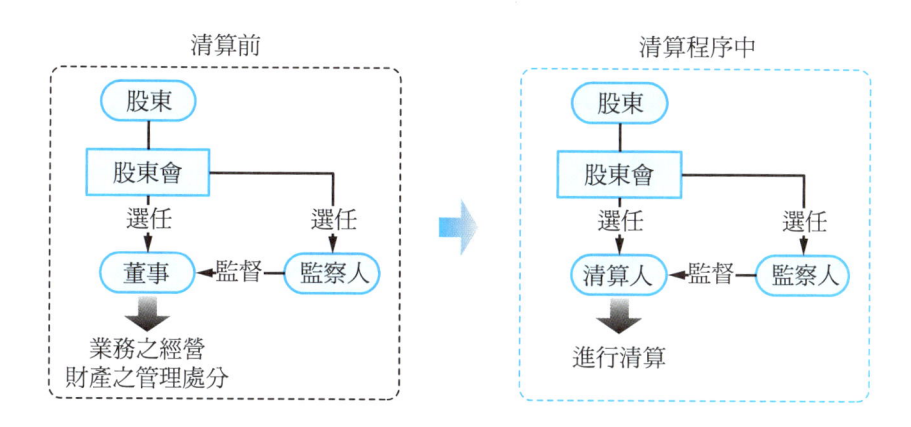

```
清算前                          清算程序中
┌─────────────┐              ┌─────────────┐
│    股東      │              │    股東      │
│     │       │              │     │       │
│   股東會     │      ➡       │   股東會     │
│  選任  選任  │              │  選任  選任  │
│   ↓    ↓    │              │   ↓    ↓    │
│   董事←監督─監察人│           │  清算人←監督─監察人│
│   ↓         │              │   ↓         │
│ 業務之經營    │              │  進行清算    │
│ 財產之管理處分│              │             │
└─────────────┘              └─────────────┘
```

(二) 清算之進行

1. **聲報財產情形（公司法 §326）**：清算人就任後，應即檢查公司財產情形，造具財務報表及財產目錄，送經監察人，提請股東會承認後，並即報法院。
2. **確認清算債權（公司法 §327）**：清算人就任後，應即以 3 次以上之公告，催告債權人於 3 個月內申報其債權，並應聲明逾期不申報者，不列入清算之內。但為清算人所明知者，不在此限。其債權人為清算人所明知者，並應分別通知之。
3. **清償清算債權（公司法 §340）**：公司對於其債務之清償，應依其債權額比例為之。但依法得行使優先權償全或別除權之債權，不在此限。
4. **分派賸餘財產（公司法 §330）**：清償債務後，賸餘之財產應按股東股份比例分派。但公司發行特別股，而章程中另有訂定者，從其訂定。

(三) 聲報清算完結

1. **股東會承認簿冊（公司法 §331）**：清算完結時，清算人應於 15 日內，造具清算期內收支表、損益表、連同各項簿冊，送經監察人審查，並提請股東會承認。股東會得另選檢查人，檢查簿冊是否確當。簿冊經股東會承認後，是為公司已解除清算人之責任。但清算人有不法行為者，不在此限。
2. **聲報法院完結（公司法 §332）**：公司應自清算完結聲報法院之日起，將各項簿冊及文件，保存 10 年。其保存人，由清算人及利害關係人聲請法院指定之。

三　清算之債權債務關係

　　公司在清算程序時，計有二項負債來源：一是清算前已存在之負債（新債務、優先債務）；另一則是清算後才發生之負債（舊債務）。我國公司法對於此二項債務並無其專有名詞，惟與重整及破產程序相同，清算後發生之負債應優先清算前之負債清償：

(一) 清算後負債（公司法 §325）

清算費用及清算人報酬，由公司現存財產中儘先給付。

(二) 清算時負債（公司法 §340）

公司對於其債務之清償，應依其債權額比例為之。至詳細清償順序，由於與破產程序之清償順序相同，茲不贅述。本主題儘針對可完全清償情形，作例題演練。

釋例五 清算會計處理

X1 年度甲公司進行清算，X1 年 1 月 1 日甲公司資產負債表如下：

甲公司
資產負債表
X1 年 1 月 1 日

現金	$120,000	應付帳款	$400,000
存貨	200,000	普通股股本	100,000
設備	280,000	特別股股本	50,000
		資本公積－特別股溢價	100,000
		保留盈餘	(50,000)
資產總額	$600,000	負債及股東權益總額	$600,000

其他資訊：

(1) 特別股面額 $100，清算價格 $130。

(2) 存貨變現 $150,000；設備變現 $250,000。

試作：清算必要分錄。

解析

1. 資產變現，資產處分損益轉列保留盈餘，累積虧損為 $130,000（= $50,000 + $50,000 + $30,000）

現金	150,000	
資產變現損失	50,000	
存貨		200,000
現金	250,000	
資產變現損失	30,000	
設備		280,000
保留盈餘	80,000	
資產變現損失		80,000

2. 清償負債，現金餘額為 $120,000（＝$120,000 + $150,000 + $250,000 − $400,000）

應付帳款	400,000	
現金		400,000

3. 彌補虧損資本公積，不足金額沖減普通股股本

資本公積	100,000	
普通股股本	30,000	
保留盈餘		130,000

4. 分配剩餘財產予特別股股東，現金餘額為 $70,000（＝$120,000 − $50,000）

特別股股本	50,000	
現金		50,000

5. 分配剩餘財產予普通股股東

普通股股本	70,000	
現金		70,000

本章習題

〈重組〉

1. 下列何項支出屬於重組負債準備：
   (A) 計畫於重組時出售之資產預期處分利益
   (B) 因重組計畫須轉移生產線之員工再培訓成本
   (C) 因重組而產生但與企業未來業務無關之支出
   (D) 因應中美貿易戰將越南經營活動轉移至美國而投資之新系統與行銷通路支出

2. 下列何項情形得認列重組負債準備：
   (A) 企業管理階層已核准遷移某生產線，公司章程規定：企業重大營運活動須經由勞工董事同意，截至報導期間結束日止，勞工董事尚未同意該項遷移決定。
   (B) 企業董事會已核准關閉某事業部，並通知客戶尋求可替代之供貨來源，亦送達裁員通知至該事業部員工。
   (C) 企業董事會已核准關閉某事業部，亦公開發布重組詳細計畫，由於重組須裁減員工，企業預計於重組開始前將延宕一年與工會代表進行資遣費協商。

(D) 企業管理階層已作成出售某生產線予他公司之決定,並與買主完成出售營業單位之協商,目前尚待董事會核准。

〈重整〉

3. 請依我國公司法規定,選出正確之敘述:
   (A) 得以提出重整聲請之關係人為股東、債權人及經理人
   (B) 重整計畫之可決,應經關係人會議中各組表決權總額 1/2 以上之同意行之
   (C) 重整債權之受償順位優於重整債務
   (D) 公司重整與財務困難債務處理所涵蓋之處理項目相同,兩者之差別僅在於公司重整涉及法定程序,財務困難債務處理為債權人及債務人間之直接協商。

4. 重整期間負債之帳面金額與重整計畫認可日公允價值之差額應作為:
   (A) 認列債務清償損益,結轉至資本公積
   (B) 認列債務清償損益,結轉至累積虧損
   (C) 認列債務清償損益,並分配給股東
   (D) 非常損益

5. 乙公司於重整期間以帳面金額 $1,000,000、公允價值 $1,200,000 之土地,清償帳面金額 $2,000,000 之無擔保負債,則應認列之債務清償損益為: 【101 年 CPA】
   (A) $800,000 列本期損益
   (B) $1,000,000 列本期其他綜合損益
   (C) $800,000 列資本公積
   (D) $1,000,000 列非常損益

6. 甲公司重整計畫於 X1 年 5 月 31 日獲法院認可,該日資產負債表資料如下:

甲公司
資產負債表
X1 年 5 月 31 日

現金	$ 275,000	協商債務	$1,500,000
應收帳款	200,000	應付帳款	200,000
存貨	250,000	應付薪資	100,000
土地	300,000	應付公司債	400,000
建築物—淨額	350,000	應付公司債利息	100,000
設備—淨額	300,000	負債小計	$2,300,000)
		普通股股本	$ 900,000
		累計虧損	(1,525,000)
		權益小計	$ (625,000)
資產總計	$1,675,000	負債及股東權益	$1,675,000

(1) 甲公司重整價值為 $1,250,000。重整計畫內容如下：
　①原公司債持有人同意接受 (a) $200,000 普通股，(b) 面額 $150,000、年利率 12% 之優先公司債及 (c) 現金 $50,000 作為償還所有原公司債之條件。應付公司債利息無償免除。
　②因重整計畫而產生重整債務之應付稅捐 $100,000。
　③應付帳款債權人同意接受 (a) $200,000 普通股。
　④原股東同意就原持有股份換發 $250,000 普通股。
　⑤擬以發行價格 $700,000 發行新股面額 $350,000 之普通股。
(2) 各項資產於重整計畫執行基準日之公允價值如下：
　①存貨 $125,000；土地 $350,000；建築物 $225,000；設備 $175,000。
　②應收帳款預計半數無法收回。

試作：
1. 試說明重新開始報導之要件。
2. 本計畫是否符合重新開始報導之要件，請以計算式說明之。

7. 甲公司重整計畫於 X1 年 5 月 31 日獲法院認可，該日資產負債表資料如下：

甲公司
資產負債表
X1 年 5 月 31 日

現金	$ 100,000	應付帳款	$ 300,000
應收帳款	200,000	應付稅捐	100,000
存貨	250,000	應付公司債	1,800,000
土地	800,000	應付公司債利息	200,000
建築物—淨額	350,000	負債小計	$ 2,400,000
設備—淨額	300,000	普通股股本	$ 1,000,000
		累計虧損	(1,400,000)
		權益小計	$ (400,000)
資產總計	$2,000,000	負債及股東權益	$ 2,000,000

(1) 甲公司重整價值為 $2,150,000。重整計畫內容如下：
　①原公司債持有人同意接受 (a) 面額 $10 普通股 50,000 股，(b) 面額 $1,000,000、年利率 12% 之優先公司債作為償還所有原公司債之條件。應付公司債利息無償免除。
　②因重整計畫而產生重整債務之應付稅捐 $120,000。
　③應付帳款債權人同意接受面額 $10 普通股 20,000 股。
　④原股東同意就原持有股份面額 $10 普通股 30,000 股。

⑤擬以發行價格 $700,000 發行新股面額 $500,000 之普通股。

(2) 各項資產於重整計畫執行基準日之公允價值如下：

①存貨 $200,000；土地 $900,000；建築物 $150,000；設備 $200,000。

②應收帳款預計半數無法收回。

試作：

1. 重整計畫相關事項之分錄。
2. 編製重整後資產負債表。

〈破產〉

8. 通常在破產計畫表中顯示預計受償率為 70% 係指：

(A) 所有債權人及股東可回收其帳面金額 70% 之金額。

(B) 所有債權人可回收其帳面金額之 70%，但股東無法回收任何投資金額。

(C) 所有無擔保之優先債權人可回收其帳面金額之 70%，但股東無法回收任何投資金額。

(D) 所有無擔保之非優先債權人可回收其帳面金額之 70%，但股東無法回收任何投資金額。

9. 若破產計畫表 (statement of affairs) 顯示，無擔保債務之償付比例為 105%，下列敘述何者正確？①受擔保之債權人獲償金額將超過其債權之帳面金額；②無擔保之債權人獲償金額將超過其債權之帳面金額；③股東可預期權益將有所回收。 【101 年 CPA】

(A) 僅①　　(B) 僅②
(C) 僅③　　(D) ①與②

10. 甲公司聲請破產時計有下列負債：應付帳款 $800,000，應付地價稅 $100,000，應付票據 $500,000；其中，應付票據以帳面金額 $300,000、估計淨變現價值 $600,000 之資產為擔保品。若無擔保非優先債務之預期獲償率為 60%，則估計可供清償無擔保非優先債務之資產估計淨變現價值為： 【103 年 CPA】

(A) $380,000　　(B) $440,000
(C) $480,000　　(D) $540,000

11. 甲公司聲請破產時計有下列負債：應付帳款 $400,000，應付房屋稅 $50,000，應付票據 $900,000；其中，應付票據以帳面金額 $700,000、估計淨變現價值 $800,000 之資產為擔保品。若資產總額估計淨變現價為 $1,150,000，則無擔保非優先債務之預期獲償率為： 【107 年 CPA】

(A) 60%　　(B) 63.64%
(C) 75%　　(D) 77.78%

12. 甲公司破產計畫表 (statement of affairs) 顯示負債金額如下：應付帳款 $800,000，應付房屋稅 $100,000，應付票據 $500,000；其中，應付票據以帳面金額 $300,000，估計淨變現價值 $350,000 之存貨為擔保品。若無擔保非優先債務之預期獲償率為 60%，則估計甲公司資產總額之淨變現價值為何？ 【108 年 CPA】
(A) $720,000 (B) $830,000
(C) $920,000 (D) $1,020,000

13. 甲公司破產期間資產負債項目相關資料如下：

	帳面金額	估計淨變現價值
現金	$100,000	$100,000
應收款項	150,000	100,000
存貨	100,000	75,000
土地	750,000	775,000
其他資產	400,000	300,000
應付帳款	225,000	
應付房屋稅	575,000	
應付票據	250,000	
銀行借款	500,000	
普通股股本	1,000,000	
累積虧損	(1,050,000)	

應付票據係以存貨作為擔保品，銀行借款則以土地作為擔保品。此外，預計破產費用共計 $50,000。

試作：按清償優先順位編表列示甲公司各類債權之獲償金額。 【102 年 CPA】

14. 甲公司 X6 年 4 月份資產變現及負債清償表 (Statement of Realization and Liquidation) 上之期初餘額如下：

甲公司—破產程序進行中
破產管理人—王先生
資產變現及負債清償表
X6 年 4 月 1 日至 4 月 30 日

	資產		負債				破產財團權益
	現金	非現金	完全擔保	部分擔保	無擔保具優先權	無擔保不具優先權	
期初餘額	$8,000	$202,000	$64,000	$24,000	$16,000	$110,000	$(4,000)

X6 年 4 月 1 日至 4 月 30 日發生下列清算事項：

(1) 帳面金額 $24,000 之存貨以 $20,000 售出，所得款項用於清償以該存貨為部分擔保之 $24,000 應付帳款。

(2) 應收帳款收現 $32,000，另有 $8,000 沖銷為壞帳。

(3) 清償 X5 年底欠繳之地價稅 $16,000。

(4) 以 $90,000 處分帳面金額為 $100,000 之建築物，所得款項用以清償其完全擔保之應付票據 $64,000。

(5) 支付 X6 年 3 月份已認列之破產財團管理費 $10,000。

(6) X6 年 4 月份破產財團管理費 $15,000，尚未支付。

試作：

1. 計算甲公司 X6 年 4 月 30 日資產變現及負債清償表中下列項目之餘額：
   ①現金；②部分擔保負債；③無擔保具優先權負債；④無擔保不具優先權負債；⑤破產財團權益

2. 若 X6 年 4 月 30 日剩餘非現金資產估計淨變現金額為 $42,600，則無擔保不具優先權負債預計獲償率為何？ 【108 年 CPA】

15. 甲公司面臨無法清償到期負債的困境，因而向法院聲請破產，該公司 X1 年 12 月 31 日的財務資料如下所示：

	帳面金額	估計淨變現價值
現金	$ 100,000	$100,000
應收款項	150,000	100,000
存貨	100,000	75,000
土地	750,000	775,000
其他資產	400,000	300,000
應付帳款	225,000	
應付房屋稅	575,000	
應付票據	250,000	
銀行借款	500,000	
普通股股本	1,000,000	
累積虧損	(1,050,000)	

應付票據係以存貨作為擔保品，銀行借款則以土地作為擔保品。此外，預計破產費用共計 $50,000。

試作：甲公司 X1 年 12 月 31 日破產計畫表。

〈清算〉

16. 清算期間之預計清算費用在清算計畫表中應如何表達？
    (A) 以附註揭露　　　　　　　　　　　(B) 列為部分擔保債務
    (C) 作為無擔保優先債務　　　　　　　(D) 列為無擔保非優先債務

17. 下列何項資產在清算計畫表中之預計變現金額通常為零？
    (A) 存貨
    (B) 長期投資
    (C) 預付費用
    (D) 應收帳款

18. 甲公司依據公司法規定進入清算程序，清算人於處分非現金資產與償付甲公司有擔保之負債後，清算人之會計記錄包含甲公司資產與負債餘額如下：

現金	$1,567,500
應付帳款	660,000
應付票據	450,000
應付清算人薪資	150,000
應付抵押票據（部分擔保負債）	780,000

    前述應付抵押票據（部分擔保負債）清算前之負債金額為 $1,700,000，且該應付抵押票據是以甲公司之機器設備為擔保，而該機器設備之帳面金額為 $1,450,000 及處分所得為 $920,000。請問該應付抵押票據債權人由甲公司清算過程中共可收取多少償還金額？ 【104 年 CPA】

    (A) $920,000
    (B) $1,505,000
    (C) $1,520,600
    (D) $1,642,500

19. 有泉公司正進行清算程序，該公司帳列資產包括現金、存貨及建築物；其中，現金餘額為 $300,000，存貨及建築物之公允價值分別為 $800,000 及 $1,200,000。負債則包括應付帳款 $200,000、應付票據 $600,000（以存貨作為擔保）、優先債務 $50,000 及應付公司債 $1,500,000（以建築物作為擔保）。

    試作：
    1. 計算無擔保非優先債權之獲償率。
    2. 計算應付公司債之持有者預計可獲償之金額。 【100 年 CPA】

20. 甲公司於 X1 年 6 月底由破產管理人乙君接管破產事項，其資產及負債相關資料如下：

	帳面金額		帳面金額
存貨	$210,000	應付帳款	$282,000
土地	336,000	應付地價稅	18,000
應收帳款	198,000	應付票據	180,000
		銀行借款	360,000
資產合計	$744,000	負債合計	$840,000

    X1 年 7 月 1 日至 X1 年 9 月 30 日發生下列事項：
    (1) 應付票據係以存貨為擔保品，存貨變現得款 $150,000。

(2) 銀行借款係以土地為擔保品，土地處分得款 $390,000。

(3) 應收帳款估計有 $54,000 呆帳，其餘收現。

(4) 破產管理人酬勞 $60,000，尚未支付。

試作：上列各項破產事項之分錄。